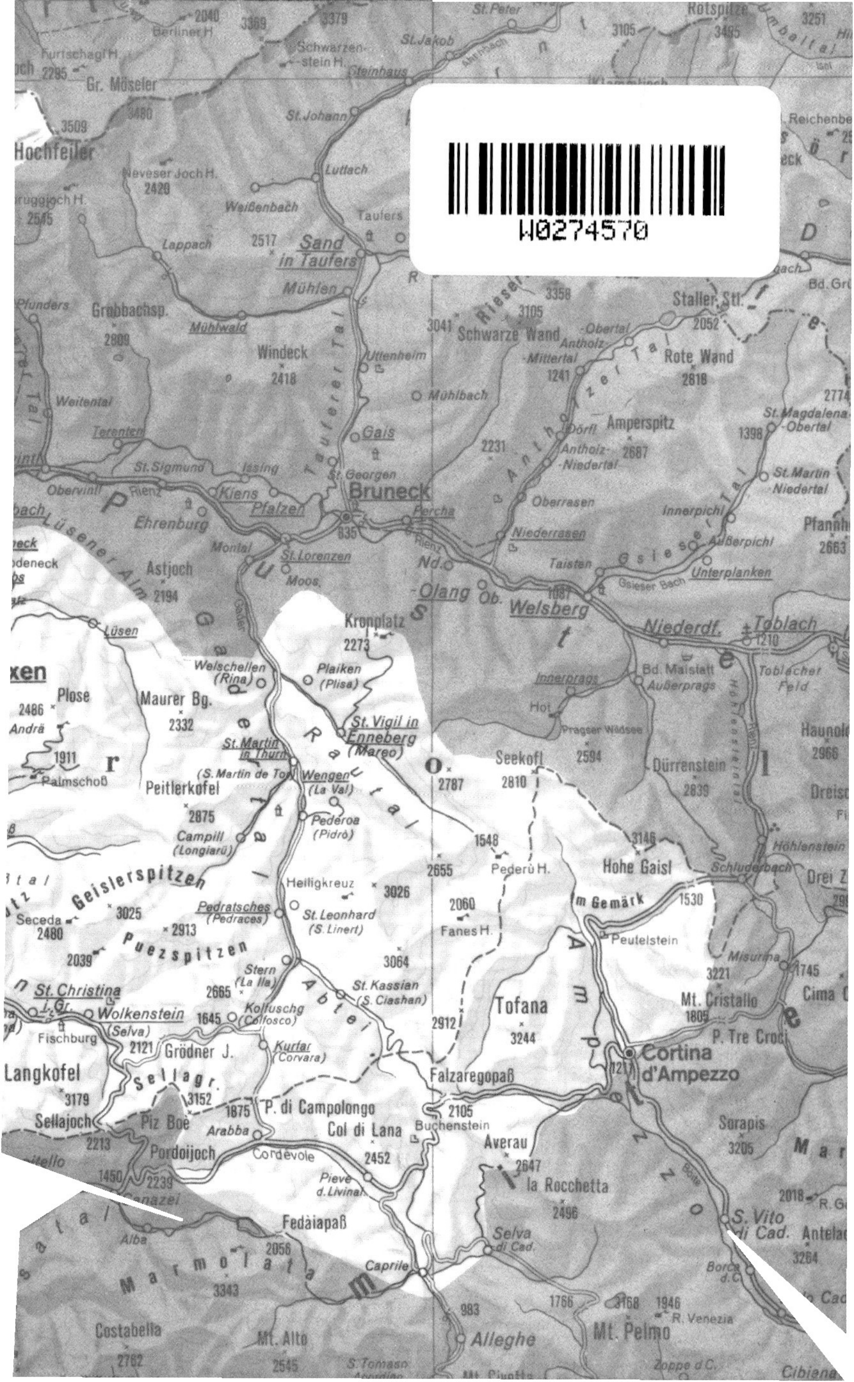
St. Peter
St. Jakob
Rotspitze
3251
3105
3495
2040
Berliner H.
3369
3379
Schwarzen-stein H.
Furtschagl H.
2285
Gr. Möseler
Steinhaus
St. Johann
3480
3509
Hochfeiler
Reichenbe
Neveser Joch H.
2428
Luttach
Weißenbach
Taufers
2545
Lappach
2517
Sand in Taufers
Mühlen
Pfunders
Grabbachsp.
2809
Mühlwald
3358
3105
3041
Schwarze Wand
Staller Stl.
2052
Bd. Gr.
Windeck
2418
Uttenheim
Obertal
Antholz
Mittertal
1241
Rote Wand
2818
Mühlbach
Weitental
2774
St. Magdalena-Obertal
Terenten
Gais
Dörfl
Amperspitz
2687
1398
2231
Antholz-Niedertal
St. Sigmund
Issing
St. Georgen
St. Martin Niedertal
Obervintl
Rienz
Kiens
Bruneck
Oberrasen
Pfalzen
Ehrenburg
835
Percha
Innerpichl
Pfannh.
Niederrasen
Außerpichl
2663
Montal
St. Lorenzen
Nd.
Taisten
Unterplanken
Astjoch
Gsieser Bach
2194
Moos
Olang
Ob.
Welsberg
1087
Lüsen
Kronplatz
2273
Niederdf.
Toblach
1210
Welschellen (Rina)
Plaiken (Plisa)
Innerprags
Bd. Maistatt
Außerprags
Toblacher Feld
Plose
2486
Andrä
Maurer Bg.
2332
Hof
Pragser Wildsee
St. Vigil in Enneberg (Mareo)
Haunold
1911
Palmschoß
St. Martin in Thurn
(S. Martin de Tor)
Wengen (La Val)
2787
Seekofl
2810
2594
2966
Dürrenstein
2839
Peitlerkofel
2875
Pederoa (Pidrò)
Campill (Longiarü)
1548
3146
Höhlenstein
Pederü H.
Hohe Gaisl
Schluderbach
Geislerspitzen
Heiligkreuz
3026
2655
Drei Z
Seceda
2480
3025
Pedratsches (Pedraces)
St. Leonhard (S. Linert)
2060
Fanes H.
Gemärk
1530
2913
Puezspitzen
Peutelstein
2039
3064
Misurina
Stern (La Ila)
3221
1745
St. Christina i. Gr.
2665
St. Kassian (S. Ciashan)
Tofana
Mt. Cristallo
Cima C
Wolkenstein (Selva)
Kolfuschg (Colfosco)
1645
2912
3244
1809
Fischburg
P. Tre Croci
2121
Grödner J.
Kurfar (Corvara)
Cortina d'Ampezzo
1217
Langkofel
Falzaregopaß
3179
Sellagr.
3152
Sellajoch
Piz Boè
1875
P. di Campolongo
2105
Buchenstein
Sorapis
3205
Arabba
Col di Lana
2213
Averau
Pordoijoch
Cordevole
2452
2647
1450
2239
Pieve d. Livinal.
la Rocchetta
2018
R. G
Canazei
2496
Alba
Fedàiapaß
S. Vito di Cad.
Antelao
Selva di Cad.
3264
2056
Marmolata
Caprile
3343
Borca d.C.
983
1766
3168
1946
R. Venezia
Costabella
Mt. Alto
Alleghe
Mt. Pelmo
2762
2545
S. Tomaso Agordino
Zoppe d.C.
Cibiana

Weingartner
Die Kunstdenkmäler
Südtirols
Band 1

DIE KUNSTDENKMÄLER SÜDTIROLS

Band 1:
Eisacktal, Pustertal, Ladinien

Band 2:
Bozen und Umgebung, Unterland, Burggrafenamt, Vinschgau

Bearbeiter der bisherigen Auflagen
Josef Weingartner (1. Auflage, Bd. I—IV; 2. Auflage, Bd. I und II; 3. Auflage, Bd. II = Nachdruck), Heinrich Waschgler (3. Auflage, Bd. I), Josef Ringler (4. Auflage Bd. I und II), Josef Stadlhuber (5. und 6. Auflage, Bd. I), Adelheid Zallinger-Thurn (5. und 6. Auflage, Bd. II)

Josef Weingartner

DIE KUNSTDENKMÄLER SÜDTIROLS

BAND I

EISACKTAL
PUSTERTAL
LADINIEN

Siebte Auflage

Gesamtredaktion: Magdalena Hörmann-Weingartner
Bearbeitung Eisacktal, Pustertal: Kriemhild Graf
Bearbeitung Ladinien: Magdalena Hörmann,
Herlinde Menardi (Cortina), Reinhard Rampold (Buchenstein)

VERLAGSANSTALT ATHESIA - BOZEN
TYROLIA-VERLAG - INNSBRUCK - WIEN

Umschlagbild: Ausschnitt aus dem romanischen Iwein-Zyklus in Rodenegg (Foto J. Tappeiner)

1985

Umschlaggestaltung: Roland Prünster, Bozen
Gesamtherstellung: ATHESIADRUCK, Ges.m.b.H., Bozen
ISBN 88-7014-360-0

INHALT

Seite

Vorwort zur 7. Auflage 7

Die Kunstentwicklung Südtirols

Die kirchliche Baukunst 11
Der Profanbau 31
Die Malerei 51
Die Bildhauerei 66
Das Kunstgewerbe (von Josef Ringler) 75

Die Kunstdenkmäler

Eisacktal 97
Pustertal 443
Ladinien 669

Register

Ortsverzeichnis 749
Personenverzeichnis 755
Monogramme 771
Verzeichnis Schlösser, Burgen, Ansitze, Höfe . . 773
Bildernachweis 776

VORWORT ZUR 7. AUFLAGE

Mit seinen „Kunstdenkmälern Südtirols", die 1923 bis 1930 in vier Bänden erschienen sind, hat Propst Weingartner ein Inventarwerk zur Südtiroler Kunst geliefert, das bis heute nicht übertroffen worden ist. In siebenjähriger Arbeit entstand dieses erstaunliche Werk, in dem die einzelnen Denkmäler nicht nur genau beschrieben, sondern auch kunsthistorisch eingeordnet wurden. Bei dem damals noch weitgehend unerschlossenen Denkmälerbestand bedeutete dies eine große wissenschaftliche Leistung, da eine Fülle von Daten und Klassifizierungen neu zu erbringen war. Propst Weingartners Forschungsmeinung hat weithin Gültigkeit behalten, es gibt kaum Fehlurteile bei ihm, und wenn sich neue Ergebnisse einstellten, so haben sie mit dem Fortschreiten der Zeit und der wissenschaftlichen Entwicklung zu tun, nicht mit mangelnder Präsenz seines Wissens.

Weingartner arbeitete als Topograph weit voraus. Dies zeigt sich besonders in seiner Einschätzung der Kunst des 19./20. Jahrhunderts. Er schreibt dazu im Vorwort zur 1. Auflage: „In der Überzeugung, daß auch die neueren Schöpfungen der Kunst eine geschichtliche Bedeutung besitzen und für eine spätere Zeit auch ähnlich interessant sein werden wie die älteren, und in der Erwägung, daß heute auch noch zahlreiche Daten ihrer Entstehungsgeschichte festgestellt werden können, die ungesammelt schon in einigen Jahrzehnten endgültig verloren wären, wurden auch neue Kirchen, neue Kircheneinrichtungen und, soweit es sich um bedeutendere Leistungen handelte, auch neuere Profanbauten in die Darstellung einbezogen." Tatsächlich gilt der erste WEINGARTNER heute gerade in Hinsicht auf die Dokumentation der Denkmäler der sogenannten historisierenden Stile, also der Zeit zwischen 1850 und 1920, bereits als Quellenwerk. Viele Daten und Namen von Altarbauern, Kunsttischlern, Bildhauern und Baumeistern usw. dieser für Tirol so besonders fruchtbaren Periode wären ohne seine Aufzeichnung heute nur mehr durch mühsame Forschung zu recherchieren oder überhaupt nicht mehr auffindbar.

Eine Sonderleistung Weingartners bleibt immer die Art der textlichen Abfassung. Er bemerkt zwar im Vorwort, daß er kein im eigentlichen Sinn lesbares Buch geschrieben habe, weil die Unmenge des Materials eine „stilistisch angenehme oder gar gefühlsmäßig betonte Verarbeitung von selbst ausschloß“. Wohl aber habe er sich bemüht, „das für die geschichtliche und künstlerische Würdigung der einzelnen Denkmäler wirklich Wesentliche so kurz, aber auch so präzis als möglich in Worte zu fassen“. Diese Meisterschaft einer prägnanten Kurzfassung macht aus den „Kunstdenkmälern Südtirols“ von Anfang an mehr als ein bloßes Inventarverzeichnis, eine Denkmalauflistung. Die Baucharakteristiken Weingartners, aber auch seine treffenden Kurzanalysen zu Bedeutung und Geschichte der Denkmäler sind exemplarische Beispiele kunsttopographischer Arbeit, die bei allem lexikalischem Anspruch doch auch die Benützbarkeit und die gute Information für einen breiteren Kreis im Auge behält. Darin liegt gewiß auch das Markenzeichen des WEINGARTNER, das ihn längst zu einem Begriff in der Kunstführerliteratur gemacht hat.

Bei der 1950 erschienenen ersten Neuauflage ist es dann bekanntlich zu einer sehr starken Kürzung des Materials gekommen. Propst Weingartner hat sie noch selbst vorgenommen und hat dieser durch die damalige bedrängte Wirtschaftslage mitbeeinflußten, aber oft bedauerten Maßnahme die positive Seite eines handlichen auf zwei Bände beschränkten bequemeren Führers abgewonnen. Für diese gekürzte Form gab es 1959/61 eine dritte Auflage, die Heinrich Waschgler, der schon in der ersten Auflage als Mitarbeiter des Propstes Ladinien bearbeitet hatte, für den ersten Band revidierte, während der zweite Band einen unveränderten Nachdruck erfuhr. Dazu erschien dann ein eigener Band mit Abbildungen. Josef Ringler, der Direktor des Tiroler Volkskunstmuseums, übernahm dann die Bearbeitung der vierten Auflage. Im Zuge der nach dem Krieg verstärkt einsetzenden Restaurierungsmaßnahmen war es zu Veränderungen am Kunstbestand gekommen, die eingetragen werden mußten. Ringler arbeitete Ergebnisse der neueren Forschung auch in die Einleitung ein und war auch um kleinere Texterweiterungen bemüht. Seine verdienstvolle Arbeit wurde fortgesetzt durch das nächste Team, Josef Stadlhuber und Adelheid Zallinger-Thurn. Sie zeichnen für die fünfte und sechste Auflage (1974 und 1977) verantwortlich. Bei ihrer Revision machten sich bereits die Verluste bemerkbar, die durch die vielen Diebstähle dem Kunstgut zugefügt wurden. Gegenüber stand wieder eine Reihe von Neufunden als Folge von Restaurierungen, die ebenfalls zu dokumentieren war. Die beiden Bände dieser Auflagen wurden in Teilregionen gegliedert; innerhalb der Regionen galt die alphabetische Anordnung.

Zallinger, die den Band II mit der ihr eigenen Gewissenhaftigkeit betreute — ihr früher Tod 1983 bedeutete einen schmerzlichen Verlust für die Tiroler Kunstgeschichte —, betonte in ihrem Vorwort den „ewig unvollendeten Charakter" kunsttopographischer Arbeit, die nach ständigen Überprüfungen verlange. Die Verfasser der nun vorliegenden siebten Auflage des WEINGARTNER haben neuerlich die Aufgabe solcher Überprüfungen übernommen. Sie hoffen, damit wieder einen kleinen Schritt weitergekommen zu sein. Bei zahlreichen Begehungen wurde versucht, zumindest alle wesentlichen Veränderungen festzuhalten. Sie betreffen in erster Linie wieder solche, die sich durch die umfangreiche Tätigkeit auf dem Gebiet der Denkmalpflege und des Restaurierungswesens ergeben haben, und waren besonders zahlreich in bezug auf neue Freskenfunde. Die Daten der Restaurierungen wurden nach Möglichkeit vermerkt, da es sich ja dabei um wichtige Stationen der jeweiligen Denkmalgeschichte handelt.

Die Verluste durch Diebstähle sind zwar in der letzten Zeit etwas zurückgegangen. Die latente Gefährdung des beweglichen Inventars machte Schutzmaßnahmen und damit Veränderungen notwendig, die zu verzeichnen waren. Vielerorts ist es zur Schaffung eigener Orts- oder Pfarrmuseen gekommen, die die gefährdeten Objekte aufnahmen. Wo die Sammlungen allgemein zugänglich sind, wurden sie erwähnt, genaue Verzeichnisse der Bestände waren im Rahmen des WEINGARTNER nicht möglich, zumal vielfach bereits gedruckte Führer dieser Sammlungen vorhanden sind. Die nicht mehr am ursprünglichen Ort — meist in Kirchen und Kapellen — befindlichen Inventarstücke wurden mit einem Sternchen gekennzeichnet bzw. als deponiert eingetragen.

Gegenüber den vorhergehenden Auflagen hat eine gewisse Texterweiterung in bezug auf Denkmäler des 19. Jahrhunderts stattgefunden. Ansonsten reicht die Erfassung von Kunstwerken wie bisher in die unmittelbare Gegenwart.

Die neuere Literatur mit den wesentlichen Arbeiten von Nicolò Rasmo, weiters von Erich Egg, Theodor Müller, Karl Gruber, Helmut Stampfer und Karl Wolfsgruber wurde nach Möglichkeit eingearbeitet. Auf die vermehrte Tätigkeit lokaler Forscher ist dabei besonders hinzuweisen, die in diversen Heimatbüchern und den Gebietsführern zur Benützung vorlag.

Fleißaufgabe von Bearbeiterin Kriemhild Graf war die Richtigstellung der Hausnummern in den hier behandelten Städten. Auf vielfachen Wunsch wurde wieder die topographische Gliederung gewählt (und damit auf die erste Auflage zurückgegriffen). Eine

Neuerung sind auch die dem Text direkt zugeordneten Abbildungen.

Eine Revisionsarbeit wie die vorliegende kennt nach oben keine Grenze. Die Verfasser sind sich der Unvollständigkeiten und möglichen Fehler, aber auch der wechselnden Ausführlichkeit bei den Beschreibungen bewußt, die auf Grund der verschiedenen Arbeitsweisen, aber auch wegen Schwierigkeiten bei der Besichtigung nicht vermeidbar war. Dennoch hoffen sie, daß auch dieser neue WEINGARTNER, auf den viel Arbeit verwendet wurde, als nicht entbehrliches Nachschlagewerk in Sachen Südtiroler Kunst seine altbewährten Dienste tun wird, und freuen sich, daß das Erscheinen des Buches in die Nähe des 100. Geburtstages von Propst Weingartner am 10. Februar 1985 fällt.

Für seine mannigfache Unterstützung sei an dieser Stelle Landeskonservator Dr. Helmut Stampfer der aufrichtigste Dank ausgesprochen und ebenso den zahlreichen örtlichen Gewährsmännern, vor allem den Pfarrherren, die Auskünfte gegeben und geholfen haben. Dank gebührt auch Verlag und Druckerei Athesia für ihre Geduld. Generaldirektor Dr. Karl Weingartner stand als Anreger und Berater stets aufmerksam zur Seite, wofür ihm auch herzlich gedankt sei.

Magdalena Hörmann-Weingartner

DIE KUNSTENTWICKLUNG SÜDTIROLS

Von Josef Weingartner*

Die kirchliche Baukunst

1.

Im Gegensatz zu Nordtirol, wo fast nur spätgotische und barocke Gotteshäuser zu finden sind, verrät sich südlich des Brenners schon im Kirchenbau das höhere Alter der Kultur und verliert sich für den rückwärts schauenden Blick die Geschichte der Kirchenarchitektur im Dunkel des 1. christlichen Jahrtausends. Einzelne Gotteshäuser sind schon in den letzten Zeiten der Römerherrschaft entstanden. Beispiele dafür sind die frühchristliche Basilika von Aguntum oder Lavant, wo die Mauern einer frühchristlichen Bischofskirche aus dem 5. Jahrhundert mit antiken Säulen, Grab- und Taufbrunnen ausgegraben wurden. Auch bei Grabungen in Nordtirol wurden mehrere Kirchengrundrisse aus dem 5. und 6. Jahrhundert festgestellt, so in der Laurentiuskirche in Imst, wo sogar eine marmorne Schrankplatte mit dem konstantinischen Christusmonogramm im Boden gefunden wurde, und in den Kirchen von Pfaffenhofen und Martinsbühel bei Zirl. In allen drei Kirchen fand sich innerhalb der rechteckig abgeschlossenen Räume eine halbrunde Priesterbank.

Jüngste Ausgrabungen in Säben haben eindrucksvolle Zeugnisse der hier seit dem 4. Jahrhundert kontinuierlich bestehenden christlichen Kultbauten erbracht. Erhalten hat sich allerdings von diesen ältesten christlichen Kirchen, zu denen auch Anlagen im Bereich von St. Lorenzen-Sebatum, unter St. Peter in Gratsch, auf Castelfeder und am Virgl bei Bozen sowie im Bereich der Fluchtsiedlung von Perdonig u. a. gehörten, außer der Grundrißstruktur nur sehr wenig. Zu erwähnen wäre hier die Kirchenruine St. Peter bei Altenburg gerade über dem Kalterer See. Sie steht auf einem isolierten Felsen, und die Pfeiler und Bogen der großen Steinbrücke, die früher von Altenburg hinüberführte, sind noch zum Teil vorhanden. Nach der Legende wurde die Kirche vom hl. Vigilius, also im 5. Jahrhundert, erbaut,

* mit Überarbeitungen, vor allem in den neueren Abschnitten

und die isolierte Felsenklippe wählte man als Bauplatz, weil man sich vor den umwohnenden Heiden sichern mußte. Wie nun in solchen Legenden meistens ein fester Kern steckt, so verbürgt auch in Altenburg der Grundriß der Kirchenruine ein hohes Alter. Es war eine dreischiffige Anlage mit einer einfachen Rundapsis, also eine einfache Basilika. Daß sie wirklich bis ins 5. Jahrhundert zurückreicht, läßt sich nicht nachweisen und ist wohl nicht wahrscheinlich. Auf jeden Fall haben wir hier aber eine der ältesten Kirchen Südtirols vor uns, die zweifellos noch dem 1. Jahrtausend angehört. Uralten Kulturboden birgt weiterhin auch der abgelegene Vinschgau, und bei manchen seiner Kirchen verrät schon der fremdartige, altertümliche Name des Patrons, zum Beispiel St. Prokulus, St. Medardus, St. Carpophorus, Sisinius, Dionysius, Zeno usw., den Ursprung in grauer Vorzeit. Die Forschung hat hier freilich noch nicht voll eingesetzt, und man darf hier für die Zukunft noch manche Überraschung erwarten.

Als sicheres Denkmal des 1. Jahrtausends ist jetzt schon nachgewiesen die kleine St.-Benedikts-Kirche in Mals, deren Wandgemälde von Dr. Garber publiziert und als Werke des 9. Jahrhunderts bestimmt wurden. Die Kirche selber bildet ein einfaches, oblonges Viereck mit flacher Ostwand, dessen Ecken aber nach außen nicht vortreten. Die Nischen schließen mit einem Hufeisenbogen ab, eine Form, die in der orientalischen und karolingischen Kunst auch sonst häufig vorkommt und die später durch die Kunst des Islams besonders kultiviert wurde, und enthalten einen einfachen Altartisch. Sie waren mit Stuckornamenten umrahmt und, wie die übrige Kirche, mit Fresken verziert. Der Turm ist erst später dazugebaut worden.

Gleich alt oder vielleicht noch älter dürfte das St.-Prokulus-Kirchlein bei Naturns sein, dessen Wandgemälde ebenfalls noch dem 1. Jahrtausend angehören. Auch hier ist der Turm erst später hinzugekommen, und die Kirche bildet ein einfaches Viereck. Die St.-Stefans-Kirche bei Marienberg, deren Rechteckapsis außen mit Blendbogen gegliedert ist und innen durch einen überhöhten Chorbogen auffällt, gehört ebenfalls in die vorromanische Epoche. Blendbogen zeigt auch der hochinteressante (über zwei Vorgängerkirchen) errichtete Bau der Kirche St. Peter in Gratsch, die als strenge Kreuzkuppelkirche gebildet ist, Tonnengewölbe aufweist und eine nach außen polygonale und nach innen runde Apsis zeigt. Sie ist damit eine schon hochromanische Bauformen vorwegnehmende, aber wohl noch ins 10. Jahrhundert reichende Anlage in unserem Raum.

Einen gewaltigen Aufschwung nahm dann das südtirolische Kirchenbauwesen im 12. und 13. Jahrhundert. Unterdessen hatte sich in der großen Welt draußen aus der Verbindung der frühchristlichen Basiliken mit dem spätantiken Kuppelbau und, wie es scheint, unter dem Vorantritt der östlichen Mittelmeerländer der romanische Stil entwickelt, der dann seit dem Ende des 11. Jahrhunderts in Deutschland, Frankreich und in der Lombardei seine höchste Blüte erlebte. Die reifen Formen dieses neuen Stils fanden ihren Weg auch in unser Bergland, und, wie überall in der weiten Welt, so stand mit ihrem Aufkommen auch hier eine besonders lebhafte Bautätigkeit in innigster Verbindung. Damals wurden die Dome in Trient und Brixen und die Pfarrkirche in Bozen an Stelle älterer und kleinerer Gotteshäuser neu gebaut, erhielten die älteren Klöster Innichen und Sonnenburg neue Kirchen, wurden die Stifte Gries (eigentlich Au), Marienberg, Neustift errichtet, und wichtig war auch die schon erwähnte Gründung zahlreicher Pfarreien und die Erbauung der vielen Burgkapellen und Filialkirchen, die ebenfalls in diese Zeit fällt. Die meisten größeren Kirchen sind freilich durch spätere Umbauten wesentlich verändert worden. Gut erhalten blieben uns davon, abgesehen vom Dom zu Trient, der nicht mehr in unser Gebiet gehört, eigentlich nur die Stiftskirche in Innichen, die Johanneskirche von Taufers i. M. und, allerdings mit manchen Veränderungen, allenfalls noch die Pfarrkirche in Gais, das Mauerwerk der Stiftskirche von Marienberg, Turm und Langhaus in Neustift, der Domkreuzgang und die Johanneskirche in Brixen. Dazu kommen noch zahlreiche Kirchtürme, zumal im Etschland und im Vinschgau, eine Reihe von Burgkapellen, zum Beispiel jene auf Schloß Tirol (die noch einen älteren Vorgängerbau hat), Zenoberg, Hocheppan, Reinegg, Taufers, Rodenegg, Lichtenstein über Leifers, Runkelstein, Karneid, Wehrburg usw., und dann ganz besonders eine Menge mehr oder weniger abgelegener Filialkirchen, die von späteren Umbauten vielfach verschont geblieben sind.

Abgesehen von diesen Bauwerken, deren romanischer Stil für jedermann noch zu erkennen ist, stecken aber Bauteile aus romanischer Zeit auch noch in zahllosen anderen Kirchen, denen man ihr hohes Alter nicht mehr auf den ersten Blick anmerkt. Besonders häufig ist der Fall, daß eine ursprünglich romanische Kirche in gotischer Zeit gänzlich umgebaut wurde, ein gotisches Gewölbe, ein neues größeres Presbyterium, neue gotische Fenster erhielt, daß aber die Langhausmauern immer noch die ursprünglichen sind. Das trifft zum Beispiel zu in Lengmoos, wo allerdings auch noch das romanische Portal erhalten ist, in

Tisens, in Neumarkt, vor dem Neubau beim Langhaus in Tramin und Dorf Tirol und bei zahllosen kleineren Seelsorge- und Filialkirchen, wobei häufig auch noch der Turm der romanischen Bauperiode angehört.
Der Stilcharakter all dieser Kirchen ist von den allgemeingültigen Formgesetzen der romanischen Periode bestimmt und ist speziell von der lombardischen Architektur stark beeinflußt. Daneben dürften aber auch Anregungen vom Norden, vor allem von Salzburg her, und Hirsauer Baugedanken eine nicht unwichtige Rolle gespielt haben. Als tirolische Besonderheit wäre höchstens zu vermerken, daß wir es fast durchaus mit recht einfachen Werken zu tun haben und daß der eigentliche Reichtum der romanischen Baukunst in unseren schlichten Bergkirchen nicht zur Entfaltung kam.

Die kleineren Kirchen bestanden ähnlich wie in der vorangehenden Periode nur aus einem rechteckigen Raum, an den sich östlich die leicht abgesetzte Rundapsis anschloß. Manchmal waren es — hier zeigt sich deutlich der Zusammenhang mit dem karolingischen System von St. Benedikt in Mals — auch drei Apsiden, wie zum Beispiel in St. Margareth in Lana oder in der Burgkapelle auf Hocheppan, wo aber nur die größere, mittlere Apsis einen Altar enthielt und auch nach außen vortritt, oder auch nur zwei, wie in der Friedhofskapelle in Schenna. Die letztgenannte Kirche ist trotz ihres geringen Umfanges außerdem zweischiffig und mit Kreuzgratgewölben über Gurten und Mittelpfeilern versehen. In Schenna ist uns in der St.-Georgen-Kirche auch das Beispiel eines romanischen Rundbaues erhalten, dessen Kuppel ebenfalls von einem Rundpfeiler und zwei Kreuzgurten getragen wird. Im allgemeinen aber trug bei kleineren Kirchen nur die Apsis eine Wölbung, während das Langhaus sich bis tief in die gotische Periode hinein noch immer mit einer flachen Holzdecke begnügen mußte. Der häufige Fall, daß sich über dem Gewölbe einer Kirche noch romanische oder frühgotische Fresken erhalten haben, geht eben auf die Tatsache zurück, daß das Gewölbe erst später eingezogen wurde, während die Wände ursprünglich bis hinauf zur flachen Decke bemalt gewesen waren. Manche kleine Kirchen, wie gerade die bisher genannten, entbehrten noch immer des Turmes. Im allgemeinen aber durfte der Turm auch bei kleinen Kirchen nicht fehlen, ja das offenbare Mißverhältnis zwischen seinem Umfang und seiner Höhe einerseits und den Maßen des schlichten Kirchleins andererseits läßt uns deutlich erkennen, daß man vielfach auf einen massiven und kräftigen Turm sogar das Hauptgewicht legte. Beachtenswert ist der besonders in der Bozner Gegend übliche

Brauch, den Turm so an die Kirche anzufügen, daß sein Erdgeschoß das Presbyterium enthält, wobei vielfach auch noch eine eigene Rundapsis angesetzt wurde. Als Beispiele seien in und um Bozen erwähnt St. Johann im Dorf, St. Peter auf Karnol, Rentsch, St. Magdalena, St. Justina, St. Martin in Kampill.

Bei größeren Kirchen, zum Beispiel in Innichen, Neustift, Gais, im alten Brixner Dom, zerfällt das Langhaus in drei Schiffe, die durch Pfeiler von wechselnder Form voneinander getrennt sind. Zwischen Langhaus und Chor schiebt sich zum Beispiel in Brixen, Marienberg, Innichen womöglich ein Querschiff ein, wodurch der Grundriß des Gotteshauses eine kreuzförmige Gestalt erhielt. Auch die Apsis setzte gewöhnlich nicht unmittelbar an, sondern wurde, um damit ein geräumiges Presbyterium zu erzielen, durch das sogenannte Chorquadrat weiter hinausgeschoben, wie das in Innichen und Gais und eigentlich auch an den erwähnten Bozner Filialkirchen zu sehen ist, wo das Erdgeschoß des Turmes das Chorquadrat bildet. Bei bedeutenden Kirchen, zum Beispiel im Dom zu Brixen und in Innichen, wurden auch die Schiffe mit einem festgefügten System von Kreuzgewölben überspannt. Vierungskuppeln über der Schnittfläche von Langhaus und Querschiff waren selten. Das beste Beispiel enthält die Johanneskirche in Brixen und die damit eng verwandte, jetzt verbaute alte Kirche in Anras im Pustertal. Gut ausgebildet ist die Kuppel in Innichen.

Die Türme mit ihren zwei- oder dreiteiligen und manchmal sogar in zwei oder drei Reihen übereinanderliegenden Rundbogenfenstern und den niedrigen und meist gemauerten Viereckpyramiden stehen gewöhnlich seitwärts zwischen Langhaus und Presbyterium. Die Kirche von Neustift zeigt einen mächtigen Fassadenturm, der Dom von Brixen dagegen ist in unserem Gebiet das einzige Beispiel für eine monumentale doppeltürmige Fassade, wie sie der romanische Stil in Deutschland liebte und wie sie auch noch am Trienter Dom geplant war. Der seitliche Fassadenturm von Innichen ist erst später hinzugefügt worden. Die großen romanischen Dome, zumal in Deutschland, tragen über der Vierungskuppel häufig den sogenannten Vierungsturm. Eine analoge, jedoch entsprechend bescheidenere Bildung zeigen die Johanneskirche in Brixen und die alte Kirche in Anras. Vielleicht hängt auch die zentrale Turmstellung an den Bozner Filialkirchen damit irgendwie zusammen.

Einer eigenen Gruppe gehören die beiden Rundbauten der St.-Sebastians-Kapelle bei Klausen und der Michaelskirche (ursprünglich Erlöserkirche) in Neustift an. Sie waren Hospizkirchen und sind beide von Bischof Konrad von Rodank errichtet worden, der sich dabei von östlichen Bauideen im Zusammenhang mit Kreuzfahrereinflüssen leiten ließ. Die zehneckige Anlage der Neustifter „Engelsburg" mit dem Kuppelgewölbe der runden Oberkapelle stellt ein einzigartiges Denkmal romanischer Architektur in Südtirol dar. Nach N. Rasmo dürften auch die Anlagen der Hospize von St. Florian bei Laag und der Johanneskirche bei Taufers auf östliche Anregungen zurückgehen.

Der Schlichtheit, in der bei uns der romanische Stil auftritt, entspricht auch der Mangel einer reicheren plastischen Dekoration, die sonst romanische Kirchen auszeichnet. Zu erwähnen wären höchstens die Blatt- und Tierdekorationen der Pfeilerkapitelle in Innichen, der mit Ornamenten und Köpfen verzierte Rundbogenfries an der Apsis der St.-Floriani-Kirche bei Margreid und vor allem etliche Portale, die der romanische Stil mit besonderer Sorgfalt auszugestalten liebte. Die Leibung wurde meist abgetreppt und mit eingestellten Säulen noch reicher gegliedert, darüber schwingt sich das runde Bogenfeld, das meist ein Relief umschließt, als weitere Rahmung werden vielfach zu beiden Seiten Quadern mit Reliefdarstellungen eingesetzt, und manchmal kommt auch noch eine eigene Vorhalle mit Löwensäulen dazu. Die romanischen Portale im Brixner Dom, in Lengmoos, in Innichen, auf Schloß Tirol und Zenoberg und das Löwentor an der Bozner Pfarrkirche bieten für alle diese Dinge gute Belege. Eine kleine Sonderstellung nimmt die Pfarrkirche in Laas ein, deren kürzlich wiederhergestellte Apsis, ebenso wie ursprünglich der ganze Bau, mit Marmorquadern bekleidet war und eine Dekoration aus Zahnschnitt, Bogenfriesen usw. aufwies.

Gegenüber dem frühchristlichen Kirchenbau strebte der romanische Stil in jeder Hinsicht einen größeren architektonischen Reichtum an, eine reichere Gliederung des Grundrisses durch Querschiff, Vierung und Chorquadrat, eine rhythmische Aufteilung der Decke durch Kreuzgewölbe, eine stärkere organische Verbindung der Decke mit den tragenden Mauern durch den Zusammenschluß der Pfeiler und Wanddienste mit den Rippen und Gurten der Wölbung, eine malerische Gruppierung des Innenraumes und eine reichere Außenansicht, wobei besonders die neuaufkommenden und in die Baumasse organisch eingefügten Türme eine wichtige Rolle spielten. Aber bei allem Streben nach Gliederung, Reichtum und organischer Belebung der Form haftet am romanischen Baustil immer noch eine gewisse Schwere, ein gedrückter Ernst. Man hat den Eindruck, als ob sich die lebendigen Kräfte der Mauer wohl überall regten, aber noch nicht ganz freimachen könnten. Es ist bekannt, daß erst die Gotik die letzte Fessel löste und dem künstlerischen Drang des Mittelalters die Erfüllung brachte. Alle möglichen äußeren und inneren Umstände haben dazu mitwirken müssen, technische Errungenschaften, arabische Anregungen, besondere soziale, wirtschaftliche, kulturelle Verhältnisse in den Städten Europas und vor allem eine beispiellose Konsequenz des philosophischen Denkens und eine ungeheure, hinreißende, berauschende Gewalt und Glut des religiösen Empfindens. Schließlich wurden aber doch alle diese verschiedenen Ströme in ein Bett geleitet und dem bereits vorhandenen Entwicklungsdrang dienstbar gemacht, und der neue Stil wurde einerseits eine Form, in der all die treibenden Kräfte der Zeit gebändigt, geordnet und geklärt einen überwältigend einheitlichen und harmonischen Ausdruck fanden und andererseits doch wieder nur die naturgemäße Weiterbildung der vorangehenden Kunst.

2.

Die Anfänge des gotischen Baustils reichen in Nordfrankreich bis in die erste Hälfte des 12. Jahrhunderts zurück. In Deutschland ist er erst hundert Jahre später recht heimisch geworden, und bei uns in Tirol kann man gar erst seit dem Beginn des 14. Jahrhunderts von einer voll ausgebildeten Gotik reden. Im ganzen 13. Jahrhundert herrschte noch der romanische Stil, und höchstens in Einzelheiten, zum Beispiel im leise spitzbogigen Abschluß oder in der schlankeren Form der Fenster und Turmhelme, meldet sich der neue Stil. Ein frühes Beispiel für eine ausgeprägte Spitzbogenform bietet das Eingangsportal der Burg Sprechenstein, das nach den Forschungen Adelheid Zallingers ebenso wie die spitzbogigen Blendfenster der Burg Reinegg etwa Mitte des 13. Jahrhunderts unter lombardischem Einfluß entstanden ist. Der erste größere Bau, den man ausgesprochen gotisch nennen kann, ist das Langhaus der Bozner Pfarrkirche, das unter Beibehaltung des Querschiffs des romanischen Baues und teilweise auch des Hauptportals um 1340 aufgeführt wurde. Die verhältnismäßig geringe Höhe des Innenraumes und die schwere, lastende Form der Gewölbe und Pfeiler lassen die unfreie Gebundenheit dieser frühen und noch halb romanischen Gotik deutlich erkennen. Indessen steht dieser Bau in unserem Gebiet ganz vereinzelt da, und sein eigenartiger, fremder Stil ist wohl damit zu erklären, daß er durch italienische Baumeister und Steinmetzen aufgeführt wurde. Wenigstens bestehen zwischen der Bozner Pfarrkirche und den jüngsten Teilen des Trienter Domes die allerengsten Beziehungen, und auch den gotischen Kirchen Venetiens steht das Langhaus der Bozner Pfarrkirche viel näher als gleichzeitigen nordischen Bauten. Den Italienern ist aber das innerste Wesen der gotischen Baukunst stets fremd geblieben, und so läßt es sich leicht verstehen, daß man im deutschen Südtirol an dieser Art Gotik kein Genügen fand. Noch während das Langhaus der Pfarrkirche im Bau stand, wurden in Bozen zwei andere Bauten aufgeführt, die Kirchen der Dominikaner und Franziskaner, deren Presbyterien stilistisch mit der Pfarrkirche nichts zu tun haben, sondern die reine deutsche Hochgotik aufweisen. Dasselbe gilt von den Chören der Pfarrkirchen in Meran, und Dorf Tirol, die ebenfalls dem 14. Jahrhundert angehören, von der Kirche in Terlan, von den Presbyterien in Gries, in Lengmoos, Tramin, Vill, Pinzon, Neumarkt, von der Deutschhauskirche in Bozen, die um 1400 entstanden sind, und vor allem vom heutigen Presbyterium der Bozner Pfarrkirche selber, das in den ersten Jahrzehnten des 15. Jahrhunderts vollendet wurde. Noch in dasselbe Halbjahrhundert fallen dann das Langhaus der Pfarrkirche, die Barbara- und die Spitalkirche in Meran, und am Ende des 15. Jahrhunderts und zu Beginn des 16., also in der spätgotischen Periode, sind entstanden die Langhausgewölbe der Pfarrkirchen von Meran, Lengmoos, Neumarkt, Gries, der Dominikaner- und der Franziskanerkirche in Bozen und als Neubauten die Kirchen von St. Pauls, Auer, das Langhaus von Vill bei Neumarkt, die Pfarrkirchen von Lana, Schlanders, Glurns, Klausen, Brixen, Sterzing, Bruneck, Taufers, die Pfarrtürme von Meran, Bozen, Brixen, Tramin, Kaltern in ihren obersten Teilen. Damit sind aber nur die wichtigsten und bedeutendsten Bauten aufgezählt. Denn in jede der genannten Stilphasen ist auch noch eine ganze Reihe kleinerer Seelsorge- und Filialkirchen einzureihen, die damals aus romanischen Kirchen umgebaut oder auch ganz neu errichtet wurden.

Schon diese bloße Aufzählung zeigt, daß in der gotischen Stilperiode ein neuer sozialer Faktor bedeutungsvoll in den Vordergrund tritt, nämlich das Städtewesen, das in Südtirol gerade mit dem 14. Jahrhundert einsetzt. Das Anwachsen der Bevölkerung erforderte größere Gotteshäuser, und der zunehmende Reichtum und das Selbstbewußtsein der Bürgerschaft drängten nach einem entsprechenden Ausdruck, der, dem Geist der damaligen Kultur entsprechend, mit Vorliebe eine religiöse Form wählte. Die Pfarrkirchen von Meran, Bozen, Glurns, Klausen, Brixen, Sterzing und Bruneck (von letzterer nur mehr der Chor erhalten), also von allen Südtiroler Städten, stammen aus dieser Zeit, während die Gotteshäuser, die zum Beispiel früher an der Stelle der Bozner und Meraner Stadtpfarrkirche standen, nur Kapellen genannt werden. Auch wo die neueingeführten Bettelorden, die Franziskaner und Dominikaner, große Kirchen bauen, wie in Bozen, wird das nur durch die Gunst und Mithilfe der Bürgerschaft ermöglicht, und wenn unter den Stiftern und Wohltätern auch in erster Linie Adelige aufgezählt werden, wie die Botschen, Niedertor und Vintler, so sind das eben in Bozen selber ansässige Familien, also nur die soziale Oberschicht des städtischen Gemeinwesens.

Der bürgerliche Charakter unserer Gotik kommt auch darin zum Ausdruck, daß wir in dieser Periode durchaus gewerbsmäßig tätige und organisierte Maurermeister und Steinmetzen als Erbauer der Kirchen vorfinden. Wie es diesbezüglich in der romanischen Zeit aussah, läßt sich mangels urkundlicher Angaben für Südtirol nicht sicher feststellen. Doch wenn wir aus den allgemeinen Verhältnissen jener Zeit Schlüsse ziehen dürfen, so mögen auch an den romanischen Bauten Südtirols Mönche und Geistliche einen ziemlich starken Anteil gehabt haben. In der gotischen Zeit aber stoßen wir allenthalben auf ansässige Baumeister oder auf Meister und Gesellen, die aus Süddeutschland hieher berufen wurden.

Bereits 1380 wurden aus Augsburg der Baumeister Martin Schiche und sein Bruder, der Steinmetz Peter, für den gotischen Chorbau der Pfarrkirche nach Bozen gerufen; Meister Konrad von Neumarkt baute die Presbyterien von Neumarkt, Vill und wahrscheinlich auch von Pinzon, Meister Peter Ursel von Tramin und Hans Feur von Sterzing arbeiteten am Langhaus in Vill und am Turm zu Tramin. In Vill war außerdem eine Zeitlang der Steinmetzmeister Andre Hofer, also sicher ein Südtiroler, tätig. Steinmetzmeister Stefan Tobler, der das Langhaus der Meraner Pfarrkirche einwölbte, wurde 1496 Bürger der Stadt. Hans Strobl aus Meran übernahm den Neubau der Pfarrkirche von Barbian, von der nur noch der Chor steht.

Im Pustertal entfaltete Meister Valentin Winkler von Pfalzen eine ausgedehnte und hochgeschätzte Tätigkeit, und eine Anzahl anderer Maurer und sicher einheimischer Steinmetzmeister hat sich an den Gewölben kleiner Landkirchen verewigt. So nennt sich in Percha Meister Asem aus dem ryed (Erasmus Mair), in Wahlen bei Toblach Andre Vierthaler von Innichen, während Bartlmä Vierthaler vor allem in Kärnten tätig war. Siegmund von Stegen nennt sich der Erbauer von St. Magdalena in Moos und war auch am Chorbau der Kirche in Montal beteiligt. Den Turm von Bozen entwarf Burghart Engelbert in Augsburg, der als

Bauleiter seinen Polier Hans Lutz von Schussenried nach Bozen sandte. Hans Lutz blieb in Bozen und übte nachhaltigen Einfluß auf das Baugeschehen aus, wie u. a. die 1519 errichtete schöne Erasmus-Kapelle in Gries beweist. Meister Benedikt Weibhauser, der Erbauer der Pfarrkirche von Klausen, arbeitete auch an der Sterzinger Pfarrkirche, an deren Ausführung auch die beiden Steinmetzmeister Thomas und Adam Scheiter von Sterzing Anteil hatten. Eine größere Anzahl von Steinmetzgesellen, die größtenteils aus Süddeutschland kamen, ist uns beim Bau der Pfarrkirchen von Bozen und St. Pauls überliefert. In diese Zeit fällt dann auch der Zusammenschluß der deutschtirolischen Steinmetz- und Maurermeister zu einer eigenen Bruderschaft, die 1460 in Sterzing gegründet wurde, dabei aber die Zugehörigkeit der Tiroler zur Straßburger Bauhütte nicht antastete und selber die Beschlüsse des Regensburger Steinmetztages von 1459 zur Voraussetzung hatte. Neben diesen deutschen Meistern waren aber auch jetzt noch nicht wenige Italiener beschäftigt, zumal in Bozen, und es ist sehr bezeichnend, daß sich in den letzten Jahren des 15. Jahrhunderts zwischen den beiden Teilen ernstliche Streitigkeiten nachweisen lassen, die 1497 durch den Bozner Stadtrichter beigelegt wurden. Nach den Forschungen Erich Eggs gab es um 1500 in Südtirol fünf Bauhütten, die in Sterzing, Brixen, Bozen, Meran und Glurns ihren Sitz hatten.
Daß wir bei verschiedenen und dabei durchaus nicht allzu umfangreichen Bauten gleich zwei oder drei Baumeister nacheinander genannt finden, hat seinen Grund darin, daß man im Mittelalter nur sehr langsam und nach Maßgabe der verfügbaren Geldmittel baute und den Baumeister vielfach auf zweiwöchentliche oder monatliche Kündigung anstellte. Man baute, solange Geld da war; ging es aus, versah man die unfertigen Mauern allenfalls mit einer notdürftigen Abdeckung und ließ sie stehen. Bei der soliden Mauertechnik der Gotik war damit keine allzu große Gefahr verbunden. Am Langhaus von Vill wurde auf diese Weise über vierzig Jahre gearbeitet, in den Pfarrkirchen von Meran, St. Pauls und Völs blieben nach dem Zeugnis der wechselnden Stilformen die Langhäuser jahrzehntelang ohne Wölbung und Pfeiler und waren nur mit dem offenen Dach eingedeckt.

Die Namen der aufgezählten Steinmetzmeister und ihre teilweise Herkunft aus Süddeutschland stellen es außer jeden Zweifel, daß wir es beim gotischen Kirchenbau Südtirols, abgesehen vom Langhaus der Bozner Pfarrkirche, mit einer rein deutschen Kunst zu tun haben. Dasselbe bestätigen uns auch die Stilformen, die durchaus mit der süddeutschen Gotik zusammengehen, mit der oberitalienischen aber keine nähere Beziehung aufweisen. Der Chor der Bozner Pfarrkirche etwa ist von der Kirche von Schwäbisch Gmünd, einem der Hauptbauten des Parlerstils, deutlich abhängig, während die Spitalkirche in Meran im Grundriß und im inneren Aufriß unmittelbar durch die Spitalkirche zu Landshut beeinflußt ist, die kurz vorher durch den Steinmetzmeister Hans Stethaimer von Landshut errichtet worden war. Und worin besteht nun die charakteristische Eigenheit der gotischen Stilformen?

Im Gegensatz zur romanischen Architektur zeigen die gotischen Kirchen vor allem eine reichere Ausgestaltung des Altarraumes. Daher die großen, hohen Presbyterien, die im 14. und 15. Jahrhundert die niedrigen und engen Rundapsiden der romanischen Zeit überall verdrängten, auch dort, wo das Langhaus selber vorläufig noch romanisch blieb, wie im Dom zu Brixen in der Stiftskirche von Neustift, in den Pfarrkirchen von Dorf Tirol, Lengmoos, Gries, Neumarkt, Tramin usw. Auch in Meran an der Bozner Dominikaner- und Franziskanerkirche offenbart sich die ausgebildete Gotik zuallererst an den Chören, ebenso am schon erwähnten Chor der Bozner Pfarrkirche.

Diese reichere Ausgestaltung der Chöre hing übrigens auch mit einer anderen Grundtendenz der Gotik zusammen, nämlich mit der gesteigerten, einseitigen und leidenschaftlichen Betonung der Vertikale, der Höhenrichtung. Während in Fällen, wo ein gotisches Presbyterium an ein älteres Langhaus angebaut wurde, das Langhaus meist niedriger ist (zum Beispiel Neustift, Bozner Pfarrkirche, Vigiljoch), erhält es bei gotischen Neubauten auch selber eine größere Höhe, und bei dreischiffigen Anlagen wurden zum Unterschied vom frühchristlichen und romanischen Basilikasystem nun auch die Seitenschiffe beinahe oder ganz zur gleichen Höhe emporgeführt. Aber auch alle architektonischen Einzelformen atmen denselben Geist. Die Fenster sind schmal und hoch, die dünnen Wanddienste schießen in ungehemmtem Drange empor, und ihre Bewegung beruhigt sich auch am Gewölbe noch nicht, sondern wird von den Rippen aufgenommen und weitergeführt. In diesem Zusammenhang ist auch der Spitzbogen zu würdigen, der einerseits einen technischen Fortschritt bedeutet und die gewaltigen, kühnen Konstruktionen der Gotik erst ermöglicht, andererseits aber als eindrucksvolles Symbol leidenschaftlichen, unbefriedigten Emporstrebens auch selber dem gleichen Vertikalismus dient und sozusagen das Leitmotiv der Gotik geworden ist. Am Äußeren kommt das Höhenstreben der Gotik außerdem noch in den höheren

Giebeln und steileren Dächern und dann vor allem in den Türmen zum Ausdruck, die nun bedeutend höher werden und vom Viereck- zum Achteckhelm übergehen, um so auch die Dachpyramide noch höher emportreiben zu können. Reichere Formen zeigen nur die Türme von St. Pauls, Meran, Kaltern, Tramin und vor allem der Bozner Pfarrturm, der im jauchzenden Emporwachsen sich selber auflöst und zuoberst wie eine zarte Blume den blauen Lüften entgegenblüht. Aber auch die einfacheren Türme, die sich nach den verschiedenen Gegenden zu eng verwandten Gruppen zusammenschließen, werden stolz und hoch emporgeführt. Zu erwähnen wären etwa die Türme der Brixner Gegend, die sich um den Weißen Turm gruppieren, der Turm von Unterinn, die besonders schlanken von Schlanders und Tschengls und der zierliche, nadelscharfe Dachreiter von Göflan. Der südlichste Spitzturm des Haupttales steht in Margreid als letzter Zeuge deutscher Art. Außerdem finden sich Spitztürme noch ziemlich zahlreich am Nonsberg und im Fassatal, wo in der gotischen Zeit der Einfluß der deutsch-tirolischen Kunst überwog.

Als dritter Grundzug der Gotik ist die rücksichtslose Freilegung des struktiven Aufbaues zu erwähnen. Alles, was struktiven Wert hat, wird auch künstlerisch betont, alles übrige wird als bloße Füllung behandelt. Die Grundmauer, die am meisten zu tragen hat, wird durch den Sockel verstärkt, und wo die Mauer das Dach aufnimmt, wird sie durch das Dachgesims verbreitert, und beides, Sockel wie Dachgesims, wird meist durch geformte und gekehlte Quadersteine hervorgehoben — nebenbei bemerkt, häufig ein guter Anhaltspunkt, um gotische Zubauten von älteren Bauteilen zu unterscheiden. Die tragenden Kräfte der Mauer und des Gewölbes sammeln sich in den emporstrebenden Diensten und in den Rippen, und diese Punkte werden außen durch die Strebepfeiler gestützt. Was dazwischen liegt, tritt als Gewölbekappe zurück oder wird zum Fenster. Damit hängt zusammen, daß auch die tragenden und stützenden Teile nach oben hin, wo sie weniger oder nichts mehr zu stützen haben, sich immer mehr auflösen, wofür die abgetreppten, immer dünner werdenden Strebepfeiler, die bei reicher behandelten Kirchen (vgl. Meran, Gries, Sterzing, Bozen, Tisens) schließlich in eine Kreuzblume ausgehen, oder das Maßwerk der Fenster und vor allem die Pfarrtürme von St. Pauls und Bozen sprechende Beispiele sind.

Man wird diese Eigenschaften der Gotik mit rein technischen und entwicklungsgeschichtlichen Erwägungen kaum genügend erklären können. Alle große Kunst und jede große Entwicklung muß schließlich und endlich im Menschen ihre Wurzel haben, und nur eine Zeit mit ungewöhnlicher Spannung aller inneren Kräfte, mit gewaltigem seelischem Schwung, nur eine Zeit voll Idealismus und Gemütstiefe hat einen Baustil hervorbringen können, der in solchem Ausmaß die Natur des harten Steins überwindet, ihm organisches Wachsen, atmendes Leben, glühende Seele einhaucht und seine Bauwerke mit einer transzendentalen Mystik erfüllt, die Geist und Gemüt des Beschauers hoch über die irdische Sphäre emporzuheben vermag.

Freilich, was von unseren romanischen Kirchen gesagt wurde, gilt auch hier. Die gotischen Bauwerke Südtirols können sich mit den großen Domen in Deutschland und Frankreich nicht messen, und die höchsten und letzten Wirkungen der Gotik werden in ihnen nicht lebendig. In bescheidenerem Ausmaß aber atmen auch sie den gleichen Geist, und was ihnen an monumentaler Größe abgeht, ersetzen sie vielfach durch heimeliges Wesen, durch liebevolle malerische Details. Es sei da nur an die vielen einsamen Filialkirchen unserer Berge erinnert, die außen mit ihrer Ringmauer, der schlichten Vorhalle, den Fenstermaßwerken, innen mit dem belebten Rippennetz und vielfach auch noch mit ihren alten Wandgemälden und Flügelaltären auf jeden Besucher einen so nachhaltigen Eindruck zu machen imstande sind.

So deutlich sich nun die gotische Kirchenarchitektur als Gesamterscheinung von der vorangehenden und von der nachfolgenden Baukunst unterscheidet, so war sie doch in sich selber nicht etwas Starres, Unveränderliches. In den zwei bis drei Jahrhunderten ihrer Herrschaft hat sich eine sehr bedeutende Fortentwicklung abgespielt, und das Ende sieht ganz anders aus als die Mitte oder der Anfang. Im allgemeinen wird man sagen dürfen, daß die Gotik, wie übrigens jeder Baustil, von der strengen zur freien Form, von relativer Einfachheit zu immer größerem Reichtum der Gliederung, von maßvoller zu exzessiver Bewegung weitergeschritten ist. Einige Beispiele mögen dies klarmachen. Bis ungefähr 1400, in den Presbyterien von Meran, Dorf Tirol, Gries, Lengmoos, Tramin, Neumarkt, der Dominikaner- und Franziskanerkirche und im Langhaus der Pfarrkirche von Bozen, in Terlan, sehen wir noch Kreuz- und im Chorabschluß meist sechsarmige Fächergewölbe, also eine einfache, klare, strenge tektonische Form der Rippenführung. Im Laufe des 15. Jahrhunderts, zum Beispiel im (in zwei Etappen errichteten) Chor der Bozner Pfarrkirche, in der Kirche von Vill, von Gufidaun, in der Barbara- und Spitalkirche von Meran, kommen schon die reicheren Sterngewölbe in Übung, und seit dem Ende des Jahrhunderts kompliziert sich die Sternform immer mehr und geht schließlich in das bewegte und unruhige Netzgewölbe über, wofür wir in den Langhäusern der Franziskaner- und Dominikanerkirche, der Meraner, Lengmooser, Neumarkter Pfarrkirche, in Lana, Klausen, Villanders, in Taufers, Lienz und in zahllosen kleineren Kirchen so abwechslungsreiche Beispiele vor uns haben. Ja, im Laufe des 16. Jahrhunderts nehmen die Rippen ganz spielerische Formen an, überschneiden sich, biegen sich aus und ein und setzen Maßwerknasen an, wie zum Beispiel in Auer, in der Vorhalle der Klausner Pfarrkirche, im Langhaus von Vill, in der Seitenkapelle und in den Vorhallen von Gries, in der Arnberger-Kapelle zu Taufers.

In der frühen Zeit wird der Übergang vom Wanddienst zur Gewölberippe immer streng organisch durch ein mehr oder weniger verziertes Kapitell betont. In der späteren Zeit verlaufen die Rippen ohne Markierung und oft sogar in verschiedener Höhe am Dienst, ja, ganz zuletzt, in Vill, Auer und Gries, kommt es sogar vor, daß sich die Rippenenden über den Diensten kreuzen und beiderseits in die Wand hineinstechen.

In ähnlicher Weise schreitet das Maßwerk der Kirchen- und Turmfenster von strengen, einfachen Dreipässen und Vierpässen zu immer reicheren, bewegteren, tolleren Formen vor, und die Rundstäbe an den Portalwandungen bekommen mit der zweiten Hälfte des Jahrhunderts mannigfach verzierte, gedrehte und kannelierte Basen, schneiden im Bogenscheitel ineinander und senden am Bogenansatz Äste ab, die manchmal sogar wie natürliches Astwerk geformt sind. Auffallend ist, daß die Wanddienste und teilweise auch die Gewölberippen in der frühen Zeit reichere und zierlichere Profile zeigen als später und daß auch andere Einzelheiten, wie zum Beispiel die schrägen Abdeckungen der Sockel, die Fensterleibungen, die Kaff- und Dachgesimse, anfangs sorgfältiger behandelt und profiliert werden als später. Doch gilt das nur für die Bozner und Meraner Gegend, denn weiter nördlich, in Brixen, Sterzing und im Pustertal, zeigt die frühe Gotik auffallend derbe, barbarische Formen, was um so mehr auffällt, als die gleichzeitige Malerei gegenüber Bozen und Meran nicht zurücksteht. Wahrscheinlich ist dies damit zu erklären, daß in Bozen und Meran schon von Anfang an süddeutsche Steinmetzen arbeiteten und die ersten Muster schufen, während im Eisack- und Pustertal ohne unmittelbares Vorbild nur einfache einheimische Maurermeister tätig waren, die sich erst im Laufe der Zeit in den Geist des neuen Stils hineinzufinden vermochten.

3.

Die eben geschilderte Entwicklung läßt bereits ahnen, daß auch für die gotische Architektur einmal eine Zeit kommen mußte, da es innerhalb der gleichen Stilformen keine weitere Möglichkeit mehr gab, da die übertriebene, spielerische, manierierte Formgebung den eigentlichen Sinn und das innerste Wesen der Gotik zersetzen und auflösen mußte. Das tritt mit dem zweiten und dritten Jahrzehnt des 16. Jahrhunderts ein, und ungünstige Zeitverhältnisse, der Bauernkrieg von 1525 und die Ausbreitung der Reformation und der Wiedertäufer, brachten die kirchliche Bautätigkeit auch in Südtirol zum jähen Stillstand. Der unvollendete Pfarrturm von Sterzing und besonders der 1533 schon bis zum Helm gediehene Turm von St. Pauls sind monumentale Zeugen und Symbole dieser historischen Erscheinung. Man kann nicht sagen — und gerade hier zeigt sich wieder, wie wenig die unmittelbare Nähe Italiens den Ausschlag gab —, daß die Südtiroler Gotik durch die Renaissance verdrängt wurde. Wenn noch irgendwo etwas Unbedeutendes gebaut wurde, so hat man es noch das ganze 16. Jahrhundert hindurch mehr oder weniger in gotischen Formen versucht. Aber der plötzliche Wettersturz im zweiten Viertel des Jahrhunderts hatte die lebendige Tradition unterbrochen, die süddeutschen Steinmetzen vertrieben, die großen Unternehmungen lahmgelegt, und auf die überfeine Gotik des ersten Viertels folgt nun eine grobe Nachgotik, wofür das Langhausgewölbe in St. Pauls und so manche kleine Bergkirche als Beispiele dienen können. Diese jähe Unterbrechung der heimischen Tradition und der Mangel an tüchtigen deutschen Kräften öffneten zugleich den norditalienischen Maurern und Steinmetzen, die eben damals die ganzen Alpenländer zu überschwemmen begannen, Tür und Tor, und seit der Mitte des 16. Jahrhunderts stoßen wir fast überall auf italienische Namen.

Zunächst bauten zwar auch die Italiener noch im gotischen Stil, freilich in einem recht verwilderten, weiter, wie zum Beispiel das St. Paulser Langhausgewölbe (von Lorenzo della Bolla, 1552) und wahrscheinlich auch das Völser Langhausgewölbe mit den Stützpfeilern das Werk von Italienern ist, und auch kleinere Neubauten behielten zunächst noch den polygonalen Chorabschluß, die spitzbogigen Fenster, eine gotisierende Turmform bei, und nur in Einzelheiten, zum Beispiel in den Portalumrahmungen, Emporen usw., zeigt sich die reine Renaissance. Im Überetsch, wo seit dem Ende des 16. Jahrhunderts eine ungewöhnlich reiche profane Bautätigkeit herrschte, sind uns in der Eppaner Friedhofskapelle und in den Orgelemporen von St.

Pauls und St. Michael derartige Beispiele erhalten. Noch länger hielt die Gotik im Eisacktal und Pustertal an, wo zum Beispiel noch nach 1600 vollständig gotische Türme, allerdings mit derben Formen und unschönen Verhältnissen, aufgeführt wurden (vgl. zum Beispiel Elvas). Da aber dieser verwilderten heimischen Gotik keine innere Zeugungskraft mehr innewohnte, mußten die fremden Maurermeister mit der Zeit auch den neuen, fremden Stil vollständig einbürgern, was im Laufe des 17. Jahrhunderts auch wirklich geschehen ist. So sehen wir denn in dieser Zeit, als sich mit der Gegenreformation und mit dem wiedererwachenden religiösen Leben auch die kirchliche Bautätigkeit wieder hob, im 17. Jahrhundert hin und hin kleinere und größere Kirchen entstehen, die in einem nüchternen und reizlosen italienischen Maurerstil gehalten sind. Sie zeigen geraden Chorabschluß, viereckige Fenster, im Inneren steife Wandpfeiler, Pilaster und Gebälke, drückende Tonnen- oder Gratgewölbe und Türme mit welschen Zwiebelhauben. Als Beispiel seien angeführt die Kirchen von Salurn — die einzige bedeutendere Leistung dieser Art (1628 begonnen von Francesco Lucchese) —, von Margreid, Auer, Weißenstein, Kardaun, Klobenstein (der Rokokogiebel später hinzugefügt), Waidbruck, die Klosterkirche in Säben, die Spital-, Schutzengel-, Erhards- und in der heutigen Form auch die Klarissenkirche in Brixen, die Kirchen von Zinggen, Elvas, St. Peter und Mariahilf in Lana usw.

Etwas reizvoller als diese nüchternen Bauwerke ist eine Reihe gleichzeitiger Schöpfungen, in denen die Neigung der Renaissance für den Zentralbau, freilich in recht bescheidenen Formen und durchaus nur in Nebenkirchen, auch Südtirol eroberte. Denn wie in der großen, allgemeinen Entwicklung des Kirchenbaues praktische Rücksichten trotz aller gegenteiligen Versuche immer wieder dem Langhausbau zum Siege verhalfen, so wurde der Zentralbau auch bei uns in eigentlichen Seelsorgekirchen nie heimisch. Wohl aber besitzen wir ziemlich einige Nebenkirchen mit kreisrundem oder noch häufiger quadratischem oder polygonalem Grundriß und mit Kuppeln, so das Liebfrauenkirchlein in Margreid, Mariä Heimsuchung bei Gfrill, Maria Schnee bei Aldein, die Kalvarienkirchen bei Kaltern und Bozen, die Kirchen von Moritzing und Siebeneich, die Liebfrauenkirchen in Säben und in St. Andrä, die Deutschhauskirche in Sterzing, die der Muttergottes geweihten Seitenkapellen der Pfarrkirche in Bozen, der Klosterkirche von Neustift, der Kirche von Schabs — wie man sieht, fast lauter Marien- und ein paar Kalvarienbergkapellen, die fast alle gegen Ende des 17. und zu Beginn des 18. Jahrhunderts entstanden sind.

Ein guter Teil dieser Kirchen wurde von der Bozner Maurer- und Baumeisterfamilie Delaia oder Delay erbaut, die vom Beginn des 17. bis zur Mitte des 18. Jahrhunderts wohl die bekannteste und beliebteste Baufirma Südtirols darstellt. Es waren eingewanderte Italiener, die sich in Bozen akklimatisierten, aber im Grunde doch immer Italiener blieben und auch in Italien ihre Ausbildung erhielten. Der Letzte der Dynastie, Joseph Delaia, hat — und das ist wohl ihre bedeutendste Leistung — einen wesentlichen Anteil am Entwurf des Brixner Domes, dessen Ausführung er in der ersten Zeit zu überwachen hatte. Das war in den Jahren 1745 und 1746, zu einer Zeit also, da in den übrigen Alpenländern, in Bayern und in Österreich, wo bis 1700 gleichfalls die italienischen Architekten herrschten, diese Stilphase längst überwunden war und schon seit dem Beginn des neuen Jahrhunderts überall eine einheimische Architektengeneration die italienische Schulung selbständig verarbeitete und, die Anregungen der südlichen Kunst originell und genial weiterbildend, den glänzenden österreichischen und süddeutschen Barockstil geschaffen hatte. In der Bozner und Meraner Gegend aber ist während der ganzen ersten Hälfte des 18. Jahrhunderts von dieser großen Bewegung wenig oder nichts zu spüren, und auch Delaias Entwurf steht ihr noch fremd gegenüber und nähert sich mehr dem strengen und etwas nüchternen Spätbarock Italiens. Überhaupt wurde im Etschland, im Burggrafenamt und im Vinschgau in dieser Zeit, da sonst in allen süddeutschen Gauen eine geradezu fieberhafte Tätigkeit herrschte, fast gar nichts gebaut.

Anders verhält es sich mit Nordtirol und mit jenen Teilen von Südtirol, die zur Diözese Brixen gehörten. Hier war in den Innsbrucker Kirchen und in den Stiften Wilten, Stams und Fiecht die neue Bewegung schon ins Rollen gekommen, und auch die Barockisierung der Neustifter Klosterkirche und der Umbau des Brixner Domes gehen auf diesen neu erwachten Baueifer zurück. Es bestand eben in der Diözese Brixen ein viel regerer Zusammenhang mit Österreich und Süddeutschland, der durch die tirolische Tätigkeit auswärtiger Stukkateure und Maler, zum Beispiel der berühmten Wessobrunner Stukkateure, der Brüder Asam von München, des Augsburger Malers M. Günther und des zwar in Südtirol geborenen, aber in Wien ansässigen Paul Troger, noch wesentlich verstärkt wurde. Es ist für diese Verhältnisse bezeichnend, daß Delaias Entwurf für den Brixner Dom verschiedentlich bekämpft wurde und sich schließlich eine Umgestaltung im nordischen Sinne gefallen lassen mußte.

Mit dem zweiten Viertel des 18. Jahrhunderts griff in der Diözese Brixen die neue Baubegeisterung auch auf das Land über. Ein Hauptrepräsentant war der berühmte Stubaier Geistliche Franz de Paula Penz, unter dessen Leitung zwischen 1740 und 1780 rund ein Dutzend Kirchen von Grund auf neu erbaut wurden. Mehrere davon, so die Kirchen von Gossensaß, Anras und Obertilliach, stehen südlich des Brenners, und auch die Bauleitung des Brixner Domes hat Penz ein Jahr lang geführt. Dabei unterstützte ihn sein Freund Georg Tangl, ebenfalls ein Geistlicher, der auch die Seminar- und die jetzt veränderte Englische-Fräulein-Kirche in Brixen erbaute und später als Dekan von Flaurling hauptsächlich in Nordtirol weiterwirkte. Daneben waren selbstverständlich auch andere Baumeister tätig, zumal im Pustertal, wo während der zweiten Hälfte des Jahrhunderts sehr viel geleistet wurde und zumal die Pfarrkirchen von Toblach, Innichen, Straßen, Sillian und die Spitalkirchen von Bruneck und Lienz ziemlich originelle Leistungen darstellen. Der bedeutendste Pustertaler Baumeister dieser Zeit war Rudolf Schraffl, der Schöpfer der Toblacher und Innichner Pfarrkirche. Herrschend aber wurde in der ganzen Diözese jener Kirchentyp, den in Weiterbildung Penzischer Vorbilder Georg Tangl in der Brixner Seminarkirche verwirklicht hatte. Er wird charakterisiert durch die Verwendung von Flachkuppeln, von denen je nach der Kirchengröße eine oder zwei auf das Langhaus und eine kleinere auf den eingezogenen Chor kommt. Jeder dieser zwei oder drei Raumteile wird durch eine rhythmische Fenstergruppe, bestehend aus zwei Rundbogen- oder Viereckfenstern unter einem meist dreiteiligen Halbkreisfenster über dem Gebälk, auch nach außen hervorgehoben. Zwischen Chor und Langhaus schiebt sich ein konkav ausgeschwungenes, triumphbogenartiges Übergangsjoch mit gedrücktem Bogen, das zugleich den Seitenaltären eine geeignete Aufstellung ermöglicht. Dieser Typus, der auch einfachen und kleineren Dorfkirchen ohne allzu großen Aufwand eine gefällige, abgerundete und moderne Form möglich machte, beherrschte den Landkirchenbau im Inn-, Wipp- und Pustertal während der ganzen Rokokoperiode, auch im Ennebergischen, wo der Götzner Franz Singer die Kirchen von Abtei und St. Vigil erbaute bzw. plante, und klingt, freilich in ausgetrockneter und verwilderter Form, auch noch in der ersten Hälfte des 19. Jahrhunderts in den Kirchen von Pfunders, Weitental, Mauls, Pfitsch und Stilfes deutlich nach, an deren Bau der Pfitscher Kurat Prantl den Hauptanteil hatte.

In der Bozner und Meraner Gegend regt sich erst am Schlusse der Rokokozeit einiges Leben, weshalb die hieher gehörigen Bauten, die Stiftskirche in Gries (von Giuseppe Sartori aus Sacco, 1769—1771), die Pfarrkirchen von Kaltern (von Matthäus Wachter aus Götzens, 1791) und Nals, bei allem Zusammenhang mit der barocken Kunst doch schon ziemlich strenge, klassizistische Formen zeigen. Noch mehr gilt das von den Kirchen aus dem zweiten Viertel des 19. Jahrhunderts, die im sogenannten Ingenieurstil erbaut wurden. Die Kirchen von Mals, Graun, Lajen, Jenesien, Welschnofen, Sarnthein, auch noch von Kastelruth, sind die wichtigsten Beispiele. Reaktion auf diese betont einfachen, wenn auch, wie etwa in Kastelruth, durch Größe und intelligente Raumanordnung imponierenden Bauten war dann die neue Begeisterung für die mittelalterliche Baukunst, die auch in Südtirol seit der Mitte des 19. Jahrhunderts immer stärker wird. Diese Bewegung, die mit den neuromanischen Kirchen in Bruneck (ein bedeutendes Werk von Hermann von Bergmann, Wien), Dölsach, Reschen (Anton Geppert) einsetzt, später aber die Gotik bevorzugte (Kirchen von Josef Vonstadl in Tais, Pichl und Proveis), sich dann ganz besonders in zahlreichen auch vom damaligen Priesterkonservator Karl Atz unterstützten Regotisierungen bestätigte und dabei gegen die barocken Kunstdenkmäler ähnlich vorging, wie einst die barocken Künstler gegen die alte Gotik gehandelt hatten, diese Bewegung ist bis zum Beginn des 20. Jahrhunderts lebendig geblieben. Zu ihren letzten Schöpfungen gehören die neuromanische Kirche der Englischen Fräulein in Meran (Architekt Ferdinand Mungenast), die Kirche in Gargazon (Emil Paor), die vom Wiener Architekten Weber entworfene neugotische Kirche in Marling und der erst 1931 vollendete, von Architekt Hütter in Salzburg entworfene Neubau der Pfarrkirche von Schenna (Grundsteinlegung 1915). Auch für eine Reihe unmittelbar vor dem Kriege geplanter Neubauten, zum Beispiel für Prad, Gratsch, Auer, Schenna, lagen Pläne in mittelalterlichen Stilformen vor. Seit 1910 bewiesen einzelne Versuche, zum Beispiel die Kirche des Liebeswerkes in Dorf Tirol, des Sanatoriums in Brixen, die pietätvolle Erweiterung der St.-Georgs-Kirche in Obermais, daß auch die barocken Stilformen wieder mehr in Achtung kamen.

Als erster schüchterner Versuch im modernen Baustil wurde 1928 bis 1929 die neue Pfarrkirche in Tscherms, entworfen von A. Wietek in Meran, ausgeführt, der 1934 bis 1936 der von Clemens Holzmeister entworfene originelle Umbau der Pfarrkirche von Untermais und 1938 bis 1943, nach Entwürfen von Otto Linder in Stuttgart, die neue Pfarrkirche in Lana und 1956 bis 1958 jene von Prad folgten. Marius Amonn erweiterte die Kirche von Waidbruck. Der Bozner Architekt Erich Pattis plante die nach dem

Zweiten Weltkrieg erbauten Kirchen von Kardaun, Lichtenstern, St. Magdalena in Gsies und Corvara, Architekt Luis Plattner jene vom Reschen und Brenner. Die in den neuen italienischen Wohnvierteln von Bozen erbaute Christkönigs- und Don-Bosco-Kirche plante G. Pelizzari, die Kirche Regina Pacis Paul Candelperger. Von Othmar Barth stammt die neue Kirche in Haslach und die Erweiterung der Kirche in Reischach, von Willi Gutweniger die Algunder Kirche und zuletzt die kleine Kirche von Runggaditsch in Gröden.

DER PROFANBAU

1.

Bei allen jungen und kräftigen Völkern tragen die höchsten architektonischen Leistungen religiösen Charakter, und der Profanbau kommt für die Geschichte der Architektur erst in zweiter Linie in Betracht. Auch im Bereiche der christlichen Kultur des Abendlandes blieb dieses Verhältnis bis auf die neueste Zeit aufrecht, und im kleinen spiegelt es auch die Geschichte unseres heimischen Bauwesens wider.

Dessenungeachtet verdankt Südtirol aber doch auch seinen Profanbauten, seinen malerischen Bauernhäusern, Städtebildern, Edelsitzen und Burgen einen wesentlichen Teil seines Reizes und seiner Anziehungskraft, und so verlohnt es sich wohl, auch über die Entwicklung des südtirolischen Profanbaues eine zusammenfassende Übersicht zu geben.

Von prähistorischen Bauwerken sind uns nur rohe Ringwälle und aus den letzten Phasen der vorgeschichtlichen Kultur die Grundmauern kleiner, schmaler, länglicher Häuser erhalten. Der Oberbau dieser Häuser dürfte ein hölzerner Blockbau gewesen sein, wie denn der primitive Wohnbau der vorangehenden Perioden — soweit nicht Höhlenwohnungen in Frage kommen — überhaupt nur aus Holz oder Flechtwerk bestand und höchstens mit Lehm verkittet wurde. Auch aus der Römerzeit kennen wir in der Hauptsache nur die Grundrisse einfacher Gebäude, unzusammenhängende Mauerstücke, wie sie von Dr. Matzegger in Mais nachgewiesen wurden, vielleicht den aus Quadern aufgeführten Mauerblock bei Steinach, der gewöhnlich als Rest des römischen Etschbrückenkopfes angesehen wird, weiters Ergebnisse von Ausgrabungen von St. Lorenzen, Stufels bei Brixen, von Perdonig und zuletzt in Säben. Auch für den spätrömischen Charakter der ausgedehnten Ruinen von Castelfeder bei Auer (Endie?) liegen beachtenswerte Gründe vor. Für eine im eigentlichen Sinn kunstgeschichtliche Betrachtung kommen in Südtirol erst die Profanbauten des hohen Mittelalters, der romanischen Periode, genau gesprochen das 12. und 13. Jahrhundert, in Frage.

Die Bauernhäuser jener Zeit dürften jedenfalls zum größten Teil noch aus Holz bestanden haben. Als Dachmaterial kam natürlich auch das Stroh in Betracht, das sich in einzelnen Gebieten ja noch bis auf den heutigen Tag erhalten hat. Auch die primitive Holzbauform unserer Almhütten und Heustädel dürfte bis in die älteste Zeit zurückreichen. Das Blockhaus auf der Pfistradalm im Passeier ist noch ein solches ursprünglich erhaltenes Beispiel romanischer Holzarchitektur.

Mit zahlreichen hölzernen Häusern werden wir aber auch in den größeren Orten zu rechnen haben. Wenigstens wird in Trienter und Bozner Urkunden des 12. und 13. Jahrhunderts bei Verkäufen ein Bürgerhaus vielfach noch ausdrücklich als „Domus murata", als gemauertes Haus, bezeichnet, und daraus darf man wohl schließen, daß sich das nicht ohne weiteres von selbst verstand. Doch daneben muß es auch zahlreiche Steinhäuser gegeben haben, und zwar glaube ich, daß besonders die Keller und die unteren Teile gemauert waren und daß wir in den halb gemauerten, halb hölzernen Bauernhäusern der Gegenwart noch einen Typus vor uns haben, der in älterer Zeit auch für die Stadt charakteristisch war. Jedenfalls läßt sich in Brixen, Klausen und Bozen bei verschiedenen Häusern feststellen, daß wenigstens die Grundmauern nach ihrer regelmäßigen Struktur und den ausgestrichenen Mörtelfugen noch aus der Zeit um 1200 und 1300 stammen müssen.

Über den Aufbau der Stadthäuser sind wir nicht näher unterrichtet. Die Raumeinteilung dürfte ähnlich gewesen sein wie in späterer Zeit, da hier schon die Enge des zur Verfügung stehenden Raumes keinen großen Spielraum für verschiedene Möglichkeiten übrigließ. Nur wird man annehmen dürfen, daß die Hinterhäuser meist eines späteren Ursprungs sind und daß an ihrer Stelle früher der Garten lag, wie das in Klausen und teilweise in Sterzing noch heute der Fall ist. Die Türen waren zweifellos schmal und rundbogig, die Fenster der gemauerten Teile dürften vielfach im Rund- oder Flachbogen abgeschlossen haben. Türen und Fenster waren mit Quadern gerahmt oder wenigstens die Bogen mit steilgestellten Ziegeln ausgemauert. Drei derartige Fenster mit Ziegelbogen sind noch in der Mauer eines ehemaligen Wohnhauses in Auer zu sehen, das wohl aus dem 13. Jahrhundert stammen dürfte und heute als Ökonomiegebäude dient. Ob es damals in Bozen, Brixen und Meran auch schon Lauben gab, ist nicht mehr zu ermitteln. Wahrscheinlich dürfte es der Fall gewesen sein, da schon damals das gleiche praktische Bedürfnis vorlag wie später und da an den romanischen Bauten Italiens —

und aus dem Süden sind ja wohl die Lauben herzuleiten — offene Bogenhallen im Erdgeschoß keine Seltenheit sind.

Wenn hier immer von Stadthäusern die Rede geht, so muß allerdings nachträglich betont werden, daß es Städte im eigentlichen juridischen Sinne — etwa Brixen ausgenommen — im 12. Jahrhundert bei uns noch nicht gegeben hat. Erst gegen Ende des 13. und im 14. Jahrhundert entwickelte sich auch in Südtirol das Städtewesen. Aber die geschlossene, zeilenweise Anlage der Städte und einiger größerer Orte, wie Tramin und Neumarkt, war schon damals vorhanden, wie weit sie jedoch zurückreicht, läßt sich nicht sagen. Die Bajuwaren haben sie nicht mit ins Land gebracht, da ihnen städtische Siedlungen fremd waren. Im Prinzip hängt sie jedenfalls mit der Stadtanlage der Römer und Romanen zusammen; ob sie aber bei irgendeiner unserer Ortschaften, etwa bei Bozen, noch direkt auf die Römerzeit zurückgeht, wie zum Beispiel manche Straßenzüge nicht nur in italienischen Städten, sondern auch in Köln, Mainz, Regensburg und Wien, ist noch eine offene Frage, die nur mit Grabungen, nicht aber damit gelöst werden kann, daß man, wie das wohl geschehen ist, um die unregelmäßigen Grundrißlinien der Laubengasse einfach das regelmäßige Viereck eines angeblichen römischen Castrums herumzieht, von dem in Wirklichkeit nichts bekannt ist. Rein und ausschließlich mittelalterlich sind jedenfalls die Straßenzüge in Bruneck, Brixen, Klausen und Neumarkt, wo es sich durchaus um Neugründungen der romanischen Zeit handelt.

Festeren Boden betreten wir, wenn wir uns nun einer dritten Kategorie romanischer Bauten zuwenden, nämlich der Ritterburg. Es kann hier nicht unsere Aufgabe sein, einen vollständigen Abriß der Südtiroler Burgenkunde zu geben, und für den Zweck einer Gesamtübersicht muß es genügen, den Bautypus als solchen nach seinem individuellen Wesen zu erfassen und abzugrenzen und dabei besonders die kunstgeschichtlich bedeutungsvollen Elemente hervorzukehren.

Die mittelalterliche Ritterburg ist eine eigenartige Kombination von Wohn- und Wehrbau für eine einzelne, vornehme Familie, die in den Verhältnissen jener Zeit, als keine öffentliche Gewalt volle Sicherheit und Ruhe garantieren konnte und jeder bereit sein mußte, sich gegebenenfalls selber seines Lebens und seiner Freiheit zu wehren, und außerdem in der sozialen Sonderstellung des Adels ihre natürliche Grundlage hatte und für diese Verhältnisse sozusagen ein monumentales Symbol darstellt. Die klassische Burgenzeit ist das 12. und frühe 13. Jahrhundert, als bei uns im engsten Zusammenhang mit der Ausbildung des Adels die Burgen nur so aus dem Boden schossen. Befestigte Plätze hat es aber schon früher gegeben, und es steht außer Zweifel, daß nicht nur in bezug auf den Standort, sondern auch in bezug auf die Gesamtanlage auch noch mit den prähistorischen Wallburgen Zusammenhänge bestehen. Natürlich hat dann auch der Befestigungsbau der Römer großen Einfluß ausgeübt, aber weniger unmittelbar und in dem Sinne, daß bei uns selber aus römischen Anlagen später mittelalterliche Burgen geworden wären, sondern sozusagen auf Umwegen, indem der mittelalterliche Burgenbau im allgemeinen sich von Römerbauten, zum Beispiel in Italien, Südfrankreich, am Rhein und ganz besonders auch im Orient, wo die antike Tradition viel weniger unterbrochen worden war, beeinflussen ließ und diese allgemeinen Errungenschaften natürlich auch in den südtirolischen Burgenbau Eingang fanden, so wie etwa die neuen Kirchenbaustile mit der Zeit auch nach Tirol importiert wurden, ohne daß sie dort selber entstanden wären.

Als Standort einer Burg wurde gerne ein Platz gewählt, der schon von Natur aus gegen Angriffe geschützt und leicht zu verteidigen war, also ein möglichst frei abfallender, am besten felsiger Hügel oder Bergvorsprung. Die in dieser Hinsicht am besten gelegenen Burgen Südtirols sind Andraz in Buchenstein, Greifenstein (das sogenannte „Sauschlößl"), Festenstein bei Andrian, die Haderburg bei Salurn und Stein am Ritten. Es ist aber eine irrige Vorstellung, wenn man glaubt, daß alle Ritter auf solchen Höhenburgen hausten. Noch weit zahlreicher waren die kleinen befestigten Rittersitze mitten in den Städten und Dörfern, und neben den Höhenburgen verdienen die Stadt- und Dorfburgen, wie solche in Brixen, Bozen, Überetsch, Mais, Lana und zumal in zahlreichen Orten im Vinschgau vorhanden sind, gleiche Beachtung.

Hauptkennzeichen der romanischen Burg ist der sogenannte Bergfried, ein hoher, meist viereckiger, manchmal fünfeckiger, nicht selten auch runder Turm, doch gibt es auch Fälle, vor allem bei früheren Anlagen, bei denen kein eigentlicher Bergfried nachweisbar ist oder wo er erst durch spätere Erhöhung als solcher ausgebildet wurde. Von seiner Funktion her hatte der Bergfried in erster Linie Wehraufgaben zu erfüllen; es kommt ihm gewiß aber auch Symbolwert zu, und er war Ausdruck des Macht- und Leistungsgefühles seiner Erbauer. Er steht meist auf der höchsten Stelle, und zwar dort, wo die Burg am ehesten angreifbar war, zum Beispiel wo der Burghügel mit dem Bergeshang zusammenhängt, und deckt mit seiner breiten Wucht die schwächeren Wohnbauten. Von der Höhe seiner Zinnen oder vom hölzernen Wehrgang aus, von dem heute höchstens noch die Türe und die Balkenlöcher erhalten sind, konnte der Angreifer wirksam beschossen werden, und im Falle äußerster Not diente der Bergfried für die Besatzung als letzter Rückzugsort. Darum besaß er auch nie einen ebenerdigen Eingang, und die stets quadergerahmte Rundbogentüre liegt immer erst in der Höhe des zweiten Geschosses, um so gegen den Angreifer leichter verteidigt werden zu können. In späterer Zeit, etwa seit ungefähr 1200, wurden in den oberen Teilen der Türme auch Wohngemächer untergebracht, wie in Karneid, Boymont, Neuhaus, Freudenstein, Reinegg und Eppan, während andere Türme ausschließlich der Verteidigung dienten, nur durch spärliche Lichtschlitze erhellt wurden und sonst unbewohnbar waren (vgl. Goyen, Hocheppan, Ried). Das unterste Geschoß, zu dem man vom Eingangsgeschoß aus durch ein Loch im Boden niedersteigen mußte, das sogenannte Verlies, war immer finster.

Neben dem Turm war die Ringmauer der wichtigste Teil der Wehrbauten. Sie wurde meist auf den äußersten Rand des Abhanges hinausgeschoben, um dem Angreifer jeden bequemen Stützpunkt zu nehmen, war mit einfachen, geraden, schlitzartigen Schußscharten durchbrochen, trug meist Zinnen und dahinter, auf einen Mauerabsatz gestützt, den hölzernen Wehrgang und setzte nur dort aus, wo entweder ein sonst genügend befestigter Wehrbau stand, wie etwa der Bergfried, oder aber ein Wohntrakt sich unmittelbar über einer steilen Felswand erhob, wie zum Beispiel in Runkelstein. Das Eingangstor war gewöhnlich schmal und lag, wo es sich machen ließ, über dem Erdboden (vgl. Greifenstein, Leuchtenburg, Festenstein, Stein am Ritten); die komplizierteren Toranlagen mit Zugbrücken usw. aber gehören bei uns durchaus der nachromanischen Zeit an.

Die von Natur aus schwach geschützten Seiten der Burg wurden außerdem durch sogenannte Zwinger verteidigungsfähiger gemacht, indem man hier auch noch einen Vorraum mit einer eigenen Ringmauer umfing. Gut gelegene Burgen, wie Greifenstein, Runkelstein, das Wangener Schloß, haben nie mehr als einen Zwinger besessen, weil nur eine einzige Seite als Eingang in Frage kam. In anderen Fällen aber wurden die Zwinger auch verdoppelt und vervielfacht und allenfalls um die ganze Burg herumgeführt, doch sind auch das meist Zutaten der nachromanischen Zeit.

Innerhalb des Beringes, und zwar einerseits an der geschütztesten Stelle, andererseits der Sonne und der schönen Aussicht zu, stand das herrschaftliche Wohngebäude, der Palas, der die Schlafkammern, die gewöhnlichen Wohnstuben, manchmal die Kapelle und bei größeren Burgen immer auch einen Repräsentationsraum, den Saal, enthielt. Dieser Hauptraum wurde durch größere und reicher geformte Fenster ausgezeichnet. Es sind zwei- oder dreiteilige Rundbogenöffnungen mit Trennungssäulchen, die manchmal noch ein Blendbogen eigens zusammenfaßt, und an unseren Südtiroler Burgen eigentlich die einzigen Stellen, wo eine etwas reichere und ausgesprochen künstlerische Formbehandlung angewendet wurde, während alle übrigen Teile architektonisch unverziert blieben und den Charakter reiner Nutzbauten an sich tragen. Manchmal zeigen auch die Turmgemächer derartige reichere Fenster. Beispiele finden sich auf Jufal, Dornsberg, Reinegg, Säben, Sigmundskron, Brandis, Korb. Die am reichsten verzierten Fenster besitzt Schloß Tirol, die zierlichsten und zahlreichsten Boymont, während der Saal im nahen Hocheppan nur durch einfache und verhältnismäßig kleine Rundbogenfenster erleuchtet war. Diese einfachere Form dürfte auch bei den übrigen Burgen die Regel gewesen sein. Eine ganz auffallende und sonst nicht gebräuchliche Form sind die großen Bogenöffnungen in den Türmen von Payersberg, Boymont, Neuhaus und auf der Brunnenburg. Ihr Zweck ist nicht recht geklärt, doch glaube ich, daß sie hauptsächlich der Behaglichkeit und der schönen Aussicht, nicht aber einem Wehrzweck zu dienen hatten.

Manchmal sind die Wohnbauten und selbst der Bergfried verdoppelt, ersteres zum Beispiel auf Runkelstein, Brandis, Karneid, letzteres auf Leonburg und der Wehrburg bei Tisens, auf der Michelsburg bei Bruneck und auf Boymont und Freudenstein im Überetsch. Der Grund hiefür dürfte darin zu suchen sein, daß zwei oder mehrere Mitglieder eines Geschlechtes gemeinsam eine Burg bauten, dabei aber ihre eigenen Türme und Wohnbauten haben wollten.

Von anderen Bauteilen kommt besonders die Burgkapelle in Betracht, die teils im Palas untergebracht war, wie in Schloß Tirol, Boymont, Rodenegg, Trostberg, Taufers usw., teils ein eigenes mehr oder weniger frei stehendes Gebäude bildete, wie auf Hocheppan, Liechtenstein, Runkelstein, Karneid. Auch die Küche war vielfach ein eigener Bauteil und besaß oft ein sehr malerisches Aussehen, wie zum Beispiel in Tirol, Reifenstein, Kastelbell. Die Ökonomiegebäude waren entweder in den Zwingern und Vorburgen oder noch häufiger außerhalb der eigentlichen Burg untergebracht.

Den Großteil der romanischen Burgen Südtirols haben wir uns recht einfach und verhältnismäßig auch ziemlich klein vorzustellen. Größere Anlagen konnten sich nur die wenigen Grafen- und Freiherrengeschlechter leisten, und so sind denn auch Sigmundskron und Säben, die Burgen der mit weltlicher Grafengewalt ausgestatteten Bischöfe von Trient und Brixen, und daneben noch die Hauptburgen der Grafen von Tirol, von Eppan und der Herren von Wangen und Taufers die bedeutendsten Anlagen unseres Gebietes. Von einfachen Ministerialenburgen zeigten nur Brandis und Boymont schon von Anfang an eine reichere Anlage.

2.

In der zweiten Hälfte des 13. Jahrhunderts, in den langwierigen und blutigen Kämpfen Meinhards II. von Görz und Tirol mit den Bischöfen von Trient und Brixen, also gerade am Ende der romanischen Stilperiode Südtirols, wurde ein großer Teil der alten Burgen zerstört. Dasselbe wiederholte sich um die Mitte des 14. Jahrhunderts, in den Kämpfen Ludwigs von Brandenburg mit Karl von Mähren und den Anhängern der böhmischen Partei, und noch einmal zu Beginn des 15. Jahrhunderts, als Herzog Friedrich mit der leeren Tasche den selbstbewußten Tiroler Adel endgültig niederwarf. Aus all diesen Kämpfen ging schließlich der Graf von Tirol siegreich hervor, und aus diesen Siegen erwuchs die zentralistische landesfürstliche Gewalt. Auch die Burgen, die nun zum größten Teil landesfürstliche Lehen geworden waren und als solche an ältere und neuere Edelgeschlechter weitergegeben wurden, erstanden in den meisten Fällen wieder aus ihrem Schutt. Für den Bau anderer, neuer Burgen aber lag infolge der veränderten Verhältnisse, infolge des landesfürstlichen Zentralismus und der geringeren Bedeutung des Adels (die wichtigsten Geschlechter der älteren Zeit waren außerdem alle ausgestorben) kein Bedürfnis mehr vor. So haben wir es während der gotischen Bauperiode, zu deren Charakteristik wir nun übergehen, in bezug auf das Burgenwesen hauptsächlich nur mit Wiederherstellungen und Umbauten zu tun.

Dabei handelt es sich zumeist um eine Verstärkung und Erweiterung der Wehranlage, um die Verdoppelung der Zwinger, wie wir das auf Hocheppan, Neuhaus, Haderburg, Karneid und anderswo gut beobachten können, und, zumal gegen Ende der gotischen Periode, um kompliziertere Torbefestigungen mit Graben, Zugbrücke, Fallgitter, Tortürmen, Pechnasen usw. Die Schießscharten werden viel zahlreicher und nehmen die verschiedensten Formen an, und auch die Ringmauer wird nun mit viereckigen oder runden, nach innen manchmal offenen Türmen ausgestattet, durch die der Wehrgang hindurchführt. Die strategische Bedeutung des alten Bergfrieds dagegen schwindet, und der Schwerpunkt der Befestigungsanlage wird im Zusammenhang mit der Veränderung der Schußwaffen und des Belagerungswesens überhaupt mehr an die Peripherie der Burg verlegt. Die reichen gotischen Zierformen aber, die man zum Beispiel an gleichzeitigen französischen Burgen wahrnimmt, fehlen in Südtirol. Die Burg bleibt im wesentlichen ein einfacher Nutzbau wie in der romanischen Periode, und höchstens ein schmucker Erker, eine steingefaßte und gekehlte Fensterrahmung, allenfalls mit mittlerem Kreuz, oder eine spitzbogige Türe zeigt die neuen Einzelformen des gotischen Stils. Im Inneren der Wohnräume aber wären als neu zu erwähnen die gemütlichen Fenstersitze, die seit dem Ende der romanischen Zeit Mode wurden, und die einfacheren oder reicheren Täfelungen und Holzdecken, von denen sich in Reifenstein, Auer und Trostburg die besten Beispiele erhalten haben.

Mit der sinkenden Bedeutung des Adels hielt aber das Aufsteigen des von den Landesfürsten begünstigten Bürgertums gleichen Schritt, und es ist kein Zufall, daß die Ausbildung des südtirolischen Städtewesens gerade in diese Periode fällt, abgesehen von Brixen, dem ältesten städtischen Gemeinwesen in Südtirol, das der Übertragung des Bischofssitzes von Säben seine Entstehung verdankt und auch schon frühzeitig befestigt wurde. Die anderen Städte aber erhielten ihre Ringmauern und Türme erst in der gotischen Zeit. Am reinsten haben sich ihre ursprüngliche gotische Form das Bozner und Passeirer Tor in Meran und die Stadttore von Bruneck bewahrt, während das Vinschger Tor in Meran, die zwei Tortürme in Brixen, der Brükkenturm in Klausen, der Zwölferturm in Sterzing später mannigfach verändert wurden und auch die Befestigungsanlage von Glurns in der heutigen Form schon in die Renaissancezeit hineinreicht. Dabei beweisen die noch heute erhaltenen Reste der Stadtmauern, daß man dort, wo es der Lage nach anging, die Stadtbefestigung an eine höhergelegene Burg anschloß, wie in Bruneck, Klausen und Meran. Wo das nicht möglich war, nahmen wenigstens stärkere Stadtburgen die Ecken ein, so wie in Brixen und wahrscheinlich auch in Bozen.

Der wachsende Wohlstand der Bürgerschaft, der mit dem Aufblühen von Handel und Gewerbe zusammenhing und durch mannigfache landesfürstliche Privilegien gefördert wurde, drückte sich auch darin aus, daß, zumal gegen Ende der gotischen Zeit, sozusagen alle Bürgerhäuser erneuert wurden. Die Holzbauten verschwanden nun endgültig aus den Städten, und die anwachsende Bevölkerung und die Bedürfnisse des Handels und Verkehrs, denen der alte Umfang der Häuser nicht mehr genügte, hatten die Überbauung der hinten liegenden schmalen Gärten und damit die schmale und tiefe Gestalt zum Gefolge, die am südtirolischen Bürgerhaus noch heute so auffallend ist. Die Schwierigkeit der Lichtzufuhr — zwei Seiten waren schon von jeher durch die engangeschlossenen Nachbarhäuser verstellt, nun wurde durch das Hinterhaus auch noch die Rückseite verbaut, die früher frei auf den Garten hinausging — brachte es mit sich, daß man auf neue Mittel und Wege der Beleuchtung sinnen mußte. So kamen die relativ geräumigen Stiegenhäuser auf, die oben mit einer offenen Lichthaube abschließen und die in Sterzing, Brixen, Klausen auch heute noch vielfach spätgotische Formen zeigen. Sie sind durch die wechselvolle Anlage der Treppen, durch ihre Flachbogenunterwölbung über Kragsteinen, durch Holz-, Schmiedeeisengeländer oder gemauerte Brüstungen mit offenem Ziegelrautennetz, durch die offenen Vorplätze vor den Wohnzimmern und endlich durch die mannigfache Form der nach Süden ansteigenden gewölbten oder flachen Lichthaube, die oft auch durch das offene Dach ersetzt wird, reich gegliedert und belebt und stellen den am meisten malerisch wirkenden Teil des Hauses dar. Die Lichtfrage aber wird auch von ihnen nur mangelhaft gelöst, denn ein guter Teil des Hausinnern entbehrt auch so einer genügenden Beleuchtung.

In Bozen, wo die Entwicklung besonders vorwärtsdrängte, mußte vielfach sogar ein dritter Trakt angefügt werden, so daß zum Beispiel die meisten Laubenhäuser in ein Vorder-, Mittel- und Hinterhaus zerfallen, wobei natürlich auch zwischen die beiden letzteren ein Lichthof eingeschoben werden mußte. Dagegen fehlten in den ruhigeren Städtchen Klausen und Sterzing vielfach die Hinterhäuser, und in solchen Fällen haben sich auch noch lange die kleinen Bürgergärtchen erhalten.

Im Erdgeschoß des Vorderhauses lag stets der Laden oder die Werkstatt, und zwar wurde davon vielfach die ganze Hausbreite eingenommen. Die heutigen schmalen Hausgänge sind meist erst in neuerer Zeit abgetrennt worden. Darüber lagen gegen die Straße hin je nach der Hausbreite ein oder zwei Wohnzimmer, die Haupträume des Hauses, zwischen ihnen und dem Stiegenhaus meist ein schmaler, gewölbter Vorplatz und die dunkle Küche und nach hinten oben die Seitenkammern für Kinder und

Gesinde, ebenerdig und meist auch noch im 1. Stock aber Magazine. Die Wohnzimmer waren nicht selten ausgemalt und in späterer Zeit, im 15., 16. und auch noch in der ersten Hälfte des 17. Jahrhunderts, mit Holz ausgetäfelt. Beispiele von Täfelungen und geschnitzten Holzdecken haben sich, zumal in Sterzing, noch in ziemlicher Anzahl erhalten.

Auch an den Fassaden zeigte sich die Vorliebe der deutschen Gotik für malerische Abwechslung und Belebung. Die tiefschattenden Laubengänge, die trockene und staubfreie Seitengänge schufen — beim starken Fuhrwerksverkehr und der schlechten Straßenerhaltung des Mittelalters eine große Wohltat — und außerdem den Kaufleuten zum Auslegen der Waren dienten, die vielen unregelmäßigen Erkervorsprünge und die so beliebten geraden oder abgetreppten Zinnengiebel, die sich aber in größerer Anzahl nur in Sterzing und Brixen erhalten haben, sind ebenso viele Zeugnisse dieses mittelalterlichen Stilgefühls. Manchmal werden auch noch Wandmalereien für die Belebung der Fassaden gesorgt haben, doch hat sich davon aus so früher Zeit nichts mehr in die Gegenwart gerettet. Ebenso sind die gotischen Fensterrahmen mit verschwindenden Ausnahmen beseitigt worden. Erhalten aber haben sich ziemlich viele Spitzbogentore mit ihren abgeschrägten und teilweise recht malerisch profilierten Steinwandungen. Auch hier hat Sterzing den gotischen Charakter am meisten bewahrt.

Mit dem Bürgerhaus machte auch das Bauernhaus eine starke Wandlung durch. Der reine Holzbau hat sich nur in den Hochtälern erhalten. Auf dem Lande und in den Mittelgebirgen dagegen erringt in Südtirol schon während der spätgotischen Zeit der Steinbau die Oberhand, und nur einzelne Teile, etwa die Giebelfelder, Söller und dergleichen, werden auch weiterhin noch in Holz ausgeführt. In dieser Abwechslung von Stein und Holz und in der Verbindung mit den hochgiebeligen, oft vorne abgewalmten Holz- oder Strohdächern liegt ein eigener malerischer Reiz des Südtiroler Bauernhauses. Ebenso gehen Spitzbogentüren und Erker und im Inneren Täfelungen und geschnitzte Balkendecken aus dem gotischen Formenschatz auch auf das Bauernhaus über, wofür zumal die Mittelgebirge des Eisacktales bis in neuere Zeit zahlreiche Beispiele aufzuweisen hatten. Auch gotische Fassadenbilder haben sich an manchen Bauernhäusern noch erhalten. Weniger dürfte sich die innere Raumeinteilung verändert haben, und auch die Trennung von Wohnhaus und Stadel, die für den größeren Teil unserer Gebiete charakteristisch ist, geht schon auf viel ältere Gewohnheiten zurück. Auf die charakteristischen Unterschiede, die zwischen dem Haustyp der einzelnen Täler und Mittelgebirge herrschen, können wir hier nicht Rücksicht nehmen. Auch wird dadurch der gemeinsame Zug aller Gruppen nicht verwischt, und dieser gemeinsame Grundcharakter hat bei fast allen älteren Bauernhäusern, auch wenn sie erst in nachgotischer Zeit erbaut wurden, ein ausgesprochen gotisierendes Gepräge gebracht, von dem vor allem die kleinen abgelegenen Bergdörfer noch bis zur großen Neubau- und Umbauwelle der letzten beiden Jahrzehnte eindrucksvoll Zeugnis abgelegt haben.

3.

Übrigens ist auch der Typus des Bürgerhauses, der sich in der Spätgotik herausbildete, in der darauffolgenden Renaissancezeit zunächst kaum verändert worden. Es ist ja bekannt, daß es eine eigentliche Renaissance in Tirol nicht gibt und daß sich bei uns die ausklingende Gotik und das beginnende Barock die Hände reichen. Nach dem Bruderschaftsbuch der Bozner Maurer, das Franz Huter genauer untersucht hat, waren von zehn Meistern sechs Italiener, und auch 1610 bis 1670 machen die Italiener ungefähr die Hälfte aus, wobei sie aber viel stärker beschäftigt erscheinen als ihre einheimischen Kollegen. Von den 145 Gesellen, die 1602 bis 1615 aufgezählt werden, sind sogar 112 italienischer Herkunft. Diese Maurer und Steinmetzen bringen nun vom Süden her eine neue Hausform mit, die am Ende des 16. und zu Beginn des 17. Jahrhunderts das ganze untere Etschland erobert, sogar auf Gebirgsdörfer, wie Aldein und Deutschnofen, übergreift, ins Eisacktal und in den Vinschgau aber nicht mehr recht einzudringen vermag. Für sie ist zum Unterschied vom unregelmäßigen Winkelwerk und von der malerischen Fassadenbelebung des deutschgotischen Hauses die regelmäßige Raumeinteilung und Fassadengliederung bezeichnend. Die Mitte des Hauses nimmt ein Flur oder Saal ein, beiderseits schließen sich in symmetrischer Anordnung die Seitenräume an. An der Fassade wird der Saal durch verzierte Doppelbogenfenster hervorgehoben, die mit dem großen steingerahmten Haustor die Mittelachse betonen. Die übrigen Fenster sind viereckig, tragen aber ebenfalls einfache Steinrahmungen und sind in streng regelmäßigen Reihen angeordnet. Erker und sonstige unregelmäßige Vorsprünge oder Knickungen werden vermieden.

Von den südtirolischen Städten ist eigentlich nur Bozen von diesem neuen Hausstil stärker beeinflußt worden und auch Bozen nicht in bezug auf die Inneneinteilung, die infolge des engen Raumes und der geringen Bewegungsfreiheit sich kaum verändern ließ, sondern nur in den Einzelformen. Fast alle älteren Bozner Häuser wurden in der ersten Hälfte des 17. Jahrhunderts, also gerade in der Blütezeit des neuen, italienisierenden Stils, umgebaut, und das zeigt sich ebenso an den einfach gerahmten, meist zu zwei und drei zuammengenommenen Viereckfenstern der Fassaden als auch in den Rundbogen und toskanischen Säulen der Stiegenhäuser. Doppelbogenfenster dagegen, sonst für den neuen Stil so charakteristisch, finden sich an den Bozner Stadthäusern nur ganz ausnahmsweise, weil eben infolge der engen Hausanlage auch die Voraussetzung dafür, der Mittelsaal, fehlt. Erker kommen in Bozen zwar noch sehr häufig vor, begnügen sich aber mit den allereinfachsten Formen.

Übrigens muß bemerkt werden, daß auch auf dem Lande die Bauten der neuen Richtung im allgemeinen keine eigentlichen Bauernhäuser, sondern meist Besitzungen, Gutshöfe, Sommersitze vermögender Herren waren. Es haftet ihnen daher auch durchaus ein herrschaftlicher Zug an, und sie sind ja auch tatsächlich nichts anderes als ein vereinfachter italienischer Palazzo. Auch ausgesprochene Edelsitze, mit Adelsfreiheit und eigenem Namen ausgestattet, zeigen vielfach keine andere Form, wie zahlreiche Beispiele in St. Michael in Eppan und am Kalterer See beweisen. Daneben steht, und zwar gerade wieder im Überetsch, allerdings auch eine Reihe von Edelsitzen, deren regelmäßige Raumeinteilung und Fassadengestaltung, deren Tor- und Fensterrahmungen, Doppelbogenfenster und toskanische Säulchen zwar auch die Zugehörigkeit zum eben charakterisierten Typus deutlich genug offenbaren, die aber dabei eine ausgesprochene Eigenart aufweisen. Es handelt sich hier um eine Art Kompromiß zwischen nördlicher und südlicher Art, und wenn auch die Formen des neuen italienischen Stils herübergenommen werden, so bleibt doch auch die alte deutsche Freude an malerischer Abwechslung lebendig. So erklären sich die Eckerkertürmchen und die luftigen Freitreppen mit den offenen Loggien, die eine allzu große Einförmigkeit und Regelmäßigkeit der Fassade verhindern und mit ihren eigenen spitzen Abdeckungen die gerade Dachlinie beleben. Auch der Erker, eine ganz ausgesprochen deutsche Form, wird noch häufig verwendet. So ist also der sogenannte Überetscher Stil, dessen Blüte vom Ende des 16. bis zur Mitte des 17. Jahrhunderts reicht, nichts anderes als eine lokale Abart der von Süden heraufdringenden Renaissancebauweise, die aber auch den Zusammenhang mit der vorangehenden deutschgotischen Bauart nicht aufgibt.

Ist nach dem Gesagten schon in den Überetscher Edelsitzen

noch ein gutes Stück älterer, bodenständiger Empfindung lebendig, so gilt das noch viel mehr von den gleichzeitigen Edelsitzen der nördlichen Gebiete, des Eisacktales, der Brunecker Gegend und teilweise auch des Burggrafenamtes. Die regelmäßige Raumanlage dringt auch hier überall durch, wie — um nur ein paar Beispiele aus jeder Gegend zu nennen — etwa Neumelans in Taufers, die Karlsburg in Milland, Schloß Velthurns und Schloß Winkel in Obermais erkennen lassen. Daneben herrschen aber hier überall noch der vielfach unregelmäßig angesetzte Erker, der Zierturm, das hohe abgewalmte Spitzdach, häufig auch noch die Zinne und die gotisierende Türeinfassung und Wölbungsform vor.

Die Edelsitze im Eisacktal und Überetsch, im Burggrafenamt und im Pustertal zeigen uns, daß sich in dieser Periode in bezug auf den adligen Wohnsitz eine tiefgreifende Änderung vollzogen hat. Zwar bewahren während des 16. Jahrhunderts auch noch die mittelalterlichen Burgen ihre alte Bedeutung. Die meisten von ihnen werden in dieser Zeit sogar umgebaut und vergrößert, und gelegentlich finden derartige Umbauten, wie Payersberg und die Trostburg beweisen, noch am Ende des 16. und zu Beginn des 17. Jahrhunderts statt. Dabei werden einerseits die unbequemen, winkeligen Wohnbauten des Mittelalters vergrößert, prunkvoller gestaltet und den Anforderungen der vornehmen und behaglichen Renaissancelebensweise angepaßt, andererseits die Verteidigungsanlagen im modernen Sinne und ausschließlich für Pulverwaffen umgeändert.

Ausgedehnte Ringmauern mit Ecktürmen und Rondellen, mannigfachen Schießscharten und Schießfenstern und Unterständen für schwere Geschütze, verzwickte Torbauten und Vorwerke geben nun der ganzen Anlage ihren Charakter und gestalten die Burg zu einer Art Festung um. Wenn wir uns indessen daran erinnern, was wir von den spätgotischen Burgenumbauten sagten, und wenn wir zum Beispiel das spätgotische Sigmundskron mit Rafenstein oder einer anderen Renaissanceanlage vergleichen, so erkennen wir ohne weiteres, daß wir hier nichts Neues, sondern nur die sinngemäße Fortbildung des spätgotischen Fortifikationswesens vor uns haben, das eben damals schon durch die modernen Pulverwaffen und zumal durch das Aufkommen der schweren Geschütze hervorgerufen worden war. Über kurz oder lang aber mußte es sich zeigen, daß alle Bemühungen, die alten Burgen den neuen Bedürfnissen anzupassen, unzulänglich und vergebens waren und, sollten sie wirklich ausreichen, vom einzelnen einen allzu großen Aufwand erforderten. So gab man schließlich die Versuche auf, und die alten Höhenburgen schieden aus der Rolle, die sie bisher im Kriegswesen gespielt hatten, endgültig aus. Da hiemit ein Hauptzweck ihrer ursprünglichen Anlage gänzlich wegfiel und auch dem anderen, dem herrschaftlichen Wohnen, dem gesteigerten Bedürfnis nach Komfort und Bequemlichkeit die alten, winkeligen, hochgelegenen Burgen nicht mehr recht genügten, so wurde seit dem 17. Jahrhundert ein großer Teil der Burgen dem Pfleger oder schließlich gar nur mehr einem Baumann überlassen, dabei mangelhaft instand gehalten und verwandelte sich so im Laufe des 18. Jahrhunderts zu völligen Ruinen. Manche Burgen blieben bis in die Gegenwart — wenigstens teilweise — von ihren adeligen Besitzern bewohnt, wie zum Beispiel Churburg, Lebenberg, Trostburg, Rodenegg usw. Aber die Herstellungsbauten des 17. und 18. Jahrhunderts, die da und dort nachweisbar sind, besitzen kein besonderes Interesse mehr, und neue Höhenburgen wurden überhaupt nicht mehr errichtet. Der letzte ungefähr burgenähnliche Neubau ist die in der ersten Hälfte des 17. Jahrhunderts errichtete Fischburg in Gröden. Dafür treten als charakteristische Schöpfungen die oben erwähnten Edelsitze des 17. und 18. Jahrhunderts auf, die fast durchaus in schöner Gegend und angenehmer Lage erbaut wurden, nur mehr dem freundlichen, behaglichen Wohnen dienen sollten und die alten Formen des befestigten Herrensitzes, die Ringmauern, Ecktürmchen, Schießscharten und Zinnen, höchstens nur noch als dekorativen Hinweis auf den adeligen Charakter des Hauses verwendeten.

4.

Fassen wir die bisher gewonnenen Resultate zusammen, so ist die Leitform und die eigenartigste Schöpfung des südtirolischen Profanbaues in der romanischen Periode die Ritterburg, in der spätgotischen das Bürger- und Bauernhaus, in der Renaissancezeit der unbewehrte Edelsitz, und zwar ist jede dieser Formen für alle Teile unseres Gebietes gleich bezeichnend. Dem steht nun in der darauffolgenden Periode der barocken Kunst, die für Österreich und Süddeutschland sonst eine Glanzzeit der Architektur war, in Südtirol auch im Profanbau nichts gleich Charakteristisches und Allgemeingültiges gegenüber. Hier fehlten eben die reichen Klöster, die Landadeligen mit Großgrundbesitz und die fürstlichen Residenzen, die anderswo die gewaltigen Stiftsanlagen, die schönen Landschlösser und die glänzenden Stadtpaläste der Barockzeit schufen. Die einzige fürstliche Residenz war Brixen, doch herrschten hier naturgemäß sehr bescheidene Verhältnisse, und auch der kleine Hof- und Beamtenadel, der sich in der Nähe des Fürsten und Bischofs sonnte, war nicht in der Lage, große Bauten aufzuführen, und wohnte in den einfachen älteren Edelsitzen der Umgebung oder aber in gewöhnlichen Bürgerhäusern. Immerhin bauten sich die Bischöfe selber ihre Burg neuzeitlich um, und zwar gehört der schöne und sehenswerte Innenhof mit den Loggiengalerien noch der vorhergehenden Periode, der Zeit um 1600, an, während die Vollendung des Umbaues und zumal die Dekoration des Äußeren erst zu Beginn des 18. Jahrhunderts von Fürstbischof Graf Künigl ausgeführt wurde. Künigl war es auch, der sein väterliches Stammschloß, die Ehrenburg im Pustertal, im barocken Sinn umgestaltete; die Herren von Jenner erbauten sich in Klausen den barocken Ansitz Seebegg mit schönem Saal. Besonders zu erwähnen ist noch Wolfsthurn in Mareit, das in der bewegten Grundrißbildung und in der organischen Einbeziehung der Gärten und Nebengebäude in die Gesamtanlage die großzügigen Tendenzen des barocken Schloßbaues in unserem Gebiet am reinsten und besten verkörpert. Das ist aber auch alles, denn der übrige Adel Südtirols wohnte entweder noch in den alten Höhenburgen oder in den bequemeren Landedelsitzen, und die führenden Familien hatten daneben allenfalls noch ein Stadtpalais in Innsbruck. Größere Schloßanlagen auf dem Lande aber wurden nicht mehr errichtet, und auch die italienische Villa dringt in ihrer charakteristischen Gestalt nicht ins deutsche Gebiet vor — als Ausnahme wären allenfalls Griesbruck in Neumarkt und die Fahlburg in Prissian zu erwähnen — und wird hier höchstens durch die einfachen, aber in ihrer Schlichtheit recht vornehm wirkenden Sommerfrischhäuser ersetzt, die sich die reichen Bozner Familien in Klobenstein und in Maria Himmelfahrt errichteten.

Auch von Klosterbauten ist nur das einzige Neustift zu erwähnen, das seinen unregelmäßigen, aber malerischen Gebäudekomplex Ende des 17. und im 18. Jahrhundert zu einer einheitlichen, weitausgedehnten Anlage mit großem Binnenhof umgestaltete, dabei aber künstlerisch nur mit sehr bescheidenen Mitteln arbeitete. Auch das Priesterseminar in Brixen gehört zu den bedeutenderen Bauten des 18. Jahrhunderts.

Der einzige barocke Stadtpalast Südtirols, der diesen Namen wirklich verdient, ist das Merkantilgebäude in Bozen, das von dem veronesischen Architekten Francesco Pedrotti aufgeführt wurde und mit seinen schweren Formen und seinem prächtigen Treppenhof in seiner Umgebung durchaus ein Fremdkörper ist und gerade deswegen so deutlich dartut, daß die sonstige Architektur Südtirols zwar schlicht, aber dabei trotz aller Beziehungen zu Italien im Grunde doch ausgesprochen deutsch ist. Sonst machte sich die Barock- und Rokokozeit höchstens durch die Stuckdekoration in den Zimmern und an den Fassaden oder durch Aufsetzen eines geschwungenen Giebels bemerkbar, und an einigen wenigen Bozner Häusern zeigt auch die ganze Fassadenarchitektur die bewegteren Formen des 18. Jahrhunderts. Besonders hervorzuheben wären hier etwa das Palais Campofranco (wegen Bombenschadens stark verändert) und das ehemalige Hotel „Kaiserkrone", zwei von reichen Bozner Kaufleuten um 1760 erbaute palastähnliche Häuser, die mit ihren schönen Fassaden, bequemen Treppenanlagen und mit den charakteristischen Lichthauben das behagliche und kulturgesättigte Wesen des Bozner Patriziertums eindrucksvoll widerspiegeln. Als Planer und Erbauer beider Palais gilt der aus Götzens gebürtige, 1773 in Bozen gestorbene Franz Aigentler.

Hat demnach das 18. Jahrhundert in Südtirol im Profanbau nur wenig Bedeutendes geleistet, so trat in der darauffolgenden Zeit, in den zwei ersten Dritteln des 19. Jahrhunderts, nahezu ein vollständiger Stillstand der künstlerischen Bautätigkeit ein. Erst im letzten Drittel des vergangenen Jahrhunderts beginnt im engen Zusammenhang mit dem Aufschwung des Verkehrs, des Fremdenwesens, des Bevölkerungsanwuchses in den größeren Orten auch in Südtirol eine neue Periode fieberhaften Bauens, als deren Schöpfungen die neuen Straßen in Bozen, Meran, Mais, Brixen, viele Hotels, Villen, neue Schul- und Krankenhäuser, Kasernen, Zinshäuser usw. entstanden sind.

Die Leistungen dieser sogenannten Gründerzeit, die wie überall so auch hierzulande im Zeichen der historisierenden Stile standen, sind aus heutiger Zeit gesehen viel größer, als dies von der unmittelbaren Zeitgenossenschaft her erkennbar war, und müssen vor allem auch wegen ihrer städtebaulichen Qualitäten sehr beachtet werden. In Bozen hat an der soliden Verbauung der neuen Stadtviertel zwischen Eisack und Talfer der Stadtbaumeister Sebastian Altmann, der den sogenannten Münchner Rundbogenstil einführte, großen Anteil, später waren es die Stadtbaumeister Nolte und Kürschner, ebenfalls aus Deutschland, die einige bedeutende Bauten der neubarocken Richtung, aber auch mit Wiederverwendung heimischer Bauelemente des Überetscher Stils, in Bozen hinterlassen haben (Rathaus, Sparkasse, Schule in Oberau). Meran verdankt seine Entwicklung zu einer vornehmen Kurstadt nicht zuletzt der interessanten architektonischen Gestaltung der zahlreichen Obermaiser Villen und der riesigen Hotelbauten, an denen später vor allem auch die heimische Baufirma Musch und Lun beteiligt war. Mit dem Theaterbau von Martin Dülfer oder dem Kursaal von F. Ohman besitzt Meran einige wesentliche Bauten des Jugendstils. Die Neuentdeckung dieser Profanarchitektur des 19. und frühen 20. Jahrhunderts ist im vollen Gang, und es ist zu erwarten, daß sich die Forschung damit bald mit derselben Intensität befaßt, wie sie bisher den vorangegangenen Kunstepochen zuteil wurde, ebenso wie der Denkmalschutz mehr und mehr auch auf diese Gebäude ausgedehnt wird.

Arbeiten der Architekten Clemens Holzmeister, Lois Welzenbacher und insbesondere von Marius Amonn kennzeichnen den Übergang zur modernen Bauweise mit einigen markanten Bauten, während ein Urteil über das eigentlich Baukünstlerische in dem riesigen Neubauvolumen der Nachkriegsjahrzehnte derzeit noch schwer auszumachen ist.

5.

Als Exkurs mögen hier auch noch einige Bemerkungen über mittelalterliche Mauertechnik eingefügt werden. Am deutlichsten ist sie an den vielen Burgen und Burgruinen zu beobachten, und da kann man feststellen, daß man in der alten Zeit großen Wert darauf legte, die Mauer auch schon für das Auge möglichst schön erscheinen zu lassen und sie mit mehr oder weniger regelmäßigen Lagen von ungefähr gleich großen der wenigstens oberflächlich behauenen Handquadern zu verkleiden. Im 12. Jahrhundert zeigen die Burgen die schönste und sorgfältigste Mauerbehandlung, und da die regelmäßige Reihung der Steine schon für sich selber als schön empfunden wurde, verzichtete man auf den Verputz. Nur die Mörtelfugen dienen dazu, den Eindruck der Regelmäßigkeit zu verstärken, und werden zu diesem Zweck auch vielfach mit der Kelle ausgestrichen. Eigentliche Quadern wurden nur zur Einfassung der Portale und Fenster verwendet. Im Verlauf des 13. Jahrhunderts nimmt dann die Sorgfalt in der Ausführung immer mehr ab, und je weniger regelmäßig die Steine selber sind, desto mehr werden die Mörtelfugen zum Ausgleichen herangezogen. Auch im 14. Jahrhundert bleibt vielfach das Ausstreichen der Fugen noch im Gebrauch, zugleich aber wird die Mauer selber immer liederlicher ausgeführt, und damit hängt es zusammen, daß sie vom 15. Jahrhundert an fast durchaus verputzt wird. Ein besonders bezeichnendes Beispiel dafür ist der Bergfried der Trostburg, bei dem am obersten, erst um 1600 hinzugefügten Abschnitt plötzlich der Verputz einsetzt, während weiter unten das regelmäßige Mauerwerk schon für sich allein als schön empfunden wurde.

Etwas Ähnliches läßt sich auch bei den Kirchenbauten beobachten. Richtige Quadern sind nur bei wenigen Monumentalbauten (z. B. beim Dom zu Trient und bei der Pfarrkirche von Bozen), sonst aber in der Regel nur an dekorativ reicher ausgestatteten oder an konstruktiv besonders wichtigen Teilen verwendet worden. Hier könnten etwa die plastisch geschmückten Portale in der Burgkapelle von Tirol oder die Portale, Pfeiler und Gurten in der Innichner Stiftskirche oder, um auch ein einfacheres Beispiel heranzuziehen, an der St.-Georgs-Kapelle in Schenna angeführt werden. Für gewöhnlich begnügt man sich auch bei Gotteshäusern mit der mehr oder weniger regelmäßigen Steinlagerung und mit den ausgleichenden Mörtelfugen, wie man es etwa an der Pfarrkirche von Gais oder an den Türmen von St. Johann im Dorf und St. Martin in Kampill in Bozen sehen kann.

In der gotischen Zeit werden dann die eigentlichen Quadern häufiger. Als früheste Beispiele wären etwa die Pfarrkirchen von Bozen und Terlan und die Kirche von St. Georgen in Guntschna zu erwähnen. Im 15. und frühen 16. Jahrhundert begegnen uns Quadern immer öfter, wie etwa an der Pfarrkirche von Brixen, an den Chören des Brixner Domes und der Stiftskirche von Neustift, an der Pfarrkirche in Sand in Taufers, an der Pfarrkirche von St. Pauls usw. Wo die übrigen Mauern noch aus Bruchsteinen aufgeführt werden (Franziskanerkirche in Bozen, Pfarrkirche und Spitalkirche in Meran, Pfarrkirche in Auer, Kirche in Vill und in zahlreichen anderen Fällen), werden wenigstens die Strebepfeiler, die Wasserschläge, die Sockelgesimse, die Türen- und Fensterrahmungen, also die von Steinmetzen ausgeführten Werkstücke, aus Quadern hergestellt, die dann von den Steinmetzen fast immer auch mit ihrem Meisterzeichen signiert sind. Besonders gerne wurden Quadern bei den Kirchtürmen verwendet, wofür sich in allen Teilen unseres Gebietes Belege anführen lassen. Auch an den, allerdings sehr spärlichen, kirchlichen und an den vielen profanen Bauten der Renaissance (z. B. beim Überetscher Stil) spielen an Gesimsen, Tür- und Fenstereinfassungen, Fenster- und Loggiensäulen usw. behauene Steine noch eine größere Rolle. Sonst aber ist seit dem Ende der Gotik eine allgemeine Verwilderung und Verschlechterung festzustellen, und das verputzte Bruchsteinmauerwerk erringt die Alleinherrschaft.

Das Steinmaterial selber ist in erster Linie natürlich von den örtlichen Vorkommen bedingt. So begegnet uns der leicht zu bearbeitende Sandstein in der Bozner Gegend, wo er unschwer zu haben war, schon relativ früh. Sonst war im Bereich der

Bozner Porphyrplatte der Porphyr besonders in der romanischen Zeit ein sehr geschätztes Baumaterial, und manchmal finden wir ihn auch dort verwendet, wo er nicht unmittelbar anstand und aus einiger Entfernung herbeigeholt werden mußte. Ein besonders bezeichnendes Beispiel dafür bildet die Haderburg bei Salurn, die auf einem Kalkfelsen steht und deren noch romanische Teile trotzdem aus Porphyrsteinen aufgeführt wurden. Bei den Erweiterungen der späteren Jahrhunderte hat man dann ruhig Kalksteine verwendet. Seit dem 15. Jahrhundert kommt dann der Granit in Mode. Wo er selber ansteht, z. B. nördlich von Brixen und im vorderen Pustertal, ist das ja nicht weiter auffallend (vgl. die schon erwähnten Quaderbauten von Brixen, Neustift, Taufers). Aber auch im ganzen unteren Eisacktal, das doch im Porphyr liegt und wo Granitstücke nur durch den Gletschertransport herbeigeschafft worden sind, zeigen z. B. die spätgotischen Kirchtürme (ein besonders schönes Beispiel in Unterinn) durchaus Granitquadern. In der Gegend von Sterzing und im mittleren und unteren Vinschgau, wo schöner weißer Marmor zu haben war, werden die Werkstücke vereinzelt schon in der romanischen, allgemein aber in der spätgotischen Zeit aus ihm hergestellt, was man z. B. an der Pfarrkirche von Sterzing, an der St.-Magdalena-Kirche bei Ridnaun, an der Pfarrkirche von Schlanders, in Göflan, in den Burgen Tarantsberg und Churburg besonders gut beobachten kann. Eigens erwähnen möchte ich noch die Burg Enn bei Montan, wo das unmittelbar dahinter durchstreichende Schichtengestein die Herstellung besonders schöner und regelmäßiger Handquadern möglich machte.

Der Wechsel im Material und noch mehr in der Behandlung und Lagerung der Steine ist in sehr vielen Fällen das beste und vielfach auch das einzige Mittel, das Alter der betreffenden Mauerpartien zu bestimmen. Vor allem gilt dies von den Burgen, aber auch bei Kirchen kann man daraus oft wichtige Schlüsse ziehen. Beim Weißen Turm in Brixen z. B. beweist, ganz abgesehen von den Gesimsen und Fenstern, schon allein die verschiedene Mauertechnik (unten Bruchstein, oben Quadern), daß der obere Teil des Turms bedeutend jünger ist. Beim Turm der Pfarrkirche von Schenna sagt uns der Wechsel von Porphyr und Granit dasselbe. Ebenso zeigen am Meraner Pfarrturm die zwei unteren und älteren Stockwerke regelmäßige Steinlagen mit schönen Mörtelfugen, während im jüngeren Oberteil die offenbar weniger schöne Mauer verputzt wurde. An der Heiligkreuzkirche von Säben zeigen die ursprünglichen Teile eine ganz besonders schöne und regelmäßig Steinlagerung, während die im 15. Jahrhundert hinzugefügten Seitenapsiden und ebenso die

Ende des 17. Jahrhunderts erfolgte Überhöhung der Langhausmauern sich schon durch die verschiedene Mauerbehandlung deutlich vom alten Bestand abheben. Sehr interessante Resultate erzielte Kanonikus Maurer durch die genaue Beobachtung und Vergleichung der an der Bozner Pfarrkirche verwendeten Sandsteinquadern, bei denen nicht nur die Gesteinsart und damit die Farbe, sondern auch die Behandlung der Oberfläche und der Randschlag feine Unterschiede aufweisen und die verschiedene Bauzeit verraten. Ähnliche Beobachtungen lassen sich auch an den Pfarrkirchen von Terlan und St. Pauls machen, wo man im ersten Falle den späteren Zubau des Seitenschiffes, im zweiten das nur sehr allmähliche Fortschreiten der ganzen Bauführung schon von den Quadern ablesen kann. Ganz verschieden ist auch das Mauerwerk am Langhaus und am Chor der Stiftskirche von Neustift, an den Pfarrkirchen von Meran und Tisens, und ähnliches kann man auch an vielen anderen größeren Gotteshäusern feststellen. Wer einmal auf derartige Dinge aufmerksam geworden ist und nun mit offenen Augen an die Bauwerke herangeht, wird an solchen Beobachtungen manche Freude erleben.

DIE MALEREI

1.

Die Geschichte der südtirolischen Malerei ist so alt wie die des südtirolischen Kirchenbaues. Die Reste der Innenbemalung in St. Prokulus bei Naturns und in der St.-Benedikts-Kirche in Mals, die nach den Untersuchungen Dr. Garbers noch dem 8. und 9. Jahrhundert angehören und die ältesten bisher aufgedeckten christlichen Wandgemälde auf heute deutschem Boden darstellen, beweisen, daß die malerische Ausschmückung selbst kleiner und einfacher Landkirchen zur karolingischen Zeit sozusagen etwas Selbstverständliches war.

Diese frühen, ländlichen Kirchen, die noch ganz schlicht und ohne höheren Schwung gebaut waren und ursprünglich nicht einmal einen Glockenturm besaßen, waren für sich allein nicht imstande, den Menschen aus dem Alltag heraus in eine höhere Welt zu führen. Auch das glanzvolle Material des Südens, Marmor, Mosaik und Metall, fehlte bei den primitiven Verhältnissen des kaum bekehrten rauhen Berglandes. So mußte denn der Pinsel des Malers helfend eingreifen, um einen auch noch so schlichten Raum wie eine karolingische Landkirche mit höherer Weihe, geistigem Leben und mit beziehungsreichen Symbolen zu erfüllen.

Haben wir es hier begreiflicherweise nur mehr mit vereinzelten Überresten zu tun, so ist uns aus der Zeit des vollentwickelten romanischen Stils, aus dem Ende des 12. und aus der ersten Hälfte des 13. Jahrhunderts, eine derartige Menge kirchlicher Wandmalerei erhalten, daß wir uns von der allgemeinen Übung dieser Kunst in Stadt und Land, in bischöflichen Gotteshäusern wie in den Klosterkirchen und in den abgelegenen Kapellen rauher Gebirgstäler, ohne Schwierigkeit ein allseitiges und höchst eindrucksvolles Bild machen können. Größere oder kleinere Zyklen finden sich in der St.-Jakobs-Kirche bei Tramin, in der Burgkapelle von Hocheppan, in der Frauen- und in der Johanneskirche in Brixen, in der Kirche Maria Trost in Obermais, in St. Nikolaus bei Windischmatrei, in der Vierung von Innichen, in der Krypta der Stiftskirche von Marienberg, in

Grissian, in St. Margareth bei Lana, in der Johanneskirche von Taufers im Münstertal und in der St.-Leonhards-Kapelle in Nauders. Unter den profanen Wandmalereien nimmt der Iwein-Zyklus in Rodeneck den ersten Rang ein. Manches ist nur teilweise aufgedeckt oder schlecht erhalten oder auch schlecht restauriert. Doch sind der Geist und die Formensprache dieser altehrwürdigen Kunst, die mit der gleichzeitigen Wandmalerei in den Nachbargebieten in engem Zusammenhang steht und sowohl von Salzburg wie von Venedig reiche Anregung empfängt, auch so deutlich zu erkennen und üben auch noch auf den heutigen Beschauer eine mächtige Wirkung aus.

Gemalt wurden einzelne Heilige, dann alt- und neutestamentliche Szenen, mit besonderer Vorliebe aber symbolische und allegorische Darstellungen, die sich nicht selten zu einem großzügigen System und zu hinreißenden Visionen steigern. Die Menschen der romanischen Zeit hatten noch nicht in alle Winkel des irdischen Seins hineingeleuchtet, es fehlte ihnen noch die scharfe Naturbeobachtung, die minutiöse Detailkenntnis späterer Kulturperioden. Dafür fiel ihnen aber auch die Welt nicht in tausend beziehungslose und im Grunde sinnlose Stücke auseinander wie dem modernen Menschen. In wenigen, aber dafür in großgedachten und festen geschlossenen Linien baute sich ihnen das Weltbild auf, und ein lebendiger Glaube, ein tiefes Gefühl für das Übernatürliche, für die Zugehörigkeit und Beziehung alles Seelischen zu einem jenseitigen Reich erfüllte dieses Weltbild mit einer geheimnisvollen Mystik, mit einer tiefen Geistigkeit und verankerte es fest und sicher im Unendlichen. Alles, was der Gegenwart fehlt und wonach zumal die neuere Kunst so krampfhaft ringt, Erhebung über die zufälligen und wechselnden Erscheinungen der Erdendinge und ihrer sinnlich wahrnehmbaren Außenseite, die Herausstellung des inneren Wesens, der geheimnisvollen Beziehungen zu transzendentalen, unendlichen Welten — alles das wurde dem Maler der romanischen Zeit sozusagen mit in die Wiege gelegt, und um das alles auszudrücken, stand ihm eine Menge eindrucksvoller Symbole zur Verfügung, die nicht nur durch die Kunst, sondern auch durch die wissenschaftliche Literatur, durch den religiösen Volksunterricht, durch die Poesie überall verbreitet wurden und daher auch mehr oder weniger allgemein verständlich waren.

Diesen Geist atmen zum Beispiel die phantastischen Spukgestalten, die kämpfenden Ungeheuer und Fabelwesen, die, ähnlich wie an den Portalen von Schloß Tirol, an den Altarmensen von Hocheppan und am Sockel der Apsisbemalung von St. Jakob in Tramin zu sehen sind und wohl die bösen und finsteren Gewalten bedeuten, die durch das Licht und die Gnade des Christentums überwunden werden. Auch im Bilde der klugen und törichten Jungfrauen und des wilden Jägers in Hocheppan, der ins Horn bläst und einen Hirsch hetzt und dabei von seinem Roß, das ihm der Teufel sandte, in die Hölle getragen wird, lebt dieser Hang zur Allegorie. Noch mächtigere Schöpfungen aber brachte er in Brixen hervor, im Thron Salomonis (Johanneskirche), wo sich um den Thron der göttlichen Weisheit alle Tugenden und alle geschichtlichen Vertreter himmlischer und irdischer Wissenschaft versammeln, in den Bildern über dem Gewölbe der Frauenkirche, die mit ihrem streng architektonischen Gerüst und mit ihrer systematischen Gruppierung von Heiligen, Propheten und Sibyllen von ferne die Sixtinische Decke ahnen lassen und beweisen, daß selbst ein genialer Neuerer wie Michelangelo der mittelalterlichen Tradition vieles verdankte. In Matrei in Osttirol endlich erhebt sich über den Heiligengestalten der Wände und über den Symbolen der vier Elemente in den Kuppelzwickeln, also über der Erde, die strahlende Vision des himmlischen Jerusalem mit seinen edelsteingeschmückten Mauern, mit den Aposteln über den zwölf Toren und mit den vier Türmen, auf denen die symbolischen Figuren der Evangelisten stehen und das Bild des Erlösers in einer Lichtgloriole tragen. Am Chorbogen aber ist die Jakobsleiter dargestellt als Symbol der geheimnisvollen Beziehung und Verbindung zwischen Diesseits und Jenseits, die in diesen Schöpfungen der Kunst lebendig ist. Die Gedankengänge dieser Bilder reichen vielfach bis in die frühchristliche Zeit zurück, und das gleiche ist auch von ihrer Formensprache zu sagen. Am meisten nähern sich dem spätantiken Wesen die Bilder von St. Benedikt, eine Erscheinung, die ja für die ganze karolingische Malerei charakteristisch ist und die zur Bezeichnung „Karolingische Renaissance" den Anlaß gab. Bei den jüngeren Zyklen ist der Zusammenhang mit der frühchristlichen Malerei zwar auch noch deutlich genug, wie etwa in der Schöpfungsfolge von Innichen, infolge des übermäßigen Einflusses der byzantinischen Kunst haben aber alle Formen eine weitgehende Ummodelung durchgemacht. Sie sind von außen gesehen steifer und lebloser, man könnte sagen, geometrischer geworden, die plastische Modellierung der Körper, die in der spätantiken und frühchristlichen Malerei ähnlich wie in der modernen Kunst durch unvermittelt nebeneinandergesetzte Farbenflecke erzielt wurde, ist zwar noch vorhanden, wirkt aber wie erstarrt und schablonenhaft, und auch die Darstellung des zusammenhängenden Bildraumes schrumpft nur mehr auf einige Andeutungen zusammen.

Der starken Gesamtwirkung aber tun alle diese Mängel keinen wesentlichen Eintrag. Im Gegenteil, der transzendentale Zug, die mystische Beziehung zum Unendlichen, die Betonung des gedanklichen Inhaltes wird durch diese antinaturalistischen Eigenschaften nur noch verstärkt; die strenge geometrische Linienführung und die symmetrische, nicht dem wirklichen Leben abgelauschte Komposition geben den Bildern einen tiefen Ernst und eine großzügige Monumentalität, die ihrerseits wieder für den Ausdruck dieser überirdischen Gedankenwelt besonders geeignet sind. Der bedeutendste Meister, der im Bereich der romanischen religiösen Malerei in unserem Gebiet tätig war, bei dem sich diese visionäre Kraft des Sehens mit höchster künstlerischer Qualität paarte, ist der Maler der Fresken in der Krypta des Stiftes Marienberg im Vinschgau, die erst kürzlich wieder in ihrer ursprünglichen Einheit wiederhergestellt werden konnten.

2.

Die hier geschilderte romanische Stilform beherrscht die Malerei Südtirols noch weit ins 13. Jahrhundert hinein. Aber schon in den jüngeren Bildern dieser Gruppe kündigt sich eine allmähliche Umwandlung an, indem nämlich zunächst neben der plastischen Modellierung durch unverbundene Farbflecke, dann aber immer mehr statt derselben die stark betonte Umrißlinie und lineare Binnenzeichnung in den Vordergrund tritt und die Form bestimmt, während die Farbe immer ausschließlicher nur mehr dazu dient, die Umrisse flächenhaft auszufüllen und das Bild dadurch dekorativ zu heben. Dadurch gingen freilich auch die letzten Reste der plastischen und räumlichen Wirkung, die sich die romanische Malerei noch aus der Antike herübergerettet hatte, verloren, aber dafür werden auch die bloßen Schablonen abgestreift, die Linie gewinnt neues Leben, überrascht durch sichere Führung und prägnante Ausdruckskraft, gegenüber den ruhigen romanischen Gestalten wirken nun die Figuren und Bewegungen viel frischer und natürlicher, und die Köpfe gewinnen an ausdrucksmäßiger Belebung.

Dieser Stilumschwung, der sich um 1300 vollzieht, ist nun nichts anderes als das Eindringen der Gotik und hat in der gleichzeitigen Umbildung der Plastik und Architektur seine Parallelen. Und wie dort bedeutet er auch in der Malerei eine Emanzipation von südlichen Einflüssen und eine Herübernahme jener neuen gotischen Kunst, die sich im Norden und vor allem in Frankreich ausgebildet hatte. Die bedeutendsten Denkmäler dieser neuen frühgotischen Periode, die das ganze 14. Jahrhundert ausfüllt, finden sich in der Johanneskirche in Brixen, in der Burgkapelle von Karneid und Tirol, im Kreuzgang des Klosters Neustift, in der Erhardkapelle bei den Franziskanern in Bozen, und auch die derben Fresken in der Johanneskirche in Taufers im Münstertal gehören noch als späte und rückständige Nachläufer in diesen Zusammenhang. Auch in manchen illustrierten Handschriften läßt sich diese Stilentwicklung gut verfolgen, und zumal im Dominikanerkloster zu Bozen scheinen zahlreiche Buchillustrationen hergestellt worden zu sein, die diesen französisch-deutsch orientierten frühgotischen Malstil zeigen. Die künstlerische Führung hatte in dieser Zeit Brixen inne, und da es auch der kirchliche Vorort für Nordtirol war, fällt es nicht weiter auf, daß damals auch die nordtirolische Wandmalerei von Brixen abhängig war.

So groß aber der Fortschritt an Lebenswahrheit auch sein mochte, so konnte doch die vorwiegend lineare und flächenhafte Behandlung nicht auf die Dauer befriedigen. Ein Geschlecht, das den überwältigenden Aufschwung der gotischen Baukunst miterlebte und unzählige lebenatmende Skulpturen neu entstehen sah, mußte früher oder später auch wieder in der Malerei nach körperlicher Abrundung und räumlicher Tiefe verlangen, und gerade das erwachende Verständnis für naturalistische Lebenswahrheit und freie Bewegung, das die frühgotische Malerei auszeichnet, mußte diese Forderung noch verstärken. In dieser Hinsicht war aber die gleichzeitige italienische Malerei durch die Sienesen und durch Cavallini in Rom und durch Giotto in Florenz schon um 1300 auf eine überraschend hohe Stufe gehoben worden und entwickelte sich in der Toskana sowohl wie im Norden, in Padua, Venedig, Treviso, Verona, Mailand, noch immer weiter. So war nichts natürlicher, als daß man von ihr lernte und sich von ihr beeinflussen ließ. Auch in Südtirol läßt sich das seit der Mitte des 14. Jahrhunderts in steigendem Maße beobachten, doch muß ausdrücklich betont werden, daß es sich auch hier nicht um eine rein lokale Erscheinung, sondern um einen allgemeinen europäischen Prozeß handelt, der sich ebenso in Frankreich wie in den Niederlanden, am Rhein wie in Nürnberg und in Böhmen verfolgen läßt. In Bozen selber ist das Verhältnis zu Italien allerdings für ein paar Jahrzehnte enger und unmittelbarer als sonst, da hier in der zweiten Hälfte des 14. Jahrhunderts verschiedene Meister tätig waren, die direkt aus Italien kamen. So ließen zum Beispiel die reichen Botschen, die selber aus Florenz stammten, die von ihnen gestiftete Kapelle an der Dominikanerkirche um 1360 von Malern ausschmücken, die nach den neuesten Forschungen aus der Romagna und aus

Venedig kamen. Doch schon am Ende des Jahrhunderts sind neben den Italienern in Bozen auch deutsche Meister tätig, die zwar die neuen Anregungen willig aufnahmen, dabei aber doch ausgesprochen bodenständig waren. Auch mischt sich mit den italienischen Elementen seit der Zeit um 1400 ein starker französisch-burgundischer Einschlag, dem besonders die weltlich-höfische Eleganz der Bilder zu verdanken ist.

Der große künstlerische Aufschwung, den die Wandmalerei damals nahm, der alles, was noch vor ein paar Jahrzehnten gemalt worden war, in den Schatten stellte und als primitiv, ungelenk und kindlich erscheinen ließ und der daher die allgemeine Aufmerksamkeit auf die Schöpfungen der Maler lenkte, machte damals die Malerei auch in Südtirol äußerst populär. Dazu kam ein besonderer Wohlstand, der sich auch in den vielen Kirchenbauten äußerte, und der durch eben diese Kirchenbauten verursachte große Bedarf an Wandmalereien, da man sich im Mittelalter eine Kirche ohne malerischen Schmuck kaum denken konnte. So erklärt es sich, daß sich nun gerade aus dieser Zeit so viele bedeutende Zyklen von Wandgemälden erhalten haben. Die wichtigsten davon befinden sich im Kreuzgang zu Brixen, in der Bozner Gegend in der Pfarr- und Dominikanerkirche, in St. Johann im Dorf, St. Vigil am Kalvarienberg, St. Martin in Kampill, in Runkelstein, in St. Helena bei Deutschnofen und St. Katharina im Völser Ried, in der Pfarrkirche in Tramin, in der Durchgangshalle des Meraner Pfarrturmes, in der Friedhofskapelle von Riffian, in St. Georg bei Schenna, in St. Hippolyt in Glaiten, in St. Prokulus bei Naturns, im Schloß Lichtenberg im Vinschgau (jetzt Ferdinandeum). Einzelne Bilder haben sich auch noch in zahlreichen anderen Kirchen Südtirols erhalten. Dargestellt wurden in dieser Zeit mit besonderer Vorliebe die Geschichte der Kirchenpatrone, die Jugend- und Leidensgeschichte des Herrn, das Marienleben, und dabei versäumen die Maler keine Gelegenheit, die heiligen Szenen mit lebenswahren und natürlichen Zügen auszustatten und dem Beschauer dadurch menschlich näherzubringen. Auch sonst zeigt sich überall eine große Naturwahrheit. Die einzelnen Gestalten stehen, im Gegensatz zu den älteren Werken, in voller körperlicher Abrundung da, die ganze Szene vertieft sich im Raum, und um diesen Raumeindruck möglichst zu steigern, werden die dargestellten Vorgänge gern in die freie Landschaft und in offene Säulenhallen verlegt oder sonst vor architektonische Hintergründe gestellt. Die Heiligengestalten tragen, mit Ausnahme des Herrn, der Mutter Gottes und etwa noch der Apostel, mit Vorliebe die bunte und reiche Modetracht der damaligen vornehmen Welt. Trotz dieser stark naturalistischen Züge liegt über den unrestaurierten und wohlerhaltenen Bildern, auf der zarten Lieblichkeit der Gestalten, auf ihren goldblonden Ringellocken, rosigen Wangen und sanften, verträumten Augen ein großer Liebreiz, ein fast märchenhafter Stimmungszauber. Unsere Liebe Frau blickt den Beschauer still und liebreich an, das Christkind mit seinem gerollten Kraushaar greift fröhlich nach einer Birne, die ihm die Mutter vorhält, St. Christoph, der ungeschlachte Riese, wird zu einer versonnenen Märchenfigur, die Heiligen Drei Könige, St. Georg, St. Florian und die weiblichen Heiligen wirken wie phantasievolle Helden und Edelfräulein aus einem Ritterroman. Dieselbe romantische Grundstimmung, die aus den Profangemälden von Schloß Lichtenberg, Runkelstein oder Weißhaus in Haslach spricht, lebt auch in den religiösen Darstellungen, und ein vornehmer höfischer Zug ist auch für sie charakteristisch.

Die Blüte der hochgotischen Malerei Südtirols füllt das Ende des 14. und das erste Viertel des 15. Jahrhunderts aus. Es folgt darauf eine kurze Übergangszeit, in der sich der vornehme höfische Stil, der übrigens die provinzielle Derbheit der einheimischen Kunst auch schon vorher nicht in allen Fällen zu bändigen vermochte, allmählich auflöst und in die derbere spätgotische Art übergeht. Als Beispiele können dienen die Wandgemälde des Bildstöckls am Wege von Bruneck nach Dietenheim, in St. Jakob in Tramin, in der Spitalkirche in Sterzing (Meister Johannes von Bruneck), in Untermais, in Prösels, in der Kapelle bei der Burg Obermontani. Der ausgebildete spätgotische Stil läßt sich dann am besten in Brixen studieren, wo in der Zeit von ungefähr 1445 bis 1480 ein paar Maler — allen voran der Hauptmeister Leonhard von Brixen — nicht nur die Brixner Gegend, sondern auch das ganze Pustertal (Taisten, Innichen, Straßen) und Eisacktal (Mellaun, Klerant, St. Jakob in der Mahr) mit Gemälden versorgten und sogar bis Bozen (das Votivbild des hl. Vigilius am Kalvarienberg) und bis auf den Nonsberg (Castel Brughiero) vordrangen. Die spätgotische Art kennzeichnet sich durch eckige und knitterige Faltengebung, stärkere plastische Wirkung, konsequentere Darstellung des Raumes und der Raumperspektive, reiche Ausbildung des landschaftlichen Hintergrundes und besonders durch einen im Gegensatz zur früheren höfischen Kunst mehr bürgerlich-hausbackenen und realistischen Charakter, der sich besonders in den biederen Gesichtern der Heiligengestalten und in den derben Köpfen der Juden und Kriegsknechte usw. offenbart. Deutlich ist auch zu erkennen, daß der stilistische Einfluß des Südens nun stark zurückreicht und die niederländische und die von ihr bestimmte süddeutsche Art in den Vordergrund tritt, so daß die

Gemälde dieser Zeit einen viel weniger internationalen und einen ausgesprochen deutschen und lokalen Eindruck machen.

Es ist nicht ausgeschlossen, daß auch die beiden bedeutendsten Maler Südtirols, Michael und Friedrich Pacher aus Bruneck, aus der Brixner Schule hervorgegangen sind. In ihren Bildern steigern sich, durch neuerliche italienische Anregungen befruchtet, die eben erwähnten Eigentümlichkeiten des Zeitstils zur höchsten Höhe, und man weiß nicht, was man an ihnen mehr bewundern soll, die geradezu verblüffende plastische und räumliche Wirkung oder die energische Kraft der Bewegung, die leuchtenden Farben und die scharfe Charakterisierung der Köpfe. Auch der landschaftliche Hintergrund nimmt nun so individuelle Züge an, daß man heimische, südtirolische Motive darin zu erkennen glaubt.

Michael und Friedrich Pacher waren lange Zeit fast nur durch ihre Tafelbilder bekannt. Daneben haben sie aber auch sehr viele Wandgemälde geschaffen, über denen allerdings ein eigener Unstern waltete. Immerhin haben die Forschungen und Neuaufdeckungen der letzten Jahrzehnte das Werk der beiden Pacher ganz wesentlich vermehrt, wovon auch das vorliegende Buch beredtes Zeugnis ablegt. Daneben lassen uns die schon früher bekannten Schöpfungen der Pacherwerkstatt doch erkennen, daß unterdessen für die Geschichte der heimischen Malerei eine neue Technik zu wesentlicher Bedeutung gelangt war — die Tafelmalerei. Die ältesten noch erhaltenen Tafelbilder Südtirols stammen aus dem späten 14. und dem Anfang des 15. Jahrhunderts (Altar von Schloß Tirol, um 1370 unter dem Einfluß böhmischer Malerei entstanden — Innsbruck, Museum Ferdinandeum; Votivtafel des Johannes Austrunk — Museum Bozen; Votivtafel des Hildebrand von Jauffenberg — Kloster Neustift). Die Entwicklung und die große Beliebtheit der Flügelaltäre brachten aber der neuen Technik bald reichlichere Aufgaben. Zu den frühesten Flügelbildern Tirols gehören die des Altares von St. Sigmund im Pustertal (einem aus den Ostalpen zugezogenen Meister zugeschrieben). Vom sogenannten Meister von Uttenheim haben sich eine Tafel in Wien und je eine Bildfolge bzw. Flügelbilder im Kloster Neustift und im Museum Ferdinandeum erhalten. Der Großteil der Tafelbilder von Michael und Friedrich Pacher sowie von Marx Reichlich befindet sich heute in den Museen von Wien, München, Nürnberg, Graz und Innsbruck. Auch in der Stiftsgalerie in Neustift hat sich noch manches erhalten. In St. Wolfgang halten die Tafelbilder den Skulpturen sogar das Gleichgewicht. Die Tafelbilder des Multscheraltares, dessen Einfluß auf die tirolische Altarkunst der Gotik groß war, sind wieder nach Sterzing zurückgekehrt.

Hier mag auch eine andere Sparte der Malerei, die Glasmalerei, erwähnt werden. Allerdings hat sich in Südtirol davon nur wenig erhalten — außer einem sehr interessanten kleinen Fenster in der Burgkapelle von Tirol, dessen Marienbild noch der Mitte des 14. Jahrhunderts angehört, meist nur einzelne, aber sehr hübsche Scheiben, die größtenteils aus dem Beginn des 16. Jahrhunderts stammen (vgl. Bozen, Meran, Gossensaß, Villanders, Tisens, Schloß Trautmannsdorff, Lana usw.).

Ähnlich wie in der Plastik machte sich der überragende Einfluß der Pacherwerkstatt auch in der Malerei noch lange bemerkbar. Als Repräsentanten der vielen von ihr berührten Lokalmaler des späten 15. und frühen 16. Jahrhunderts seien nur der Brixner Maler Ruprecht Potsch und der Pustertaler Meister Simon von Taisten erwähnt, von dem einige Tafelbilder und eine ganze Menge über das ganze Pustertal verstreuter Fresken erhalten sind.

Die italienischen, besonders an Mantegna erinnernden Züge in der Pacherschule bleiben zunächst noch vereinzelt, werden überdies ganz verarbeitet, und der süddeutsche Einfluß ist auch im ersten Viertel des 16. Jahrhunderts sogar immer noch im Steigen begriffen. Höchstens, daß ein einrahmender Pilaster die neue Renaissanceform zeigt — die Gestalten selber sind durchaus gotisch und deutsch. Das schöne, nunmehr leider stark verdorbene Vesperbild im Brixner Kreuzgang von 1509 erinnert im zierlichen Gefältel des Kopftuches sogar an Dürer, und auch sonst zeigt das Bild, welchen Fortschritt die Darstellung des Raumes, der Landschaft und der seelische Ausdruck unterdessen gemacht haben. Auch die wundervollen Fresken an der Kirche von St. Sigmund im Pustertal und das allegorische Kreuzigungsbild an einer Mühle in Bruneck gehören in diese Nähe und weisen außerdem deutliche Beziehungen zum Donaustil auf, was etwa auch für den Flügelaltar in der alten Pfarrkirche von Corvara gilt.

3.

Mit dem zweiten Viertel des 16. Jahrhunderts tritt wie in der Architektur und Plastik auch in der kirchlichen Malerei eine Krisis ein. Abgesehen von vereinzelten, wenig bedeutenden Bildern, z. B. in der Eppaner Friedhofskapelle, in St. Justina bei Lichtenberg, in der Kapelle im Sack bei Mittewald, hat sich aus

dem späteren 16. Jahrhundert wenig erhalten. Häufiger diente die Malerei zur Ausschmückung von Burgen, deren Wohnbauten gerade im 16. Jahrhundert vielfach vergrößert und neu ausgestattet wurden. Infolge der oft wenig soliden Technik sind aber die meisten Gemäde wie die oben erwähnten kirchlichen Bilder auffallend schlecht erhalten. Eine Ausnahme machen die schönen Fresken auf Haselberg, die durch ihre frischen Farben auffallen und um 1541 gemalt wurden und wohl Bartlmä Dill-Riemenschneider zugeschrieben werden können, von dem auch die Malereien am Gewölbe der St.-Nikolaus-Kirche in Kaltern stammen, ferner die reiche malerische Ausstattung von Schloß Maretsch, die dekorativen Bemalungen der Loggiengewölbe in den Burghöfen von Dornsberg und Churburg und etwa noch die von Brescianer Meistern gemalten Bilder im Schloß Velthurns. Bei figuralen Darstellungen treten nun an Stelle der im Mittelalter beliebten höfischen Motive Szenen aus der antiken Göttergeschichte, Illustrationen klassischer Dichter und ähnliche durch den Humanismus und die italienische Renaissance beliebt gewordene Dinge.
Im übrigen spiegeln sich die gewaltigen Leistungen und Wandlungen der europäischen Malerei während des 16. und 17. Jahrhunderts in Südtirol in bescheidener Weise wider. Immerhin kann man beobachten, daß sie nicht ganz spurlos vorübergingen und daß anfangs die Venezianer, später besonders Rubens auf die Südtiroler Lokalmaler starken Eindruck machten. Aber man braucht nur ihre Namen zu nennen, um zugleich auch auszudrücken, daß es lauter Größen dritten und vierten Ranges sind, wie etwa Helfenrieder in Meran oder die Keßler in Brixen und Bozen, die außer vielen Altarblättern zahlreiche biblische Historien für Adel und Bürgertum malten. Sie alle hatten Stiche in ihren Mappen, von denen sie reichlich Gebrauch machten. Eigens erwähnt zu werden verdienen das Martyrium des hl. Vigilius von Matthias Stölzl in Untermais, das eine oder andere Bild von Martin Theophilus Polak, der Hofmaler in Trient und Innsbruck war, und die Altarblätter des Orazio Giovanelli in den Kirchen von Neumarkt und Enneberg.

Während dieser ganzen Zeit spielt — und das hängt wahrscheinlich mit dem Tiefstand der kirchlichen Bautätigkeit zusammen — die Wand- und Deckenmalerei beinahe gar keine Rolle. Die wenigen Altarblätter italienischer oder süddeutscher Provenienz, die in jener Zeit meist als Geschenke nach Südtirol gelangten, vermochten die lokale Malerei kaum in Schwung zu bringen. Erst gegen Ende des 17. Jahrhunderts beginnt es sich auch hier zu regen. Die Fresken in der Liebfrauenkirche auf Säben und in der Kalvarienbergkirche in Bozen zeigen aber die barocke Dekkenmalerei noch auf jener frühen Stufe, da wirkliche oder gemalte Stukkaturen ein tektonisches Gerüst herstellen, das dann durch eine Reihe kleiner Einzelbilder ausgefüllt wird.

Es ist bekannt, wie dann die barocke Deckenmalerei Süddeutschlands und Österreichs im 18. Jahrhundert sich gewaltig weiterentwickelt, immer größere Flächen einheitlich zusammenfaßt, immer mehr den tektonischen Rahmen und schließlich auch noch das Gewölbe selber sprengt, die wirkliche Architektur durchbricht und die großzügigen Scheinarchitekturen mit Kuppelräumen, Säulenhallen und freien Ausblicken in den wolkenerfüllten, lichtdurchfluteten Himmelsraum fortsetzt und erweitert. Dabei bringt der virtuose und rasch arbeitende Pinsel dieser Monumentalmaler immer mehr Leben und wirbelnde Bewegung ins Bild, pathetischer Affekt und hingerissene Verzückung erfüllen die Engel und Heiligen, und die größten und figurenreichsten Kompositionen werden mit genialer Mühelosigkeit bewältigt.

Diese ganze Entwicklung und ebenso die darauffolgende allmähliche Lockerung und Beruhigung zur Zeit des Klassizismus lassen sich auch in den Barockkirchen Südtirols verfolgen. Doch sind es nicht einheimische Maler, denen die wichtigsten Werke angehören, und stärker als je einmal zuvor beherrschen in der südtirolischen Malerei fremde Meister das Feld, doch diesmal ausschließlich Deutsche, die vom Norden kommen. Kaspar Waldmann und Ägid Schor aus Innsbruck malten in Brixen, Neustift und Schabs, die gewaltigen Deckenfresken im Brixner Dom stammen von Paul Troger, der zwar in Südtirol geboren ist, aber auswärts lernte und lebte. Sein Schüler Hautzinger malte die Brixner Pfarrkirche aus, vom Augsburger Matthäus Günther sind die Fresken in der Deutschhauskirche in Sterzing, in der Schloßkapelle zu Mareit, in der Klosterkirche von Neustift, in Gossensaß, in St. Vigil, Abtei, vom Wiener Adam Mölkh die Bilder in der Sterzinger Pfarrkirche, in Weißenstein, Trens, Ratschings, Schlanders, Martell, vom Unterinntaler Christoph Mayr die in der Pfarrkirche zu Innichen, der Haller Josef Anton Zoller schmückte die Stöcklkapelle von St. Sigmund und in Tschötsch bei Brixen aus, und F. Altmutter aus Innsbruck malte in Niederdorf, Mareit und Außerpfitsch, der Passeirer Josef Haller in Ridnaun und Neustift im Stubai. Franz Anton Zeiller, der einer Außerferner Malerfamilie angehörte und später Brixnerischer Hofmaler wurde, schuf die Deckenfresken im Brixner Seminar, in Milland, Toblach, Uttenheim, Taisten und Cortina d'Ampezzo, und von den beiden größten Nordtiroler Meistern der Spätzeit malte der Trogerschüler und spätere Akademiedirektor in Mailand, Martin Knoller, in Anras, in der Grieser Stiftskirche, in der Gerstburg zu Bozen und im Toggenburgischen Sommerhaus am Ritten und Joseph Schöpf in Villnöß, St. Johann in Ahrn und in Kaltern.

Diesen vielen und teilweise glänzenden Namen stehen nur wenige und bescheidene in Südtirol ansässige Meister gegenüber, die, wie der schon erwähnte Zeiller oder wie Schelzki und Henrici in Bozen, zudem teilweise aus der Fremde zugewandert waren. Zu erwähnen wären außer den Genannten etwa noch der Brixner Johann Mitterwurzer und der Passeirer Auer und aus der spätesten Zeit des barocken Malstils der Pustertaler Josef Renzler. Für die Heimat fast ganz verloren gingen Johann Holzer aus Burgeis und Franz Zoller aus Gufidaun, von denen der eine in Deutschland, der andere als Schüler und Gehilfe Trogers in Österreich arbeitete.

Fast von allen bisher aufgezählten fremden und einheimischen Malern sind in Südtirol auch Altarbilder vorhanden, und auf diesem Gebiet haben sich außerdem noch Ulrich Glantschnigg in Bozen, Matthias Pußjäger in Meran, der in Wilten ansässige G. Dominikus Grasmair aus Brixen und ganz besonders die beiden Brüder Michelangelo und Franz sowie ihr Neffe Christoph Unterberger aus Cavalese ausgezeichnet. Von ihnen lebte nur Franz in Südtirol, und zwar in Brixen, während Michelangelo hauptsächlich in Wien, Christoph in Rom Aufsehen erregten. Von den beiden letzteren finden sich Altargemälde im Dom zu Brixen, in Neustift, Kaltern, Innichen und Oberbozen, die Werke des Franz Unterberger aber sind fast nicht zu zählen. Das Hochaltarbild der Neustifter Stiftskirche malte Josef Ignaz Milldorfer. Auch im Altarbild können wir beobachten, wie die wuchtigen und gedrängten Formen, das schwere Kolorit und das forcierte Helldunkel, die den hochbarocken Stil seit etwa 1700 kennzeichnen, allmählich den leichteren und gelockerten Formen und duftigeren Farben des Rokoko und schließlich der ruhigen Haltung und dem hellen Kolorit des Klassizismus Platz machen, wenn auch sowohl das Altarbild wie das Deckenfresko in Tirol die barocke Lebendigkeit bis ins 19. Jahrhundert hinein nie ganz abstreiften. Auch bei Josef Renzler, der im zweiten Viertel des 19. Jahrhunderts im Pustertal und im oberen Eisacktal fast alle Altarbilder malte, wirkt die barocke Tradition noch deutlich nach. Auch nachher noch blieb diese Kunstweise und blieb auch der Ruhm ihrer Meister im Volk so populär, daß es den Gemälden in der Zeit der romantischen Reaktion bedeutend besser erging als der sonstigen barocken Ausgestaltung vieler Kirchen. Wohl wurde die eine oder andere Decken- oder Wanddekoration — von wichtigeren Sachen aber nur die architektonische Einfassung der Trogerschen Domfresken und die Wandbilder von Waldmann in der Hofkapelle zu Brixen — und auch manches Altarbild von den Anhängern der neuen nazarenischen Richtung beseitigt, die große Masse der barocken Denkmäler aber blieb erhalten.

4.

Daneben fanden aber auch die eigenen Leistungen der neuen Zeit noch genügend Platz. Auffallenderweise ist dabei die Vorherrschaft der Nordtiroler, die ihrerseits wieder mit München in enger Verbindung standen, zumal in der *kirchlichen* Malerei Südtirols, auch im 19. Jahrhundert noch aufrechtgeblieben. Die Kirchenmaler, die uns am häufigsten begegnen, Arnold, Mader, Plattner, Felsburg mit ihren teils herben, teils lieblichen, aber im Gegensatz zum 18. Jahrhundert immer ruhigen und zurückhaltenden Gestalten, und in späterer Zeit Alfons Siber, Emanuel Raffeiner und Toni Kirchmayr, sie alle sind Nordtiroler, wurden aber gerne im südtirolischen Bereich der Diözese Brixen und dem an diesen angrenzenden Teil des Trienter Sprengels beschäftigt. Ausschließlich als Tafelmaler dieser nazarenisch-romantisch empfindenden Richtung betätigten sich Kaspar Jele, Franz Hellweger sowie Cosroe Dusi aus Venedig, der schöne Altarbilder in Graun und Mühlwald malte. Ihre Werke spiegeln, naturgemäß in einiger Distanz, die allgemeine Entwicklung der deutschen Kirchenmalerei wider, die auf Cornelius, Overbeck, Führich zurückgeht, und machen schließlich bei Siber, Raffeiner und Kirchmayr auch die Wendung zur Moderne mit.

Ein besonderes Kennzeichen dieser allgemein als Nazarenermalerei bekannten Kunst (innerhalb der es jedoch verschiedene Richtungen gibt) ist ihr Wert als Ausstattungskunst. Wo sie sich, wie in Bruneck, Campill im Gadertal, Proveis, Jenesien oder Sarnthein, in originalem Zustand erhalten hat, oder wo sie bei Restaurierungen in demselben belassen wurde, tritt die Schmuckfreude der Dekoration, die schöne Farbigkeit, aber auch die sorgsame theologische Ausarbeitung der Themen eindrucksvoll mit der Wirkung eines Gesamtkunstwerkes hervor. Was diese Nazarener, Neugotiker usw. in ihrer Epoche dem Barock angetan hatten, wiederholte sich in etwa auch für unsere Zeit, in der man sich lange feindlich gegen die Leistungen des 19. Jahrhunderts gestellt hatte. Eine Wandlung ist eigentlich erst im letzten Jahrzehnt feststellbar, und gerade in Südtirol ist es in dieser Hinsicht zu einigen beispielhaften Restaurierungswerken gekommen (wobei wie etwa in der Pfarrkirche von Wengen die erst 1954 purifizierte Ausstattung des späten 19. Jahrhunderts wieder in ihren ursprünglichen Zustand zurückversetzt wird).

Ein Hauptwerk der profanen Wandmalerei im 19. Jahrhundert sind die Fresken des Theatersaals im Vinzentinum in Brixen mit der Parzival-Sage vom Nordtiroler Edmund von Wörndle, von dem auch die Ausmalung der Gelöbniskapelle beim Sandhof in Passeier mit einem patriotisch-religiösen Zyklus stammt. Die nun zerstörten, noch vor dem Ersten Weltkrieg entstandenen Wandgemälde von Franz Weber-Tyrol in der Meraner Wandelhalle zeigten schon die Entwicklung zur Moderne mit ihrer Hinwendung vom Freundlich-Natürlichen zum Großzügig-Stilisierten.

Unter den auswärtigen Malern nimmt Friedrich Wasmann aus Hamburg, der in Meran ansässig wurde, eine Sonderstellung ein. Seine skizzenhaft angelegten Landschaftsbilder zeigen schon impressionistische Tendenzen. Bekannt wurde er vor allem als Porträtist, ähnlich wie vor ihm der Biedermeiermaler Georg Wachter aus Hall und später Thomas Riss aus Stams, der ebenfalls ein guter Porträtmaler war.

Zwei in Osttirol geborene Maler, die auch in der Geschichte der deutschen Gesamtmalerei eine Rolle spielen und von denen der eine zwar in München lebte, aber die tirolische Note in seiner Stoffwahl stets beibehielt, der andere auch persönlich wieder nach Südtirol zurückgefunden hat, sind Franz von Defregger und Albin Egger-Lienz. Ihre Namen wirken wie Symbole und Programme verschieden gearteter künstlerischer Tendenzen. Defregger ist einer der bedeutendsten und populärsten deutschen Vertreter des malerischen Realismus. Seine besten Bilder wirken unbedingt natürlich, sind jedermann verständlich und entsprechen dem im Volk herrschenden Schönheitsgefühl noch heute. Sieht man ein lustiges Tirolerbild von seiner Hand, glaubt man, die Leute zu kennen, so überzeugend wirken sie, und bei seinen Bildern vom Freiheitskampf denkt man, ähnlich müsse die Sache auch in Wirklichkeit ausgesehen haben. Wenn dagegen Egger-Lienz den Krieg darstellt, will er nicht den möglichen oder wahrscheinlichen äußeren Hergang, sondern das innere Wesen des furchtbaren Geschehens schildern und gestalten. Und ebenso wird auch die bunte Welt der übrigen Erscheinungen unter seinem vereinfachenden, aber unerhört wuchtigen Pinsel zur monumentalen Abstraktion, bei der sich die ungewöhnliche, mit wenigen Mitteln auslangende Gestaltungskraft des Malers und der grüblerische Sinn des Philosophen zu gemeinsamer

Arbeit vereinigen. Freilich mußte dieser Weg, den Egger-Lienz mit unerbittlicher und seltener Konsequenz weiterschritt, den Künstler vom allgemeinen Verständnis und von der allgemeinen Sympathie zunächst etwas abseits führen, entwicklungsgeschichtlich aber stellt er ihn in die erste Reihe der Zeitgenossen, und dies ist heute längst allgemein anerkannt.

Der Aufenthalt Eggers in Südtirol hat naturgemäß auch auf andere Maler abgefärbt, so zum Beispiel auf die drei Brüder Albert, Ignaz und Rudolf Stolz in Bozen. Ihr starkes Empfinden für bodenständige Art, das sie von ihrem Vater erbten und das sich früher vornehmlich in heiteren, anmutigen Formen äußerte, verband sich immer stärker mit dem energischen Streben nach Monumentalität, und die zahlreichen Wandgemälde, die sie, zumal in Bozen und in seiner Umgebung, auszuführen hatten, prägen der dortigen malerischen Produktion einen selten einheitlichen Zug auf, wie wir ein ähnliches Verhältnis nur in älteren Perioden der Malerei zu finden gewohnt sind.

Die Entwicklung der Malerei nach dem Zweiten Weltkrieg ist auch in Südtirol durch eine Vielfalt an Strömungen gekennzeichnet. Die Werke sind allerdings zu einem Großteil Museums- oder Galeriebilder und daher topographisch nur in Einzelfällen zu erfassen. Am meisten Wirkung in der Öffentlichkeit hatte Karl Plattner, von dessen bedeutender, durch surreale Bildlösungen und intensives Kolorit auffallender Kunst Zyklen im Landhaus in Bozen, am Friedhof in Mals usw. zeugen. Als geschickter Wandgestalter mehr herkömmlicher Art arbeitet Heiner Gschwendt an vielen öffentlichen Gebäuden, zuletzt hat Jörg Hofer mit großen abstrahierenden Farbkompositionen auch in Kirchen auf sich aufmerksam gemacht. Der Zeichner Paul Flora ist als Meister hintergründig verspielter Ironie und feiner Strichkunst heute wohl der bekannteste aus Südtirol stammende Künstler.

DIE BILDHAUEREI

1.

Auf die Blüte der Bildhauerei bei Griechen und Römern folgte im Abendland während der zweiten Hälfte des ersten christlichen Jahrtausends ein beinahe vollständiges Erlöschen gerade dieser künstlerischen Betätigung. Verschiedene Ursachen werden dafür maßgebend gewesen sein — vor allem aber liegt es nahe, den gewaltigen Wandel der Weltanschauung, der sich unterdessen vollzogen hatte, damit in Zusammenhang zu bringen. Keine Kunst ist körperlicher, greifbarer, sinnfälliger als die Plastik, keine liegt dem Kult des Körpers, der sinnlichen Schönheit näher, und niemals ist die irdische Schönheit des Menschenleibes so vollkommen, aber auch so verführerisch geschildert und gepriesen worden wie in der griechischen Bildhauerei. Dazu kam noch, daß wenigstens 90 Prozent der antiken Skulpturen heidnische Götter darstellen, und so ist es nicht unwahrscheinlich, daß das junge Christentum in seiner Abkehr vom Sinnenkult, in seiner Begeisterung für seelische, ideelle Werte und in seinem Eifer gegen den Götzendienst der Antike sich unwillkürlich von der sinnlichsten und heidnischsten aller Künste abwendete, während es die ideellere Malerei mit Begeisterung aufnahm und sie nur mit einem neuen, höheren Inhalt erfüllte.

Auch in Tirol folgt auf die paar römischen Skulpturen, die sich noch erhalten haben, zum Beispiel auf den Mithrasstein von Mauls, ein Zeitraum von Jahrhunderten, aus dem uns außer den karolingischen Stuckverzierungen in St. Benedikt in Mals keine plastischen Werke bekannt sind, und erst mit dem 12. Jahrhundert setzt eine neue Entwicklung ein, und zwar ebenfalls in Verbindung mit der romanischen Baukunst. Die Kunst des Steinmetzen dient zunächst der Verzierung des Bauwerkes, und einzelne Bauteile, wie die Portale, Fensterbogen, Kapitelle usw., werden durch plastischen Schmuck besonders ausgezeichnet. Hieher gehören die rätselhaften Portale der Burgkapellen von Tirol und Zenoberg und in ersterer auch die Reliefs mit den

Evangelistensymbolen, die den Triumphbogen zieren, die Fensterverzierungen auf Schloß Tirol, das skulptierte Bogenfeld am Südportal in Innichen, das Christus zwischen den Evangelistensymbolen zeigt, die Pfeilerverzierungen ebendort, dann der mit Köpfen usw. dekorierte Rundbogenfries an der Apsis in St. Florian bei Margreid und die Ostwand der Pfarrkirche von Laas.

Neben diesen kirchlichen Denkmälern kommen profane kaum in Betracht. Höchstens wären die Verzierungen an den Palasfenstern von Schloß Tirol und da und dort, zum Beispiel in Sprechenstein, Reifenegg, ein Wappenstein über einem Schloßtor zu erwähnen. Auch der kleine Elefant an einer Eckquader des Bergfrieds von Gojen und die Wappentiere am Kirchturm von Kaltern gehören in diesen Zusammenhang, wenn sie auch etwas jüngeren Ursprungs sein dürften. Alle diese Steinskulpturen sind in erster Linie auf die architektonische Wirkung berechnet und stilisiert, und man wird ihnen nur gerecht, wenn man bei ihrer ästhetischen Würdigung diese enge Abhängigkeit mit berücksichtigt. Daneben haben sich nun aber auch einzelne selbständige Holzskulpturen erhalten, und zwar auch wieder durchaus religiösen Inhaltes, wie Kruzifixe und Statuen der Mutter Gottes mit dem Christkind oder des Kirchenpatrons. Eines der ältesten und zugleich wohl bekanntesten dieser romanischen Schnitzwerke ist die Kreuzigungsgruppe von Innichen. Sieht man sich länger in diese starren, strengen, geschlossenen Figuren hinein und versucht man, die Formen mit den Augen eines romanischen Beschauers anzusehen, so wird man nicht allzu schwer erkennen, daß in dieser scheinbaren Erstarrung doch eine ganz bestimmte künstlerische Absicht lebendig ist. Bildet die Gotik den erbarmungswürdigen, schmerzzerschlagenen, elend sterbenden Heiland und die weinenden, lyrisch klagenden Figuren der Mutter und des Liebesjüngers, gibt die Renaissance den schönen Körper, der Barock die ekstatischen Bewegungen eines hinreißenden Gefühlspathos, so zeigt uns die romanische Kunst in den waagrecht ausgespannten Armen, im hocherhobenen, königlich gekrönten Haupt des Erlösers eine stumme Größe und innere Erhabenheit über Leid und Tod, in den strengen, gehaltenen Formen der Begleitfiguren statt des lauten Klagens und Jammerns eine wuchtende Tragik, einen wortlos versteinernden und dabei doch des göttlichen Geheimnisses tiefbewußten Schmerz.

In ähnlicher Weise liegt auch auf den anderen oben erwähnten Denkmälern der romanischen Plastik ein tiefer Ernst, eine geheimnisvolle Mystik, die auch durch die provinzielle und unentwickelte Roheit mancher Formen noch hindurchleuchtet und die wir zum Beispiel vor den Portalen auf Schloß Tirol deutlich fühlen, obwohl wir den Inhalt einzelner Darstellungen und damit auch den möglicherweise vorhandenen zusammenhängenden Sinn des Ganzen nicht mehr sicher und zweifellos zu deuten wissen. Als Meister werden Vinschgauer Steinmetzen mit lombardischer Schulung vermutet.

Im Laufe des 13. Jahrhunderts tritt dann eine allmähliche Lockerung dieser wuchtigen Strenge ein. Die Figuren erhalten mehr Bewegung und lebhafteren Ausdruck, wie jüngere Kruzifixe, zum Beispiel das in der alten Pfarrkirche in Gries bei Bozen, dartun, und von hier geht die Entwicklungslinie weiter zu den frühgotischen Kreuzigungsgruppen auf Schloß Tirol und in der Spitalkirche zu Meran. Dieselbe Lockerung zeigt sich, wenn man etwa die edle, strenge Candidusstatue in Innichen mit der viel bewegteren Steinfigur des hl. Nikolaus vor der Meraner Pfarrkirche oder eine romanische Marienfigur mit dem steif und symmetrisch auf ihrem Schoß sitzenden Kinde, zum Beispiel Maria im Moos in Bozen, mit der schönen, bewegten Statue in der Peter-und-Pauls-Kirche in Sterzing vergleicht.

Damit sind wir aber schon bis ins 14. Jahrhundert und in die Zeit der vollentwickelten Gotik vorgedrungen. Und hier setzt mit dem Aufschwung der Architektur auch wieder eine neue Belebung der Monumentalplastik ein. Die bedeutendsten Werke weist die Pfarrkirche von Bozen auf, und zwar kann man hier auch am besten die allmählichen Übergänge verfolgen. Die Löwen und Sockelreliefs am Hauptportal wurzeln wie das Gesamtbild des Portals noch ganz im romanischen Stil, obwohl wir hier teilweise spätere Nachahmungen vor uns haben. Schon gotisch, aber immer noch streng gehalten und großzügig ist die Verkündigung im Presbyterium und die weibliche Gewandfigur am südlichen Treppentürmchen. Zierlich, bewegt und fast weltlich wirkt dagegen das reich mit Skulpturen verzierte Leitacher Törl, das außerdem noch am figürlichen Schmuck mehrerer Lichthäuschen und weiterhin an den Statuentabernakeln in St. Georgen am Kofel gleichzeitige und stilverwandte Parallelen besitzt. Dem dritten Viertel des 14. Jahrhunderts gehört die Gruppe der Krönung Mariens am Kirchenportal von Terlan an, eine fein empfundene Steinmetzarbeit schwäbischen Charakters, während die reiche plastische Ausstattung der Portale an der Spital- und an der Pfarrkirche von Meran, zumal durch die gehäuften Falten und durch die Zeittracht der Stifterfiguren, ihre etwa um ein halbes Jahrhundert spätere Entstehung verrät. Im Innern dieser und anderer hochgotischer Kirchen werden die

Gewölbeschlußsteine, die Kapitelle und die Rippenkonsolen gern mit kleinen Relieffiguren der Kirchenpatrone, der Evangelistensymbole usw. verziert. Mit der Mitte des 15. Jahrhunderts aber hört diese architektonische Zierplastik in Südtirol so gut wie vollständig auf. Zu erwähnen wären allenfalls noch die rohen Portalverzierungen in Latsch und dann plastische Einzelobjekte, wie Grabsteine und die herrliche Pfarrkanzel in Bozen, an der sich das Steinmetzzeichen des Hans Lutz von Schussenried befindet. Dafür setzt ungefähr zur gleichen Zeit die Holzschnitzerei mit neuer Macht ein, erreicht in wenigen Jahrzehnten eine ungeahnte Blüte und stellt wohl weitaus das Beste dar, was Südtirol auf dem Gebiete der Skulptur überhaupt geleistet hat.

2.

Die ungewöhnlich reiche Entfaltung der spätgotischen Holzplastik hängt auf das allerengste mit der Entwicklung des Altares zusammen, der in der spätgotischen Zeit seinen Tischcharakter immer mehr verwischt und den Hauptton auf den reich verzierten Aufsatz legt. Es werden nun ganze Schreine hergestellt, die an Werktagen mit Flügeltüren verschlossen bleiben, an Sonn- und Feiertagen aber bei offenen Flügeltüren ihren ganzen Prunk entfalten. Zwischen Tisch und Schrein schiebt sich ein niedriges Übergangsstück, der Sarg oder die Predella, die auch ihrerseits meist einen kleinen Flügelschrein bildet. Den Hauptschrein aber krönt das Gespreng, ein luftiger und oft hoch emporsteigender Aufsatz aus Statuentabernakeln, mit Streben, Fialen, Wimpergen, Krabben und Kreuzblumen. Nur die Außenseiten der Flügel und allenfalls noch die Seitenteile der Predella und die Rückwand des Schreines wurden mit Malerei versehen, aller übrige figurale Schmuck aber fiel dem Bildschnitzer zu. Für den Hauptschrein schuf er drei, manchmal auch fünf große Freifiguren mit reich verzierten Sockeln und Baldachinen, die Festtagsseite der Flügel schmückten Reliefdarstellungen einzelner Heiliger oder Szenen aus dem Marienleben, der Leidensgeschichte, der Legende des Patrons. Die Predella füllten Heiligenbüsten oder eine Reliefgruppe, wie zum Beispiel der Tod Mariens, oder auch eine Freigruppe, zum Beispiel die Pietà. Im Gespreng wurde meist die Kreuzigungsgruppe untergebracht. Ein ungewöhnlicher Reichtum von zart geschnitzten Zieraten, von Säulchen und Wimpergen, Maßwerken, Baldachinen und geflochtenem Ast- und Rankenwerk rahmte die Figuren ein, überspann Flügel und Postamente, füllte die von den Heiligen freigelassenen Teile des Schreines. Nimmt man die reiche Vergoldung und das lebhaft bewegte, gebrochene und knitterige Faltenwerk der Figuren hinzu, so kann man sich leicht denken, wie ein solcher Flügelaltar im Licht der Kerzen glitzerte und funkelte und welch eindrucksvolle Wirkung sein Gegensatz zum strengen Ernst eines gotischen Kirchenchors auszuüben vermochte. Die frommen Gläubigen der spätgotischen Zeit konnten sich offenbar an diesem Glanz nicht sattsehen, denn zu vielen Hunderten wurden nun solche Flügelaltäre bestellt, und es stand wohl keine Kirche im Lande, die zu Beginn des 16. Jahrhunderts nicht einen oder auch mehrere besessen hätte.

Das älteste Stück in Südtirol, das noch in die erste Hälfte des 15. Jahrhunderts zurückreicht, ist der schöne Altar in St. Sigmund im Pustertal. Sonst hat sich von älteren Stücken wenig erhalten, weil sie meist schon durch die reicheren Arbeiten um 1500 wieder verdrängt wurden. Auf die Südtiroler Altarbaukunst bzw. Altarskulptur hatte jedenfalls der um 1423 entstandene Altar des Hans von Judenburg für die Bozner Pfarrkirche eine große Wirkung ausgeübt, die wir an den noch erhaltenen Altarreliefs der Ursulinenkirche in Bruneck und auch an frühen plastischen Werken Meister Leonhards nachweisen können. Ein ebenso nachhaltiger Einfluß ging von dem 1459 in Sterzing aufgestellten Multscheraltar aus. In der zweiten Hälfte des Jahrhunderts setzt die Tätigkeit Michael Pachers von Bruneck ein, der den Südtiroler Flügelaltar mit einem Schlag auf eine ungeahnte Höhe und auch außerhalb des Landes zu hohen Ehren bringt. Er hat nicht nur für Südtirol selber die ehrenvollsten Aufträge auszuführen, so einen Altar für die Pfarrkirchen in St. Lorenzen, Gries und Bozen und einen für den Brixner Dom, sondern auch im Salzkammergut und in der Stadt Salzburg selbst finden wir ihn beschäftigt. Von Pachers Südtiroler Arbeiten steht nur noch der Hauptteil des Grieser Altares mit seinen kraftvollen Figuren an Ort und Stelle. Sein Hauptwerk aber, der große Altar von St. Wolfgang, bei dem die Malerei ausnahmsweise stark vertreten ist, da Michael Pacher in erster Linie Maler war, ist noch wohlerhalten.

Michael Pacher hat bei seinen vielen und großen Aufträgen eine ganze Werkstatt beschäftigt, so daß der Anteil der einzelnen Bildschnitzer und Maler, aus denen sich besonders sein Verwandter Friedrich als kraftvolle Persönlichkeit hervorhebt, nicht immer leicht zu scheiden ist. Seine überragende Kunstfertigkeit hat ihm aber auch weit über die eigene Werkstatt hinaus Einfluß verschafft, so daß sozusagen die ganze südtirolische Malerei und Bildschnitzerei am Ausgang des 15. Jahrhunderts pacherische Züge trägt. Am deutlichsten ist das bei einem herrlichen Altarschrein in der Burgkapelle von Tirol, der aus Montan stammt und jetzt leider nach Trient verschleppt wurde. Er gehört zu einer ziemlich umfangreichen Gruppe von Schnitzwerken, die vermutlich in Brixen entstanden ist und Hans Klocker zum Urheber hat und die außer verschiedenen Einzelfiguren auch eine Anzahl ganzer Altäre, so den Altar in der Bozner Franziskanerkirche, in Pinzon und den aus Tramin stammenden Altar im Nationalmuseum in München, umfaßt. Die Schnitzfiguren sind aber bei dieser Gruppe nicht so kraftvoll wie bei Pacher und zeigen einen mehr lyrischen Zug, womit auch die Lieblichkeit der Köpfe und der Reichtum an ornamentalem Schnitzwerk auf das beste übereinstimmen.

Den größten Flügelaltar, der heute in Südtirol noch aufrecht steht, besitzt die alte Pfarrkirche von Lana. Er ist ein Werk des Meraner Meisters Hans Schnatterpeck und verkörpert in seiner beherrschenden Stellung wohl am deutlichsten die gewaltige Wirkung, die ein derartig reiches Schnitzwerk in Verbindung mit dem Architekturrahmen auszuüben vermag. Er wurde 1503 bestellt mit der Verpflichtung, daß er in acht Jahren vollendet sein müsse. Auch einige besonders reiche Altäre im Vinschgau, in Latsch und Tartsch, der erstgenannte von Jörg Lederer aus Füssen, der letztere seiner Figuren beraubt, verdienen eigene Erwähnung.

Wie in der Architektur ist aber auch bei diesen vielen Flügelaltären und sonstigen spätgotischen Schnitzwerken eine allmähliche Stilveränderung wahrzunehmen. Sind die Figuren zu Beginn des 15. Jahrhunderts noch verhältnismäßig ruhig in Stellung und Ausdruck und zeigen ihre Gewänder einfache, rundliche Faltenzüge, so kommt gegen die Mitte des Jahrhunderts und von dort ab in steigendem Maße ein immer unruhigeres Leben in sie, das sich in den lebhaften Bewegungen, im stärkeren Gesichtsausdruck und besonders deutlich in den eckigen, gebrochenen und gehäuften Gewandfalten offenbart. Den Höhepunkt erreicht diese Entwicklung in der Pacherwerkstatt, als sich ein starkes, inneres Pathos mit kräftigen Formen und tiefunterschnittenen, großzügigen Draperien vereinigt. Von der Jahrhundertwende an werden die Formen zwar nicht ruhiger, wohl aber wieder zierlicher, die Faltenbrüche weniger tief und weniger scharfkantig, bis sie sich schließlich in ein kleines, zerknittertes Gefältel auflösen. In ähnlicher Weise verändern sich auch die Architektur und Dekoration der Flügelaltäre, die zuerst große Ruhe zeigen und nur tektonische Motive verwenden, während sich später der Schrein in der Mitte ausbiegt, die Fialen sich krümmen, die

Wimperge sich durchschneiden, statt des struktiven Maßwerks freies Rankenwerk, statt der Säulchen gedrehtes Astwerk verwendet wird und auch die architektonischen Motive sich mit Astwerk, Ranken und Blättern überspinnen. Auch hier läßt sich also eine allmähliche Veränderung ins Bewegte und Vegetabilische beobachten.

3.

Als Endtermin dieser lebendigen Entwicklung können wir etwa die Zeit um 1525 betrachten. Im späteren 16. Jahrhundert aber verliert die südtirolische Plastik ihre bisherige Bedeutung und lebt schwächlich und kümmerlich von gotischen Reminiszenzen. Eine Erscheinung wie der Bildhauer und Architekt Hans Reichle, der Schöpfer der Fürstenstatuen im Hof der Brixner bischöflichen Burg und der Figuren neben dem Magdalenenaltar in der Frauenkirche daselbst, wie auch der nur wenige Jahre in Brixen weilende Meraner Bildhauer Adam Baldauf, der den Rosenkranzaltar im alten Brixner Dom gemacht hatte (die Figuren heute im dortigen Diözesanmuseum), haben keinen sehr nachhaltigen Einfluß auf die Altarplastik der ersten Hälfte des 17. Jahrhunderts ausgeübt, doch sind aus dieser Zeit wie auch aus der zweiten Hälfte des Jahrhunderts da und dort im Lande noch einzelne Altarfiguren und Statuen der Himmelskönigin im Rosenkranz erhalten, deren Schöpfer großenteils noch nicht festgestellt wurden.

Als im frühen 17. Jahrhundert der Altarbau sich wieder zu regen begann, war die Erinnerung an die einst so beliebten Flügelaltäre noch nicht erloschen. Eine eigenartige Mischung von Gotik und Renaissance ist die Folge davon, und auch in den Statuen wirken die gotischen Gesichtstypen und die knitterige Gewandbehandlung noch bis zur Mitte des 17. Jahrhunderts nach. Von dort an wird die Produktion an Altären und damit auch an Holzfiguren immer zahlreicher. Die barocken Formen erringen die Herrschaft, die Gestalten drehen und winden sich, die Köpfe zeigen pathetische Erregung, die Gewänder flattern, und die Arme gestikulieren in der Luft. Im übrigen sind aber diese Skulpturen, ähnlich wie die der romanischen Zeit, nicht auf isolierte Einzelwirkung berechnet, sondern wollen im engsten Zusammenhang mit dem ganzen Altar, mit den vor- und zurückspringenden Säulen und Gebälken, mit den bewegten, gebogenen, gesprengten Giebeln, mit den ebenso pathetischen Altarbildern gewürdigt werden. Und das gibt auch wirklich ein derartiges Fortissimo, einen derart eindrucksvollen Zusammenklang von Leben und Bewegung, enthusiastischem Gefühl und malerischer Wirkung, daß einem dabei vielfach die Qualität der einzelnen Skulptur kaum zum Bewußtsein kommt.

An solchen Barock- und Rokoko-Altären ist auch in Südtirol kein Mangel, und die zahlreichsten und bewegtesten sind um die Mitte und in der zweiten Hälfte des 18. Jahrhunderts entstanden. Auch einzelne Heiligenfiguren wurden damals für Kirchen und Kapellen, Bildstöcke und Häuser in Unzahl geschaffen. Das künstlerische Schwergewicht in der barocken Altarbildhauerei lag damals in Nordtirol, vor allem im Oberinntal, das bedeutende Meister hervorgebracht hat, wie den in Böhmen zu großem Ruhm gelangten Matthias Braun von Ötz, die beiden aus Grins stammenden Jakob Auer und Ignaz Waibl, ersterer Schöpfer des Portals vom Stift Lambach, letzterer des Buxheimer, heute in England befindlichen Chorgestühls, den zeitweilig in Bayreuth und Berlin tätigen Johann Schnegg von Imsterberg, den Imster Josef Teutschmann (gest. in Passau), die Stamser Stiftsbildhauer Andreas Thamasch, Andreas Kölle und Hans Reindl, die Innsbrucker Nikolaus und Balthasar Moll, die Oberländer Jakob Schletterer, Anton Sturm, Stefan Föger, Josef Anton Renn u. a. m. Unter den in Südtirol gebürtigen Barockbildhauern des 18. Jahrhunderts sind wegen ihrer künstlerischen Leistungen besonders hervorzuheben der Stilfer Johann Perger, der Schöpfer von Altarplastiken in den Pfarrkirchen von Brixen, Toblach, Ridnaun und Steinach am Brenner, der Brunecker Michael Rasner, Sohn des aus Leisach stammenden Bildhauers Franz, der eine intensive Altarbautätigkeit im Pustertal entfaltete, die Grödner Melchior und Martin Vinazer, der Brixner Josef Konrad Wiser. Von Nordtiroler Bildhauern arbeiteten in oder für Südtirol Stefan Föger (Schloßkapelle Mareit, Brixen), Johann Schnegg (Stiftskirche Gries), Josef Stapf (Brixen), Romed Angerer (Neustift), Franz Xaver Nißl u. a. Sie alle waren in der Hauptsache nur als Holzbildhauer tätig, manche von ihnen auch als Elfenbeinschnitzer. Im italienischen Landesteil wurden die Altäre seit dem Ende des 17. Jahrhunderts auch im kleinsten Dorf meist aus Marmor hergestellt. Bei uns dagegen war das nur in reicheren Kirchen möglich, und der Dom in Brixen, die Pfarrkirchen von Bozen, Meran, Kaltern usw. enthalten dafür mannigfache Beispiele. In solchen Fällen wurden aber sowohl die Altäre als auch die marmornen Statuen meist von Italienern ausgeführt, und auch Dominikus Moling aus Wengen, einer der besten Bildhauer der Rokokozeit, von dem zum Beispiel die schönen Marmorstatuen am Hochaltar des Brixner Doms und einige Skulpturen in seiner Heimatkirche Wengen stammen, führte sie im Gedinge des Steinmetzen Theodoro Benedetti aus Mori aus. Theodoro und vor allem sein Vater Christophoro Benedetti sind als Inhaber einer großen Marmorwerkstätte in Mori auch die Schöpfer einer Reihe weiterer bedeutender marmorner Altarwerke im Raum Südtirol; in ihrer Nachfolge und zum Teil in Konkurrenz mit ihnen arbeitet Giuseppe Sartori aus Castione z. B. für die Stiftskirche Neustift.

Mit dem Ende des 18. und dem Beginn des 19. Jahrhunderts tritt dann eine allmähliche Beruhigung der barocken Bewegung ein. Als tüchtige Kräfte sind nun Jakob Philipp Santer aus Bruneck, den man den Hauptvertreter des klassizistischen Stils nennen kann, zu erwähnen oder Johann Pendl in Meran, den seine ausdrucksvollen, aber, wenn man viele nacheinander sieht, etwas schematischen Kruzifixe äußerst populär gemacht haben. Sein Sohn und ebenso der Bildhauer Kob von Brixen, die aus des alten Pendl Schule hervorgegangen sind und von denen zahlreiche Statuen in Südtirol herstammen, zeigen neben Pendlschen Motiven auch schon Elemente der nazarenischen und romantischen Bewegung, die wieder auf das Mittelalter zurückgreift und im Meraner Bildhauer Waßler, im Innsbrucker Alois Winkler und in Franz Tavella in Brixen gute Repräsentanten fand und wohl in Josef Bachlechner, der zwar in Nordtirol lebte, aber aus Südtirol stammte und auch verschiedenes für Südtirol geschaffen hat, den spätesten, aber auch zugleich bedeutendsten Vertreter besitzt. Auch die Altar- und Statuenverleger von St. Ulrich in Gröden haben sich hauptsächlich in romanischen und gotischen Stilformen betätigt. Ihre Erzeugnisse beherrschten jahrzehntelang den Markt, der Kunstwert steht aber mit der Menge in keinem Verhältnis. Daneben war und ist natürlich auch noch eine Anzahl selbständiger und teilweise sehr achtbarer Bildschnitzer in Südtirol tätig, und auch die Steinbildhauerei fand, zumal in Bozen (Rainalter, Kompatscher, Gabloner, Plangger) und in Laas, ihre Vertreter. Die Südtiroler Bildhauergeneration nach dem Krieg wird gut repräsentiert durch die Namen Maria Delago, Martin Rainer, Karl Grasser, Friedrich Gurschler, Toni Tscharf und durch die in der Gruppe „Ruscel“ zusammengeschlossenen Grödner Bildhauer Luis Piazza, Adolf Vallazza, Siegfried und Rudolf Moroder, David Moroder, Gottfried Moroder, Fini Moroder-Martiner und andere. In letzter Zeit sind neue Namen dazugekommen, die der Öffentlichkeit allerdings mehr über Ausstellungen und Publikationen als durch Auftragswerke (und somit topographisch erfaßbare Werke) bekannt werden. Guido Muss, Michael Höllrigl, Arthur Kostner sind einige dieser Künstler.

DAS KUNSTGEWERBE SÜDTIROLS

Von Josef Ringler

Die in den letzten Jahrzehnten in verstärktem Maße erfolgten Ausgrabungen in Süd- und Nordtirol und im Trentino sowie die intensive wissenschaftliche Beschäftigung mit den zutage getretenen Funden lassen es angezeigt erscheinen, im Rahmen einer Darstellung des Kunstgewerbes Südtirols auch den Erzeugnissen der prähistorischen, römischen und frühgermanischen Kulturperiode ein größeres Augenmerk als bisher zuzuwenden, wenngleich die Tatsache bestehen bleibt, daß es sich bei den wertvolleren Stücken fast durchwegs um Importe handelt.

Aus der Steinzeit, Früh- und Hochbronzezeit fehlen aus Südtirol Funde, die in irgendeiner Weise Anspruch darauf hätten, als Kunstwerke oder kunstgewerbliche Produkte betrachtet zu werden. Die Keramik ist, wie auch in den späteren Perioden, in erster Linie durch den Gebrauchszweck bestimmt; typologische Besonderheiten stellen durch die ganze Urzeit zwar kulturhistorische Beziehungen zu kulturellen Einheiten außerhalb Tirols her, ohne aber im engeren Sinne als Äußerungen eines Kunstempfindens betrachtet werden zu können. Verzierte Bronzegegenstände, wie z. B. das schöne Schwert mit achtkantigem Griff vom Schlern (Hauensteiner-Schwert, Museum Bozen), sind eindeutige Einfuhrstücke aus Süddeutschland.

Die ältesten Funde in Südtirol, und mit zum Interessantesten gehörig, das dort ans Licht gekommen ist, die auch einer kunstgeschichtlichen Betrachtung wert sind, stellen die steinernen Figurenmenhire dar, von denen bisher sieben gefunden wurden (vier zu Algund, je einer in St. Verena, Tötschling und Tramin; letzterer im Museum Ferdinandeum, die anderen im Meraner Museum und im Bozner Museum). Ihre Herkunft aus dem westlichen Kulturkreis der jüngeren Steinzeit liegt klar auf der Hand, ob sie aber in Südtirol im Gefolge von ursprünglich aus Holz gefertigten Säulenbildern eine Kontinuität westlichen Gedankengutes aus dem Neolithikum bezeugen oder aber mit dem religiösen Brauchtum einer später eingewanderten Bevölkerungsgruppe zusammenhängen, ist vorläufig nicht zu entscheiden. Nach den auf ihnen dargestellten Waffen ist heute ihre zeitliche Stellung wenigstens insofern klar, als die Errichtung dieser Bildsäulen um die letzte Jahrtausendwende vor Christus anzusetzen ist, jedoch kann das Ende ihrer Verehrung nicht sicher festgestellt werden. Wie die Untersuchung des Gesteins, aus dem sie gefertigt sind, lehrt, sind sie jedenfalls im Lande hergestellt worden; bei ihrem Gewicht ist auch eine Einfuhr von weither von vornherein auszuschließen.

Eine weite Fundgruppe, die Anspruch auf künstlerische Wertung hat, sind die Arbeiten der Bronzetoreutik der ausgehenden Hallstattzeit und frühen und mittleren La-Tène-Zeit. Sie gehören dem weiteren Kreis der „Situlenkunst" an, und es ist bei ihnen im einzelnen oft weitgehend Auffassungssache, ob man sie im Lande gefertigt oder als Einfuhrstücke ansehen will. So scheinen die im Pustertal ans Licht gekommenen Gürtelbleche (Lothen-Sonnenburg), vor allem das Stück mit den prächtigen Hirschdarstellungen (Museum Bozen), doch wohl venetische Einfuhr zu sein, möglicherweise auch das eine Ziege zeigende Gefäßbruchstück aus Vintl. Bei der Ziste aus Eppan mit ihrem orientalischen Tierfries usw. wird wohl einer gleichen Annahme mehr Gewicht beizumessen sein als der Auffassung, hier ein bodenständiges Erzeugnis sehen zu wollen. Bei den Situlen- und Zistenbruchstücken aus dem Depotfund von Moritzing, die einer späten Verfallsperiode dieser Kunst angehören, ist hingegen eine Fertigung im weiteren Tiroler Raum nicht von der Hand zu weisen.

Bei den wenigen vorhandenen Quellen und der Vorliebe der Tiroler Bevölkerung im letzten Jahrtausend v. Chr. für die Verzierung alltäglicher Gebrauchsgegenstände mit Ornamenten, wie Würfelaugen, Strichgruppen und dgl., ist wohl eine unmittelbare Beziehung der späteren Kunstentwicklung im Lande mit einer vorgeschichtlichen nicht anzunehmen. Hingegen scheint ein gewisser Zusammenhang zwischen der späteren Volkskunst, wie sie uns im ornamentalen Dekor von Gebrauchsgegenständen in Kerbschnittmanier usw. entgegentritt, und vorgeschichtlichem Verzierungsbrauch nicht von der Hand zu weisen zu sein.

Die Spuren Roms hingegen sind in unserem Raum nur dünn gesät. Da die Römer Deutschtirol nur als Durchzugsland nach dem Norden betrachteten, beschränkten sie sich nur auf die Errichtung kleiner Militärstationen und verzichteten im allgemeinen auf die Anlage größerer Orte und Städte, in denen sich ein bodenständiges Kunsthandwerk hätte entfalten können. Tirol blieb auch in dieser Epoche vor allem ein Bauernland. So hat die kaum 500jährige Herrschaft nur dürftige Denkmäler der Handwerkskunst hinterlassen, von denen wiederum das meiste und Beste Einfuhrware, sowohl vom Süden wie vom Norden, gewesen sein dürfte, so etwa die blauen Rippenschalen und Näpfe (Aquileia?) oder die Terrasigillatagefäße (Süddeutschland). Was an dekorativer Plastik, wie Votiv- oder Inschriftsteinen, vorhanden ist, ist zahlenmäßig gegenüber dem im ehemaligen welschtirolischen Landesteil oder gar dem in Kärnten Gefundenen äußerst gering und von keinerlei künstlerischem oder kunsthandwerklichem Rang. Einzig der Maulser Mithrasstein darf eine gewisse Beachtung beanspruchen, von einer hochqualifizierten bildhauerischen Leistung kann aber auch hier nicht gesprochen werden. Selbst wenn in Zukunft noch einige beachtliche Bodenfunde zutage gefördert werden sollten, wird sich das bisherige Bild kaum verändern.

Über eine gesicherte Zuteilung des verhältnismäßig geringen Fundstoffes an frühdeutschen Altertümern, vor allem der Grabfunde, an die einzelnen im Bereiche Alttirols nachweisbaren oder zeitweilig seßhaft gewesenen Völker und Stämme, an Langobarden, Baiern und Alemannen, ist kaum Klarheit zu gewinnen. Den Nordtiroler Fundplätzen in der näheren und weiteren Umgebung von Innsbruck stehen weitaus ergiebigere im Süden, im Etschland (Neumarkt, Eppan, St. Pauls, Tisens, Sterzing) und im Trentino, vor allem im Nonsberg gegenüber. Die Grabfunde umfassen Lanzenspitzen, Gewandnadeln, Fibeln, Keulenarmreife, Gürtelschließen, Ohrringe u. a. Soweit es sich dabei um kunstgewerbliche Erzeugnisse handelt, wie etwa die schöne Plattenfibel aus Antholz, wie im allgemeinen um Gegenstände aus Bronze, vergoldeter Bronze oder auch aus Gold, kann eine stammesmäßige Zuteilung nicht gewagt werden, da solche Erzeugnisse größerer Werkstätten weite Verbreitung gefunden haben. Alle bisher gemachten Funde gehören erst der Zeit nach der Völkerwanderung an. Die folgenden Jahrhunderte bis herauf in die romanische Stilepoche stellen auf unserem Gebiet ein völliges Vakuum dar, wobei wir freilich mit der Tatsache weitgehender Verluste rechnen müssen.

Die bisher geschlossenste Übersicht über das ältere südtirolische Kunstgewerbe boten die historische Abteilung der Tiroler Landesausstellung 1893 und die Ausstellung kirchlicher Kunst in Trient 1905. Beide haben gezeigt, daß viele der bedeutendsten kunstgewerblichen Denkmäler Tirols als Importe anzusehen sind, angefangen von der Adlerkasel des Brixner Domschatzes bis zu den Schweizer Gobelins des Stiftes Gries, dem Zimmerlehener Altar im Ferdinandeum usw.

Von der romanischen und frühgotischen Stilepoche, in der das Kunstgewerbe auch bei uns schon eine gewisse Blüte erreichte —

mehrfach sind uns urkundlich Namen von Goldschmieden des 12. und 13. Jahrhunderts überliefert —, hat sich verhältnismäßig wenig erhalten, und von diesem Wenigen wissen wir nicht mit Bestimmtheit, ob es im Lande selbst entstanden oder im Wege der großen Märkte und sonstigen Handelsverbindungen zu uns gekommen ist.

Die Brixner Ausstellung „Gold und Seide“ (1957) hat ein bisher wenig beachtetes Gebiet, die kirchliche *Textilkunst* bzw. die in Tirol erhaltenen Bestände an kirchlichen Textilien, wieder in näheres Licht gerückt. Den Ehrenplatz nahm die weltberühmte Adlerkasel aus byzantinischem Purpurgewebe ein, die wahrscheinlich als Geschenk Kaiser Heinrichs II. des Heiligen an Bischof Albuin nach Brixen gekommen ist. Die etwa aus der Zeit um das Jahr 1000 stammende Kasel, die vor zwei Jahrzehnten in Rom einer fachkundigen Restaurierung unterzogen wurde, dürfte ursprünglich ein Kaisermantel gewesen sein.

Dem bayerischen Landesamt in München verdanken wir die Restaurierung zweier anderer textiler Kostbarkeiten Südtirols, der beiden Hartmanns-Kaseln aus Brixen und Neustift (12. Jahrhundert). Vielleicht sind diese beiden Stücke wie auch die Mitren und Pontifikalhandschuhe des Brixner Domschatzes in einem Südtiroler Frauenkloster hergestellt worden, die dazu verwendeten Gewebe und Borten sind jedenfalls von auswärts gekommen. Ein schönes und kunstgeschichtlich sehr interessantes Stück ist die frühgotische Leinenkasel des Klosters Marienberg, deren reiche figürliche und ornamentale Zeichnung mit Gold- und flottierenden Seidenfäden ausgeführt wurde. Auch die aus der Zeit des Trienter Bischofs Liechtenstein stammenden Seidenstickereien mit der Darstellung der Vigiliuslegende, die nach Zeichnungen eines nordischen Malers ausgeführt wurden, verdienen in diesem Zusammenhang genannt zu werden. Gotische Dorsalkreuze, wie sie an einigen Meßkleidern und in den Museen von Bozen, Brixen und Innsbruck zu sehen sind, dürfen wohl auch als einheimische Arbeiten betrachtet werden. Die Namen einiger für den Hof tätiger Seidensticker machen dies wahrscheinlich. Die gemusterten Seidenstoffe und Samte waren aber Einfuhrware aus Italien. Leider ist in Südtirol von Renaissancetextilien nichts auf uns gekommen. Die inventarmäßig nachweisbaren großen Ornate des Brixner Doms sind spurlos verschwunden. Noch im 17. und 18. Jahrhundert bezog man für kostbare Ornate die Seidenstoffe vielfach aus dem Süden; so findet man in Südtirol eine Anzahl von Meßkleidern, deren Seidenbrokate orientalische und indische Motive aufweisen. Als bodenständige Klosterarbeiten ist eine Gruppe von Meßkleidern aus weißem Leinen mit Streublumenmustern und etwas unbeholfenen figürlichen Darstellungen in buntfärbiger Plattstickerei zu erwähnen. Diese stark an die volkstümliche Ornamentik anklingende Schmuckweise hält sich durch das ganze 17. und den Anfang des 18. Jahrhunderts; sie war offenbar als Ersatz für die sehr teuren Gewebe aufgekommen. Das Diözesanmuseum in Brixen, das Bozner Museum und das Tiroler Volkskunstmuseum in Innsbruck verwahren mehrere solcher Stücke, deren Technik übrigens im Alpenraum weiter verbreitet gewesen sein muß, wie ähnliche Belegstücke aus anderen Bundesländern in österreichischen Museen beweisen.

Erst in jüngster Zeit hat man sich etwas eingehender mit den eigentlichen *Leinenarbeiten* beschäftigt. Sehr bedeutend war einmal in Südtirol die Erzeugung von sogenannten Bortentüchern (Brixner Tücher), deren gegenständige Renaissancemuster sich bis ins 19. Jahrhundert hinein hielten. Die Anregung zu diesen im 15. Jahrhundert in Umbrien aufgekommenen Webwaren kam über Augsburg nach Südtirol, wo ihre Motive in bodenständiger Weise abgewandelt wurden. Ein Prunkstück dieser Gattung ist ein aus 15 blauen und weißen Streifen bestehendes Altartuch vom Knappenaltar in St. Magdalena in Ridnaun (Innsbruck, Volkskunstmuseum). Besonders im Pustertal hat man sich auf die Herstellung solcher Gewebe gut verstanden.

Einige noch in das 16. Jahrhundert zu datierende, mit rostfarbigem Leinengarn gestickte und einwandfrei nach Brixen lokalisierbare Altardecken und Sakristeihandtücher zeigen in ihrer Binnenzeichnung, die eine ganze Musterkarte verschiedener Sticharten aufweist, große Verwandtschaft mit ostschweizerischen Leinenstickereien derselben Gattung. Die Anregung zu solchen Stickereien dürfte auch von dorther gekommen sein. Die musealen Sammlungen Tirols verwahren auch eine Reihe mit rotem oder buntfarbigem Leinengarn bestickte Verseh- und Taufdecken, deren Ornamentik schon stark nach der Seite der Volkskunst tendiert (spätes 17. und Anfang 18. Jahrhundert).

Über die Erzeugung der reichen und feinen Klöppelspitzen, die wir an solchen Decken beobachten, liegen bisher noch keine genaueren Untersuchungen vor.

Einen bedeutenden kunstgewerblichen Wert stellen die liturgischen Gewänder des Klausner Kapuzinerschatzes dar, die jedoch samt und sonders dem iberischen Kulturbereich zugehören.

Ein zuverlässigeres und vollständigeres Bild vom südtirolischen Kunstgewerbe der Spätgotik und der Renaissance vermitteln uns andere Zweige kunsthandwerklicher Tätigkeit, so vor allem die *Holzbaukunst* und die *Schreinerkunst*. Eine der eindrucksvollsten und kulturgeschichtlich wie künstlerisch bedeutendsten Leistungen des südtirolischen Kunsthandwerks stellt jedenfalls die Holzbaukunst dar. Trotz der verheerenden Wirkungen des Altertumshandels, der um die Jahrhundertwende zahlreiche gotische Stubengetäfel außer Landes verschleppte, waren bis in die jüngste Zeit noch eine Reihe von gotischen Täfelungen in Südtirol vorhanden, die leider von Jahr zu Jahr mehr gefährdet sind. Sie beweisen ebenso eindrücklich wie das Bauernhaus selbst den vollkommen deutschen Charakter der bäuerlichen Kultur Südtirols. Rein technisch betrachtet sind sie als Blockbau, Bohlenständerbau oder Stabbau gestaltet. Diese ältesten Holzbaustuben stellen ein ausgesprochenes Zimmermannswerk dar, das nach den Gesetzen der alten nordischen Holzbauweise geübt wurde und hierin bis auf die Zeit der bairischen Besiedlung und noch viel weiter hinauf zurückreicht. Eine besonders eigenartige Gestaltung zeigen die ältesten Stuben in der Anlage der Decke, die aufgewölbt ist. Dies stellt nicht eine Sonderform einer bestimmten Gegend dar, sondern läßt sich in ganz Südtirol vom Pustertal und Ahrntal, Eisacktal und Sarntal bis ins Bozner Unterland und hinauf in den Vinschgau verfolgen, ja auch im Fassatal, im Valsugana, im Engadin und in Nordtirol gibt es noch Beispiele hiefür. Neben diesen flachgewölbten Stuben, wie die Stube im Hof Mairegger in St. Johann im Ahrntal, im Widum in St. Lorenzen, in Villanders (jetzt im Volkskunstmuseum in Innsbruck), im Hof Mareit in Eppan, im Hof Baur am Lehen in Aldein, in der Churburg im Vinschgau — um aus allen Gegenden nur ein Beispiel zu nennen —, gibt es solche, die zweimal und dreimal aufgewölbt sind, wie die Stube auf der Trostburg, die ehemalige Decke im Turniersaal von Schloß Runkelstein, die ehemalige Naterstube in Schenna (jetzt in der Fischburg in Gröden), eine Stube in Goldrain usf. Die Deckenbalken weisen die mannigfachsten Zierformen auf, vom einfachen Herzmotiv und Sinnbildern auf scheibenförmigen Schildchen bis zu dem reichen Schnitzwerk von Flechtbändern, Kettenbändern, Taustäben, Sternreihen, Laubreihen, Weinranken und ähnlichen Motiven.

An den flachen Decken werden die Balken häufig abgefast oder gekehlt und bleiben meistens glatt, hingegen wird der Unterzugbalken reich verziert, sei es durch Kehlen, Taustäbe oder durch gotisches Rankenwerk in Flachschnitzerei oder Reliefschnitt. Auch Inschriften, Jahreszahlen oder Buchstabenreihen kommen gelegentlich vor. Ein schönes Beispiel einer gotischen Stubeninschrift befindet sich an einem Balken der Gaststätte beim

„Schwarzen Adler" in Sterzing und im Widum von Lüsen, 1481 datiert. Das großartigste Beispiel einer durch Schnitzwerk verzierten Balkendecke sind die beiden Stuben im alten görzischen Gerichtshaus in Niederdorf, von denen eine sich jetzt im Volkskunstmuseum in Innsbruck befindet. Die an Ort und Stelle verbliebene Stube, deren reichgeschnitzte Balkendecke außer den vorhin erwähnten Ziermotiven auch Palmetten und Rosetten sowie Löwen, Greife, Fische und Eichkätzchen in teils gegenständiger Anordnung zeigt, zählt zu den größten Kostbarkeiten dieser Gattung. Eine verwandte, reichdekorierte, doch etwas jüngere Balkendecke aus einem Brixner Bürgerhaus befindet sich heute im dortigen Diözesanmuseum. Weniger reiche Beispiele dieser Art sind noch mehrfach im Lande vorhanden (Sillian, Hall). Die Dekorationsweise dieser Deckenbalken erinnert an die Verzierung von Säulen und Pfosten frühgotischer Kirchenportale des oberitalienischen und ostalpinen Raumes und ist jedenfalls von dorther beeinflußt.

Aber nicht nur die Decke, auch die Wände wurden mit in den Schmuck einbezogen, und auch hier gibt es wiederum verschiedene Arten des Dekors, vom einfachen gotischen, mit dem Geißfuß eingeschnittenen Rankenwerk, wie z. B. in der Stube im Gruberhof in Aberstückl, bis zu reichen plastischen maßwerkartigen Friesen. Letztere weisen noch strenge, fast steinmetzartig harte Bildungen auf, dann aber werden sie immer weicher und spielerischer und zeigen naturalistische Elemente, fiederförmige Blattmotive, Sterne und Sinnbilder. Beispiele dieser Art finden sich im ganzen Lande verstreut, so die Stuben beim Lusenegger in Albions, beim Schgaguler in Kastelruth, beim Wegscheider in Montan und in den Museen von Bozen (Klösterle-Stube) und Innsbruck (Pfalzen-Issinger Stube).

Mit dem Einbruch der Renaissance macht sich das Bestreben geltend, die Wand in größere Flächen zusammenzufassen, die durch Leisten mit Flachschnittdekor umrahmt werden. Gute Beispiele hiefür sind einige Vinschgauer Getäfel in Graun, in Burgeis (jetzt im Innsbrucker Volkskunstmuseum), in der Fürstenburg und andernorts. Dieser Typus hat sogar noch im Sulzberg, wie die Stube in Caldes im Tiroler Volkskunstmuseum zeigt, Verbreitung gefunden. An dieser Stube und an der gotischen Stube auf Schloß Reifenstein bei Sterzing sind besonders schön und reich dekorierte Unterzugsbalken zu beobachten. Reiches aufgelegtes spätgotisches Rankenwerk schmückt die rautenförmig gegliederte Decke im Jöchlsturm zu Sterzing.

Alle diese Kammern, Stuben und Räume sind traulich und heimelig, und das Nachgefühl einer gemütvollen und tüchtigen

Zeit webt um ihr Balkenwerk und ihr liebevoll ausgeführtes Schnitzornament. Ihre Ausstattung mit Möbeln war meistens sehr bescheiden; außer den wandfesten Bänken, den Tischen und ein paar Stühlen befanden sich in den Wohnstuben keine Möbel; Schrankmöbel und Betten gehörten zur Einrichtung der Kammern. Nur in reicheren Bürgerhäusern, in Schlössern und Edelsitzen legte man Wert auf kostbar ausgeführtes Mobiliar. Dies galt auch für die Einrichtung von Kirchen, Kapellen und Sakristeien. Bei allen diesen Möbeln, wie auch bei Kanzel- und Emporenbrüstungen (Wengen, Barbarakapelle), spielte die Flachschnitzerei oder durchbrochenes Maßwerk eine wichtige Rolle. Die Wirkung besonders prunkvoller Stücke wurde noch durch aufgeblendetes, völlig frei gearbeitetes Rankenwerk gesteigert. Ein Glanzstück in dieser Richtung stellt die herrliche Rautendecke im Sterzinger Jöchlsturm dar.

Ein ausgezeichnetes Beispiel für das eben Gesagte stellt die noch vollständig erhaltene spätgotische Einrichtung der Schloßkapelle von Enn bei Montan dar. Schöne spätgotische Chorstühle aus dem Anfang des 16. Jahrhunderts sind uns im Museum Ferdinandeum (aus Schloß Annaberg im Vinschgau), in den Kapellen von Schloß Tirol, St. Valentin in Eppan, von Castelfondo und Burg Persen erhalten. Die gotischen Chorstühle der Bozner Pfarrkirche (ursprünglich in der dortigen Dominikanerkirche) stellen einen eigenen, von der oberitalienischen Gotik beeinflußten Typus dar. Die hübsche gotische Holzkanzel aus Völs am Schlern kam als Leihgabe des Ferdinandeums in die Pfarrkirche von Seefeld. Mehrere reichdekorierte gotische Kirchentüren befinden sich im Bozner Museum, andere sind noch an Ort und Stelle, so am Seitenportal der Sterzinger Pfarrkirche und an der Peter-und-Paul-Kapelle ebenda, an der Barbarakapelle in Gossensaß, im Kreuzgang des Klosters Neustift bei Brixen und anderwärts. Eine mit Maßwerkfeldern durchbrochene Gittertür befindet sich in der Kapelle des Schlosses Reifenstein bei Sterzing. Die durch Bomben zerstörten, mit figuralen Reliefs und ornamentalem Schnitzwerk versehenen Türflügel der Bozner Pfarrkirche wurden 1521 von dem Bozner Tischler Hans Haim hergestellt. Stilistisch stellten sie eines der frühesten Werke deutscher Frührenaissance auf Südtiroler Boden dar. Auch die noch erhaltenen Türflügel am Südportal der alten Grieser Pfarrkirche dürften nach Ausweis ihres Stils von Hans Haim gemacht worden sein.

Mit Sterzing verbinden wir die Herkunft einiger spätgotischer Prachtschränke, die sich heute auf Schloß Tratzberg, im

Museum Ferdinandeum, im Germanischen Museum in Nürnberg, im Bayerischen Nationalmuseum und im Wiener Museum für Kunst und Industrie befinden. Derselben Richtung wie diese zweigeschossigen, viertürigen, im Rahmenbau hergestellten Schränke gehört auch der berühmte Neustifter Sakristeischrank auf Schloß Kreuzenstein bei Wien an. Die zierliche Bekrönung mit Fialen und Eselsrücken sowie die figuralen Reliefs in den Füllungen verbinden dieses Prachtwerk deutscher Schreinerkunst mit der Altarbaukunst dieser Epoche, die ebenfalls mit Ausnahme ihres plastischen Schmuckes das Werk des Schreiners war. Schöne gotische Sakristeischränke besitzen noch die Pfarrkirchen von Riffian und Bruneck. Vom Brunecker kennen wir den Meister, den Bildschnitzer Michael Parth. Ein viertüriger Zirbelholzschrank mit Flachschnittdekor und dem Wappen des Wolfgang von Schlandersberg, aus Schloß Kasten stammend, befindet sich heute im Kastell zu Trient. Immer noch groß ist die Zahl der erhaltenen gotischen Truhen, sowohl in Privat- wie auch in Musealbesitz. Die oft abgebildete Truhe der ehemaligen Sammlung Figdor mit kassettierter Vorderwand gehört stilistisch zu einer Gruppe von Vinschgauer Truhen, von denen sich mehrere Exemplare im Tiroler Volkskundemuseum befinden. Himmelbetten, Baldachinbetten, Waschkästen, Hängekästen, Tische, Bänke mit Klapplehnen und Stühle sind in großer Zahl aus Südtirol in berühmte Sammlungen wie Wilcek, Figdor, Miller von Aichholz, Heß, Bondy u. a. gewandert und haben seitdem schon wieder öfters ihre Besitzer gewechselt. Auch museale Sammlungen wie das Bayerische Nationalmuseum, das Germanische Nationalmuseum in Nürnberg, das Kunstgewerbemuseum in Wien und das Tiroler Volkskunstmuseum sind mit spätgotischen Möbeln südtirolischer Herkunft mehr oder weniger reich bestückt.

Auch in nachgotischer Zeit hat die südtirolische Schreinerkunst noch bedeutende Leistungen aufzuweisen, namentlich auf dem Gebiet der Gestaltung von Innenräumen, wobei nicht nur alle möglichen edlen und halbedlen Holzarten und Intarsien Verwendung fanden, sondern auch die dekorative Malerei und die Kunst der Kachler weitgehend herangezogen wurde. Sehr stilvollen Schöpfungen dieser Art begegnen wir in Lusenegg, dessen Renaissancestube dem Meister der einstigen Bozner Pfarrkirchentür nahesteht, im Schloß Gandegg, im Ansitz Heufler in Oberrasen, in Hochnaturns, in Fürstenberg, Dornsberg, Churburg und auch im Palazzo della Magnifica Communità in Cavalese und im Kastell Thun am Nonsberg. Alle diese kostbar ausgeführten Innenräume gehören noch dem späten 16. Jahrhundert an. Die Krönung der Leistungen auf diesem Gebiet des tirolischen Schreinerhandwerks stellen die Fürstenzimmer im Schloß Velthurns, dem einstigen Sommersitz der Brixner Bischöfe, dar (1581). Noch im 17. Jahrhundert vermochte die heimische Kunsttischlerei mit hervorragenden Leistungen aufzuwarten, wie die kostbaren Täfelungen, Portale und Kassettendecken im Rittersaal der Trostburg, in der Steinburg in Aufhofen (1609), im Ansitz Zellheim in Welsberg (1670), im Prälatenzimmer des Stiftes Gries u. a. O. beweisen.

Im Laufe des 17. Jahrhunderts werden diese prunkvollen Holzdecken von den Stukkaturen abgelöst, und damit wurde ein Verdorren des hochentwickelten Kunstzweiges unausbleiblich. Doch die profane und die kirchliche Möbeltischlerei, die auch im 18. Jahrhundert noch zahlreiche Schränke, Kirchenbänke, Chor- und Beichtstühle, Kanzeln, Orgeln, Altäre zu verfertigen hatte, blieb bis ins 19. Jahrhundert hinein auf achtenswerter Höhe. Für Täfelungen aber stellten seit der Mitte des 17. Jahrhunderts fast nur mehr Bauernhäuser einfache Aufgaben, und auch hier hat erst die neueste Zeit wieder einigen Wandel geschaffen.

Eine Gruppe von ornamentalen Schnitzwerken verdient noch der ausdrücklichen Erwähnung: die *Totenschilde* und die *Prozessionsstangen.* Die Blütezeit der Toten- und Stiftsschilde reichte vom 15. bis zum 17. Jahrhundert; an ihnen hat sich die dekorative Schnitzkunst besonders prächtig und geschmackvoll ausgelebt. Oft treten zum Wappen des Verstorbenen in reichbewegter Umrankung von Helmzier und Helmdecke noch wappenhaltende Engel hinzu, wie auf einem der ältesten Schilde, dem des Gaudenz von Matsch in der Marienberger Stiftskirche vom Jahre 1455. Lorbeerstäbe, Blätterkränze, Perlreihen und Karniese umrahmen das Schriftband, und eine reiche farbige Fassung tat das Ihrige, um die dekorative Pracht dieser Schilde zu erhöhen. Eine schöne Reihe davon besitzt die Pfarrkirche von St. Pauls in Eppan, die Kirche in Taisten, andere finden sich in Sterzing, Ehrenburg, Schluderns oder in Privatbesitz, wie der eines Campaners in Campan, der eines Schlandersbergers in Schloß Neumelans, ein Hendlscher in Plawenn. Schöne Sakramentshäuschen mit hölzernem, figurengeschmücktem Auszug stehen noch in den Kirchen von Weißenbach und Sarns. Die Prozessionsstangen, deren älteste noch in die ausgehende Gotik zurückreichen und die ihren ganzen Formenschatz mit seinen naturalistischen Spielformen zur Anwendung bringen, bergen in ihren aus Fialen gebildeten zierlichen Tabernakeln eine oder mehrere Figuren. Auch diese Stangen machen den ganzen Stilwandel bis ins 18.

Jahrhundert mit, wobei das Gehäuse flachen Bogennischen Platz macht oder überhaupt fortbleibt, um nur in einem Kerzenteller auszuklingen. Auch hier haben die Faßmaler und Vergolder ihre ganze Kunst zur Geltung gebracht. Die schönsten Prozessionsstangen besaß die Pfarrkirche von Bozen, die leider einem Bombenangriff zum Opfer fielen; eine Reihe schöner Stangen besitzen noch die Pfarrkirchen in Kaltern, Klausen, Sterzing und viele kleinere Kirchen des Überetsch und des Burggrafenamtes.

Gleiche Bedeutung wie der Kunsttischlerei kam in gotischer Zeit der Südtiroler *Goldschmiedekunst* zu, worüber zahlreiche urkundliche Erwähnungen und umfangreiche Namenslisten von Meistern des Handwerks in Bozen, Brixen, Meran, Klausen, Sterzing und Bruneck Aufschluß geben. In einigen Fällen gelingt es auch, für die gotische Zeit Werke von hohem künstlerischem Rang und technischer Vollendung mit bestimmten Meisternahmen in Verbindung zu bringen. Von der edlen und strengen Vigilius(?)-Büste aus Dreikirchen, jetzt im Wiener Kunsthistorischen Museum, kennen wir den Meister allerdings nicht, hingegen sind uns die Meister der herrlichen Reliquienbüsten der hl. Agnes und des hl. Ingenuin im Brixner Domschatz bekannt. Es sind die beiden Brixner Goldschmiede Heinrich Crinis und Meister Christoph. Letzterem gehört an der leiblichen Agnesbüste nur der filigranartige Schmuck an der Krone und am Sockel an, hingegen ist er der Schöpfer der beiden schönen Monstranzen in Lüsen und Tramin und eines Kristallkreuzes im Brixner Domschatz. Andere gotische Monstranzen besitzen St. Lorenzen, Mühlbach, Bozen, Auer, Montan, Neumarkt (von Meister Mang Hurnum) und Sarnthein, ja sogar im Trentino gibt es einige, unzweifelhaft Werke südtirolischer oder süddeutscher Goldschmiede, wie z. B. die schöne Monstranz in der Pfarrkirche von Primör. Verhältnismäßig gering ist die Zahl der erhaltenen gotischen Kelche und Ziborien.

Wertvolle mittelalterliche Goldschmiedarbeiten, doch wohl nur zum Teil bodenständiger Herkunft, befinden sich in dem Domschatz von Brixen und Trient. Die Silberschmiedarbeiten im Kapuzinerschatz in Klausen gehören der Barockzeit an.

Neben der Anfertigung von kirchlichem Gerät haben sich die südtirolischen Goldschmiede auch mit der von Schmuck, Bechern und Pokalen beschäftigt, vor allem auch mit dem Siegelstechen, und auf letzterem Gebiet ganz prächtige Leistungen hervorgebracht.

In späterer Zeit, zumal im 17. und 18. Jahrhundert, änderte sich die Lage, und die Goldschmiedarbeiten, zumal die zahlreichen Monstranzen, Kelche, Ziborien, Reliquienkästen, Meßkännchen, aber auch die profanen Gefäße, Tassen usw., wurden meistens aus Süddeutschland bezogen, mit besonderer Vorliebe aus Augsburg, dessen Goldschmiede damals einen besonderen Ruf genossen. Daneben gab es aber immer auch einheimische Firmen, z. B. in Bozen, Brixen, Sterzing. Von ihnen können sich aber nur die Bozner Goldschmiede des 18. Jahrhunderts (Abraham Hußl, Christoph Milser, Joh. Georg Milser, Jos. Anton Winkler, Johann Wild und Peter Ramoser) sowie einige Brixner (Josef Nagele, Thomas Falser) mit den ausländischen Konkurrenten einigermaßen messen, während in der spätgotischen Zeit Brixen im Vordergrund gestanden zu sein scheint. Durchaus tüchtige Leistungen schufen auch die südtirolischen *Grobschmiede* und *Schlosser*. Aus gotischer Zeit sind noch vereinzelt zierliche Türbeschläge erhalten. Zahlreicher aber werden die Schmiedeeisenwerke der Renaissance und noch mehr des 17. und 18. Jahrhunderts. Es kommen hier vor allem in Betracht Türbeschläge und Fenstergitter, von den einfachsten noch gotischen bis zu den bewegtesten barocken Formen, dann kunstvolle Gitter mit Ranken und Blumen, wie sie — zum Beispiel in Gries — unter den Orgelemporen die Vorhallen mancher Kirchen abschließen oder — besonders in Bozen — über den Haustüren und in den Stiegenhäusern des Palais Campofranco und in der Kaiserkrone angebracht sind; weiterhin Schmiedeeisenkreuze, die unsere Friedhöfe einst so freundlich und traulich machten, und endlich die vielen Wirtshausschilder, die mit Sonne oder Stern, Traube oder Rose, Löwe oder Lamm golden über die Straße blitzen und den müden Wandersmann zu behaglicher Rast und zu einem kühlen Tropfen laden. Ein besonders schönes Beispiel ist das Wirtsschild am Gasthaus zum „Weißen Rößl“ in Kaltern.

Werke wie die Türbeschläge im Schloß Velthurns, die Türgitter im Bozner Merkantilgebäude oder das Grabkreuz der Familie von Aufschnaiter in Gries lassen erkennen, bis zu welchen Qualitätsleistungen sich die besten Schmiede und Schlosser zu erheben vermochten. Aber die vielen gewöhnlichen Gitter, Schilder und Grabkreuze, Lichtrechen, Kerzenständer, Laternen beweisen, daß auch der Dorfschmied nicht nur über eine kunstvolle Technik, sondern auch über einen guten Geschmack und ein sicheres Stilgefühl verfügte. Im Laufe des 19. Jahrhunderts ist das den meisten Schmieden und Schlossern verlorengegangen, und erst in allerletzter Zeit, als das Interesse an den alten Schmiedarbeiten wieder allgemeiner geworden ist, haben sich an verschiedenen Orten auch wieder Schmiede und Schlosser gefunden, die im Anschluß an ältere Vorbilder wieder geschmackvollere Arbeiten liefern.

Tüchtiges leisteten auch die Kupferschmiede und Gürtler in Treibarbeiten mannigfachster Art, in figürlichen Reliefs, wie die schöne vergoldete Tafel mit der Kreuzabnahme in der Jennerkapelle in Klausen vom Kupferschmied Maximilian Röckh, oder in Leuchtern, Ampeln, Weihwasserbecken und nicht zuletzt in großen Weinkrügen mit zierlich getriebenem Laubranken-, Pfeifen- und Bänderwerk, Buckeln, Rosengehängen, Blumen, Weinlaub und Trauben.

Nicht vergessen sei die trotz der zwei großen, metallverschlingenden Weltkriege immerhin noch ansehnliche Zahl von schönen alten *Glocken* mit ihrem figürlichen und ornamentalen Reliefschmuck, allen voran die Löffler-Glocken, die Glocken der Selos, Huser, Schellener, Zwölfer, ferner Zach und der Brixner Glockengießerdynastie Grasmair. Die mächtigsten Glocken der Brüder Seramond von Bormio in Mals mit ihrem schönen Wappendekor (wohl von einem deutschen Bildhauer geschnitten) dürften in Mals gegossen worden sein, wohin man vermutlich die erfahrenen Gießer gerufen hatte, wie dies auch für andere Meister und andere Orte zutrifft.

Nach dem Ersten Weltkrieg lieferten die Trientiner Firmen Chiappani und Colbacchini eine Reihe von Geläuten für südtirolische Kirchen, aber auch Firmen aus dem Bellunesischen und Venezianischen haben bereits Fuß gefaßt.

Bronzeguß und Messingguß haben schließlich in kleineren Gußwerken (Mörser, Apothekergefäße, Glockenspeishäfen, Brunnenläufe, Türklopfer, Maskarone u. ä.) eine beachtliche stilistische Höhe erreicht.

Besonders bemerkenswerte Arbeiten dieser Gruppe bilden die großen gotischen Sanktusleuchter im Brixner Dom und in der Pfarrkirche von Kiens und viele kleinere gotische Altarleuchter mit ihren gedrungenen, wie gedrechselt wirkenden Formen oder die schöngegliederten balusterförmigen barocken Leuchter sowie zahlreiche mehrarmige Bronzeampeln mit durchbrochener Kugel.

Vieles davon mag Import gewesen sein, wie z. B. die schönen Sanktusleuchter in der Bozner Pfarrkirche, die der Merkantilmagistrat in Augsburg bei Franziskus Kern 1709 gießen ließ. Die technische Leistungsfähigkeit des tirolischen Glockengusses beweist eindringlich die 1744 bis 1746 nach einem Modell des

Bozner Bildhauers Georg Mayr von Joachim Reis gegossene Neptunstatue am dortigen Obstmarkt.

Von den Leistungen der südtirolischen *Zinngießer* des 17. und 18. Jahrhunderts kann man sich am besten in den reichen Sammlungen von Markenzinn in den Museen von Bozen, Meran, Brixen und Innsbruck ein Bild machen. Neben den bodenständigen Meistern des Zinngießerhandwerks waren zeitweilig auch italienische Wanderzinngießer aus der Gegend von Como tätig, die weit bis nach Süddeutschland, Mähren und in den Wiener Raum ihr Wandergewerbe ausübten.

Von den mannigfachen sonstigen Zweigen des Kunstgewerbes sei noch die Kunst der Stukkateure und der Kachler erwähnt.

Die *Stukkatur* wurde mit der Renaissance- und Barockarchitektur von Italien her importiert, und die ältesten Stukkaturen in Kirchen und Profanhäusern, die üppigen und schweren Werke des 17. Jahrhunderts, von denen die etwas plumpe Wanddekoration im Rittersaal der Trostburg wohl das früheste Beispiel darstellt, während wir eine geschlossene Denkmälerreihe, und zwar hauptsächlich Saal- und Zimmerdecken, erst aus der zweiten Hälfte des Jahrhunderts besitzen, stehen unter italienischem Einfluß, zeigen aber bald schon selbständige Verarbeitung, wie es bald auch neben den italienischen deutsche Meisternamen gibt (z. B. Josef Prey auf der Trostburg). Am häufigsten begegnen wir derartigen Werken in den Bürgerhäusern und Edelsitzen von Bozen. Von kirchlichen Stuckdekorationen dieses Stils wäre etwa die in Marienberg zu erwähnen. Es sind im wesentlichen klassische Ziergliederr, wie Eierstäbe, Perlschnüre, Kymas usw., mit barocken Motiven, wie Voluten, Knorpelwerk, Fruchtgehängen und geflügelten Engelsköpfchen, vermischt. Gegen das Ende des Jahrhunderts tritt das vegetabilische Element, zumal das schwere, krautige Blattwerk, von dem zum Beispiel die Stuckdekoration der Neustifter Marienkapelle einen guten Begriff gibt, in den Vordergrund. Dazu kommen dann in der ersten Hälfte des 18. Jahrhunderts das Bandwerk, das Rosettengitter, die Rosensträuße, das figurale Relief, und zwar hängt diese Änderung vor allem damit zusammen, daß nun die süddeutschen Stukkateure mit ihrem zierlicheren, sich dem Rokoko nähernden Stil auch bis Südtirol vordringen. 1730 läßt sich Franz Hannibal Bittner aus Kärnten in Bozen nieder und entfaltet von hier aus eine reiche Tätigkeit, während im Eisack- und Pustertal vorwiegend die in Wessobrunn bzw. Innsbruck geschulten Stukkateure des Gigl-Kreises, zu denen vor allem auch Mitglieder der Familie Singer gehören, arbeiten. Um die Mitte des 18. Jahrhunderts beginnt dann das gelöste Rocaille seinen Siegeszug, und um diese Zeit stoßen wir auch auf einheimische Arbeiter, die zumal in Bozen bis zum Beginn des 19. Jahrhunderts eine recht achtenswerte Tätigkeit entfalten und nicht nur Kirchengewölbe und Zimmerdecken, sondern auch viele Hausfassaden (vgl. die Bozner Lauben) mit den kapriziösen, leichtbewegten Gebilden ihrer Kunst überspannen.

Den Südtiroler Kachlern verdanken wir eine ganze Menge noch erhaltener schöner *Öfen*, die sich zu bestimmten Stilgruppen zusammenfassen lassen, angefangen von den Öfen mit gotischen Reliefkacheln, wie dem prächtigen Ofen in der landesfürstlichen Burg in Meran oder den Renaissanceöfen mit Wappenfolgen, Allegorien, biblischen und antiken Helden, durchwegs in einem feurigen Grün glasiert, bis zu den fünffarbigen Überetscher Öfen mit damaszierten Kacheln, Kandelaberfüllungen, Blumenvasen, rebenumrankten Säulen, reichen Simsen und zierlichem Aufsatz. Daneben hat Bozen eine andere Gruppe von Öfen hervorgebracht, die überhaupt eine Spitzenleistung deutscher Hafnerkeramik darstellen, die sogenannten Majolikaöfen, deren bisher frühester 1530 datiert ist und die von einem hervorragenden süddeutschen, mit dem Motivenschatz der Kleinmeister aufs beste vertrauten Maler mit biblischen und antiken Historien, Halbfiguren, Wappen sowie Grotesken, Arabesken u. a. bemalt wurden. Zu dieser Gruppe gehören die Öfen auf der Fragsburg mit der Geschichte Jasons, jetzt im Kastell Buonconsiglio zu Trient, sowie ein mit Brustbildern von Männern und Frauen in Renaissancekostümen bemalter runder Ofen aus Kastelbell im Vinschgau, jetzt ebenfalls im Kastell in Trient, der Ofen in der fürstbischöflichen Hofburg zu Brixen, Öfen auf Schloß Kreuzenstein bei Wien und in süddeutschem und böhmischem Adelsbesitz sowie im Londoner Victoria and Albert Museum, ferner zahlreiche einzelne bemalte Kacheln in europäischem Musealbesitz, die alle nach allgemeiner Ansicht aus einer Bozner Werkstätte im zweiten Drittel des 16. Jahrhunderts hervorgegangen sind. Als Maler der sogenannten Jasonöfen hat sich der 1550 in Bozen verstorbene Maler Barholomäus Dill, ein Sohn Tilman Riemenschneiders, feststellen lassen. Neben ihm waren aber auch andere Malerhände an der Ofenmalerei tätig.

Einer jüngeren Stufe dieser Gattung gehören der Majolikaofen auf Schloß Velthurns und der Ofen in der Steinburg in Aufhofen an. Der erstere ist als eine Arbeit des Bozner Hafners Paul Piedenstorffer anzusehen, der aber nur für das Ausformen und Brennen, nicht aber für die Bemalung des Ofens zuständig war.

Eine weitere Gruppe, die wir mit Sicherheit nach Brixen lokalisieren können, bilden die sogenannten engobierten Öfen in Renaissanceformen, von denen die bischöfliche Burg in Brixen mehrere besaß, die nach Schloß Kreuzenstein und in die Sammlung Figdor in Wien wanderten. Eine Partie solcher Kacheln aus einem Ofen in der Brixner Hofburg ist uns an einem Stubenofen in Schloß Anger erhalten.

Das 17. Jahrhundert hat dann die großen schweren Barocköfen mit reliefierten Kacheln mit Reiterfiguren, Kriegern, Putten, Maskaronen und schwerem Akanthus hervorgebracht, meistens zweifarbig, von denen es imposante Beispiele in Schloß Lebenberg, Schloß Campan usw. gibt. Ein Teil dieser Model wurde noch im 18. Jahrhundert benützt, wie man z. B. an den fünf herrlichen Öfen der Deutschordenskommende in Lengmoos ersehen kann.

Im 18. Jahrhundert sind zahlreiche blaubemalte Majolikaöfen mit Türkenszenen, Reitergefechten, Schäferszenen, Jahreszeiten, Kostümfiguren und religösen Themen entstanden, von denen sich besonders in der Bozner Gegend, im Überetsch, in Klausen, im Burggrafenamt schöne Beispiele befinden. Zwei ganz hervorragende Öfen dieser Art befinden sich auf Schloß Wolfsthurn bei Mareit, deren ungemein zarte Landschaftsbilder und Schäferszenen in Anlehnung an französische Kupferstiche gemalt sind.

Eine mehr volkstümliche, in Aufbau, Ausführung und Bemalung schon vergröberte Form weisen dann zahlreiche Öfen der Bozner Gegend auf, die aus den Hafnereien in Sfruz am Nonsberg stammen, das eine Art Industrie im 18. Jahrhundert auf diesem Gebiete besaß.

In Bozen selbst scheint wiederum ein anderer Typ sich entwikkelt zu haben, der eine bunte Bemalung mit Landschaften, Figuren, Blumenvasen, Zitronenbäumchen usw. auf großen Tafeln zeigt, die von manganbraunen Lisenen und Voluten gerahmt werden. Ein bezeichnendes Beispiel dieser Gruppe bildet der schöne Ofen aus Schloß Palaus mit einer Ansicht von Bozen.

Das 18. Jahrhundert klingt in bewegten Rokokoöfen aus, teils einfarbig, teils zweifarbig glasiert, gelegentlich auch mit Vergoldung, wie z. B. der Ofen im Merkantilgebäude in Bozen, im Palais Campofranco, in Schloß Lebenberg und anderen Orten.

Der Klassizismus vom Ende des 18. und dem Beginn des 19. Jahrhunderts schuf in den vornehmen, meist runden Öfen einen neuen Typ, von dem wiederum Bozen die zahlreichsten Beispiele aufzuweisen hat.

Erzeugnisse der tirolischen Geschirrhafnerei von künstlerischem Wert aus der Spätgotik und Renaissance sind schon sehr selten geworden. Die Frage der sogenannten Eulenkrüge, die man früher als südtirolisch bezeichnete, ist nun doch dahin entschieden, daß ihre Herstellung in süddeutschen, vermutlich in Nürnberger Werkstätten zu suchen ist. Aus südtirolischem Adelsbesitz stammen Überreste und Teile von Fayencegeschirr mit Wappendekor, die als Erzeugnisse der Majolikafabrik in Faenza anzusehen sind. Italienischer Provenienz dürfte auch eine Gruppe von Apothekergefäßen sein, die früher als südtirolisch galten. Arbeiten dieser Gruppe finden wir in Schloß Neubrandis, in Schloß Schenna, im Ansitz Neumelans, im Kastell Thun am Nonsberg und in den Museen von Innsbruck und Bozen.

Hingegen gibt es einige Gefäße aus buntglasiertem Hafnerton, wie Wasserblasen mit figürlichem Relief, Tintengeschirre u. ä., die mit Bestimmtheit als südtirolisch bezeichnet werden können und denen man gelegentlich in Schlössern, Adelssitzen und in den Museen des Landes begegnet. 1597 hatte sich der Innsbrukker Hafner Christof Gandtner, der Schöpfer der nach ihm benannten Scherzgefäße der Ambraser Sammlung, in Meran niedergelassen, wo er 1605 starb. Er lieferte von dort einen buntglasierten Ofen an den Herzog von Mantua und wurde von Kaiser Rudolf II. nach Prag berufen, wobei es hieß, daß er „konstliche geschirre" machte.

Von mittelalterlichen Gläsern ist nur weniges erhalten geblieben, meistens Nuppenbecher aus grünem Waldglas, die vielfach als Reliquienbehälter in Altarmensen eingemauert wurden. Ein Teil dieser Gläser wird als bodenständiges Erzeugnis angesprochen werden können; in den Museen des Landes ist eine größere Anzahl davon erhalten.

Feineres *Tafelglas* sowie Prunk- und Ziergläser wurden im 16. und 17. Jahrhundert, soweit hierfür ein Bedürfnis vorlag, aus Venedig eingeführt, aber auch die Nordtiroler Glashütten dieser Epoche haben für private Kundschaft gearbeitet. Im späteren 17. und 18. Jahrhundert kam beim tirolischen Adel geschliffenes und geschnittenes Prunkglas, meist süddeutscher oder böhmischer Herkunft, in Mode, wie eine größere Anzahl noch vorhandener Gläser mit Wappengravuren beweist. Die bodenständige Glasfabrikation blieb wohl vor allem auf die Herstellung von geblasenen Butzenscheiben und farbigen Schnapsflaschen

(Nabelflaschen und Flaschen mit aufgelegten gekniffenen Bändern), Heiliggrabkugeln, Apothekergläsern u. ä. beschränkt.

Von dem ehemals reichen Schatz an *Glasmalereien* in Kirchen, Schlössern und Bürgerhäusern ist nur eine verhältnismäßig kleine Zahl von Scheiben erhalten geblieben, über deren Herkunft in manchen Fällen noch Unklarheit herrscht. Sicher ist der aus dem 16. Jahrhundert stammende Bestand meist schwäbischer oder auch nordtirolischer Herkunft, im späten 16. und im 17. Jahrhundert schweizerischer; manche Wappenscheibe südlich des Brenners wird wohl auch von wandernden Wappenmalern gemalt worden sein. Überreste von spätgotischen und Renaissancescheiben finden sich u. a. in der Kapelle des Schlosses Tirol, in den Pfarrkirchen von Bozen, Meran, Tisens, in der bischöflichen Burg in Brixen, in Schlössern des Überetsch und des Burggrafenamtes, im Museum Ferdinandeum und im Wiener Kunstgewerbemuseum (Scheiben aus der Pfarrkirche in Sterzing), ja sogar in der Pfarrkirche von Civezzano und in der Franziskanerkirche von Borgo (mit deutschen Aufschriften). Die Verluste auf diesem Gebiet waren sicher sehr beträchtlich.

Es überschreitet den Rahmen vorliegender Arbeit und würde zu weit führen, auch noch auf die Werke der Volkskunst, die in Südtirol zu hoher Blüte gelangte, näher einzugehen. Es müssen daher nur ein paar Hinweise auf die verschiedenen Zweige dieser in der bildnerischen und handwerklichen Begabung des südtirolischen Volkes wurzelnden Betätigung genügen, um den Reichtum und die Fülle dieses volkskundlichen Kunstschaffens zu illustrieren.

Da ist vor allem zu erwähnen, daß die großen Zeitstile auch in der bürgerlich-bäuerlichen Wohnkultur ihren Niederschlag gefunden haben, daß es auch hier den Begriff einer Barock-, Rokoko- und Biedermeierstube gibt, aber nicht alle Talschaften haben sich gleichmäßig an dieser Entwicklung beteiligt. Besonders das Pustertal hat einige sehr schöne Typen von Stuben hervorgebracht. Auch auf dem Gebiet des bürgerlichen Mobiliars genießt Südtirol, vor allem Bozen, Brixen und Meran, einen großen Ruf. In vielen Bozner Bürgerhäusern sieht man noch feine Kirschholz- und Nußholzmöbel mit schönen Einlegearbeiten, Tabernakelschränke, zweitürige Kleiderschränke, Kommoden, Schreibtische mit Rolladen, Sofas, Tische und Stühle in aparten Formen des Louis XVI. und des Biedermeier. Spiegel, Bilderrahmen, Beleuchtungskörper fügen sich trefflich dem ganzen Ensemble ein. Als Verfertiger kostbarer Rokokorahmen mag der aus Tannheim gebürtige, in Bozen seßhaft gewordene Bildhauer Christof

Rieff (gest. 1775), der Schöpfer der Prunkrahmen der Habsburger Porträts im Festsaal des Bozner Merkantilgebäudes, noch besonders erwähnt werden.

Auch das bäuerliche *Möbel* hat seine Geschichte und hat in den verschiedenen Talstilen seinen Formen- und Typenreichtum kundgetan. Aus dem Tauferer Tal stammen die fast romanisch anmutenden Giebelschränke mit Rundbogenfriesen und Schlagleisten an den Schauseiten, ferner sarkophagartige Truhen mit satteldachförmigen Deckeln, oft reich mit Kerbschnittmotiven geziert, in Gadertaler Möbeln klingen in Maßwerkfüllungen oft noch gotische Elemente nach, in der Brunecker Gegend wurden im 18. Jahrhundert breite, behäbige Schränke gebaut, die Faßmaler bunt und fröhlich bemalten; Eisacktal, Sarntal, Passeier und Vinschgau haben wiederum eigene Typen in den Proportionen und im Dekor hervorgebracht, alles in allem eine Fülle von Formen und Zierweisen auf so engbegrenztem Raum wie kaum sonst irgendwo im deutschen Alpenraum.

Die ganze Zierlust und Schmuckfreude des bäuerlichen Menschen entfaltete sich an den Kleingegenständen, an Schatztrühelen, Minnekästchen, an Wiegen, Wiegenbogen, Handwerkszeug, Glockenbändern, Wetzsteinkumpfen, Fahrzeugen, Jochen, Schlitten usw.

Sehr schöne, ausdrucksstarke *Masken* für geistliche Spiele und fasnächtlichen Mummenschanz wurden im Pustertal und Tauferer Tal geschnitzt, und fast unübersehbar sind die kleinen *Schnitzwerke* meist religiöser Natur, die Kruzifixe, Marienstatuetten, Kopien von Gnadenbildern, oft in reizvollen Glaskästchen verwahrt, die Heiligenfiguren, Heiliggeisttauben und nicht zuletzt die große Zahl prächtiger Weihnachtskrippen, von denen man im Brixner Diözesanmuseum, beim Kaufmann Alverà in St. Lorenzen, in Innichen und Sexten eine gute Vorstellung gewinnen kann. Die einst sehr berühmte Mosersche Krippe aus Bozen befindet sich heute im Bayerischen Nationalmuseum in München. Südtirols Krippenkunst ist aufs engste mit dem Namen der Sterzinger Krippenschnitzerfamilie Probst verbunden, die auch in Innsbruck eine fast ein halbes Jahrhundert lang währende Tätigkeit auf diesem Gebiet ausübte. Waren die Schnitzer Probst typische Vertreter einer naiven, erzählfreudigen Volkskunst, so hat der ältere Franz Xaver Nißl von Fügen die tirolische Krippenkunst auf eine einmalige künstlerische Höhe im deutschen Alpenland geführt. Die für den Fürstbischof Lodron geschnitzte Weihnachts- und Passionskrippe im Brixner Diözesanmuseum zählt zu den eigenartigsten und besten Werken deutscher Krippenkunst.

Auch kunstgewerbliche *Wachsarbeiten*, Reliefs von Heiligenfiguren, Votivgaben, Votivkerzen, Wachschristkindln, Wachsköpfe für Krippenfiguren u. ä. wurden von Wachsziehern oder Klosterfrauen hergestellt. Das Klarissenkloster in Brixen hatte hierin einen guten Ruf. Die Rokokokrippe aus weißem Wachs im Brixner Diözesanmuseum ist aber wohl das Werk eines Künstlers, dessen Name uns leider nicht bekannt ist.

Hier sei auch jener namenlosen Landmaler gedacht, die die Bauernhäuser mit religiösen Bildern oder mit originellen Fensterumrahmungen, Initialen und Jahreszahlen zierten (schöne Beispiele in St. Magdalena in Villnöß, am Ritten, im Vinschgau) und die Kapellen, Kirchen und Wallfahrtsorte mit treuherzigen *Votivtafeln* schmückten.

Aber auch auf anderen Gebieten, wie der volkstümlichen *Töpferei*, sind schöne Leistungen hervorgebracht worden; wir erinnern nur an Ofenkacheln, gemusterte Bodenfliesen, Scherzfiguren, Pustertaler Krapfenschüsseln, Honigkrüge, Weihbrunnenkrügeln, Tintengeschirre usf.

Ein reiches Betätigungsfeld hatten die *metallverarbeitenden Gewerbe*, die Zinngießer, Kupferschmiede, Schlosser, deren Arbeiten oft über den reinen Zweck hinaus, dem sie dienen sollten, Zeugnis von den technischen Fähigkeiten und dem künstlerischen Empfinden ihres Schöpfers ablegen, z. B. bei den kunstvoll geflochtenen Pfannknechten, bei Grabkreuzen, Feuerböcken usf. Auch auf dem Gebiet der volkstümlichen Weberei sind sehr schöne Leistungen zu verzeichnen, wir erinnern nur an die Sigmunder Decken mit ihren Streifen- und Sternmustern, die technisch wie stilistisch eine auffallende Ähnlichkeit mit den schweizerischen Münstertaler und salzburgischen Lungauer Weben aufweisen, oder an die ganze Gruppe von handwerklichen Arbeiten, die zur Tracht gehören, die Tauferer Klöppelspitzen, die Blaudrucke, die kunstvollen Strickarbeiten, die gemusterten Hosenträger und das reiche Gebiet der Zinnieten- oder kielgestickten Ledergürtel, worin sich wiederum besonders die Pustertaler, Ahrntaler und Sarntaler auszeichneten. Auch die Silberschmiede hatten für Bauernschmuck, Brautringe, Haarpfeile, Gürtel, Rosenkränze u. ä. allerhand zu tun.

Unter den hausindustriellen Betrieben verdient noch die *Grödner Schnitzerei* eigens erwähnt zu werden, die seit nahezu zwei Jahrhunderten in dem Tal blühte und heute zwar eine Verbreiterung und kommerzielle Intensivierung erfahren hat, aber geschmacklich nicht mehr die Höhe besitzt wie vor etwa 150 Jahren, als dort recht reizvolle Dinge, wie Genrefiguren, Kostümfiguren, Tierfiguren, Uhrständer, Spielzeug, Leuchter, Laubwerkrahmen, religiöse Bildwerke usw., hergestellt und in aller Welt vertrieben wurden.

Das Gesagte mag genügen, um von der Schaffensfreude, vom technischen Können und vom Geschmack des ehemaligen Südtiroler Kunsthandwerks, das auch die Dinge des Alltags mit künstlerischem Geist zu formen und mit einem Schimmer höherer Idealität und Schönheit zu umkleiden wußte, ein beiläufiges Bild zu geben und um im Verein mit den vorangehenden Bemerkungen über die Entwicklung der südtirolischen Baukunst, Malerei und Plastik für das Verständnis und die Würdigung der im folgenden aufgeführten Einzelgegenstände die nötige Voraussetzung zu schaffen.

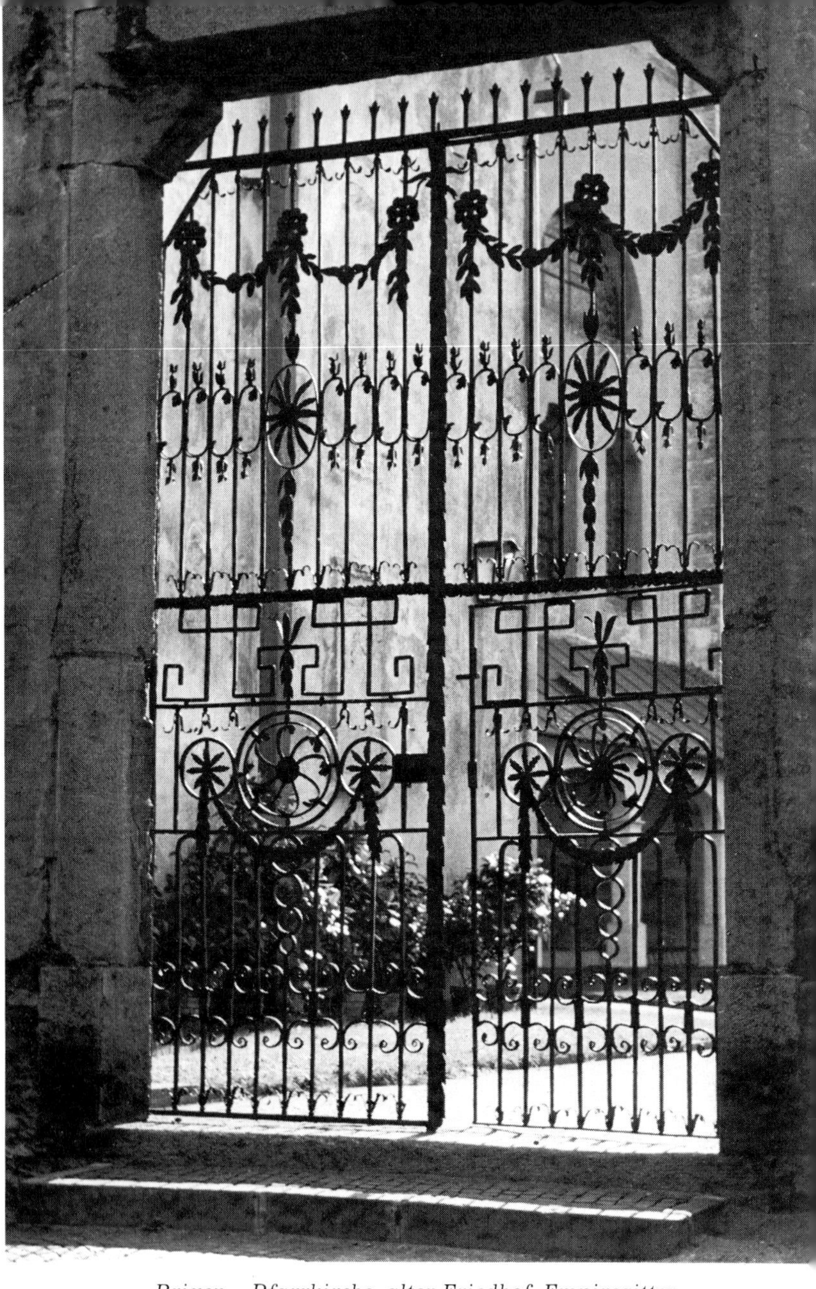

Brixen – Pfarrkirche, alter Friedhof, Empiregitter

EISACKTAL

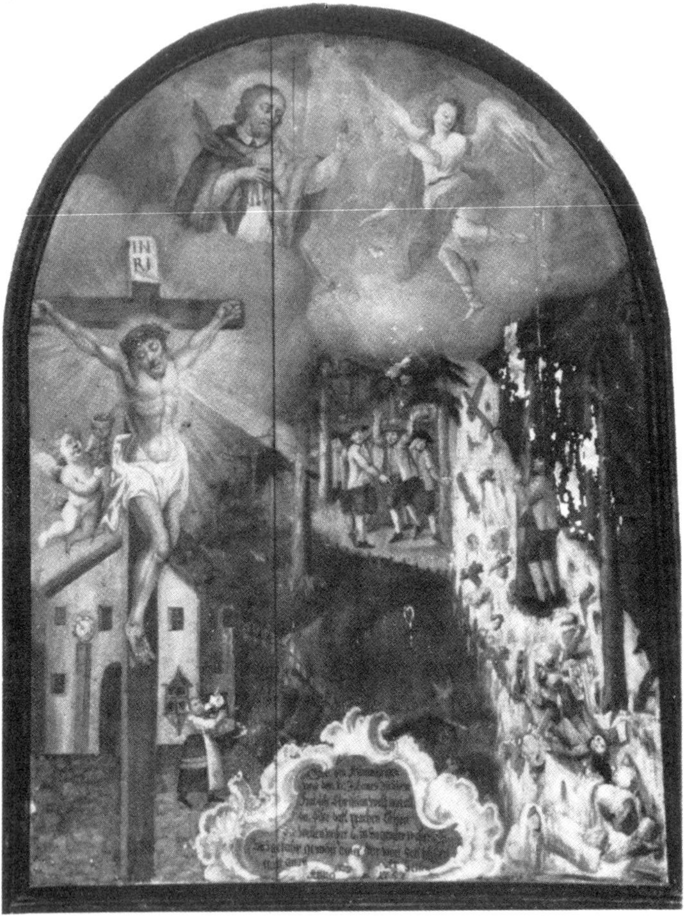

Wolfenkapelle: Votivbild des Christian Wolf, 1757

BRENNER

1. Pfarrkirche zum hl. Valentin

Bau: Der Turm mit den romanisierenden zwei- und dreiteiligen Schallfenstern und Blendnischen reicht wohl noch ins 14. Jh. zurück. Vom spätgotischen Bau sind noch der polygonale Chorabschluß und das steingerahmte Portal mit den gedrehten Sokkeln und der Scheitelkreuzung erhalten. Die Kirche wurde im 17. Jh. umgebaut und um 1790 vergrößert. Rundbogenfenster und Tonne über Wandpfeilern mit isoliertem Gebälk. Restaurierung 1980/1983.

Deckengemälde: Am Gewölbe drei Bilder, Anbetung des Allerheiligsten, Maria mit Christkind, hl. Valentin als Fürbitter; Dekoration, Bez. Franz Unterberger 1787.

Altäre: Säulenaufbauten mit Bildern und Statuen. Erste Hälfte des 18. Jh.s. Seitenstatuen* hl. Nikolaus und Augustin des Hochaltars von Balthasar Kirchmayr aus Matrei, 17. Jh. Das Hochaltarbild, hl. Valentin, signiert Josef Schmutzer 1803; auf den Bildern der Seitenaltäre links hl. Georg, rechts Hl. Familie, Stifterwappen: links L. M., rechts I. C. de A und M. C. G. K., 18. Jh. 1. Hälfte.

Kanzel: Polygonale Form mit gedrehten Ecksäulchen um 1700, im frühen 19. Jh. neu dekoriert.

Holzskulptur: Kruzifix, 18. Jh.

2. Neue Pfarrkirche Maria am Wege

Erbaut 1958 bis 1962 nach dem Plan des Architekten Luis Plattner. Altarbild, Maria am Wege (Bronze mit Email) und Tabernakel von Max Spielmann in Innsbruck. Der Kreuzweg (Terrakotta) von Maria Delago, Bozen. 1962. Das Türrelief, Hl. Drei Könige, von Martin Rainer, Brixen.

Holzskulpturen (aus der alten Pfarrkiche):

1.* Maria, Anfang 16. Jh., Christkind um 1700.
2.* Hl. Valentin, Ende 15. Jh.

3. Wolfenkapelle

Bau: Türe und Fenster rundbogig. Fassadendachreiter, Tonnenwölbung über Pilastern. 1755 an Stelle einer kleineren Kapelle errichtet. 1969 Verlagerung an höhere Stelle.

Altar: Derbe Holzskulpturen, Kreuzigungsgruppe. Um 1700. 1980 mehrere Figuren und Reliquiare gestohlen. Votivbild des Christian Wolf, 1757.

4. Brennerbadkapelle

Neuromanische Maria-Hilf-Kapelle, 1886 geweiht. Hochaltar von Heinrich Stuflesser 1889. Bilder Hl. Familie und Maria mit Kind zwischen Katharina und Johannes, von Wilhelm Herzen. In Verfall.

5. Bildstock

An der Straße, unter der alten Kirche. Tiefe Rundbogennische mit abgefaster Kante. Satteldach. Opferstock mit Jahrzahl 1692. *Gemälde:* hl. Georg, Valentin und Sebastian, 17. Jh.

Am Gasthof zur Post, einem sonst völlig erneuerten Bau, Spitzbogenportal in abgefaster Steinrahmung mit Wappen. Um 1500. Gedenktafel an den Aufenthalt Goethes.

GOSSENSASS

I. Kirchen

1. Pfarrkirche zur Unbefleckten Empfängnis

Bau: Von der 1471 geweihten spätgotischen Kirche steht nur mehr der aus Granitquadern erbaute Turm, der 1769 erhöht und mit einer Haube versehen wurde. Dabei wurden die Spitzbogenfenster teilweise zugemauert. Im Uhrraum spätgotisches Netzgewölbe. Die Kirche wurde seit 1750 unter der Leitung des geistlichen Baumeisters Franz de Paula Penz völlig neu errichtet (Weihe 1754. Die ursprüngliche Kirche dem hl. Georg geweiht). Das Portal mit Bergwerkswappen und österreichischem Bindenschild blieb erhalten. Darüber drei Rundbogennischen mit Statuen Immaculata. Joachim und Anna. Von Josef Bartlmä Kleinhans. Das Langhaus wurde durch den sehr geschickt einbezogenen Turm und den Pfeilereinsprung gegenüber in zwei zentralbauartig behandelte Joche mit Flachkuppeln, breiten Längs- und Quergurten und mit vier tiefen Altarkapellen zerlegt. Die Einsprünge und die mit ihnen korrespondierenden Ecken des Vorjochs und des halbrunden Chors sind durch Pilaster und isolierte Gebälkstücke gegliedert. Gesamtrestaurierung 1981—1983.
Deckengemälde: Im Chor Anbetung des Allerheiligsten. In den beiden Kuppeln Krönung Marias und Tempelaustreibung, in den Zwickeln Apostel und Evangelisten, an den Quergurten Engel. Bez. Matthä Gündter pinxit 1751. Die lichten Farben, die flotte Komposition und die lebendige Bewegung der Figuren verraten die Blütezeit des vielbeschäftigten Augsburger Malers. Neben den Bildern in Neustift und Wilten seine beste Arbeit in Tirol. Restaurierung 1968.

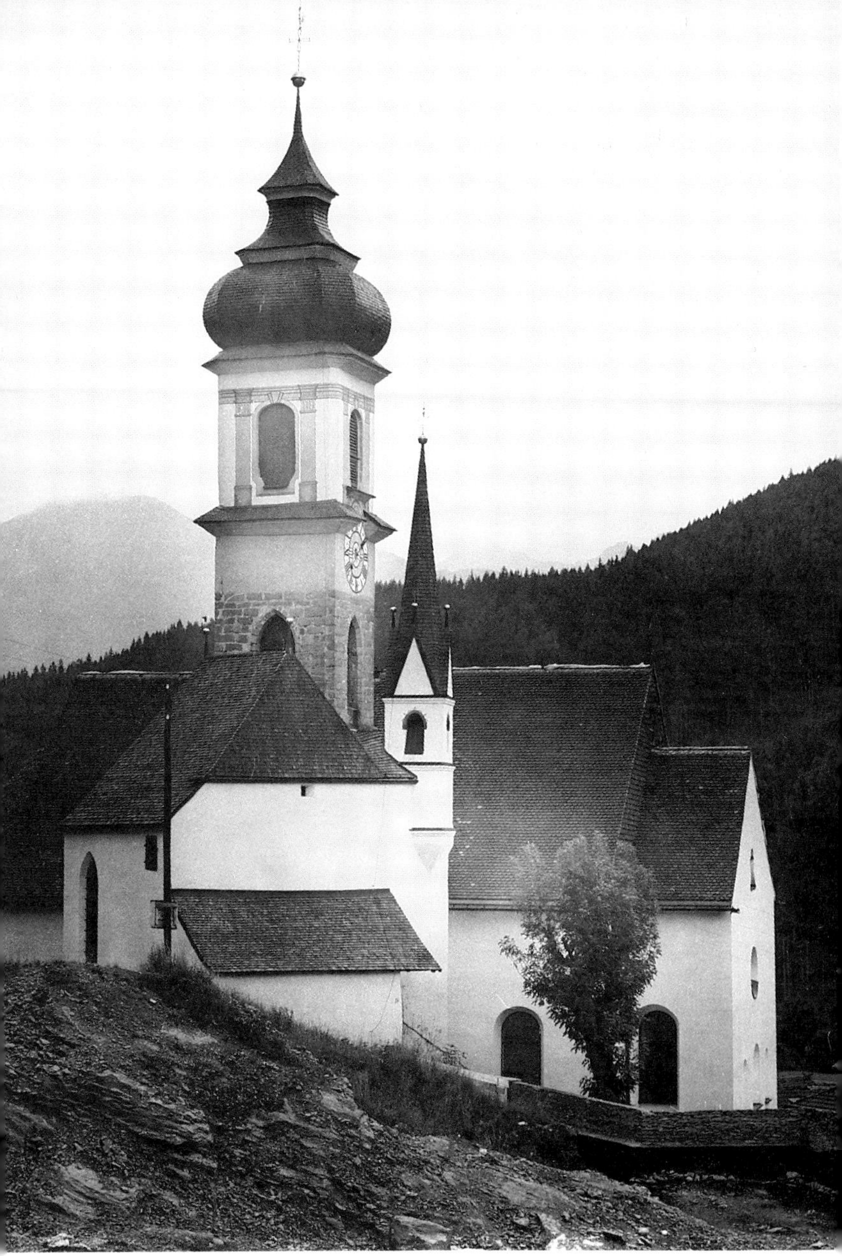

Gossensaß, Pfarrkirche und Barbarakapelle

Hochaltar: Schwerfälliger Säulenaufbau von Jakob Gatt 1846, 1914 umgebaut und neu gefaßt. Die seitlichen Statuen hl. Georg, Stefan, Laurentius, Florian, stammen noch vom alten, 1752 aufgestellten Altar von Johann Stapf. Die Marienstatue, wohl Anfang 17. Jh., ist bezeichnet: Johann Giner in Thaur 1793 (bezieht sich vermutlich auf die Umarbeitung der Statue).

Seitenaltäre: Säulenaufbau mit Statuen, das vordere Paar um 1750, das andere aus der 1. Hälfte des 18. Jh.s, 1842 und 1844 renoviert und vereinfacht.
1. und 2., Figuren: Christus an der Geißelsäule, 18. Jh. 1. Hälfte, seitlich Petrus, Johannes, am Giebel Andreas und Engel. Schmerzensmutter, seitlich Magdalena, Elisabeth, am Giebel Jakobus. 1755.
3. und 4., hl. Leonhard, Ende 15. Jh., seitlich Silvester und Gregorius, am Giebel Barbara und Engel, 18. Jh., 1. Hälfte. Franz Xaver mit zwei hl. Bischöfen, am Giebel Katharina. 18. Jh., 1. Hälfte.

*Kanzel:*1777, wegen Diebstahls 1973 unvollständig.

Orgel: Bewegtes Gebälk und reiches Rocaille. 1771.

Taufstein: Weißer Marmor, reichgegliederter Fuß. 1. Hälfte des 16. Jh.s.

Weihwasserstein: Weißer Marmor, 16. Jh.

Holzskulpturen:
1. Kruzifix mit natürlichen Haaren. Von Josef Bartlmä Kleinhans.
2. Marienstatue von Andreas Norz, Innsbruck.

Gemälde:
1. Rosenkranzbild von J. Jakob Zeiller, 1773, aus der Pfarrkiche von Holzgau.
2. Christus an der Geißelsäule, um 1700.

Kreuzweg: In Rahmen mit vergoldeten Schnitzornamenten. 1777.

Grabstein: An der Fassade. Weißer Marmor, Brustfigur eines Geistlichen mit Buch, Totenkopf und Sanduhr, stark abgetreten, 17. Jh.

Monstranz: Silber. Spätgotischer, reicher Turmaufbau, 1. Hälfte des 16. Jh.s. Die unteren Teile 1858 ergänzt

2. St. Barbara am Friedhof

Bau: Zweigeschossige Anlage mit Freitreppe, polygonalem Chorabschluß und übereck aufgesetztem Spitztürmchen. 1515

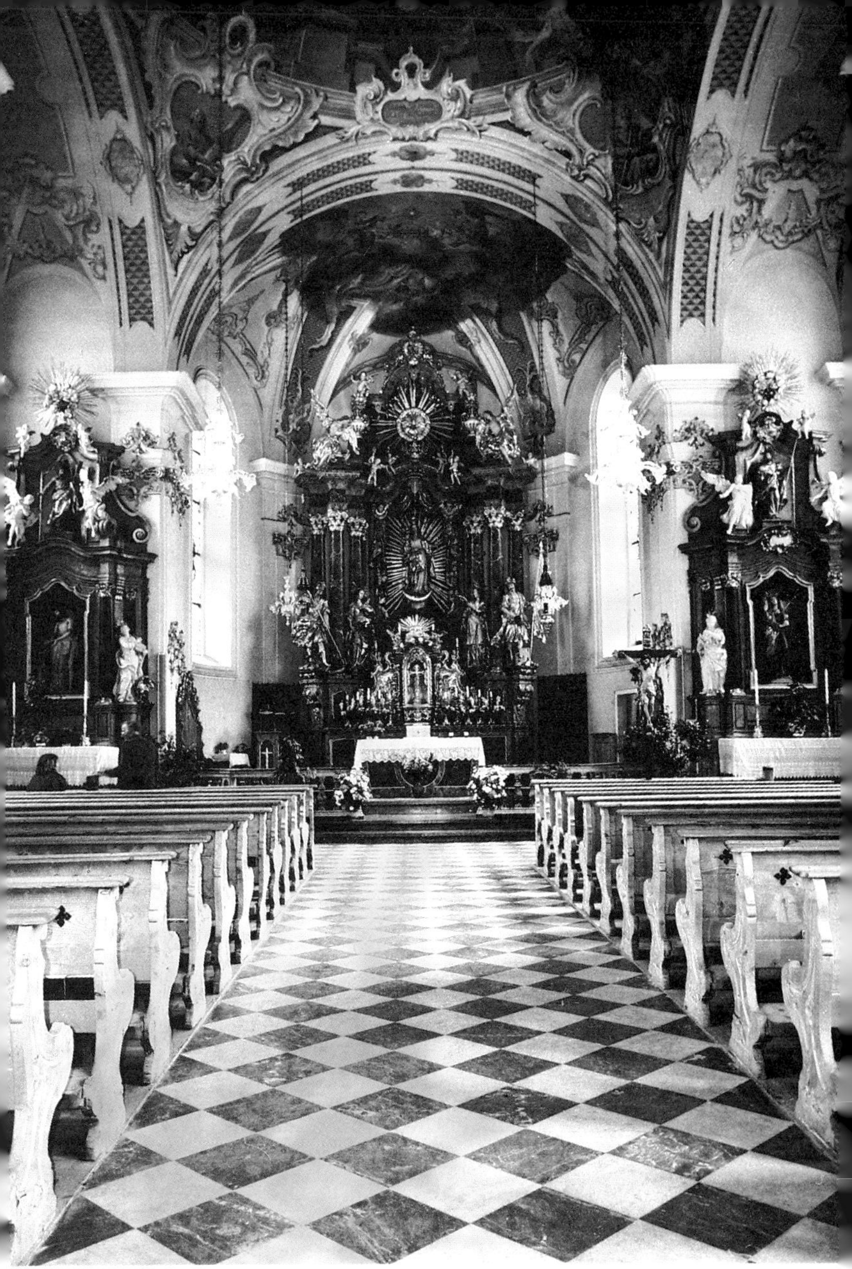

Gossensaß, Pfarrkirche, Inneres

geweiht. Außen an der Südwand vermauerte Spitzbogenöffnung, daneben kleine Nische. Reste von gemalter Dekoration und Heiligenfiguren. In der „Gruft“ wird das spielerische Gratgewölbe von einem Rundpfeiler getragen. Im Obergeschoß spitzbogige Maßwerkfenster, neben dem Eingang Inschrift: dise capell ist geweicht in der edlen jungckfraw sand barbera 1510. Die Marmorrahmung des Spitzbogenportals mit Rundstab, Bergwerkswappen und Totenkopf, die Tür selber mit geschnitztem Maßwerk und Beschlägen verziert. An der Südwestseite der österreichische Bindenschild. Um 1510. Rippen- und Sterngewölbe mit sich durchschneidenden Enden. Gesamtrestaurierung 1983 abgeschlossen.

Wandgemälde: Tod Marias, am Sockel die Familie des Stifters Lienhart Pffarchyrcher. 1515. Bei der jüngsten Restaurierung Ranken- und Blumenmalerei an den Schnittlinien der Rippen und Zwickel freigelegt. 1515.

Flügelaltar: Spätgotischer Aufbau mit reichem Rankenornament und bewegtem Gespreng, die sonst gebräuchlichen Statuentabernakel fehlen. Im Mittelschrein Schnitzfiguren: hl. Barbara, Laurentius, Sebastian. An den Flügeln Marienleben, innen in Reliefschnitzerei, außen in derben Gemälden. An den Predellaflügeln außen Relieffiguren, hl. Vitus und Nikolaus, Gemälde hl. Barbara und Katharina von einer anderen, feineren Hand, Matheis Stöberl zugeschrieben (Teile eines anderen Altares?); innen Gemälde, Landschaften mit Knappen und hl. Daniel, dem Bergwerkspatron. Um 1520. Freie Spätgotik, mit einzelnen Renaissanceelementen durchsetzt. Restaurierung 1979—1982.

Holzskulpturen: Kruzifix. Um 1500. Sogenanntes Dürerkreuz, neun* Apostelbüsten mit markanten Köpfen Anf. 16. Jh., Schmerzensmann*, hl. Barbara*. Um 1500. Christus am Ölberg. Um 1670 (untere Kapelle). Kreuzigungsgruppe, 17. Jh.

Votivbilder:

1. Triptychon: Christus als Kinderfreund, Taufe Christi, Kindertaufe. An der Predella die Stifter Caspar Kofler, Bergrichter zu Sterzing, und seine Gattin Katrina Liebin mit Wappen und Jahreszahl 1570. Von Wolfgang Polhammer.
2. Hl. Barbara. Gestiftet von Hans Wagner, Fuggerischem Bergwerksverweser, und seiner Gattin Sara Spitzerin 1639.
3. Zwei Holztafeln, die Heiligen und Verdammten, Anf. 17. Jh.

Glocke: Kleine Medaillons mit Maria und Sebastian, 1514.

II. Häuser

Mehrere alte, heute jedoch vielfach erneuerte oder umgebaute Häuser mit gemauertem Untergeschoß, polygonalen Erkern,

hölzernen Giebeln. Beachtenswert Nr. 9, altes Berggericht; mit Erzstufe über der quadergefaßten Rundbogentüre, und fragmentiertem Fresko mit Bergknappen und Wappen. 16. Jh. Ein zweites Fresko, Immakulata, um 1700. Im Hausgang ebenerdig Gewölbe über rundem Mittelpfeiler, im ersten Stock Felderdecke mit Namen Mariä.
Sogenanntes Knappenhaus, laut Inschrift 1500 erbaut, mit Erzstufe zwei Erkern und Holzgiebel. Stark modernisiert.

Kaiser-Franz-Josef-Denkmal: 1908 eingeweiht, 1925 entfernt, 1983 neu errichtet. Büste in Steinguß, von Alois Hofer.

III. Raspenstein

Am Felsenkegel gleich unter dem Dorf die Stelle der ehemaligen Burg Raspenstein, die Graf Albert von Tirol um 1220 im Krieg gegen den Bischof von Brixen erbaute, nach dem Friedensschluß 1221 aber wiederum zerstören mußte.

PFLERSCH

1. Pfarrkirche zum hl. Anton Abt

Bau: Eine Kirche wird 1418 erwähnt.
Infolge des blühenden Bergwerksbetriebes entstand ein um 1482 geweihter Neubau, von dem sich noch Teile des Turmes und das an die neugotische Friedhofskapelle versetzte, marmorgerahmte Spitzbogenportal mit Rundstab und Knappenwappen erhalten haben, und der 1880—1888 dem heutigen neuromanischen Bau von Josef Vonstadl weichen mußte. Am Turm gekehlte Steingesimse, einfache und gekuppelte Rundbogenfenster, letztere mit Trennungssäulchen, Würfelkapitell und Blende und Achteckhelm. 1923 neu aufgebaut.

Altäre: Neuromanisch. Von Clemens Raffeiner. Statuen von Dominikus Trenkwalder. Die Holzstatue des hl. Anton Abt ist ein Überrest des ehemaligen Flügelaltars. Ende 15. Jh. Der Kopf umgearbeitet.

Orgel: Von Franz Reinisch.

Gemälde: Hl. Anton Abt. Ehemaliges Altarbild. Von Josef Renzler, 1836. Von ihm auch der Kreuzweg. 1835.

Glocke: Gegossen von Hans Melser, Anfang des 16. Jh.s.

2. Kapelle Mariahilf, Außerpflersch. 1713 erbaut, erweitert 1739. Mariahilfbild von Pellegrini, 1739.

3. Kapelle Maria Schnee in Ast. 1737 erbaut.

RIED BEI STERZING

I. Kirchen

1. Pfarrkirche zum hl. Stephan

Bau: Der gute Bau mit querschiffähnlichen Seitenkapellen, gerade abschließendem Chor, im Inneren mit Tonne über Pilastern und umlaufendem Gebälk, wurde von Jakob Delai erbaut und 1669 neu geweiht. 1809 von den Franzosen ausgebrannt und dann erneuert. 1963 restauriert. Von der früheren, 1492 erwähnten Kirche steht noch der Turm, dessen gekuppelte Spitzbogenfenster und die ins Kirchenschiff führende Tür auf die Zeit um 1400 hinweisen. Er trug damals statt der heutigen Kuppel noch ein Spitzdach. Die Kuppel hat die hierzulande seltene, schöne schlanke Form mit hoher Laterne. An der Fassade Marmorskulptur, hl. Stephan, gute Arbeit von Franz Rasner 1675.

Altäre: Prächtige, frühbarocke Säulenbauten, schwarz und vergoldet, mit Knorpelwerk, seitlichen Statuentabernakeln, Giebeln, Ädikula, gute Arbeiten von Franz Rasner, um 1670, Hochaltarblatt Marter des hl. Stephanus, von Stephan Keßler. Um 1670. Seitenstatuen die Wetterherren Johann und Paul, am Giebel hl. Georg, Oswald und Heinrich. Seitenaltarbilder: links Hl. Familie, rechts hl. Antonius mit Christkind. Aufsatzfiguren hl. Michael und Schutzengel. Um 1670.

Skulpturen:
1. Hl. Stebastian und Florian. 18. Jh., 1 Hälfte.
2. Maria mit Christkind in Rokokokostüm. Mitte 18. Jh.

Kerzenstangen: Gedrehter Schaft mit Blätterkonsolen. In den Häuschen hl. Stephan und Katharina, Mitte 17. Jh.*

Kanzel: Gut gegliedert und mit zierlichen Ranken und Knorpelornament geschmückt. Skulptur: Posaunenengel. Von Franz Rasner, um 1670.

Die Chorgitter: sehr gute Arbeit um 1700.
Im Friedhof aus drei Grabsteinen des 18. Jh.s zusammengefügtes Priestergrab.

2. Salvatorkapelle in Lurx

Bau: An der Straße nach Sterzing. Zur Pfarre Wiesen gehörig. Hölzerner Dachreiter. Gerader Abschluß. Tonnengewölbe. An Stelle eines Bildstöckls 1643 errichtet und eingeweiht. Im Charakter der Loretokapellen gehalten. Dem Verfall preisgegeben.

Altar: Zwischen drei vergitterten Rundbogenöffnungen Säulen mit Volutengiebel, Bilder Gott Vater und Rundmedaillons, Verkündigung und Skulpturen Maria mit Christkind. 17. Jh.

II. Häuser

Das an der Nationalstraße gelegene ganz einfache *Geierhaus* ist mit zwei schlecht erhaltenen gotischen Fresken, hl. Christoph und St. Jakob, um 1430, geschmückt. Stark zerstört.
Etwas südlich davon, ebenfalls an der Nationalstraße, durch deren Erhöhung der malerische, 1967 stark umgebaute Bau in seiner Wirkung stark beeinträchtigt wurde, das ehemalige Zollhaus am Lurx. Eckturm und Eckerker, im Innern gewölbte Gänge und in den Wohnräumen einfaches Getäfel und Holzdekken. 16. und 17. Jh.

III. Straßberg

Die auffallend schmale und langgestreckte Wehranlage richtet sich nach ihrem Standort, einem schmalen Hügelrücken. Vom alten Bestand der in Vorburg und Hauptburg gegliederten Anlage des 13. Jh. haben sich Teile der Ringmauer und der schlanke, fünfgeschossige Bergfried erhalten, der in seinem Inneren die ursprüngliche Ausstattung eines mittelalterlichen Wehrturmes großteils unversehrt bewahrt hat (Treppen, Angstloch, Tramenböden). Nördlich vorgelagert Reste eines isoliert stehenden Treppenturmes, von dem aus mittels Holzbrücke der Zugang zum Hocheinstieg des Bergfrieds erfolgte. Der nach innen offene Torturm der Vorburg 1971 eingestürzt.
Die 1280 erstmals genannte Burg war Sitz der landesfürstlichen Urbarverwaltung im Wipptal, später auch zeitweilig Amtssitz des Landgerichts Sterzing und als solche an verschiedene Adelsfamilien, so von 1363 bis 1576 an die Freundsberg, verliehen. Seit dem 17. Jh. verfallen. 1729 bis 1972 in Besitz einer Linie der Freiherren von Sternbach, bäuerlich bewirtschaftet.

STERZING

Die genaue Lage des in spätrömischer Zeit erwähnten Vipitenum ist nicht bekannt, der Name aber kommt noch im 9. Jh. vor und klingt vermutlich auch in den Bezeichnungen Wipptal und Mittewald (Wiptenwald) nach. Der Name Sterzing begegnet uns zum erstenmal 1207. In der zweiten Hälfte des 13. Jh.s wurde der Ort zur Stadt erhoben und nahm dann im 15. Jh. infolge des regen Bergwerksbetriebes einen raschen Aufschwung. Auf das 15. und 16. Jh. geht denn auch im wesentlichen die heutige Gestalt der Stadt zurück, wobei die Beschränkung auf eine Hauptstraße zugleich erkennen läßt, daß sie ursprünglich dem regen Verkehr auf der Brennerstraße ihr Dasein verdankt. Die altertümlichen

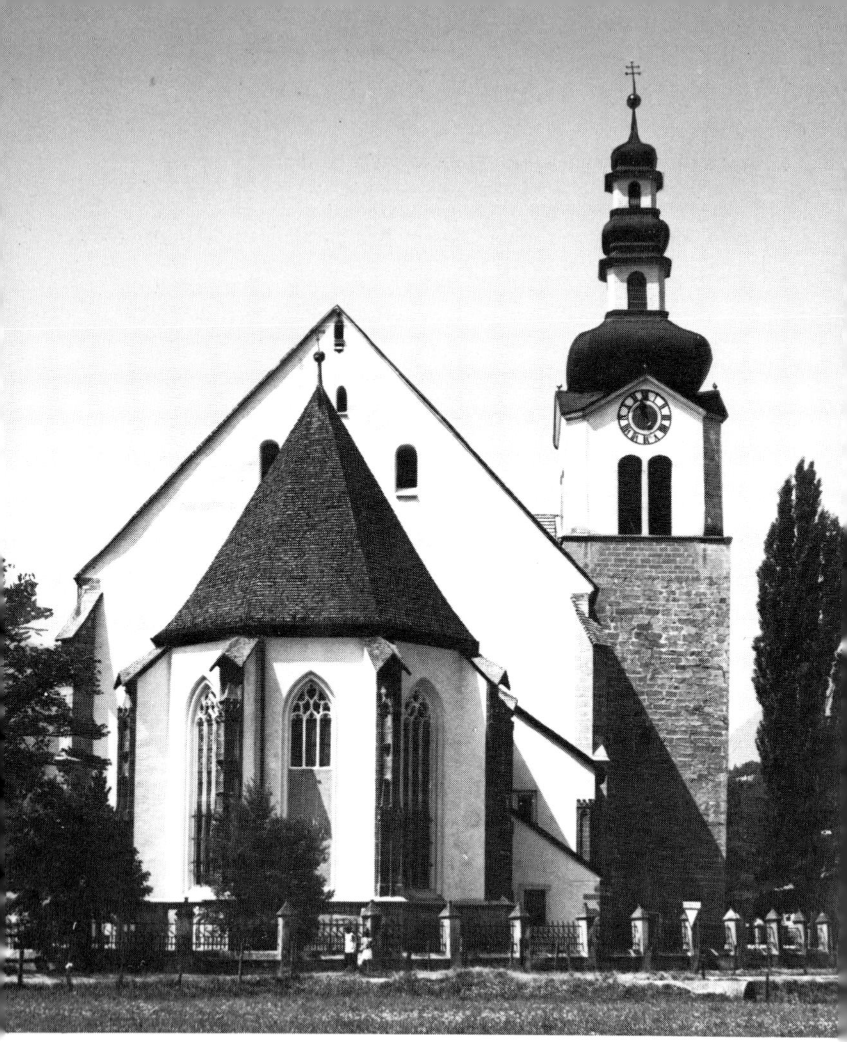

Sterzing. Pfarrkirche

Häuser mit ihren Zinnen, Erkern, Wirtshausschildern geben dem in seinem Kern wohlerhaltenen Stadtbild seinen malerischen Charakter.

I. Kirchen

1. Pfarrkirche zu Unserer Lieben Frau im Moos

Bau: Die Lage erklärt sich aus dem Umstand, daß früher auch das Jaufental, Gasteig, Thuins, Telfes und Ratschings zur Pfarre Sterzing gehörten. Der Name weist auf das einstmals berühmte Sterzinger Moos hin. Eine Pfarre wird 1233 zum erstenmal erwähnt. Die heutige Kirche ist ein mächtiger spätgotischer Hallenbau. Das Hauptportal zeigt an seiner Rahmung aus Marmor drei Rundstäbe mit verzierten Stümpfen und Scheitelkreuzung, von den beiden ähnlich gerahmten Seitenportalen zeichnet sich das südliche durch seinen reichen Schmuck aus und trägt seitlich die Wappen der Herren von Freundsberg und das Stadtwappen, im Spitzbogenfeld in durchbrochener, vorzüglicher Reliefarbeit Maria mit dem verstümmelten Christkind mit ungewöhnlich reichknitteriger Gewandung, die Wappen des Reiches mit Kaiserkrone und Goldenem Vlies, Österreichs und Tirols und am Sturzbalken eine Inschrift, nach welcher Kaiser Maximilian 1497 bei der Grundsteinlegung des Langhauses zugegen war. Das Gewände des Portals vom Steinmetz Thomas Scheiter ausgeführt, das Bogenfeld, für das Matthias Stöberl Visierungen lieferte, der Innsbrucker Türing-Werkstatt zugeschrieben. 1983 restauriert. Die sehr schlichte Fassade wird außer durch das Portal nur durch eine große Fensterrose mit reichbewegtem Maßwerk, durch eine Eselsrückennische mit verwittertem Marienbild von Matthias Stöberl, 1519, und dem Sterzinger Wappen mit der Jahrzahl 1512 gegliedert. Die Langhausseiten zeigen nördlich ein, südlich vier vierteilige Fenster mit wechselndem Maßwerk, von denen besonders letztere sowohl in der Außen- wie in der Innenansicht eine sehr wirkungsvolle Gruppe bilden. Die sechs Fenster des polygonal abschließenden Chors sind dreiteilig, die zweimal abgestuften Strebepfeiler am Langhaus einfach gehalten, am Chor mit wechselnden Fialenvorlagen geschmückt. In der ganzen Kirche, abgesehen von der Nordseite, Kaffgesims, das unter den Fenstern ausbiegt und auch die Strebepfeiler umgreift. Der aus Quadern aufgeführte Turm blieb nach dem zweiten Geschoß im Bau stecken und erhielt später eine plump aufgesetzte Glockenstube und eine kräftig ausgebauchte Kuppelhaube.

Das Innere wurde um die Mitte des 18. Jh.s barockisiert. Erhalten blieben im weiten und hohen dreischiffigen Langhaus die acht aus Marmorquadern ausgeführten Rundpfeiler und die mit ihnen korrespondierenden Halbpfeiler und Wanddienste, das spitzbogige Türchen zum Turm und an der Nordseite ein schma-

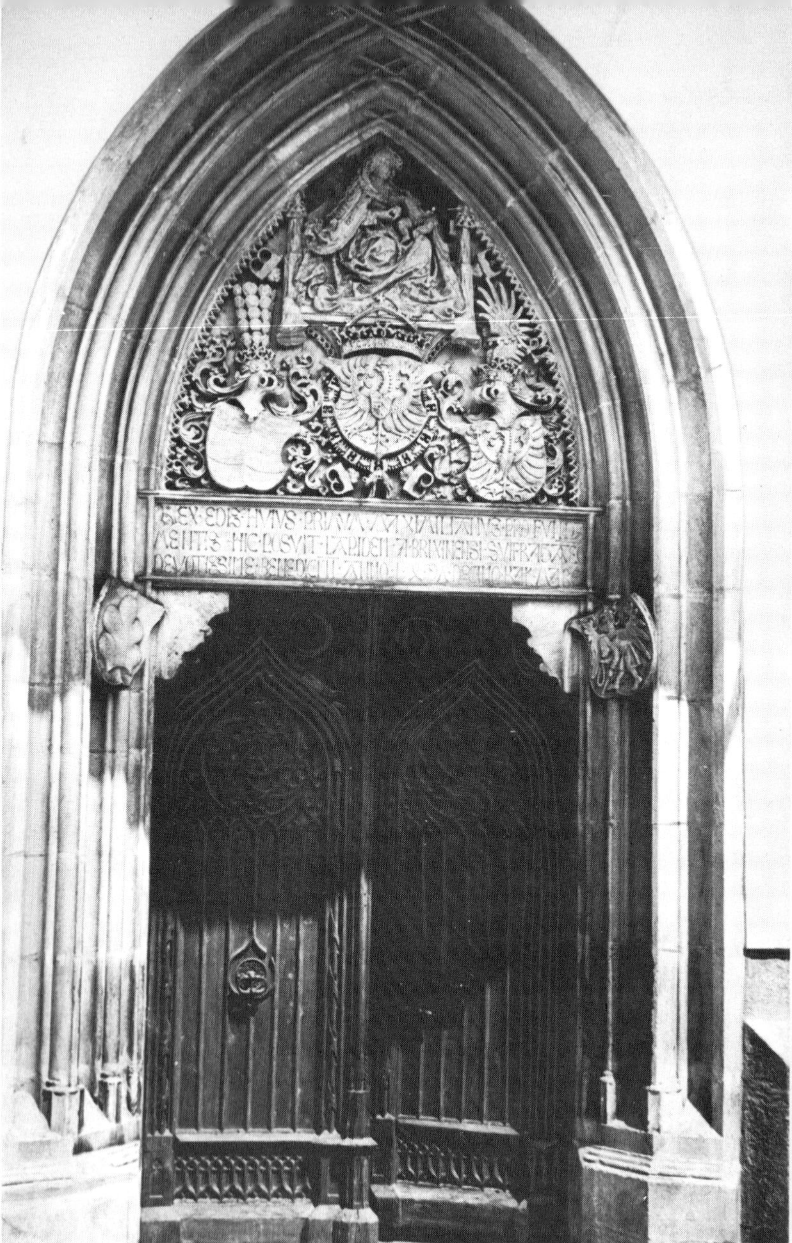

Sterzing, Pfarrkirche, Südportal

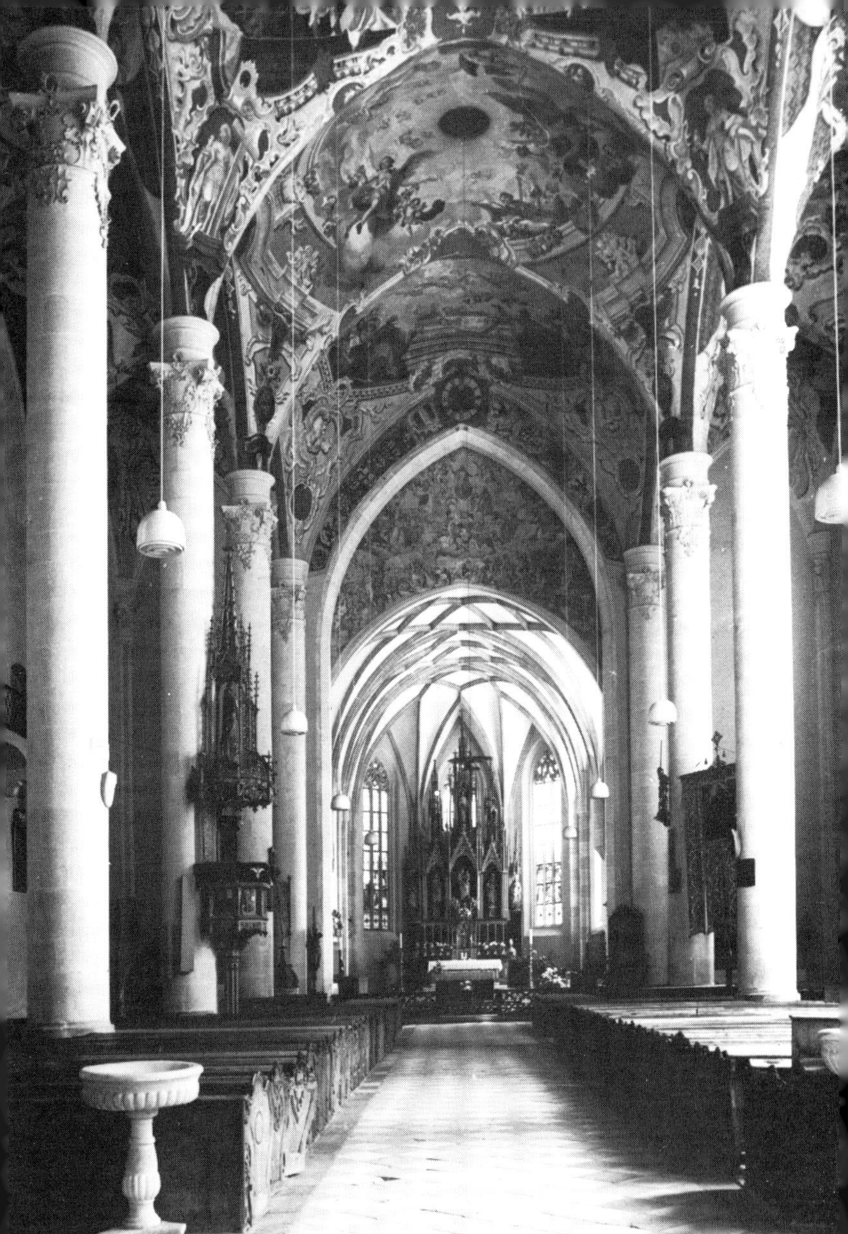

Sterzing, Pfarrkirche, Inneres

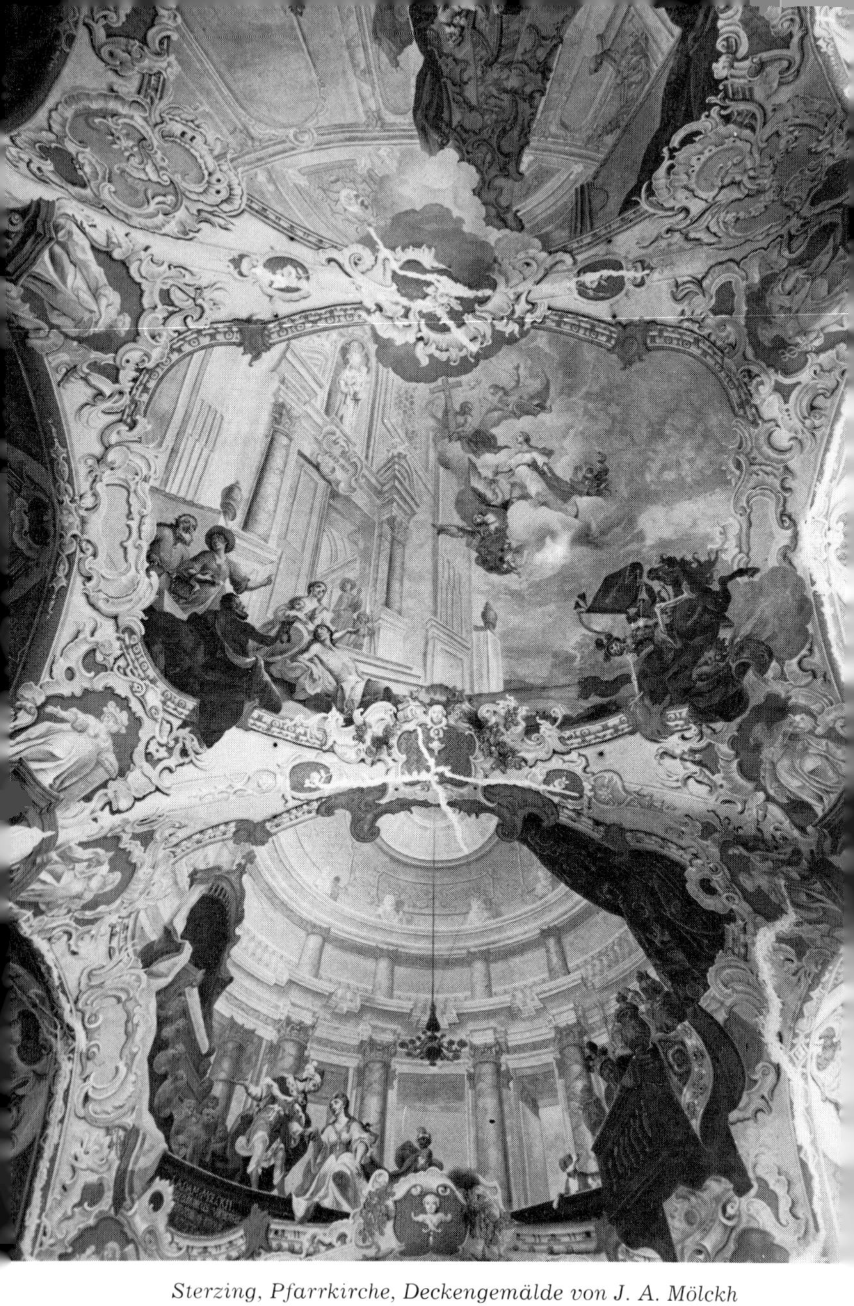

Sterzing, Pfarrkirche, Deckengemälde von J. A. Mölckh

ler, über profilierten Kragsteinen schmal unterwölbter Emporengang mit Schmiedeeisenbrüstung. Das schmälere und bedeutend niedrigere Presbyterium wurde um 1860 regotisiert. 1965 und 1979 bis 1983 wurde die Kirche vorbildlich restauriert. Ursprünglich sind noch die Dienste und die zierliche ehemalige Turmtüre, die mit drei gekreuzten Rundstäben, zwei Engelsbrustbildern mit Schriftbändern und im Spitzbogenfeld mit einem Sandsteinrelief, Christus am Ölberg, verziert ist. Das Presbyterium wurde zwischen 1443 und 1452, das Langhaus 1497 bis 1524 errichtet. Als Baumeister werden Hans und Friedrich Feur, Benedikt Weibhauser und 1513/14 Hans Lutz von Schussenried, als Steinmetzer Thomas und Adam Scheiter (letzterer auch als Bauleiter) erwähnt. Die Orgelempore 1740. Die imponierenden Maßverhältnisse, die reichliche Verwendung des weißen Sterzinger Marmors in den alten Teilen und die festliche Stimmung der barocken Deckengemälde sichern dem Gotteshaus eine starke Gesamtwirkung.

Stifterwidmungen: Die acht Rundpfeiler tragen die Wappen und Inschriften der Wohltäter, auf deren Kosten die einzelnen Pfeiler errichtet wurden. Links St.-Jakobs-Bruderschaft 1515, Hans Pölsterl 1513, rechts Hans und Andrä Jöchl 1519, Hans Jöchl 1509, Christof Kauffmann 1505, Jörg von Frundsberg (der bekannte Söldnerführer, der damals Gerichtsherr von Sterzing war) 1528.

Wandgemälde: An der Decke im Mittelschiff Mariä Himmelfahrt, Esther als Vorbild, Maria als Fürbitterin, König David; in den Seitenschiffen einzelne Heilige. Reiche gemalte Rocaillerahmungen und Kartuschen mit den Kardinal- und göttlichen Tugenden von J. Adam Mölckh, 1753. Trotz der für diesen Meister charakteristischen flüchtigen und derben Detailarbeit erzielen die Bilder als eines seiner besten Werke eine gute Gesamtwirkung.

Neu aufgedeckt: Am Triumphbogen Jüngstes Gericht. 16. Jh., 2. Hälfte. 1983 außen an der Südwand des Chores Fragmente, Passionsszenen, 16. Jh., 1. Viertel.

Hochaltar: Im neugotischen Aufbau von 1871 (Entwurf von Bertrand Schöpf) befinden sich noch Skulpturen des ursprünglichen Hochaltars, der 1456 bis 1458 von Hans Mueltscher von Ulm verfertigt wurde: Maria mit Christkind, hl. Barbara, Ursula, Apollonia und Katharina. Der milde und zugleich hoheitsvolle Ausdruck Marias, die sich liebevoll zum Jesusknaben wendet, die hohe Schönheit der andern Frauenköpfe, die gotisch bewegte Körperhaltung und die reichgefaßten und leichtknitterigen Gewänder verleihen den Figuren eine ungewöhnlich vornehme

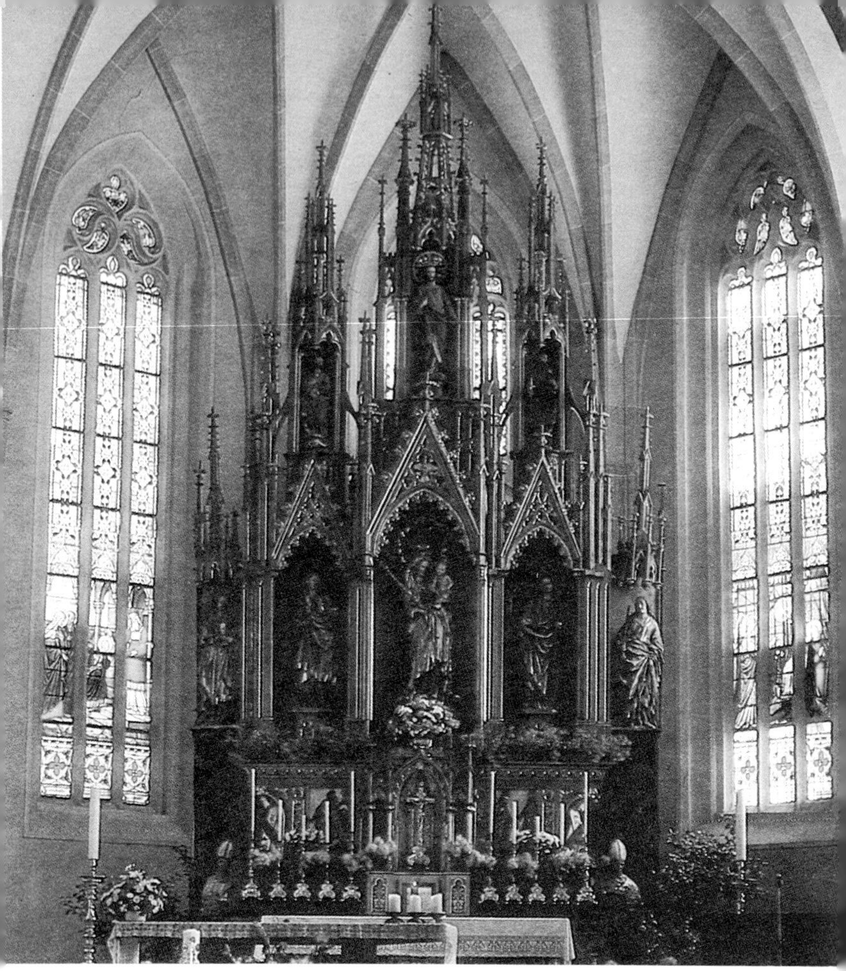

Sterzing, Pfarrkirche, Hochaltar

Wirkung. Die fragmentarische alte Fassung, 1913 freigelegt, wurde mit Lasur vereinheitlicht. Nicht zum Altar gehörten die jetzt an der Chorwand aufgestellten Brustfiguren Christi, der zwölf Apostel und von je zwei Heiligen (Büsten der Heiligen Kassian und Nikolaus), die sich durch natürliche Bewegung, individuelle Charakterisierung und virtuose Haarbehandlung auszeichnen. Hans Harder zugeschrieben. Um 1480.

Holzskulpturen: 1. Links im Chor Kruzifix mit Maria und Johannes, gute Arbeit, die sich durch den starken Ausdruck des qualvollen Todeskampfes und durch den wirkungsvollen Gegensatz des stillen und lauten Schmerzes bei Maria und Johannes auszeichnet. Von Matthias Stöberl, um 1500.
2. Kreuztragung. Der schwere, schleppende Schritt und der schmerzliche Gesichtsausdruck Christi und die natürliche Bewegung sowie der äußerst sprechende, individuell behandelte Charakterkopf Simons von Cyrene verraten einen tüchtigen Meister. Hans Multscher zugeschrieben. Um 1460.
3. Hl. Georg. Am Pfeiler des Jörg von Frundsberg. Die feste, ritterliche Haltung in voller Rüstung und die leichte, natürliche Rechtswendung des Hauptes erinnern an die von Vischer hergestellten Figuren am Maximiliansgrab zu Innsbruck. Gestiftet 1528. Spätere Bronzefassung wieder entfernt.
4. Am rechten Seitenaltar. Barbara und Margaretha. Sanfte, natürliche Bewegung, schöne Köpfe. Art des Hans Mueltscher. Um 1460.
5. Am Priestergrab und unter den Arkaden im Friedhof vier weibliche Heilige, weiß gefaßt, vom barocken Hochaltar. Eine bez. Jakob Gratl (um 1780).

Zunftstangen: In den Kirchenstühlen stehen zehn Paare von Zunftstangen der Bäcker, Schneider, Zimmerleute, Wagner, Schlosser, Tischler, Uhrmacher, Weber und Müller. Die Tabernakelaufsätze mit ihren Schnitzfiguren zeigen die schrittweise Entwicklung von noch gotisierendem Aufbau um 1600 bis zur frei dekorativen barocken Form um 1750. Bis auf wenige ohne Statuetten, alle deponiert.

Totenschilder: 1. Rundschild mit feingeschnitztem, elegant bewegtem Rankenwerk an der Helmzier, caspar trautsam (Trautson) zu sprechenstain. 1494.
2. Sechspaßform. Melchior Fueger 1505.

Gemälde: 1. Christus vor Pilatus. Gestiftet von Jeremias Kofler von Rundenstain zu Senftenburg. Deutschordenspfleger zu Reifenstein. 1638.
2. und 3. Hl. Georg und Johannes von Nepomuk. Ausdrucksvolles Helldunkel. Ehemalige Altarbilder von Franz Unterberger, Mitte 18. Jh.
4. und 5. Mutter Anna und Kreuzabnahme, um 1700, niederländische Schule.
6. Hl. Familie auf der Flucht nach Ägypten in abendlicher Landschaft. Um 1630. Mit Trautsonwappen.

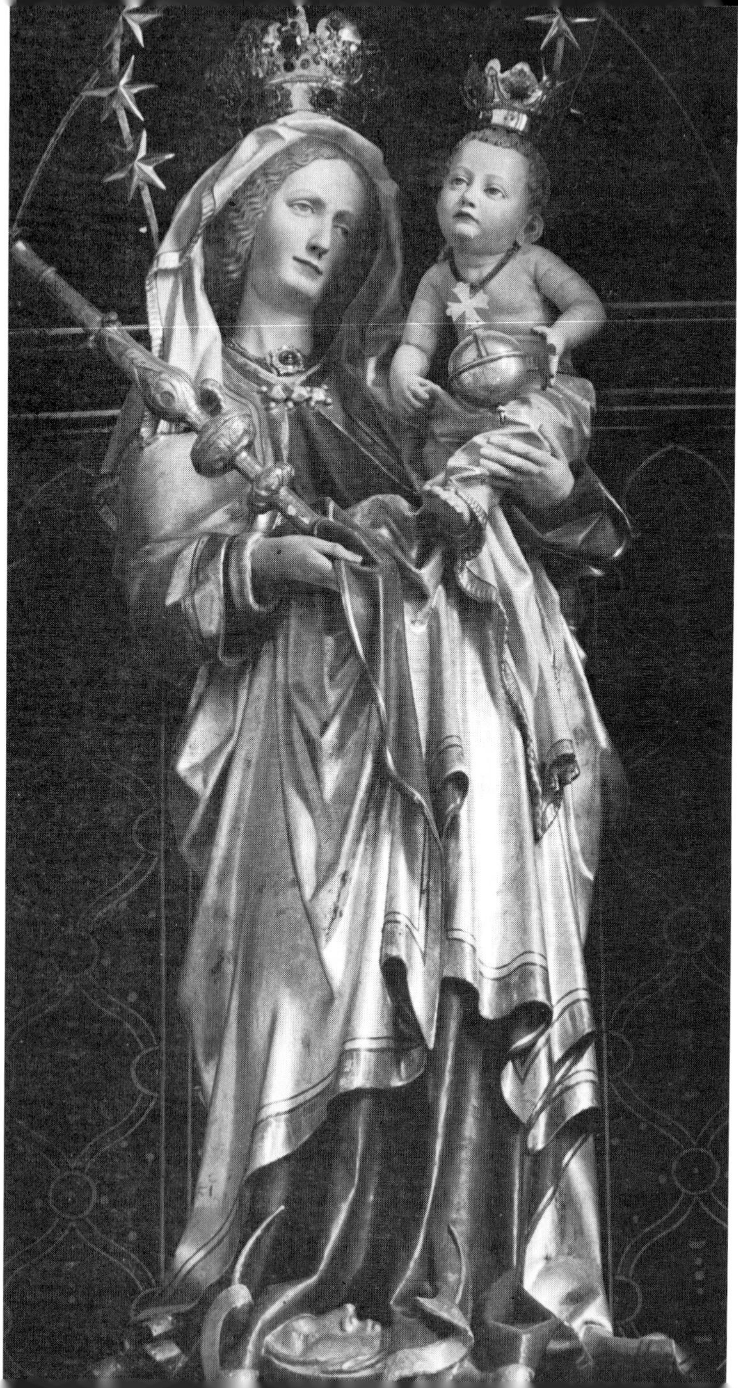

Kreuzweg: Derbe Bilder in gutgeschnitzten Rahmen. Um 1730.

Taufstein: Derbe Arbeit aus Sterzinger Marmor. 1. Hälfte 16. Jh.

Kirchenstühle: An den Docken geschnitzte Löwen, an den Türen Wappen, Hausmarken und Gewerbezeichen der Inhaber. Mitte 18. Jh.

Gewölbeschlußstein: An der südlichen Außenwand Wappen und Inschrift des Deutschordens-Landkomturs Heinrich von Knöringen. 1511.

Grabsteine: Im Innern und noch mehr an den Außenwänden zahlreiche Epitaphien aus dem 15., 16. und 17. Jh., eine reichhaltige Illustration zur Geschichte des Rollwerks, Knorpelwerks und der barocken Ranken in Südtirol. Davon besonders beachtenswert:
1. Bronze. Zwei Wappen zwischen gebauchten Säulen, Muschel- und Gebälkaufsatz, andre joechl 1517.
2. Weißer Marmor. Oben Auferstehung, unten Wappen und Familie des Stifters Georg Leffler von Pyxenhausen, landschaftlicher Steuereinnehmer, gest. 1602. Von Alexander Colin.
3. Brustbild der letzten Äbtissin von Sonnenburg, Gertrud Baronin Rohrbis, die nach der Aufhebung des Stiftes mit einem Teil der Nonnen im Jöchlturm zu Sterzing Aufnahme fand und hier 1791 starb.
4. Zwei Wappen zwischen Doppelpilastern: stefan selawer und brigita eppanerin, sein hausfrau. 1506. Schöne Arbeit der frühesten Renaissance.
5. Wappen, von Pilastern mit Rundbogen gerahmt, andre flammburger, 1536.
6. Oben Inschrift, unten großes Wappen mit Helmzier, hans köchl, Vater und Sohn, beide gestorben 1505.
7. Oben in Pilasterrahmung Gott Vater in den Wolken und Kreuzigungsgruppe, in den Bogenzwickeln Engelsköpfchen. Unten Inschrift. Maria Salome, geb. Bossin, gest. 1592. Alexander Colin zugeschrieben.

Römerstein: In der Kirche. V. F. POSTUMIA VICTORINA SIBI ET CLAUDIO RAETICIANO GENERO PIISSIMO.
Darunter Stein mit spätgotischer Minuskelschrift, nach welcher der Römerstein 1497 beim Fundamentgraben „zu unterst im Grund“ gefunden wurde.
Im Freien vor dem Chor Bildstock (Kriegerdenkmal) mit Fresken von H. Gschwendt, 1956.

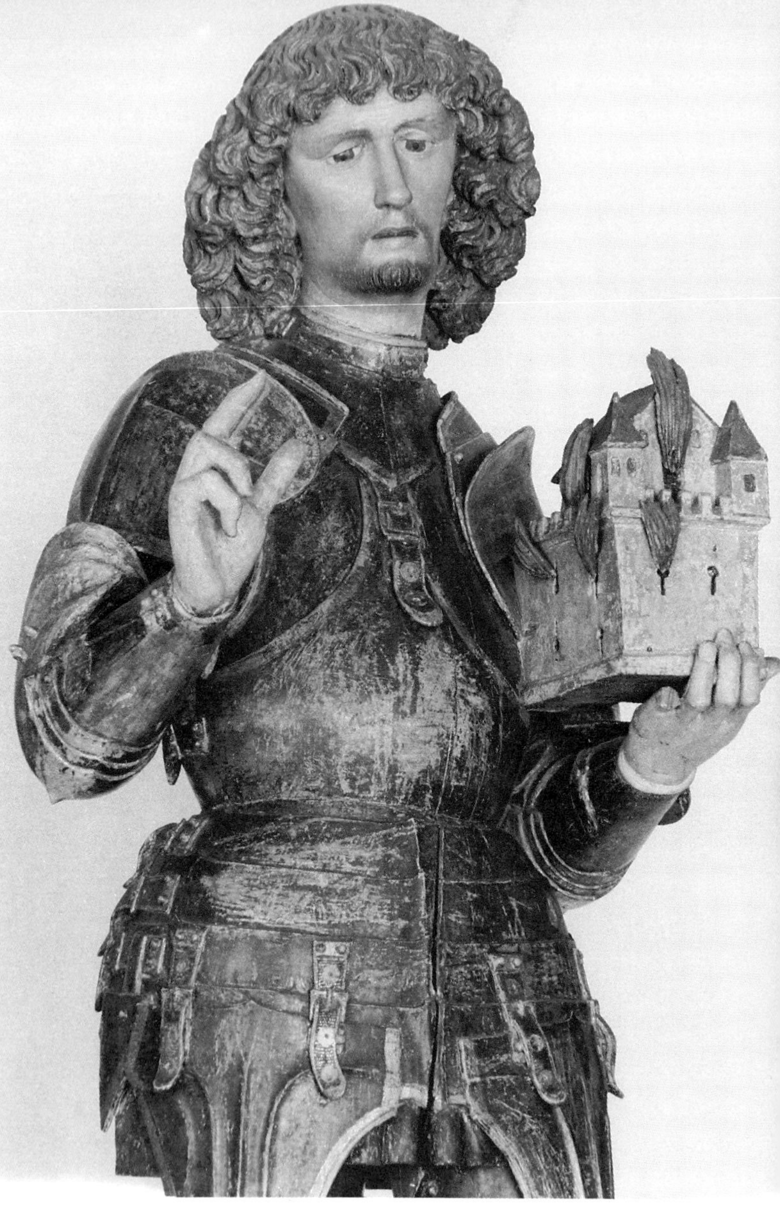

Sterzing, Rathaus, hl. Florian von Hans Multscher

Sterzing, Pfarrkirche, Kreuztragender Christus, Hans Multscher

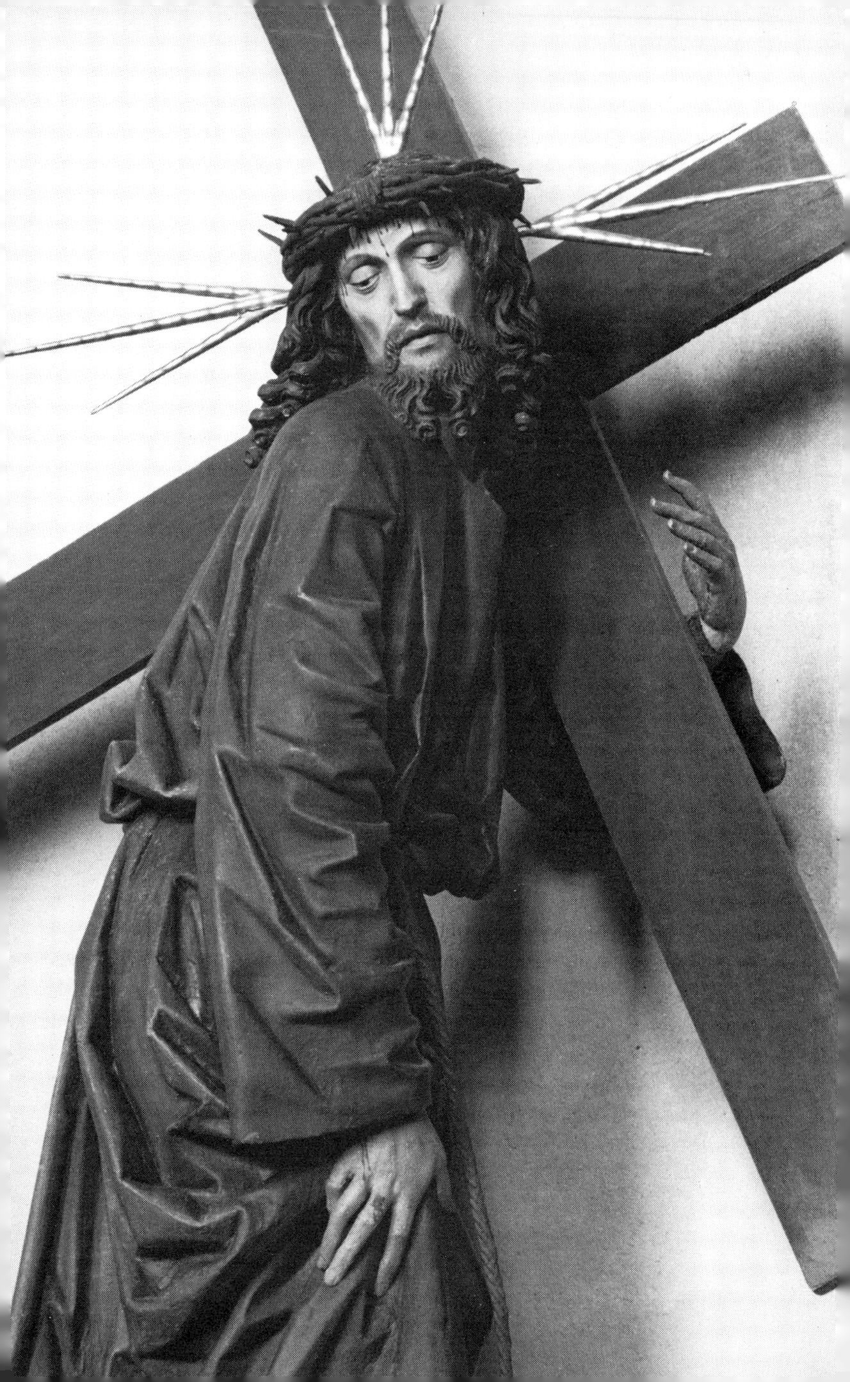

2. St. Elisabeth in Deutschhaus

Bau: Oktogon mit Türmchen über dem vorspringenden Altarraum. Über dem marmorgerahmten Portal Wappen des Administrators des Deutschen Ordens, des Landkomturs von Tirol und des Hauskomturs mit Widmungsinschrift von 1733. Im Innern über Wandnischen, umgebogenen Pilastern, kräftigem, verkröpftem Gebälk und Stichkappen Flachkuppel. Eine Kapelle zum Hl. Geist war schon seit der Gründung des Spitals vorhanden (1241). Der heutige Bau wurde unter dem Komtur von Recordin 1729 bis 1733 durch Giuseppe Delai errichtet und 1739 eingeweiht. Restaurierung 1970.

Deckengemälde: Im Hauptbild runde Säulenhalle, die sich gegen den Himmel öffnet. An den Stufen hl. Elisabeth, hl. Georg, die Verleihung des Ordenskreuzes. Oben die Heiligste Dreifaltigkeit. In den seitlichen Medaillons Engel mit den Abzeichen des Deutschen Ordens. Signiert M. Gindter. 1733. Das früheste Werk des Meisters in Tirol.

Stukkaturen: An den Wänden und am Gewölbe reiche Stuckdekoration von ungewöhnlicher Feinheit und Zierlichkeit. Wohl von Anton Gigl aus Innsbruck.

Hochaltar: Säulenaufbau mit aufgebogenem Gebälk aus Stuckmarmor. Bild: Maria mit Christkind und mit hl. Elisabeth und hl. Georg, den Patronen des Deutschen Ordens, von M. Günther. 1735.

Seitenaltärchen: Reiches Rollwerk. Bild: Madonna mit Engeln, Predella mit dem Stifter, der vor der Pietà kniet. Signiert: G. T. 1598 (Georg Trabl).

Holzskulpturen: Zwölf Apostel und Christus. An jeder Konsole ein anderes Wappen, wohl von Deutschordensrittern (Originale?), um 1700.

Deutschhaus: Am Hoftor Deutschordenswappen und Hand Gottes, weißer Marmor, wohl 14. Jh. Dreiflügelige Anlage, am Westflügel gotischer Treppengiebel, in der Südwestecke alter Turm, am Südtrakt Erker, im Hof Laubengang. Gemalte und gemeißelte Wappen von Komturen (1678—1770), ein geschnitztes Hochmeisterwappen von 1695, Wappen des Landkomturs Wolfgang von newhaus 153... und drei Grabsteine aus weißem Marmor, der mittlere für den Landkomtur Walrab von Schraffenberg; um 1400. Im Ostflügel die ehemalige Wohnung des Komturs mit Deckenfresken, an den Wänden Ansichten von Sterzing, von den vier tirolischen Deutschordenshäusern Weggenstein, Lengmoos, Siebeneich und Schlanders, Darstellungen aus der Ordensgeschichte und Imitationen von Kupferstichen. Mitte des

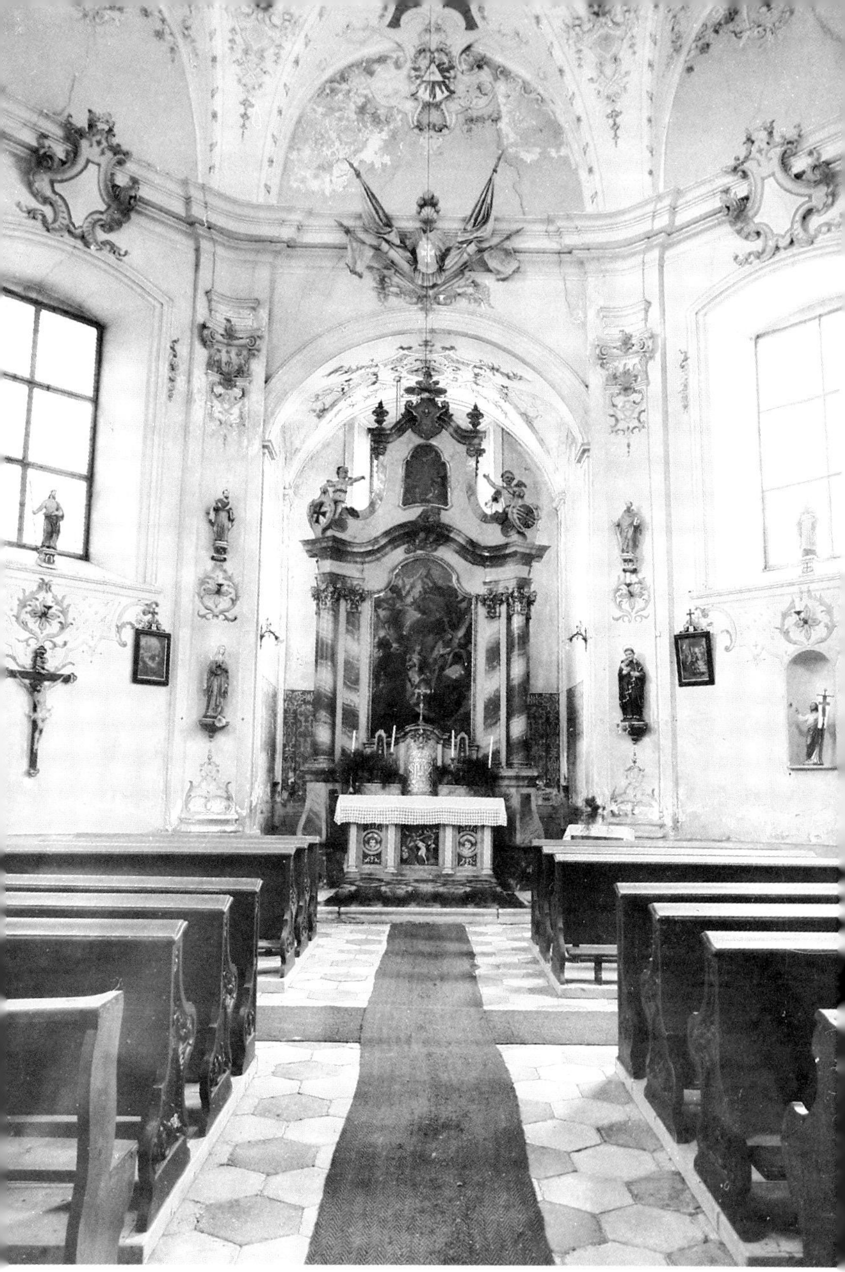

Sterzing, Deutschhauskirche

18. Jh.s. Im Kapitelsaal Getäfel und Felderdecke mit Rosetten, Wappen des Komturs von Vintler. Mitte des 17. Jh.s. Das 1241 gegründete Spital 1254 dem Deutschen Orden übergeben, der daraus eine Kommende machte und sie bis 1805 innehatte. 1376 überließen Heinrich und Konrad von Rottenburg ihren „Freiheitlich" genannten Turm bei der Pfarrkirche dem Orden, der wohl mit dem südwestlichen Turm der Kommende identisch ist. Bis 1977, z. T. stark verändert, städtisches Spital jetzt Schule, Lyzeum.

3. St. Margareth

Bau: Frühbarocker, wuchtiger Bau mit angesetztem Chor. Reicher Wechsel in der Fensterform. Tonnenwölbung über Pilasterbündeln. Von der alten 1337 erwähnten Kirche noch erhalten der Turm mit den gekuppelten Rundbogenschallfenstern in stumpfer Spitzbogenblende. Der heutige Bau 1678 bis 1680 nach dem Plan des Peter Delai errichtet (Emporeninschrift), 1681 eingeweiht.

Stukkaturen: An der Fassade und im Innern. Um 1680.

Hochaltar: Breiter Wandaufbau. Über hohem Sockel drei Säulen- und zwei Pilasterpaare, abgestuftes und verkröpftes Gebälk, einfacher Volutengiebel, zwei Seitenstatuen, hl. Johannes von Nepomuk und Franz Xaver, am Giebel Engel und Krönung Mariens mit Wolken und Strahlenkranz. Altarbild, hl. Margareth, frische Farben, schöne Idealköpfe. Signiert. Josef Renzler pinxit 1822. Altar aus derselben Zeit.

Seitenaltäre: (2) Sarkophagmensa, zwei Säulenpaare, bewegtes Gebälk. Seitenstatuen hl. Joachim und Anna, Zacharias und Elisabeth. Um 1820. Altarbilder, links Immaculata, signiert, Josef Renzler pinxit 1816; rechts Vermählung Mariens, 18. Jh., 1. Hälfte.
3. Seitenaltar, Mensa und Retabel in Neurokoko, um 1912. An der Wand Holzskulpturen, Maria mit Christkind, von zwei Engeln gekrönt, darüber Gott Vater und der Hl. Geist. Ende 17. Jh. Ringsherum die Geheimnisse des Rosenkranzes, Öl auf Leinwand, in einem Rahmen von Blättern und Rosen.

Kanzel: Gute Arbeit mit lebhaft bewegter Brüstung und zwei Reliefs, Bergpredigt und Parabel vom Sämann. Um 1820. Wohl von Josef Benedikt Probst.

Beichtstühle: Zwei um 1680. Über dem rechten Holzskulptur, Kruzifixus mit starken Wunden, Maria und Johannes, gemalt. 17. Jh., 2. Hälfte.

Weihwassersteine: Weißer Marmor. Dreieckiger Fuß, schlanker Schaft. Muschelschale. 1680.

4. Spitalkirche zum Heiligen Geist

Bau: Der zweischiffige gotische Bau zeigt über dem einheitlichen Westgiebel einen übereck gestellten Dachreiter und drei Spitzbogenportale. Das Hauptschiff ist mit zwei plumpen Kreuzrippengewölben, das kleinere Seitenschiff (mit dem Hauptraum durch zwei breite Flachbogenöffnungen verbunden) mit einer ungegliederten Tonne eingedeckt. Gerader Abschluß. Nach der Tradition ist letzteres der älteste Teil, wurde aber erst im 17. Jh. eingewölbt. Das Hauptschiff Ende 14. Jh.

Wandgemälde:
1. *An der Fassade:* Gnadenstuhl, frühes 15. Jh., im 18. Jh. übermalt. Stark verwittert.
2. *Im Innern* der ganze Hauptraum bemalt.

An den Gewölben je acht Medaillons mit Propheten, den Evangelistensymbolen und den Kirchenlehrern; an der Altarwand Heimsuchung, Kreuztragung, Verkündigung, Auferstehung; an der linken Seitenwand der bethlehemitische Kindermord, der Zug der Hl. Drei Könige, hl. Helena, sechs Passionsszenen. An der Rückwand das Jüngste Gericht. Die Bilder der Fensterseite sind größtenteils zerstört. Bordüre mit Brustbildern in Sechs- und Dreipässen, Sockelbehang. Bezeichnend ist die streng eingeteilte, dekorativ wirksame Gesamtanordnung der Bilder, der Reichtum an zierlichen Rahmenornamenten und die höfische Eleganz der Figuren. Die feine Farbenwirkung wurde durch die seinerzeitige Übertünchung und die spätere Wiederaufdeckung stark beeinträchtigt. Die Bilder stammen vom Maler der 4. Arkade des Brixner Kreuzgangs, Meister Johann von Bruneck. 1. Viertel 15. Jh.

Zwei Altäre: 1. Säulen, Pilaster und Volutengiebel, Seitenstatuen hl. Florian und ein hl. Bischof mit Kreuz, Giebelengel. 19. Jh., 1. Hälfte. Statuen 17. Jh. Bild, hl. Sebastian, edler Akt und seelenvoller Ausdruck. Signiert, Josef Renzler inv. et pinx 1820.
2. Säulenaufbau mit Volutengiebel. Seitenstatuen hl. Barbara und Agnes. Bild, Immaculata, signiert Stecher 1837. Altar gleichzeitig.

Holzskulptur: Hl. Sebastian, 17. Jh.

5. St. Peter und Paul im Jöchlsturm

Bau: Spätgotischer Bau mit polygonalem Chorabschluß und Dachreiter. Die Türe des spitzbogigen Hauptportals ist mit geschnitztem Maßwerk verziert, die Marmorrahmung des vierek-

kigen Seitenportals zeigt zwei Rundstäbe, die sich oben an den Ecken und in der Mitte kreuzen. Spitzbogenfenster mit einfachem Maßwerk, zierliches Sterngewölbe, dessen Rippen auf Konsolleisten aufruhen. Empore mit durchbrochener Brüstungsmauer und Maßwerkgitter. An zwei Schlußsteinen das Jöchlwappen gemalt. Am Gewölbe die Jahreszahl 1474, über der Orgel 1744 R E N. Marmorgerahmte Sakristeitüre mit Eselsrükken und gotischen Beschlägen.
Die Kirche wurde 1474 von Leonhard und Hans Jöchl neben ihrem Ansitz erbaut und 1478 mit einer eigenen Kaplanei ausgestattet. 1744 renoviert.

Wandgemälde:
1. Außen über dem Seitenportal ein zerstörtes Fresko, Maria zwischen Petrus und Paulus. Bauzeit der Kirche. Wohl Friedrich Pacher. Um 1480.
2. Daneben und an der Chorwand Reste auf die Eucharistie bezogener Fresken.
3. Im Innern Verkündigung und Stigmatisation des hl. Franziskus. 18. Jh.

Hochaltar: Reichgegliederter Säulenaufbau mit Seitentüren, bewegtem Gebälk, von Nikolaus Scheiring; Bild: Abschied der beiden Apostel Petrus und Paulus. Bez. Anton Sieß 1766. Vier Seitenstatuen, hl. Laurentius, Stephanus, Johannes und Jakobus, und Engel. Gute Arbeit von 1761.

Seitenaltar: Stuckmarmor. Mitte 18. Jh. Säulenaufbau mit bewegtem Gebälk, zierlichem Volutengiebel, Statuen hl. Nikolaus und Leonhard und Altarbild, hl. Andreas, von Franz Unterberger. Um 1750.

Kanzel: Volutenbänder, Nischen mit Statuetten, reich gegliedert und verziert. Um 1740.

Weihwasserstein: Weißer Marmor. 15. Jh.

Holzskulpturen: Maria mit Christkind, starke gotische Ausbiegung, mandelförmig geschlitzte Augen, breiter Mund, vergoldete Locken, schwer aufliegende Falten mit Spiralzipfeln. 14. Jh., 1. Hälfte.

Grabsteine: Am Fußboden einfache Platten aus weißem Marmor. Enzenbergische Familiengrabstätte. 17. und 18. Jh.

Glocke: 1524.

6. Kapuzinerkirche zur hl. Magdalena

Bau: Schlichter, typischer Kapuzinerbau mit Seitenkapelle und Chordachreiter, abweichend nur das noch gotisierende Gratge-

Sterzing, Kapelle Jöchlsturm, Maria mit Kind, 1. Hälfte 14. Jh.

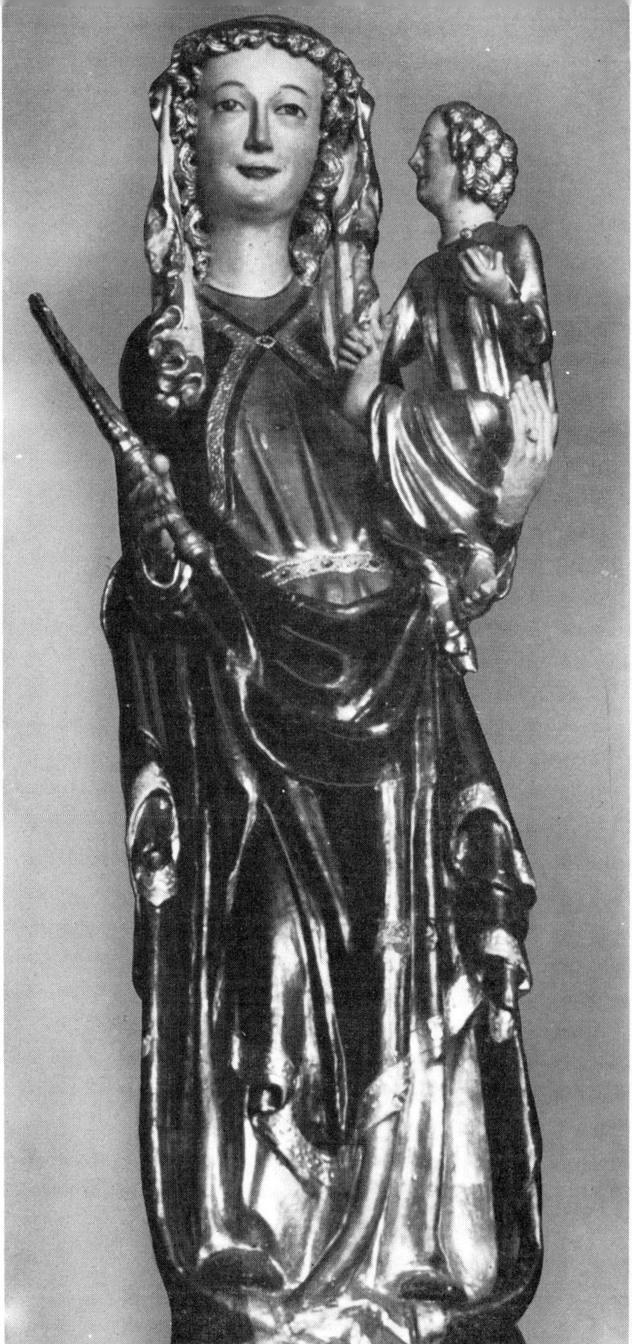

wölbe, Klostergründung 1623, Grundsteinlegung zur Kirche 1636, Weihe 1637.

Wandgemälde: In der Fassadennische büßende Magdalena, 17. Jh.

Altäre (4): Einfacher Säulenaufbau mit Gebälkstücken und flachem Giebel, am Hochaltar Seitentüren. Anfang 19. Jh. Die freistehende Hochaltarmensa mit dem Tabernakel neu. Beachtenswert die Bilder:
1. Hochaltar: hl. Magdalena, wohl von Josef Renzler. Seitenbilder hl. Franziskus und Antonius, 18. Jh.
2. Linker Seitenaltar: hl. Antonius von Padua, wohl von Josef Renzler.
3. Rechter Seitenaltar: hl. Felix.
4. Seitenkapelle: Immaculata, Art des Matthias Pußjäger, Anfang 18. Jh.

Gemälde: Christi Abschied von seiner Mutter und Kreuztragung mit Veronika. Italienisch. 16. Jh., 2. Hälfte. Kreuzigung und Beweinung.

Holzskulpturen: Im Kloster: Maria mit Christkind, sehr lebhaft bewegt. Knitteriger Faltenwurf. Um 1500. In der Kirche Kreuzigungsgruppe, Kruzifix 17. Jh., Maria und Johannes 19. Jh., 1. Hälfte.

7. Kreuzkirchl (St. Salvator)

Bau: Achteck mit gratiger Flachkuppel über Pilastern, viereckiger Altarraum mit Tonnenwölbung, Dachreiter. An der Eingangswand: 16 P D 92. (Peter Delai?)
Gestiftet vom Stadtpfarrer Nikolaus Steiner, gest. 1695, dessen Gedenkstein sich in der Kapelle befindet.

Wandgemälde: An der Außenseite Unsere Liebe Frau von Trens in reichbewegter Architekturumrahmung. Um 1760. Stark verwittert.

Altar: Seitentüren, zwei gedrehte Säulen mit Gebälkstücken und teilweise gesprengtem Rundgiebel, Skulpturen Dolorosa und Schmerzensmann und schwere Blattranken. Um 1692. Pietà* mit scharfen Knitterfalten. Gegen Ende des 15. Jh.s.

Gemälde: Drei große Passionsbilder, um 1700.

Bildstock: Vor der Kapelle ein Bildstock aus weißem Marmor mit achteckigem Schaft, viereckigem Sockel und Aufsatz und mit Passionsreliefs. Nach der Inschrift gestiftet von Joachim Eppaner, 1516. Ursprünglich neben dem alten Zollhaus.

8. St. Zeno bei Reifenstein

Bau: Neben der Burg Reifenstein in schöner Hügellage. Einfacher Bau mit gerade abschließender Apsis, Fassadendachreiter und Tonnengewölbe. Über der Türe Wappen des Komturs von Vintler und die Jahreszahl 1659. Restauriert.
Erwähnt 1330, vermutlich bestand aber eine viel ältere Kapelle. Nach der Inschrift am Triumphbogen (Ordens- und Komturwappen) 1660 umgebaut. Neue Weihe 1663.

Altar: Gedrehte Säulen, Bild hl. Zeno und Georg, von Stephan Keßler, reiches Knorpelwerk, Wappen des Komturs und Stifters Graf Thun. Um 1670.

Votivbild: Hl. Dreifaltigkeit.* Gestiftet von Michael Josef Laimpruch, Deutschordenspfleger zu Reifenstein, 1733.

9. Mariä Heimsuchung in Rust

Einfacher, tonnengewölbter Bau mit Dachreiter und mit Gewölbebildern in Kupferstichimitation, von M. Welter, 1779. 18. Jh. Ehemalige Einsiedelei, deren letzter Inhaber 1804 von Räubern ermordet wurde (Grabstein in der Pfarrkirche).

10. St. Josef in Gasteig

Einfacher Bau mit Fassadendachreiter, dreiseitigem Chorabschluß, Tonne über Pilastern, stuckierten Blattgewinden, Eierstäben, Engelsköpfchen, 1740 geweiht.

Altar: Säulenaufbau mit gesprengtem Giebel, Statuen Johannes d. T. und Petrus und Bildern. 18. Jh., 1. Hälfte.

Holzskulpturen: Hl. Martin und Ulrich, Anfang 18. Jh.

Gemälde: Tafelbild. Abendmahl. 18. Jh., 1. Hälfte.

11. Kapelle in Schönau

Bau: Polygonaler Chorabschluß, Fassadendachreiter, Spitzbogenportal mit drei gekreuzten Rundstäben, Spitzbogenfenstern, reiches Gratgewölbe. Um 1500. Altar mit Bild, Kopie des Gnadenbildes von Maria Einsiedeln. 1684. Altar Mitte 18. Jh. Die Kapelle restauriert.

12. St. Jakob in Thuins

Bau: Gotischer Bau mit dreiseitigem Chorabschluß und schönem Spitzturm, aus Quadern, dessen Schallfenster mit weißem Marmor gefaßt sind. An der Marmorrahmung des Spitzbogenportals zwei Rundstäbe und Wappen der St.-Jakobs-Bruderschaft von 1511. Im Chor Spitzbogenfenster. Tonnenwölbung mit großmaschigem Rippennetz und schildförmigen Schlußsteinen; Konsolen im Chor polygonal zugespitzt. Erbaut um 1511. Anfang des 17. Jh.s umgebaut. Weihe 1610.

Hochaltar: Seitendurchgänge, Säulen mit bewegtem Gebälk, einfachem Volutengiebel, Bild Enthauptung des hl. Jakobus, in Aufsatz hl. Laurentius, derbe Arbeiten; Statuen, Simon und Jakobus minor, von Johann Probst. Mitte 18. Jh. Von diesem auch die Josefsstatue am linken Seitenaltar. Beide *Seitenaltäre* einfache Aufbauten mit Statuennischen zwischen zwei Säulen, 1. Hälfte 19. Jh.

Holzskulpturen:

1. Maria mit Christkind (rechter Seitenaltar), Mitte 17. Jh.
2. Hl. Barbara und Katharina, wohl vom früheren, noch gotisierenden Hochaltar. 17. Jh., 1. Hälfte.
3. Kruzifix, derbe Arbeit, 16. Jh. (?).
4. Hl. Jakobus. 17. Jh.
5. Rosenkranz, um 1700.

Kerzenstangen: Reblaub, Birnen und Äpfel, Häuschen, um 1650 Figuren gestohlen.

Kanzel: Mitte 18. Jh.

Gemälde: Wallfahrtsbild zur Muttergottes von Einsiedeln; mit erzählender Inschrift 1715.

13. St. Peter und Paul in Tschöfs

Bau: Auf dem durch vorgeschichtliche Funde bekannten Hügel steht der verhältnismäßig große Bau mit leicht vortretenden Querarmen und rundem Chorabschluß. Ende des 17. Jh.s neu erbaut und 1688 geweiht. Baumeister Gallus Apeller, Innsbruck. Flachbogenportal mit Pilastern und Dreieckgiebel. Tonne über kannelierten Pilastern. Von der alten Kirche steht noch der Turm mit den gekuppelten und eingeblendeten Spitzbogenschallfenstern. Wohl um 1400.

Dekoration: Das ganze Innere, vor allem das Gewölbe, trägt reiche Stuckdekoration mit Kassettierung, Leisten, Fruchtkränzen, Engelsköpfchen usw. aus der Bauzeit der Kirche. Zwei Gewölbebilder: Im Chor Aussendung der Apostel, Stifterinschrift mit Wappen und Jahrzahl 1705, Jörg Gshliser und Maria Gshliserin, im Langhaus Krönung Mariae, 1724, P.N.V.N. Beide Bilder wohl von Franz Hueber. Stukkaturen ein Musterbeispiel für den frühen, schweren Barock, möglicherweise von Georg Holzmeister, der mit Apeller zusammenarbeitete.

Hochaltar: Säulenaufbau: Anfang 18. Jh. Bild: Verleihung der Schlüsselgewalt, von Franz Hueber, 1708, Seitenstatuen: Kassian

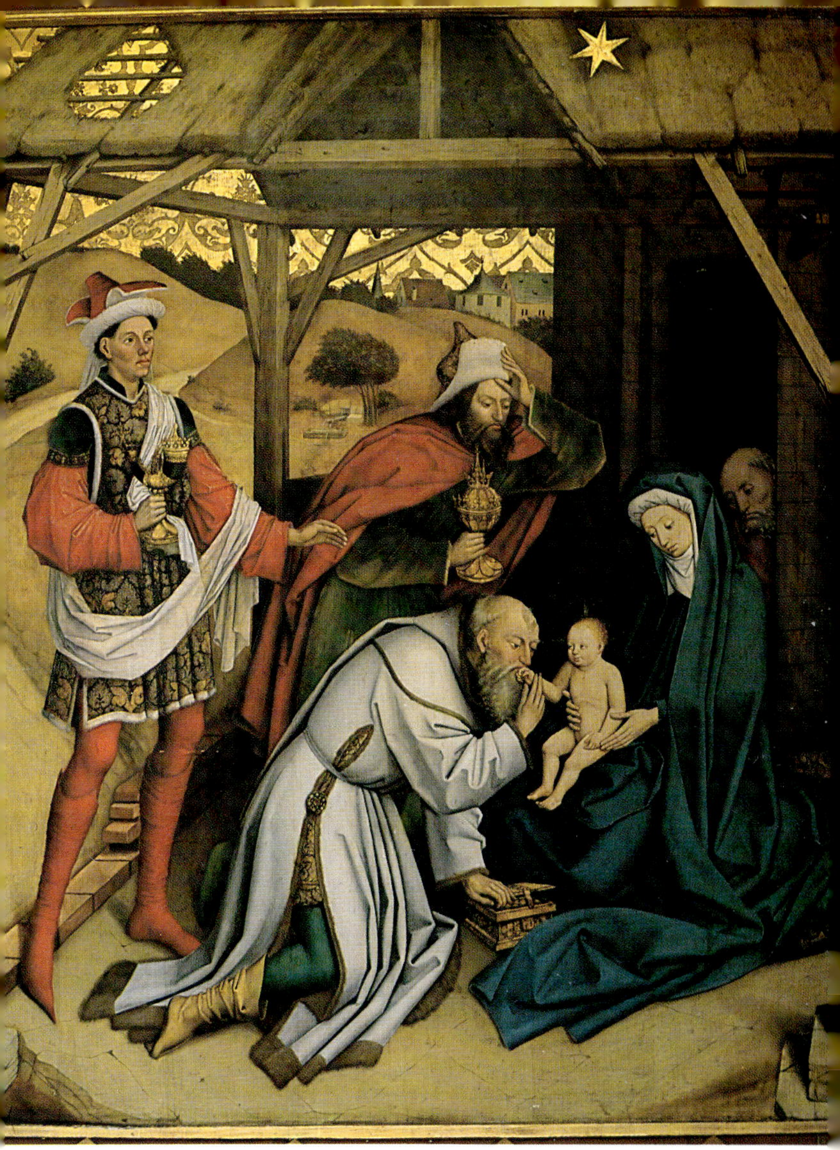

Tafel I Sterzing, Flügelbild Anbetung der Könige vom Mueltscheraltar, Mueltschermuseum (S. 135)

Tafel II Mareit, Schloß Wolfsthurn, Kapelle (S. 159) ▶

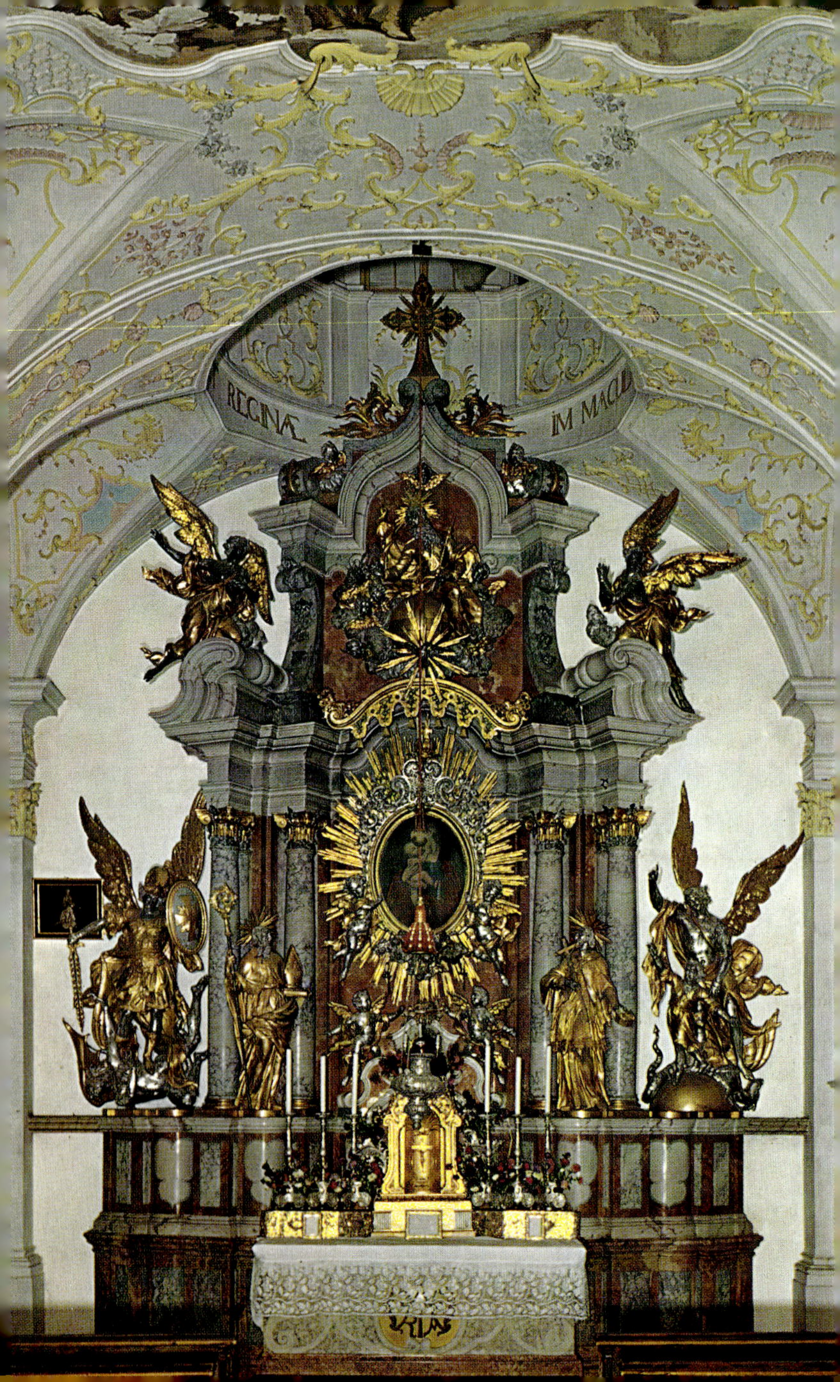
REGINÆ
IM MACUL

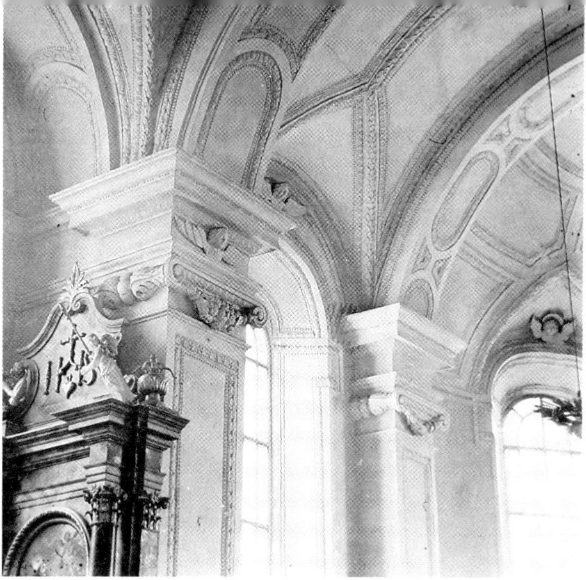

Tschöfs bei Sterzing, Stuckdekoration

und Nikolaus und Giebelengel, lebhaft, bewegt, gute Schnitzarbeit. Seitenaltarbild hl. Ulrich, wohl 16. Jh.

Chorstuhl: An Rückwand und Brüstung geschuppte Hermenpilaster und Leistenfelder. Um 1700.

Kirchenstühle: Docken mit bewegtem Umriß und Rosetten. Anf. 19. Jh.

Holzskulpturen:
1. * An der Fassade hl. Petrus, 15. Jh.
2. * Kruzifix, krampfhaft gekrümmte Figur. 15. Jh., 2. Hälfte
3. * Schmerzensmann. Derbe Arbeit. Um 1500.
4. Rosenkranzmadonna von Engeln umgeben. Um 1700.

Gemälde:
1. Schlüsselübergabe an Petrus, Anfang 17. Jh.
2. Sieben Schmerzen Mariens. Ende 17. Jh.

Kerzenstangen:* Auf gedrehtem Schaft in doppelten Häuschen Petrus, Katharina und Paulus, Barbara. Reiche Arbeit um 1700.

14. St. Johann in der Vorstadt

Gotischer Bau mit auffallend hohem Spitzgiebel und Spitzbogenfenstern. Am Südgiebel ehemals Dachreiter. 1859 profaniert und mit dem Gasthaus „Zur Krone“ verbunden. Im Dachraum sind noch die Spuren des gotischen Gewölbes sichtbar.

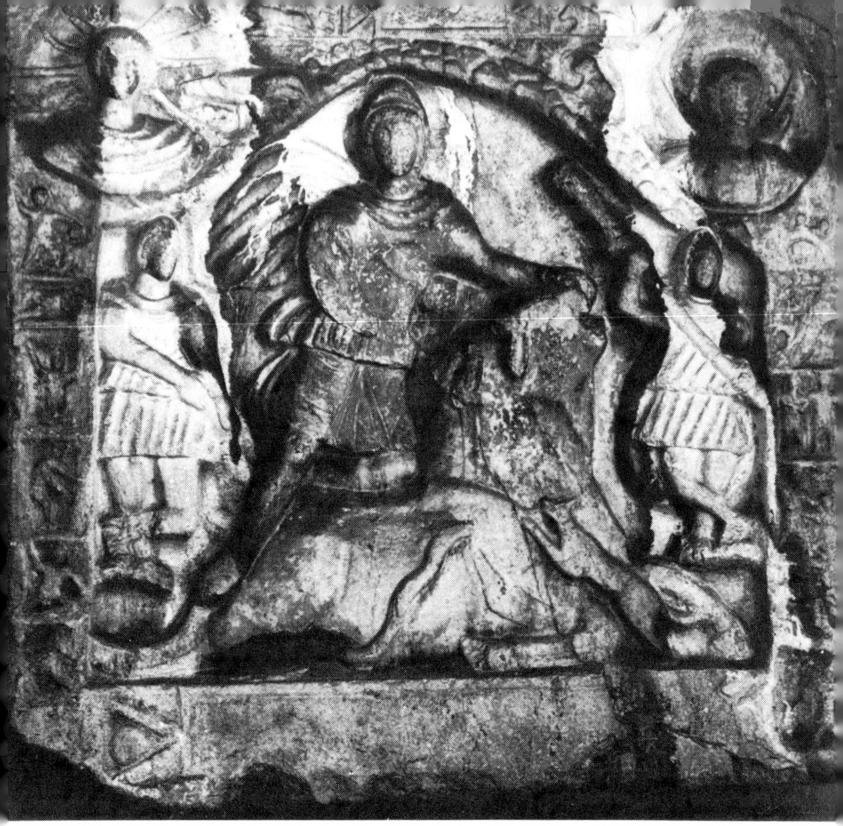

Sterzing, Rathaus, Mithrasstein

II. Mithrasstein und Meilenstein

1. Im Gebirge über Mauls 1589 gefunden, dann in der Ambraser Sammlung und mit dieser in Wien. Später bei der Spitalkirche, seit 1980 im Lichthof des Rathauses aufgestellt. Sandsteinrelief des Stieropfers mit kleinen, umgebenden Reliefs. 3. oder 4. Jh. n. Chr.

2. Der 1979 in Sterzing aufgefundene römische Meilenstein des Septimius Severus, weißer Marmor, vermutlich 200 n. Chr., ebendort aufgestellt.

III. Bürgerhäuser

Die in ihrem Hauptbestand aus dem 15. und 16. Jh. stammenden Häuser haben in Bau und Ausstattung fast ausnahmslos irgend etwas Interessantes aufzuweisen. Die Fassaden sind teilweise durch Lauben, fast immer durch Erker gegliedert und in einzelnen Fällen mit einem geraden oder abgetreppten Zinnengiebel (z. B. Neustadt Nr. 12, 14, 20 AB, 28, 19A, 17, 9) oder sonst mit geraden Feuermauern abgeschlossen. Die Haustüren besitzen vielfach noch den ursprünglichen Spitzbogen und die alte Marmorrahmung. Darüber (oder sonst an der Fassade) ist manchmal das Familienwappen (vgl. Neustadt Nr. 31, 22 AB), das Bergwerkswappen (Neustadt Nr. 32 A), eine Erzstufe (Neustadt Nr. 24), die Hausmarke (Neustadt Nr. 37) angebracht. Am Gasthaus „Zur Lilie" (Neustadt Nr. 49) trägt das Portal am Bogenscheitel die Besitzerinschrift: zw dem ulrich propauch MCCCCLXI iar. An Neustadt Nr. 20 AB sind auch noch die schmiedeeisernen, mit Kreuzblumenstäben verzierten Fenstergitter des ersten Stockes erhalten. Im Inneren verdienen die malerischen Lichthöfe mit den offenen Treppenanlagen, gewölbten Vorplätzen und den steil ansteigenden, tonnengewölbten Lichthauben Beachtung (vgl. Neustadt Nr. 49, 45, 39, 37, 31, 29, 18, 27, 15A, 6, 5, Altstadt Nr. 12A, 10, 7, 5, 31). Besonders schön ausgeprägt Neustadt Nr. 7, 22 AB, 24A, 28 und vor allem im Rathaus. Die Treppen und Verbindungsgänge zeigen teils einfache Mauerbrüstungen (Neustadt Nr. 24A, 31, 39, 45, Altstadt Nr. 5A) oder Holzbalustraden (Neustadt Nr. 37, 29, 15A, 12; Altstadt 12A), teils Schmiedeeisengitter (Neustadt Nr. 7A, 6, 20AB) oder rautenförmig durchbrochene Ziegelgitter (Neustadt Nr. 18A, 27, Rathaus).

Der Lichthof verbindet meist das Vorder- mit einem Hinterhaus, das manchmal einen in der Barockzeit angelegten Saal enthält (Neustadt Nr. 45, 20AB). In den Wohnzimmern sind noch zahlreiche alte Täfelungen und Balkendecken erhalten (vgl. Neustadt Nr. 45, 39, 31, 15A, 10A, 18A, 20AB, 24A, 36; Altstadt Nr. 4A, 34A, 31, 1A, Stadtplatz Nr. 1AB). Besonders schöne Balkendecken sind zu sehen im Gasthaus „Zum Goldenen Adler" (Bar Rossi, Neustadt Nr. 27 mit der Inschrift: hans iochl anno domini 1446); in Neustadt Nr. 5A, wo die abwechslungsreich verzierten Balken eine Inschrift von 1439 (?) tragen; Neustadt Nr. 28, im Rathaus und besonders reich geschnitzt im Jöchlturm (Bezirksgericht, Frundsbergstraße Nr. 20). In mehreren Häusern befinden sich alte Skulpturen, so in Neustadt Nr. 1 und Nr. 7, Steinreliefs von der ehemaligen Kanzel der Pfarrkirche, um 1500. Im Stiegenhaus des Gasthofes „Mondschein" Wandmalereien von Max Spielmann. Im Straßenbild spielen auch die Wirtshausschilder aus

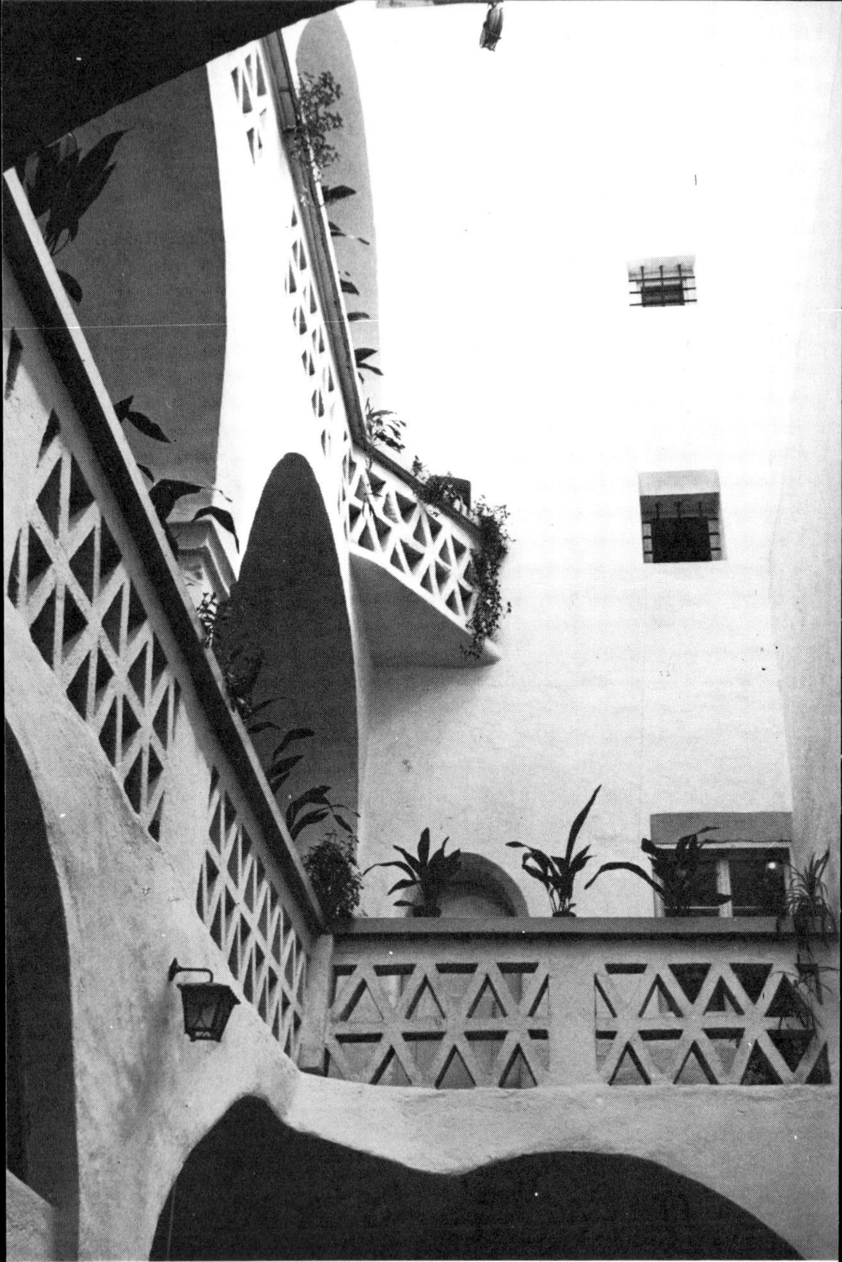

Sterzing, Rathaus, Treppenhof

Schmiedeeisen eine Rolle, besonders schön beim Gasthaus „Krone".
Das *Widum*, 1794 erbaut, ein behäbiger Bau mit Krüppelwalmdach und gewölbtem Flur, wurde 1976 restauriert.

IV. Stadtturm und Rathaus

Stadtturm („Zwölferturm")

Der aus Granitquadern aufgebaute Torturm schließt die sogenannte Neustadt gegen Norden ab. Die Durchfahrt und der daneben liegende Gang für Fußgänger sind mit Spitzbogen abgeschlossen. Laut Inschrift legte Herzog Sigismund 1468 den Grundstein (Wappen Tirol und Österreich und Devise: an ent. Baumeister Jobst Schettel nach dem Entwurf des Sterzingers Josef Faistnauer) und wurde der 1867 abgebrannte obere Teil (früher mit kirchturmähnlichem Spitzdach) 1868 mit Zinnengiebel neu erbaut.

Rathaus

Das besonders stattliche, mit einem Lichthof versehene Hauptgebäude trennt ein freier Hofraum vom hinten liegenden Theaterbau. Die reichgegliederte Straßenfront zeigt Spitzbogenlauben mit Rundpfeilern, zwei Erkern, von denen der polygonale Eckerker besonders reich behandelt und an den Fensterbrüstungen mit Wappen und Blindmaßwerk verziert ist. An allen Fenstern der Nordfront noch die originalen Läden aus Eisenblech mit Ketten und drehbaren Schließzapfen. Zum malerischen Gesamtbild gehört auch das nebenstehende *Nepomuk-Denkmal* mit Statue des Heiligen und zwei schönen Engeln, gestiftet 1739 von Dr. Wilhelm Wolgemut, Pfleger zu Straßberg und Sterzing. Von Bildhauer Anton Ferner. Reichgeschnitztes Holzportal, datiert 1594. Im Inneren verdient besondere Beachtung der geräumige Lichthof mit den malerischen Pfeilern und Bogen, rautenförmig durchbrochenen Ziegel- und Schmiedeeisenbrüstungen und der eigenartigen Tonnenwölbung.
Dem geräumigen Rathaussaal geben die beiden Erker, das einfache Wandgetäfel und die Balkendecke ein ungewöhnlich stimmungsvolles Gepräge. Zu erwähnen sind auch der Kachelofen und die verzierte Türe, und besonders auch das prächtige Lusterweibchen, die Halbfigur der Lukretia mit Stadtwappen, der Richtung der Donauschule angehörig, um 1520. Im Sparkassenraum im ersten und in der Magistratskanzlei im zweiten Stock sind Türen, Getäfel und Wappen von ähnlicher Gestalt und Schönheit.

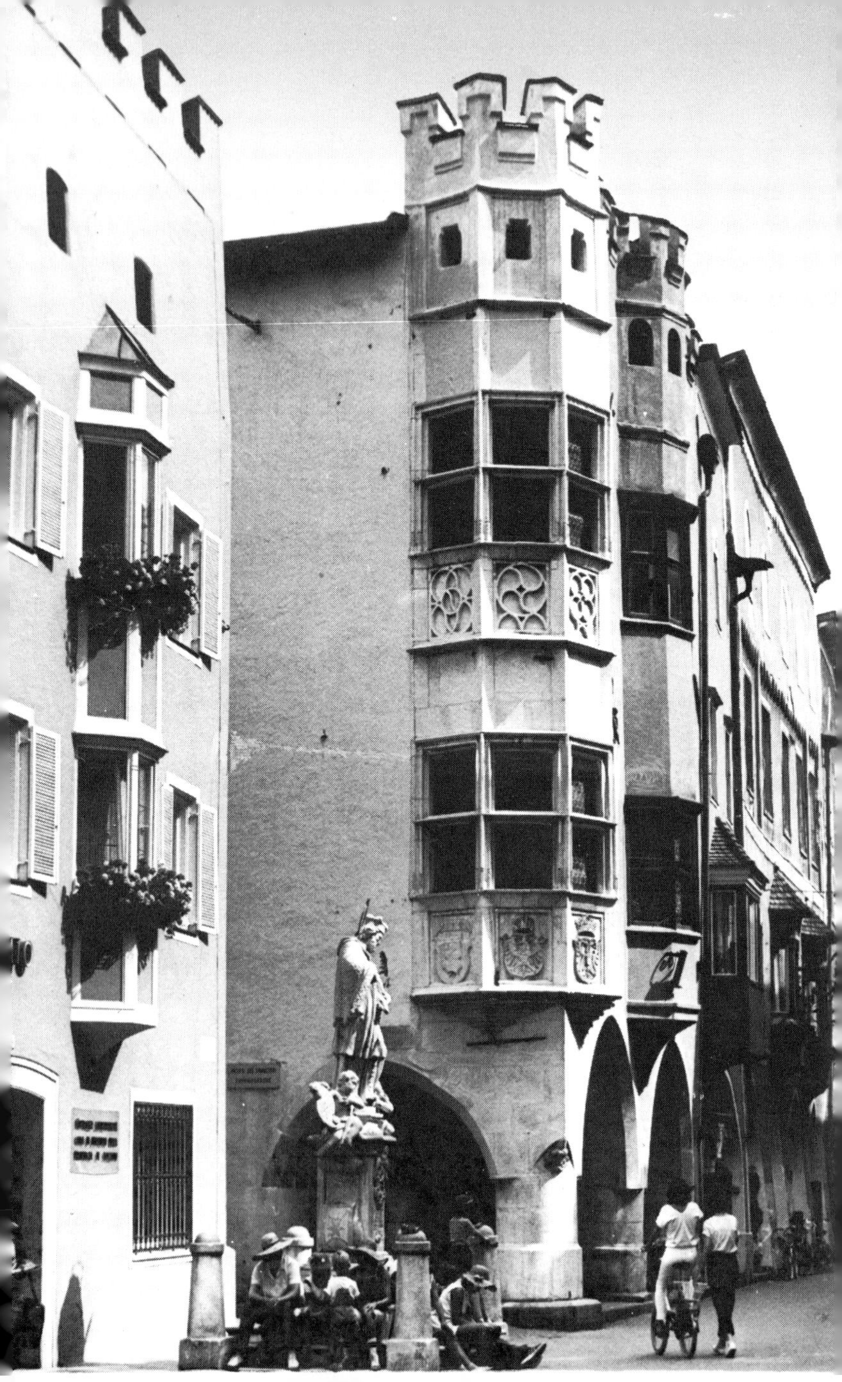

Erbaut 1468 bis 1473. 1524/26 ungebaut. Der Entwurf des 1524 vollendeten Erkers wahrscheinlich von Jörg Kölderer. Ausführung von Adam Scheiter. 1539/40 mit dem Tanzhaus (Theaterbau) verbunden. Rathaus und Theatergebäude mit dem zugehörigen Innenhof und Laubengang sowie dem Vigil-Raber-Saal (gotische Balkendecke), 1974—1979 (zur 700-Jahr-Feier Sterzings) restauriert.

Im Rathaussaal ist eine beachtenswerte Kunstsammlung untergebracht, deren wertvollster Teil, die vier guten Flügelgemälde des Mueltscheralters, 1456/58, innen Marienleben, außen Passionsszenen, sich nun mit den damals zum Altar gehörigen Figuren der Heiligen Florian und Georg und den vier tuchtragenden Engeln im *Mueltschermuseum* neben der Spitalkirche zum Hl. Geist befinden. Dort auch zwei gotische Tafelgemälde, Heimsuchung und Flucht nach Ägypten, Mueltscherschule, um 1460. Im Rathaussaal verblieben ein Fahnenblatt von 1670, Hl. Familie, von Stephan Keßler, die Gemälde Anbetung der Könige (Altaraufsatz von ca. 1700) und eine Kopie des Gnadenbildes von Tschenstochau von Martin Teofil Polak (1638), ein künstlerisch ausgeführter Ablaßbrief von 1333 für die Pfarrkirche, zwei Leuchterengel, um 1700; und verschiedene kulturgeschichtliche Altertümer. Im gewölbten Lichthof mit umlaufender Galerie sind verschiedene Kunstgegenstände aufgestellt, so das freifigürliche Stadtwappen von Sterzing, ferner eine Kreuzigungsgruppe um 1700, eine vergoldete * Schnitzfigur einer Madonna (18. Jh., 1. Hälfte), ein zweitüriger Renaissanceschrank mit Intarsien in den Füllungen (Kardinaltugenden) und im Fries; Gemälde Gastmahl des Belsazar, um 1700, ein reichornamentierter buntgefaßter Renaissancehausaltar von 1590 (aus dem Deutschordensspital) mit Altargemälde, Pfingstfest, Stifterbildnis und Wappen (Melchior Hannibal, Frh. von Wolkenstein) in der Predella; vielleicht von Georg Trabl. Aus der Pfarrkirche bzw. aus dem alten Friedhof wurden mehrere Epitaphien hiehergebracht, so jenes des Abraham Geizkofler von 1600 mit der Reliefschnitzgruppe der Krönung Mariens, weiters eine große Tafel mit reicher Rollwerkornamentik und mehreren Reliefs (Auferstehung, Vision des Ezechiel, Stifterfamilie vor dem Kruzifix) und Wappen. 16. Jh., letztes Drittel. Ferner das * Epitaph des Johann Baptist Pockh, Zöllners am Lueg, 1620. An Bildern sind zu erwähnen ein Gemälde mit der Darstellung der Verteidigung einer Deutschordensfeste gegen die Türken und Entsatz der Belagerten durch die kaiserlichen Truppen (aus der Deutschordenskommende), Ende des 16. Jh.s, und ein Porträt Maximilians des Deutschmeisters von 1602.

Sterzing, Jöchlsturm, Wappen Enzenberg in spätgotischem Rankenwerk

V. Edelsitze, Türme

1. Jöchlsturm

Der turmartige, von zwei niedrigen, wohl später angefügten Seitenflügeln flankierte Bau wird von vier kräftigen Treppengiebeln bekrönt. Am Tor Allianzwappen Enzenberg-Fuchs. Die ebenerdig und im ersten Stock vergitterten Fenster zeigen spätere Formen und barocke Stuckrahmungen. Die Innenräume tragen teils Sterngratgewölbe, teils Holzdecken, von denen eine im ersten, zwei im zweiten Stock, mit abwechslungsreichem, prächtig geschnitztem Rankenwerk reich verziert, zu den schönsten und berühmtesten kunstgewerblichen Schnitzereien von Südtirol gehören. An der besonders reichen Decke im Haupt-

raum des Obergeschosses Jöchlsche Wappen, die Inschrift mathias iöchl und die Jahreszahl 1469.
Die heutige Gestalt des Edelsitzes stammt noch aus der 2. Hälfte des 15. Jh.s, als die um 1460 aus Stegen bei Bruneck eingewanderten Bergwerksunternehmer Jöchl den älteren Wohnturm an der Stadtmauer erwarben und umbauten. Seit 1643 im Besitz der Grafen Enzenberg. Jetzt Bezirksgericht.

2. Fuchsturm (Frundsbergerstraße 2)

An Stelle des heutigen Hauses stand neben dem Jaufentor ein als landesfürstliches Lehen im Besitz der Fuchs befindlicher Turm, der 1518 dem Andre Flamm gehörte und schon Anf. 17. Jh. als verfallene, aber uralte adelige Behausung vom Historiker Burglechner bezeichnet wird.

3. Streunturm (Frundsbergerstraße 22)

Heute völlig erneuert. Im 14. und 15. Jh. Sitz der Patrizierfamilie Streun, die seit 1303 erwähnt wird und Ende 15. Jh. erlosch, wird aber ebenfalls auch Fuchsturm genannt (Fischnaler). Heute kaufmännische Berufsschule.

6. Grünburg (Gänsbacherstraße 11)

Bei dem einfachen rechteckigen Bau mit Satteldach, gewölbter Erdgeschoßhalle, schmalen Treppenaufgängen, gewölbtem Mittelflur und Küche, der sein heutiges Aussehen einer kürzlichen Restaurierung durch die Besitzerfamilie Girtler verdankt, handelt es sich um ein 1567 vom Deutschen Orden erworbenes Gut, für das der Sterzinger Postmeister Hans Prugger d. J. von Erzherzog Ferdinand II. die Freiung zum Edelsitz mit dem Namen Grünburg erhielt. Später Besitz der Freiherren bzw. Grafen Tannenberg, seit dem 19. Jh. wechselnder Besitz. Getäfelte Stube mit Türumrahmungen mit Gebälk und Schuppenpilaster, 17. Jh. In alter Ummauerung mit Stadel gelegen.

4. Heidenschaft (Mühlgasse, Gemeinde Wiesen)

Der ursprünglich mit Zinnen gekrönte Turm, der durch einen durch drei Geschosse durchgehenden Mittelerker wirkungsvoll gegliedert wird, wurde im 16. Jh. umgebaut und erhielt im 18. Jh. den heutigen Barockgiebel. Im Innern Gratgewölbe (verbaut), zwei Türen mit geschnitztem Blatt- und Rollwerk und eine schöne Stuckdecke des 18. Jh.s. An drei leider kürzlich veränderten Fenstern des ersten Stockes noch alte Gitter. Ehemaliges Bergwerkshaus.

5. Wildenburg (Hochstraße 2 — 4)

Der breitgelagerte, niedere Bau mit stuckgerahmten Fenstern wurde nach der Inschrift über dem Tor 1672 durch Johann Wildt, Pfleger zu Reifen- und Sprechenstein, der davon das Prädikat annahm, in die heutige Form gebracht, wobei drei ältere Gebäudeteile, die früher Tänzl-Fugger-Haus genannt wurden, mitverbaut wurden. Von den Wildenburg kam er im Erbweg an die Töpsl, die davon das Prädikat nahmen. Im Hausgang eingemauert der Grabstein des Johann Prugger, gest. 1605, mit Relieffigur in ritterlicher Rüstung.

4. Löwenegg

Der unter Thuins liegende, einfache, mit einem neueren Turm versehene Bau ist vollständig modernisiert. 1638 im Besitz des Hans Schaiter erwähnt, der davon das Prädikat nahm. Ursprünglich einfacher Bau mit Zinnengiebel. Gemeindebesitz.

5. Thumburg

Der später mit Zinnen bekrönte und mit Anbauten versehene Wohnturm, der am Abhang eines bewaldeten Hügels im Sterzinger Moos liegt, zeigt im Süden ein altes, steingerahmtes Rundbogenfenster, das wohl ehemals eine Tür war, und im Innern einfaches Getäfel und Felderdecken. Seit 1218 erwähnter brixnerischer Küchenmeierhof, nach dem sich ein 1324 ausgestorbenes Ministerialengeschlecht nannte. Seit dem 16. Jh. bis 1834 im Besitz der Herren von Klebelsberg, die noch heute davon das Prädikat führen.

6. Senftenburg

Im Dörfchen Elzenbaum gelegen. An der breiten Front drei Erker, Fenstergitter und abgetreppter Zinnengiebel. In einem Zimmer des ersten Stocks Felderdecke des 17. Jh.s erhalten. 1638 im Besitz des Jeremias Kofler von Rundenstain, der davon auch ein Prädikat führte. Seit langem bäuerlicher Besitz.

7. Zantturm

Im Dörfchen Elzenbaum gelegener alter Wohnturm mit regelmäßigen Steinlagen und ausgestrichenen Mörtelfugen und einem noch ursprünglichen Rundbogenfenster im Westen. Im 13. Jh. Sitz der Edlen Zant von Elzenbaum, deren letzter 1365 verstorbener Sproß durch seine Mutter Mechtild von Reifenstein auch diese Burg erwarb und dann samt dem Turm an die Herren von Säben weitervererbte.

8. Pockenhof in Schönau

Der östliche Trakt ragt turmförmig auf und ist durch einen polygonalen Erker und vergitterte Fenster gegliedert. Gemaltes Wappen mit der Jahreszahl 1635. Restauriert.

VI. Burgen

Reifenstein

Die Burg liegt auf einem isoliert aus dem Sterzinger Moos aufragenden langgestreckten Felsenhügel, dessen Südende duch eine einfache Ringmauer eingeschlossen wird, während nördlich der alten Burg eine kompliziert angelegte Vorburg mit Spitzbogentor, Fallgitter (erneuert), Absatz für Wehrgang und zwei Reihen von Schießscharten und Schießfenstern vorgelagert ist. Den tiefen Halsgraben zwischen Vor- und Hauptburg übersetzt heute eine feste Brücke. Über dem Spitzbogentor sieht man noch Schlitze für die Schwingruten der ehemaligen Zugbrücke und einen Wappenstein mit Inschrift: hainrich von knörigen deutschordens landkumenter zc 1511.
Hinter der mit erneuerten Zinnen und mit Schießscharten versehenen Ringmauer liegt der äußere Burghof, von dem aus man die malerische, einen Ziehbrunnen umschließende Treppenanlage des Palas erreicht. Zahlreiche verschieden geformte und teilweise mit Malerei gerahmte Türen und Wappen von Deutschordenskomturen zwischen 1498 und 1580. Im unteren Anbau des *Palas* befindet sich die besonders schön getäfelte gotische Stube mit reichgeschnitztem Maßwerk und Rankenornament, vor

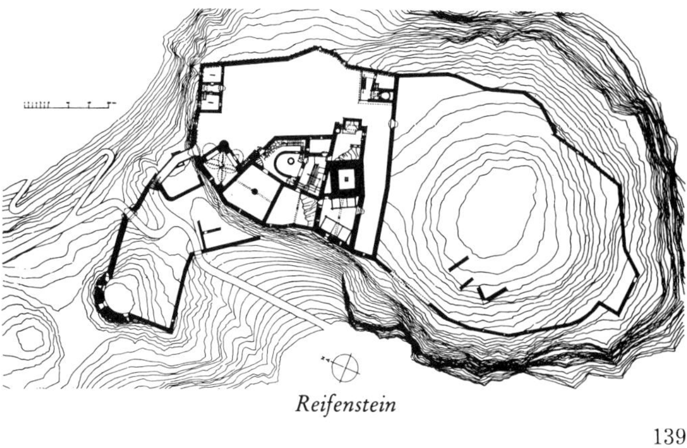

Reifenstein

allem am Unterzugsbalken, am Wandkästchen und am Waschkasten. Wappen des Komturs von Neuhaus. Die danebenliegende Kammer ist einfacher ausgestattet. Von der Holzgalerie des *Brunnenhofes* aus erreicht man einerseits durch einen Vorraum zwei durch einfache Bretterwände abgeteilte Räume mit einfachen Balkendecken, ein seltenes Beispiel von wohlerhaltenen spätgotischen Burgkammern, anderseits eine gotische Stube mit verziertem Getäfel und zierlicher Balkendecke und dahinter den grünen Saal, dessen Wände und Balkendecke mit reicher, spätgotischer Ornamentmalerei bedeckt sind. Der eine der beiden Erker, der als Altarraum diente, wird durch ein zierlich geschnitztes Holzgitter (Teil einer spätgotischen Bettstatt) mit Ranken und Fischblasenmaßwerk abgeschlossen. An den Palas schließt ein dreigeschossiger *Wohnturm* an, der im Erdgeschoß interessante gezimmerte Kisten, möglicherweise Knechtsunterkünfte, enthält; im ersten Stock zwei schöne Rundbogenfenster mit Mittelsäule und Knospenkapitell und an der frei stehenden Südostwand alte, wenig regelmäßige Steinlagerung mit den breit ausgestrichenen Mörtelfugen. Wesentlich regelmäßiger sind die Handquadern des unmittelbar angebauten, oben erneuerten *Bergfrieds*, der den ältesten erhaltenen Teil der Burg darstellt.
Die als Haupt- und Verwaltungsburg im oberen Eisacktal vom Hochstift Brixen vor 1100/1110 errichtete Burg ging gegen 1209/10 an die Grafen von Tirol über. Im 13. und 14. Jh. Ausbau der Kernburg, nach dem Übergang an den Deutschen Orden 1470 weitgehende Um- und Ausbauten. Seit der Säkularisation steht die Burg im Besitz der Grafen Thurn und Taxis.
Reifenstein ist eine der besterhaltenen Burgen des ganzen Landes, die uns sowohl den Zustand einer Burg in der romanisch als auch — weit besser noch — den in der spätgotischen Zeit eindrucksvoll vor Augen führt.

WIESEN

I. Kirchen

1. Pfarrkirche zum hl. Kreuz

Bau: Eine Kirche um 1337 erwähnt, bestand aber schon früher. 1434 neue Weihe. Der heutige Bau um 1515 ganz aus Granitquadern errichtet. Das Äußere zeigt am spitzbogigen Portal, das mit einem gekreuzten Rundstab und Reliefstein mit Kreuz und Marterwerkzeugen geschmückt ist, an den Fenstern, an Sockel und Dachgesims noch die spätgotische Form, am Seitenportal mit Renaissanceelementen gemischt. Das Hauptportal ein Werk von Adam Scheiter, der auch als Baumeister beschäftigt genannt wird, das Seitenportal wird dem Steinmetz Peter Steiner zugeschrieben. Das Innere wurde 1827 bis 1830 unter der Leitung des Kuraten Jakob Prantl entgotisiert, nur die eingezogenen Streben mit den vorgelagerten Diensten, die im Langhaus in Dreiviertelhöhe abgeschnitten sind, und die spitzbogigen Gurten, die Turmtüre und das Sterngewölbe der Sakristei haben noch die ursprüngliche Form bewahrt. An dem aus Quadern erbauten Turm große, maßwerkgeschmückte Spitzbogenfenster und Viereckhelm. Gesamtrestaurierung 1981.

Deckengemälde: Verehrung des Kreuzes, Einzug des Kaisers Heraklius mit dem Kreuz, hl. Cäcilia. Von Josef Renzler, 1841. Auch die ursprüngliche Ornamentmalerei von Josef Renzler bei der Restaurierung (Brüder Peskoller, Bruneck) 1981 freigelegt.

Altäre: Die alten Altäre, 17. Jh., 1824 erneuert. Säulen und Pilaster, bewegtes Gebälk. Am Hochaltar Seitenstatuen Sebastian, Josef, Johannes d. Täufer und Florian. Die Bilder, Beweinung Christi und hl. Helena, sowie der Hintergrund für das Kruzifix am rechten Seitenaltar gute Arbeiten von Josef Renzler, 1827.

Orgel: 19. Jh.

Kanzel: Runde Form, durch Volutenbänder und Pilaster gegliedert. 18. Jh., später ergänzt bzw. vereinfacht.

Holzskulpturen:

1. Kruzifix, 13. Jh., 1. Hälfte.
2. Kruzifix mit Statue der Schmerzhaften Mutter, 18. Jh.
3. Vier versilberte Büsten, Helena, Martin, Barbara und Florian, Mitte 18. Jh.

Gemälde: 1. Dolorosa, von Carl Henrici, um 1780—85. 2. Kreuzaufrichtung, mit Wappen der Elzenbaum und Jahrzahl 1669. 3. Kreuzigung. 2. und 3. Figurenreiche Bilder, 17. Jh., 2. Hälfte. Gabriel Kessler zugeschrieben. Aus der Heiliggrabkapelle in Moos.

Kreuzweg: Gute Arbeit. Am Rahmen Bandornament mit Blattansätzen. 1737.

Glasgemälde: Hl. Helena mit dem Stifter Leonhard Pfarrkircher, Minuskelinschrift. 1515.

Grabsteine:

1. Roter Marmor, Wappen in Rundbogennische, an den rahmenden Pilastern sechs kleinere Wappen. Ursula Kalchgruberin, gest. 1550.

2. Weißer Marmor. Wappen und Inschrift. Christoph Geizkofler von Gaillerspach zu Reifenegg, gest. 1616.

2. Mariahilf am Friedhof

Erbaut 1623, eingeweiht 1714. Fassadendachreiter und Tonnengewölbe. Altar mit Seitenaufbau, gesprengtem Giebel, Skulpturen, Mariahilfbild. 1. Viertel 18. Jh. Gedächtnistafel, 1693, für die Familie von Elzenbaum zu Wiesenheim. Seit der Mitte des 18. Jh.s. wurde hier das Heilige Grab aufgerichtet, dessen Kulissenaufbau „von Innsbruck (Mariahilfkirche) hierher verehrt" worden war. Heute teilweise profaniert.

3. Neue Friedhofskapelle

1887 erbaut. Wandgemälde, außen Christus als Weltenrichter mit Maria und Johannes d. T. und neugotische Dekoration, Ende 19. Jh., verblaßt; innen Mariä Verkündigung und Mariä Himmelfahrt, von Hugo Atzwanger, 1920. Überlebensgroße Pietà, 17. Jh., neu gefaßt. Im neuen Friedhof Kriegerdenkmal mit Relief von Karl Grasser, 1970. Im alten Friedhof barocke Grabkreuze.

4. Heiliggrabkapelle in Moos

Oktogon mit Dachreiter und chorartig angesetztem Raum für das Hl. Grab. Unter der Kuppel feinprofiliertes Gebälk, unter der Laterne mit klassischen Ornamenten geziert. Von Daniel von Elzenbaum, Pflegsverwalter zu Sterzing, erbaut und 1681 geweiht.

Altäre: Ausgeschnittenes Brettergerüst mit gemalter Architektur und bunter Blumenmusterung an Predella und Antependium, von marmorierten Holzbalustraden eingeschlossen. Links Kreuzabnahme, von Rubens beeinflußt, rechts Kreuzigung. Ende 17. Jh.

Gemälde: Drei große Ölgemälde. Eines deponiert, Kreuzaufrichtung und Kreuzigung jetzt in der Pfarrkirche.

Heiliges Grab: Um 1680.

Gitter: Schmiedeeisen. Bandverschlingungen mit Blattansätzen und Spiralen. 17. Jh.

Gedächtnisstein: Weißer Marmor. Wappen und Inschrift für den Stifter, gest. 1690, und dessen Frau. Am Rande Steinmetzzeichen AW.

Weihwasserstein: weißer Marmor, selbes Steinmetzzeichen.

5. St. Johannes d.T. in Flains

Bau: Eine Kirche 1298 erwähnt. Der heutige Bau mit dreiseitigem Chorabschluß stammt aus dem Beginn des 16. Jh.s. Beachtenswert sind am marmorgerahmten Spitzbogenportal die zwei gekreuzten Rundstäbe, die spitzbogigen Fenster, die Sakristei und die Kanzeltüre und das reiche, originelle Netzgewölbe. Nach dem Brand von 1938 erneuert. Restaurierung 1979.

Wandgemälde: Gottvater, Pietà, 14 Nothelfer, derbe Arbeit, 17. Jh.

Altar: Interessante Mischung eines noch gotisierenden Flügelaufbaues und der fast durchwegs der Renaissance angehörigen Einzelformen. Im Schrein Statuen, Maria mit Christkind zwischen den beiden Heiligen Johannes. In der Predella Johannesschüssel, von zwei Engeln gehalten (die Engel gestohlen), an den Flügeln innen Reliefs, hl. Petrus und Jakobus, außen Gemälde, Jeremias und Helena. Am Aufsatz Gott Vater mit Weltkugel und Engeln, 1628. 1888 und 1942 neu gefaßt bzw. renoviert.

Skulpturen:
1. Maria mit Kind und Engeln im Rosenkranz. 17. Jh., 2. Hälfte.
2. Johannesschüssel, sehr gute Arbeit, um 1700. In der Sakristei.

Kreuzweg: Von Jakob Mair. 1890.

Glocke: Vier Heiligenfiguren. 1541.

6. Schutzengelkapelle in Afens

Fassadendachreiter, Türe und Fenster rundbogig, Tonne über Pilastern. Um 1730. Einrichtung 18. Jh. und 19. Jh. Altarbild hl. Schutzengel von Jakob Mair 1891. Restaurierung 1978.

7. Mariahilf in Tulfer

Fassadendachreiter, Türe und Fenster rundbogig, Tonne über Pilastern. Um 1675 erbaut. Restaurierung 1983 im Gange.

Altar: Säulenaufbau mit Bild Mariahilf und Skulpturen. 18. Jh., 2. Hälfte.

8. Muttergotteskapelle in Schmuders

Um 1850 erbaut. Altarbild Unbefleckte von Jakob Mair. 1890.

9. Hl. Nepomuk, Wegkapelle in Oberwiesen

1884 erbaut.

II. Turm in Wiesen

Zum Haus Nr. 115, beim „Turner", gehört ein alter Turm von etwa acht mal acht Metern Grundriß mit wenig regelmäßigem Mauerwerk und einfachem Eckverband. Mauern nicht mehr ein Meter stark. Der vermauerte Hocheingang an der Südseite noch gut erkennbar, breite Steinrahmung mit Rundbogen. Auch Pfotenlö-

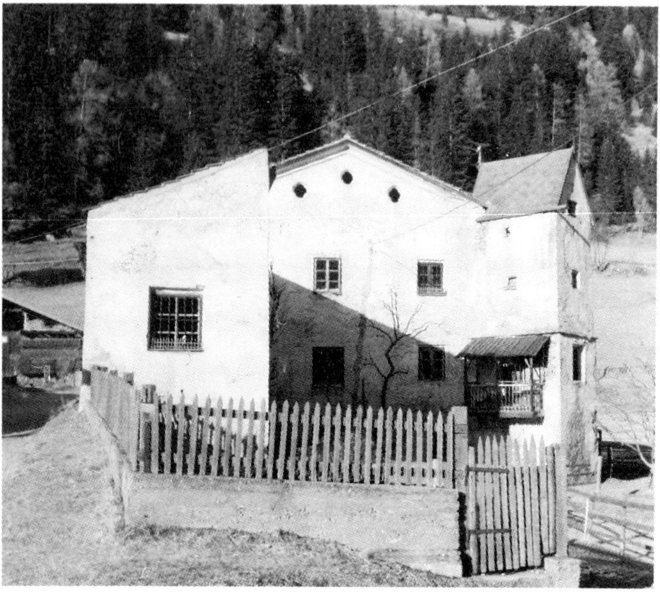

Wiesen, ehem. Ansitz Wiesenheim

cher für Außenpodest noch gut sichtbar. Mittelalterlicher Dorfturm, ein Zusammenhang mit den Trautson oder einem ihrer Dienstleute denkbar (der Stammsitz der Trautson wird im Raum Sterzing vermutet).

III. Schloß Moos

Das mit einem originellen hohen Dach eingedeckte, mit zwei Erkern verzierte Hauptgebäude, das um einen alten Viereckturm herumgebaut ist, umschließt mit den Wirtschaftsgebäuden einen malerischen Hof. Über dem Hoftor Pechnase; an den Fenstern schöne Schmiedeeisengitter mit Kreuzblumen. Im Hof übereinander malerische Holzbalkone mit Balustersäulchen. Im Inneren in allen vier Geschossen weiter Flur, teils mit Gratgewölben, teils mit Felderdecken abgeschlossen. Im Erdgeschoß verdienen Beachtung zwei große Räume mit Mittelpfeiler und schwerem Gratgewölbe, im ersten Stock der Saal mit einfacher Felderdecke

über schweren gekreuzten Balken. Der Turm war 1325 im Besitz der Trautson. Unter den Geizkoflern um 1600 in die heutige Form gebracht. Von 1657 bis 1950 im Besitz der Freiherren von Sternbach, nach Verkauf jetzt Altersheim. In den Jahren 1967 bis 1969 und 1983 innen und außen vorteilhaft erneuert.
In der weitausgedehnten Gemeinde, die bis ins verbaute Sterzing und Ried reicht, lagen mehrere stattliche Ansitze von Gewerken und Zolleinnehmern, darunter *Heidenschaft* (siehe Sterzing) oder *Wiesenheim*, von dem die 1680 geadelte Familie Elzenbaum das Prädikat nahm; Haus mit Dreieckgiebel und übereck gestelltem Erkerturm, Schmiedeeisengitter. Älterer Baukern (Schmierberhof) — Haus Nr. 146 Alte Schmiede. Niederes gemauertes Giebelhaus, Putzfaschen, Anf. 19. Jh. Bilder Maria mit Kind nach Raffael, Georg, Florian, große Figuren, um 1930.

AUSSERPFITSCH (Kematen)

1. Pfarrkirche zum hl. Nikolaus

Bau: Die neue Kirche wurde 1801—1807 unter heftigem Widerstand der Bevölkerung durch den Kuraten Anton Norz als einfacher tonnengewölbter Nutzbau errichtet und 1833 geweiht. Das Gewölbe 1861 erneuert. Von der um 1468 erbauten Kirche mit Strebepfeilern und Kreuzrippengewölben wurde das Presbyterium in umgekehrter Richtung wiederverwendet, während aus dem Langhaus die Sakristei und eine Kapelle gemacht wurden. Der Turm der alten Kirche hat gekuppelte und darüber dreigeteilte Schallfenster mit Spitzbogen über doppelten Rundsäulchen mit Kämpfern, wobei jedes Fenster in zwei- bzw. dreibogiger Blendnische sitzt, die seinem Umriß genau folgt. Er stammt noch aus dem 14. Jh., da 1345 bereits eine Kirche erwähnt wird, der wohl auch noch das Langhaus angehörte. Bei der neuen Kirche wiederverwendet wurden zwei schöne Spitzbogenportale mit überkreuzten Stäben und verzierten Stümpfen und Steinmetzzeichen der Sterzinger Bauhütte. Sie weisen ebenso wie die im heutigen Chor noch in Resten vorhandenen reichskulpierten Sockel der ehemaligen Gewölbedienste daraufhin, daß der Bau von 1468 ein bedeutender spätgotischer Bau war, gegen dessen Zerstörung man sich damals wohl mit Recht wehrte.

Altäre: Schöne Säulenaufbauten wie die Kanzel 1824 von Jakob Gatt, Sterzing, gearbeitet. Hochaltarbild, hl. Nikolaus, sign. Anton Sieß, 1768. Seitenstatuen, die beiden hl. Johannes, Urban und Kassian. Kartusche mit der Jahrzahl 1825. Seitenaltarbilder links Immaculata, sign. Franz Altmutter inv. 1811. — P. M. B.

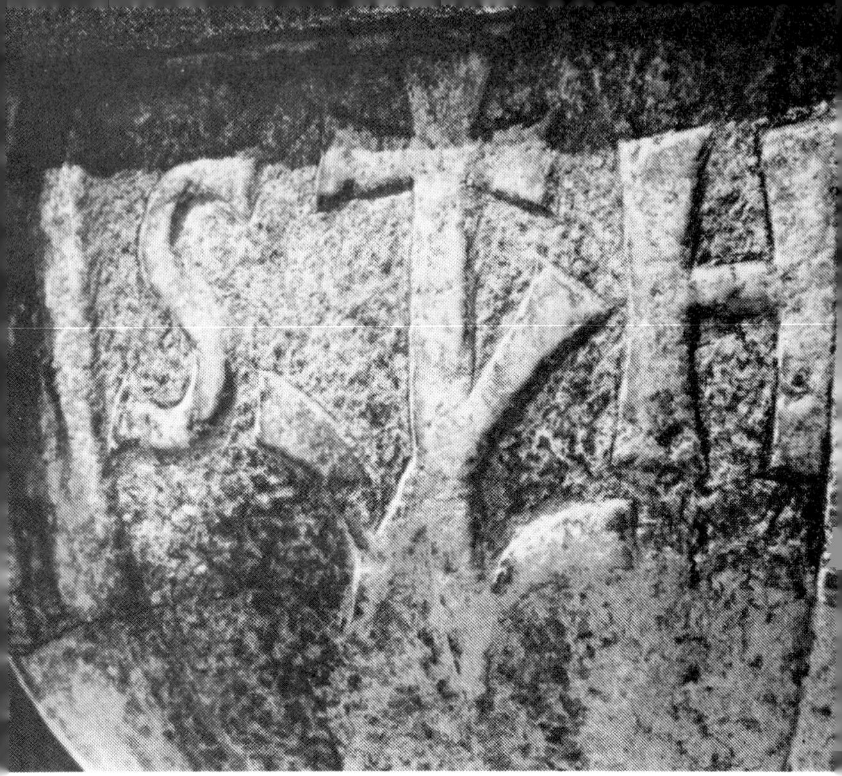

Außerpfitsch, Weihwasserstein von 1578

1944. Vom selben rechts Tod Josefs. In den Giebeln Johannes von Nepomuk und hl. Antonius.

Kanzel: Runde Form mit Pilastergliederung. Am Schalldeckel Evangelistensymbole und Engel mit Gesetzestafeln. 19. Jh., 1. Viertel.

Orgel: Pilastergliederung, Rankenfüllung und bewegtes Gebälk. Von Franz Reinisch. 1825.

Friedhof: An der Kirchenmauer zwei hervorragende Schmiedeeisengrabkreuze. Um 1780. Dazwischen Marmortafel mit Widmungsinschrift der Hoferschen Verwandtschaft für den heute vor die Kirchtür versetzten

Weihwasserstein: Weißer Marmor. Datiert 1578. Steinmetzzeichen und Initialen S. H. des Bildhauers Silvester Huber und Initialen der Stifter.

2. Nikolauskapelle

Die umgewandelte alte Pfarrkirche weist außen ein Wandgemälde, St. Christoph, stark zerstört, um 1700, auf. Altar in Nischenaufbau mit Skulpturen. Christus an der Geißelsäule, Engel mit Leidenswerkzeugen. Ende 18. Jh. Deckengemälde: Wegen der Trachten interessante Darstellung des hl. Nikolaus und bäuerlicher Patrone. Von Johann Schmaiter. Datiert 1809. Im einfachen spitzbogigen Westportal Holztür mit originalem Schlüsselblatt und Griff, 14. Jh. Rest eines Maßwerkfensters vom spätgotischen Chor in die Wand des Widums eingebaut.

3. Kapelle Unser Herr im Elend

1828 anstelle einer älteren Kapelle — wohl unter Leiter von Kurat Prantl — erbaut. Oblonger Bau mit halbrundem Abschluß, Dachreiter, saalartigen rechteckigen Fenstern. Im Innern umlaufendes Gebälk mit Flachpilastern.

Wandgemälde: Ölbergszene in weiter Landschaft. Von Leopold Puellacher, 1829.

Altar: Mit Pilastern und Rundgiebel. Statue Unser Herr im Elend (in Restaurierung), oben Gottvater. Seitlich Vasen mit geflammtem Rankenwerk. Bauzeit der Kapelle.

Gemälde: Zwei große Kreuzwegstationen, 18. Jh. — Maria Himmelfahrt, hl. Antonius, hl. Aloisius, Tempelgang der hl. Familie, volkstümliche Arbeiten, 18./19. Jh.

4. Kapelle beim Bartherhof

Kleiner Rechteckbau mit dreiseitigem Abschluß, rechteckigen, oben gerundeten Fenstern, ohne Türmchen. Anf. 19. Jh., in der Art der Prantlbauten.

Altärchen: Säulenaufbau mit geschwungenem Baldachingiebel, in Mittelnische Pietà, seitlich Petrus und Paulus, unten Christus an der Geißelsäule. Altärchen Anf. 19. Jh. (Datierung 1871 auf spätere Restaurierung bezogen), Seitenstatuen älter, 17. Jh?, überfaßt. — Im Bartherhof Steinpfosten einer gotischen Innentür bei kürzlichem Umbau an die Außentür versetzt.

5. Dachskapelle

Beim Dachsbauer. Auskunft dort.

6. Kapelle beim Pfitscherhof in Platz

Einfacher rechteckiger Bau mit Dachreiter und dreiseitigem Abschluß, Tonnengewölbe. Hl. Sebastian, neuere Figur. Herr im Elend, Volkskunst. — Kruzifix, gute Arbeit, wohl 19. Jh. an der Fassade.

7. „Alter Widum“

Breites gemauertes Giebelhaus, rundbogiger Eingang mit gewölbtem Vorplatz, gewölbter Hausgang. Eckquadern, Sockel und Fensterumrahmungen rot (caput mortuum) bemalt, zwei Sonnenuhren, Bilder hl. Nikolaus, Jakob und Immaculata in Rosenkranz, gute Arbeiten, 2. Hälfte 18. Jh.

8. Trautsonturm

Die dicken Mauern mit der quadergefaßten Rundbogentüre und einem Seitensitzfenster sind der Rest eines Turmes, der 1290 im Besitz des Jakob Trautson war und noch lange Trausonturm hieß. 1827 und 1951 durch Lawinen beschädigt.

INNERPFITSCH

1. Pfarrkirche zum hl. Jakobus

Bau: Der einfache Nutzbau mit dreiseitigem Chorabschluß, Rundbogenfenstern, Flachtonne über Pilastern und Gebälkstükken, schrägem Triumphbogen und Kuppelturm wurde 1821 bis 1824 unter Leitung des Kuraten Jakob Prantl vom Maurermeister Johann Muigg in Steinach errichtet. Restaurierung 1982/83.

Deckengemälde: Anbetung des Allerheiligsten und Enthauptung des hl. Jakobus, letztere Szene geschickt über einer Treppe gruppiert. Sechs Szenen aus dem Alten Testament. Evangelisten, Petrus und Magdalena. Von Josef Renzler, 1823.

Einrichtung: Bauzeit der Kirche. Nur der obere Teil des Hochaltars stammt noch aus dem 18. Jh. und, nach der Überlieferung, von Johann Probst (1768) und aus der Kirche von Außerpfitsch. Das Giebelrelief aus Gröden. Die drei Altarblätter, hl. Jakobus d. Ä., Taufe Jesu und Rosenkranzkönigin, von Leopold Puellacher, 1824 und 1825. Die Orgel von Reinisch, 1896.

Holzskulpturen: Jakobus und Andreas. 18. Jh., 1. Hälfte. Schutzengel, 17. Jh. Hl. Florian, 18. Jh.

Gemälde: Auf Holz, Enthauptung des hl. Jakobus. Um 1530, stark zerstört. Verlorengegangen.

Kreuzweg: Aus der alten Kirche, 18. Jh.

2. Alte Kirche

Bau: Der einfache, 1577 erstmals erwähnte, jedoch gotische Bau, von dem sich noch das steingerahmte Spitzbogenportal mit der verzierten Holztüre, weiterhin die Sakristei und der schöne Spitzturm erhalten haben, erhielt 1789 sein Tonnengewölbe und

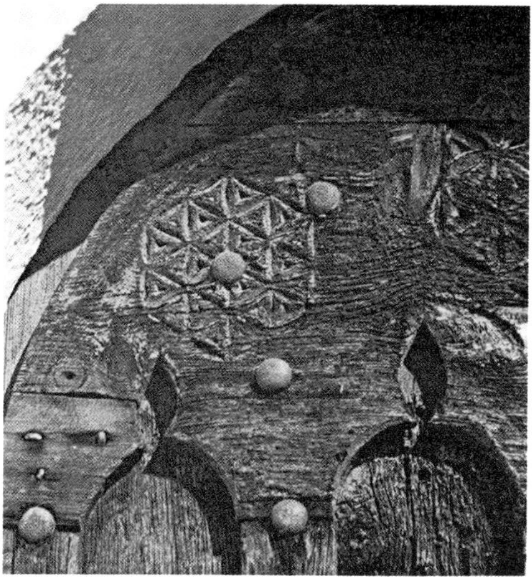

Innerpfitsch, alte Kirche, gotische Holztüre

wurde, nachdem ihn im Jahre 1817 eine Lawine stark beschädigt hatte, um den heutigen Chor vergrößert. Am Turm unregelmäßige Quadern, drei Reihen von spitzbogigen Schallfenstern, die untersten gekuppelt, die mittleren dreigeteilt, beide mit Trennungssäulchen und spitzbogigen Blendnischen. Die obersten gekuppelten Fenster in den Dreieckgiebeln, in einem Giebel gemaltes Bindenschildwappen und Ornamentmuster an den Kanten. Achtseitige schlanke Pyramide.

Deckengemälde: Hl. Jakob mit Martin, Nikolaus, Thomas und Simon, Sebastian und Silvester, in Medaillons mit Rocaillerahmung, ungewöhnlich derbe Arbeit. 1789.

Altar: Aufbau mit gedrehten Säulen und Skulpturen. Pietà, Ende 17. Jh. Die beiden Seitenstatuen, hl. Petrus und Paulus, mit schön charakterisierten Köpfen und runzligem Faltenwurf, gute Arbeit um 1530.

Kanzel: Anfang 18. Jh.

3. Holzerkapelle

Beim Ober- und Unterholzhof. Kleiner Bau mit halbrundem Abschluß, rundbogige Fenster und Tür. Große Figur der Pietà unter Baldachin, volkstümliche Arbeit, wohl 18. Jh.

Kapelle St. Vitus in Stein

1735 erbaut. Glocke um 1750.

OBERTELFES

I. Kirchen

Zwei Pfarrkirchen, in denen abwechselnd Gottesdienst gehalten wird.

1. St. Veit in Obertelfes

Bau: Eine Kirche wird 1357 erwähnt. Der spätgotische Bau, von dem sich das marmorgerahmte, viereckige, mit einem gekreuzten Rundstab geschmückte Portal, daneben ein Viereckfenster mit der Jahreszahl 1522 und Wappen (mit Hahn-Geizkofler?), der Sockel und der polygonale Abschluß am Chor und der Turm mit Sockel und Spitzbogenfenstern erhalten haben, wurde 1824 entgotisiert. Rundbogenfenster und Tonne über Pilastern. Die Zwiebelhaube des Turmes um 1700.

Wandgemälde: Anbetung des Allerheiligsten, Martyrium des hl. Veit und Brustbilder der Apostel. Signiert: Leopold Puellacher i. v. e. p. 1826.

Hochaltar: Säulenaufbau mit Volutengiebel, Statuen der Heiligen Josef und Joachim und Bild des hl. Veit, signiert Franz Unterberger, Mitte 18. Jh. Tabernakel und andere Zutaten später.

Seitenaltäre: 1825. Einfache Aufbauten. Das Kreuzigungsbild mit wirkungsvollem Helldunkel stammt aus der Mitte des 18. Jh.s.

Kerzenstangen:* Gedrehter Schaft mit Rebenranken, Häuschen mit Statuetten. 1742.

Taufstein: Gotischer Fuß aus dem 16. Jh. Muschelschale 1793 von Georg Kirchmayr ergänzt.

2. St. Nikolaus in Untertelfes

Bau: Erwähnt 1357. Im heutigen Bau haben sich aus der spätgotischen Zeit der dreiseitige Chorabschluß, das mit zwei Rundstäben verzierte Portal, die Spitzbogenfenster am Chor, die Längsgurten, Konsolen und Dienste des ursprünglichen Gewölbes erhalten. 1831 entgotisiert. Am ebenfalls noch alten Turm Sockel, gekuppelte und eingeblendete Rundbogenfenster und Haube von 1708.

Hochaltar: Säulenaufbau mit sehr bewegtem Gebälk, Volutengiebel, Statuen, Johannes d. T. und Johannes d. Ev., und Bild, hl. Nikolaus, signiert: A. Siess pinxit 1766.

Seitenaltar: 18. Jh., mit Benutzung älterer Teile. Die Mittelstatue, Maria mit Kind, Mitte des 15. Jh.s, Fassung neu. Seitenstatuen Petrus und Paulus 18. Jh.

Kanzel: Bewegtes Rokoko. Tonnenform. 2. Hälfte 18. Jh.

Taufstein: Weißer Marmor. 1793/94.

Glocke: Hans Löffler, 1569.

Reliquiar:* Turmform mit Statuetten. 16 Jh.

3. Kapelle beim Blösenhof

Einfacher Bau mit derben Stukkaturen und Fresken, um 1700.

MAREIT

I. Kirchen

1. Pfarrkirche zum hl. Pankraz

Bau: Eine Pfarrei wird schon 1198 erwähnt. Leicht vortretende Querarme, runder Chorabschluß, Flachbogenfenster, Tonnengewölbe, im Schiff über gotisierenden Wandpfeilern mit vorgelegten Halbsäulen, im Chor über einfachen Pilastern. An der Fassade marmorgerahmtes Rundbogenportal mit Pilastern und Dreieckgiebel. Nischen mit Fresken und Statuen. 1685 von Gallus Apeller neu gebaut, 1688 geweiht, der Chor aber erst 1695. Vgl. Emporeninschriften mit Wappen des Deutschen Ritterordens, dem die Seelsorge anvertraut war, und der Patrone Freiherren von Sternbach. Von der früheren Kirche sind noch der Spitzturm mit den schlanken Spitzbogenschallfenstern und die Marmorrahmung der Querschifftüren erhalten. Restaurierung 1983. Außen Eckquadern freigelegt.

Stukkaturen: Bauzeit der Kirche. Zum Teil bei der Bemalung 1811 entfernt.

Gemälde: In der mittleren Fassadennische Martyrium des hl. Pankratius, Ende 17. Jh.
Im Inneren: Im Langhaus großes Gewölbebild, Martyrium des hl. Pankratius mit Volksmenge und Architekturen, seitlich Medaillons mit Brustbildern der Apostel. Von Franz Altmutter. 1811. Die übrigen Gemälde, im Chor. Pankratius vor dem Richter, Anbetung der Hirten und der Könige, über der Orgel hl. Cäcilia und die Dekoration später.

Hochaltar: Kräftiger Säulenaufbau mit bewegtem Gebälk und Volutengiebel von Johann Schaitter, Tischlermeister und Pfarrmesner in Mareit, 1780. Die Statuen hll. Stephanus und Lau-

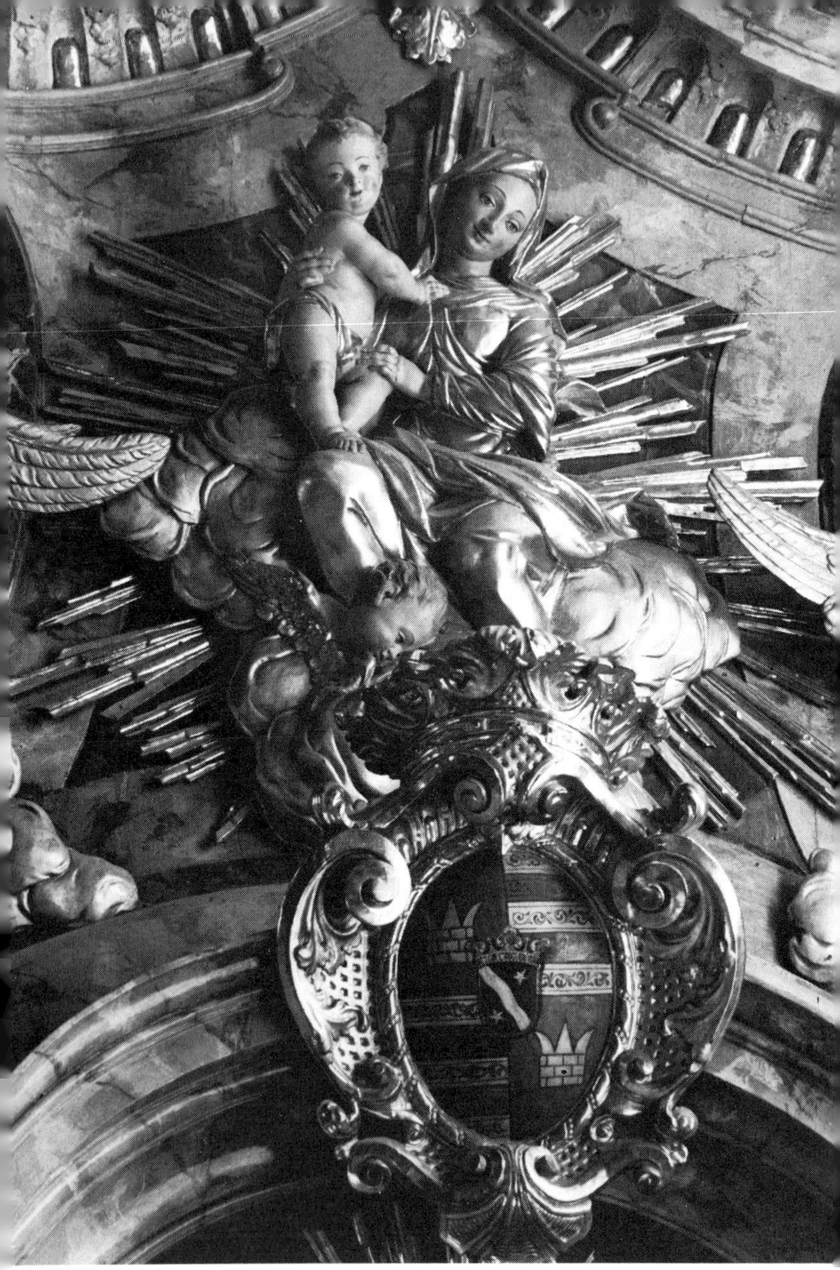

Mareit, Pfarrkirche, Hochaltar mit Sternbachwappen

rentius, gute Arbeiten, und der Altarblattrahmen mit Inschriftkartusche, vom früheren Altar übernommen, von Josef Fögele, 1706. Altarblatt, hl. Pankraz mit Ansicht von Dorf und Schloß, von A. Stadler 1838. Spätere Zutaten u. a. Tabernakelrelief, Ende 19. Jh.

Seitenaltäre: 1. und 2. Säulenaufbau mit bewegtem Gebälk, Statuen: links Unbefleckte mit Katharina und Barbara, rechts Johannes von Nepomuk mit Franziskus und Antonius. Je drei Reliefs: Leben Marias und des hl. Johannes von Nepomuk. Am Gebälk links das Bergwerks-, rechts das Sternbachsche Wappen. Gute Arbeiten. Von Stefan Föger aus Innsbruck. Um 1740.
3. In der Seitenkapelle. Der Aufbau mit kannelierten Säulen und gesprengtem Giebel stammt aus der Mitte des 17. Jh.s. Die bekleidete Statue der Unbefleckten, um 1740, Seitenstatuetten, St. Florian und Leonhard, um 1500. Derzeit deponiert.

Kanzel: Polygonale Form mit Ecksäulchen und gesprengten Giebeln, Ende 17. Jh., mit Schnitzornamenten aus der 1. Hälfte des 19. Jh.s.

Gemälde: In der Seitenkapelle ehemaliges Altarblatt, Himmelfahrt Mariens, von Franz Hueber, Anf. 18. Jh. — An der Emporenbrüstung die Brustbilder des Salvators und der 14 Nothelfer. Ende 17. Jh. — Gegenüber dem linken Seitenaltar: Aussendung des Hl. Geistes. Um 1750.

Grabsteine: 1. Weißer Marmor, Kruzifixus, Wappen, Inschrifttafel. Isaac Grebmer zum Wolfsthurn, gest. 1629.
2. Schwarzer und weißer Marmor. Inschrifttafel mit Pilastern, Wappen, Knorpelwerk, Engeln, Joseph von Wolfsthurn, gestorben 1664.

3. Weißer Marmor. Inschrifttafel in frühklassizistischem Rahmen, Tod und Leben. Pfarrer Franz Lang, gest. 1790
4. Außenwand, weißer Marmor, Inschrifttafel, Wappen. Peter Paul Fabrizi, Schloßkaplan, gest. 1785. An der Ostwand außen Sternbachsche Grabstätte, 1836 errichtet.

Glocke: Glatte und schlanke Form, Kreuz mit zwei Querbalken. 14. Jh.

2. Friedhofskapelle

Erbaut 1751, Altar aus derselben Zeit. Maria mit Christkind und Engeln gemalt, davon Figur des Auferstandenen. In seitlichen Nischen die Figuren des „Todes“ und der „Tödin“. Mitte 18. Jh. Restaurierung 1982.

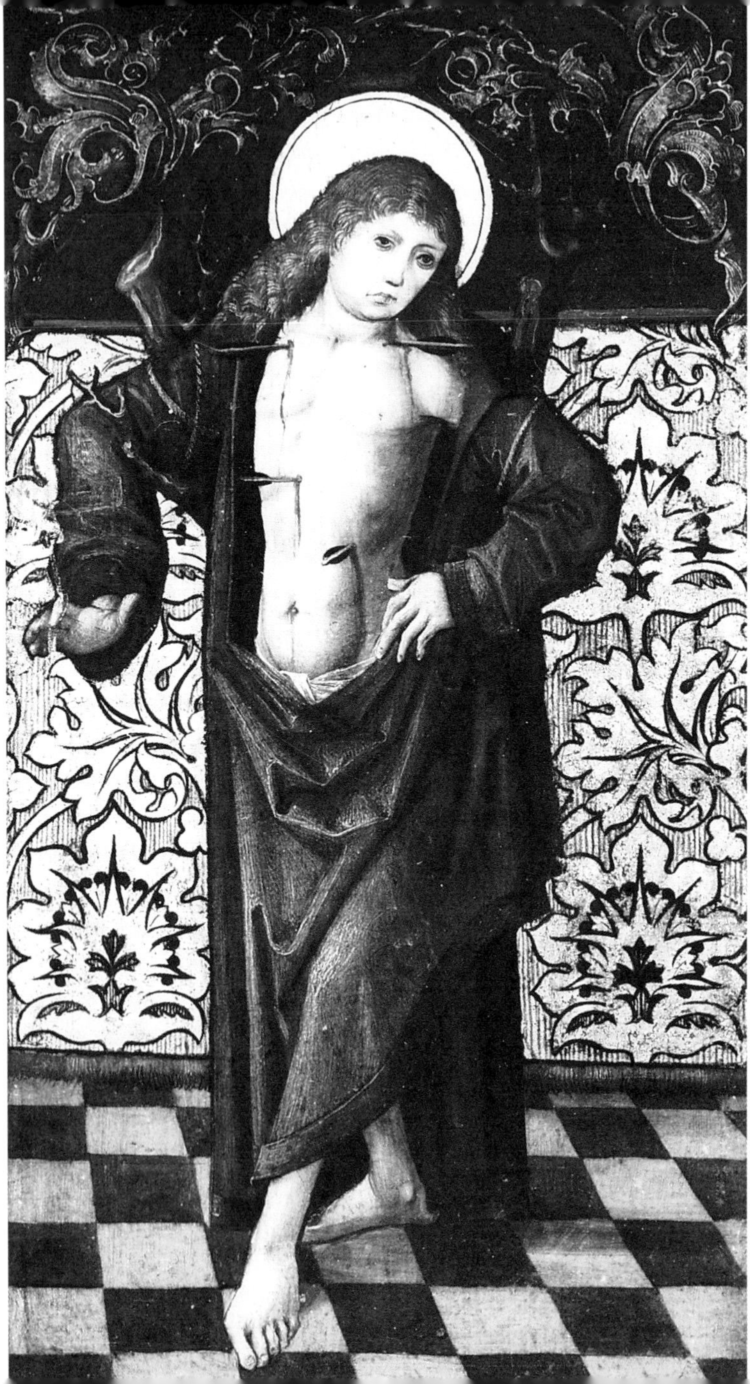

3. Knappen- und Wallfahrtskirche St. Magdalena

Bau: Der einsam gelegene, spätgotische Bau mit eingezogenem, polygonalem Chor, Vorhalle und Spitzturm zeigt innen und außen Werkstücke aus weißem Marmor, Sockel mit Quaderschräge, gekehltes Dachgesims, spitzbogige Portale und Fenster mit einfachem Maßwerk. Im Langhaus tragen fünfeckige Dienste, die sich oben an Stelle eines Kapitells zweimal verdicken, ein zweijochiges Stern-, im Chor oben ins Achteck übergehende Runddienste ein zierliches Netzgewölbe. Sakristeitüre mit Eckzwickeln. Am breiten, beiderseits abgeschrägten Triumphbogen die Jahrzahl 1481. Erstmal 1273 erwähnt, vermutlich bestand aber schon viel früher eine von den Bergknappen vom Schneeberg errichtete Kapelle. 1480 ließen die Bergknappen die alte Kapelle niederreißen und den heutigen, sehr schönen Bau von Thomas Schaiter aufführen. Weihe 1482 (Urkunde). Später erneuert laut Chronogramm neben dem linken Seitenaltar (nicht mehr sichtbar) 1979—1982 umfassende Restaurierung.

Wandgemälde: Bei der Restaurierung freigelegt, am runden Schlußstein im Chor hl. Magdalena, am rechteckigen im Langhaus Auferstandener. In den Gewölben Rankendekoration.

Hochaltar: Flügelschrein, Predella und Gespreng. Skulpturen: In der Predella Beweinung Christi mit Maria, Salome, Johannes, Josef von Arimathea, Magdalena und Maria Jacobi. Im Schrein unter bewegten Baldachinen hl. Magdalena im Haarkleid mit hll. Georg und Laurentius, ihr zu Füßen ein Bergstollen mit zwei Bergknappen. Seitwärts auf Konsolen unter Baldachinen hll. Stefanus, Laurentius, Andreas und Jakobus. Im Gespreng Maria, hl. Barbara und Katharina, Auferstandener. Gemälde: An den Predellaflügeln innen hl. Christophorus und Sebastian, an den Schreinflügeln Szenen aus dem Leben der hl. Magdalena. An der Predella außen St. Nikolaus, Erasmus, Veit und Anna selbdritt, an den Schreinflügeln vier Passionsszenen. Nach einer Inschrift auf gemaltem Pergament von Meister Matheis Stöberl, 1509. Der Altar, einer der besten spätgotischen Schnitzaltäre Tirols, ist gut erhalten, aber 1861 neu gefaßt.

Ehemaliger Hochaltar: Dieses einfachere Werk wurde vermutlich durch den reicheren Altar Stöberls verdrängt. Im Schrein, von zierlichen Säulchen eingefaßt, mit über Eck gestelltem Sockel und Eselsrücken als oberen Abschluß, Statue der hl. Magdalena in modischer Tracht und Haltung. An den Flügeln Gemälde, außen Verkündigung, innen vier Szenen aus dem Leben der hl. Magdalena. Hans Harder zugeschrieben. Um 1480. 1982 restauriert.

Seitenaltäre: Altaraufbauten neugotisch, 1861, mit Verwendung eines ehemaligen Flügelaltares. Rechts im rankenumsponnenen Schrein, mit Wimpergen bekrönt, Statuen (1974 gestohlen), Maria, hl. Laurentius und Daniel. Die beiden letzteren konnten rückgeführt werden, die Madonna ist weiterhin verschollen. An der Predella Gemälde, hl. Rochus und Sebastian. Links je zwei größere und kleinere Reliefs von den Flügeln des Hauptschreines und der Predella: hl. Stefanus, Leonhard, Magdalena (?) und Katharina. Um 1526. Der Werkstatt Matheis Stöberls zugeschrieben. An der Predella das Wappen der Sternbach mit der Jahrzahl 1861. Jeweils zwei Evangelisten als Schreinwächter, neugotisch.

Kanzel: Weißer Marmor, reich gegliedert, Aufbau aus dem Achteck konstruiert. An der Vorderseite Namen Christi in kreisrunder Vertiefung und Steinmetzzeichen, das sich am Triumphbogen wiederholt. Bauzeit der Kirche. An der Stiege Balustergeländer, 17. Jh.

Chorstuhl: Vorgewölbte Rückenwand, Aufsatz mit spätgotischem Schnitzornament.

Beichtstuhl: Geschlossene Form (nicht mehr aufgestellt).

Kreuzweg: Mitte 18. Jh.

Holzskulpturen: Kruzifix, um 1500. Gestohlen. Rosenkranzmadonna, hl. Magdalena, um 1700. Schmerzensmutter und Christus an der Geißelsäule, derbe Arbeiten, 18. Jh.

Gemälde: Tafelbild an der Rückwand, Jesus fällt unter dem Kreuz. Um 1730. Votivbild, hl. Magdalena, 17. Jh. (beide derzeit in Restaurierung).

Opferstock: Weißer Marmor, achteckig.

Glocke: Gegossen von Franzisco Solda, 1594.

4. Christlkapelle

Bau: Der mit einem Rundbogen die Wier übersetzende Bau mit hölzernem Dachreiter und Kreuzgratgewölben über Pilastern wurde im 18. Jh. errichtet.

Wandgemälde: Krönung Mariä und Heilige. Bez. Josef Anton Zoller, 1760. 1927 renoviert.

Gemälde:* Hl. Kummernus mit dem Geiger. 17 Jh. Armenseelenbild. Bez. Leonhard Sturm, 1729.

5. Kapelle in der Stange

Bau: Einfacher Bau mit Kreuzgratgewölben über Eckpilastern und Gebälk und mit einfachen Stuckornamenten. Anfang 18. Jh.

Altar: Bildaufbau mit Knorpelwerk. An der Predella Familien- und Bergwerkswappen und die Inschrift LVLKV 1736.

6. Mariä Heimsuchung am Jaufenpaß

Bau: Eine Kapelle wurde schon 1302 errichtet. Der heutige Bau um 1660. Im 18. Jh. Sitz eines ständigen Geistlichen. Dachreiter und (älterer) nach außen vortretender Chor. Gratgewölbe. Vordach auf drei Granitkonsolen. Säulenaltärchen, gestiftet von Pfarrer Johann Miller 1658 mit Wappen an der Predella. Heimsuchungsgruppe, Josef und Zacharias. Hintergrundbild, datiert 1661. Mariahilfbild gestiftet 1685 von Gräfin Rehlin geb. Hendl.

7. St. Anton in Kalch

1697 aus einem Bildstöckl erbaut, 1820 neu aufgeführt. Altar, Säulenaufbau mit Gebälk und Volutengiebel: Bild, hl. Antonius mit dem Jesuskind.

8. Jaufenstegkapelle

Bau: Einfacher Bau mit Dachreiter. Inschrift IR 1871 AR.

Altar: Schmerzensmann. Mitte 17. Jh. Gotisierende Form.

II. Bildstöcke

1. Unmittelbar vor dem Dorf, am Talweg Bildsäule aus weißem Marmor, mit Bergwerkswappen und Steinmetzzeichen. 1537.

III. Wohnhäuser

1. Pfarrhof

Breiter Haupttrakt mit turmartigem Anbau und malerischem „Kooperatorenstöckl“. Am Spitzbogenportal aus weißem Marmor gekreuzte Rundstäbchen und zwei Rosetten. Zwei Erker. Die ursprüngliche spätgotische Anlage mehrfach verändert.

2. In der Stange

Neben der Tür (Nr. 68) Steinrelief, hl. Christoph unter einem turmartigen Bau mit Rundbogenfresken, Spitzbogenfries und Laubenanbauten. Die Überlieferung sagt, es sei aus Burg Reifenegg. Das merkwürdige und schwer datierbare Stück könnte auch neuzeitlich sein.

IV. Burgen

1. Wolfsthurn

Die streng einheitliche eindrucksvolle Barockanlage, in Tirol ein Einzelfall, hat zwei ausgebildete Fronten. Gegen das Dorf liegt über hoher, barock gebrochener Zinnenmauer, die ein Pavillon krönt, der Vorgarten; die mächtige Fassade ist durch einen Dreieckgiebel, zwei seitliche Türme und Mansardendächer gegliedert. Auf der Rückseite schließen die zwei seitlichen Trakte einen Ehrenhof ein, während die Mittelachse durch das turmartig vortretende Torgebäude und einen Springbrunnen betont wird. Im zweiten Stock sind alle Räume mit Stuckdecken ausgestattet, die Bandwerk mit Blattansätzen, Rosettengitter, Muschelwerk und Blumenbuketts zeigen. Feine vorzügliche Arbeiten von Hans Singer und Mitarbeitern aus Götzens, um 1735. Zwei Zimmer schmücken gemalte Gobelins mit Jagdszenen. Besondere Beachtung verdient der Saal im Südturm, der durch zwei Geschosse geht und dessen Wände durch Pilaster mit korinthischen Kapitellen und verkröpftem Gebälk gegliedert sind. Zwei Öfen mit französischen Landschaften und Schäferszenen. Um 1750 (aus Winterthur?).

Wolfsthurn war Besitz der Eppaner Grafen und ging 1242 von eppanischen Ministerialen Heinrich von Mareit an die Familie der Wölfe im Wipptal und damit in Tiroler Lehensbesitz über. Die Wölfe, die der Burg den Namen gaben, saßen hier bis zu ihrem Aussterben Ende des 15. Jh.s. Der heutige Südturm ist der ursprüngliche Turm, dessen Mauern beibehalten wurden und an den sich gegen Norden (heutiger Mitteltrakt) der einfache Palas anschloß. Ab 1574 im Besitz der Grebmer von Wolfsthurn, seit 1725 der Wenzl zu Sternbach. Franz Andreas von Sternbach gab der Burg um 1730 die heutige Gestalt, wobei umfangreiche Planungen vorausgegangen sind.

Schloß Wolfsthurn, Grundriß

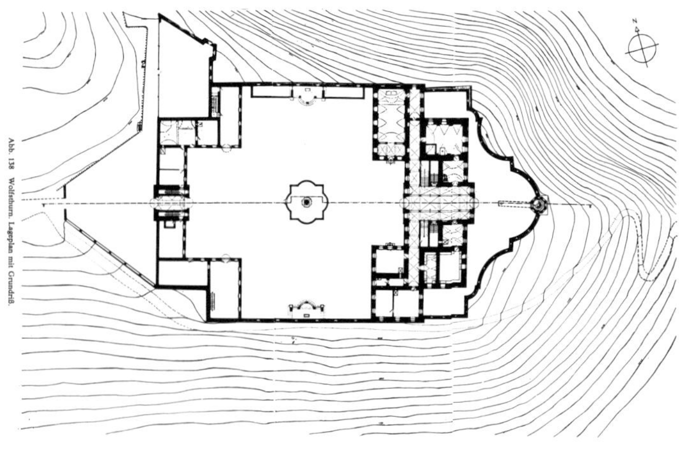

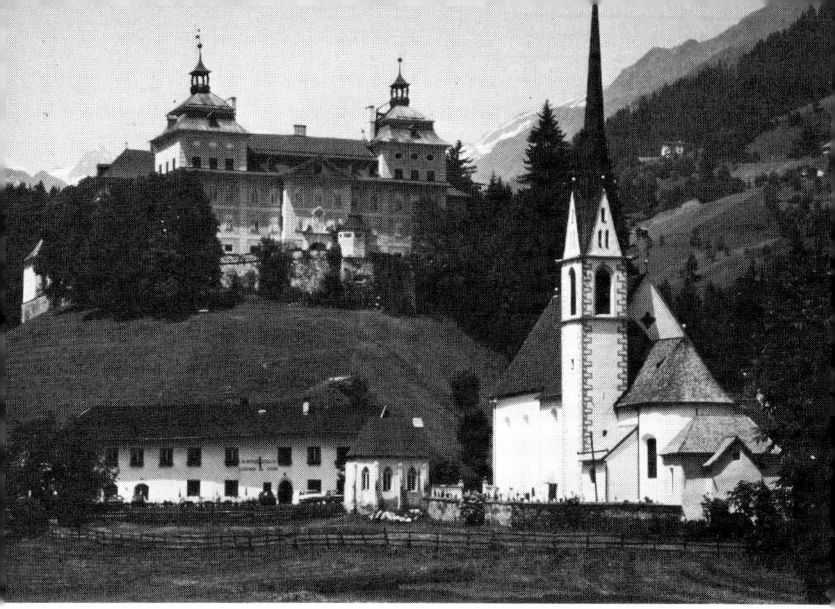

Mareit, Kirche und Schloß

Kapelle: Der einfache, mit einer Flachtonne über Pilastern gewölbte Raum befindet sich im nördlichen Seitentrakt und ist mit ähnlichen Stukkaturen — wohl auch von Hans Singer — wie die Zimmer im Schloß und mit Fresken von Matthäus Günther (um 1738) ausgeschmückt. Mit dem bunten Schmuck der Fresken und der goldenen Einrichtung einer der schönsten Innenräume des 18. Jh.s in Südtirol.

Altar: Bewegter Säulenaufbau aus Stuckmarmor mit Volutengiebel, Mariahilfbild in Strahlen und Engelglorie und schönen Seitenfiguren: hl. Michael, Wolfgang, Johann von Nepomuk, Schutzengel. Am Giebel Gottvater, der Hl. Geist und Engel. Um 1738. Stefan Föger zugeschrieben.

Emporenaltar: Flügelaufbau mit Skulpturen und Bildern. Allianzwappen Grebmer-Geizkofler. Um 1600.

Orgel: Dreiteiliger Kasten, zarte Schleierbretter und musizierende Putten mit Wappenschildern der Familien Sternbach und Völs-Colonna. Von Ignaz Franz Wörle. Um 1740.

Votivbilder: Auxilium infirmorum und Auxilium itinerantium: Maria, Hilfe der Kranken und Reisenden. Auf dem einen bewegte

Gruppe und schöne Landschaft, signiert MIM, auf dem andern vornehmer Reisewagen auf einem gefährlichen Gebirgsweg. 1741.

Gedenkstein: Weißer Marmor. Erinnerungstafel an die 1738 erfolgte Kirchweihe. Wohl von Stefan Föger.

2. Reifenegg

Die stark verfallene Ruine liegt auf einer wenig ausgeprägten Rückfallkuppe über der Fraktion Stange am Eingang ins Ratschingstal. Von der umfänglichen Anlage haben sich spärliche Mauerreste der Ringmauer und des Palas, insbesondere aber

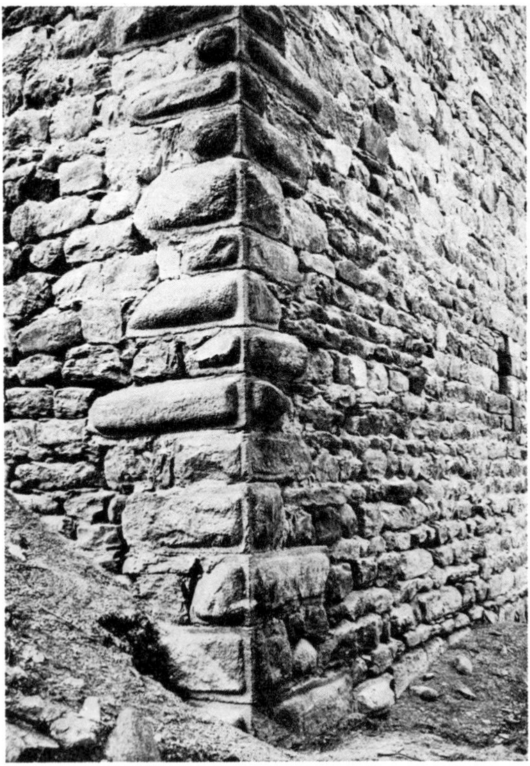

Ruine Reifenegg

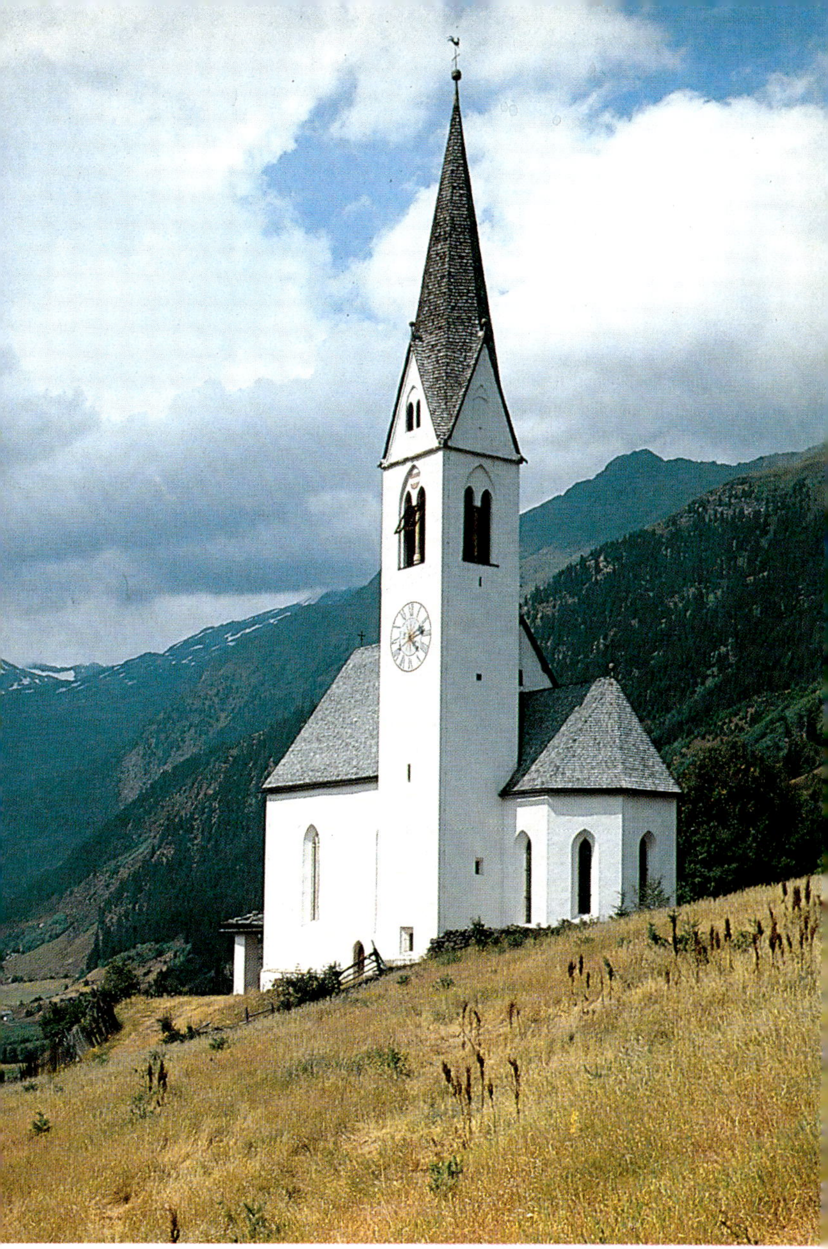

Tafel III Mareit, Knappen- und Wallfahrtskirche St. Magdalena (S. 155)

Tafel IV Mareit, St. Magdalena, Flügelaltar von Matheis Stöberl, 1509 (S. 155) ▶

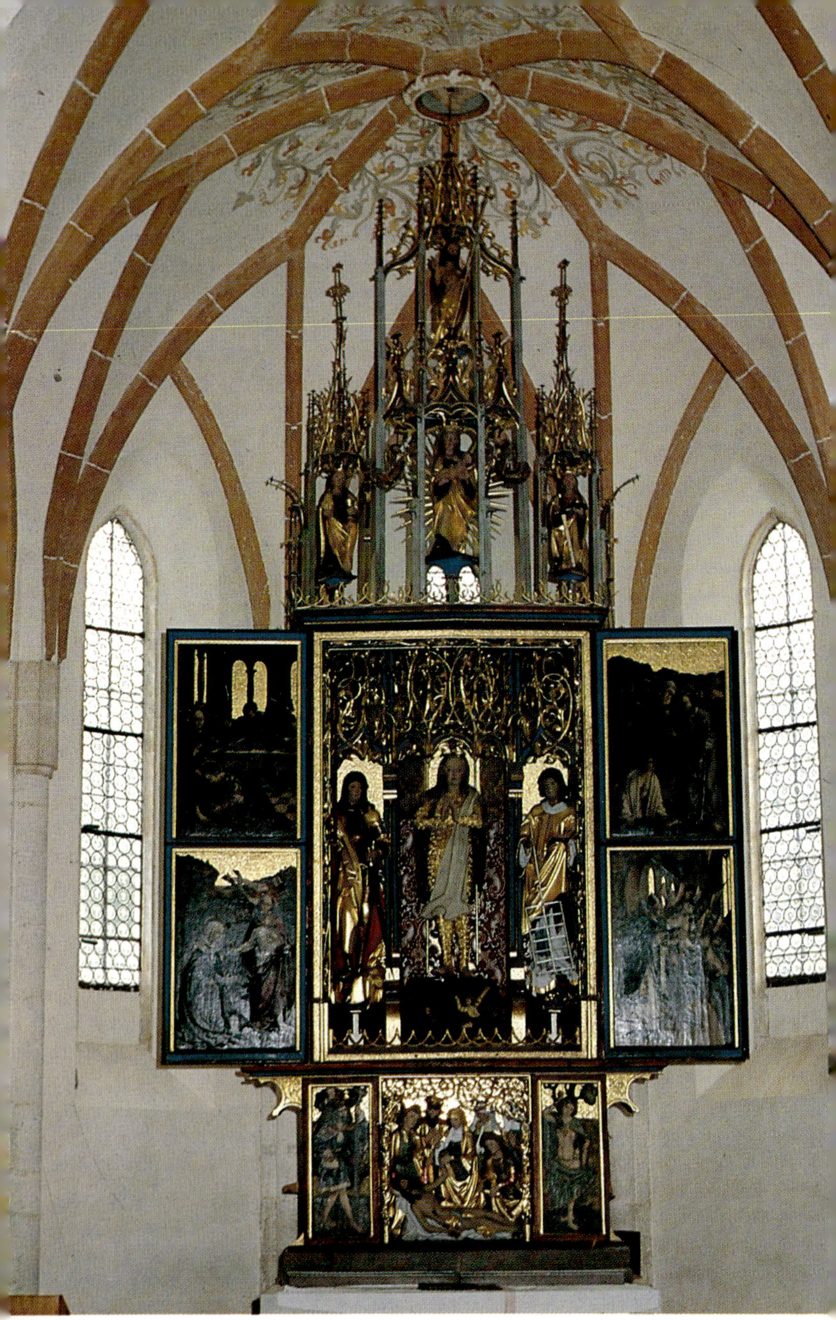

der bergseitig gelegene, viergeschoßige mächtige Wohnturm erhalten. Er zeigt ungewöhnlich sorgfältig gearbeitete Mauerstruktur mit zum Teil kissenförmigen Eckbuckelquadern, im Bogenfeld des Hocheinstieges das Wappen der Trautson und darüber ein breites, gedrücktes Rundbogenfenster mit Marmorgewände. Ein ebensolches, noch stärker beschädigtes Fenster an der Südwand.
Die nach 1210 durch das Hochstift Brixen errichtete Burg seit 1243 im Besitz der Grafen von Tirol und als deren Lehen in den Händen der Ministerialen Trautson. 1556 bereits im Abgang, 1649 Ruine. Der Turm zählt zu den eindrucksvollsten seiner Art in Tirol.

RIDNAUN

1. Pfarrkirche zum hl. Josef

Bau: Kreuzförmige Anlage mit rundem Chorabschluß, dreiteiligen Fenstergruppen in den Querarmen, Tonnengewölbe und Notturm am geschwungenen Giebel. Erbaut 1764, geweiht 1768. Durch die bauliche Gestalt, die Fresken und die Altäre eine wertvolle Barockkirche. Restaurierungen 1956 und 1979.

Deckengemälde: Im Chor Abendmahl mit Seitenbildern, die sich auf die Eucharistie beziehen: Aussetzung des Allerheiligsten, hl. Messe (hl. Isidor), Kommunion (hl. Hieronymus), Prozession (hl. Antonius mit dem Esel). Im Langhaus hl. Josef, auf den sich auch die Zwickelbilder beziehen, als Fürbitter. Im Querarm Theresia von Avila und Stanislaus Kostka. Über der Orgel Tempelaustreibung, Heinrich von Bozen und hl. Notburga. Signiert J. H. pinxit. 1766 (Josef Haller). Die Bilder sind flott gemalt und in der Gesamtanordnung ein sehr bezeichnendes Beispiel der besonders von Matthäus Günther beeinflußten tirolischen Rokokomalerei. An den Wänden der Querarme Geburt Christi und Anbetung der Könige, stark zerstört. Um 1800. Wohl von Franz Altmutter.

Hochaltar: Der Wandaufbau umschließt, von Säulen und Pilastern gerahmt, in perspektivisch vertiefter Rundbogennische das Altarbild, die Hl. Familie, verehrt von der hl. Theresia. Die großen Seitenstatuen, Johannes d. T., Zacharias, Elisabeth, Johannes d. Ev., von Johann Perger. Der ganze Altar eine bedeutende Arbeit um 1770. Über der Sakristeitür Wappenkartusche: Franz Bonifazius Steurer von Riedenburg (Stifter der Kuratie). Die Marmormensa mit den Mosaikeinlagen ausgeführt von den

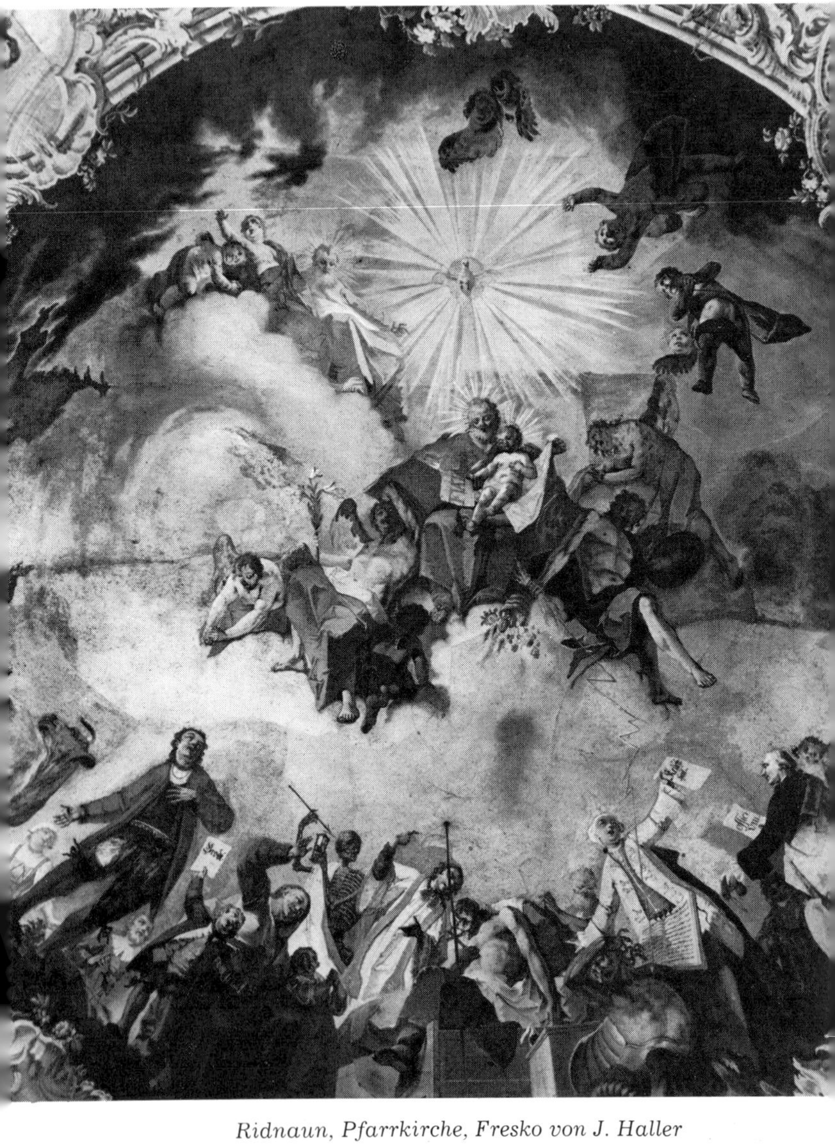

Ridnaun, Pfarrkirche, Fresko von J. Haller

Sterzinger Marmorwerken, der Tabernakel 1900 von Klemens Raffeiner und J. Rappel, Schwaz.

Seitenaltäre: Um 1770. Statuen Martin, Nepomuk, Notburga, Isidor. Die Bilder des hl. Laurentius und des hl. Aloisius von Josef Haller. 1766.

Kanzel und Beichtstühle: Um 1765. Kanzel mit Stucküberzug, am Aufsatz reiches Rocaille.

2. St. Lorenz in Maiern

Bau: Auf einem Felsenhügel mit Gletscherschliffen. Dreiseitiger Chorabschluß, Dachreiter, Spitzbogentüre, im Langhaus zwei Kreuz-, im Chor Sterngewölbe mit derben Rippen. Das schon 1390 erwähnte Kirchlein wurde 1482 nach einem völligen Umbau neu geweiht. Die Einrichtung (2 Statuen derzeit deponiert) stammt aus dem 17. Jh. Kanzel gemauert, eckige Brüstung. Restaurierungen 1962 und 1976.

3. Kapelle in Kalchern

Bau: Fassadentürmchen, Rundbogenfenster, Flachbogentüre, Kreuzgratgewölbe über Pilastern, gerader Abschluß. 17. Jh.

Wandgemälde: Decke, Triumphbogen und Fensterrahmung bemalt. Blumen, Blattkränze und Medaillons mit hl. Isidor, Notburga, Guter Hirt und hl. Christoph, 1784.

Altar: Bildaufbau. 17. Jh.

4. Pfitscherhof (Nr. 40)

Stein- und Holzbau, an der marmorgerahmten Spitzbogentüre Rundstab, den in halber Höhe kurze Querbalken kreuzen. Hausfresken Maria Hilf, Florian und Nepomuk. Im Hausflur Gratgewölbe, im Obergeschoß zwei alte Türen mit Steinrahmung, in einer Stube einfaches Holzgetäfel mit Balkendecke. 16. Jh. Vor dem Hof *Wegkreuz* mit überschlagenen, in den Knien ausgebogenen Beinen und mit regelmäßig herabhängenden Enden am Lendentuch. Um 1400. Stark überfaßt.

RATSCHINGS

1. Pfarrkirche zum hl. Andreas

Bau: Eine Kirche wird 1339 erwähnt, der heutige einfache Bau mit Rundbogenfenstern, rundem Chorabschluß, Tonnenwölbung 1752 und 1753, der Spitzturm 1710 unter Verwendung gotischen Mauerbestandes (Strebepfeiler, Turmmauern) erbaut.

Renoviert 1968. Einfache gotische Marmorumrandung der Sakristeitür freigelegt.

Wandgemälde: Die Malereien am Chorgewölbe, Andreas als Fürbitter des Ortes bringt in der Brotvermehrung die Eucharistie, von J. A. Mölkh, 1753, desgleichen die al-fresco-gemalten Seitenaltäre am Chorbogen. Das Deckenbild im Schiff von Raphael Thaler, 1902.

Hochaltar: Säulenaufbau mit bewegtem Volutengiebel, darin Skapulierbruderschaftsbild. Statuen, hl. Martin und Valentin, und Bild, Maria mit dem Kinde, verehrt vom hl. Andreas, signiert: Anton Sieß pinxit.

Kanzel: Volutenbänder und geschnitztes Rocaille. Um 1760.

Opferstock: Aus einem Mauerpfeiler der gotischen Kirche.

2. **Kapelle beim Larchhof** zum hl. Nepomuk. 18. Jh.

3. **Kapelle beim Plattner.** Um 1870.

JAUFENTAL

1. Pfarrkirche zur hl. Ursula

Bau: Der spätgotische Bau mit dreiseitigem Chorabschluß, gekreuztem Rundstab am marmorgerahmten Spitzbogenportal, Spitzbogenfenstern und mit Sterngewölbe wurde laut Jahreszahl am Dachgesims 1516 in die heutige Form gebracht. Das Langhaus wurde später der Rippen beraubt; bei der jüngsten Restaurierung wieder ergänzt. Der Spitzturm mit den gekuppelten und eingeblendeten Schallfenstern gehört noch der 1389 geweihten Kirche an.

Wandgemälde: An der Außenwand Christus als Schmerzensmann, von allerlei Werkzeugen und von Liebesszenen umgeben. Darstellung des für alle Sünden der Menschheit leidenden Erlösers. Um 1400. Daneben spärliche Freskenreste.

Reliquienschrein: Im Seitenaltar. Reichgestickte Fassung, am geschnitzten Schrein Wappen des Landkomturs Georg Friedrich Grafen Spaur, der Ende des 17. Jh.s die Reliquien nach Jaufental stiftete und aus Schloß Prösels feierlich hieher übertragen ließ.

Einrichtung neugotisch.

Altäre (2): Entwurf von J. Schmid, Tischlerarbeit von Klemens Raffeiner, Statuen von Seraphin Eberhart. Um 1880. Seitenaltar entfernt.

Kanzel und Kommunionbank: Von Klemens Raffeiner, um 1880.
Holzskulpturen: Kruzifix, 17. Jh.

2. St. Anton in Außertal

Der einfache Bau mit hölzernem Dachreiter, dreiseitigem Chorabschluß, Rundbogenfenstern und mit stuckverzierter Tonne (Engelköpfchen) über Pilastern wurde an der Stelle einer 1682 errichteten Holzkapelle 1716 erstellt. Der später umgebaute Altar mit Säulen, Volutengiebel und Bildern stammt aus derselben Zeit. In der daneben stehenden Brunnenkapelle interessante Holzskulptur, Christus mit dem Brunnenrohr in der Seitenwunde. 17. Jh. Beide Kapellen 1969 restauriert.

TRENS

I. Kirchen

1. Pfarr- und Wallfahrtskirche zu Mariä Himmelfahrt

Bau: Der schöne spätgotische Bau zeigt polygonalen Chorabschluß, zwei Spitzbogenportale in verzierter Marmorrahmung, am westlichen das Monogramm des Pfarrers Johann Arb, die Jahreszahl 1498 und das Wappen Jöchl, über dem Hauptportal Maria mit Kind, eine virtuos gearbeitete Marmorfigur mit lebhafter, natürlicher Bewegung und überreich knitterigem Gewand, vermutlich von Gregor (?) Türing. Um 1510. Spitzbogenfenster, Sockel und Dachgesims aus Werksteinen und ein schöner Spitzturm mit spitzbogigen Schallfenstern mit Mittelpfosten und Maßwerk, im Erdgeschoß die ursprüngliche Sakristei, Sterngewölbe mit fünf runden Schlußsteinen. Das Gewölbe ist seiner Rippen beraubt, die Wände des Chors zeigen wieder die feinen, gedrehten Marmordienste. Der Triumphbogen und die zwei Emporenpfeiler hatten immer ihre ursprüngliche spätgotische Form bewahrt.
Eine Kirche wird 1345 erwähnt, das heutige Langhaus errichtete um 1498 Pfarrer Johannes Arb. Baumeister Peter Steiner von Stilfes. Chor um 1510. 1726/27 wurde die Gnadenkapelle mit Pilastern an den abgeschrägten Ecken, Kuppel und Laterne nach dem Plan des Matthias Rangger angebaut. 1753/54 das Innere unter Leitung des Malers Mölckh barockisiert. Restauriert 1953, 1969, 1977 und 1980.

Wandgemälde: Am Turm das Gnadenbild von Trens mit Engeln, hl. Ambrosius und Augustinus, stark verwittert. Architektureinfassung der beiden Portale. Im Inneren Maria Himmelfahrt mit Glaube, Hoffnung, Liebe und Anbetung. Esther und Maria mit den Bruderschaftspatronen Simon Stock und Dominikus, den

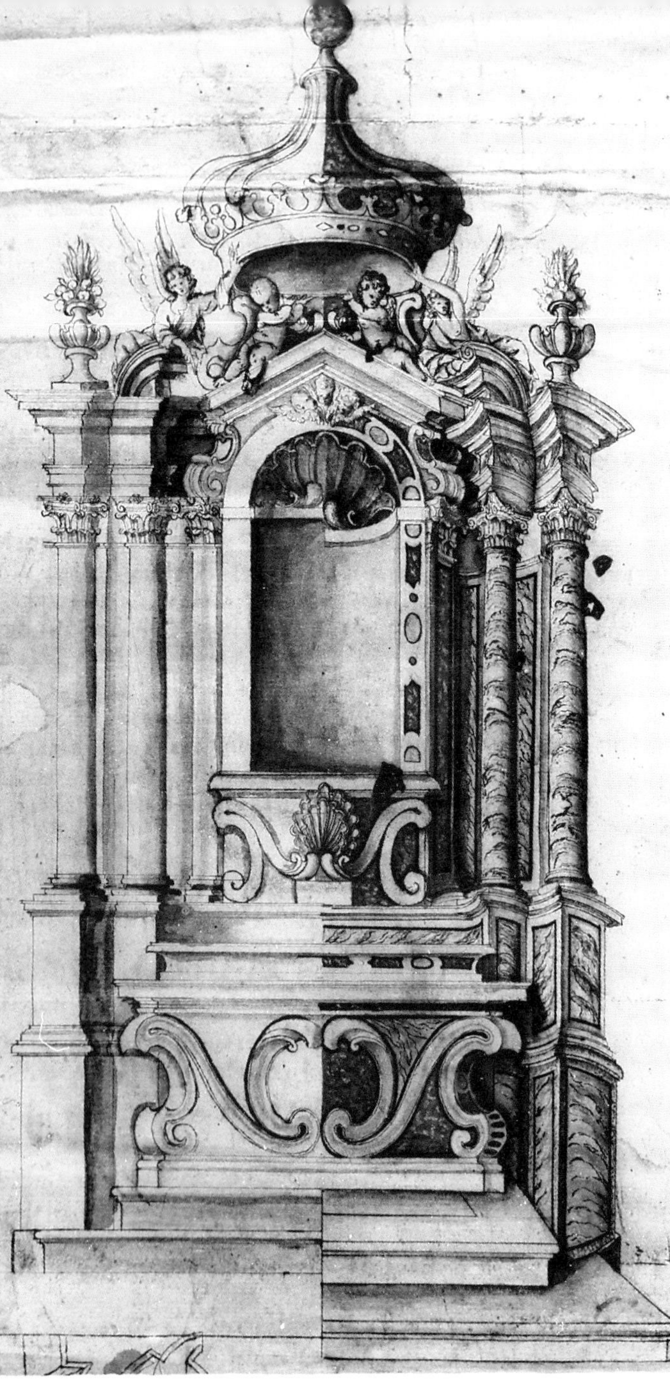

drei Johannes, Simeon, Elisabeth und Zacharias. Auffindung des Gnadenbildes, Verehrung Mariens durch die vier Erdteile. Arbeit von J. Adam Mölkh, mit guten und reichen Rocailledekorationen. 1754.

Dekoration der Gnadenkapelle: Reiche, etwas derbe Stuckdekoration; vier Vorväter Marias, Adam, Noe, David, Joachim in Form und Bewegung gute Figuren von Josef Konrad Wiser; Fresken, Verkündigung, Geburt Christi, Opferung im Tempel, Flucht nach Ägypten, vier marianische Symbole, von Innozenz Barath, Stadtmaler in Burghausen, einem Mitglied der im 17. und 18. Jh. in Trens ansässigen Malerfamilie Barath. 1727. Das Gemälde Gottvater mit Engeln von J. B. Oberkofler.

Altäre: Säulenaufbauten um 1830. Statuen Joachim und Zacharias und zwei Heilige am Hochaltar, an den Giebeln Engel. Bilder, Maria Himmelfahrt, gute Arbeit von Josef Schöpf, 1805. Rechts hl. Josef bei der Zimmermannsarbeit, ein schönes Werk von Josef Renzler, 1809, links Mutter Anna, von J. Adam Mölkh, 1753. Unter diesem Bild 1969 aufgedeckt gotische Holztafel hl. Sippe, von Paul Verwinger. Beide jetzt im Diözesanmuseum, das Mölkhbild durch Kopie von J. B. Oberkofler ersetzt.

Gnadenaltar: Bunter Marmor, Mensa mit Voluten, Doppelsäulenaufbau, Nische mit dem Gnadenbild, Wappen (Sternbach). Das Gnadenbild ist eine stehende Muttergottes mit dem Kind, freundlich-bäuerischer Blick, senkrecht fallende, unten knitterig umgelegte Falten. Meist in barocke Prunkgewänder gehüllt. Krone des Kindes gestohlen. Um 1470. Der Altar 1728 von Christophoro Benedetti. Gestiftet von Frh. Franz Andreas von Sternbach.

Altarschrein: An der Turmwand im Inneren der Kirche Mittelstück eines kleinen Flügelaltars mit rankenübersponnenem Sokkel und sich durchschneidenden Wimpergen. Darin Statuen*, Anna selbdritt, Agnes und Barbara. Anfang 16. Jh. (?).

Kanzel: Runde Brüstung mit Pilastergliederung. Darüber Engel mit Inschriftentafeln. Um 1820.

Beichtstühle: Pilaster mit Leistenrahmung und Einlegearbeit, 18. Jh.

Holzskulptur: Kruzifix, um 1700.

Gemälde: Übertragung des Gnadenbildes in die neue Kapelle, derbe, aber kulturhistorisch interessante Prozessionsdarstellung von 1728. Restauriert 1977. In der Sakristei 1673 datiertes Marienbild von Michael Pockh. Zahlreiche Votivtafeln, besonders des 18. Jh.s. Viele deponiert.

Trens, Entwurf für Gnadenaltar von Christophoro Benedetti 1728

2. Friedhofskapelle

Bau: Viereckbau mit Pyramidendach und Dachreiter, abgefaster Spitzbogentüre, gekehltem Dachgesims und Kreuzgratgewölbe. Um 1600. Restauriert 1969.

Holzskulpturen: 1. Margaretha und Barbara.* Um 1600. 2. Gekleidete Maria mit Kind, um 1700.

Weihwasserbecken: Weißer Marmor, achteckig, mit eingeschnürtem Schaft. Um 1500.

3. Sachsenkapelle (Reiterkapelle)

An der Straße nach Sterzing. Kleiner achtseitiger Bau, mit geschwungenem Dach, am Türmchen vergoldetes Fähnchen mit Jahrzahl 1781. Nischenartiger Vorraum, kleine Fensterchen, Gratgewölbe. An der Fassade berühmte Inschrift: Bis hierher und nicht weiter kamen die feindlichen Reiter. 1797 (von den Italienern entfernt, jetzt wiederhergestellt). In der Kapelle Bild der Trenser Muttergottes, in hübschem Holzrahmen, 18. Jh. Kapelle restauriert 1982/83.

4. Bildstock in Freienfeld

Großer viereckiger Bau mit Pyramidendach, zwei flachen und zwei tiefen Rundbogennischen, darin Holzfiguren Johannes Nepomuk und Ölberg, 18. Jh. Die östliche Flachnische bemalt mit Verkündigung, 17. Jh.?, Ornamentmuster und Blätter 1983 restauriert.

5. Kapelle in Freienfeld

Neubarock. Über der Tür Marmorrelief, Brustbild eines Pfarrherrn von Blattwerk und Blumen umgeben. Um 1700. Kapelle, lt. Inschrift darüber erbaut 1890 von den Geschwistern Bliger.

6. Auffindungskapelle

Volkskundlich interessante Trachtendarstellungen am Altarbild.

II. Häuser

1. Am *Malerhaus* gemalte Eckteinfassung und Fensterrahmungen, Maria mit hl. Lukas, Florian, Immaculata. Mitte des 18. Jh.s. Am Gasthof *Lener* in Freienfeld malerische Fassade mit reichverziertem Holzgiebel, gemauerter Freitreppe und Erkern. In der stark erneuerten Gaststube Leistengetäfel und Balkendecke, Inschrift von 1425.

Beim *Bircherwirt* ein gänzlich umgebauter mittelalterlicher Turm, wohl ursprünglich Sitz der seit Ende des 12. Jh.s genannten Herren von Trens, kam 1429 an Stephan Eppaner und wurde

von ihm umgebaut und *Eppurg* genannt (gotischer Steilgiebel im Dachraum). Später Besitzer 1506 Andreas Jöchl, Hölzl, Söll von Aichberg, Laimprucker, Ende 17. Jh. bis 1907 Hochrainer, seither Wirtsfamilie Mayr.
Ein mittelalterlicher Turmstumpf steckt auch im Haus Nr. 64 (Oasler).

III. Burg Sprechenstein

Geländebedingt besteht die ausgedehnte Anlage aus der höher gelegenen, als eigener Wehrabschnitt ausgestalteten Oberburg und der talseits vorgeschobenen, durch langgestreckte Ringmauer angesetzten Unterburg.
In der Hochburg Bergfried über rundem Grundriß mit rundbogigem Hocheinstieg und Trautsonwappen. Anschließend Mittelhof und mehrfach umgebautes Wohngebäude. In der Verbindungsmauer zur Unterburg frühgotische Schlitzscharten. Im unteren Burgbereich turmartiger Palas unter Pultdach, in der hofseitigen Front erneuerte, romanische Türe mit Wappen Trautson, darüber romanische Biforie. An den Palas schließt seitlich ein Wohntrakt mit der kleinen, spätromanischen Erasmuskapelle an, die im 18. Jh. umgebaut, nach Bombenschäden im letzten Krieg aber wieder in den ursprünglichen Zustand zurückversetzt wurde. Im Schiff an der Südwand gemaltes Trautsonwappen, 14. Jh., und Reste von Wandmalereien des späten 16. Jh.s. In der Apsis und am Triumphbogen Fresken, thronender Christus mir Evangelistensymbolen: Schweißtuch, Kreuz-

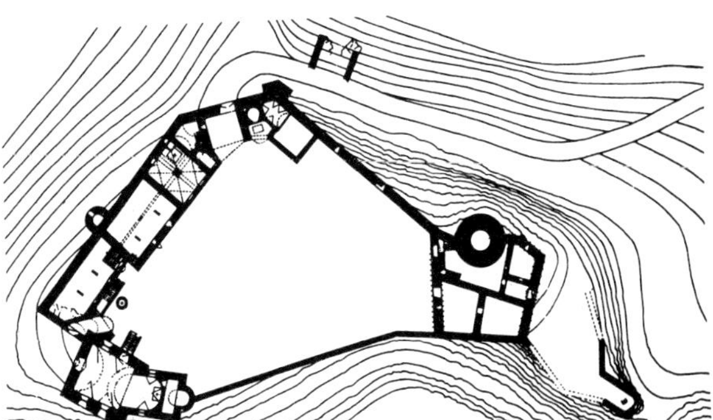

Sprechenstein. Vor 1945

tragung und Ölberg, sehr gute Arbeit von 1515; Anna selbdritt. An der Fensterleibung der Apsis und an ehemaliger Sakramentsnische dekorative Renaissancemalereien um 1530. Altärchen, Flügelschrein von Hans Meuchwez, 1505, stark restauriert, an der Wand mehrere spätgotische Figuren*. Gute Votivbilder und Meßkleider. Gemälde Martyrium des hl. Sebastian. Von Anton Siess. 1766. Im Wohnraum über dem Kapellengewölbe mit Fenstersitzen blieb die sehr interessante, dekorative Wandbemalung um 1400 erhalten, eines der wenigen noch vorhandenen Beispiele dieser Art.

An die westliche Ringmauer lehnt sich ein im Kern romanischer Gebäudeflügel an, der Anf. 16. Jh. mit dem Torturm zu einem einheitlichen Bau zusammengeschlossen wurde. Im ebenerdigen Keller Balkendecke und romanischer Stützpfeiler, spätgotische gewölbte Küche und Treppe mit Kreuzgratgewölben. In den Wohnräumen des Obergeschoßes einfache Getäfel und Holzdecken, über der Tür des jetzt unterteilten Saales die Jahreszahl 1511.

In einem Raum des Palas befinden sich die aus dem durch Bomben 1944 weitgehend zerstörten Schloß Trautson bei Matrei abgelösten spätgotischen profanen Fresken u. a. Darstellung des Neidhartschwankes und einer Gemsjagd.

An der nordöstl. Ringmauer das Burgtor mit auffallender Rahmung aus marmornen Keilsteinen und (früher) Spitzbogenform, im Scheitel gemeißeltes Trautsonwappen.

Die Burg wird 1241 als neu erbaut erwähnt und war ein tirolisches Lehen der Herren von Trautson, von denen sie 1775 durch Erbschaft an die Auersperg überging. Sie wurde im Zweiten Weltkrieg durch Bomben schwer beschädigt, jedoch 1947—54 durch die Besitzerfamilie Fürst Auersperg und das Kunstamt in Trient mit größter Bedachtnahme auf den ursprünglichen Bauzustand restauriert.

STILFES

I. Kirchen

1. Pfarrkirche zum hl. Petrus

Bau: Eine Pfarrei wird schon 1214 erwähnt. 1477 bis 1479 baute Pfarrer Johannes Arb eine neue Kirche (Baumeister Peter Steiner von Stilfes, Weihe 1496), deren aus Quadern erstellter schöner Spitzturm mit Sockel, spitzbogigen Maßwerkfenstern in Mar-

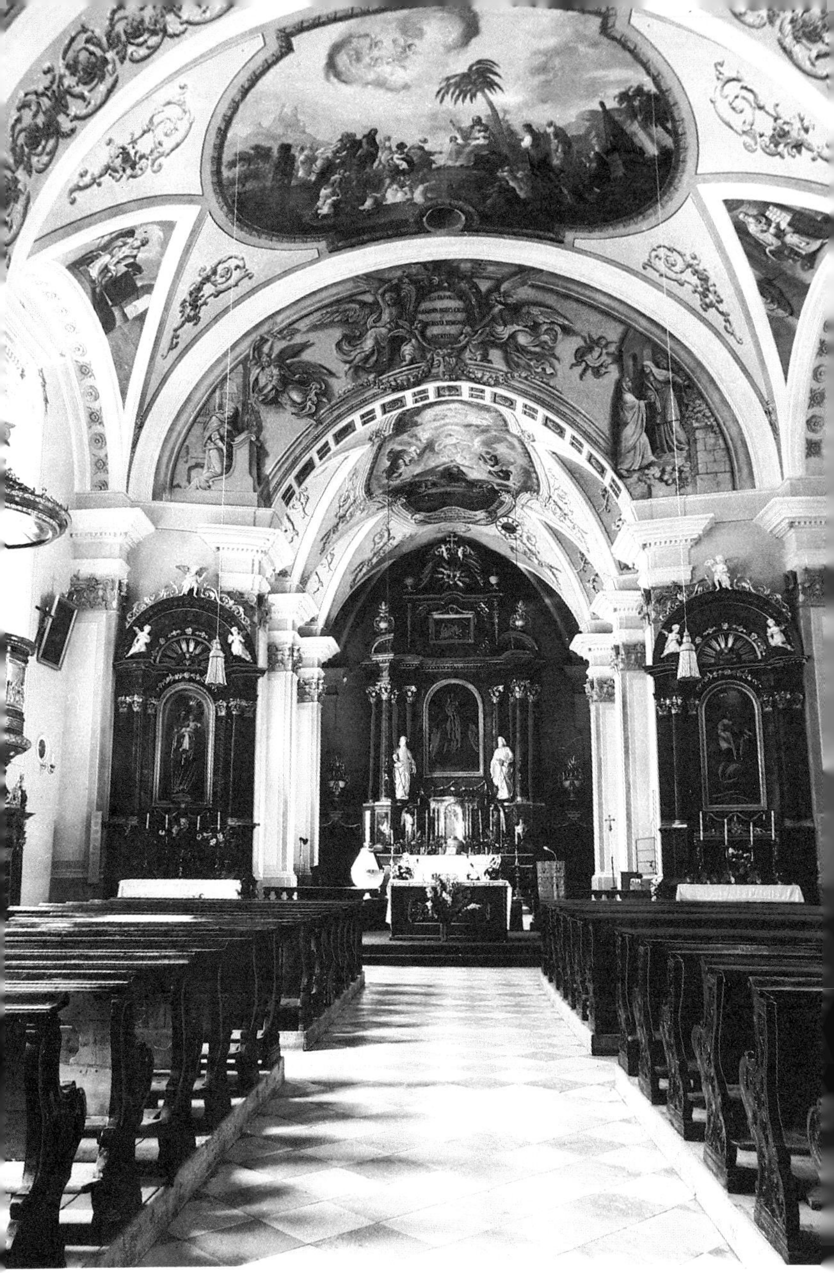

Inneres der Pfarrkirche Stilfes

morrahmung und Achteckhelm noch steht und deren Langhaus jetzt als Chor und Sakristei dient. Das der Rippen beraubte Gewölbe und teilweise auch die Dienste sind noch erhalten. 1840 bis 1843 wurde unter der Oberleitung des Kuraten Prantl von Pfitsch das heutige Langhaus errichtet, das im Äußeren durch die seitliche Fenstergruppe, im Innern durch die symmetrische Dreiteilung des Raumes (große Flachkuppel zwischen zwei Quertonnen) charakterisiert wird. Das östliche spitzbogige Seitenportal, dessen Marmorrahmung mit zwei Rundstäben verziert ist und die Jahreszahl 1479 trägt, ist zugemauert. Das Hauptportal mit der Jahreszahl 1477, dem Wappen und dem Namen des Erbauers Johannes Arb wurde am neuen Langhaus wiederverwendet. Gesamtrestaurierung 1983 abgeschlossen.

Deckengemälde: Im Chor Verklärung Christi, frei nach Raffael, und vier Evangelisten, am Triumphbogen Engel mit Inschriftkartusche, Maria Verkündigung und Heimsuchung, im Langhaus Bergpredigt, in den Zwickeln mit zwei Propheten, Schlüsselübergabe und Sieg über das Heidentum mit den vier Kirchenvätern, Petri Pfingstpredigt mit zwei Propheten. Die übrigen Gewölbefelder mit schweren Ranken gefüllt, Rankenornamente auch an den Fenstern. Über der Orgel Signatur: Gemahlen von Christoph Brandstätter 1844.

Hochaltar: Strenger Aufbau mit Seitentüren und drei Säulenpaaren, gerade abgestuftes Gebälk, Volutengiebel mit Vasen, Seitenstatuen hl. Paulus und Andreas, Bild Maria mit Christkind, Petrus und Johannes, am Aufsatz Gott Vater. Bilder von Alois Stadler 1827.

Seitenaltäre: 1. und 2. Säulen und Pilaster mit Rundgiebel, Bilder links Immaculata, rechts hl. Notburga in bäuerlicher Tracht.
3. und 4. Strenger Aufbau mit kannelierten Pilastern, Flachbogengiebel. Bilder links Antonius von Padua, rechts Sebastian, signiert A. Stadler 1827. Altäre um 1830.

Kanzel: Rundform. Reliefs Jesus am Jakobsbrunnen, Bergpredigt, die Arbeit im Weinberg. Wohl von Josef Benedikt Probst. 1840/45.

Beichtstühle: Rund vortretender Mittelteil, Pilastergliederung, Volutengiebel. Um 1840.

Kirchenstühle: Docken mit Rankenornament. Um 1840.

Kreuzwegstationen: Mitte 19. Jh.

Orgel: Klare sechsachsige Gliederung, reiches Schleierwerk. Von Franz Weber. Um 1860.

Die Fresken und die Einrichtung ergeben ein beachtenswertes Bild eines Raumes aus dem spätesten Barock bzw. Klassizismus.

Holzskulpturen: Kruzifix, 17. Jh., 2. Hälfte.
Marienstatue* mit scharfkantigem Faltenwurf, zierlichem Kopf und freier Bewegung vom Ende 15. Jh.s.

Gemälde: Dorothea*, 2. Hälfte 18. Jh., in reichem Rocaillerahmen.

Grabsteine: Fünf Grabsteine von Pfarrherren bzw. Dekanen von Stilfes, weißer Marmor. 1. Mit Kelch und Wappen: Hans Arb, Erbauer der Kirche, gest. 1505. 2. Mit Bildnisrelief: Michael Peisser, gest. 1685. 3. Mit Wappen und Inschrift, Ranken: Elias Vesmayr von Weyerburg zu Palbit, gest. 1704. 4. Ebenso: Thaddäus von Klebelsberg, gest. 1765. 5. Mit Wappen, Kelch, Sanduhr, abgebrochener Kerze, Voluten, Vasen: Joh. Anton Schröck, 1788.

Monstranz: Schlanker Turmaufbau, um 1500.

II. Häuser

Eine Reihe alter Häuser, vgl. etwa Nr. 5, 15, 18, 20, 45. Besondere Beachtung verdient der *Pfarrhof.* Das weitläufige, einem Herrensitz ähnliche Gebäude umschloß mit den jetzt teils abgebrochenen Wirtschaftsgebäuden einen Mittelhof. Erker, Sonnenuhren, eine in rotem Marmor mit Tierkreiszeichen, 1590, eine andere dat. 1584, in einem Zimmer einfache Holzdecke mit dem Wappen* des Johann Kneufl, Pfarrers von Stilfes und Weihbischofs von Brixen, der hier residierte, gest. 1533. Im Südost-Trakt des Gasthauses Wieser stehen die Mauern des *Turmes* der Herren von Stilfes, die um 1140 erstmals erwähnt werden.
Der *Öttlhof* (Nr. 10), ehemaliges Zollhaus. Turmanbau, gemalte Eckquadereinfassung, Doppeladler und Inschrift. Restauriert.

2. St. Valentin in Vallgeneun

Bau: Der zierliche, spätgotische Bau liegt sehr anmutig auf einem spitzen Hügel, dessen Konturen sich in der Architektur fortsetzen. Polygonaler Chorabschluß, Sockel, gekehltes Dachgesims, marmorgerahmtes Spitzbogenportal mit zwei gekreuzten Rundstäben und alter Holztür, die Seitentüre in Granitrahmung mit alten Beschlägen, Spitzbogenfenster, Netzgewölbe mit gekreuzten Rippen. Turm mit achteckiger Spitzpyramide über Giebeldreiecken. Nördlich steingerahmte Turmtür mit einspringenden Eckstücken, an der Sakristeitür Jahrzahl 1683. Eine Kirche 1397 erwähnt. Der heutige Bau um 1500. Sehr sorgfältig ausgeführt.

Altar: Neugotisch, von Josef Stauder, um 1860. Bild hl. Valentin von Josef Mühlmann.

Kanzel: Stiege und Brüstung gemauert. 15. Jh.

Glocke: 1548.

3. St. Anton in Niederflans

Bau: Einfache Bergkapelle mit geradem Abschluß, Kreuzgrat- und Tonnengewölbe. Kapelle und Altar 18. Jh. Tafelbild Christus in der Kelter, vor 1800.

4. Mariahilf in Niederflans

Bau: Polygonaler Chorabschluß, Rundbogenfenster, Tonne über Pilastern. 1669 errichtet.

Deckengemälde: Krönung Mariä. Bauzeit der Kapelle.

Altar: Säulenaufbau mit gesprengtem Giebel, Bild und Statuen* und Knorpelwerk. 17. Jh., 2. Hälfte, Anna selbdritt, Bonifatius, 16. Jh.

Ölgemälde: Christus und die Apostel.

MAULS

I. Kirchen

1. Pfarrkirche zum hl. Oswald

Bau: 1329 wird eine Kirche, 1433 eine neue Kirche erwähnt. Diesem gotischen Bau gehört nur noch der Spitzturm mit den gekuppelten und eingeblendeten Spitzbogenfenstern und der durchgehenden Quadrierung an. Westlich im Blendbogen Schachbrettmuster mit Bindenschild, südlich Reste einer Sonnenuhr, 1592. Die heutige Kirche mit dreiseitigem Chorabschluß, Rundbogenfenstern und Tonnengewölbe unter der Leitung des Kuraten Prantl von Pfitsch 1827 bis 1829 erbaut. Spätes Stadium des Brixner Kirchenbaustils der Rokokozeit. Gesamtrestaurierung 1982.

Wandgemälde: Im Schiff hl. Oswald verteilt Brot an die Armen, in Medaillons vier Kirchenväter; im Chor Geburt Christi. Nach Entwurf von Franz Plattner ausgeführt von Gschisser, um 1870. Dekoration später entfernt.

Altäre: Aus der Bauzeit der Kirche. Zwei Altarbilder, hl. Oswald und der Tod des hl. Josef von Josef Renzler, 1831 bzw. 1833. Das dritte Bild, hll. Johannes und Paulus, signiert Ant. Sieß pinxit MDCCLXXV.

Kanzel: An der Brüstung Reliefs, die Samariterin am Brunnen, die Bergpredigt, die Arbeit im Weinberge. Wohl von Josef Benedikt Probst. Um 1830.

Glasfenster (7): Figural. 1923/25. An der Kirchenfassade drei

Biedermeiergrabsteine in ähnlicher Ausführung. Maria Kiebacher 1838, Maria Wolf 1841, Kreszenz Zach 1819. — Staflersche Grabkapelle mit Denkmälern ab 1840.

2. Friedhofskapellen

An der Friedhofsmauer Kapelle als Kriegerdenkmal, 1948. — Die Totenkapelle ist ein einfacher, rechteckiger Bau mit Rundbogenfenstern, Vierecktür, im Innern Säulenaltärchen mit geschwungenem Giebel und Bild: Meßfeier mit der Gemeinde als Fürbitte für die armen Seelen. Ende 18. Jh. — Figuren des „Todes" und der „Tödin", Mitte 18. Jh. — An der Fassade zwei Marmorepitaphien für Karl Muzzio aus Riva, 1819 und Kurat Martin Penz von Wilten, 1803.

3. Marienkapelle

Bau: Einfacher, tonnengewölbter Bau mit reicher Stuckdekoration, 1698.

Altar: Säulenaufbau aus der 2. Hälfte des 18. Jh.s. Seitenfiguren, zwei heilige Bischöfe, 1. Drittel des 16. Jh.s.

Holzskulpturen: Hl. Josef mit dem Jesuskind. 18. Jh., 1. Hälfte. Schmerzensmann. Um 1700.

4. Bildstock

In einem einfachen Holzbildstock Statue des hl. Oswald, 16. Jh. 2. Hälfte. Statue gestohlen.

II. Häuser

Mehrere alte Häuser. Besondere Beachtung verdient der *Seeberhof* mit zweiarmiger Freitreppe, Erkern, eingemauerten Geschützkugeln und Malerei (jetzt übertüncht), vor dem Krieg und der nachfolgenden Erneuerung eines der reichsten und schönsten Südtiroler bäuerischen Häuser, und der Staflerwirt mit breiter, schräggestellter Front, kräftigen Erkern und weit vorkragendem Dach, 17. bzw. 19. Jh. mit modernen Anbauten. In dem der Marienkapelle gegenüberliegenden Haus „beim Wieland" Stube mit spätgotischer Balkendecke.

III. Welfenstein

Von der 1271 im Besitz des Otto Welf, eines Sprößlings der alten Herren von Wels (Welfs)berg, erwähnten Burg hat sich nur der untere Teil des Palas und ein Stück Ringmauer erhalten. Der ursprüngliche Turm in der Ostecke des Hauptbaus eingebaut. Die Ruine wurde 1893 bis 1897 durch den Maler Edgar Meyer in spielerischer Form ausgebaut und ist 1918 beim Einzug der Italiener abgebrannt, neuerdings durch einen Nachkommen von Edgar Meyer erneuert.

IV. Römischer Grabstein

Gegenüber Staflerwirt. Seiner Mutter Aurelia Ruffina (errichtete) Aelius Quartinus (diesen Grabstein). Kopie. Original im Landesmuseum Innsbruck. 200 n. Chr.

MITTEWALD

1. Pfarrkirche zum hl. Martin

Bau: Eine Kirche 1345 erwähnt. Neue Weihe 1473. Aus dieser Zeit stammt noch der Spitzturm mit den eingeblendeten und gekuppelten Spitzbogenschallfenstern. Die heutige Kirche mit dreiteiligen Fenstergruppen im Süden und Norden und zwei Flachtonnen unter Leitung des Kuraten Jakob Prantl (Pfitsch) 1831/33 erbaut.

Deckengemälde: Verehrung des Altarssakraments durch die vier Erdteile, Tod des hl. Martinus, in den Zwickeln in Grisaille vier Szenen aus seinem Leben. Ruhe auf der Flucht. Von Josef Renzler, 1832.

Einrichtung: Bauzeit der Kirche. Die Altarbilder, Tod des hl. Martinus, Anbetung der Könige, hl. Sebastian, von Josef Renzler, 1834, 1835 und 1836. Die beiden letzteren mit den Stifterwappen der Familien Prez und Gartner, in der Komposition inspiriert von Paul Troger. Seitenstatuen am Hochaltar Petrus und Paulus, 18. Jh.

Kanzel, Chorstühle, Beichtstühle, Bänke: Mit vergoldeten Schnitzornamenten, um 1830.

Glasfenster: Figural. zwei von 1896, zwei von 1956, Tiroler Glasmalerei.

Epitaph: Wappen Prez, 1577. Darunter Inschrift über die Geschichte der Kirche und die Erweiterung von 1833. Mit Chronogramm 1833.

Weihwasserstein: Weißer Marmor. I. P. (wohl Ignaz Prez), 1853. An der Außenwand der Kirche Marmorgrabstein mit Ewigkeitssymbolen, für de Settomini, 1864 (Signatur Teresa Milanese 1865).

2. St. Isidor am Friedhof

Achteckiger Grundriß, Tonnengewölbe über Eckpilastern. Erbaut 1700, geweiht 1705. Altar und Stuckdekoration aus gleicher Zeit. Die Statuen des hl. Isidor und zweier Apostel 1973 gestohlen. An den Wänden Ölgemälde, Leben des hl. Isidor, 1708. Außen Reste von Wandgemälden.

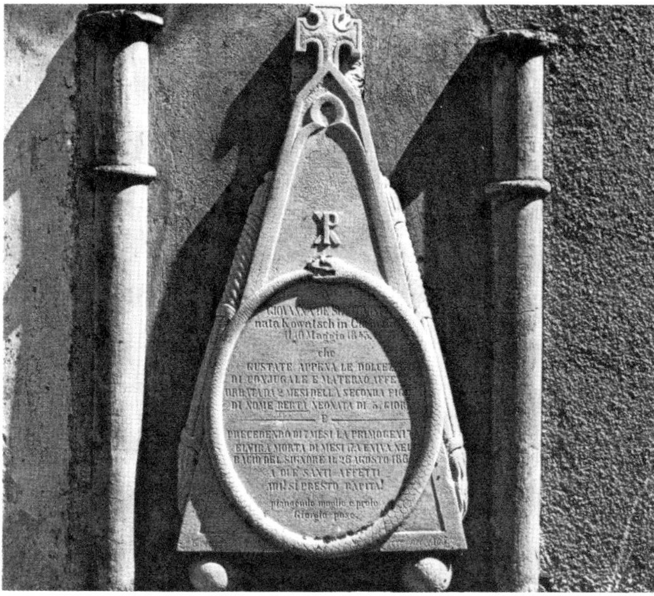

Mittewald, Grabstein von 1864

3. St. Anna im Sack

Bau: Gotischer Bau mit polygonalem Chorabschluß, steingerahmter Vierecktüre, Vierpaßokulus. Spitzbogenfenster und Netzgewölbe über Spitzkonsolen. 1512.

Wandgemälde:

1. und 2. Krönung Mariä und Jüngstes Gericht, mit Stifterfiguren, Wappen und Inschrift. Ende 16. Jh. und 1605. Restauriert.
3. Maria mit Christkind und Engeln. Von Emanuel Raffeiner. 1908.
4. Außen Spuren eines Gemäldes.

Altar: Gedrehte Säulchen, bewegtes Gebälk, aufgerollte Giebelstücke, Bild, Hl. Familie und Skulpturen, hl. Johannes, Joachim, Anna, Josef und Engel. 1774. Gestohlen. 1974.

4. Kapelle an der Straße bei Sax

Kleiner Rechteckbau mit geradem Abschluß. 17. Jh. Ausgeräumt. Weihwasserstein mit skulpiertem Wappen. An der Altarwand Schmiedeeisengitter mit Kreuzblume, wohl vom alten Fenster.

OBERAU

Pfarrkirche zur Heiligen Familie

Bau: Die erste Kirche von Johann und Leopold Peisser 1669 erbaut, 1720 abgebrannt und 1721 durch den heutigen Bau ersetzt. Kleiner Rechteckbau mit abgesetztem Chor und Fassadendachreiter, Wandpilastern mit verkröpftem Gebälk und Gratgewölbe und Quergurten. Am Triumphbogen Stuckkartusche mit gemaltem Allianzwappen, mit Initialen HPVVZW·EMPGS und Jahrzahl 1687.

Wandgemälde: In zwei Stuckrahmen an der Decke Mariä Krönung und Lamm Gottes (= neu); außen an der Fassade hl. Familie, verblaßt.

Hochaltar: Aufbau mit gedrehten Säulen und gesprengtem Giebel und guten Statuen, Silvester und Martin, zwei Engel. Um 1670. Tabernakel um 1740. Bild: Tod des hl. Josef, Kopie nach Franz Hellweger. Jetzt dort ehemaliges Friedhofskruzifix. Im Aufsatz Bild Gottvater.

Seitenaltar: Zwei kannelierte Säulchen, Volutenansätze, Knorpelwerk und Bild Engelsturz. Um 1670. Altäre stark überfaßt.

Holzskulptur: Maria mit Christkind, vom Rosenkranz umrahmt.* 17. Jh., 2. Hälfte.

FRANZENSFESTE

1. Pfarrkirche zum hl. Herzen Jesu

Bau: Mit eingezogenem, polygonal abschließendem Chor und Spitzturm. Neuromanisch. Baumeister Josef Huber, nach dem Entwurf von Franz von Neumann, Wien. Grundsteinlegung 1898, Weihe 1899. Restaurierung 1979 — 1982.

Hochaltar: Neuromanisch, Steinarbeit von Thaler, Tischlerarbeit und Holzskulpturen von August Valentin in Brixen. 1900.

Seitenaltäre: Neuromanisch mit Statuen; Maria und Josef. August Valentin, 1902 und 1903.

Kreuzweg: Von Heinrich Kluibenschedl. Um 1900. Die übrige Einrichtung um 1900.

Holzrelief: * Kreuztragung mit Stifter und Wappen. Ehemalige Predella, 2. Hälfte des 16. Jh.s.

2. Festung

Die Festung, aus einem oberen und einem unteren Teil bestehend, wurde 1833 bis 1839 erbaut, hat aber militärisch nie eine

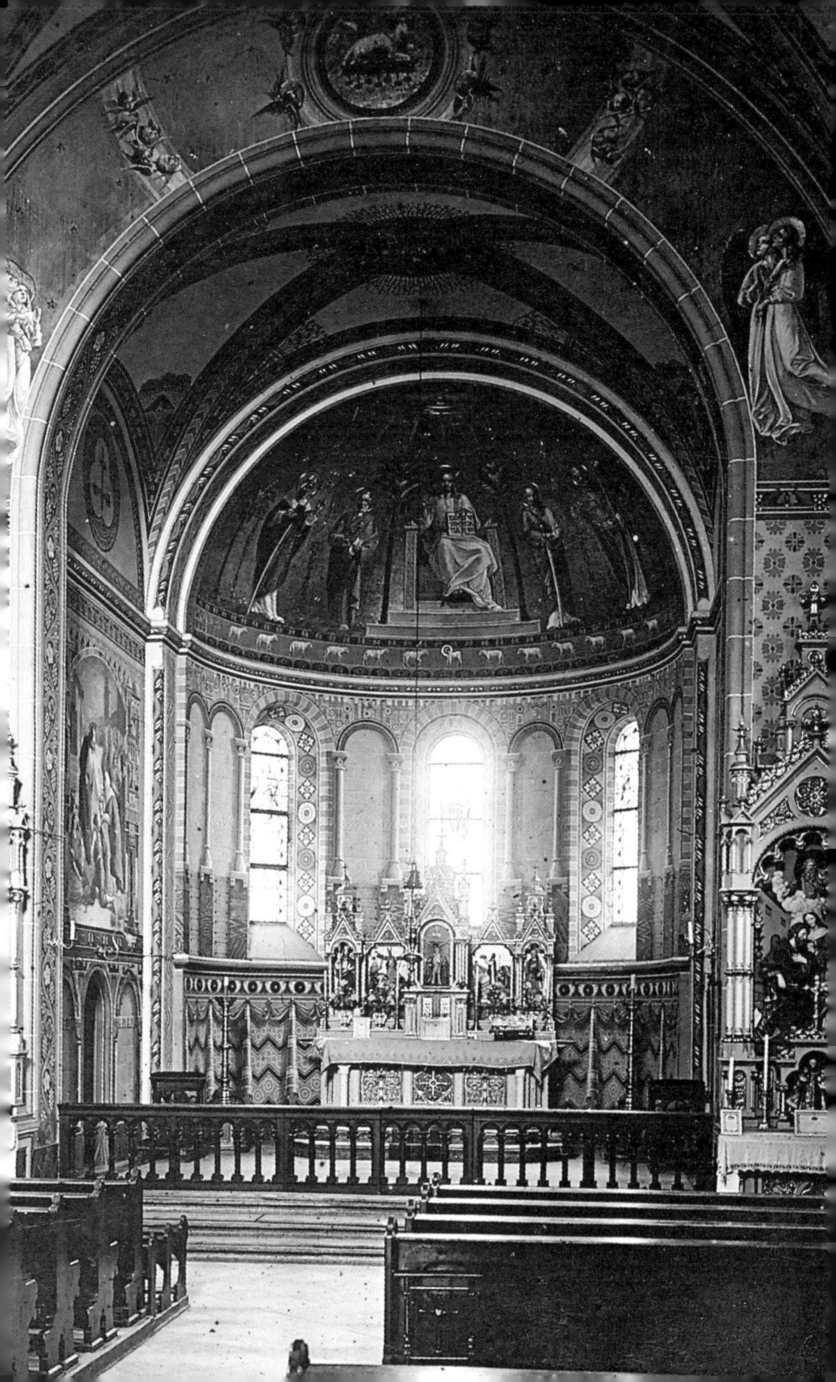

Rolle gespielt. Die kleine, frei stehende Kapelle wurde 1845 konsekriert und ist in Tirol eines der frühesten Beispiele des neugotischen Baustils. Entwurf: Gedeon von Rado, Wien. Altarbild, Taufe Christi, von Karl Blaas. Um 1845. Restaurierung der Kapelle 1978. Nicht zugänglich.

SCHABS

I. Kirchen

1. Pfarrkirche zur hl. Margaretha

Bau: Eine Kirchweihe angeblich schon 1281. Die Kirche urkundlich erwähnt 1330. Der heutige spätgotische, um 1500 errichtete Bau ist aus Granitquadern aufgeführt, zeigt Sockel, Streben, polygonalen Chorabschluß, der Rippen beraubtes Stichkappengewölbe über kräftigen Wandpfeilern und Längsgurten, und einen schönen, schlanken Spitzturm, dessen Giebelerker und Spitzbogenfenster vom Weißen Turm in Brixen beeinflußt sind. Portal mit dem Wappen des Neustifter Prälaten Fortunat Troyer und der Herrschaft Rodenegg von 1681. Aus derselben Zeit die nördlich angebaute Gruft und darüber die mit einer Flachkuppel über Eckpilastern und Gurten versehene, an den Ecken abgeschrägte Seitenkapelle. Das Innere wurde Ende des 18. Jh.s barockisiert.

Deckengemälde:
1. In der Seitenkapelle Marienleben. Bez. Ägid Schor 1687.
2. In der Kirche Martyrium der hl. Margaretha und hl. Katharina. Von Johann Mitterwurzer. Um 1787.

Hochaltar: Säulenaufbau mit eingerollten Giebelstücken. Aufsatz und Seitenstatuen, hl. Silvester und Augustin, im Aufsatz Himmelskönigin, darüber Gottvater mit Weltkugel. 17. Jh., 1. Hälfte. Mensa, Tabernakel, Seitentüren und Bild, hl. Margaretha, Kopie nach Christoph Unterberger, 19. Jh., 1. Hälfte. Ambo: Aus den alten Teilen der Kanzel (Kirchenväterreliefs) zusammengestellt. 17. Jh.

Seitenaltäre: Anfang 19. Jh. Das Bild* des hl. Anton von Padua, signiert B. M. 1742.

Kapellenaltar: Gedrehte Säulchen mit Lorbeergewinden und Seitenansätzen, verkröpftes Gebälk, aufgebogene Giebelstücke, Knorpelwerk, Skulpturen Josef und Anna und Bild, Mariä Verkündigung. 17. Jh., 2. Hälfte.

Gemälde:
1. Anbetung der Weisen.* Monogramm Stephan Kessler 1648.
2. In der Kapelle:
Votivbild*: Zur Erinnerung an einen Wagenunfall. 1681. Gute Arbeit. Ursprünglich in einem aus diesem Anlaß errichteten Bildstock.
3. In der Gruft: Marientod, Ende 17. Jh.

Kirchenstühle: Ausgeschnittene Rückwand, bewegte Docken mit geschnitzten Löwen. Mitte 18. Jh.

Schmiedeeisengitter: An der Kapelle, in der Gruft und dortige Leuchterbank. 17. Jh.

2. St. Nikolaus in Aicha

Bau: Eine Kapelle nach der Überlieferung 1403 erbaut. Aus dieser Zeit stammt noch der Spitzturm mit den gekuppelten, stumpf-spitzbogigen, eingeblendeten Schallfenstern. Die heutige Kirche, aus Granitquadern aufgeführt, mit polygonalem Chorabschluß, schmächtigen Streben, Sockel, Dachgesims, Spitzbogenfenstern, einer Vierecktüre und einer Spitzbogentüre und mit derbem Rippennetz über einfachen, länglichen Konsolen, zeigt die Formen der verfallenden Gotik und wurde im späten 16. Jh. erbaut. Sie ergibt mit der großen Linde ein schönes Ortsbild. Innenrestaurierung 1977.

Wandgemälde: Bei der Restaurierung freigelegt, im Chor in den Rippenzwickeln Nikolaus und Maria mit Kind. Auf den Schlußsteinen die Evangelistensymbole und Schweißtuch, Baudaten. Brixner Schule, Umkreis Meister Leonhard. Am Triumphbogen Jahrzahlen 1464, 1649, 1725; die erste wohl auf Entstehungszeit der Fresken, die anderen auf spätere Restaurierungen zu beziehen.

Altäre: Aufbau mit gedrehten Säulen mit Blattgewinden. Am Hochaltar (1724) Bild, hl. Nikolaus, hl. Oswald und Katharina, Johann Mitterwurzer zugeschrieben. Die Seitenstatuen Johannes d. T., Johannes d. Ev. und im Aufsatz plastische Gruppe der Krönung Mariens. An den Seitenaltären zahlreiche Figuren, in den Mittelnischen links Immakulata, rechts Mutter Anna. Anfang 18. Jh. Alle Figuren 1973 und 1975 gestohlen.

Kanzel: Polygonale Form, Volutenpilaster, Knorpelwerk und Ranken. Um 1660. Auf dem Schalldeckel hl. Michael. Anfang 18. Jh.

Holzskulpturen: Hl. Sebastian, 17. Jh., 2. Hälfte. — Kruzifix, 17. Jh., 1. Hälfte.

Gemälde: Armenseelenbild mit Maria, Anna und Nikolaus. Aus der Friedhofskapelle. Um 1720.

Leuchterbänke: Schmiedeeisen. 17. Jh.

Glocken: 1488 und 1553.

3. Friedhofskapelle in Aicha

Einfacher Bau des 17. Jh.s mit Viereck- und darüber Halbkreisfenstern und mit Kreuzgratgewölbe über flachen Pilastern und leichtem Gesims.

Holzskulpturen:* Schmerzensmann und Schmerzensmutter auf gebauchten Sockeln. Gute Arbeit aus der 1. Hälfte des 18. Jh.s.

Friedhofskreuz:* Flatterndes Lendentuch, 16. Jh., 1. Hälfte.

II. Bildstock

An der Straße nach Franzensfeste. Holzskulptur, Vesperbild. 16. Jh., 1. Hälfte. Derzeit deponiert.

NATZ

I. Kirchen

1. Pfarrkirche zu den Heiligen Philipp und Jakob

Bau: Die Pfarre wurde 1157 dem Kloster Neustift inkorporiert, eine Kirchenweihe wird 1208 erwähnt. Der Turm mit drei Reihen teilweise vermauerter gekuppelter Spitzbogenfenster und Blenden, wohl um 1400, mit moderner Kuppelhaube. Die Kirche, um 1500 aus Granitquadern erbaut, zeigt umlaufenden Sockel mit Quaderschräge, gekehltes Dachgesims, am Portal Wappen der Gerichtsherrschaft Wolkenstein-Rodenegg und des Prälaten Hieronymus von Rottenpuech von 1674, südlich Spitzbogenportal mit Rundstab und Spitzbogenfenster. Das Netzgewölbe ist im Langhaus ein Wechselgewölbe mit viereckigen und fünfpaßförmigen Schlußsteinen, im Chor regelmäßig. Der Triumphbogen oben gekehlt. Restaurierung 1975.

Hochaltar: Neugotisch. Thronende Madonna mit Christkind, musizierende Engel, Agnes, Ursula, pacherisch, um 1470.

Seitenaltäre: In früher, reizvoller Neugotik. Bilder, Hl. Familie, Taufe Christi, um 1700.

Die übrige *Einrichtung* neugotisch.

Glocke: Gegossen von Hans Schelener und Benedikt Grasmair 1637.

2. St. Ägydius in Raas

Bau: Eine Weihe angeblich 1173. Der heutige spätgotische Bau mit Sockel, polygonalem Chorabschluß, Spitzbogenportal, spitzbogigen, aber später veränderten Fenstern, im Langhaus mit Stern-, im Chor mit reichem Netzgewölbe. Am Spitzturm schmale Spitzbogentüre und spitzbogige Schallfenster. Restaurierung 1976.

Einrichtung und Dekoration: Neugotisch. Um 1880. Allegorisches Fresko von Johann Peskoller, um 1930.

Stühle: Reiches Rocaille. 3. Viertel des 18. Jh.s.

Weihwasserstein: 17. Jh.

Holzskulpturen: Übermalte (gotische?) Kreuzigungsgruppe mit Ähnlichkeit zur Gruppe im Altar von St. Sigmund/Pustertal. In der Friedhofskapelle Kruzifixus und Leidensweg Christi, derbe, aber volkskundlich interessante Figuren, um 1700.

3. St. Magdalena in Viums

Bau: Eine Weihe ist 1281 gemeldet. Der heutige Bau, um 1500 ausgeführt, zeigt Sockel und Dachgesims, eine Flach- und eine Spitzbogentür in gekehlter Rahmung. Netzgewölbe mit viereckigen Schlußsteinen und zahlreichen profilierten Rippen auf kleinen Konsolen. Der unterste Teil des Turmes stammt aus derselben Zeit, wurde aber erst im 17. Jh. in der heutigen verjüngten Form mit runden Schallfenstern und niedrigem Viereckdach ausgebaut.

Wandgemälde:

1. Außen südlich Kreuzigungsgruppe und die Heiligen Laurentius, Valentin, Martin, Georg, Florian, Magdalena, Ursula. Um 1500.
2. An der Fassade Maria mit Christkind und Prälatenwappen Marcus Hauser. 1677.

Hochaltar: Kannelierte Säulen mit verkröpftem Gebälk, gesprengtem Rundgiebel, Knorpelornament, Statuen und Bild, Maria mit Christkind, Engelkranz, Laurentius und Georg, wohl von Stephan Kessler. 17. Jh., 2. Hälfte.

Seitenaltar: Säulenaufbau mit bewegtem Gebälk, Giebelstücke, Aufsatz, Knorpelwerk, Bild hl. Barbara und Statuen. Sehr gut geschnitzte Engel mit Girlanden. 18. Jh., 1. Hälfte. Am Bild Wappen des Prälaten Alphons von Rost (1721—1728).

Kanzel: Polygonale Form mit Volutenpilastern und gesprengtem Dreieckgiebel. 17. Jh.

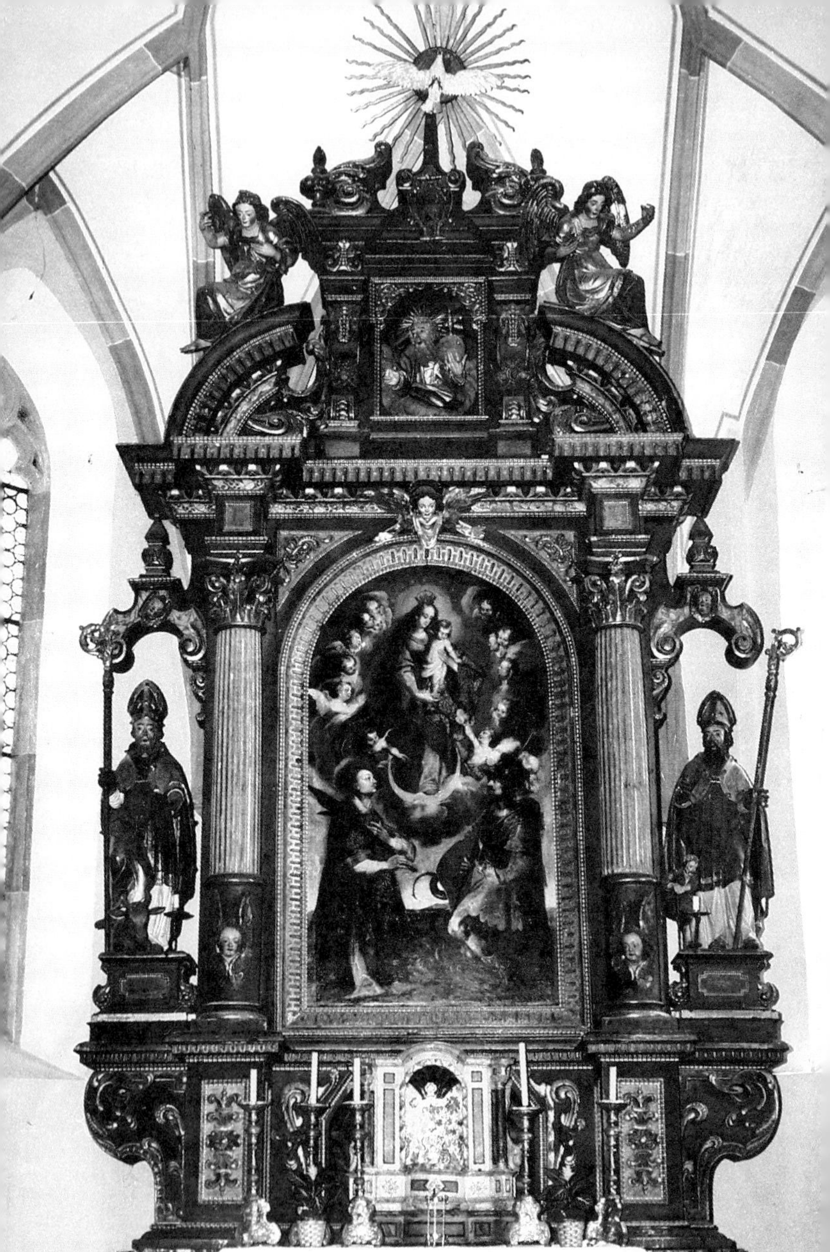

Viums, Hochaltar

Holzskulpturen:
1. Hl. Valentin. Frühes 15. Jh.
2. Hl. Martin und hl. Georg, 15. Jh., 2. Hälfte.
3. Barbara und Magdalena, um 1630.
4. Schmerzensmann, 17. Jh.
5. Pietà, 17. Jh.

Hl. Valentin und Martin im April 1975 gestohlen, ebenso Engel vom Seitenaltar.

Kerzenstangen: Gedrehter Schaft und Fruchtgewinde, über vier Engelsköpfchen Gehäuse mit vier gedrehten Säulchen, darin Statuetten des hl. Georg und der Magdalena, 17. Jh., 2. Hälfte. Derzeit deponiert.

4. St. Peter und Paul in Elvas

Bau: Eine Kirchweihe wird angeblich schon 1077 erwähnt. Der Spitzturm mit spitzbogigen Schallfenstern wurde erst 1609 aus riesigen Quadern aufgeführt. Die gerade abschließende Kirche mit Vierecktüren, Viereck- und Lünettenfenstern, Strebepfeilern, Tonne und Pilastern und verkröpftem Gebälk, Stichkappentonne und Quergurten wurde 1696 von Johann Baptist Delai in die heutige Form gebracht und 1698 geweiht. Restaurierung 1976.

Hochaltar: Ungewöhnlich kräftiger Säulenaufbau mit abgetrepptem Gebälk und gesprengtem Giebel; Bild, Petrus und Paulus, von Nikolaus Weis, 1718.

Kanzel und Chorstühle: Pilaster und leistengerahmte Felder mit gesprengten Dreieckgiebeln. Mitte 17. Jh.

Holzskulpturen: Rosenkranzmadonna, 17. Jh., 2. Hälfte. Kruzifix mit Gottvater, 18. Jh., 1. Hälfte.

Leuchterbank: Schmiedeeisen mit Spiralen und Ranken. Um 1709.

*Glocke:** 1418.

5. Friedhofskapelle in Elvas

Bau: Polygonaler Abschluß, Viereck- und darüber Lünettenfenster, Gratgewölbe über Pilastern und Gebälk. 17. Jh.

Altar: Säulenaufbau mit gesprengtem Volutengiebel,* Bild arme Seelen mit Kreuz. 17. Jh.

*Holzskulpturen:** Unser Herr im Elend, 17. Jh.

II. Bildstöcke

1. Am oberen Weg von Brixen nach Neustift in die Wegmauer eingebaut. Viereckpfeiler, Aufsatz mit niedrigem Viereckdach,

in der flachen Nische Fresken, Schweißtuch, Ecce-Homo, Guter Hirte, Ölberg. Um 1600.
2. Am Weg von Brixen nach Elvas. Viereckpfeiler mit Tabernakelaufsatz und schlankem, ausgeschweiftem Spitzdach. Um 1500. Bilder von Johann Baptist Oberkofler.
3. In Elvas. Schlanker Viereckschaft, Tabernakelaufsatz mit Nischen, Spitzdach, Reste derber Fresken. 16. Jh., 1. Hälfte. Übermalt.

III. Häuser und Edelsitze

Zahlreiche malerische alte Häuser, zumal in Raas und Viums, vielfach mit Spitzbogentüren, jedoch vielfach erneuert.
Der Ansitz *Hanberg*, mit marmorgerahmtem Rundbogenportal und Wappen, der ursprünglich vom Domherrn Sigismund Han 1559 zu einem Edelsitz ausgebaut und für ihn gefreit wurde, verdankt seine heutige Gestalt erst einem Umbau um 1890 unter der Besitzerfamilie Hauptmann Kraus.

LÜSEN

I. Kirchen

1. Pfarrkirche zum hl. Georg

Bau: Am Turm die Jahreszahl 1472, spitzbogige Schallfenster und achteckiges Pyramidendach. Die 1502 geweihte Kirche mit Rundbogenportalen, flach- und rundbogigen Seiten- und einem lyraförmigen Fassadenfenster, Spitzbogengewölbe über plumpen Wandpfeilern und schweren Gurten und mit dreiseitigem Chorabschluß wurde 1773 bis 1775 erweitert, barockisiert und der Rippen beraubt. Nach dem Brand von 1921, dem auch der größte Teil der Einrichtung zum Opfer fiel, wurde sie wiederhergestellt, verlängert und erhöht. Zwei Restaurierungen 1960 und 1972 bis 1976 ließen die ursprüngliche Gestalt der Kirche wieder klarer hervortreten.

Wandgemälde: Am Turm Sonnenuhr in Wappenkranz, an der Südwand Christophorus um 1700. Die Deckengemälde von J. B. Oberkofler, 1958.

Altäre: Einfache Aufbauten, die Seitenaltäre mit Säulen. Hochaltarbild, hl. Georg, von J. B. Oberkofler, 1960 das frühere Altarbild von Joseph Schelzki, 1796. Skulpturen (hl. Kilian und Nikolaus) 17. Jh.; Seitenaltarbilder, Rosenkranzbild und Sebastian, von Georg Kachler, 1816, 1817. Die kleinen Bilder, hl. Josef und Mutter Anna, von Josef Renzler.

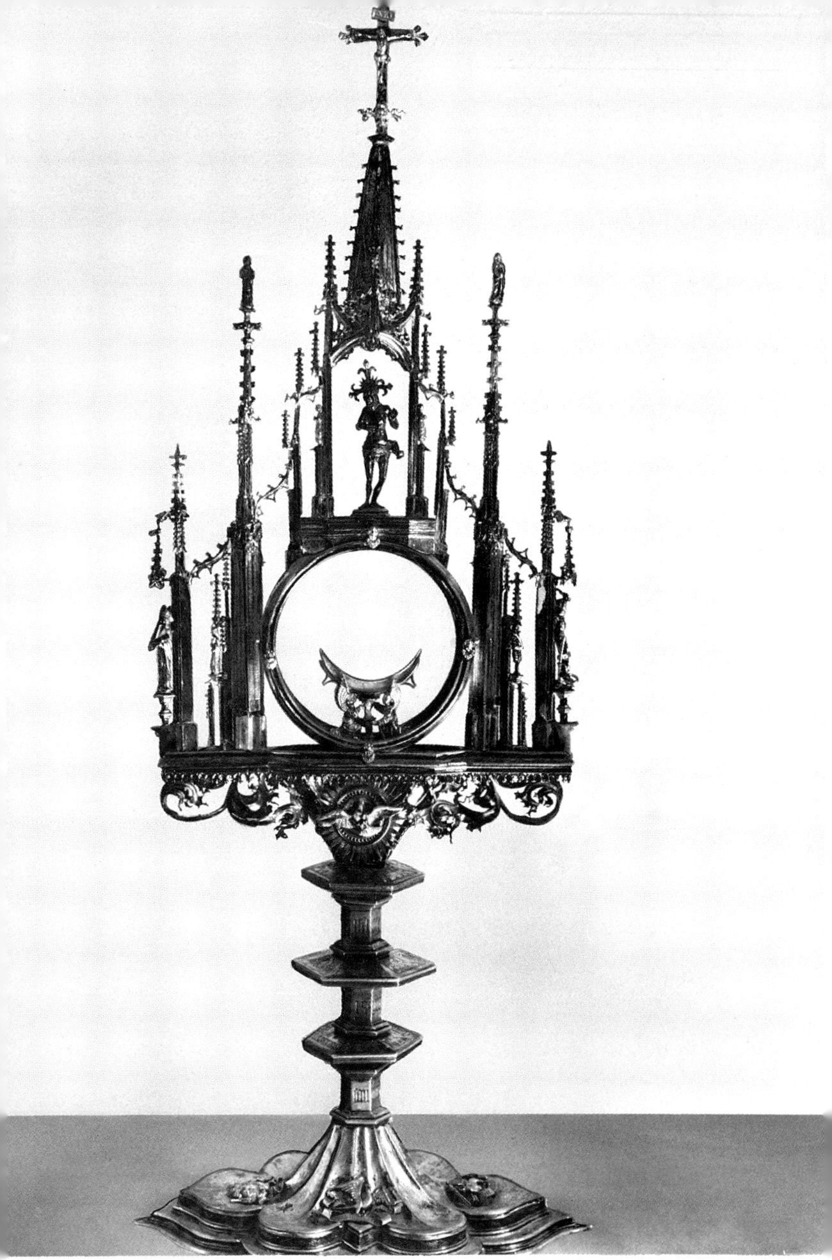

Lüsen, Monstranz von 1490

Monstranz: Silber, Sechspaßfuß mit Evangelistensymbolen, drei gravierte Knäufe, Turmaufbau mit rundem Hostienbehälter, Fialen, Tabernakeln und Statuetten. Laut Inschrift von Meister Christoph, 1490.

Skulpturen: Pietà, Holz, um 1430. Fassung 19. Jh.

Kreuzweg: 19. Jh., 1. Hälfte.

Fastentuch: Gute Arbeit, als Tafelbild verwendet, 17. Jh.

2. St. Kilian

Bau: Diese neben der Pfarrkiche stehende, um 1400 erbaute, 1683 erneuerte Kirche besitzt in der geräumigen Vorhalle einen Altar mit steinernem Tisch, Armenseelenfresko und Skulpturen, 17. Jh., und eine steingerahmte Rundbogentüre, darüber ein Rund- und Flachbogenfenster. In der Vorhalle Grat-, in der Kirche Spitzbogengewölbe über Mauerpfeilern. Polygonaler Chorabschluß.

Hochaltar: Flügelaufbau. Im Hauptschrein, der allein alt ist, unter sich durchschneidenden Wimpergen Statuen*, hl. Kilian* mit zwei Genossen, an den Flügeln innen Reliefs, Nikolaus und Georg, außen Bilder, Elisabeth und Thomas mit Stifter. Maßwerk und Rankenwerk. Laut Inschrift gestiftet von Georg Wücherle, der bis 1497 in Lüsen Pfarrer war. Flügel um 1880 übermalt.

Seitenaltäre: Nischenaufbau mit zahlreichen* Skulpturen. 17. Jh., 2. Hälfte.

Holzskulpturen: Kreuzigungsgruppe. Kruzifix, 17. Jh., Maria und Johannes*, Ende 15. Jh. Die Kirche besitzt ein hervorragendes Hl. Grab, Ende 18. Jh., und einen Kreuzweg, um 1820 (jetzt in der Pfarrkiche).

Grabsteine: Weißer Marmor. Kelch und Minuskelinschrift, Johannes Thanhauser, Pfarrvikar, gest. 1511, und Hans Purkmair, gest. 1512 (dem Verfall preisgegeben), und mehrere des 18. Jh.s.

3. St. Nikolaus in Petschied

Bau: Die 1513 erbaute spätgotische Kirche, die noch die nördliche Spitzbogentüre, die Spitzbogenfenster, das Netzgewölbe mit runden Schlußsteinen, den polygonalen Chorabschluß und den Spitzturm mit den spitzbogigen Schallfenstern bewahrt hat, wurde 1692 verlängert. 1883 durch F. Rudiferia restauriert.

Wandgemälde: Hl. Christophorus. Anfang 16. Jh. Teilweise zerstört.

Altar: Neugotischer Nischenbau. Die Figuren der Heiligen Nikolaus und Martin 16. Jh., 1. Hälfte, neu gefaßt, die des hl. Silvester von Josef Rudiferia, Bildhauer in Abtei, 1883. Als Volksaltar dient eine Truhe* von 1858, gute Ornamente.

Orgel: Anfang 17. Jh. In die Empore eingebaut.

4. Kapelle von Flitt

Erbaut 1913. 1976 restauriert.

Altar: Das Mittelstück ist der mittlere Teil eines einfachen gotischen Altars, mit einem blattwerkumwundenen Stab und einem Eselsrücken abgeschlossen, darin Skulptur, Elisabeth aus einer Heimsuchung, um 1510, dzt. deponiert.

5. Kapelle beim Niedrist

Auf dem einfachen Altar Holzskulpturen, Katharina, eine weibliche Heilige, Maria und Josef, gute Arbeit des 17. Jh.s.

II. Meierhof

Die behäbige, malerische Gebäudegruppe ist ein alter bischöflicher Küchenmeierhof, dessen adelige Meier schon um 1200 erwähnt werden. Von der Mitte des 15. Jh.s. bis 1745 im Besitz der Herren von Mayrhofer, vorher Stempfl.

III. Widum

In der zum Pfarrsaal umgestalteten oberen Stube Inschrift des Erbauers, Pfarrer Laurentius Erlichmann, von 1481, Holzskulpturen des hl. Vitus, um 1550, Kreuzigungsgruppe Maria und Johannes mit knitterigem Faltenwurf, um 1480, das Kruzifix um 1600. In der Bibliothek mehrere beim Kirchenbrand 1921 geborgene frühbarocke Ausstattungsstücke.

NEUSTIFT

Zu Füßen amphiteatralisch aufsteigender Weinberge in einem stillen Winkel am Eisack liegt eine malerische und eng geschlossene Gruppe der verschiedensten Bauten, die jedoch alle zur Klosteranlage gehören. Durch die dichte Neubesiedlung des Umlandes ist der einstige dominierende Charakter der Anlage allerdings nicht mehr gegeben. Das Stift selber wurde vom seligen Bischof Hartmann mit Beihilfe Reginberts, des Burggrafen von Säben, 1142 gegründet und nach dem Brand von 1190 durch Propst Konrad von Rodank erneuert, so daß auf Konrads Bauten im wesentlichen auch noch die heutige Gesamtanlage zurückzuführen ist, die dem Schema der deutschen mittelalterlichen Klosteranlage folgt.

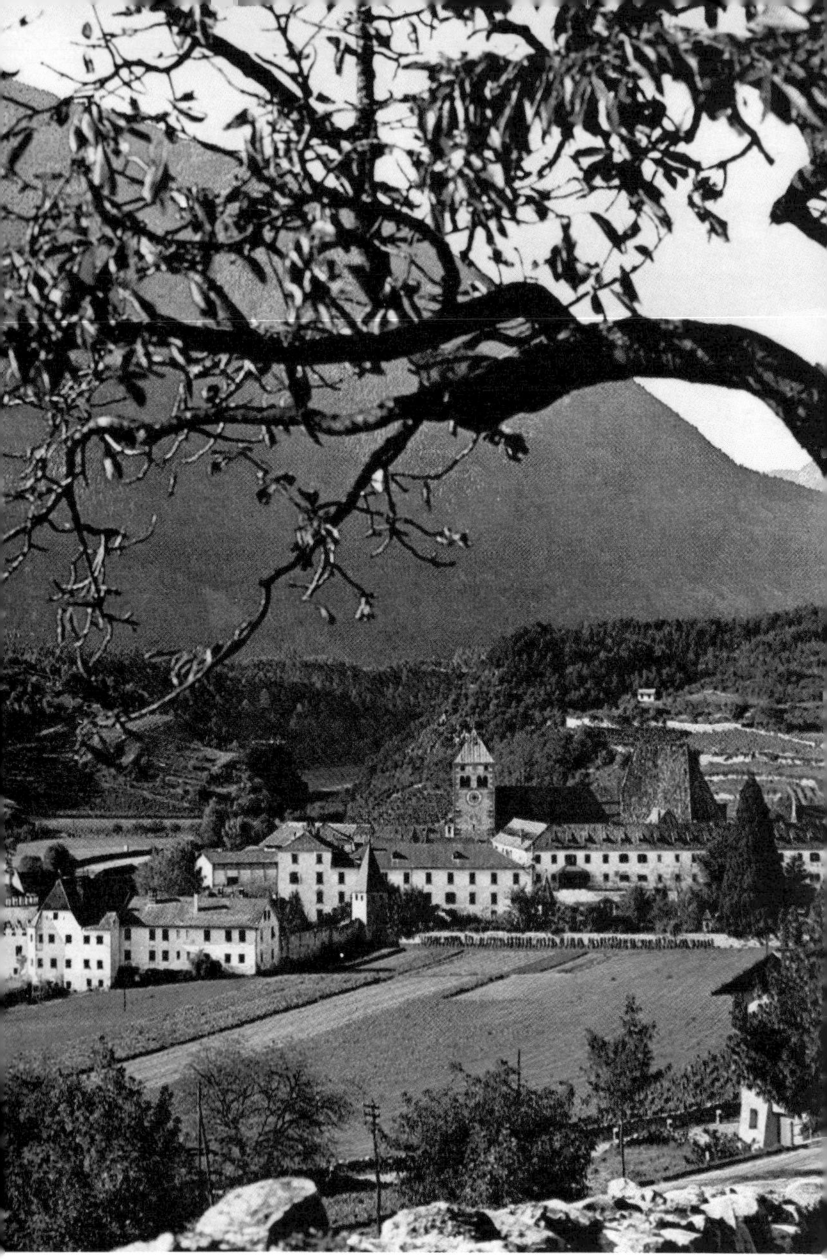

Neustift

I. Kirchen

1. Stiftskirche zu Unserer Lieben Frau

Bau: Dem Äußeren des dreischiffigen Münsters geben der massige Fassadenturm, der mit den Langhausmauern noch dem 1198 geweihten Bau Konrads angehört, und der stark überhöhte gotische Chor, der um 1468 unter Prälat Leonhard Pacher aufgeführt wurde, das charakteristische Gepräge, während das Innere durch die 1734 bis 1737 durchgeführte Barockisierung unter Prälat Anton Steigenberger und Christoph Pach seine heutige Gestalt erhielt.

Der Turm, der in der Breite des Mittelschiffes der Fassade vorgelegt ist, enthält ein viereckiges Portal mit einer Lünette darüber, und im ersten Stock zwei gekuppelte Rundbogenfenster mit schlanken Säulchen und zierlichen Knospenkapitellen. Hier befand sich ursprünglich eine Kapelle, die sich gegen die Kirche in einem (heute vermauerten) Rundbogen öffnete. Oben jederseits zwei gekuppelte Rundbogenschallfenster mit derber Mittelsäule. Niedriges Zeltdach. 1945 wurde der Turm durch eine Bombe stark beschädigt und 1946/47 gesichert. Am überhöhten Mittelschiff, an den Seitenschiffen und auch an dem aus Granitquadern ausgeführten Chor große Lünettenfenster, die bei der Barockisierung der Kirche mit großer Kühnheit ausgebrochen wurden. Außerdem an den drei polygonalen Chorapsiden breite, damals ebenfalls abgerundete Spitzbogenfenster. Das östliche Fenster ist vermauert. Jahreszahl 1738. Am Chor Sockel und Dachgesims mit Quaderschräge, an den Ecken der Apsiden übereck gestellte Strebepfeiler mit doppeltem Wasserschlag und ausgeschweifter Abdeckung, über der Hauptapsis bildstockähnlicher Aufsatz mit Spitzbogen. Das *Innere* betritt man durch eine niedrige, im Erdgeschoß des Turmes liegende Torhalle, und da man zunächst in den niedrigen und dunklen Raum unter der von sechs Voll- und zwei Halbsäulen getragenen Orgelempore gelangt, wobei der Boden ansteigt, so wirkt der Blick in das helle, reichverzierte Kircheninnere ganz besonders eindrucksvoll. Die Emporenbrüstung ist mit Blendbalustern verziert, in der Mitte ausgebaucht und mit musizierenden Engeln besetzt. Das dreijochige, überhöhte Mittelschiff öffnet sich in zwei großen Rundbogen gegen die zweijochigen Seitenschiffe, und beide zeigen noch die gotischen, leicht spitzbogigen, aber jetzt barockisierten Kreuzgewölbe über zierlichen Wandpfeilern mit verzierten Kapitellen und reichprofilierten, isolierten Gebälkstücken. Die Scheidbögen, Seitenschiffwände und die Wände unter dem Orgelchor werden von zahlreichen zierlichen Pilastern gegliedert, die wie die Wandpfeiler und Emporensäulen mit lichtem Stuckmarmor überzogen sind. In den Seitenschiffen befinden sich außerdem drei Vierecktüren, die von Stuckmarmorpilastern mit bewegtem Gebälk und reichen Stuckgiebeln gerahmt sind. Im linken Seitenschiff große Rundbogenöffnung zur Marienkapelle.

Der um sechs und noch zweimal um je zwei Stufen erhöhte *Chor* (so daß das Ansteigen des Terrains von der Vorhalle bis zum Altar weitergeht) ragt über das Langhaus hoch empor und bildet einen dreischiffigen Hallenbau mit tiefem Altarraum und zwei seichten, nach innen jetzt abgerundeten Seitenapsiden. Die gotischen Gewölbe sind zu Flach- und Halbkuppeln ausgeglichen und werden von zwei frei stehenden Viereck-, sonst von Wandpfeilern mit isolierten Gebälkstücken getragen, die wie die Seitenschiffwände durch Stuckmarmorpilaster gegliedert sind. In den Seitenschiffen zwei Viereckportale mit schräggestellten Pilastern, zierlich bewegtem Gebälk und darüberliegenden Oratorien.

Das ganze *Innere* hat also die mittelalterlichen, teils romanischen, teils gotischen Raumverhältnisse und sogar die gotischen Gewölbe beibehalten, und erst die unvergleichliche Kunst der barocken Dekorateure (Entwürfe von Josef Delai aus Bozen und Philipp Apeller aus Innsbruck) hat ihm 1734 bis 1737 die heutige einheitliche Wirkung verliehen. Der spätgotischen Bauperiode gehört auch die aus Quadern aufgeführte zweigeschossige alte Sakristei (vorne rechts) an. Sockel und Dachgesims wie am Chor, Viereckfenster in breit abgefaster Rahmung, im Inneren — durch eine breit abgefaste Spitzbogenöffnung verbunden — zwei ungleiche Raumhälften, von denen die kleinere ein asymmetrisches Rippen-, die größere ein Sterngewölbe mit runden Schlußsteinen trägt. An letzteren vier vertiefte Vierpaßfelder. Gesamte Innen- und Außenrestaurierung 1982 abgeschlossen.

Stukkaturen: Wände und Gewölbe tragen eine Überfülle von lebendigen, in den Motiven stets wechselnden, getönten und vergoldeten Stukkaturen, die von Anton Gigl aus Innsbruck und Gehilfen 1734 bis 1736 ausgeführt wurden. Bandwerk mit Rankenansätzen, Muschelwerk, Blumengirlanden, Rosettengitter, beginnendes Rocaille, Kartuschen, Blumenvasen, Flammenkrüge und vor allem eine große Anzahl lebhaft bewegter Engel mit Posaunen, Schriftbändern und Blumengewinden. Auch an den Kapitellen, Apostelzeichen und über den Seitentüren reiche Stuckornamente.

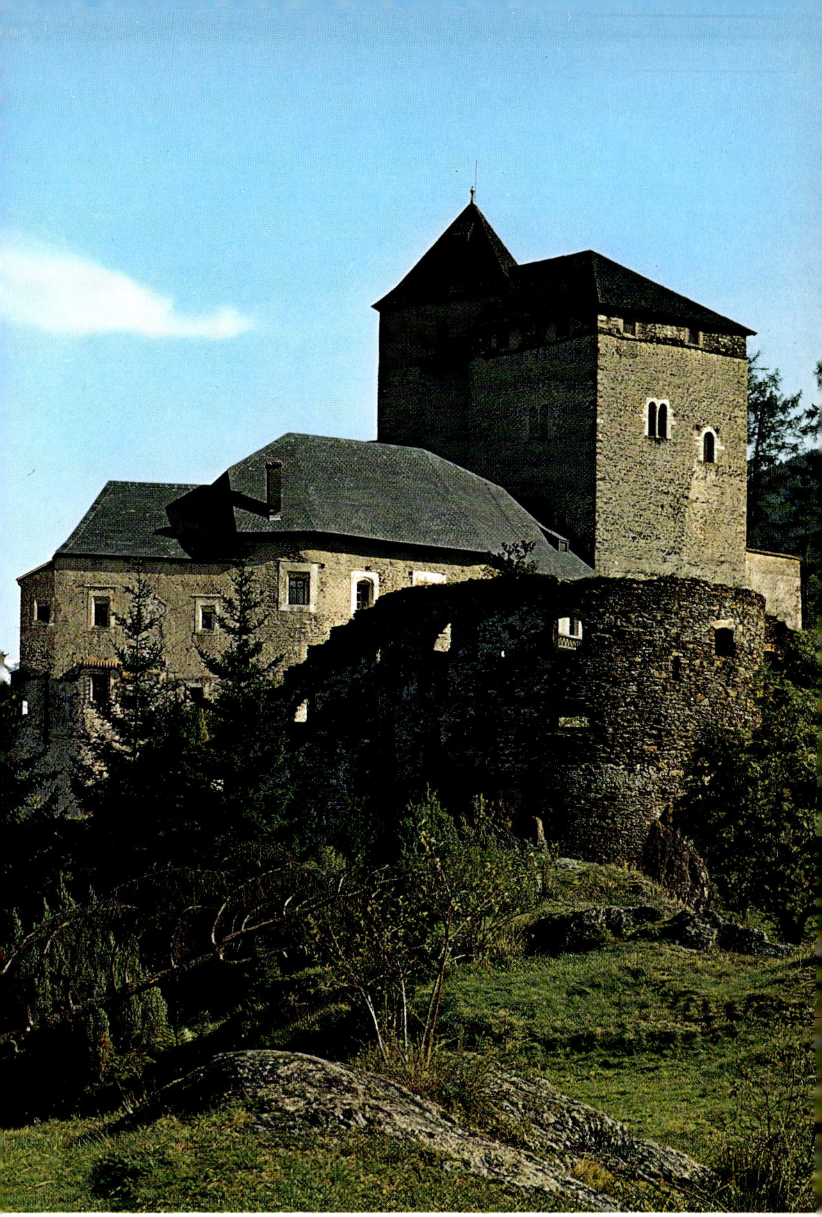

Tafel V Sterzing, Burg Reifenstein (S. 139)

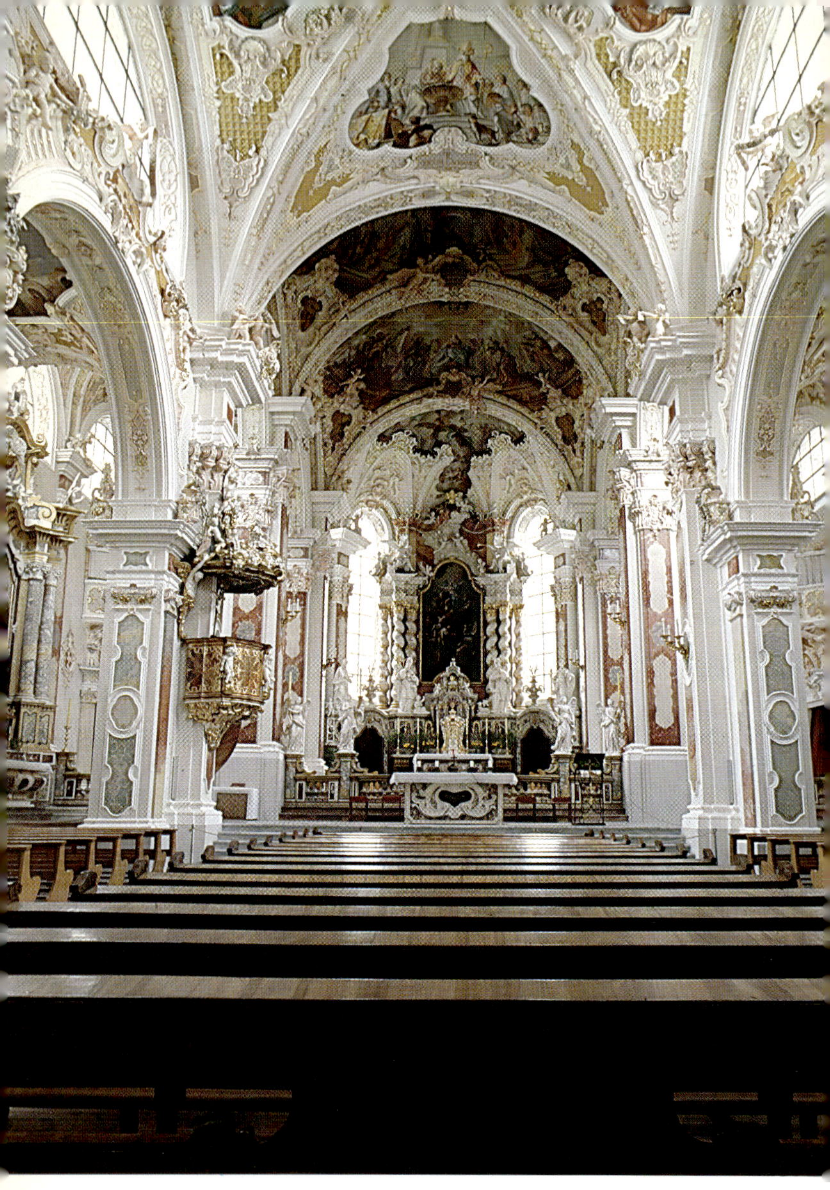

Tafel VI Neustift, Stiftskirche, Inneres (S. 191 ff.)

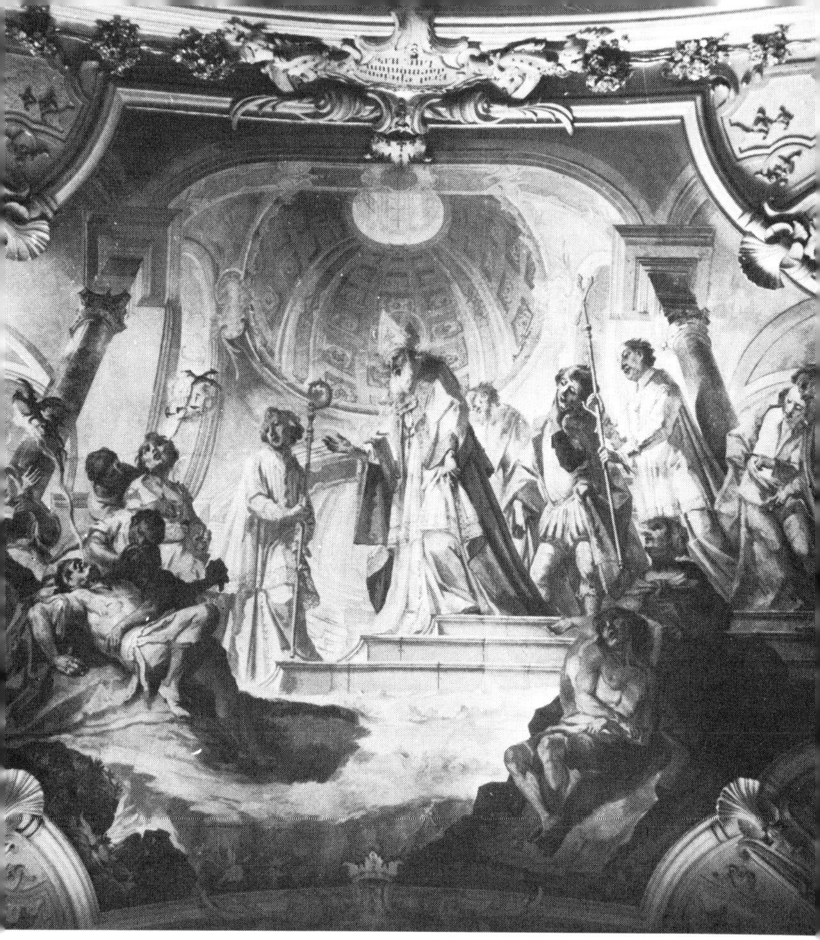

Neustift, Deckengemälde von M. Günther

Wandgemälde in der Kirche:
Außen:
1. Im Turm Fragment, Bestattung einer Heiligen (Monika?), Spätromanisch, vielleicht vom Meister der Westarkaden des Kreuzgangs.
2. Am Turm hl. Agnes und hl. Augustin, 17. Jh. Von Jeremias Rumpfer.

3. Am Aufsatz über dem Chorabschluß Maria mit Christkind. Von M. Günther.

Innen: An allen Wölbungen größere und kleinere Fresken, die sich mit den bunten Stukkaturen zu einer ungewöhnlich glanzvollen Gesamtwirkung vereinigen.

1. Im Altarraum die Dreifaltigkeit. Eine Wolke mit Engeln quillt über den Rahmen und geht dann am Altargiebel in plastische Formen über, und ebenso erwarten die drei göttlichen Personen die im Altarblatt dargestellte, in den Himmel auffahrende Maria.
2. In den beiden Flachkuppeln des Chors Pfingstfest und Verehrung Marias durch die vier Erdteile. In den Eckzwickeln Voreltern Mariä. In den Seitenschiffen die Kirchenväter, Gregorius mit der Sängerschule, Hieronymus in der Wüste, Ambrosius wehrt dem Kaiser Theodosius den Eintritt in die Kirche, Augustinus wäscht Christus in Gestalt eines Pilgers die Füße.
3. Im mittleren Langhausschiff Taufe, Disputation und Bekehrung des hl. Augustin.
4. In den kleinen Seitenkartuschen und an den Seitenschiffgewölben zehn hervorragende Heilige des Augustinerordens.
5. Über den Portalen in den Seitenschiffen des Langhauses Petrus, Paulus und Schutzengel.
6. In der Vorhalle die Gründung von Neustift.

Ein Jugendwerk des bis an sein Lebensende in Tirol vielbeschäftigten Augsburger Meisters Günther, der die Bilder im Hauptschiff 1735, die in den Seitenschiffen 1736 und die im Chor wahrscheinlich erst 1743 malte (Signatur im rechten Seitenschiff: J. Matth. Gündter inv. et pinx. 1736).

Wandgemälde in der Turmkapelle:
In der Altarnische Kreuzigungsgruppe, darüber Gottvater zwischen zwei Engeln, seitwärts zwei Heilige. Meister Leonhard, 15. Jh., 3. Viertel.

Wandgemälde in der alten Sakristei:
In den vertieften Vierpässen des Gewölbes die Kirchenväter in ihren Gestühlen mit den Evangelistensymbolen. Am Schlußstein Maria mit Christkind. Ungewöhnlich fein ausgeführt und scharf gezeichnet, prächtige Charakterköpfe, vor allem hervorzuheben aber die geschickte Art, wie die Figuren in die Vierpässe hineinkomponiert sind. Michael und Friedrich (?) Pacher. Um 1470. Restaurierung der alten Sakristei 1982.

Hochaltar: Die frei stehende Mensa mit Tabernakel und Seitentürmen ist aus eingelegtem Marmor, der mächtige Wandaufbau mit sechs gedrehten Säulen, kräftigen und leichtgeschweiften Gebälkstücken und bewegtem Giebel aus Stuckmarmor von

Neustift, Altarbild von J. Mitterwurzer

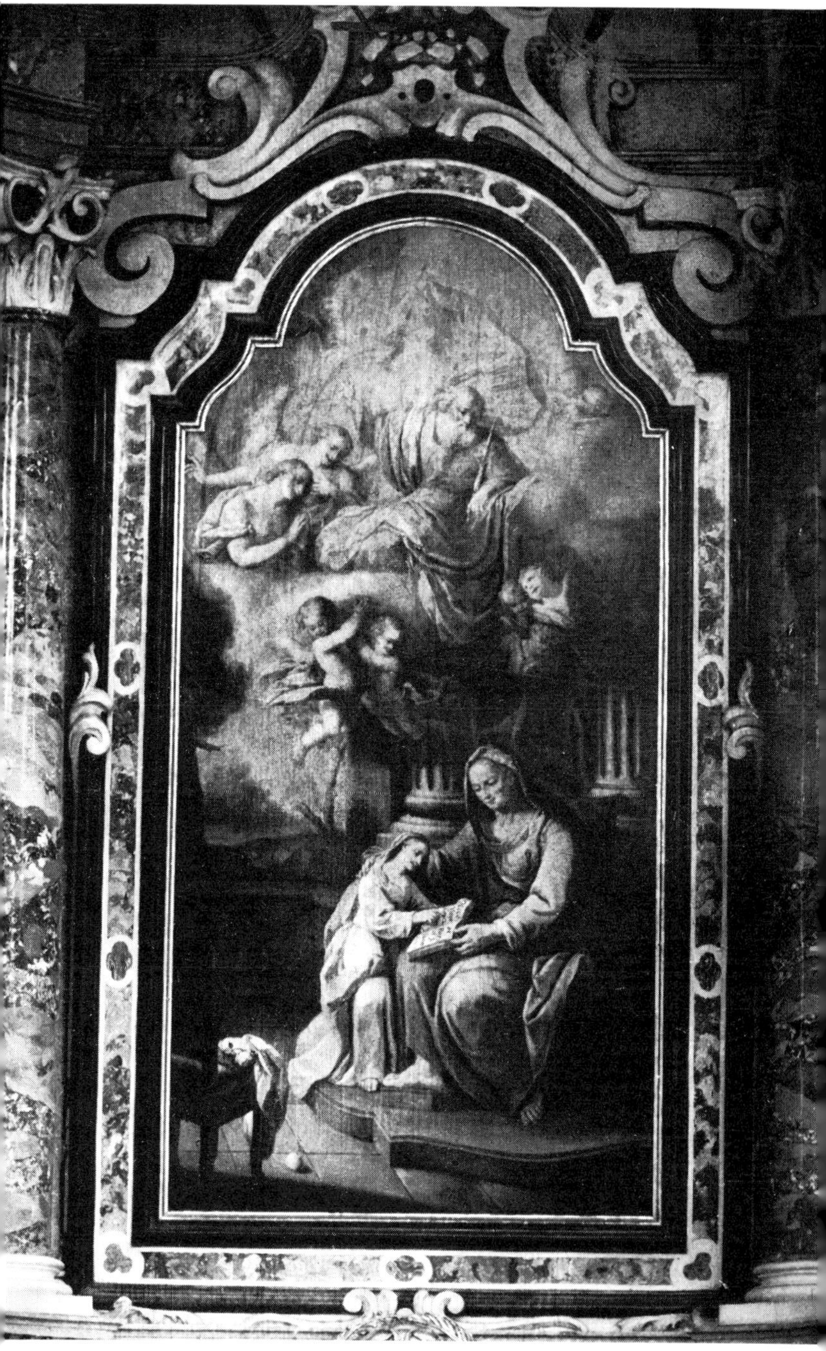

Anton Gigl und Giuseppe Sartori hergestellt; die vier großen Seitenstatuen Augustin, Hartmann, Agnes und Monika möglicherweise von Romed Angerer, Tulfes, oder seinem Bruder Matthäus. Am Gebälk vier große Posaunenengel, am Giebel Wolken und kleinere Engel, die zwischen dem Altarbild mit der Himmelfahrt Mariä von Jos. Ignaz Milldorfer und dem Gewölbefresko, die Hl. Dreifaltigkeit, die Verbindung herstellen. 1743. Der Altar schließt sich mit dem bewegten Chorgitter aus buntem Marmor und mit den daraufstehenden vier großen Leuchterengeln aus Stuck einheitlich zusammen und beherrscht die ganze Kirche. Der Entwurf von Teodoro Benedetti und Giuseppe Sartori; von diesen auch die Marmorbalustrade und die Leuchterengel. 1743/1744.

Seitenaltäre: Je zwei Altäre, die vordersten in den Seitenapsiden teils aus Marmor, die andern aus Stuccolustro, zeigen die gleiche Form. Säulenaufbau mit aufgebogenem und gesprengtem Gebälk und lebhaft bewegten Giebeln, Bildern, Seitenstatuen, Engeln. Das vorderste Paar von Sartori in Trient 1769/1770, das zweite nach Sartoris Entwurf von J. Mussack in Sistrans 1772 ausgeführt. Bei allem Streben nach lebhafter Bewegung unterscheiden sich diese italienischen Werke doch sehr deutlich von den gleichzeitigen süddeutschen Rokokowerken, deren selbstverständliche und leichte Flüssigkeit sie nicht erreichen. Sehr gute Altarbilder, der selige Hartmann mit Reginbert von Säben und hl. Augustin mit Monika von Christoph Unterberger (1771), Magdalena und Mutter Anna von Johann Mitterwurzer 1772, Rochus, Pirmin und Sebastian von Johann Georg Grasmair 1738, Johann von Nepomuk von Franz Unterberger. Der siebente Seitenaltar hinten im rechten Seitenschiff, Marmor, ist in seinem Aufbau dem älteren Altar in der Marienkapelle nachgebildet. Bild, hl. Josef, von Johann Mitterwurzer?

Chorgestühl auf dem rückwärtigen Chor: Eingelegtes Bandwerk, an den Docken geschnitztes Blattwerk, am Prälatensitz Volutenpilaster und reicher Aufsatz mit den Wappen des Stiftes und des Propstes Anton Steigenberger. Um 1737. An der Rückwand des Chors Kreuzigungsbild von Stephan Kessler. 17. Jh.

Kanzel: Holz. An der bewegten Brüstung und am Deckel Voluten, Engel, Muschel- und Gitterwerk. Um 1735.

Taufstein: Weißer Marmor. Kelchform. Wohl noch romanisch.

Beichtstühle: Pilaster und bewegtes Kuppeldach, mit eingelegtem und geschnitztem Band- und Muschelwerk. 18. Jh., 1. Hälfte.

Kirchenstühle: Reichgeschnitzte Docken mit Voluten und Muschelwerk. 18. Jh., 1. Hälfte.

Orgel: Zwei getrennte, an die Seitenwand des Chors gestellte Prospekte mit bewegtem Aufbau und mit Rocaille an den Prospektpfeifen. 18. Jh., 3. Viertel. Das Werk wurde aus vier bis dort vorhandenen Orgeln zusammengestellt und um 1896 vereinheitlicht. Die musizierenden Putten an der Balustrade von Romed Angerer.

Weihnachtskrippe: Eine der ältesten barocken Krippen in Tirol. 17. Jh.

Holzskulpturen: In der Hauskapelle die sogenannte Paradiesmadonna, Maria mit Christkind. Die Zipfel des Kopftuches noch rundlich, die Mantelfalten schon eckig. Um 1440.
In der Vorhalle Kreuzigungsgruppe, Reginbert und seine Gemahlin, wohl Arbeiten von Adam Baldauf, um 1620. Petrus und Paulus. 18. Jh.

Grabsteine: In der Vorhalle. Weißer Marmor. Brustbild des 1767 verstorbenen Propstes Anton Steigenberger, der die Stiftskirche erneuerte, „Cui praeter immortalitatem nihil defuit".
An der Fassade. Weißer Marmor. Putto mit Totenkopf und Sand-Uhr. Doppelwappen. Maria Elisabeth Atzwangerin, gestorben 1786.

Glocken:
1. Gegossen von Peter Kessler, 1482.
2. 1560.
3. 15. Jh.

Kreuzgang:

Bau: Der Kreuzgang schließt sich an die Südseite der Kirche an, liegt im Erdgeschoß des ursprünglichen Konvents und zeigt Kreuzgewölbe mit runden Schlußsteinen, derben Rippen ohne Konsolen und breit abgeschrägten Spitzbogenöffnungen gegen den Mittelhof. Gegen den Ostflügel öffnet sich in einem Spitzbogen mit breitgekehlter Steinrahmung die Heiliggeistkapelle mit zwei Kreuzgewölben, deren Rippen auf Spitzkonsolen aufruhen und deren runde Schlußsteine die Relieffiguren des thronenden Heilands und des hl. Augustinus tragen. In der Mitte des Ostflügels Rundbogentürchen mit schöner Flachschnitzerei, Brustbild Christi, Rankenwerk und mit verziertem Griff, um 1500. Darüber Rundbogenfenster, die in die ehemalige Allerheiligenkapelle (zugleich Kapitelsaal) führen. Der wohl dem ersten Klosterbau angehörige Kreuzgang war ursprünglich flach gedeckt und erhielt erst unter Propst Konrad (1367—1379) die gotischen Gewölbe. Im Nordflügel wurde in der 9. Arkade das alte romanische Portal zur Kirche aufgedeckt.

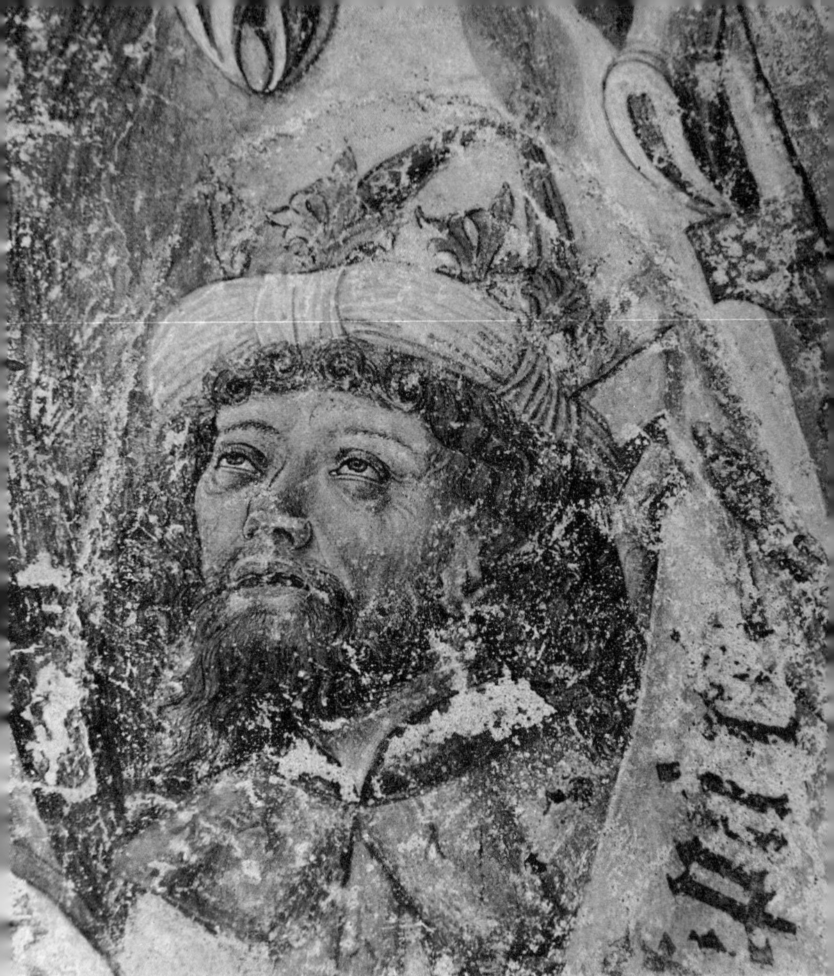

Neustift, Kreuzgang, 3. Arkade

Wandgemälde: Der Kreuzgang war schon vor der Einwölbung bemalt und in den Arkaden 1, 2, 6, 7, 17, 18, 19 wurden Bilder aus spätromanischer Zeit aufgedeckt. Auch unter den späteren Gemälden des 15. Jh.s ist überall eine ältere Schicht nachweisbar. Von den fragmentarischen Darstellungen sind zu erwähnen:

1. Arkade: Glücksrad.
2. Arkade: Einzelfiguren von Heiligen und Wappen der Trautson und Säbner.
3. Arkade: Die Parabel vom reichen Prasser. Vorzügliches Bild mit prächtiger Raumwirkung und markanten Charakterköpfen. Friedrich Pacher zugeschrieben. Um 1490.
4. Arkade: Am Gewölbe Verkündigung und die Brixner Diözesanheiligen. Im großen Feld Ölberg und darunter stehend Einzelfiguren von Heiligen. Kluge und törichte Jungfrauen. Stifterinschrift: Konrad Oeder. Von Johann von Bruneck. 1418.
5. Arkade: Der reuige Petrus und das Elend (Schoten pflückend) und die Heimkehr des verlorenen Sohnes. Darunter andere Reste.
6. und 7. Arkade: Reste der ältesten Malschicht.
8. Arkade: Am Gewölbe zwei Propheten und hl. Sebastian, Wolfgang, weibliche Heilige. An der Wand vermutlich das Jüngste Gericht. Christus mit den vielen Leidenswerkzeugen.
9. Arkade: Am Gewölbe die Kirchenväter, an der Wand Verkündigung. Italienischer Meister, erste Jahrzehnte des 15. Jh.s.
10. Arkade: Am Gewölbe die Legende der hl. Dorothea. Um 1420.
11. Arkade: Legende der hl. Barbara. Anfang 15. Jh.
15. Arkade: Vertreibung des Joachim aus dem Tempel, Antonius Abbas, Verkündigung, David und Isaias. Anfang 15. Jh.
16. Arkade: Verklärung Christi.
17. bis 20. Arkade: Unter Arkaden Martyrien der Apostel, des Thaddäus, Philippus, Jakobus d. J., Bartholomäus u. a. Nur in Resten erhalten.

Grabsteine:
1. bis 5. Weißer Marmor. In Rundbogennische das Brustbild des Verstorbenen, teilweise mit Spuren von Bemalung. Die Pröpste Augustin Distelfinkh, gest. 1589, Augustin Schabl, gest. 1581, Jakob Vischer, gest. 1621, Marcus Hauser, gest. 1665, Hieronymus von Rottenpucch, gest. 1676. (4. und 5. von Franz Raßler, Bildhauer in Bruneck.)
6. Weißer Marmor. Ungewöhnlich reich gearbeitet. Unten auf einem Löwen kniender und betender Ritter in voller Rüstung mit Wappen und Helmzier, von einem Löwen und einem Engel gehalten, oben Gnadenstuhl mit Baldachin, zwei betende Mönche, Phönix und Pelikan, seitlich unter Baldachin Maria mit Christkind, Dorothea, Barbara und Katharina. Oswald von Säben, gest. 1464.
7. Weißer Marmor. Von kannelierten Pilastern mit Dreieckgiebel gerahmte überlebensgroße Figur eines Ritters in voller

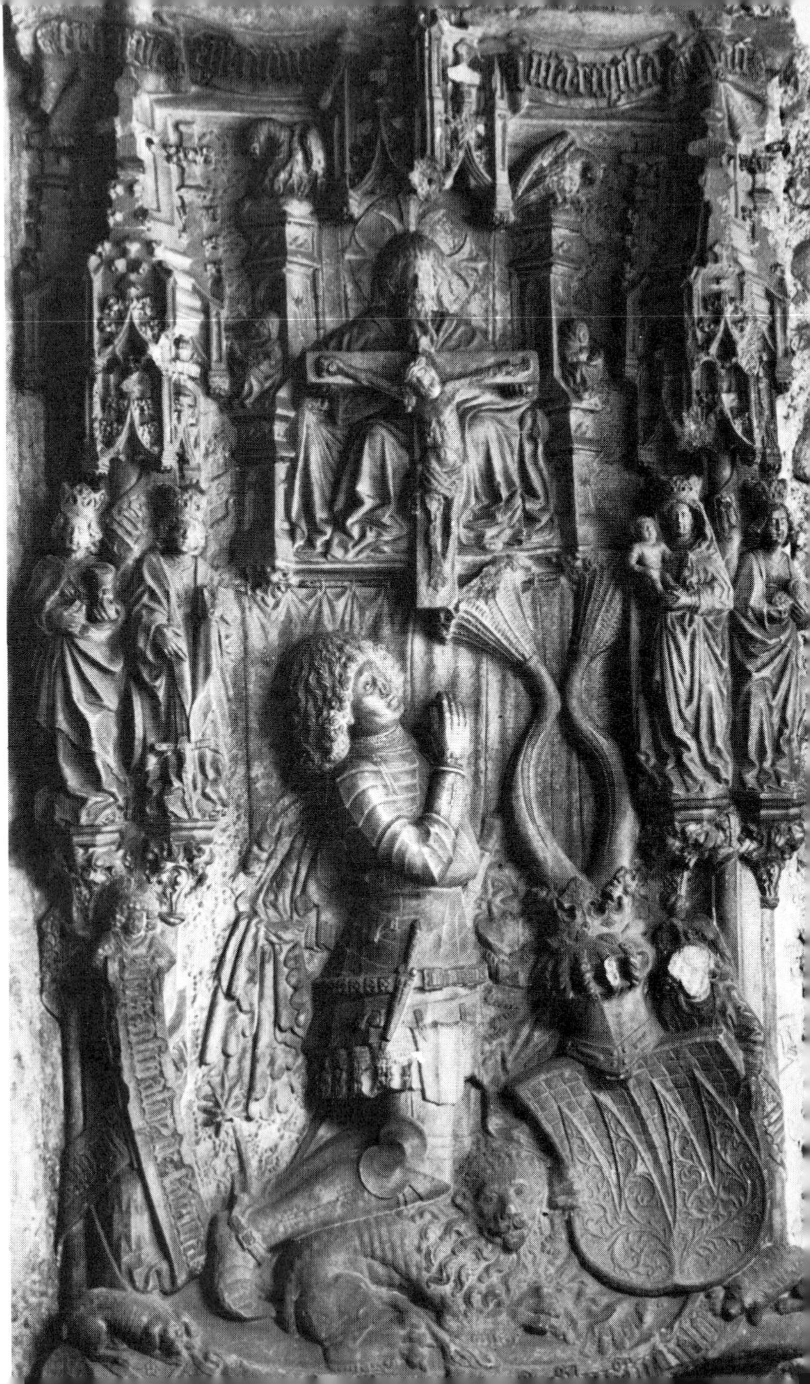

Rüstung mit Schwert und Fahne und Wappen. Wilhelm Freiherr von Wolkenstein, gest. 1577.
8. Roter Marmor. Der Verstorbene kniet in voller Rüstung auf einem Löwen, davor das Wappen mit Jerusalemkreuz, oben Misericordiabild zwischen Maria und Johannes. Krause Minuskelinschrift. Christoph Trugses, gest. 1511. Renaissanceornament. Signiert Sebald Bocksstorffer. Lt. Inschrift von Siegmund Dietrichstein, Rat Kaiser Maximilians für seinen 1511 gefallenen Freund Christoph Truchsess gestiftet.
9. Weißer Marmor; wie Nr. 1—5. Propst Hieronymus Piesendorfer, gest. 1561.
10. Roter Marmor. In vertieftem Feld zwei Wappen übereinander. Georg Sebner, gest. 1421.
11. Weißer Marmor. Wappen in Leistungsrahmung mit Rosetten. Propst Gallus Gasteiger, gest. 1576.
12. Sandstein. Brustbild und Wappen. Propst Ulrich Prischwitzer, gest. 1542.
13. Sandstein. Wappen und Inschrift (zerstört). Magdalena Aurin, vermählte Neuhaus, gest. 1520.
14. Grüner Marmor. Eingeritztes Kreuz mit Dreipaßenden und Majuskelumschrift. Propst Albert, gest. 1319.
15. Weißer Marmor. Wappen und Minuskelumschrift. Wilhelm von Enn, gest. 1335.
16. Weißer Marmor. Wappen und Minuskelinschrift. Veit von Wolkenstein, gest. 1445.
Im Neustifter Kreuzgang liegt auch der Minnesänger Oswald von Wolkenstein begraben.

2. Marienkapelle

Bau: An das nördliche Seitenschiff ist eine von Johann Baptist und Simon Delai 1695 errichtete Kapelle mit quadratischem Grundriß, Kuppeloktogon, Laterne und abgerundetem Altarraum angebaut. Unten Rund- und Flachbogen-, oben Viereckfenster. Im Inneren ist durch einspringende Eckpilasterbündel auch der untere Teil ins Achteck umgewandelt. Zwischen den Pilastern Statuennischen, darüber verkröpftes Gebälk und, von flachen Gurtbögen getragen, der durch Pilaster gegliederte Tambour und die Kuppel. Die Kapelle ist mit Gewölbebildern von Ägidius Schor (Kuppelbild, ergänzt von Hans Andre) und Kaspar Waldmann 1696, die das Marienleben und marianische Symbole darstellen, und mit Stukkaturen krautigen Blattwerks von Carlo Conseglio (?) reich verziert, wurde 1945 durch einen Fliegerangriff schwer beschädigt, dann wiederhergestellt und die Fresken von Hans Andre ergänzt. Die Koncha ist von Hans Andre neu gemalt. Restaurierung bis 1982.

Holzskulpturen: Am Marmoraltar von Cristoforo Benedetti, von dem auch die Marmorbrüstung stammt, zwischen den Säulen Maria mit Christkind in freier, bewegter Haltung mit schönem, hoheitsvollem Antlitz, wellig fließendem Haar und reichbewegtem, knitterigem Faltenwurf. Beginn 16. Jh., mit neueren Zutaten. Marx Reichlich zugeschrieben. Aus der alten Gnadenkapelle. Altar 1709/1711.

3. St.-Nikolaus- oder Hartmannskapelle

Bau: Zwischen dem Turm und dem anschließenden Stiftsgebäude, nach außen nicht hervortretend, ist ein einfacher Kapellenraum mit viereckigen Türen und Fenstern und flacher Kuppel eingebaut, wo nach der Tradition der selige Hartmann wohnte, wenn er sich von Zeit zu Zeit in das von ihm gegründete Chorherrenstift zurückzog. Als Nikolauskapelle 1212 erwähnt, beim Umbau der Kirche 1736 in die heutige Form gebracht und mit Wandgemälden, Gastmahl des Levi und Ovalbildern Nikolaus und Hartmann von M. Günther sowie mit Stukkaturen wohl von Anton Gigl reich verziert.

Altar: Aus buntem Stuccolustro mit Säulen vor Pilastern, bewegtem und verkröpftem Gebälk, gesprengtem Giebel, Volutenaufsatz, Bilder, Immaculata, im Aufsatz hl. Antonius v. Padua, und Skulpturen hl. Joseph und Joachim und vier Giebelengel, Blumenvasen und Blumengehänge. Um 1740.

Reliquienschrein:* Mit einer großen Reliquie des seligen Hartmann. Von Martin Rainer.

4. St.-Viktors-Kapelle

Bau: Die Fassade des kleinen viereckigen Baues mit zierlich abgetrepptem Spitzgiebel und Dachreiter wird durch Zubauten größtenteils verdeckt. Spitzbogentüre, später abgerundete und zwei vermauerte Spitzbogenfenster, vier vermauerte romanische Fenster, Netzgewölbe mit schildförmigen Schlußsteinen über Wandgurten und kurzen Runddiensten, die ehemalige Apsis entfernt. Der ursprünglich romanische Bau wurde unter Propst Berthold (1413—1418) erneuert, erhöht und 1416 neu geweiht, das spätgotische Gewölbe wurde wohl um 1532 (Altarweihe) hergestellt. 1974 wurde mit der Renovierung begonnen, 1978 abgeschlossen, 1979 neu geweiht.

Wandgemälde:
1. Am Westgiebel hl. Viktor, gewappnet und mit Fahne. Streifenrahmung mit Dreipaßabschluß. Um 1416.

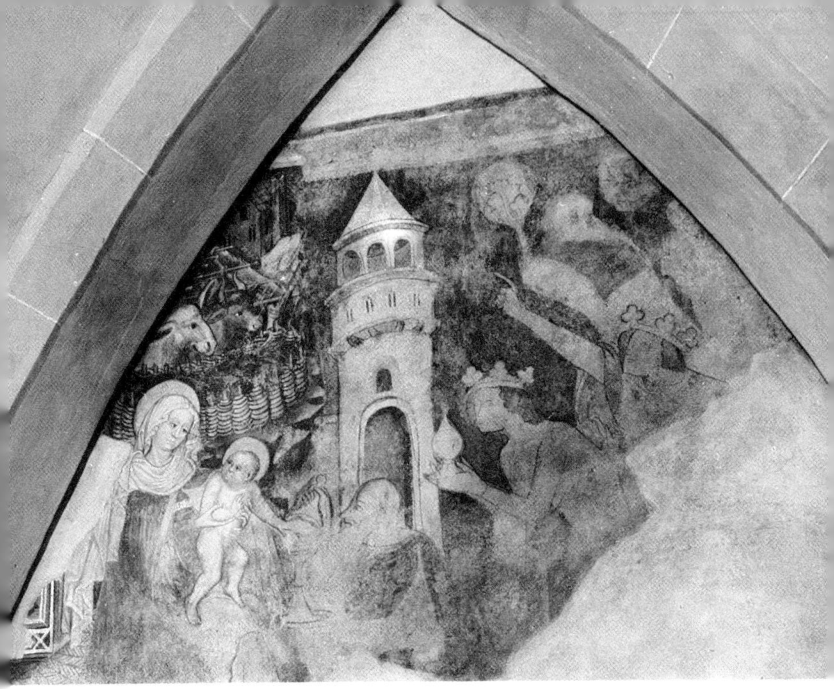

Neustift, Viktorskapelle, Anbetung der Könige

2. Innen der Zug der Hl. Drei Könige, Abschied, Reise und Ankunft bei Herodes in kontinuierlicher Darstellung. Primitive Landschaft, frische, mit novellistischen Zügen ausgestattete Erzählung, einfache Bordürenrahmung mit Rosetten. 1350/60. Bei der Restaurierung 1974 bis 1978 erwies sich, daß der gesamte 1350/60 entstandene Zyklus 1416 übermalt worden war.
Neu aufgedeckt, Nordwand: Darstellung Joachims im Tempel, 1350/60. Südwand: Maria mit dem Kind, Anbetung der Könige. Ersteres 1416, zweites 1350/60.
Fragmente der späteren Malschicht: Inschrift Sebastian dux, stehende Figuren und Soldaten, Mantelgestalt mit Buch (hl. Paulus?), hl. Bischof und Schweißtuch. 1416. Die Komposition läuft überall in den späteren Gewölbeansätzen weiter.
Ostwand: Verkündigung, Anna selbdritt (?), 1350/60.
Am Sockel der Nord- und Westwand Pelzbehang. Die frühgotische Malerei eines der Hauptwerke der Brixner Werkstatt.

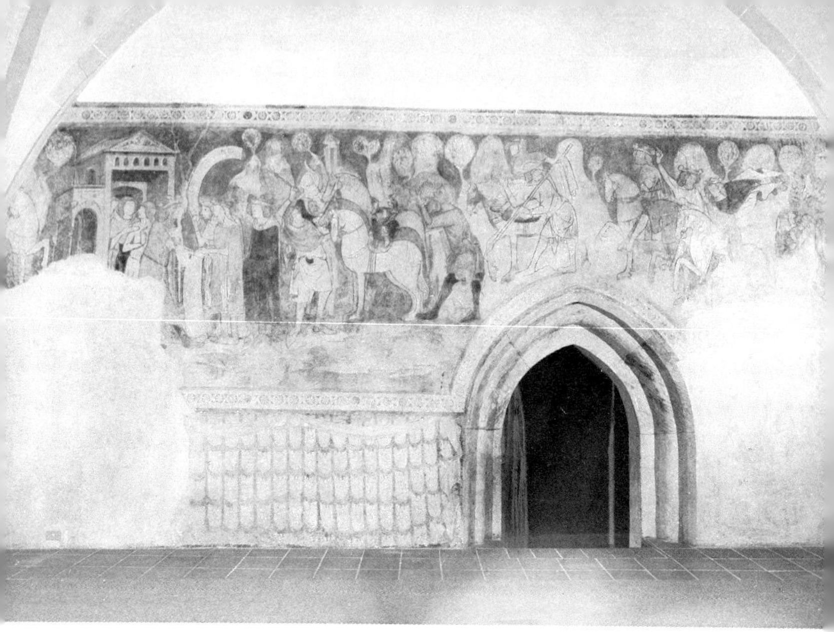

Neustift, Viktorskapelle, Zug der Könige

5. Pfarrkirche zur hl. Margareth

Bau: Erwähnt 1293, neue Weihe 1452. Um 1664 von Jakob Delai erneuerter Bau (am Sturz der steingerahmten Viereckttüre M 1664 P — Markus Präpositus) mit asymmetrischem Rippengewölbe über Wandpfeilern, kuppelartig gewölbtem, gerade abschließendem Chor und Kuppelturm und Laternenhaube.

6. Friedhofskapelle

Bau: Viereckiger Anbau am Schulgebäude mit viereckiger Türe, Lünettenfenstern und Kreuzgratgewölbe. Um 1700, 1906 unschön umgestaltet.

Wandgemälde:

1. Außen Pietà nach einem Gemälde von Anthonys van Dyck, 18. Jh., 1. Hälfte.
2. Am Gewölbescheitel in Vierpaß Gottvater. Um 1700.

Altar: In Wandnischen Holzskulptur, Kreuzigungsgruppe. Um 1700.

Grabstein: Weißer Marmor. Propst Leopold von Zanna, gest. 1787.

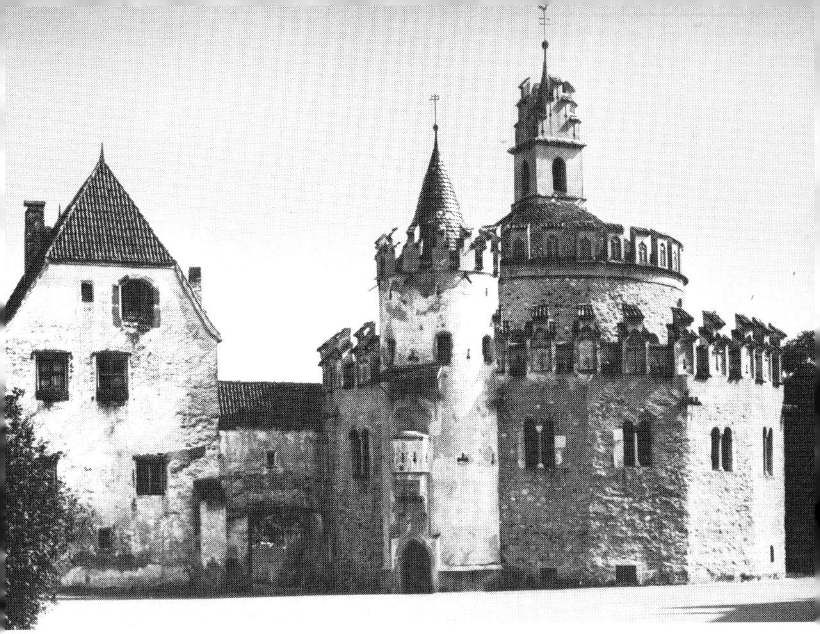

Neustift, Engelsburg

7. St.-Michaels-Kapelle („Engelsburg“)

Bau: Der hochoriginelle zweigeschossige Rundbau ist im Untergeschoß von einem polygonalen, zinnenbekrönten Mantelbau umgeben, über dem das zweite Geschoß mit Zinnen, Treppentürmchen, Kegeldach und Laterne frei emporragt. Unten vierzehn gekuppelte Rundbogenfenster mit Mittelsäule. Die Zinnen des Mantelbaues abgetreppt, mit eingeblendetem Maßwerk und Schlüsselscharten, die auch an anderen Orten auftreten und wie die Zinnen spielerische Formen aufweisen. Im Erdgeschoß trägt der Mittelraum ein Gewölbe mit zwei schweren, viereckigen Kreuzgurten. Zwischen ihm und der polygonalen Außenmauer vier Kammern, zu denen Rundbogentüren führen, und darüber, hinter den Doppelbogenfenstern, Rundgang mit zierlichen Kreuzgratgewölben, über zwei Wendeltreppen erreichbar. Im Mittelbau hoher, mit einer Kuppel eingewölbter Kapellenraum mit gemauerter Altarmensa in einer Rundbogennische zwischen zwei fast quadratischen Nischen für Altargeräte. Vier Rundbogen- und vier Rundfenster mit romanischer, freskierter Blattwerksdekoration in unregelmäßiger Anordnung. Am Treppentürmchen polygonaler Schießerker mit Schlüsselscharten, Guß-

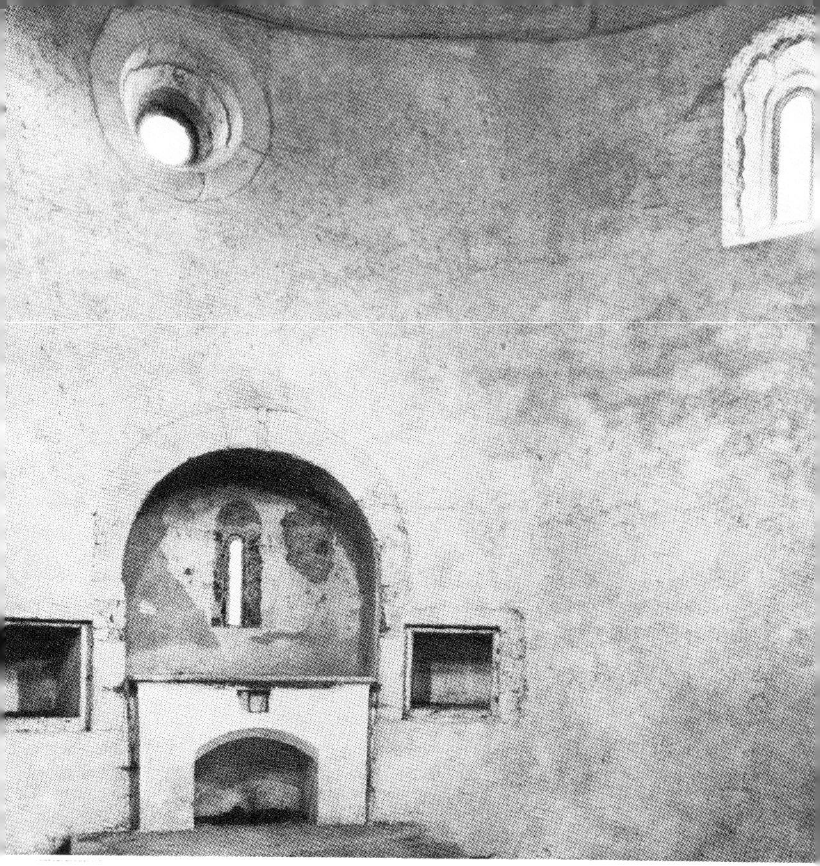

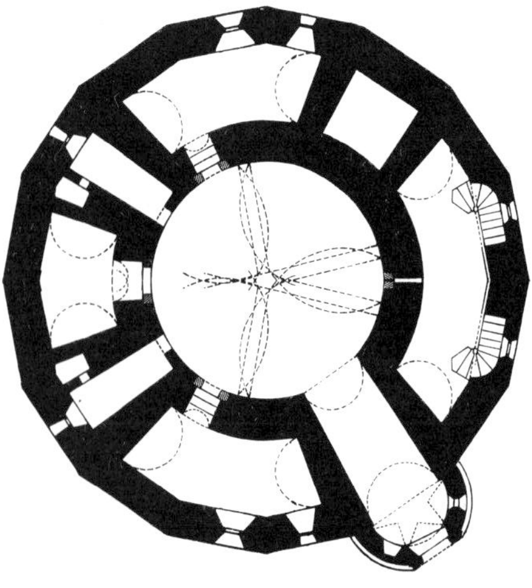

loch. Neu bloßgelegte Kreuzigung, 15. Jh., darüber Engelgruppe. In jedem Stockwerk eine Spitzbogentüre, im ersten Stock Kreuzgrat-, im zweiten ungewöhnlich zierliches Sterngratgewölbe. Das romanische Bauwerk wurde ursprünglich von Propst Konrad von Rodank als Kapelle des Spitals erbaut und 1198 oder 1199 geweiht. Die eindrucksvolle Zentralanlage geht wie die andere von Bischof Rodank erbaute Hospizkirche, St. Sebastian in Klausen, auf östliche Bauideen (Kreuzfahrer) zurück; als Vorbild für Neustift ist die Grabeskirche in Jerusalem genannt worden. (Vgl. den ursprünglichen Erlösertitel der Kirche). Neue Weihe 1416. Unter Propst Lucas Härber (1483—1503) wurden das Treppentürmchen und der Wehrgang mit den Zinnen und nach der Klosterchronik der ganze Mantelbau hinzugefügt, womit jedoch die Türen im Erdgeschoß und die romanischen Fenster nicht übereinstimmen, und der ganze Bau in die Befestigungsanlage des Stiftes einbezogen. Im Bauernkrieg 1525 beschädigt und profaniert, 1544 wiederhergestellt und neu geweiht. Bei der 1972 vollendeten Restaurierung kam an einem Türsturz die Jahrzahl 1558 zutage. Diese granitene Viereckt ür führte aus dem Rundgang zu einem nach dem Bauernkrieg errichteten, heute nicht mehr bestehenden Wehrgang.

II. Stiftsgebäude

Die ursprüngliche Stiftsanlage bestand aus der Kirche mit dem südlich anschließenden Kreuzgang und Konvent, aus dem Wirtschaftshof im Westen und dem Krankentrakt im Osten. Sie steckt im wesentlichen noch in den heutigen Gebäuden, wurde aber in der spätgotischen Zeit (vgl. etwa die Gebäude mit ihren Kellern um die Viktorskapelle, den Kreuzgang und den Treppengiebel östlich vom Kreuzgang) mannigfach verändert. Gegenüber der Stiftskirche wurde eine alte Stallung, eine sechsjochige Halle mit niedrigen Kreuzgurtengewölben über zwei Mittelsäulen, als Speisesaal des Tourismuszentrums wieder in Verwendung genommen. Ebenso wie hier tritt die Klosterarchitektur von etwa 1200 auch an der ehemaligen Infirmerie zutage. Aus einer romanischen tonnen- oder kreuzgurtenförmig gewölbten Halle mit vorgelegter offener Vorhalle entstand ein frühgotisches Untergeschoß mit Granitpfeilern und angedeutetem Spitzkappengewölbe, das dann durch mehrfache spätere Einbauten zu einem Lagerraum verunstaltet wurde. Wiederherstellung geplant. In der 2. Hälfte des 17. Jh.s wurde der heutige Südtrakt ausgebaut,

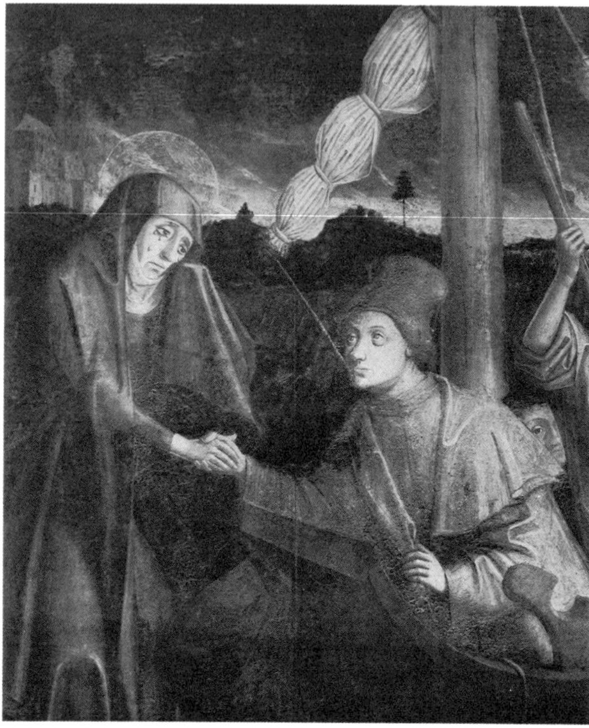

Neustift, Kunstsammlungen, Abschied Augustins von Monika, Meister von Uttenheim

unter Propst Augustin IV. (1707—1721) drei Flügel des großen Stiftshofes und die Prälatur und 1771 bis 1780 unter Propst Leopold von Zanna durch Giovanni Sartori im Westen der ergänzende Bibliothekstrakt im Sinne der barocken Stiftsanlagen in die heutige großzügige und regelmäßige Form gebracht, während die mittelalterlichen Bauten eine unregelmäßige malerische Gruppe gebildet hatten (vgl. die Stephansmarter von Marx Reichlich in München und das Bild am Wunderbrunnen).
Im geräumigen *Stiftshof* verdient besondere Beachtung der „Wunderbrunnen": Ziehbrunnen mit Trog aus weißem Marmor von 1508 und achteckiger von Peter Niedergatscher 1669 errich-

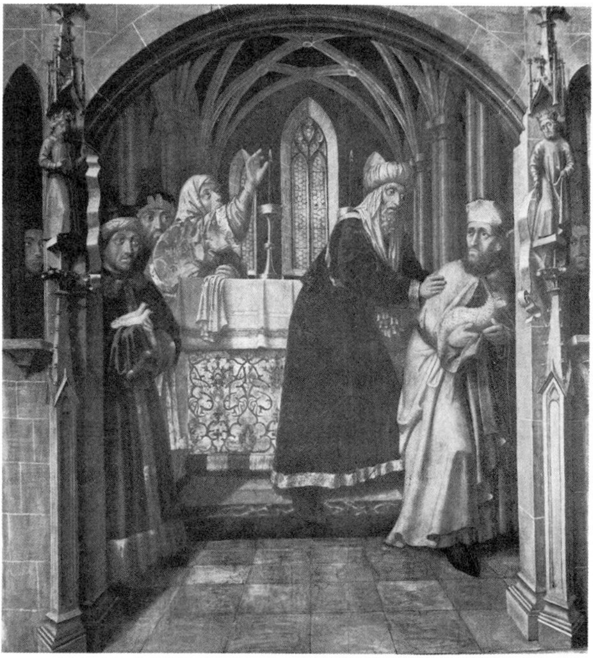

Neustift, Kunstsammlungen, Vertreibung Joachims aus dem Tempel. Meister von Uttenheim

teter Halle, deren Obermauern von Nikolaus Schiel 1670 nach Entwürfen von Martin Heemskerk mit den Sieben Weltwundern und dem Bild des Stiftes bemalt wurden. An der Südeinfahrt eine ältere Toreinfassung mit Stiftswappen aus der Mitte des 16. Jh.s, über dem Eingang zum Konvent Wappen des Stiftes und des Propstes Augustin mit dem geistreichen Chronogramm: AVGET SPLENDOREM INFVLA STELLIS (1712). Im *Refektorium* Brustgetäfel mit gedrehten Halbsäulen und Kolossalgemälde, das Gastmahl des Pharisäers von Stephan Kessler, mit Porträt und Wappen des Propstes Marcus Hauser (gest. 1665), Hochzeit von Kanaan von Ulrich Glantschnigg; unter dem Nordtrakt

Keller mit derben Kreuzrippengewölben, in der *Prälatur* hübsche Treppe mit Säulen und Balustraden, eigenartiger Verbindungssaal mit hölzernen Galerien, im restaurierten Augustinisaal Galerie, Schmiedeeisengitter und Tafelbilder des Marienlebens, von Ulrich Glantschnigg. Eine Augustinusstatue von Alois Winkler, Kopie nach Vorbild des 18. Jh.s. Im Südtrakt, dem *Konvent*, im ersten Stock interessanter Korridor mit bemalter Holzdecke, reichstuckierten Türrahmen, Wappen des Propstes Fortunat Troyer (1678—1707) und Lichthäuschen von 1669. Der Korridor im zweiten Stock von Andrea und Pietro Delai, Stukkaturen von Carlo Consiglio, und das ehemalige Refektorium (Kapitelsaal?) im alten Konvent mit reicher Stuckdekoration und großem Fresko, Mariä Himmelfahrt. Ende 17. Jh. In der 1771 von Giuseppe Sartori erbauten *Bibliothek* vier einspringende Treppengehäuse in den Ecken, umlaufende Galerie mit Schmiedeeisengittern, symmetrisch angeordnete Bücherschränke, mit Rocailleaufsätzen und zierliche Stuckdekoration, rosa und vergoldet, um 1775, von Johann Mussack aus Sistrans. Die Bibliothek enthält neben 100 Inkunabeln eine beachtliche Reihe illuminierter Handschriften der Neustifter Schreibschule, darunter zwei Gradualien von Friedrich Zollner. Im schönen Stiftsgarten achteckiges Häuschen, das ursprünglich von einem Wasserbassin umgeben war, mit dem Wappen des Propstes Fortunat Troyer und den Namen der Konventualen von 1685.

III. Gemäldesammlung

In den Gängen des Stiftes hängen zahlreiche Ölgemälde, so in den beiden Sälen der Prälatur Porträte der Pröpste bis zum 18. Jh., einheitliche grobe Arbeiten, aber die Bilder der Pröpste Augustin Pauernfeindt (1707—1721), Anton Steigenberger (1737—1767) und Leopold von Zanna (1767—1787) gute zeitgenössische Werke. Die zur Entwicklung der spätgotischen Tafelmalerei wichtigsten Bilder sind in einer eigenen Gemäldegalerie vereinigt. Unter ihnen gehören eine wohl salzburgische Kreuzigungsgruppe um 1400 (unter böhmischem Einfluß) und das Votivbild des Hilleprant von Jaufenberg vom Beginn des 15. Jh.s zu den ältesten erhaltenen Tafelbildern in ganz Tirol. Meister Leonhard schuf eine Martha und Magdalena, unter seinem Einfluß stehen ein Tafelbild, Christus in Bethanien, und ein Bischofsbild von etwa 1510. Die zwei Altäre, die ehemals in der Stiftskirche standen, der Katharinen- und Barbaraaltar, stammen von Friedrich Pacher, dessen ungewöhnliche dramatische Bewegung, derbe Kraft und energische Raumperspektive besonders der Katharinenaltar widerspiegelt. Andere Flügelbilder, so der Paulus-, der Johannes-Baptist-Zyklus, zeigen wenigstens den bestimmenden Einfluß der Pacher-Werkstatt, darunter auch die Himmelfahrt und Werke der Barmherzigkeit, aus Olang, und ein Schlußstein mit Madonna von 1500. Der Augustinus-Zyklus um 1480 bis 1490, vom „Meister von Uttenheim"; ebenso die Tafel mit der hl. Sippe und der Vertreibung Joachims. Andreas Haller kann eine Marienkrönung mit den beiden Johannes, Petrus, Paulus, Barbara und Margaretha zugeschrieben werden, die ein Domherr von Brixen stiftete. Vom Stephanusaltar des Marx Reichlich (1506) sind eine Kreuztragung und Christus vor Kaiphas erhalten. Zur Gemäldesammlung gehören weiters zahlreiche Bilder aus der Barockzeit, darunter ein Zyklus von Passionsbildern von Matthias Pußjäger, eine Serie aus dem Leben des hl. Augustinus, von Ägyd Schor, Bilder von Ulrich Glantschnigg, Josef Ignaz Milldorfer etc.

IV. Bildstöcke

1. Südlich vom Stift über einem Tor der Ringmauer Aufsatz mit Flachbogennische, darin Fresko, Kruzifix mit armen Seelen. 18. Jh., 1. Hälfte.
2. Ein ähnlicher Aufsatz mit Eselsrückennische auch westlich vom Stift. 16. Jh. Fresko, Maria mit Christkind und Engeln. 18. Jh., 1. Hälfte.
3. In einem späteren Bildstock an den Wasserschleusen, Holzskulptur, Pietà. Um 1400, jetzt im Diözesanmuseum in Brixen.
4.—7. Am Weg nach Vahrn und Franzensfeste und an der Straße nach Brixen und Schabs Bildsäulen mit viereckigem Schaft und Nischenaufsätzen. 16. und 17. Jh.

V. Befestigung

Das ganze Stift war von Wehrbauten eingeschlossen, und zwar von einem inneren Mauergürtel und einer äußeren Ringmauer, die westlich bis zum Eisack, nördlich und östlich, die Weinberge und Güter einschließend, bis zur Straße reichte. Am besten erhalten haben sich die hohe Ringmauer nördlich von der Kirche mit Rondell und Absatz für den Wehrgang, der sogenannte Türkenturm und das anschließende Mauerstück, alle Teile mit Schießscharten und Schießfenstern bewehrt, die spielerische Wehranlage der Engelsburg und der Stiftsmühle und der untere Teil des ehemaligen Brückenturmes.

VI. Häuser und Edelsitze

1. Im Bereich des Stiftes befinden sich mehrere altertümliche Bauten, so links von der Zufahrtsstraße ein kirchenähnlicher

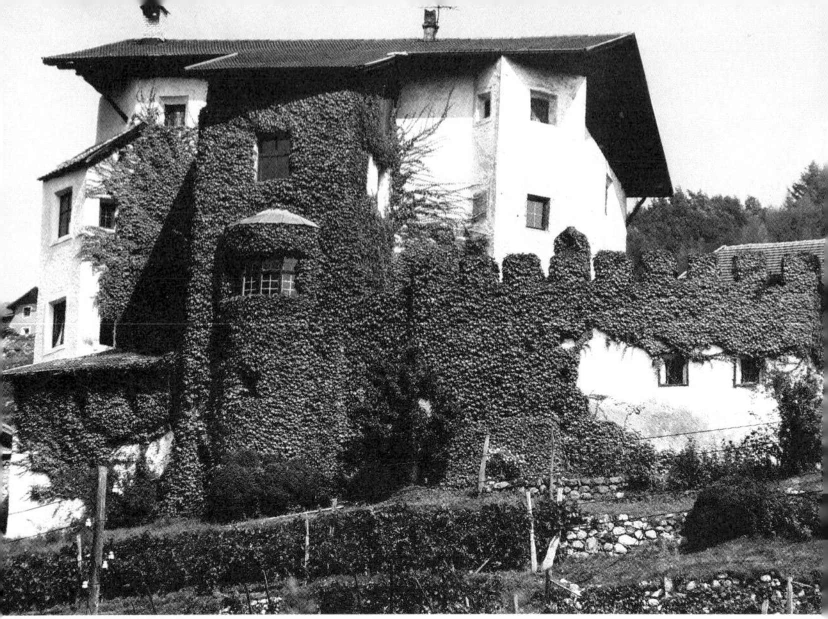

Neustift, Ansitz Hofstatt

Bau mit hohem Spitzgiebel, Spitzbogentor, Eselsrückenfenstern, am vorderen Teil mit regelmäßigem Mauerwerk, am höheren, hinteren Reste einer dekorativen Bemalung. Der Bau enthält unten Stallungen, oben einen Lagerraum, dessen Seitenwände durch Pilaster und Rundbogennischen schön gegliedert werden, außerdem die Stiftsmühle und darüber einen besonders schön und originell ausgeführten Schüttboden mit gotischem Gratgewölbe über sechs Achteckpfeilern und polygonalem Abschluß, so daß der Raum einer dreischiffigen Kapelle ähnelt. 16. Jh., die Mauern des vorderen Teiles älter. Nach der Erneuerung 1976 wurde die *Stiftsschenke* hierher verlegt. Das ehemalige *Richterhaus* mit zwei Erkern, hohem Walmdach, im Vorraum des ersten Stockes schönes Gratgewölbe, dessen Gratenden sich durchschneiden, wurde durch den aus Schwaben stammenden Propst Lucas Härber (1483—1503) aufgeführt. Besonders originell sind zwei spätgotische, ehemals in die äußere Befestigung einbezogene *Schleusen* westlich vom Stift mit malerischen Überbauten aus Ziegeln und Fachwerk, mit Spitzbogentüren, Schießscharten und Satteldächern. Auf einer die Jahreszahl 1498. Renoviert 1980.

2. *Hofstatt:* Hoher, malerischer Bau an der Berglehne, durch die Tormauer, Vorsprünge, Erker und Zinnen reich gegliedert, aber mit späterem, ohne Rücksicht auf die Bauform roh und einheitlich aufgesetztem Dach. Besonders originell ein innen polygonaler Runderker. Im Inneren heute nur mehr das Hauptgeschoß ausgebaut.
Erbaut von den seit dem 14. Jh. erwähnten Edlen von Hofstatt, die meist Stiftsbeamte waren und um 1570 ausstarben. 1665 bis 1744 im Besitz der Herren von Lachmüller, die noch das Prädikat davon führen. 1809 von den Franzosen in Brand gesteckt und nicht mehr vollständig wiederhergestellt.

VAHRN

I. Kirche

1. Pfarrkirche zum hl. Georg

Bau: Der älteste Teil der 1335 erwähnten Kirche sind die Mauern des Hauptschiffes, das in spätgotischer Zeit verlängert und eingewölbt wurde und den polygonalen Abschluß bekam, aber in der 2. Hälfte des 18. Jh.s entgotisiert und der Rippen beraubt wurde. Auch die Vierecktüre und das Lünettenfenster im Westen und die Rundbogenfenster stammen aus der Barockzeit. Das gerade abschließende Seitenschiff, das im 17. Jh. mit einer Rundtonne eingewölbt und dessen westliches Ende zu einer achteckigen Kapelle mit Kuppel ausgestaltet wurde, die Sakristei und der Spitzturm aus Granitquadern mit zwei Reihen von Spitzbogenschallfenstern mit dem Maßwerk, das dem Weißen Turm nachgeahmt wurde, stammen aus spätgotischer Zeit. Die Kirche ist für das Ortsbild von ausgezeichneter Wirkung.

Wandgemälde:

1. Außen Krönung Mariä. Figurenreiche Szene mit musizierenden, Kerzen und Teppich haltenden Engeln. Wappen der Pallaus und Jöchl. Epitaph des Wolfgang Jöchl, Richters zu Vahrn, gest. 1474 und seiner Mutter Katharina Pallauserin. Von Meister Leonhard. Fragmente eines Christophorus-Bildes und einer Ölbergszene. Mitte 15. Jh. – Kreuzweg, 18. Jh., gute Arbeit, wird restauriert.
2. Im Innern die göttlichen Tugenden, hl. Georg und Verkündigung, im Seitenschiff die Auferstehung Christi, Rocailleornament, 1767. Wohl von Johann Mitterwurzer, jedoch übermalt. In der Kapelle Mariä Himmelfahrt. 17. Jh.

Altäre: 1. Säulenaufbau mit geradem, verkröpftem Gebälk und Volutengiebel. 2. Viertel 18. Jh. Seitentüren mit Kranzgehängen,

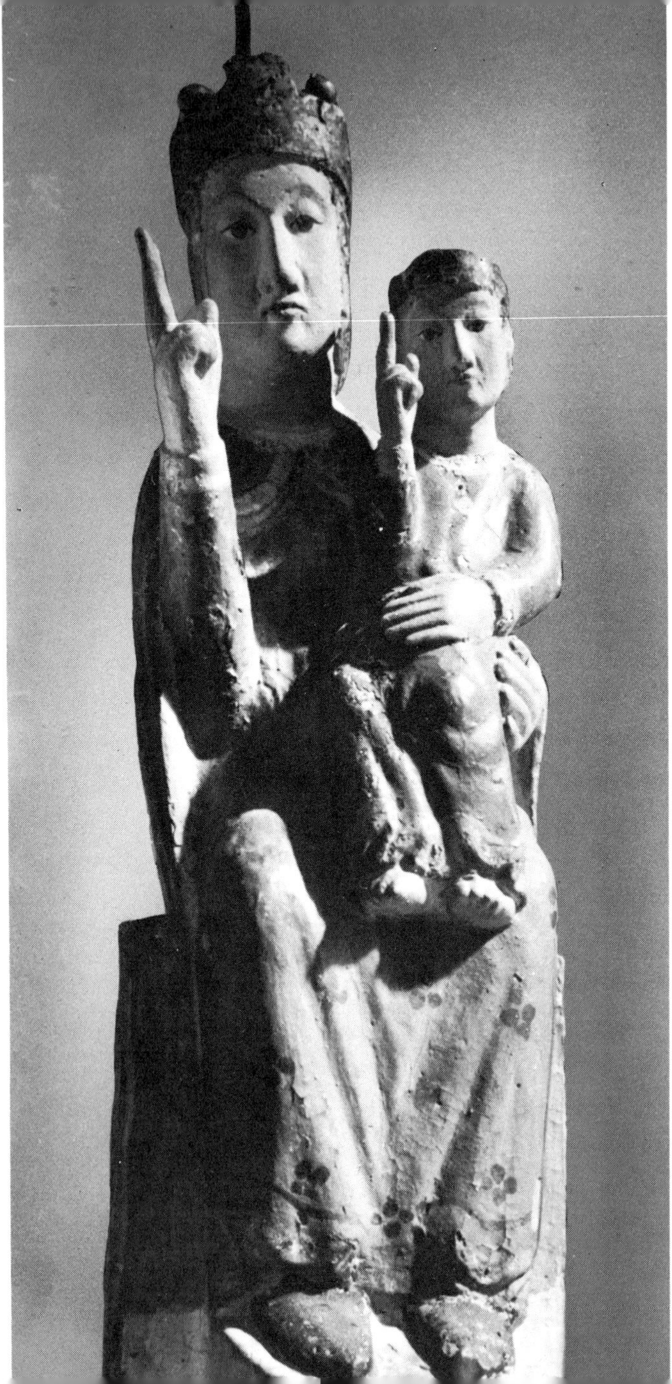

Vasen und Statuen Nikolaus und Wolfgang, von Matthäus Angerer, 1745. Türen um 1800. Bild hl. Georg von Franz Unterberger. 2. Leichter, bewegter Säulenaufbau mit Statuen Joachim (gestohlen) und Anna*, am Giebel Gottvater und Engel, reichgeschnitztes Rocaille. 3. Viertel 18. Jh. Holzfigur, Maria mit Christkind, um 1300. Kopie, Original im Diözesanmuseum Brixen. Die Statue befand sich früher in der für sie errichteten Gnadenkapelle.
3. Säulenaufbau mit Seitenstatuen zwei hl. Johannes, oben hl. Liborius, gute Arbeiten, Ende 17. Jh., in der Mittelnische, ehemals sogenannter hl. Leib, jetzt hl. Josef, 19. Jh.

Kirchenstühle: Muschel- und Rankenwerk. Mitte 18. Jh.
Tonrelief, Geburt Christi, Brixner Arbeit, frühes 19. Jh. Vom ehemaligen Chorstuhl; jetzt deponiert.

Weihwasserstein: Weißer Marmor. 1552. Wappen Peintner.

Taufwasserstein: Weißer Marmor, Muschelschale, 17. Jh.

Grabsteine: 1. Weißer Marmor, unten Wappen mit Helmzier, oben Minuskelinschrift hanns pallauser mccclxxxx 2. Weißer Marmor, ovale Form, oben Allianzwappen, unten Inschrift in Blattwerkrahmung. Martin Miller von Millershofen, Richter in Vintl und Vahrn, gest. 1699 und seine Frau Barbara Wenzlin. 3. Weißer Marmor, oben Allianzwappen, unten Inschrift in Blattwerkkartusche. Mathäus Söll von Teisegg, Pfleger zu Salern und seine Frau Anna Ursula von Vintler, 1737. Chronogramm. 4. Weißer Marmor, oben Allianzwappen, unten gerahmtes Rundmedaillon mit Inschrift. Hans Walch, gest. 1591, und seine Frau Maria geb. Seydlin, gest. 1590.

2. Friedhofskapellen

1. Rechteckiger Bau mit Rundfenstern. Nazarenische Dekorationsmalerei. Figuren: Erbärmdechristus und zwei Engel. 19. Jh. 2. Lourdeskapelle — Die Friedhofsmauer mit Steinplattenabdeckung und Steinkugeln an den Aufgängen, datiert 1639.

3. Kapelle beim Unterseeberhof

Rechteckiger Bau mit hölzernem Dachreiter, rechteckigen und rundbogigen Fensterchen, rechteckiger Tür. 17. Jh. Altärchen mit Doppelsäulen, Volutengiebel, geschwungener Aufsatz, Statuen Sebastian und Georg, zwei stehende Engel und zwei Engel am Giebel. Bild Taufe Christi, signiert M. Bussjäger, 1693, oben Gottvater. Zwei Glocken, 1630 und 1720, von Grasmair.

Vahrn, romanische Madonnenstatue

4. Kapelle in der Rigge

Stark verwahrlost. Türe und Fenster rundbogig, hölzerner Dachreiter, gerader Chorabschluß, Tonnenwölbung, 17. Jh. Einrichtung ausgeräumt.

II. Edelsitze

In Vahrn zahlreiche Häuser, die einst von adeligen Familien, zumeist aus Brixen, als Gutshöfe angekauft und zugleich als Sommerfrischhäuser benützt oder zu Edelsitzen ausgebaut wurden. Ihre heutige (zum Teil allerdings neuzeitlich stark veränderte) Gestalt mit Gartenmauer oder Hoftor, Erkern, Zinnen u. dg. stammt meist aus dem 17. oder 18. Jh. Beachtung verdienen der *Paurgasserhof* mit Saal, getäfelter Stube im ersten Stock, der *Stieglhof* und der *Zieglhof,* alle drei mit Freitreppe und Loggia, der Ansitz *Garten* mit Zinnengiebel und Saal, der der ehemalige Gutshof der Burg Voitsberg war, besonders aber der *Gallhof,* eine sehr malerische Anlage um einen Mittelhof, mit spitzbogiger Tormauer, schwerem Kreuzrippengewölbe in der Durchfahrt, viereckigen und polygonalen Erkern und einem massiven Turm und mit Getäfel und Holzdecken um 1637 in mehreren Wohnzimmern; er wird als brixnerisches Lehen seit dem 14. Jh. stets in adeligem Besitz erwähnt; möglicherweise war hier der Sitz der seit dem 12. und 13. Jh. genannten Herren von Vahrn. Von 1375 bis 1550 Besitz der Pallauser-Seidl, 1556—1747 von Gall. Der *Bach-* oder *Lidlhof,* mit geböschter Mauer und vier kräftigen Eckerkern auf Kragsteinen, war 1396—1494 im Besitz Melchior, 1568 von Hans Goreth, Umbau; 17. Jh. bis 1814 Lidl von Maienburg, dann Wohnsitz des bekannten Genealogen Stefan von Mayrhofen, 1833 an den Bischof verkauft.
Neben dem *Hubenhof,* der 1649 im Besitz der Brüder Goreth erwähnt wird und dann den Peintner gehörte, Freitreppe und Loggia mit Jahrzahl 1647 zeigt, stand einst der Turm der *Heusse,* eines seit 1197 erwähnten brixnerischen Dienstmannengeschlechtes, 1484 war Leonhard Oeder Besitzer der „Heussenhube".
Der große brixnerische *Meierhof* in Vahrn, der schon 992—1000 erwähnt wird, wurde nach 1250 geteilt. Die heutige Villa Lasser ist der untere, und die Villa Mayr der obere halbe Meierhof.

III. Burgen

Von der Burg Voitsberg, vor 1178/81 durch die Edlen von St.-Michaels-Tor in Brixen erbaut, die sich von dort Herren von Voitsberg nennen und in ihrer Fehde mit Bischof Bruno 1277 zerstört, sind nur mehr spärliche Mauerspuren zu erkennen.

Dagegen stehen von der gegenüberliegenden um 1277/80 erbauten Burg *Salern*, die der Bischof nach der Zerstörung von Voitsberg erbaute und die bis ins 17. Jh. der Sitz des Gerichts Salern war, noch ansehnliche Reste der Ring- und Palasmauern und die ganze Nordmauer des Bergfrieds mit ausgestrichenen Mörtelfugen und schönen Buckelquadern.

SCHALDERS

1. Pfarrkirche zum hl. Wolfgang

Bau: Die 1436 geweihte Kirche wurde im 17. Jh. umgebaut und besitzt jetzt viereckige Türen und Fenster, im Langhaus und im polygonal abgeschlossenen Chor Tonnengewölbe über Pilastern und Gebälk, an der Sakristeitüre gotische Beschläge, am Spitzturm Dreipaßfenster in Flachbogenblenden. 1935 Zubau der Seitenkapellen.

Wandgemälde: Außen Kreuzweg. Um 1730. Sonnenuhr 1791.

Hochaltar: Sechs gedrehte Säulen mit verkröpftem Gebälk, Rundgiebel, geschwungenem Aufsatz, Bild St. Wolfgang, Engel- und Evangelistenskulpturen. Um 1700. Kürzlich restauriert.

Seitenaltäre: Einfache Säulenbauten, verkröpftes Gebälk, leicht ausgebogener Giebel, Bilder Maria mit Kind und Stifterwappen, Tod des hl. Josef. 19. Jh., 1. Hälfte.

Kanzel: Achteckform mit Bildern Leonhard, Wolfgang, Maria, Johannes d. T., Florian, Anf. 18. Jh.

Kreuzweg: 18. Jh. Aus der Kapelle im Badwirtshaus.

Holzskulptur:* hl. Wolfgang. Knitteriger Faltenwurf, ausdrucksvolles Antlitz. Um 1500. Umkreis Hans Klocker.

Glocken: 1. Kreuzigungsgruppe. Apostel. 1541.*
2. Kruzifix. Gegossen von Meister Peter. 15. Jh.

2. Kapelle in Steinwend

Die neben dem Hof des Klosters Neustift neugebaute Kapelle besitzt drei Altäre in Säulenaufbau aus dem Beginn des 19. Jh.s mit Bildern Mariä Heimsuchung, Notburga, Leonhard, um 1700.

3. Bildstock

Vor dem Badwirtshaus. Holzstatue*. Maria mit Christkind. Von Raphael Barath in Vahrn. Um 1652.

4. Kapelle in Spiluck

Beim Hoferbauern. Erbaut 1860. Kleiner rechteckiger Bau mit halbrundem Abschluß, spitzbogigen Fenstern und Tür, an der

Fassade Rundfenster. Innen spitz zulaufende Tonne mit Bild des hl. Gallus und Dekorationsmalerei mit Glaubensenblemen. Einfaches neugotisches Altärchen, Christophorus, Florian, Tempelgang der Hl. Familie, 18. Jh., vier Engelfiguren 1983 gestohlen. Kleine Pietà in schwerem Rankenrahmen, 17. Jh. Glocken von 1710 und 1801. Kapelle 1938 und 1984 (neues Türmchen) restauriert.

5. Badwirt

Das Badwirtshaus in Schalders ehemaliges Jagdschlößchen der Brixner Bischöfe. Über der westl. Tür noch Wappenstein des Fürstbischofs Paulinus Mayr 1687. Die in das Haus eingebaute Kapelle 1938 abgebrannt. Die beiden 1904 errichteten Badhäuser mit typischen Holzveranden in Laubsägearbeit.

BRIXEN

Die älteste Siedlung am Abhang des Kranebittberges in Stufels. 901 schenkte Ludwig das Kind den Hof Prichsna den Bischöfen von Säben, die ihn im Laufe des 10. Jh.s zur zweiten Residenz ausbauten, die sie vermutlich unter Bischof Albuin endgültig bezogen. Bald erhob sich hier eine größere Ansiedlung, die von den Bischöfen Heriward und Hartwig (1015 bis 1039) mit einer Ringmauer umgeben wurde und als der erste Ort in Deutschtirol städtischen Charakter erhielt. Die ursprüngliche Anlage bildete ein regelmäßiges Viereck, das durch den Großen und Kleinen Graben, die Weißenturm- und Hartwiggasse, die Stadtmauer südlich der Albuingasse und die heutige Bischofsburg begrenzt wurde und in der nördlichen Hälfte die Häuser der Handwerker und Kaufleute, in der südlichen die kirchlichen Gebäude enthielt. Bischof Albert von Enna (1323—1336) bezog auch die unterdessen dazugekommenen äußeren Stadtteile in die Befestigung ein. Von 1027 bzw. 1179 bis zur Säkularisation im Jahre 1803 war Brixen die Residenz eines reichsunmittelbaren geistlichen Fürstentums. Formell 1964, de facto 1972, Sitz des Bistums nach Bozen verlegt.

I. Kirchen

1. Domkirche zur Maria Himmelfahrt

Bau: Der in der Mitte des 10. Jh.s erbaute älteste Dom (erste Krypta und Grab des Bischofs Altwin beim Einbau der Kirchenheizung gefunden) wurde 1174 durch Brand beschädigt. Darauf erfolgte am Anfang des 13. Jh.s ein hochromanischer Neubau in

Brixen, Domfassade

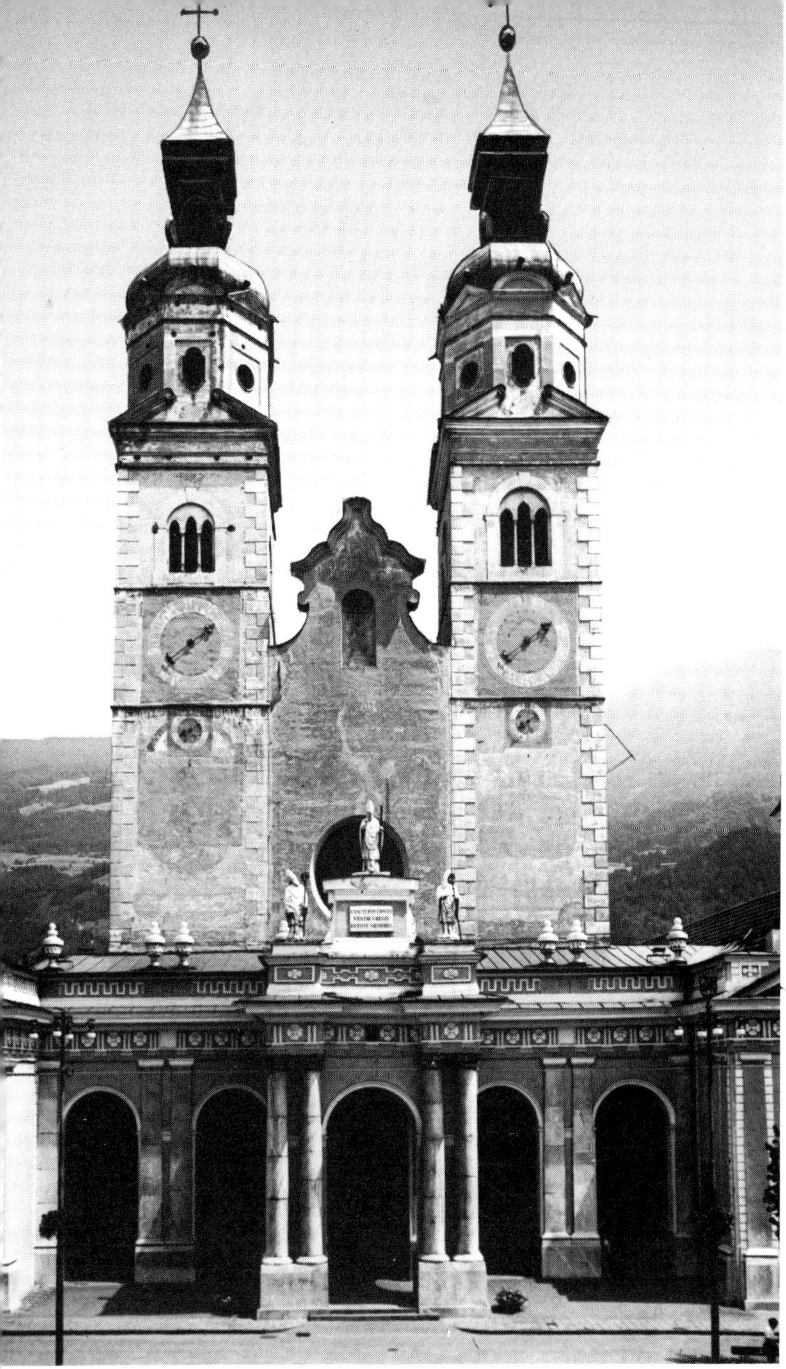

Backsteinen, der aber erst (nach einem Brand 1234) im Jahre 1237 geweiht wurde. Vom dreischiffigen romanischen Bau sind noch erhalten die unteren Partien der beiden Fassadentürme, die südliche Mauer des Langhauses bis zur Höhe der Kreuzganggewölbe und die Mauern des Querschiffes. Der Chor wurde im 3. Viertel des 15. Jh.s neu gebaut und 1472 eingeweiht, der nördliche Turm erhielt 1610 bis 1613 durch Hans Reichle seinen Kuppelabschluß. 1745 bis 1755 wurde der ganze Dom umgebaut, erhöht, neu eingewölbt, unter ein einheitliches Dach gebracht und völlig neu ausgestattet. Aus dieser Zeit stammt auch die heutige Form des südlichen Turmes und der beiden Sakristeien. An den Plänen, die während des Baues mehrfach verändert wurden, haben Baumeister Joseph Delai von Bozen und Bildhauer Stefan Föger von Innsbruck den Hauptanteil; die Ausführung des Baues lag beim Maurermeister Simon Rieder, beim Zimmermann Andrä Stippler in Brixen und beim Hoftischlermeister Ferdinand Schwabl, die Bauleitung führten anfangs Delai, dann hauptsächlich Hofrat Leopold von Peißer und schließlich die baukundigen Geistlichen Franz de Paula Penz und Georg Tangl. Die Vorhalle wurde nach dem Entwurf Jakob Pirchstallers 1783 bis 1785 errichtet, 1894 bis 1897 wurde der Dom unter Leitung des Malers Albrecht von Felsburg restauriert.

Den heutigen mächtigen Bau charakterisieren die Vorhalle, zwei Fassadentürme, das einschiffige Langhaus mit den wenig vortretenden Querarmen und der im Zehneck abgeschlossene breite und hohe Chor. An der Vorhalle fünf hohe Rundbogenöffnungen und mittlerer Risalit zwischen Säulen und Pilastern, darüber Attika und Mittelgiebel, von Vasen und den drei überlebensgroßen Statuen der Diözesanpatrone Kassian, Ingenuin und Albuin (Arbeiten von Jakob Pirchstaller) überragt. Die Türme zeigen im Osten ein kleines Doppelbogenfenster in Spitzbogen-, darüber jederseits ein großes dreiteiliges Spitzbogenfenster in Rundbogenblende, ein Oktogon mit Rund- und Dreieckgiebeln und eine Kuppel mit Laterne. Die dazwischenliegende ungegliederte Fassade zeigt ein großes Rundfenster und eine Statuennische im geschweiften Giebel. Die Muttergottesstatue in der Nische stammt wahrscheinlich vom 1626 bis 1628 für die Pfarrkirche errichteten Hochaltar und ist eine Arbeit von Adam Baldauf.* Im Langhaus und an den Stirnseiten des Querschiffes vier Gruppen von zwei schmalen, oben geschweiften und einem großen Lünettenfenster, in den Querarmen und am Chor je zwei schmale Fenster übereinander. Am Chor Sockel mit Quaderschräge und vermauerte Viereckfenster zur ehemaligen Gruft.

Das Innere bildet eine hohe und weite Halle mit mächtigem

 Brixen, Hochaltar des Domes

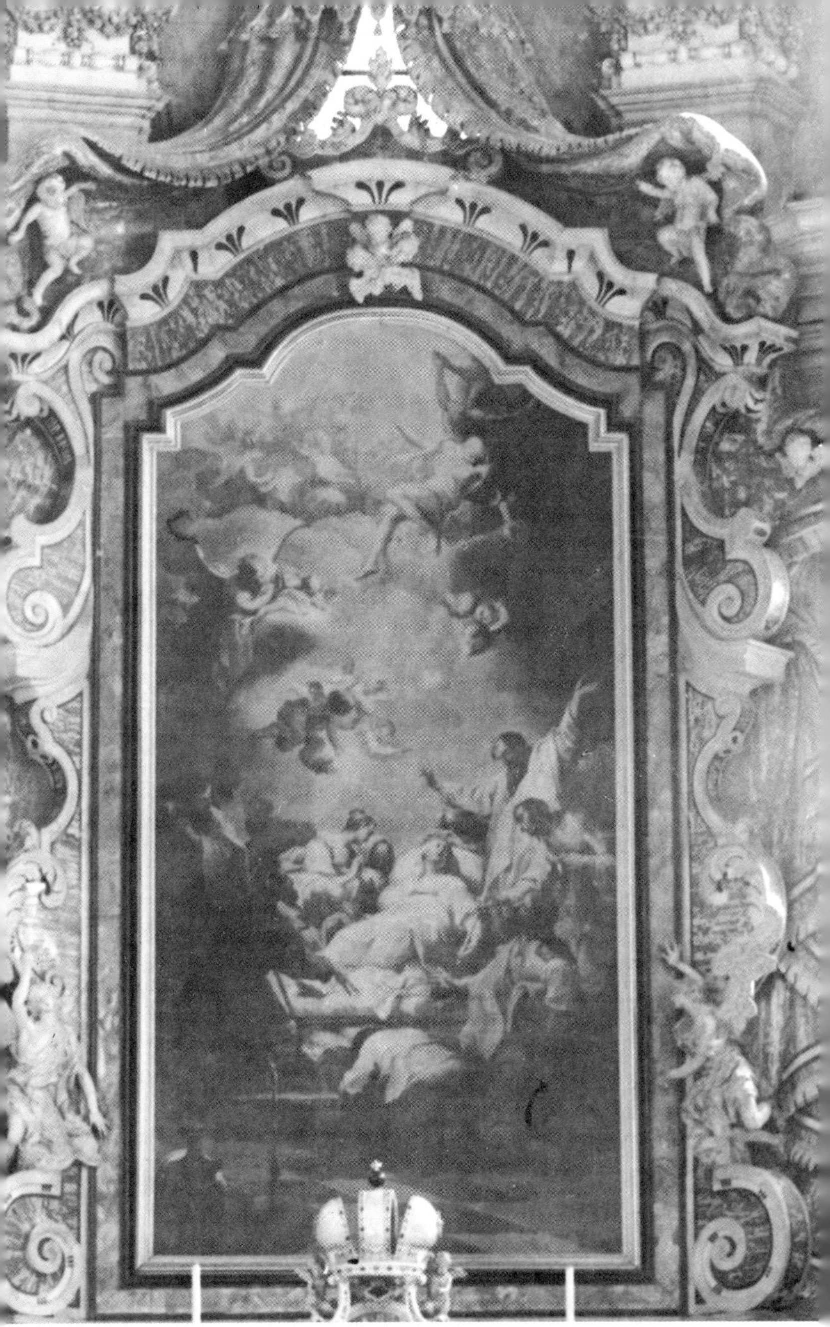

Tonnengewölbe und mit Quertonnen in den Kreuzarmen, über schweren, weit vortretenden Mauerpfeilern mit Pilastervorlagen und mächtigem, über den Fenstern aufgebogenem Gebälk. Sokkel, Pilaster und Fries sind mit rotem, grünem und gelbem Marmor, der Architrav und das weit vortretende, reich profilierte Kranzgesims mit grauem Stuccolustro verkleidet, was in Verbindung mit dem Marmor der Altäre und des Chorgeländers dem ganzen Inneren einen glanzvollen und vornehmen Charakter verleiht. Die Marmorinkrustierung das Werk von Teodoro Benedetti, die Kapitelle und das Kranzgesims von Anton Gigl und Hannibal Bittner. Zwischen den einspringenden Türmen Vorhalle, und darüber der Sängerchor mit Schmiedeeisengittern und musizierenden Engeln (von Josef Stapf) an der bewegten und nach innen geschweiften Brüstung. In den Querarmen vier große Vierecktüren in Marmorrahmung.
Die schweren Wandpfeiler, zwischen denen die schmalen Altarkapellen nicht recht Raum finden und die steifen Fenster sich nicht recht entfalten können, und die mangelnde Gliederung des Gewölbes und der Außenwände geben dem Bau eine gewisse Befangenheit, die sich aus der Baugeschichte ohne weiteres erklärt. Trotzdem eignet dem mächtigen Raum und seiner glanzvollen Ausstattung eine starke und eindrucksvolle Wirkung, die den Beschauer die architektonischen Mängel leicht vergessen läßt. Die schweren und etwas ungelenken Stilformen sind stark vom gleichzeitigen italienischen Kirchenbau beeinflußt, während die leichtere und flüssigere Art des gleichzeitigen süddeutschen Rokoko sich nur in der unter Penz und Tangl erstellten Orgelempore und am Fassadengiebel durchgesetzt hat. Die Vorhalle klassizistisch.

Deckengemälde:

1. Im Chor Maria, von Christus im Himmel empfangen. Reiche Engelgruppen auf Wolken. In kleinen Medaillons Heiligenfiguren.
2. In den Querarmen hl. Kassian als Lehrer, und hl. Kassian zertrümmert eine Götterstatue auf Säben.
3. In der Vierung der Triumph der Religion und die vier Evangelisten.
4. Im Langhaus die Anbetung des Lammes. Eine reich bewegte, schon allein durch ihre Flächenmaße hervorragende Komposition mit zahlreichen Heiligen auf Wolken, die in einer mächtigen Spirale um den Berg des Lammes kreisen. Starkes Pathos und duftige, einheitliche Farbenwirkung.
5. Über der Orgel musizierende Engel, unter der Orgelempore Mariä Verkündigung.

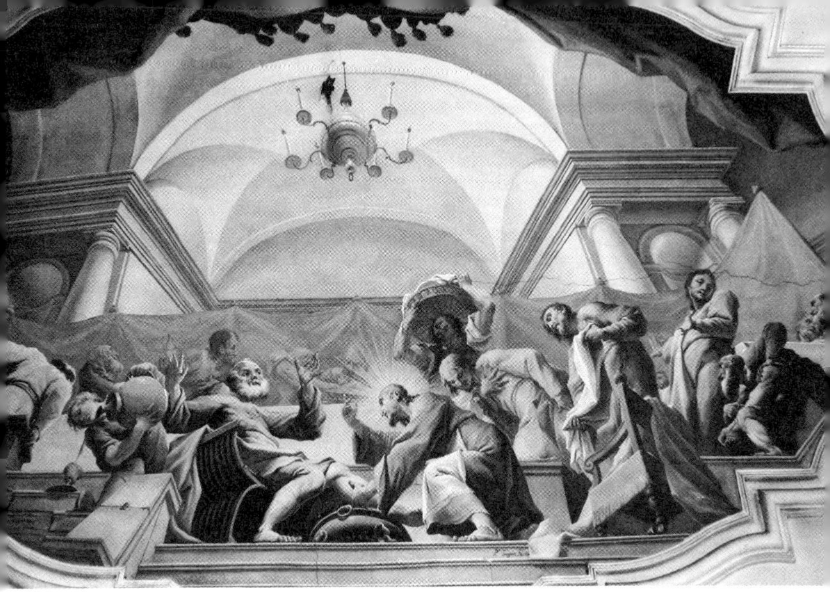

Brixen, Dom, Sommersakristei, Fußwaschung, von Paul Troger

6. In der Sommersakristei Fußwaschung.
Das Bild in der Vierung, ursprünglich Scheinkuppel, die Chormedaillons und die Verkündigung von A. von Felsburg neu gemalt. Die übrigen Bilder ein Hauptwerk Paul Trogers, der es mit seinen Gehilfen 1748 bis 1750 ausführte. Die ursprüngliche Architekturmalerei, die die wirkliche Architektur weiterführte und die figuralen Bilder als himmlische Visionen erscheinen ließ, wurde bei der Restaurierung 1896 leider beseitigt und durch eine neubarocke Stuckdekoration ersetzt.

Altäre: Neun Altäre aus verschiedenfarbigen erlesenen Marmorarten mit reicher Einlegearbeit.
1. Der Wandaufbau des ungewöhnlich prunkvollen, bis zum Gewölbe emporreichenden *Hochaltars* bildet einen mächtigen Bildrahmen ohne Säulen, den ein marmorner Vorhang einfaßt. Die frei stehende Mensa trägt den Tabernakel mit Expositionsthron und vier bewegte Figuren, Petrus und Paulus und zwei anbetende Engel mit ausdrucksvollen Köpfen. Das Bild, der Tod Marias, ist eine großzügige Komposition mit pathetisch bewegten Figuren und wirkungsvollem Helldunkel von Michelangelo Unterberger, 1750. Der Altar von Teodoro Benedetti, 1753 vollendet, die Statuen von Dominikus Moling.

2. und 3. In den Querarmen mächtige Aufbauten mit je vier Säulen, verkröpftem und aufgebogenem Gebälk, gesprengtem Volutengiebel, Bild und Seitenstatuen. Der *Kassianialtar* von Franz Faber in Arco 1756 vollendet, der *Rosarialtar* von Franz Oradini in Trient 1751 bis 1753 hergestellt. Bilder, Martyrium des hl. Kassian von Paul Troger 1753, Rosenkranzbild von Franz Unterberger, 1754. Am Kassianialtar in einem Marmorsarkophag Holzkassetten mit den Reliquien der Heiligen Ingenuin und Albuin, die Metallstücke des Reliquienschreins von Goldschmied Joseph Nagele in Brixen. Seitenstatuen Ingenuin und Albuin, am Giebel Relief hl. Kassian (?) am Totenbett, allegorische Figuren und Engel. Neben dem Rosarialtar Holzmedaillons mit Reliefdarstellungen der Rosenkranzgeheimnisse, 1611. Seitenstatuen Stefanus und Laurentius, am Giebel David und Prophet. Giebelrelief: Christus nimmt Abschied von Aposteln.

4. und 5. Schöner und flüssiger Aufbau mit schräggestellten Pilastern, verkröpftem und aufgebogenem Gebälk und gesprengtem und bewegtem Volutengiebel. Der *Annaaltar* 1762 bis 1764, der *Salvatorialtar* 1763 bis 1764 samt den Skulpturen von Franz Faber ausgeführt. Statuen Katharina und Christine, am Giebel Relief Hl. Drei Könige, Engel bzw. Martin und Nikolaus, Giebelrelief hl. Augustin. Bilder, hl. Sippe von Franz Linder, Wien bzw. die Verklärung Christi, ausgezeichnetes Werk von Christoph Unterberger in Rom, mit schöner Komposition, lebhafter Bewegung und leuchtender Farbengebung, nach Raffaels Vorbild. 1765.

6. und 7. Strenger Aufbau mit vier Säulen, geradem Gebälk und einfachem Volutenaufsatz. Der *Johannesaltar* über Bestellung des Wiener Erzbischofs Grafen Migazzi, der ein Brixner Kanonikat innehatte, von Teodoro Benedetti nach einer von Migazzi von Rom gesandten Skizze entworfen und 1754 bis 1756 ausgeführt, die Statuen Christoph und Oswald, am Giebel Engel mit Kreuz von Dominikus Moling. Der Altar 1765 eingeweiht. Der *Agnesaltar* in entsprechender Form von Franz Faber samt den Statuen Lukas und Hermann und am Giebel Engel und hl. Leopold 1767 vollendet. Gestiftet von Fürstbischof Leopold von Spaur. Bilder, hl. Agnes von Christoph Unterberger, 1767, Johannes von Nepomuk von Giandomenico Cignaroli.

8. und 9. Trockener Aufbau mit Säulen, verkröpftem Gebälk, Rundgiebel und Draperie. Der *Allerheiligenaltar* nach dem Entwurf des Dombenefiziaten Franz Ainackerer von Paolo Defant in Trient 1819 errichtet, der Kreuzaltar ihm nachgebildet. Seitenstatuen aus Gips, Margareta und Barbara, am Giebel zwei Engel bzw. Isaias und Zacharias, Giebelrelief eherne Schlange und

Brixen, Dom, Johannesaltar, Christophorus, von Dominikus Moling

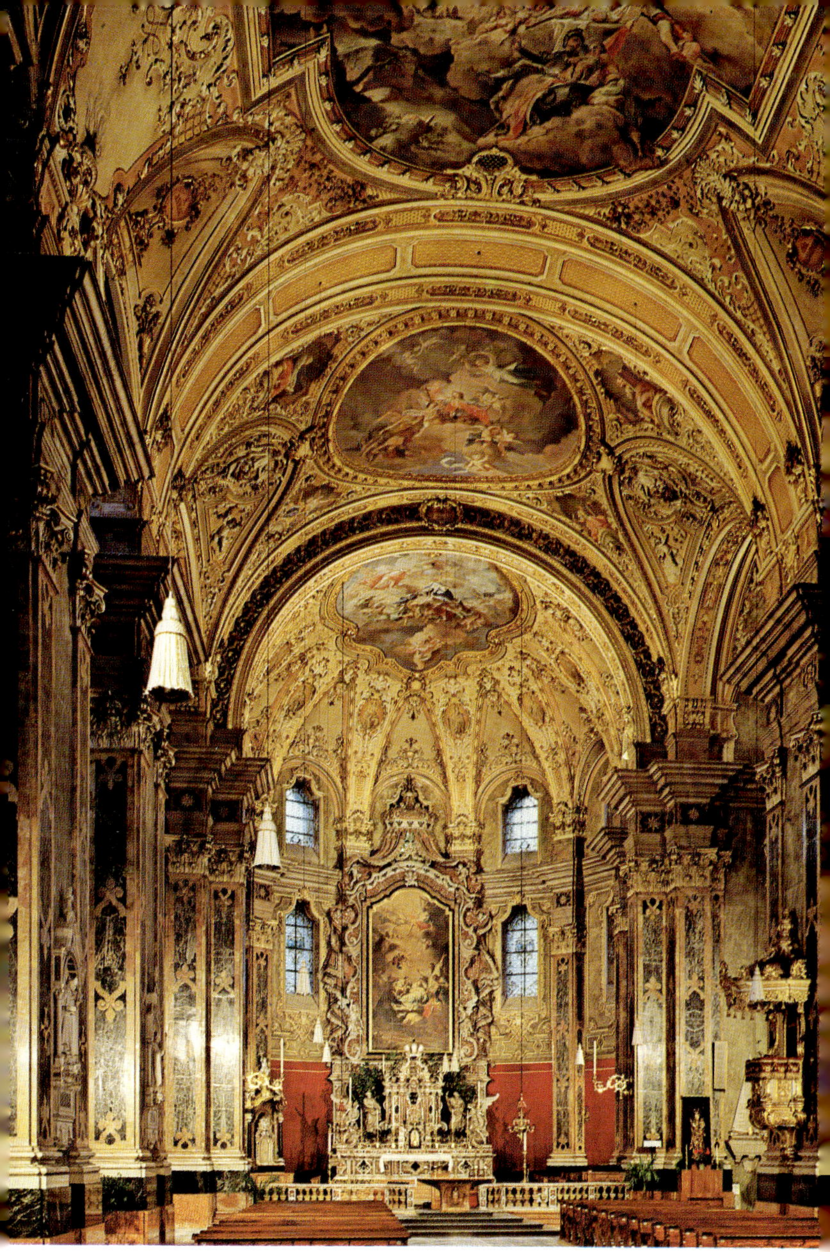

Tafel VII Brixen, Dom, Inneres (S. 219 ff.)

Tafel VIII Brixen, Dom, Deckengemälde von Paul Troger (S. 222) ►

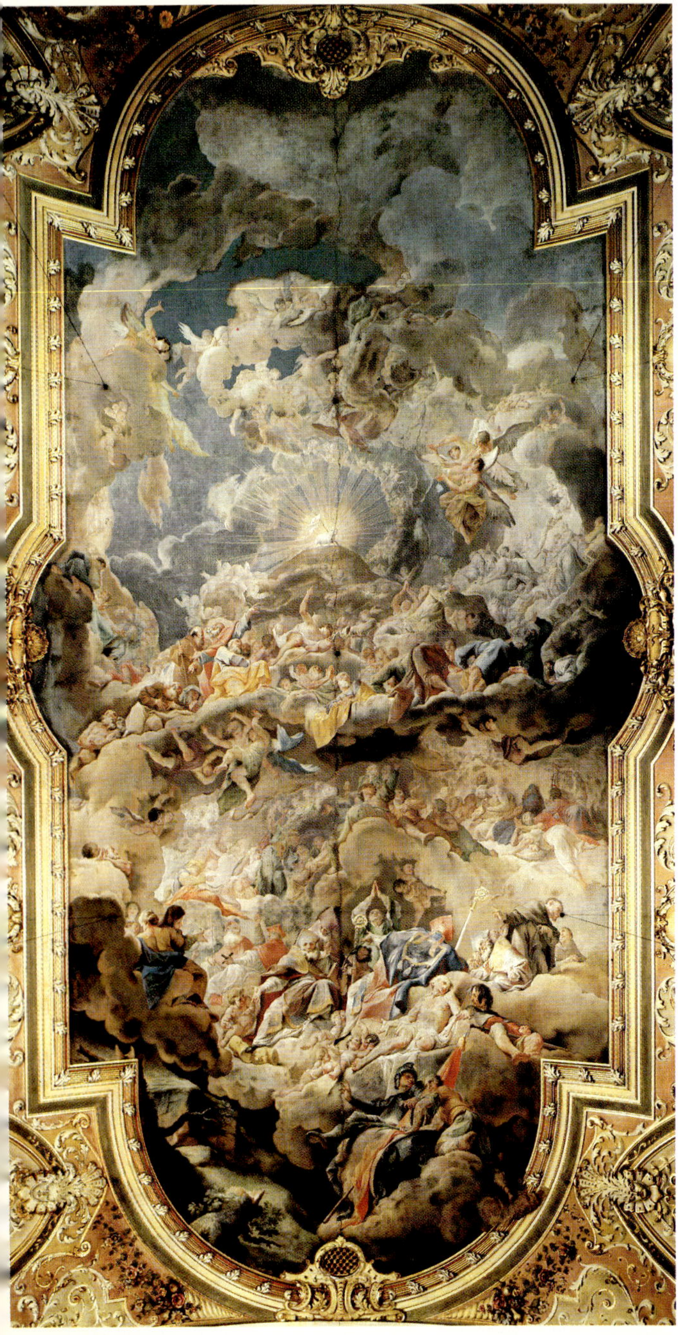

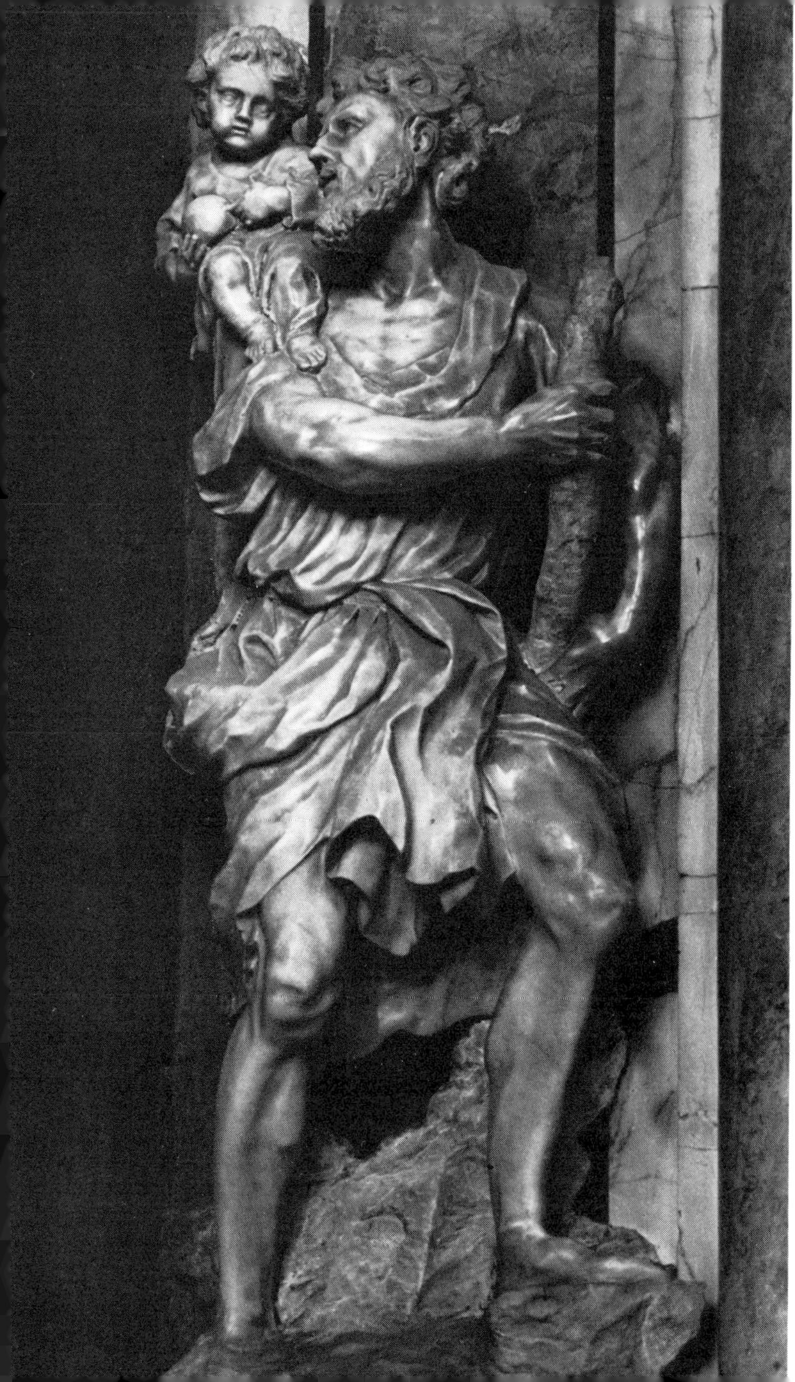

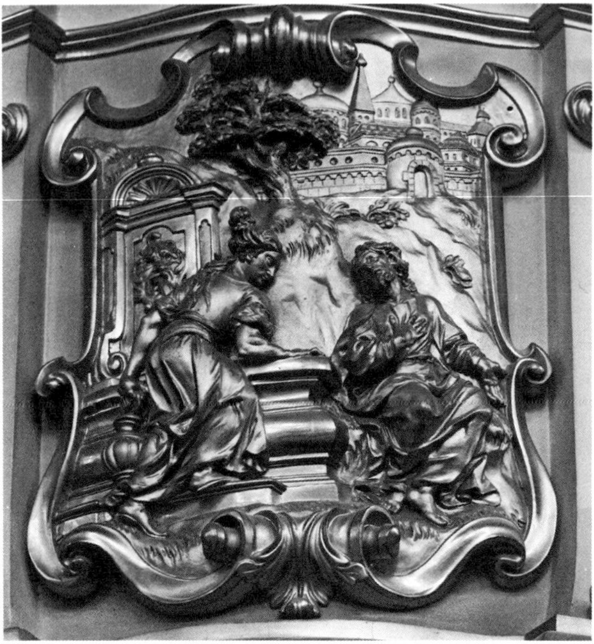

Brixen, Dom, Kanzel

Osterlamm. Das Allerheiligenbild Alterswerk, das Kreuzbild frühere gute Arbeit von Josef Schöpf. 1817, 1792. Am Allerheiligenbild Wappen und Inschrift Georgius Sigism. Comes Purlitiarum & Brugnaria, Canonicus Cath: Ec̃cliae. Brix.
10. Volksaltar: Kupfertreibarbeit, Christus als segnender Lehrer, von Martin Rainer, Brixen 1966.

Chororatorien: Leichte Rokokodekoration, Entwurf von Josef Stapf, Ausführung von Ferdinand Schwabl in Brixen 1753.

Bischöflicher Thron: Neubarock, 1912. Nach Entwurf von Roman Pircher ausgeführt von F. Linser in Innsbruck.

Chorgeländer: Bewegte Balustrade aus buntem Marmor, von Teodoro Benedetti 1753.

Kanzel: Holz, reich vergoldet. Bewegte Rundform mit Volutengliederung, Band- und Rankenwerk, Relief Christus und Samariterin, am Deckel Lambrequins und bewegtes Gebälk. Von Josef Konrad Wiser in Brixen. 1753.

Beichtstühle: Bewegte Form mit geschnitztem Voluten- und Bandwerk, 1754 und 1756 von Pankraz Töller und Ferdinand Schwabl in Brixen ausgeführt.

Chorstühle und Kirchenstühle: Band- und Volutenwerk und Rocaille, an den Docken der Kirchenstühle außerdem abwechselnd Lamm und Adler, die Wappen des Stiftes und des Domkapitels. Nach Entwurf von Josef Stapf 1752 bis 1754 von Hoftischler Ferdinand Schwabl und verschiedenen Brixner Tischlern und Bildhauern ausgeführt.

Sanktusleuchter: Messing. Gotische Form mit drei Knäufen, als Füße drei Engel, 15. Jh. 2. Hälfte. Meisterwerke aus Flandern.

Wandleuchter: Messing. Rankenornament, in eine groteske Halbfigur auslaufend. Nürnberg 1686.

Kronleuchter: Messing — der linke aus Augsburg 1609, der rechte eine Brixner Kopie des 18. Jh.s.

Orgel: Die ganze Stirnwand ausfüllender, nach beiden Seiten ansteigender Prospekt, der die Fensterrose frei läßt. Rokokoornament, 1969 wieder in die ursprüngliche Form und Aufstellung gebracht. Ferdinand Schwabl 1756 bis 1758. Plastik von Josef Konrad Wiser.

Gemälde: 1. und 2. An den einspringenden Turmmauern. Auferweckung des Lazarus, 1530, und Paulus in Athen, 1537. Jetzt im Diözesanmuseum.

Holzskulpturen: 1. Stehende Muttergottes mit Kind und Zepter. Hans Leinberger, um 1520.
2. In der Sakristei Kruzifix mit schönem Gesichtsausdruck und scharf knitterigem Lendentuch. 15. Jh., 2. Hälfte.
3. Im Domkreuzgang, im jetzt vermauerten ehemaligen Südportal des Domes, Figur des Heilands an der Säule von Joseph Konrad Wiser, 1750.

Glocke: Kreuzigungsgruppe und Diözesanpatrone. 1582.

Grabsteine: Im Dom befinden sich nur die Denkmäler der seit dem Umbau verstorbenen Fürstbischöfe. Die älteren Epitaphien, von denen die meisten im alten Dom die wirklichen Gräber deckten und daher in den Fußboden eingelassen waren und stark abgetreten wurden — nur einige wenige Deckplatten waren auf Hochgräbern angebracht —, wurden beim Umbau aus dem Dom entfernt, und während die Denkmäler der Bischöfe in der Vorhalle und an den anschließenden Seitenmauern eingemauert wurden, erhielten die Grabsteine der Domherren erst um die Mitte des 19. Jh.s ihre heutigen Plätze an der südlichen und nördlichen Außenmauer des Domes.

1. Im Dom:

1. Im nördlichen Querarm Inschrifttafel aus Marmor in bewegter Pilasterrahmung mit Reliefbild des Toten am Aufsatz. Kaspar Ignaz Graf Künigl, unter dem der Umbau des Doms begonnen wurde, gest. 1747, von Franz Faber.
2. Gegenüber Sarkophag mit Urne und Pyramide und mit den Reliefmedaillons der beiden Bischöfe Leopold und Ignaz Graf Spaur, gest. 1778 und 1779. Von Jakob Pirchstaller.
3. Im südlichen Querschiff. Neben dem Sarkophag und der pyramidenartig zugeschnittenen Inschrifttafel, die das Reliefbild des Toten trägt, trauernde Frauengestalt mit einem Ring in der Rechten. Joseph Graf Spaur, gest. 1791. Schöne klassizistische Arbeit von Jakob Philipp Santer in Bruneck.
4. Gegenüber. Ähnlicher Aufbau. Karl Franz Graf Lodron, der letzte Reichsfürst, gest. 1828. Von Anton Reinalter in Bozen.
5. Neuromanisch. Stehende Figur. Bernhard Galura, gest. 1856. Von Josef Gröbmer.
6. Ähnlich. Vinzenz Gasser, gest. 1879. Von Serafin Eberhard.
7. Für die fünf folgenden Bischöfe. Von Ignaz Gabloner.
8. Johannes Geisler, gest. 1952. Von Hans Andre.

2. In der Vorhalle: An der Fassade sind sechs Grabsteine von Bischöfen, zwei aus rotem, vier aus weißem Marmor, angebracht. Der Tote jeweils in Lebensgröße dargestellt, der Kopf mit der Inful geschmückt und, mit Ausnahme von Nr. 1, auf ein Kissen gebettet, in den Händen Buch und Bischofsstab. Am Rande Minuskelinschrift.

1. Die Figur des Toten von Fialen mit Wimperg gerahmt. Johannes von Lenzburg, gest. 1374.
2. Friedrich von Erdingen, gest. 1396.
3. Ausdrucksvoller Kopf, rundliche Gewandfalten. Ulrich Putsch, gest. 1437.
4. Reich ausgeführter Bischofsstab. Ulrich von Byrna, gest. 14… (zu Lebzeiten des Bischofs angefertigt, die Jahreszahl nicht ergänzt! Ulrich starb 1417).
5. Vom gleichen Meister wie Nr. 3. Berthold von Bückelsberg, gest. 1427.
6. Flaches Relief in schöner, präziser Arbeit, an der Kasel Granatapfelmuster, an der Infel Verkündigung. Christoph von Schrofenstein, gest. 1521.
7. bis 12. Einfachere Steine, an den anschließenden Wänden der Seitenbauten eingemauert. 15. bis 18. Jh.

3. Im Eingang zum Kreuzgang, an der südlichen Außenmauer des Domes sind 29 Grabsteine von Domherren angebracht, alle aus weißem Marmor und meist mit Randschrift, die die Relieffi-

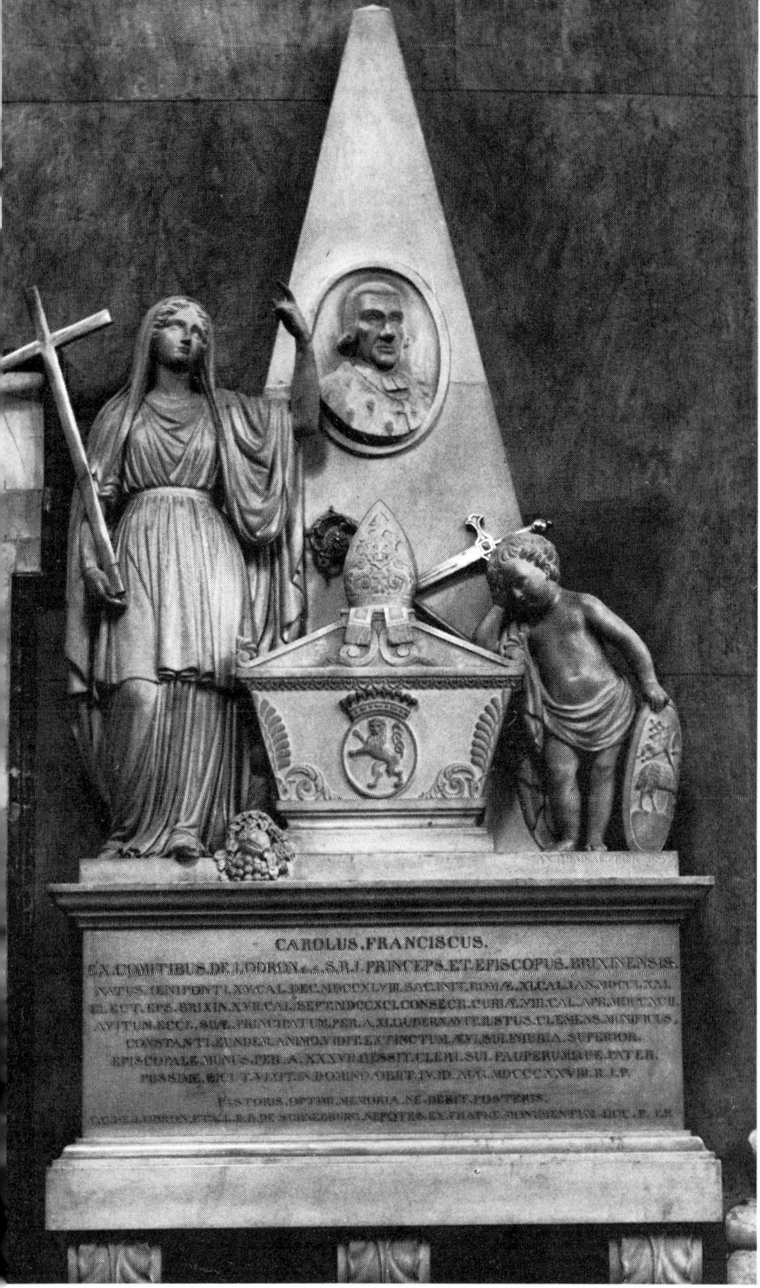
CAROLUS.FRANCISCUS.

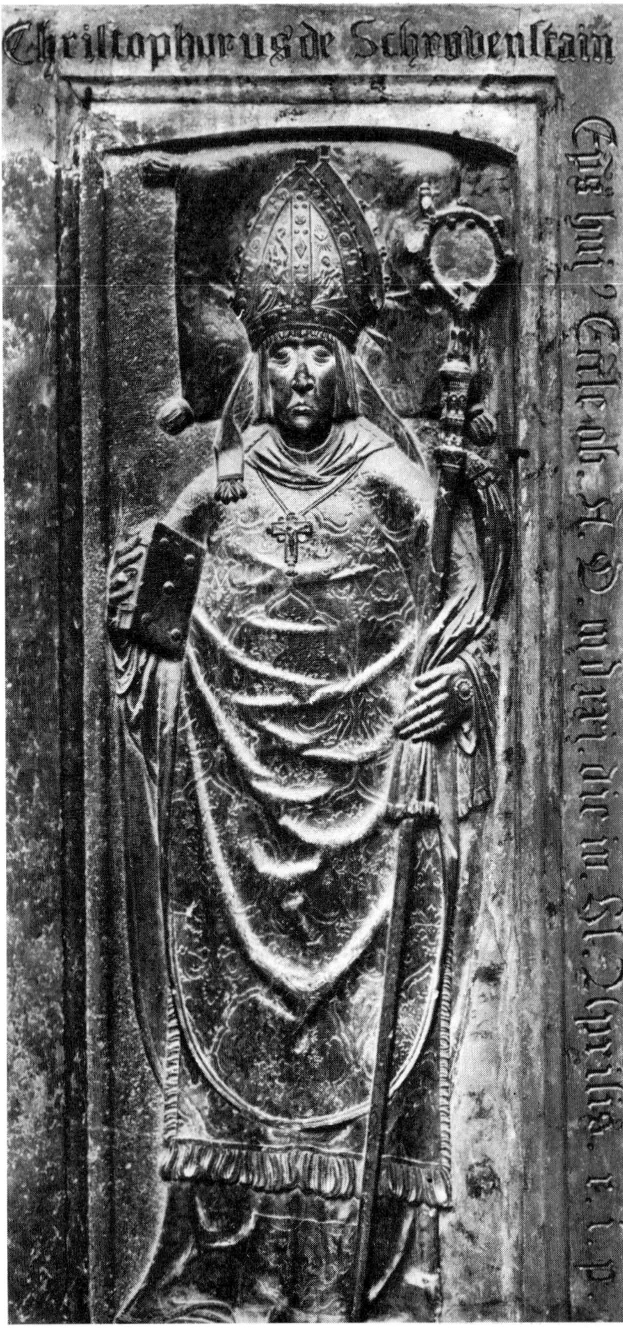
Christophorus de Schrovenstain

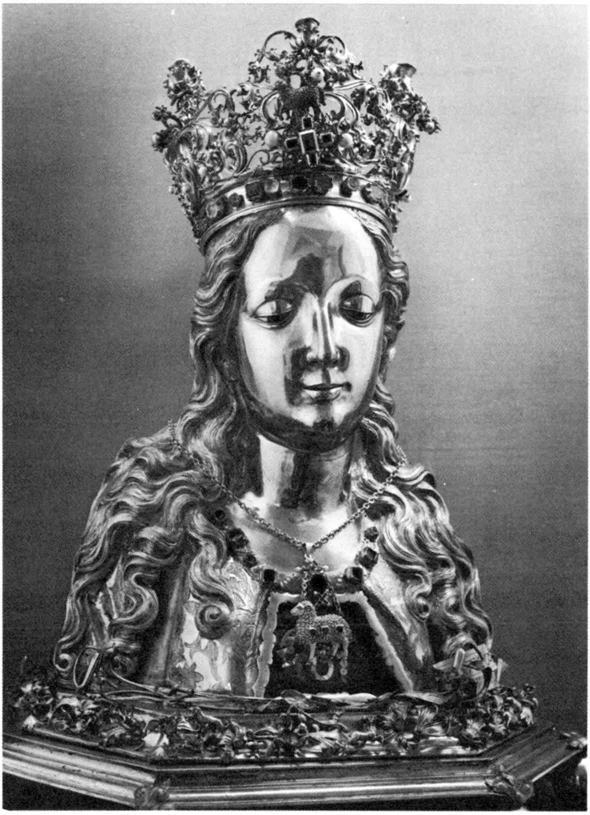

Brixen, Domschatz, Agnesbüste

gur des Toten, in die priesterlichen Gewänder gekleidet, mit dem Kelch in den Händen und das Haupt auf den Kissen gebettet, oder Kelch und Wappen umrahmt. Besondere Beachtung verdienen die Steine des Heinrich Zollinger, gest. 1410, und des Berchtold von Natz (nez), gest. 1436, mit sorgfältig gearbeiteten Reliefs, und besonders das letztere mit ausdrucksvollem Kopfe.
4. Im östlichen Flügel des Kreuzganges wurden in neuester Zeit noch mehrere Steine eingemauert, darunter einer mit den Relief-

Brixen, Dom, Grabmal Bischof Christoph von Schrofenstein

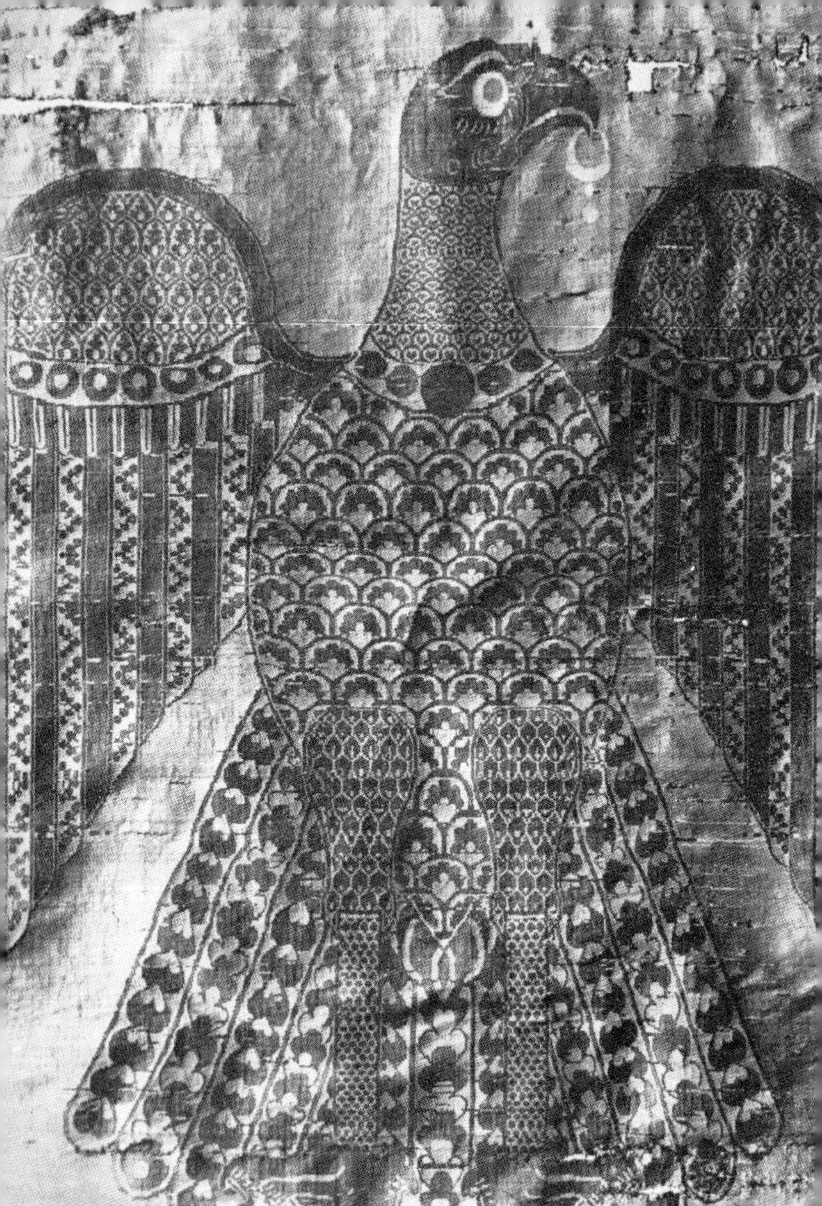

Brixen, Domschatz, Adlerkasel

figuren der Heiligen Ingenuin und Albuin, aus dem Anfang des 16. Jh.s, der im alten Dom neben dem Reliquienschrein der beiden Diözesanpatrone angebracht war. Im südlichen Flügel Hochgrab mit der liegenden Figur des Toten, der sein Haupt mit der Rechten stützt. Vorn das Wappen zwischen zwei Genien mit Rauchfaß und Bischofsstab, Fürstbischof Christoph Fuchs, gest. 1542, das Denkmal 1580 vollendet.

5. Im Arkadengang an der nördlichen Langhausmauer sind 22 aus dem 15. bis 19. Jh. stammende Grabsteine von Domherren angebracht, von denen die des Nikolaus Pallauser, gest. 1551, und des Dr. Josef Rieper, gest. 1539, beide mit Brustbild des Verstorbenen in Rundbogenrahmung, hervorzuheben sind. Endlich befinden sich an der Außenmauer des nördlichen Querarmes und der Sommersakristei neun besonders stark abgetretene oder sonst beschädigte Monumente des 14. und 15. Jh.s, darunter die Steine des Bischofs Matthäus Konzmann, gest. 1360, und des Ritters Rudolf von Katzenstein, gest. 1352. Außerdem ist hier der hochinteressante Gedenkstein eingemauert, den der berühmte Minnesänger Oswald von Wolkenstein 1408 in einer von ihm gestifteten Seitenkapelle des alten Domes anbringen ließ und der die stehende und vollgewappnete Figur des Stifters mit dem Helm in der Linken, der Standarte in der Rechten und die drei Teilwappen des heutigen Wolkenstein-Rodeneggschen Wappen zeigt.

Domschatz: Seit 1978 im „Kornkasten“ des Domkapitels neu aufgestellt. Vom Kreuzgang aus zugänglich.

1. Silberne Reliquienbüste, hl. Agnes, mit herrlicher Krone. 1496. Von Valentin Schauer und Meister Christoph.
2. Silberne Reliquienbüste, hl. Ingenuin. Meister Heinrich Crinis 1504.
3. Adlerkasel, byzantinische Purpurweberei mit Adlermustern. Um 1000.
4. Glockenkasel, violette Seide mit Rautenmustern. 2. Hälfte des 12. Jh.s.

Außerdem Reliquienbüsten des 17 Jh.s., Reliquienmonstranzen, Kristallkreuze, liturgische Gewänder und Geräte.

Domkreuzgang

Bau: Die regelmäßige, vierflügelige Anlage ist südlich an den Dom angebaut und verband mit ihm die ursprünglichen Münsterbauten, den Palast des Bischofs, die Wohnung der Kanoniker, die Domschule und die Taufkapelle. Die ältere (hölzerne?) Anlage wurde nach dem Brand von 1174 um 1200 neu erbaut und in der 2. Hälfte des 14. Jh.s eingewölbt. Die Kreuzgewölbe besitzen derbe Rippen und runde Schlußsteine, gegen den Mittelhof öffnen sich Backsteinrundbogen über marmornen Doppelsäulchen mit derben Knospenkapitellen und Eckknollen, wobei die regelmäßigen Säulenstellungen durch Pfeiler und Streben, die bei der gotischen Einwölbung des ursprünglich flachgedeckten Kreuzgangs dazukamen, und außerdem im Norden durch eine große Spitz-, im Süden durch eine Rundbogenöffnung unterbrochen werden. Über den Säulen Rund- und Spitzbogenfenster. An der Nordwestecke ein dicker Rundpfeiler als Gewölbestütze und die einspringende Rundapsis der Frauenkirche, im nördlichen Flügel das ehemalige rundbogige Seitenportal des Domes, von zwei Säulen eingefaßt. Die altertümliche Anlage mit den romanischen Arkaden, deren Mauerwerk wieder aufgedeckt wird, den gotischen Gewölben und den schönen Durchblicken einerseits auf den Dom, andererseits auf die Johanneskirche ist eines der stimmungsvollsten Denkmäler von ganz Tirol, wobei für die malerische Gesamtwirkung auch die alte Bemalung von ausschlaggebender Bedeutung ist. An den Steinplatten der Arkadenbrüstung im östlichen Flügel zahlreiche Vertiefungen (Schalensteine).

Wandgemälde: Fast der ganze Kreuzgang ist mit Fresken ausgeschmückt, die ohne einheitliches Programm meist als Denkmäler für die hier begrabenen Domkleriker angefertigt wurden. Unter den heutigen Bildern, die von etwa 1390 bis zum Beginn des 16. Jh.s reichen und die Entwicklung der spätgotischen Malerei Brixens lückenlos widerspiegeln, sieht man Reste von frühgotischen Gemälden, zumeist in Röteltechnik, aus der Mitte des 14. Jh.s. Der Kreuzgang wurde in zwölf Jahren von den Übermalungen der Jahre um 1880 bis 1900 befreit. Restaurierung der Gemälde bis 1970 und 1976.

1. Arkade (vom heutigen geschlossenen Südeingang aus gezählt): Am Gewölbe vier Szenen aus dem Leben des hl. Paulus: 1. Predigt vor dem Aräopag, 2. Paulus vor Festus, 3. Der Schiffbruch, 4. Das Schlangenwunder. An der Wand Johannes auf Patmos mit dem Stifter Domdekan Benedikt Fieger, dessen Wappen auch am Gewölbeschlußstein. Von Ruprecht Potsch, Ende 15. Jh. Spuren älterer Malerei.

2. Arkade: Passionsszenen und alttestamentarische Vorbilder. Gewölbe: 1. Kreuztragung, 2. Opfer Abrahams, 3. Gleichnis vom Weinberg, 4. Heimkehr der Botschafter mit der Traube, 5. Semel steinigt David, 6. Amon schneidet den Gesandten den Bart ab. Hauptwand: Dornenkrönung mit dem Stifter und Inschrift und als Vorbild Apeme, die Darius eine Maulschelle gibt.

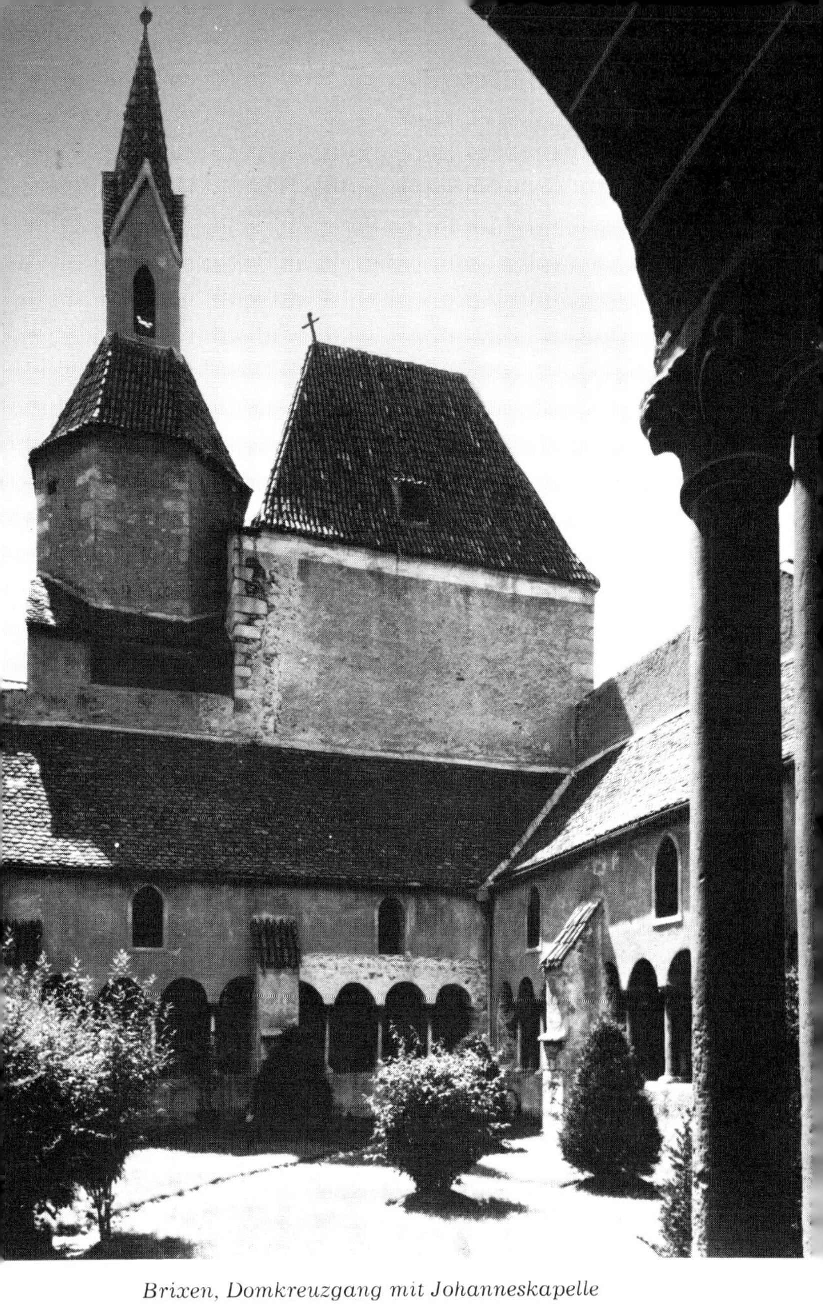

Brixen, Domkreuzgang mit Johanneskapelle

Hofmauer: Hl. Michael mit der Seelenwaage und Maria mit Christkind und Katharina, an der Bodenplatte des Marienthrones die früher mit dem Maler identifizierte Inschrift Jakob Sunter, die jedoch eine spätere Zutat ist. Die Gemäldearbeit von Meister Leonhard von Brixen und dessen Werkstatt, um 1465.

3. Arkade: Passionsszenen und alttestamentarische Vorbilder. Gewölbe: 1. Grablegung. 2. Joseph wird in den Brunnen geworfen. 3. Jonas wird vom Walfisch verschlungen. 4. Achior wird an den Baum gebunden. 5. Die Verspottung des Job. 6. Eleazar unter den Elefanten. 7. Der Tod des Absalon. Von Meister Leonhard und Werkstatt, um 1465.
Südwand: Christus vor Pilatus, reicher Architekturaufbau, bei Ausbruch der gotischen Tür später stark ausgebessert. Daneben Johannes d. Täufer in gotischem Tabernakel, mit kniendem Stifter.
Westwand: Kreuzigung, figurenreiche Gruppe mit Stifterbildnis. Die Bilder an den Wänden Jakob von Seckau zugeschrieben, um 1450.
4. Arkade: Gewölbe: Vier Gloriaengel und in zierlich gerahmten Vierpaß-, Dreißpaß- und Rundmedaillons, Evangelistensymbole, Kirchenlehrer und Propheten.
Hofmauer: Hl. Georg, Kreuzfahrer mit einem Bischof oder Abt, in den Bogenzwickeln Brustbilder der hl. Barbara, Christina, Agnes.
Hauptwand: Die ursprünglichen Bilder, Anbetung der Könige von 1417, darunter Schmerzensmann zwischen Maria und Johannes, Christoph, zwei Bischöfen und hl. Oswald, mit drei Stifterfiguren, wurden abgenommen (jetzt im Diözesanmuseum); dadurch die einheitliche dekorative Wirkung der ganzen Arkade zerstört. Zarte Köpfe, reiches, zierliches Ornament. Von Meister Johannes von Bruneck. — Unter den abgenommenen Fresken der Hauptwand kamen zum Vorschein: Christus am Ölberg, Legende der hl. Christina, zeichnerischer Stil, Mitte 14. Jh.s.
5. Arkade: Osterzyklus mit alttestamentarischen Vorbildern. Gewölbe: 1. Auferstehung. 2. Ruben sucht Joseph. 3. Die Braut im Hohen Lied sucht den Geliebten. 4. Christus erscheint Magdalena. 5. Der König besucht Daniel in der Löwengrube. 6. Christus und die Braut des Hohen Liedes. 7. David tötet Goliath. 8. Samson ringt mit dem Löwen. 9. Samson mit den Torflügeln. 10. Jonas entsteigt dem Fischrachen.
Hauptwand: 1. Frauen am Grabe. 2. Der Auferstandene erscheint den Aposteln, links der Stifter Johann von Firmian, den ein hl. Bischof empfiehlt, mit Wappen; 3. In eigener Rahmung: Christus erscheint Thomas

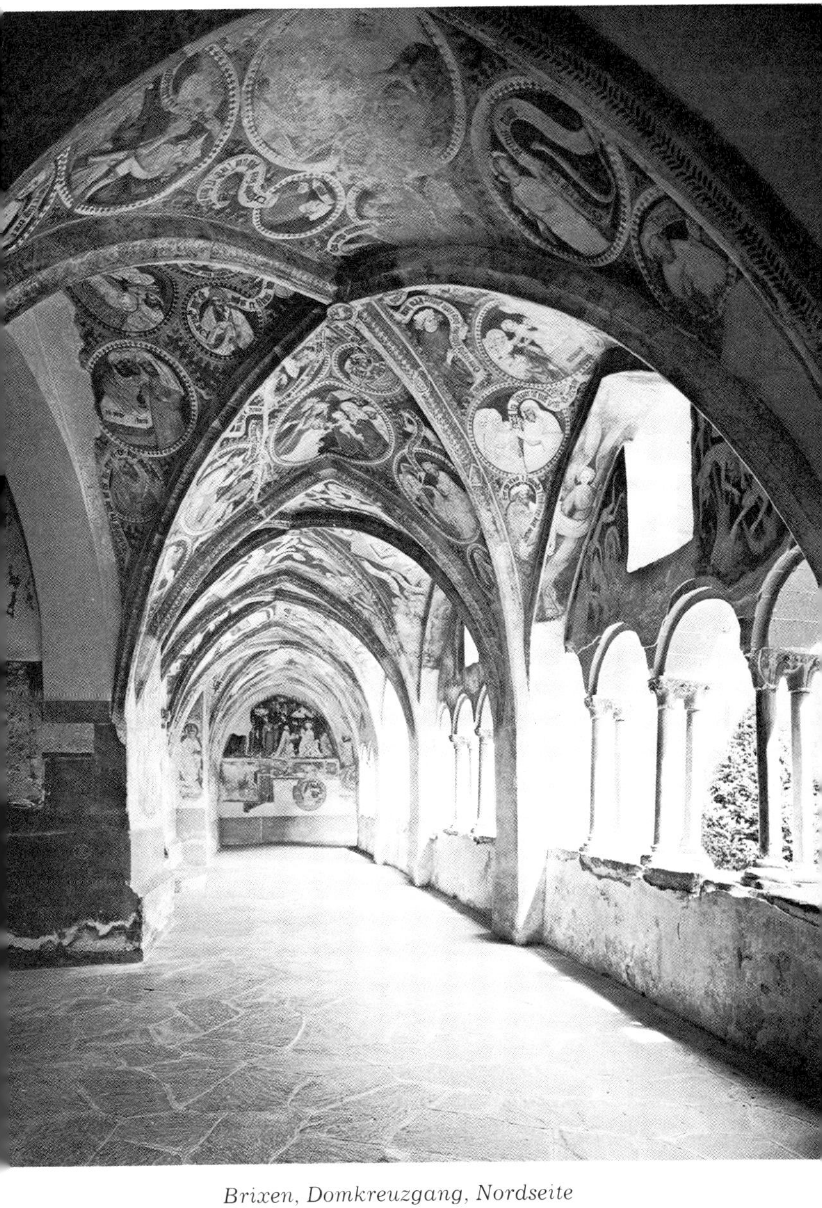

Brixen, Domkreuzgang, Nordseite

Hofmauer: 1. Joseph gibt sich seinen Brüdern zu erkennen. Jahreszahl 1472. 2. Christus in der Vorhölle.
Von Meister Leonhard.

6. *Arkade:* Jugendgeschichte Marias und alttestamentarische Vorbilder. Gewölbe: 1. Zurückweisung des Opfers Joachims. 2. Jephte opfert seine Tochter. 3. Die Königin von Persien in ihren hängenden Gärten. 4. Ankündigung der Geburt Marias an Joachim und Anna. 5. Begegnung unter der goldenen Pforte. 6. Der von den Fischern aus dem Wasser gezogene Sonnentisch. 7 . Wurzel Jesse. 8. Der Traum des Astyages.
Hauptwand: Mariä Opferung im Innern einer Kirche.
Hofmauer: 1. Stifter zwischen Panthaleon und Katharina. Im Hintergrund Mariensymbole Hortus conclusus und fons signatus. 2. Balaam vom Engel aufgehalten.
Von einem von Michael Pacher beeinflußten Lokalmaler, vielleicht Jugendarbeit des Ruprecht Potsch. Gestiftet von Kanonikus Berchtold Soltwedel, gest. 1482.

7. *Arkade:* Am Gewölbe und an der Hofmauer ein in Mittelalter häufiger Zyklus von Darstellungen, welche durch den Hinweis auf angebliche naturgeschichtliche Analogien die Jungfräulichkeit Marias verteidigen sollen (Defensorium beatae Mariae Virginis).
Gewölbe: 1. Der Vogel Strauß, dessen Eier die Sonne ausbrütet. 2. Der Pelikan, der seine Jungen mit dem eigenen Blut ernährt. 3. Frau mit neugeborenen Zwillingen, die durch bloße Berührung alle Schlösser zu öffnen vermögen. Darunter Brustbild des Stifters Nikolaus Nyessel, gest. 1427. 4. Bärin, die ihre unausgebildeten Jungen durch Belecken zur rechten Gestalt bringt. 5. Phönix. 6. Kappadozisches Pferd, das vom Morgenwind neues Leben empfängt. 7. Baum mit Wasservögeln, die aus den ins Wasser fallenden Früchten entstehen. 8. Löwin, die ihre totgeborenen Jungen durch Brüllen zum Leben erweckt. 9. Der Vogel Charista, der ähnlich wie der Phönix sich im Feuer verjüngt. 10. Die Vestalin Tuccia, die zum Beweis ihrer Jungfräulichkeit in einem Siebe Wasser trägt. Darunter der Stifter Konrad von Neuenburg, gest. 1424.
Hofmauer: 1. Die Vestalin Claudia macht zum Beweise ihrer Jungfräulichkeit mit ihrem Gürtel ein gestrandetes Schiff flott. 2. Der Vogel Kalander, der durch Anschauen eines Kranken die Krankheit auf sich nimmt.
Der ganze Zyklus wohl von derselben Hand wie 6. Arkade.
Hauptwand: 1. Oben Pietà mit Stifter, den die hl. Katharina empfiehlt, zwei Propheten. Hervorragende Arbeit, Mitte 15. Jh. 2. Unten Geburt Christi mit hl. Sebastian, stark zerstört, mit

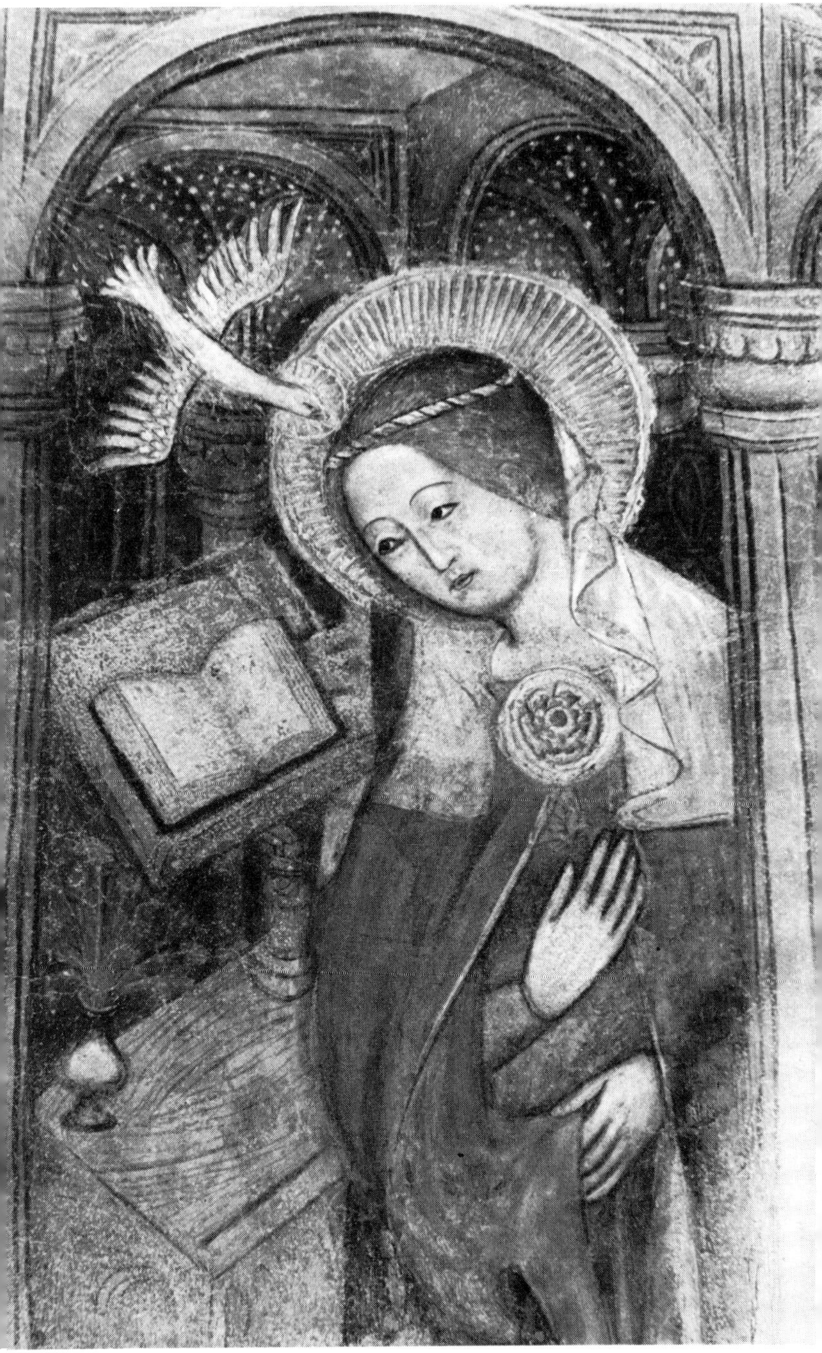

weiter Landschaft, Meeresbuchten, Bauten und Felsen. Von Pacher beeinflußt, um 1500.

8. Arkade: Gewölbe: Von den größtenteils zerstörten Bildern noch erhalten: 1. Adam und Eva am Baum der Sünde, sechs Teufel mit Schriftbändern, auf denen die Laster verzeichnet sind, darunter die Hölle. 2. Urspr. Verkündigung mit den Tugenden, erhalten Stifterbild mit hl. Barbara, 1474. 3. Der Ritter Christi, ein gewappneter Reiter, dem sich eine (zerstörte) Frauengestalt, wohl die Frau Welt, versuchend naht. 4. Isaias und David. Auf einem Schriftband Jahrzahl 1477. Von Hans Harder (?). Plastische Modellierung, gute Behandlung des Nackten, pacherischer Einfluß.
Hauptwand (Apsis Frauenkirche): 1. Christus am Ölberg. 2. Hl. Dorothea mit Stifter. 3. Hl. Bartholomäus. 4. Kreuzabnahme. Anfang 15. Jh.
9. Arkade: Gewölbe: Zahlreiche, symmetrisch angeordnete, zierlich gerahmte Rundmedaillons mit Propheten, Szenen aus der Jugendgeschichte Jesu und alttestamentarische Vorbilder. 1. Verkündigung zwischen dem Fluch Jehovas über die Schlange und dem Vlies Gedeons. 2. Geburt Christi zwischen dem brennenden Dornbusch und dem Stab Aarons. 3. Anbetung der Könige zwischen Abner vor Saul und der Königin von Saba. 4. Darstellung Christi im Tempel zwischen der gesetzlichen Darstellung des Alten Testamentes und der Opferung Samuels.
Hofmauer: Martyrium des hl. Achatius und seiner Genossen, ergänzt, in der Bogenleibung Engel mit Brustbild Christi. Gute Arbeit mit zierlichen Gestalten, lichten Farben und dekorativer Gesamtwirkung. Um 1400.
Dommauer neben dem Portal: Pietà in freier Landschaft, feine Zeichnung, ausdrucksvolle Köpfe. Stifter Johannes Schönherr, gest. 1509. Leider fast ruiniert.

10. Arkade: Lob der Tugenden und Unterdrückung der Laster, in den oberen Zwickeln Engel, in den unteren Propheten, mit Spruchbändern. 1. Der demütige Sünder und der stolze Gerechte, vom Engel nur der erstere beachtet, darunter die Bewältigung des Leviathan, aus dessen aufgeschnittenem Bauch die von ihm verschlungenen Menschen wieder herauskommen = Sinnbild der Erlösung. 2. Freigebigkeit und Geiz. 3. Ein Ehepaar im Bette, der Mann, der seine Werke zur Ehre Gottes verrichtete, wird vom Engel zum Himmel geleitet, die Frau, die nur aus Eigensinn oder Ruhmsucht Bußwerke tat, wird verworfen. 4. Ein arbeitseifriger und ein träger Bischof.
Hauptwand: 1. Der Miles christianus als Kämpfer gegen die Versuchung. 2. Mariae Verkündigung, liebliche Gestalten, origi-

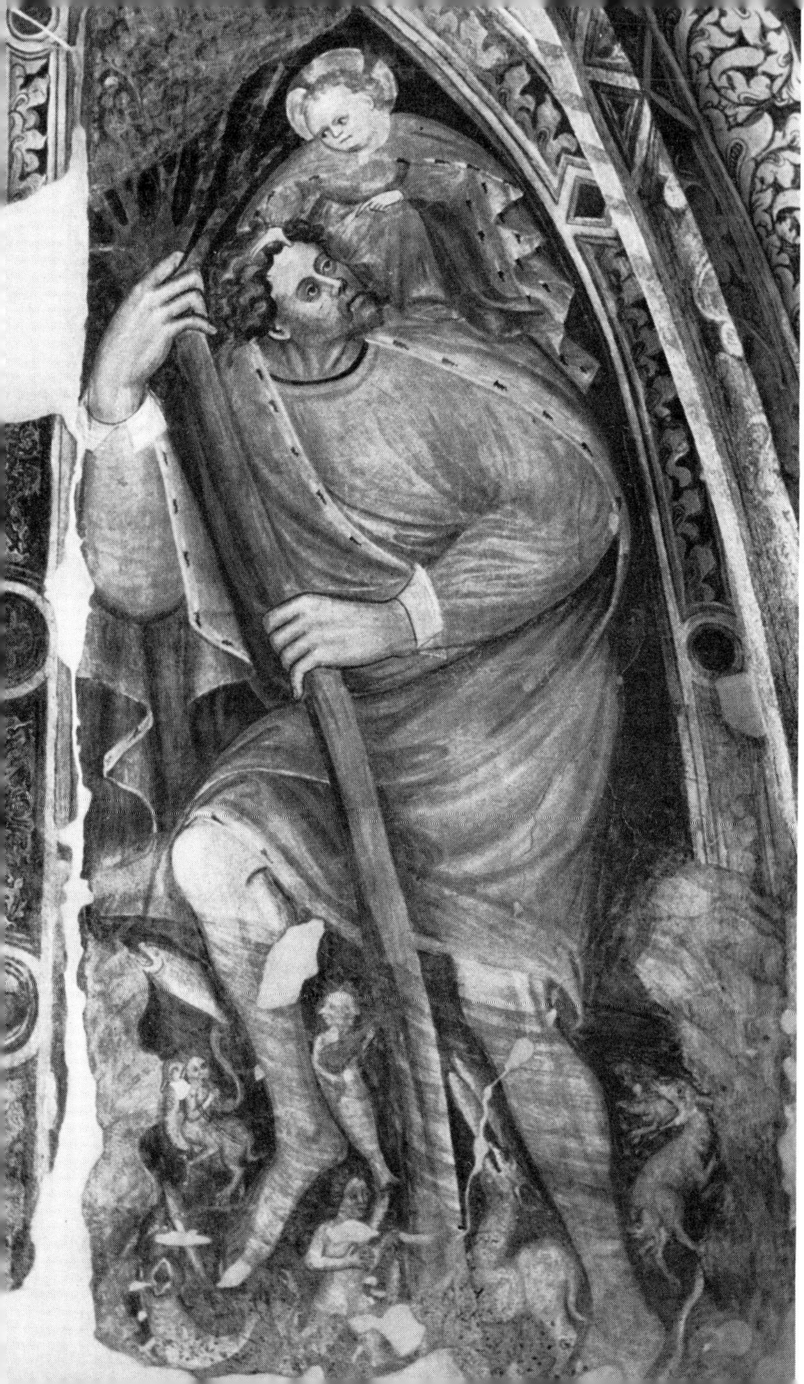

nelle Bordüre mit Bandverschlingungen und Tieren, prächtige Farbenwirkung, räumlich gut wiedergegebene Säulenhalle. Am linken Mauervorsprung Johannes der Täufer und Stifter. 3. Pietà mit Heiligen, Stifter dazu am Mauervorsprung.
Hofmauer: 1. Martyrium des hl. Sebastian. 2. Kreuzigung des hl. Philippus. 3. An der Bogenleibung zwei Engel und Rundmedaillon mit dem Lamm Gottes. Die Gewölbebilder um 1390, vom selben Maler wie in den Gewölben der beiden folgenden Arkaden. Die Wandbilder um 1410. Die Verkündigung von einem sonst nicht nachweisbaren Meister, italienisierend, um 1400.

11. Arkade: Gewölbe: Die leiblichen Werke der Barmherzigkeit. 1. Das Gleichnis vom reichen Prasser. 2. Gefangene besuchen. 3. Nackte bekleiden. 4. Fremde beherbergen. 5. Hungrige speisen. 6. Christus mit Spruchband, das sich auf die Tränkung der Durstigen bezieht, darunter die Begrabung der Toten.
Hauptmauer neben den ehemaligen Portal: 1. Bischof mit Inschrift, die sich auf Wohltätigkeit bezieht. 2. Augustus und die Sibylle.
Hofmauer: An der Bogenleibung Brustbilder des Cicero und Boethius mit Zitaten aus ihren Werken.
In der Tornische Christus an der Geißelsäule, Skulptur von Josef Konrad Wiser 1750.

12. Arkade: Gewölbe: Heilige, die in Brixen und Chur besonders verehrt wurden. 1. Petrus, Kassian, Karl der Große, sitzend mit Schwert. 2. Ingenuin und Albuin. 3. Lucius, Florinus, Arbogast, Theobald. 4. Ottilie und Ursula. 5. Gertrud. 6. Pirmin und Sebastian.
Hofmauer: 1. Felix, Regula und Exuperantius. 2. Alexius.
Hauptwand: 1. Christus in der Tumba mit Agnes, Maria, Johannes. 2. Thronende Maria mit Christkind, Andreas, Georg und Stifter Peter Hangenor, gest. 1401, in reicher Bordürenrahmung mit Wappen, Akanthus und Vierpässen. 3. Christoph. 4. (Am Wandpfeiler) Domherr Johann von Sengen und Erasmus.
Bis auf das Votivbild der Madonna, das eine andere Hand zeigt, einheitliche, den Arkaden 10 und 11 ähnliche Ausmalung um 1400, durch die breiten Ornamentbänder und regelmäßig angeordneten Engelfiguren noch einheitlicher und dekorativer wirkend.
13. Arkade: Die Gewölbebilder größtenteils zerstört.
Nordwand: Geburt Christi zwischen je zwei Heiligen und zwei Stiftern, um 1400, darüber neu aufgedeckt die Reste einer Verkündigung.
Ostwand: 1. Anbetung der Könige, hervorragende Arbeit, besonders schöne Gewandbehandlung, dem höfischen Stil zugehörig,

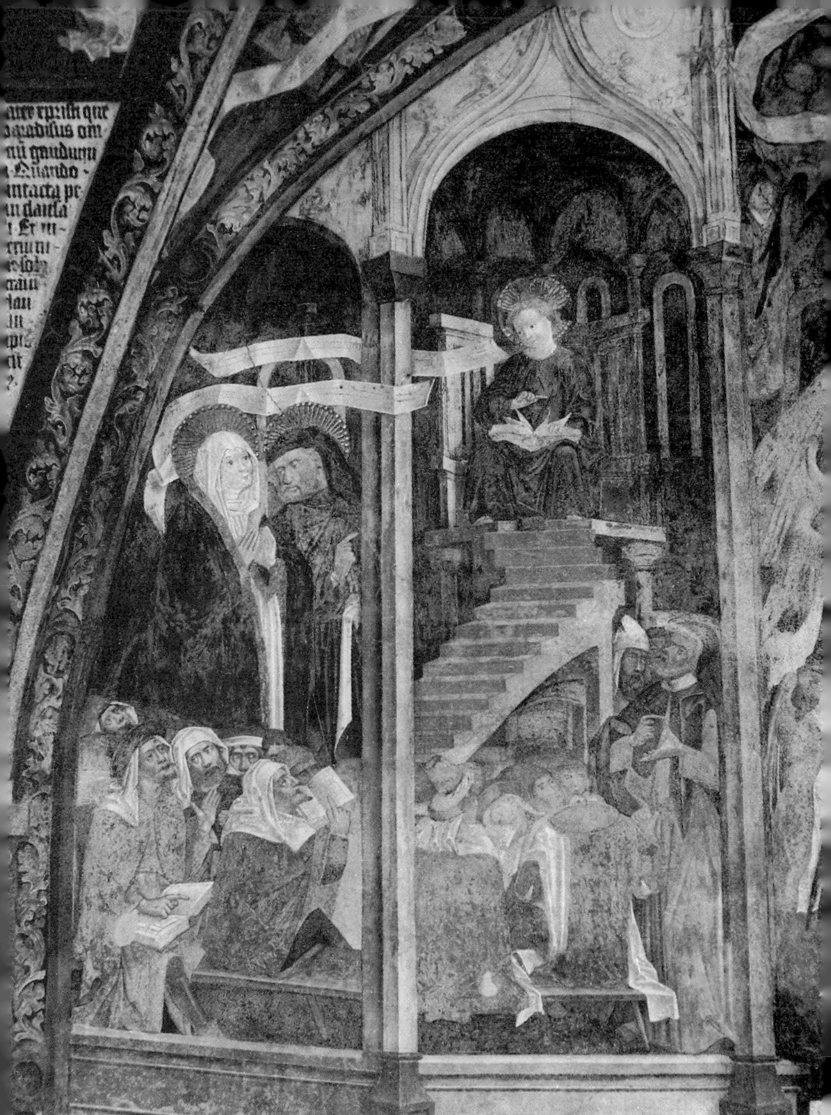

Brixen, Domkreuzgang, 14. Arkade

1417. Darunter ornamentaler Streifen mit Schmerzensmann und Stifter in zwei Rundmedaillons. Anfang 15. Jh. 2. Thronender Bischof, die Grabinschrift für den Kaplan Pilgrin, gest. 1410, wohl zugehörig. 3. Maria mit Christkind, davor hl. Katharina, die den Stifter empfiehlt = Epitaph des Johannes Cerwit von Köln, 1426, gemalt von Andreas Bembo aus Cremona. Wurde 1961 abgenommen und ist jetzt im Museum. Darunter kam zum Vorschein Rundmedaillon mit Brustbild, Konrad Schaller von Rottenburg, gest. 1413. Daneben eine (schon immer sichtbare) Kopie davon.

14. Arkade: Die sieben Freuden Marias mit drei alttestamentarischen Vorbildern.
Gewölbe: 1. Der brennende Dornbusch. 2. Das Fell Gedeons. 3. Rebekka am Brunnen. Zugehörig an der Hofmauer die 1. Freude Marias = Bild der Verkündigung. Am Gewölbe weiter: Mariä Heimsuchung = 2. Freude, Geburt Christi = 3. Freude, Anbetung der Könige mit Isaias = 4. Freude, Aufopferung im Tempel = 5. Freude.

Hauptwand: Das Wiederfinden im Tempel = 6. Freude, Krönung Marias mit vielen Engeln und Heiligen und dem Stifter Kanonikus Johannes Grizimola, gest. 1463 = 7. Freude. Von Meister Leonhard und Werkstatt.
Die Gewölbebilder in älterer Zeit stark übermalt, nunmehr restauriert, ältere Malschicht aufgedeckt.

15. Arkade: Die Gewölbebilder größtenteils zerstört. Erhalten noch: 1. Zwei Engel; 2. Flucht nach Ägypten; 3. Moses mit der glühenden Kohle; 4. Das Bad des Namaan; 5. Das eherne Meer.
Hauptwand: 1. Thronende Maria mit Ulrich, Leonhard, Katharina, Barbara und Stifter (= Domherr Leonhard Zinzinger † 1400), zwei Köpfe ergänzt; 2. Daniel; 3. Der Stab Aarons; 4. Augustus und die Sybille; 5. Isaias. In der Art des Meisters Leonhard, Mitte 15. Jh. Thronende Maria, höfischer Stil, Anfang 15. Jh.
Hofmauer: Christus am Berg Tabor, Mitte 15 Jh.

Im *Gang* gegen Westen:

1. Fragment einer Marienkrönung, kniende Stifter, Engelfries. Schule Meister Leonhards, um 1470.
2. Fragment eines großen Gnadenthrones, in reicher Renaissancenische. 1. Hälfte 16. Jh.
3. Maria als Fürbitterin mit drei Bischöfen, Klerikern und Stiftern, Ende 15. Jh., fragmentarisch.

2. Taufkirche zum hl. Johannes

Bau: Der malerische und hochoriginelle Bau grenzt an den Südflügel des Kreuzganges, von dem eine Vierecktüre mit zierlich profilierter Sandsteinrahmung mit gekreuzten Stäben und Wappen an den einspringenden Eckstücken in sein Inneres führt. Im Süden zwei Rundbogenfenster, die Rundbogenfenster im Schiff 1972 neu aufgedeckt. Über dem quadratischen Schiff hohes Zeltdach, in dessen halber Höhe der Chor ins Achteck übergeht, darüber Spitztürmchen. Im Osten schwach vortretende Rundapsis und darüber Rundfenster. Das Schiff trägt ein Kreuzgewölbe mit schweren Rippen und rundem Schlußstein, hinter dem tiefeinspringenden, ungegliederten Triumphbogen der Altarraum mit achteckiger Kuppel zwischen zwei Quertonnen. Im Westen Empore mit Holzbalustern und Schmiedeeisengittern, gestiftet um 1640 vom Bischof Johann Platzgummer (Wappen).

Nach der traditionellen Annahme wurde die Kirche im 11. Jh. erbaut und war 1080 der Schauplatz des von Heinrich IV. in Brixen abgehaltenen Afterkonzils, durch das er Gregor. VII. absetzen ließ. Nach neueren Forschungen erst um 1200 erbaut. Das Langhaus wurde im 14. Jh. eingewölbt. Die Türwandung um 1500, die Empore 2. Hälfte 16. Jh. Die Kirche wurde 1972 bis 1975 restauriert. Weitere Restaurierung 1984 geplant. Der alte Altarstein bereits aufgestellt.

Wandgemälde:

1. Die Oberwände des Schiffes ziert eine einheitliche monumentale Komposition, der Thron Salomons und gegenüber die thronende Sophia, umgeben von den Vertretern göttlicher Weisheit, von Tugenden und Propheten. An den Seitenwänden Patriarchen und Kirchenväter. Um 1200/Anfang 13. Jh.

2. Ein zweiter zusammenhängender Zyklus schmückt die Nordseite des Altarraums. Hl. Petrus zwischen Ingenuin und Albuin, Johannes d. Ev. im Ölkessel, Enthauptung Johannes d. T., sechs heilige Jungfrauen (erkennbar: Dorothea, Agnes, Katharina, Barbara), Kreuzigung, Anbetung der Könige, hl. Christoph und am Sockel Einzelgestalten von Heiligen unter Rundbögen, wohl bischöfliche Patrone.

Blauer Grund mit grünem Rand, rotbraune Rahmenstreifen. Die Umrißlinien treten stark hervor und sind sehr markant und ausdrucksvoll, an den Bildern der Enthauptung und der Kreuzigung starke dramatische Bewegung, die Schergen und Teufel in merkwürdig charakteristischer Häßlichkeit wiedergegeben. Hervorragende frühgotische Arbeit aus der Mitte 14. Jh.

3. Außerdem in Chor und Schiff mehrere nicht weiter zusammenhängende Bilder. In der Apsis thronende Maria mit Christkind zwischen den beiden Heiligen Johannes, darüber Erbärmde-Christus, daneben Disputation der hl. Katharina, im Schiff fünf

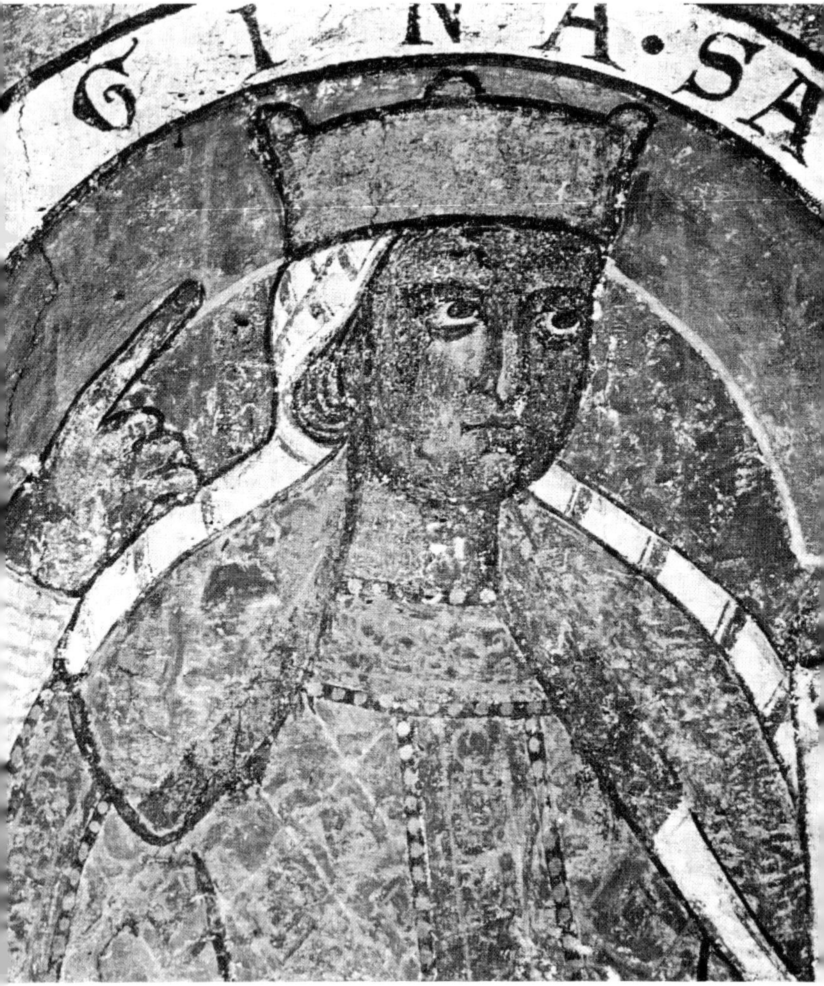

Brixen, Johanniskapelle, Königin von Saba, um 1200.

Szenen aus der Legende des hl. Erasmus, im Schiff links hl. Jakob und Blasius, rechts Mariä Heimsuchung und die beiden Heiligen Johannes. Ein abgenommenes spätgotisches Fresko mit Signatur Rainerus (?) zeigt eine Ostererscheinung vor einem Apostel. Alle Bilder um 1400, die Erasmuslegende wohl vom Meister der 10., die Bilder in der Apsis von dem der 4. Arkade im Kreuzgang.

Taufstein: Roter Marmor, Becherform. Wohl 13. Jh.

Grabstein:
1. Weißer Marmor, Relieffigur des Toten in priesterlicher Kleidung. Achatius Mornauer, gest. 1500.
2. Jakob Perchofer, Kanonikus und Kustos der Kirche, 1731.
3. Weihbischof Wilhelm Vintler, 1697. Die Grabsteine jetzt im Kreuzgang.

Glocken:
1. 14. Jh.
2. Siegelabdruck des Domherrn Sigmund Han von Hanberg. 1543.

3. Unsere Liebe Frau im Kreuzgang

Bau: Die zwischen dem Kreuzgang und dem ehemaligen bischöflichen Palast liegende Kirche war ursprünglich die Hauskapelle des Bischofs, umfaßte drei Joche des Hauptschiffes, und zu ihrer Empore, deren Spuren im Dachraum noch zu erkennen sind, führte vom Palast eine jetzt durch das Gewölbe verbaute Tür. Der flachgedeckte Bau wurde Ende des 14. Jh.s eingewölbt, verlängert und gleichzeitig oder bald darauf mit einem Nebenschiff versehen. Die Fassade erhielt Ende des 18. Jh.s in Verbindung mit der Vorhalle des Domes die heutige Gestalt. An der Kirche hatte von 1214 bis 1808 das Kollegiatkapitel Unserer Lieben Frau „in ambitu" seinen Sitz.
Die Türen des heutigen Baues sind viereckig, die Fenster rundbogig, die in den Kreuzgang einspringende Rundapsis enthält über demselben ein Rundfenster. Die Kreuzgewölbe zeigen drei runde Schlußsteine, die im Hauptschiff mit dem Christuskopf, einem Wappen und dem Brustbild der hl. Magdalena in Relief verziert sind, und einfache Rippen zwischen unregelmäßigen Wand- und Quergurten, die sich teilweise als Wandpfeiler fortsetzen. Zwischen den Schiffen drei ungegliederte Rundbogenöffnungen, in der ganzen Kirche auffallend derbe und unregelmäßige Bauformen. Fassadentürmchen mit Kuppeldach.

Wandgemälde: Über dem gotischen Gewölbe haben sich an beiden Langwänden und am Triumphbogen die obersten Teile eines bedeutenden und monumentalen Gemäldezyklus erhalten, der wohl von Bischof Konrad v. Rodank in Auftrag gegeben wurde, um 1216. Zuoberst Bordüre mit Flechtenornament, darunter in Flachbögen eine Reihe kleiner Halbfiguren mit visionärem Gesichtsausdruck und eine zweite Reihe von stehenden Heiligen unter Rundbögen. Die Reihen werden in regelmäßigen Abständen von pilasterähnlichen Streifen unterbrochen, die durch figurale Medaillons gegliedert sind und zuoberst größere bewegte Gestalten von Propheten und Sibyllen tragen. Das Ganze stellt in allegorischer und antithetischer Form das Reich des Guten und Bösen dar. In der Leibung zum Seitenschiff Freskenreste, erkennbar zwei heilige Bischöfe und David.

Hochaltar: Dreiteiliger Wandaufbau. Zwischen kannelierten Säulen mit Gebälk und gesprengtem Rundgiebel Mittelbild Maria Verkündigung, farbenprächtige Arbeit von Martin Theophilus Polak, um 1637* (derzeit aufgestellt; im Museum weitere auswechselbare Doppelbilder zum Marienleben, von Stephan Kessler, Geburt Christi datiert 1648). Seitlich zwei kleinere Bilder mit Pilasterrahmung, Volutengiebeln, Jeremias und Michäus, am Giebel Krönung Mariä. 1. Hälfte 17. Jh.

Seitenaltäre: 1. Sippschaftsaltar. Zwei kannelierte Säulen mit gesprengtem Rundgiebel. Bild der hl. Sippschaft, am Giebel ein stehender und zwei sitzende Engel, Adam Baldauf zugeschrieben, übermalt.

2. Magdalenaaltar: Ähnlicher Aufbau. Bilder Kommunion der hl. Magdalena, am Giebel Himmelfahrt, gute Arbeiten von Martin Theophilus Polak, um 1637. Seitlich in zwei Mauernischen mit Muschelwölbung Holzstatuen Glaube und Liebe, am Giebel zwei Engel mit Fruchtgehängen von Hans Reichle (?), neuerdings auch Adam Baldauf zugeschrieben. Um 1620 bis 1630.

3. Kannelierte Säulen und Pilaster, Rundgiebel. Bilder hl. Johann Nepomuk, um 1800, am Giebel Anbetung der Könige. 1. Hälfte 17. Jh.

4. Im Seitenschiff. Kleines Altärchen mit reicherem Aufbau: zwei kannelierte Säulen, verkröpftes Gebälk, gesprengter Giebel und Aufsatz. Interessantes Bild Maria im Ährenkleid, 1655. Seitenstatuen, ohne Attribute, mit volutengeschmückten Postamenten und Baldachinen. 1. Hälfte 17. Jh. Mensabild Josef mit Kind, gute Arbeit, 18. Jh.

5. Altärchen am Trennungspfeiler zwischen Haupt- und Nebenschiff: In säulenflankierter Nische über Sarkophagmensa Gruppe der Pietà (von Hans Reichle?), seitlich Rochus und Sebastian, 17. Jh.

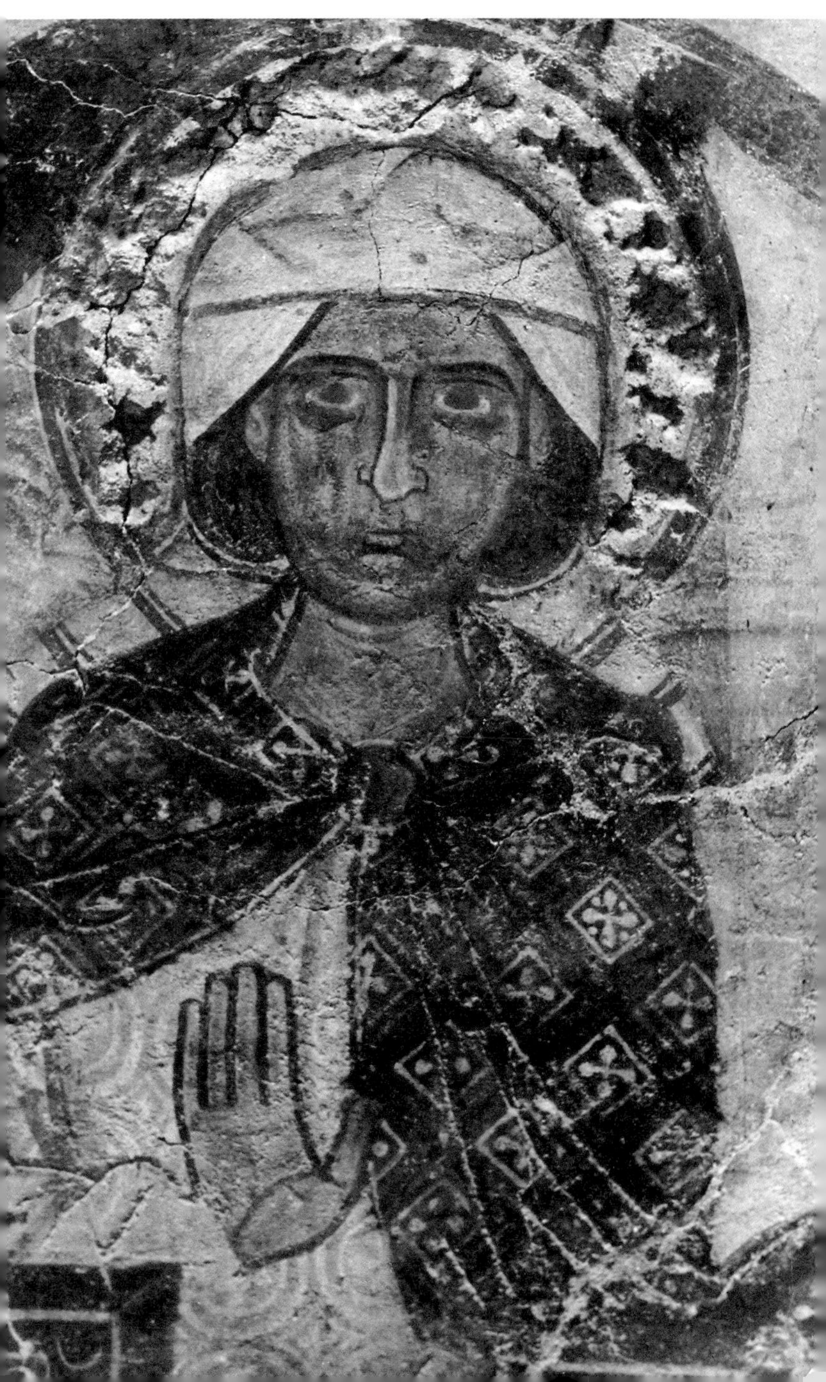

Holzskulpturen: Hl. Ottilia. Auf einer Steinkonsole im Seitenschiff, die dasselbe Wappen trägt wie der zweite Gewölbeschlußstein im Hauptschiff.

Gemälde: 1. Anna selbdritt, 17. Jh. Von Jeremias Rumpfer? 2. Auferstehung*, von Nikolaus Weis, 1724.

Kreuzweg: Von Jakob Jenewein, um 1734, ursprünglich im Dom.

Grabsteine: Weißer Marmor. Ein Stein, mit Wappen und Pilasterrahmung, an einem Mittelpfeiler. Dr. Johann Reiching, Domherr und Propst zu Unser Frauen, gest. 1551. Die anderen, teils mit Kelch und Wappen, teils mit der Relieffigur des Toten, im Boden eingelassen und mehr oder weniger abgetreten. 16. bis 18. Jh. Hinter dem Hochaltar Reste der Orgel von Daniel Herz. 17. Jh.

4. Stadtpfarrkirche zum hl. Michael

Bau: Ursprüngliche Weihe um 1038. Der untere Teil des Turmes wurde um 1300, der obere nach der Inschrift im Glockenhaus 1459 errichtet, die Kirche selber in spätgotischer Zeit neu erbaut (rechts vom Eingang Wappenstein des Bischofs Georg Golser, 1464), 1503 geweiht, 1740 mit der heutigen Empore ausgestattet. 1757 und 1758 barockisiert und ausgemalt. An der Westfassade Viereckportal in bewegter Marmorrahmung mit Pilastern und Volutenaufsatz, im Spitzgiebel drei große Nischen mit Eselsrükken. Im Norden und Süden vermauerte Rundbögen, die ursprünglich in eine offene Vorhalle führten. Sockel mit Quaderschräge, Strebepfeiler aus Granitquadern, Spitzbogenfenster, am abgesetzten Chor, der ganz aus Quadern aufgeführt ist, gekehltes Dachgesims und polygonaler Abschluß. Das gotische Gewölbe, der Rippen beraubt, aber immer noch winkelig-unausgeglichen, über schweren Wandpfeilern mit Pilastern aus Stuckmarmor und isolierten Gebälkstücken. Die Westempore über drei Rundbogen und mit bewegter Brüstung. Das Innere wurde um 1955 mustergültig erneuert. Am Turm zwischen zwei Viertelstabgesimsen gekuppelte Rund-, darüber große, dreiteilige Spitzbogenfenster. An den Giebeldreiecken Erker mit Spitzgiebel, hohe, gemauerte und weiß getünchte Achteckpyramide („Weißer Turm").

Wandgemälde: Äußeres:

1. An der nördlichen Langhauswand Spuren von Fresken. Pietà, vorzügliche Arbeit mit beseeltem Ausdruck und schöner Landschaft. Anfang 16. Jh. Zerstört.

2. An der Fassade hl. Michael. In den Giebelnischen Kreuzigung. 17. Jh. (?).

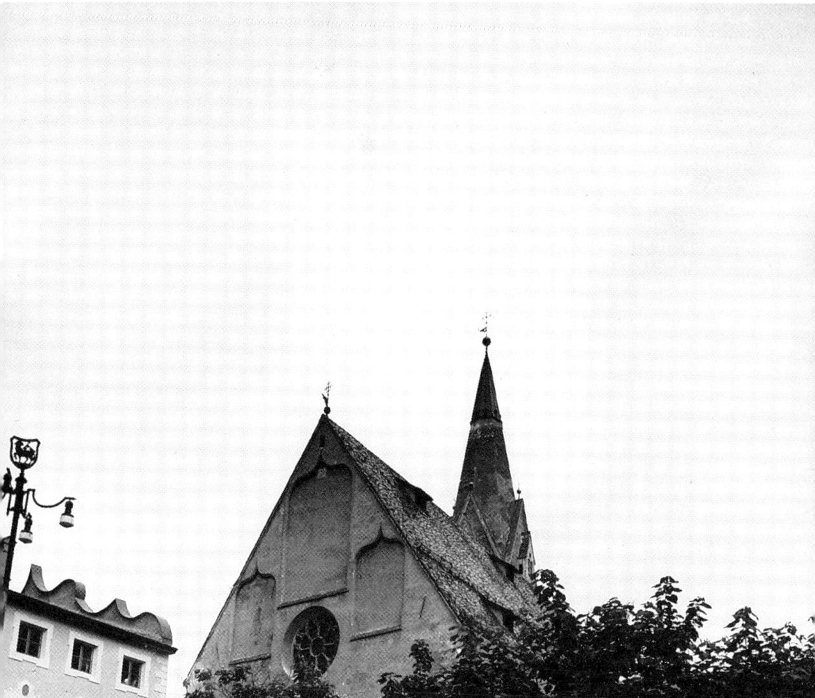

3. Inneres: Die Fenster mit Bändern und Rocaille eingefaßt. Am Gewölbe gemalte Gurte, Muscheln, Vasen, Bandwerk, eine Scheinkuppel und vier figurale Kompositionen, Anbetung der Hl. Dreifaltigkeit, hl. Michael, Gabriel (Verkündigung), Raphael (Tobias). Gemalt 1757 und 1758 von Joseph Hautzinger aus Wien, einem Schüler Trogers, der vorher mit dem Meister an den Dombildern mitgearbeitet hatte.
4. Am Dachboden über der Sakristei, die früher eine Kapelle gewesen, Reste von wertvollen spätgotischen Wandgemälden, wohl von Friedrich Pacher.

Altäre: 1.—5. Klassizistische Säulenbauten aus Stuckmarmor, von Johann Peduzzi in Cremona, 1838. Die Engel neben dem Hochaltar, hl. Schutzengel und Raphael, die beiden seitlichen Tabernakelengel und zwei Gesimsengel von Johann Perger, um 1770. Bilder, Engelsturz, dramatisch bewegte Komposition, angeblich von Paul Frank in Nürnberg, auch A. Pozzo, Trient zugeschrieben, um 1700. Kreuzabnahme von Martin Stadler, 1836, Kreuzigungsgruppe von Cosroe Dusi, Anbetung der Könige von Martin Theophilus Polak, um 1637.
6. und 7. Bunter Marmor. Säulenaufbau mit Seitenstatuen, bewegten Gebälkstücken, im Giebel ovale Öffnung mit Büste. Links die Wappen des Fürstbischofs Caspar Ignaz Künigl. Teodoro Benedetti, 1739. Holzskulpturen, Simon von Cyrene hilft Christus das Kreuz tragen, um 1460. Dahinter Bild, der Troß der Kreuztragung, wie das gegenüberliegende Altarbild, Taufe Christi, von Franz Unterberger, 1741. Die Skulpturen Zacharias und Elisabeth, Johannes und Maria, gute Arbeiten um 1750.
8. Unter der Orgelempore. Über barocker Marmormensa Holzkruzifix mit sorgfältiger anatomischer Durchbildung, starker, naturalistischer Ausdruck des Todeskampfes und kleinknitteriges Lendentuch mit fliegenden Zipfeln. Anfang 16. Jh.

Kreuzweg: Von Kaspar Jele 1846.

Orgel: Herrlicher, fünfteiliger, bewegter Aufbau mit Volutenpilastern, aufgebogenem Gebälk, Engel und reichem Schnitzornament. Das Werk von Rochus Egedacher, Plastik von Josef Konrad Wiser. Um 1740.

Grabstein: An der südlichen Außenwand. Schönes Allianzwappen Wolkenstein-Trautson mit Helmzier und von zwei Engeln gehaltene Draperie. Die Inschrift größtenteils abgemeißelt. 1470 (?).

Weihwassersteine: An der südlichen Außenwand.
1. Weißer Marmor mit Relief, Engel mit Kelch und Stifter. 1440.
2. Weißer Marmor. Mit zwei Wappen. 15. Jh.

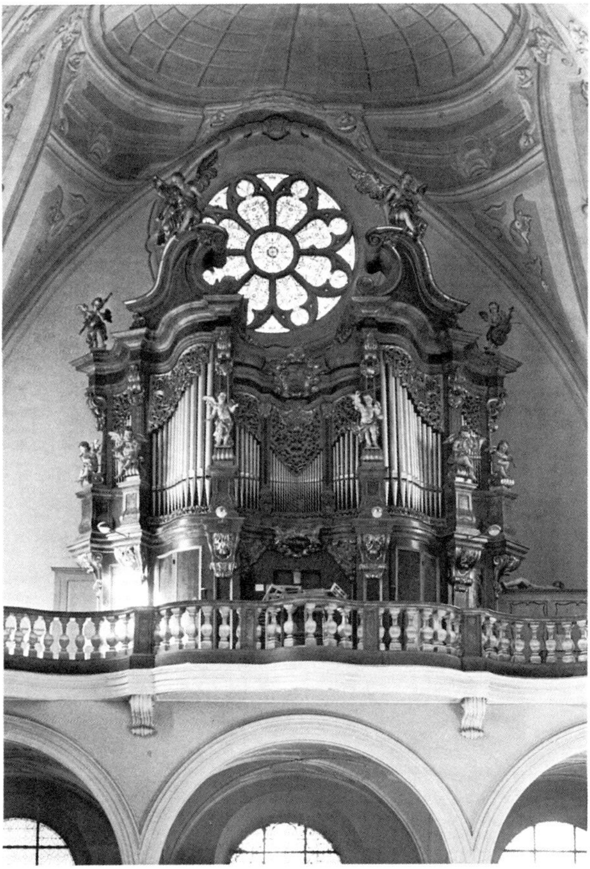

Brixen, Pfarrkirche, Orgel um 1740

Totenleuchte: Auf dem Platz zwischen Pfarrkirche und Dom, dem ehemaligen Friedhof, bildstockähnliche Totenleuchte mit achteckigem Schaft und Tabernakelaufsatz mit Spitzdach. 1483.

Kriegerdenkmal: von Otmar Winkler.

Grabkreuz: Schön komponiertes Bandwerk. 18. Jh., 1. Hälfte (derzeit im Diözesanmuseum).

Grabsteine im Friedhof: siehe Dom.

Friedhofgitter: Empire. Schöne Arbeit

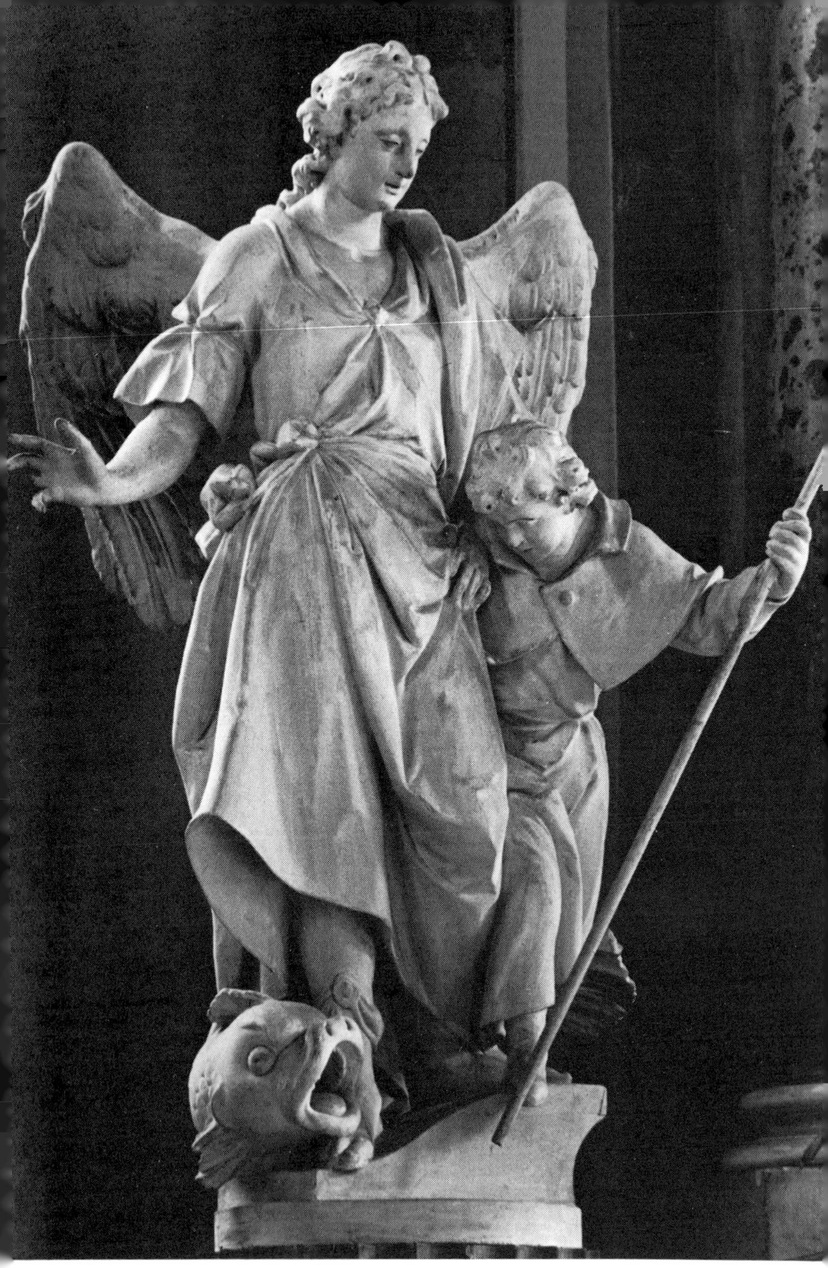

Brixen, Pfarrkirche, Erzengel Raphael, von Johann Perger

5. Hl. Kreuz im Priesterseminar

Bau: Die Kirche ist dem Ostflügel des Priesterseminars einheitlich eingefügt. An der Fassade hohe Rundbogennische, von einer Riesenpilasterordnung mit Dreieckgiebel gerahmt, zwei Statuennischen. Turm mit schöner Kuppelhaube. Im Schiff und im Chor je eine Gruppe von zwei viereckigen und einem dreiteiligen Lünettenfenster, Vorjoch mit zwei Emporen und Tonne, im Langhaus und im Schiff Flachkuppel zwischen Gurten, über Wandpfeilern mit Pilastern und reichprofiliertem Gebälk, konkav ausschwingender Triumphbogen, runder Chorabschluß. 1157 Gründung des Hl.-Geist-Spitals und Weihe des ersten Kirchleins. 1764 wurde für das 1609 gegründete Priesterseminar, das im heutigen Kassianeum untergebracht war, hier nach dem Entwurf des Geistlichen Georg Tangl von Franz Singer aus Götzens ein vollständiger Neubau aufgeführt und die Kirche 1767 geweiht. Die Kirche bildete den von Franz de Paula Penz, dem älteren Genossen Tangls, eingeführten Typ weiter und wurde in den folgenden Jahrzehnten das Vorbild für fast alle Landkirchen der Diözese Brixen.

Deckengemälde: Über dem Altar Engel, im Chor Heraklius, der das Kreuz trägt, am Triumphbogen eherne Schlange und Opfer Abrahams, im Langhaus Kreuzauffindung, Evangelisten und Kirchenlehrer, im Vorjoch Verehrung des Kreuzes. Von Franz Anton Zeiller, 1764. An den Rahmen sowie an den Fenstern, Emporen und an der Fassade Rocaillestukkaturen, von Franz Singer.

Altäre: Stuckmarmor. Strenger Aufbau mit kannelierten Säulen, geradem Gebälk und Dreieck- bzw. gesprengtem Rundgiebel. Anfang 19. Jh. Bilder Kreuzigungsgruppe, Karlmann und Johannes Kantius von Kaspar Jele, 1869 und 1870. Die Giebelbilder von F. A. Zeiller. Die Altarbilder von Franz Anton Zeiller, sel. Hartmann und hl. Johannes Kantius jetzt in den Gängen des Priesterseminars.

Kanzel: Stuck, runde Form, reich profilierter Boden, an der Brüstung Volutenpilaster, am bewegten Dach reiches Rocaille, Gesetztafel und Hl. Geist. Um 1765.

Beicht- und Kirchenstühle: Reiches, schönes Rocaille. Um 1765.

Kreuzweg: Rahmen mit geschnitzten Rocailleaufsätzen; die Bilder von F. A. Zeiller. Um 1767, signiert.

Taufstein: Weißer Marmor, Balusterschaft, Muschelschale, 17. Jh.

Grabdenkmäler:
1. Am Boden, über der Grabstätte des Bischofs Richer, des Gründers des Kreuzspitals. Medaillon aus Bronze mit Brustbild und Umschrift. 16. Jh.
2. Dr. Joseph Resch, gest. 1782. Mit Brustbild. Dem berühmten Brixner Historiker 1833 errichtet.

Seminargebäude

Das 1764 bis 1771 von Franz Singer und seinen Söhnen Thomas, Johann und Georg aus Götzens nach Entwürfen Georg Tangls errichtete, einen Mittelhof einschließende Gebäude ist an der Fassade durch Risalite gegliedert, wobei der Mittelrisalit durch Riesenpilaster, größere Rundbogenfenster und durch den Dreieckgiebel mit aufgesetzter Skulpturengruppe Christus mit zwei Engeln von Dominikus Trenkwalder hervorgehoben wird. Ursprünglich nur zwei Stockwerke mit Mansardengeschoß. Das dritte Stockwerk im 19. Jh. aufgesetzt. Im Jahre 1957 weitgehend erneuert. Im Inneren die Bibliothek mit einheitlich angeordneten und verzierten Bücherschränken und an den sechs Flachkuppeln mit Deckengemälden, die die theologischen Wissenschaften und in den Zwickeln ihre berühmtesten Vertreter darstellen. Von F. A. Zeiller 1772 gemalt. Die Bibliothek enthält wertvolle Handschriften (u. a. das Karnoler Missale, 1113) und Inkunabeln.
Die Cusanus-Akademie wurde 1961/62 nach Plänen von Architekt Othmar Barth errichtet, die Ausstattung der Kapelle von Max Spielmann, Innsbruck.

6. Klarissinnenkirche zur hl. Elisabeth

Bau: Die 1235 erwähnte und um 1470 erweiterte Kirche wurde 1683 in die heutige Form gebracht. Giebeltürmchen mit Kuppeldach, nach unten als Mauervorsprung mit zwei Rundbogennischen fortgesetzt. In das Langhaus ist über vier Rundsäulen, zwei Achteckpfeilern und Kreuzgratgewölbe der Nonnenchor eingebaut. Seitenkapelle mit Kreuzgratgewölbe. Chor mit flacher Kuppel und geradem Abschluß. Einrichtung, Ausstattung und Wandgemälde größtenteils 19. Jh. 1983 restauriert. Stuckdekoration an Triumphbogen, Ende 17. Jh., freigelegt.

Altäre: Säulenaufbauten mit Volutengiebel. Hochaltar 1. Hälfte des 19., die Seitenaltäre Ende 18. Jh. Die Bilder hl. Elisabeth, 1787, Anbetung der Hirten, Joachim und Anna von Johann Mitterwurzer.
In der Seitenkapelle Säulenaufbau mit Rundgiebel und schwerem Blatt- und Rankenwerk, 2. Hälfte 17. Jh.; das Antoniusbild von einem italienischen Meister.

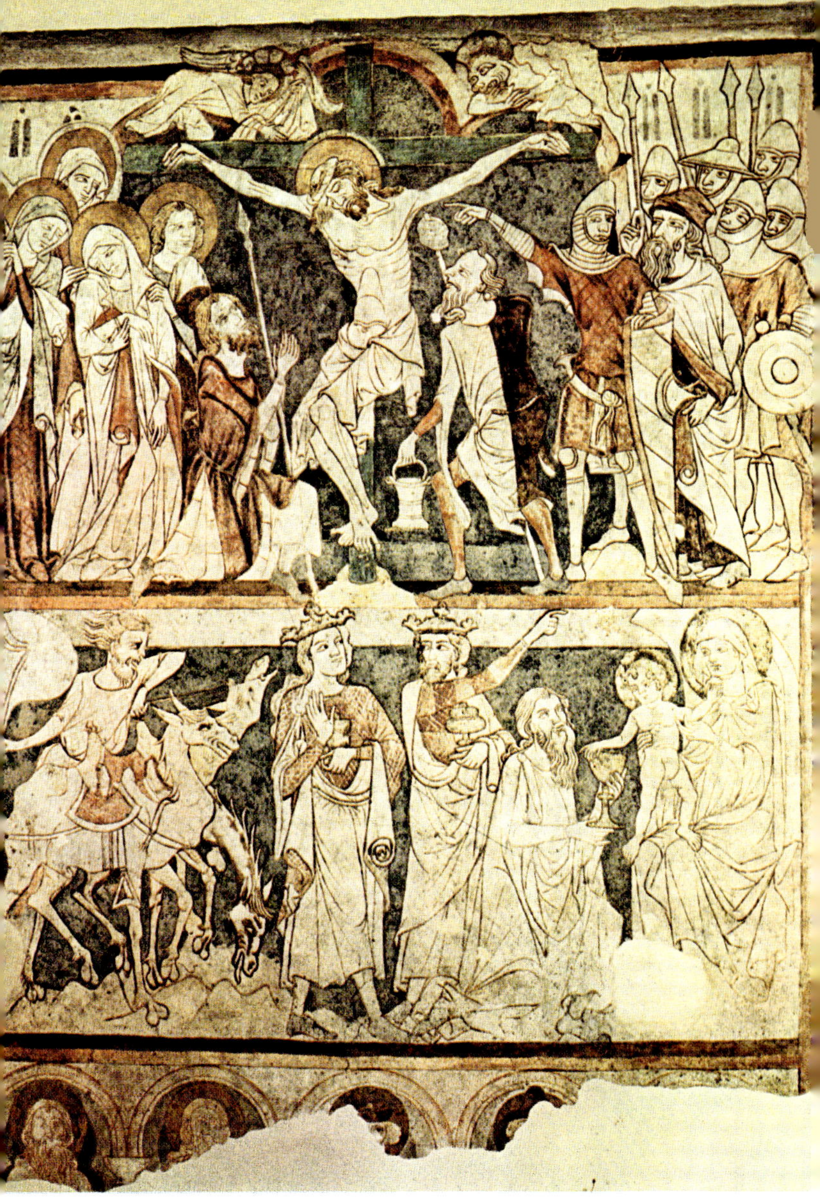

Tafel IX Brixen, Taufkapelle zum hl. Johannes, Wandgemälde, Mitte 14. Jh. (S. 244 ff.)

Tafel X Brixen, Bischöfliche Burg, Rayenceofen von 1546 bzw. 1666 (S. 276) ▶

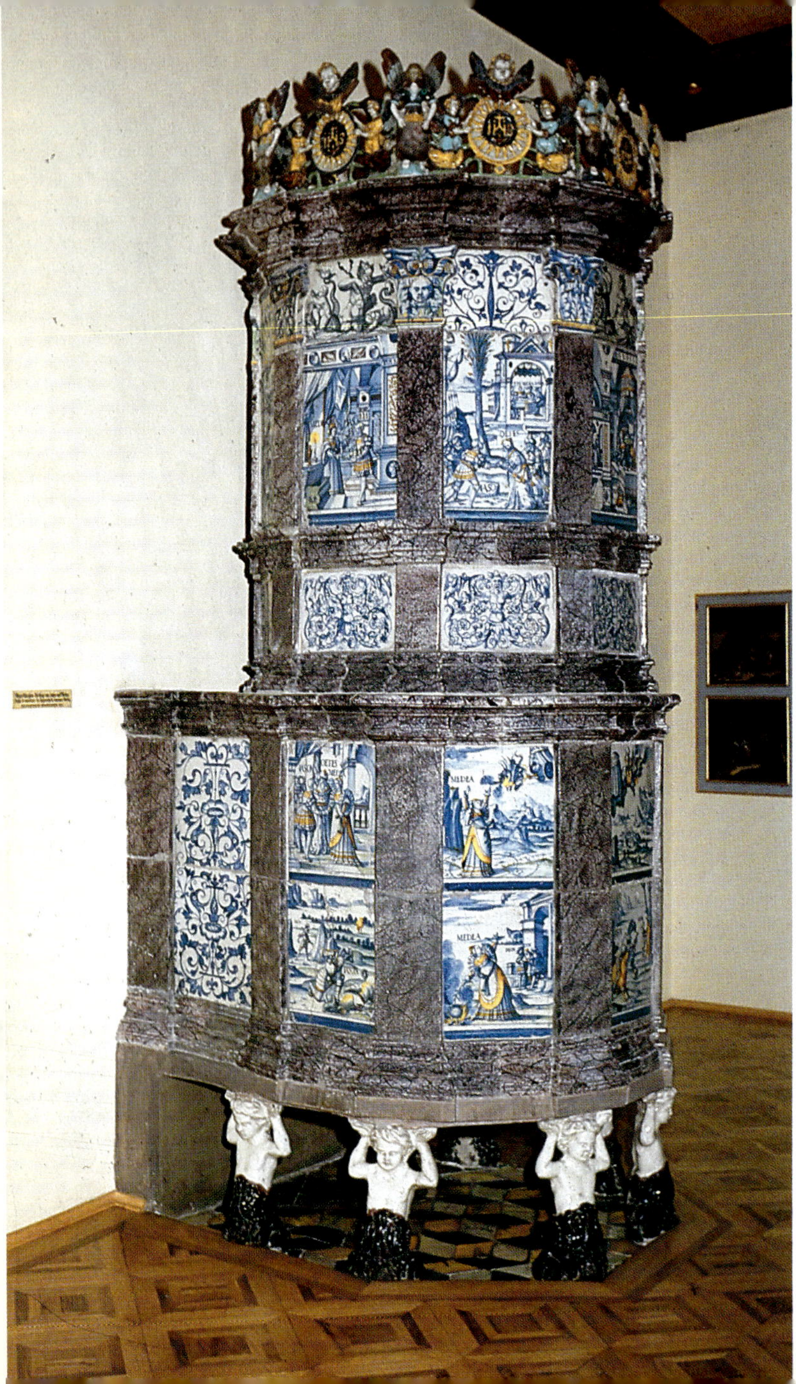
MEDIA
MEDIA

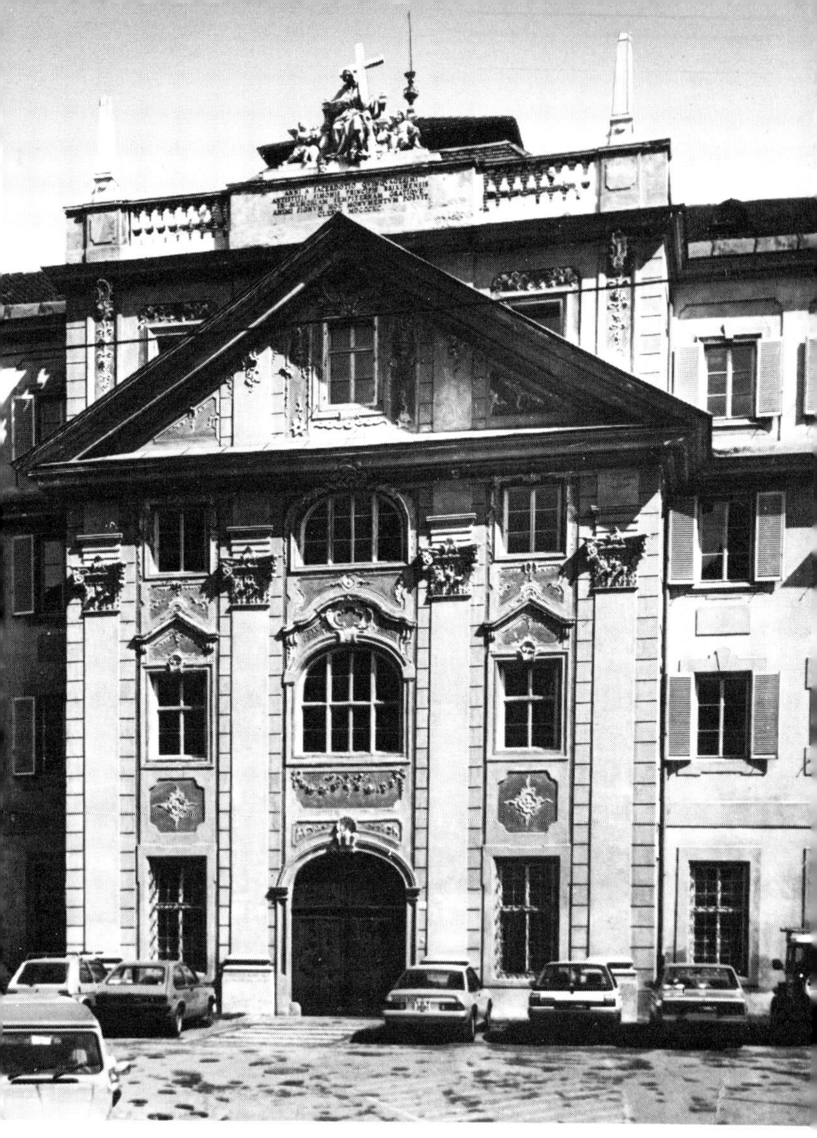

Brixen, Priesterseminar

Schmiedeeisengitter: Zwischen Schiff und Querarmen, 17. Jh.

Kreuzweg: Gute Arbeit. Franz Unterberger. Um 1732.

Grabsteine: An der nördlichen Außenmauer. Weißer Marmor.
1.* Oben Doppelwappen, unten Inschrift. Sigmund Gerhard, gest. 1508.
2.* Oben Inschrift, unten Doppelwappen. Simon Gerhart, gest. 1518, und seine Ehefrau Emerentiana Brandiserin, gest. 1517.
3. Wappen mit Helmzier. Jakob Gerhart, 14. Jh.
4. Kleiner Stein mit Wappen und derber Inschrift. Schwester Dorothea von Sterzing, gest. 1406.
5. Von Pilastern mit Rundbogen gerahmt, Figur der Verstorbenen mit Wappen. Darunter Pergament mit Inschrift. Barbara Wirsingin, verehelichte Fuchs, gest. 1522. Von Bildhauer Valentin Hau, Innsbruck.
6. Doppelwappen. Georg Gerhart, gest. 1560, und sein Sohn Hans Joachim, gest. 1569.

Gemälde: Im Kloster 24 Szenen aus dem Leben der hl. Klara. Von Franz Unterberger. 1731 bis 1733.

Glocke: 1619.

Wandgemälde: Im anstoßenden *Franziskanerkloster*. Kruzifixus mit Heiligen. Vorzügliche Arbeit der Brixner Schule, Anfang 15. Jh. Fragmentarisch. Darunter Spuren eines Gemäldes des 14. Jh.s. Ölbild Mater Dolorosa von Christoph Unterberger. 18. Jh., 2. Hälfte.

Altarschrein: Ebendort. Mittelschrein eines Flügelaltars. Unter drei Wimpergen mit Fialen und Blendmaßwerk Geburt Christi in Hochrelief, mit Engeln und Hirten. Hans Klocker. Ende 15. Jh. Nach einem Stich des Meisters E. S. Am derben späteren Aufsatz Kreuzigungsgruppe. Anfang 16. Jh.

7. Kapuzinerkirche zur hl. Katharina

Bau: Typischer Kapuzinerbau mit Fassadentürmchen, geradem Chorabschluß und Tonnenwölbung. Anstelle der ehemaligen Katharinenkapelle neu gebaut und 1631 geweiht. Restaurierung 1981.

Hochaltar: Dreiteiliger Wandaufbau mit Säulen und Bildern, Vermählung der hl. Katharina, hl. Christoph und Ursula, von Franz Unterberger. 1758.

Seitenaltäre: Mitte 19. Jh. Bilder, hl. Anton von Padua, von Martin Alois Stadler, 1840, hl. Felix von Cantalizio, von Josef Arnold, 1847.

*Votivbild:** Fürstbischof Christoph Andreas Spaur mit der Kapu-

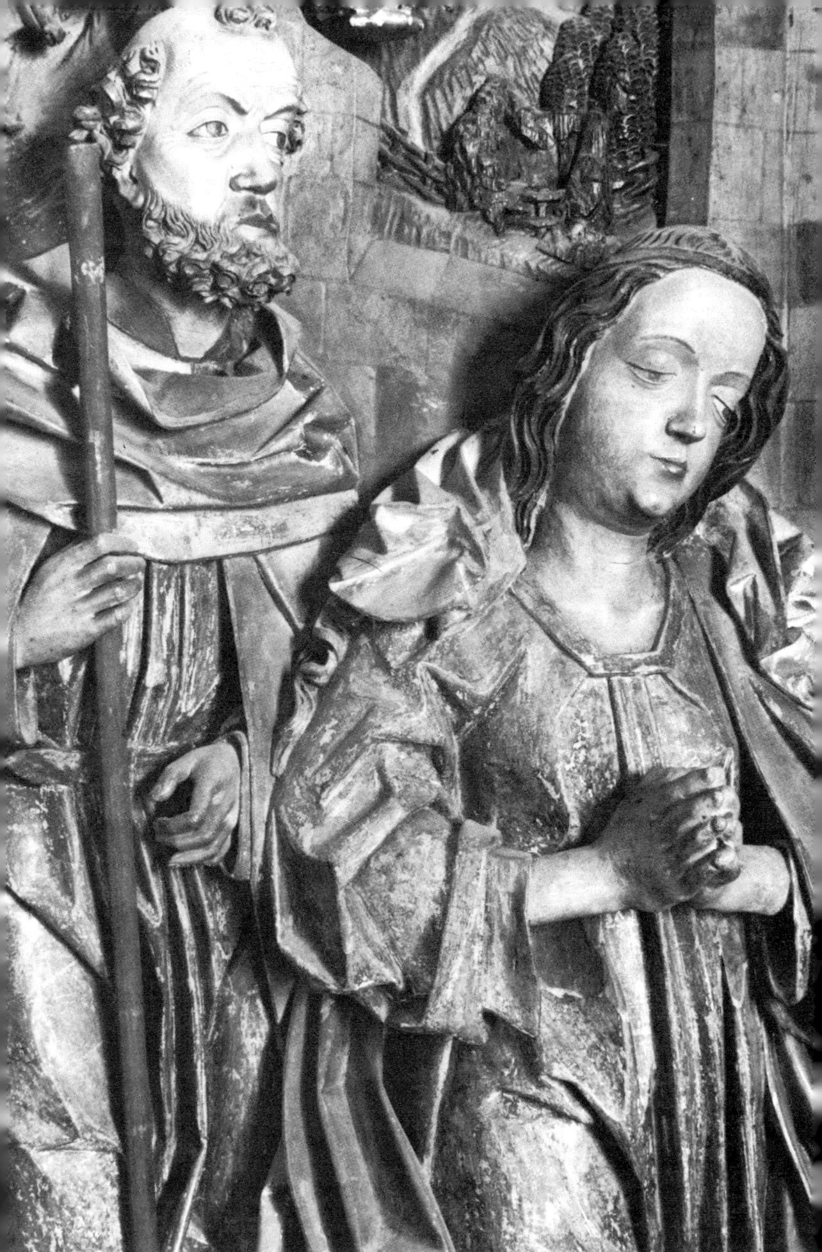

Brixen, Franziskanerkloster, Detail aus dem Klocker-Altar

zinerkirche, als Stifter des Klosters. Im Hintergrund Brixen. 1645.

*Gemälde:** Im Betchor Mariä Verkündigung, ehemaliges Altarblatt. 18. Jh. — Die vier Kirchenväter, von Stephan Kessler.

Skulpturen:
1. Am Chorbogen Kruzifixus, um 1800.
2. Im Kreuzgang Beweinung Christi, polychromiertes Relief. Anfang 16. Jh. Aus dem Friedhof in Mals.
Der einfache Grabstein erinnert an den Begründer der Brixner Historikerschule und Förderer der Südtiroler Kunstdenkmäler, Josephus Reschius, gest. 1782.

Kreuzweg: 18. Jh., 1. Hälfte.

8. St. Erhard

Bau: Die schon im 9. Jh. erwähnte und um 1371 erweiterte Kapelle wurde 1695 abgerissen und an ihrer Stelle der heutige Bau mit steingerahmtem Viereckportal, Viereck- und Lünettenfenstern, Kreuzgratgewölbe und Chorturm mit schöner Kuppelhaube aufgeführt. Über der Tür Inschriftstein mit dem Wappen des Weihbischofs Wilhelm von Vintler, der den heutigen Bau aufführte. 1971 restauriert und ohne Einrichtung der evangelischen Gemeinde zur Verfügung gestellt.

Deckengemälde: In stuckierten Vierpaßrahmen Namen Jesu mit Engeln, Dreifaltigkeit und Maria. Um 1700.

Hochaltar: Weißer Marmor. Einfacher Pilasteraufbau mit Dreieckgiebel und Kruzifix, 17. Jh. Altar um 1840.

Holzskulptur: Pietà, laut Inschrift gestiftet vom Dompropst Gotschalk Lauri, der 1377 starb (jetzt im Diözesanmuseum, vgl. die Madonna in Rodeneck, S. 372).

Schmiedeeisengitter: Wappen des Weihbischofs Wilhelm von Vintler. Um 1695.

Glocke: 15. Jh.

9. Spitalkirche zum Heiligen Geist

Bau: Die 1330 erwähnte Kirche wurde 1695 umgebaut und neu geweiht. Vom gotischen Bau sind nur noch die Strebepfeiler sichtbar. Vierecktüre, Viereck- und Lünettenfenster, im Schiff Tonne, im gerade abschließenden Chor Kreuzgratgewölbe und darüber Turm mit schöner achteckiger Kuppelhaube. Altäre neuromanisch, um 1878. Restauriert.

Grabstein: Weißer Marmor, im Boden eingelassen. Oben Wappen, unten Inschrift Joh. Thom. Lachmiller zu Hofstatt und Gravötsch, gest. 1753.

10. St. Joseph bei den Englischen Fräulein

Die 1765 unter der Leitung Georg Tangls erbaute Kirche wurde 1768 geweiht und nach dem Brand von 1839 im Jahre 1845 in der heutigen klassizistischen Form erneuert. An der Fassade Riesenpilasterordnung mit strengem Dreieckgiebel, Viereckportal, darüber Rundbogen-, im Norden und Süden Halbkreisfenster. Innen drei Flachkuppeln über Wandpfeilern, gerade abgeschlossener Chor mit seitlichen Oratorien.

Deckengemälde: Christus im Tempel, bez. Josef Mühlmann 1854. Die übrigen Bilder und die neubarocke Dekoration von J. M. Peskoller, 1904.

Altäre und Kanzel: Reicher, feiner Klassizismus um 1845. Bilder, Tod des hl. Josef (aus der Pfarrkirche von Schmirn), von J. A. Zoller, 1774 (das ehemalige Bild desselben Themas von Christoph Unterberger 1839 verbrannt), an den Seitenaltären Philomena von Gebhard Flatz in Rom 1870, Kommunion des hl. Aloisius von Jakob Fink in Rom, 1846.

Schmiedeeisengitter: Blattranken, Blumen und zierliches Rocaille. Um 1765.

11. Hl. Schutzengel in Stufels

Bau: Vom romanischen Bau, dessen Boden tiefer lag, sind die Rundapsis und das anschließende Mauerwerk erhalten. Die 1711 umgebaute, 1712 geweihte heutige Kirche zeigt Vierecktüre, Viereck- und Lünettenfenster, Kreuzgratgewölbe, einen leicht abgesetzten, unregelmäßigen Chor und Kuppelturm.

Deckengemälde: Verkündigung und hl. Michael. Anfang 18. Jh.

Altar: Säulenaufbau mit ausgeschwungenem Gebälk, Volutengiebel. Bild, hl. Schutzengel, von Johann Georg Grasmair. 18. Jh., 1. Hälfte.

Kreuzweg: 18. Jh., derb.

12. Wallfahrtskirche Mariahilf in Zinggen

Bau: Der 1658 geweihte, nach einer Wasserbeschädigung (1757) 1768 neugeweihte Bau zeigt über der Viereckture Vierpaßfenster und Dreieckgiebel mit Obelisken, rundbogige Fenster, Tonnengewölbe, im Langhaus über kräftigem Gebälk geraden Chorabschluß und achteckigen Chorturm mit buntem Ziegeldach. Sanierung 1977.

Wandgemälde:

1. Außen Maria mit Christkind, Engeln und Heiligen, das Zepter als Zeiger einer Sonnenuhr verwendet. 17. Jh., 2. Hälfte. Stark verwittert.

2. Im Chor Christus mit Engeln, am Triumphbogen Pietà, im Langhaus Mariä Himmelfahrt, Evangelisten, Marienleben. Josef Erler. 1837.

Hochaltar: Über Säulen und Volutenpilastern Gebälk und Giebel, beide sehr bewegt, mit Engeln und Gottvater. Von Jakob Kirchmair. 1768. Innsbrucker Mariahilfbild mit Wolken- und Strahlenkranz, darunter in Nischen mit gesprengten Giebeln Herr im Elend und Pietà, Anfang 16. Jh.

Seitenaltäre: Einfacher Säulenaufbau mit steifem Giebel. Bilder, hl. Josef und Anton von Padua, gute Arbeiten, signiert J. Schoepf. Roma, 1781. Die weißgestrichenen Reliefs im Aufsatz von Jakob Pirchstaller, 1782.

Bänke: Geschnitzte Docken, Bandwerk und Blattansätze. 18. Jh., 1. Hälfte.

Holzskulpturen: Pietà*, Siebenschläfer. 17. Jh. — Die zwölf Apostel, 17. Jh. — Kruzifix, 17. Jh.

Gemälde: Beweinung Christi mit zwei Bischöfen. Oberitalienisch, 16. Jh., 2. Hälfte.

Grabsteine:
1. Georg Stier von Weidhaimb 1689.
2. Blasius Blayl 1671.
3. Johann Franz von Welsberg 1746.

13. Kirche im Vinzentinum

Bau: Polygonaler Chorabschluß, Dachreiter, jederseits zwei vortretende Altarkapellen, Strebepfeiler, Rundbogenfenster. Im Langhaus Tonne mit Quergurten, im Chor Rippen- und Gratgewölbe über Runddiensten, die aber nur bis zur halben Höhe herabreichen. Empore. Nach Entwürfen Josef Vonstadls 1876 bis 1878 erbaut.

Wandgemälde: Das ganze Innere bemalt. An den Seitenwänden das Hohepriestertum Christi vom ewigen Ratschluß der Erlösung bis zum Weltgericht. Im Chor die Zuwendung der Erlösung durch die Apostel in den sieben Sakramenten. In den Altarkapellen Darstellungen aus dem Leben der Titelheiligen Maria, Josef, Aloysius und Kassian. Die Skizzen und Kartons von Albrecht von Felsburg, dem bei der Ausführung Johann Rabensteiner, Klausen, und Heinrich Kluibenschedl, Rietz, halfen. 1878—1889.

Altäre: Neuromanisch und neugotisch, in der Marien-, Josefs- und Kassianskapelle von Alois Winkler, in der Aloysiuskapelle von Heinrich Stuflesser. Am Hochaltar Kreuzigungsgruppe von Josef Blaas. An den Flügeln Goldmalerei auf blauem Grund von Albrecht von Felsburg.

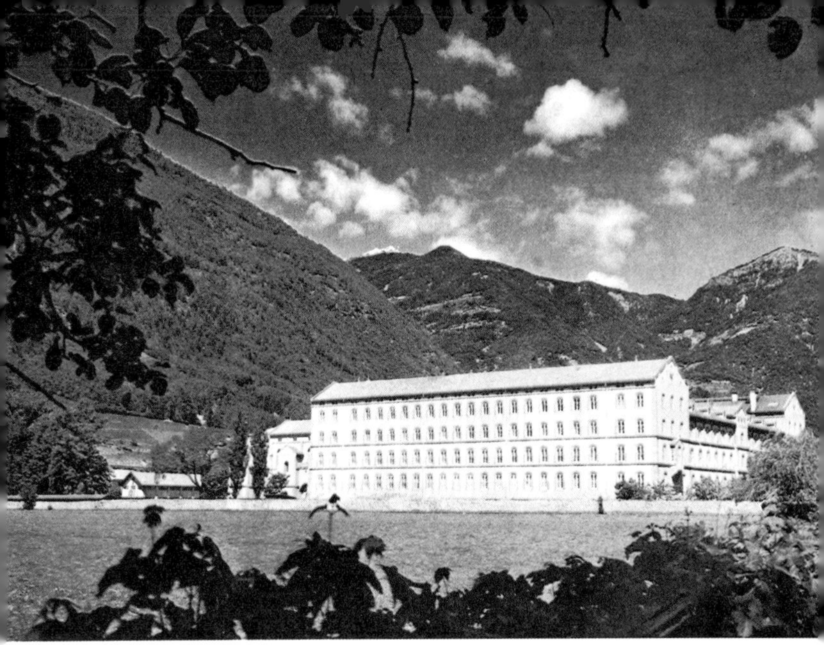

Brixen, Vinzentinum

Kriegerdenkmal: Gemälde, Gralsritter, sign. Rud. Stolz, 1922.

Unter der Kirche *Theatersaal.* Gobelinvorhang und 16teiliger *Gemäldezyklus* nach der Parzivalsage von Wolfram von Eschenbach. Von Edmund von Wörndle. Die Dekoration von Johann Plattner. 1888—1892.

Der Festsaal und die Kirche gehören zu den wichtigsten Werken der Südtiroler Romantik und des Nazarenerstils. Der gesamte Gebäudekomplex des Vinzentinums ist eines der Hauptwerke Josef Vonstadls und der Neuromanik in Südtirol und wurde in den letzten Jahren vorbildlich restauriert.

II. Bildstöcke und Standbilder

1. Neben dem Hotel „Elefant" Bildstock mit schwerem Tabernakelaufsatz und Pyramidendach. Fresken: Christoph, Kreuzigung, Christus im Elend, Madonna. Frühes 15. Jh. Stark zerstört (unter den zerstörten Fresken des Josef Erler gefunden).

2. Neben der Adlerbrücke über einem Durchgangsbogen, der ursprünglich über einer Treppe zum Fluß angebracht war,

Standbilder des hl. Johannes von Nepomuk mit einem Engel. Malerische und bewegte Gruppe. 1766.
3. In den Rappanlagen Standbild des hl. Johannes von Nepomuk auf hohem Sockel. 18. Jh., 1. Hälfte. Kopf von Martin Rainer ergänzt.
4. Vor der Burg. Gedenksäule. 1901—1907. Von Norbert Pfretschner.

III. Häuser

Die Grundmauern der Bürgerhäuser gehen vielfach noch ins hohe Mittelalter zurück, wie man in einem oder anderen Keller (vgl. etwa Domplatz 12, Domgasse 1, Große Lauben 12) an den regelmäßigen Steinlagen feststellen kann. Die heutige bauliche Gestalt der wichtigeren Häuser gehört dem 15. und 16. Jh. an, während die Ausstattung der Zimmer vielfach im 17. und 18. Jh. erneuert wurde. Die Fassaden werden durch Laubenbögen, durch die meist polygonalen Erker, gelegentlich auch Vorkragungen und Bogenfriese (vgl. Hartwiggasse 8, Bäckergasse 4, Kleine Lauben 10 und 12, Trattengasse 18 — 1983 im Umbau — und sehr häufig durch Zinnen und Treppengiebel: Adlergasse 4 und 6; Große Lauben 5, 7, 9, 6, 8; Kleine Lauben 7b, 8) reich gegliedert. Besonders malerische Bilder bieten die Adlerbrükkengasse, die Großen und der südliche Beginn der Kleinen Lauben, das mit Erkern und einem dreiteiligen Rundbogenfenster gezierte Wirtshaus „Goldenes Rößl" (Brennerstraße 3). Im Innern fallen die malerischen Treppenanlagen und Lichthöfe auf, mit Schmiedeeisengittern, Balustraden, durchbrochenen Ziegelbrüstungen, gewölbten Vorplätzen, Loggien und Lichthauben, die freilich oft wenig vorteilhaft erneuert und verändert sind. (Gute Beispiele: Adlergasse 4, 6, 7, 9; Stufelser Gasse 10; Große Lauben 5, 9, 6, 8, 10, 12, 14, 21, 27; Kleine Lauben 2, 7a, 6, 8; Pfarrplatz 3; Weißenturmgasse 1, jetzt Athesia.) In den Lauben verbindet der Lichthof das Haupthaus mit einem gegen den Graben gehenden Hinterhaus. Die Wohnräume haben manchmal noch die alten, meist einfachen Balkendecken bewahrt (vgl. Große Lauben 5; Kleine Lauben 7a; Hartwiggasse 5 und 7; Brunogasse 14; Runggadgasse 20).
In anderen Fällen zeigen sie spätere Holzdecken, manchmal mit Kassetten (vgl. Adlerbrückengasse 4; Altenmarktgasse 6; Domgasse 1; Runggadgasse 10, 11 und 15) oder mit geschnitzten und vergoldeten Rosetten (vgl. Große Lauben 5; Domgasse 3; Pfarrplatz 3; Griesgasse 18) geschmückt. Im 18. Jh. wurden dann die Täfelungen und Holzdecken häufig entfernt und die Decke mit zierlichen Stukkaturen verziert (Beispiele: Altenmarktgasse 1;

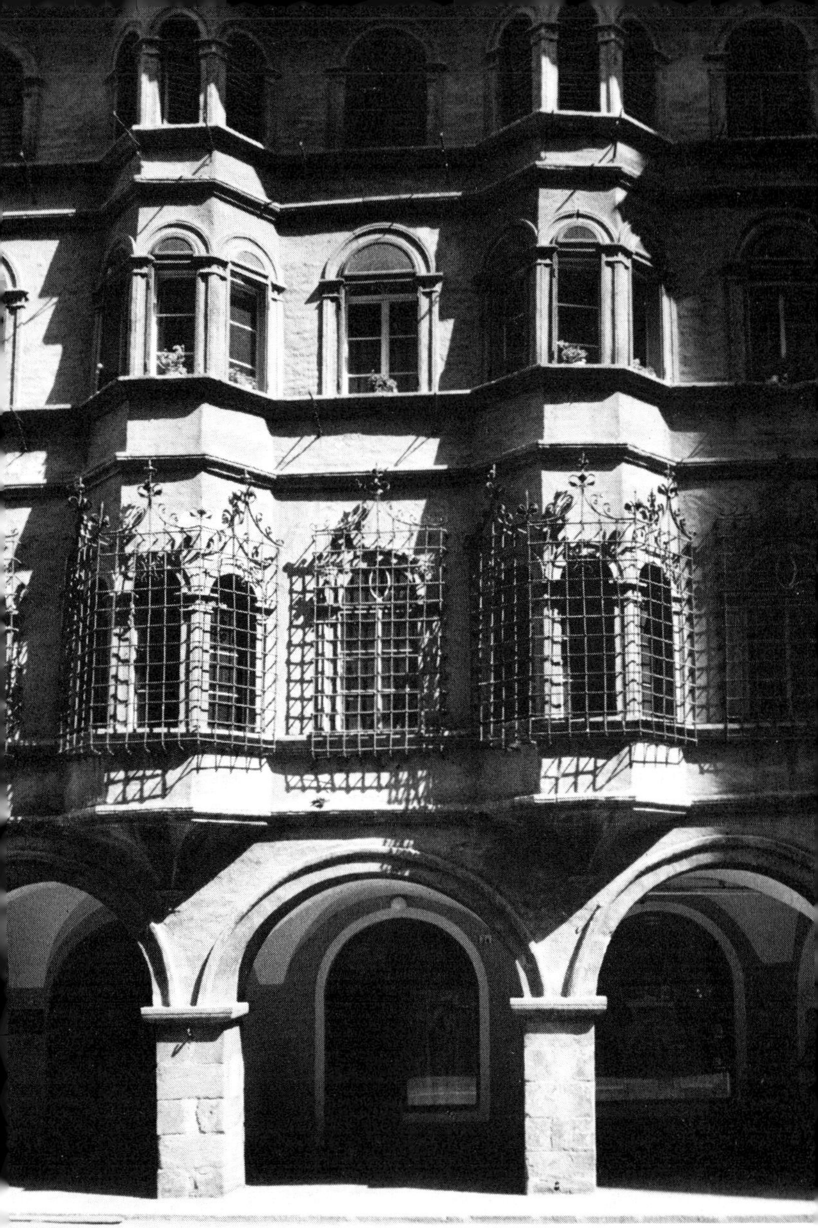

Brixen, Gorethhaus, Pfarrplatz 3

Hartwiggasse 1 und 3; Pfarrplatz 3; Seminargasse 1; Runggadgasse 14; Weißenturmgasse 1). In vornehmen Häusern wurde gerne auch ein größerer, saalartiger Repräsentationsraum angelegt (vgl. Runggadgasse 10; Große Lauben 5 und 6; Adlergasse 7), der eine hölzerne Renaissance- oder eine stuckierte Rokokodecke trägt. Am alten Rathaus, Große Lauben 14, Balkon mit gebauchtem Schmiedeeisengitter.

In der Hausarchitektur bedeutet nur noch das besonders schöne Patrizierhaus (Gorethhaus) am Pfarrplatz 3 über die Stilform der Spätgotik hinaus eine selbständige und ästhetisch hochstehende Weiterentwicklung. Zwar gehen seine beiden durch alle drei Stockwerke gehenden Fassadenerker noch auf die heimische spätgotische Tradition zurück, aber die kräftige Horizontalgliederung durch je zwei Gesimse und die mit Pilastern gerahmten Rundbogenfenster verraten den Einfluß der aus dem benachbarten Süden vordringenden Renaissance (Meister Lucio von Trient oder sein Kreis). Sehr schön sind auch die Schmiedeeisengitter des ersten Stockwerkes. Von der Fassadenbemalung, die in dieser Form ebenfalls südlicher Herkunft ist, haben sich freilich nur geringe Spuren erhalten, um 1581.

An anderen Häusern (Kleine Lauben 8, Schlachthausgasse 3) haben sich auch noch die in spätgotischer Zeit gemalten Wappen oder das eine oder andere religiöse Bild aus dem 17. oder 18. Jh. erhalten, wofür wohl die vermutlich von Johann Georg Grasmair oder dessen Bruder Anton stammenden Bilder in der Brennerstraße 28/A das wertvollste Beispiel sind (Grablegung, Kreuztragung, Glocke, Florian und Fragment, 18. Jh., ehemaliges Glokkengießerhaus der Familie Grasmair). Die ganze Fassade bemalt (heute weitgehend zerstört) zeigten aus spätbarocker Zeit das alte Rathaus und das Haus in der Runggadgasse 15. In der Trattengasse 22 ziert ein polychromiertes Marmorrelief Maria mit Christkind und Stifter, von 1432, das Eckhaus 2 zwischen Großen und Kleinen Lauben die Holzfigur eines wilden Mannes mit drei Köpfen aus dem späten 16. Jh. die Fassade. An skulpierten Wappen über dem Haustor sind zu sehen das der Jöchl (Hartwiggasse 8), der Enzenberg (Seminargasse 6), der Herren von Goreth (Unterdrittelgasse 16).

Als besonders beachtenswerte Bürgerhäuser seien erwähnt in der Adlerbrückengasse 4 (mit Hauskapelle und Altärchen mit Skulpturen, um 1640/1650, Nachfolge Adam Baldauf) und 7; in den Großen Lauben das neue Rathaus, Nr. 5; in den Kleinen Lauben 2 und 8; das schon erwähnte schöne Haus Nr. 3 am Pfarrplatz und, was zumal die wohlerhaltenen Innenräume angeht, das Haus Nr. 1 in der Domgasse (Finsterwirt), die ehema-

lige Kapitelschenke. Am Haus Trattengasse 2 (Ansitz von Lutz) Eckerker, Balkon auf toskanischen Säulen, Madonnarelief 17. Jh.
Architektur des *Historismus* und der *Jahrhundertwende* in Brixen: (zusammengestellt von Helmut Stampfer)
Ehemaliges Bezirkshauptmannschaftsgebäude, Trattengasse 21, großzügige Eckverbauung, Trattengasse-Stadelgasse; drei Eckerker mit Steildach; neuklassizistischer Fassadendekor, Ende 19. Jh.
Ehemaliges Postgebäude, kubusförmiger Bau mit einfacher Fassadengliederung; im Erdgeschoß gewölbte Räume; als Abschluß des Großen Grabens auch von städtebaulicher Bedeutung, letztes Viertel des 19. Jh.s.
Ehemaliger Schlachthof, eingeschossige langgezogene Halle mit Gewölben auf Mittelpfeilern und schlichter Fassade, letztes Viertel des 19. Jh.s. Als Dependancen der 1890 gegründeten Wasserheilanstalt von Guggenberg entstanden um die Jahrhundertwende an der Elvaser Straße vier Villen, von denen drei noch erhalten sind: Villa Edelweiß, Villa Lugeck und Villa Frohsinn (Nana). Sie weisen typische Bauelemente des sogenannten Schweizer- oder Heimatstiles auf. Dem gleichen Stil sind die Villen Tirolerheim und Myrest (Köstlaner Straße 2 bzw. 3) verpflichtet. Während die Villa Sabiona (Plosestraße 3) mit dekorativen Fassadenmalereien spätromantische Züge trägt und Anleihen aus verschiedenen Stilen erkennen läßt, ebenso wie die Villa am Rienzdamm 2, zeigt die 1903 erbaute Villa Rifesser (Bahnhofstraße 29) strenge Fassadengliederung mit Rundbogenfenstern, zwei Ecktürmchen und dreieckigem Giebelabschluß. Zwei runde Ecktürme, eine doppelgeschossige Loggia und eine überhöhte Lichthaube finden sich auch an der Villa Adele (Bahnhofstraße 18), die am Rundbogenportal in Rustika die Jahreszahl 1904 trägt. Abgesehen von Jugenstilmotiven an der Fassade des Hauses Bahnhofstraße 40 stellt die 1911 datierte Anlage von sechs Reihenhäusern (Goethestraße) ein bemerkenwertes Ensemble dar. Eckerker, Erker, Loggien und Flachbogenfenster gliedern die mit Riffelputz und feinem Stuck geschmackvoll dekorierten Fassaden.

IV. Edelsitze und Burgen

In Brixen wie in den anderen Südtiroler Städten besaßen adelige Familien der Umgebung schon im Mittelalter eigene Häuser, und auch im 16. bis 18. Jh. hatten viele am bischöflichen Hof bedienstete kleine Adelige in der Stadt ihren Wohnsitz. Es ist daher wohl nicht möglich, zwischen besseren Bürgerhäusern und Edelsitzen eine scharfe Grenzlinie zu ziehen, zumal auch manche tatsächlich mit Adelsfreiheit begabte Sitze sich von den anderen Bürgerhäusern kaum unterscheiden.

Scheuchegg (Brunogasse 1)

Ursprünglich stand hier an der Südostecke der älteren Stadtbefestigung und weiter nach Norden die ausgedehnte Burganlage der Herren von Rodank, die Bischof Bruno 1265 in einer Fehde zerstörte. Von ihr hat sich im späteren Edelsitz Scheuchegg, der zunächst den Maulrappen und dann Jörg von Montan verliehen war, aber schon seit 1377 als Domherrenbehausung diente und 1688 umgebaut wurde, noch ein runder, massiger Turm auf achteckigem Unterbau erhalten. 1854 kaufte Dr. Krapf das alte Domherrenhaus, 1860 bis 1956 Familie Seidner, seither Hölzl.

St.-Michaels-Tor (Weißenturmgasse 1 und 5)

Am Tor neben der St.- Michaels-Pfarrkirche in Brixen stand eine Stadtburg, nach der sich im 12. Jh. das Edelgeschlecht der De Porta nannte, von denen die Herren von Voitsberg, Pfeffersberg und Gerusten abstammen. Nach dem Sturz der Voitsberger 1277 kam das „Castrum Michaelis“ an die verwandten Garnsteiner, es folgten 1353 Nikolaus von Gaunggen, dann die Gall, ab 1577 die von Kempter als Besitzer. Seit 1763 Dompropstei. Nach der Säkularisierung 1803 in drei verschiedene Häuser aufgeteilt, in denen sich u. a. die Buchhandlungen Weger und Athesia (die 1976/77 Sanierung und Umbau vornahm) befinden.

Domdechantei (Albuingasse)

Stattlicher Bau mit polygonalem Mittel- und viereckigem Eckerker, hohem, abgewalmtem Giebeldach und Hauskapelle. Die heutige äußere Gestalt 16. und 17. Jh., die frühere herrschaftliche Raumeinteilung (großer Saal) durch den Einbau von drei Domherrenwohnungen in der 1. Hälfte des 19. Jh.s zerstört.

Lachmüller (Säbner-Tor-Gasse 1 und 3)

Der aus mehreren alten Häusern zusammengebaute, an der alten Stadtmauer stehende Komplex läßt an einer gegen den „kleinen Graben“ gerichteten Mauer noch einen Wehrgang mit Schießscharten und Schießfenstern erkennen. Einige Zimmer und ein Saal zeigen Getäfel des 17. Jh.s; barocke Hauskapelle von 1679. Seit dem 13. Jh. stand hier die Behausung der Herren von Säben, der mächtigen Ministerialen des Hochstiftes Brixen, von denen es nach ihrem Aussterben 1460 an die Nisentitzer von Köstlan, 1547 durch die Erbtochter Ursula an die Sarnthein, 1627 durch

Kauf an die Andrian und bald erbweise an die Gienger von Grünbichel kam. 1648 kauften die Reichsritter von Lachmüller das Säbner-Haus, das sie mehrfach umbauten und heute noch besitzen. 1863 wurde der Mitteltrakt mit dem Giebel gegen den „großen Graben", wo früher nur die leere Ringmauer lief, aufgebaut.

Mair in der Runggad (Runggadgasse 12)

Der um 1220 erstmals erwähnte Mairhof, der im Urbar von 1320 als erster der zehn Mairhöfe des Hochstiftes geführt wird, war bis zur Säkularisation in adeligem Lehensbesitz. Es saßen hier nach den Mair von Runggad die Gerhart von Köstlan bis 1627, dann erbweise die aus Schlesien gekommenen Paule von Römersheiden, deren Wappen mit Jahrzahl 1632 am Tor erscheint, und nach ihnen ab 1759 noch die von Mayrhofen. Seit 1810 sehr stark wechselnder Besitz, jetzt Stadtgemeinde. Die heutige Gestalt geht (abgesehen vom dritten Stock) auf den Umbau von 1632 zurück.

Winkel (Hartwiggasse 5)

Um 1380 machte sich Niklas Jöchl aus Bruneck in Winkel ansässig. Sein Haus in der Runggad, das noch heute in einem Winkel steht, trägt das Jöchlsche Wappen mit der Jahrzahl 1532, dem Zeitpunkt, zu dem es seine heutige, im wesentlichen unveränderte Gestalt erhielt (bis auf den 1952 einfach erneuerten Erker). Seit der Mitte des 16. Jh.s bis 1642 gehörte Winkel den Recordin und wurde deshalb auch Recordinisches Haus genannt. 1642 bis um 1780 waren die Herren von Pallaus, dann u. a. Anton von Klebelsberg unter den rasch wechselnden Besitzern, seit 1932 gehört Winkel dem Priesterseminar.

Leweneck (Altenmarktgasse 8)

Die ehemalige Stadtbehausung der Grafen Wolkenstein-Rodenegg, die sie vor 1604 von den Vorbesitzern Halbsleben übernommen hatten, wurde 1708 für den 1693 geadelten Johann Michael Lederer, fürstlicher Rat in Brixen, vom Fürstbischof zum Adelssitz Leweneck erhoben. Anfang des 19. Jh.s im Besitz der Familie von Chizzalli, von der sie 1834 Peter Kinigadner aus Vahrn kaufte und als Gasthaus zum goldenen Stern einrichtete.
In einem Zimmer des ersten Stockes Wandgemälde mit fünf Heiligen, Anfang des 15. Jh.s. Gegen den Garten zu runder Treppenturm. Fenster mit Jahrzahl 1655.

Neuhaus (Schlachthausgasse 3)

Der einstige Ansitz Neuhaus, ein einst weitläufiges Gebäude mit einem großen zinnenbekrönten Viereckturm, das aber seit 1782 in mehrere Teile geteilt und entsprechend verändert wurde, geht auf den Stadtrichter und Brixner Hofamtmann Michael Neuhaus von Villanders zurück, dessen Wappen und Jahrzahl 1508 noch an einem Tor sichtbar ist. Durch seine Witwe Anna kam der Sitz an ihren zweiten Gemahl Michel von Teutenhofen, 1587 kaufte ihn Heinrich von Winkelhofen, dessen 1671 in den Freiherrenstand erhobene Familie bis 1777 hier Besitzer war.

Neidheim (Unterdrittelgasse 16)

Das alte fürstbischöfliche Armbrustlehen im Stufels, erstmals erwähnt 1320, war 1533 im Besitz der Winkelhofen und wird schon damals Neidheim genannt. 1591 wurde es von Hans Goreth von Seeburg umgebaut, woran der Wappenstein über der Haustür mit der Inschrift: „Hanss Goret zu Seeburg Das haus stett in Gotes hant, Neithaimb ist es genant. 1591“ erinnert. Wurde 1637 von Niklas Stier, Anwalt des Rodeneggschen Gerichtes Unterdrittel, angekauft und für ihn 1640 zum Adelssitz erhoben. Nach dem Aussterben der Stier 1689 kam er an die verwandten Anreiter von Ziernfeld und 1728 erbweise an die von Steyrer, dann seit 1822 häufig wechselnder bürgerlicher Besitz. Der Ansitz mit Erkertürmchen, schöner gratgewölbter Vorhalle über polygonalem Pfeiler im Erdgeschoß wurde 1901 um einen Stock erhöht und umgebaut.

Köstlan (Köstlanstraße 7—12)

Der breite, behäbige Bau wird durch zwei durchgehende polygonale Mittel- und zwei viereckige Eckerker und durch die schönen Schmiedeeisengitter im Hauptgeschoß bedeutungsvoll gegliedert. Über zwei Toren Wappen des Weihbischofs Jesse Perkhofer, im Binnenhof dreigeschossige Loggiengänge mit Rundsäulen, Rundbogenöffnungen und Kreuzgratgewölben, im zweiten Stockwerk reiche Kassettendecke mit aufgelegtem Rankenornament und Rosetten, daneben ein Zimmer mit einfacherer Felderdecke. In der Kapelle Holzskulptur, Kruzifix. Brixner Werkstatt, um 1460. Am östlichen Nebentrakt, der ursprünglich ein eigener Edelsitz war, über der Tür Wappen des Tobias Gerhart von 1599. Bischöfliche Kammerhube, die in ältester Zeit ein Lehen des Brixner Burggrafen (Kastelanus; davon der Name) gewesen zu sein scheint und die auch später in adeligem Besitz blieb, im 14. Jh., unter dem Geschlecht der Praust, aber geteilt wurde. Oberköstlan war im Besitz der Ecker von Kestlan, dann durch Heirat in dem der Gerhart, die 1627 ausstarben. Das weitläufigere Unterköstlan erhielt seine heutige Gestalt im 17. Jh., als es von Weihbischof J. C. Perkhofer prächtig ausgestattet wurde; mit dem östlich bergseitig anschließenden Oberköstlan wurde es

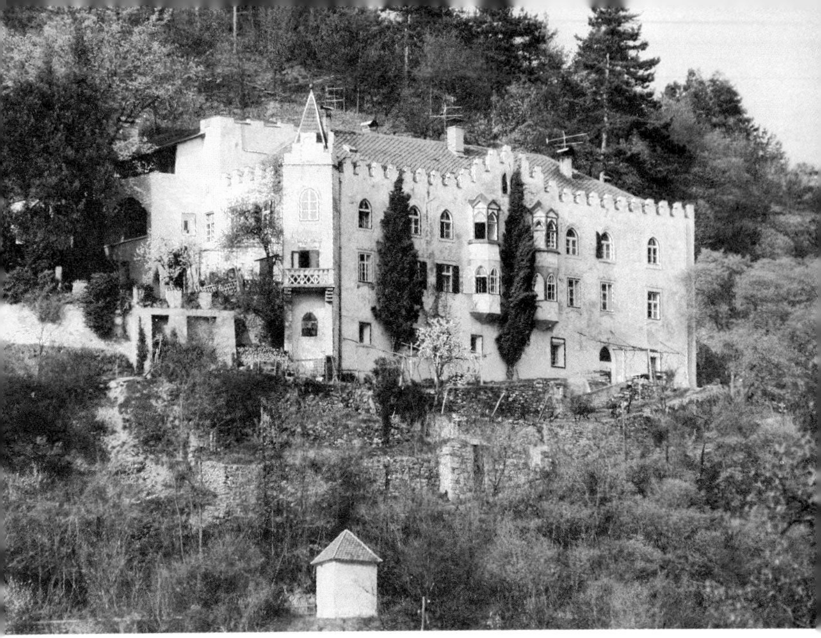

Brixen, Schloß Krakofl

erst 1853 vom Kaufmann und Bierbrauer Ignaz Seidner wieder in eine Hand gebracht, gehört aber heute wieder geteilt den Erben Seidner.

Seeburg (Seeburgstraße 1)

Der mit Erkern und Giebelwalmdach ausgestattete Ansitz erscheint 1320 als Weinhof „ze Sebe". 1540 wurde er von den Bischöfen dem Stadtrichter Zetlmair verliehen, der sich nach dem Ansitz benannte. 1577 und 1612 besaßen ihn die aus Savoyen eingewanderten Goreth. In der Brandnacht 1809 wurde die Seeburg stark beschädigt. 1845 kaufte sie Dr. von Guggenberg, dessen Nachkommen sie weitgehend erneuerten und sie 1923 an Baron Ferstel verkauften, von dessen Erben das verwahrloste Gebäude 1976 an die autonome Provinz Bozen überging. 1983/84 neuerlicher, nicht günstiger Umbau.

Krakofl (Seeburgstraße 2)

Die Herren von Stufels, zu den ältesten Brixner Patriziern gehörig und seit der Mitte des 13. Jh.s urkundlich nachweisbar, bauten ca. 1320 den Ansitz Krakofl, nannten sich seitdem danach und verkauften ihn 1538 an die Verwandten von Winkelhofen, die ihn bis zum Aussterben dieser Linie 1777 besaßen. Krakofl kam dann in bäuerlichen Besitz und wurde 1809 von den Franzosen niedergebrannt. Seine stattliche, schloßähnliche Gesamtgestaltung wurde durch weitgreifende Umbauten des 19. Jh.s (unter dem damaligen Besitzer Mairhofer im neugotischen Stil nach Plänen eines beim Bahnbau beschäftigten Ingenieurs durchgeführt, um 1868) noch verstärkt. Zuletzt 1970 Neuausbau des nordwestlichen Teiles durch Architekt Othmar Barth. Seit 1877 im Besitz der Familie Neumayer, München, und ihren Erben Dr. Lutz.

Plabach (Brixen)

Der freundlich gelegene Ansitz ist ein seit 1217/35 genannter Hof, der im Besitz des Brixner Domkapitels war. 1390 wurde der Stadtrichter Ludwig mit Plabach belehnt, dann nannte sich nach ihm ein Edelgeschlecht, von dem die letzte, Margareth, mit Christoph von Krakofl vermählt war. Die Krakofl von Plabach starben 1668 aus, nachdem schon 1645 der Sitz an Anton von Enzenberg verkauft worden war. Von Domdekan Ignaz Enzenberg zu Ende des 18. Jh.s umgebaut, wurde Plabach 1809 eingeäschert, kam dann in bäuerlichen Besitz und wurde von Frau Anna Stanek, Besitzerin seit 1891, herrschaftlich hergerichtet. Seit 1942 staatlich, seit 1954 bzw. 1966 Montecatini-Edison.

Trunt (Brixen, ober Köstlan)

Auf dem schöngelegenen, zinnenbekrönten Edelsitz bei Brixen saßen im Mittelalter die Binge, ein Zweig der Herren von St. Andreasberg (vom Berg). Er war später (18. Jh.) mit Unterköstlan vereinigt und wurde 1809 von den Franzosen eingeäschert. 1845 kam der Trunthof in den Besitz des Kassianeums in Brixen, wurde verpachtet und 1972 von der Bauernfamilie Noflaner erworben; nach einem Brand um 1960 in alter Form wiederaufgebaut.

Pfeffersberg

Am westlichen Talgehänge stand auf einem Hügel die Burg Pfeffersberg, die von den brixnerischen Ministerialen vom Berg (de Monte) kurz vor 1233 erbaut wurde. Nach anderer Überlieferung den Voitsbergern gehörig und nach ihrer Niederwerfung 1277 von Bischof Bruno zerstört. Die späteren Schicksale der Burg unbekannt. Heute nur mehr die im Rechteck geführte Ringmauer, auf der Kuppenspitze Eckbuckelquader des Bergfrieds erhalten.

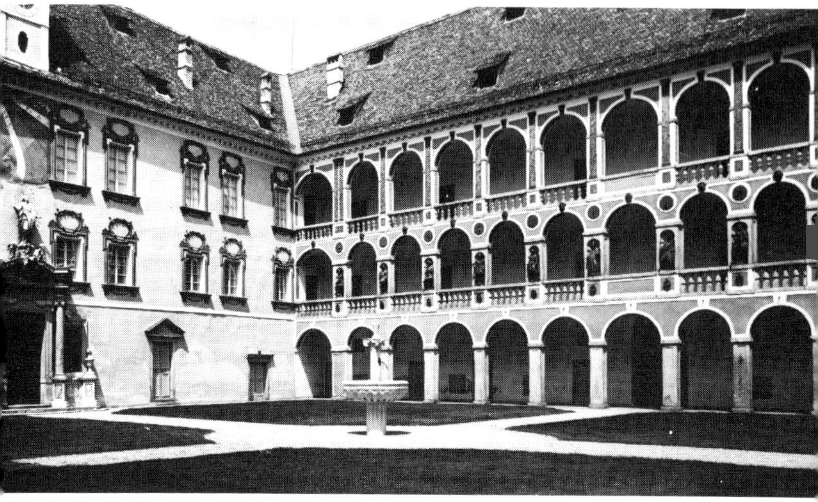

Brixen, Bischöfliche Burg, Hof

Bischöfliche Burg

Von der ursprünglichen Burg des Bischofs, die südlich vom Dom lag und Bestandteil der im 10. Jh. errichteten Münsteranlage war, hat sich am heutigen Gerichtsgebäude noch ein dickgemauerter Vorsprung an der Südwestecke gegen den Domplatz hin, einst wohl ein fester Turm, erhalten. Daran anschließend sind ungewöhnlich dicke Mauern zu erkennen, die einen schmalen, langgestreckten Bau umfassen. Die Johanneskapelle war die ursprüngliche Palastkapelle mit dem noch erhaltenen Zugang von der Bischofsburg her. Über dem Gewölbe der Frauenkirche haben sich Reste romanischer Wandbemalung erhalten, die darauf hinweisen, daß schon die Burg des 13. Jh.s zwei Obergeschosse besaß.
Nach der Übersiedlung von Bischof Bruno in die neue Residenz hatte der „alte Palast“ nur mehr sekundäre Bedeutung, wurde 1386 dem Stadtrichter überlassen und diente durch einige Jahrhunderte (bis 1661) als Stadthauptmannschaft, dann als Sitz der Weihbischöfe und wurde schließlich nach der Säkularisation als Sitz des Landesgerichtes (1828) bestimmt und baulich weitreichend verändert.
Die heutige bischöfliche Burg an der Südwestecke der ummauerten Stadt war eine wehrhafte, mit Türmen und einem noch

erhaltenen Wassergraben versehene Anlage. Im Keller des Westtraktes noch regelmäßige Steinlagen des ältesten Baues zu erkennen. 1973 kamen bei Grabungsarbeiten im Hof die Grundmauern eines Turmes, der möglicherweise auch die ehemalige Südwestecke der Stadt bildete, zum Vorschein. Auch die beiden starken Vierecktürme an der Westseite gehören zwar dem Bau des 17. Jh.s an, richteten sich aber nach dem älteren Bestand. Von der mittelalterlichen Burg rühren noch die Torflügel her, mit Mannsloch, die noch die Spuren von Angriffen zur Zeit des Bauernkrieges (1525) zeigen. Unter Bischof Ulrich Putsch (1427—1437) war es zu umfangreichen Bauarbeiten an der älteren Burg gekommen, die dann ab 1595 der in mehreren Abschnitten errichteten neuen fürstbischöflichen Residenz weichen mußte.

Ihre regelmäßige Anlage mit vier Flügeln und einem Mittelhof geht im Konzept auf Kardinal Andreas von Österreich (Bischof 1591—1600) und seinen Baumeister Albrecht Lucchese zurück und sah ursprünglich dreigeschossige Arkadengänge auf allen vier Seiten vor, für deren Nischen der schwäbische Bildhauer Hans Reichle 1596 44 Terrakottastatuen von Habsburgern nach einem in Brixner Archiv noch erhaltenen Stammbaum in Auftrag bekommen hatte. Unter Kardinal Andreas wurde lediglich der Südtrakt und der südwestliche Turm errichtet, der Ost- und ein Teil des Westtraktes, die unter Bischof Spaur (1601—1613) in den Jahren 1606/07 nach Plänen von Bartolomeo Lucchese fortgeführt wurden, blieben jedoch ohne Loggien. Nachdem 1628 unter Bauleitung von Hans Reichle der Nordtrakt wieder mit Loggiengängen, aber ohne oberes Stockwerk errichtet worden waren, vollendete Fürstbischof Künigl (1702—1747) den Bau. Er erbaute die Kapelle in der Mitte des Westtraktes mit Einbeziehung von Mauern der alten Hofkapelle, führte den nördlichen Westtrakt neu auf, wobei er sich an den südlichen, unter Spaur errichteten Teil anlehnte; er verband ihn mit dem Nordtrakt, den er aufstocken ließ, so daß nunmehr der Mittelhof mit den Süd- und Nordarkaden und den geschlossenen Fronten der Ost- und Westseite sein heutiges Aussehen erhielt. Auch die Tonskulpturen Reichles, allerdings nur 24 von den 44 ursprünglich geplanten, wurden in die Nischen der Granitpilaster gestellt (acht weitere fanden beim Südportal Aufstellung, zwei sind beschädigt), sieben sind verloren, zwei im Tiroler Landesmuseum, eine im Augsburger Museum). Alle Fassaden erhielten regelmäßige, stuckgerahmte Fensterreihen (die auch für das gleichzeitig errichtete „Neugebäude", Hofgasse 2 und 4, bezeichnend sind), nur die südliche Front hat noch die Form von 1600. Trotz der langen Baugeschichte ist die bischöfliche Burg eine einheitlich

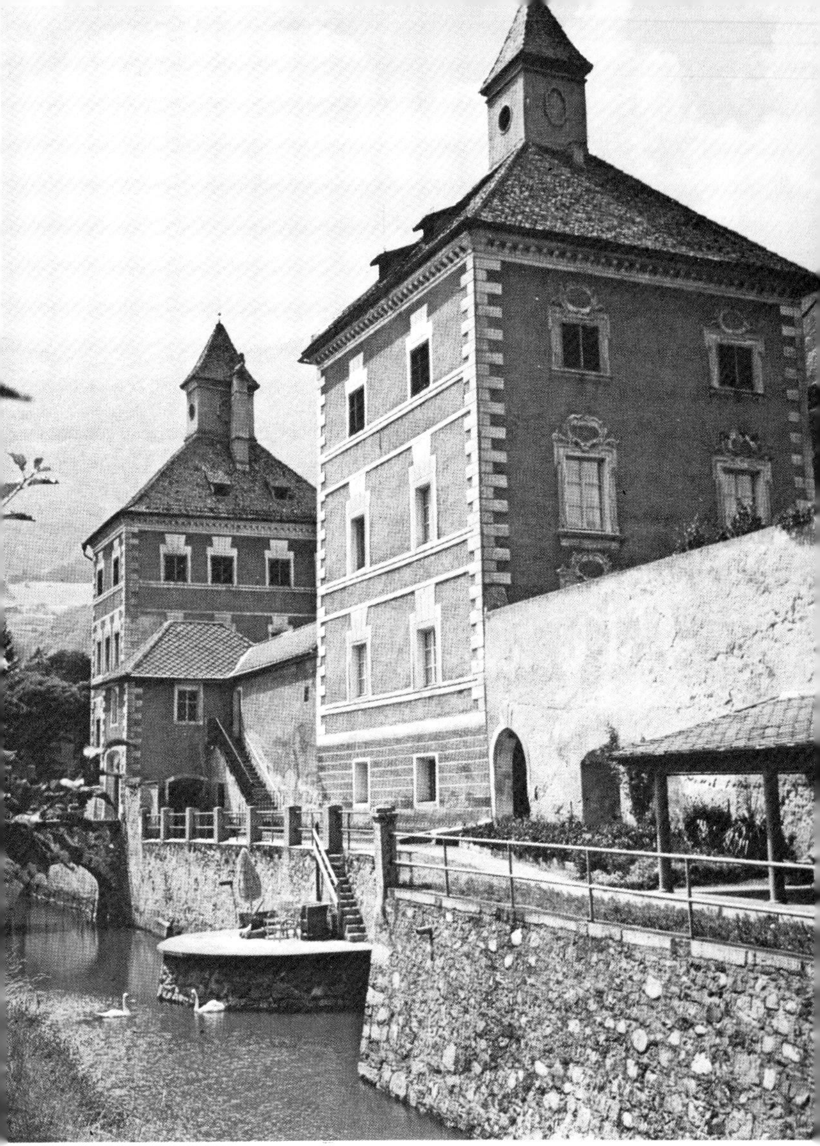

Brixen, Bischöfliche Burg, Südseite

wirkende, repräsentative Anlage, deren Hof einen der schönsten Renaissanceeindrücke in Südtirol vermittelt. Die seit der Verlegung des Diözesansitzes von Brixen nach Bozen (1964) verwaiste Burg beherbergt seit 1978 Diözesanmuseum und Krippensammlung. Die Instandsetzung nach musealen Gesichtspunkten wurde 1982 weitgehend abgeschlossen. Nach der geplanten Erweiterung soll hier die gesamte Kunstentwicklung Südtirols dokumentiert werden.

Hauptportal: 1607/08 nach Plänen von Bartolomeo Lucchese von Giovanni de Rica errichtet; Ratschingser Marmor. Rundbogentor, Halbsäulen, derbe Rustika, Wappen des Fürstbischofs Andreas von Spaur, oben Balkonterrasse mit Marmorbalustrade, ursprünglich darüber noch Ädicula-Aufbau. Tonnengewölbte Vorhalle mit fünf Stuckrahmen.

Mittelhof: Die Loggien mit Viereckpfeilern, Rundbogen, Balustraden und offenen Gängen, die ebenerdig und im ersten Stock Kreuzgewölbe, im zweiten Leistendecken aufweisen; die Statuen Reichles in Nischen der Pfeiler des ersten Stockes gesetzt; darüber Rundmedaillons mit symbolischen Reliefs und Mascaroni, unter den Figuren zierliche Wappen in Rollwerkrahmung, alles in Terrakotta von Reichle 1596 bis 1600 gearbeitet.

Innenräume: Im ersten und zweiten Stock eine Anzahl von Räumen, die im Stil des 17., 18. und 19. Jh.s dekoriert sind. Im Parterre alle Räume gewölbt. Theatersaal im Osttrakt, mit Dekkenfresken von J. F. Schor von 1710, 1830 zerstört. Holztäfelungen und Felderdecken im kardinalisischen Südtrakt, im ehemaligen Arbeitszimmer des Fürstbischofs in der sogenannten Türnitz Kassettendecke mit vergoldeten Rosetten und der Jasonofen, dessen Kacheln mit Bildern aus der Argonautensage aus dem Jahr 1546 (von Bartlme Dill-Riemenschneider) stammen, der aber erst um 1666 seine heutige Form erhielt. In der Wartestube (Ostflügel, 1. Stock) über dem Brustgetäfel Wappen des Hochstifts, seiner Erbhofämter, Lehen- und Edelsitze, von Gregor Napl (1607), in der anschließenden Hofratsstube die gemalten Hofrätewappen. Zahlreiche Barocköfen, meist Arbeiten von Brixner Kachlern, in verschiedenen Räumen. *Rittersaal:* In Nordwestecke, 2. Stock. Die ganze Decke ausfüllendes Bild, Triumph des Glaubens, von Antonio Gresta aus Ala (1710). An den Wänden gobelinartig auf Leinwand gemalte Jagd- und Fischereiszenen, Apostelofen; angrenzend ehemaliger Kaisertrakt mit Damast- und Barocktapeten, Öfen, alles Bauzeit Künigls.

276 *Brixen, Bischöfliche Burg, Statue Kaiser Ferdinands I. von Hans Reichle*

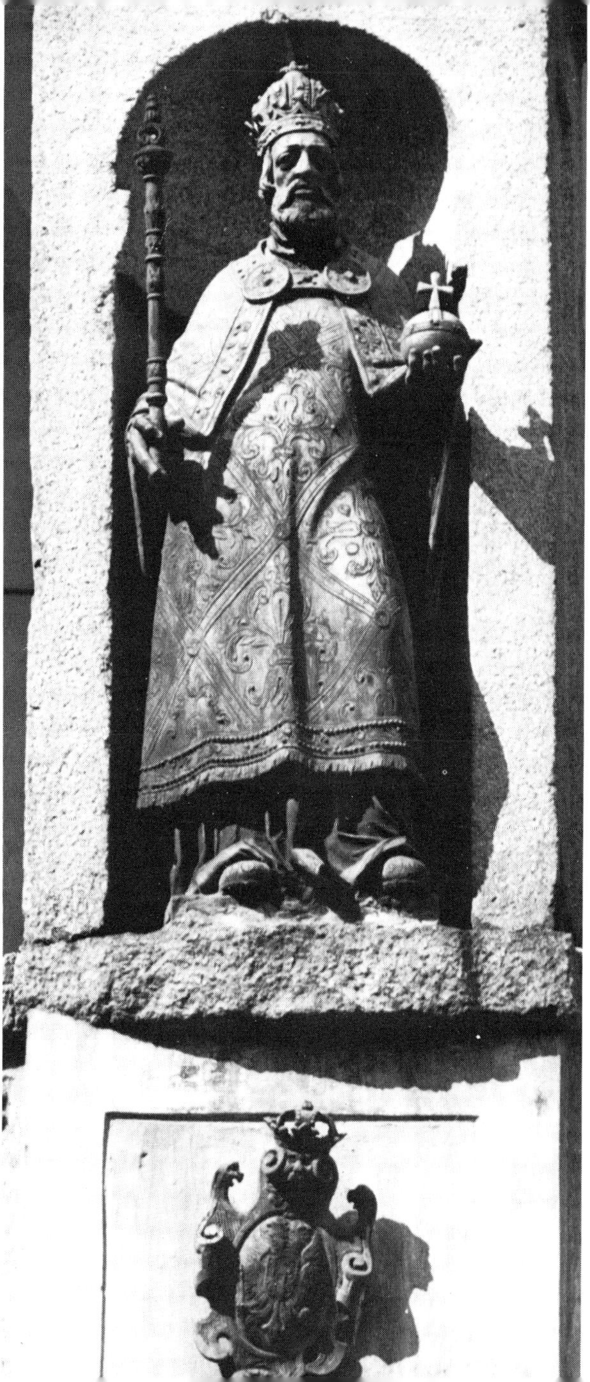

Kapelle

Bau: Viereckportal, von marmornen Säulen mit gesprengtem Rundgiebel gerahmt, Wappen des Fürstbischofs Künigl, vier Engel und als Aufsatz pathetisch bewegte Statue der Unbefleckten; von Christophoro Benedetti aus Mori, 1709. Dachreiter. Im Inneren flache Tonne, über zwei marmorgerahmten Viereckturen Oratorien, einspringender Triumphbogen mit Pilastern, gerader Chorabschluß. 1711 Kapellenweihe. Restaurierung 1980.

Stukkaturen: Reiche Stuckdekoration von Bernardo Pasquale mit Blattgewinden und Blumengirlanden und Engeln, die unter anderem auch die vier Wandbilder von J. Hintner einrahmten, mit denen die ursprünglichen Gemälde von K. Waldmann überdeckt worden waren. Das Bild an der Decke, Himmelfahrt und Krönung Mariens, von K. Waldmann, 1708. Im Chor Engelsglorie um den Namen Mariens. Letzteres Carlo Lorenzi zugeschrieben. Die übermalten Waldmannfresken, Geburt Christi, Darstellung Mariens im Tempel, Verkündigung und Heimsuchung, 1980 wieder freigelegt.

Altar: Bunter Marmor, Säulenaufbau mit bekrönender Kuppel an bewegten Giebeln und Statuen Joachim und Anna; von Christophoro Benedetti, 1710. Bild, Unbefleckte, von Ulrich Glantschnigg, 1711. 1717 durch ein neues Altarblatt von Johann Georg Grasmair ersetzt.

Kommuniongitter: Marmorbalustrade mit Schmiedeeisengitter. Von Christophoro Benedetti, 1710.

Doppelwappen: In Marmorintarsia, Diözese und Domkapitel Brixen und der Künigl. Von Christophoro Benedetti.

Stühle: An den Docken Löwen. Von Michael Rasner, 1711.

Emporenbalustrade: Holz, marmoriert. Von Michael Rasner, 1711.

Kleine Glasgemälde: Mit biblischen Szenen, 16. Jh.

V. Stadtbefestigung

Vom äußeren Bering, der unter Bischof Albert (1323—1336) errichtet wurde und der Stufels miteinschloß, ist nur mehr ein Torbogen bei der Hofmühle in Stufels erhalten.

Die innere Stadtmauer dagegen ist südlich von der Brunogasse, am Hofgarten und am Kleinen Graben beim Lachmüllerhaus noch gut zu erkennen. An letzterer Stelle ist auch noch ein Stück des Wehrgangs mit Schießscharten und Schießfenstern vorhanden. Auch bildet die Ringmauer im Großen und Kleinen Graben die Außenseite der Häuser. Von den alten Stadttoren wurden das Sonnentor am Kleinen Graben und das Kreuzgangstor in den

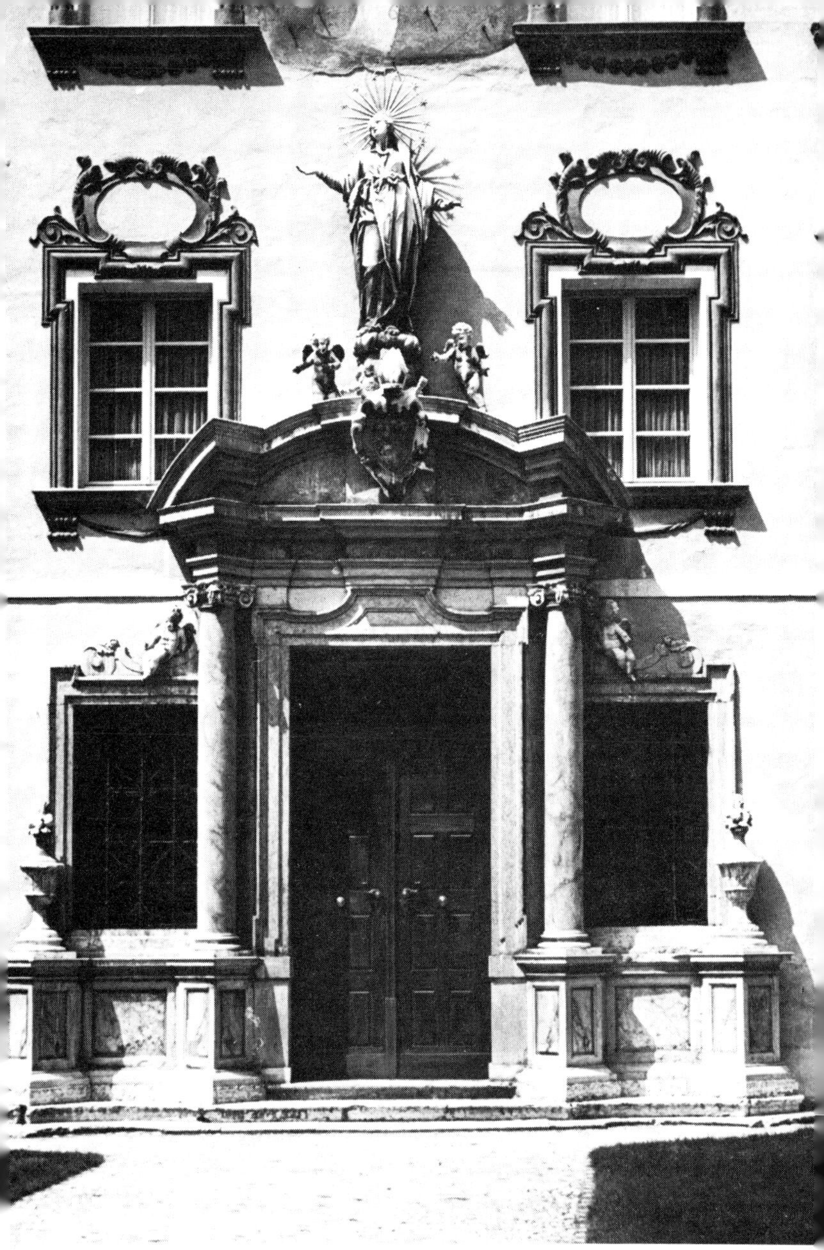

Brixen, Bischöfliche Burg, Kapellenportal

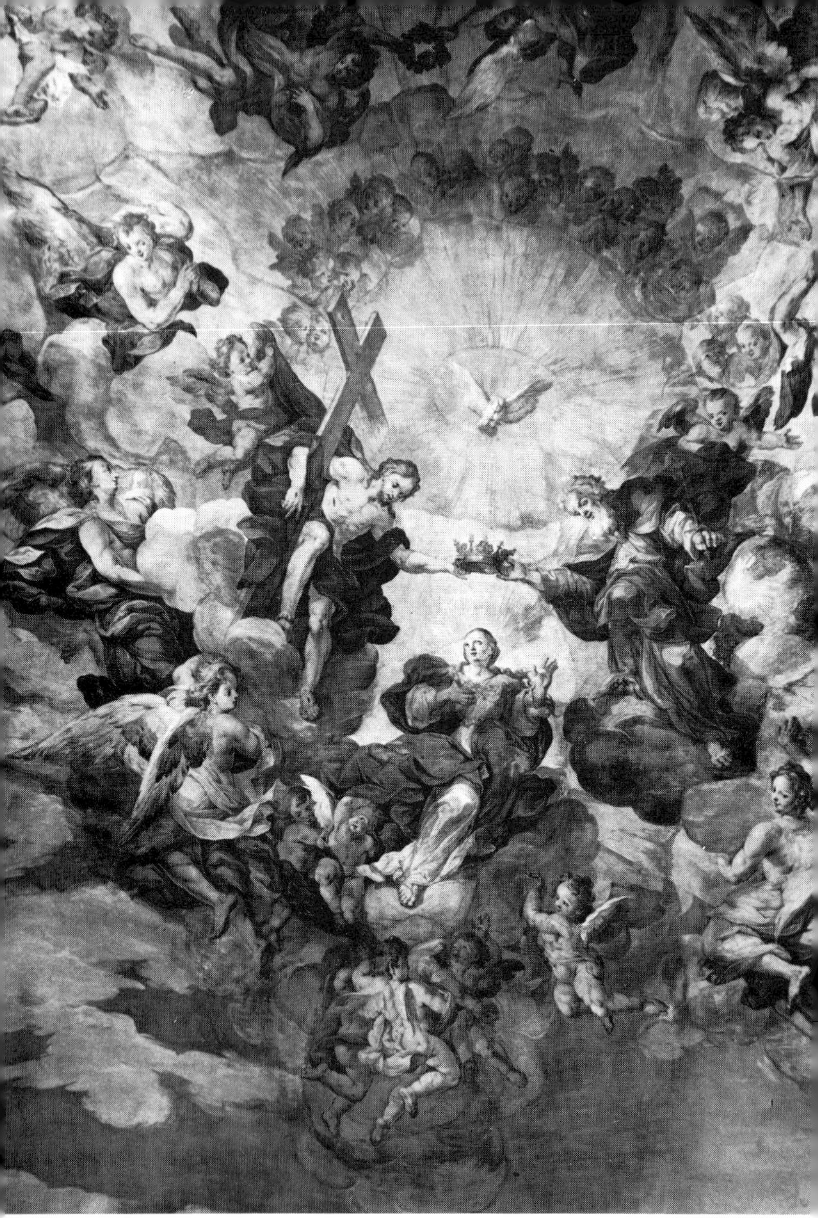

Brixen, Bischöfliche Burg, Deckengemälde der Kapelle

oberen Partien in neuester Zeit erneuert, während das spitzbogige St.-Michaels-Tor neben der Pfarrkirche und das Säbner Tor am Großen Graben noch ihre ältere Gestalt bewahrt haben. Das Säbner, Sonnen- und St.-Michaels-Tor 1976—1979 restauriert. Am St.-Michaels-Tor Gemälde freigelegt: hl. Christophorus, Sebastian, Martin, Wappen des Fürstbischofs Christoph von Schrofenstein, Mutter Anna und Maria mit Kind. Anf. 16. Jh.

ST. LEONHARD

Kuratiekirche zum hl. Leonhard

Bau: Eine Kirchweihe wird 1194 erwähnt. 1430 wurde die Kirche erweitert, eingewölbt und neu geweiht und der Turm erbaut. 1695 verlängert, im 18. Jh. barockisiert. Westlich Spitzbogenportal, an der eisernen Türe vier Hufeisen, südlich Rundbogentüre, beide in abgefaster Steinrahmung. Halbkreisfenster, niedrige Strebepfeiler, dreiseitiger Chorabschluß, am Spitzturm gekuppelte, leicht spitzbogige Schallfenster in Blende, deren Bogenfeld mit einem weiß-roten Schachbrettmuster bemalt ist. Spitzbogengewölbe mit Stichkappen, der Rippen beraubt, über Pilastern. An den Graten, Gurten, der Scheintüre zur Kanzel und um die Bilder zarter Rocaillestuck um 1770.

Wandgemälde: An der Decke in zwei geschwungenen Feldern 1. der hl. Leonhard auf einer Wiese sitzend, mit hilfesuchendem Volk um ihn, oben Muttergottes mit Kind im Rosenkranz; 2. Krieger, Gefangene und Verwundete mit dem hl. Leonhard zu Pferd, Brixner Landschaft im Hintergrund, oben Leonhard und Andreas mit Christus. An der linken Seitenwand Herz Jesu mit Immaculata, Johannes d. T., Josef und Leonhard, der auf die unten kniende Gruppe der vom Krieg heimgesuchten Gemeinde mit Frauen, Soldaten, Verwundeten und dem Ortspfarrer hinweist. Landschaft und Köpfe porträtgetreu, interessante Farbgebung, flotte Komposition. Von Toni Kirchmayr, Innsbruck, 1920 signiert.

Hochaltar: Säulenaufbau mit bewegtem Gebälk, Baldachinaufsatz, Seitentüren und Statuen (Martin, Florian, Petrus, Anfang 18. Jh.). Um 1800, mit Verwendung älterer Teile.

Holzskulpturen: 1. hl. Magdalena*. Natürliche Bewegung, vornehme Haltung, schöngeformter Kopf, knittriger Faltenwurf. Gute Arbeit, Art des Hans Klocker. Um 1500.
2. Thronende Maria mit Christkind*. Reicher, knittriger Faltenwurf, am durchbrochenen Sockel des Thrones Dreipaß- und Fischblasenornament. Ende 15. Jh.

3.* und 4. hl. Leonhard und Bartholomäus. Werkstatt Meister Leonhards. Mitte 15. Jh.
5. Kruzifix. Adam Baldauf zugeschrieben. Anf. 17. Jh.

Orgel: Volutengiebel, Rocailleschnitzerei. 18. Jh., 2. Hälfte.

Prozessionsstangen:* Der Schaft in der Mitte gedreht, oben mit Ranken umwunden. Einfache Häuschen mit Statuetten. Ende 17. Jh. Jetzt im Diözesanmuseum in Brixen.

Glocken: 1. Zweimal die Kreuzigungsgruppe. Gegossen von Hans Selos, 1502.

2. Kruzifix, Maria mit Christkind, hl. Petrus und Leonhard. Gegossen von Jakob Hoefer von Lana, 1586.
3. Hll. Jakob und Andreas. Jakob Hoefer, 1586.

Schmiedeeisenkette: Läuft um die ganze Kirche. Wohl Votivgeschenk zu Ehren des hl. Leonhard, dessen Attribut die Kette ist.

ST. ANDRÄ

I. Kirchen

1. Pfarrkirche zum hl. Andreas

Bau: Die Kirche ist nach der Tradition eine der ältesten der ganzen Gegend, eine Pfarrei wird schon 1177 erwähnt. Der älteste Teil des heutigen Baues sind die Mauern des Langhauses. Dieses wurde um 1556 nach Westen verlängert und damals wahrscheinlich auch eingewölbt und mit plumpen Streben versehen, später aber barockisiert. Der Chor, aus Granitquadern, mit Sockelschräge, gekehltem Dachgesims, Strebepfeilern und polygonalem Abschluß, und der Spitzturm, ebenfalls aus Quadern, mit abgefasten Schallfenstern, im Stil des Weißen Turmes, wurden um 1500 hinzugefügt. Die ganze Kirche um 1930 erneuert, der Fußboden vertieft, 1967 durch Johann Peskoller renoviert.

Wandgemälde: Außen Kreuzweg und Sonnenuhr. Von Jakob Jenewein. 1736. — Am Gewölbe in Stuckrahmen Martyrium des hl. Andreas, 2. Hälfte 18. Jh. von Johann Baptist Oberkofler erneuert. Über dem Hochaltar: Petrus und Andreas verehren das Kreuz. Von Johann Baptist Oberkofler.

Altäre: Am Hochaltar Tabernakel des 18. Jh.s. Am linken Seitenaltar Rosenkranzrelief von Josef Bachlechner, 1912. Das ehemalige Altarblatt Martyrium des hl. Andreas von G. D. Grasmair, 1744, war vorübergehend in Oberrasen.

Kanzel: Stuck, Rocaille. 18. Jh., 3. Viertel.

St. Andrä bei Brixen, Kerzenstange aus der Mariahilfkapelle

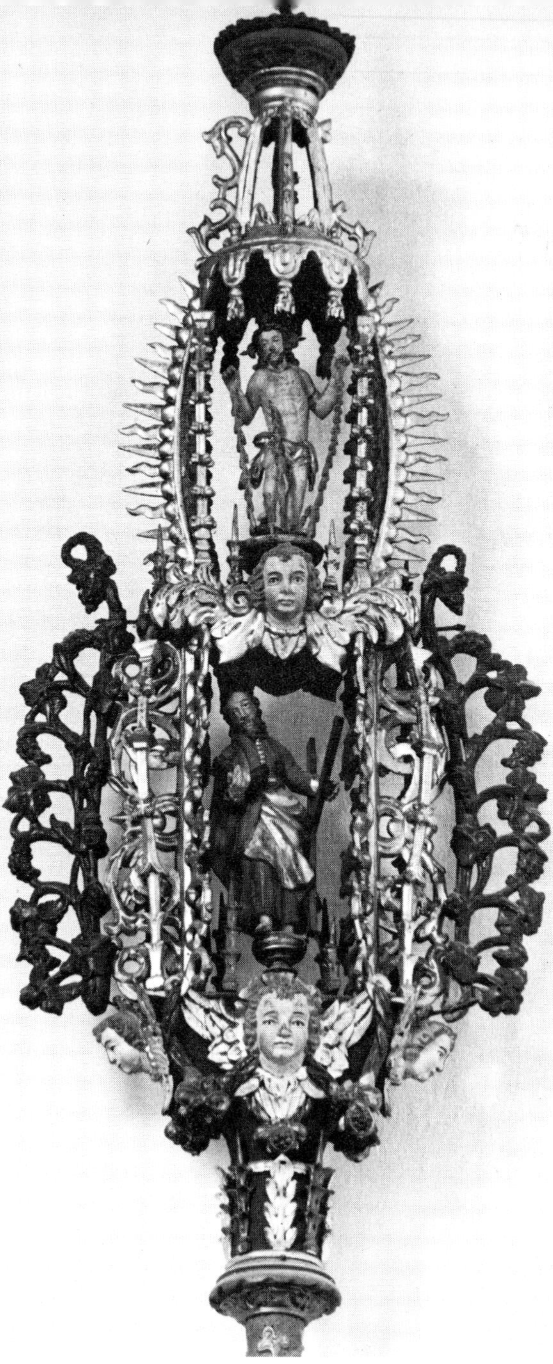

Holzskulptur: Kruzifix um 1700.

Glocke: Zweimal die Kreuzigungsgruppe. Gegossen von Meister Michael von Brixen. 1517.

2. Mariahilf im Friedhof

Bau: An Stelle einer laut Inschrift über der Empore 1071 geweihten, um 1370 durch Heinrich von Greifenberg (?) erneuerten Kapelle wurde der heutige achteckige Kuppelbau mit zwei viereckigen Türen, verschieden geformten Fenstern, auffallend hohem Innenraum, umgebrochenen Eckpilastern und umlaufendem Gebälk 1696 errichtet und geweiht. Wappen des Weihbischofs Wilhelm Vintler. 1957 gut restauriert.

Wandgemälde: Innen an den Diagonalwänden Geburt und Vermählung Mariä, Heimsuchung und Verkündigung. Gute Arbeiten aus der Mitte des 18. Jh.s. Die übrigen Bilder um 1700, jedoch derb übermalt.

Altäre: Reichverzierter Säulenaufbau in Schwarz und Gold mit gesprengtem Giebel, Statuen und Bildern. Ende 17. Jh. Am Hochaltar Mariahilfbild, darunter Kartusche mit hl. Familie, im Aufsatz Unbefleckte, an den Seitenaltären Antonius von Padua und Notburga, von kleinen Darstellungen aus ihrem Leben umgeben. Die Seitenstatuen Ende des 17. Jh.s, jene des Antoniusaltars Mitte 18. Jh.

Skulpturen: An der Südwand unter einem Rankenbaldachin auf vier Säulchen Schnitzgruppe der hl. Familie mit Gottvater und Hl. Geist. Ende 17. Jh.

Kerzenstangen: Der Schaft in der Mitte mit gedrehtem Astwerk, oben mit Reben umwunden. Zweigeschossige, reichverzierte Häuschen mit Statuetten. 17. Jh., 1. Hälfte.

Standarte: Der Schaft oben mit geflochtenem Astwerk, als Übergang Brustbild des hl. Jakob, am Aufsatz von einem Rosenkranz mit Engelsköpfchen gerahmt, Baum mit hl. Familie und Hl. Dreifaltigkeit. Beide Seiten gleich geschnitzt. Sehr originelle Arbeit. Ende 17. Jh. Von derselben Hand die hl. Familie und hl. Dreifaltigkeit unter einem Baldachin.

Orgel: Akanthusschleierbretter, Pilaster und Ziereinsätze, Stuckmarmor. Von Franz Köck, Ende 17. Jh.

3. St. Johann in Mellaun

Bau: Das aus dem 15. Jh. stammende Kirchlein zeigt eine Spitzbogentüre, erneuerte spitzbogige Fenster, Strebepfeiler, gekehltes Dachgesims, polygonalen Chorabschluß und dreijochiges Sterngewölbe mit runden Schlußsteinen und einfachen Rippen

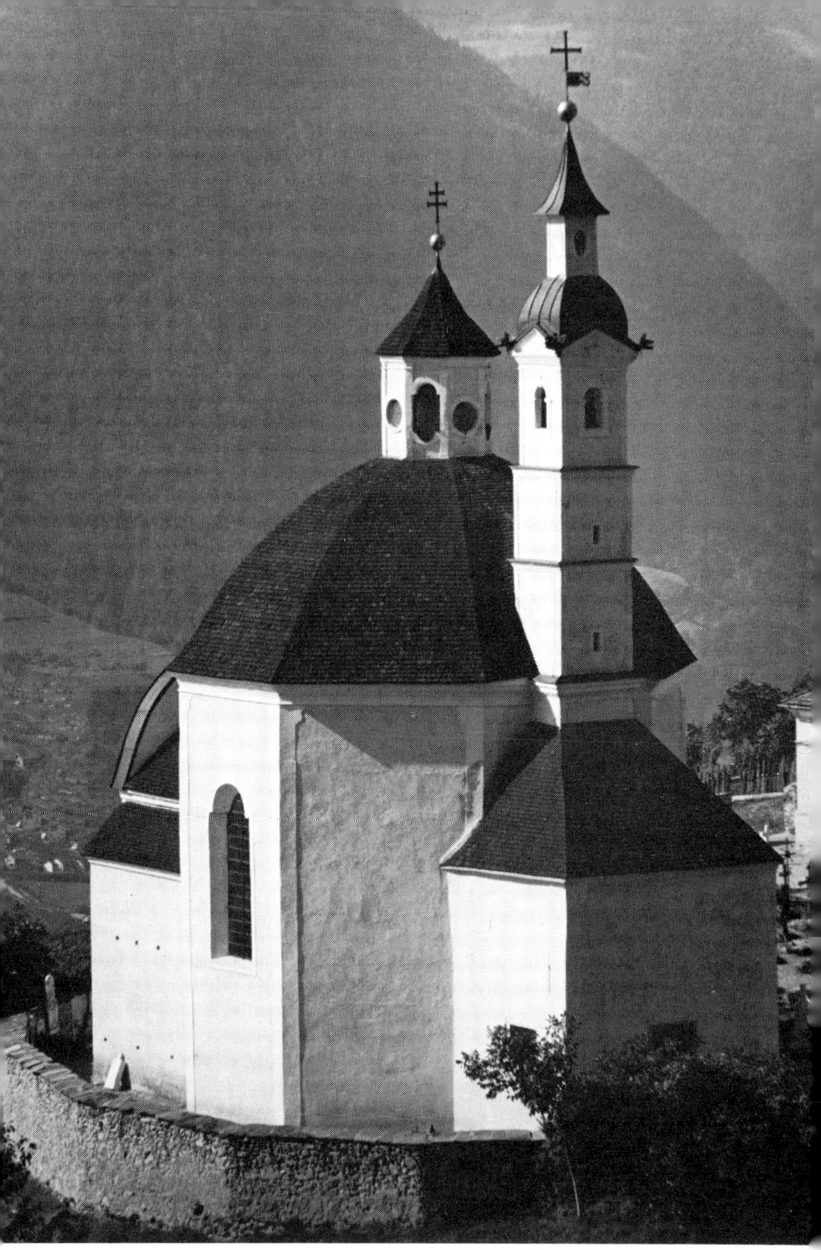

St. Andrä bei Brixen, Mariahilfkapelle

über fünfseitigen Wandpfeilern und halbrunden Diensten. Der Fassadendachreiter erst 1913 aufgesetzt.

Wandgemälde: Die Eingangswand, die ganze Nordseite, die Abschlußwand im Chor und zwei anschließende Gewölbezwikkel sind mit interessanten, aber leider 1873 stark übermalten Fresken geschmückt. An der Ostwand Legende des hl. Johannes d. Ev., an der linken Seitenwand das Leiden Christi, an der Eingangswand das Jüngste Gericht, darin eine sehr frühe Darstellung des Herzens Jesu, Jahreszahl 1464. Die Bilder sind ein sehr charakteristisches Hauptwerk der Brixner Malerschule. Das Jüngste Gericht, das Abendmahl mit dem Einzug in Jerusalem und die Johanneslegende stammen vermutlich von Meister Leonhard, die anderen Bilder von einem Gehilfen, der in den Kompositionen und teilweise auch in den Typen vom Meister stark abhängig, aber härter in der Zeichnung, weniger bunt in den Farben und fortgeschrittener in der Landschaft ist. Das Bild der Geburt Christi und der Kreuzweg von Heinrich Kluibenschedl, 1873.

Altar: Flügelaufbau. Unter Wimpergen, Fialen und durchbrochenem Maßwerk Statuen, Maria mit Christkind (die beiden seitlichen Engelchen gestohlen) zwischen Johannes d. Ev. und Wolfgang. An den Flügeln innen Reliefs, hl. Blasius und Ulrich. Gemälde: Außen Verkündigung, an den Predellaflügeln Barbara und Margaretha, auf der Rückseite Schweißtuch und rote und grüne Ranken. 1482. 1873 neu gefaßt.

Votivbild: 1751.

4. St. Nikolaus in Klerant

Bau: Die aus der 1. Hälfte des 15. Jh.s stammende Kirche zeigt Spitzbogentüre und -fenster, beide erneuert, dreiseitigen Chorabschluß, ein dreijochiges Kreuz- und sechsarmiges Abschlußgewölbe mit runden Schlußsteinen und einfachen Rippen, die im Altarraum ohne Konsolen verlaufen, an den Langseiten auf derbe Pilaster abgesetzt sind. Der Turm mit Kuppelbau wurde um 1700 hinzugebaut.

Wandgemälde: 1. Außen an der südlichen Chorschräge hl. Nikolaus mit der Jahreszahl 1474 oder 1479.
2. Am Chorgewölbe die drei heiligen Jungfrauen von Meransen, die Himmelfahrt der Magdalena, Gegenüberstellung von Eva mit dem Apfel und Maria mit der hl. Hostie. Im Schildbogen darunter Hostienregen und Gregoriusmesse (Vorbild und Erfüllung).
3. An den übrigen Chorkappen und Chorwänden neunzehn Darstellungen aus der Legende des hl. Nikolaus.

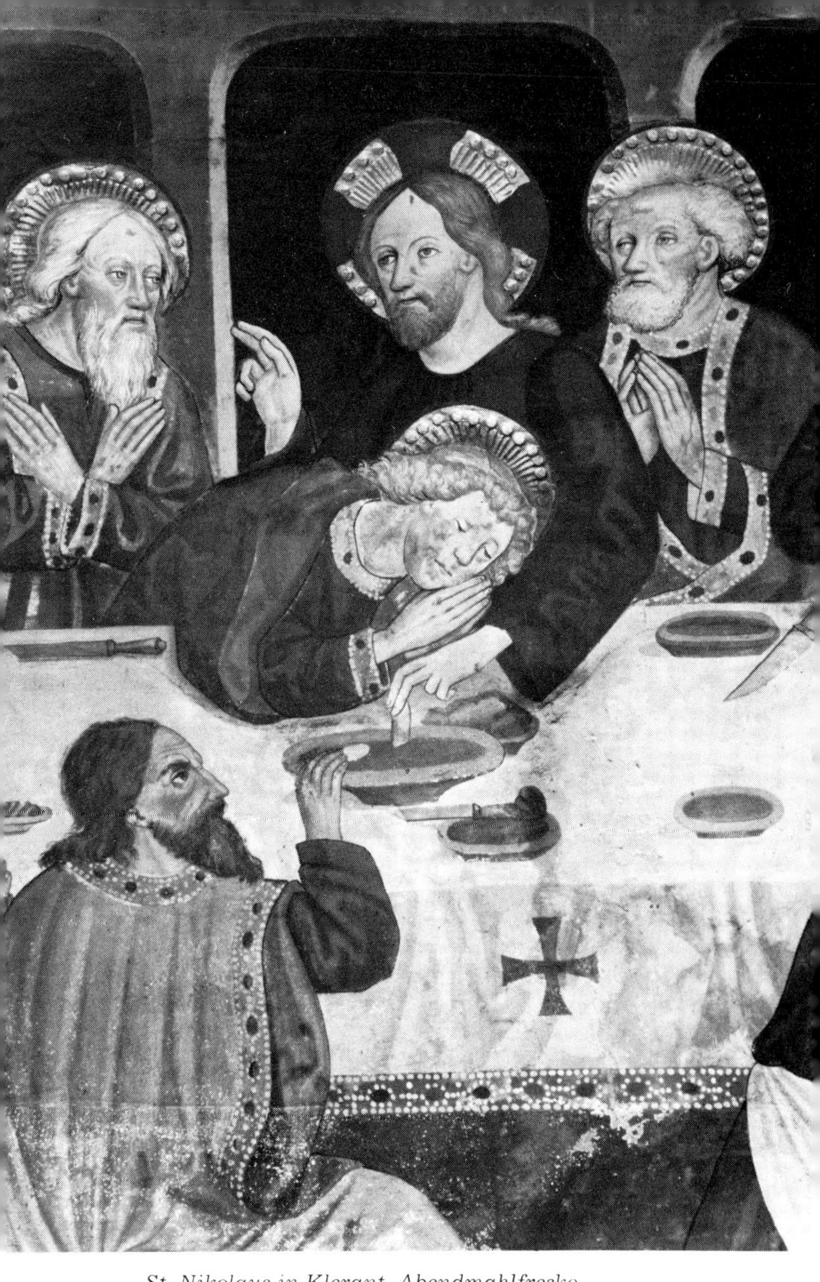

St. Nikolaus in Klerant, Abendmahlfresko

4. An der linken Langhauswand und an der Westwand Leiden Christi mit alttestamentlichen Vorbildern. Bei allen Bildern Inschriften. Die Bilder an der Westwand erst 1959 aufgedeckt. Die in die 2. Hälfte des 15. Jh.s zu datierenden Gemälde sind verhältnismäßig wenig restauriert und gut erhalten (außer Westwand), nur die Konturen sind teilweise, die Rahmungen vollständig erneuert. Ein Hauptwerk der Brixner Malerschule, dessen Urheber neben Meister Leonhard selbständig arbeitete und auch sonst mehrfach, z. B. in den Bildern der 3. Arkade des Domkreuzgangs, nachweisbar ist.

Altar: Flügelaufbau. Im Gespreng drei Tabernakel mit Statuen, Christus, Maria und Johannes. Unter Wimpergen, Fialen und durchbrochenem Maßwerk im Schrein Statuen, Maria mit Christkind zwischen hl. Andreas und Nikolaus, in Relief im Hintergrund vier Engel mit Draperie, an den Flügeln Laurentius und Sebastian. Gemälde, an den Flügeln Verkündigung, an der Predella Kindermord, an der Rückseite oben Schmerzensmann mit Leidenswerkzeugen, unten Schweißtuch mit Rankenornament: an den Skulpturen reicher, knittriger Faltenwurf, maßvolle Bewegung und rundliche Köpfe mit lieblichem Ausdruck. Die Gemälde mit herben Formen und harter Zeichnung, das Verkündigungsbild trotzdem von guter Wirkung. 1484.

Glocke: 15. Jh.

5. St. Johann in Karnol

Bau: Die entzückend auf einem spitzen Rundhügel gelegene Kirche wurde 1113 geweiht (vgl. die Weiheurkunde im Karnoler Missale der Priesterseminarbibliothek in Brixen), 1415 umgebaut und um 1500 in die heutige Form gebracht. Westlich Spitzbogentüre und Rundfenster, südlich zwei Spitzbogenfenster, abgesetzte Rundapsis und auf der südöstlichen Langhausecke ohne Unterbau übereck aufgesetztes Spitztürmchen mit rundbogigen Schallfenstern in Spitzbogenblenden. Netzgewölbe mit runden Schlußsteinen, die Rippen auf einfache Konsolen und derbe Köpfe abgesetzt. Restauriert durch Johann Peskoller 1966 bis 1968.

Wandgemälde: 1. In der Apsiswölbung Martyrium der hl. Ursula in freier Flußlandschaft, seitwärts die beiden Heiligen Johannes, in der Luft die Unbefleckte.
2. In der Apsis: Vitus und Margaretha. Christus, auf die Seitenwunde weisend, Helena und Erhard, Agnes und Nikolaus, Katharina, Andreas, in der Fensterleibung Barbara, Schweißtuch der Veronika, Leonhardin (!).

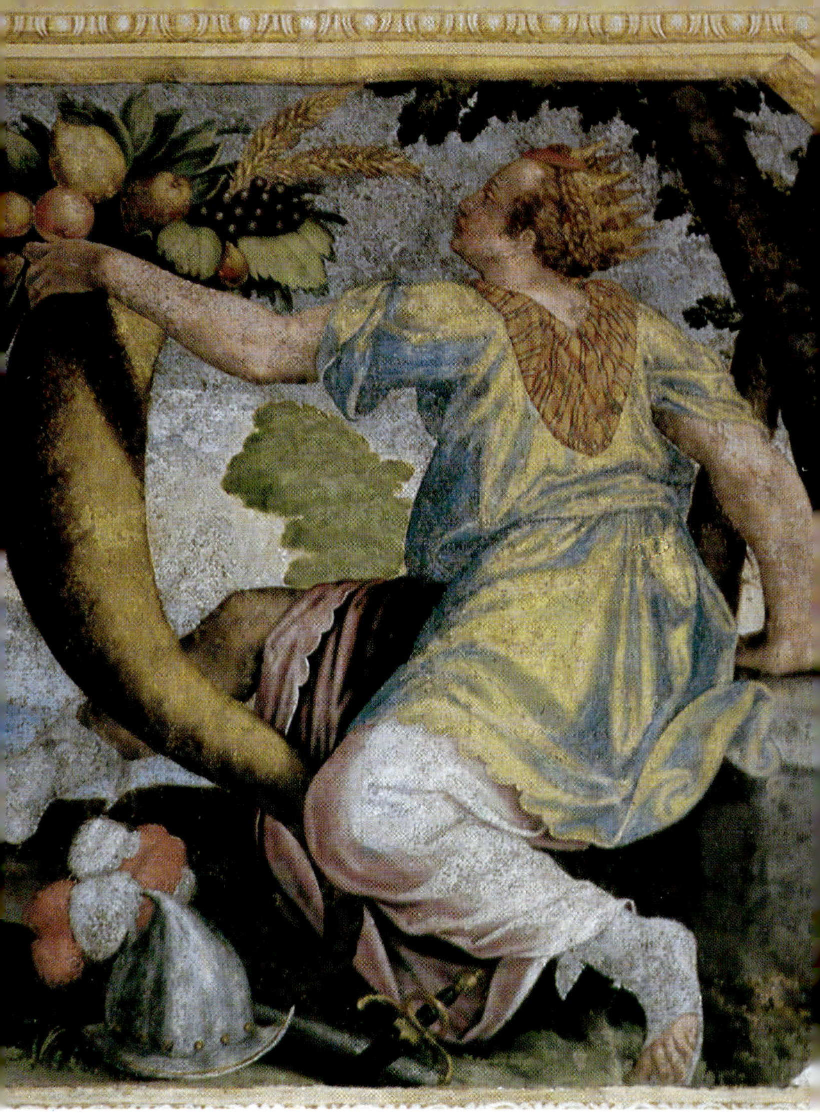

Tafel XI Velthurns, ehem. bischöfliche Sommerresidenz, allegorisches Wandgemälde von Pietro Maria Bagnadore (S. 317)

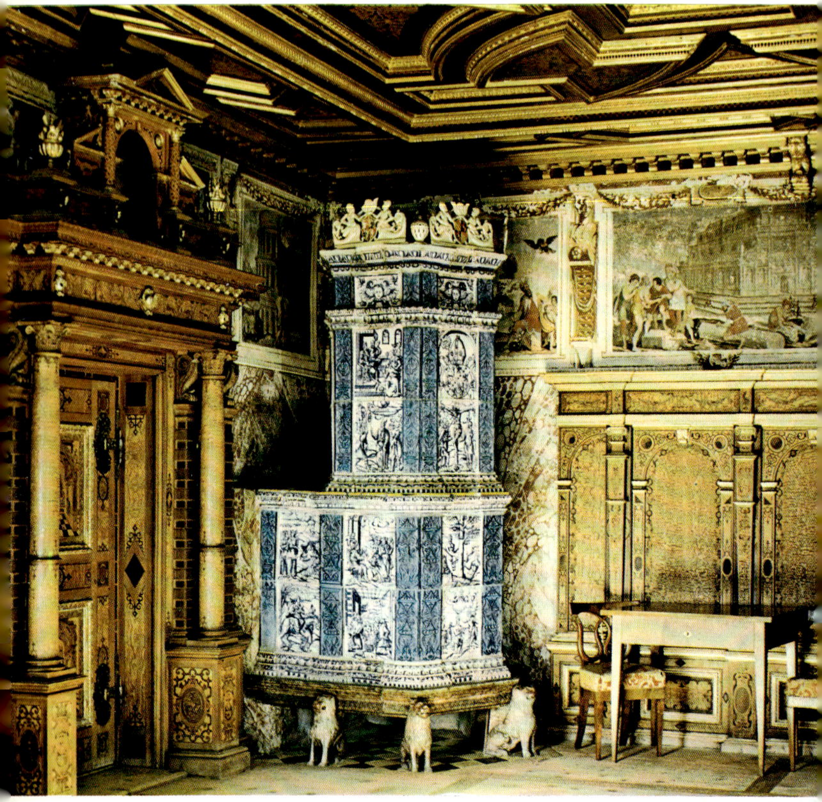

Tafel XII Velthurns, ehem. bischöfliche Sommerresidenz, Fürstenzimmer (S. 317)

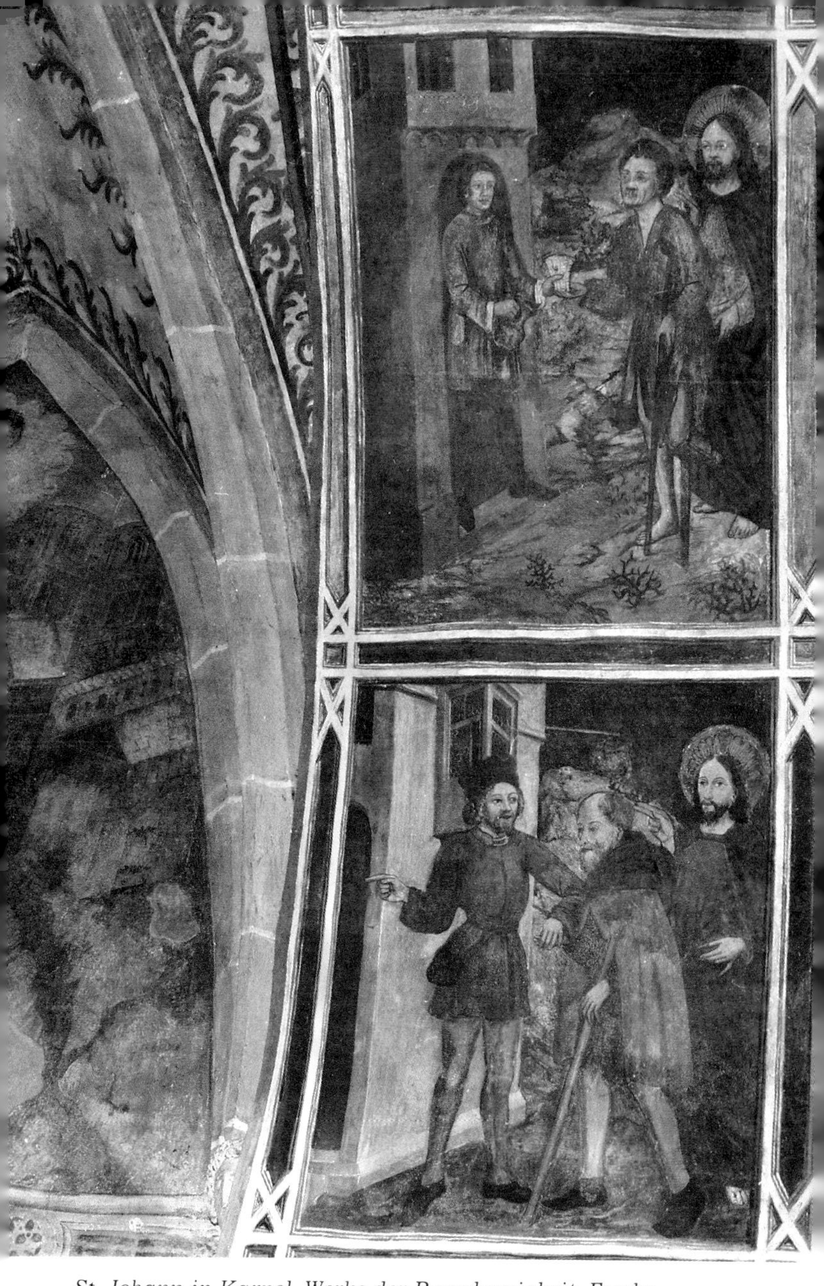

St. Johann in Karnol, Werke der Barmherzigkeit, Fresko

3. An der Triumphbogenleibung die sieben Werke der leiblichen Barmherzigkeit mit Christus als Zuschauer.
4. An den Schlußsteinen Wappen von Österreich, Tirol, Brixen und von Eisacktaler Geschlechtern. 1.—4. Brixner Meister, um 1500.
5. Am Triumphbogen: Kain und Abels Opfer, Brudermord, bezeichnet 1643.
6. An der linken Langhauswand: Gastmahl des Herodes, Enthauptung Johannes d. T., Taufe Christi. 17. Jh.
7. An der rechten Langhauswand: Blumenranken, 16. Jh. Ölberg mit Leidensvision, Maria Himmelskönigin mit Apostel (?), gleiche Hand wie 6. Restaurierung der Gemälde in jüngerer Zeit.

Altärchen: Schwarz-goldener Säulenaufbau mit gesprengten Rundgiebeln und Voluten, gestiftet von Kanonikus Carl Oswald von Hendl, 1646.

Glocke: 1. Um 1420.
2. 15. Jh.

Am *Holdererhof* unterhalb des Kirchleins malerischer Stiegen- und Sölleranbau von 1536 mit Heiligenfresken des 17. und 18. Jh.s, darunter eines vom Meister der linken Langhauswand.

II. Burgen

Im 12. bis 14. Jh. saßen in Niederkarnol, in St. Andrä, Mellaun und Rifnol verschiedene Linien der Herren vom Berge (de Monte), von deren Sitzen aber nur mehr ein turmartiger Vorsprung am heutigen Pfarrhof und ein abgetragener Turmstumpf im Bischofshof zu Mellaun zu erkennen sind. Hier saßen die 1147/55 erstmals genannten Herren von Mellaun, im 14. Jh. war er Besitz des Heinrich von Greifenberg. Der Turner in Niederkarnol erinnert an den im 13. Jh. errichteten, 1391 urkundlich erwähnten Neuenburger Turm, der etwas westlich des heutigen Hofes stand. Die Herren von Berg waren 1178/81 mit der Neuenburg bei Lienz belehnt worden und übertrugen diesen Namen auf den Turm.

MILLAND

I. Kirchen

Wallfahrtskirche Maria am Sand

Bau: Von der um 1305 von Eberle (Albert) von Platsch erbauten oder erneuerten Kapelle sind noch die Langhausmauern erhalten. Um 1464 wurde das Langhaus eingewölbt, es erhielt das heutige mit zwei Rund- und einem Birnstab verzierte Spitzbogenportal und die aus Quadern hergestellten Strebepfeiler, und es wurde, ebenfalls aus Granitquadern, der polygonal abschließende Chor mit Sockelschräge und Dachgesims und der stattliche Spitzturm mit seinen spitzbogigen, dem Weißen Turm nachgemachten Schallfenstern aufgeführt. Die Gewölbe und ihre tiefeinschneidenden Stichkappen sitzen über spitzbogigen Wandgurten, die Rippen waren im Langhaus auf Spitzkonsolen, im Chor auf eingezogenen Streben abgesetzt. Im Westen Empore über zwei vollen und zwei halben Achteckpfeilern und drei doppelt gekehlten Spitzbogen. 1766 wurden die Gewölbe der Rippen beraubt und bemalt, die Wände mit Pilastern und isolierten Gebälkstücken gegliedert und die Spitzbogenfenster rund abgeschlossen.

Wandgemälde: An der südlichen Außenwand
1. Auferstehung Christi mit Stifterfamilie. Um 1500. Daneben Christuskopf aus einer Kreuztragung. 18. Jh. Stark zerstört.
2. Drei Freskenschichten übereinander, zuunterst drei Köpfe in linearer Behandlung aus der Mitte des 14. Jh.s, darüber Fragment einer Geißelung mit reicher Bordüre aus dem Anfang des 15. Jh.s, in der obersten Schicht (Mitte) Ölbergszene mit verblauender Landschaft aus dem Anfang des 16. Jh.s.
3. An der östlichen Friedhofsmauer in Flachnische Kreuzigung. Bordüre mit Evangelistensymbolen in Vierpässen. Jakob von Seckau zugeschrieben, um 1450. Fragmentarisch.
4. Über dem Hauptportal Maria als Schutzpatronin von Milland, 17. Jh.
5. Neben dem Hauptportal rechts Christophorus, im Rahmen Adam und Eva, Andreas. Anfang 16. Jh. Fragmentarisch.
6. Links davon Kreuzabnahme mit Maria, Johannes, Sebastian und Rochus, Brixner Schule, Meister Leonhard nahestehend.
Inneres:
7. Im Chor Mariä Himmelfahrt, im Schiff Verkündigung, Maria als Fürbitterin und zwei Szenen aus dem Leben des Elias. Bez. Franz Anton Zeiller und Peter Denifle 1766 (von jenem der Chor, von diesem das Schiff). Am Gewölbe und den Seitenwänden sehr schönes Rocaille. Am Triumphbogen Stuckkartusche mit Inschrift: Anno 1464 nach Christi Geburt zu Ehren der Himmelskönigin erbaut und 1766 renoviert worden. In diesem Innenraum vereinigen sich verschiedenartige Stile zu einer besonders glücklichen Wirkung.

Hochaltar: Schwarz und vergoldet. Kräftige Säulenarchitektur mit verkröpftem Gebälk und Volutengiebel. Seitenstatuen, Ingenuin und Albuin, in der Mitte liebliche und eindrucksvolle Statue der Madonna, die dem Christkind eine Birne reicht. Brixner

Schule, wohl um 1464. Der Altar wohl Ende 18. Jh., der Tabernakel etwas älter.

Seitenaltäre: Schwere Säulenaufbauten mit geradem Gebälk, Giebelstücken und Knorpelwerk, schwarz und vergoldet. Bilder, links Mariä Himmelfahrt, von Rubens beeinflußt, wohl von Michael Waldmann d. J., rechts hl. Jungfrauen. 2. Hälfte des 17. Jh.s.

Emporenaltar: Kannelierte Säulen mit Stümpfen, gesprengtem Rundgiebel und Bild, Anna selbdritt mit Heiligen. Gestiftet von Simon von Parmentin zu Vilsegg. 1645.

Kanzel: Der Deckel mit Rocaille. 18. Jh., 2. Hälfte. Brüstung klassizistisch.

Orgel: Dreiteiliger Aufbau mit Rundgiebel, klassizistischem Ornament und Engelsköpfen, 19. Jh.

Holzskulpturen: 1. Thronende Maria mit Christkind. Edler Kopf, tief unterschnittene, gehäufte Gewandfalten. Hans Klocker zugeschrieben. 1983 restauriert. Das Kind weitgehend neu.
2.* St. Sebastian. Lendentuch mit langem flatterndem und durch die Beine gezogenem Ende. Um 1500.
3. Sitzende Madonna. Meister Leonhard von Brixen zugeschrieben (im Diözesanmuseum Brixen).

Votivbild (unter anderen des 18./19. Jh.s): Vier Begebenheiten aus dem Leben des Koflerbauern Jakob Steiner, eines vielgereisten Mannes, der 1809 Bauernführer war.

Grabsteine: 1. Weißer Marmor. Doppelwappen, Karl Hannibal von Winkelhofen, der Erbauer des Winkelhofes, und seine Gemahlin Katharina Schürpfin. 1633.
2. Weißer Marmor. Wappen. Franz Vintler. 1706. Vor der Kirche:
3. Weißer Marmor, Wappen mit Helmzier, stark ausgetreten. 14. Jh.
4. Roter Marmor. Vintlersches Allianzwappen mit Helmzier, oben Minuskelinschrift. Conrat Vintler, 1467 (?). Stark abgetreten.
5. Weißer Marmor. Wappen mit Helmzier, stark abgetretene Umschrift. Alphart von Goldegg, gest. 1429.
6. Wappen und Inschrift. Simon von Parmentin zu Vilsegg, gest. 1673.
7. Vintlersches Wappen. 17. Jh. Nachgearbeitet und mit späteren Inschriften versehen.
8. Drei Wappen in Rosettenbordüre. Petrus Anton Ronchatus, Leibarzt des Bischofs Karl von Österreich, und seine Gemahlin Felizitas Hulcin. 1621.

9. Zwei große, vier kleine Wappen. Machabäus von Parmentin zu Vilsegg, gest. 1596, und Katharina von Pallaus, gest. 1617.
10. Am Friedhofseingang Kreuzigungsgruppe (Bronze) von Karl Oberstaller 1964.
11. Grabmal Dejaco mit Bronzerelief von Franz Santifaller.
12. Am Grabmal Onestinghel Bronzestatue hl. Franziskus von Eraldo Fozzor 1955.

Friedhofskapelle als Kriegerdenkmal mit Kopie einer Marienikone, Stipes und Rankenrahmen mit Engeln, Ende 17. Jh. Terrakottareliefs Maria und guter Hirt als Helfer im Krieg. Von Karl Oberstaller. 1964.

Glocke: Hans Selos. 1505.

II. Bildstöcke

1. Innerhalb der Umfassungsmauer von Ratzötz Kapellenbildstock mit tiefer Spitzbogennische und Spitztonne. Wandgemälde, Kreuzigungsgruppe. Ölberg, hl. Andreas, Brixner Schule, Mitte 15. Jh.
2. In der Millander Au ungewöhnlich großer Tabernakelbildstock in der Form der gotischen Bildstöcke. 1856 zur Erinnerung an die 1796 und 1797 hier begrabenen Soldaten errichtet. Daneben zwei Steinkreuze.

III. Edelsitze

Im sonnigen und freundlichen Gelände von Milland machten sich schon im Mittelalter und noch mehr im 16. bis 18. Jh. zahlreiche Adelige ansässig. Von ihren Sitzen, die 1809 von den Franzosen größtenteils niedergebrannt wurden, ist *Platsch*, das schon im 12. Jh. erwähnt wird und von den Herren von Platsch 1477 an die Vintler kam und bis 1877 in deren Besitz blieb (jetzt der Sitz der Missionäre vom Göttlichen Herzen), ebenso *Ratzötz* und *Vilsegg* erneuert: *Hubenstein* (Kofler, Kirchsteig 2; 1652 für die Edlen Kofler gefreit) mit Eckerkerturm und *Rindlhof* (Zepher) sind heute Bauernhäuser. Besondere Beachtung verdient die *Karlsburg* (Winkelhof). Der stattliche Bau mit seinen Erkern und dem hochaufragenden abgewalmten Ziegeldach beherrscht die ganze Umgebung. Die Mittelachse der Hauptfront wird durch das steingefaßte Rundbogentor mit dem Wappen des Carl Hannibal von Winkelhofen von 1631, durch die dekorative Bemalung (stark zerstört), das Doppelbogenfenster, den Erker darüber und durch den Dachreiter stark betont. Im Osten Graben und zugbrückenartiger Zugang. Im Inneren eine Kapelle und ein Zimmer mit Pilastergetäfel und Kassettendecke, in den übrigen Räumen einfache Getäfel und Leistendecken. Von besonderem

Interesse ist aber die geräumige, durch das erste und zweite Stockwerk durchgehende Mittelhalle mit unterwölbten Galerien, Holzbalustraden, Resten von dekorativen Wandgemälden, Wappen und mitvergoldeten Rosetten an der Felderdecke, ein Raumbild von großem malerischen Reiz. In der ebenerdigen Kapelle Kreuzgratgewölbe, Altar mit Säulchen, kannelierten Pilastern, verkröpftem Gebälk, eingerollten Giebelstücken. Bild Maria vom Guten Rat und Figuren, Karl der Große, Katharina, im Giebel Gnadenstuhl, laut Inschrift gestiftet von Carl Hannibal von Winkelhofen 1627, dessen Wappen (Inschrift von 1628) auch die beiden Glocken im Dachreiter aufweisen. Der Altar wohl ein Werk von Adam Baldauf.
Der 1217/35 erwähnte obere Mairhof des Domkapitels war später im Besitz verschiedener Adelsfamilien und wurde 1618 von Carl Hannibal von Winkelhofen angekauft, in die heutige Form gebracht und Karlsburg benannt. Heute bäuerliches Anwesen und leider stark vernachlässigt.

SARNS

I. Kirche

Kuratiekirche zum hl. Sebastian

Bau: Die Kirche wurde an Stelle eines dem hl. Nikolaus geweihten Gotteshauses 1502 durch Johann Matthäus Puntner in Vahrn errichtet und 1510 geweiht. Der Quadernsockel setzt beim westlichen Joch aus. Westlich Spitzbogenportal mit dickem Rundstab und Rund-, sonst Spitzbogenfenster mit erneuertem Maßwerk, polygonaler Chorabschluß, reich und ungewöhnlich verzweigtes Netzgewölbe, dessen Rippen ein zartes Birnenprofil zeigen und auf gekehlten Lisenen mit vorgelegten Diensten und korrespondierenden Wandgurten aufsitzen. An dem schon 1483 vollendeten Turm, der dem Weißen Turm in Brixen nachgebildet ist, Spitzbogenschallfenster, Giebelerker und niedriger Helm.

Altäre: Neugotisch, um 1870, mit Verwendung alter Skulpturen. Im Hochaltar Maria mit Christkind, hl. Nikolaus, Rochus, Katharina und Agnes. Über den Wimpergen sechs Büsten, Karl der Große, hl. Oswald, Ingenuin und Albuin, Katharina und Agnes. Meister Leonhard von Brixen, 3. Viertel des 15. Jh.s. Die beiden Engel mit Rauchfässern neben dem Tabernakel, 15. Jh., letztes Viertel, Flügel, Rauchfässer und Fassung neu. Am Seitenaltar zwei Reliefs, heilige Bischöfe (Ingenuin und Albuin? Hier als Augustin und Valentin fälschlich bezeichnet). Anfang 16. Jh.

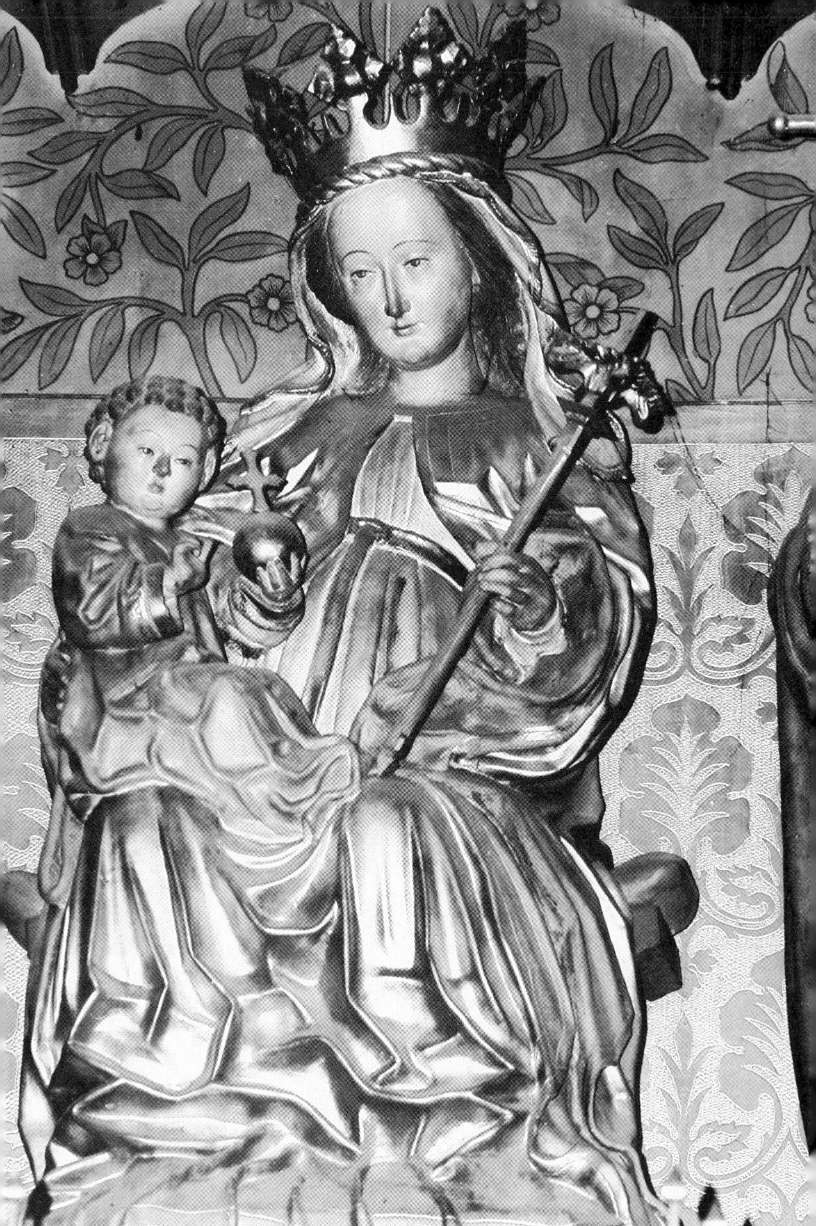

Sarns, Pfarrkirche, Maria mit Christkind, von Meister Leonhard

Sakramentshäuschen: Reich und abwechselnd gegliederter Sokkel und Aufsatz mit zwei säulchengerahmten Vierecköffnungen aus weißem Marmor, hölzerner Tabernakelaufsatz mit ineinanderwachsenden Wimpergen und Fialen, und mit Statue des Schmerzensmannes. Gute Arbeit, um 1500.

**Prozessionsstangen:* In den dreigeschossigen, nach oben sich verjüngenden Häuschen Statuetten, zuoberst Leuchterengel. Gotischer Aufbau mit Renaissanceornamenten. Anfang des 17. Jh.s.

Holzskulptur: Maria mit Christkind. Meister Leonhard. 15. Jh., 3. Viertel. Neu gefaßt.

Totenschild: Achteckform, Wappen mit Helmzier in durchbrochener Arbeit und Minuskelumschrift. Hans Palauser zu Palaus, gest. 1506.

Kreuzweg: Dramatische Bewegung und starkes Helldunkel. 18. Jh., 1. Hälfte.

Orgel: Neugotisch. Um 1870.

Sakristeischrank: Mitte 17. Jh.

Grabsteine:
1. Weißer Marmor. Überaus monumental das Wappen mit Helmzier und Minuskelumschrift. Mauritius Polauser, gest. 1431.
2. Weißer Marmor. Oben Minuskelinschrift. Unter gedoppeltem Rundbogen Allianzwappen. Paul Polauser von Polaus, gest. 1475.
3. Weißer Marmor, zwischen Pilastern mit rosettengeschmückten Rundbogen, dessen Zwickel Rundmedaillons mit Totenköpfen füllen, schön gearbeitetes Brustbild des Verstorbenen, in der Mitte Inschrift, unten Wappen mit Helmzier. Hans von Rubatsch, gest. 1539.
4. Roter Marmor. Allianzwappen und Inschrift. Rollwerkrahmung. Georg Ruml von Lichtenau, gest. 1570, und seine Witwe Susanna von Rubatsch.
5. Weißer Marmor. Joh. Franz Anton Baron von Pallaus zu Campan, gest. 1773.
6. und 7. Bemalte hölzerne Grabkreuze. Ignaz von Pallaus, gest. 1797, und Hedwig Elisabeth von Pallaus, gest. 1824.

II. Bildstock

Aus den Bruchstücken des bei einer Straßenerweiterung zerstörten gotischen Viernischenbildstocks wiederhergestellt, die Gemälde nach Meister Leonhard weitgehend rekonstruiert.

 Sarns, Grabstein des Hans Rubatsch, gest. 1530

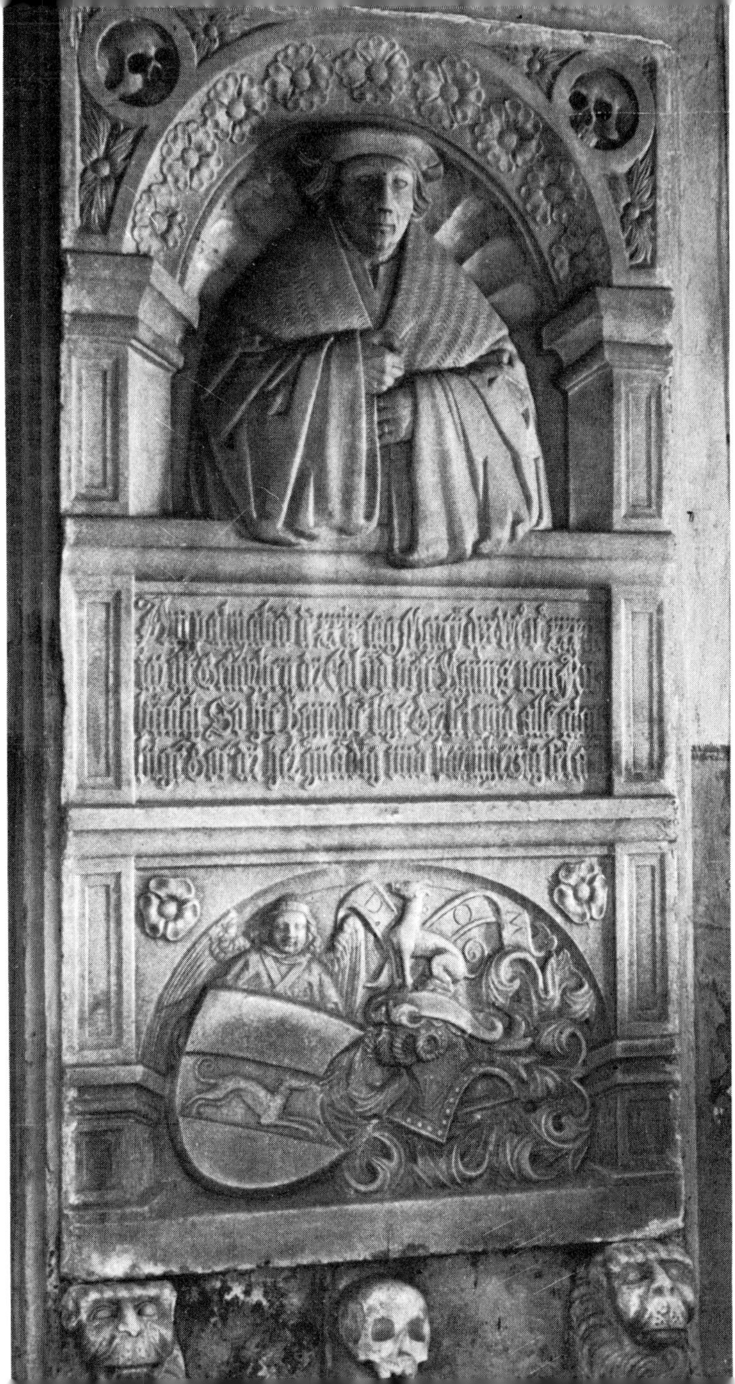

III. Edelsitze

1. Sarnfeld

Der massige Bau wird durch drei Erkertürmchen gegliedert und trägt einen Volutengiebel. Im ersten Stock Schmiedeeisengitter. Im Inneren regelmäßige Raumeinteilung, in den Mittelsälen Gewölbe mit sich durchschneidenden Graten.

Halber Meierhof des Domkapitels, dessen adelige Vasallen, die Meier von Sarns, 1415 ausstarben. Ab 1420 erbweise an die Pallauser, 1511 an die Herren von Rubatsch übergegangen, die — lt. Marmortafel über dem Haupteingang — 1541 einen neuen Bau errichteten. Nach späteren Besitzern Rummlburg und Mohrenfeld genannt, von Fürstbischof Künigl, der den Ansitz 1742 kaufte, zu einem Sommersitz umgebaut und Sarnfeld getauft. Modern umgestaltet.

2. Pallaus

Die einfache, aber ungewöhnlich malerische Burg liegt, wenig befestigt, am Rande eines Abhangs, mitten in einem Park, wird durch eine erneuerte Zinnenmauer mit Schlüsselscharten und vier übereck gestellte Ecktürme eingeschlossen. Der leicht restaurierte Hauptbau selber wird von einem mächtigen Achteckturm überragt, durch Dacherker mit Spitzdächern belebt und enthält eine große, durch zwei Geschosse durchgehende Mittelhalle mit Galerie und Sterngratgewölbe und in einem Zimmer ein Pilastergetäfel mit reicher Türrahmung und schöne Kassettendecke (aus dem Rummlhof hieher übertragen). In diesem Zimmer buntbemalter Majolikaofen mit Ansicht von Bozen, 18. Jh. Aus dem Heppergerhaus in den Bozner Lauben hieher übertragen. Die Burg wurde 1515 für die Herren von Pallaus fertiggestellt, deren Vorfahren seit 1426 Küchenmeier von Sarns waren und deren Nachfahren 1743 in den Freiherrnstand erhoben wurden und bis 1824 hier saßen. Stark vernachlässigt.

3. Kampan

Als Hof seit 1273 erwähnt, war in Besitz der Herren von Rodank, dann der Grafen von Tirol-Görz, die ihn 1308 an Diem von Albeins, Begründer der älteren Linie der Kampaner, zu Pfand gaben. Die jüngeren, von Johann Praust in Brixen abstammenden Kampaner starben 1480 aus, dann bis 1797 Herren von Pallaus, seit 1860 von Unterrichter. Die heutige Gestalt im wesentlichen das Resultat neuerer Umbauten.

Am *Lutzhof* Fassadenfresko, um 1400. Der Hof war im 17. Jh. in Besitz der Lutz von Glatsch und Ansheim.

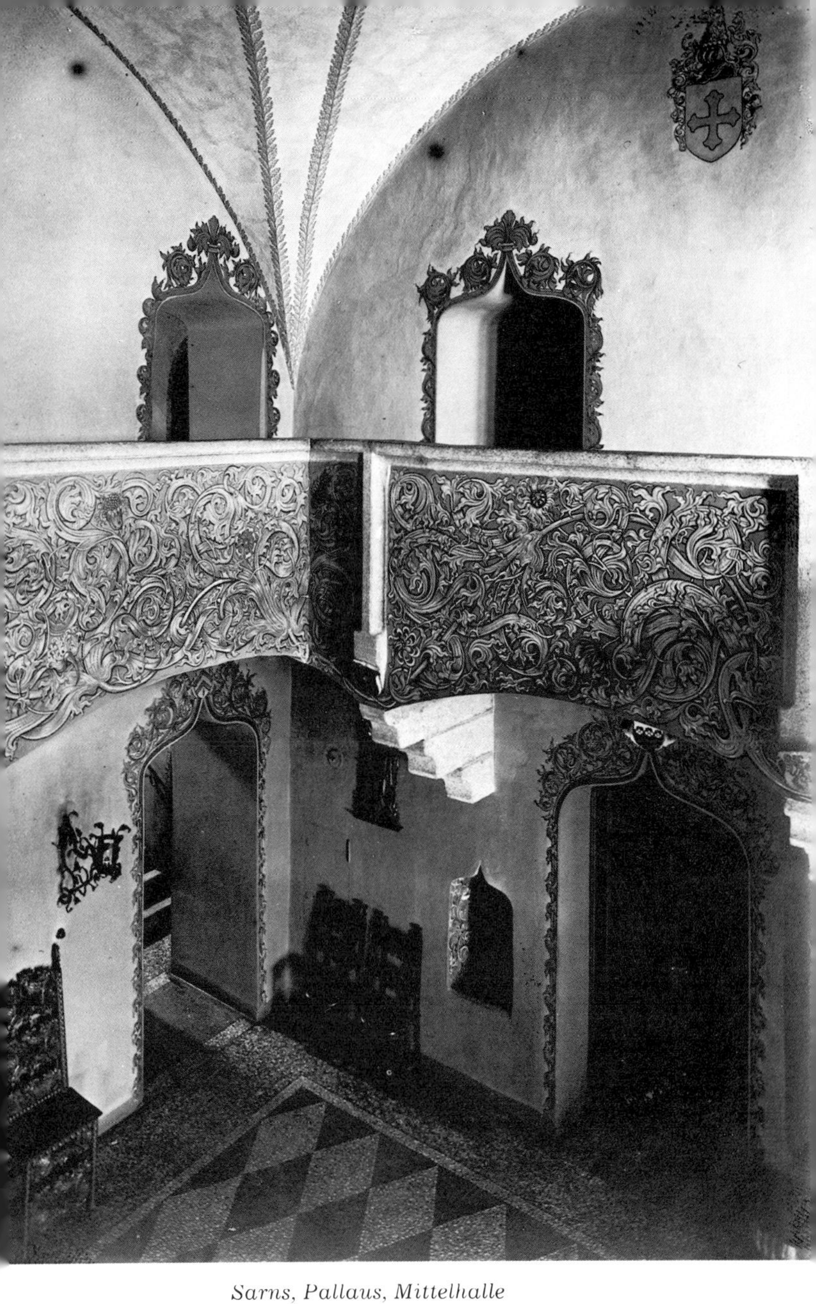

Sarns, Pallaus, Mittelhalle

TILS

1. Kuratiekirche zum hl. Veit

Bau: Eine Kirche wird 1366 erwähnt. Der heutige spätgotische Bau zeigt Sockel mit Quaderschräge, der aber am polygonalen Chorabschluß aussetzt, Spitzbogenfenster, eine zweiteilige Nordhalle mit Kreuzgratgewölben und Rund- und Flachbogenöffnungen, der Rippen beraubtes Gewölbe, am Turm Spitzbogenschallfenster und Viereckpyramidendach. Das Tor 1753 datiert. Restaurierung 1977/1982.

Wandgemälde:
1. An der Fassade Vitus und Bartholomäus, um 1750.
2. Im Chor Anbetung des Lammes, im Langhaus Martyrium des hl. Veit, in Medaillons hl. Bartholomäus und Andreas, über der Orgel Scheinkuppel mit Engeln. Helle, duftige Farben, Empireornamente. Bez. Johann Mitterwurzer. Um 1785.

Hochaltar: Säulenaufbau mit Gebälkstücken, Volutenaufsatz, Rocaille, 1760. Mittelrelief um 1880. Von Bildhauer Barth. Seit 1982 mit dem ehemaligen Altarblatt, Martyrium des hl. Vitus, 18. Jh., 2. Hälfte, verdeckt.

Seitenaltar: Säulen mit Dreieckgiebel. 19. Jh., 1. Hälfte. Holzskulpturen, in der Nische hl. Vitus*, Bartholomäus*, Leuchterengel*, Maria mit Christkind*, Anfang 16. Jh. Dahinter Bild, Marienkrönung, bunte Farben, bez. G. T. (Georg Trabl), um 1620.

Kreuzweg: Um 1800.

Holzskulpturen: Hl. Vitus im Kessel*, 17. Jh. Kruzifix, 17. Jh.

Gemälde:
1. Maria und Petrus um das Kreuz mit Johannes von Nepomuk, Leonhard, Kassian, Franziskus, Hemma (?), Katharina, arme Seelen mit Vitus und Klemens (?) als Fürbitter.
2. Hl. Aloisius, 18. Jh.

Kanzel: Rundform um 1800, mit späteren Ornamenten. Bei Renovierungsarbeiten entfernt.

Kirchenstühle: Bandwerk und Blütengehänge. 1. Hälfte 18. Jh.

Prozessionsstangen:* Gedrehter Schaft, gotische Häuschen mit Renaissanceornament und Statuetten. Um 1600.

2. St. Ulrich in Pinzagen

Bau: Der spätgotische Bau zeigt eine Spitzbogen- und eine Vierecktüre. Im Osten ein Lünetten-, sonst Spitzbogenfenster, zwei plumpe Strebepfeiler und polygonalen Chorabschluß. Im Norden eine Seitenkapelle. Das Gewölbe ist der Rippen beraubt, der Turm besitzt spitzbogige Schallfenster und ein niedriges, viereckiges Pyramidendach. Inneres restauriert.

Deckengemälde: Im Chor Bundeslade mit Engeln, im Langhaus hl. Ulrich und die beiden Heiligen Valentin, über der Türe David. Empireornament. Bez. Johann Mitterwurzer, 1786.

Hochaltar: Säulenaufbau mit gesprengtem, bewegtem Gebälk und Volutengiebel, Rocailleornament und gutem Bilde, hl. Ulrich und die beiden Heiligen Valentin, wohl von Franz Unterberger. Seitenstatuen Florian und Sebastian. Am Aufsatz Peissersches Wappen. Um 1760.

Seitenaltar: Säulen, verkröpftes Gebälk, gesprengter Giebel, Bild hl. Anna, Valentin und Martin, 17. Jh.

Gemälde: Kreuzigung. Um 1690.

Kanzel: Rundform mit bewegten Pilastern, Holzton. Um 1760.

Stühle: Bandwerk und Blütengehänge. 18. Jh., 1. Hälfte.

Glocke: Kreuzigungsgruppe, Maria mit Christkind, Heilige und Evangelisten. 1688. Wohl Georg Grasmair.

3. St. Cyrill

Bau: Die Kirche, einsam und stimmungsvoll auf einem Waldhügel gelegen, besitzt noch ihr romanisches Langhaus mit flacher, im 17. Jh. mit Rosetten und Ranken bemalter Holzdecke und weit einspringendem, rundem Triumphbogen und zeigt im Dachraum am Fassadengiebel die regelmäßigen und teilweise ährenförmigen Steinlagen. Im 17. Jh. wurde die Kirche umgebaut und erhielt die heutigen Rundbogenfenster, das Portal, den gerade abschließenden, mit einem Kreuzgratgewölbe eingedeckten Chor und den Giebeldachreiter. 1983 in Restaurierung.

Wandgemälde:
1. An der Fassade unter einem Flugdach hl. Christoph, Kummernus oder Elisabeth, Maria mit Christkind und Magdalena, Cyrill und Laurentius. Breite Bordüre mit geometrischer Musterung, Rankenwerk und Brustbildchen. Brixner Meister, Anfang 15. Jh.
2. Am Chor hl. Cyrill. 17. Jh.
3. Im Inneren hinter der Treppenverschalung Maria mit Kind und hl. Bischof, 17. Jh. 2. und 3. fragmentarisch.

Hochaltar: Säulenaufbau mit geradem, verkröpftem Gebälk, gesprengtem Rundgiebel, Aufsatz und Knorpelwerk. Unter der Hauptnische die geschnitzte Jahrzahl 1677.

Seitenaltar: Zwei Säulchen mit verkröpftem Gebälk, eingerollten Giebelstücken, Statuen und Bild, hl. Kummernus zwischen

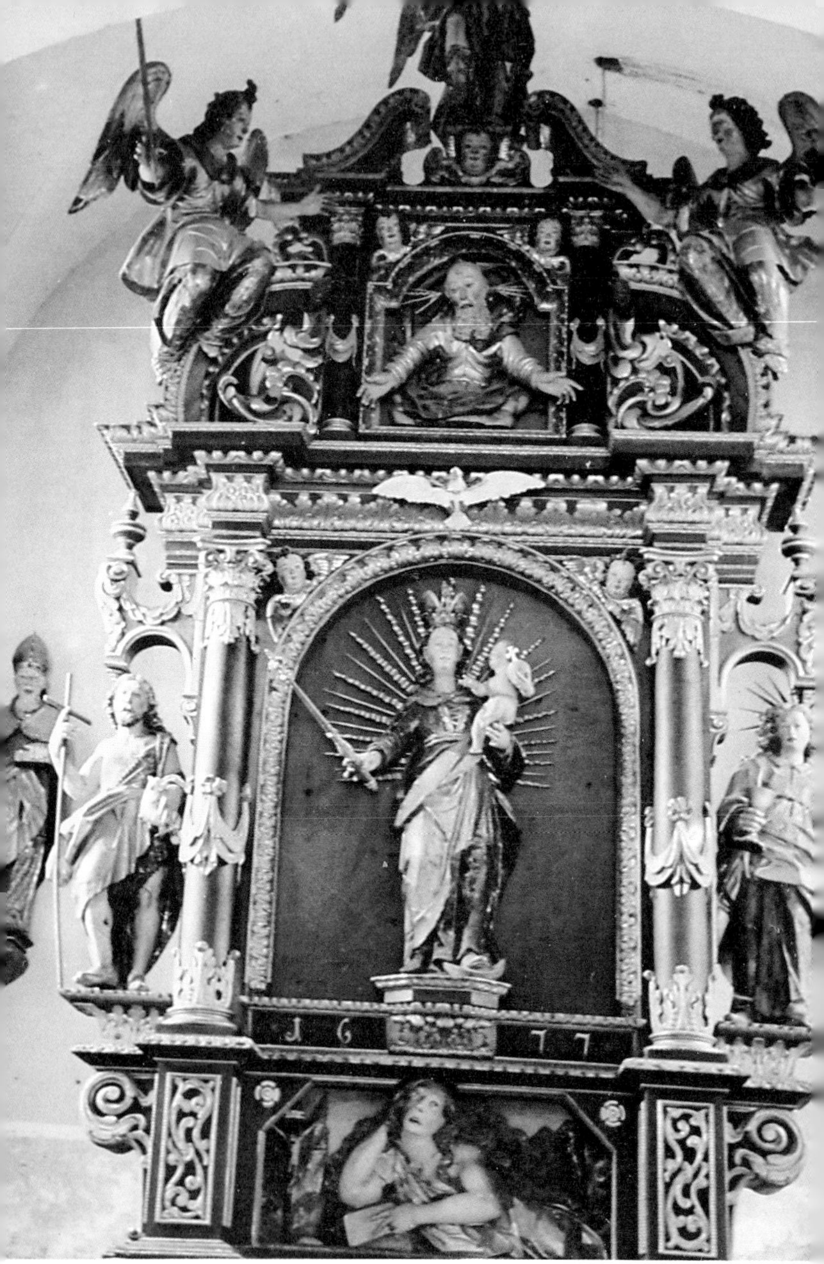

Tils, St. Cyrill, Hochaltar, vor Diebstahl 1964

hl. Cyrill und Anton Abt. Gestiftet von Anton Dascher, Bürger zu Brixen, 1649 (nach Diebstahl des meisten beweglichen Inventars 1964 jetzt im Brixner Diözesanmuseum).

Kanzel: Polygonale Brüstung, mit Kandelabern, Putti und Ranken, Weiß auf Blau bemalt. Um 1530.

Stühle: An den Docken geschnitzte Löwen, Voluten und Ranken, 18. Jh., 1. Hälfte.

Glocke: Um 1500.

TSCHÖTSCH

I. Kirchen

1. Pfarrkirche zum hl. Johannes d. T.

Bau: Eine Kirche wird 1406 erwähnt. Der gegenwärtige Bau soll an der Stelle der 1219 zerstörten Burg der Herren von Tschötsch errichtet und 1490 geweiht worden sein.
Der aus Granitquadern aufgeführte, nur am Fassadengiebel verputzte Bau besitzt einen umlaufenden Sockel mit Quaderschräge, ein steingerahmtes Viereckportal mit einspringenden Eckzwickeln, darüber ein Rundfenster, südlich eine Spitzbogentüre in abgefaster Steinrahmung, sechs maßwerklose Spitzbogenfenster, über flachen Pilastern mit isolierten Gebälkstücken ein der Rippen beraubtes Netzgewölbe, eine stützenlose Empore, deren Brüstung durch vertiefte Felder gegliedert wird, und einen dreiseitigen Chorabschluß. Am Turm spitzbogige Schallfenster ohne Maßwerk und niedriges Pyramidendach. Zwischen Turm und Langhaus Friedhofskapelle, die ehemals als Beinhaus diente, mit zwei Rundbogentüren. Restaurierung 1977.

Wandgemälde:

1. An der Fassade, teilweise verdeckt, hl. Christoph in gemaltem Hohlkehlenrahmen. Knitteriger Faltenwurf, unten in Gebirgs- und Meerlandschaft Einsiedler. Gute Arbeit. Anfang 16. Jh.
2. Am Langhausgewölbe Taufe Christi, signiert von Joseph Anton Zoller, pinxit 1763. Aus derselben Zeit der zierliche Stuckrahmen aus Rocaille und die übrigen Stuckverzierungen.

Hochaltar: Strenger Säulenaufbau mit Rundbogenabschluß und rundem Tabernakel, von Josef Stauder, 1848. Das Bild, von Franz Unterberger, durch Bombenwurf 1944 zerstört.

Kanzel: Reicher Rocaillestuck. Um 1768.

Tafelbild: An der Seitenwand hl. Erasmus, Oswald und Heinrich, wohl von Stephan Kessler, 17. Jh. Der reichbewegte Stuckrahmen wohl 1768.

Holzskulptur: Maria mit Christkind.* Stark knitteriger Faltenwurf. Ende 15. Jh.

Glocken:
1. und 2. 1599.
3. Kreuzigungsgruppe, Johannes d. T., Johannes und Paulus, Maria mit Christkind. 1670.

Schmiedeeisenkreuz: Im Friedhof befinden sich noch einige Schmiedeeisenkreuze, 18. und frühes 19. Jh.

2. St. Johannes d. Ev. in Tötschling

Bau: Von der 1341 erwähnten Kirche ist noch das (später veränderte) Langhaus erhalten. Im Süden Rundbogentüre in gekehlter Steinrahmung, Spitzbogenfenster, am polygonal abschließenden Chor Sockel mit Quaderschräge und gekehltes Dachgesims. Im Langhaus flache Decke, einspringender Triumphbogen mit spitzem Bogen und gekehlter Schräge, im Chor Netzgewölbe mit zahlreichen runden und viereckigen und einem größeren achteckigen Schlußstein und mit zierlich profilierten Rippen über Diensten mit gekehltem Widerlager. Der Chor laut Inschrift hinter dem Altar 1493 erbaut, 1496 geweiht. Der Fassadendachreiter 18. Jh.

Wandgemälde:
1. Über der Kirchentüre Maria mit Christkind und Heilige. 17. Jh.
2. An der Fassade Kreuzigungsgruppe. 18. Jh.
3. Am Chorgewölbe Maria mit Christkind, Johannes d. Ev. und Nikolaus, an den Schlußsteinen Salvator und Evangelistensymbole. Um 1500.

Holzskulptur: Hl. Florian, gotisch, 1978 gestohlen.

Glocke: 15. Jh.

3. St. Nikolaus in Tötschling

Bau: Die beiden Kirchen stehen wenig voneinander entfernt und sollen nach der Sage von zwei Herren von Tschötsch einander zum Trotz erbaut worden sein. Von der 1337 erwähnten Kirche sind noch die Langhausmauern erhalten. Chor und Turm im 16. Jh. dazugebaut. Im Westen steingerahmte Rundbogentüre ohne Abfasung. Im Süden Flachbogen-, am polygonal abschließenden Chor Spitzbogenfenster und Sockel mit Quaderschräge. Netzgewölbe zwischen abgetreppten Wandgurten, die sich als Wandpfeiler fortsetzen. Am Turm Spitzbogenschallfenster und niedriges, viereckiges Pyramidendach. Ziemlich verödet.

Altar: Kastenmensa, zwei Säulen und Pilaster, Dreieckgiebel. Bild, hl. Nikolaus. 1849.

4. St. Jakob in der Mahr

Bau: Die schon 1173 erwähnte Kirche wurde zu Beginn des 15. Jh.s mit Benützung der Langhausmauern neu gebaut und 1428 geweiht. Spitzbogentüre, zwei dreiseitige Streben, Halbkreis- und Rundbogenfenster, einheitliches Sterngewölbe mit einfachen Rippen, runden Schlußsteinen und Spitzkonsolen, die teilweise mit derben Köpfen verziert sind. Am Turm Spitzbogennischen, gekuppelte und eingeblendete Spitzbogenschallfenster, teils noch mit romanischen Basen und Kapitellen, und vierseitiges Pyramidendach.

Wandgemälde: Äußeres:
1. An der östlichen Chorwand hl. Christophorus. 15. Jh. Übertüncht.
2. In einer Turmnische Kreuzigungsgruppe, 15. Jh. Das Fresko der anderen Nische ebenfalls ganz verwittert.
3. Um die Turmnischen und Schallfenster Zickzack-, über den Schallfenstern Schachbrettornament, dessen Umriß die ehemalige Achteckform des Daches erkennen läßt. 15. Jh. Stark verwittert.

Inneres:
4. An den Gewölbeschlußsteinen das Lamm Gottes, die Evangelistensymbole und 16 Wappen. In der Mitte Brixen, Kärnten, Österreich. Links Tirol, Herren von Wolkenstein, Villanders-Pardell, Villanders, Lichtenstein, Ecker von Kestlan, Vintler. Rechts Herren von Putsch, Gufidaun, Völs, Säben, Binge, Gerhart, Trautson.
5. Im Chor drei Darstellungen aus der Legende des hl. Jakobus. Meister Leonhard von Brixen. Nach der Inschrift Epitaph für den 1461 verstorbenen Johannes Rötel. Die Inschrift ist aus lateinischer, hoch- und niederdeutscher Sprache gemischt, sogar mit dänischen Ausdrücken.
6. Im Langhaus 1963 aufgedeckt und wieder übertüncht, hl. Leonhard erlöst einen Gefangenen, hl. Nikolaus mit den drei Jungfrauen und Stifter. 1437. Hl. Michael mit der Seelenwaage.

Hochaltar: Dreiteiliger Nischenaufbau mit Säulen, Beschlagwerk und gesprengtem Stichbogengiebel. Gute Skulpturen: Madonna, hl. Jakob, hl. Nikolaus. Am Giebel war früher ein Wappen, Rudolf Hildebrandt, gest. 1660, und seine Frau Elise Parmentin, die Besitzer des danebenstehenden Ansitzes. Tabernakel, hübsches Rocaille, Mitte 18. Jh. Derzeit deponiert.

Holzskulptur: Hl. Kassian, nur mit Lendentuch und Mitra bekleidet, von zwei Schülern gemartert. 17. Jh., von Adam Baldauf (jetzt im Diözesanmuseum).

Sakristeischrank: Geschnitzte Ranken, Gitterfüllung. 16. Jh., 1. Hälfte.

Glocke: Kreuzigungsgruppe, Andreas, Medaillon mit hl. Georg, Jakobus, Johannes. 1543.

II. Bildstock

Am Weg von der Mahr nach Tschötsch. Tabernakelbildstock, am Aufsatz flache Nischen und Pyramidendach. Bildstock von 1546, die Nischenbilder 1758.

III. Edelsitze

Der Stammsitz der schon 1150 als Amtsleute des Hochstiftes erwähnten, 1423 ausgestorbenen Herren von *Tschötsch* wurde 1219 zerstört und soll an der Stelle der heutigen Pfarrkirche gestanden sein. In der Mahr der Ansitz *Rainegg*, ehemals Meierhof des Domkapitels, der diesem 1265 von Propst Konrad von Reischach geschenkt wurde. Später ein Lehensbesitz verschiedener Edelsgeschlechter, so 1303 Konrad, später Berchtold von Tschötsch, 1397 Anton von Pedratz, 1578 Thomas Parmentin, durch dessen Tochter Elise der Meierhof an deren Gatten Rudolf Hildebrandt von Rainegg (gest. 1660) überging, den Namen Rainegg erhielt und bis zum Aussterben des Geschlechts 1785 bei ihm verblieb. Dann bäuerlich, seit 1915 gänzlich modernisiert.
Das Wirtshaus *An der Mahr*, 1809 im Besitz des Helden der Wahrhaftigkeit, Peter Mayr, origineller Bau mit Erkern und Stiegenaufgang, ist mit Fresken (Maria mit Kind, Florian und Wappen) geschmückt. An der Hauswand Kruzifixus, überarbeitet, 16. Jh., im Bildstock Kruzifix von 1814 (Nißl?).

ALBEINS

1. Pfarrkirche zu den Heiligen Hermagoras und Fortunatus

Bau: Die Pfarrei, eine der ältesten weitum, deren Gebiet ursprünglich auch Villnöß, Gröden, Lajen und Kastelruth umschloß und sich über das Grödner Joch erstreckte, wird urkundlich 1214 erwähnt. Die heutige Kirche, angeblich 1320 errichtet, wurde 1488 umgebaut, 1489 neu geweiht und 1784 barockisiert. Abgetreppter Sockel, gekehltes Dachgesims, im Westen Spitzbogenportal, die Rahmung abwechselnd aus hell- und dunkelgrauem Sandstein, mit zwei schön profilierten Rundstäben, darüber Radfenster. Zwei übereck gestellte Strebepfeiler. Rundbogenfenster, dreiseitiger Chorabschluß; die der Rippen beraubten Gewölbe über Pilastern mit isoliertem Gebälk, am

Spitzturm zwischen zwei Steingesimsen spitzbogige Schallfenster mit derbgegabelten Mittelpfosten.

Wandgemälde:
1. Äußeres: An der Fassade Kruzifix, lokale Patrone, Beweinung Christi. Derbe Arbeiten um 1700.
2. Innen die von der Familie Ritsch 1858 gestifteten Deckengemälde: Erdteile verehren Eucharistie, Martyrium der Kirchenpatrone, Evangelisten und Heilige. Noch barock empfunden.

Hochaltar: Säulenaufbau mit abgetrepptem Gebälk, Volutengiebel, Ende 18. Jh. Bild, hl. Hermagoras und Fortunatus, Anton Sies pinxit 1794. Die Seitenstatuen, Ingenuin und Albuin, gute Arbeit mit starker Bewegung. 18. Jh., 1. Hälfte.

Seitenaltäre: Statuennischen zwischen Säulen und Pilastern mit Giebelaufsätzen. Statuen links hl. Florian und Georg, Martin, rechts Joh. Nep., Sebastian, Christoph. Um 1700. 1844 und 1904 renoviert.

Holzskulpturen:
1. Maria mit Christkind, Meister Leonhard, 15. Jh., 3. Viertel, Fassung und Krone neu. Derzeit deponiert.
2. und 3. hl. Hermagoras und Fortunatus, mit scharfbrüchigen Gewandfalten. Um 1500. Fassung neu.
4. Pietà, um 1650.
5. Kruzifix mit Schmerzensmutter. 17. Jh. Adam Baldauf zugeschrieben.
6. * hl. Silvester und Urban, Halbfiguren. 18. Jh. 3. Viertel
7. Reliquien der Hll. Hermagoras und Fortunatus 1981 aus Aquileja übertragen.

Gemälde: hl. Josef mit schlafendem Jesuskind. 18. Jh.

Grabstein: Weißer Marmor. Wappen und Inschrift Josef Gasser, Oberkuchlmayr zu Albeins, gest. 1788. Darober Grablegung, Relief; ebenfalls einer Gasserschen Begräbnisstätte gehörig, 18. Jh.

Glocken:
1. Zweimal die Kreuzigungsgruppe, Beweinung Christi, Maria mit Christkind, zwölf Apostel, ein hl. Bischof. 1539.
2. Gekreuzigter ohne Kreuz. 1493.

2. St. Margareth

Bau: Das ältere Langhaus wurde in spätgotischer Zeit eingewölbt und zugleich der Chor angebaut, 1465 geweiht. Im 18. Jh. barockisiert. Spitzbogentüre und Rundbogenfenster, Strebepfeiler, dreiseitiger Chorabschluß. Über derben Wandpfeilern mit isoliertem Gebälk tonnenförmiges Spitzbogengewölbe, der

Rippen beraubt. Am Turm spitzbogige Schallfenster und niedriges Viereckpyramidendach. Innenrestaurierung 1979—1982.

Wandgemälde:

1. Neben dem Portal Spuren übertünchter gotischer Fresken. Gerade noch kenntlich hl. Christoph. Am Giebel Kreuzbild, 17. Jh.
2. Am Gewölbe ehemals Krönung Mariä, Teilung der Apostel, hl. Rupertus mit Bittstellern in Zeittracht. Seitwärts Rosengehänge, Kartuschen, Vasen. Derbe Arbeit, bez. Jean Winkler, peintre 1789. Durch Kriegseinwirkung stark zerstört.

Hochaltar: Säulenaufbau mit Volutengiebel. Bild Rupertus, Margareth, Katharina verehren Maria mit Kind und Statuen Petrus und Paulus, Ende 18. Jh.

Holzskulpturen:

1. * Kruzifix um 1600.
2. Hl. Rupertus, 18. Jh. 2. Hälfte

Kreuzweg: Gute Arbeit um 1800.

Grabsteine: Im Boden eingelassen. Weißer Marmor, Kelch und Minuskelschrift.

1. Vitus Scharsteiner. Stifter des Frühmeßbenefiziums, gest. 1518. Zerstört.
2. Georgius Marter, Frühmesser, gest. 1521. Zerstört.

Glocken:

1. 15. Jh.
2. 1683 mit Reliefs des 16. Jh.s.

Fahnen: Jungfrauenfahne mit qualitätsvollem Blatt. Vorderseite Schutzmantelmadonna mit Figuren in der Volkstracht und armen Seelen, Rückseite Unbefleckte. Wohl von Jean Winkler. Um 1800.

3. Turm zu Albeins

Vom möglichen Stammsitz der im 13. Jh. erwähnten Edlen von Albeins sind am Naterhöfl, früher Turnerhof genannt, noch die dicken Mauern und unter dem neuen Verputz die Eckbuckelquadern eines ehemaligen Turmes zu erkennen.

4. Alter Widum

In der Holzlege des alten Pfarrhofs wurde 1963 bei Instandsetzungsarbeiten nach Bombenschäden ein Christophorusbild der 1. Hälfte des 17. Jh.s aufgedeckt. Stark zerstört. Das bestätigt die Volksüberlieferung, daß wegen öfterer Vermurungen mehrere Gotteshäuser in Gebrauch waren.

AFERS

1. Pfarrkirche zum hl. Georg

Bau: Eine Kirche wird 1232 erwähnt. Die alte, 1441 geweihte Kirche wurde 1758 abgebrochen, wobei nur der Turm mit spitzbogigen Schallfenstern und niedrigem Viereckhelm erhalten blieb. Der schlechte Neubau wurde jedoch schon nach zwanzig Jahren beseitigt und 1778 der heutige Bau geweiht. Er zeigt Rundbogentüre und -fenster, ein Radfenster, ein Rundfenster, Strebepfeiler, eingezogenen, dreiseitig abschließenden Chor, im Norden ein halbrundes Treppentürmchen und im Langhaus ein Tonnengewölbe über Pilastern und isolierten, geschwungenen Gebälkstücken, im Triumphbogen durch Voluten gebrochen. Restauriert 1971.

Wandgemälde: Einheitliche Dekorationen in reichem Rocaille (um 1780) umschließen neuere Gemälde (1908 von August Wagner), Abendmahl, Bergpredigt, Tiroler Heilige, Cäcilia, Isidor und Notburga, und geben der Kirche ein festliches Gepräge. Von den figuralen Gemälden stammen nur die alttestamentlichen Gestalten des Abraham, Elias, Aaron und Moses über den Chorfenstern aus der Erbauungszeit der Kirche.

Hochaltar: Säulenaufbau mit bewegtem Tabernakel, geschweiftem Gebälk, Volutengiebel, Durchsicht und Engel. Mitte des 18. Jh.s. Das Bild hl. Georg von Franz Unterberger.

Seitenaltäre: Säulenaufbau mit abgetrenntem Gebälk und einfachem Volutengiebel. Um 1780. Die Giebelbilder Anbetung der Könige 17. Jh., Hl. Familie, 18. Jh.

Kanzel: Strenge, runde Empireform mit Kranzgehängen und Lorbeerzweigen. Um 1800.

Kreuzweg: Von J. B. Oberkofler, 1967.

Holzskulpturen: 1. und 2. hl. Johannes d. T. und Thomas. Flache Reliefs mit reichem, knitterigem Gefältel und ausdrucksvollen Köpfen. Um 1500.

2. St. Jakob

Bau: Der im 15. Jh. in die heutige Form gebrachte Bau zeigt Spitzbogentüre und -fenster, an der Fassade Rundfenster, dreiseitigen Chorabschluß, Sterngewölbe, die Rippen auf derben Konsolen, mit runden Schluß- und Kreuzungssteinen, am Turm spitzbogige Schallfenster und niedrigen, leicht geschweiften Viereckhelm. Restauriert 1970.

Wandgemälde: 1. Außen hl. Christoph. Geometrisch gemusterte Bordüre mit Akanthusfüllung.

2. Innen an den Gewölbeschlußsteinen Schweißtuch, hl. Jakob, Agnus Dei und Wappen, an den Wänden figurenreiche Kreuzigungsgruppe und Ölberg. Das Werk eines Brixner Meisters aus der Mitte des 15. Jh.s.
3. Nördliche Langhauswand. Anna selbdritt, Pietà, Muttergottes. Wohl 17. Jh.

Altäre: Neugotisch. Ende 19. Jh.

Skulpturen: 1. St. Jakob 17. Jh. Mit natürlicher Pilgermuschel. 2. Kruzifixus mit ekstatisch bewegten* Maria und* Johannes, diese 1. Hälfte 18. Jh.

FELDTHURNS
(andere Schreibweise: **VELTHURNS)**

I. Kirchen

1. Pfarrkirche zu Mariä Himmelfahrt

Bau: Eine Kirche wird schon im 12. Jh. erwähnt, das heutige Presbyterium wurde 1499 geweiht, der Turm 1502 bis 1507 erbaut, hierauf das schon früher begonnene Schiff (an einer Strebe später eingesetzt die Jahreszahl 1491) vollendet und 1515 geweiht. Werkmeister war Matthäus Puntner aus Vahrn. 1894 bis 1899 wurde die Kirche nach Plänen des Architekten Anton Weber in Wien umgebaut und um ein Joch verlängert. Der ganze Bau und der Turm mit großen Spitzbogenfenstern und zu kurzem Spitzhelm aus Granitquadern. Das westliche Spitzbogenportal mit Rundstab, gedrehtem Strumpf und tiefer Hohlkehle, Spitzbogenfenster, Strebepfeiler, Sockelschräge, leichtgekehltes Dachgesims. Im weiten, stattlichen Innern die Wanddienste mit gekehlten Widerlagern und der Triumphbogen ursprünglich. Die Fassade, die Maßwerke, das Seitenportal, die Treppentürmchen und die Gewölberippen neu. Ebenso die gesamte Einrichtung.

Hochaltar: Neugotisch. Aufbau von Kunsttischler Meraner, Klausen, und Alois Winkler, Innsbruck. Entwurf Anton Weber, Maria mit Christkind*, zartes, ausdrucksvolles Gesicht, geschwungene Haltung, gehäufter, rundlicher Faltenwurf, 15. Jh., 1. Hälfte. Die übrigen Figuren von Alois Winkler, 1898.

Seitenaltäre: Neugotische Flügelbauten mit Figuren von Josef Bachlechner und Gemälden von Alfons Siber. 1902.

Kreuzweg: Gemälde in einfachen Holzrahmen. Aus der Schule Professor Delug, um 1900.

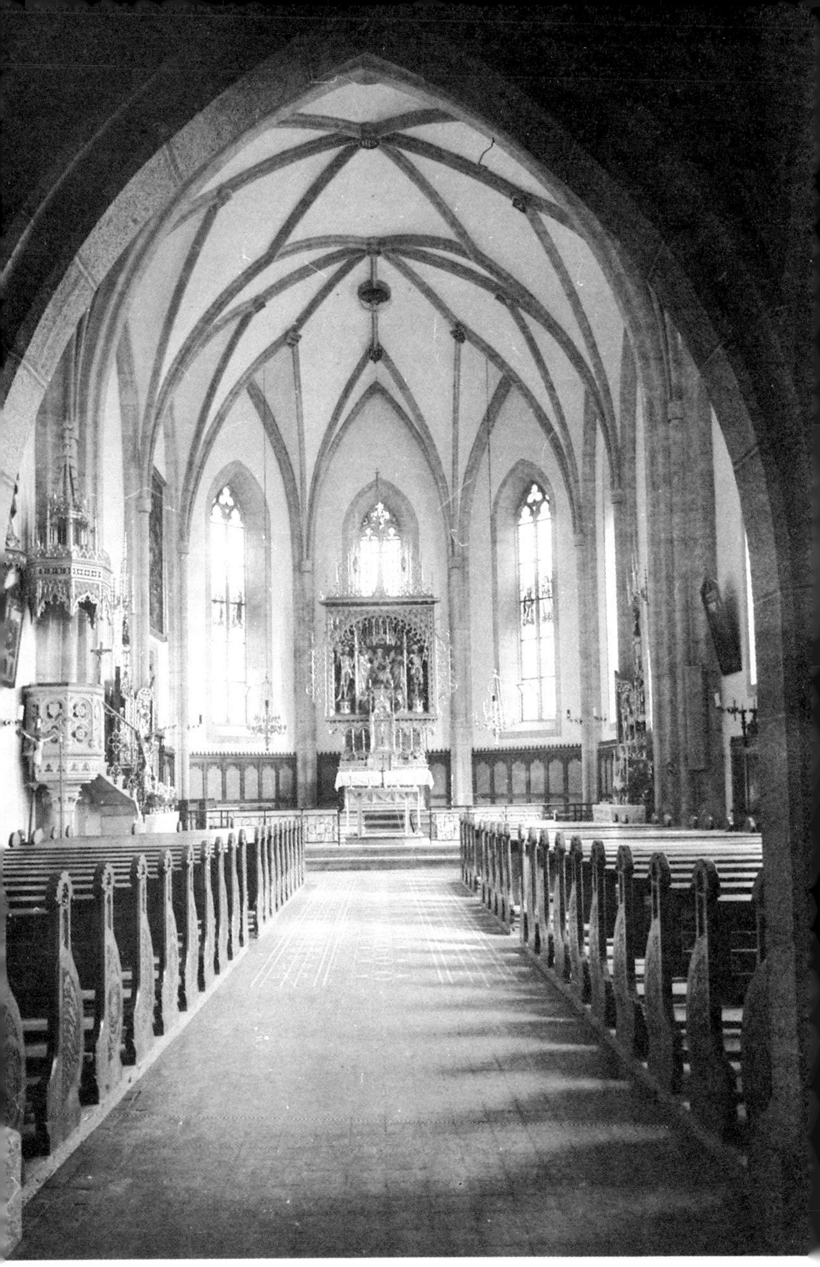

Feldthurns, Pfarrkirche

Kruzifix: Von Peter Sellemond, Feldthurns, 1914.

Gemälde: Mariä Himmelfahrt. Ehemaliges Altarbild. Beeinflußt von Rubens. Wohl von Stephan Kessler. 17. Jh., 2. Hälfte.

Orgel: Neugotisch, 1898. Von Anton Mauracher, Salzburg.

Weihwasserstein: Im Friedhof. Weißer Marmor. Viereckiger Sokkel, Verzierter Balusterschaft. Muschelschale. Drei Wappen, zahlreiche Inschriften, 17. Jh.

Marie-Lourdes-Kapelle am Friedhof, 1894 nach Entwurf von Anton Weber errichtet.

Glocken: Kreuzigungsgruppen, Heilige und Wappen. Gegossen von Peter Laiminger und seinem Sohn Gregori. 1521.

2. Hl. Laurentius

Bau: Stimmungsvolle Lage unter Kastanienbäumen. Die 1286 erwähnte Kirche, von der sich die Langhausmauern und im Osten ein vermauertes Rundbogenfenster erhalten haben, wurde um 1400 um den polygonal abschließenden Chor verlängert und erhielt dabei ein zweijochiges Kreuz- und ein sechsteiliges Abschlußgewölbe mit runden Schlußsteinen und kräftigen, derb profilierten Rippen über polygonalen Diensten und derben Spitzkonsolen. Zwei Rundbogentüren in leicht abgefaster Rahmung, die Spitzbogenfenster, außer dem im Chorabschluß, später verändert. Der Turm mit derben Quadern, Spitzbogenschallfenstern und niedrigem Viereckdach wurde im 16. Jh. dazugebaut. Gesamtrestaurierung 1979 bis 1982.

Hochaltar: Spätrenaissance-Säulenaufbau (schwarz-gold) mit geradem, verkröpftem Gebälk, Giebelstücken, Aufsatz Bild hl. Laurentius und Skulpturen. 1681. Die Statue des hl. Laurentius mit knittriger Draperie, lebhafter Bewegung und scharf charakterisiertem Kopf ist eine sehr gute Arbeit um 1530, möglicherweise von Ruprecht Potsch. Seitenfiguren hl. Barbara und Katharina, im Aufsatz Gottvater. Restauriert.

Seitenaltar: Nischenaufbau mit gedrehten Säulchen, reichem Blattwerk und Statuen in außergewöhnlich qualitätvoller und reicher Fassung. Ende 17. Jh. Mittelstatue, Maria mit Christkind, mit lieblichem Gesichtsausdruck und knittrigem Faltenwurf, um 1500.* Die Fassung und das Christkind 18. Jh. Seitliche Halbfiguren, hl. Gertrud und Ottilia auf Volutenpostamenten. Am Aufsatz Bild, Maria vom Guten Rat.

Holzskulpturen:
1. Pietà, 17. Jh., 1. Hälfte.
2. Kruzifixus, 17. Jh.

Gemälde: Tafelbild, hl. Andreas begrüßt das Kreuz. Art des Stephan Kessler. 17. Jh.

3. hl. Georg in Schnauders

Bau: Eine Kirche wird im 14. Jh. erwähnt. 1507 wurde der Bau des Chores an Matthäus Puntner verdingt und 1512 vollendet. Das Langhaus wurde (nach der Jahreszahl an der Fassade) um 1524 ausgeführt. Ein spitzbogiges und ein viereckiges Portal in gekehlter Quaderrahmung. Im Westen Rund-, im Süden Spitzbogenfenster, Sockelschräge, Netzgewölbe, im Chor anders geführt, mit schildchenförmigen Schlußsteinen, teilweisen Endkreuzungen, im Chor, der durch einen schmalen Bogen abgetrennt ist, über Spitzkonsolen. Hinter dem Altar die Jahreszahlen 1512, 1828, 1888. Am Turm derbe, unregelmäßige Granitquadern, gekuppelte Spitzbogenschallfenster mit Achtecksäule, Würfelkapitell und stumpfer Blende, und statt der einstigen Spitzpyramide Notsatteldach. Restauriert 1963.

Wandgemälde:
1. In zwei Schichten übereinander hl. Christoph, rohe Arbeiten des 17. und 18. Jh.s. Völlig zerstört.
2. Innen Christus und Maria, 1778. Apostel etwas älter.
3. Bei der Chorstiege Magdalena, um 1750.
4. In der Sakristei die Brustbilder des Schmerzensmannes und der Schmerzhaften Mutter. Mitte 18. Jh. Darunter Spuren, 16. Jh.

Hochaltar: Säulenaufbau mit geschwungenem Gebälk, Volutenaufsatz, Bild, hl. Georg am Pferde (nach F. Unterberger), und Statuen der Wetterherren Johann und Paul. Mitte 18. Jh.

Seitenaltar: Säulen mit geradem Gebälk, Volutenaufsatz, Dreieckgiebel. Ende 18. Jh. Bild, die 14 Nothelfer, 17. Jh., die Statuen Rochus* und Sebastian* sowie die Büsten Johannes d. T. und des hl. Josef, zwei Reliquienbüsten heiliger Bischöfe, 18. Jh., 2. Hälfte. Beide Altäre durch Diebstahl Februar 1975 beraubt.

Chorstuhl und Bänke: Geschnitztes, reiches Rocaille, Blütengehänge, Rosensträucher, Ähren, Lamm Gottes, Guter Hirte, kreuztragender Heiland. Ende 18. Jh.

Kanzel: Gemauert mit neugotischer, gemalter Dekoration von 1851.

Kerzenstangen:
1. und 2. Geschuppter und gedrehter Schaft, die Statuetten vom Blattwerkornament, das den Leuchter trägt, gerahmt. 17. Jh., 1. Hälfte. Jetzt Diözesanmuseum.
3.* Die Statuetten in elegantem, bewegtem Aufsatz mit Voluten, Lambrequins, darüber Leuchter. Mitte 18. Jh.

Gemälde: Kreuzigungsgruppe, unten Landschaft, oben Goldgrund. 1596. Jetzt Diözesanmuseum Brixen.

Skulpturen: Hl. Georg und hl. Barbara, 15. Jh. (Meister Leonhard von Brixen), 1940 gestohlen. Letztere wieder aufgefunden und in das Museo Nazionale nach Trient verbracht. Christus vom Ölberg, um 1700.

4. St. Peter in Schrambach

Bau: Anmutige Lage auf einem Weinberghügel, von alten Häusern umgeben. Die 1248 erwähnte Kirche wurde 1503 (nach Türinschrift) umgebaut und erhielt damals ihr mit einem Rundstab gerahmtes Spitzbogenportal, die spitzbogigen Fenster, das Seitenschiff mit dem Sockel und den übereck gestellten Strebepfeilern, den polygonal abgeschlossenen Chor und das schöne Sterngewölbe mit den runden Schluß- und Kreuzungssteinen und den derben Rippen, die im Schiff auf Konsolen, im Chor auf Diensten aufsitzen. Im Seitenschiff verschieden gegliedert und von starken Gurten getragen. Am Spitzturm gekuppelte Schallfenster mit leicht zugespitztem Bogen und mit würfelförmigen Basen und Kapitellen an den Trennungssäulen. Restauriert 1964 und 1980 (Turm).

Hochaltar: Säulenaufbau mit verkröpftem Gebälk und Volutengiebel. 18. Jh. 1849 vereinfacht.

Seitenaltar: Zierlicher Aufbau mit kannelierten Pilastern, Dreieckgiebel, Rollwerkornament und Bild, hl. Florian, Urban und Barbara. Wappen und Stifterinschrift von Hans Perkhofer, Bürger in Brixen, als Inhaber des Ulmer- und Pfeiferhofes. 1615.

Kanzel: Gemauert, mit Maßwerk und Diensten verziert. 1503 oder 1531.

Holzskulpturen:
1. Hl. Ulrich. Derbe, streng frontale Sitzfigur. Um 1300. Jetzt im Diözesanmuseum Brixen.
2. und 3. Hl. Peter und Paul. Meister Leonhard von Brixen. 15. Jh., 3. Viertel. Jetzt im Diözesanmuseum Brixen.
4. Zwei Leuchterengel, aus dem Bildstock unterhalb der Kirche, Anfang 16. Jh.

Kreuzweg: 1760.

Glocken:
1. Kreuzigungsgruppe mit Heiligen. Peter Laiminger. 1518.

5. St. Florian in der Klamm

Bau: Hölzerner Fassadendachreiter, Vierecktüre, Spitzbogenfenster, Tonnen-, im polygonal abschließenden Chor Gratgewölbe. 1660 durch den Wirt in der Klamm, Andreas Pachmann, erbaut, 1673 geweiht.

Altar: Säulenaufbau mit verkröpftem Gebälk und gesprengtem Giebel, schwarz und vergoldet. 17. Jh., 2. Hälfte. Bild, hl. Florian, 19. Jh., die Statuen*, hl. Rochus und Sebastian, um 1670.

6. St. Anton von Padua im Moos

Bau: Fassadendachreiter, gerader Chorabschluß, Viereckttüre, Rundbogenfenster, Tonne. Durch den Gerichtsschreiber Hieronymus Petzer und seine Ehefrau geb. Kerschpamerin und Eva Petzer, Mormichlin, 1670/71 erbaut.

Altar: Säulenaufbau mit verkröpftem Gebälk, eingerollten Giebelstücken und Aufsatz, Statuen. Rochus und Sebastian, 17. Jh., Altarbild, Antonius und Mariahilf, 16 N. S. 75 (Nikolaus Schiel).

Grabsteine der Stifter, gestorben 1692 und 1705.

7. Wehrerkapelle zum hl. Kreuz

Bau: Am Weg nach Brixen. Einfacher Bau, Türe und Fenster rundbogig. Dachreiter und gerader Chorabschluß. 18. Jh. Aus derselben Zeit die Wandgemälde und der Altar.

8. Sebastianskapelle in Lottersack

Im Futterhaus des Unteregeter-Hofes zu Unterum eingebaut. Votivtafeln von 1772. Bild der Cranach-Muttergottes. Sebastiansstatue gestohlen.

II. Bildstöcke

1. Im Dorf. Viereckschaft, an ein Haus angelehnt, am Aufsatz drei Rundbogennischen. 17. Jh. Gemälde 19. Jh. Renoviert 1975.
2. An der alten Reichsstraße bei Schrambach. Achteckiger Steinpfeiler, am kleinen Aufsatz vier Rundbogennischen und Pyramidendach. 17. Jh. Nischenbilder 19. Jh.
3. Unterhalb der Kirche in Schrambach. Einfacher Nischenbildstock, darin Holzskulpturen, Maria mit Christkind, Leonhard von Brixen — Werkstatt. 15. Jh., 3. Viertel. 1976 als Leihgabe in Privatbesitz in Cortina.

III. Edelsitze und Burgen

1. Ansitz Raffenberg

Einfacher Bau. Über dem Tore Raffenbergersches Wappen mit der Jahreszahl 1468. Erker, Flur mit Felderdecke und Wappenfries. Im 15. Jh. im Besitz der Raffenberger, seit 1500 der Teutenhofen, die 1518 mit dem Prädikat Raffenberg geadelt, 1602 in den

Freiherrenstand erhoben wurden und 1736 ausstarben. Ihr Name haftet noch am Hof.

2. Ansitz Ziernfeld

Torbogen mit Nischenzinnen, Freitreppe, Zinnengiebel, alte Türrahmungen, an einer die Jahreszahl 1556, in der Stube Getäfel und Felderdecke. Mitte 16. Jh. 1633 für Hans Georg Anreiter, der mit seinen Nachkommen davon das Prädikat führte, als adeliger Ansitz gefreit.

3. Schloß Velthurns

Die Burg der seit 1142 bis 1147 nachweisbaren, 1329 ausgestorbenen Herren von Velthurns, die eines der reichsten und angesehensten Edelgeschlechter des Eisacktales waren, stand am Pflegerbichl und wurde 1580 abgebrochen, wobei die Steine für den Bau des heutigen Schlosses Verwendung fanden. Dieses, vom Kardinal Christoph Madrutz 1578 begonnen, von seinem Neffen und Nachfolger Johann Thomas Spaur 1587 vollendet, diente bis zur Säkularisation als Sommersitz der Brixner Bischöfe. Das *Herrenhaus* und das *Schreiberhaus*, auch *Türnitz* genannt, werden durch eine Zinnenmauer (mit Sgraffitoquadrierung) verbunden, die zugleich den Garten, einen ehemaligen Tierzwinger, einschließt. Am Tor marmorner Wappenstein des Bischofs Thomas Spaur, von 1580, Arbeit des Bildhauers Silvester Huber. Das Herrenhaus, ein einfacher Viereckbau mit hohem Walmdach, trägt vier polygonale Erker, einen Dachreiter und Reste von dekorativer Wandmalerei, die bei der jüngsten Restaurierung aufgefrischt, aber nicht ergänzt wurden: Rollwerk, Ranken, am Gesims Flecht- und Wellenband, Quadern mit Mascaroni und Ringen, von Hans Vogler und David Solbach in Brixen. Am rundbogigen Eingangstor Marmorwappen Goldegg von 1822, daneben Gedenkstein für Fürst Johann II. Liechtenstein. Im Erdgeschoß gewölbte Halle, der Raum der ursprünglichen Kapelle mit Kreuzgratgewölbe; reiche Groteskenmalerei, Wappen und Inschrift Spaur, Kartuschen. Stiege mit Kreuzgratgewölbe.

Die Wohnräume sind symmetrisch um die Mittelsäle angeordnet, die durch Pilaster gegliederten Brustgetäfel, die Türrahmungen und rosettengeschmückten Kassettendecken, mit denen alle Zimmer ausgestattet sind, sind im zweiten Stock reicher als im ersten und außerdem auch noch innerhalb der beiden Stockwerke je nach der Bedeutung des Raumes differenziert. Über dem Getäfel *Wandgemälde:* Im ersten Stock: 1. Die Kardinaltugenden. 2. Mythologische Szenen, über Fenstern und Türen Friese mit Trophäen. 3. Die sieben Sakramente und die

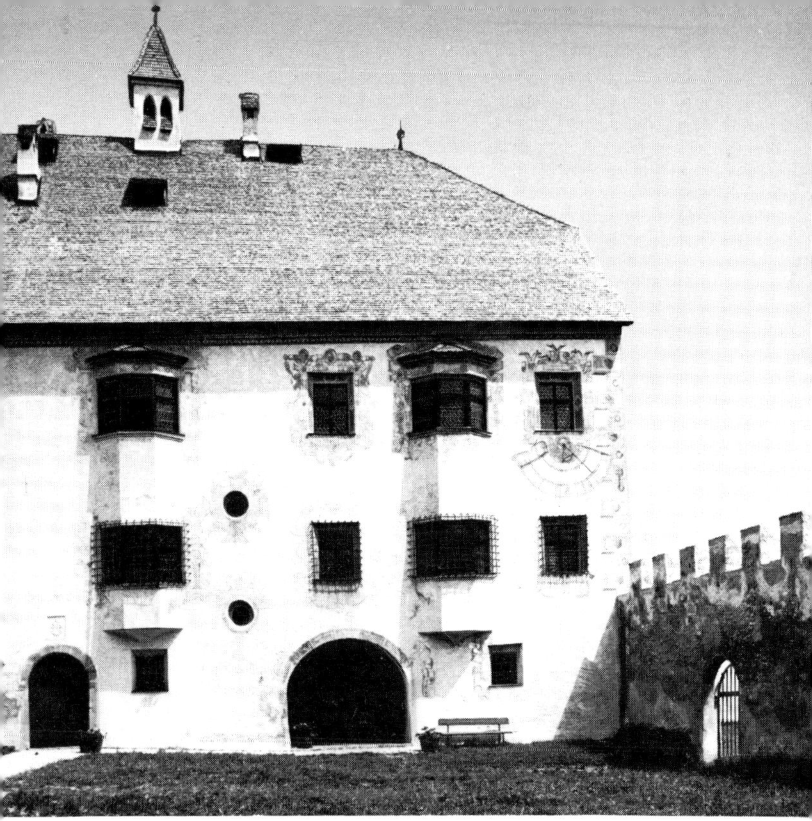

Schloß Velthurns

Geschichte des barmherzigen Samariters. 4. Die vier Jahreszeiten und mythologische Szenen, gemalt von Michael und Horazio aus Brescia (1581—1583). Im zweiten Stock: 5. Tugenden mit den korrespondierenden Lastern zu ihren Füßen, und zwar Friede und Krieg, Vernunft und Begierde, Treue und Betrug, Ordnung und Chaos, Vertrauen und Verrat, Redlichkeit und Unredlichkeit, Christentum und Götzenglaube, Gerechtigkeit und Gewalt, Weisheit und Torheit, gesetzliche Herrschaft und Tyrannei, und die vier Elemente. 6. Im Schlafraum: die vier Weltteile und die fünf Sinne. 7. Zwölf Szenen aus dem Leben Jesu. Im Fürstenzimmer die Weltwunder (10) und zwar: der Leuchtturm von Alexandria, der babylonische Turm, der Tempel Salomons, die Zeusstatue des Phidias von Olympia, die Pyramiden, der Artemistempel

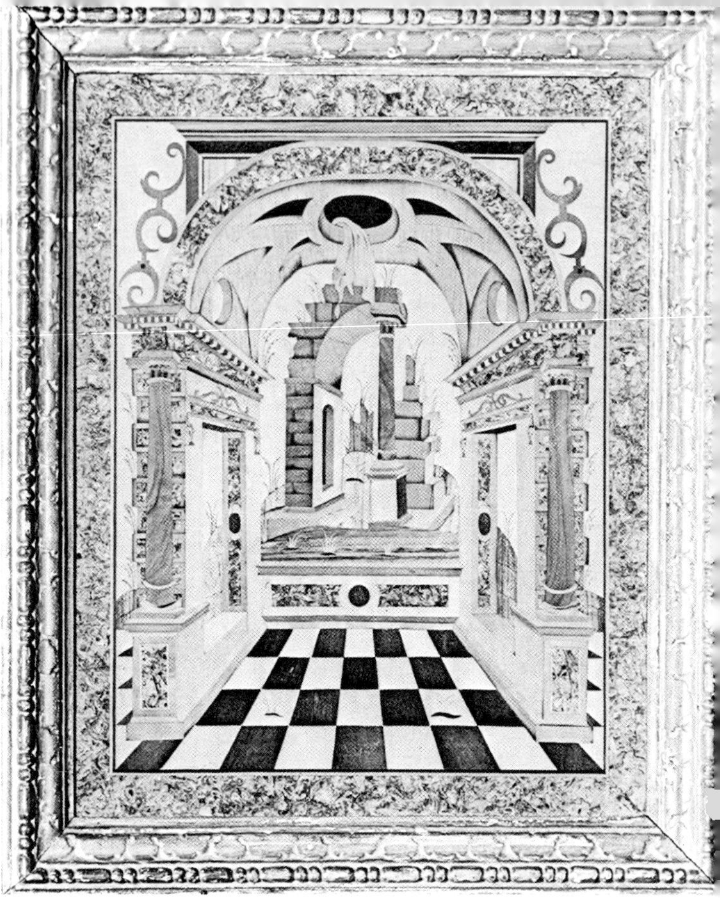

Schloß Velthurns, Türblatt

von Ephesus (die Gärten der Semiramis fehlen). Gemalt von Pietro Maria Bagnadore aus Brescia (1582—1584). Im *Fürstenzimmer* das Fladergetäfel, die Pilaster und Gebälke, die Türen in prunkvoller Rahmung aus Frei- und Halbsäulen und vor allem die bewegte Kassettendecke mit Schnitzwerk, Einlegearbeit und Vergoldung besonders reich gearbeitet, das schönste Getäfel im Stil der deutschen Renaissance von Südtirol. Hervorragende Intarsienarbeit auch an den Türen und am Getäfel, mit Verwendung verschiedenster Holzarten. An der Decke das Wappen des

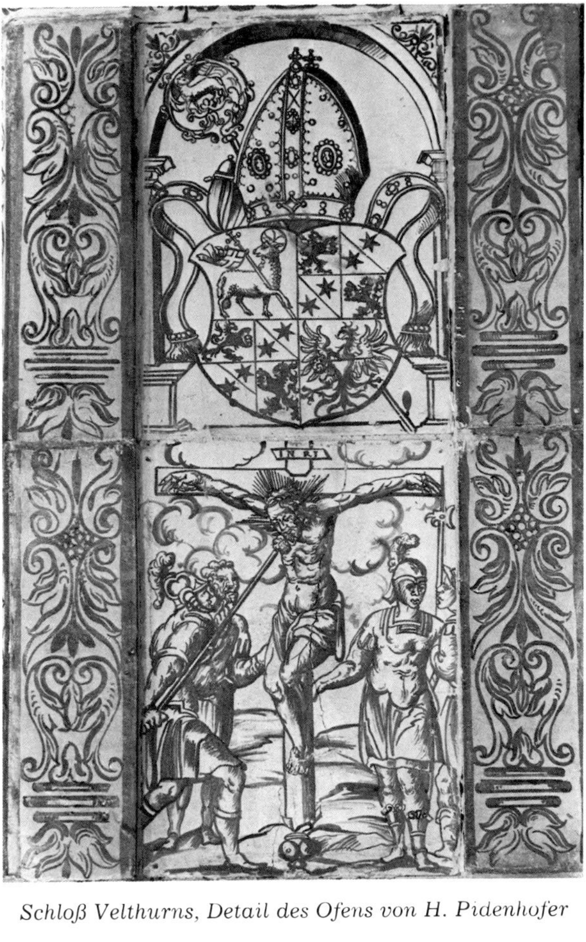

Schloß Velthurns, Detail des Ofens von H. Pidenhofer

Bischofs Johann VI. Thomas Spaur von 1581, über einer Türe die Jahreszahl 1583. Wie alle Tischlerarbeiten im Schloß von Meister Hans Spineider, Meran, dem die beiden Meister Nikolaus Topf in Brixen und Hans Rumpfer in Klausen und acht Gesellen zur Seite standen, ausgeführt. Die Rosetten von Drechsler Georg

Oberwanger in Brixen, die reicheren von Thomas Barth in Bruneck.
Besonders schön im Fürstenzimmer auch der achteckige, von Pilastern eingefaßte Ofen auf Löwenfüßen mit gemalten Szenen aus dem Alten und Neuen Testament und dem Wappen des Bischofs vom Bozner Hafner Paul Pidenhofer. In einigen anderen Räumen grünglasierte Wappenöfen, 1580 datiert, von Michael Brugger und Bildhauer Adam Pockh, Brixen.
Ein Zimmer mit Pilastergetäfel, Rosettendecke und Betstühlen ist als *Kapelle* eingerichtet. Rahmenaltar mit Seitenteilen und Dreieckgiebel, ausgeschnittenen und eingelegten Ornamenten von Hans Spineider, Bild Enthauptung der hl. Katharina mit Schloß Velthurns im Hintergrund, von Hans Schmid, Ende 16. Jh. 1983 restauriert. Auch im *Schreiberhaus* einfache Getäfel und Holzdecken, Arbeit von Hans Rumpfer, 1585.
Der Baumeister des bischöflichen Schlosses war Matthias Parlati in Brixen; wie die Tischler und Kachler waren auch die Schlosser einheimische Meister. (Gallus und Jakob Erspamer und Hans Waitz in Brixen, nur die schönen Türbeschläge im Fürstenzimmer machte der Augsburger Schlosser Hans Metzger), der Kamin stammt von Domenico Carneri, Bozen.
Velthurns wurde 1805 unter der bayerischen Regierung säkularisiert, war dann Gasthaus und wurde 1822 an Anton von Goldegg verkauft, kam 1875 an Fürst Johann II. Liechtenstein, der es 1903 der Stadt Bozen schenkte. Seit 1978 im Besitz des Landes Südtirol. Gesamtrestaurierung 1983 abgeschlossen.

IV. Häuser

Verschiedentlich edelsitzartige Häuser, teilweise mit guten Wandgemälden, so Nr. 22 mit hl. Laurentius und Brixner Bischofswappen. Im Widum gotische Stube, saniert. Am Nagelehof bemerkenswerte Fresken.

VERDINGS

1. Kuratiekirche zum hl. Valentin

Bau: Die Kirche 1202 erstmals genannt. Der romanische Bau (an der romanischen Apsis aus Stein gemeißelte Köpfe) mit Chorturm wurde in der 2. Hälfte des 14. Jh.s gotisiert und erhielt damals die Kreuzgewölbe mit runden Schlußsteinen und einfachen Rippen, die nur in der Mitte der Seitenwände auf polygonalen Diensten aufruhen. Spitzbogentür, spitzer, stark einspringender Triumphbogen, im engen Altarraum Kreuzgratgewölbe,

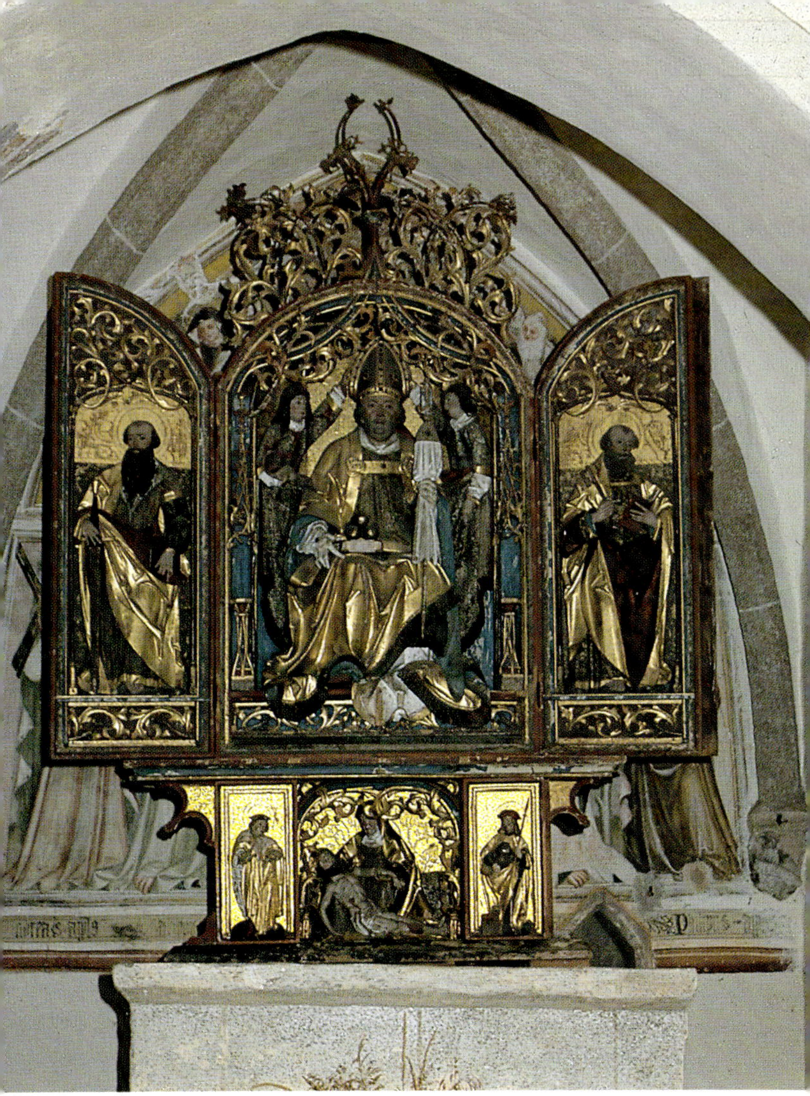

Tafel XIII Barbian, Dreikirchen, Nikolausaltar, um 1500 (S. 397)

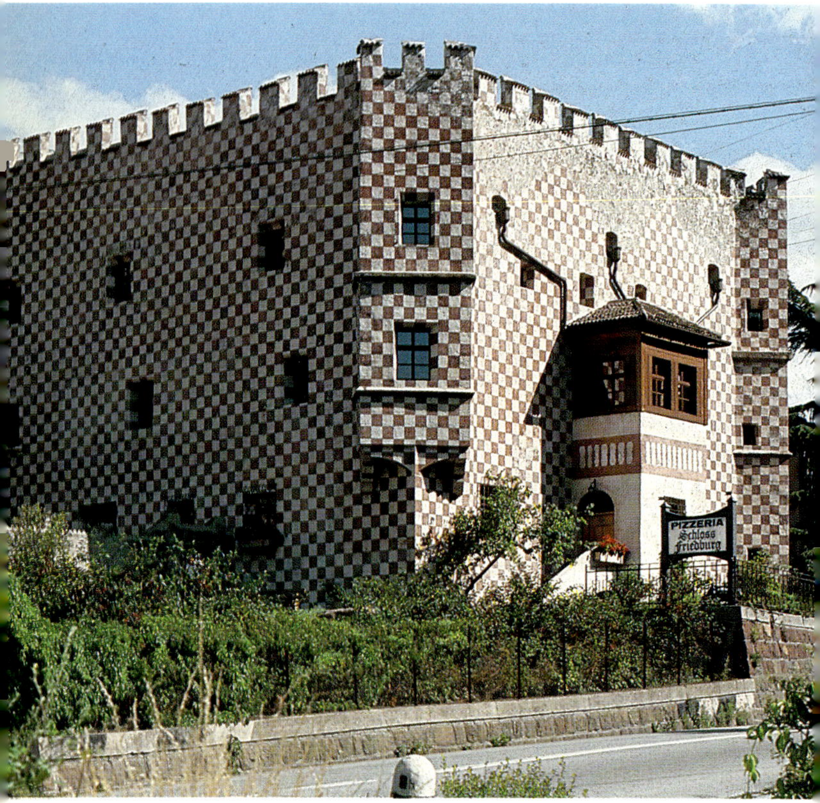

Tafel XIV Kollmann, Zollhaus (S. 406)

westl. hölzerne, stützenlose Empore. Am Turm gekuppelte und eingeblendete Spitzbogenschallfenster mit runder Mittelsäule und (späteres) abgewalmtes Satteldach. Östlich und westlich in den Giebelfeldern gekuppelte Spitzbogenschlitze. Gesamtrestaurierung 1980/81.

Wandgemälde: Äußeres: 1. Hl. Christophorus. Mitte 15. Jh.
2. Am Turm die Fensterblenden und Giebeldreiecke mit den Namen Jesu und Mariä und Schachbrettmuster geschmückt.
3. Kreuzweg. Mitte 18. Jh.
Inneres: 4. Krönung Mariä, darunter die stehenden Einzelgestalten der zwölf Apostel. Mitte 15. Jh., schlecht erhalten. Am nördlichen Schildbogen Mariä Verkündigung, am südlichen oben Opfer Kains und Abels, darunter neben dem Fenster hl. Kassian und Laurentius sowie thronende Muttergottes mit dem Kinde und Engel. Am Gewölbe die Evangelistensymbole. An der Unterseite des Chorbogens Medaillons der törichten und klugen Jungfrauen. Am Frontbogen Geißelung Christi. Darüber Jüngstes Gericht (aus späterer Zeit). An der nördlichen Schiffswand Streifen mit einzelnen Heiligen, Hieronymus und Gregor als Büßer, die Heiligen Augustin und Ambrosius durch den Kanzeleinbau größtenteils zerstört. Seitlich Barbara und Katharina. An den Gewölberippen gemalte gotische Streifenmuster. 15. Jh., 1. Hälfte. Art des Meisters Hans von Bruneck. Um 1954 aufgedeckt.

Im Chor: Moderne Mensa, Tabernakel, 18. Jh. Seitlich die Statuen der Heiligen Valentin und Kassian. 17. Jh.

Seitenaltar: Säulen, verkröpftes Gebälk, Volutengiebel, Vasen, Bandwerk und Rocaille. Mitte 18. Jh. Pietà, 17. Jh.

Kanzel: Klein, Achteckform, mit Bildern der Evangelisten zwischen den Eckvolutenbändern. Um 1700.

Holzskulpturen: 1. Maria mit Christkind. Um 1500. Fassung neu.
2. hl. Valentin. Um 1530. Ruprecht Potsch zugeschrieben.

2. Friedhofskapelle

Bau: Der romanische Viereckbau mit Rundapside, Rundbogentüre, Lünettenfenster, Kreuzgratgewölbe erhielt im 17. Jh. seine heutige Gestalt. Restaurierung 1980.

Wandgemälde: Die vier letzten Dinge und die Lebensalter als Ende des Lebensrades. Rohe Arbeit um 1736.

3. St. Katharina in Viers

Die Herren von Troyer saßen 1645 bis 1879 auf dem schon seit dem 10. Jh. dem Hochstift Brixen gehörigen Küchenmeierhof zu Viers, der 1878 abbrannte und dann völlig erneuert wurde, und erbauten 1720 das einfache Kirchlein mit Türmchen, gerade abschließendem Chor und Tonne. Renovierungsbedürftig.

Wandgemälde: An der Fassade hl. Florian.

Altar: Säulchen, Gebälk- und Giebelstücke, Volutenaufsatz, Seitentüren, Bilder Vermählung der hl. Katharina und Johannes d. T., Statuen hl. Georg und Martin, Allianzwappen Troyer-Winkelhofen, 1728.

Hausaltärchen: Rohes Bild, hl. Sippe, in Pilasterrahmung. Statuetten. Hl. Petrus, Johannes Ev., Jakob und Barbara. Allianzwappen Troyer-Winkelhofen. 1671.

Gemälde: Christus erscheint der Magdalena am Ostermorgen. 18. Jh.

Stationstafeln: Hinterglasmalereien, 18. Jh. (?). Bis auf hl. Georg, jetzt deponiert, alle Figuren und die Stationstafeln gestohlen.

4. Unsere Liebe Frau in Pardell

Bau: Einfacher Bau mit hölzernem Fassadendachreiter, geradem Abschluß, Flachbogentüre und Lünettenfenstern. Um 1700.

Altar: Säulchen, verkröpftes Gebälk, am Aufsatz Gottvater (gestohlen), Bild 18. Jh.

Holzkruzifix: Kopie nach einem Original um 1400. Jetzt im Gasthaus.

LATZFONS

I. Kirchen

1. Pfarrkirche zum hl. Jakob

Bau: Die 1153 erwähnte Kirche erhielt ihren Turm mit den gekuppelten und eingeblendeten, leicht spitzbogigen Schallfenstern und dem Satteldach im 14. Jh., um 1523 das Sternrippengewölbe mit den runden Schlußsteinen und den polygonal abschließenden Chor und wurde 1857 durch Josef Vonstadl nach Westen verlängert, wobei auch die Maßwerke der spitzbogigen Fenster, die Strebepfeiler und die Empore hergestellt wurden.

Wandmalerei:

1. In den Turmgiebeln weiß-rotes Schachbrettmuster, in einer Fensterblende Namen Jesu und die Jahreszahlen 1547 und 1771 (vgl. Verdings).
2. Am Turm vollständig verwittertes Fresko.

Einrichtung: Neugotisch. Die Skulpturen am Hochaltar von Michael Stolz, am Seitenaltar und im Chor von Josef Waßler.

Kanzel: An der Brüstung Holzrelief, Bergpredigt, um 1800.

Orgel: Frühes Beispiel eines neugotischen Prospektes in Südtirol. Von Franz I. Reinisch, 1860.

Holzskulpturen: 1. Kruzifix. 17. Jh.
2. Krönung Mariens. Polychromierte und vergoldete Freigruppe (18. Jh.) unter Baldachin, der Kasten neugotisch.
3. Hl. Jakob und hl. Bischof. 15. Jh., 2. Hälfte.
4. Pietà. 16. Jh.
5. Leichnam Christi. 18. Jh., 2. Hälfte. Nr. 3—5 derzeit deponiert.

Taufwasserstein: Becherform aus Granit. 16. Jh.

2. Gruftkapelle

Bau: An die Nordwand der Kirche angebaut. 17. Jh. 1938 abgebrochen.

3. St. Peter im Wald

Bau: Der urkundlich erst 1373 nachweisbare romanische Bau ist nach Überlieferung die älteste Kirche des Tales und zeigt eine Fassadenglockenmauer, eine abgesetzte Rundapsis, westlich in der Vorhalle Spitzbogentüre und flache Decke.

Wandgemälde: Rohe Arbeiten, außen 18. Jh., innen 17. Jh.

Altar: Flügelaufbau ohne Aufsatz. Skulpturen: Im Schrein unter Wimpergen mit Rahmenwerk Maria mit Christkind zwischen hl. Petrus und Nikolaus, an den Flügeln Reliefs, hl. Jakob und Paulus, in der Predella Anbetung* der Könige. Gemälde: An den Hauptflügeln außen Verkündigung, an der Predella desgleichen, hl. Magdalena und Barbara, Rochus und Sebastian, an der Rückwand Schweißtuch und Rankenornament. Um 1520. Fassung 19. Jh. (Petrus- und Nikolausstatue und Maria mit Christkind 1975 gestohlen).

Gemälde: Dreifaltigkeit mit Heiligen, unten Landleute mit Vieh. Um 1700. In Art der Kessler.

Holzskulpturen:* In einem Schrein die Büsten der 14 Nothelfer. Volkstümliche Schnitzarbeiten vom Ende des 17. Jh.s.

Glocken: (2) Majuskelinschrift. 15. oder 16. Jh.

4. Unsere Liebe Frau im Dorf

Bau: Der 1373 erwähnte romanische Bau zeigt Fassadenglockenmauer, abgesetzte Rundapsis, Rundbogentüre und -fenster, im Osten Schlitzfenster und flache Decke. 1869 erneuert, wobei der spätere polygonale Abschluß entfernt und die alte Rundapsis wiederhergestellt wurde.

Altar: Neuromanisch. An der Mensa Holzskulptur, Geburt Christi, um 1500. Neu gefaßt.

5. Heiligkreuz auf Rizlar (Latzfonser Kreuz)

Bau: Für das heute noch hochverehrte Kruzifix, das im 17. Jh. aus der Totenkapelle hieher versetzt wurde und jedes Jahr im Frühjahr neu heraufgebracht wird, wurde 1743 eine Kapelle erbaut, an deren Stelle 1867 bis 1869 der heutige Bau entstand. Altar von Stefan Meraner, 1870.

6. St. Andreas in Garn

Bau: Die romanische Kirche, von der noch die Langhausmauern stehen, erhielt im 15. Jh. ihre Spitzbogenfenster (zwei vermauert), das Sterngewölbe mit runden Schlußsteinen, dessen einfache Rippen in den Ecken plötzlich abbrechen, an den Seitenwänden aber auf polygonalen Wandpfeilern mit einfachen Kapitellen aufsitzen, und den dreiseitig abschließenden, durch den gedrückten, runden Triumphbogen vom Langhaus getrennten Chor, dessen Rippen in der Barockzeit zugleich mit der Veränderung der Türe und der meisten Fenster entfernt wurden.

Wandgemälde: Hl. Christophorus mit schönem Charakterkopf. Das Christkind mit wild flatterndem, scharfknitterigem Mäntelchen, die gemalte Steinrahmung gekehlt, der untere Teil durch das später ausgebrochene Fenster zerstört. Ende 15. Jh.

Hochaltar: Säulenaufbau mit Volutengiebel und Mariahilfbild, Oberbild hl. Andreas. Ende 18. Jh. Die Seitenstatuen, hl. Thomas und Bartholomäus, mit malerischer Behandlung von Bart und Haar und kleinknitterigen Gewandfalten, Anfang 16. Jh. Derzeit deponiert.

Seitenaltar: Säulchen mit gesprengtem Gebälk und Volutengiebel. Bild, Darstellung im Tempel, von Josef Renzler, signiert und datiert, 1839.

Kanzel: Achteckige Form, kannelierte Ecksäulchen, Bilder der Evangelisten, übermalt. 17. Jh.

Orgel: Dreiteiliger Aufbau. 19. Jh., 1. Hälfte.

Holzskulpturen:

1. Pietà. Um 1400.
2. Büsten der Heiligen Barbara, Katharina, Nikolaus und Kassian (?). Nach Mitte des 18. Jh.s. Derzeit deponiert.
3. Hl. Andreas und Bartholomäus. Silberfassung. 17. Jh. Derzeit deponiert.
4. Sitzender Schmerzensmann. 18. Jh. Derzeit deponiert.

Glocke: Kreuzigungsgruppe und sechs Apostel. 1545.

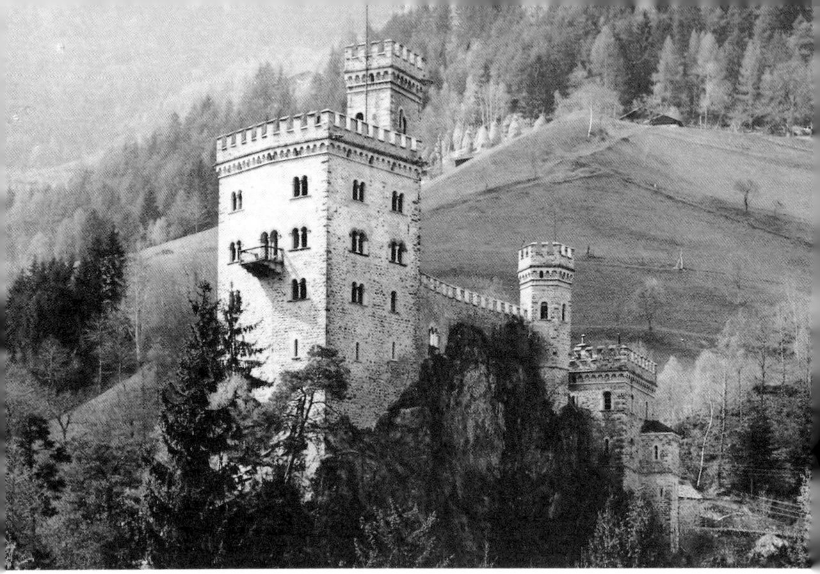

Schloß Garnstein

7. Friedhofskapelle in Garn

Bau: Türe und Fenster viereckig. Tonnenwölbung. 17. Jh.

Gemälde: Kreuztragung, Kreuzigung, Kreuzabnahme. Mitte 16. Jh. 1678 übermalt. In jüngerer Zeit abgebrochen.

II. Häuser

Verschiedene alte Häuser, so z. B. in Garn, die Höfe *Kier, Huber, Dorfmann* mit Sgraffitomalerei um die Fenster. Beim *Mair* im Dorf am Süderker Mariahilfbild und zwei Wappen (stark zerstört), gemalte Fenster- und Ortsteineinfassungen, gewölbter Hausgang, getäfelte Stube, an Türen und Wandkästchen Pilastereinfassung, am Fries Einlegearbeit, Troyersches Wappen und die Jahreszahl 1583.

III. Garnstein

Die im Talgrund am Zusammenfluß zweier Bäche auf einem Felsenhügel schön gelegene Burg wurde Ende des 12. Jh.s vom Brixner Ministerialen Heinrich dem Gerro oder Garro erbaut und ging im 13. Jh. durch Heirat an eine Seitenlinie der Voitsberger über, die sich nun ebenfalls von Garnstein nannte. Schon seit dem 17. Jh. in Verfall geraten und um 1880 in spielerischer Form erneuert. Alt sind nur die unteren Teile des turmartigen südlichen Hauptbaues, der dem alten Pallas gleichzusetzen ist, und westlich davon etliche Mauerreste Zuerst bäuerlicher, seit 1970 Privatbesitz.

TEIS

1. Pfarrkirche zum Hl. Herzen Jesu

Bau: Eine Kirche wird 1303 erwähnt. Der hohe Spitzturm aus Granitquadern mit Spitzbogenschallfenstern wurde um 1500 erbaut, die heutige, nach Plänen Josef Vonstadls erbaute neugotische Kirche 1880 geweiht. Auch die ganze Einrichtung einheitlich aus der Bauzeit der Kirche. Restauriert. Friedhofskapelle ebenfalls neugotisch.

Holzskulpturen: Hinter Glas Pietà, teilweise bekleidet, von Josef Konrad Wiser. 18. Jh. Johannes der Täufer und Heiliger mit Schwert. Um 1700 (?).

2. St. Bartholomäus in Naven

Bau: Die 1307 erwähnte Kirche wurde 1489 (Jahreszahl hinter dem Altar) spätgotisch umgebaut. Der Sockel mit Quaderschräge setzt am auffallend stumpfen, dreiseitigen Chorabschluß aus. Dachgesims, Spitzbogenportal mit zwei Rundstäben und darüber Rundfenster, die Spitzbogenfenster später abgerundet, an der Südseite des Chors noch ein gotisches Maßwerkfenster erhalten. Netzgewölbe mit schildförmigen Schlußsteinen, im Langhaus über zierlichen Konsolen mit Schildchen, Blättern, Trauben, im leicht abgesetzten Chor, der durch den doppelt gekehlten Triumphbogen abgeteilt ist, zwei Runddienste und die Wandgurte bis zum Boden herabgezogen. Auf einem Schlußstein Werkzeichen des Baumeisters auf einem andern gemalter österr. Bindenschild. Am Turm von 1489 Spitzbogenschallfenster mit teilweise vom romanischen Vorgänger noch übernommenen Trennungssäulchen und Kapitellen und niedriges, viereckiges Pyramidendach. Renoviert 1961 und 1974.

Wandgemälde:

1. Außen hl. Christoph. Gemalte marmorierte Steinrahmung mit Hohlkehle, gute anatomische Durchbildung, gehäufte, scharfbrüchige Gewandfalten. Um 1510.
2. Am Chorgewölbe die Brustbilder hl. Bartholomäus, Maria mit Christkind, hl. Wolfgang. Um 1503.
3. Im Schiff links eine Reihe von Heiligen. 16. Jh.

Hochaltar: Flügelaufbau, im Schrein Maßwerk, sich durchschneidend und mit Blattranken und Trauben durchflochten. Skulpturen: Im Schrein Maria mit Christkind* (zwei Engel, die

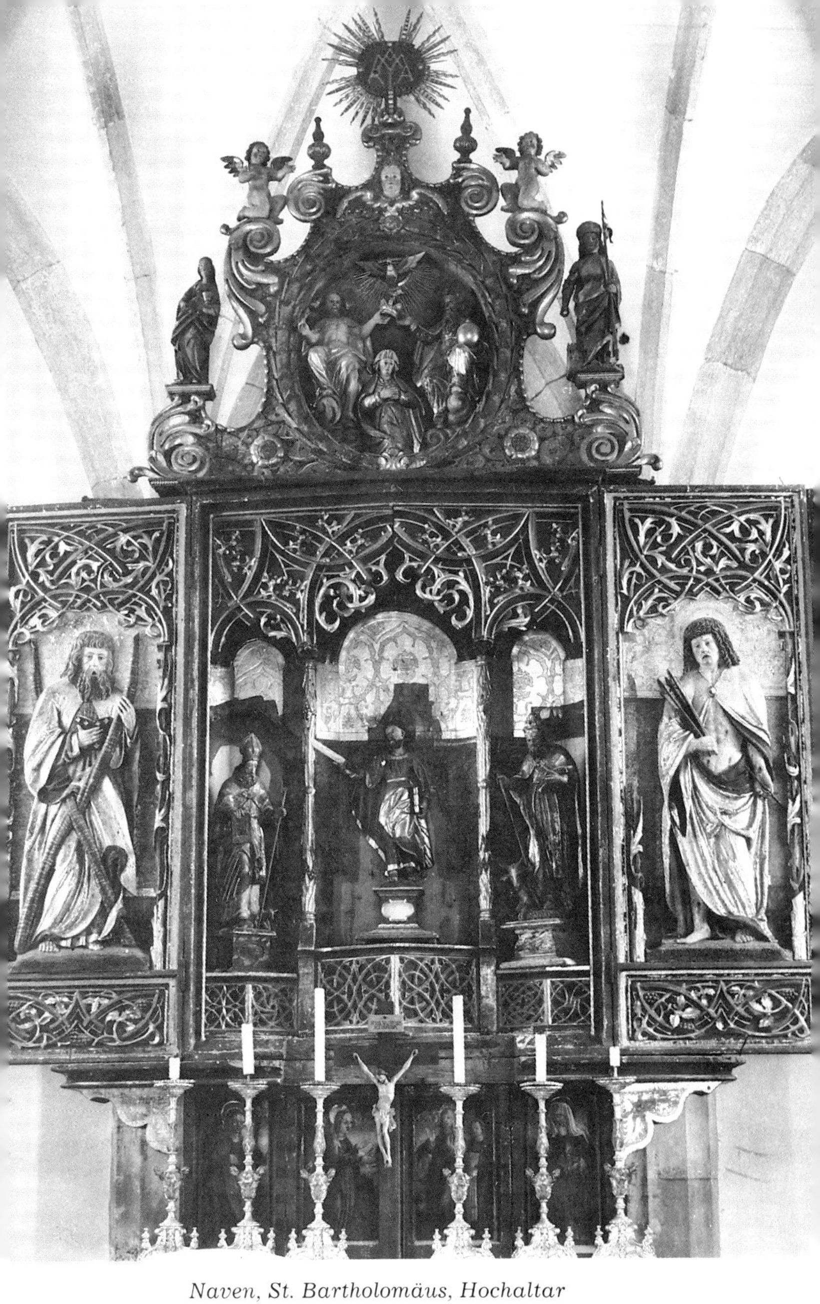

Naven, St. Bartholomäus, Hochaltar

einst eine Krone hielten, gestohlen), hl. Bartholomäus* und Florian*, an den Flügeln Andreas und Sebastian, an der Predella Valentin, vier Reliefs fehlen. Geschwungene Draperien, durch kurzknitteriges Gefältel unterbrochen, perückenartige Haare. Gemälde: An den Flügeln hl. Anna selbdritt und hl. Georg, an der Predella Heimsuchung, Ottilia und Apollonia, hinten am Schrein und an den begrenzenden Leisten vorne Grotesken mit Vasen und Putti, aus Krügen aufsteigende Blüten und Früchte, Schweißtuch. Mittelmäßige Arbeit von Ruprecht Potsch und Philipp Diemer (?) um 1520. Am Aufsatz mit der Schnitzgruppe der Krönung Mariens, bez. B V 1701 (Balthasar Vinazer), noch zwei Statuetten, hl. Barbara und Florian, vom Beginn des 16. Jh.s, Mensaverkleidung um 1700.

Seitenaltar: Säulenaufbau mit gesprengtem Dreieckgiebel, Bild der 14 Nothelfer. Im Aufsatz Statuette des hl. Konstantin, signiert B V 1699 (Balthasar Vinazer), desgleichen die hl. Ottilia und ein hl. Mönch, unten hl. Silvester (jetzt am Hochaltar), bez. MV 1700 (Martin Vinatzer), der hl. Leonhard jedoch um 1500, Werkstatt des Hans Klocker. An der Predella Inschrift: Zu Lob und Ehr der allerseeligsten Junckhfrau und Muetter Gottes Maria wie auch denen hh. 14 Nothelfern hat der wolehrwirdig wolgelehrt Herr Lorenz Friedrich derzeit Curat zu Teis disen Altar machen und mallen lassen. 1700.

Kanzel: Tulpenform mit Evangelisten. Um 1700.

Gemälde:

1. Auf Holz. Brustbilder der 14 Nothelfer. 1503. Übermalt.
2. Fastenbild. Schmerzensmann. Um 1710 (Bartholomäus Fink).

Skulpturen:

1. Kruzifix*, 16. Jh. (Werkstatt Ruprecht Potsch).
2. Schmerzensmutter, von Balthasar Vinazer.

3. Turnerhof (Nr. 24)

Am Sitz der 1224/25 erwähnten, 1348 ausgestorbenen Herren von Teis sind noch an der nördlichen Hälfte etliche Buckelquadern zu erkennen. Überputzt.

VILLNÖSS

1. Kirchen

1. Pfarrkirche zum hl. Petrus und Paulus

Bau: Eine Kirche wird angeblich schon 1058 erwähnt. An der Stelle des früheren Gotteshauses wurde dann der 1801 geweihte heutige Bau von Blasius Abenthung aus Götzens und Matthäus Wachter, Bozen, aufgeführt, ein stattliches Werk mit gemalter Pilastergliederung an der mit einem Volutengiebel abschließenden Fassade und an den Risaliten der Langseiten, mit rundbogigen Türen und Fenstern, tonnengewölbtem Vorjoch, Flachkuppeln über pilastergeschmückten Wandpfeilern, isoliertem Gebälk und Gewölbegurten. Der Triumphbogen ist konkav ausgeschwungen und mit Pilastern gegliedert, der Chor rund abgeschlossen. Der mächtige, frei stehende Kuppelturm wurde erst 1897 aufgeführt. Durch Restaurierungen 1905 (durch J. M. Peskoller), 1967 und 1977 barocke Gestalt neu betont, doch weitgehend ein Werk des Klassizismus.

Deckengemälde:

1. An der Fassade hl. Petrus und Paulus. Von Josef Schöpf.
2. Im Portalvorhaus Befreiung Petri, rohe Arbeit. Um 1800.
3. In den drei Kuppeln je ein großes Fresko, Krönung Mariä, Schlüsselübergabe, Predigt des hl. Paulus. Das letztere bez. Jos. Schöpf Tyr. pinxit 1798. Hauptwerk von Schöpf. Die Seitenbilder und Dekoration von J. M. Peskoller, um 1905.

Einrichtung: Drei Altäre (von Joseph Mussack, Sistrans, gest. 1812) und die Kanzel (Stuckmarmor). Beicht-, Chor- und Kirchenstühle, Orgel und Kreuzweg spätbarocke Arbeiten aus der Bauzeit der Kirche. Hochaltarbild, Mariä Himmelfahrt, von M. Pussjäger, 1705. Die vorderen Seitenaltäre 19. Jh., 1. Hälfte, die Reliefs der beiden anderen, Herz Jesu und Rosenkranzkönigin, von A. Peskoller in Brixen. Seitenstatuen am Hochaltar Petrus und Paulus an den hinteren Seitenaltären Nikolaus und hl. Bischof, Joachim und Anna. Die ehemaligen Seitenaltarblätter von Josef Kirchebner jetzt in der Kapelle von Pitzack.

2. St. Valentin in Pardell

Bau: Vielleicht schon 1090, jedenfalls aber 1303 erwähnt. Vom romanischen Bau stehen noch der Turm mit dreiteiligen Rundbogenfenstern, runden Trennungssäulchen, Würfelkapitellen und Kämpfern und mit hohem, gemauertem Viereckhelm, und die Mauer des Langhauses, das im 15. Jh. gotisch umgebaut und mit dem polygonal abschließenden Chor (dort eine Steinskulptur vom romanischen Bau) versehen wurde. Neue Weihe 1480. Im Westen Spitzbogentüre ohne Abfasung, im Süden Rundbogentüre, beide in Steinrahmung. Rundfenster. Strebepfeiler aus Quadern mit Sockel und Giebel, am Chor einmal abgestuft, Spitzbogenfenster, am Chor Sockel mit Quaderschräge. Außen Opferstock mit der Jahreszahl 1576. Netzgewölbe mit einfachen Rippen, im Langhaus asymmetrisch, über Runddiensten mit

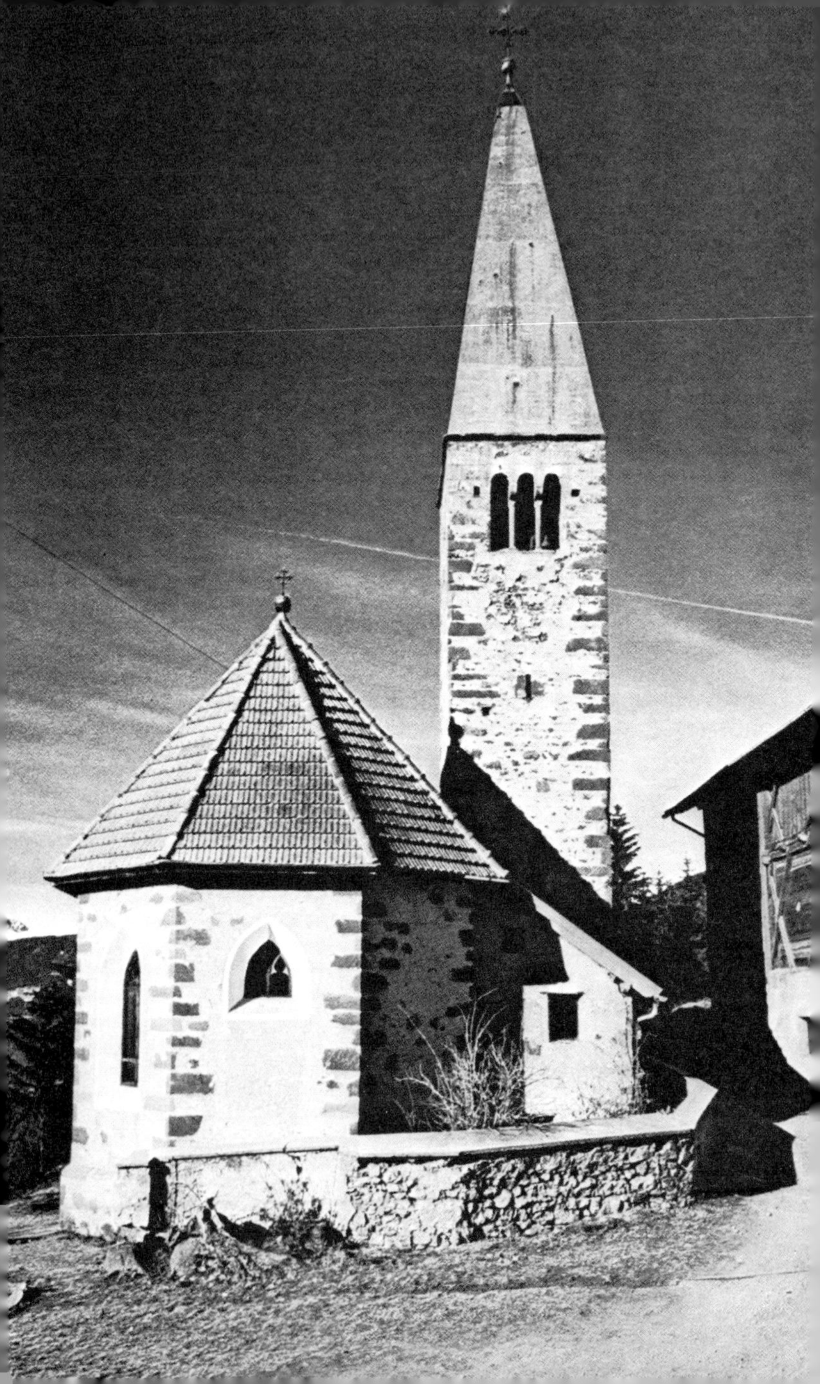

abgeschrägter Unterlage, am spitzen, abgefasten Triumphbogen über Konsolen, im Chor über polygonalen Diensten und mit rundem Schlußstein. 1945 durch Bombenwurf beschädigt. Restaurierung 1976.

Wandgemälde:

1. Hl. Christoph, jugendliche, sanft bewegte Gestalt mit blondem Haar, Bordüre mit geometrischer Musterung, oben breiter Streifen mit Granatbuckeln. Anfang 15. Jh.
2. Hl. Georg, darüber Maria mit Christkind und Heiligen. 17. Jh.
3. Innen: 1975 freigelegt. Hl. Georg mit dem Drachen und kleine Prinzessin im Hintergrund. Brixner Schule, 15. Jh.

Flügelaltar: Im Schrein, der in der Mitte leicht vorgebogen und im gekehlten Rand mit blattumrankten Ästen verziert ist, Maria mit Christkind, hl. Valentin und Wolfgang (vor vier 1975 gestohlenen tuchhaltenden Engeln) auf maßwerkverzierten Sockeln, getrennt durch Strebepfeiler, die Statuetten verlorengegangen. Flügelreliefs je zwei weibliche und männliche Heilige in zwei Geschossen: links Florian, Georg; Heilige mit Kreuz bzw. Krone; rechts Mauritius (?), Martin; Heilige mit Krone, Buch und Lupe, Magdalena. Flügelbilder, vier Szenen aus dem Leben des hl. Valentin. An den Skulpturen knittriger Faltenwurf und lebhafte Bewegung. Von Hans Klocker. Um 1500. Die Gemälde gute Arbeit mit lebhaften Farben, von Michael Pacher beeinflußt. In der Predella Büsten Barbara und Katharina. Gesamtrestaurierung 1976.

Kanzel: Polygonale Form. Bilder der Kirchenlehrer, am Deckel Hl. Geist und Engel. 17. Jh.

Holzskulpturen:

1. Hl. Katharina. Anfang 15. Jh.
2. Hl. Valentin, Anfang 18. Jh.

Glocke: Thronende Maria mit Christkind. 15. Jh., 1. Hälfte.

3. St. Jakob am Joch

Bau: Die hoch am Berge schön gelegene, von einer Mauer mit Rundbogentor umschlossene Kirche wird 1349 erwähnt, erhielt aber ihre heutige Form erst um 1500. Spitzbogenportal mit tiefer Hohlkehle und kräftigem Stab, Spitzbogenfenster, dreijochiges Netzgewölbe mit kräftigen, reichprofilierten Rippen über Spitzkonsolen, spitzbogige Türe zum Turm, der breite Spitzbogenschallfenster und Pultdach zeigt. Die Kirche wurde 1945 durch eine Fliegerbombe beschädigt und 1974 bis 1977 instand gesetzt.

Wandgemälde: Hl. Christoph mit hl. Jakob als Pilger. 17. Jh.

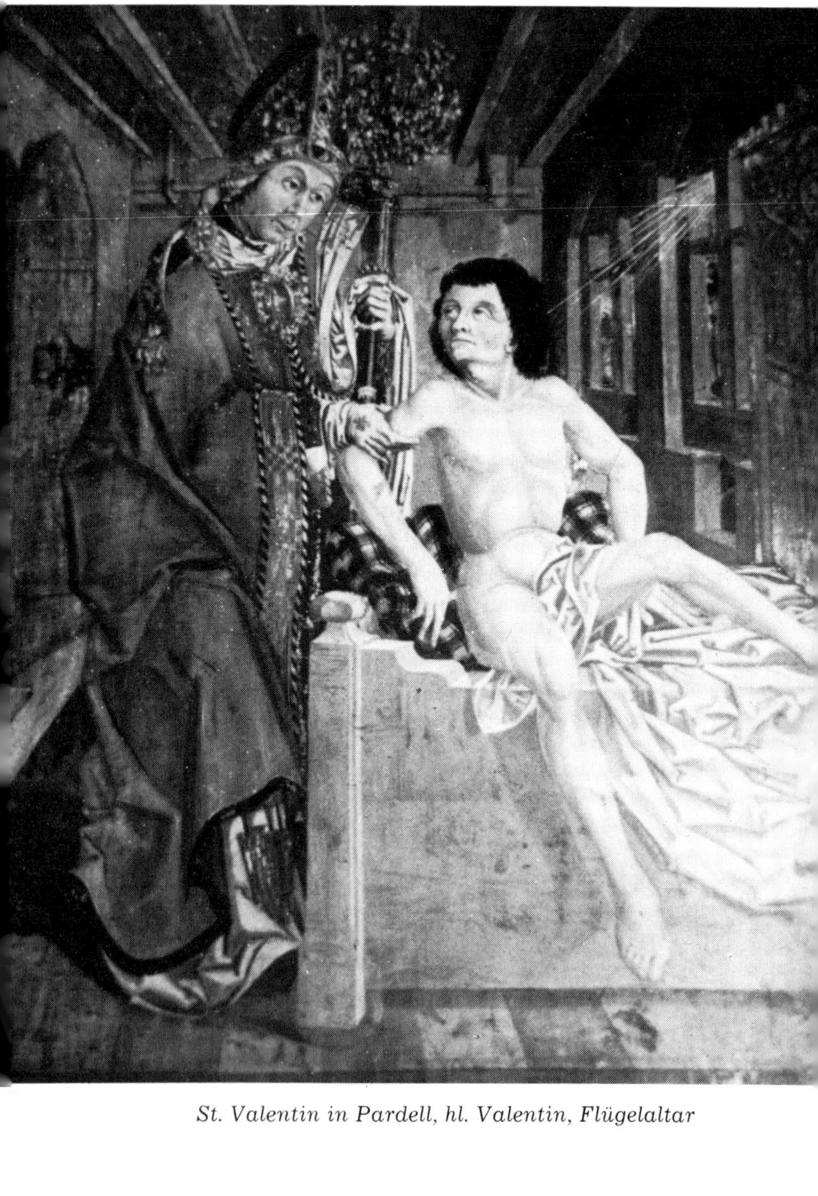

St. Valentin in Pardell, hl. Valentin, Flügelaltar

Hochaltar: Flügelaufbau, der Schrein in der Mitte leicht vorgebogen und mit rankenumwundenem Astwerk am gekehlten Rand. Drei Tabernakel mit rankenverzierten Postamenten und reichen Baldachinen aus Fialen und Wimpergen, durch Strebepfeiler abgeteilt. Skulpturen: Maria mit Christkind, zwischen hl. Jakob und Michael, zwei schwebende Engel, die Krone, hinten drei Engel in Relief, die einen Teppich halten. An den Strebepfeilern Statuetten, Barbara und Katharina, am Aufsatz drei zierliche Tabernakel mit Schmerzensmann, Maria und Johannes, abgeschnitten, an den Flügeln, von Säulchen mit geflochtenen Rundbogen und Ranken gerahmt, Reliefs, links Nikolaus, Sebastian, Anna selbdritt, Barbara, rechts Georg, Florian, Ursula und Apollonia, an den Predellaflügeln* zwei männliche Heilige mit Buch. Sanft bewegte Figuren mit kleinknittrigem Faltenwurf und reichbehandelten Haaren. Ruprecht Potsch zugeschrieben. Gemälde: An den Hauptflügeln Anbetung der Könige, Enthauptung des hl. Jakobus, hl. Georg und Erasmus, an den Predellaflügeln* hl. Wolfgang und Achatius (?), beiderseits der Nische hl. Katharina mit Schwert und Barbara. Sehr gute Arbeiten mit schönen Landschaften im Stil der Donauschule. An den Schmalseiten Renaissanceornamente. Bez. 1517. Ein frühbarocker Tabernakel in der Predella.

Seitenaltar: Predella und kannelierte Säulchen mit Blattwerkstrümpfen, verkröpftem Gebälk, gesprengtem Dreieckgiebel mit Bild, bethlehemitischer Kindermord; an der Predella Flucht nach Ägypten, an den Säulenstümpfen hl. Jakob und Oswald. Anfang 17. Jh. (vielleicht von Georg Trabl) Seitenstatuen, hl. Martin mit Infel und Rüstung, den Mantelzipfel abschneidend. 15. Jh., 1. Hälfte. Hl. Erasmus, Ende 15. Jh.

Kanzel: Einfache Rundform mit Pilastern. Um 1800.

Skulpturen: Maria mit Christkind vor Strahlenkranz. 17. Jh., roh übermalt. Kruzifix, 17. Jh.

Kreuzweg: Von Paul Degler, 1766.

4. St. Magdalena

Bau: Eine Kirche wird 1394 erwähnt. Die heutige Form des Langhauses mit Sockelschräge und leicht gekehltem Dachgesims, mit Birn- und Rundstab am Spitzbogenportal, daneben spitzbogige Opfernische, mit Spitzbogenfenstern und zierlich profiliertem Rippennetz über Konsolen und Viereck- und Vier- und Fünfpaßschlußsteinen stammt aus der Zeit um 1500. Rötelinschrift am Portal: 1492 hic fuit... Am schmalen, runden Triumphbogen die Jahreszahlen 1518 und 1833. Der Chor mit

Viereckfenstern, Tonne und dreiseitigem Abschluß. 17. Jh. Am Turm spitzbogige Schallfenster und schlanke Viereckpyramide. Gesamtrestaurierung 1976—1979.

Wandgemälde: Äußeres:

1. Am Giebel in Nische und Eselsrücken Kruzifixus, verwittert. Anfang 16. Jh.
2. Hl. Christophorus. Lebhafte und virtuose Bewegung, flatterndes, knittriges Gewand. Gute Arbeit, 16. Jh., 1. Drittel.
3. Kreuzweg. Mitte 18. Jh.
4. Ein Dankbild für den Seelsorger Carl Genath, von derselben Hand, 1762.
5. Die Dekoration des Gewölbes und die Bilder der Schlußsteine von J. M. Peskoller, 1928.

Altäre: Säulenaufbauten mit Volutengiebel, am Hochaltar Magdalenabild von Franz Unterberger und Statuen, Petrus und Hieronymus, Johannes Baptist und Evangelist. 18. Jh., 1. Hälfte. Auf den Seitenaltären die Bilder durch moderne Statuen ersetzt. An den Giebeln Statuen, hl. Michael und Schutzengel.

Orgel: 17. Jh.

5. Friedhofskapelle

Bau: Niedriger Viereckbau, Türe mit Flachbogenerweiterung, Kreuzgratgewölbe, im Norden Flachbogennische mit Totengebeinen.* 16. Jh.

Altärchen: Mariahilfbild, seitlich die Statuen, von hl. Dominikus* und Katharina von Siena, 17. Jh., 2. Hälfte.

6. St. Johann in Ranui

Bau: Die 1744 von Michael von Jenner neben seinem Jagdansitz erbaute Kapelle (vgl. Inschrift über der Türe) zeigt Lünetten- und Viereckfenster mit gemalten Rahmungen, dreiseitigen Chorabschluß, Tonnengewölbe und Zwiebeltürmchen. Gesamtrestaurierung 1979.

Altar: Säulenaufbau mit Statuen (neu nach Diebstahl) und Bildern, die beiden Heiligen Johannes von Franz Unterberger. Bauzeit der Kirche.

Bilderzyklus: Neun Bilder. Das Leben des hl. Johannes von Nepomuk. Mitte 18. Jh. Restauriert 1979.

II. Ranuihof

Der 1370 als Hof Rumenuye erwähnte, im Hintergrund des Tales schön gelegene Hof diente seit dem 17. Jh. den Herren von Jenner in Klausen als Jagdschlößchen und wurde von ihnen in die heutige Form gebracht. Im Flur des 1. Stockes mit volkstüm-

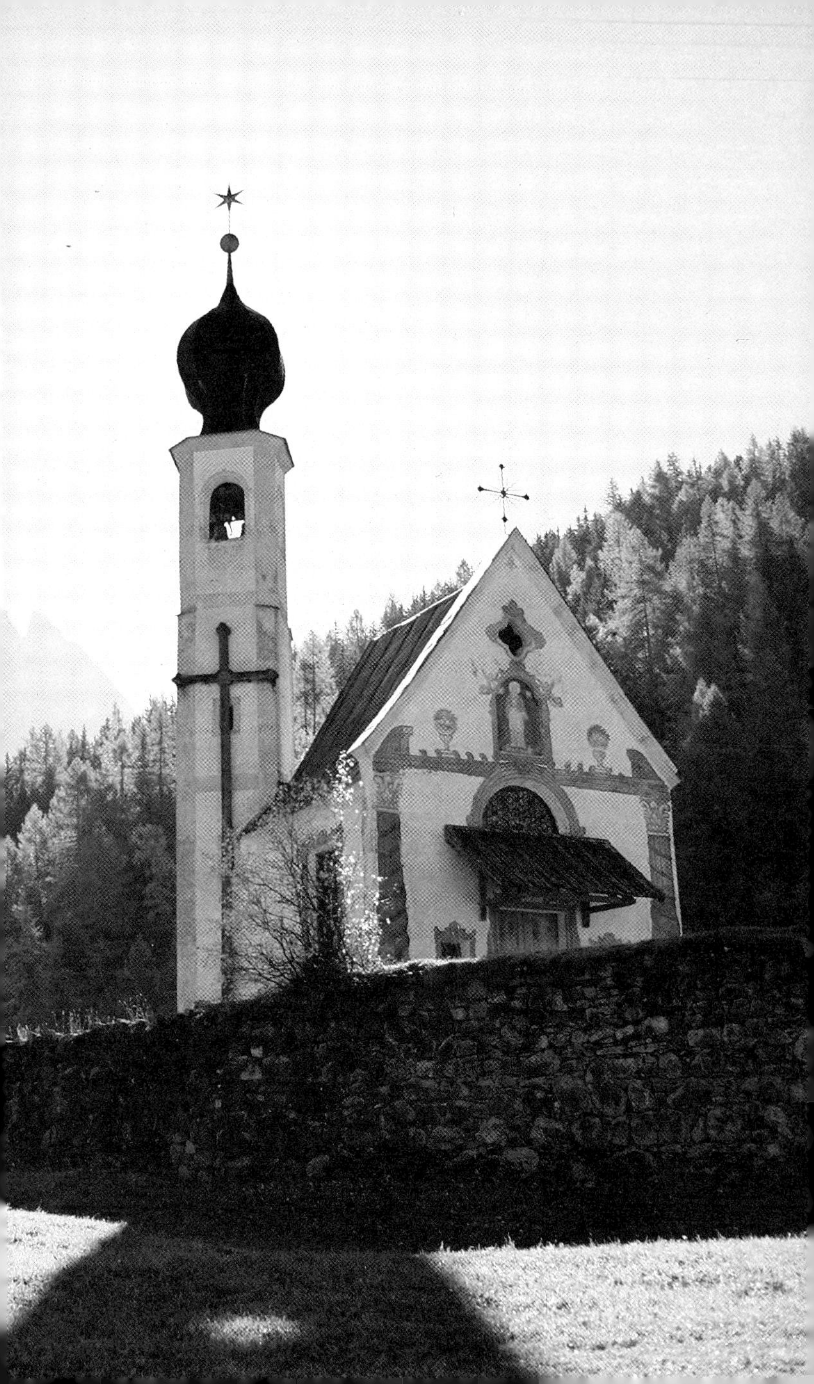

lichen Wandgemälden, Jagd- und Küchenszenen und ornamentalen Motiven ausgeschmückt. Mitte 18. Jh. Auf den Kacheln eines Ofens im ersten Stock die Namen Michael und Barbara Jenner und die Jahreszahl 1685. (Abgebrochen) Restaurierung der Wandgemälde 1983.

KLAUSEN

Die Klause unter Säben wurde 1027 durch Kaiser Konrad II. dem Bischof von Brixen geschenkt, was im Laufe des 11. und 12. Jh.s die Ausgestaltung der alten Wegsperre und Zollstätte zu einem Marktflecken im Gefolge hatte. 1205 besaß Klausen bereits eine Pfarrei, im 14. oder frühen 15. Jh. wurde es zur Stadt erhoben, 1424 wird der Bau der Stadtmauern erwähnt. Der schmale Raum zwischen Fluß und Berg gestattete im wesentlichen nur die Anlage einer einzigen Straße, die mit der darüberliegenden Burg Branzoll durch Ringmauern verbunden war. Die enge Anlage und die Verbindung mit dem hochaufragenden Burgfelsen von Säben gibt dem Gesamtbild einen ganz besonderen malerischen Reiz, vgl. Albrecht Dürers Kupferstich „Das große Glück".

I. Kirchen

1. Stadtpfarrkirche zum hl. Andreas

Bau: Die Kirche wird schon 1205 als Pfarrkirche erwähnt und diente, nachdem der Sitz des Pfarrers eine Zeitlang ins Spital in der Au nördlich der Stadt verlegt worden war, seit dem letzten Viertel des 15. Jh.s neuerdings dem alten Zweck. Die Langhausmauern und der Turm gehören teilweise dem alten Bau an, der 1482/83 unter Meister Benedikt Weibhauser spätgotisch umgebaut wurde, wobei auch der Turm um ein Stockwerk erhöht und mit den Spitzbogenschallfenstern und dem Spitzhelm versehen wurde. Darauf wurde vom gleichen Meister der Chor errichtet, der 1494 geweiht wurde. Der schöne und einheitlich wirkende Bau zeigt Sockel mit Quaderschräge, gekehltes Dachgesims, im Westen ein Spitzbogenportal mit zwei gekreuzten Rundstäben, darüber ein Rundfenster und im Spitzgiebel eine Nische mit Eselsrücken. Südseite Viereckportal mit gekreuztem Rundstab, im spitzbogigen Tympanon ein Relief, hl. Andreas und Wappen von Brixen und Österreich, von Meister Andrä in Bozen, um 1469. Spitzbogenfenster, abgesetzter, polygonal abschließender Chor, reiches Netzgewölbe mit zahlreichen runden, viereckigen und Vierpaßschlußsteinen und zierlich profilierten Rippen, die Runddienste oben verdickt, unten samt dem gekehlten Widerla-

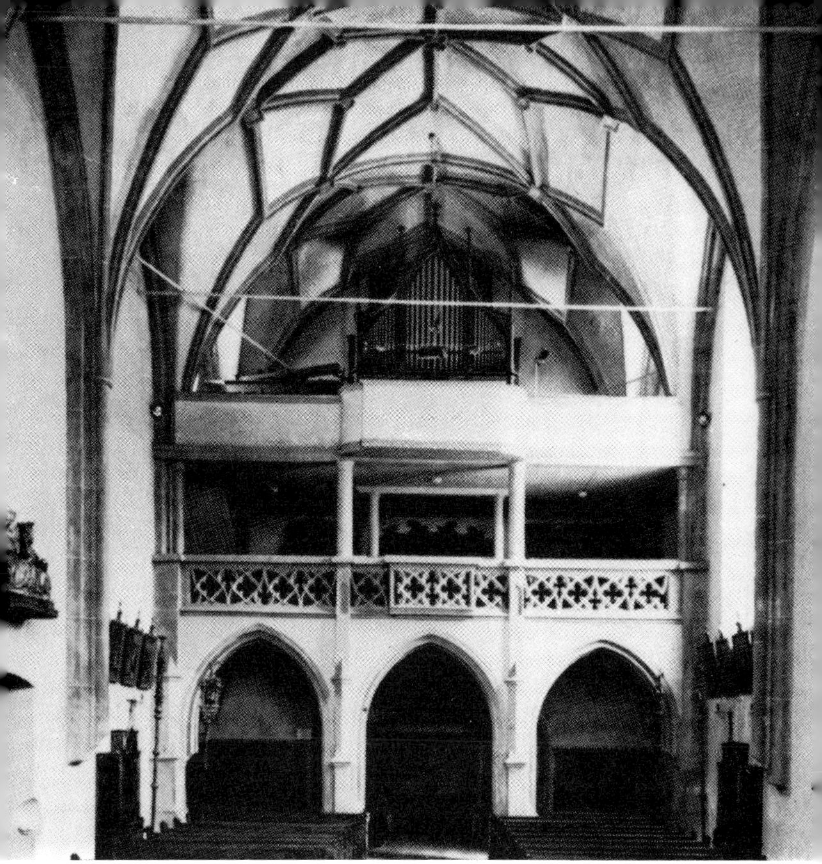

Klausen, Pfarrkirche

ger, das sich oben als Wandgurt fortsetzt, in verschiedener Höhe abgeschnitten. Am Triumphbogen Kehle und Viertelstab, im Chor südlich spitzbogige Sakristeitüre in gekehlter Leibung. Westlich sehr schöne, reichgearbeitete Empore mit einspringenden Maßwerknasen und runden, viereckigen und polygonalen Schlußsteinen am spielerischen Rippennetz, drei reichprofilierte Bogenöffnungen zwischen Strebepfeilern, durchbrochene Maßwerkbrüstung und mittlere Altarmensa. In der Sakristei zierliches Rippennetz mit Maßwerknasen und herabhängendem, viereckigem Schlußstein. Erneuert im Jahre 1955. Umfassende Renovierung 1981/82.

Wandmalereien:
1. Neben dem Hauptportal die Heiligen Andreas und Johannes d. T. Von Valentin Rovisi, 1758.
2. An der überdachten Turmwand Kreuzabnahme, Spuren gotischer Fresken, daneben Weltenrichter, 17. Jh. Fragmentarisch. Bilder an den Schlußsteinen von Meister Nikolaus von Brixen 1493. Im Gewölbezwickel hl. Andreas.

Hochaltar: Neugotischer Flügelaltar von Josef Waßler, Gemälde von Johann Rabensteiner in Klausen. — Die Seitenaltarbilder, Unbefleckte und Taufe Christi, gute Arbeiten von Josef Schöpf. Um 1800.

Holzskulpturen:
1. Kruzifix mit markanter Körperbehandlung und kleinknitterigem Lendentuch. Um 1500. Darunter Dolorosa, um 1700.
2. Thronende Maria (mit Christkind, 1973 gestohlen). Von Ruprecht Potsch, Rest des ehemaligen Hochaltars (1509).
3. Hl. Nikolaus. Um 1500.
4. Grablegung Christi. Relief, Hans Reichle zugeschrieben. Anfang 17. Jh.
5. Herabkunft des Heiligen Geistes. Spätgotisches Relief, um 1500 (im Presbyterium, aus der Apostelkirche).
6. Madonna mit Kind, Sitzfigur, 15. Jh.
7. Johannes von Nepomuk im Presbyterium. 17. Jh.
8. Mariä Verkündigung im Chor. Von Meister Leonhard von Brixen. Um 1470.
9. Der segnende Heiland und seine Mutter (über der südlichen Seitentüre). Von Meister Leonhard in Brixen. Um 1470. Ursprünglich in Säben, ebenso Nr. 8.

In der Sakristei:
10. Kruzifix, 15. Jh.
11. Maria mit Kind, gute Arbeit, 15. Jh.
12. Hl. Kassian. 16. Jh.

Zunftstangen: Der dreiteilige Schaft unten glatt, oben gedreht oder mit Reben umrankt, oben in flachen Aufsätzen Statuetten oder Leuchter. Die Stange der Holz- und Textilarbeiter mit der Hl. Familie und Petrus und Paulus und Knorpelwerk. 17. Jh., 2. Hälfte. Die der Metall- und Lederarbeiter mit zwei Heiligen und derberen Aufsätzen. Anfang 18. Jh.

Gemälde:
1. Pietà. Bez. Paul Zeiller. Um 1715.
2. Kreuzigung des hl. Andreas. Ehemaliges Hochaltarbild. Von Johann Georg Grasmair, 1721.
3. Sebastian (auf der Empore). Um 1700.

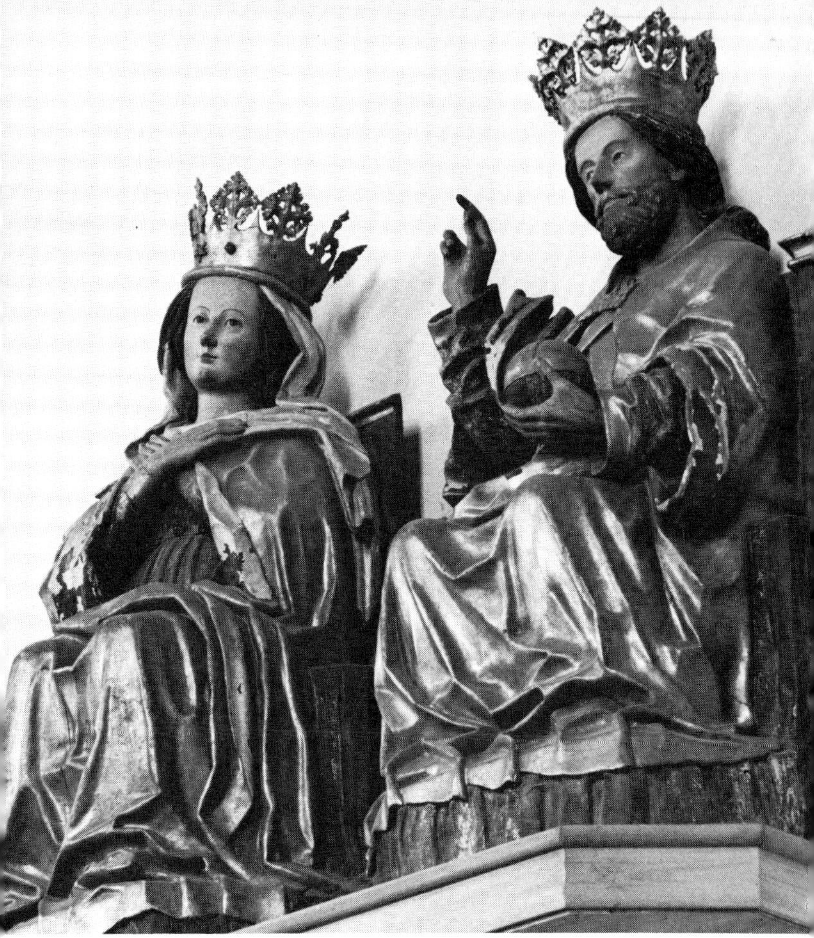

Klausen, Pfarrkirche, Christus und Maria, Meister Leonhard

Kanzel: Neugotisch. Entwurf von J. Schmid, die Holzreliefs von A. Winkler, um 1890.

Chorstuhl: Ausgebauchte Brüstung, bewegte Leisten, Rückwand mit ausgeschnittenem Giebel. Mitte 18. Jh.

Sanktusleuchter: Hervorragende Schmiedeeisenarbeiten. Um 1700.

Kirchenstühle: Reichgeschnitzte Docken mit Bandwerk, Muscheln, Tropfengehänge. 18. Jh., 2. Viertel.

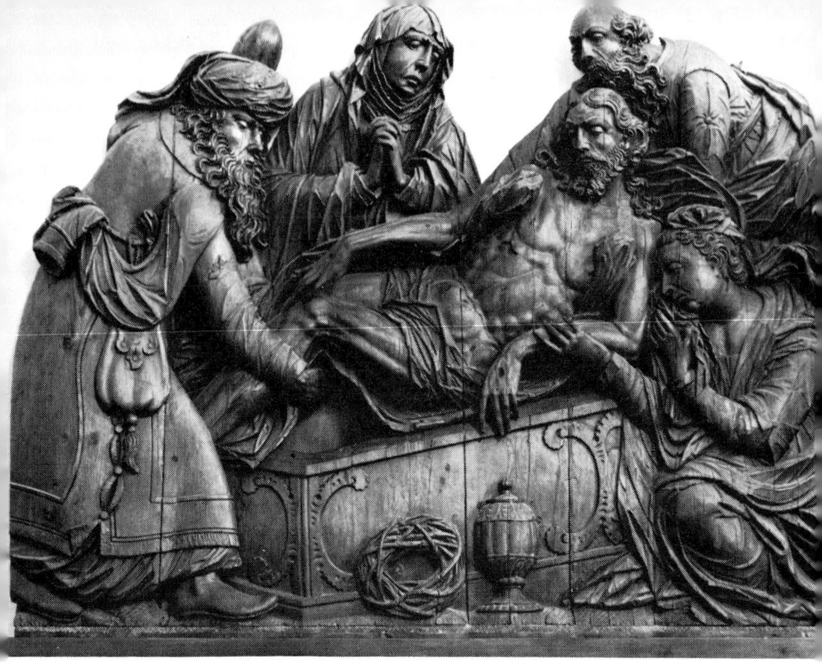

Klausen, Pfarrkirche, Grablegungsrelief

Kirchentüren: Kranzgehänge und Blattgewinde. Bez. 1800.

Ölberg: An der Südmauer Christus und die schlafenden Jünger. Gute Arbeiten mit gotischen Nachklängen. Um 1600.

Grabsteine:
1. Weißer Marmor, Michael Luz und Regina Luz geb. Leopoldin. Anfang 17. Jh.
2. Weißer Marmor. Kriegswaffen. Für den 1686 vor Budapest gefallenen Franz Leopold von Zungenberg. 1735.

Im Chor: 3. Johann Josef v. Wolkenstein 1754 und 4. Andreas v. Troyer 1718.

2. Gruftkapelle zur Schmerzhaften Muttergottes

Bau: Der 1439 erwähnte Bau enthielt unten das Beinhaus, oben die St.-Michaels-Kapelle. Freitreppe und Dachreiter, unten erneuerte Spitz-, oben Rundbogentüre, Flachbogen- und Viereckfenster. In der Gruft Kreuzgratgewölbe über Pilastern und viereckigem Mittelpfeiler. Pietà 17. Jh. Taufwasserstein 1617. Gemälde Mariahilf. 17. Jh. Das Obergeschoß profaniert.

3. Jennersche Grabkapelle

Früher im Eckwinkel des benachbarten Hauses, jetzt in der Ecke am Turm. Schmiedeeisengitter. Schwerer altarähnlicher Wandaufbau aus Stuck mit Säulen auf Sockeln, geradem Gebälk und Giebelstücken. Darin in Rollwerkrahmen vergoldete Kupferplatte mit Relief der Kreuzigung. Bez. Maximilian Röckh, Kessler zu Klausen 1636.

4. Apostelkirche

Bau: Achteckiger Fassadendachreiter mit Spitzdach, Spitzbogenportal mit dickem Rundstab, zwei Strebepfeiler, Spitzbogenfenster, der aus Quadern aufgeführte Chor dreiseitig abgeschlossen, vierzackiges Sterngewölbe zwischen derben Wandgurten, die sich als Pilaster fortsetzen, mit zierlich profilierten Rippen. Schmaler, beiderseits abgeschrägter Triumphbogen. Meister Jörg, 1467 bis 1470. Für den Nordeingang der Stadt ist dieser Bau von großem Reiz. Innen und außen 1963 restauriert.

Hochaltar: Marmor. Säulenaufbau mit gesprengtem Gebälk, Volutenaufsatz, Seitentüren, darüber die Statuen der Apostel Judas Thaddäus und Simon. Das Altarbild mit dem Gnadenbild der Dolorosa, verehrt von den Heiligen Josef, Antonius, Blasius und dem geistlichen Stifter, ist signiert: NICOLAUS VOLANI PINX. TRIDENTI ANNO 1771. Gestiftet von Anton Graf Wolkenstein (Marmortafel).

Seitenaltar: Säulenaufbau mit verkröpftem Gebälk, gesprengtem Giebel und Aufsatz. Bild: hl. Sebastian; Skulpturen: Kassian, Ingenuin und Albuin. 1708. Ehemaliger Kassianaltar, aus der Kreuzkirche in Säben.

Chorgitter: Schmiedeeisen mit Stäben, Blattranken, Spiralen und Blumenaufsätzen. 1702.

Gemälde:
1. Brustbilder des Salvator und der zwölf Apostel. 17. Jh, 2. Hälfte.
2. Maria mit Christkind und Heiligen. Landschaft mit Klausen. 17. Jh., 2. Hälfte. Art des Stephan Kessler.
3. Darstellung im Tempel. 17. Jh.

Skulpturen: Kruzifix. 17. Jh., 2. Hälfte. Am Chorbogen Kopie der Muttergottes aus der Sakristei der Pfarrkirche.

Kirchenstühle: Schön geschnitzte Docken mit Rocaille und Kranzgehängen. Um 1780.

Glocke: 1614.

Weihnachtskrippe:* In Stadtmodell von Klausen und Säben. Von Valentin Gallmetzer.

5. St. Sebastian

Bau: Der heute einsam auf der Spitalwiese 1 km nördlich von der Stadt stehende Bau wurde von Bischof Konrad von Rodank als Spital- und Pfarrkirche errichtet. Die Krypta 1208, die Oberkirche 1213 geweiht. Der runde Kuppelbau zeigt 13 leichte, nicht ganz regelmäßige Ausbuchtungen, wohl als Hinweis auf Christus und die zwölf Apostel, denen er ursprünglich geweiht war. Vierecktüre, derbe Spitzbogenfenster, spitzes Türmchen. Jetzt entweiht. 1963 begann das Denkmalamt von Trient die bisher zugeschüttete Krypta auszugraben und das Mauerwerk zu untersuchen, wobei mehrere romanische Fensterchen mit dekorativer Bemalung (Rankengeschlinge) und an der Südwand ein Apostelkopf (um 1220) entdeckt wurden. Die Arbeiten 1981 abgeschlossen.

Glocke: Kreuzigungsgruppe und Wappen. 1564.

6. Kapuzinerkirche zum hl. Felix von Cantalicio

Bau: Typischer Kapuzinerbau mit Seitenkapelle, geradem Chorabschluß, Tonnenwölbung und Dachreiter. Über dem Portal Marmorstatue des hl. Felix zwischen zwei Engeln mit Wappen und Inschrift der Stifterin Maria Anna von Pfalz-Neuburg, Königin von Spanien, die das Kloster auf Bitten ihres in Klausen gebürtigen Beichtvaters P. Gabriel Pontifeser 1697 stiftete. Die Kirche 1699 begonnen, 1701 geweiht.

Wandgemälde: Außen Sonnenuhr mit Engeln. Um 1700.

Altäre: Einfache Säulenaufbauten mit gesprengtem Giebel. Das Hochaltarblatt, Felix von Cantalicio, und das Altarblatt der Seitenkapelle, hl. Antonius und hl. Franziskus, das Jesuskind herzend, bez. Paolo Pagani. Um 1700. Die Seitenaltarblätter, die Hl. Familie mit Gottvater, Hl. Geist und Engeln sowie hl. Anna, Joachim, Maria und Engel, Carlo Cignani zugeschrieben. Alle vier Altarblätter Geschenke der Großherzogin Dorothea von Parma, der Schwester der Stifterin. Gute Bilder, Geschenke der Königin, des P. Gabriel usw. aus dem 1972 aufgelassenen Kloster befinden sich in der Loretokapelle und in der Sakristei, darunter mehrere, die Luca Giordano zugeschrieben werden.

Kanzel: An der Brüstung Pilastergliederung, am Schalldeckel Volutenbänder. Um 1800.

Im Refektorium des Kapuzinerklosters, 1978 aufgelassen, wird seit 1980 ein *Heimatmuseum* eingerichtet, das Geschichte und

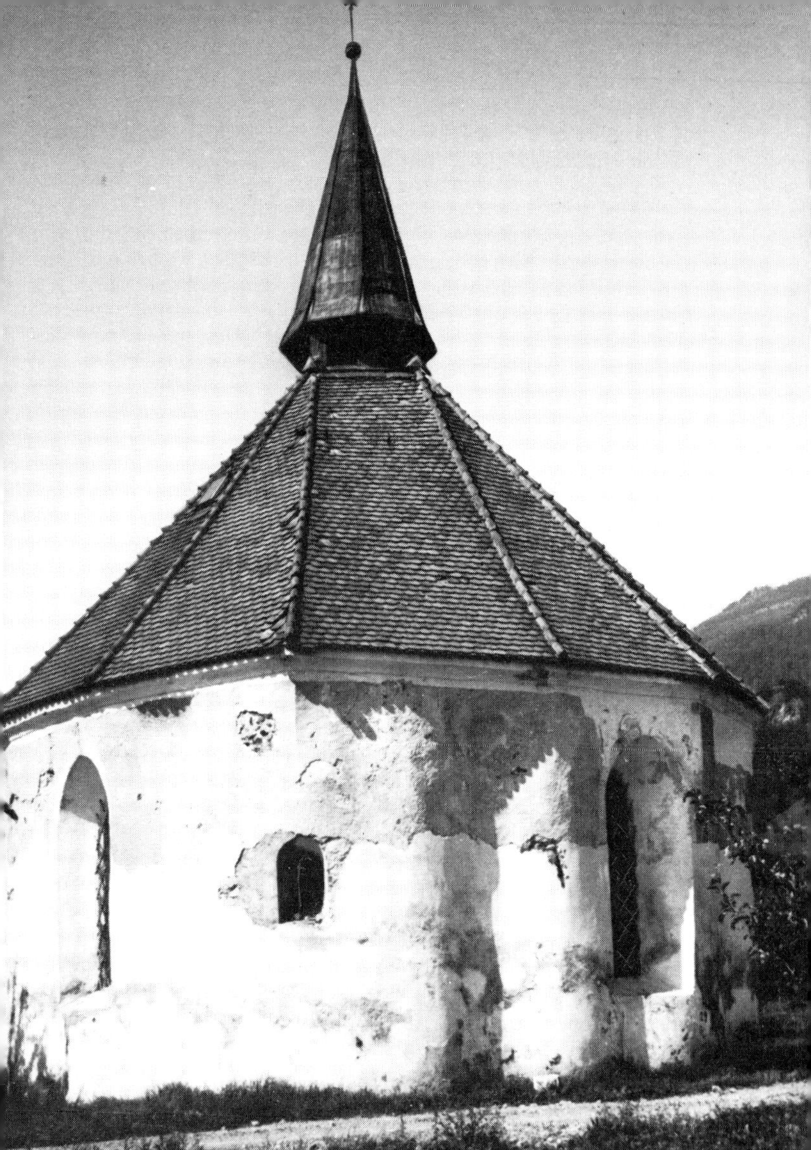

Klausen, Sebastianskirche

Kunst des mittleren Eisacktales dokumentieren soll (Grundstock Pernthalersche Sammlungen und Haspinger-Museum).

7. Maria Loreto

Bau: An der Stelle des Geburtshauses des P. Gabriel ließ die Königin Maria Anna von Spanien 1702/1703 für ihren Beichtvater eine Nachbildung des hl. Hauses in Loreto errichten. Über dem Portal Wappenkachel Anna Maria von Pfalz-Neuburg. Restauriert 1963.

Wandgemälde: Übertragung des Hauses von Loreto. Um 1720.

Altar: Nachbildung des Altars in Loreto. Schwarze, bekleidete Madonna. Spitzblattranken. Holzskulptur, Verkündigung, gute Arbeit von Nicola Fumo, 1700.

Gitter: Schmiedeeisen mit Rankenwerk und Stäben. Um 1700.

Gemälde:

1. Vier Szenen aus dem Leben des hl. Antonius. Spanisch. Von Pedro Orrente (?).
2. Vermählung Mariens.
3. Geburt Christi.
4. Magdalena. 2.—4. spanische Arbeiten, um 1670.
5. Maria von Loreto erscheint bei einer Brücke über einer Überschwemmung. 17. Jh.
6. Hauptmann von Kapharnaum. 17. Jh. (Luca Giordano?). Fast alle Gemälde deponiert.

Orgel: Spitzblattranken. Von Franz Köck. Um 1700.

Loretoschatz

In der 1963 an die Loretokapelle von Architekt Erich Pattis angebauten Schatzkammer ist der sogenannte Loretoschatz verwahrt, bestehend aus zahlreichen wertvollen Gemälden, Paramenten und kirchlichen Geräten, die teils P. Gabriel Pontifeser während seiner Tätigkeit als königlicher Beichtvater in Spanien von den verschiedensten Seiten zum Geschenk erhalten hatte, teils von der Königin eigens für das von ihr gegründete Kloster bzw. für die Loretokapelle gestiftet wurden. Abgesehen von Gemälden des 16. Jh.s sind es meist spanische Arbeiten, die im 17. Jh. und um 1700 verfertigt wurden. Von besonderem Interesse die reichgestickten Paramente, die Kelche und sonstigen Altargeräte, besonders die aus Bergkristall, und der Feldaltar Karls II. mit einem Kreuzigungsrelief von Leone Leoni.

Kücheneinrichtung von Nazareth: Nachahmung der Kücheneinrichtung des heiligen Hauses in Loreto, bemalte Majoliken, italienische Arbeiten des 17. Jh.s, eine goldverzierte und bemalte maurische Garnitur und Miniaturnachbildung von Metallgeschirren.

II. Bildstock und Denkmal

An der Straßenmauer gegenüber Maria Loreto. Um 1750.

Denkmal für den Kapuzinerpater Joachim Haspinger. Bronze. Von Josef Piffrader, Klausen. 1909.

III. Bürgerhäuser

Da nur schmale Bauplätze zur Verfügung standen, war die Anlage von größeren Lichthöfen und ausgesprochenen Hinterhäusern im allgemeinen nicht möglich und mußte alles möglichst zusammengedrängt werden, wobei man aber doch den Bauplatz sehr gründlich ausnützte und alle in Südtirol üblichen Baumotive nach Möglichkeit verwendete. Auch hat jedes Haus seinen kleinen Garten, der gegen den Eisack hin tiefer liegt als die Straße, gegen den Berg hin aber den jäh ansteigenden Hang benützt, so daß man hier in den Garten über Treppen hinauf-, dort aber hinabsteigen muß. Diese eigenartige Lage hat weiterhin zur Folge, daß die Keller auf der Bergseite vielfach in den Felsen gegraben sind, während sie auf der Flußseite zwar tiefer als die Straße, aber trotzdem ebenerdig liegen. Die Häuser sind im Durchschnitt kleiner und wohl auch schlechter als etwa in Sterzing, Brixen und Bozen, haben aber dafür im ganzen ihren alten Charakter besser gewahrt. Die in manchen Kellern noch sichtbaren regelmäßigen Steinlagen (vgl. Nr. 5, 66, 71, 83) beweisen, daß viele Häuser, wenigstens in ihren unteren Teilen, noch in die Gründungszeit der Stadt zurückreichen. Ihre heutige Form haben sie größtenteils im 15. und frühen 16. Jh. erhalten, die Zimmerausstattungen aber gehören vielfach dem 17. und 18. Jh. an. Die Fassaden sind fast durchwegs mit viereckigen oder polygonalen Erkern geschmückt und kehren den schlichten Giebel gegen die Straße, wogegen Zinnen und Zinnengiebel (vgl. Nr. 3 und Fragburg) die Ausnahme bilden. Bei den vielen Gasthäusern (heute vielfach nicht mehr in Betrieb), die der lebhafte Straßenverkehr im Gefolge hatte, spielen im malerischen Straßenbild auch die schmiedeeisernen Wirtshausschilder eine wichtige Rolle.

Nr. 85, das ehemalige bischöfliche Zollhaus, ist mit zahlreichen bischöflichen Wappen geschmückt. Bei der Restaurierung 1980 bis 1982 konnten weitere Gemälde des 16. bis 18. Jh.s freigelegt werden: Kassian, Ingenuin und Albuin im bischöflichen Ornat, 16. Jh., Wappen der Fürstbischöfe. Über der gotischen Eingangstüre Steinrelief, Wappen des Hochstiftes und des Bischofs Mel-

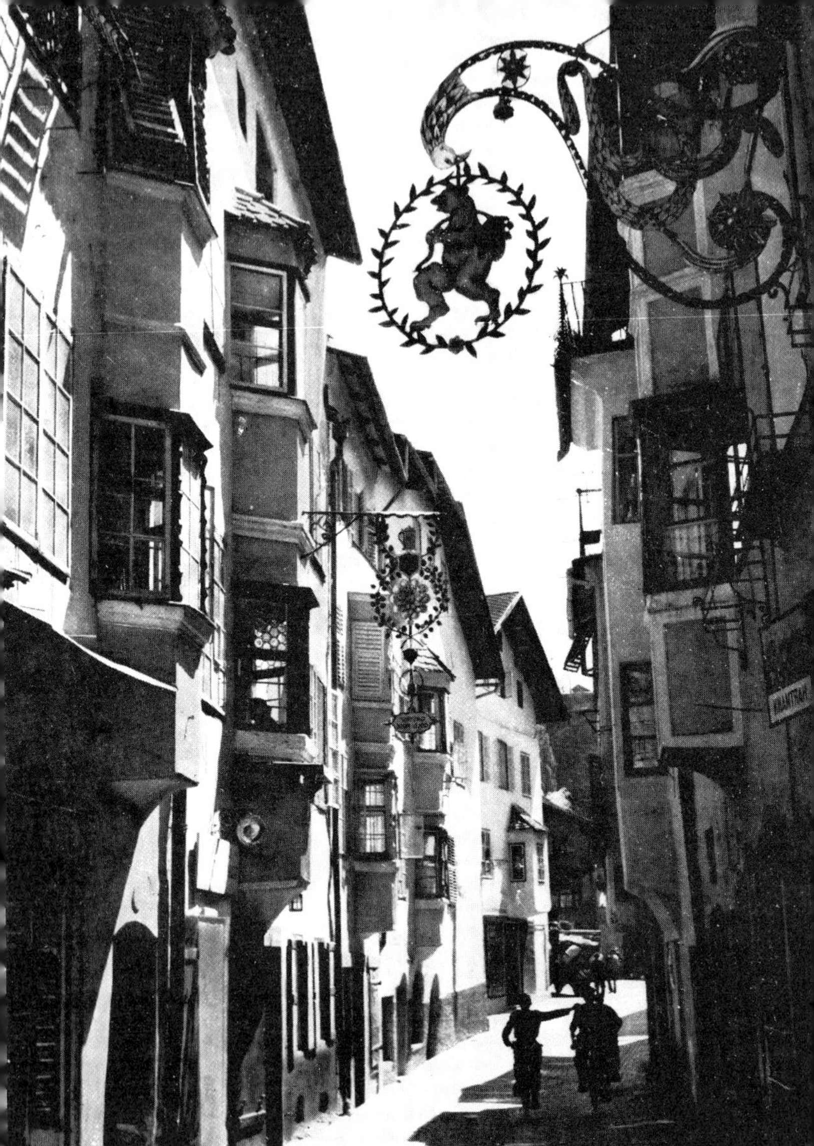

Klausen, Stadtbild

chior von Meckau, 1499. Aus dem 18. Jh. haben sich noch mehrere einzelne Fassadengemälde erhalten (Nr. 45). Die Haustüre führt in den gewölbten Hausgang (schöne Beispiele mit Gratgewölbe bei Nr. 2 und 80) oder auch in eine Halle, die meist gewölbt ist (Nr. 3, mit Mittelpfeiler!, 5, 83, 84) oder ausnahmsweise (Nr. 77) auch eine Balkendecke trägt. Wie in den anderen Südtiroler Städten ist auch in Klausen auf die Ausgestaltung des Stiegenhauses besondere Sorgfalt verwendet. An den malerisch unterwölbten Treppen und Verbindungsgängen wechseln Holzgeländer, Balustraden, Schmiedeeisengitter, vollgemauerte oder mit Ziegelrauten durchbrochene Brüstungen (Nr. 23 — erneuert — 27, 69, 74, 83), sehr beliebt sind vor den Wohnungen offene, gewölbte Vorplätze (Nr. 3, 67) und immer ist das Treppenhaus mit dem Lichtschacht und der vielfach noch erhaltenen gewölbten und möglichst frei geöffneten Lichthaube verbunden (Nr. 1, 22, 26, 27, 28, 64, 65, 67, 68, 69, 72, 73, 76, 83). Als besonders malerische Beispiele können Nr. 27 (Gasthaus „Zum Bären", unter Bedachtnahme auf den spätgotischen Baubestand stilvoll erneuert), 64, 66 (ehemaliges Gasthaus „Zur Rose"), 72, 74 (ehemaliges Gasthaus „Zum Mondschein", jetzt modernisiert) und vor allem 83, ehemaliges Gasthaus „Zum Lamm") gelten, wo das schöne Treppenhaus mit Galerien, Holzgeländern, Ziegelfüllungen durch einen breiten Rundbogen mit einem flachgedeckten, malerischen und durch den Stirnerker wirkungsvoll beleuchteten Mittelsaal verbunden ist, der eine ganz besondere Sehenswürdigkeit darstellt (stark vernachlässigt). Auf der Gartenseite sieht man gelegentlich malerische Söller oder auch Loggienbögen (Nr. 3, 27, 41). Die Wohnzimmer tragen mehrfach noch ihre gotische Balkendecke (Nr. 28, 45), besonders schön Nr. 74 (ehemaliges Gasthaus „Zum Mondschein") und 77 (ehemaliges Gasthaus „Zur Sonne"), im späteren 16. und 17. Jh. wurden dann Felderdecken, mit Rosetten geschmückt, sehr beliebt (vgl. Nr. 26, 83) und auch in ganz später Zeit, gegen 1800 hin, wurde gelegentlich noch Getäfel hergestellt (Nr. 41 und 59). Reichere Stuckdecken sind nur noch im Ansitz Seebegg (Bergamt) vorhanden. Wo es anging, legte man, am liebsten im Hinterhaus, wenn ein solches vorhanden war, auch einen größeren Saal an (Nr. 2, 26, Pfarrwidum, Ansitz Bärburg).
Der Mesnerturm, ehemaliger Brückenturm, 1982 renoviert.

Branzoll

Die alte Burg Branzoll, die aus dem erhaltenen Bergfried, einer anschließenden Ringmauer mit Südturm (Grundmauer noch vorhanden) und einem Palas bestand und im 15. Jh. durch einen großen Wohnbau und Treppenturm erweitert wurde, brannte 1671 ab und wurde 1911/12 in der heutigen Form erneuert. Sie war Mitte des 13. Jh.s von den Herren von Völs-Säben errichtet worden, die sich 1304 mit ihrer Burg der Lehenshoheit des Brixner Bischofs unterwarfen. Nach ihrem Aussterben saßen hier die bischöflichen Pfleger und Stadtrichter. Die romantische, im ganzen aber wohlgelungene Erneuerung erfolgte unter dem Besitzer Karl Traut. Heutiger Besitzer (seit 1974) ist Conte Corti.

Anger

Die kleine, tief an einem unbewehrten Hang gelegene Burg wird im Süden und Südwesten von einem Zwinger mit erneuerter Zinnenmauer eingefaßt und gruppiert sich im übrigen um einen malerischen Mittelhof mit Bogenöffnungen und Freitreppen, von denen eine eine durchbrochene Ziegelbrüstung in Form einer Blattrispe zeigt. Der Hauptbau, der die westliche und südliche Flanke einnimmt, wird durch mehrere Erker, eine turmartige Eckerhöhung und gegen Süden durch drei eng zusammengerückte Viereckfenster in abgetreppter Spitzbogennische und unter dem Dach durch ungewöhnlich hohe, unten dreieckig erweiterte Schießscharten zwischen zugemauerten Zinnenlücken gegliedert. Das Innere ist weitgehend erneuert. In einer Stube Getäfel mit Maßwerkfries aus Albeins, um 1500, im Saal Wandverkleidung, die aus einer Kirche stammt. 18. Jh. Mehrere schöne Öfen, 17. und 18. Jh., z. T. aus der bischöflichen Hofburg in Brixen.

Ein Hof zu Anger wird 1264, die Burg selbst 1323 erstmals erwähnt und war vielleicht im Besitz der 1348 ausgestorbenen Herren von Teis. Zu diesem älteren Bestand gehören in der Hauptsache der Westbau, die Umfassungsmauer und die Zwingeranlage im Westen; die heutige Ausdehnung geht auf die späteren Besitzer, die Herren von Neideck (1442 bis 1591 Lehensinhaber), zurück. Christoph von Mayrhofen erwarb 1591 die Burg und ließ sie weiter umbauen. Seine Nachkommen führten das Prädikat von Koburg und Anger, 1894 wurde Anger vom heimischen Dichter Arthur von Wallpach (1866 bis 1946) weitgehend erneuert und eingerichtet und befindet sich bis heute im Besitz der Familie Wallpach. Da sowohl die Neidecker als auch die Mayrhofen lange Zeit Anhänger der lutherischen Lehre waren (Luther soll sich 1511 auf seiner Rückkehr von Rom in Anger aufgehalten haben), ist die spätgotische Burgkapelle seit jeher ohne Einrichtung.

Neideck

Der einfache Ansitz östlich ober Klausen, der seine heutige Gestalt im 16. Jh. erhielt, aber stark erneuert und verwahrlost ist, wird nach einer Meinung als Hof Nidikke schon 1288 erwähnt, während er nach einer anderen Meinung erst 1446 von den aus Kärnten eingewanderten Herren von Neideck, die auf Anger saßen und 1603 in der tirolischen Linie ausstarben, erbaut worden ist. Im späteren 16. Jh. (1558) und noch 1750 im Besitz der Jenner; seit 1961, nach häufigem Besitzwechsel, des Bauern Johann Steiner, Latzfons. Das schöne marmorne Doppelbogenfenster mit Rosettenrahmung wurde ausgebrochen und durch ein Holzfenster ersetzt.

Seebegg

1675 erhielten die Brüder Abraham, Oswald und Isaak von Jenner den Reichsadel mit den Prädikaten Seebegg und Bärburg. Oswald, der 1691 kinderlos starb, wohnte auf dem älteren Haus Seebegg (Säbener Eck). In seiner heutigen Form ist Seebegg ein Bau aus der Zeit um 1730 (Bauherr war wahrscheinlich Josef Isaak von Jenner 1698 bis 1782 aus der jüngeren Linie, der 1739 die Adelsbestätigung mit den gleichen Titeln bekam) und ist mit seiner dreiflügeligen massigen Anlage ein interessantes Denkmal barocker Profanarchitektur in Südtirol. Auffallend am schloßartigen, südlich über der Bahnlinie am alten Weg nach Lajen gelegenen Bau ist die einfache Außengliederung mit flachen Putzbändern, Rustika an den Ecken und regelmäßigen Fensterreihen, einfach auch das Hauptportal an der Westseite mit Diamantquadern an Scheitel und Sturz des Steinrahmens. Geräumiges Treppenhaus, klare Raumeinteilung mit durchlaufenden Gängen. Einen Hauptakzent erhält der Bau durch den prächtigen Festsaal, der den südseitigen Flügel im ersten Stock einnimmt; man betritt ihn vom Gang aus durch ein mit Wappenkartuschen, Putten und Tröpfchengehänge aus Stuck gekröntes Portal mit Türflügeln in Holzintarsia; innen über der Tür gebauchter Balkon, der von zwei Hermenpilastern mit männlichen Karyatiden getragen wird; Schmiedeeisengitter mit Bandwerk, Rosettengitter und zwei Löwen, die Monogramm mit Krone halten; unter dem Balkon stuckierter Adler mit zwei Wappen Jenner und dem Monogramm: HOC AVLAE SPLENDORE SEBOEGGIVM EXORNAVIT JOSEPHVS (1733). Der ganze Saal ist mit Stukkaturen und Malerei reich verziert. An der flachen Decke Mittelbild mit Ausfahrt des Sonnengottes, rings herum Medaillons, zum Teil in Stuck (mit den Jennerischen Wappenbildern Bär und Erzhauer, zum Teil in gelbem Chiaro-

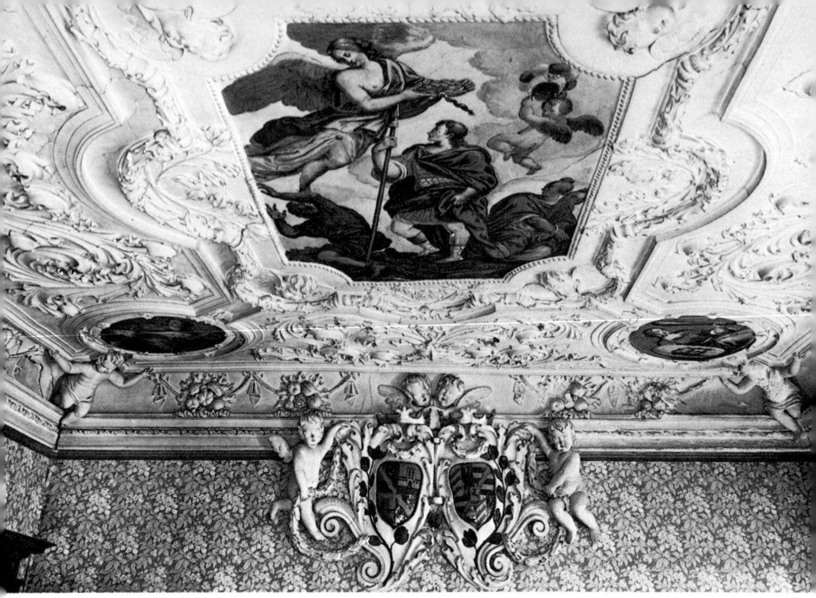

Ansitz Gering, Waidbruck: Saal

Ansitz Seebegg, Klausen: Saal

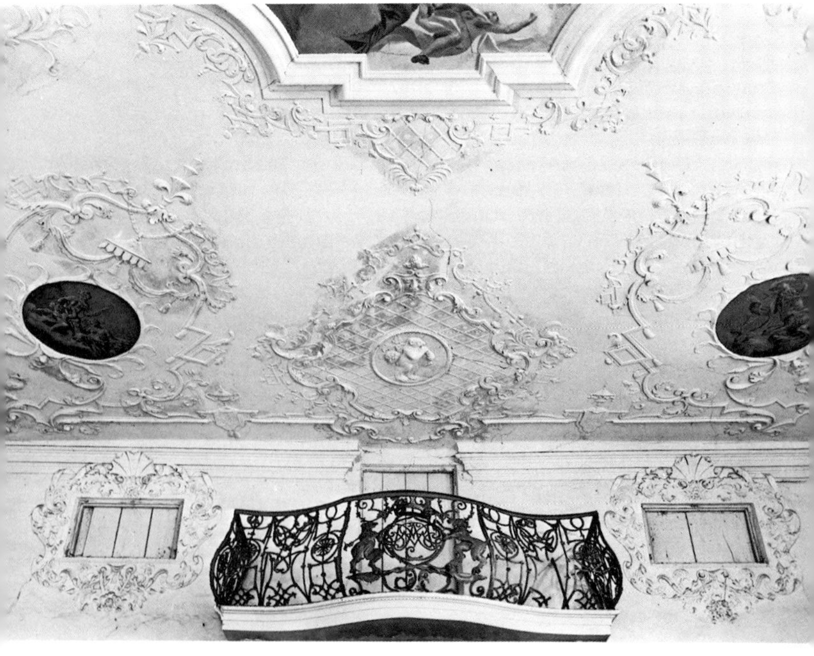

scuro, vier Jahreszeiten). Im rahmenden Stuck Bandel- und Gitterwerkmotive, Festons, Vögel, Blattansätze, alles in flacher Ausbildung und in sehr feiner Arbeit. Die Fenster, je drei an der Ost- und Nordseite, zwei an der Südseite, sind mit den kleinen Mezzaninfenstern jeweils in Stuckrahmen zusammengefaßt; ober den großen Fenstern querovale Medaillons mit Fresken und Büsten antiker Götter, in den Laibungen in Medaillons farbige Stuckreliefs mit Chinoiserien, Jagdszenen, Jahreszeiten, Darstellungen der Elemente. Prächtiger Kamin aus Stuckmarmor an der Südseite: am hohen Mantel, Darstellung des Bergwerksbetriebs am Pfundererberg und Bergwerkswappen in herzförmiger Kartusche.
1797 wurde Seebegg von den Franzosen besetzt. Seinerzeit sollen sich an allen Fenstern schmiedeeiserne Fensterkörbe befunden haben. Franz Seraph von Jenner, Enkel des Josef Isaak, verkaufte als Letzter seiner Linie Seebegg 1842 der Stadt Klausen, die hier das Berg- und Hüttenamt einrichtete. Jetzt Mittelschule. 1982/83 Gesamtrestaurierung.

Griesbruck (Klausen)

Der nahe am Eisack stehende Ansitz wird von einer Mauer umfaßt. Sie ist beiderseits des viereckigen Torhäuschens gezinnt: ober dem Flachbogentor hier ein Wolkensteinischer Wappenstein, die Fenster sind mit Voluten und Muschelwerk eingefaßt, das Dach ist ein geschweiftes Ziegeldach. Das Herrschaftshaus selbst, zu dem der Torweg führt, ist ein viereckiger, regelmäßiger Bau mit einfacher Außengliederung durch Gesimsbänder, ober dem Tor doppelte regelmäßige Viereckfenster und Fries mit gekuppelten Konsolen unter dem Dach. Ober dem rundbogigen Haupttor gemaltes Allianzwappen Wolkenstein, die zwei kleinen Seitenanbauten zeigen ober der Durchfahrt je einen eingemauerten kleinen Wappenstein des Johann Franz von Wolkenstein (1686 bis 1739) mit der Jahrzahl 1723. An der Ostseite Stiegenhausanbau, an den Fenstern ebenerdig einfache Schmiedeeisengitter. Im Innern regelmäßige Raumeinteilung: im ersten Stock in der gewölbten Flurhalle einfache Stuckdekoration in Rocailleformen, die Zimmer in der Südostecke mit ähnlicher Stuckierung sind heute unterteilt. Im zweiten Stock Mittelsaal mit flacher Decke, auf der in Stuckrahmung mit Tropfengehängen und Spitzblattranken vier längliche Fresken mit mythologischen Szenen gemalt sind. Im nordwestlichen Zimmer Mittelfresko mit Götterszene und in den Eckmedaillons Darstellung der vier Elemente, Stuckrahmung. Die Bilder sind vielleicht von Ulrich Glantschnigg. Das vom Brixner Kanzler

Georg Felix von Mohr angekaufte, 1680 zum Edelsitz erhobene und seit 1682 im Besitz der Grafen Wolkenstein-Trostburg befindliche Haus wurde von ihnen ausgebaut und in zwei Zeitabschnitten reich ausgestattet. Nach einer anderen Nachricht waren die Wolkenstein schon 1653 im Besitz von Griesbruck.
Griesbruck kam 1906 an Familie Pfizer-Steiner; von der Ente per le tre Venezie kaufte es 1948 Giulio Baraldi; seit 1949 gehört es Familie Ferrari, Klausen, und ist vermietet. Im ersten Stock ist das Grundbuchamt untergebracht.

Gamp (Gasthof Gamp, Nr. 22)

Ein Hof ze camp 1288 erwähnt; bekannte Besitzer waren 1321 Gottfried Liebenanger, 1374 und 1380 Hans Stemphel, um 1500 Herren von Ried, 1529 Viktor von Teutenhofen, 1567 Kauf durch Balthasar von Mayrhofen, 1598 Verkauf durch Hieronymus von Neideck an Hans Lutz von Glatsch, dessen Familie den heute völlig umgebauten, seit langem als Gasthaus geführten Hof bis ins 19. Jh. besaß. Seit 1947 Oswald Schöpfer Besitzer. Längsrechteckiger Bau mit Erker an nördlicher Hausfront, keine älteren Baudetails. Lutz-von-Glatsch-Wappen.

Bärburg (Pfarrwidum)

Das an der Brücke gelegene heutige Pfarrwidum, ein Haus mit breiter Fassade, Satteldach und mit Stuckranken um die Fenster (Anf. 18. Jh.) ist der frühere Ansitz Bärburg und war Wohnsitz einer Linie der Familie Jenner, deren Stammvater Jakob aus Savoyen einwanderte und die 1519 bis 1550 in Klausen das Bürgerrecht erwarb und 1675 mit den Prädikaten Bärburg und Seebegg geadelt wurde. Sie führte einen Bären im Wappen. Seit 1847 Dekanatswidum.
Im rückwärtigen Anbau im ersten Stock zwei Räume: der westliche mit einfacher Felderdecke und profilierten Leisten hat mittleres Vierpaßmedaillon mit Bild der Krönung Marias, auf Holz gemalt (Kaspar Waldmann?), durch späteren Wandeinbau unterteilt; im zweiten Raum Felderdecke mit Rosetten.

Ansheim

Der bis auf zwei polygonale Erkerchen schmucklose große Bau gegenüber dem Kapuzinerkloster verrät heute nicht mehr viel von seiner alten Geschichte. 1345 besaßen ihn die Herren von Villanders, von denen ihn die Wolkenstein erbten: 1429 Chunrad der Wolkensteiner zu Ansheim. Im 16. Jh. war er kurze Zeit im Besitz der Enzenberg, kam dann an die Troyer (1629 Caspar Troyer), die ebenso wie die erbweise nachfolgenden Lutz (Ehe der Rosina Troyer, gest. 1631, mit Michael von Lutz, gest. 1663)

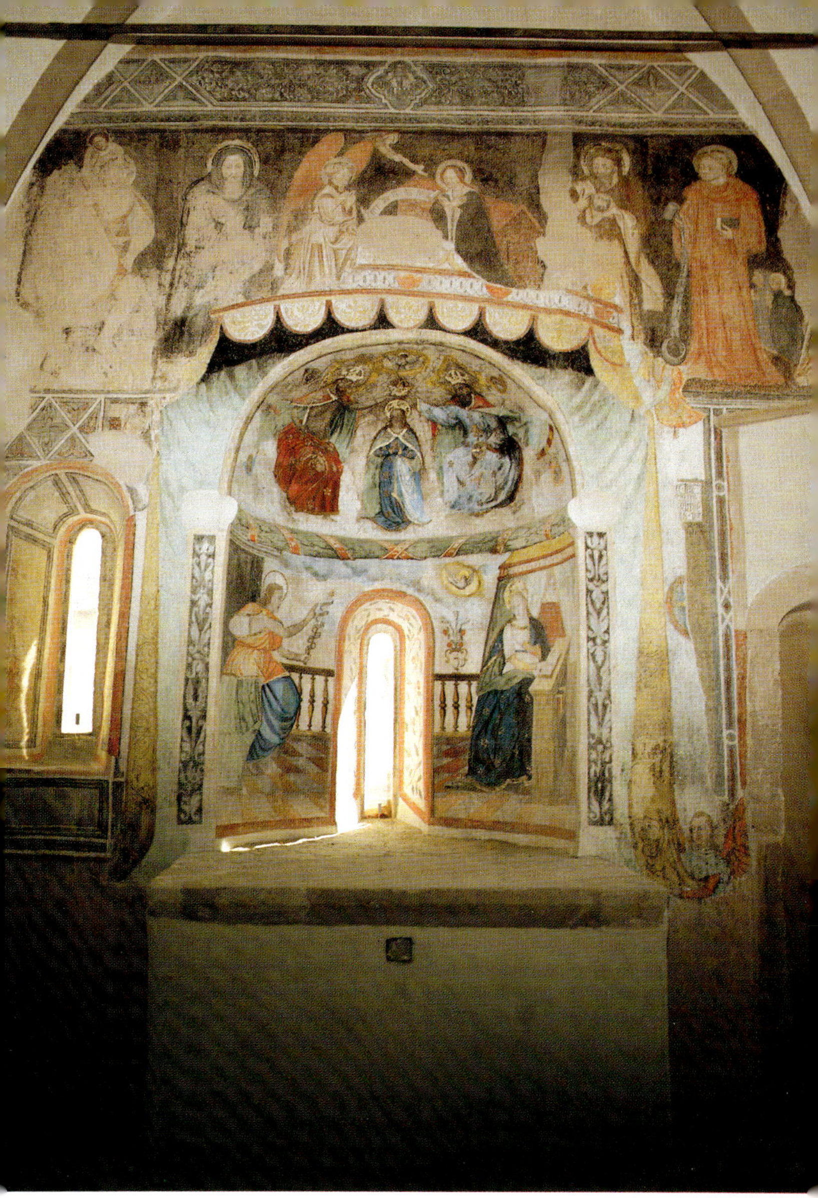

Tafel XV Völs, St. Michael am Friedhof, Wandgemälde von 1599 (Apsis) bzw. um 1410/20 (S. 426)

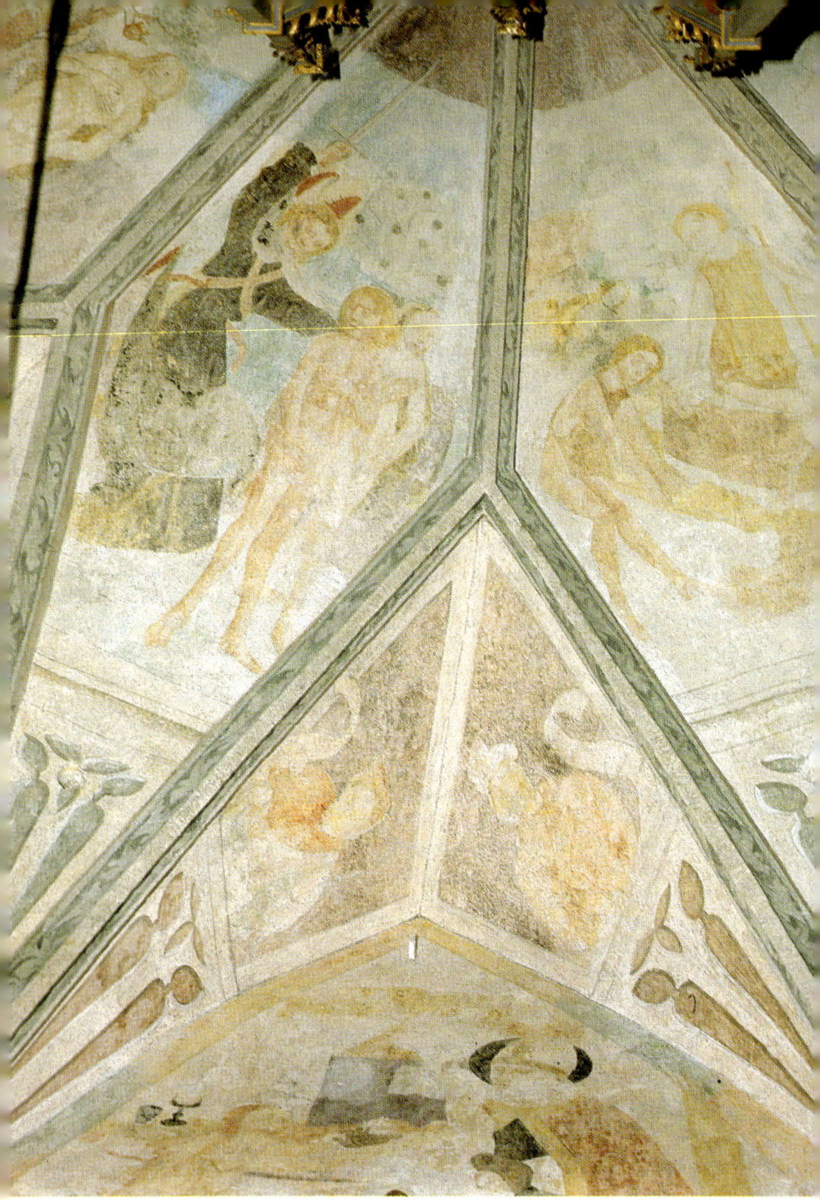

Tafel XVI Seis, St. Valentin, Wandgemälde mit Szenen aus dem Leben des hl. Valentin, Propheten usw., um 1520/30 (S. 412)

davon das Prädikat führten. 1832 veräußerten die Lutz-Ansheim, erwarben es aber 1922 wieder zurück. Nach Zwischenbesitz von Scheidle 1953 an Stefanie Aukenthaler verkauft, bis 1976 als Kaserne vermietet, heute Mietwohnhaus.

Rechegg (In der Frag 13)

Der in einem großen Garten auf felsigem Terrain liegende Ansitz an der Straße gegenüber der Fragburg, ist ein origineller Bau von rechteckigem Grundriß, der an der Süd- und Nordseite mit zwei rondellartigen, zweigeschossigen Rundtürmen, an der Ostseite mit einem Vierecktürmchen und einem kleinen Viereckerker vortritt. Gedeckter Stiegenaufgang mit vierzig Stufen, steingerahmtes abgefastes Rundbogentor mit Sockelschräge; im unteren Geschoß, wo zum Teil noch Felsen vorschaut, gewölbte Räume; im Stiegenhaus schönes Schmiedeeisengitter mit Blattwerk. In einem Zimmer im ersten Stock Stuckdecke (unterteilt) und einfaches Brustgetäfel, darüber eine Folge von 18 Bildern auf Leinwand, mit mythologischen und chinesischen Szenen und Texten. Zwei Öfen mit Wappenkacheln Wolkenstein (G. V. W. D. Z. R.), 18. Jh. Ehemaliger Gerichtssaal der Wolkenstein jetzt unterteilt.
Außen am östlichen Rundturm zeigte ein jetzt verwitterter Wappenstein das Wappen der Rech. Diese seit dem 15. Jh. in Bruneck und im 16. Jh. in Gufidaun, Villanders und Klausen nachweisbare Familie, wo sie Richter- und Pflegerstellen innehatte, erwirkte unter Balthasar Rech 1576 von Erzherzog Ferdinand die Erlaubnis, sich nach ihrem neu gebauten Haus, das früher Panzendorff geheißen habe, mit dem Prädikat Rechegg nennen zu dürfen. (Der Name Panzendorff könnte mit der großen Kelleranlage im Garten neben der Stiege, die gotische Tür zeigt, zusammenhängen.) Durch die Ehe der Anna Rechin von Rechegg mit Jakob Leopold von Schwarzhorn und Gravötsch kam Rechegg an diese Familie (1629 Balthasar Leopold zu Rechegg), war dann im Besitz der Familie von Lutz, 1696 des Gabriel von Sepp, der mit Barbara Lutz verheiratet war, 1735 bis 1800 Grafen Wolkenstein-Trostburg und bis 1760 Sitz des Gerichtes Villanders, dann in bürgerlichen Händen. Seit 1870 Familie Bargher und Erben.

Mayrheim (Klausen, In der Frag)

Die heutige Metzgerei und Bar Gasser ist der alte Ansitz „Mayrheim", mit dessen Prädikat Adam Mayr, Gerichtsschreiber zu Villanders auf der Frag, 1658 geadelt wurde. Um 1780 Besitz der Maria von Leitner, dann Gasthof zur Traube.
Turm mit Pyramidendach, anschließend Giebelfassade mit weit vorspringendem Dach, polygonale Erker. Ebenerdig (abgeteilt)

und im ersten Stock kreuzgratgewölbter Flur mit schildförmigen Schlußsteinen. 16. Jh.

Fragburg (In der Frag 30)

Das wohlerhaltene Haus zeigt an der Nord- und Südseite Zinnengiebel unter Walmdach, nach Süden erfolgte später ein Anbau. Kleiner Viereckerker auf Konsolen an der Ostseite und steingerahmte abgefaste Rundbogentür, innen mit breiten Schubbalkenlöchern an der Westseite. Gewölbte Flurhalle in beiden Stockwerken, unten getäfelte Stube, gegenüber die heutige Küche mit schönem Gratnetzgewölbe; Steinstiege. Dazu gehört die 1734 an Stelle einer älteren Kapelle geweihte freistehende Kapelle zum hl. Kreuz.
Für die Fragner zu Fragburg, die 1561 geadelt wurden, gefreit, den Bauformen nach aber spätgotisch. Später im Besitz der Katzelohr, die davon das Prädikat führten. 1630 im Besitz Christophs von Ingram zu Fragburg, Pfleger von Villanders, 1750 des Franz von Gagers, dann der Herren von Gasteiger (?); seit zwei Generationen der Familie Lanziner.

V. Säben

Der Burgberg von Säben, ein Dioritfelsen, der talbeherrschend über Klausen aufragt, ist eine Stätte ältester Besiedlung. Funde, u. a. von Loch- und Flachäxten und von Keramik reichen in die frühe Bronzezeit, weitere Funde stammen aus der Hallstattzeit, während es aus der Römerzeit außer Münzen keine Belege gibt, so daß keine römische Niederlassung an dem wegen Wassermangel ungünstigen Gelände anzunehmen ist. Eine besondere Stellung nimmt Säben, „der heilige Berg Tirols" jedoch vor allem wegen seiner einzigartigen Kontinuität als christlicher Kultplatz ein. Durch archäologische Grabungen, die seit 1976 durchgeführt wurden, ist diese Kontinuität noch eindrucksvoller als bisher unter Beweis gestellt worden. Die neuen Fundergebnisse erweiterten insbesondere die Kenntnis von den frühen Kirchenbauten, die im Zeitraum vom frühen 5. Jh. bis zum Jahr 1000 an drei verschiedenen Standorten am Säbener Berg bestanden haben.
Als Fluchtsiedlung entstand nach dem Zusammenbrechen der römischen Reichsorganisation gegen Ende des 4. Jh.s eine Gebäudeanlage auf der Terrasse vor der Liebfrauenkirche. Zugeordnet war eine spätrömisch-frühchristliche Kirche mit Taufraum im Bereich der heutigen Marienkapelle. Der Reliquienbehälter aus Sandstein, der später im Altar der Heiligkreuzkirche eingemauert wurde, stammt wahrscheinlich aus dieser Kirche. Die Siedlung wurde wenig später nach Zerstörung aufgelassen

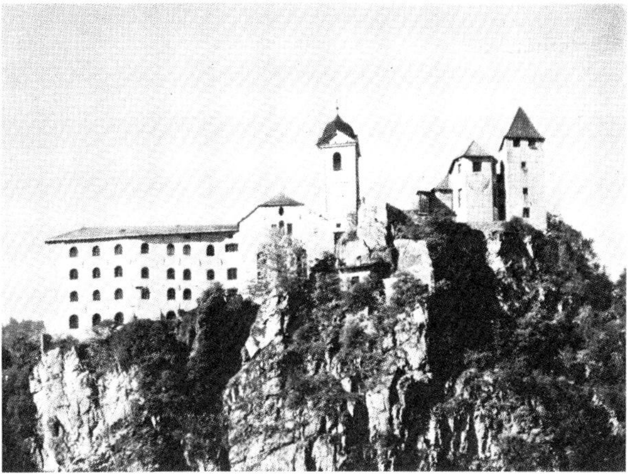

Säben

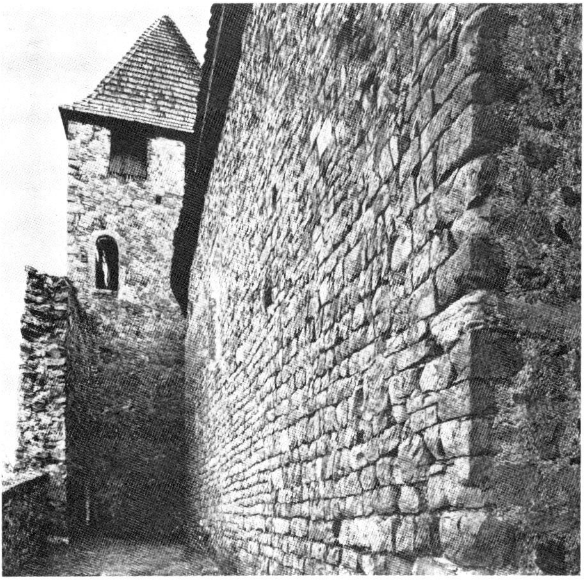

Säben, Kassiansturm und Heiligkreuzkirche

bzw. wahrscheinlich nach weiter oben verlegt, und es entstand dann ein großer Begräbnisplatz. Über 230 Gräber des 6. und 7. Jahrhunderts, darunter bajuwarische mit reichen Beigaben, konnten auf diesem Weinbergareal gefunden werden. Es befand sich hier eine weitere bereits im 7. Jahrhundert zerstörte und dann wieder veränderte große Kirchenanlage, in der möglicherweise die erste Bischofskirche zu sehen ist. Ein Bischof von Säben ist seit ca. 570 sicher nachweisbar. Die bedeutendste historisch faßbare Bischofsgestalt war der hl. Ingenuin, der um 600 starb. Sein Grab hat sich mit allergrößter Wahrscheinlichkeit in der dritten, am Säbener Berg befindlichen frühen Kirchenanlage, nämlich im Vorgängerbau der späteren Heiligkreuzkirche auf der Höhe des Berges befunden und wurde bei den 1982/83 hier durchgeführten Grabungen entdeckt, bei denen auch ein weiterer, spätkarolingischer Vorgängerbau der Heiligkreuzkirche festgestellt werden konnte. Es ist beabsichtigt, die frühe Kirchengeschichte von Säben in einer Ausstellung mit Fundstücken und Plänen in der Liebfrauenkirche ständig zu zeigen (Die gesamten Ausgrabungen am Weinberg mußten 1982 wieder zugeschüttet werden).

Spätestens nach der Verlegung des Bischofssitzes von Säben nach Brixen um das Jahr 1000 entstand dann auf der Höhe des Berges eine bischöfliche *Burg,* die als zentrale Festung des Hochstiftes vor allem im Investiturstreit gegen Ende des 12. Jahrhunderts eine Rolle spielte, wobei es um 1098 zu einer Einnahme durch Herzog Welf von Bayern kam. Die Burg wurde von Burggrafen verwaltet, ab 1155 waren dies die jüngeren Herren von Säben, die sich jedoch am Aufstand gegen Bischof Bruno im 13. Jh. beteiligten, worauf es zur Zerstörung von Säben durch den bischofstreuen Hugo von Velthurns kam, der die Burg als Lehen übernahm. In der Folge war Säben Amtslehen verschiedener Adelsgeschlechter, so von 1347 bis 1417 der Herren von Gufidaun. Nach einem Ausbau unter Bischof Albert von Enn (1323 bis 1336) wurde nochmals zur Zeit der Türkengefahr im späteren 15. Jh. unter Bischof Golser an der Burg in Säben gebaut, die als Rückzugsort für die Domherren vorgesehen war. Die damals begonnene *Zisterne* wurde 1521 vollendet, sie gehörte mit ihren etwa 140 Metern Tiefe zu den eindrucksvollsten Anlagen ihrer Art. Nach einem durch Blitzschlag verursachten Brand 1533 blieb die Burg in Ruinen und verlor ihre Bedeutung.

Am „uralten heiligen Grundberg des fürstlichen Stiftes" errichtete schließlich 1681 bis 1686 der Pfarrer und Spitalsherr von Klausen Matthias Jenner ein bis heute bestehendes *Benediktinerinnenkloster,* das in die alte Burg hineingebaut wurde und seine

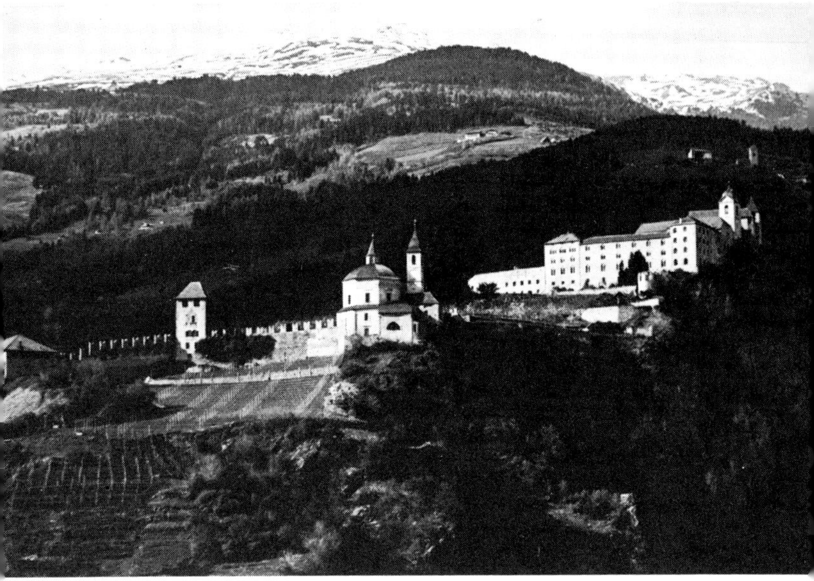

Säben

heutige Gestalt im wesentlichen bei einem Umbau um 1890 erhielt. Schon 1652 bis 1658 war bei der alten Marienkirche der Achteckbau der Liebfrauenkirche errichtet worden.

An die mittelalterliche Burg erinnern die untere mit Schwalbenschwanzzinnen und einem ehemals nach innen offenen Torturm, dem sogenannten „Herrenturm" bewehrte *Ringmauer,* die dem Berg in seiner vollen Breite absperrte. Vom Hochschloß ist noch erhalten der sogenannte *Kassiansturm,* in dem nach der Legende der heilige Kassian gefangen saß, der aber in Wirklichkeit höchstens in die Zeit um 1250 zurückreicht, weiters Teile der anschließenden Ringmauer, die unter Jenner innen barock veränderte, mittelalterliche Heiligkreuzkirche und im kleinen Hof neben der Klosterpforte ein Stück alter Mauer mit besonders regelmäßiger Steinlagerung. Die übrigen Teile sind in mehr oder weniger unkenntlicher Form in das heutige Kloster eingebaut, so der auf älteren Bildern sichtbare südöstliche *Eckturm,* in dem heute das Refektorium und der Kapitelsaal liegen. Der mittlere *Torturm* (13. Jh.) wurde 1770 abgebrochen. An der Südseite der heutigen

Klosterkirche, die in den alten *Palas* eingebaut wurde, sind unter dem anstoßenden Klosterdach noch dessen von einem Rundbogen eingefaßten Doppelbogenfenster erhalten, die von einem hier im ersten Obergeschoß befindlichen Saal herrühren. In der 85 Meter lagen Südfront des Klosters lebt die von Fels zu Fels gespannte ehemalige Ringmauer des Hochschlosses weiter, durch die es als mächtige Wehranlage in Erscheinung getreten sein muß.

1. Marienkapelle

Bau: Der kleine, romanische, mit einer Rundapsis versehene Bau wurde in gotischer Zeit mit zwei Spitzbogenfenstern und dem Rippengewölbe in der Apsis ausgestattet und schließt südlich an die Liebfrauenkirche an. Aus späterer Zeit das kuppelartige Kreuzgratgewölbe über Eckpfeilern und einfachem Gebälk im Schiff, die steingerahmte Türe mit dem gesprengten Volutengiebel und das südliche Lünettenfenster. Sanierung 1976/77.

Altar: Zierliche Neugotik, von Josef Knabl, 1863. 1975 beraubt. Die ehemals hier befindliche Gnadenstatue der Maria mit Kind jetzt in der Klosterkirche.

2. Liebfrauenkirche

Bau: Der zwischen 1652 und 1658 von Jakob und Andreas Delai völlig neu aufgeführte Achteckbau zeigt viereckige Türen und Fenster (im Erdgeschoß in Stein-, im verjüngten Obergeschoß in Putzrahmung), Kuppel mit Laterne und am gerade abschließenden Choranbau einen Zwiebelturm. Im Inneren zeigt das Untergeschoß acht Rundbogenkapellen zwischen schweren Wandpfeilern mit Pilastern und verkröpftem, reichgegliedertem Gebälk, das einen schmalen Umgang mit Schmiedeeisengitter (die Eckstäbe mit Blumen) trägt. Im Obergeschoß umgeknickte Eckpilaster mit reichverziertem, verkröpftem Gebälk, die Chorwände verziert. Wegen Baufälligkeit Restaurierung 1978 begonnen. Einrichtung bisher deponiert.

Stukkaturen: Das ganze Innere, die Rundbogen, Kapitelle, Gebälk, Bildrahmen mit fein gebildeten Stuckornamenten, Perlschnüren, Eierstäben, Zahnschnitt, Konsolenfriesen, Blattwerk, Fruchtgehängen, Knorpelwerk, Engelsköpfen und Engeln sehr reich und sehr geschmackvoll dekoriert. Von Francesco Carlone und Simon Delai, gewidmet von Paul Tepsl.

Deckengemälde: An der Kuppel acht Szenen aus dem Marienleben, in der Laterne Evangelisten und Strahlenkranz mit Engeln. Am Fries des unteren Gebälks Blattranken, Vögel, Fruchtge-

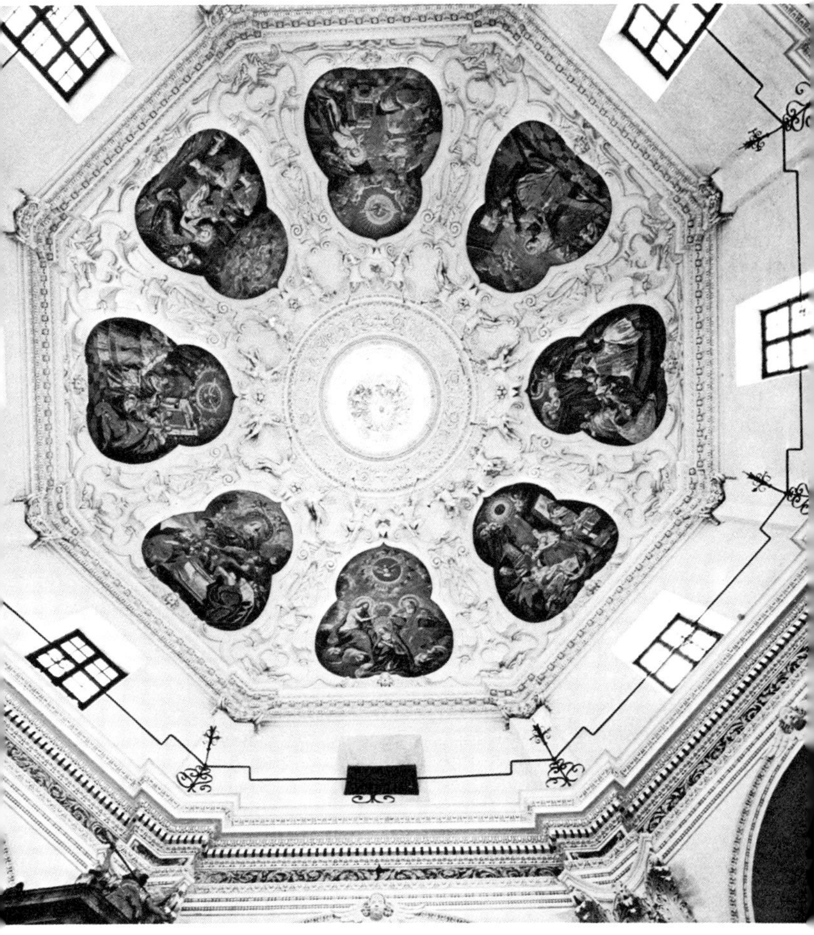

Säben, Liebfrauenkirche

hänge usw. Von Stephan Kessler, 1658. Im Chor Blattranken und Volutenwerk.

Hochaltar: Rundbogennische, von zwei kannelierten Säulen mit Stümpfen, verkröpftem Gebälk und gesprengtem Rundgiebel gerahmt. In der Nische Maria mit Christkind (Ruprecht Potsch?) in Stoffkleidung, am Giebel Engel. Flügelartige Seitenansätze mit Bildern, hl. Ingenuin und Hartmann, von Rollwerk, Voluten und Fruchtgehängen gerahmt. Seitentüren mit gemalter Rokokoarchitektur und aufgesetzten Vasen. 17. Jh., 2. Hälfte. Engelsstatue und Seitentüren 18. Jh.

Seitenaltäre: Mit Blatt- und Knorpelwerk, Fruchtgehängen, Muscheln und Engeln ungewöhnlich reich verzierter Aufbau mit gedrehten Säulen, Gebälkstücken und halbgesprengtem Rundgiebel, Bildern, links Stigmatisation des hl. Franziskus, gute Arbeit, rechts Tod des hl. Josef, und guten Statuen, Sebastian und Florian, Andreas und Barbara. Laut Inschrift gestiftet von Matthias Jenner und seinen Geschwistern 1674. Schöne, alte Fassung.

Kanzel: Achteckform, am durch Volutenbänder gegliederten Schalldeckel Engel mit Posaune. 17. Jh., 2. Hälfte, die Brüstung im 18. Jh. mit Rocailleornament bereichert.

Gemälde:

1. Hl. Kassian zerstört ein Götzenbild. Im Hintergrund Klausen und Säben. 16. Jh., 3. Viertel.
2. Kommunion der hl. Nonne Lidwina (?) mit Klausen und Säben. Gleichzeitig.

Votivkerzen: Neben dem Hochaltar zwei große Votivkerzen auf zierlichen Wandleuchtern aus Schmiedeeisen, mit Ranken und Spiralblume. Auf den Kerzen gemalt der Auferstandene und hl. Andreas, Immakulata und hl. Barbara. Laut Inschrift gestiftet von Balthasar Kramer und Elisabeth Hileprantin 1668.

Glocken:

1. 15. Jh.
2. Kreuzigungsgruppe, hl. Petrus, Andreas und Jakobus, Wappen von Klausen. Gegossen von Hannes (?) Gocher, 1550.

3. Klosterkirche

Bau: Der Bau wurde von Johann Baptist Delai an der Stelle des ehemaligen Palas und mit teilweiser Verwendung seiner Mauern aufgeführt, 1687 geweiht und nach dem Einsturz von 1691 wiederhergestellt und 1693 neu geweiht. Der erste Turm wurde dabei abgetragen und 1697 durch den heutigen Kuppelturm ersetzt. Westlich über dem Viereckportal Nische mit Statue Michael als

Seelenwäger, vor 1695, darüber dreiteiliges Fenster; östlich am geraden Chorabschluß über drei Rundbogenfenstern ein dreiteiliges Fenster mit Palladiomotiv, an den Langseiten kleine Lünettenfenster. Tonnengewölbe über schweren Wandpfeilern mit Pilasterbündeln, Empore, hinter dem Hochaltar ehemaliger Nonnenchor, zu dem zwei von Pilastern und gesprengtem Giebel gerahmte Portale führen. Ruhig-feierlicher Innenraum im frühen Barockstil. 1968 gut restauriert.

Altar: Schwerer Säulenaufbau mit Gebälkstücken und gesprengtem Giebel. Bauzeit der Kirche. Hochaltarbild Opfergang Mariens in den Tempel, im Giebel hl. Helena, von Franz Metz. Um 1690.

Holzskulptur: Gnadenbild. Thronende Maria, die dem Christkind eine Birne reicht. Reichbewegter, knitteriger Faltenwurf. Um 1500. Ursprünglich in der Gnadenkapelle.

Gemälde: Benedikt, Scholastika. Von Franz Metz. Um 1690.

Gestühl: Gute neuromanische Tischlerarbeit.

Schmiedeeisengitter: Stabwerk, Ranken, Bänder, Rosetten, Kreuz und Wappen. 1749. Mit Wappen der Äbtissin Agnes Thekla Zeiller.

Grabstein: Weißer Marmor, oben Wappen, unten Inschrift. Klosterstifter Matthias Jenner, gest. 1691.

4. Heiligkreuzkirche

Bau: Der einschiffige Bau mit abgesetztem, polygonal abschließendem Chor zwischen zwei Seitenapsiden und mit überbauter Vorhalle nimmt die höchste Stelle des Säbner Felsens ein. Die Mauern des Langhauses zeigen besonders regelmäßig bearbeitete und geschichtete Handquadern aus Klausenit ohne ausgestrichene Mörtelfugen und wirken wesentlich älter als die aufgrund der neuen 1982/83 durchgeführten Grabungen ermittelte Erbauungszeit für die mittelalterliche Heiligkreuzkirche von um 1270 (Münzfunde Meinhards II. unter dem Estrich). Eine vermauerte Rundbogentür mit Steineinrandung und erkennbare Säulenbasen wurden früher mit der 969 unter Bischof Albuin wiedergeweihten Kirche in Zusammenhang gebracht. Das unregelmäßige Mauerwerk der oberen Teile und der polygonalen, innen runden Seitenapsiden, die vermauerte Spitzbogenfenster zeigen, gehört einem spätgotischen Umbau an, desgleichen die jetzt als Sakristei verwendete, zur Hälfte abgetragene südliche Seitenkapelle mit Sockelschräge und dreiseitigem Abschluß. Der wenig sorgfältig ausgeführte Chor und die Vorhalle, die oben eine Empore enthält, Ende 17. Jh. Damals erhielt auch das flachgedeckte Langhaus seine heutige Bemalung. Restaurierung 1983/84, dabei die Grabstätte des hl. Ingenuin gefunden.

Wandgemälde:
1. Im Chor, hinter der Kreuzigungsgruppe des Hochaltars, Scheinarchitektur einer flachgedeckten Kirche, Draperien, trauernde Engel, Bogenöffnungen mit freier Aussicht, Petrus mit krähendem Hahn, Kalvaria, dekorative Fenstereinfassungen, zuoberst Balustrade, die, hier auf Rupfen gemalt, in die flache Decke hineinragt. Blick in den Himmelsraum mit Dreifaltigkeit und Engeln.
2. An der Langhausdecke, ebenfalls auf Rupfen, Balustrade mit Vasen und Vorkragungen, in denen die fünf Geheimnisse des Schmerzhaften Rosenkranzes und der Ecce-Homo dargestellt sind. In der Mitte freier Himmelsraum mit der Himmelfahrt Christi.
3. An den Wänden gemalte Säulenarchitektur und dazwischen prächtige, betont perspektivisch angelegte Säulenhallen mit den heiligen Frauen am Grabe und mit Ausblicken auf eine Gartenallee mit Standbildern, auf Kalvaria und auf die Grablegung. Auf einer Stange ein Papagei. Unter den Fenstern der Südwand Mannalese und die Vision des Ezechiel, Wappen des Hochstiftes und des Domkapitels. 1679. Virtuose Theatermalerei eines Italieners, für unser Gebiet damals sehr modern und fortschrittlich. Lichte Farbtöne. Die Deckenmalerei derber und in den Farben schwerer.

Hochaltar: Über der Mensa Holzskulpturen, Kreuzigungsgruppe. Kruzifix mit stark betontem Brustkorb, stark geneigtem Haupt und kurzknitterigem Lendentuch, Meister Leonhard von Brixen zugeschrieben, Mitte 15. Jh. Maria und Johannes sowie die Dolorosa und der Schmerzensmann in den Nischen, 17. Jh.

Seitenaltäre: Zwischen Säulen mit verzierten Stümpfen und geradem Gebälk und im Aufsatz offene Rundbogen mit Skulpturen, Passionsszenen: links unten Christus am Ölberg, oben Geißelung; rechts unten Kreuztragung, oben Dornenkrönung, am Gebälk je zwei Engel. An der Predella Wappen und Inschrift des Stifters. M. Georg Kröll, Pfarrherr und Dechant zu Klausen. 1638. Erneuert von Christian Ritsch, 1741.

Kanzel: Achteckform, zwischen gedrehten Ecksäulchen die Bilder Christi und der Evangelisten. 17. Jh.

Grabstein: Unter Reliquiar von 1854 Gedenkstein an die Erhebung der Gebeine der ersten Säbner Bischöfe. 1628. Am Boden Marmorplatte über dem wiedergefundenen Grab des hl. Ingenuin. 1983.

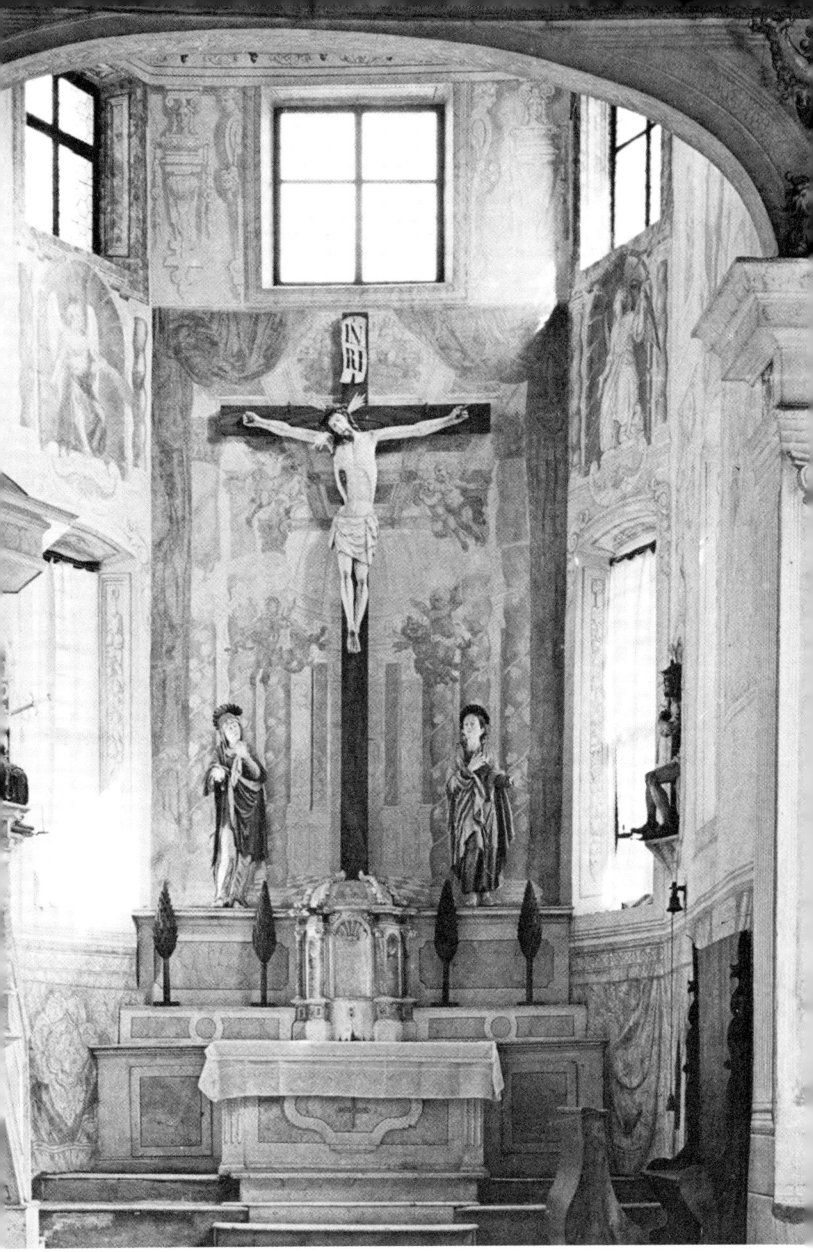

Säben, Heiligkreuzkirche

Gemälde: 1. Kreuzigung, bez. C.N. 1647 S.S. 2. und 3. Ölberg und Kreuztragung. Vielfigurige Kompositionen mit guter Lichtwirkung, um 1630/40. — 4. In der Vorhalle die vier letzten Dinge, allegorische Halbfiguren, Schriftrollen in lateinischer und französischer Sprache. Ein Bild verloren. 5. Schlecht erhaltene Passionsbilder, in der Vorhalle.

Votivbild: Inneres der Kreuzkirche, am Boden kniend die Stifterfamilie. 1743.*

5. Kassianskapelle

Im Kassiansturm. Kreuzgratgewölbe. Zwei Mauernischen für Statuen.

Altar: Über der gemauerten Mensa mit Stoffantependium Säulenaufbau mit Bild*, hl. Kassian empfiehlt Maria mit dem Christkind Klausen und Säben. Von Franz Unterberger. Um 1740.

Villanders

I. Kirchen

1. Pfarrkirche zum hl. Stephan

Bau: Eine Kirche wird 1324 erwähnt, die Pfarrei ist aber jedenfalls weit älter. Der Turm mit zwei Reihen gekuppelter Fenster in stumpfen Spitzbogen, die oberen in verbindenden Blenden mit Bindenschild und Schachbrettmuster, stammt aus der Zeit um 1400 und erhielt nach dem Brand von 1900 einen neuen Helm. Die stattliche Kirche wurde vermutlich durch Benedikt Weibhauser (vgl. Pfarrkirche in Klausen) zu Beginn des 16. Jh.s neu gebaut und 1521 vollendet. Die Empore ist eine Zutat des 17. Jh.s. von der ursprünglich geplanten wurden nur die Ansatzstellen ausgeführt. Sockel mit Quaderschräge, gekehltes Dachgesims, zwei Spitzbogenportale mit gekreuzten Rund- und Birnstäben, dreiteilige Spitzbogenfenster mit Quaderleibung und Fischblasenmaßwerk, der abgesetzte und polygonal abschließende Chor aus Quadern. Reiches Netzgewölbe mit viereckigen und schildförmigen Schlußsteinen und zierlich profilierten Rippen über Runddiensten und gekehlten Widerlagern, die sich oben als Wandgurte fortsetzen. Leicht einspringender Triumphbogen mit gekehlten Schrägen und der Jahreszahl 1521, im Chor Rund- und Spitzbogentüre zu Turm und Sakristei mit geschnitztem Rankenornament. Anfang 16. Jh.

Wandgemälde: Außen riesiger hl. Christoph und Maria mit Christkind und Heiligen, von Pilastern mit Rundbogen gerahmt.

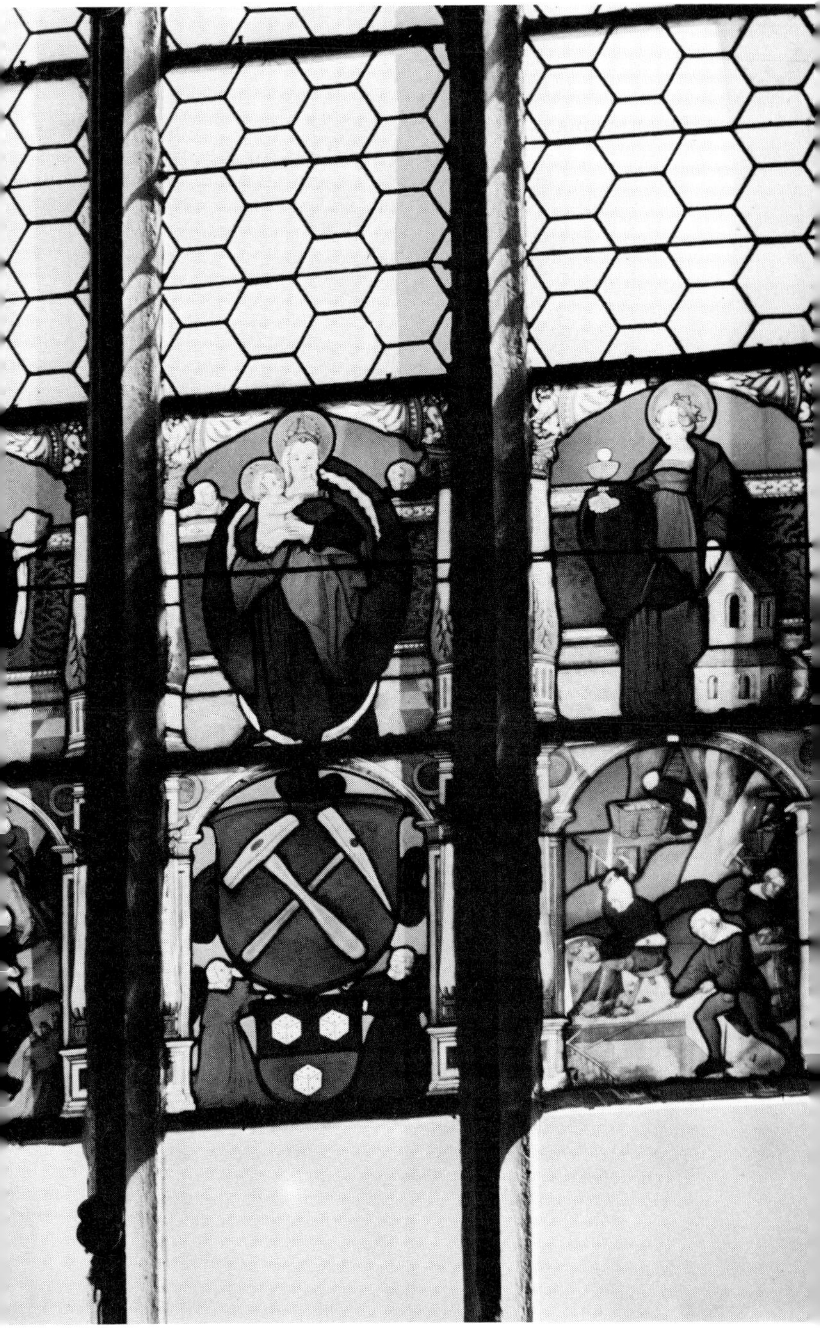

1569. Stark abgewittert. In den Schlußsteinen Wappen. Sonst im Innern neugotische Dekorationsmalerei mit zierlichen Ranken.

Hochaltar: Neugotisch, mächtiger Aufbau. Entwurf von Josef Schmid, Relieffiguren Stephanus und Laurentius von Anton Kob, um 1870. Tabernakel von Clemens Raffeiner.

Seitenaltäre: Neugotisch. 2. und 3: Entwurf von A. Weber in Wien, Tischlerarbeit von J. Meraner, Skulpturen Muttergottes, Anna selbdritt, Zacharias bzw. Herz Jesu, Barbara, Aloisius, von Franz Kobald, Schwaz. Um 1900.
Das ehemalige Hochaltarbild, Steinigung des hl. Stephanus von Franz Unterberger, 1776, jetzt an der Nordwand des Chors, das zugehörige Giebelbild, hl. Laurentius, an der nördlichen Langhauswand.

Orgel: Dreiteiliger Kasten mit geschnitztem Rocaille, bemalten Deckflügeln und zur Zeit entferntem Positiv an der Emporenbrüstung. Mitte 18. Jh.

Taufstein: Der dreieckige Fuß und der gebauchte Schaft mit Volutenbändern aus weißem, die Muschelschale aus rotem Marmor. Wappen und Inschrift des Stifters Gregor Angerer, Domherrn von Brixen, seit 1510 Pfarrers von Villanders. Wertvolle und für unser Gebiet auffallende Renaissancearbeit, wahrscheinlich von Alessio Longhi.

Holzskulpturen: 1. Rosenkranzkönigin. Schön geschnitzter Rahmen mit Spitzblattranken und gemalten Medaillons der 15 Geheimnisse. Um 1700.
2. Kruzifix. 16. Jh., 1. Hälfte (?).
3. Immaculata. 18. Jh.

Glasgemälde: In einem südlichen Langhausfenster altes Glasgemälde, Maria zwischen hl. Daniel und Barbara, unten Bergwerks- und Familienwappen und zwei Knappenszenen. Um 1520. (Der Bergbau in Villanders schon im hohen Mittelalter nachweisbar).

Grabstein: An der Mauer gegenüber dem Hauptportal Bildnisgrabstein des Kanonikus Leonhard Angerman, bezeichnet P R (ligiert) Philipp Reisperger 1576. Zwei abgetretene Wappensteine.

2. St. Michael am Friedhof

Bau: Der 1344 geweihte zweigeschossige Bau zeigt zwei Spitzbogentüren, die Gruft ist durch eine Mauer in das Beinhaus und in eine flachgedeckte Kapelle unterteilt, in der oberen Kapelle flache Holzdecke und Rundbogennische, die Ansatzstelle der früheren Rundapsis.

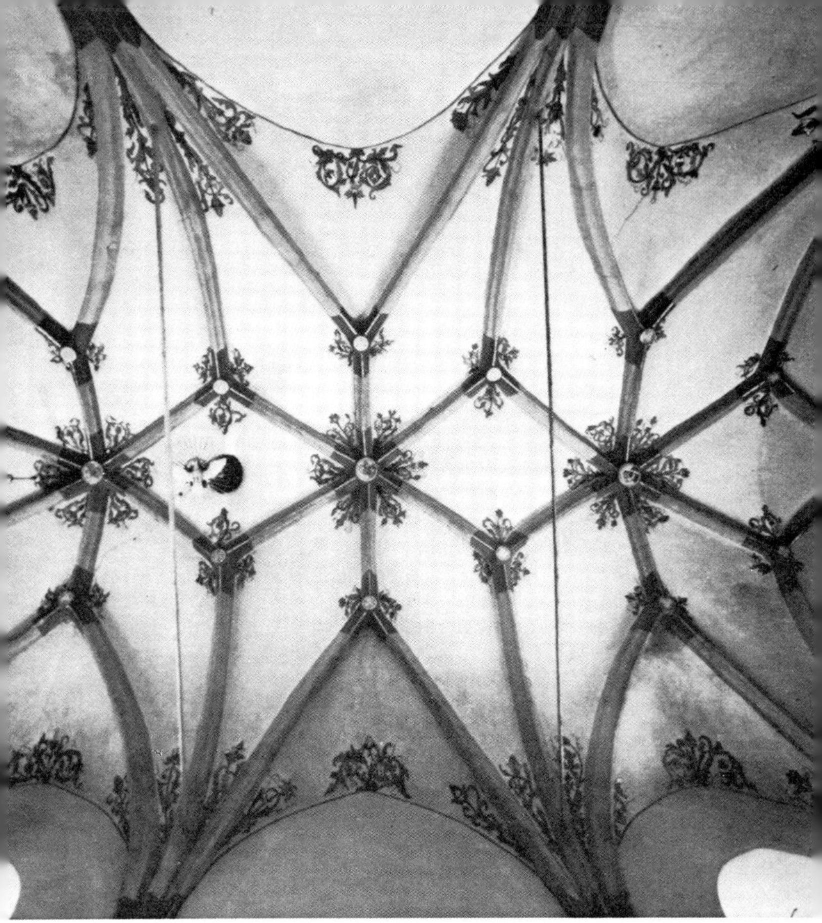

Villanders, St. Valentin

Holzskulpturen:
1. Johannes d. T.* und Johannes d. Ev.*, ehemalige Altarfiguren. 18. Jh., 2. Hälfte.
2. Hl. Erzengel Michael, Prozessionsstatue. 17. Jh.
3. Büsten der zwölf Apostel. 18. Jh. Nach Diebstahl 1970 deponiert.
4. Hl. Peter und Paulus, ehemalige Hochaltarfiguren der Pfarrkirche, 1972 restauriert, um 1700.

Gemälde: Altarblatt, Tod des hl. Josef, 18. Jh., 2. Hälfte. Pietà, um 1650.

Stühle: Reichgeschnitzte Docken mit Rocaille und Rosen. 18. Jh., 3. Viertel.

*Prozessionsstangen:** Zweigeschossige, sechseckige Häuschen, oben Leuchter. Anfang 18. Jh.

Grabstein: Balthasar Rech zu Rehegg und Margareth Lanzingerin, Mitte 16. Jh., Daten frei gelassen.

3. St. Valentin

Bau: Die 1303 erwähnte Kirche wurde nach einem Brand zu Beginn des 15. Jh.s erneuert. Türe und Fenster spitzbogig, abgesetzter, gerade abschließender Chor, Netzgewölbe mit runden Schlußsteinen und derben Konsolen, spitzbogige Sakristeitüre, am Turm, der wohl erst im 16. Jh. hinzukam, hoher Sockel mit Quaderschräge, spitzbogige Schallfenster, achteckiger Spitzhelm.

Wandgemälde: An der Fassade hl. Anna selbdritt, Kreuzigungsgruppe und hl. Christoph. Zierliche Figuren mit weichem Faltenwurf und gemusterten Nimben, lichte Farben. Spuren von übertünchten Fresken auch im Innern. Anfang 15. Jh., vermutlich von Hans von Bruneck, dem Meister der 4. Arkade des Brixner Kreuzgangs.

Ausstattung: Neugotisch.

Glocken:
1. 1520.
2. Zweimal die Kreuzigungsgruppe. 1528.

Beichtstühle (4; nach Entwurf von J. Überbacher), *Chorstühle, Bänke, Kanzel, Kommuniongitter (Marmor):* einheitlich neugotisch.

Kreuzweg: In reicher neugotischer Rahmung.

4. St. Anna in Rotlahn

Bau: Der einfache Bau mit geradem Chorabschluß, Vierecktüre und -fenstern, Tonnenwölbung und rundbogigen Schallfenstern und viereckigem Pyramidendach am Turm wurde 1724 bis 1736 für die Bergknappen erbaut.

Hochaltar: Säulenaufbau aus Stuckmarmor mit bewegten Gebälkstücken, figurenreichem Volutengiebel, Kastenmensa mit Bandornament, Bildern. 1772. Am figurenreichen Altarblatt Darstellung des Bergwerks an der Rotlahn.

Gemälde: Mariahilfbild in Volutenrahmung mit durchbrochenem Rocaille in Weiß und Gold und Heiligenstatuetten. Um 1770. Ehemaliger Seitenaltar.

Kanzel: Bauzeit der Kirche.

Skulpturen:
1. Hl. Gertraud und hl. Ottilie. 18. Jh.
2. Büste der hl. Barbara. 18. Jh., 2. Hälfte.
3. Büsten von hl. Joachim und Anna. Mitte 18. Jh.

Alle Figuren im Herbst 1964 gestohlen.

5. St. Moritz in Sauders

Bau: Die 1406 erwähnte Kirche wurde 1670 vollständig erneuert und neu geweiht und nach dem Brand von 1793 wiederhergestellt. Abgesetzter, gerade abschließender Chor, viereckige Türen und Fenster, am Turm plumpe Spitzbogenschallfenster und achteckiger Helm. Nach Bombenschaden wieder instand gesetzt.

Altar: Säulenaufbau mit Bildern hl. Moritz, am Giebel Blasius und Statuen hl. Georg, Florian und zwei hl. Bischöfe. Mitte 18. Jh.

Kanzel: Anfang 18. Jh.

II. Häuser und Edelsitze

Früher zahlreiche ältere Häuser, über das ganze Pfarrgebiet verstreut. Nach Villanders nennen sich zwei Ministerialgeschlechter, von denen die ältere Familie, die seit 1140 bis 1147 als trientinische, seit 1169 bis 1197 dann als brixnerische Ministerialien genannt werden, ihren Sitz wahrscheinlich auf *Gravetsch* hatten. Die jüngeren Villanderer, von denen die Grafen Wolkenstein abstammen, waren ursprünglich Dienstleute der Herren von Velthurns, stiegen unter Meinhard II. und vor allem im 14. Jh. zu einem führenden Tiroler Geschlecht auf; ihr usprünglicher Sitz nicht bekannt, die einzelnen Linien der weitverzweigten Familie, die 1547 im Mannesstamm ausstarb, saßen auf verschiedenen Höfen am Villanderer Berg, die zwar noch unter ihrem alten Namen bekannt sind, z. B. Gravetsch, St. Johann, Hartletsch, Malsötsch, Mingenon, Flasch, Untermazon, Doß usw., die aber heute größtenteils nur mehr gewöhnliche und überdies vielfach neuzeitlich veränderte Bauernhäuser sind. In *Pardell* (Pfleger) und beim St. *Johannser* noch malerische und gepflegte Häuser mit Erker und Eckturm und mit alten Getäfeln und Balkendecken (die Johannser Stube jetzt im Tiroler Volkskunstmuseum in Innsbruck). In der unmittelbaren Nähe der Kirche der *Gassenschmied* (jetzt modernisiert) und das *Gasthaus* „Zum Steinbock", durch Erker, Eckerkerturm, Freitreppe, südöstlichen Risalit malerisch gegliedert, Schöner Hof mit Verbindungsgang, am Stiegenaufgang Wappen der Herren von Neuhaus, 15. Jh. Fenster- und Eckbemalung, Datum 1507. In den Gaststuben

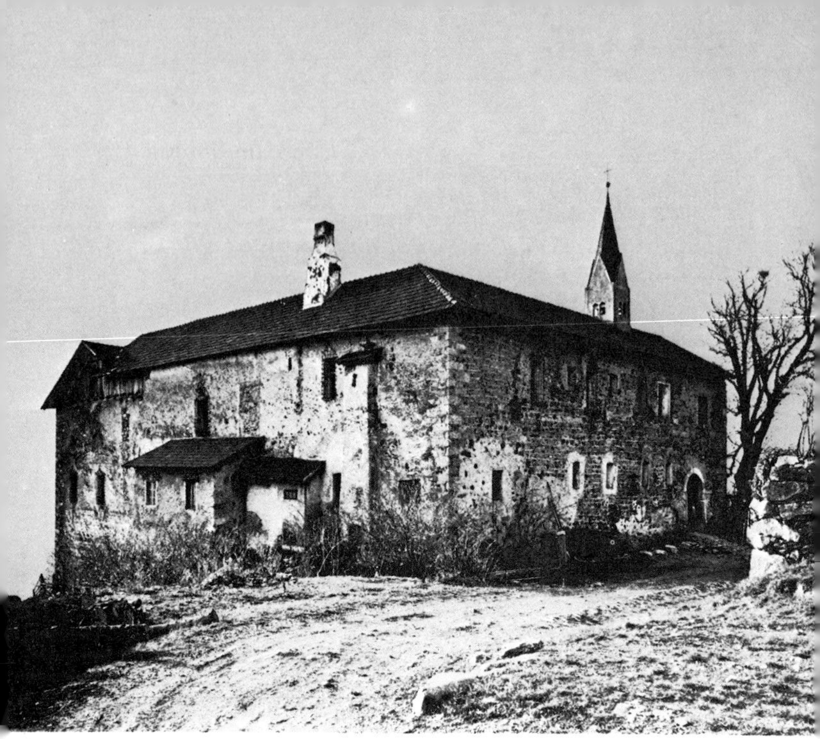

Villanders, Gravetsch

Getäfel und Leistendecke des 16. Jh.s 1983 hervorragend restauriert. In der einfachen Kapelle von Pardell am Gratgewölbe die Jahrzahl 1565, am Altarbild die Jahrzahl 1760.

Gravetsch

Die regelmäßige, vielfach umgebaute burgartige Anlage (vgl. die Mauernähte mit Eckquadern!) zeigt altes Mauerwerk mit derb ausgestrichenen Mörtelfugen und umgibt auf drei Seiten den nach Süden offenen Hof. Spitz- und Rundbogentüren in abgefaster Steinrahmung, über einer die Jahreszahl 1508, über einer anderen im Westtrakt 1527, neben dem Tor die 1594 geweihte, einfache Kapelle mit Barockaltärchen mit Altarbild (die Heiligen Ulrich, Sebastian und Johannes d. T.), 18. Jh. Im Westtrakt ein

Erker mit Gratgewölbe, Wappenschlußstein, Rankenmalerei des 16. Jh.s und Lachmillersche Wappen des 17. Jh.s. Im Nordtrakt ein Raum mit Gratgewölbe, der als die älteste Kapelle gilt und vom Volk als Heidentempel („Lutherkirche") bezeichnet wird, mit schlecht erhaltener Wandmalerei, grünem, weiß gehöhtem Rankenwerk und Heiligenfiguren, Anfang 16. Jh. Daneben ehemals großer Saal mit zwei Wappen, derber Balkendecke und mit Unterzug über achteckigem Holzständer. Durch einen Brand 1956 beschädigt und innen verändert. Im 13. Jh. Sitz der Herren von Villanders, die ihn 1331 mit Erlaubnis König Heinrichs befestigen; 1508 bis 1527 Erweiterungsbauten. 1665 bis 1789 im Besitz der Herren von Lachmiller, die davon noch das Prädikat führen. 1789—1800 Söll von Aichberg, seither in bäuerlichem Besitz, seit 1902 Familie Pupp.

GUFIDAUN

I. Kirche

Pfarrkirche zum hl. Martin

Bau: Eine Kirche wird 1280 erwähnt. Zwei Seitenkapellen, die jetzt als Sakristei dienen, mit Spitztonne und Kreuzrippengewölbe, um 1300 und 1400 (Koburgerkapelle). Die Kirche selber erhielt ihre heutige Form im 15 Jh. Im Westen Rundbogen-, im Süden Spitzbogentüre, Spitzbogenfenster, an der Fassade neu, regelmäßiges Sterngewölbe mit runden Schlußsteinen, die einfachen Rippen im Schiff auf halbrunde Wandpfeiler, im Chor auf Runddienste abgesetzt, dreiseitiger Chorabschluß, am Spitzturm spitzbogige Schallfenster. Die Sakristei, vorn mit Kreuzrippen-, hinten mit Spitztonnengewölbe, ist die ehemalige Marien- oder Koburgerkapelle. Innenrestaurierung 1976.

Wandgemälde:

1. An der Fassade Tod Mariä. Maria kniend und von Johannes gestützt und in einem Buch, das ihr Johannes vorhält, lesend. Die Apostel betend und trauernd mit Büchern, Kerze, Rauchfaß, Aspergile. Schöne Köpfe, weich fließende Gewänder, lichte Farben. Um 1430.
2. An der Sakristei: Christophorus, daneben verwittert und teilweise verdeckt Ölberg.
3. In der Sakristei: Neu aufgedeckt an der Frontwand hl. Sippe mit knienden Stifterfiguren der Herren von Koburg, Bordüre mit Engelsfiguren und Wappen; perspektivische Scheinmalerei. In der Rundfensterleibung und daneben Christus als Richter, Kain

und Abel, Stifterinschrift. Auch die ganze Decke bemalt (nicht freigelegt). Fresken um 1425, von Ambrosius Gander, Schüler des Hans von Bruneck (oder von Gander später vollendet).
Im Kirchenschiff (Nordwand) und hinter dem Hochaltar Freskenfragmente.

Altäre: Säulen- und Nischenbauten mit Bildern und Skulpturen. Am Hochaltar Bild hl. Martin mit einer Ansicht von Gufidaun, Ende 18. Jh., sowie Statuen der vier Evangelisten. Vier Engel am Tabernakel 1982 gestohlen. Statuen der Seitenaltäre modern.

Kirchenstühle: Verzierte Docken mit Voluten, Blumen, Blatt- und Fruchtgehängen, an zweien die Wappen der Wolkensteiner und Mayrhofer. Ende 17. Jh.

Holzskulpturen:
1. Thronende Maria mit Christkind. Scharf- und kurzbrüchige Gewandfalten, zumal an den auffallenden Säumen. Werkstatt Meister Leonhards um 1460. Restauriert 1977. Krone neu.
2. Kruzifix mit Dolorosa. Am Kreuzesstamm die Jahreszahl 1644 und Stifterinschrift des Barthel Troyer von Aufkirchen, Pflegverwalter in Gufidaun, an der Konsole RV: 1772.

Grabsteine:
1. Weißer Marmor. Oben Wappen Koburg mit Helmzier, unten zwei kleinere Wappen, Minuskelumschrift. Gutel hannsen des koburgers hausfraw, und tochter stephans von gerewt gest. 1423, und hanns koburger, gest. 146...
2. Weißer Marmor. Oben fragmentierte Minuskelinschrift, unten Doppelwappen in vertieftem Feld. Martin Metzner, gest. 1484.
3. An der Fassade stark abgetretener Wappenstein.

Glasgemälde: In den Sakristeifenstern die Wappen der Koburg, Übele und Gufidaun, 15. Jh.

II. Kapellen, Bildstöcke und Wegkreuze

1. Pestkapelle ober dem Dorf. Kleiner rechteckiger Bau mit Lünettenfenster, spitzbogiger Tür, Gratgewölbe. 17. Jh. Neuromanisches Altärchen, Figur des toten Christus. Gemalter Baldachin. Wird restauriert.
2. Die im neuromanischen Stil 1908/09 nach Plänen von Linus Madile errichtete Kapelle St. Theobald in Bad Froi heute ohne Einrichtung.
3. Am Weg nach Klausen Bildstock mit viereckigem Schaft, am hohen Tabernakelaufsatz flache Nischen, hohes Spitzdach. Der ganze Bildstock bemalt, die Gemälde am Schaft zerstört, in den Nischen Kreuztragung, Kreuzigungsgruppe, Maria zwischen Johannes d. T. und Martin, Anbetung der Könige, in Innenräu-

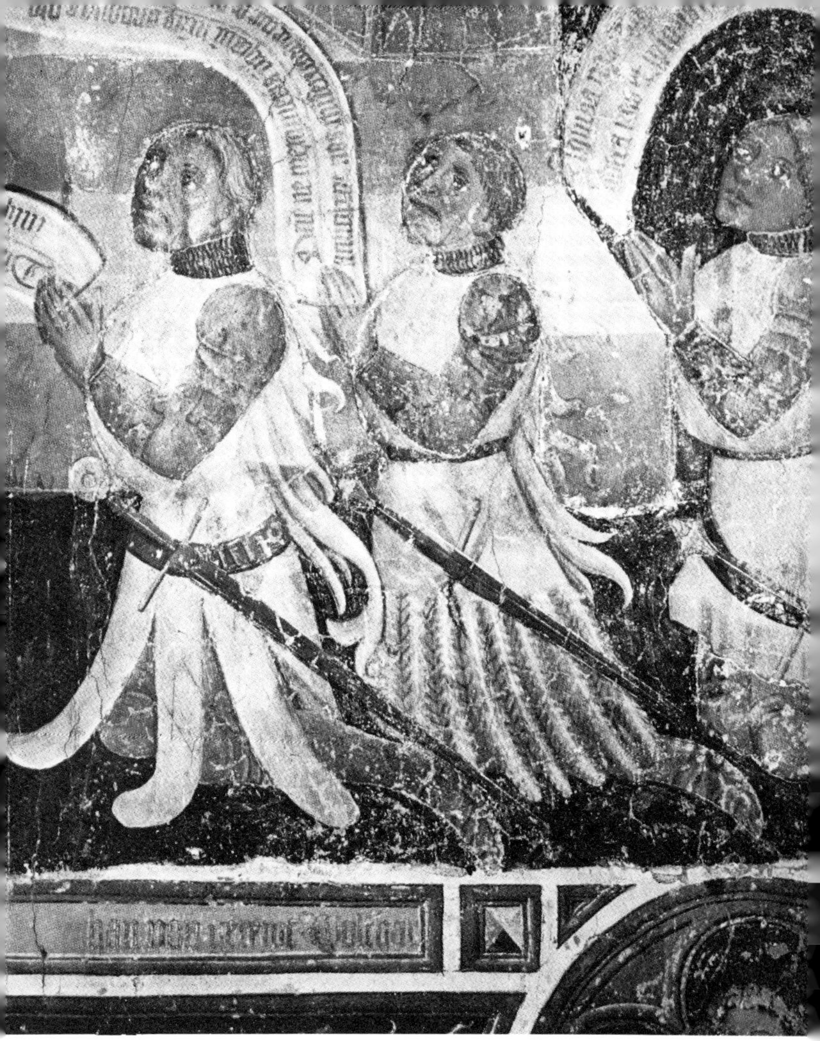

Gufidaun, Pfarrkirche, Stifterfiguren der Herren von Koburg

men bzw. freier Landschaft. Um 1500. 1978 an andere Stelle übertragen. Kreuzigung stark zerstört.

4. An einem Haus im Dorf, westlich unter der Kirche, und hinter Summersberg am Weg Kruzifixe. 15. Jh. (Gestohlen bzw. deponiert.)

III. Häuser, Edelsitze

Dorfmuseum: Im ehemaligen Schnitzlerhaus am Westfuß des Kirchhügels seit 1972 das Dorfmuseum mit bäuerlichem Gerät und Probst-Krippe eingerichtet.

Turmwirt: Ehemaliges Gerichtsschreiberhaus. Steiles Walmdach, Erkertürmchen, große Veranda. Vom Gufidauner Gerichtsschreiber Johann Paul Schenk erbaut, um 1680. Im ersten Stock Erkerstube mit Renaissancegetäfel, Kachelofen mit Wappenkacheln des Erbauers Schenk, datiert 1679. In der kürzlich umgestalteten Veranda Wandmalereien von Hugo Atzwanger, 1907.

1. Koburg

Der regelmäßige Bau wird von einer Ringmauer mit Spitzbogentor und einem Rondell eingeschlossen und trägt ein hohes Walmdach; zwei kleine Erker an der Ost- und Westseite (Erker der Frontseite abgebrochen), Rundbogentor in abgefaster Steinrahmung.
Im Innern regelmäßige Raumeinteilung um gewölbte Mittelgänge, im ersten und zweiten Stock mit Gratnetz, in mehreren Zimmern einfache Getäfel und Leistendecken, im Flur des obersten Geschosses dekorative Wandmalerei mit Wappen des Adam Mayrhofen (gest. 1589), seiner Gemahlin Cimburgis Lechner und seiner sechs Schwiegersöhne. An der Treppenwand eine Jagdszene, an der Treppenwölbung Rankenornament mit Blattwerk und Rosen. Die Koburg ursprünglich im Besitz der Herren von Gufidaun, von denen sie über Euphemia von Gufidaun 1370 an ihren Gatten Wolfhart Zobel kam, dessen Nachkommen sich von Koburg nannten und den Besitz 1523 an den verwandten Virgilius von Mayrhofen übertrugen. Nach einem Brand 1571 von Adam Mayrhofen in die heutige Gestalt gebracht. Bis 1814 Mayrhofen, 1883 in vernachlässigtem Zustand von Dr. Tobias Wildauer gekauft und hergerichtet. Im Besitz der Erben Dr. Huber.

2. Hohenhaus

Einfacher und nüchterner Bau neben der Kirche, mit regelmäßigen Reihen großer Fenster, wegen seiner Größe im Ortsbild auffallend. Wahrscheinlich alter Besitz der Gufidauner, von ihnen im 15. Jh. an die Metzner gekommen, 1545 von Erben Metzner verkauft, 1552 Gerhart von Brixen, dann Mayrhofen und Wolkenstein. Sitz des Wolkensteiner Patrimonialgerichtes und im 18. Jh. erweitert, einfache Stuckdecken in einzelnen Räumen.

3. Fonteklaus

Einsam ober Gufidaun liegender Ansitz, der 1317 von Adelheid von Säben dem Stift Neustift geschenkt wurde. Um 1706 vom Klausner Gewerken Franz Jenner zu einem Sommersitz ausgebaut, Stiftung der Rochuskapelle 1724. Später Besitz der Herren von Preu, dann des Propstes von Bozen. Seit 1939 Besitz der Familie Gfader, 1979 zu Gasthof umgebaut.

IV. Summersberg

Die Burg erhebt sich auf einem Felsenhügel, der gegen das Villnößtal steil abfällt, und ist auf den sanften, abgedachten Seiten durch zwei Zwinger, ein Ecktürmchen und eine Vorburg mit einem von gebuckelten Eckquadern eingefaßten niedrigen Viereckturm bewehrt. Dieser Turm, der auch Gefängniszellen des Gerichtes Gufidaun enthielt, gehört mit den anschließenden Mauerteilen zum ältesten Baubestand. Am westlichen Zwinger fallen eigenartig geformte (giebelförmige) Zinnen auf. Innen über dem Burgtor Holzskulpturen*, Kreuzigungsgruppe, Brixner Werkstatt. 15. Jh., 3. Viertel. In der Vorburg neuerer Wohntrakt mit der einfachen Kapelle. Durch ein drittes Tor betritt man von der Vorburg aus den sehr malerischen inneren Burghof, den rechts ein Rundturm mit achteckigem, hölzernem Oberteil, links der regelmäßige, viereckige Palas mit Freitreppe, Viereckerker, dreiteiligem Rundbogen- und mehreren noch ursprünglichen Flachbogenfenstern und hohem Walmdach abschließt. Im Mauerwerk noch ausgestrichene Mörtelfugen und Eckverband aus Porphyr- und Granitquadern. Mächtige Holzpfeiler verschiedener Konstruktion in den einzelnen Geschossen, im obersten Stock noch Fenster mit Seitensitzen. In den Wohnzimmern, die sich um den Mittelsaal gruppieren, einfache Holz-, in der sogenannten Bauernstube verzierte Balkendecke. Der Palas im 16. Jh. umgestaltet. Die Nebengebäude im Hof und in der Vorburg 17. und 18. Jh., innere Ausbauten 20. Jh.
Die Herren von Summersberg werden 1202, die Burg selbst 1211 als tirolischer Besitz erwähnt. 1329 erhielt Georg von Villanders die Erlaubnis, auf Summersberg zu dem großen Turm ein Gesäß zu bauen, was allgemein auf die Errichtung des Palas bezogen wird. Wahrscheinlich haben zwei Burgen nebeneinander bestanden. Von 1356 bis 1435 sind Gericht und Schloß Gufidaun samt dem Gericht Villanders als Pfandschaft bei der Familie der Gufidauner. Nach mehrfachem Besitzerwechsel 1882 von Ignaz von Zingerle erworben, seither von der Familie bewohnt und instand gehalten. (Umfassungsmauer und Palas jüngst saniert.)

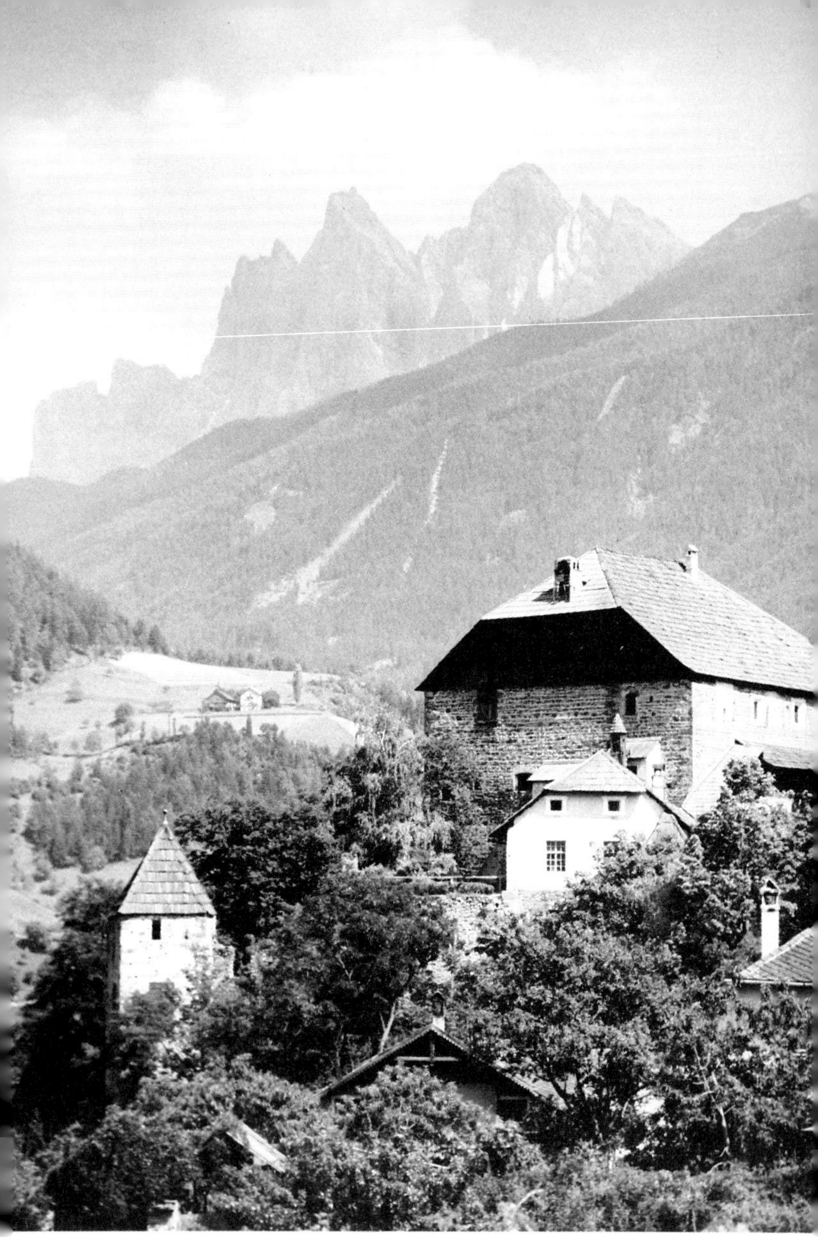

Schloß Summersberg

LAJEN

I. Kirchen

1. Pfarrkirche zum hl. Laurentius

Bau: Prächtige, aussichtsreichste Lage. Eine Kirche wird 1147 erwähnt. Der romanische Turm mit dreiteiligen Rundbogenschallfenstern, runden Säulen und Würfelkapitellen erhielt 1714 seinen heutigen Abschluß mit Oktogon und Zwiebelhaube. Die heutige geräumige, ernst-klassizistische Kirche mit Lisenenfassade, abgewalmtem Dach, Vierecktüren, Viereck- und Lünettenfenstern, im Langhaus mit sphärischem Gewölbe über kräftigen Gurten, strengem Gebälk und weit vortretenden Wandpfeilern, im abgesetzten, durch einen breiten Triumphbogen abgetrennten Chor Flachkuppel, wurde nach einem Entwurf des Wiener Hofbaurates 1838 bis 1845 von Johann Komplojer aufgeführt und 1845 geweiht. Restauriert 1967.

Deckengemälde: Über dem Altar Gnadenstuhl, in der Chorkuppel Krönung Mariä und die Evangelisten, im Langhaus vier Szenen aus dem Leben der Heiligen Stephanus und Laurentius, umgeben von Kirchenvätern, Kindheit Jesu, den Samaritern, über der Orgel hl. Cäcilia. Bez. Joseph Arnold pinxit 1844.

Einrichtung: Einheitliche Ausstattung in einfachen, strengen Formen, von 1845. Die Altäre aus Marmor, ausgeführt von den Steinmetzen Josef Benin und Karl Pallotio, Bozen. Die Kanzel aus Stuckmarmor. Das Bild am Hochaltar Maria mit Christkind, hl. Stephanus und Laurentius, von Peter Kachler, 1845. Statuen Petrus und Paulus. Bilder der Seitenaltäre links Mariä mit Christkind von Philipp Veit in Rom, rechts hl. Josef von Anton Psenner, Bozen 1816.

Kreuzwegstationen: 1848 Josef Mühlmann. Rahmen von Josef Stauder, Sexten.

Beichtstühle: Mit Vasen und Brustfiguren von Heiligen. Gebrüder Zelger in Lajen und Balthasar Pontifeser, Gröden 1845.

Orgel: Sechsteiliger Prospekt. 1845.

Sanktusleuchter: Messing. Balusterform. Ingramsches Wappen. Anfang 18. Jh.

Gemälde:
1.* Hl. Florian.
2.* Mutter Anna, 1. Hälfte 18. Jh.

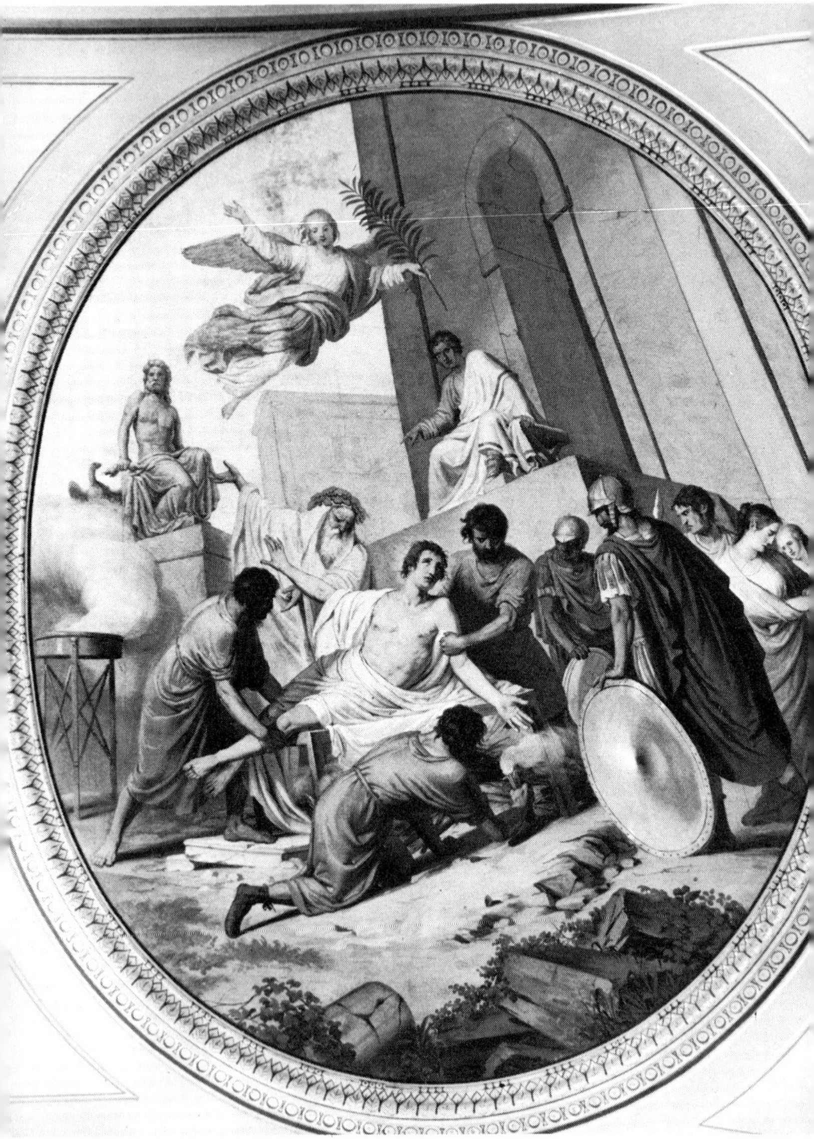

Lajen, Pfarrkirche, Deckengemälde von J. Arnold

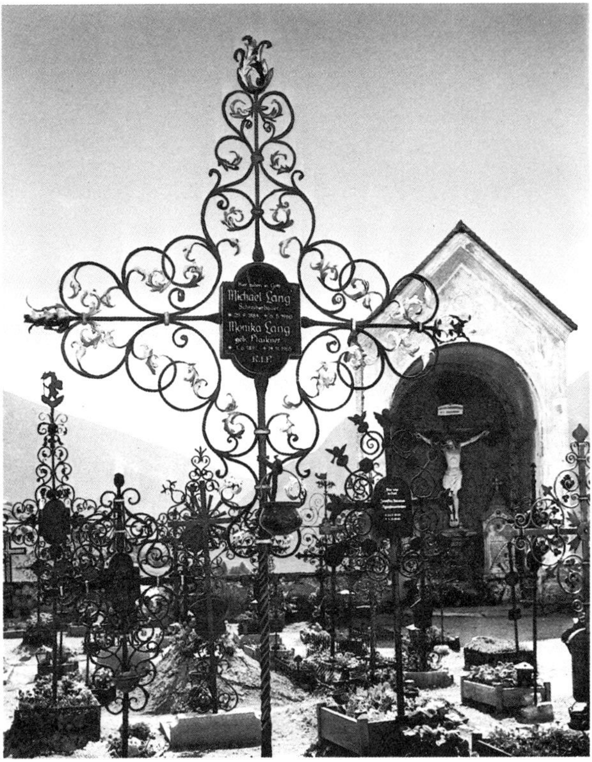

Lajen, Friedhof

Taufstein: Romanische Kelchform mit ornamentalen Wülsten, um 1300. Der Deckel Kupfertreibarbeit von Martin Rainer, Brixen.

Im *Friedhof* einige sehr gute früh- bis spätbarocke Grabkreuze.

2. Unsere Liebe Frau

Bau: Eine Kirche wird 1147 erwähnt. Der heutige spätgotische Bau wurde 1482 geweiht und zeigt einen Sockel mit Quaderschräge, zwei Spitzbogenportale, das eine mit gekreuztem Rund-

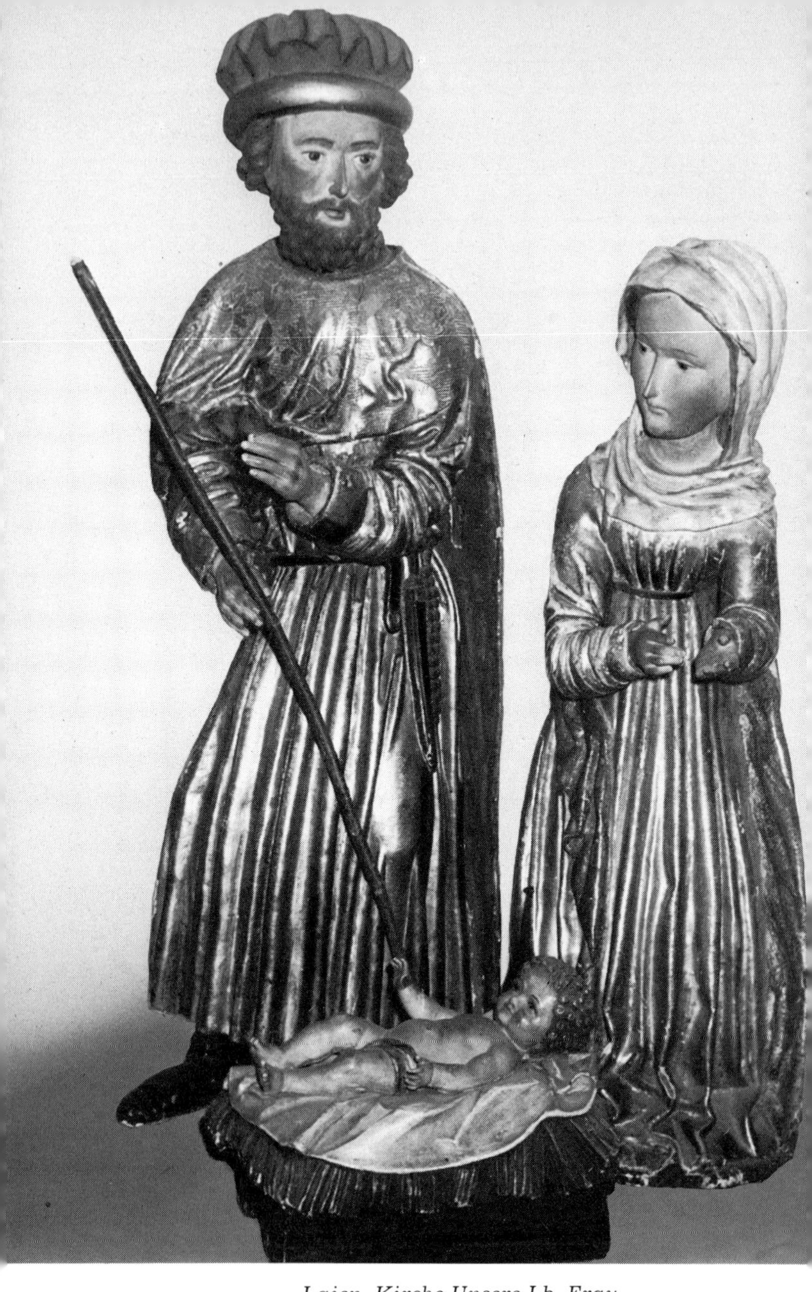

Lajen, Kirche Unsere Lb. Frau,
Geburt Christi, von Meister Leonhard

stab, an der Fassade Radfenster mit Dreipässen und eine Nische mit Eselsrücken, ein aus Stein gemeißelter Kopf, Spitzbogenfenster, im Langhaus mit Dreipaß, im Chor, dessen polygonaler Abschluß aus Quadern aufgeführt ist, mit schönem Dreipaßmaßwerk, ein reiches Netzgewölbe mit feinprofilierten Rippen, vier großen, sternförmig umrandeten Schlußsteinen und mit Schildchen an den Spitzkonsolen und einen hohen und schmalen Triumphbogen mit konkav ausgenommenen Kanten. Am Turm Spitzbogenschallfenster mit schönem Dreipaß- und Fischblasenmaßwerk und niedrige Haube mit gedrückten Dreieckgiebeln. Eine Restaurierung der architektonisch hervorragenden Kirche ist seit 1983 im Gange.

Wandgemälde: In der Giebelnische Maria mit Christkind, am Turm Mariahilf, Johannes Nepomuk und Florian. 18. Jh.

Hochaltar: Interessanter, flacher und schlanker Aufbau, aus gotischen und Renaissanceelementen gemischt; Bild, Die Geburt Christi, von Säulchen mit geradem Gebälk gerahmt, Seitennischen mit Statuen Petrus und Paulus, am Aufsatz zwischen Säulchen und Fialen Mariä Heimsuchung und Verkündigung und Brustbild Gottvaters unter einem gotisierenden Baldachin. Um 1620. Mensa und Tabernakel 1. Hälfte des 19. Jh.s.

Holzskulpturen:
1.* Geburt Christi in krippenförmiger Anordnung. Meister Leonhard von Brixen, um 1460.
2.* Anbetung der Könige. Zierliche, lebendig bewegte Freifigürchen mit feinknittrigem Faltenwurf. Anfang 16. Jh.
3.* Hl. Florian. Gotische Erinnerungen. Um 1600.
4. Pietà. Bewegter Faltenwurf, starker Gefühlsausdruck. Mitte 17. Jh.

Kirchenstühle: Die reichgeschnitzten Docken aus der Pfarrkirche, um 1760.

Gemälde auf der Empore:
1. Geißelung Christi, gute Arbeit, bezeichnet ACV 1553.
2. Schmerzensmutter und
3. Christus an der Geißelsäule, um 1650.
4. Altargemälde Augustinus und Paulus, Anfang 17. Jh.

Glocken:
1. Kreuzigungsgruppe und Maria mit Kind. Hanns Christoph Löffler, 1567.
2. Kreuzigungsgruppe und Maria mit Christkind, letzteres Relief aber noch gotisch. Hanns Christoph Löffler, 1567.
3. Petrus und Paulus. 1591.

3. St. Jakob und Valentin in Tschöfas

Bau: Die Kirche, deren Langhausmauern wohl älter sind, wurde spätgotisch umgebaut und 1465 geweiht. Spitzbogentüre, darüber Halbkreis-, sonst Viereckfenster, Sterngewölbe mit zahlreichen runden Schlußsteinen, derben Rippen und Wandpfeilern. Spitzbogige Sakristeitüre, am Turm spitzbogige Schallfenster und niedrige Achteckpyramide.

Wandgemälde: An größeren Schlußsteinen Lamm Gottes, Schweißtuch, Maria mit Christkind und hl. Jakob, an den kleineren Wappen und Rosetten. 15. Jh., 3 Viertel.

Altar: Breiter Aufbau aus frei stehenden Doppelsäulchen mit geschnitztem Blattwerk und zahlreichen Skulpturen, beachtenswert Martin und Notburga. Von Dominikus Vinazer, 1731. Am Giebel Rankenkartusche mit Jahrzahl 1733.

Kanzel: Achteckform mit Eckpilastern, Tropfengehängen, bemalten Leistenfeldern. 18. Jh., 1. Hälfte.

Holzskulpturen:
1.* Hl. Jakob. 15. Jh.
2.* Hl. Valentin mit Rind, reiche, scharfbrüchige Gewandfalten. Um 1500.
3. Pietà. Schöne Komposition, lebhafte Bewegung, starker Gefühlsausdruck, 18. Jh., 1. Hälfte.

4. St. Bartholomäus in Tanürz

Bau: Die 1437 erwähnte Kirche dürfte wohl ins 13. Jh. zurückreichen und zeigt aus dieser Zeit noch zwei vermauerte kleine Rundbogenfenster, Rundbogenportal und Viereckfenster, flache Decke, geraden Abschluß, am Turm gekuppelte Rundbogenfenster und niedrigen Viereckhelm.

Altar: Vier Säulen vor Pilastern, verkröpftes Gebälk, gesprengter Giebel, Bild und Statuen. Mittelmäßige Arbeit vom Ende des 18 Jh.s, aber in schöner ursprünglicher Fassung.

Holzskulpturen:
1.* Hl. Bartholomäus. Haar und Bart in Röllchen, kurzknitterige Falten. Werkstatt Meister Leonhards. Um 1460.
2.* Hl. Bartholomäus. Scharfbrüchiger, reicher Faltenwurf, feingearbeitete lockige Haare. Um 1500.
3.* Hl. Bischof, von derselben Hand wie Nr. 2; wahrscheinlich beide Figuren aus dem ehemaligen Flügelaltar.

5. St. Johannes d. T. in Freins

Bau: Die 1239 geweihte Kirche, von der sich nur die Mauern des Westteiles erhalten haben, wurde in spätgotischer Zeit um den

Chor verlängert und 1727 barock umgebaut. Vorhalle, Viereck- und Halbkreisfenster, Spitztonne mit dreiseitigem Abschluß über Quergurten und Pilastern, am Turm breite, spitzbogige Schallfenster und niedriger Viereckhelm.

Wandgemälde: An der Fassade Johannes Baptist, Laurentius, Stephanus, Christophorus, laut Inschrift von Hanns von Freising und Dorothea Ingrambim 1727 gestiftet.

Altar: Neugotisch.

Kanzel: Achteckform mit kannelierten Pilastern, Bildern der Evangelisten, am Schalldeckel Statue* des hl. Johannes d. T. Anfang 18. Jh.

*Prozessionsstangen:** Kerzentragende Engel. 17. Jh., 2. Hälfte. Gestohlen bzw. deponiert.

Holzskulpturen:
1.* Johannesschüssel. Haar und Bart in geschlossenen, symmetrischen Strähnen, schematische Gesichtszüge. Um 1400.
2.* Maria mit Kind. Runde, regelmäßige Gesichter, das Christkind mit gerollten Löckchen. Kurzknittrige Gewandfalten, die die Füße des Christkinds bedecken. Werkstatt Meister Leonhards. 15. Jh., 3. Viertel.

Gemälde: An der nördlichen Langhauswand. Maria mit Christkind und die beiden hl. Johannes. Ehemaliges Altarbild, 18. Jh., 1. Hälfte.

6. St. Nikolaus in Albions

Bau: Eine Kirche wird 1147 erwähnt. Vom heutigen Bau sind die Langhausmauern und die unteren Teile des Turmes mit zwei Reihen gekuppelter und dreiteiliger Schallfenster mit leicht zugespitzten Bogen, Würfelkapitellen und Kämpfern noch romanisch. In der 2. Hälfte des 15. Jh.s wurde das Langhaus gotisiert und eingewölbt und der Chor leicht abgewinkelt hinzugebaut. Um 1515 erhielt der Turm seinen jetzigen achteckigen Spitzhelm. Westlich Umfassungsmauer, Spitzbogenportal, Spitzbogenfenster mit Fischblasenmaßwerk, im Langhaus dreijochiges Netzgewölbe mit einem viereckigen und zwei runden Schlußsteinen und einfachen Rippen und flachen Konsolen. Der polygonal abschließende Chor ist durch einen einfachen Quergurt abgeteilt und zeichnet sich durch die originelle Anlage seines Netzgewölbes aus. Runder Schlußstein und flache Spitzkonsolen.

Wandgemälde:
1. Außen hl. Christoph. Tief unterschnittene, scharfbrüchige Gewandfalten, im rundbogigen Hohlkehlenrahmen Statuentabernakel. Unten hl. Nikolaus und Georg, oben Heimsuchung

(Maria trägt das Jesuskind auf dem Leibe). Gute Arbeit mit auffallender zeichnerischer Modellierung der nackten Körperteile. 1496.
2. Kreuzwegstationen. Mitte 18. Jh.
3. Im Chor Maria mit Christkind, auf den Schlußsteinen Christuskopf, Nikolaus, Georg und Petrus. 15. Jh., aber vollständig übermalt.

Hochaltar: Säulenaufbau mit aufgebogenem Gebälk, Bild: Madonna mit Kind und hl. Nikolaus, signiert N. Weis in Brixen. Statuen: Silvester, Georg, Margaretha, Valentin. Dominikus Vinazer, 1720.

Seitenaltar: Flügelschrein mit Predella, ohne Aufsatz. Von Maß- und Blattwerk und Säulchen eingerahmte Skulpturen, hl. Georg in Hochrelief, in Maximilianischer Rittertracht, im teilweise gemalten Hintergrund die Jungfrau, Schloß mit den zuschauenden Eltern und Enthauptung des Heiligen. An den Flügeln hl. Joachim mit Buch und Anna selbdritt, an der Predella Beweinung* Christi, hl. Leonhard und Pantaleon. Geschwungene Gewänder mit kleinknittrigem Gefältel. Gemälde: An den Flügeln hl. Nikolaus und Erasmus, an der Predella Sebastian, Rochus und zwei andere Heilige. Gute Arbeit. Um 1520. Umkreis Ivo Strigl (?); die Predellabilder schlechte Gesellenarbeit. Predellafiguren 1936 gestohlen, wieder aufgefunden, Rückführung wird angestrebt.

Holzskulpturen:
1.* Maria mit Christkind in frontaler Haltung. Derbe Arbeit, 13. Jh.
2.* Hl. Nikolaus. Leicht knitteriger Faltenwurf mit radförmigem, kurzgebrochenem Gewandauffall. Um 1440.
3.* Maria mit Christkind. Scharfbrüchiger Faltenwurf Um 1470.

Kreuzweg: Um 1700.

Türe: Leisten mit Eselsrücken und Zwickelrosetten. 16. Jh.

7. St. Katharina im Lajener Ried

Bau: Die Kirche, deren ältester Teil die Langhausmauern sind, wurde im 15. Jh. um den Chor vergrößert und 1434 neu geweiht. Der Turm mit spitzbogigen Maßwerkfenstern und vierseitigem Pyramidendach dürfte im späteren 15. Jh., das Tonnengewölbe des Langhauses im 17. Jh. hinzugekommen sein. Türen (an einer die Jahreszahl 1558) und Fenster spitzbogig, ältere vermauert, tiefer und runder Triumphbogen mit breiter Leibung, sechsteiliges Chorgewölbe mit rundem Schlußstein, schweren Rippen und derben Konsolen. Nördlich steingerahmte Rundbogentüre.

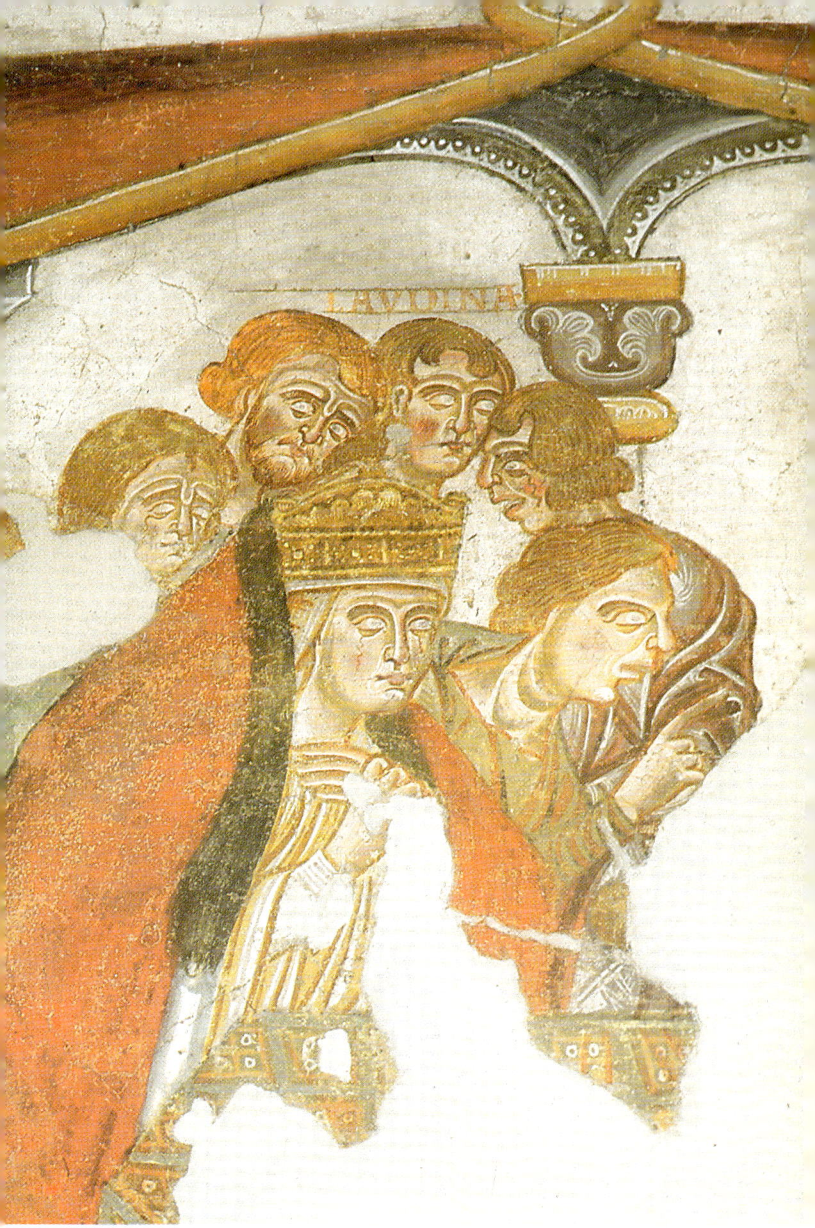

Tafel XVII Rodeneck, Burg, Wandgemälde aus dem Iwein-Zyklus, Detail, Anfang 13. Jh. (S. 456)

Tafel XVIII St. Sigmund im Pustertal, Außenfresko hl. Christophorus, 1519 (S. 472) ►

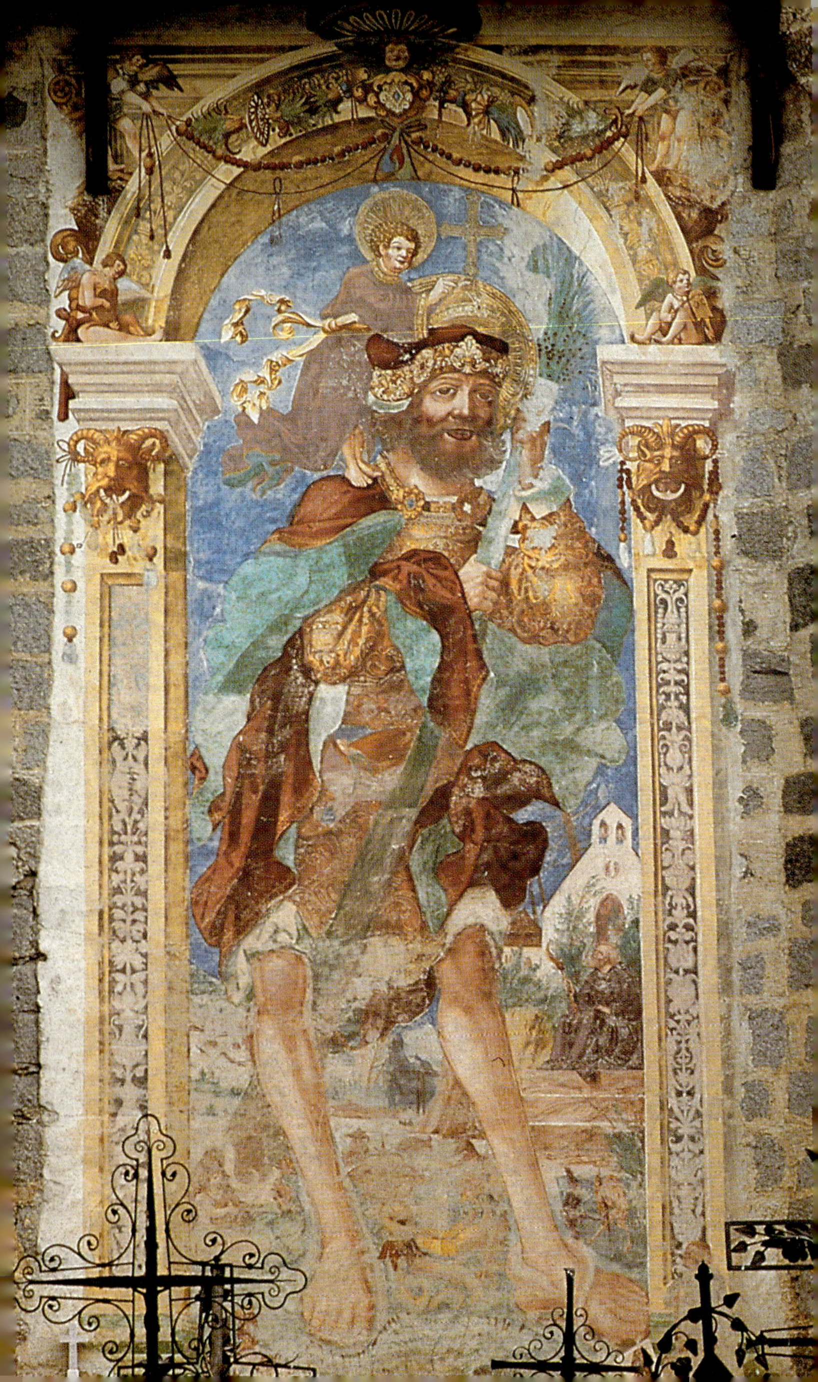

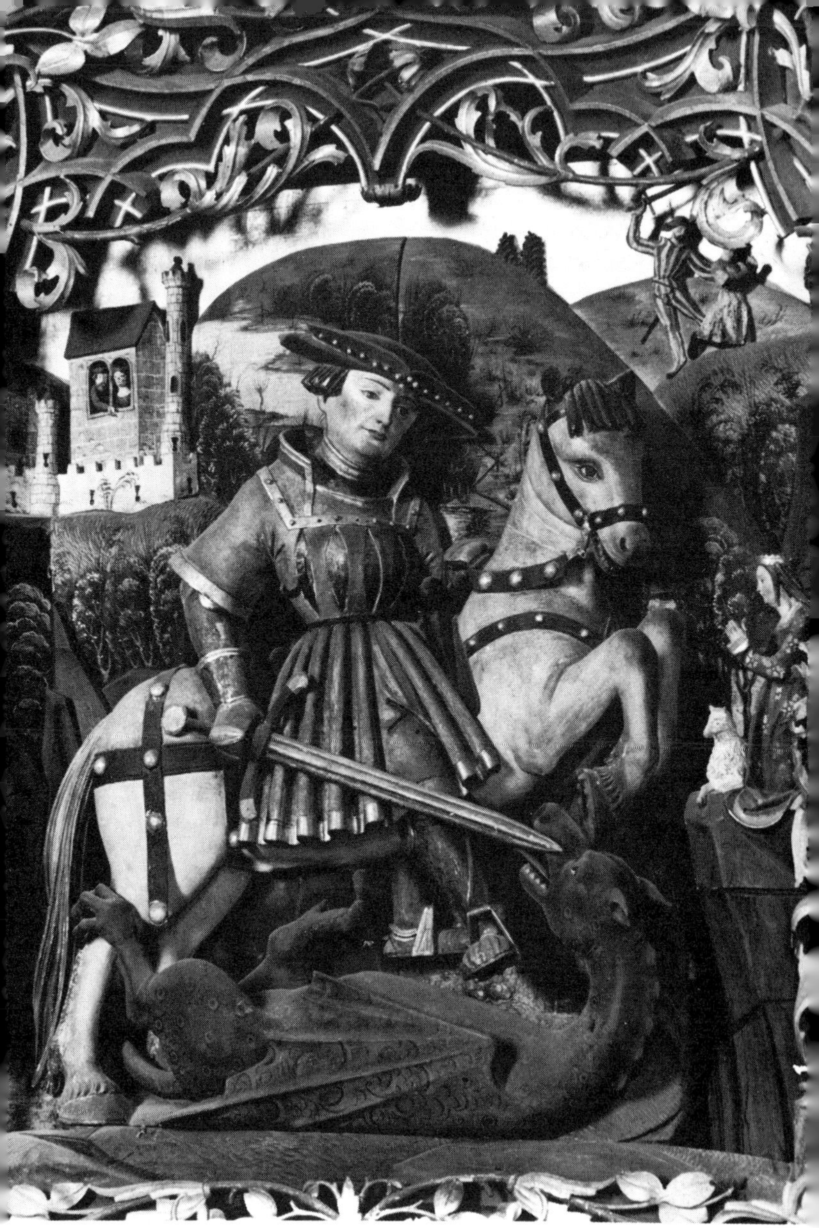

Albions, Seitenaltar

Wandgemälde:
1. An der Fassade Spuren übertünchter Fresken. Jüngstes Gericht und hl. Christoph. Brixner Schule, 15. Jh., 2. Hälfte.
2. *Am Chorschlußstein Schweißtuch mit Christuskopf. 2. Hälfte des 15. Jh.s.*

Hochaltar: Vier gedrehte Säulen mit Rebengewinden, verkröpftes Gebälk, geschweifter Aufsatz. Gute Arbeit. 18. Jh., 1. Hälfte. Die Mittelfiguren*, Maria mit Christkind, Katharina und Barbara, um 1460. Vom ehemaligen Flügelaltar.

Seitenaltäre: Säulenaufbau mit bewegtem Gebälk und gesprengtem Giebel, geschnitztem Muschel- und Bandwerk und Rocaille, Bildern und Statuen (Juni 1972 gestohlen). Mitte 18. Jh. Bild links, Maria* mit Christkind und hl. Urban, im Aufsatz hl. Michael, von Carl Henrici. Bild rechts hl. Antonius, darüber Wappen der Preu und Johannes d. T.

Kanzel: Einfache Achteckform. Anfang 18. Jh.

Kirchenstühle: Um 1800.

Holzskulpturen: Kruzifix. Auf einer mit einem Engelkopf verzierten Konsole die Madonna, 17. Jh.

Glocken:
1. Kreuz und Maria mit Christkind. 1490.
2. Evangelistensymbole. Ende 15. Jh.

II. Bildstöcke

1. Im Dorf neben der einfachen, 1724 geweihten Maria-Einsiedler-Kapelle. Viereckiger Quaderschaft, am Tabernakelaufsatz Nischen mit Fresken, Pyramidendach. 17. Jh.
2. In Albions. Schlanker Viereckschaft aus Porphyr- und Granitquadern, am Übergang zum Tabernakelaufsatz Akanthus, in den Nischen Gemälde, Kreuzigungsgruppe, Laurentius und Stephanus, Katharina und Barbara, Nikolaus und Georg. Spitzdach. Laut Inschrift gestiftet von Mair Paul zu Laien 1503.
3. Im Lajener Ried. Niedriger Viereckschaft aus Quadern, der mit dem Sockel auf einem Stein aufsitzt. Tabernakelaufsatz mit leicht geschwungenen Kanten und seichten Rundbogennischen, niedriges Spitzdach. In den Nischen Fresken, Kreuzigungsgruppe, Anbetung der Könige, Sebastian, Nikolaus und Florian (verwittert) und Maria mit Katharina, über den Nischen krabbenbesetzte Wimperge mit Brustbildchen von acht weiblichen Heiligen in den Zwickeln. 1459 oder 1479. Brixner Schule. — 1983 restauriert.

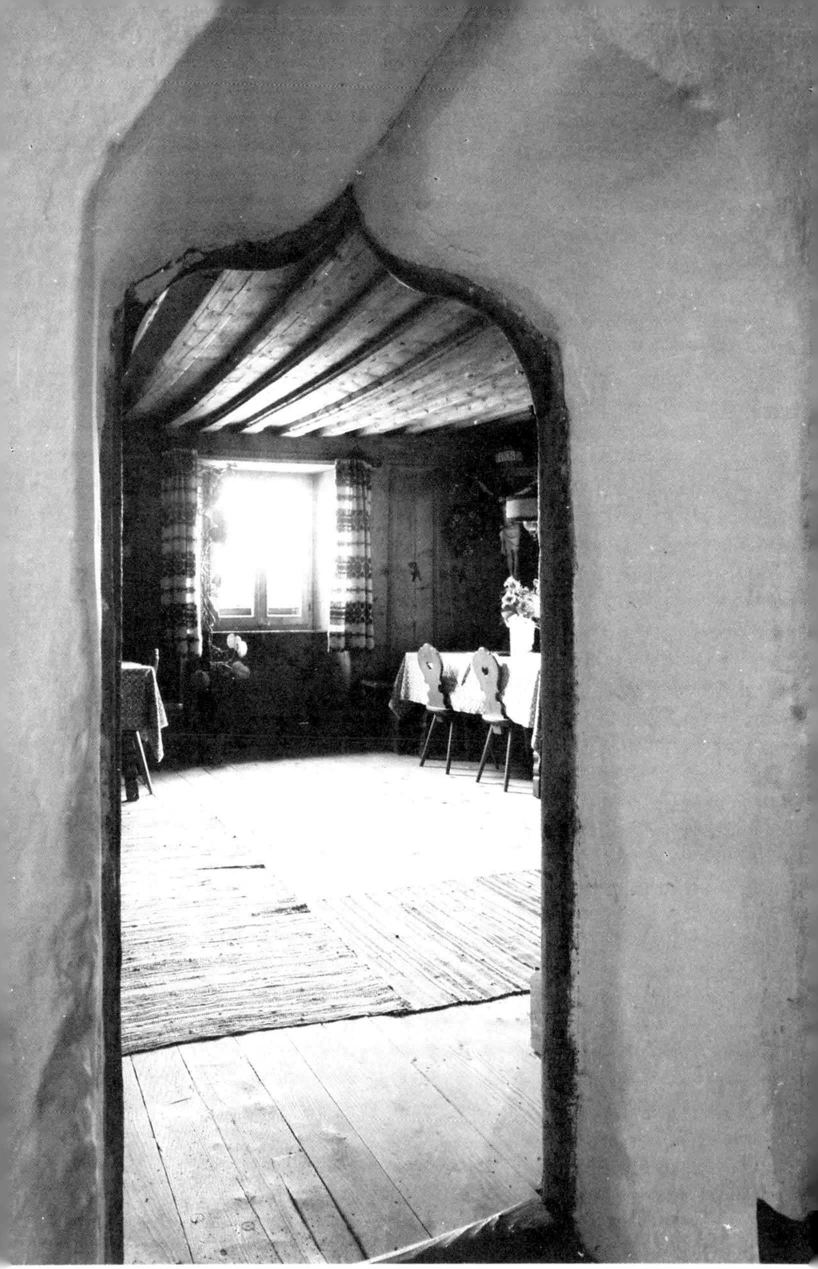

Lajen, Zehentnerhof, Stube

III. Edelsitze, Häuser

Malerisches Dorf, platzartig gruppiert. Auch sonst finden sich in allen Teilen der weit zerstreuten Gemeinde interessante und malerische alte Häuser. Zum Teil sind sie freilich jetzt neuzeitlich stark verändert. *Zehenterhof:* Stube von 1537 — *Gasserhof:* Um 1500 erweiterter, spätgotischer Hof mit älterem Kern. — Beim *Torgglerhof*, Lajener Ried, Kruzifix, 17. Jh.

4. Mairhof (Nr. 44)

Hier stand bis vor wenigen Jahren eine mächtige, von einer Steinbank umgebene Linde. Die ältere Geschichte des stattlichen Baues, der seiner heutigen Gestalt nach nicht weit vor 1500 zurückreicht, zu Ende des 16. Jh.s (1568) nach Süden erweitert und dann im 17. und 18. Jh. innen neu ausgestattet und außerdem erhöht wurde, ist nicht völlig klar. Wahrscheinlich ist auch er aus einem freisingischen Mairhof hervorgegangen, auf dem im 15. und 16. Jh. die Inaporz oder Aporz saßen, die 1648 mit Maria Aporz ausstarben. Dann nacheinander Mayrhofen, Ingram, Putzer-Reibegg, zuletzt bäuerlich. Das bereits stark verfallene Gebäude wurde 1976 von Erwin Demetz und Markus Vallazza angekauft und neu adaptiert. Das Herrschaftshaus ist durch eine gezinnte Tormauer (erneuert) mit Rundbogentor mit dem Walmdachbau des Wirtschaftshofes verbunden, ober dem Tor Steinwappen Ingram-Mayrl. An der westlichen Gartenmauer Tür mit Jahrzahl 1568. Der usprüngliche Zinnenabschluß (vgl. Abb. auf Floriani-Bild in der Pfarrkiche Lajen) bei der Erhöhung im 17./18. Jh. übermauert, damals auch profilierte Rahmungen an den Fenstern der Nordfassade und die Nepomukstatue für die Nische angebracht. Nach Süden zwei flügelartige Anbauten mit offenen Durchgangsbögen. Der östliche Eingang ist eine gedeckte Freitreppe mit Spitzbogentür in abgefaster Steinrahmung und gemeißeltem Wappen der Aporz im Scheitel (auffallenderweise querliegend), südlich ein breites Rundbogentor, an der Westseite Freitreppe mit Rundbogentür. An der Ost- und Westfassade je ein Doppelbogenfenster, an mehreren Fenstern schöne Schmiedeeisengitter mit Kreuzblumen. Die Fenster an der Ostseite mit gemalten Strichrahmungen bzw. gebauchten Korbgittern. Südlich gemalte Sonnenuhr mit Wappen Aporz und Vallunger. Im Innern in der Halle im ersten Stock Spitzbogentüren in abgefaster Steinrahmung, Fragmente spätgotischer Fresken, hl. Christophorus. In der Stube Balkendecke mit Pilastergetäfel. Im zweiten Stock geräumiger Mittelsaal, die vier Türen mit Stuckeinfassung, Volutenaufsätzen und Masken. An der Decke in Stuckrahmen drei sehr stark beschädigte Bilder, in der Mitte

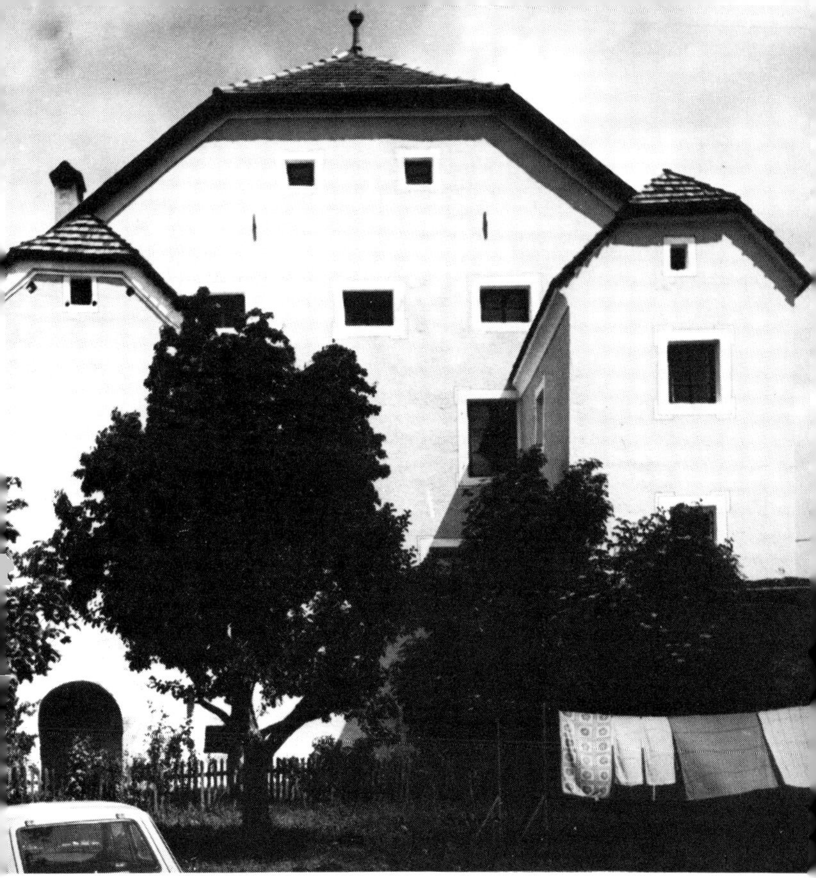

Lajen, Mairhof

Wappenkombination; mittleres Wappen Ingram und kleines Wappen Mayrhofen noch erkennbar. Im westlichen Zimmer Stuckdecke mit Muscheln, Engelsköpfen; Gemälde, Gastmahl des Pharao, abgenommen, 2. Hälfte 17. Jh. Die Stukkaturen im kleinen östlichen Saal mit Rosettengitter, Bandelwerk und Reliefdarstellungen der vier Jahreszeiten, in der Mitte Medaillon mit Allianzwappen Ingram-Mayrl (Johann Jakob Ingram und Anna von Mayrl) sind qualitätvolle Arbeiten um 1740. Im südwestlichen Anbau Raum mit Freskendekoration: Jagdszenen, Kreuzigung, um 1570; gemalte Wappenbehänge, Ranken und

Wappen von anderer Hand, doch der Wappenkombination Aporz-Vallunger nach ebenfalls um 1570 (Georg Aporz, gest. 1575 war mit Barbara Vallunger, Zehentnerin in Lajen, gest. 1571 verheiratet).

Tschutscherhof (Nr. 42)

Stattliches Haus mit Satteldach, am nordöstlichen Ende des Dorfes, erneuert (1973). Nordseite Rundbogentor, darober Nische mit Nepomukstatue (deponiert). Westlich Spitzbogentür in abgefaster Steinrahmung, östlicher Eingang neu. An Nord- und Südseite polygonale Mittelerker mit gerundetem Anlauf, an Ostseite seitlich kleinerer Erker, alle mit Ziegelabdeckung. Im Erdgeschoß Reste einer gewölbter Halle, im ersten Stock zwei Spitzbogentüren in abgefaster Steinrahmung. Im ersten und zweiten Stock getäfelte Stube mit Felderdecke, Wandkästchen. Stuckdecke im Gang des zweiten Stockes bei Restaurierung 1973 heruntergebrochen. An der Nordseite am Giebel Jahrzahl 1696, die Buchstaben L. V. F. (Lorenz von Freysing vgl. Weingartner, Kunstdenkmäler I) nicht mehr vorhanden. Bereits 1022/23 wird Besitz der Bischöfe von Freising in Lajen erwähnt. Die Verwalter des bischöflichen Mairhofes (um 1330 wird z. B. häufig ein Niclas von Lajen, Mair von Freysing erwähnt) nannten sich später Herren von Freising. Als solche erhalten sie 1559 den Adelsstand mit dem Prädikat von Aichach. Den in seiner heutigen Form um 1500 errichteten Hof, der Ende des 17. Jh.s nach Süden erweitert wurde, verkaufte Stephan von Freising Mitte 18. Jh. an die Herren von Ingram; 1805 scheint er im Besitz des Anton von Chizzali auf und geht dann an Dominikus Schrott über (geb. 1826), dessen Erben ihn in vierter Generation bis heute besitzen.

Troyer (Nr. 49)

Hier war der bereits 1288 genannte Mairhof zu St. Quirin = Krein, den ebenfalls die Mair von Freising besaßen. Das Anwesen bestand aus zwei Häusern, dem ehemaligen Bauernhaus, das jetzt gänzlich zum Hotel „Andechs“ umgebaut ist und lediglich noch ein steinernes Spitzbogentor in abgefaster Rahmung zeigt, und dem „Herrenhaus“, später Troyer-Zuhaus genannt, welches ebenfalls baulich verändert ist: Im viergeschossigen Haus mit Walmdach sind im zweiten Stock noch zwei ehemalige Säle mit einfachen Stuckdecken 1. Hälfte 18. Jh. erhalten, in die später eine hübsche bäuerliche Stube mit bemaltem Getäfel eingebaut wurde. Nördl. Eingangstür mit mehrfach abgestuften einspringenden Ecken, ehemals Jahrzahl 1572; im Erdgeschoß Reste einer gewölbten Halle und von Osten her spitzbogiges abgefastes Portal. Die Häuser heute in getrenntem Besitz, das Troyer-

Zuhaus in dem der Familie Morin. Der Name Troyer verweist auf alten Besitz der Herren von Troyer, von denen sich Alexander 1567 in Lajen ansässig machte. Um 1750 in Besitz der Ingram.

Alter Pfarrhof

Im spätgotischen, jetzt stark veränderten Gebäude Sammlung von Skulpturen und Gemälden, u. a. Kreuz 17. Jh., Nikolaus, Wolfgang, 1. Hälfte 16. Jh., Laurentius Mitte 15. Jh., Gemälde: 14 Nothelfer, um 1600, Dreifaltigkeit, dargestellt in drei Männern, 1677. Kunstgegenstände aus Filialkirchen sind hier deponiert.

Vogelweidhöfe

Im Lajener Ried zwei einfache Bauernhäuser, viel genannt als hypothetische Heimat Walthers von der Vogelweide.

Lusenegg

Das in seltener Ursprünglichkeit und in wohlgepflegtem Bauzustand erhaltene Anwesen ober Klausen am Weg nach Lajen wird als Hof in Lusen schon 1288 erwähnt (eine ältere überlieferte Nennung von 1174 ist nicht belegbar), war wenigstens 1354 schon Edelsitz und gehörte dem Nikolaus von St. Moritzen in Taufers, genannt der Prüstle, der aber ohne Nachkommen starb. Unter den Besitzern Preu, die 1538 mit dem Prädikat von Lusenegg geadelt wurden und 1544 ausstarben, kam es zu einem völligen Umbau des älteren Sitzes, der nach Süden erweitert wurde und hier einen um die Ecken herumgeführten Zinnenabschluß erhielt, außerdem mit einer Ringmauer und zwei spielerischen Eckrondellen (alles jüngst restauriert) mit Kordongesimsen und Rundbogentor versehen wurde. An der talseitigen Fassade des einheitlich wirkenden Baues Erker, regelmäßige Viereckfenster, im Hauptgeschoß sechs prächtige Schmiedeeisengitter; Tor mit einspringender Steinrahmung, durch das man eine ebenerdig gewölbte Halle mit Mittelsäule betritt. Ähnliches Tor mit einspringenden zweifach abgetreppten Eckstücken an der Südfront, die ebenfalls durch (kleineren) Erker, Viereckfenster, davon zwei mit Schmiedeeisengitter, gegliedert ist; zwei Gitter und Reste eines Erkers auch an der Ostseite. Vom gewölbten Hausgang aus betritt man im älteren südlichen Hausteil links Rauchküche und Stube mit interessantem gotischen Getäfel mit Palmettenmotiven, Zahnschnittfries, zierlich profilierten und gedrehten Leisten, Wandkästchen und Tellerbord; rechts ist ein jetzt als Kapelle eingerichteter Raum, von dem eine viereckige Öffnung in einen ca. 3 Meter tiefen viereckigen lichtlosen Raum führt. Steintreppe mit durchbrochener Gitterbrüstung zum ersten Stock. Von den beiden nördlich gelegenen Haupträumen

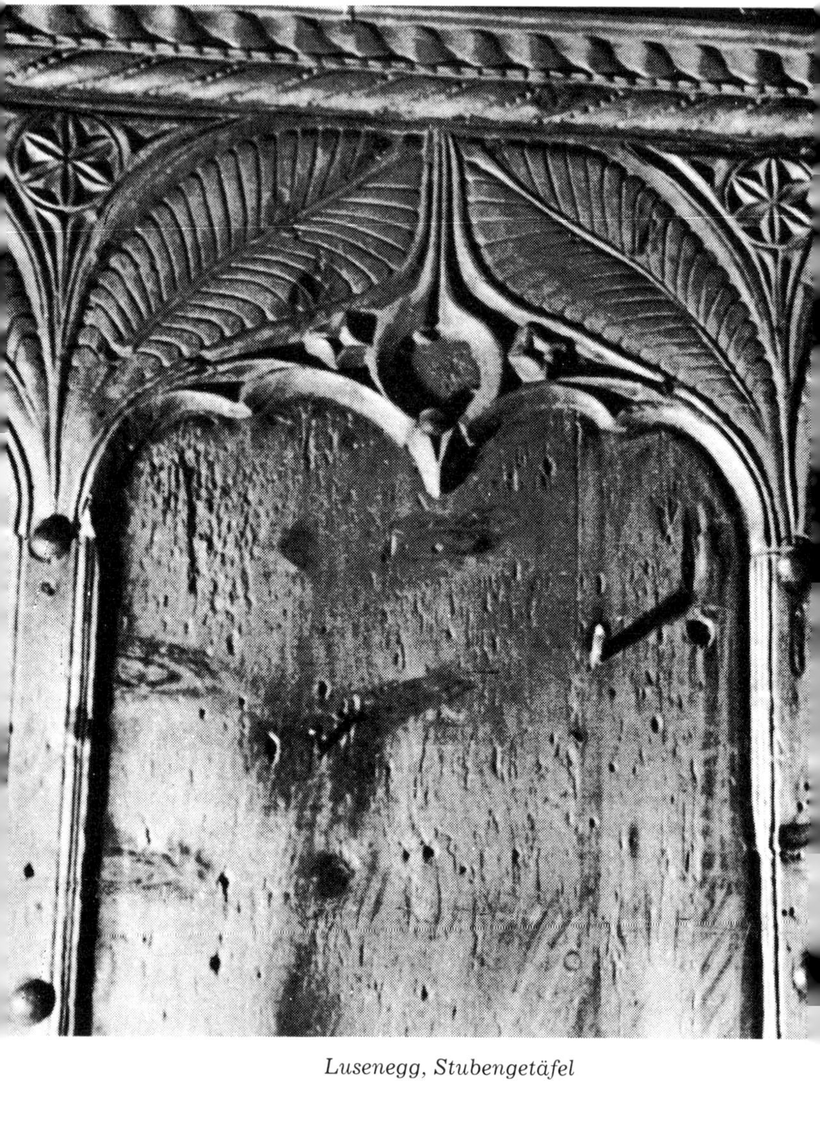

Lusenegg, Stubengetäfel

hat der mittlere schönes Pilastergetäfel, Felderdecke aus Rhomben mit aufgelegten Rosetten und geschnitzten Köpfen und die Türen von kannelierten Halbsäulchen bzw. Pilastern und dreigeteiltem Gebälk gerahmt; geschnitztes Wappen der Preu. Die um 1538 entstandene Stube stellt ein frühes Beispiel der Wohnkultur der Renaissance in Tirol dar, und wird dem Bozner Tischler Hans Haim, Meister der ehemaligen Pfarrkirchentüren von Bozen zugeschrieben (Ringler). Die zweite Stube einfacher, Wandkästchen, reich geschnitzte Sopraporte. Auch im zweiten Stock getäfelte alte Stuben und mehrere Kammern. Beim turmartigen Nebengebäude, das ursprünglich mit einem Gang im ersten Stock mit dem Hauptbau verbunden und früher höher war, ist mittelalterlicher Mauerbestand nicht nachweisbar, ähnliches Tor wie südlich am Hauptbau. Ein überwachsener Mauerzug an der Südostecke weist auf ältere Umfassungsmauer hin. Weitere Besitzer Luseneggs nach den älteren Preu waren die Brüder Leonhard und Georg Pichler von Weiteck, die den Sitz an Christoph von Mayrhofen verkauften, dessen Familie in der Folge das Prädikat führte. Über die Katzelohr, von denen Benedikt mit Sybille von Preu verheiratet war, im 17. Jh. als Besitzer und Inhaber des Prädikats genannt. 1716 kam Lusenegg an die Preu von Korburg in Mühlbach, die sich seit 1761 auch nach Lusenegg nannten (und 1928 ausstarben). Seit 1844 gehört Lusenegg der Familie Obwexer.

ST. PETER HINTER LAJEN

1. Pfarrkirche zu den Heiligen Petrus und Paulus

Bau: Eine Kirche wird angeblich schon im 11. Jh., sicher 1240, erwähnt. Neue Weihen 1448 und 1509. Der heutige Bau wurde 1764 aufgeführt, 1767 geweiht. Viereckige Türen, Rundbogenfenster, Tonnengewölbe über Längsgurten und breiten Wandpfeilern mit Pilastern und isolierten Gebälkstücken. Dreiseitiger Chorabschluß, seitlicher Kuppelturm. Restaurierung 1976.

Wandgemälde:
Äußeres:
1. Christkind mit Leidenswerkzeugen und Maria. Um 1764. Gute Arbeit.
2. In Nischen die Rosenkranzgeheimnisse, über der Tür hervorgehoben Geburt Christi. Von Josef Arnold d. Ä. und d. J.
3. Im Fassadengiebel Tiara des hl. Petrus.
Inneres:
4. Vier größere Bilder, Verklärung Christi, Schlüsselübergabe,

anbetende Engel, hl. Petrus, Matthäus die Hände auflegend, und seitliche Medaillons mit den Evangelisten, Kirchenlehrern, Franz Xaver und Franz von Sales. Bez. Jos. Arnold, 1845.
5. An der Emporenbrüstung Petrus heilt den Lahmen. Cäcilia, Pauli Bekehrung, unter der Empore Magdalena salbt den Herrn. Um 1764.

Hochaltar: Säulenaufbau mit Volutengiebel, Statuen Johannes und Jakobus und Bild, Abschied Petri und Pauli, von Michael Cranpichler, signiert und datiert. 1778.

Seitenältäre: Einfache Säulenbauten, 19. Jh., mit Statuen, die mittleren Maria mit Kind und Josef, von Franz Tavella, um 1900, die anderen 18. Jh.

Kanzel: Bewegte Form mit Rocaille, an der Brüstung die theologischen Tugenden, am Deckel Engel. 18. Jh., 2. Hälfte.

Opferstock: Granit. Kreuz und Jahrzahl 1598. (In der Sakristei Skulpturen und Gemälde.)

2. Friedhofskapelle zu Unserer Lieben Frau

Bau: Steingerahmte Rundbogentüre zwischen zwei Spitzbogenfenstern. Gratgewölbe. 16. Jh.

Altar: Bild Maria mit Kind, nach Giovanni Bellini, 16. Jh. (?).

3. Maria Schnee beim Rabanserhof

Bau: Dachreiter, Rundbogen- und Lünettenfenster, Tonne über Gebälk. 17. Jh. 1690 geweiht.

Altar: Gedrehte Säulen mit Rebengewinde, verkröpftes Gebälk, gesprengter Giebel, Bilder und Statuen. 17. Jh., 2. Hälfte. Herz-Jesu-Bild mit reichgeschnitztem Blattwerkrahmen. Anfang 18. Jh. Derzeit alles deponiert.

BARBIAN

1. Pfarrkirche zum hl. Jakobus

Bau: Die 1378 erwähnte Kirche reicht in Wirklichkeit viel weiter zurück. Der Turm mit zwei Reihen zwei- und dreiteiliger, leicht zugespitzter Schallfenster, deren Mittelsäulen würfelförmige Basen und Kapitelle aufweisen, gehört wohl noch dem 13. Jh. an, erhielt aber erst in spätgotischer Zeit seinen achteckigen Spitzhelm. Um dieselbe Zeit wurde die Kirche umgebaut und 1472 neu geweiht. Baumeister war Hans Strobl, Meran. Davon hat sich noch der heute als Sakristei dienende Chor mit Sockelschräge, gekehltem Dachgesims und zwei halbvermauerten spitzbogigen Maßwerkfenstern erhalten. Die Kirche selber wurde nach Plänen

des Josef Vonstadl 1874/75 im neuromanischen Stil völlig neu gebaut und 1877 geweiht. Gesamtrestaurierung 1979—1981.
Einrichtung: Neuromanisch. Um 1875. Am *Hochaltar* Kopie der Wechselburger Kreuzigungsgruppe, von Julius Blaas, Innsbruck, 1879.

Gemälde: Am Chorbogen Herz Jesu und kniende Gemeinde, im Chor Gottvater und Engelreigen. In der Art von J. B. Oberkofler, um 1930.

Glasfenster: 10 Fenster mit Apostelbildern und Rosette.
Holzskulpturen:
1. * Am linken Seitenaltar Maria mit Christkind, 15. Jh., 3. Viertel.
2. * hl. Florian. Gezierte Haltung, eckiger Faltenwurf. Um 1500.
3. * hl. Nikolaus, Eckiger Faltenwurf. Um 1500.
4. * hl. Johannes d. T., Anfang 16. Jh.

Glocken: Kreuzigungsgruppe, Maria mit Christkind, Heilige, die zwölf Apostel. Peter Laiminger, 1518.

Friedhofskapelle: In offener Rundbogennische große Kreuzigungsgruppe, 17. Jh.

2. St. Ingenuin und Albuin in Saubach
Bau: Eine Kirche wird 1398 erwähnt, doch verrät die Wahl der Patrone des Hochstiftes Brixen, das hier weit ausgedehnte Besitzungen hatte, ein viel höheres Alter. Die heutige, in der 2. Hälfte des 15. Jh.s erbaute Kirche zeigt Sockelschräge, gekehltes Dachgesims, im Westen Spitzbogenportal mit drei verschlungenen und gekreuzten Stäben, daneben ein Viereckfenster mit gekreuztem Rundstab, darüber ein rundbogiges, südlich und am polygonal abschließenden Chor vier spitzbogige Maßwerkfenster. Die zierlich profilierten Rippen des Netzgewölbes sitzen im Langhaus auf Wandgurten und polygonalen Diensten, im Chor auf Dienstansätzen und Spitzkonsolen, die teilweise mit Wappenschildchen verziert sind. Wenig einspringender, beiderseits gekehlter Triumphbogen, am Turm Spitzbogenschallfenster und Achteckpyramide. Dach und Turmhelm nach dem Brand von 1925 erneuert. Bei der Innenrestaurierung 1976/77 Steinmetzzeichen und Wappenstein des Auftraggebers mit Fischen und Trauben freigelegt. Im Scheitel des Chores Lammwappen der Diözese.
Altäre:
1. Flügelaltar: Predella, dreiteiliger Schrein mit durchflochtenen Wimpergen, erneuertes Gespreng. Im Schrein Mariä Krönung zwischen Ingenuin und Albuin. Flügelreliefs Ägydius und Genoveva. Predellaflügel Barbara und Katharina. Gemälde der Außenseite, Ölberg, Geißelung, Kreuztragung, Grablegung. An

der Predella Stephans, Verkündigung, Laurentius. Reiche Arbeit unter Pacherschem Einfluß. Um 1500. 1970 zwei Büsten (hl. Martin und Bischof von der Predella) und Engel gestohlen.
2. Flügelaltar mit Predella und Gespreng. Außer der im Museum Bozen befindlichen Statue eines Bischofs nur Gemälde. Im Schrein Kreuzigung, mit der Verkündigung verbunden (seltenes Motiv), an den Flügeln hl. Joachim und Anna, außen die Heimsuchung. An der Predella Grablegung. Gute Arbeit mit renaissancehaften Anklängen (vergleiche Corvara) in den Landschaftsdarstellungen 16. Jh., 1. Viertel.
3. Flügelaltar mit Predella. Im Schrein unter gekreuzten Eselsrücken Maria mit dem Christkind, Barbara und Margaretha. An den Flügeln Reliefs Sebastian und Rochus. Gemälde Nikolaus und Martin, an seitlichen Ansätzen Ottilia und Lucia (?). In der Predella Anna selbdritt, an den Flügeln Wolfgang und Ulrich, im Aufsatz Martin; Gemälde Katharina und Barbara. Datiert 1514.
Holzskulpturen:
1. * St. Ingenuin, auf einfachem Throne sitzend. 14. Jh., 2. Hälfte.
2. * Kreuzigungsgruppe. Um 1500. Fassung neu.
Kerzenstangen: Gedrehter Schaft, gotische Häuschen mit Renaissanceornament, darin Statuetten. 17. Jh., 1. Hälfte.
Glocke: Zweimal die Kreuzigungsgruppe; die zwölf Apostel. 1523.

3. St. Nikolaus in Dreikirchen
Bau: Dem Ort, der früher Wald genannt wurde, geben drei kleine, eng aneinandergebaute Kirchen seinen heutigen Namen. Die St.-Nikolaus-Kirche, die wohl um 1315 umgebaut wurde, besitzt einen leicht abgesetzten, gerade abschließenden Chor mit hölzernem Dachreiter, ein Spitzbogenportal mit einfachem Rundstab an der Kante, viereckige und im Norden schlitzartiges Fenster mit Dreipaß, im Schiff eine flache Decke (1975 durch eine neue ersetzt), im Chor, den ein spitzer, ungegliederter Triumphbogen abtrennt, ein Kreuzgewölbe mit rundem Schlußstein und schweren Rippen über derben Spitzkonsolen. Starke Bauschäden, heute profaniert.
Wandgemälde: Nur teilweise aufgedeckt. In den reichumrandeten Gewölbezwickeln des quadratischen Chors vier Engel, Evangelistensymbole und Kirchenväter mit Schriftbändern, am Schlußstein Christuskopf. Chor-Westwand: Nikolaus rettet ein Schiff aus stürmischer See, Nordwand: Nikolaus wirft die Mitgift ins Haus des Brautvaters, unten Draperie tragende Engel. An der Unterseite des Chorbogens von Osten Michael und Stephanus, Dorothea und Märtyrerin, zwei ritterliche Heilige, Ursula und andere Märtyrerin. Am Chorbogen außen Kain und Abel zwi-

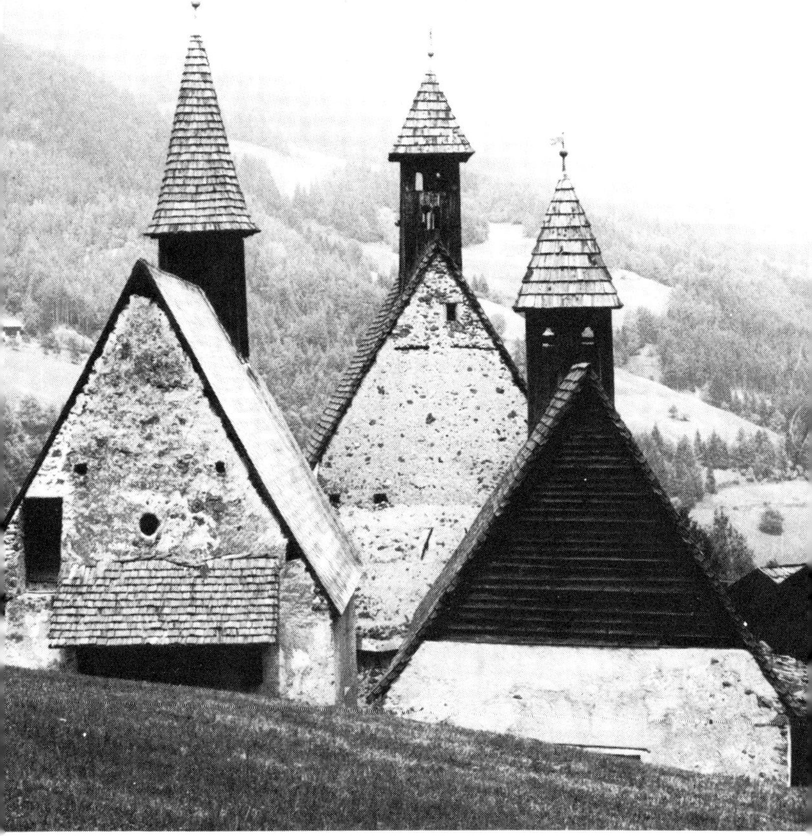

Dreikirchen

schen Heimsuchung und Darstellung Christi im Tempel. Brixner Schule, 15. Jh., 2. Hälfte, Anklänge an 6. Arkade des Brixner Kreuzgangs.

Altar: Flügelschrein mit Predella und Rundbogenabschluß, den ein Rankenornament durchwächst. Darunter Sitzfigur des hl. Nikolaus, eine prächtige, kraftvolle Gestalt mit schönem, großzügigem Faltenwurf, der zwei teppichhaltende Engel die Infel aufsetzen. Flügelreliefs, am Schrein hl. Petrus und Paulus, an der Predella Heiliger in fürstlicher Tracht und einem Kreuz in der linken und Florian, im Sarg Pietà. Außen an den Flügeln Gemälde, hl. Vigilius und Stephanus, Ursula und Margaretha.

Geschnitztes Rankenwerk, gemusterter Goldgrund, auf der Rückseite rote und grüne Rankenmalerei. Brixner Werkstatt. Die Nikolausfigur wohl von Hans Klocker. Um 1500. Die Figürchen in der Hohlkehle und die Schreinwächter fehlen. — Zur Zeit noch als Hochaltar in der Gertraudkirche in Verwendung.

4. St. Gertraud in Dreikirchen

Bau: Von der 1237 erwähnten Kirche stehen wohl noch die Mauern des flachgedeckten, im 17. Jh. erneuerten (vgl. die Viereck- und Rundbogenfenster) Langhauses. Um 1400 wurde der durch einen spitzen, ungegliederten Triumphbogen abgetrennte, abgesetzte und gerade abschließende Chor mit seinem Dachreiter angebaut, dessen Kreuzgewölbe einen runden Schlußstein mit dem Reliefbild der hl. Gertraud, derbe Rippen und skulpturengeschmückte Spitzkonsolen aufweist. Als Sakramentshäuschen dient eine einfache Vierecknische mit eisernem Rosettengitter. An der Südwand große ovale Brunnenschale.
Wandgemälde: Außen hl. Christoph und ein teilweise zerstörter hl. Mönch (Antonius der Einsiedler ?), innen von anderer Hand an der Rückwand des Chors Kreuzigungsgruppe, darunter sechs stehende Apostel. Vortrefflich erhaltene Arbeit vom Anfang des 15. Jh.s, mit untersetzten, ruhigen Gestalten, einfachem, rundlichem Faltenwurf, einfach gravierten Nimben und gekehltem Rahmen. Meister der Gewölbemalereien der 9. Arkade des Brixner Kreuzgangs. An der Unterseite des Chorbogens starkfarbige Freskenreste.

Hochaltar: Stoffantependium. Über der Predella rundbogige Nische, zwischen zwei Säulen mit Rebengewinde, verkröpftem Gebälk und gesprengtem Rundgiebel. Skulpturen Petrus und Paulus, Barbara und Gertraud, 17. Jh., 1. Hälfte. Mittelfigur, Maria mit Christkind, um 1500. Zur Zeit als Seitenaltar in Verwendung.

Holzskulpturen:
1. Gertraud mit Spinnrocken und Schale, mit frontaler, steifer Kopfhaltung, symmetrischen Locken, ruhigen, großzügigen Falten. 14. Jh., 1. Hälfte. Durch die Fassung des 19. Jh.s beeinträchtigt.
2. In der Sakristei Christus an der Geißelsäule. 17. Jh.
3. In wechselnder Aufstellung Holzkruzifix, zwei Soldatenbüsten, büßende und kniende Magdalena, Engelleuchter; derbe, aber ausdrucksstarke Arbeiten des 17. Jh.s.
Glocke: 1575.

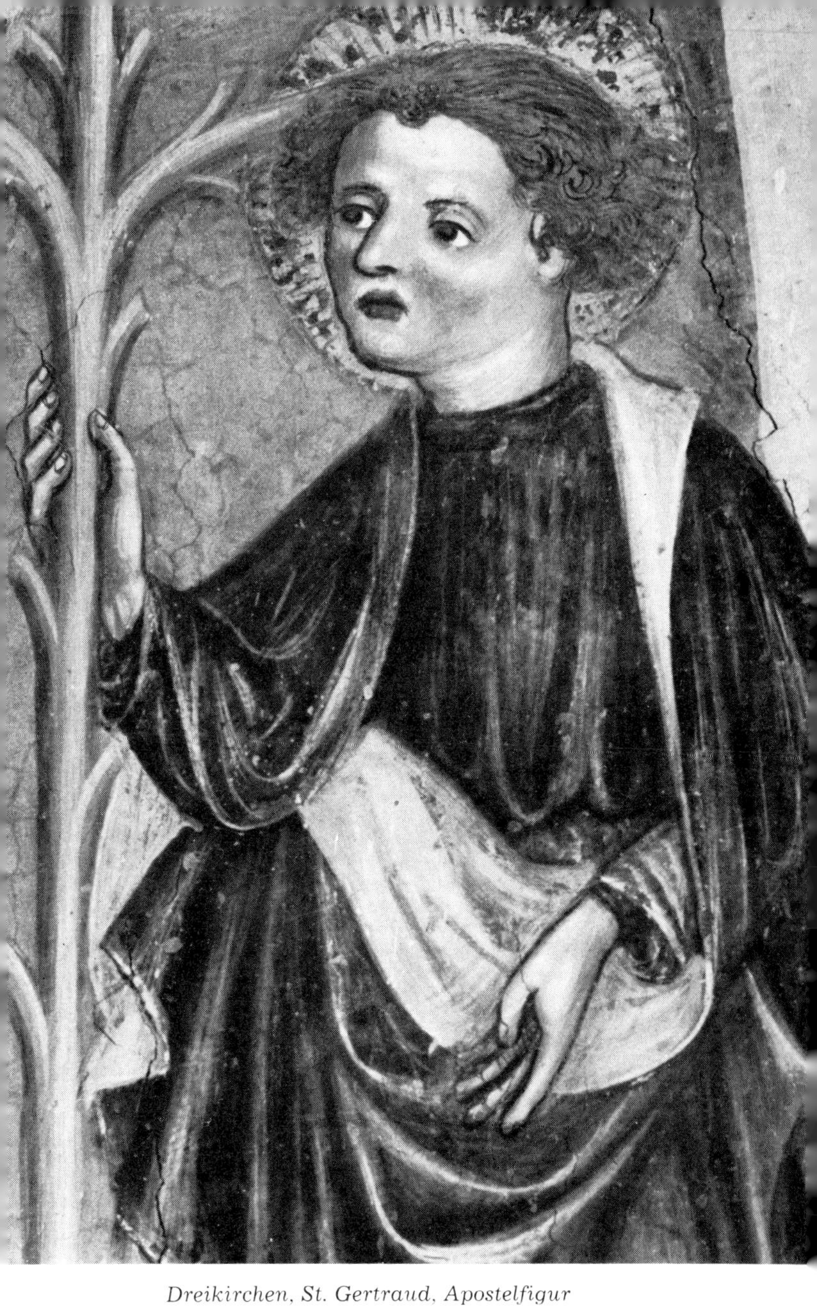

Dreikirchen, St. Gertraud, Apostelfigur

5. St. Magdalena in Dreikirchen

Bau: Die 1422 erstmals erwähnte Kirche ist etwas größer als die beiden anderen und zeigt Spitzbogenfenster, polygonalen Chorabschluß und hölzernen Dachreiter. Das Spitzbogenportal ist mit einem Birn- und zwei Rundstäben reich profiliert, die einfach profilierten Rippen des Netzgewölbes sitzen auf Dienstansätzen mit Spitzkonsolenabschluß, der schmale Triumphbogen ist aus dem Achteck konstruiert. Innenrestaurierung.

Altar: Flügelschrein mit Predella und Gespreng. Skulpturen: Im Hauptschrein zwischen umrankten Säulchen mit drei Rundbogen, Fialen und Rankenwerk Krönung Mariä mit vier Engeln, an den Flügeln unter Rebengerank St. Anton Abt und Martin, im Sarg zwei Büsten, hl. Magdalena und Katharina, an den Sargflügeln Barbara und Margaretha, im Gespreng Auferstandener. Gehäufter, eckiger Faltenwurf, schön gearbeitete Haare und Bärte, treffliche Charakterköpfe. Gemälde: An den Flügeln St. Stephanus und Laurentius, mit prächtigem Faltenwurf, teilweise übermalt, an der Predella Hieronymus, Johannes d. T., Nikolaus und Genoveva, stark übermalt. An der Rückseite reiches, grünes Rankenwerk. Sehr gute Arbeit, um 1500. Alle Flügelfiguren und zwei Engel Ende 1975 gestohlen, durch Kopien ersetzt.

Grabstein: Im Estrichboden kleine Grabplatte des P. Jakob Müller, ehemals Fuggerschen Hofmeisters, ersten Einsiedlers in Kreßbrunn über Dreikirchen, gest. 1677, dem später noch verschiedene andere Einsiedler nachfolgten.

Haus *Settari* und Haus *Baldauf*, frühe Arbeiten von Lois Welzenbacher 1922/23, die in seinem Werk eine Schlüsselposition einnehmen. Herausragende Beispiele landschaftsorientierter moderner Bauweise.

Gasthaus *Briol*, origineller Bau, errichtet 1928 vom Maler Hubert Lanzinger.

6. Heiliggrabkapelle beim Wohlaufhof

Rechteckbau mit 3 Lünettenfenstern, Rundbogenportal, seitliches Türmchen und Sakristeianbau. Altar, schwarzes Holz, gedrehte Säulen, gesprengter Giebel, Wappen. Bild, Grablegung mit Medaillons mit Rosenkranzgeheimnissen, 2. Hälfte 17. Jh., 1983 restauriert. — Unter der Kapelle Kalvarienberg-Gruppe, volkstümliche Arbeiten. Am alten Wohlaufhof gotisches Spitzbogenportal.

WAIDBRUCK

I. Kirche

Pfarrkirche zum hl. Jodok

Bau: Die ursprüngliche, von Ekkehard III. v. Villanders erbaute Hospizkirche wurde 1331 geweiht, 1649 um- oder neugebaut und neu geweiht und zeigt westlich das Erdgeschoß des mit gekuppelten Rundbogenschallfenstern und einem achteckigen Spitzhelm versehenen Turmes als offene Vorhalle mit zwei massiven Porphyrpfeilern, darin das steingerahmte Rundbogenportal mit Stab und Hohlkehle, Strebepfeiler und Lünetten- und Flachbogenfenster, polygonalen Abschluß. Am Turm kleiner Wappenstein des Grafen Engelhart Dietrich von Wolkenstein, Gratgewölbe, einspringender Triumphbogen und einfache Empore über Porphyrpfeilern und drei Rundbogen. Zubau 1930, Entwurf Marius Ammon. Innenrestaurierung 1976.
Wandgemälde: Im Langhaus rechts hl. Georg, links Dornenkrönung, Kreuztragung, fragmentarische Kreuzigung. An der Westwand Stifterfamilie Wolkenstein-Trostburg, um 1590. Am Triumphbogen Verkündigung. 1728. Aufgedeckt 1976. Am Zubau außen Wappen (Wolkenstein, Vogelweide, Waidbruck) und Chronogramm 1930.
Hochaltar: Säulenaufbau mit bewegtem Gebälk, Volutengiebel, Bildern hl. Jodok mit hl. Florian vor Maria mit Kind und Notburga, und Statuen, hl. Wendelin und Isidor. Mitte 18. Jh. Wappen Wolkenstein.
Seitenaltar im neuen Teil: Zwei Säulen, bewegtes Gebälk, Volutengiebel, Bild Mariahilf und im Aufsatz Taufe Christi, 1766.
Kreuzweg: 1822.

Kreuzigungsgruppe an der Fassade des Zubaus von Ignaz Gabloner.

Grabsteine: Zwei abgetretene Platten mit Wappen Wolkenstein. 18. Jh. Eine mit Initialen M.F.A.I.N.G.U.W. 1778 (?).

II. Häuser

Gering (Nr. 4)
Der regelmäßige, zweigeschossige Bau mit Stuckrahmung aus Voluten und Muscheln um die Viereckfenster, die an der Nord- und Südseite in der Mitte gedoppelt sind, und der auch im Innern im ersten Stock reiche Stuckdekoration aufweist (mit Fresken in gerahmten Bildfeldern in zwei Zimmern, 17. Jh.), war Erbpostgebäude und als solches im Besitz der Herren von Leiter, die von 1620 bis 1825 das Postmeisteramt in Kollmann bekleideten. Johann Venerand von Leiter wurde 1701 mit den Prädikaten von

Waidbruck und Gering in den Adelsstand erhoben. Von der Familie Leiter ging der Ansitz im Erbweg an die von Call und wieder erbweise über Dr. Franz von Call an die heutige Besitzerfamilie Ringler, die vor kurzem eine schöne Außenrestaurierung durchführen ließ. Im Erdgeschoß ist die Sparkasse untergebracht.

Brugger (Lajen Nr. 56)

Der edelsitzartige Bau in Waidbruck, der der Überlieferung nach alter Neustifter Besitz war, wird 1420 als Unterpurgstaller erwähnt; 1547 saß hier Hans von Prugg, dann gehörte er den von Leiter; 1813 kaufte ihn die heutige Besitzerfamilie Schrott von den Vorbesitzern Nußbaumer; 1949/50 ist Brugger beim Umbau innen und außen stark verändert worden; am seitlichen Turm, dem bedeutendsten Bauteil, wurden alte Rundbogenöffnungen der Loggia und Doppelbogenfenster geschlossen bzw. abgeschlagen, überall neue Fensterausbrüche, denen auch Schmiedeeisengitter zum Opfer fielen. An der Südfront neuer Balkon, die ursprünglichen Stuckumrahmungen aus Voluten wurden abgeschlagen. Die Sonnenuhr mit Mariahilfbild ist stark verblaßt. Auch der ehemalige Mittelsaal mit Stuckdecke im zweiten Stock ist heute nicht mehr vorhanden. An der östlichen Vierecktür Jahrzahl 1622, gewölbter Gang.

Beim *Solderer* an der Fassade große gemalte Wappen des Maximilian Carl Grafen von Wolkenstein und seiner Gemahlin Christine von 1652 (sehr desolat).

III. Trostburg

Die von den Herren von Trostburg, einem Seitenzweig der Herren von Kastelruth, vor 1173 errichtete ursprüngliche Anlage umfaßte den Palas, dessen unregelmäßige Form von der zufälligen Gestalt des Burgfelsens bestimmt wurde, den Bergfried, der den Palas gegen den Berg deckte, den engen Burghof und einen kleinen vorgelegten Zwinger. In spätgotischer Zeit wurden die Wohntrakte umgebaut, wobei wohl auch der innere Burghof mit den Rundbogenloggien seine heutige Gestalt erhielt. Im Inneren hat sich noch eine kleine gotische Stube mit Leistengetäfel und dreifach aufgebogener, verzierter Balkendecke (um 1400) und in einem saalartigen Raum eine Holzdecke mit schöngeschnitztem Unterzug (um 1500) sowie ein Turmofen (um 1500) erhalten.

Die Burg kam in den Besitz der Herren von Velthurns, die seit 1243 Trostburg als ständiges Prädikat führen und auf die der Ausbau oder Neubau der mittelalterlichen Wehranlage zurückgeht, 1327 in den der Herren von Villanders und 1382 durch Heirat in den des Friedrich von Wolkenstein, der einem Seiten-

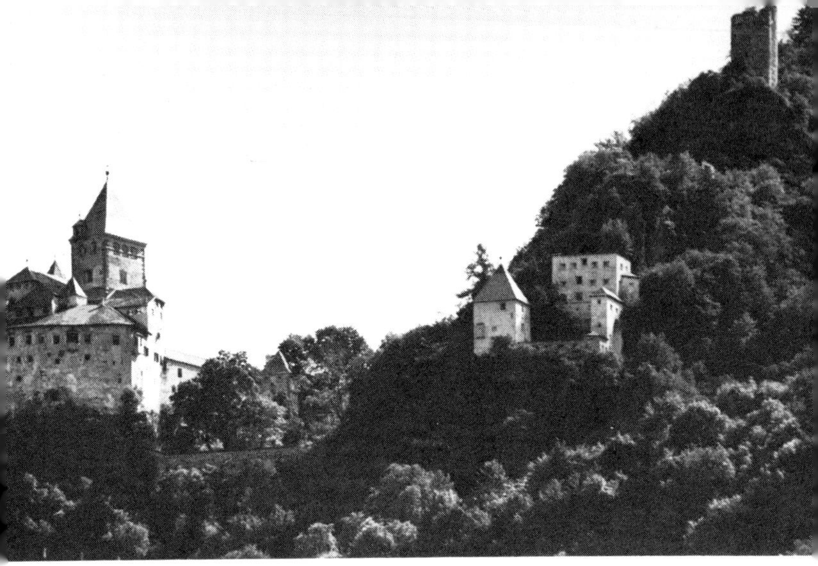

Trostburg

zweig der Villanderer entstammte und dessen Nachkommen, die Grafen von Wolkenstein-Trostburg, die Burg bis 1967 besaßen. Engelhard Dietrich Freiherr von Wolkenstein unterzog sie Ende des 16. und Anfang des 17. Jh.s einem gründlichen Umbau, an dem der Innsbrucker Hofbaumeister Giovanni Lucchese maßgeblich beteiligt war, dem der oberste Teil des Bergfrieds mit dem Pyramidendach, der Rittersaal mit der regelmäßigen Fensterreihe, der reichen stuckierten Wandgliederung mit den Figuren der Wolkensteiner Ahnen (nach Roschmann von Hans Reichle) und der reichgeschnitzten und eingelegten Holzdecke, weiterhin die 1604 geweihte Kapelle, der dort befindliche Altar mit dem schönen Bilde des hl. Antonius von Fra Santo da Venezia, weiters eine Terrakottastatue desselben Heiligen mit den entzückenden * Figuren Engelhard Dietrichs und seiner Gemahlin, endlich der größte Teil der ungewöhnlich ausgedehnten Vorwerke angehören. Damals wurden auch an den Treppenpfeilern im Burghof die beiden Römersteine und ein römisches Weihaltärchen eingemauert. Im Mittelhof die gemalte Ahnenprobe (Stammbaum des Bauherren), restauriert.
Ein Viereckturm neben dem sogenannten Michaelstor (das ornamentale und figurale Gemälde aufweist) zeigt noch einen Wap-

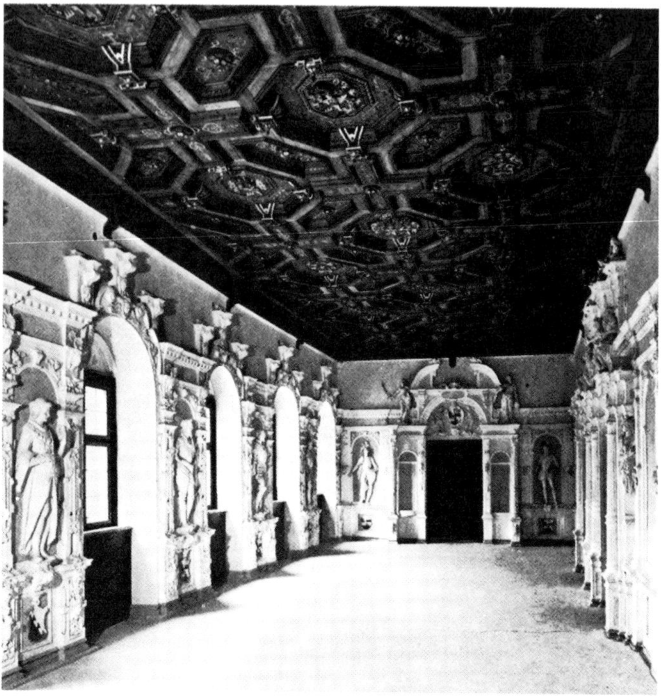

Trostburg, Rittersaal

penstein Michaels von Wolkenstein aus der 1. Hälfte des 15. Jh.s, ebenso gehört der sogenannte *Römerturm* auf einem Felsgrat hoch über der Burg mit seiner Ringmauer der spätgotischen Zeit an. Alle übrigen Vorwerke, die Tore, der Zwinger an der Bergseite mit dem Rondell, dem Michaelstor, dem anschließenden hohen Batteriebau, der innere Mauergürtel mit Sturmpfählen und drei Mauertürmchen und der tieferliegende großartige Sperrbau, der die ganze talartige Einsenkung zwischen dem vorgeschobenen Michaelstor und der eigentlichen Burg absperrt, zwei Wehrgänge enthält und durch eine jetzt verschwundene Wendeltreppe mit dem Südzwinger der Burg verbunden war, sind alle erst von Engelhard Dietrich errichtet

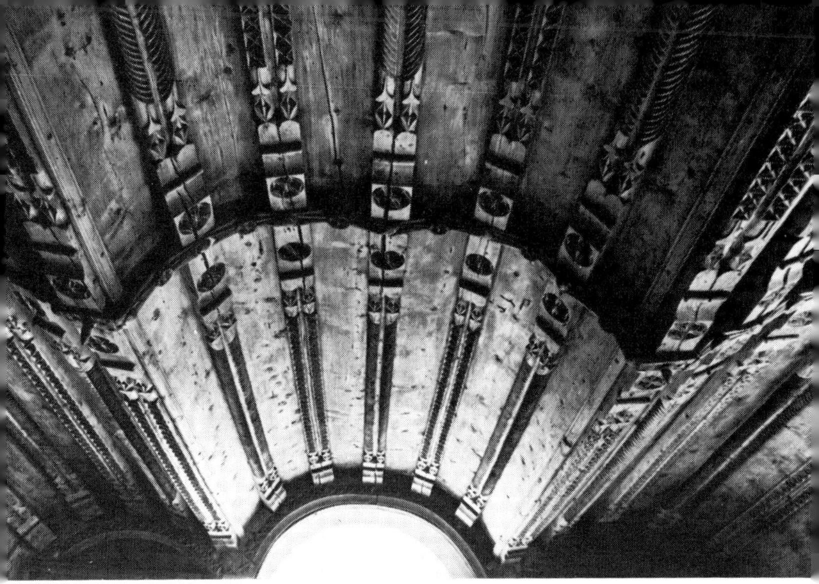

Trostburg, gotische Stube

worden. Am innersten Tor die Jahrzahl 1594, am Michaelstor 1625. Sie sollten die mittelalterliche Burg zu einer Art moderner Festung umgestalten, von seiten eines einzelnen Burgherren ein sehr selten gemachter Versuch, haben aber die Probe auf den Ernstfall nie zu machen brauchen. Seit dem 18. Jh. dem Verfall preisgegeben, in den zwei Weltkriegen beschädigt. 1967 vom Südtiroler Burgenverein erworben. Seither umfassende Renovierungsmaßnahmen und ab 1978 wieder zugänglich.

KOLLMANN

1. Pfarrkirche zur Heiligen Dreifaltigkeit

Bau: Die Kirche wurde als Kapelle für das Zollhaus 1588 errichtet und Ende des 19. Jh.s umgebaut. Portal und Fenster spitzbogig. Netzgewölbe über Pfeilerbündeln, flach-dreiseitig abgeschlossener Chor mit Dachreiter. Die Einrichtung neugotisch.

Hochaltar: Von 1894, sehr gute Arbeit, Tabernakelbau mit Dreifaltigkeitsgruppe und zwei Ritterheiligen. Entwurf von Josef Schmid.

Beichtstuhl: Zierlich. Entwurf V. Gallmetzer.

Kreuz: 18. Jh. Maria von Franz Tavella, um 1900. Die Kirche 1938 abgebrannt und dann erneuert. Fassadenrestaurierung 1981.

2. St. Leonhard

Bau: Die um 1500 erbaute Kirche zeigt Fassadenglockenmauer, zugemauerte Spitzbogentüre, Strebepfeiler, am polygonal abschließenden Chor Sockel mit Quaderschräge, im Inneren Netzgewölbe mit runden Schlußsteinen und kräftigen Rippen über polygonalen Diensten. Die beiden Seitenkapellen, die nördliche mit Kuppel und Laterne, die südliche mit Kreuzgratgewölbe, wurden im 17. Jh. hinzugebaut. Derzeit in Restaurierung, die meisten Figuren und Bilder deponiert.

Wandgemälde: An den Schlußsteinen Wappen, Schweißtuch, Maria mit Kind, Leonhard, Barbara und Katharina. An der Westwand, fragmentarisch, Jüngstes Gericht (?).

Hochaltar: Säulen, verkröpftes Gebälk, Volutengiebel, Seitenstatuen und Bild, hl. Leonhard. Das Giebelbild, die Heiligen Cosmas und Damian, gute Arbeit in schwungvollem Rocaillerahmen, von Carl Henrici. 18. Jh., 2. Hälfte. Restauriert.

Seitenaltäre: 1. Gedrehte Säulen, verkröpftes Gebälk, gesprengter Giebel, Bilder Mariahilf und Maria mit Kind und Statuen, am Giebel die beiden hl. Johannes und Andreas. 18. Jh., 1. Hälfte. 2. Desgleichen. Die Bilder Hl. Familie und Verkündigung. 17. Jh., 2. Hälfte.

Holzskulpturen: Kruzifix, 1. Drittel 16. Jh., Dolorosa, 18. Jh. Friedhof 1660 geweiht.

3. Zollhaus

Das 1483 durch Herzog Sigismund erbaute Zollhaus ist im Inneren weitgehend erneuert, das Äußere aber hat in dem auf allen Seiten herumgeführten Zinnenkranz und in den drei türmchenartigen Eckerkern den ursprünglichen Charakter noch gut bewahrt. Die Anlage besteht aus den beiden Rundbogentoren der alten Straßensperre, durch die der Verkehr führte und wo auf der offenen Straße der Zoll bemessen wurde, und den mit ihnen nach Süden verbundenen Gebäuden, wobei das eigentliche Herrenhaus drei türmchenartige Eckerker (das südöstliche mit abgetreppten Konsolen) und eine hohe, auf allen Seiten eben herumgeführte zinnengekrönte Feuermauer aufweist. Neu aufgedeckter Quaderanstrich in Rot und Weiß (in zwei Schichten). Über dem Südtor Mauernische und Wappenfresko (Kaiser Ferdinand I.?). Im Innern regelmäßige Raumeinteilung mit gewölbten Flursälen, neben dem nördlichen Tor (wieder aufgerichtete) Kapelle

mit Türmchen. Erdgeschossig offener Doppelbogen mit Säule und stilisiertem Blattkapitell. An den Hauptbau anschließend nach Norden ein Anbau mit unregelmäßigem Grundriß und ebenfalls mit Zinnenabschluß, an der Westseite auch hier alte Quaderbemalung. Neuaufgedeckte Fresken (Kapelle): Hll. Pantaleon, Dionysius, Ägydius, Eustachius, Veit, Margareth, Katharina und Barbara (14 Nothelfer?), Evangelistensymbole, dreiköpfige Darstellung der Dreifaltigkeit. Zwischen 1494 und 1508 entstanden. Sonnenuhr und Wappen Königsadler und Sforza, maximilianisch, vor 1508 — Sonnenuhr mit Jahrzahl 1590.
Sitz der landesfürstlichen Zöllner, 1536 Hans Geizkofler, 1696 Tobias von Ingram erwähnt; nach Auflösung des Zolls 1829 Verkauf des Gebäudes, seither verschiedene Besitzer, 1977 Ankauf durch Prof. Antonelli, Cortina, und Ausbau als Gaststätte.

KASTELRUTH

I. Kirchen

1. Pfarrkirche zu den Heiligen Petrus und Paulus

Bau: Eine Pfarrei wird schon 1191 erwähnt. 1482 wird ein neuer Chor geweiht, 1704 die Kirche erweitert und neu geweiht, nach dem Brand im Jahre 1753 der frei stehende, ungewöhnlich mächtige Turm mit Eckpilastern, großen Rundbogenfenstern, Giebelstücken, Achtecktambour und schön gegliedertem Zwiebeldach völlig neu gebaut, der ebenerdig über einer Gruft die 1759 vollendete Marienkapelle mit verziertem Spitzbogenportal, Rundbogenfenstern und Kreuzgratgewölben enthält. Die sehr geräumige dreischiffige Kirche mit drei Rundbogenportalen, Rund- und Flachbogenfenstern, Kreuzgratgewölbe und Tonnen, tief einspringenden, von großen Bogen durchbrochenen Wandpfeilern und geradem Chorabschluß wurde 1846 begonnen und 1849 geweiht, ein mächtiger, würdevoller Bau des Klassizismus nach einem Entwurf von Josef Schmid. Gesamtrestaurierung von Kirche, Turm und Turmkapelle 1976 bis 1982. Turmkapelle von der Dekoration von 1886 befreit. Grabstein des Michael Kraus von 1588 mit Inschrift und Wappen in die Kapelle versetzt. Öffnung der Gruft mit rechteckigem Grundriß und flachbogig gewölbten Nischen.

Wandgemälde: Im Presbyterium die Martyrien von Petrus und Paulus, hinten in den Seitenschiffen Berufung Petri und Pauli sowie die Deckenbildchen (Propheten, Kirchenväter, Evangeli-

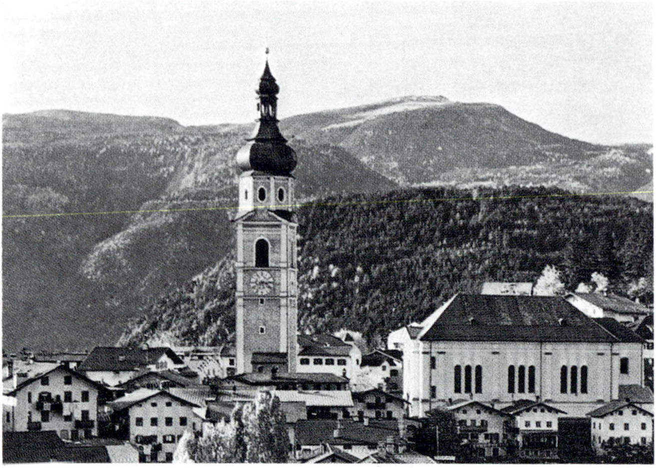

Kastelruth, Pfarrkirche

sten) von Jonas Ranter, 1894 bis 1899, unter Mitwirkung des Kastelruthers Eduard Burgauner, teilweise überarbeitet von Ignaz Stolz.

Einrichtung: Spätklassizistischer Hochaltar (1887) entworfen von Johann Überbacher, Bozen. Sehr schöner Marmortabernakel. 18. Jh. Die Statuen Petrus und Paulus wahrscheinlich von Martin Vinazer. Vom alten Hochaltar von 1704. Altarbilder: Maria Himmelfahrt, hl. Agnes, Rosenkranzbild, hl. Josef, Sebastian von Paul Deschwanden, 1850 und 1851, das Relief der Marienkrönung ein Hauptwerk von Johann Rifesser, 1887.

Holzskulpturen: Am Eingang zum Presbyterium zwei große Leuchterengel. 18. Jh. (?). Am Kanzelhut Guter Hirte, 18. Jh. Großes Kruzifix in der Art Pendls. 19. Jh. Anna und Franziskus, gute Grödner Arbeit von Dominikus Trenkwalder.

Gemälde: Mensabilder Johannes von Nepomuk von Martin Knoller, 1754, Herz Mariä von Johann Burgauner, 1849. Hinten beim Eingang altes Altarblatt, Madonna mit dem Jesuskind und hl. Nikolaus von Franz Unterberger, Mitte 18. Jh. Portiunkula-Ablaßbild des hl. Franziskus, seltene Darstellung, Ende 17. Jh.

Orgel: Von 1849/50, mit alten Pfeifen.

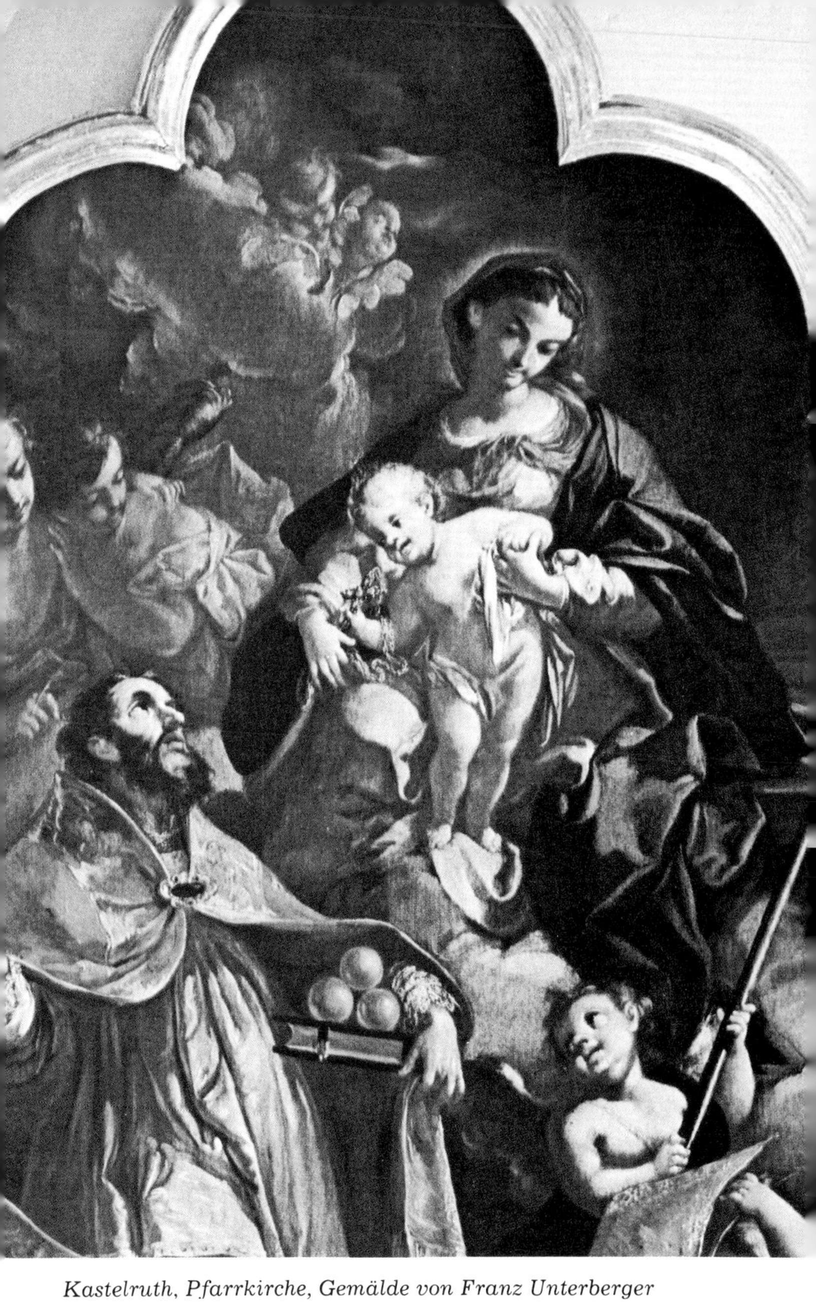

Kastelruth, Pfarrkirche, Gemälde von Franz Unterberger

Taufstein: Weißer Marmor. Balusterschaft mit Engelsköpfchen, Muschelschale, 17. Jh. Der hölzerne Aufsatz mit der Statue des hl. Johannes d. T., Mitte 19. Jh.

Altar in der Marienkapelle: Bunter Marmor, Säulenaufbau mit bewegten Gebälk- und Giebelstücken, Engeln und Marmorrelief, Brustbild eines hl. Bischofs, darüber Mariahilfbild, auf das Engelstatuetten hinweisen. Mitte 18. Jh.

Holzskulptur: Pietà, 17. Jh.

Am großen Friedhof noch zahlreiche ältere Grabkreuze.

2. Kofelkapellen

Am sogenannten Kofel, wo die im 12. Jh. erbaute, 1262 von Bischof Bruno gebrochene Burg Kastelrut stand, errichtete Georg von Kraus seit 1675 eine Kalvarienberganlage, wobei in den alten Bergfried, von dem noch zwei Geschosse mit regelmäßigen Steinlagen und gebuckelten Eckquadern erhalten sind, zwei gewölbte Kapellen mit einfachen Altären (beachtenswert nur die Ignatiusstatue, um 1700) eingebaut wurden; die untere Kapelle 1695 geweiht. Kreuzgratgewölbe über Pilastern, über der Altarnische Kartusche mit gemaltem Krausischem Wappen, Inschrift, Engelskopf und Fruchtgehänge. Stifter „Otto Moriz et Georg Kraus de Sala Fadoret Krausögg“ 1695. In der oberen Kapelle Stuckfigur eines Engels am Gewölbescheitel. Außerdem wurden sieben Kreuzwegkapellen von verschiedener Form mit Holzskulpturen, Passionsszenen darstellend, errichtet. Renovierung 1974 bis 1976. Von der ehemaligen Burg ist außerdem am Ostabhang noch ein kurzes Ringmauerstück erhalten.

3. St. Anna in Ploi

Bau: Einfacher Bau mit Dachreiter, Vierecktüre, Viereck- und Lünettenfenstern, Kloster- und Kreuzgratgewölbe und geradem Chorabschluß. Geweiht 1724. Berühmt ist der Anblick des schlichten Kirchleins mit dem Schlern als Hintergrund.

Altar: Säulenaufbau mit Volutengiebel und guten Seitenstatuen, Johannes d. T. und hl. Hieronymus, am Giebel Dominikus und Klara, 1724. Das Bild der hl. Anna 19. Jh.

Holzskulptur: In der Fassadennische bewegte Figur der hl. Anna, um 1730.

4. St. Nikolaus in Tisens

Bau: Von der 1353 erwähnten Kirche steht noch das Mauerwerk des Turmes mit gekuppelten und eingeblendeten, leicht spitzbogigen Schallfenstern und das Langhaus, das im 16. Jh. vergrößert wurde und das mit einem Rundstab verzierte Spitzbogenportal, die Spitzbogenfenster, das Netzgewölbe mit teilweise schildchenverzierten Konsolen und den polygonalen Chorabschluß erhielt. Turmhelm von 1886. Sanierung in jüngerer Zeit.

Wandgemälde: Christophorus. 1791. Spuren einer gotischen Gemäldeschicht (Nikolauslegende).

Hochaltar: Flügelschrein mit streng architektonischem Aufsatz, Baldachinen und Postamenten. Skulpturen Maria* mit Christkind zwischen hl. Nikolaus und Leonhard, im Aufsatz* Christus als Leidensmann zwischen Maria* und Johannes*, Flügelreliefs Silvester und Martin, in der neuen Predella* Tod Marias. Außen an den Flügeln Gemälde, Verkündigung, an der Rückwand des Schreins grüne und rote Ranken. Um 1480.

Bänke: Ende des 18. Jh. Mischung von Rokoko und Empire.

*Holzskulptur:** Hl. Nikolaus. Um 1480.

Glocke: Kreuzigungsgruppe. Maria mit Christkind, die zwölf Apostel. 1557.

5. St. Vigil

Bau: Die einsam und romantisch in einer bewaldeten Felsschlucht gelegene Kirche wird schon 1353 erwähnt und soll durch einen Bergsturz zerstört worden sein. Der heutige Bau stammt aus dem Ende des 15. Jh.s und zeigt Vorhalle (an einer Säule gemeißelter Kopf), Sockelschräge, Dachgesims, eine Spitzbogentüre und Rundstab, ein Rund- und vier Spitzbogenfenster, polygonalen Chorabschluß und Spitzturm mit spitzbogigen Maßwerkfenstern. Das Sterngewölbe sitzt auf Dienstansätzen und Konsolen, die mit Figuren, Fratzen und Wappen geschmückt sind. Unter den Wappen das Wolkensteinische und das Werkzeichen des Baumeisters. Gesamtrestaurierung 1978 bis 1980.

Altar: Flügelaltar von 1872. Die Statuen Maria*, hl. Vigilius* und Nikolaus*, die Flügelreliefs, hl. Blasius und weibliche Heilige und das Relief der Geburt Christi in der Predella Anfang 16. Jh.

*Kruzifix:** 16. Jh.

II. Häuser und Edelsitze

Eine Reihe von malerischen Häusern mit Erkern und Zinnengiebeln, Leistengetäfel, Felder- oder Rosettendecken (z. B. spätgotisch beim *Schgaguler),* alten Öfen (etwa beim *Turmwirt)* werden nach den Herren Kraus von Sala, die um die Mitte des 16 Jh.s aus Ungarn nach Tirol kamen, in Kastelruth sich ansässig machten und im 19. Jh. ausstarben, im Volk Krausenhäuser genannt. Für Jakob von Kraus gefreit wurde 1607 *Krausegg,* das heutige

Gemeindehaus, ein stattlicher Bau mit ehemaligem Zinnengiebel, der Saal im ersten Stock jetzt in drei Räume abgeteilt. Dagegen saßen auf *Lafay* (1976 umfassend saniert) und *Pray* (heute *Ober-* und *Unterpray bzw. Rauchhof)* schon früher, im 13. und 14. Jh., einheimische Adelige, die im 16. Jh. ausgestorbenen Herren von Lafay und vielleicht die Pyral, vermutlich ein Zweig der Herren von Kastelruth. Doch standen im 17. und 18. Jh. auch diese Häuser im Besitz der Kraus.

III. Burg Kastelrut

Vgl. Kofelkapellen

TAGUSENS

Kuratiekirche zur hl. Magdalena

Bau: Der Turm mit den dreiteiligen Rundbogenfenstern und die Mauern des Schiffes mit der gerade geschlossenen Apsis (mit romanisch-gotischem Fenster) gehören noch der 1. Hälfte des 14. Jh.s an. Das Portal und die seitlichen Fenster um 1500. Die darüber befindliche Jahreszahl 1667 betrifft Veränderungen im Innern. 1725 wurden die gegenwärtige Decke eingezogen und die Fenster erweitert. Die Deckenbilder in Stuckrahmen von J. M. Peskoller, 1914, bei Renovierung 1959 fast ganz entfernt.

Altar: Schöner Säulenaufbau mit bewegtem Gebälk, Volutengiebel und Statuen*, Thomas und Bartholomäus* von Josef Konrad Wiser, Bildhauer, und Ferdinand Schwabl, Hoftischler in Brixen, 1752. Das schöne Altarbild, Christus erscheint der Magdalena, von Franz Unterberger, 1750. — Am Seitenaltar, geweiht 1503, die originale gotische Mensa.

Kanzel: Einfache Brüstung mit den Bildern der Evangelisten von Peter Hofer, um 1725.

Statuen:* Rochus und Florian, 1757. Die übrige Einrichtung 18. Jh.

Glocke: Kreuz, Salvator, vier Apostel. Gegossen von Jakob Hofer in Niederlana, 1585.

ST. MICHAEL BEI KASTELRUTH

Kuratiekirche zum hl. Michael

Bau: Der älteste Teil der 1353 erwähnten Kirche ist der romanische Turm mit regelmäßigem Mauerwerk, ausgestrichenen Mörtelfugen, mit Rundsäulen, Würfelkapitellen und Kämpfern an den dreiteiligen Rundbogenfenstern, die auf einem Stabgesims aufsitzen. Vorhalle mit Quaderpfeilern, an einem Steinskulptur (Neidkopf). Das Langhaus, dessen Mauern ebenfalls alt sind, erhielt im 17. Jh. die Rundbogentüre und das Tonnengewölbe, der polygonal abschließende Chor mit Sockelschräge, Spitzbogenfenstern (erneuert), Netzgewölbe, runden Schlußsteinen, Konsolen und Diensten wurde um 1500 hinzugebaut. In den letzten Jahren vorbildlich restauriert.

Wandgemälde: 1. Außen teilweise aufgedeckte Fresken, Anbetung der Könige und hl. Michael mit der Seelenwaage. 15. Jh., 1. Hälfte. 2. Deckengemälde vier Bilder von drei verschiedenen Händen, beachtenswert nur das Bild der Verkündigung. Frühes 18. Jh.

Hochaltar: Säulenaufbau mit geradem Gebälk, Volutengiebel, reichgeschnitztem Bandwerk, Skulpturen, hl. Augustin und hl. Bernhard, und Bildern, hl. Michael, am Giebel Mutter Anna, am Aufsatz hl. Barbara und Katharina. Um 1730.

Seitenaltäre (2): Sehr bewegter und zierlicher Säulenaufbau mit Volutenansätzen, gebogenen Gebälkstücken, Volutengiebel, geschnitztem Rocaille, 18. Jh. 3. Viertel. Ohne Statuen. Bilder rechts Mutter Anna, von Johann Mitterwurzer, signiert; links Schutzengel, wohl ebenfalls Mitterwurzer. Holzskulptur Pietà, um 1500 in verglastem Kasten durch Kopie ersetzt.

Kruzifix: Am Triumphbogen, gute Arbeit, 17. Jh.

Beichtstuhl: Frühe Neugotik. Mitte 19. Jh.

Glasfenster: Sechs Ornamentfenster, Strobl, Brixen.

Kreuzweg: Ende 18. Jh. In Art von Mitterwurzer.

Kanzel: Einfache Polygonform mit derben Bildern. 17. Jh.

Glocke: 1505.

PUFELS

Pfarrkirche zum hl. Leonhard

Von der 1339 erwähnten Kirche stammt vor allem noch der romanische Turm (13. Jh.!). Zwei- und dreiteilige Rundbogenfenster mit Rundsäulen, Würfelkapitell und Kämpfer, die unteren zugemauert. Die Kirche wurde 1555 nach Süden erweitert und 1740 verlängert und barockisiert. Fenster mit abgesetztem Rundbogen, Tonnengewölbe mit Quergurten über einfachen Pilastern, 1845 der Chor, 1855 das Schiff erweitert, der Turmhelm 1895.

Wandgemälde: Außen. Kreuzweg in Rocaillerahmung, Mitte 18. Jh. Von Jakob Jenewein. Nur mehr fünf erhalten.

Hochaltar: Säulenaufbau mit verkröpftem Gebälk und Volutengiebel. Statuen hl. Nikolaus und Kassian und Bild, hl. Leonhard, von Jakob Jenewein 1743. Am Giebel Dreifaltigkeit.

Gemälde: Ein Seitenaltarbild, Maria mit Christkind und armen Seelen und das Votivbild mit dem würdigen und unwürdigen Empfang von Beichte und Kommunion (1813), von Josef Renzler. Votivbild hl. Leonhard, 1688. Weg zum Himmel und zur Hölle, 18. Jh.

Orgel: 19. Jh.

Am *Widum* von Pufels Mariahilfbild von Jakob Jenewein.

Hof Spitzegg in Pufels: Im Kern noch romanisches Bauernhaus.

SEIS

I. Kirchen

1. Kuratiekirche zu Mariahilf

Bau: Eine Kirche wird im 14. Jh. erwähnt. 1648 wurde ein schlichter, 1657 geweihter Neubau aufgeführt, zu dem auch der gotisierende Turm mit gekuppelten Rundbogenfenstern und Spitzhelm gehört. Restaurierung 1975/1979.

Deckengemälde: Derbe Arbeiten des Kastelruthers Johann Burgauner. 1849.

Hochaltar: Säulenaufbau mit Seitentüren, bewegtem Volutengiebel, Mariahilfbild und guten Skulpturen, hl. Johannes d. T. und Johannes d. Ev. 18. Jh., 1. Hälfte. Teilweise bestohlen 1975.

Seitenaltäre: Säulen mit Rebengewinde, Giebelstücke, Aufsatz, Bild Katharina vor Maria. An der Predella Stifterbild. 1669.

Kanzel: Volutenbänder. Relieffiguren der Evangelisten (gestohlen 1975), Posaunenengel. 17. Jh., im 18. Jh. bereichert.

2. Neue Kirche

Entwurf von Marius Amonn. Begonnen 1937, geweiht 1954, vollendet 1968, Hochaltar mit Skulpturen, Kreuzigung, von Rudolf Moroder. Die Figuren an den Seitenaltären (Maria und Josef) sowie die Stationen und der Tabernakel von Vinzenz Musner.

3. St. Valentin

Bau: Von der 1244 erwähnten Kirche steht wohl noch der Turm mit zwei Reihen gekuppelter und eingeblendeter Rundbogenfenster, Würfelkapitellen, mit gemeißeltem Kopf an einem Kämpfer. Der achteckige Tambour und die Zwiebelhaube 1811. Die Kirche wurde im 14. Jh. umgebaut und 1353 neu geweiht (vgl. das vermauerte kleine Spitzbogenfenster an der Südseite im Langhaus), erhielt aber ihre jetzige Gestalt erst zu Beginn des 16. Jh.s. An der Fassade Spitzbogenportal mit zwei gekreuzten Rundstäben und der Jahreszahl 1532, darüber Rund-, sonst Spitzbogenfenster. Die einfachen Rippen des Sterngewölbes sitzen teils auf polygonalen Diensten, teils auf Konsolen, die mit Köpfen und mit den Wappen der Wolkenstein und Zwingenstein (Inhaber der nahen Burgen Hauenstein und Salegg) geschmückt sind. Wenig vortretender, beiderseits abgeschrägter Triumphbogen, einfaches Sakramentshäuschen mit eingeblendetem Spitzbogen und Dreipaß. Gesamtrestaurierung im Sommer 1983 im Gange.

Wandgemälde:

1. Außen an der Südwand vorzüglich erhaltene Bilder, hl. Christoph. Anbetung der Könige, Schweißtuch mit Fensterrahmung, fragmentierte Kreuzigungsgruppe, thronende Maria mit Christkind, hl. Valentin. Lichte Farben, ideale Typen, reiche Bordüren. An der Fassade beiderseits der Türe die oberen Körperpartien einzelner Heiliger mit sehr fein gemalten ausdrucksvollen Köpfen und darüber in kleinen Kreisfeldern die Verkündigung. Sie gehören wie die Fresken an der Südwand einem unter starken veronesischen Einflüssen stehenden Bozner Maler vom Anfang des 15. Jh.s an (Schicht II).
2. Im Innern der Kirche wurden 1962 bis 1972 an der Süd- und Westwand sowie im Chor Schichten von Fresken aus dem 14. und 16. Jh. aufgedeckt, von denen die jüngste, infolge maltechnischer Mängel sehr schlecht erhaltene Schicht, aus der Zeit um etwa 1530 stammt (Schicht III). Unter dieser Schicht traten Fragmente von Malereien des Bozner Malers der Fassadenfresken hervor (Schicht II). Im ersten Joch der Südwand konnte noch eine dritte Freskoschicht mit der Darstellung des hl. Christophorus und zweier Heiliger von einem lokalen Maler der Zeit um 1630 festgestellt werden (Schicht I). Die Malereien im Innern der Kirche sind teilweise abgenommen und sollen an der freskenfreien Nordwand angebracht werden. Westwand: Ölberg, Passionsszene (?), Jesus vor dem Hohen Rat (III). Südwand von Westen aus: Märtyrerin, geflügelter Heiliger (Johannes Baptist?) und Pilgerpatron (I). Abendmahl, Ölberg, Fragment (Jesus lehrt?), Wunderszene (Heiligung der blutflüssigen Frau (II), Heilige (III). Die Restaurierung 1983 ergab, daß der Chor samt den Sandsteinrippen vollständig bemalt ist: Szenen aus der Genesis (Erschaffung

Evas, Sündenfall, Austreibung aus dem Paradies, Opfer Kains und Abels, Tötung Abels). Leben des hl. Valentin, Propheten und Bischöfe. Reiche Architekturgliederung. (In der Maltechnik schwache, jedoch elegante Figuren.) Um 1520/30.

Altar: Neu zusammengestellter Flügelaltar mit alten Skulpturen. Im Schrein Schmerzensmann zwischen den beiden Heiligen Valentin, am Aufsatz Kreuzigungsgruppe, an den Flügeln Reliefs, hl. Magdalena und Leonhard, Flügelbilder, Elisabeth und Apollonia. Anfang 16. Jh. Die Figuren derzeit deponiert, die Ölberggruppe aus der Predella 1939 gestohlen.

Holzskulpturen:

1. und 2. Hl. Katharina und eine zweite Heilige. Anfang 16. Jh. 3. Kruzifix. 16. Jh., 1. Hälfte. 4. Hl. Valentin von Martin Vinazer, 1. Hälfte 18. Jh.

1. und 2. gestohlen, 3. Am Triumphbogen. 4. Deponiert.

Kelch: Spätgotisch mit auffallend starkem Knauf. 1524.

4. Kapellen auf der Seiser Alm

1. Immaculata-Kapelle auf der Zallinger-Alm. Erbaut 1857, Stifter Karl von Zallinger-Stillendorf. 2. Antoniuskapelle beim Seiser-Alm-Haus „Dialer". Erbaut um 1910. Holzbau, am neuromanischen Altar Bild des hl. Antonius von P. Caius. — 3. Kassiankapelle beim Schlernhaus. Erbaut 1804. Einfacher rechteckiger Bau mit Dachreiter, Rundbogenfenster und Vordach an der Fassade. Altarbild Muttergottes mit Kind und den Heiligen Kassian und Antonius. — 4. Kapelle am Schlernbödele: Gedenkkapelle für die am Schlern abgestürzten Bergsteiger. 1962 von der Bergrettung Seis erbaut. Entwurf Stefan Rabanser, Statue der Muttergottes von Maria Delago. — 5. Antoniuskapelle am Monte Pana (Gemeinde St. Christina). Erbaut 1935 nach Plänen von Franz Baumann, Innsbruck, eingeweiht 1937. Überlebensgroßes Holzkruzifix von Vinzenz Peristi, St. Ulrich. An der Fassade Fresko hl. Bernhard von Mentone von Alban Stolz.

II. Häuser

Unter den ehemals zerstreuten Einzelhöfen verschiedene malerische Bauten des 15. und 16. Jh.s, von denen der *Pseierhof* hervorzuheben ist. Spitzbogentüre mit gekreuztem Rundstab, beiderseits Wandgemälde, St. Christoph, Maria mit Christkind, Wappen mit Spaten. Anfang 16. Jh. Im Flur Gewölbe und steingerahmte Spitzbogentüren, in der Stube Holzdecke mit feinprofilierten und teilweise verzierten Balken. Der Hof wird 1486 erwähnt. 1534 Jakob Pasayer, Richter zu Kastelrut. — Von den im beliebten Sommerkurort Seis seit der Jahrhundertwende ent-

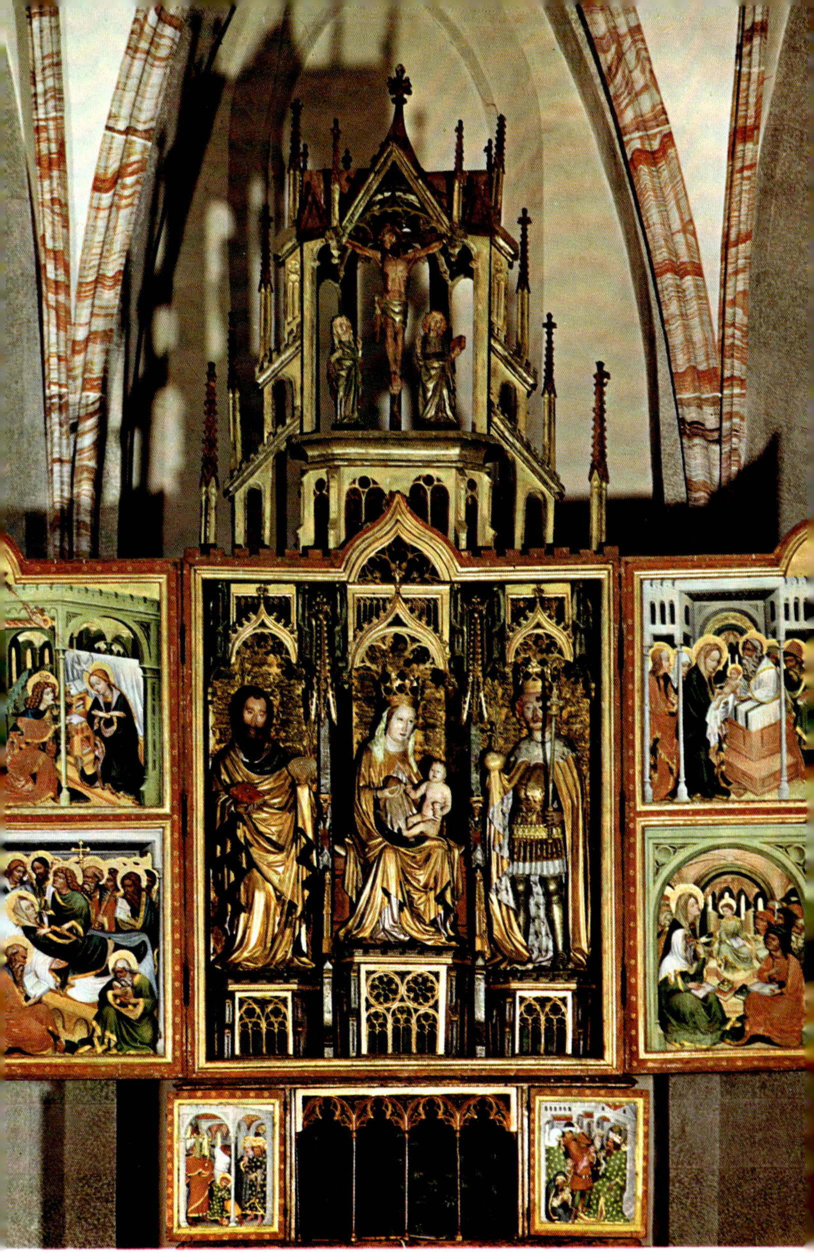

Tafel XIX St. Sigmund im Pustertal, Hochaltar, um 1430/40 (S. 472)

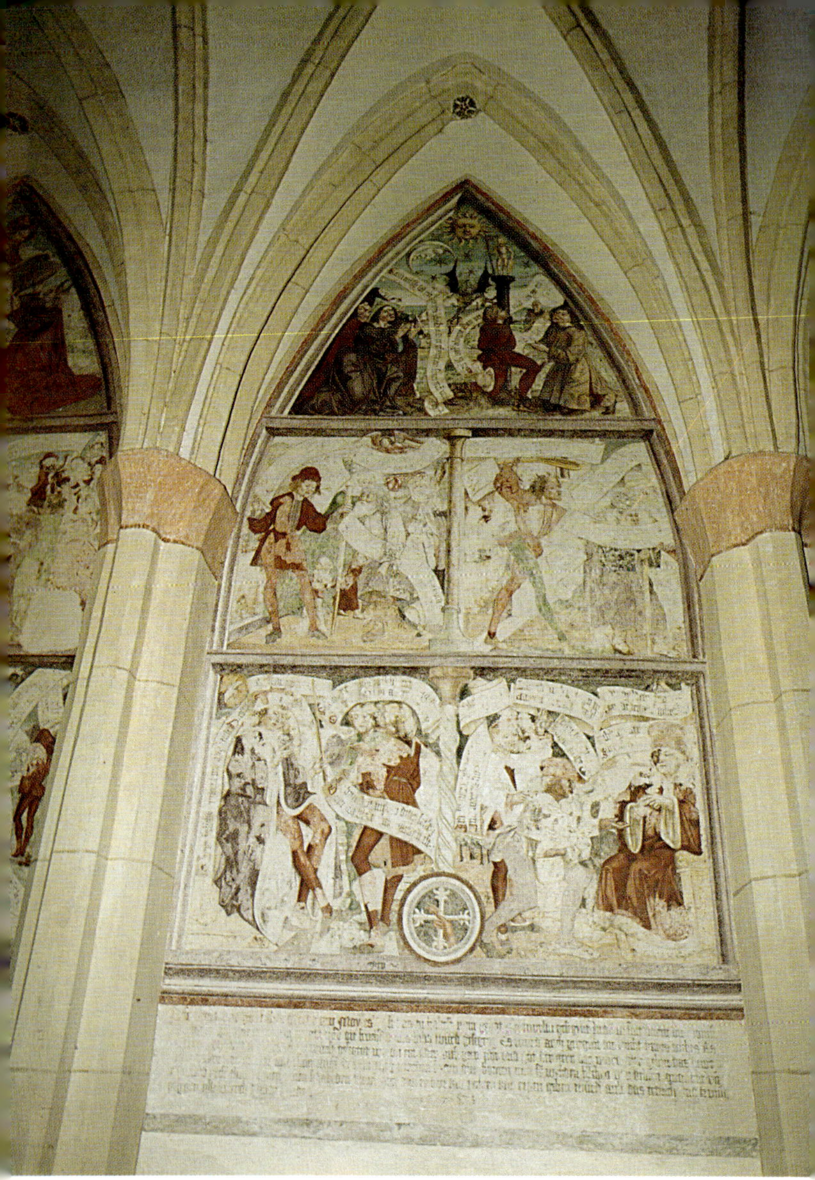

Tafel XX Pfalzen, St. Valentin, Wandgemälde mit guten und schlechten Taten, 1487, Friedrich Pacher zugeschrieben (S. 487)

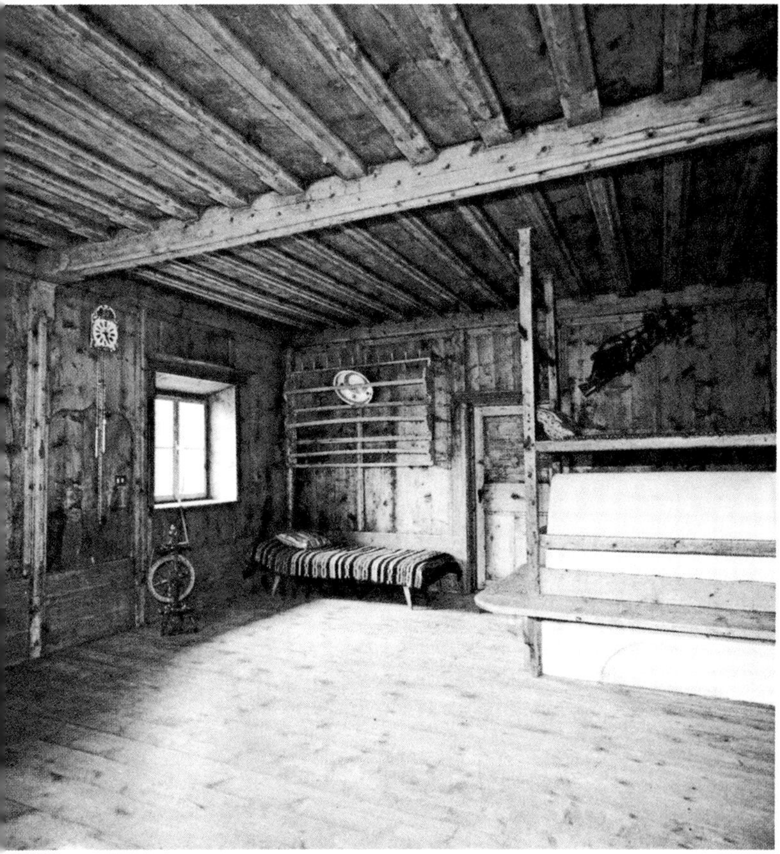

Seis, Stube beim Kampideller

standenen Bauten bemerkenswert die romantische Villa Ibsen, die Villa Waldmüller (mit typischen Holzveranden), die Villa Hermes (mit Bildern zur Laurinsage von Eduard Burgauner) oder das große, allerdings in schlechtem Bauzustand befindliche Hotel Salegg mit Giebeln, Veranden und Türmchen. — Im Wald bei St. Konstantin die Villa Oberrauch mit interessanten Jugendstilelementen, Fresken von Rudolf Stolz.

III. Burgruinen

1. Hauenstein

Die abgelegene Ruine liegt unter den Hängen des Schlern auf einem senkrecht aufsteigenden Dolomitenblock, zu dem ein teilweise in den Felsen gehauener Pfad emporführt. Den ältesten Teil der Burg bildet der über unregelmäßig rechteckigem Grundriß errichtete und ursprünglich mit einem Pultdach geschlossene Wohnbau auf dem höchsten Punkt des Felsens, der im frühen 13. Jh. in seiner östlichen Hälfte durch einen bergfriedartigen Turm mit Eckbuckelquadern überbaut worden war. Die anschließende, mit Geschützscharten versehene Ringmauer gehört teils dem 15. Jh.s, teils dem beginnenden 16. Jh. an.

Die Burg war eine Gründung der 1189/96 erstmals aufscheinenden brixnerischen Ministerialen von Hauenstein, ein Zweiggeschlecht der Herren von Kastelruth und gelangte ab dem 14. Jh. auf dem Erbwege nach und nach in den Besitz der Herren von Wolkenstein. Im 16. Jh. nur noch von Pflegern bewohnt, verfiel die Burg Anfang des 17. Jh.s.

Bei den 1976—1979 durchgeführten Sanierungsmaßnahmen wurden Fragmente aus der Zeit um 1420/30 mit figürlichen und dekorativen Malereien gesichert.

2. Salegg

Die Herren von Salegg, vermutlich ein Zweig der Herren von Kastelruth, werden seit 1178/84 als Brixner Ministerialen erwähnt. Von ihrer Burg, die einsam im Hauensteiner Wald liegt, haben sich nur kümmerliche Reste erhalten, am besten die unterste Mauer, die zum Palas gehörte, später erhöht und mit zwei Ecktürmchen versehen wurde.

ST. OSWALD

1. Kuratiekirche zum hl. Oswald

Bau: Von der 1234 erwähnten Kirche stammen wohl noch der Turm mit zwei Reihen gekuppelter Rundbogenfenster, der in der Barockzeit ein Zwiebeldach erhielt, die Mauern des Langhauses

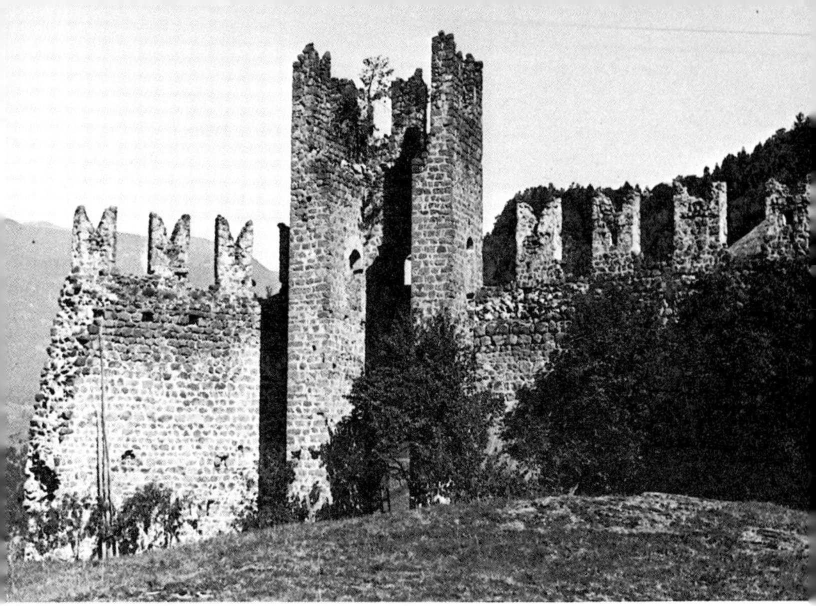

Burgruine Aichach

und der runde, nur mit Kämpfern gegliederte Triumphbogen. Um 1400 wurde der polygonal abschließende Chor mit Strebepfeilern, Sockel, später vergrößerten Spitzbogenfenstern und mit sechsteiligem Fächergewölbe angebaut. Die einfachen, schweren Rippen sitzen auf figural verzierten Konsolen, den runden Schlußstein ziert das Reliefbild des hl. Oswald. Sakramentshäuschen, viereckige Nische mit Kielbogen, Wimperg, Engel mit Schweißtuch und Kreuzblume. Das Langhaus mit Sockel, Spitzbogenportal in spätgotischer Steinrahmung, an der Fassade Rund-, sonst Spitzbogenfenster, Netzgewölbe mit derben Rippen über polygonalen Diensten und verzierten, runden Schlußsteinen erhielt um 1520 seine heutige Gestalt. An der Orgelempore, über drei Rundbogen zwischen zwei jonischen Säulen mit zierlichen Kapitellen die Jahreszahl 1521. Innenrestaurierung 1975.
Wandgemälde: An der nördlichen Chorwand figurenreiches Bild der Kreuzigung. 1979—1982 wurde die gesamte Freskenausstattung des Chores freigelegt, welche diese bereits 1900 aufgedeckte Kreuzigung in einen neuen Zusammenhang stellt. In den Wand-

feldern und Gewölbezwickeln Szenen aus dem Alten Testament, der Oswaldlegende und mehrere Apostel, gerahmt von breiten Maßwerkbordüren. In der Hauptachse des Chores Schutzmantelmadonna. Der gesamte Freskenschmuck mit dem Brixner Hofmaler Jakob von Seckau, dem Meister der 3. Arkade des Brixner Kreuzganges, in engem Zusammenhang stehend. Um 1450.

Hochaltar: Säulenaufbau mit verkröpftem Gebälk und Volutengiebel, Bandwerk mit Blattansätzen, * Seitenstatuen und Bilder, St. Oswald und Silvester, von Franz Unterberger, am Giebel hl. Magdalena, Altar 18. Jh., 2. Viertel.
Seitenaltar: Altar und Bild Marias, 19. Jh., Statuen, * Barbara und * Katharina, 18. Jh., 2. Hälfte.
Glocke: 1400.

2. Häuser

Kampideller: Spätgotische Stube von 1543 saniert.

3. Burgruine Aichach

Kleine Anlage auf einem auf drei Seiten steil in die Schlucht des Schwarzgriesbaches abfallenden Felsspornes. Die erhaltenen Teile der stumpfwinkelig geführten Ringmauer und der in ihr eingebundene, nach innen offene Torturm gehören der 1. Hälfte des 13. Jh. an. Von den übrigen Bauten nichts mehr vorhanden. Vom Torturm beiderseits Türen zum ehemaligen Ringmauerwehrgang, auffallend schlanke Schwalbenschwanzzinnen. Auch im ruinösen Zustand von heute noch eindrucksvolle Architektur. Die Burg war zunächst Eigenbesitz, später dann brixnerisches Lehen der seit 1189/96 erwähnten Ministerialen von Aichach, einer Nebenlinie der Herren von Kastelruth. 1379 kam sie an die Rottenburger, 1411 an die Wolkenstein, 1517 an Leonhard von Völs. 1629 bereits Ruine.

VÖLS

I. Kirchen

1. Pfarrkirche zu Mariä Himmelfahrt

Bau: Die Pfarrei, die jedenfalls weit zurückreicht, wurde 1257 dem Kloster Neustift inkorporiert. Von der alten Kirche hat sich nichts erhalten. Die heutige ist ein 1515 bis 1525 errichteter völliger Neubau, eines der schönsten Denkmäler der Südtiroler Spätgotik; die Pfeiler und Gewölbe aber (vgl. St. Pauls und die Innsbrucker Hofkirche) wurden erst nach 1550, und zwar ver-

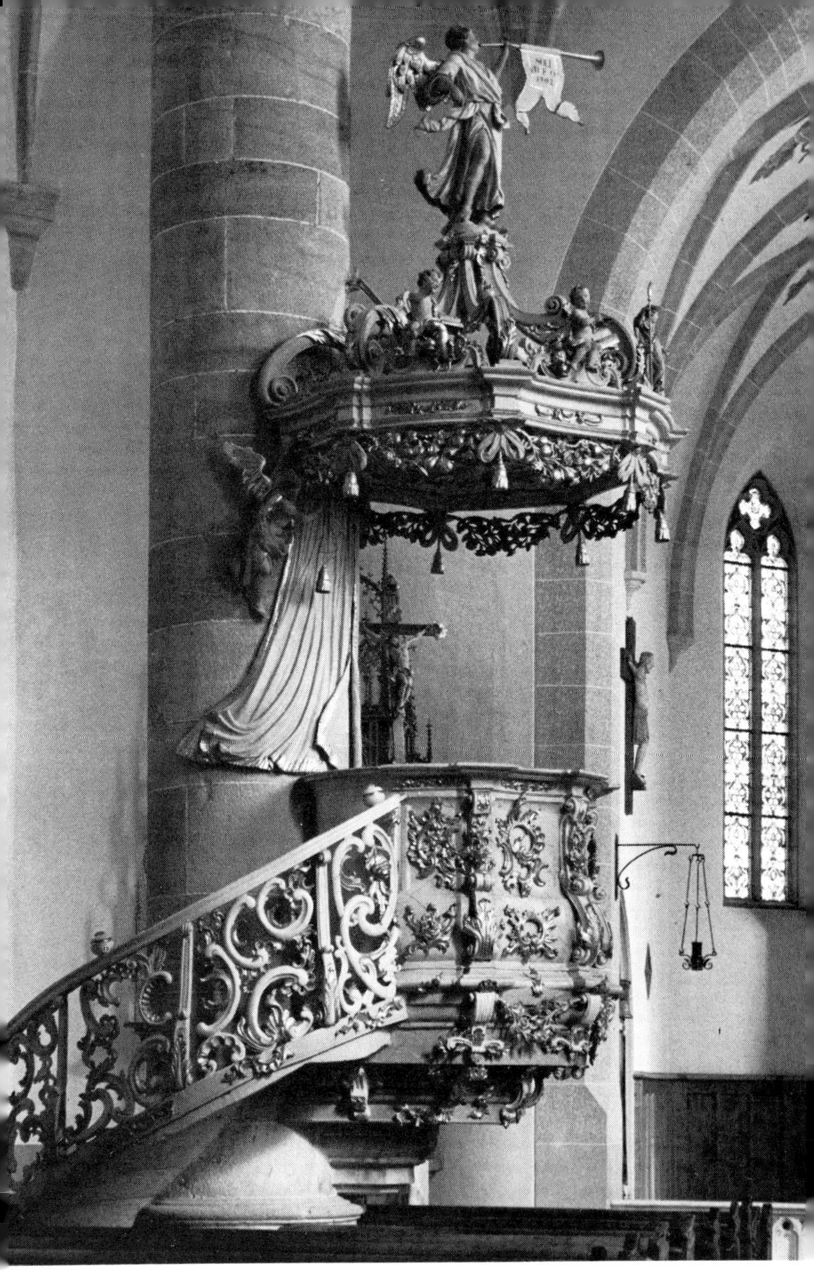

Völs, Pfarrkirche, Kanzel

mutlich von Italienern, vollendet. 1741/43 einige barocke Veränderungen, Regotisierung um 1900. Die Kirche wurde noch am 11. und 20. April 1945 durch Bomben beschädigt, aber 1946 bis 1949 wiederhergestellt, die letzte Restaurierung 1970.
Der mächtige Fassadenturm, der nach dem Brand von 1703 seinen heutigen Abschluß mit Rundbogenschallfenstern, Oktogon und Kuppeldach erhielt, ist in der unteren Hälfte aus großen Sandsteinquadern mit drei gekehlten Gesimsen aufgeführt und enthält ebenerdig eine im Spitzbogen sich öffnende Vorhalle. Das große, ungewöhnlich reich profilierte Spitzbogenportal ist mit vier gekreuzten Stäben gerahmt und zeigt seitwärts die Wappen der Herren von Völs und des Klosters Neustift. Auch das Südportal ist reich gegliedert, mit drei gekreuzten Stäben und einem maßwerkverzierten Eselsrücken gerahmt und zeigt im Bogenfeld, frei herausgemeißelt, Wappen und Helmzier der Herren von Völs. Am Langhaus und Chor lisenenartige, übereck gestellte Streben, Sockel und Kaffgesims mit Kehle, zwei- und dreiteilige Spitzbogenfenster, letztere mit ursprünglichem, reichem Maßwerk, am polygonal abschließenden, leicht zum rechten Seitenschiff versetzten Chor doppelt gekehltes Dachgesims. Das dreischiffige Langhaus trägt ein Netzgewölbe mit schildförmigen Schlußsteinen und Wappen der Völser, Wolkenstein (?), von Neustift und andere und einfachen, kräftigen Rippen über Pfeilern und Halbpfeilern aus Quadern mit achteckigen Sockeln, jonischen Basen, toskanischen Kapitellen und achteckigen Tragplatten. Orgelempore über vier Rundsäulen mit vortretendem Mittelteil. Wenig gegliederter Triumphbogen, das Sterngewölbe im Chor neu.

Wandgemälde: Außen Kreuzweg, Anfang 18. Jh. Stark verwittert. In der Vorhalle Kriegerdenkmal, von Ignaz Stolz, 1921. Im Inneren am Gewölbe Engel und Heilige, Reste der neugotischen Dekoration von 1902/03.

Hochaltar: Alter Flügelaltar aus der alten Pfarrkirche, aber wegen des neuen Tabernakels auseinandergenommen. Auch Predella und Aufsatz neu. 1902. Vom alten Altar sind unter Wimpergen mit reichem Maßwerk die Reliefs, Verkündigung und Aufopferung im Tempel, Anbetung der Könige, die Kirchenväter mit den Evangelistensymbolen, und die Flügelbilder, Ölberg, Geißelung, Dornenkrönung und Kreuztragung, und außerdem auf der Rückseite das grünbunte Rankenwerk mit symbolischen Tieren erhalten. Laut Inschrift an der Rückseite von Meister Nartzis (Narziß), Bildschnitzer zu Bozen, 1488 vollendet. Die neuen Teile entworfen von Josef Schmid, Statuen von Alois Winkler. Ehemaliges Hochaltarblatt jetzt im Pfarrmuseum.

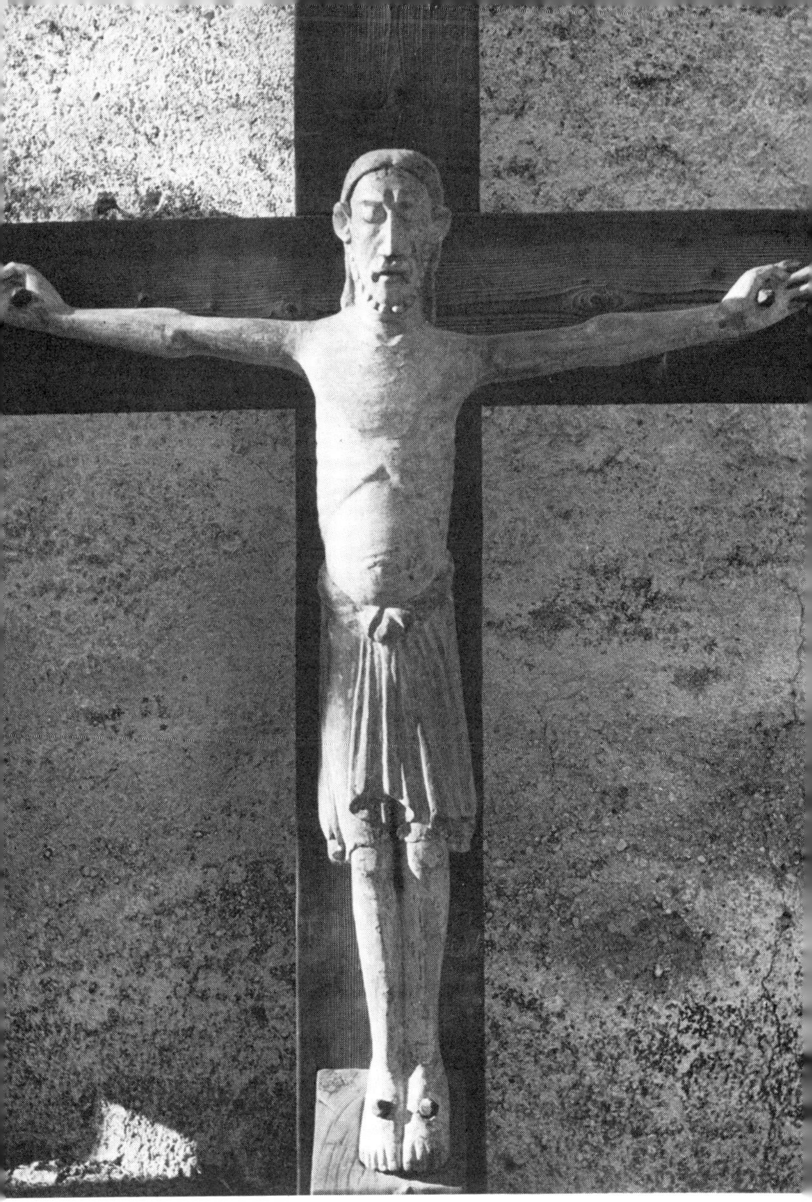

Völs, Pfarrkirche, romanisches Kreuz

Seitenaltäre: Neugotisch. Entwürfe von Josef Schmid. Rechts Gemälde, Tod des hl. Josef, von Josef Renzler, 1825, links Statuen, Rosenkranzgruppe, von Alois Winkler, 1902.

Kanzel: Bewegte Form mit Volutenbändern, Rocaille, Rosen, Engel, ähnlich verzierte Treppenbrüstung, am Aufsatz Guter Hirte und Posaunenengel. 18. Jh., 3. Viertel.

Orgel: Dreiteiliger Aufbau mit reichem Rocaille und Engelsfiguren, an der Emporenbrüstung Positiv mit zwei Posaunenengeln. 18. Jh., 3. Viertel, 1972 wieder in den alten Stand gebracht.

Kirchenstühle: An den Docken geschnitzte Rosengehänge, Gitter- und Bandwerk. Mitte 18. Jh. Chorstuhl aus Ums, geschnitztes Rocaille, um 1770.

Taufstein: Schrift WK 1578 (Wolfgang Kolb?).

Holzskulpturen:
1. Am Triumphbogen Kruzifix. Gute Arbeit, Ende 12. Jh.
2. Im Schiff barockes Kruzifix, 18. Jh.

Totenschild: Geschnitztes Wappen mit dreifacher Helmzier, von drei kleineren Wappen umgeben. Zum Gedächtnis der hier begrabenen Herren von Khuepach. 1712.

Kreuzweg: Bez. Josef Renzler 1825.

Monstranz: Gotischer Turmaufbau mit Statuetten und Renaissanceornament. Um 1620. Meistermarke I R.

Weihnachts- und *Fastenkrippe:* Mit zahlreichen kleinen Figuren. Bez. Augustin Alois Probst. Ende 18. Jh., jetzt im Pfarrmuseum.

2. St. Michael am Friedhof

Bau: Der doppelgeschossige Bau, der wohl aus dem 12. Jh. stammt und nach dem Brand von 1440 umgebaut und 1472 geweiht wurde, enthält unten die Gruft, oben die Friedhofskapelle. Im Westen Spitzbogenportal in abgefaster Steinrahmung, zwei Lünettenfenster und Glockenmauer, im Osten kleine Rundapsis auf drei Kragsteinen mit rundbogigem Schlitzfenster, ein zweites gleich daneben. 1979 an der Nordmauer steingerahmten Lichtschlitz freigelegt. In der Gruft flache Decke über zwei Rundpfeilern, denen an den Schmalseiten runde, an den Langseiten polygonale Halbpfeiler entsprechen. Volkstümliche Inschriften, Armesündenspruch und Totenmalereien, 1725. In der oberen Kapelle Sterngewölbe mit runden Schlußsteinen und einfachen Rippen über breiten Wandgurten, die bis zum Boden reichen, Runddienste und Konsolen. Gesamtrestaurierung der Friedhofskapelle 1980 abgeschlossen. Seither dort *Pfarrmuseum* mit Querschnitt der Kunst in Völs und gefährdeten Objekten aus den Filialkirchen eingerichtet.

Völs, St. Michael, Apsisbemalung

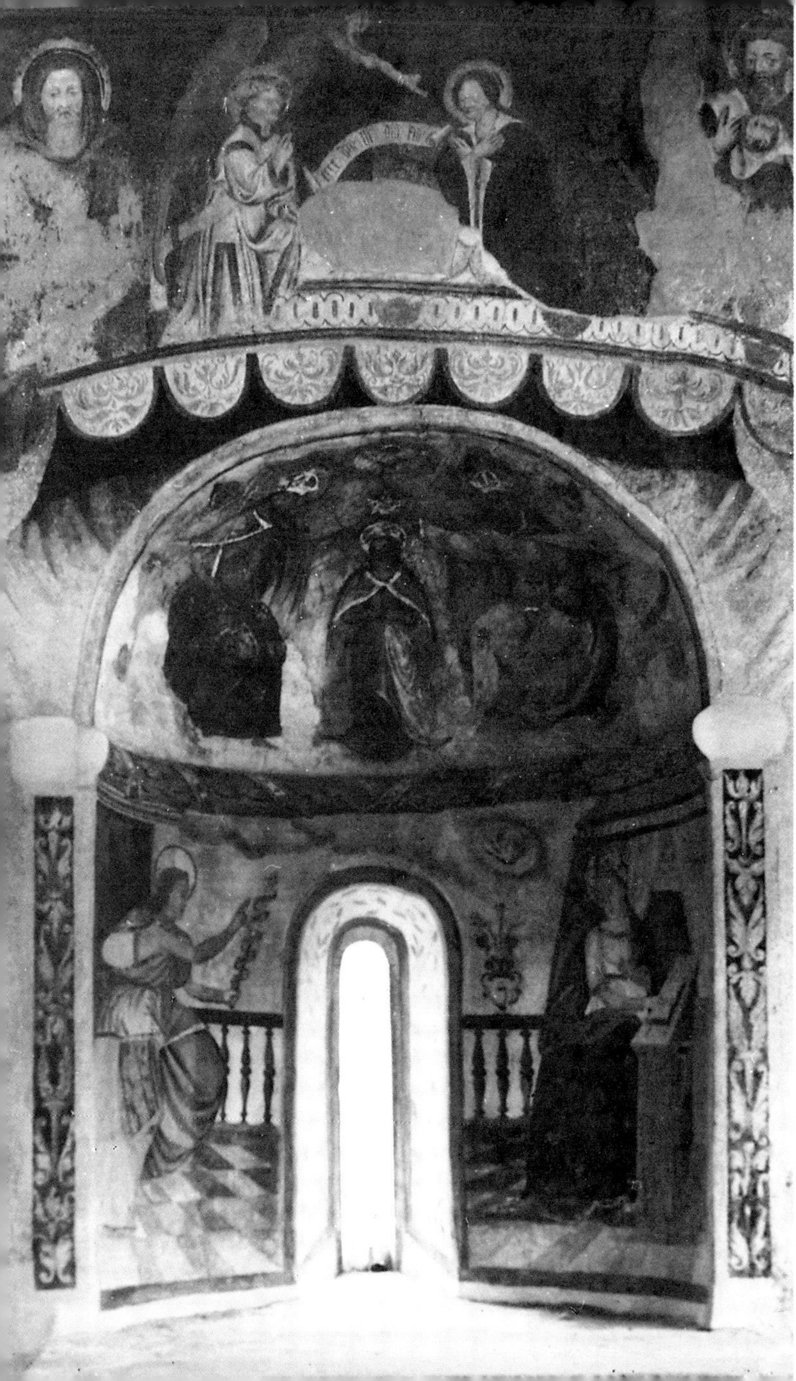

Wandgemälde:
1. An der Nordfassade, schlecht erhalten, Anbetung der Könige. Bozner Meister. Um 1400.
2. In der Gruft, Pietà, Tod, Chronos. 1725.
3. In der Friedhofskapelle, Ostwand: Maria Verkündigung, dekorativer Fries unter der ursprünglichen Flachdecke mit dem Medaillon des Propheten Isaias, eine Reihe von stehenden Heiligen, Christoph, Anton Abt, Johannes d. T., Leonhard und das Stifterbild des Hans von Völs mit seinem Wappen. Stilistische Abhängigkeit von der Brixner Malschule. Um 1410/20.
2. und 3. 1980 freigelegt.
4. In der Apsis Krönung Mariens und Verkündigung. 1599. Restauriert.

3. St. Peter am Bichl

Bau: Die Kirche, auf einem schon prähistorisch besiedelten Hügel schön und frei gelegen, wird 1371 erwähnt, stammt aber aus dem 12. oder 13. Jh. Um 1498 wurde das Schiff eingewölbt und der Turm erhöht. Seitenportal um 1507. Im Westen Rundbogentüre in abgefaster Steinrahmung, darüber kleines Rundfenster mit Fischblasenmaßwerk. Im Süden Seitentüre mit polygonalem Sturz, im Viereck in origineller Weise mit gekreuztem Stabwerkornament eingefaßt, gekreuzte Schlüssel. Allianzwappen Völs-Firmian. In der abgesetzten Rundapsis Spitzbogenfenster. Netzgewölbe mit viereckigen Schlußsteinen und teilweise gekreuzten Rippen, die auf Runddiensten mit gekehlten Unterlagen aufsitzen. Am gekehlten Triumphbogen die Jahreszahl 1498. Am Turm über einem Viertelstab gekuppelte Rundbogenfenster mit Mittelsäule und Kämpfer, darüber ein oberes Geschoß aus Quadern mit großen Spitzbogenfenstern und abgewalmtem Satteldach (nach dem Brand von 1862 aufgesetzt) und ein in Stein gehauener Kopf.

Altar: Flügelaufbau. Unter Wimpergen, die durch den Schrein emporwachsen und den oberen Abschluß bilden, Statuen hl. Peter zwischen den beiden heiligen Johannes, in der Predella Anna selbdritt (gestohlen) an den Flügeln Reliefs, Paulus und Andreas. Gemälde: An den Flügeln unter geschnitztem Rankenwerk Verkündigung, in der Predella Katharina und Barbara, an der Rückwand Schweißtuch und grünes Rankenwerk. 1510. Signatur T. S. M. Jetzt im Pfarrmuseum.

Kanzel: Polygonale Brüstung mit schönen Grotesken, blau auf weißem Grund, und Engelsköpfchen, Treppe mit Balustergeländer. Um 1600.

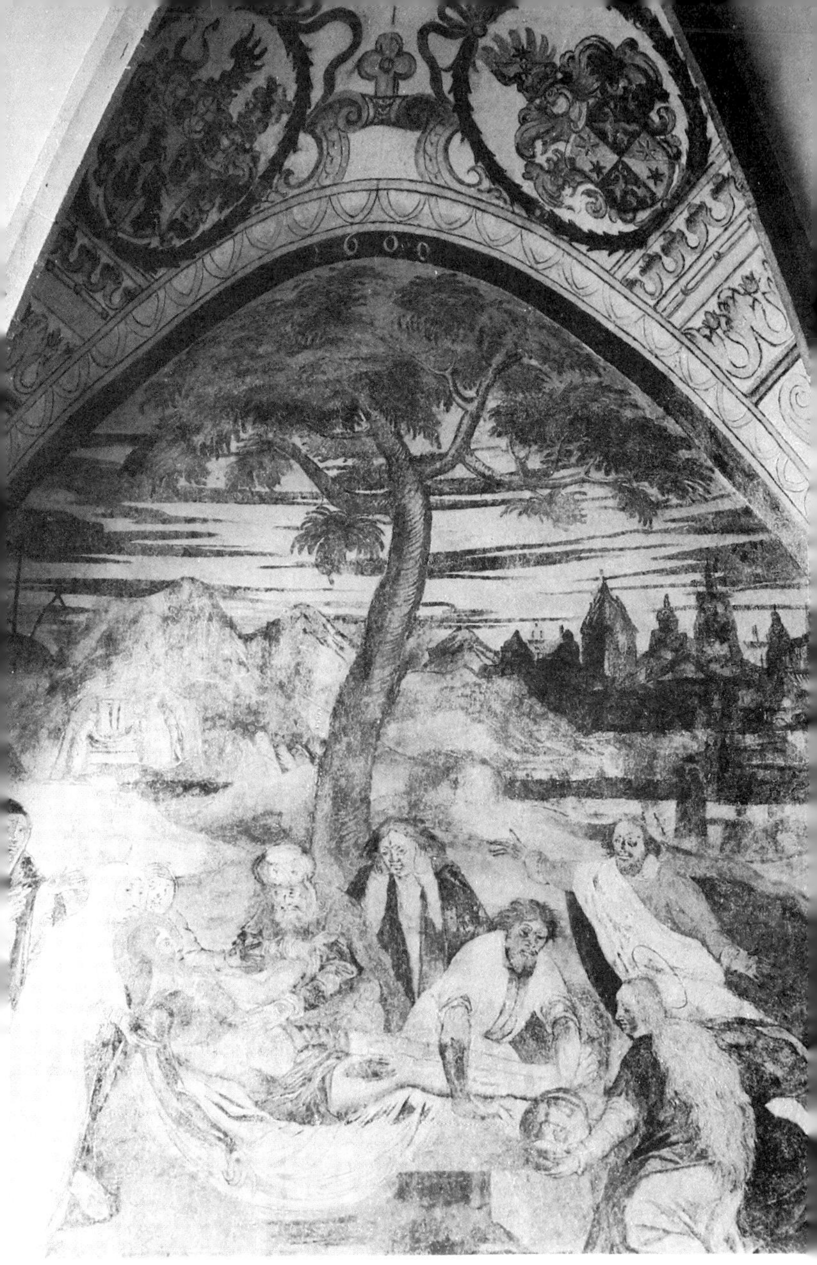

Völs, St. Margareth, Gemälde von Jakob Menn, 1600

Glocken:
1. Zweimal Kreuzigungsgruppe, zwölf Apostel. 1524.
2. Teilweise griechische Inschrift mit zwischengesetzten Medaillons, sigillum paul glogengisser. 1479.

4. Hl. Margareth in Obervöls

Bau: Die im 15. Jh. anstelle eines romanischen Gotteshauses zum hl. Laurentius erbaute und 1502 geweihte Kirche zeigt Sockel mit Quaderschräge, gekehltes Dachgesims, im Westen und Norden Spitzbogenportale, das eine mit Birnstab, das andere mit einfacher Kehle, Spitzbogenfenster und einen Strebepfeiler. Um 1600? (1500?) wurde das Netzgewölbe mit teilweise gekreuzten Rippen (1975 wieder freigelegt) über polygonalen Diensten und mit gemalten Khuepachschen Wappen hergestellt und der Turm mit Spitzbogenschallfenstern niedriger Viereckpyramide hinzugebaut. Innenrestaurieruang 1974 bis 1979. Nach Rückführung der deponierten Objekte einheitliche manieristische Ausstattung der Kirche gegeben.

Wandgemälde: Bei der Restaurierung 1975 freigelegt. In sieben Bogenfeldern Tod Mariens, Beweinung, Verkündigung (fragmentarisch), Kreuzigung, Gottvater mit Hl.-Geist-Taube und Weltkugel, darunter Adam und Eva, Ölbergszene und Jüngstes Gericht.
In den Gewölbezwickeln Architekturmalerei, die je ein Allianzwappen umschließt. Die Wappenpaare an der Süd- und Nordwand nur teilweise neu aufgedeckt.
Sign. Jakob Menn, Bozen. 1600.

An der Nordwand des Chores Kreuzigung, um 1600, aber von anderer Hand.
Altar: Der Flügelbau mit Wimpergen, Rankenwerk, Gebälk und Dreieckgiebel ist eine interessante Mischung von Gotik und Renaissance. Skulpturen: Kreuzigungsgruppe, Beweinung Christi, Heilige, an den Flügeln gemalte Heilige, auf der Rückseite Engelsköpfchen, Schweißtuch, Rankenwerk, Khuepachsches Allianzwappen. Um 1600. Antependium mit geschnitztem Knorpelwerk und gesticktem Stoffeinsatz. 17. Jh., 2. Hälfte. Alle beweglichen Teile derzeit deponiert.

Kanzel: Polygonale Brüstung mit flachgeschnitztem Rankenwerk, Stiege mit Balustergeländer. Um 1600. Um 1800 überarbeitet, nur teilweise das Rankenwerk freigelegt, Restaurierung 1978/79, Reliefs von späterer Übermalung befreit.

Holzskulpturen:
1.* Hl. Margaretha. Derbe Arbeit. Um 1500.
2.* Hl. Leonhard. Kleinknittriger Faltenwurf. Um 1500.

Opferstock: Um 1500.

*Votivbild:** Kosmas und Damian mit Kranken. 17. Jh.

5. St. Martin in Ums

Bau: Das Langhaus wurde nach der Jahreszahl über der mit einem gekreuzten Stab gerahmten Spitzbogentüre 1504 erbaut und zeigt an der Fassade ein Rundfensterchen mit Fischblasenmaßwerk durch ein derbes hl. Martinsbild außen verdeckt, im Süden eine Seitentüre in abgefaster Steinrahmung und zwei Spitzbogenfenster. Im 17. Jh. erhielt es das Kreuzgratgewölbe und wurde um den gerade abschließenden Chor verlängert. Am Turm rundbogige Schallfenster und niedriges viereckiges Pyramidendach. Am First des Langhauses Steinskulptur (Neidkopf). Renoviert 1966.

Altar: Säulenaufbau mit eingerollten Giebelstücken, Aufsatz, Knorpelwerk, 1683. Statuen. Bild, hl. Martin, von Anton Psenner. 19. Jh.

Altaraufsatz: Kannelierte Säulchen mit gesprengtem Rundgiebel und Bildern. 17. Jh., 1. Hälfte.

Holzskulpturen:
1.* Hl. Martin mit dem Bettler. 15. Jh.
2.* Maria mit Christkind. Derbe Arbeit, Mitte 16. Jh.

*Kerzenstangen:** Engel mit Leuchter. 17. Jh. Statuen und Kerzenstangen im Pfarrmuseum.

Glocke: 16. Jh.

6. St. Nikolaus in Prösels

Bau: Die abgesetzte romanische Rundapsis mit dem Stabgesims im Inneren beweist, daß die Kirche noch aus dem 13. Jh. stammt. Das Spitzbogenportal mit dem gekreuzten Rundstab und das Netzgewölbe mit gebogenen Rippen über Runddiensten und ebenso der Sockel, die steingerahmten Viereckfensterchen und die maßwerkverzierten Spitzbogenschallfenster des mit einer niedrigen Viereckpyramide eingedeckten Turmes gehören der spätgotischen Zeit an, als die Kirche etwa um 1520 in die heutige Form gebracht wurde. Renoviert 1966.

Wandgemälde: In der Chorwölbung, in ein einziges Bild zusammengefaßt, die Krönung Mariens, die vier Kirchenväter in reichen Gestühlen, die Evangelistensymbole und eine breite Bordüre mit Maßwerkfüllung und mit Brustbildern der klugen und törichten Jungfrauen und weiblicher Heiliger. Bozner Schule. Um 1430.

Holzskulpturen:
1. Auf dem einfachen, modernen Altar Kruzifixus, 18. Jh., 1. Hälfte.
2. Die beiden Jakobus, um 1520. Jetzt im Pfarrmuseum.

Glocken:
1. Kreuzgruppe, Maria mit Christkind, die zwölf Apostel, 1550.
2. 1448.

7. St. Anton

Bau: Fassadendachreiter, Türe (mit Jahrzahl 1699) und Fenster viereckig, polygonal abschließender Chor, Tonne mit Stuckrippen und Gurten über Pilastern und umlaufendem Gebälk, Geweiht 1712.

Altar: Säulenaufbau mit verkröpftem Gebälk, gesprengtem Giebel, Antoniusbild, 1700. Statuen Erasmus und Florian und Bild. 1967 bis 1971 gestohlen. Zwei Heiligenbüsten, 1. H. 18. Jh., im Pfarrmuseum.

8. St. Konstantin

Bau: Einsam, aber sehr schön zwischen Völs und Seis gelegen. Die ältesten Teile der 1281 erwähnten Kirche sind die untere Turmpartie und die Mauern des Langhauses. Die beiden Spitzbogenportale, mit zwei gekreuzten Stäben eingerahmt (das westliche unten roh ergänzt), die Spitzbogenfenster, der Sockel und die feingeformten Strebeleisten am polygonal abschließenden Chor, das schöne Netzgewölbe über den feingebildeten, gekehlten Diensten und Wandgurten, die fratzengeschmückten Konsolen am gekehlten Triumphbogen sowie der obere Teil des Turmes mit den großen maßwerkgeschmückten Spitzbogenfenstern wurden um 1506 (Jahreszahl über dem Südportal) hergestellt und machen die Kirche zum zierlichsten spätgotischen Gotteshaus der ganzen Gegend. Abschluß des Turmes, Tambour und Zwiebelhaube, 18. Jh. Renoviert 1964.

Wandgemälde: Am Turm Riesenfigur des hl. Christoph, ziemlich zerstört. Anfang 15. Jh.

Hochaltar: Reichverzierter Säulenaufbau mit flüssig bewegtem Gebälk und Volutengiebel, Rocaille und Statuen. Bild, hl. Konstantin, Wappen der Freiherren von Völs, bez. Josef Adam Mölkh 1762, am Giebel hl. Helena. Das Bild und die Statuen, Engelköpfe usw. 1964, 1971/72/74 etappenweise gestohlen. Bild neu von H. Peskoller, Bruneck. Eine Nißl-Engelgruppe, den hl. Josef tragend, um 1756, auf der Mensa.

Wandaltärchen: Nischenaufbau mit nazarenischer Marienstatue. Am Aufsatz die Hl. Dreifaltigkeit in drei Brustbildern. 1698.

Gemälde: Hl. Konstantin mit Heiligen. Wappen der Herren von Völs-Colonna. 1519. Jetzt im Pfarrmuseum.

Steinrelief: An der rechten Schiffswand. Ein gekrönter Mann mit Kreuzstab (hl. Konstantin oder Simpertus?) befreit einen Knaben aus dem Rachen eines Wolfes. Um 1400.

Kerzenstangen: Fruchtgehänge. Engel mit Leuchtern. 17. Jh. Jetzt im Pfarrmuseum.

Holzskulptur: Kruzifix, 18. Jh.

II. Bildstöcke

1. An der Ecke der Friedhofsmauer über einer Konsole mit gedrehtem Schaft und übereck gestellter Tragplatte Statue Maria mit Christkind, Aufsatz mit flachen Nischen und Pyramidendach. Sandstein. Reiche und feine Gliederung. 1518. Gestiftet von Leonhard von Völs. Landeshauptmann (vgl. die fragmentierte Inschrift). Schadhafter Zustand.
2. In Prösels viereckige Bildsäule aus Quadern auf Vier- und Achteckschaft mit tiefer Spitzbogennische im Aufsatz und mit Satteldach. Wappen und die Jahreszahl 1492. Jetzt an andere Stelle versetzt.

III. Wohnhäuser und Edelsitze

Trotz vieler neuzeitlicher Veränderungen hat sich einiges vom alten Ortsbild erhalten. Völs, das schon in karolingischer Zeit urkundlich erwähnt wird, dessen Gebiet aber wie das ganze Mittelgebirge schon vorgeschichtlich besiedelt war, bildete eine in Deutschsüdtirol sonst seltene geschlossene Dorfanlage mit der Kirche in der Mitte, so daß das Ganze den Eindruck eines befestigten Ortes machte. Die meisten Häuser um die Kirche, mit steingerahmten Portalen, von denen die mit gekreuztem Stabwerk reichverzierte Türe des Gasthauses Traube besonders zu erwähnen ist, hatten ihre spätere Form im 15. und 16. Jh. erhalten, manche sind mit guten Fresken geschmückt, so das Widum mit den Heiligen Johannes von Nepomuk und Augustinus (1729). Restauriert. Auch viele Bauernhäuser der Umgebung sind älteren Ursprungs, besaßen vielfach eine sehr malerische Form und waren vielfach in herrschaftlichem Besitz. So war z. B. der *Schlunner* in Obervöls, mit getäfelter Stube und Stuckdecke, um 1680 im Besitz der Khuepach, oder der *Mair* in Obervöls, ein stattliches Haus mit Schmiedeeisengittern, steingerahmten Rund- und Spitzbogentüren, weiter Halle im Erdgeschoß, im ersten Stock Saal mit Balkendecke und Zimmer mit Getäfel und Leistendekken, ein herrschaftlicher Meierhof. Im heutigen Turmwirtshaus steckt ein mittelalterlicher *Wohnturm*, wohl um 1200 erbaut, mit

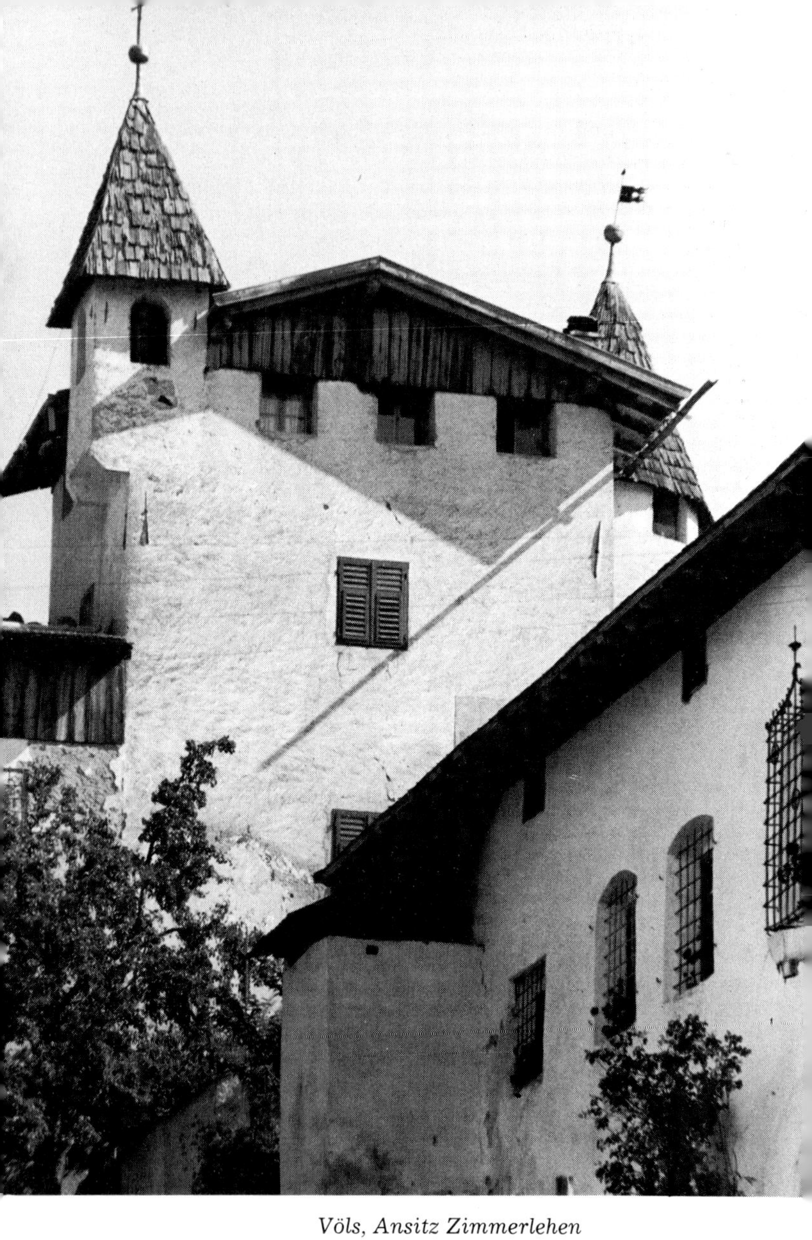

Völs, Ansitz Zimmerlehen

dicken Mauern und Eckbuckelquadern, der den Herren von Völs gehörte, möglicherweise ihr Stammsitz und noch älter war. Burg oder Turm in Völs werden im 13. und 14. Jh. wiederholt erwähnt. 1398 bis 1440 Widum, dann wechselnder Besitz. Der westliche und südliche Anbau noch aus dem Mittelalter, sonst Umbau von 1958.
Hervorzuheben ist der Ansitz *Zimmerlehen*, eine malerische Gebäudegruppe, durch eine Ringmauer zusammengeschlossen. Der Ansitz wird als brixnerisches Lehen 1336 erwähnt und von Völklein von Völs angekauft. Dieser Zeit gehört noch der Kern des turmartigen Gebäudes an. 1585 erwarben den Ansitz die Herren von Khuepach, für die er neu gefreit wurde und die an den Turm die Kapelle und das runde Treppentürmchen anbauten, die Gemächer mit dekorativen Malereien um 1600 ausstatten und auch das heutige Wohnhaus erneuerten und mit Getäfel, Felderdecken und dekorativen Wandgemälden (Jagdszenen) versahen. An verschiedenen Stellen Khuepachsches Wappen und die Jahreszahlen 1587, 1591, 1594, 1605, 1684. In der Kapelle stand einst ein Limousiner Emailaltar, jetzt im Ferdinandeum in Innsbruck. Restaurierung des östlichen Wohnturmes 1978. Heute Privatbesitz.

IV. Pröesels

Die Stammsitze der drei seit dem 12. Jh. als Brixner Ministerialen oft erwähnten Völser Edelgeschlechter, der Herren von *Schenkenberg*, Velseck und *Völs*, sind bis auf geringe Spuren verschwunden. Der Hauptsitz der Völser war *Prösels*.
Die heutige Form, die vor allem das *Wehrsystem* der Maximilianszeit mit Tortürmen, zahlreichen Toren, mehreren Zwingern, Rondellen, mannigfach geformten Schießscharten, Pechnasen und Maschiculi in besonders charakteristischer Weise zur Schau trägt, erhielt die Burg unter dem Landeshauptmann Leonhard von Völs, dessen Wappen mit den Jahreszahlen 1517 und 1518 mehrfach angebracht ist. Besondere Beachtung verdient der geschlossene, malerische *Burghof* mit loggienartigem Verbindungsgang, offener, gewölbter Halle und mit Spitzbogenöffnungen und Achteckpfeilern an der Freitreppe und an der Loggia des ersten Stockes. Erst in neuerer Zeit wurden Steinreliefs, meist italienische Arbeiten des 14. bis 16. Jh.s, eingemauert.
Am langgestreckten, aus einem bergfriedartigen Turm und aus einem kleinen Wohnbau des 13./14. Jh. hervorgegangenen *Palas* polygonaler Treppenturm, Eckrondell, Spuren von Pechnasen, Erker, an der Südhauptfront Rundbogenfries, gemalte Wappen und Sonnenuhr mit der Jahreszahl 1487. Im Inneren ebenerdig

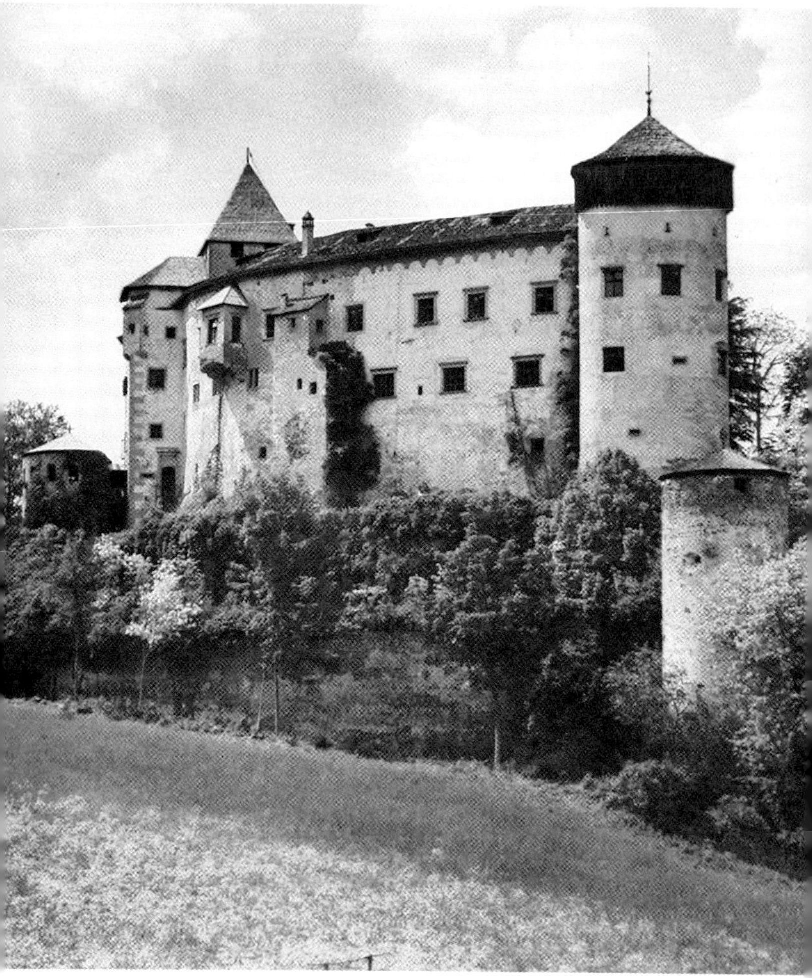

Schloß Prösels

große Halle mit Kreuzgratgewölben, im ersten Stock gewölbter Gang, der an gewölbten Kammern mit Spitzbogentüren vorüber in einen großen Saal mit zwei schönen Türeinfassungen von 1590 und einem Völsischen Wappenstein von 1517 führt; im zweiten Stock Rittersaal mit einfacher Balkendecke, Unterzug und Türen in zierlich profilierter Steinrahmung.

Burgkapelle: Der frei im Burghof stehende, um 1525 errichtete Bau ist ein feines Denkmal zierlicher, spielerischer Spätgotik mit Glockenmauer und flachpolygonalem Abschluß. Das Portal rahmt eine gekehlte Spitzbogennische mit gekreuztem Rundstab, der unten in Wurzeln endet, oben Astwerk trägt. Daneben niedriges Flachbogen-, darüber übereck gestelltes Viereck-, im Norden ein Spitzbogenfenster. Reiches Netzgewölbe mit gekreuzten und gebogenen Rippen auf verzierten Konsolen und am Chorbeginn über Diensten, die als gedrehte Astbündel behandelt sind. Als Sakramentshäuschen Nische mit gedrehten und gekreuzten Stäben und eckig vortretendem, konsolenartigem Aufsatz. Altarbild, Krönung Marias mit Stifterfamilie des Leonhard v. Völs. 1983 angefertigte Kopie des heute im German. Nationalmuseum Nürnberg befindlichen Originalbildes des Habsburgermeisters, um 1500.

Die Burg, zu der auch der südlich auf einem isolierten Hügel stehende Pulverturm (Burggrafenturm) des 13. Jh.s gehörte, wurde von den Herren, späteren Freiherren von Völs vor 1244 erbaut und war bis zu ihrem Aussterben im Jahre 1804 in ihrem Besitz. Trotz der nachher einsetzenden zeitweiligen Vernachlässigung ist sie heute noch ein sehr bezeichnendes Beispiel für die Befestigungsweise wie auch für die verfeinerten künstlerischen Bestrebungen der Maximilianszeit. Restaurierung von Schloß und Kapelle ab 1978 im Gange. Seit 1981 im Besitz eines gemeinnützigen Kuratoriums und bereits 1982 der Öffentlichkeit zugänglich gemacht. Weitere Ausbauarbeiten und Restaurierungen geplant.

VÖLSER AICHA

1. Kuratiekirche zum hl. Johannes d. T.

Bau: Eine Kirche wird 1250 erwähnt, es reichen der untere Teil des Turmes, dessen gekuppelte Rundbogenfenster runde Mittelsäulen, Würfelkapitelle und Kämpfer aufweisen, und die jetzt zur Sakristei gehörige Rundapsis noch in die romanische Zeit zurück. Das alte Langhaus erhielt später, wohl um 1400 (vgl. den Schlußstein mit Relief, Maria mit Christkind, über dem Portal;

ein zweiter Schlußstein, Haupt Christi, deponiert), das Kreuzrippengewölbe und wurde beim Neubau der Kirche 1816 teilweise als Sakristei verwendet. Am einfachen Neubau isolierte Gebälkstücke. Vierecktüre, Rundbogenfenster, Tonne über Pilastern. Der Turm in spätgotischer Zeit erhöht, mit Spitzbogenschallfenstern und niedrigem Viereckhelm. An der Westfassade in Nischen barocke Statuen, Matthias und Johannes Ev. Restaurierung bis 1979 abgeschlossen.

Wandgemälde: 1. An der Decke auf Leinwand Gottvater und Geschichte des hl. Johannes d. T., von Anton Psenner. 1817.
2. Bei der Restaurierung 1979 in der alten Apsis (Sakristei) aufgedeckt: Majestas Domini, umgeben von den Evangelistensymbolen und zwei musizierenden Engeln. Darunter eine Reihe von Aposteln, durch ein Band von gotischer Schrift verbunden; Christus, aus dessen Seite das Blut in einen Kelch rinnt. In der Triumphbogenleibung kluge und törichte Jungfrauen und Christus. Am rechten Bogen des Sockels Maria mit Kind, links Johannes der Täufer. Bozner Malschule. Um 1420.
3. Außerhalb des Triumphbogens, Fragment eines Engels, Anf. 17. Jh.

Hochaltar: Einfacher Säulenaufbau. Bild, Taufe Christi, von Anton Psenner. 1817. Links und rechts vom Hochaltar die ehemaligen Seitenaltarblätter, sign. Adamo Senul. 1738.

Seitenaltäre: Kannelierte und granulierte Säulen, Gebälkstücke und Volutenaufsatz. Eingelegtes Bandwerk, Mitte 18. Jh. Aus Kaltern. Bilder: St. Johannes d. Ev. von Josef Renzler, 1821, hl. Sebastian von demselben.

Kanzel und *Kirchenstühle:* Um 1820.

Orgel: Um 1870.

Kreuzweg: Wohl Malschule der Renzler.

Gemälde: Pietà und Schmerzensmann, auf der Empore, von Josef Renzler.

2. St. Katharina im Völser Aicha

Bau: Von der 1293 erwähnten Kirche sind nur mehr die Mauern des Langhauses und der untere Teil des Turmes (vgl. das Gesims unter dem Kirchdach) erhalten. Im Westen in einer Vorhalle mit drei gotischen Steinsäulen gerahmte Spitzbogentüre ohne Abfasung mit einem Stern am Scheitel. Um 1500 wurde das Sterngewölbe, im Schiff über Achteck-, im Chor über Runddiensten und mit runden Schlußsteinen, errichtet, der beiderseits abgeschrägte Triumphbogen und der polygonal abschließende Chor mit Sockel, dreieckigen Strebleisten und zweiteiligen, spitzbogi-

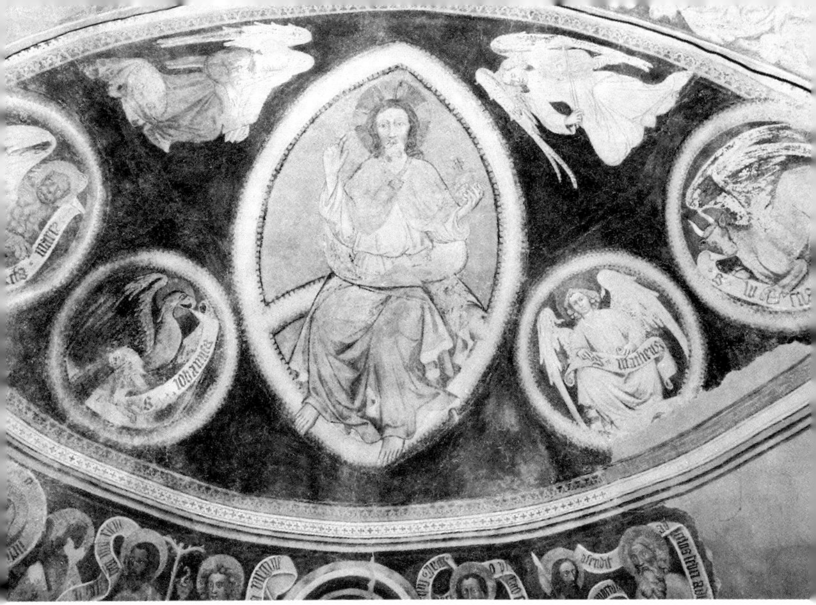

Völser Aicha, Johanneskirche: Majestas Domini

gen Maßwerkfenstern hinzugebaut und erhielt der Turm die spitzbogigen Schallfenster und den heutigen Abschluß.

Wandgemälde: An der südlichen Außenwand zehn Szenen aus der Legende der hl. Katharina (Zerstörung eines Götzenbildes, die Heilige vor dem Kaiser Maximin, im Gefängnis, im Disput mit den Philosophen, deren Verbrennung, die Bekehrung der Kaiserin, deren Geißelung, die Räderung, die Enthauptung und die Grablegung der Heiligen), Kreuzigungsgruppe, und Michael mit der Seelenwaage und hl. Christophorus. Restauriert Herbst 1983. Kraftvolle, etwas derbe Arbeit, vorzüglich erhalten. Bozner Schule, um 1420. Freilegung weiterer Gemälde (Inneres) vorgesehen.

Altar: In früher, derber Neugotik 1864 neu zusammengestellter Flügelaufbau mit Schnitzfiguren. Alt im Aufsatz Maria und Johannes, im Schrein Maria mit Christkind, hl. Michael und Katharina mit Baldachinen und verzierten Postamenten. Derbe Arbeit, 16. Jh., 1. Hälfte. In der Predella drei Brustbilder, hl. Rosalia, Barbara und Katharina, ebenfalls spätgotisch, aber wohl nicht zugehörig. Ebenso die Statuen des hl. Florian und Sebastian, 15. Jh.

Holzskulptur: hl. Katharina (hinter dem Altar), Anfang 16. Jh. Derzeit deponiert.

Gemälde: Martyrium der hl. Katharina, von Szenen aus ihrem Leben umgeben. Das Hauptbild vom Pacherschen Altarbild in Neustift stark beeinflußt. Bez. H. M. 1630.

*Prozessionsstangen** mit leuchtertragenden Engeln, 17. Jh.

TIERS

1. Pfarrkirche zum hl. Georg

Bau: Der romanische Turm mit zwei Reihen dreiteiliger und einem gekuppelten Rundbogenfenster, runden Säulchen, Würfelkapitellen und Kämpfern stammt noch von der 1257 erwähnten Kirche, im 14. Jh. erhöht; von einem spätgotischen Umbau der polygonal abschließende Chor. 1472 neu geweiht. Um 1487 gewölbt. Der Turmhelm mit Oktogon und Zwiebelhaube wurde 1738 errichtet, das Langhaus mit geschwungenen Fassadengiebel, Rundbogenfenstern und mit einer Flachkuppel mit Pilastern, isolierten Gebälkstücken und Gewölbegurten wurde 1766 hinzugefügt. Neue Weihe 1771, Ende 19. Jh. Neuausstattung in neuromanischen Stil, renoviert 1968, (Rundapsis aufgefunden) und 1983.

Deckenbilder: Im Chor Skapuliermuttergottes, verehrt von den vier Weltteilen; im Schiff hl. Georg vor dem Richter; über der Orgelempore hl. Georg, den Drachen tötend. Signiert: C. Heinrici pinxit 1772. Die Gemälde 1959 von Restaurator Johann Peskoller freigelegt und restauriert.

Skulpturen: 1. Büsten* zweier Bischöfe (Ingenuin und Albuin?). Brixner Schule vom Ende des 15. Jh.s.
2. Am Ambo Evangelisten, 1. Hälfte 18. Jh.
3. An der Chorwand Kreuzgruppe vom Plaugerhof, um 1700, noch gotisierend.
4. Taufbrunnen von R. Kopp, Bozen 1972.
5. Weihnachtskrippe von Albert Moroder, 1970, in origineller Aufstellung im seitlichen Anbau. Die Statuen an der Fassade, Georg, Elisabeth, Agnes, von Franz Tavella, 1906.

Einrichtung: Neuromanisch. In der Sakristei spätbarocker Schrank mit Rocailleaufsätzen.

Orgel: Verkröpftes Gebälk, schönes Schleierwerk, Rocaille um 1770.

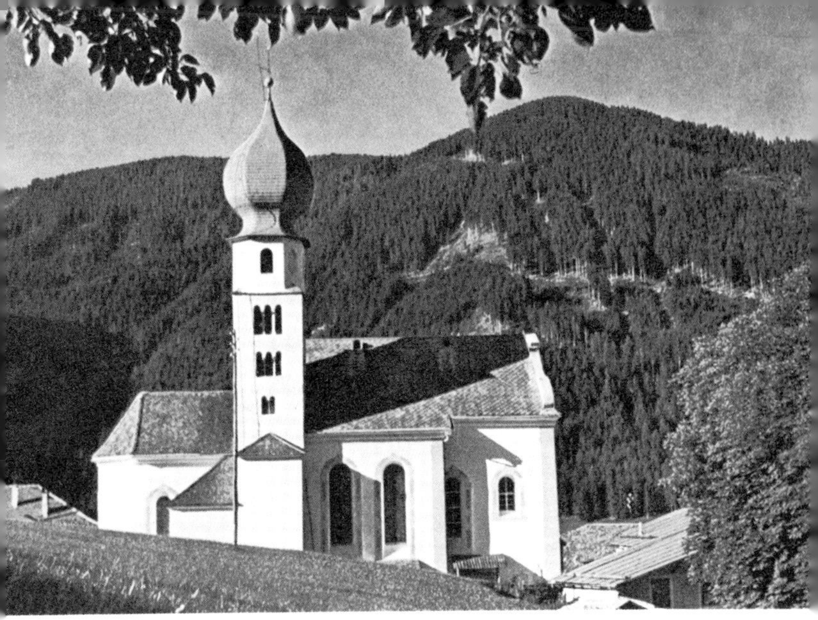

Pfarrkirche Tiers

2. St. Cyprian und Justina

Bau: Der nach einer Inschrift 1583 errichtete einfache Bau mit vollanschließender Rundapsis, Tonnengewölbe, Triumphbogen und niedrigem Turm ist seiner Anlage nach zweifellos noch spätromanisch und wurde 1583 wohl nur erneuert.

Bei der Restaurierung 1972 wurde ein steingerahmtes romanisches Rundbogenfenster an der nördlichen Wand als Nische freigelegt. Beachtenswert ist die Wirkung in der Landschaft, mit dem Rosengarten als Hintergrund.

Wandgemälde: Außen: Südwand: Hl. Cyprian und Justina als Fürbitter gegen Unwetter, in der Leibung Hl. Florian und ein Viehpatron (Antonius Abbas?). Ende 17. Jh.

Innen: Die bei der Restaurierung freigelegten Freskenreste (Anfang 16. Jh.) sind 1976 abgenommen; Maria mit nacktem erwachsenen Jesuskind, Auferstehung.

Altar: Predella mit Wappen und Inschrift der Herren von Völs. 1583. Origineller Flügelaufbau mit Mittelbild, Hl. Cyprian und Justina 1619. Die Marienstatue 16. Jh. 1. Hälfte, gestohlen. Der seitliche Tabernakel (Osterheiland, Reliefs Michael und Ursula) später.

Skulpturen: 1. An den Wänden Ecce-Homo und Dolorosa, 17. Jh. 2. Maria mit Kind und vielen Votivgaben. Anfang 18. Jh.
3. Kruzifixus mit Dolorosa und Engeln, gute Arbeit des 17. Jh.s. 1964 fast aller Figuren beraubt.

3. St. Sebastian

Bau: Das hoch im Gebirge in einer einsamen Waldlichtung stehende Kirchlein mit Glockentürmchen, mit flach dreiseitigem Abschluß und Tonne wurde an Stelle einer verfallenen älteren, der hl. Christina geweihten Kapelle 1635 wiederaufgebaut.

Wandgemälde: Votivbild mit Pietà, den Pestheiligen Rochus und Sebastian, Wappen und verblaßter Inschrift des Stifters Michael Freiherrn von Völs-Colonna, vermutlich zum Andenken an seine an der Sucht 1636 verstorbene Tochter Ursula Elisabeth.

Altar: Pilaster, gesprengte Giebel, Mittelbild Krönung Mariens mit Sebastian und Rochus. Von Stefan Kessler. Mitte 17. Jh. Nach Art eines Flügelaltars angeschraubt zwei spätere Bilder, Schutzengel und Hl. Familie. Im Altargiebel Votivbild Mariahilf, bez. 1636 H M.

Holzskulpturen: In einem volkstümlich bemalten kleinen Schrein von 1697 thronende* Maria mit Christkind in streng frontaler Haltung, 13. Jh. Statuette* des hl. Sebastian. Vorzügliche Arbeit, 17. Jh. 2. Hälfte. Kruzifix mit Dolorosa und Evangelistenköpfen an den Kreuzbalken, 17. Jh.

Gemälde: Hl. Andreas, 1614.

Votivbilder:* 17. und 18. Jh.

II. Völseck

Von der 1189/96 urkundlich faßbaren Burg Völseck, die als brixnerischer Mittelpunkt des Gerichtes Tiers zunächst von Ministerialenfamilien verschiedener Abkunft, seit der Mitte des 13. Jh.s dann von den Herren von Völs-Völseck verwaltet wurde, sind auf dem Bergrücken zwischen Völs und dem Tierser Tal hinter dem Völseckerhof nur mehr spärliche Mauerreste sichtbar.

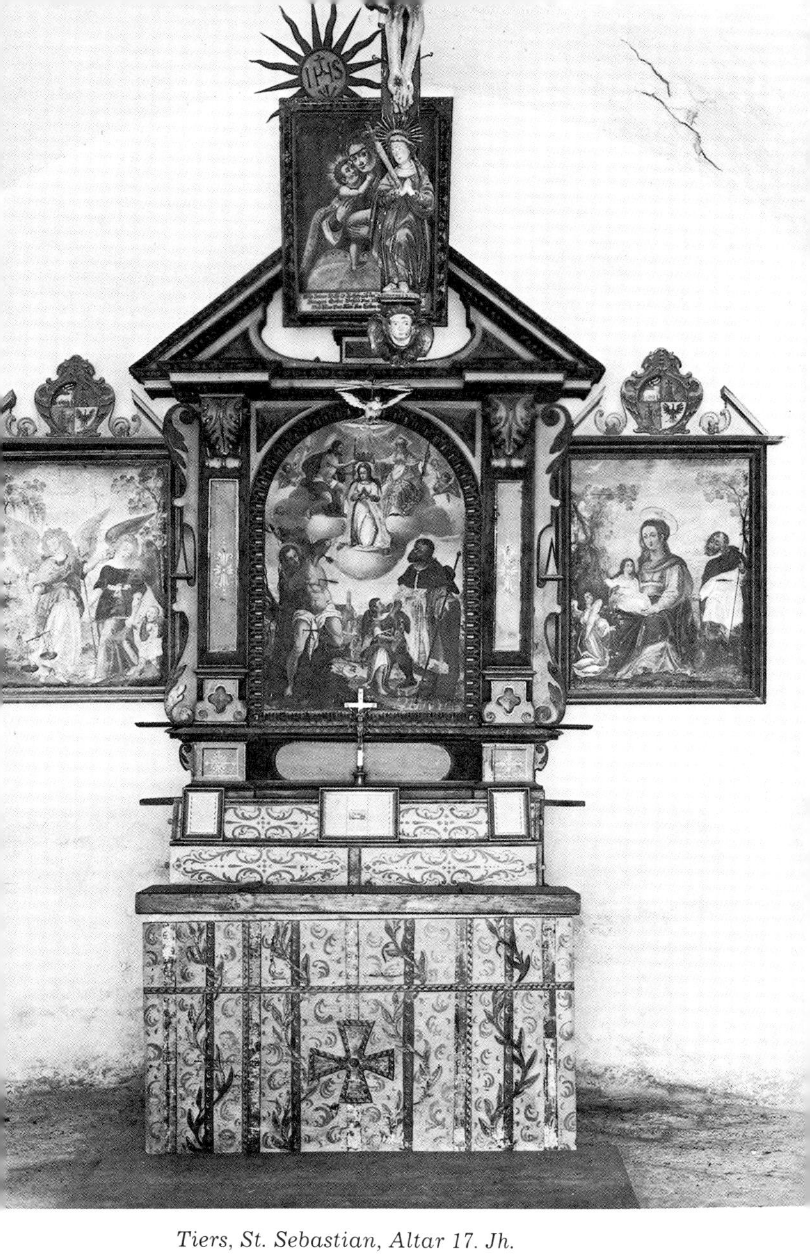

Tiers, St. Sebastian, Altar 17. Jh.

STEINEGG

I. Kirchen

Pfarrkirche zu den Heiligen Petrus und Paulus

Bau: Von der 1322 erwähnten Kirche steht noch der untere Teil des Turmes, der heute zwei Reihen einfacher Rundbogenschallfenster und ein niedriges Viereckpyramidendach aufweist. Das Langhaus mit spitzbogigem Portal in profilierter Steinrahmung, später erweiterten Spitzbogenfenstern, einem Strebepfeiler, Sterngewölbe mit runden Schlußsteinen und kräftigen Rippen über skulptierten Konsolen wurde Mitte des 15. Jh.s, der unschöne tonnengewölbte und dreiseitig abschließende Chor 1664 errichtet.

Gewölbebilder: In den Gewölbezwickeln des Langhauses einzelne Heilige. Von Carl Henrici. Um 1795. Die übrige Dekoration um 1875.

Kanzel: Bewegte Rundform mit Volutenbändern und spärlichem Rocaille. Ende 18. Jh.

Kreuzweg: Von Nikolaus Auer, 1747.

Glocke: Maria mit Christkind, St. Sebastian, Wolfgang, Nikolaus. Gegossen von Adam Sterzer, 1607.

II. Bildstöcke

1. „Weißes Bild". Aus mehreren Stücken bestehende Bildsäule mit viereckigem Schaft von 1532 und Aufsatz von 1746. 1980 vor dem Verfall gerettet.

2. Am Weg nach Bozen. Schöner gemauerter Tabernakelbildstock mit vier flachen Rundbogennischen und niedrigem Pyramidendach. Vorzüglich erhaltene Fresken. Kreuzigungsgruppe, Maria mit St. Christoph und hl. Bischof, Verkündigung und Evangelistensymbole, am Übergang zum Schaft Maßwerk, am Schaft Marmorierung. 15. Jh., 2. Viertel, eines der ältesten Beispiele der ganzen Art.

III. Burgruine Steinegg

Die Ruine liegt unterhalb des Dorfes gegen das Tierser Tal auf einem senkrecht aufsteigenden Felsen. Erhalten haben sich Teile der von einem einfachen Rundbogentor und Lichtschlitzen durchbrochenen Ringmauer der 2. Hälfte des 12. Jh.s und dahinter Reste verschiedener Einbauten. Die Reste eines jenseits des natürlichen Felseinschnittes gelegenen, von einer Ringmauer eingefaßten Gebäudes wurden vor Jahren abgetragen. Die Burg, eine Gründung vermutlich der Herren von Völs, ist erstmals 1231 erwähnt, wurde spätestens seit 1370 gemeinsam mit Karneid verliehen, aber schon früh dem Verfall überlassen.

PUSTERTAL

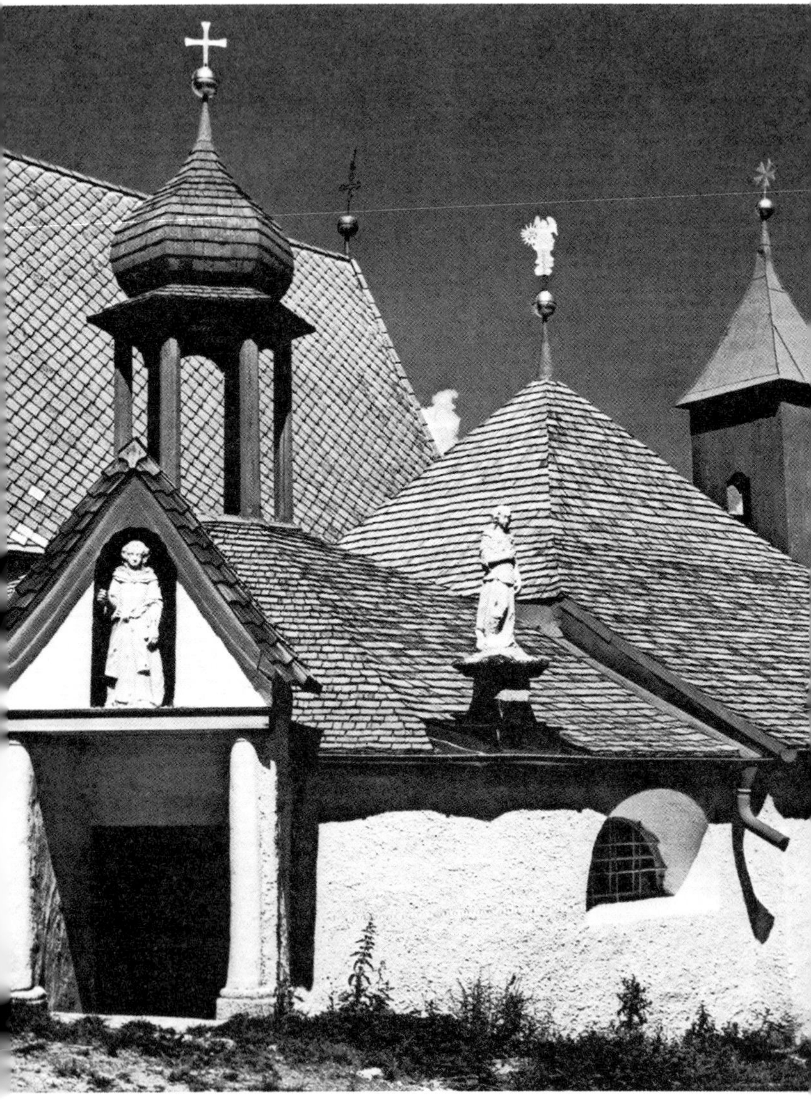

Spinges, Heiliggrabkapelle

SPINGES

1. Pfarrkirche zum hl. Rupert

Bau: Die 1443 erwähnte Kirche wurde um 1450 spätgotisch umgebaut, aber um 1780 entgotisiert und der Gewölberippen beraubt. Der Fassadenspitzturm mit den gekuppelten und eingeblendeten Spitzbogenfenstern und der polygonale Chorabschluß sind noch erhalten. Wandpfeiler mit Pilastervorlagen, Rundbogenfenster.

Wandgemälde:
1. Außen hl. Christoph. Um 1600.
2. Deckengemälde Anbetung des Lammes, Martyrium des hl. Bartholomäus, hl. Rupert. Leichte, freundliche Farbengebung. Bez. Johann Mitterwurzer 1780.

Altäre: Säulenbauten. Mitte 19. Jh. Hochaltarbild: Maria mit Christkind, hl. Rupert und Bartholomäus von Carl Henrici 1782. Seitenaltäre: hl. Georg und Silvester, gute Arbeiten von Johann und Josef Renzler. Gottvater im Giebel und Kanzelrelief (Apostelsendung) nach hochbarocker Vorlage.

Gemälde: Maria Hilf, geschnitzter Rahmen. Um 1800.

Weihwasserstein: Sandstein. Der Fuß von 1500, die Schale um 1700.

Glasfenster: Sie erinnern an den Tiroler Herz-Jesu-Bund und die Schlacht von Spinges (1796) mit dem entscheidenden Beitrag von Katharina Lanz, dem „Mädchen von Spinges". 1896. Von Georg Mader, Innsbruck.

Grabsteine: Weißer Marmor. 1. Peter Ritsch, Kurat, gest. 1744. 2. Georg Stocker, Kurat, gest. 1700. 3. Joseph Schenich, Kurat, gest. 1788.

2. Heiliggrabkapelle

Bau: Bäurische Nachahmung des Hl. Grabes in Jerusalem. Die innere Kapelle mit der Grabhöhle und steingerahmter Vierecktüre mit Jahrzahl 1685 von der äußeren, einem plumpen und niedrigen Bau mit polygonalem Abschluß und zwei Dachreitern, umfaßt. Am Dach zehn Engel aus weißem Marmor mit Leidenswerkzeugen. Die Kapelle wurde vom Kuraten und Jerusalempilger Georg Stocker, dessen Grabstein sich in der Kirche und dessen Porträt sich im Widum befindet, 1685 erbaut. Aus derselben Zeit die derben, holzgeschnitzten Passionsszenen und der nach den in Jerusalem verwendeten Horenbüchlein thematisch gestaltete Leidensweg.

3. Ölbergkapelle

Bau: Einsam im Wald gelegen, 1866/67 errichtet.

Altar: Zahlreiche barocke Skulpturen, statt der Säulen Statuen (zwei gestohlen), verkröpftes Gebälk, gesprengter Rundgiebel, 17. Jh. 1983 in Restaurierung.

Relief: Marientod, 18. Jh.

MÜHLBACH BEI BRIXEN

I. Kirchen

1. Pfarrkirche zur hl. Helena

Bau: Zweischiffiger, niedriger Bau mit quadratischem Chor, vielfach umgebaut. Die Langhausmauern stammen wohl noch von der 1277 erwähnten romanischen Kirche (bei Ausgrabungen Reste einer noch älteren Kirche gefunden!); der Turm, die spitzbogigen Türen und Fenster und das Kreuzgewölbe im Chor von einem spätgotischen Umbau. Im 17. Jh. wurde ein mit Kreuzgratgewölben eingedecktes Seitenschiff angebaut, die derb verzierte Steinrahmung des Portals stammt nach der Tradition von der Kapelle der Mühlbacher Klause. Das Langhaus 1821 entgotisiert. Spitzbogentonne. Stattlicher Turm aus Quadern mit Spitzbogenschallfenstern Achteckhelm und glasierten Ziegeln, das Ortsbild bestimmend. — Halbkreisförmig nach Osten durch Architekt Karl Rappold (Innsbruck) 1975 erweitert. Dabei Abbruch des Seitenschiffs.

Wandgemälde:
1. An der Fassade sehr stark zerstörte Fresken, Kreuzigung, Schmerzensmann von Werkzeugen umgeben. Ölberg und hl. Helena. Anfang 15. Jh. Brixner Schule.
2. An der Südwand Freskenfragmente aus der Legende der hl. Helena (?), Heilige (Petrus, Paulus, Erasmus), Stifterbildnis (?) Christophorus (?). Brixner Schule. Um 1400.
3. Im Langhaus neu aufgedecktes Fragment, Kreuzauffindung mit hl. Helena. Friedrich Pacher zugeschrieben. Um 1500. Weitere gotische und Fragmente um 1580. 1983 aufgedeckt.
4. Gemalte Rippen von J. M. Peskoller, 1925.

Orgel: Rankenschnitzwerk, an den Flügeltüren innen Verkündigung. 18. Jh., 1. Hälfte.

Gemälde: Hl. Helena von Johann Nepomuk Strasser. Ehemaliges Hochaltarbild.*

Neuer *Altar*, Ambo, Tabernakel, Kreuz, bewegter Bronzeguß

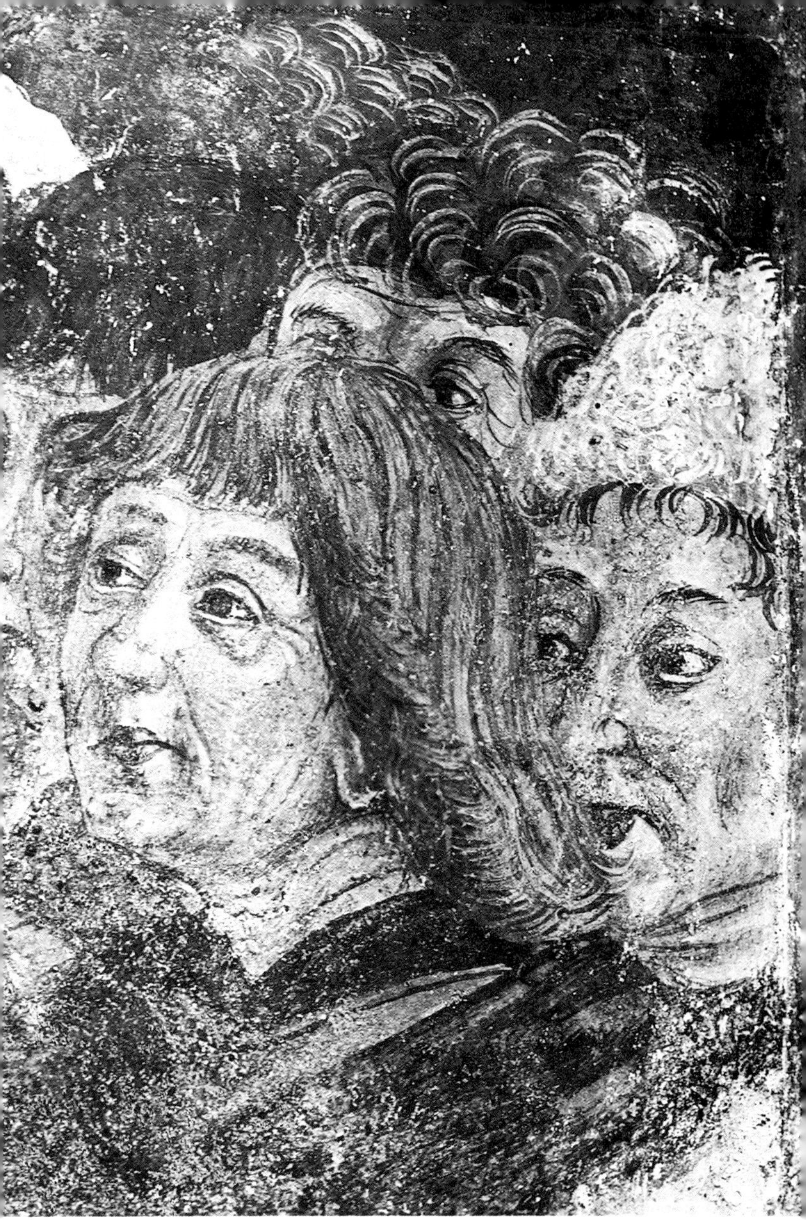

Mühlbach bei Brixen, Fresko von Friedrich Pacher

nach Entwurf von Siegfried Parth, Innsbruck, 1974—77. Kleiner Altar, frühe Neugotik, in der alten Kirche.

Monstranz: Reich verzierter Turmaufbau mit Statuetten. Vorzügliche Arbeit, datiert 1525.

Grabsteine: Weißer Marmor.

1. Oben Inschrift. Benedikt Castner, gest. 1503. Unter einem Eselsrücken zwei Wappen. Gute Arbeit von 1521.
2. Georg von Ennczenberg, Pfleger und Zoller an Milbacher Clausen, gest. 1602.
3. Georg Felix von Enzenberg, gest. 1672, und seine Gemahlin Anna Christina von Prack.
4. Weißer Marmor. Oben Wappen mit der Jahreszahl 1461, unten und am Rande spätere Grabinschriften der Familie Linder mit den Jahreszahlen 1461, 1495, 1525, 1545, 1572.
5. Weißer Marmor, oben Wappen, unten Inschrift. Jakob Prew und Johann Anton Prew zu Kohrburg, gest. 1700 und 1715.
6. Im Friedhof gegenüber dem Hauptportal der wappengeschmückte Zahlstein Herzog Sigmunds von 1477 aus der Mühlbacher Klause.

2. St. Florian am Friedhof

Bau: Zweigeschossige Anlage mit polygonalem Abschluß, Spitzbogenfenstern und Fassadendachreiter. Eine Freitreppe führt durch eine Spitzbogentür zur eigentlichen Kapelle, die ein sternförmiges Netzgewölbe trägt. Der untere Raum, die ehemalige Beingruft, ist mit einem einfachen Tonnengewölbe eingedeckt. Geweiht 1482.

Wandgemälde:

1. Außen Kreuzigungsgruppe, ein Mann auf dem Sterbelager, um dessen Seele sich ein Engel und ein Teufel streiten, und Stifterfamilie. Ende 15. Jh., sehr stark verwittert.
2. Ebendort. Pietà in freier Landschaft mit freundlichen Hügeln und verblauendem Hintergrund. Gravierte Muschelnimben, gemalter Marmorrahmen mit profilierter Hohlkehle, daran das Wappen (nicht mehr erkennbar) der Linder, deren Grabstein (vgl. oben!) darunter angebracht ist. Anfang des 16. Jh.s, stark übermalt und verwittert.
3. Im Inneren des unteren Raumes. In freier Landschaft mit Hügeln und Bäumen sitzt Christus auf der Tumba, von Maria und Johannes gestützt. Gefühlvoller Gesichtsausdruck, schöne Modellierung, großzügiger, plastischer Faltenwurf. Muschelnimben, marmorierter Rahmen mit Hohlkehle. Anfang des 16. Jh.s. Vorzügliche Arbeit vom gleichen Meister wie Nr. 2.

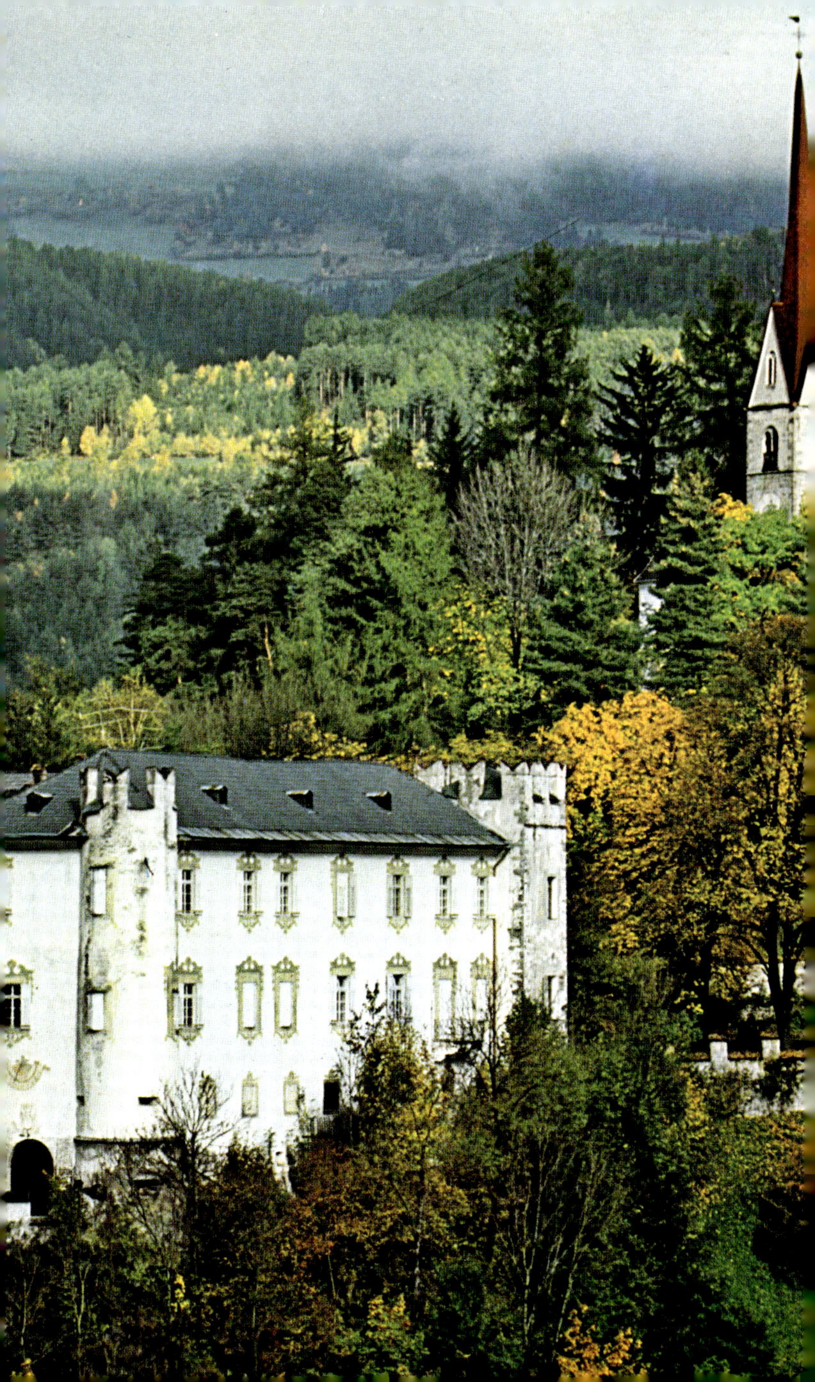

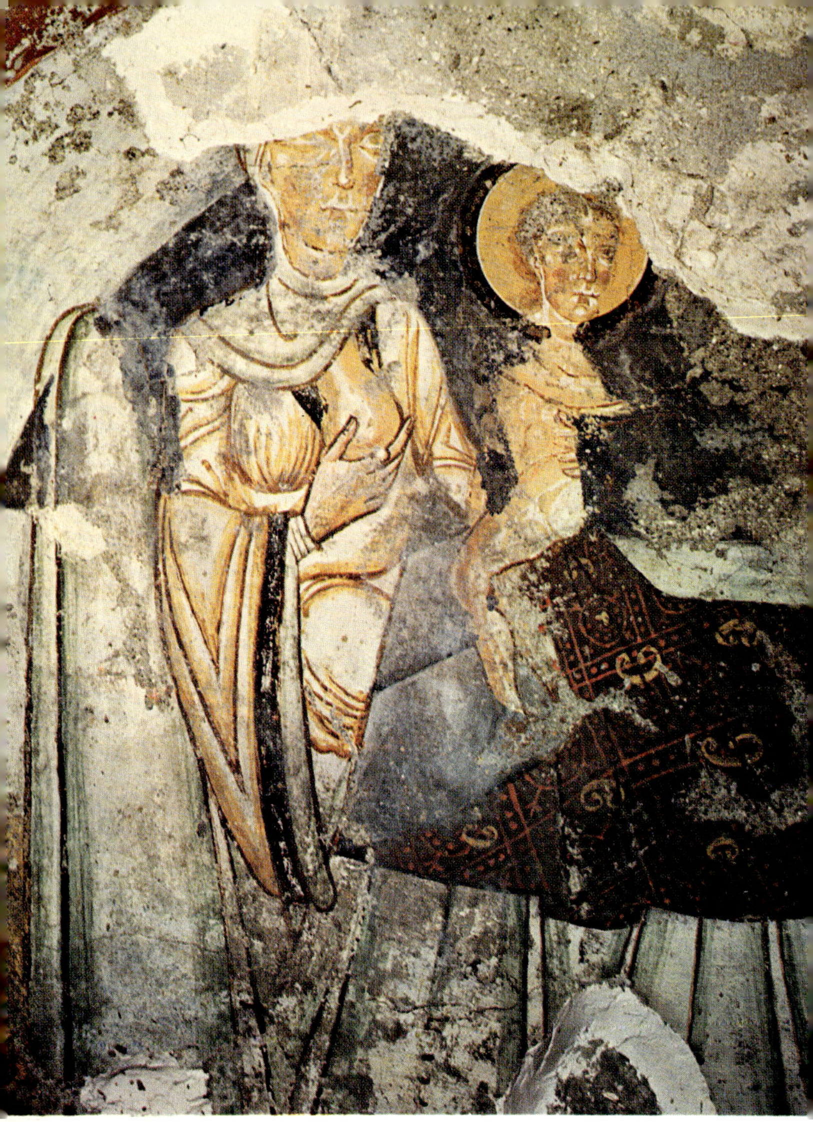

Tafel XXII Sonnenburg, Krypta der ehemaligen Klosterkirche, Wandgemälde, um 1200/10

Tafel XXI Ehrenburg, Schloß (S. 484)

Altar: In der Kapelle. 18. Jh. Statuen* (Georg, Martin, Florian)* 17. Jh. Johannes, 18. Jh. Im unteren Raum Säulenaltärchen mit Allianzwappen Enzenberg, um 1700. Pietà, 17. Jh. Zahlreiche Depotstücke vom älteren Inventar der Pfarrkirche. Zunftstangen (Kerzen): Datiert 1801.

3. Kapelle zum Stöcklvater

Bau: Einfacher Bau mit Fassadendachreiter, Tonne und polygonalem Abschluß. Angeblich 1729 erbaut, erwähnt 1745.

Wandgemälde: Passionsszenen und Abbildung des Gnadenbildes „Unser Herr auf der Wiese" in Oberbayern. 1750 und 1770.

Altar: 18. Jh. Statuen* 17. Jh. Gnadenbild nun in der Pfarrkirche.

Gemälde: Madonna von Friederike von Buttlar. Gestohlen.

II. Bildstock

Vor der Mühlbacher Klause. Am Aufsatz Flachbogen- und Rechtecknischen mit übermalten Fresken, Maria mit Christkind, hll. Ursula, Helena und eine andere Heilige. 15. Jh.

III. Edelsitze

1. Turm zu Mühlbach — Freienthurn

Im heutigen Tertiarinnenkloster steht ein alter Turm, der um 1269 unter Friedrich Rodank im Zuge der Anlage des befestigten Marktortes Mühlbach errichtet wurde. Nach wechselndem Besitz — Berthold von Line, Paul Weise, 1380 urkundlich Chunz von Heuss, vor 1425 Salome und Margarethe, Töchter Thomas des Säbsers (Schabsers), 1456 Stiftung an Kloster Neustift, 1541 Michael Hess, der bereits das Prädikat Freienthurn führte, zuletzt Andreas Mayrhofen von Niedervintl — wurde er 1568 vom Pfleger des Gerichtes Rodeneck und Zöllner an der Mühlbacher Klause, Georg Enzenberger, erworben, der den Sitz ausbaute und mit dem 1578 erhaltenen Adelsprädikat von Freienthurn eine eigene Linie seiner Familie begründete. Bei diesem Ausbau wurde der alte Turm durch einen Verbindungstrakt mit zweigeschossigen Loggien mit dem neuen turmartigen Wohnbau im Norden verbunden und auch das Renaissanceportal zum neugewonnenen Innenhof angelegt. Am pilastergerahmten Rundbogentor zwei Löwen mit Wappen Enzenberg (beschädigt) und (später verändert) Preu und mittlerer Nische mit Marienfigur. An der Tür des unteren Arkadenganges mit einspringenden Eckstücken die Jahrzahl 1569. Im ersten Stock die ehemalige Kapelle mit Gratgewölbe, polygonalem Abschluß und Spitzbogenfenstern. Weiters zwei Zimmer mit Kassettendecke, 17. Jh. Nach dem Aussterben der Freienthurner Linie der Enzenberg kam der Ansitz 1771 erbweise an die Vintler, 1790 an die Preu von Mühl-

bach und wurde, da er seit 1856 als Mädcheninstitut der Tertiarinnen dient, mehrfach umgebaut und vergrößert.
An der sogenannten *Kandelburg* drei Erker, an der Treppe durchbrochene Ziegelbrüstung, in beiden Wohngeschossen großer Mittelsaal. Im obersten Stock einfaches Getäfel und Felderdecken. Ehemaliges landesfürstliches Büchsenmeisterhaus, 1698—1840 Besitz der Richterfamilie von Preu, dann Doktor Kandelberger, daher der Name. Jetzt Pensionsbetrieb.

2. Straßhof

Einfacher, schöngelegener Bau am Bergeshang mit Erkertürmen. Von Georg Enzenberg um 1580 erbaut und Enzenberg genannt, welcher Name sich aber nicht durchsetzte. Bis 1727 im Besitz der Familie.

IV. Klause

Straßensperre mit Ringmauer, an der ein Wehrgang hinlief, zwei runden Eck- und zwei viereckigen Tortürmen und einer den Berg hinanführenden Sperrmauer. Unter der Straße Wohnhaus und Kapelle. Ein Wappenstein aus der Klause mit der Jahreszahl 1477 (?) und Minuskelinschrift steht heute neben dem Eingang zur Pfarrkirche im alten Friedhof. An der Ostseite des östlichen Turmes Reste eines Wandgemäldes, Wappen Österreichs und Tirols, Ende 15. Jh.
Die Haslacher Klause mit Burgfrieden und Zollstätte wurde von den Rodankern erbaut und 1269 an die Grafen von Görz abgetreten. Sie war die Grenze zwischen dem görzischen Pustertal und dem Fürstentum Brixen. Die ältere Anlage befand sich etwas weiter westlich, wo auch noch Mauerreste mit regelmäßigen Steinlagen vorhanden sind. Der heutige Bau 1464—1487 von Herzog Sigmund aufgeführt und auch als Jagdsitz benützt. 1472 Kapellenweihe. 1809 von den Franzosen mit schweren Opfern erstürmt und ausgebrannt. Seitdem Ruine. Sanierungsarbeiten 1978 durchgeführt.

V. Brücke

1840 errichtet im Zuge der von Kanzler Metternich geplanten Reichsstraße. Schöne Bogenkonstruktion, Granit.

RODENECK

I. Kirchen

1. Pfarrkirche zu Mariä Himmelfahrt

Bau: Der spätgotische Bau besitzt ein dreischiffiges Langhaus, einen einschiffigen, polygonal abschließenden Chor und einen

seitlichen Spitzturm, dessen Unterbau aus Granitquadern besteht und breite, in stumpfen Spitzbogen abschließende Schallfenster besitzt. Alle Werkstücke am Turm und an der Kirche aus Granit. Das Hauptportal ist mit zwei gekreuzten Rundstäben, das Seitenportal mit Rundstab und Eselsrücken verziert, am Seitenportal die Jahreszahl 1498. Spitzbogenfenster. Im Langhaus und in den Seitenschiffen wurden die um 1795 entfernten Gewölberippen 1959 wiederhergestellt. Das Mittelschiff öffnet sich mit einem breiten, stumpfen und mit drei spitzen Bogen gegen die niedrigeren Seitenschiffe, der Triumphbogen ist gegen den Chorabschluß hin verschoben, in der Sakristei, die vom südlichen Seitenschiff abgetrennt wurde, hat sich noch das ursprüngliche Sterngewölbe erhalten.
Eine Pfarre wird schon 1180 erwähnt. Die heutige Form erhielt die Kirche um 1500. Nach der Lokaltradition wurde das frühere Presbyterium durch Absturz des Baugrundes zerstört. 1794/95 wurde die Kirche nach Westen verlängert. Umfassende Restaurierung 1983.

Einrichtung: Neugotisch um 1870. Die Holzskulpturen am Hochaltar, Maria mit Kind und Gottvater, Heiliggeisttaube, Petrus und Paulus (die letzteren deponiert), von Adam Baldauf; sie stammen vom 1616—1618 errichteten und 1870 abgebrochenen Hochaltar, an dem neben Baldauf auch Jeremias Rumpfer beteiligt war. Der achteckige Kanzelfuß um 1500. Seitenaltarbild hl. Josef von F. Ziegler, 1848, hl. Aloisius, gute Arbeit, 18. Jh.

Holzskulpturen: An den Seitenwänden des Presbyteriums hl. Antonius und Franziskus und Reliefmedaillons mit den Rosenkranzgeheimnissen. Kruzifixus. 17. Jh.

Stationen: 18. Jh., zweite Hälfte.

Grabsteine:
1. Wappenschild mit Majuskelinschrift. Zwei Eisenringe, die auf die ehemalige Verwendung als Bodenplatten hinweisen. Heinrich und Berchtold von Line, 14. Jh.
2. Oben zwei Wappen mit Helmzier, unten Majuskelinschrift. Caspar von Gufidaun, gest. 1458.
3.—6. Wolkensteinische Grabsteine. 17. und 18. Jh.

Taufstein: Granitfuß mit Marmorschale, 16. Jh.

2. Friedhofskapelle

Einfacher Bau, im mit vorbildlichen Schmiedeeisenkreuzen ausgestatteten Friedhof gelegen, um 1697 (Jahreszahl an der Türe und am Triumphbogen), mit polygonalem Chorabschluß, Tonne und sternförmigem Gratnetz.

Holzskulptur: Thronende Maria mit dem Christkind. Ausdruck und Haltung befangen, unfreie Faltengebung. Schematische Haarbehandlung. Am Sockel Stifterinschrift: gotschalc lauri. (Lauri war Pfarrer in Rodeneck 1352—1369.) Deponiert.

3. St. Blasius

Einfacher Bau, dessen abgesetzte Rundapsis in den Pfarrhof eingebaut ist. Rundfenster, flache Felderdecke. Eine Stiftung zum Bau von St. Blasius wird 1325 erwähnt. Der Bau noch romanisch. Die Decke 16. Jh. Alter Opferstein neben dem Südeingang. Restaurierung 1974.

Wandgemälde: 1974 freigelegt. In der Apsis Dreifaltigkeit. An der Frontseite der Apsis Verkündigung, dat. 1676.

Altar: Bild, hl. Blasius, 18. Jh. Johann Mitterwurzer zugeschrieben. Am gekröpften Tabernakel vier Medaillons: Zacharias, Elisabeth, Apostel, eine Heilige, sehr gute Arbeit 18. Jh.

Bretterfiguren: 14 Nothelfer, um 1800.

4. St. Benedikt in Nauders

Bau: Die steingerahmte Spitzbogentüre und der dreiseitige Chorabschluß weisen auf einen spätgotischen Bau, der im 17. Jh. seine heutige Form mit Dachreiter, Viereckfenstern und Tonne erhielt, 1973 restauriert.

Wandgemälde: Am Gewölbe Marienkrönung mit Benedikt, Sebastian und Rochus und an der Wand Bilder einzelner Heiliger und die 12 Apostel ohne verbindende Ornamente. Anfang 18. Jh.

Altar: Säulenaufbau, 1. Drittel des 19. Jh.s. Bilder, hl. Benedikt und hl. Florian und Johannes Nepomuk. Vorzügliche Arbeit von Franz Unterberger. Von demselben auch das Dreifaltigkeitsbild am Giebel. Aus derselben Zeit, Mitte 18. Jh., die Seitenstatuen hl. Simon und Juda. Der alte Altar deponiert.

Kanzel: An der polygonalen Brüstung Bilder der Evangelisten. Um 1700.

Holzskulpturen: Kruzifix, am Fuße des Kreuzes Maria mit den Sieben Schwertern. Um 1700.

Gemälde: Rosenkranzkönigin, dat. 1713. Blasius, Silvester, Nikolaus, Kassian. 18. Jh., 1. Hälfte.

Kreuzweg: 18. Jh., 1. Hälfte.

5. St. Pauls

Der spätgotische Bau mit polygonalem Chorabschluß und spitzbogigen Schallfenstern am seitlichen Spitzturm besitzt im Langhaus ein Netz-, im Chor ein Sterngewölbe mit derben Rippen, wurde im 16. Jh. erbaut und später um ein Joch verlängert (hier Kreuzgratgewölbe). Restaurierung 1983 abgeschlossen.

Altar: Säulen mit bewegtem Gebälk, Volutengiebel, Bild, Madonna mit Paulus und Oswald, und Statuen. Um 1760.

Kanzel: An der polygonalen Brüstung Voluten, gesprengte Dreieckgiebel, Ranken. Mitte 17. Jh.

Holzskulpturen: Kruzifix, 17. Jh.

Kreuzweg: Derbe Arbeit. 18. Jh., 1. Hälfte.

II. Bildstöcke

1. An der Ecke des Pfarrgartens. Achteckiger Schaft und viereckkiger Aufsatz mit zwei Spitzgiebeln und Fresken, Ölberg, Abendmahl, Marien- und Jesusmonogramm.
2. Am Weg nach Mühlbach. In der Rundbogennische reiche, guterhaltene Fresken, Kreuzigung und Christus am Kreuze. 16. Jh., zweite Hälfte.
3. Schmiedstöckl: In der Rundbogennische schwungvolle Fresken, Marienkrönung. Um 1770.

III. Edelsitze

1. Turm in Rodeneck-Pfarrhof

Das altertümliche Gebäude mit Erkern und Zinnen war in der 1. Hälfte des 14. Jh.s der Sitz eines Edelgeschlechtes, das sich Wizze, Weisse, Albus nannte, 1357 ausstarb und dessen Erben den „ansiedel neben St. Blasien" an den Pfarrer von Rodeneck verkauften. Restaurierung 1978/79. Aufgedeckt im ersten Stock Malereien mit Wappen und Namen der Pfarrherren, 17. Jh. Am Erker Sonnenuhren und Wappen (Michael Hess von Freienthurn?). Gotische Stube saniert.

2. Korburg (Rodeneck Nr. 53)

Der 1548 erstmals genannte Korer-Hof wurde 1685/87 von Martin Preu gekauft, dessen Sohn Jakob Preu, Richter der Herrschaft Rodeneck, 1696 in den Adelsstand erhoben wurde, wobei sein Wappen mit dem der ausgestorbenen Preu von Lusenegg vermehrt wurde. Die Familie blieb bis ins 19. Jh. im Besitz der Korburg. Anfang 20. Jh. gehörte sie Arthur Burkert (Stifter der alten 1909 errichteten Rienzbrücke, Gedenktafel im Hof) und wurde dann von Familie Lanz, Mühlbach, erworben und kürzlich restauriert. Das südlich ober der Rienz gelegene Gut zeigt am erneuerten Hauptbau noch zwei ältere Steinportale mit einspringenden Ecken, und gewölbtem Gang, 16. Jh., am östlichen Tor noch zwei alte Konsolen. Fassadenbemalung und Preu-Wappen nach alter barocker Vorlage erneuert. Vom Umbau um 1900 noch gezinnter Turm am alten ehemals mit Ochsenaugen versehenen Wirtschaftshof und das prächtige Eingangsgitter (ehemals am Gartentor) erhalten.

3. Line (Rodeneck Nr. 51)
Der heutige Bauernhof Liner war seit dem 13. Jh. Sitz von niederen Adeligen der Herren von Rodank, die sich davon „de Line“ nannten und mit den Anfang 16. Jh. ausgestorbenen Herren von Schabs eines Stammes waren. 1610 ist der Linerhof in Besitz von Hans Santer, dann später im Besitz der Winkelhofen, die ihn 1668 dem Klarissenkloster in Brixen stifteten; die jetzige Besitzerfamilie im altertümlichen, aber in schlechtem Bauzustand befindlichen Hof heißt Mair. Ober dem abgefasten Rundbogentor Jahrzahl 1679 und Buchstaben BS IL, Steinrelief mit Kreuzigung; ebenerdig und im ersten Stock gewölbte Räume und Gänge.

IV. Burg Rodeneck

Die ausgedehnte Anlage liegt auf einer schmalen Felsnase, die tief drunten auf drei Seiten die Rienz umfließt. Über den durch Untermauerung künstlich vertieften Halsgraben und eine ehemalige Zugbrücke (Rollen und Nische noch vorhanden) und ein Tor mit der Jahrzahl 1582 (das gemalte Wappenschild der Familie Wolkenstein ist kaum mehr erkennbar) gelangt man zur *Vorburg*. An einem vorgeschobenen Vorwerk Erztafel mit dem Brustbild des Erzherzogs Carl, der 1620 hier zu Gast war. Sehr gute Arbeit von Caspar Gras. In der Vorburg Torwart- und Ökonomiegebäude mit Stallungen, die mit schönen, gotischen Gewölben ausgestattet sind. An der schmalsten Stelle des langgestreckten Burgfelsens zweite Zugbrücke und tiefer Torgang, der durch starke Vorwerke mit Gußerker, Geschützscharten und seitlichem Rondell in den inneren Burghof und zur *Hauptburg* führt. Den Hof begrenzt links hinter niedrigeren Nebengebäuden ein fünfeckiger *Wohnturm* mit ungewöhnlich dicken Mauern, der auf der Hofseite eine Loggia, einen Viereckerker (alte Turmpforte?), einen Wappenstein mit Bauinschrift des Veit von Wolkenstein um 1531 und zuoberst die „Hohe Bastei“ mit Geschützscharten aufweist. Im Inneren Stammbaum der Wolkensteiner. An der westseitigen Wehrmauer sind die Wappen der Schloßbesitzer von Anbeginn bis in die heutige Zeit gemalt. In der Mitte und auch auf der gegenüberliegenden Seite Wappensteine der Wolkensteiner. Rechts steht der *Palas*, im Hauptgeschoß der Rittersaal, in der ebenerdigen Trinkstube wurde 1972/73 der früheste bekannte Freskenzyklus zur Iwein-Sage von Hartmann von der Aue aufgedeckt; 1. Iweins Abschied. 2. Kampf der

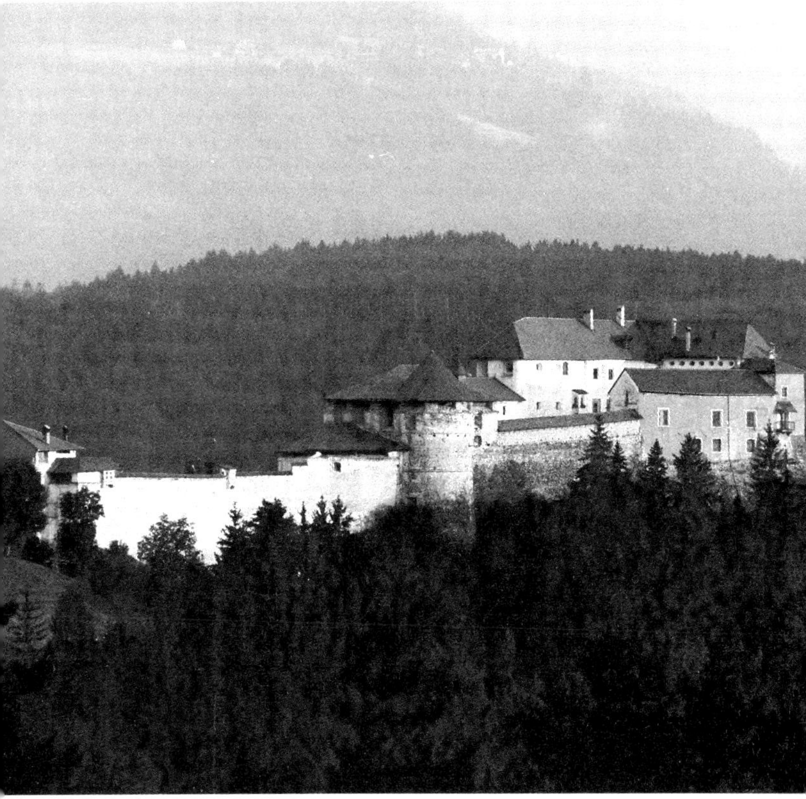

Schloß Rodenegg

Bestien und Iweins Begegnung mit dem Hüter des Waldes. 3. Iwein am Zauberquell des Königs Askalon. 4. und 5. Kampf mit Askalon. 6. Iwein wird in Askalons Burg gefangen. 7. Askalons Tod. 8. und 9. Iwein empfängt von Lunete den Tarnring und beobachtet 10. die Bahrprobe. 11. Suche nach Iwein. 12. Laudine vergibt Iwein. Bedeutendes Denkmal romanischer Profanmalerei und von europäischer Bedeutung; wurde wohl im Auftrag des Brixner Bischofs Konrad von Rodank von einem an seinem Hof tätigen Maler ausgeführt. Anfang 13. Jh.

Im Hintergrund des Hofes am Südtrakt zweigeschossige Loggia mit Freitreppe. Davor ein technisch sehr interessanter Ziehbrunnen. Links von der Vorhalle Bronzerelief des Erzherzogs Leopold mit Gemahlin Claudia von Medici. Kopie. Original von Caspar Gras im Tiroler Landesmuseum. Seitlich die 1582 geweihte Burgkapelle zum hl. Michael, gegen den Hof offen. Über dem Eingang hl. Michael. Bemalte Holztüren, innen Kirchenväter, außen Ornamentmalerei, auf den Holztürchen für die Fensteröffnungen innen Barbara und Katharina, außen Christus- und Marienmonogramm. Im Inneren Fresken, drastische Darstellung eines Jüngsten Gerichtes mit der zahlreichen Familie des damaligen Schloßbesitzers, Christoph von Wolkenstein und dessen Gattin Ursula von Spaur, Familienwappen und hl. Georg und Florian. An der Decke Evangelistensymbole und Dreifaltigkeit. Bildnis des Hans Pichl mit Zunftzeichen, der den Bau und die Ausschmückung der Kapelle im Inneren und an der Außenwand ausführte. 1582. Das Altarbild des Barockaltärchens zeigt den hl. Michael mit der Seelenwaage, auf einem kleinen Seitenaltar handgesticktes Muttergottesbild. Die Kapelle wurde 1982 vom Landesdenkmalamt renoviert.

Im ersten Stock des Südtraktes Saal mit Wandgemälden und Wappen von Thomas Plattner, 1697, und mehrere Zimmer mit einfachen Leistendecken. Auch im zweiten Stock Wandmalerei des 16. und 17. Jh.s., beachtenswert ein Landschaftsbild mit den Burgen Rodenegg und Trostburg. Im dritten Stock in einem Raum Getäfel mit drei romanischen Schlitzfenstern mit Rankenornament (äußere Leibung im anstoßenden Dachraum). Die Hauptburg trennt hinten ein künstlicher Halsgraben von einem weiten, ummauerten Platz, der einst einen regelmäßig angelegten Ziergarten enthielt. An der Westecke die „Große Bastei", ein starker, polygonaler Wehrbau mit Geschützscharten.

Die Burg, die anfangs immer nur Haus oder Turm genannt wird, war ursprünglich klein und bestand aus dem Wohnturm und vielleicht noch aus dem gegenüberliegenden Palas. Sie wurde um 1140 von Friedrich von Rodank erbaut, dessen Erben sie bis

1269 bzw. 1271 besaßen. Seit 1491 im Besitz der Herren, seit 1616 Grafen von Wolkenstein-Rodenegg, deren Fideikomiß unter der Bayerischen Herrschaft durch ein Edikt von 1808 aufgelöst wurde, so daß Karl Graf Wolkenstein-Rodenegg seine Töchter zu Erben einsetzte. Die Burg kam dann im Erbwege nacheinander an verschiedene Besitzer, bis sie, fast zur Ruine geworden (Brand von 1694!), 1897 von Arthur Graf Wolkenstein-Rodenegg erworben und in bewohnbaren Zustand versetzt wurde. 1983 Ringmauer saniert. Restaurierung 1983 im Gange.

VALS

1. Pfarrkirche zum hl. Andreas

Bau: Die 1341 erwähnte Kirche wurde 1483 umgebaut und 1487 neu eingeweiht. Davon hat sich noch der aus Quadern aufgeführte Spitzturm mit Spitzbogenschallfenstern und Achteckhelm erhalten. Der heutige neugotische Bau wurde samt der Einrichtung 1889 erstellt und 1893 geweiht. Baumeister Josef Huber, Brixen, Altäre von A. Valentin, Brixen.

Kelch: Der von Herzog Sigismund 1487 gestiftete Kelch, von dem sich noch die zwei emaillierten Wappen erhalten haben, wurde 1746 durch den Goldschmied Joseph Nagele in Brixen umgegossen.

Glocke: Kreuzigungsgruppe, St. Martin und Barbara. Gegossen von Hans Löffler 1563.

2. Gasthaus Maßl

Breite, behäbige Fassade, drei gekuppelte Rundbogenfenster, Viereckerker. 17. Jh. In der zugehörigen einfachen Kapelle volkskundlich interessantes Holzkreuz mit den „Waffen Christi“.

MERANSEN

1. Pfarrkirche zum hl. Jakobus

Bau: Eine Kirche schon im 13. Jh. erwähnt. Umbau und neue Weihe 1472, davon noch der aus Quadern aufgeführte Fassadenturm mit Sockel, Spitzbogenfenstern und niedrigem Pyramidendach erhalten. Gratgewölbte Turmhalle mit zwei Spitzbogenportalen. Die heutige Kirche von Josef Abenthung aus Götzens mit geradem Chorabschluß, Rundbogenfenstern, Vorraum, konkavem Triumphbogen, zwei Flachkuppeln über Eckpfeilern, Pilastervorlagen und isolierten Gebälkstücken wurde um 1780 geweiht. Fassade restauriert.

Wandgemälde:
1. Außen hl. Christoph, Ende 15. Jh.
2. Im Chor Maria mit Christkind, Jakob und Johannes d. Ev., am Triumphbogen Mariä Heimsuchung und Flucht nach Ägypten, im Schiff die drei „Meransner Jungfrauen", Aubet, Cubet und Guere, mit bäuerlichen Hilfeflehenden in freier Landschaft und die vier Evangelisten, über der Empore hl. Anton, Johannes und Paulus. Johann Mitterwurzer, 1776. Die Komposition und die lichte Farbgebung sind im Sinne des deutschtirolischen Rokoko. Die klassizierenden Ornamente wurden 1902 durch Rocaille ersetzt. Die vier kleinen Seitenbilder über der Orgel und an den Langhauswänden modern.

Altäre: Säulenbauten mit Skulpturen, bewegtem Gebälk und Volutengiebeln, am Hochaltar Seitendurchgänge, gute Arbeiten um 1775. Am Hochaltar Maria mit Christkind, 1. Hälfte des 16. Jh.s, am rechten Seitenaltar die drei Meransner Jungfrauen Aubet, Cubet und Guere, in Zeittracht mit knitterigem Faltenwurf. Um 1520. Der Dreijungfrauenkult findet sich auch in Obsaurs und Latzfons, von wo aus die Baum-, Quell- und Regenpatroninnen nach Meransen gekommen seien.

Kanzel: Weiß und vergoldet. Polygonale Form, Hermenpilaster, Skulpturen und Schnitzornament. Mitte 17. Jh. Kruzifix 18. Jh., 2. Hälfte.

Beichtstühle: Pilaster, verkröpftes Gebälk, Volutenaufsätze mit Büsten. Um 1775.

2. Gruftkapelle

Bau: Am Kreuzgratgewölbe über Wandpfeilern Fresken, 18. Jh.

Altar: Schwarz und vergoldet. Anfang 18. Jh.

3. Bildstock Jungfrauenrast

Am alten Weg, der Katzenleiter, nach Mühlbach. Einfacher Steinpfeiler, am Aufsatz viereckige Nische. In der Nische Steine, die, ähnlich wie in Weißenstein, Pilger vom Tal herauftrugen. Halbrelief der drei Jungfrauen, neu.

4. Felderhof

Über dem Tor Enzenbergerscher Wappenstein. Getäfelte Stube, hinten angebaut Saal mit Felderdecke und Wandgemälden. Sauhatz, Mahl mit Schalksnarr, und Ahnenprobe der Brüder Hans Georg, Maximilian Carl, Cyriak, Oswald und Franz Anton von Enzenberg mit zahlreichen Wappen von den Eltern bis zu den sechzehn „Güggahnherrn und Güggahnfrauen". Um 1670 Sommersitz der einst in Mühlbach ansässigen Linie der Herren von Enzenberg. Völlig verwahrlost. Fresken dem Verfall preisgegeben.

NIEDERVINTL

I. Kirchen

1. Pfarrkirche zu Mariä Verkündigung

Bau: Der geräumige und hohe Bau besitzt an der Front einen schmalen Dreieckgiebel mit Voluten, viereckige Portale, Gruppen von je zwei Rundbogen- und darüber von einem gestelzten Halbkreisfenster, Querarme und einen etwas eingezogenen, dreiseitig abschließenden Chor. An der Fassade eine Nische, darin Holzstatuen, (in der Kirche deponiert) Maria mit Christkind, hl. Josef und Johannes Baptist. Über breiten Wandpfeilern mit geschichteten Pilastern und umlaufendem Gebälk und über Längsgurten sitzen Tonnengewölbe auf. Die Langhaustonne wird durch Quergurte in ein langes Mittel- und zwei schmale Seitenfelder geteilt. Sehr schmale, hohe, querschiffartige Kapellen. Der Bau wurde unter dem Einfluß des eben vollendeten Domes in Brixen 1760 errichtet und 1763 geweiht. Um 1940 und 1981/82 restauriert.

Wandgemälde: Außen gemalte Architekturen und Tür- und Fensterrahmungen, am Giebel Engelsturz (fragmentarisch). Innen Anbetung des Allerheiligsten, Verkündigung, Rosenkranzbild, Petrus, Florian, Anton von Padua und in zwei kleinen Seitenmedaillons Heimsuchung und Opferung im Tempel. Bez. Josef Anton Zoller 1763.

Stukkaturen: Am Gewölbe und an den Wänden spärliches, aber zierlich bewegtes Rocaille. 1763.

Hochaltar: Frei stehende Mensa und dahinter mächtiger Säulenaufbau mit lebhaft bewegten, pathetischen Engeln (zwei 1978 gestohlen) und Seitenstatuen, um 1765. Altarbild, Mariä Verkündigung, wohl von Michael Kachler, Tabernakel und Mensa (mit Verwendung alter Teile) aus der 1. Hälfte des 19. Jh.s

Seitenaltäre: Säulenaufbau (um 1770) mit Seitenfiguren und pathetischen Engeln und Rundbogenbildern, reuiger Petrus und Magdalena, Johann Mitterwurzer zugeschrieben.

Kanzel, Gestühl, umgearbeiteter *Beichtstuhl* und *Kommuniongitter:* 1760 bis 1770.

Orgel: 19. Jh., 1. Hälfte. 1982 restauriert.

Holzskulpturen: Pietà. Gefühlvoller Ausdruck. Anfang 15. Jh. Postament mit Engeln um 1760. Alles 1974 gestohlen. In der Sakristei: Büsten hl. Laurentius, Stefanus, Barbara, Agnes. 18. Jh., 2. Viertel.

Ölgemälde: Christus am Kreuz, Muttergottes, arme Seelen. Schönes Helldunkel. Früher Altarbild in der alten Pfarrkirche.

Kreuzweg: 18. Jh., 1. Hälfte. Rahmen Mitte des 19. Jh.s

2. Alte Pfarrkirche

Bau: Der 1178 erstmals und 1378 erwähnte Bau wurde im 17. Jh. umgestaltet, hat aber noch die plumpen Strebepfeiler und Kreuzrippengewölbe, die spitzbogige Sakristeitüre, im Chor zwei vergitterte Vierecknischen (eine das ehemalige Sakramentshäuschen) und am hohen Spitzturm die gekuppelten Rundbogenfenster und spitzbogigen Blenden bewahrt. Eine Rundbogentüre und ein Rundbogenfenster zugemauert. Der Chor im Erdgeschoß des Turmes. Restaurierung 1962—1975.

Wandgemälde:
1. Außen spärliche Spuren von Fresken, Brixner Schule, Mitte 15. Jh.
2. Am Triumphbogen Fresko Verkündigung, 15. Jh.
3. Die Restaurierung 1974/75 ergab den Bestand von mittelalterlichen Fresken auf drei verschiedenen Malschichten. Freigelegt wurden im östlichen Langhaus Szenen aus dem Alten und Neuen Testament: Fußwaschung, Abendmahl, Mannaregen, Ölberg, Kreuzabnahme, Moses erhält die Zehn Gebote, Anbetung des Goldenen Kalbes, Verklärung Christi zwischen Moses und Elias, Himmelfahrt Christi. In der Triumphbogenleibung die Werke der Barmherzigkeit mit zwei unbekannten Stifterwappen. Meister Leonhard von Brixen zugeschrieben. Um 1460. Ältere Fragmente im Chor, Anbetung der Könige, Verkündigung, hl. Katharina. Um 1400. Im Langhausgewölbe Engel, dat. 1605. *Statue* des hl. Urban*, 16. Jh.

Holztafel: hl. Barbara.* Derbe, spätgotische Arbeit.

Grabsteine: Marmor, Wappen mit Inschrift. Georg Mayrhofer 1685, Christian Peintner 1686, Ursula Peintnerin 1737.

II. Bildstock

Westlich von Untervintl über der Straße. Schlanker Viereckschaft. In den flachen Nischen des Aufsatzes unter den Resten eines späteren Verputzes Spuren verwitterter Fresken. 15. Jh.

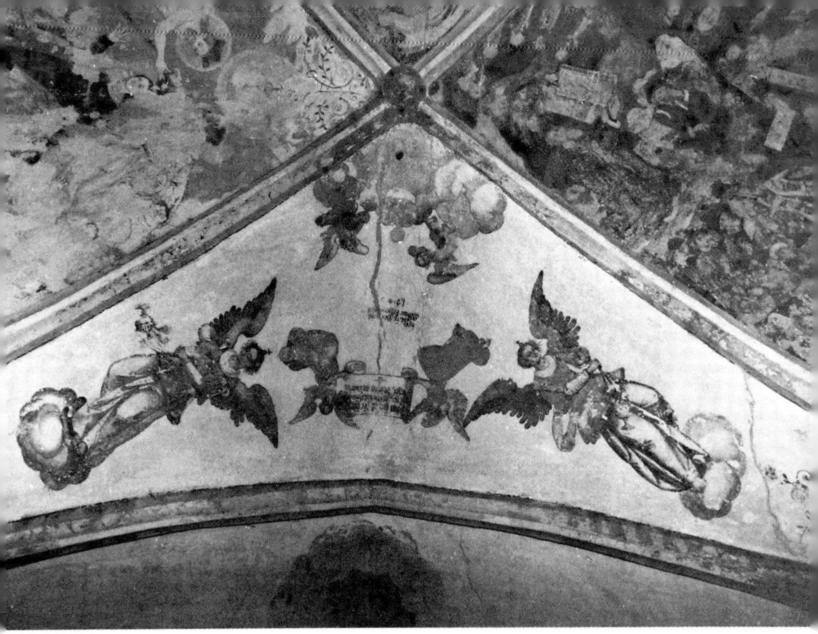

Niedervintl, Fresko von 1605

III. Ansitz Troyenbach

Alter brixnerischer Küchenmairhof, 1170 Wezilo villicus de Vintuelen genannt, 1237 Dietmar. Sein Geschlecht starb um 1400 aus. Der Hof kam dann über die Erbtochter Anna an die Edlen von Stuck von Bruneck, von ihnen an Balthasar Jöchl von Vahrn, 1475 vom Bischof neu an Joachim Vonauer übergeben, 1502 an Vetter Peter Mayrhofen in Obervintl verkauft und in dessen Familie bis 1704. Der neue Besitzer Christian Peintner erhielt 1704 den Adel und das Recht, den Mairhof Trojenbach zu nennen. Über Tochter Elisabeth kam der Ansitz an Familien von Jenner und wieder über eine Tochter Elisabeth an Familie von Mair; es folgten die Verwandten Thaler, 1878 Alois von Aufschnaiter, 1911 deren Sohn Norbert, 1935 dessen Schwestersohn Hans Kreithner, nach dessen Tod 1978 Sohn Alois Kreithner. Äußerlich einfaches großes Haus mit Walmdach (ursprünglich steiler), an der Nordseite über kleiner Freitreppe gewölbte Loggia auf Säulchen und schönes viereckiges Granitportal, abgefast, mit einspringenden Ecken und originaler Eisentür mit durchzogenen

Gitterstäben. Im heutigen Untergeschoß (das wegen der Vermurung tiefer liegt) große gewölbte Halle, in einem Kellerraum Lichtnischen. Im oberen Stock saalartiger Vorraum, ebenso wie einige Zimmer mit einfacher Stuckierung, 18. Jh. Der Bau im wesentlichen wohl frühes 16. Jh.

OBERVINTL

I. Kirchen

1. Pfarrkirche zum hl. Nikolaus

Bau: Eine Kirche wird um 1300 erwähnt, sie hieß die Weiße Kirche. Der heutige spätgotische Bau zeigt ein Spitzbogenportal in derb profilierter Steinrahmung mit zwei Rundstäben, am Giebel Spitzbogennische mit Holzstatue*, hl. Nikolaus, 1. Hälfte des 15. Jh.s, Spitzbogenfenster, polygonalen Chorabschluß und einen aus Quadern aufgeführten Spitzturm mit gekuppelten Spitzbogenfenstern. Das Innere wurde 1749 barockisiert. Restaurierung 1980/1981.

Gemälde: Hinten Tafelbild, hl. Aloisius, um 1800.

Wandgemälde: Außen hl. Christoph. 15. Jh., 2. Hälfte. Ein zweites Bild aus derselben Zeit durch die Sakristei verdeckt.

Hochaltar: 1891. Die Holzfigur des hl. Nikolaus, um 1500. Wohl Arbeit des Bildhauers Wolfgang von Kiens, von dem der ehemalige Altar stammte.

Seitenaltäre: Ende 18. Jh., mit Zutaten von 1891. Rechts Bild, hl. Georg, am Giebel hl. Katharina, 18. Jh., 2. Hälfte.

Kanzel: Ausgebauchte Brüstung, am Deckel Lambrequins, aufgerolltes Gebälk, Voluten und Posaunenengel. Ende 18. Jh.

Kreuzweg: Um 1800.

Glocke: Maria mit Christkind, hl. Sebastian, Nikolaus, 2. Hälfte des 16. Jh.s.

Grabsteine: 18. Jh., Herren von Troyer zu Baumgarten.

2. Friedhofskapelle

Bau: Rechteckiger Grundriß, Spitzbogenportal, Gratgewölbe. 16. Jh. Restauriert 1981.

Altar: Geschuppte Hermenpilaster, gesprengter Dreieckgiebel, Bild und Statuen. Ende 17. Jh. Derzeit deponiert.

Holzskulpturen: Kreuzigungsgruppe. Scharfknitteriger Faltenwurf. Ende des 15. Jh.s. Derzeit deponiert.

II. Edelsitze

1. Töpsl

Der stattliche, mit Erker und schönen Schmiedeeseisengittern versehene Bau an der Straße wird schon im 14. Jh. als Sitz der Geschurren von Ehrenburg erwähnt und erhielt seinen heutigen Namen von den Herren von Töpsl, die ihn bis zur Mitte des 18. Jh.s innehatten. An der Fassade Mariahilfbild und Allianzwappen Künigl-Trautson von 1764. Von Christian Renzler. Die Künigl verkauften den Ansitz 1800 an Josef Falkensteiner, dann kam er Mitte des 19. Jh.s an die Weißsteiner, die hier auch ein Gasthaus führten und 1978 den inzwischen sehr heruntergekommenen Bau an Richard Fischnaler verkauften, der wieder einen Gastbetrieb einrichten will.

Rechteckbau mit abgewalmtem Dach, kleinem Anbau nach Süden. Die Reste einer älteren Mauer (sie hieß „Zwingermauer") mit steingefaßten Vierecköffnungen an der Nordwestseite. 1980 abgebrochen. Abgefaste Rundbogentür, an den Fenstern im ersten Stock Gitter mit Kreuzblumen, polygonaler zweigeschossiger Erker über schlankem Anlauf. Hausflur mit Gratgewölbe ebenerdig und im ersten Stock. In der Stube unten Getäfel und Decke mit Inschrift Alois Weißsteiner, Maria Kofler, 1857. Kreuzigungsbild L. K. Im zweiten Stock ehemaliger Saal. Dekorationsmalerei an Türen noch erhalten, in der Stube Pilastergetäfel und Felderdecke mit profilierten Leisten (wird beim Umbau in ersten Stock übertragen). In allen Stuben noch alte vierfache Schiebefensterchen vorhanden.

2. **Baumgarten** (Obervintl)

Der malerische Ansitz, der seine heutige Gestalt im wesentlichen im 16. Jh. erhielt, wird schon 1277 im Besitz des Friedrich Gedamer erwähnt. In der 2. Hälfte des Jh.s saßen hier die Prözzlen, ein Seitenzweig der Hohenbichl von Terenten; durch Heirat des Peter Troyer (gest. 1537) mit der Erbtochter Dorothea Prözzle ging der Sitz 1510 an die Troyer, die sich in dieser Linie von Baumgarten nannten und bis 1700 hier saßen; es folgten bis 1843 die Oberhammer und dann in rascher Folge weitere Besitzer (vgl. gemalter Besitzerstammbaum in der Halle des ersten Stokkes), 1917 Kauf und 1918/19 Restaurierung durch Franz Lindner, anschließend Alois und Johann Unterhuber, seit 1934 Familie Niedermair, die 1975 Außen- und 1979/80 verständnisvolle Innenrestaurierung durchführten und hier einen Fremdenbetrieb errichten.

Baumgarten ist eine unregelmäßige Anlage mit seitlichem Anbau, der mit zwei Erkern vortritt und gleichfalls mit Krüppelwalmdach abschließt. Am Hauptbau großer Viereckerker mit Sonnenuhr und Rankenbemalung. Dekorationsmalerei (1975 von H. Peskoller restauriert) auch an den zum Teil vergitterten Viereckfenstern; eine Freitreppe mit im Schnitt dreieckigem Handlauf und einer Konsolenabstützung führt zum Anbau empor, hier auch abgefaste Rundbogentür. Gewölbte Eingangshalle, steinerne Treppe mit ähnlichem Handlauf wie außen, der gewölbte Gang im ersten Stock 1918/19 mit origineller Rankenmalerei mit Wappen und Daten aus der Geschichte des Ansitzes ausgeschmückt. Stube mit Getäfel und Felderdecke, eine ähnliche, 1668 datierte, war im Anbau und wurde bei einem Brand des Hauses 1938 zerstört.

WEITENTAL

1. Pfarrkirche zum hl. Thomas Ap.

Bau: Eine Kirche schon 1180 erwähnt. 1431 Umbau und neue Weihe. Vom spätgotischen Bau sind noch das spitzbogige Hauptportal, der dreiseitig abschließende Chor mit Spitzbogenfenstern, das der Rippen beraubte Gewölbe und der schöne Spitzturm mit den spitzbogigen Schallfenstern erhalten. Das Langhaus, mit Rundbogenfenstern und Tonnengewölbe, wurde 1777 neu aufgeführt und innen mit dem Chor einheitlich zusammengestimmt.

Wandgemälde:
1. hl. Christoph mit Stifterbild des Dompredigers und Weihbischofs Johannes Nasus im Franziskanerhabit, der das am Anfang des 16. Jh.s geschaffene Bild erneuern ließ.
2. Innen im Chor die Hl. Dreifaltigkeit, am Triumphbogen Verkündigung, hl. Ursula, Ruhe auf der Flucht. Im Schiff: Christus erscheint den Aposteln mit dem hl. Thomas. In den Ecken die Kirchenlehrer. Von Johann Mitterwurzer, um 1777.

Hochaltar: Säulenaufbau mit Bild Der Auferstandene erscheint Thomas, Joh. Mitterwurzer (?), und Statuen hll. Veit, Johannes und Paul, Florian, am Aufsatz zwei Engel. Anfang 19. Jh.

Seitenaltäre: Säulenaufbauten mit lebhaft bewegtem Gebälk und Volutengiebel.

Bilder: links Kreuzigung und Gott Vater, rechts Ursula und Mutter Anna von Johann Mitterwurzer, Statuen: links Petrus und Paulus, rechts Barbara und Katharina, an den Aufsätzen Engel. Um 1777.

Kanzel: Stuck, marmoriert und vergoldet. An der Brüstung Volutenbänder. Um 1777. Deckelaufsätze neu.

Beichtstühle: Pilaster und Attika mit Spätrocaille. Um 1777. Durch moderne ersetzt.

Holzskulpturen: Kruzifix, aufgerissene Wunden, 18. Jh., 1. Hälfte.

2. Friedhofskapelle

Bau: Rechteckbau mit Sterngratgewölbe. Erbaut 1708. Derzeit als Depot verwendet.

Altar: Schwarz und vergoldet. Säulchen mit Rankenansätzen, gesprengtem Giebel und Bild. Ende 17. Jh.

PFUNDERS

1. Pfarrkirche zum hl. Martin

Bau: Die 1397 erwähnte Kirche dürfte Ende des 15. Jh.s um- oder neugebaut worden sein. Von diesem Bau stehen noch die Mauern des Chors mit polygonalem Abschluß, Quadernsockel und gekehltem Dachgesims, und der untere Teil des Turmes. An der spitzbogigen Turmtür die Jahrzahl 149... Die oberen Teile und das Langhaus 1808 bis 1810 hinzugebaut. Weihe 1810. Rundbogenfenster, Tonnengewölbe über Pilastern.

Wandgemälde:
1. Außen hl. Christoph. Scharfgeschnittene Gesichtszüge, im Wasser blasender Triton und Meerweibchen mit Glocke, gute Arbeit vom Ende des 15. Jh.s. Stark verwittert.
2. Im Innern: Im Chor Dreifaltigkeit, hl. Martin, in den Ecken die Evangelisten, im Chorbogen hl. Petrus und Magdalena, Uhr und Todessymbole. Im Langhaus Predigt des hl. Martinus, über der Empore hl. Martin, eine Götterstatue umstürzend, an den Seitenwänden die Kirchenväter. Von Franz Altmutter. 1808. Die ornamentale Einfassung wiederhergestellt.

Hochaltar: Säulenaufbau mit bewegtem Gebälk, Volutengiebel und Rocaille. 18. Jh., 2. Hälfte. Bild, Tod d. hl. Martin und Statuen Petrus u. Paulus, mehrere Engel. 19. Jh. Mensa neu.

Seitenaltäre (?): einfache Säulenbauten mit Giebel, Bilder links Hl. Familie, rechts Dreifaltigkeit. 1818. Mensa neu.

Kanzel und *Beichtstühle:* Um 1818.

Kirchenstühle: Geschnitztes Rocaille mit Voluten. Um 1780.*

Holzskulpturen:
1. Maria mit Christkind, unbedeutende Arbeit um 1500.*

2. Kruzifix. Geneigtes Haupt, stark betonter Brustkorb, krampfhaft gekrümmte Finger, knitteriges Lendentuch. Um 1500.*
3. Rosenkranzkönigin, umgeben von Rundmedaillons mit den Geheimnissen. 1. Hälfte 18. Jh.*
4. Mater Dolorosa mit gemalten sieben Schmerzen, 1. Hälfte 18. Jh., an der Friedhofskapelle.*

Glocke: Kruzifix, Maria mit Christkind, Gießermarke, 1484.

2. Friedhofskapelle

Bau: Einfacher Bau mit Tonnengewölbe über Pilastern und verkröpftem Gebälk und mit derbem Deckengemälde in Stuckrahmen. 1735.

Altar: Säulenaufbau mit bewegtem Gebälk, Volutengiebel, Muschelwerk, Tröpfchengehänge, Gitterwerk. Bild und Statuen, Maria und Johannes. Mitte 18. Jh. Statuen älter.

TERENTEN

1. Pfarrkirche zum hl. Georg

Bau: Eine Kirche wird 1362 erwähnt, war aber schon viel früher vorhanden. 1162 weihte Bischof Hartmann einen Altar. Bei der Restaurierung 1964 wurden die Grundmauern eines fast quadratischen romanischen Langhauses entdeckt. Vom spätgotischen Bau haben sich der dreiseitig abschließende Chor und der aus Quadern aufgeführte Spitzturm mit den spitzbogigen Schallfenstern erhalten. 1683/84 wurde ein neues Langhaus angebaut, das 1684 die Weihe erhielt. 1848 bis 1850 verlängert und erhöht (Weihe 1850) und dabei so gründlich im neuromanischen Stil umgebaut, daß sie mit ihrem Tonnengewölbe einem vollständigen Neubau aus dieser Zeit nahekommt.

Deckengemälde: Im Chor Unbefleckte und die Evangelisten. Am Chorbogen Engel mit Emblemen geistlicher und weltlicher Gewalt; im Langhaus St. Georgs Drachenkampf, Martyrium und Aufnahme in den Himmel, in den Zwickeln die acht Seligkeiten, dargestellt mit alt- und neutestamentlichen Szenen; über der Orgel Engelkonzert mit Gregor und Martin. Christoph Brandstätter, 1851. 1896 stark restauriert.

Einrichtung: Altäre im Übergang vom Klassizismus zur Neugotik. — Altarblätter: Madonna, bez. Maria Plattner 1889, Anna, Sebastian von Anton Bachlechner, das letztere Kopie nach Martin Knoller. 1850. Mensabilder Herz Jesu und Mariä von Franz Hellweger.

Kanzel: Geländer mit durchbrochenem Maßwerk. Polygonale Form. Relief, Jesus am Jakobsbrunnen, 1850.

Orgel: 1862.

Beichtstühle: Einfacher, dreiteiliger Aufbau, Aufsatz mit Buschenkrügen, Fruchtgehänge und Gemälde.

Kreuzweg: 1851

Holzskulpturen:
1. Maria mit Christkind, scharfbrüchiger, tief unterschnittener Faltenwurf. Um 1480. Das Christkind neu.*
2. Reliquienbüsten St. Ingenuin und Albuin. Um 1500.*
3. Georg, bewegte Linienführung, gute Arbeit, 2. Hälfte 18. Jh.

Weihwassersteine, Im Friedhof, 1579 und 1603.

Glocken:
1. Zweimal Kreuzigung, Maria mit Christkind, St. Michael. 1555.
2. Kreuzigung, Wolfgang, Sebastian, Nikolaus, schöner Blumenfries mit Engeln und Vögeln. 1605.

2. Heiligkreuz am Friedhof

Bau: Turm und Fenster spitzbogig, polygonaler Chorabschluß, Sterngewölbe mit zierlichen, profilierten Rippen. Geweiht 1520. Einfaches Spitzbogenportal.

Altar: Kreuzigungsgruppe, Christus mit sorgfältig behandeltem Körper, gelösten Haarsträhnen, flatterndem und kleinknitterigem Lendentuch und starkem Gefühlsausdruck. Um 1520. Maria und Johannes befangener, mit kurzbrüchigen Falten, Werkstatt Meister Leonhards, 15. Jh., 3. Viertel, stark überfaßt.*

3. St. Zeno in Pein

Bau: Das altertümliche Kirchlein liegt einsam auf einem bewaldeten Hügel zwischen zwei tiefen Bachläufen. Die Tür und die zwei kleinen Fenster sind rundbogig, die Rundapsis ist abgesetzt, die Steinlagen zeigen regelmäßige Schichtung mit ausgestrichenen Mörtelfugen. 12. und 13. Jh., in der Barockzeit mit einem Tonnengewölbe versehen. Der Turm mit der niedrigen Viereckpyramide erst 1794/95 hinzugebaut.

*Wandgemälde:*1770.

Altar: Gedrehte Säulen, verkröpftes Gebälk, Volutengiebel, Knorpelwerk, Bild, hl. Zeno, um 1700, die Statuen 18. Jh., 2. Hälfte.

Reliquienbüsten: hl. Kassian und Zeno. Um 1500. 1969 gestohlen.

Glocke: Rundmedaillons mit Adler, Christuskopf und Osterlamm, 1539.

4. St. Margareth in Margen

Bau: Rechteckiger Grundriß, der Altarraum im östlich angebauten Turm. Im Westen Spitzbogen-, im Süden Viereckttüre, Spitzbogenfenster, im Langhaus derbes Rippennetz über plumpen Wandpfeilern mit polygonalen Diensten. Im Chor Kreuzgratgewölbe. Der Turm teilweise aus Quadern, mit gekuppelten, eingeblendeten Spitzbogenschallfenstern und viereckigem Spitzhelm. Von der 1303 erwähnten Kirche stehen nur mehr die Langhausmauern. Der Turm wohl um 1400, das Langhausgewölbe 16. Jh.

Wandgemälde:

1. Außen heiliger Christoph. Rohe Arbeit von 1742.
2. Auf den Schlußsteinen Christus, Maria mit Kind, weibliche Heilige, Köpfe ohne Heiligenschein. Um 1500. Übermalt.
3. Am Triumphbogen die 14 Nothelfer. Gute Arbeit, 2. Hälfte des 18. Jh.s.

Hochaltar: Gerade abschließender, in der Mitte leicht vorgebogener Flügelschrein, die Figuren durch verflochtene Äste mit reichem Rankenwerk und Wimpergen eingerahmt, welch letztere durch den Schrein wachsen und mit Fialen und dichtem Rankenwerk den Aufsatz bilden. Skulpturen: Im Schrein St. Katharina, Margaretha, Magdalena, an den Flügeln Reliefs, Barbara und Agnes, im Aufsatz Kruzifix, an der Mensa Relief, modern. Gemälde: An der Rückwand Jüngstes Gericht und Kreuztragung (verdeckt), an den Flügeln St. Bartholomäus und Christoph, an der Predella Stephanus und Laurentius. Um 1500. Dem ganzen Altar gibt das reiche und bewegte Rankenwerk, den Schnitzfiguren der scharfbrüchige Faltenwurf den bestimmenden Charakter. Unter den Gemälden zeichnen sich vor allem die Flügelbilder durch gute Qualität aus.

Seitenaltar: Einfacher Flügelschrein mit Rankenwerk, Statuentabernakel (Statuen neu) und seitlichem Strebewerk als Aufsatz. Skulpturen: Im Aufsatz Simon, Petrus und Jakobus. Gemälde: An den Flügeln außen Verkündigung, innen Joachim auf dem Feld und Joachim und Anna unter dem goldenen Tor. An der Predella die 14 Nothelfer. Anfang 16. Jh.

Kanzel: Polygonale Brüstung mit Säulchen und Bildern der Kirchenväter. 17. Jh.

Holzskulpturen: Kruzifix. Gedrungener Körper, kurzknittriges Lendentuch, Brixner Arbeit, Werkstatt Meister Leonhards, 3. Viertel 15. Jh.

Joachim und Anna. Um 1700.

Kreuzweg: In Hell-Dunkel-Manier, um 1680.

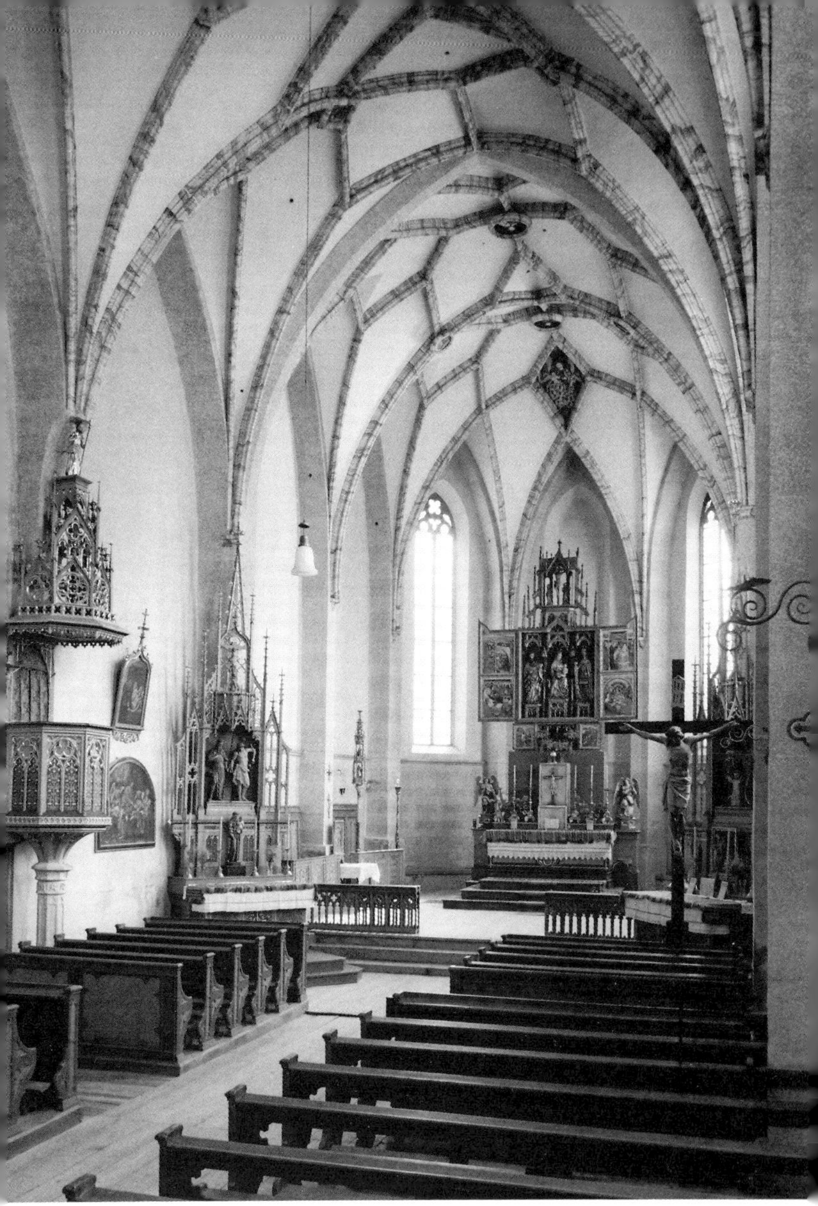

St. Sigmund, Inneres

5. Kapelle beim Mair am Graben

Einfacher Bau, Tonnen- und Kreuzgratgewölbe. Um 1700. Außen Fresko Mariä Heimsuchung. Tafelbilder: Verurteilung Ch..., geistlicher Weingarten, Tod des hl. Josef, Krönung Mariens, Isidor- und Notburgalegende. 1710.

6. Stocknerhof

Fresken: Florian, zwei Sonnenuhren, Kreuzigung, Madonna, Georg und Valentin. Datiert 1600.

ST. SIGMUND

I. Kirchen

1. Pfarrkirche zum hl. Sigmund

*Bau:*Das Äußere des stattlichen spätgotischen Baues, der eine seitenschiffähnliche Kapelle und polygonalen Chorabschluß besitzt, wird durch die Spitzbogenportale, die schlanken Spitzbogenfenster, durch den Sockel mit Quaderschräge und die leistenartigen, übereck gestellten Strebepfeiler bestimmt. Am Hauptportal drei verschieden geformte Stäbe zwischen tiefen Hohlkehlen und ausgeflammten Dreipaßbogen, am südlichen Seitenportal zwei Stäbe. Das Innere ist ungewöhnlich hoch und besitzt ein reiches Netzgewölbe mit runden und viereckigen Schlußsteinen und zierlich profilierten Rippen, deren Konsolen auf einfachen, durch Längsgurte verbundenen Wandpfeilern abgesetzt sind. Spitzbogige Sakristei- und Turmtüre.
Die Seitenkapelle ist mit einem vierzackigen, dreijochigen Sterngewölbe eingedeckt. Der aus Quadern aufgeführte Spitzturm trägt zwei Gesimse, zwei Reihen gekuppelter Spitzbogenfenster mit stumpfer Blende, darunter die Jahreszahlen 1469 und 1694. Eine Kirche wird 1363 erwähnt. Der heutige schöne Bau, ein charakteristisches Beispiel des Pustertaler spätgotischen Kirchenbaustils, wurde von Meister Friedrich von Pfalzen 1449 begonnen und von Valentin Winkler 1489 vollendet. An Stelle der alten Kirche errichtete man 1513 die Seitenkapelle, deren Spitzbogenöffnungen gegen das Hauptschiff später zugemauert wurden. Gesamtrestaurierung 1980 abgeschlossen.

Wandgemälde:

1. An der Fassade Pietà, von zwei gebauchten Säulen mit einfachem Gebälk gerahmt. Starker Gefühlsausdruck, prächtige Landschaft mit einer hohen Flußbrücke, Gebirgen und bewegtem Wolkenhimmel, am Sockel Stifterin mit Wappen.

 St. Sigmund, Hochaltar, Muttergottes zu der Predella

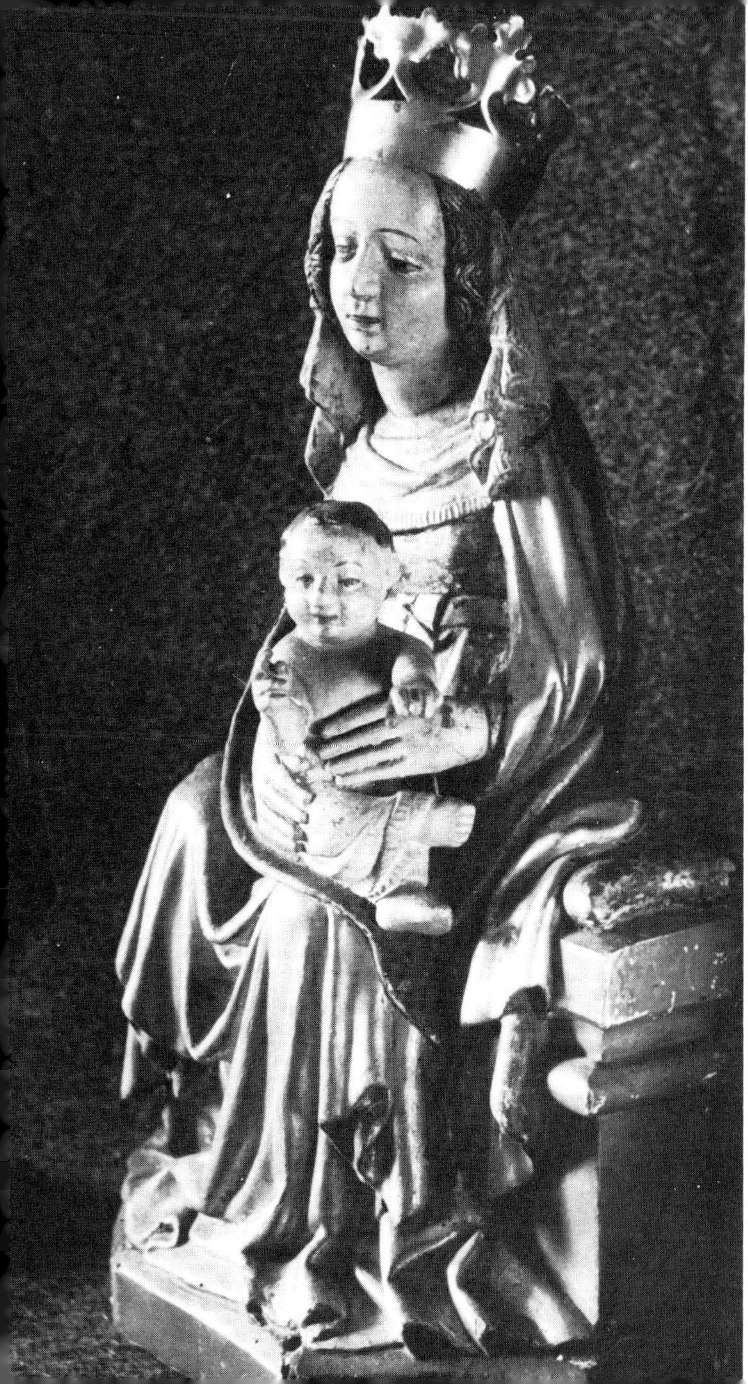

2. An der Südseite riesiger hl. Christoph, von zwei reichverzierten Pilastern mit Rundbogen gerahmt. Für den Stil bezeichnend ist der Reichtum des Kostüms und der Renaissanceornamente, die schöne Landschaft, der Durchblick durch einen Brückenbogen in die gebirgige Ferne und die phantastischen Fabelwesen im Meer, z. B. das Meerweibchen mit dem Dudelsack, ein anderes mit einer Handorgel, zu der ein männliches Wesen den Blasbalg besorgt. Gestiftet von petter troier mair in grueben 1519 mit seinem Bildnis und Wappen 1. und 2. hervorragende und besonders auch koloristisch vorzügliche Arbeiten im Stil der Donauschule.

3. Über dem Seitenportal Anna, Schutzmantelbild, drei heilige Jungfrauen und Stifterfamilie, Schmerzensmann, 16. Jh. Am Bogenfeld des Hauptportals hl. Barbara, um 1700.

4. Am Gewölbe und auf den größeren Schlußsteinen kleine Bildchen. 15. Jh.

Hochaltar: Großer Flügelschrein, dessen gerader Abschluß sich in der Mitte zu einem kleinen Eselsrücken aufbiegt, mit Predella und Aufsatz, dessen einfache Form gleich wie das Fehlen des vegetabilischen Rankenwerks und die Alleinherrschaft architektonischer Zierformen (Maßwerk, Streben, Fialen, Zinnen) an den Sockeln und Tabernakeln für die frühe Entstehungszeit des Altars bezeichnend ist. Skulpturen: Im Hauptschrein Maria mit Christkind zwischen Jakob und Sigmund, in der Predella weihnachtskrippenartige Anbetung der Weisen, im Gespreng Kreuzigungsgruppe. Gehäufter, noch rundlicher Faltenwurf, Gesichtsausdruck und Bewegung noch befangen. Gemälde: An den Flügeln außen einzelne Heilige, Johannes d. T., Jakob, Barbara, Katharina, Christoph, Dorothea, Margaretha, innen Marienleben. An den Predellaflügeln außen ritterliche Heilige Gereon und Martin und Ursula, innen Kindermord und eine apokryphe Szene aus der Jugendgeschichte Christi. Alle Szenen spielen in Innenräumen mit primitiver Perspektive. An den Schmalseiten links an der Predella Wappen vom Kaisertum, Tirol, Brixen und Kärnten, rechts Braunschweig, Österreich, Görz und Schlandersberg, auf der Rückseite Rankenornament und Schmerzensmann, Wappen Ehrenburg und andere Adelige. Der St. Sigmunder Altar ist einer der ältesten und der bedeutendsten Flügelaltäre Südtirols und ist wohl — nach den Wappen — Görzische Stiftung und um 1430/40 entstanden. 1978/79 restauriert.

Seitenaltäre: Zwei neugotische zierliche Nischenbauten mit Statuen links Rochus und Sebastian, rechts hl. Familie, Tischlerarbeit von Lorenz Kuen, 1875.

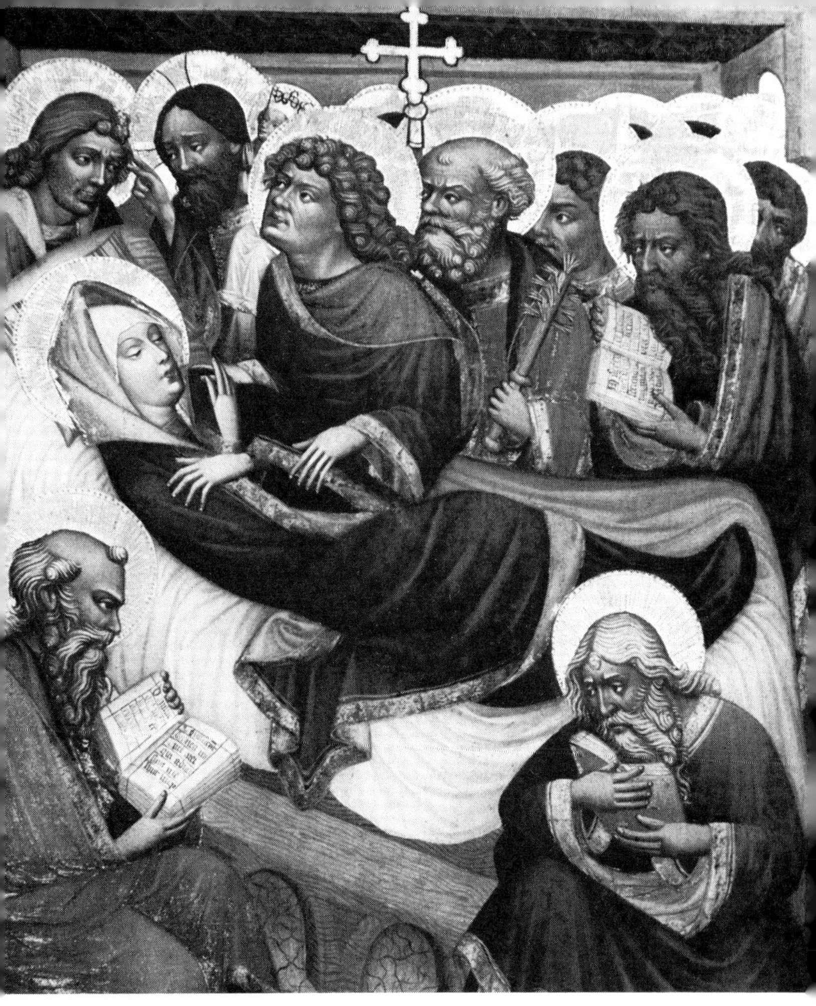

St. Sigmund, Hochaltar, Flügelbild

Kanzel: Granitfuß und Holzaufbau, neugotisch.

Chorstühle, Beichtstühle, Kommuniongitter, Bänke: Frühe Neugotik. Um 1850.

Kerzenstangen: Dreigeschossige Häuschen mit Statuetten, der Schaft oben gerippt und gewellt, in der Mitte aus geflochtenem Astwerk. Mischung von Gotik und Renaissance. 1. Hälfte 17. Jh.

*Holzskulptur:** Christus an der Geißelsäule, 17. Jh.

Gemälde: Tod Josefs, Tod Mariens. Um 1700.* Letztes Abendmahl. Pfingstwunder, 17. Jh.

Kreuzweg: 19. Jh.

Kelch: Wappen von Görz, Tirol und Bayern. Görzische Stiftung. 2. Hälfte des 15. Jh.s. Nach der Überlieferung Geschenk des Herzogs Sigismund von Tirol.

Ziborium: Ehemaliger gotischer Kelch. Am Fuß Wappen. Hier befand sich auch bis 1897 die wächserne Porträtstatue des Leonhard von Görz, jetzt im Ferdinandeum in Innsbruck.

Kriegerdenkmal: Außen links neben der Seitentüre Terrakottaplastik von Maria Delago.

2. Unsere Liebe Frau im Stöckl

*Bau:*Kuppelbau mit seitlichem Türmchen und gerade abschließendem Chor, Rundbogen- und Lünettenfenstern und mit Pilastergliederung im Inneren. An der Stelle eines schon im 15. Jh. erwähnten Bildstocks wurde 1621 eine kleine Kapelle erbaut, die 1644 erweitert und 1680 durch einen Neubau, den heutigen Chor mit der Sakristei, ersetzt wurde. 1765/66 wurde der Chor erhöht und der Kuppelraum hinzugefügt. Weihe 1768. Im Schiff Kuppel über kräftigen, pilasterbesetzten Eckpfeilern, Gebälk und Gurten, im Chor Kreuzgratgewölbe über Pilastern und Gebälk.

Deckengemälde: In den Zwickeln des Chorgewölbes die göttlichen Tugenden und die Religion. Gemalter Kuppelraum mit freien Durchblicken und mit der Geschichte der Esther, in den Kuppelzwickeln die Evangelisten. Sehr gutes, unrestauriertes Werk, bez. Josef Anton Zoller 1766.

Altar: Säulenaufbau aus Stuckmarmor mit bewegtem Gebälk, Giebelstücken, Volutenaufsatz und Skulpturen. Um 1766. In Nische Bild, Pietà, 17. Jh., stark restauriert.

Chorstühle und Bänke: Bewegte Form, Rocaille, Voluten. Um 1766.

3. St. Ulrich in Bad Ilstern

Bau: Der idyllisch auf einem Waldhügel gelegene spätgotische Bau aus Granitquadern besitzt dreiseitigen Chorabschluß, Sokkel, Spitzbogenportal, auffallend schmale Spitzbogenfenster, im Langhaus Stern-, im Chor Netzgewölbe und einen Spitzturm mit spitzbogigen Schallfenstern und wurde an Stelle einer schon 1348 erwähnten Kapelle 1491 durch Meister Valentin Winkler von Pfalzen errichtet.

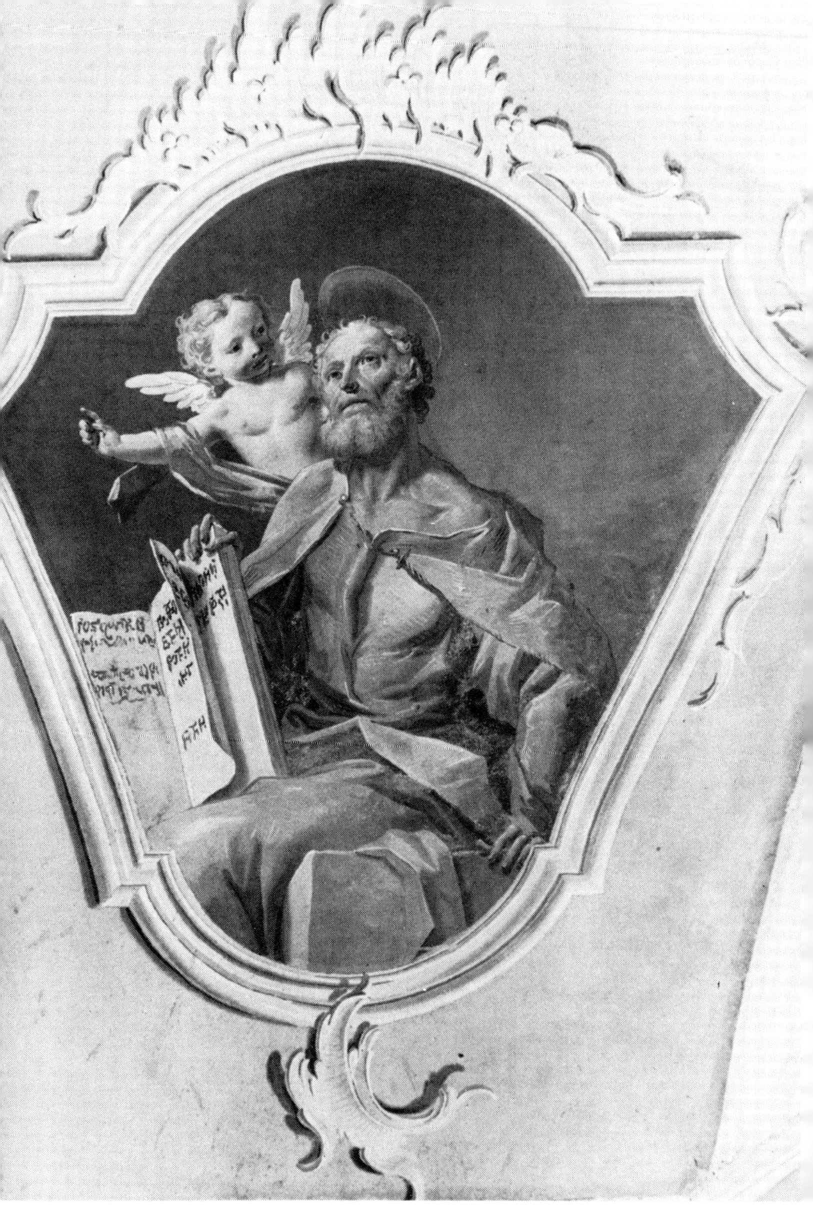

St. Sigmund, Stöcklkapelle, Fresko von J. A. Zoller

Altar: Kannelierte Säulen, Volutenansätze, verkröpftes Gebälk, gesprengter Dreieckgiebel, Aufsatz und Bilder. Altar von Georg Seidlmair. Gemälde von Kaspar Lindner in Brixen, 1628. Bilder deponiert.

Kanzel: Polygonale Brüstung mit Bildern. In der Art Christian Renzlers. 1775.

Holzskulptur: Hl. Ulrich. Beginnender knittriger Faltenwurf. Um 1440. Deponiert.

4. Kapelle an der Reichsstraße (Roßbichl)

Nach der Inschrift über der Türe vom Gastwirt Jakob Roßbichler 1802 erbaut. Das Deckengemälde, Dreifaltigkeit mit Maria und Heiligen, eine gute Arbeit, wohl von Josef Renzler. Der Altar 1802. Dem Verfall überliefert.

5. Kapelle beim Mair zu Gruben

Gerader Abschluß, Tonne und Kreuzgratgewölbe. Erbaut 1736 von Michael Haidenberger, Mair zu Gruben. Aus derselben Zeit die derben Wandgemälde und der Altar. Heute Ruine.

II. Burgruinen

1. Asch („Aschburg"): Im Winnebachtal, unter dem Weg nach Terenten, stehen an steilem Hang die kümmerlichen Reste einer kleinen Burg, die vermutlich aus einem Turm und einem tiefer, über steilem Felshang gelegenen Wohnbau bestand und deren Mauern regelmäßige Steinlagen aufweisen. Gründung vermutlich der brixnerischen Ministerialen von Rodank-Schöneck. 1256.

2. Eine Viertelstunde davon entfernt, am Weg von St. Sigmund zum Guggenhof, auf einem kleinen Hügel Mauerreste. Von den Leuten zum Unterschied von der Aschburg, dem „alten Gschloß", das „Schlößl" geheißen. Name und Geschichte sind verschollen.

KIENS

I. Kirchen

1. Pfarrkirche zu den Heiligen Petrus und Paulus

Bau: Die Pfarre Kiens wurde 1157 dem Kloster Neustift geschenkt. Der Fassadenspitzturm mit seinen zwei Reihen gekuppelter und eingeblendeter Spitzbogenfenster stammt aus dem 15. Jh. Die geräumige Kirche mit viereckigen Türen, Rundbogen- und Lünettenfenstern, außen polygonalem, innen

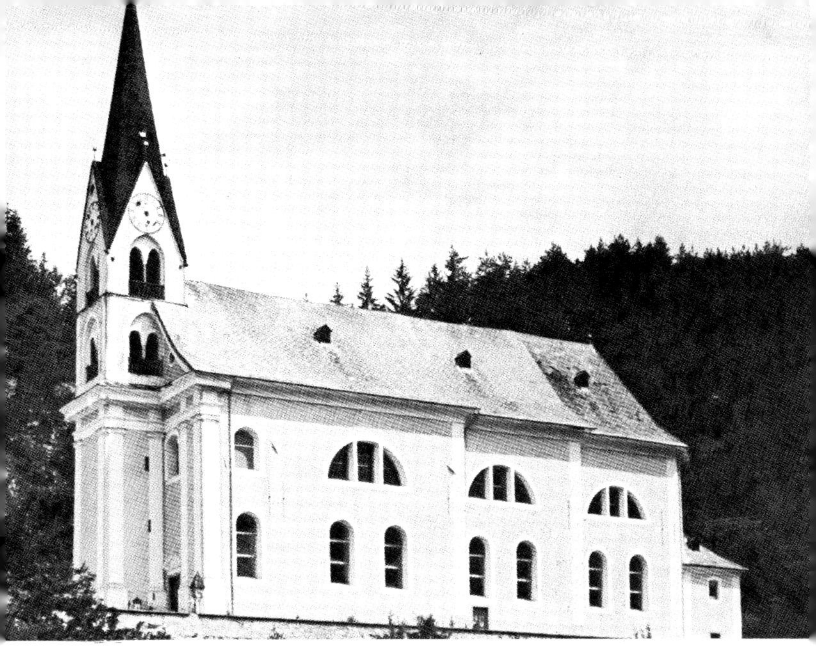

Kiens, Pfarrkirche

rundem Chorabschluß, mit drei Flachkuppeln über Wandpfeilern, Gebälk und Gurten wurde 1835 bis 1838 unter der Mitarbeit des Kuraten Jakob Prantl neu gebaut und 1838 geweiht und ist ein gutes Beispiel des ausklingenden Barock. Im Krieg schwer beschädigt, danach erneuert.

Deckengemälde: Im Chor das Opfer des Alten und des Neuen Bundes, in den Zwickeln die Evangelisten; im Langhaus Martyrium des hl. Petrus und die Kirchenväter; die Aussendung der Apostel und die göttlichen Tugenden. Eklektisches Barock- und Rokokoornament. Von Josef Renzler, um 1840. 1901 stark erneuert.

Altäre: Einfacher Aufbau mit Säulen, Volutengiebel am Hochaltar, mit Statuen Florian und Georg, und mit Bildern von Alois Stadler und Josef Renzler. Bauzeit der Kirche. Hochaltarbild Maria mit Petrus, Paulus und Engeln, signiert: A. Stadler pinxit 1838.

Taufstein: Granit und weißer Marmor. Kelchform, Holzdeckel. Ende 17. Jh. Statuette des hl. Johannes d. T. neu.

Kanzel: Polygonaler Aufbau, Kuppeldach mit Engeln, eklektisches Rokokoornament. Bauzeit der Kirche.

Beichtstühle: Pilastergliederung, aufgebogenes Gebälk. Bauzeit der Kirche.

Holzskulpturen:

1. Pietà mit Johannes und Magdalena. Gefühlvoller Ausdruck, kleinknitteriger Faltenwurf. Anfang des 16. Jh.s.
2. Kruzifix, lebensgroß, starker Ausdruck und sorgfältige anatomische Durchbildung. Bauzeit der Kirche.
3. Hl. Sebastian, 19. Jh.

Gemälde: Hl. Aloysius, in reich geschnitztem Rocaillerahmen. 18. Jh., 2. Hälfte.

Kreuzweg: Josef Renzler, 1813.

Monstranz: Turmaufbau mit Reliefs, der ursprüngliche Glaszylinder durch eine runde Öffnung ersetzt. Neben gotischen Ornamenten Beschlagwerk. Emailwappen der Künigl. Um 1600.

Grabsteine:

1. Weißer Marmor. In vertieften Feldern oben Wappen, unten Inschrift. Caspar Künigl, gest. 1541.
2. Weißer Marmor. Großes Kreuz, von zwei Wappen flankiert. Hilprant von Weineck, gest. 1370.

3. und 4. Bodenplatten aus Granit mit Kreuz und den Wappen der Herren von Pfalzen (von Mörl). 15. Jh.

5. Weißer Marmor. In Rundbogennische gewappnete Halbfigur. Bernhard Künigl, gest. 1575. Am Bogen Meisterbezeichnung S H (Silvester Huber) 1579.

2. Friedhofskapelle

Rundbogentür in abgefaster Steinrahmung, Gratgewölbe. 16. Jh. Altar um 1700, Grabsteine von Ehrenburger Kaplänen, 18. Jh., 2. Hälfte.

3. St. Martin in Hofern

Bau: Der spätgotische Bau, dessen Spitzbogenfenster (mit einer Ausnahme) später verändert wurden, zeigt ein spitzbogiges Portal, am Chor, der wie der Spitzturm aus Quadern aufgeführt ist, Sockel und Schräge, am Turm Spitzbogenschallfenster, im Innern über Wandpfeilern Netzgewölbe mit runden und viereckigen Schlußsteinen. Die Langhausmauern sind wohl noch romanisch, ihre Erhöhung, das Gewölbe, der Chor und der Turm um 1473.

Altar: Flügelaltar mit hoher Predella und einfachem Gespreng mit lebhaft ausgebogenen Fialen, Rankenwerk und über den Statuen sich durchschneidende Fialen und Bögen. Skulpturen: Im Schrein Maria mit Christkind zwischen Martin und Silvester, in der Predella hl. Anna selbdritt und Joachim und Josef, an den

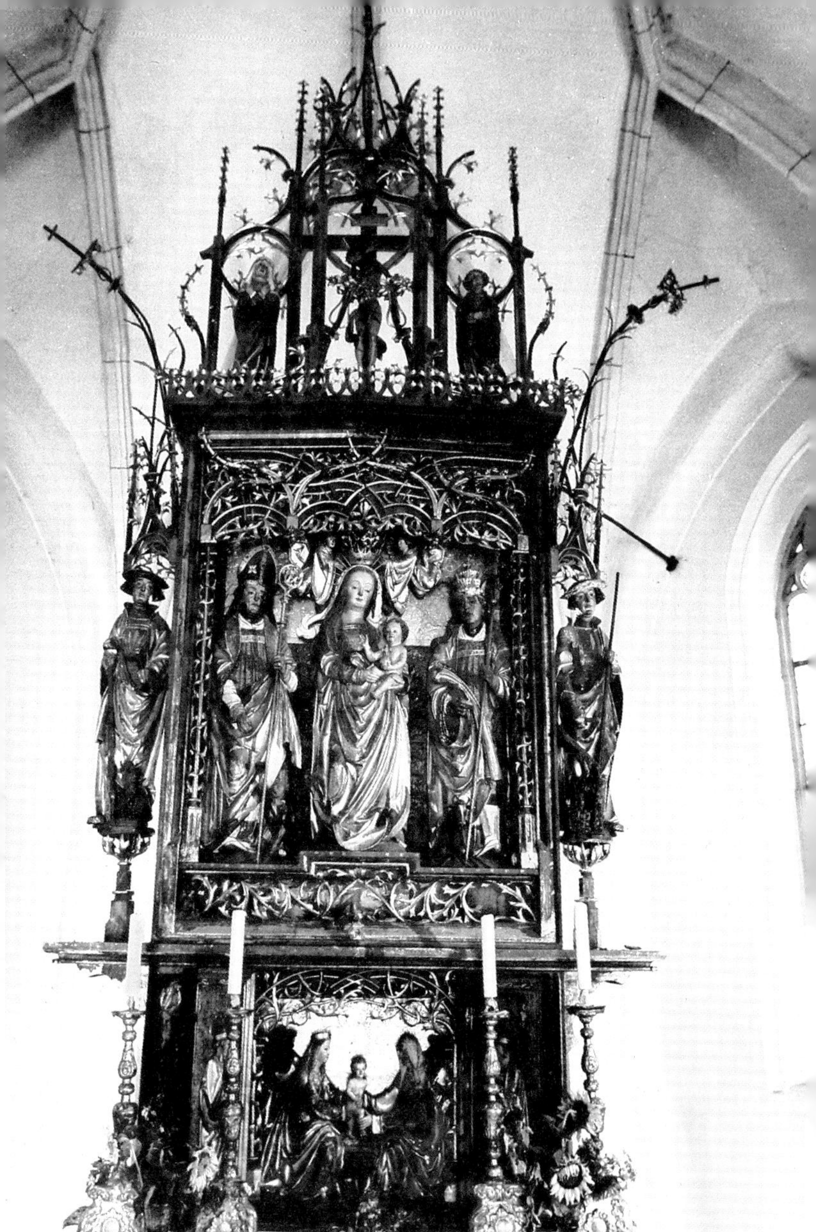

St. Martin in Hofern, Flügelaltar

Predellaflügeln innen Katharina und Barbara, an den Schreinflanken Georg und Florian, im Gespreng Kreuzigungsgruppe. Gemälde: An den Predellaflügeln außen hll. Agnes und Dorothea, seitlich vom Sarg Petrus und Paulus, an der Rückseite Veronika mit Schweißtuch und Rankenornament. Gute Arbeit um 1520.

Holzskulpturen: Hl. Martin.* Ende 15. Jh. Gute Arbeit.
Maria mit Kind im Rosenkranz, Gottvater und Hl. Geist, 17. Jh.

Gemälde: Dornenkrönung des Meisters von Uttenheim, 15. Jh., 2. Hälfte. Jetzt im Diözesanmuseum Brixen.

Glocken:
1. Kruzifixus, Maria mit Christkind, Medaillon mit Kreuzigung, Barbara. 1568.
2. Kreuzigungsgruppe, hl. Paulus, gegossen von Benedikt Grasmayr. 1642.

II. Römischer Meilenstein

An der Straße zwischen Kiens und Kniepaß. Meilenstein der Kaiser Carus und Carinus (?). 282/283 n. Chr. Dazugehörig zwei Granitsteine von über 3 m Länge, der eine beim nahen Hauserhof als Gattersäule verwendet.

III. Häuser und Edelsitze

Ehemals Nr. 17, altertümliches Haus. An den schmalen Fenstern gekehlte Sohlbänke. Fresko, Pietà mit Johannes und Magdalena. Um 1500. Abgebrannt. — Nr. 70 Freitreppe mit Loggia und Holzsöller. Am Sturz der steingerahmten Türe 1659. Im Flur Gratgewölbe, an der Treppe Säulen, Stube und Kammer abgebrannt und erneuert. Nach der Überlieferung war das heutige Benefiziatenhaus, das aber seine heutige Gestalt erst dem 16. bis 17. Jh. verdankt, der einstige Sitz der jüngeren, seit 1278 erwähnten Herren von Kiens, während der Platz des 1050/65 erwähnten und vom Edelfreien Noppo (von Klenau-Ismaningen bei Freising) dem Herrenstift Brixen übergebenen „castrum Kiens" vielleicht im heutigen Bäckanwesen (Nr. 51) nordwestlich der Kirche zu sehen ist. Auf *Mühlen,* einem einfachen, gänzlich erneuerten Bau mit Erkerturm, saß ein seit 1248 nachweisbares Dienstmannengeschlecht der Schönecker, das sich im 14. Jh. von Mühlen nennt und den Sitz 1363 an die Herren von Pfalzen vererbte. Ihre Nachkommen, die Herren von Mörl, lebten bis ins 16. Jh. hier, blieben bis zum Ende des 19. Jh.s im Besitz von Mühlen und führen davon noch heute das Prädikat. Im Inneren noch Flur mit Gratgewölbe und durchbrochenes, gotisches Steingeländer im ersten Stock.

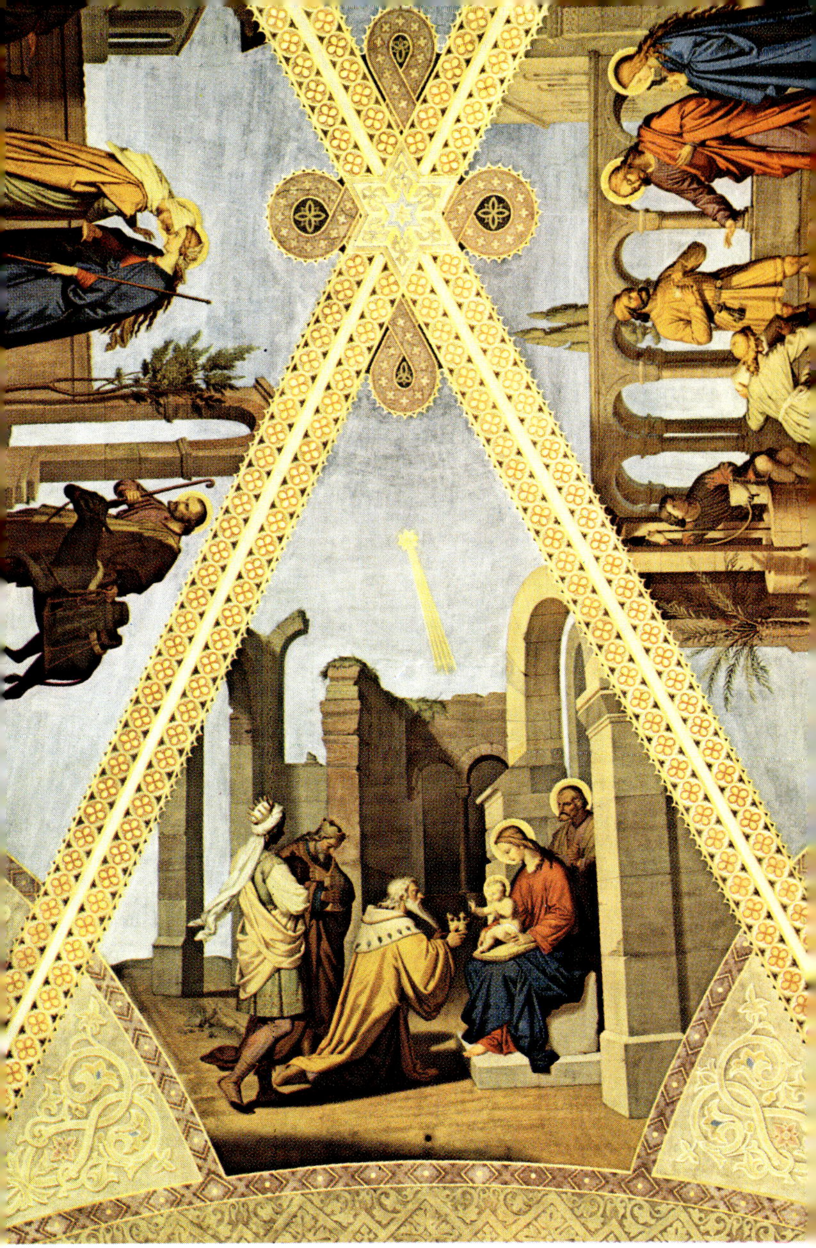

Tafel XXIII Bruneck, Pfarrkirche, Deckengemälde von Georg Mader, 1853/60 (S. 512)

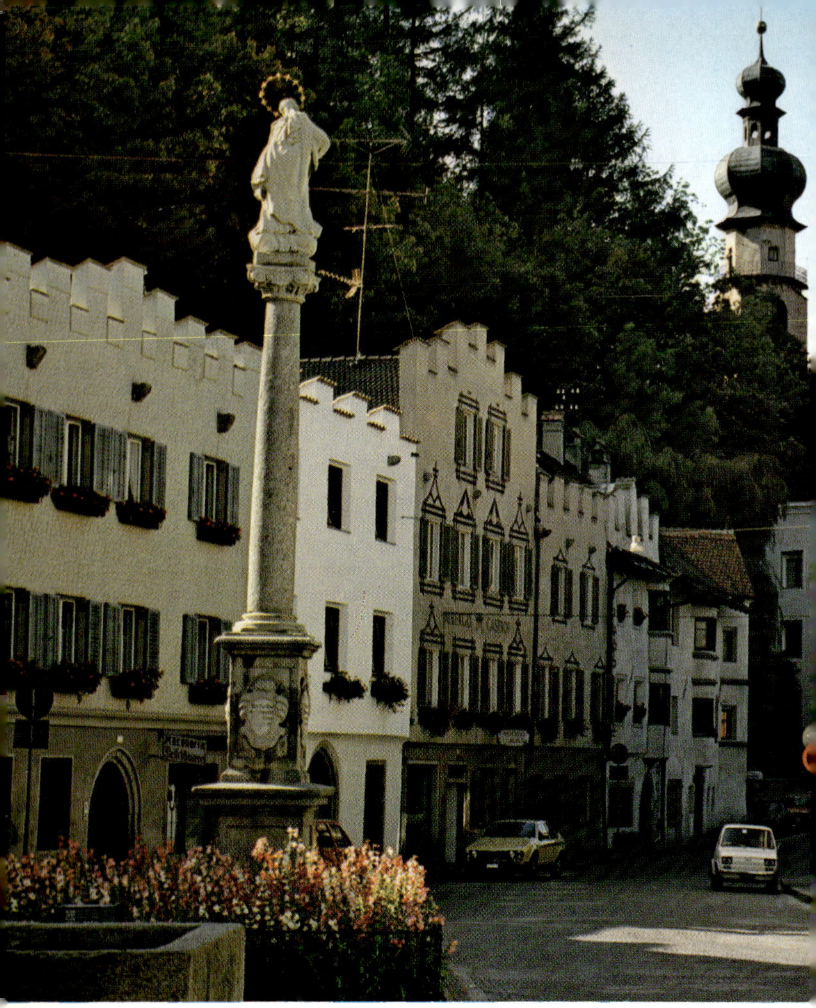

Tafel XXIV Bruneck, Oberragengasse mit Mariensäule von 1716 (S. 521

IV. Schöneck

Von der Burg hat sich an der Eingangsseite der spitz vorspringende Zwinger, ein großer Teil der Burgmauer mit dem steingerahmten Rundbogentor, östlich davon die Ruine der Burgkapelle mit dem Rest eines Freskos Heimsuchung, Krönung Mariä, Stifter Künigl mit sechs Töchtern, Clesisches Wappen, 1485 (?), aus der Pacherwerkstatt, im heutigen Bauernhaus ein Stück des Palas mit verfallener Treppenanlage aus schönen Quadern, und vor allem der mächtige, sechs Geschosse hohe Bergfried erhalten, dessen Rundbogentüre heute in den Dachraum des anschließenden Wohnhauses mündet und dessen drei Wohngeschosse an den verschieden geformten Fenstern Seitensitze zeigen. Die Bauformen und das ungefähr regelmäßige Mauerwerk mit ausgestrichenen Mörtelfugen am Bergfried weisen am ehesten auf die Mitte des 13. Jh.s hin. Gründer der Burg waren die sich seit 1156/64 nach Schöneck nennenden brixnerischen Ministerialen von Rodank, die um 1378 ausstarben. Die Burg wurde später von den Grafen von Görz und dann von Tirol als Pflege oder Pfand weiterverliehen, darunter auch an die Wolkensteiner. Der Minnesänger Oswald von Wolkenstein wurde um 1377 höchstwahrscheinlich auf Schöneck geboren. Seit 1665 Grafen Künigl, 1964 Kauf durch Familie Dr. Tinzl.

EHRENBURG

1. Propstei- und Pfarrkirche zu Mariä Himmelfahrt

Bau: Eine Kirche wurde 1370 von Stephan Künigl, der Spitzturm mit den gekuppelten Rundbogenschallfenstern 1600 erbaut. Das heutige Gotteshaus, 1698 bis 1701 von Fürstbischof Caspar Ignaz Künigl und seinem Bruder Sebastian neu errichtet und 1707 geweiht, besitzt einen eingezogenen gerade abschließenden Chor, viereckige Türen, Viereck- und Lünettenfenster; im Langhaus ein Tonnengewölbe mit Quergurten über geschichteten Pilastern, zwischen denen die Wand in großen Rundbogennischen zurücktritt, und im Chor ein Gratgewölbe über Halbpilastern.

Wandgemälde:

1. Außen Sonnenuhr mit Ansicht des Schlosses Ehrenburg vor dem Umbau und Allianzwappen Künigl-Mauleon, und Kreuzweg. 18. Jh., 1. Hälfte.
2. Innen: Im Chor Mariä Himmelfahrt, hl. Sebastian und Alexander, im Schiff Anbetung der Könige, hl. Philipp und Jakob als

Fürbitter und eine Anzahl einzelner Heiliger. Reiches dekoratives Beiwerk mit Voluten, Rocaille, Blumensträußen, Vasen, Engeln usw. Trotz der flüchtigen Detailarbeit gute Gesamtwirkung. Von J. A. Mölkh. 1755. Am Gewölbe und an den Wänden Stukkaturen aus derselben Zeit. Die Kirche wurde 1957 mustergültig hergestellt und gehört zu den schönsten Barockkirchen von Südtirol.

Hochaltar: Kräftiger Säulenaufbau aus Marmor mit verkröpftem und aufgebogenem Gebälk, Giebelstücken mit Aufsatz und Bildern. Mariä Himmelfahrt und Dreifaltigkeit, von Matthias Pussjäger. Am Sockel Brustbild und Wappen des Stifters, Fürstbischofs Caspar Ignaz Graf Künigl, der die drei Altäre 1707 weihte und eine Propstei errichtete.

Seitenaltäre: Säulenaufbau aus Marmor mit aufgebogenem Gebälk und gesprengtem Giebel. Links Holzskulpturen. Kreuzigungsgruppe*; rechts Bild, Hl. Familie. Gute Arbeit signiert. Pusieger pinxit 1705.

Kanzel: Brauner Holzbau, Polygonale Form mit leistengerahmten Feldern, Ecksäulchen, Kuppeldach. Um 1700.

Orgel: Einfacher Flügelkasten, geschnitztes Schleierwerk, 1720. An den Flügeln innen gemalt Auferstandener, Maria (von Christian Renzler) und Verkündigung. 18. Jh., 1. Hälfte.

Übrige Einrichtung: Bauzeit der Kirche.

Totenschild: Runde Form. Geschnitztes Wappen mit Helmzier: steffan künigl... stiffter der capelln... 1411.

Holzskulptur: Johannes von Nepomuk. 18. Jh., 1. Hälfte.

Grabstein: Am Triumphbogen beiderseits Epitaphe aus Marmor und Stuck. Georg Sebastian Graf Künigl, gest. 1739, und seine Gemahlin Gabriele Gräfin Mauleon, gest. 1740. Inschriften neu.

Glocke: Gegossen von Heinrich Reinhart 1603. Vier Rundmedaillen mit den Evangelisten, Küniglsches Wappen.

2. Gruftkapelle

Bau: An das Presbyterium angebaut, von dem eine Treppe mit Schmiedeeisengitter in den flachgedeckten Vorraum und in die mit einem niedrigen Kreuzgratgewölbe eingedeckte eigentliche Kapelle führt. Nach der Tradition unterirdische Heidengruft, die 472 zur christlichen Kultstätte umgebaut worden wäre und dann gegen 1000 Jahre unter der Erde verborgen lag, bis Peter Künigl 1370 hier die Familiengruft erbaute (wobei er vielleicht auf älteres Mauerwerk stieß). Später von Wallfahrern viel besucht.

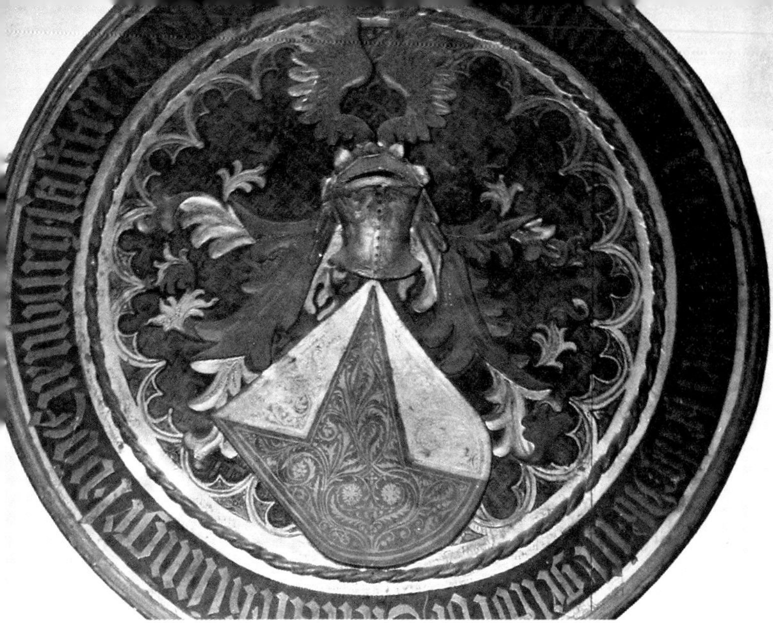

Ehrenburg, Pfarrkirche, Totenschild Stephan Künigl

Holzskulpturen:
1. Am Altar die „Kornmutter“, Maria mit Christkind, primitive Arbeit, wohl 2. Hälfte des 14. Jh.s.
2. Im Vorraum kleine Pietà, 14. Jh., oder Kopie nach einem Original aus dieser Zeit. 1. und 2. und acht Putti im Juni 1975 gestohlen. Durch Kopien ersetzt.

Gemälde:
1. U.L. Frau im Ährenkleide, 15. Jh. Ganz zerkratzt, was wohl auf einen Aberglauben der Wallfahrer zurückgeht. (Restauriert).*
2. Maria mit Christkind und mit der Stifterin, Freifrau Barbara Künigl, 1606.*
3. Kampfszene aus den Türkenkriegen. Oben das Ehrenburger Gnadenbild, unten die Stifterin Gabriele Gräfin Künigl, deren beide Söhne 1712 am Türkenkrieg teilnahmen. Von Michael Ignaz Milldorfer. 1975 gestohlen.

3. Kapelle zur hl. Magdalena

1742 von Alexander Graf Künigl erbaut. Wandgemälde, außen die Einsiedler Paulus und Antonius mit Allianzwappen der

Erbauer; innen Himmelfahrt der hl. Magdalena und Anachoretenszene. 18. Jh., 2. Hälfte. Muschel- und Kupferkiesdekoration.

II. Bildstock

Zwischen Schloß und Kirche, viereckiger Schaft. In den flachen Nischen des Aufsatzes übermalte Fresken, Kreuzigungsgruppe, Maria mit Christkind, Ölberg und Dornenkrönung. Mitte 16. Jh.

III. Römischer Meilenstein

Westlich außerhalb des Dorfes. Meilensäule der Kaiser Septimius Severus, Caracalla und Geta. 201 n. Chr. 1927 gefunden und neu aufgestellt.

IV. Schloß Ehrenburg

Die an einem von Natur aus nur schwach geschützten Hügelhang gelegene Burg besteht aus dem mittelalterlichen „alten Schloß" und einem zweiflügeligen neueren Trakt mit Arkadenhof, der jetzt das eigentliche Schloß bildet. Im älteren Teil ein Turm mit auffallend dünnen Mauern und mehreren unregelmäßigen Anbauten, die zahlreiche winkelige Räume enthalten. Beachtung verdienen am Turm und am südlichen Anbau je ein romanisches Doppelbogenfenster mit Mittelsäule und Blattkapitell und ein Fresko, hl. Christoph und Georg vom Ende des 15. Jh.s. Im neuen Schloß ein viereckiger und zwei runde Ecktürme mit verkümmerten Schwalbenschwanzzinnen, ersterer („Römerturm") mit Buckelquadern. Im Hof schöne zwei- bzw. dreigeschossige Rundbogenarkaden auf drei Seiten, die im ersten Stock Brüstungen mit Pilastern und das Wappen der Künigl und Welsberg zeigen (Kaspar Künigl, der Erbauer des Hofes, heiratete 1519 Barbara Welsberg). Ebenerdig teils Säulen, teils massige Viereckpfeiler, in den oberen Geschossen durchwegs Säulchen mit toskanischen bzw. Knospenkapitellen. Der Hof ist ein bedeutendes und frühes Beispiel der Renaissancearchitektur in Südtirol. Die Außenseite zeigt regelmäßige Fensterreihen mit gemalten Rahmungen. Der erste Stock enthält einen großen Saal mit einem Deckengemälde von 1732, das alle für die Familie Künigl bedeutsame Wappen aufweist, und Familienbilder, von denen vier aus dem 16. Jh. stammen, und ein Erkerzimmer mit Getäfel und Rosettendecke aus dem 17. Jh. Im zweiten Stock sind das Stiegenhaus, drei Zimmer und besonders der Saal reich mit Stukkaturen verziert. Im Saal Porträt des Fürstbischofs Caspar Ignaz, der diesen Raum neu ausstattete; im Erkerzimmer Pilastergetäfel und schöne Kassettendecke, vom ersten Stock übertragen. In der Kapelle Altar mit Bild, Johann Nepomuk, vor der Madonna kniend, Franz Unterberger, 1734, und altes Tafel-

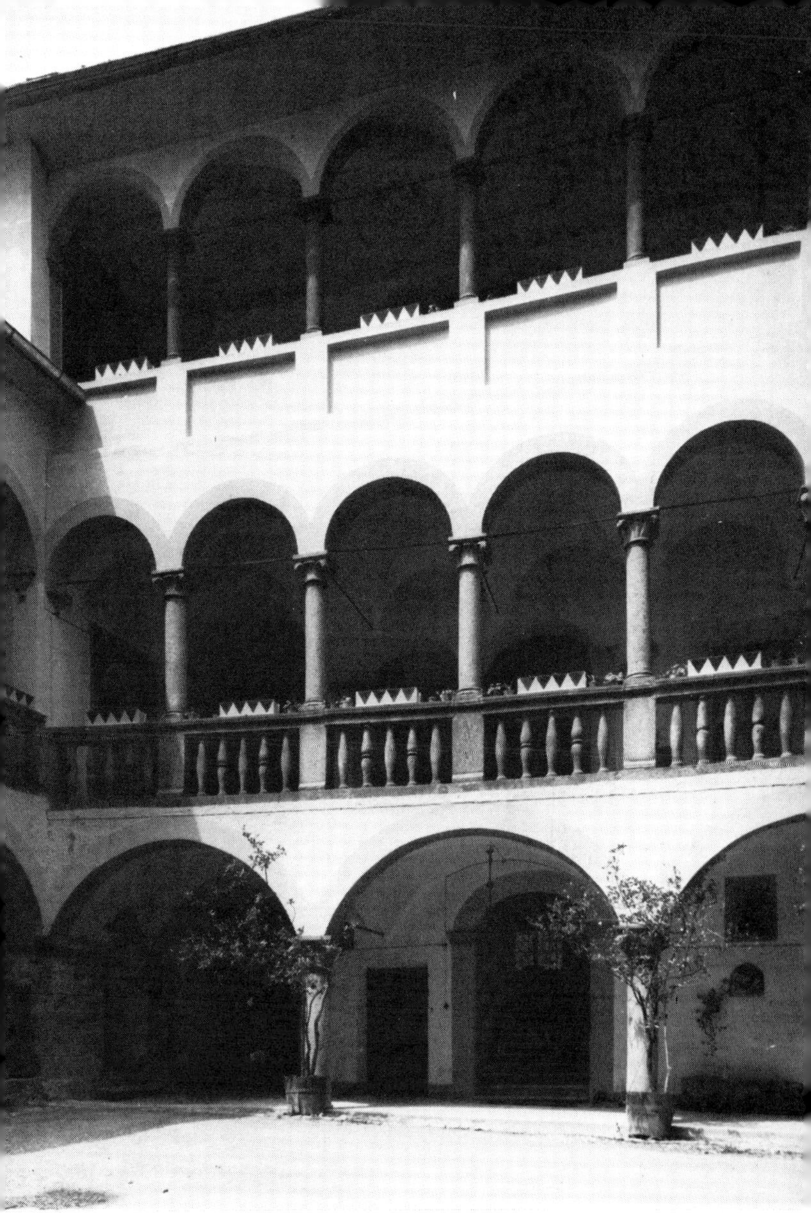

Schloß Ehrenburg, Arkadenhof

bild. Vermählung Mariä, schwäbisch, um 1520. Ferner eine gute Kopie des Volto Santo. In der Bibliothek eine 15 m lange Huldigungsrolle, die anläßlich der Krönung Karls V. durch Papst Klemens VII. gemalt wurde, mit Hunderten fein ausgeführten Porträts der am Krönungszug Beteiligten.

Im Schloßpark steht seitwärts das *Widum*, ein gefälliger Bau mit Pilaster- und Bändergliederung, säulengerahmtem Portal, ausgebauchtem Schmiedeeisengitter am Balkon und Volutengiebel. In der Mitte geräumiger, zweigeschossiger Saal mit zwei Kaminen.

Die Herren von Ehrenburg mit dem Beinamen Rex (König, Künigl), Ritter der Herren von Rodank, werden vielleicht 1198, sicher aber 1270/80 erwähnt; sie sitzen heute noch auf der von ihnen erbauten Burg, die wahrscheinlich ursprünglich nur ein einfacher Wohnturm war. Ende des 15. Jh.s wurde sie weiter ausgebaut, erhielt 1522 durch Maestro Lucio de Spaciis aus Trient den Arkadenhof und wurde durch den Fürstbischof Caspar Ignaz und seinen Bruder Sebastian Künigl um 1732 zu einem Barockschloß umgebaut. Seit 1980 für die Öffentlichkeit zugänglich. Restaurierung von Dach und Turm.

PFALZEN

I. Kirchen

1. Pfarrkirche zum hl. Cyriakus

Bau: Ein Oratorium schon um 1090 genannt und dem Hochstift Brixen geschenkt. 1177 die Kirche dem Kloster Neustift überwiesen. Der Turm aus Quadern, mit eingeblendeten Spitzbogenschallfenstern und Spitzhelm, 15. Jh. Die Kirche mit Riesenpilasterordnung an der Fassade, Gruppen von Viereck- und Lünettenfenstern, abgesetztem, dreiseitig abschließendem Chor, Tonnen über Wandgurten, umlaufendem Gebälk und Mauerpfeilern mit Pilastervorlagen, ist ein weiträumiger Neubau von 1851, geweiht 1854. Restauriert 1917, 1971 und 1980.

Deckengemälde: Huldigung der Kirche vor Maria, Mariä Himmelfahrt, Kirchenväter, Leben des hl. Cyriakus. Am Chorbogen: Kirche besiegt das Heidentum. Signiert Kristian Holzinger 185..

Altäre: Einfacher Säulenaufbau. Bauzeit der Kirche. Am Hochaltar Statuen Augustinus, Sebastian, Florian, Kassian, vom Anfang des 18. Jh.s und Bild, hl. Cyriakus, von Carl Henrici. Seitenaltarbild Mariä Himmelfahrt, von Cosroe Dusi, 1836, derzeit im Widum, und Hl. Familie, Mitte 19. Jh.

Orgel, von Franz Weber, 1855.

Holzskulpturen: Am Seitenaltar, Schmerzensmutter. Um 1700.

Kreuzweg: Gute Arbeit, bez. Josef Renzler. 1819.

Glocke: 1538.

Weihwasserstein: Granit. Steinmetzzeichen 1578.

2. Friedhofskapelle

Originelle Anlage mit rundem Chor und quer vorgelegtem, tonnengewölbtem Schiff, 17. Jh. Statuen gestohlen.

Grabstein: Martin Warsel CR, 1707.

3. St. Valentin

Bau: Der spätgotische Bau mit Spitzbogenportal, Spitzbogenfenstern, reichem Sterngewölbe, dessen derb profilierte Rippen mit Schlußsteinen im Langhaus auf plumpen Wandpfeilern, im abgesetzten und polygonalen Chor auf Runddiensten aufsitzen, wurde 1434 geweiht, aus welcher Zeit sich aber nur die Langhausmauern erhalten haben. Das Gewölbe, der Chor und der aus schönen Quadern errichtete Spitzturm, der im Erdgeschoß die mit einem Sterngratgewölbe gedeckte Sakristei enthält und spitzbogige Schallfenster zeigt, wurde erst im 16. Jh. hinzugefügt. An der Chorstufe die Jahrzahl 1679. Gesamtrestaurierung 1980 abgeschlossen.

Wandgemälde:
1. Außen Heimsuchung, Kreuzigungsgruppe, hl. Valentin und zwei männliche Heilige. Schlanke Gestalten, ausdrucksvolle Köpfe, noch rundliche, flüssige Falten, Stifterinschrift: hans mair in veld und sein hawsfraw margret. 1434.
2. An den Gewölbeschlußsteinen Ornamente und Wappen, darunter das der Künigl und des Klosters Neustift. 16. Jh.
3. 1979/80 an der Nordwand aufgedeckt: In den westlichen vier Wandfeldern gute und schlechte Taten, in den beiden östlichen Passionsszenen. Mit teilweise unleserlichen Schriftbändern verbunden. Friedrich Pacher zugeschrieben. 1487.

Altar: Schön proportionierter und reich bewegter Säulenaufbau mit Gebälkstücken und Volutengiebel. Bilder, hl. Valentin und Anton Abt, von Franz Unterberger. Auch die Statuen hll. Johannes und Paulus, Silvester und Martin, hl. Michael und zwei Engel sind gute Arbeiten. 1752.

Kanzel: Polygonale Form, Ecksäulchen mit Rebengerank, Knorpelwerk, geschnitzte Evangelistensymbole. Ende 17. Jh.

Chorstuhl: Geschuppte Hermenpilaster. 18. Jh., 1. Hälfte.

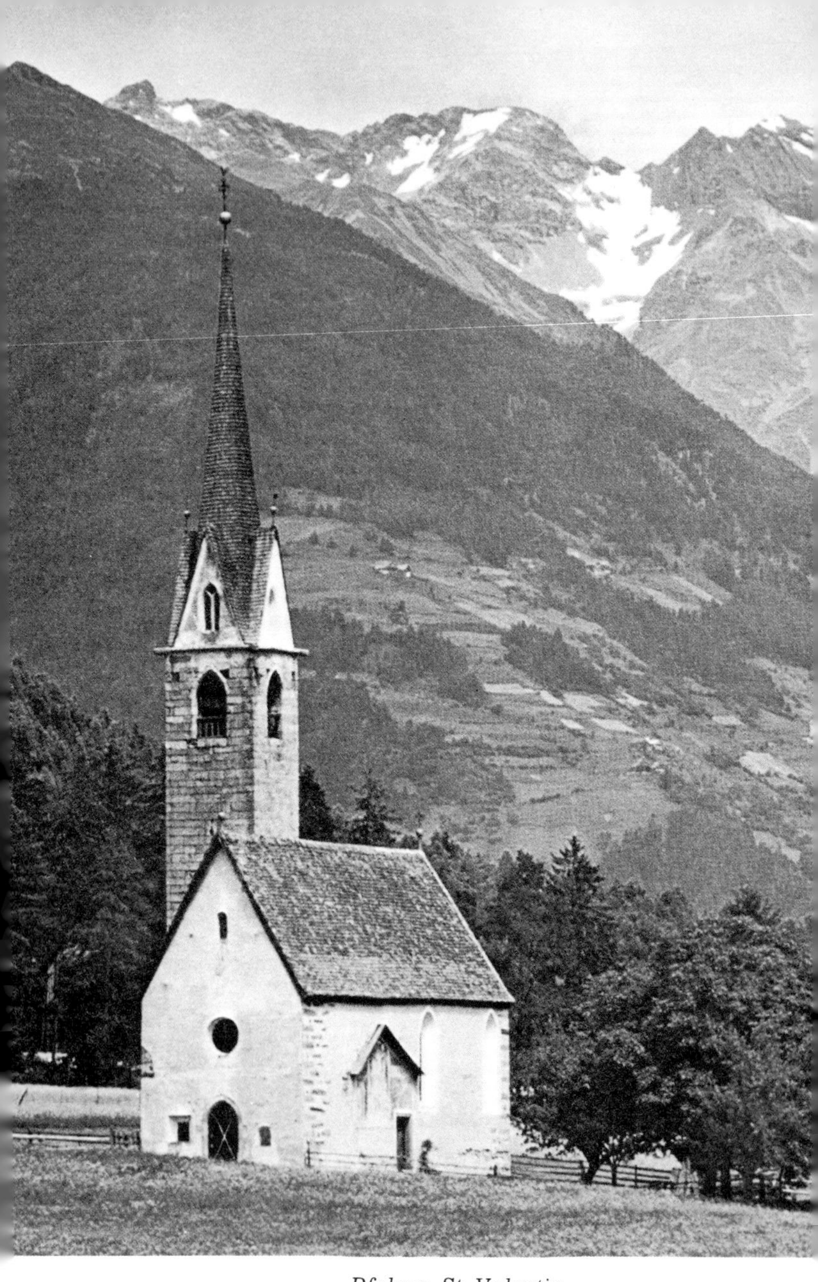

Pfalzen, St. Valentin

Holzskulptur: Hl. Valentin. Scharf ausgeprägter Charakterkopf, teils noch rundlicher, teils schon brüchiger Faltenwurf mit gehäuftem Auffall. Frühwerk Michael Pachers (?). Derzeit deponiert. Kruzifix, 18. Jh.

Gemälde: Pietà, ehemaliges Seitenaltarblatt. Christian Renzler, 18. Jh.

4. St. Nikolaus in Issing

Bau: Von der ursprünglichen Kirche haben sich noch die Langhausmauern erhalten. Um 1519 wurde das Langhaus eingewölbt und der vierseitig abschließende Chor mit dem Spitzturm, beide aus Quadern und mit Spitzbogenfenstern, neu gebaut. Im 18. Jh. wurde die Kirche roh entgotisiert. Gewölbeschlußstein mit Brustbild eines Engels 1974 freigelegt. Michael Pacher zugeschrieben. 1457. Deponiert.

Hochaltar: Säulenaufbau mit Seitentüren, Volutengiebel. Statuen hl. Bischof, Bartholomäus, Rochus, hl. Abt und Bilder hll. Nikolaus, Ingenuin und Albuin, bez. J(ohann) G(eorg) P(runner), am Giebel Sebastian. Mitte 18. Jh.

Seitenaltar: Strenger Aufbau, zwei Pilaster, gerades Gebälk, Dreieckgiebel. Bild hl. Elisabeth. Signiert Ant. Bachlechner invenit 183..

Kanzel: Runde Form. Anf. 19. Jh.

Gemälde: Mariahilf. Rahmen mit reich geschnitztem, bewegtem Rocaille. Um 1770.

5. St. Johann in Hasenried

Bau: Der einfache spätgotische Bau mit polygonalem Chorabschluß und Spitzturm besitzt zwei Rundbogentüren in abgefaster Steinrahmung und über den Wandgurten, im Langhaus auf Steinpfeilern, im Chor über Spitzkonsolen, ein Netzgewölbe mit reichprofilierten Rippen; auch die Schallfenster des Turms zeigen noch die Spitzbogen. Die 1436 erwähnte Kirche erhielt ihre heutige Form um 1500. Die Fenster wurden später verändert. Restaurierung 1977 bis 1982.

Hochaltar: Säulenaufbau mit Bild und Statuen. Derbe Arbeit von 1766.

Seitenaltäre: 17. Jh. Bild Mutter Anna, bez. Michael Kachler. 183.. 1979 alle Figuren und Bilder geraubt.

6. Brunnenkapelle in Hasenried

Einfacher Bau. Statt des Altars Grotte mit Holzstatuen (1979 geraubt) und Brunnen, der in alter Zeit als Heilquelle viel besucht wurde. Der Bau von Jakob Kofler verlobt und 1716 errichtet.

7. Hofern siehe Kiens

II. Bildstock

Viereckiger Schaft aus Quadern, in den Flachbogennischen des Aufsatzes Passionsbilder von Simon von Taisten, um 1500. Fragmentarisch.

III. Edelsitze

Der *Pfarrhof* war nach der Tradition Sommersitz der Grafen von Görz. Im Keller die regelmäßigen Steinlagen, die ausgestrichenen Mörtelfugen und eine Holzsäule sichtbar, die auf das 13. Jh. hinweisen. Gut restauriert. Möglicherweise hatten hier neben der Kirche die seit dem Ende des 11. Jh.s erwähnten brixnerischen Ministerialen von Pfalzen ihren Sitz. — *Luttach,* ein einfacher Bau mit viereckigem Eckturm und geschwungenem Pyramidendach, bis 1380 im Besitz der Herren von Pfalzen, dann an die Herren von Luttach übergegangen, deren Name am Edelsitz haften blieb. Die Wenzl von Sternbach, die sich 1689 hier einkauften, führten danach ein Prädikat; seit Anfang 19. Jh. bäuerlich. — *Sichelburg,* kleiner turmförmiger Bau mit übereck gestelltem Erkerturm und polygonalem Erker an der Süd- und viereckigem Erker an der Ostseite hat gezinnte Tormauer und im Hausflur Gratgewölbe und Fenster mit Seitensitzen, zwei Erkerstuben mit einfachem Getäfel. Sitz der im 14. Jh. erwähnten jüngeren Herren von Pfalzen, von denen die Herren von Mörl abstammen; der Name stammt von den beiden Sicheln im Wappen der Plazoller, die von 1358 bis 1450 hier Besitzer waren. Dann Juckl aus Toblach, ab 1524 wieder die Herren von Mörl Besitzer, von denen sie 1763 die Mayrhofen erbten. Dann bäuerlich, heute Familie Plangger.

ST. LORENZEN

I. Kirchen

1. Pfarrkirche zum hl. Laurentius

Bau: Die dreischiffige, von vielen Umbauten zeugende Anlage hat am Chor einen dreiseitigen, am nördlichen und südlichen Seitenschiff einen geraden Abschluß. Gegen Westen sind den Seitenschiffen Türme, dem nördlichen außerdem eine Kapelle vorgelagert. Die erneuerte Fassade zeigt zwei Spitzbogentüren, die Fenster sind, abgesehen vom auffallend schmalen, spitzbogi-

gen Ostfenster des Chors, durchaus später umgeformt. Einen Sockel mit Quaderschräge besitzt nur das nördliche Seitenschiff, die Seitenschiffe stützen je zwei einfache, den Chor drei gegliederte und aus kleinen Quadern aufgeführte Strebepfeiler. Der kleinere, ältere Turm besitzt Rund- und darüber breite Spitzbogenschallfenster und eine niedrige, viereckige Dachpyramide, der große einen Sockel mit Quaderschräge, große Spitzbogenfenster und achteckiges Spitzdach. Im auffallend niedrigen Mittelschiff Kreuzrippengewölbe aus überaus schweren Rippen mit Quer- und teilweise auch mit Längsgurten, im nördlichen Seitenschiff und in der Egererkapelle Grate, im südlichen Seitenschiff asymmetrische, zierlich profilierte Rippen, wobei aber die Form der Rippen und Gurten vielfach wechselt. Im Westen Empore auf zwei durch Rundbogen verbundenen Steinsäulen mit Knospenkapitälen. Der Chor bei der Restaurierung von 1957/58 um sieben Stufen erhöht.
Eine Pfarrei wird 1207 erwähnt. Den ältesten Teil der Kirche bilden zwei Joche des Mittelschiffes, die aber auch unter sich wieder kleinere Verschiedenheiten aufweisen, und wahrscheinlich der westliche Teil des nördlichen Seitenschiffes. Die Gewölbe dieses Teiles reichen wohl noch ins 13. Jh. zurück. Das vierte Joch und der Chor wurden in der 2. Hälfte des 14. Jh.s, die Egererkapelle (Weihe 1714) und wahrscheinlich auch das südliche Seitenschiff in spätgotischer Zeit hinzugebaut bzw. in die heutige Form gebracht. Der östliche Abschluß beider Seitenschiffe ist jünger, der Nordturm 13. Jh., der Südturm um 1454. 1974 Krypta geöffnet (Fischgratmauerwerk!).

Wandgemälde:
1. Nicht sichtbar an der Südmauer Freskenreste, hl. Christoph und Kreuzigung. 15. Jh.
2. Über dem Gewölbe der Egererkapelle Teile einer Kreuzigungsgruppe und eines Schmerzensmannes in weiß-roter Streifenrahmung. Um 1400.
3. Über dem Gewölbe des nördlichen Seitenschiffes der obere Teil eines lebensgroßen Gekreuzigten, Italienisch, 14. Jh.
4. In der Egererkapelle reiche volkstümliche Gewölbedekoration mit Szenen aus dem Marienleben. 1715.
5. In der Egererkapelle neu aufgedeckt: Gregoriusmesse mit Heiligen. Kreuzigung. Wappen. Pacher-Werkstatt. Um 1500.
7. An einem Pfeiler des Mittelschiffes gekrönte Heilige mit Schwert. Um 1400 (?).

Glasgemälde: Im Chor Kompositionen in Anlehnung an Michael Pachers Laurentiusaltar von Josef Widmoser.

Hochaltar: Tabernakel mit den Aposteln, glasierte Reliefs von Maria Delago. Skulptur Maria mit dem Christkind, das eine Traube ißt. Schwerer, scharfbrüchiger Faltenwurf, freie und natürliche Haltung, im Antlitz Mariens Naturwahrheit und hoheitsvolle Würde vereinigt. Hervorragende Arbeit von Michael Pacher 1462/65. Begleitfiguren Margaretha, Katharina, Apollonia, Barbara. Von Jörg Stieger. Um 1700.

Seitenaltäre:
1. und 2. Kannelierte Säulen, gesprengter Dreieckgiebel, Volutenansätze. Der Altar links datiert 1668, der rechte eine Kopie von 1856. Bilder: Die Marter des hl. Erasmus, die Marter des hl. Sebastian. 17. Jh. Seitenfiguren Laurentius und Stephanus, Simon und Jakobus. Von Jörg Stieger. Um 1700.
3. In der Egererkapelle: Säulchen, verkröpftes Gebälk, Giebelstücke. Skulpturen. Um 1700.
4. Ebendort. Volutenpilaster, Engelkaryatiden, reich und zierlich verkröpfte Gebälkstücke, Allegorie und Embleme des Todes. 18. Jh., 1. Hälfte.

Kanzel: Breite, polygonale Form, mit Blatt- und Knorpelwerk und gehäuften Ecksäulchen reich verziert. Nischen mit Statuetten* der Kirchenlehrer. Am Schalldeckel Engel mit Buch. 1692. Stammt aus Sonnenburg.

Taufstein: Kelchform, 16. Jh., Aufsatz mit* Johannes d. T., 1816.

Holzskulpturen:
1. Kruzifix und Dolorosa. Starker Gefühlsausdruck, durchwühlte, wulstige und kleinknitterige Faltengebung. Die Muttergottes besonders qualitätvolle Arbeit. Um 1520/25.
2. In der Egererkapelle: Die Szenen des Leidens Christi von der Todesangst bis zur Abnahme vom Kreuz, dargestellt mit vielen lebensgroßen Figuren. Derbe, aber lebendige und volkstümliche Arbeiten von 1714, von Jörg Stieger.
3. Johannes d. Taufer, von Jörg Stieger, Anf. 18. Jh.
4. Johannes v. Nepomuk, Mitte 18. Jh., wohl von Johann Georg Silly. 3. und 4. auf Volutenpostamenten mit Engelsköpfen von Jörg Stieger.
5. Hl. Michael, von Jörg Stieger, Anf. 18. Jh.

Tafelbild: Maria mit Kind, vor der Laurentius und Michael für St. Lorenzen bitten, von Josef Renzler, 1836. Ehem. Altarbild.
In der Egererkapelle Jüngstes Gericht, von Gabriel Kessler, 1714.

Sanktusleuchter: Messing. Reichgegliederter Balusterschaft (Wappen mit Jahreszahl 1522, gestohlen).

Kreuzweg: Von Johann Georg Prunner, 1757.

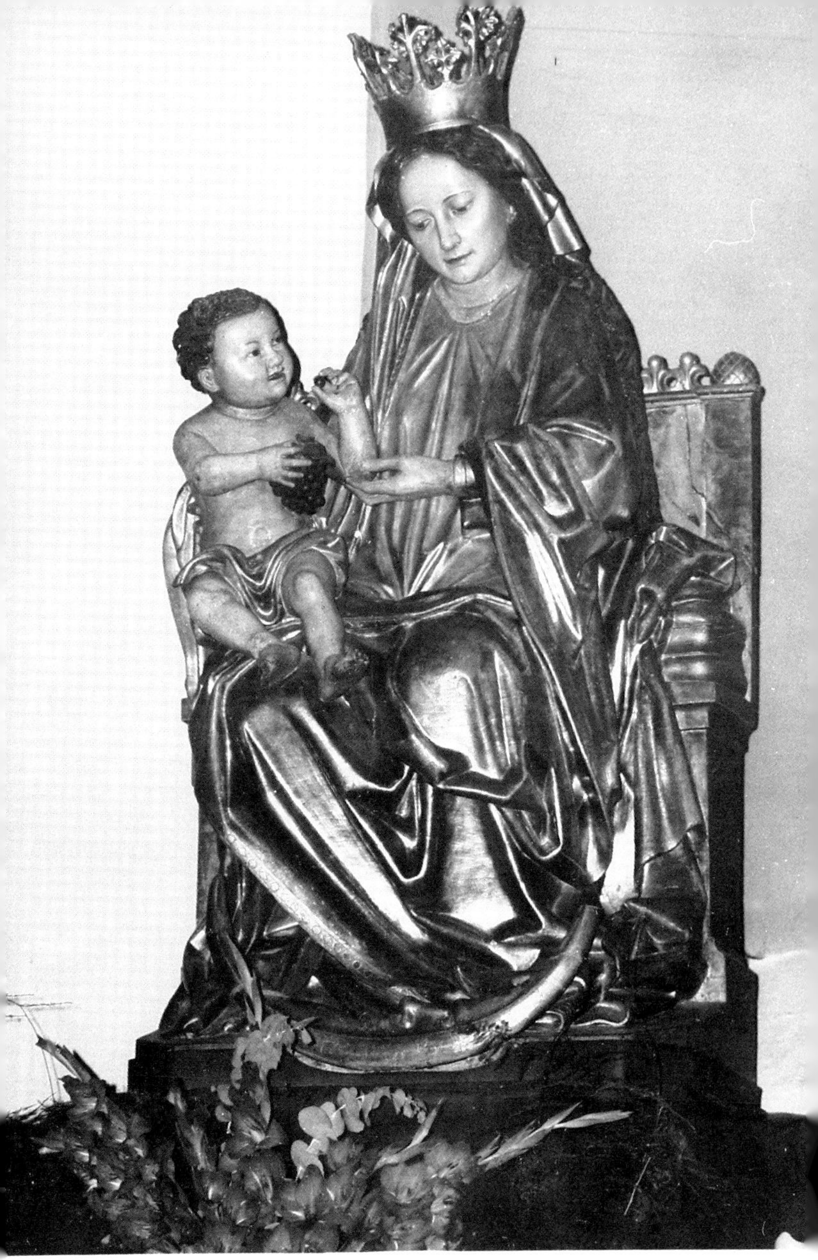

St. Lorenzen, Pacher-Muttergottes

Monstranz: Schlanke, elegante Turmform, vorn je vier Streben, insgesamt neun bewegte Statuetten einschließend. Der Glaszylinder durch einen ovalen Behälter ersetzt. 1517. Brunecker Werkstatt.

Grabsteine: Größtenteils von Adeligen, die in und um St. Lorenzen ansässig waren. 16. bis 19. Jh. Hervorzuheben:
1. und 2. Weißer Marmor, Kruzifix von Pilastern mit flachem Giebel gerahmt. Ambrosius und Carl Mühlstetter zu Mauren. Um 1560.
3. Weißer Marmor. Oblonge Form, links sehr schön gearbeitetes Wappen mit Helmzier, rechts Minuskelinschrift, Jörg Aichhorn, gest. 1482.
4. Grabstein des Grafen Volkhold, Stifter von Sonnenburg, der betend vor Maria kniet. Anfang 18. Jh. Aus Sonnenburg hierher übertragen.

2. Heiligkreuz in Fronwies

Bau: Der einfache, frei außerhalb des Ortes stehende Bau mit abgesetztem, vierseitig abschließendem Chor, seitlichem Zwiebelkuppeltürmchen, innen Tonnengewölbe und Empore mit vorstehendem Mittelteil, wurde 1732 erbaut und geweiht.

Deckengemälde: Im Chor eherne Schlange, in Seitenkartuschen Opfer Isaaks, Wasserwunder des Moses, Jüngstes Gericht, Opferlamm; am Triumphbogen Glaube und Unglaube; im Langhaus Kreuzauffindung, seitlich Konstantin und Maxentius; über der Empore hl. Cäcilia. Von Josef Renzler, 1835, überaus einheitliche, unrestaurierte spätbarocke Dekoration.

Hochaltar: Säulenaufbau mit ausgeschwungenem Gebälk, Volutengiebel und Skulpturen. Von Johann Georg Silly. Um 1742, das als Gnadenbild verehrte Kruzifix um 1600. Wappen der Künigl und unbekanntes Wappen. 1742.

Seitenaltäre: Rechts Säulenaufbau mit aufgebogenem Gebälk, Volutengiebel und Vasen. Bild reuiger Petrus. Aufsatzbild Entkleidung Christi. Anfang 19. Jh. Links Frühbarockaltärchen, dat. 1649, mit Stifterinschrift, Aufsatzbild Krönung Mariens.

Gemälde: Acht Passionsbilder, Öl auf Leinwand, in der Art der Kessler. Anfang 18. Jh. Zwei Fastenbilder Ecce-Homo und Mater Dolorosa von Christian Renzler, 18. Jh.

Kanzel: Bewegte Form mit Voluten. Um 1740.

Grabsteine:
1. P. Christoph Müller SJ, berühmter Tiroler Volksmissionär, gest. 1766.

2. Franz Christoph Franzin von Zinnenberg, Domherr von Brixen und Pfarrer von St. Lorenzen, der Erbauer der Kirche, gest. 1744.

Grabeskapelle: 1734.

3. Die Heilige Dreifaltigkeit in Pflaurenz

Bau: Einfacher, aber zierlicher Bau mit rundem Chorabschluß, der Sakristei aufgesetztem Zwiebelkuppelturm und Tonnenwölbung. Über der Spitzbogentür Jahreszahl 1680, am Gewölbe 1681. Renoviert 1826.

Wandgemälde und *Stukkaturen:* Am Triumphbogen Joachim, Anna und Maria, im Langhausgewölbe Hl. Familie. Stukkaturen: Blattkränze, Engelsköpfe, Perlenstäbe, koloriert. Um 1680.

Altar: Gedrehte Säulen mit Blattgewinden, verkröpftes Gebälk, Giebelstücke, Knorpelwerk. Bilder Hl. Dreifaltigkeit mit Immaculata und Sebastian, Rochus, Florian und Franz Xaver, am Aufsatz Mariahilf. Statuen Katharina und Barbara, Engel, von Jörg Stieger. 1683.

Kanzel: Polygonale Brüstung mit gedrehten Pilastern. 1745.

Kreuzweg: Von Christian Renzler, 18. Jh., 2. Hälfte.

Fahnenkasten: An den Türen in Leistenrahmung Bilder Notburga, Florian und die vier Evangelisten. 1713. Fahnenbilder Krönung Mariens und Johannes der Täufer mit Josef und Florian. Bez. I. I. G. 1793 I. P. F. Von Josef Renzler.

Skulpturen: 1. Kruzifix, Jörg Stieger, Anf. 18. Jh., mit Inschriftenkartusche und Bretterfiguren Maria und Johannes, um 1750. 2. Maria mit Kind in Prunkgewändern in Glasschrein mit geschnitztem Rahmen. 1740. 3. Kruzifix in Glaskasten, um 1700.

Gemälde: 1. Maria mit Kind. 2. Schutzengel. Beide Ende 17. Jh.

4. St. Martin in Moos

Bau: Fassadendachreiter, polygonaler Chorabschluß, westlich quadergerahmte Rundbogentüre, statt der vermauerten Spitzbogen- jetzt Viereckfenster. Am Langhaus Eckquadern, sonst ausgestrichene Mörtelfugen, der Chor aus Quadern aufgeführt. Sterngewölbe mit runden Schlußsteinen und derben Rippen, im Langhaus über Konsolen mit Köpfen, im Chor über eigenartig verdoppelten Diensten. Als Triumphbogen Quergurt mit gekuppelten Diensten. Nördlich gegiebelte Sakramentsnische.
Von der 1187 erwähnten romanischen Kirche steht noch das Langhaus, dessen Gewölbe mit dem Chor dem 16. Jh. angehört.

Wandgemälde:
1. Außen hl. Christoph, martialische Erscheinung, Bordüre mit Kandelaberornament. Um 1530.
2. Innen Gregoriusmesse mit prächtiger Stifterfigur und bodenständigen Architekturmotiven. 1493. Wohl von Friedrich Pacher.
3. Hl. Martin mit geistlichem Stifter. 1399. Von Johann von Bruneck.
4. Heilsgeschichte: Schöpfung, Sündenfall, messianische Vorbilder, Passion und Auferstehung. Gestiftet von Andre Winkler. Malersignatur I M P 1637. 2. bis 4. 1939 aufgedeckt.

Altar: Säulenaufbau mit gesprengtem Dreieckgiebel, Aufsatz, Bildern (Dreifaltigkeit, Mariä Himmelfahrt) und Statuen. 17. Jh.

Chorgitter: Gedrechselte Baluster. 17. Jh.

Kanzel: Runde Form, Volutenbänder. Originelles Geländer. 19. Jh., 1. Hälfte.

Holzskulptur: Kruzifixus, Mitte 15. Jh., überfaßt.

Bilder:
1. Hinter dem Altar Schmerzensmutter, gute Arbeit, um 1700.
2. Petrus und Magdalena, Giebelbilder von Beichtstühlen, von Christian Renzler, 18. Jh.
3. Schutzengelbild von Christian Renzler, 18. Jh.

Kreuzweg: Derbe, aber lebendige Arbeit, von Christian Renzler, 1746.

Glocke: St. Martin, Wappen 1603.

5. Kapelle in Moos

Bau: Längsrechteckig, mit polygonalem Chorschluß, spitzbogige Tür, darüber Viereck- und Lunetten-, südlich zwei Spitzbogenfenster, innen Stichkappeln auf Flachpilastern.

Inschrift: Dieses Stückhl hat lassen machen das Ersame Simon hellweger ietztiger Hirschsteiger zu möss. 1721. Peter Sagermeister Maurer.

Wandgemälde: Außen Mariahilfbild. An der Decke in einfachen Stuckrahmen Veronika, Maria Krönung, Verkündigung. Bauzeit der Kapelle.

Altärchen: Säulchenaufbau, Maria mit Christkind in Stoffkleidung. Kapelle 1984 in Restaurierung.

6. Kapelle auf Haidenberg

Beim gleichnamigen Hof. Einfacher rechteckiger Bau mit hölzernem Dachreiter. Ober der Tür Jahrzahl 1700 und Bild des hl. Florian. Altärchen mit Statue der Schmerzhaften Muttergottes, der hll. Franziskus, Antonius und Bild Mariä Krönung. Vier ältere Votivbilder, eines mit Darstellung des Jüngsten Gerichts.

7. Kaplaneikirche zu U. L. Frau von Loreto in Maria Saalen

Bau: Einfacher Bau mit geradem Chorabschluß, Chortürmchen und Tonnengewölbe. 1652 erbaut (Inschrift), ehemals mit einer Einsiedelei verbunden. Renoviert 1970 und 1981.

Wandgemälde:
1. Außen: Gnadenbild mit Josef und Silvester. 1931.
2. Innen: Maria und Josef besuchen hl. Paar (Elisabeth u. Zacharias, Joachim und Anna?), von Johann Renzler. Klassizistische Rahmung. Um 1800.

Altar: 1. Hälfte des 19. Jh.s, das Gnadenbild, schwarze Madonna mit Christkind, 17. Jh. Statuen Silvester (18. Jh.), Josef, Zacharias und Elisabeth? (19. Jh.), Verkündigung (18. Jh.).

Holzskulpturen: Kruzifixus wohl um 1600.* Mater Dolorosa aus dem Anfang des 16. Jh.s.

Grabsteine: Weißer Marmor. 1. Oben Wappen. Benedikt Achmüller, Pfarrer von St. Lorenzen, Stifter der Kirche, gest. 1669. 2. Jos. Sebastian Stainer. Benefizial, gest. 1756.

Glocke: Kreuzigungsgruppe. Maria mit Christkind, Blatt mit Inschrift. 1656.

8. St. Stephan in Stefansdorf

Bau: Die Langhausmauern gehören noch der 1237 erwähnten Kirche an. Die Spitzbogentüre und -fenster, die zwei Strebepfeiler, das Netzgewölbe im Schiff und ebenso der polygonal abschließende Chor mit Sockelschräge, zierlich profilierten Sternrippen, runden Schlußsteinen und Spitzkonsolen, desgleichen der Spitzturm mit den Spitzbogenschallfenstern wurden um 1500 errichtet. Restauriert 1968.

Wandgemälde: Am Chorgewölbe Medaillons mit den Evangelistensymbolen, an den Schlußsteinen Stephanus und Brustbild des hl. Veit mit der Glocke, am Chorbogen Opfer Kains und Abels. Simon von Taisten zugeschrieben. Um 1500. Im Schiff 12. Station, wohl von Josef Renzler.

Hochaltar: Neugotisch von J. Plattner, Steinach 1892, Statuen Muttergottes, Stephanus, Veit.

Seitenaltar: Neugotisch von Josef Peslatz aus Moos, 1879; Statuen Aloisius, Bartholomäus, Andreas, an der Predella Geburtsrelief.

Kanzel: Zwischen Volutenbändern Brustbilder Christi und der Evangelisten, von Josef Renzler. Um 1820.

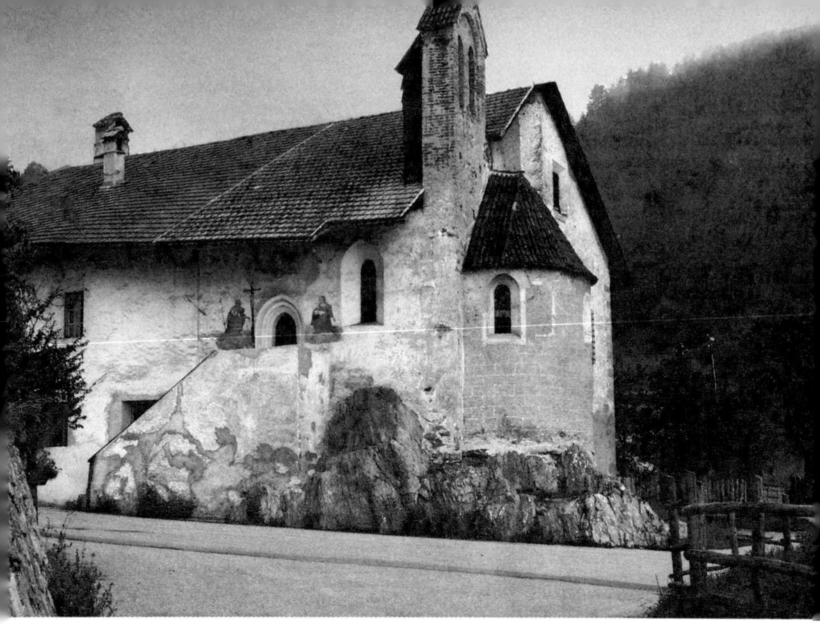

St. Johann, Sonnenburg

Glasgemälde: Stephanus und Vitus; zwei ornamental. Um 1880.

Bänke: Geschwungene Docken, Spuren von Rocaille. Anfang 19. Jh.

Kruzifix: Derbe Arbeit. 16. Jh.

Stationen: Von Josef Renzler. 1841 datiert. In schönen Empirerahmen.

Glocke: Maria, St. Jakob, Nikolaus, Ägidius (?). 1612.

9. St. Johann im Spital zu Sonnenburg

Bau: Die originelle Anlage, der die Freitreppe zur derbgerahmten Spitzbogentür, die Glockenmauer und die Rundapsis ein malerisches Gepräge geben, ist über einem Felsen an ein kleines Haus, das ehemalige Spital, angebaut. Neben der Tür ein schmales Spitzbogen-, an der Apsis zwei vermauerte Schlitzfenster und ein Rundbogenfenster. Gemalte Holzdecke mit Leistengliederung. Bau wohl 12. Jh.

Wandgemälde: Außen Gottvater, innen Krönung Mariens, beide mit den zwei heiligen Johannes. 18. Jh. Die Bilder an der Außenwand von Christian Renzler.

Altar: Gedrehte Säulen, Bild Dreifaltigkeit, hl. Benedikt, Virgilius, Vinzenz und Statuen Josef und Joachim, von Jörg Stieger. Ende 17. Jh.

Kreuzweg: bez. B. S. (Benedikt Santer?).

Kruzifix: 1. Die überlebensgroße Figur wirkt durch ihre strenge Haltung, die symmetrische Fältelung des Lendentuches und durch den starken Ausdruck. Das Haupt und die Brustpartie überarbeitet. Spätere Fassung. Um 1200. Die zugehörigen Figuren Maria und Johannes im Schnütgen-Museum, Köln.
2. Kruzifix mit starken Wunden.

10. St. Margaret am Kniepaß

Bau: Der einfache Bau mit leicht abgesetztem, gerade abschließendem Chor, mit zwei Reihen von spitzbogigen Schallfenstern am Spitzturm, mit Spitzbogentüre über runden Steinstufen, wurde um 1400 von Heinrich Stadler am Stadlerhof gebaut, erhielt im 16. Jh. das heutige Portal und den oberen Teil des Turmes und wurde um 1700 umgebaut und mit einer Tonne eingewölbt. Restaurierung 1972.

Wandgemälde:
1. Deckengemälde: In Chor Krönung Mariens von Christian Renzler. Im Langhaus Aufnahme der hl. Margaret in den Himmel, hl. Georg und Enthauptung der hl. Margaret. Um 1700.
2. An der Nordwand: Leben Jesu, in der Tradition der alten Fastentücher.

Altar: Säulenaufbau aus Stuckmarmor mit bewegtem Gebälk, Volutengiebel und Statuen. 18. Jh., 2. Hälfte. Armeseelenbild, Mitte 18. Jh. Restauriert von Christian Renzler.

Kanzel: Polygonale Form mit geschuppten Hermenpilastern. 17. Jh.

Holzskulptur: Rosenkranzmadonna im Chorbogen, um 1680.

Kreuzweg: 1756.

Der Hof neben der Kirche, eine charakteristische Häusergruppe, leider kürzlich erneuert.

11. Kapelle am Stadlerhof

Einfacher Bau, an der Fassade Fresken, Verkündigung, 16. Jh., Wappenstein und Inschrift, nach der Otto Stadler den Stadlerhof 1302 erkaufte und Mathes Stadler 1709 die Kapelle umbaute. Die Stadler am Stadlerhof sind erst im 19. Jh. ausgestorben.

12. Kapelle im Klosterwald

1903 eingeweihter Bau in neugotischen Stilformen, in reicher Gliederung, aus Granitquadern. Zum Gedächtnis an die 1809 und

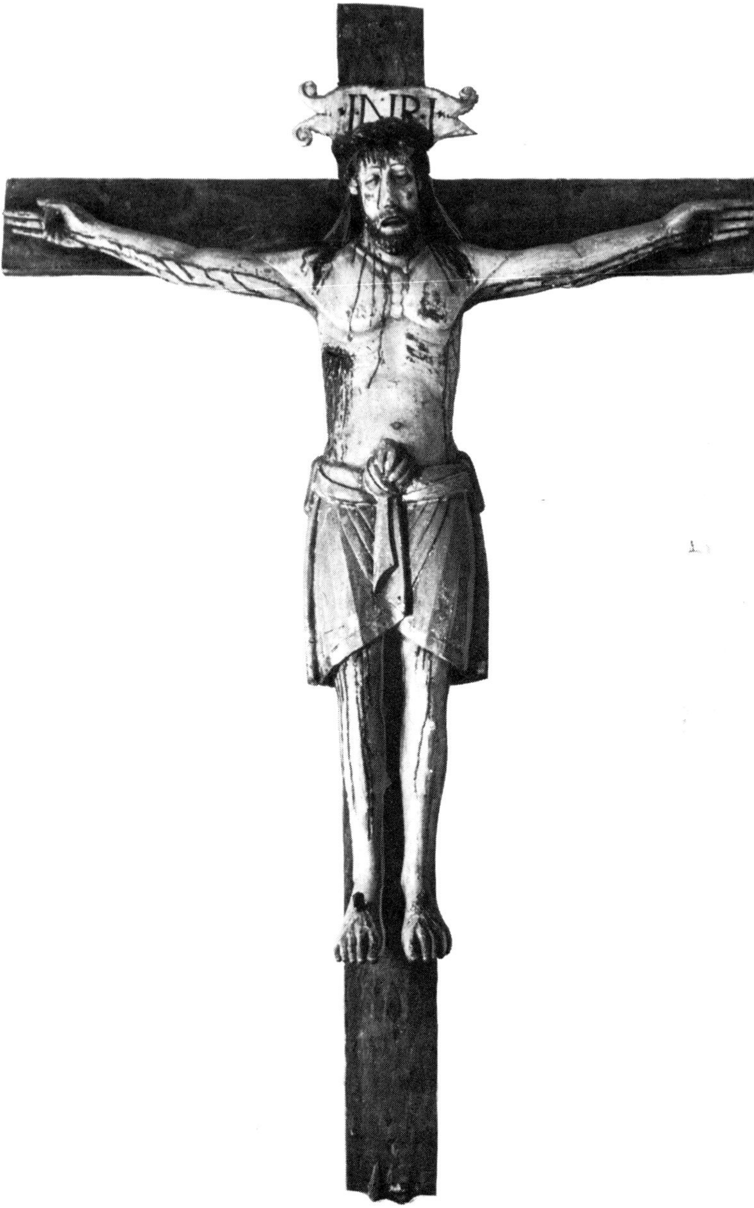

St. Johann, Sonnenburg, romanisches Kruzifix

1813 hier gefallenen Soldaten. Freistehend Holzkruzifix mit Dolorosa, gute Arbeit, Anfang 17. Jh.

II. Bildstöcke

1. Am Weg nach St. Martin. Breiter Aufbau, in der Rundbogennische Holzskulptur.* St. Martin, derbe Arbeit des 17. Jh.s.
2. Bei Sonnenburg. Runder Granitpfeiler mit viereckigem Aufsatz. 17. Jh.

III. Sonnenburg

Auf einem Hügel, der gegen die Rienz steil und felsig abfällt, liegen die Bauten, die vom ehemaligen adeligen Benediktinerinnenstift Sonnenburg übriggeblieben sind; sie werden von einer Ringmauer mit zwei kleinen Rondellen und einem Viereckturmchen eingeschlossen und umfassen im wesentlichen den durch eine Durchfahrt mit einem kleinen Nebengebäude (mit gotischer Steintüre) verbundenen Wohntrakt der Äbtissin, der vorne einen breiten Viereckerker mit dreifach abgestuftem Ablauf und zwei Doppelbogenfenster mit Mittelsäulen aus Granit, hinten eine alte Viereckture mit rundbogigem Tympanon, im ersten Stock einen Saal mit Gratgewölbe und im Zimmer daneben eine Kassettendecke mit Schnitzornament, dem Wappen der Äbtissin von Troyer und der Jahreszahl 1737 aufweist. Im Hof malerischer Ziehbrunnen. Alle erhaltenen Teile wurden 1970 bis 1972 baulich gefestigt, die ursprünglichen Wände, Fensternischen, Kellergewölbe und Krypta bloßgelegt. Der Wohntrakt wird seit 1975 als Hotel geführt. Bei weiteren Grabungen und Restaurierungsarbeiten bis 1982 Freskenreste in der wiederhergestellten Krypta aufgedeckt: Sockelvorhang mit Fabelwesen, pflanzliche und geometrische Dekoration, in der Lunette Bild: Der neugeborene Nikolaus verweigert die Milch seiner Mutter. Stilistischer Zusammenhang mit den Kryptafresken in Aquileja. Um 1200/10. Im Norden die zerfallenen Reste des Konvents, am Westende der Ringmauer Kapellenruine, nach der Überlieferung die Zelle des hl. Volkhold, in Wirklichkeit nicht so alt. An der höchsten Stelle des Felsens die Grundmauern einer romanischen Kapelle mit Rundapsis. Von der Stiftskirche sind am besten konserviert die Rundapsiden des Haupt- und des südlichen Seitenschiffes, die regelmäßige Steinlagerung aufweisen. Neben der nördlichen Apsis gotische Zubauten. An der Rückwand der Kirche Fresko, Tod Mariens mit Wappen. Anfang des 15. Jh.s, vielleicht von Meister Johann von Bruneck.

1038/39 verwandelte Volkhold, ein Sproß der Gaugrafen von Lurn- und Pustertal, seine Feste Suanapurk in ein Frauenkloster. 1180 wird auf einer erhabenen Stelle des Hügels eine Kapelle

Sonnenburg, Decke von 1737

erwähnt, die neben einem eigenen Wohntrakt dem Bischof von Trient als Stiftsvogt zur Verfügung stand und der wohl die oben erwähnten Grundmauern angehören. Die heutige Form des Abteistockes, vor allem die beiden Rundbogenfenster und der dahinterliegende Saal, stammen von einem gründlichen Umbau nach dem Brand von 1598. Das Stift wurde 1785 aufgehoben und später samt der Kirche größtenteils abgebrochen. Nur der Abteistock blieb erhalten.

IV. Reste der Römerstadt Sebatum

Am Fuß des sogenannten Schrafflbühels Fundamente von Torgebäuden, am rechten Rienzufer die Grundmauern eines langen Baues mit flacher Halbkreisnische. Pfeiler von Hypokausten (Heizanlagen). Die wenigen Funde im Bozner Museum, der Meilenstein noch an Ort und Stelle. 1981 weitere Bauten aus römischer Zeit gesichert.

Römischer Meilenstein: An der Staatsstraße westlich von Sonnenburg. Meilenstein der Kaiser Macrinus und Diaduminianus, 217/218 n. Chr. (Nachbildung; Original im Tiroler Landesmuseum).

V. Häuser

Besonders beachtenswert sind: das *Pfleghaus* mit abgefastem Spitzbogenportal, am Scheitel Wappen Botsch und gemaltem Michelburger Wappen, innen im 1. Stock Mittelsaal noch in originaler Struktur erhalten, die Decke durch Balken mit hölzernen Stützpfeilern getragen. Anfang 16. Jh. — Das Haus zum *Töchterle,* malerisches Haus, an der linken Hälfte flachbogig unterwölbter Söller mit durchbrochener Ziegelbrüstung, 16. Jh. Holzgiebel mit Söller und Walmdach. Fresko Mariahilf mit Heiligen. *Pfarrhof:* An einem Fenster Korbgitter. Im Saal einfache Felderdecke, im Speisezimmer Getäfel und gotische Balkendecke, flach aufgebogen, mit reich und abwechselnd geschnitzten zierlichen Balken und Spruch: ber vil sweigen kan(n) d(er) ist ain weiß man(n). Ende 15. Jh. — *Amtmannhaus* in Sonnenburg: gemaltes Wappen. der Äbtissin M. B. G. G. V. S. V. H. A. Z. S. (Maria Benedicta Gertrudis Gräfin von Sonnenburg und Haindl Äbtissin zu Sonnenburg ?). Renoviert 1751. — *Maisterle:* Herrenhaus des Klosters Sonnenburg neben der Kirche von St. Martin mit Eckerker und gemaltem Wappen der Äbtissin Maria Elisabeth von Winkelhofen ober der Tür. Vielleicht hier der Sitz der seit 1132/49 erwähnten sonnenburgischen bzw. trientinischen Ministerialen von St. Martinsdorf.

Villa Kerschbaumer: 1906 errichtete Villa mit Türmchen im Heimatstil mit Fresken von Rudolf Stolz.

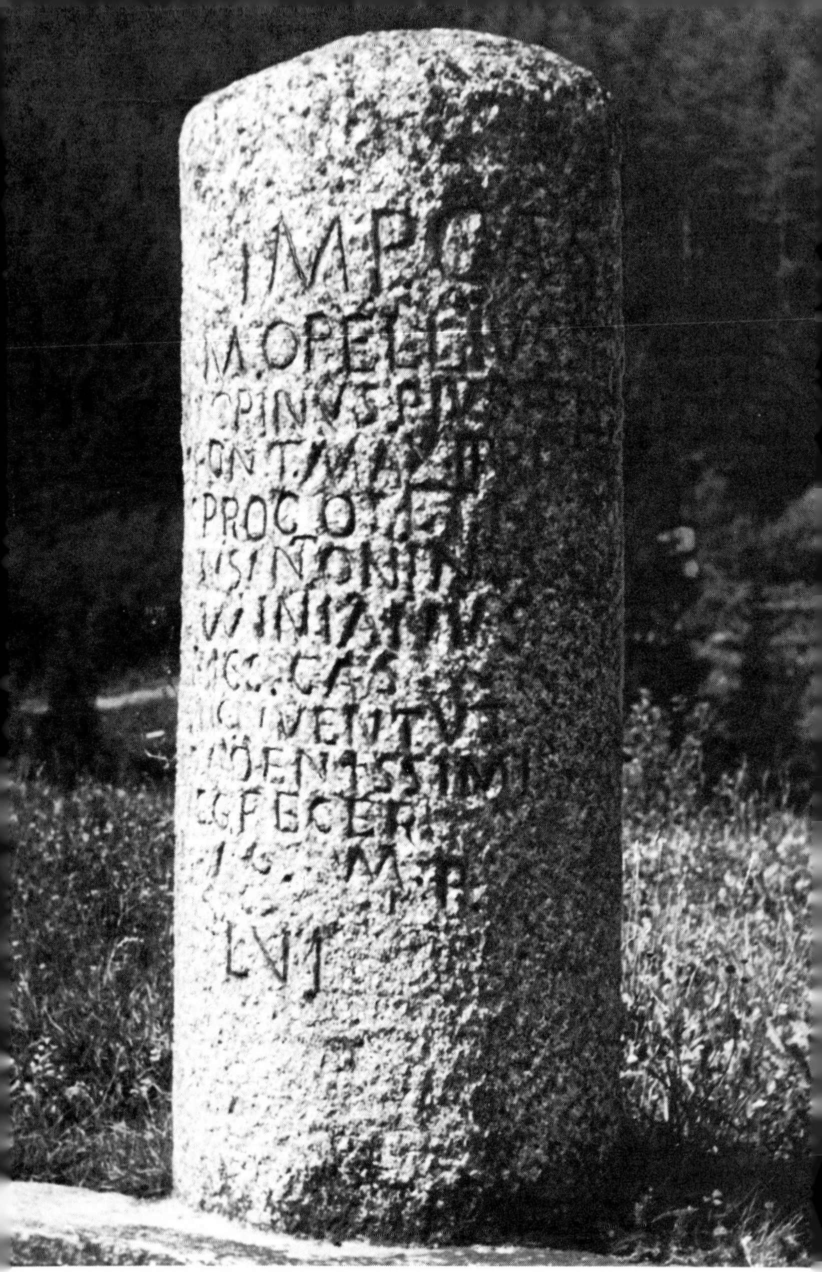

Römischer Meilenstein bei Sonnenburg

VI. Edelsitze

1. Glurnhör

Der malerische Edelsitz bei Sonnenburg besteht aus zwei durch Ringmauern verbundenen Wohntrakten; am östlichen Bau Rundturm mit Kegeldach, am südlichen breiter Erker auf Doppelkonsolen, hohes Dach und kleiner Rechteckturm. Interessant ist der verspielte Wehrcharakter der gesamten Anlage, die ihre heutige Gestalt im wesentlichen dem 16. Jh. verdankt: es gibt verschiedenformige Schießscharten (Maul-, Schlüssel- und Kreuzscharten), die zwei Wehrgänge an der südlichen Ringmauer sind wie Holzbalkone mit geschnitzten hölzernen Flachbalustern gebildet usw. In den Wohnräumen einfaches Getäfel, Leisten- und Balkendecken. 1591 datierte interessante Dekorationsmalereien in Räumen des östlichen Trakts: in einem Raum Bilderfries, Wappen und allegorische Figuren, in einem anderen die freien Künste. An einer Tür die Jahrzahl 1512.
Als Sitz der Glurnher von Sunburg 1366 erwähnt, kam der Ansitz dann an Jörg Aichhorn, Pfleger in Sonnenburg, für den er 1466 gefreit wurde. Der heutige Name Hebenstreit kommt von den Herren dieses Namens, die ihn von 1562 bis um 1800 innehatten (Wappen am nördlichen Portal). Heute bäuerlicher Besitz.

2. Wiesenegg (St. Lorenzen Nr. 3)

Der hübsche, wohlerhaltene Ansitz mit den übereck gestellten Eckerkern und dem östlichen turmartigen Anbau, der mit

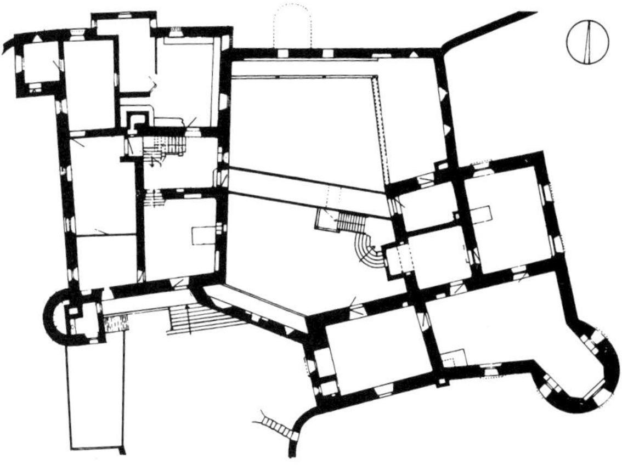

Glurnhör

Schmiedeeisengittern und zwei Sonnenuhren (eine mit Wappen, Bindenschild und Tiroler Adler) geziert ist, und im Innern einfache Stuck- und Felderdecken, davon eine mit dem Wappen Rost-Rottenpuech 1684, aufweist, war im Besitz der Herren von Rottenpuech, deren Wappen auch am Gartenpfeiler aufgemalt ist. Später nannten sich danach die Herren von Wiesenegg. 1909 kaufte der Bozner Handelskammerpräsident Kerschbaumer die sogenannte Rost'sche Behausung von den damaligen Besitzern Niedermair, heute im Besitz seiner Erben.

3. Mühlstetter — Wildberg (St. Lorenzen Nr. 10)

Der mit vier Eckerkern verzierte, im übrigen aber stark erneuerte Ansitz, dessen alter Name Mühlbach lautet, war im 14. Jh. im Besitz der Gößl (1335 Gottschalk oder Gözzl), von denen er nach 1604 im Erbweg an die Herren von Mühlstetter überging, die bis Ende des 18. Jh.s hier saßen. Um 1821 von Matthias Wachtler, Bozen, erworben. Seit 1868 gehört der Ansitz, der mit dem alten Bad Wildberg verbunden war (von dem wieder die Familie Egerer ihr Prädikat nahm), der Familie Steinkasserer, welche hier eine Fremdenpension mit Campingplatz führt.
Gewölbte Halle auf Flachkonsolen und abgefaste Rundbogentüren im Untergeschoß, gewölbter Hausgang, rechts Zimmer (unterteilt) mit einfacher Felderdecke und Wappen Mühlstetter 17 Renov. 23. Im Nebenhaus Steinportal mit einspringenden Eckstücken, Schmiedeeisengitter mit Kreuzblumen, gewölbter Gang und einfache getäfelte Stube. 16. Jh. Brunnen mit gekrönter Madonna mit Kind, Antonius von Padua, Johannes von Nepomuk. Von Christian Renzler.

4. Schwarzhorn (Fraktion St. Martin)

Der einfache, mit einem Eckerkertürmchen verzierte Ansitz hieß früher Bichl und wurde 1472 als görzisches Lehen an Michael Schwarzhorn verliehen, von dem er seither den Namen trägt. Seit 1490 brixnerisch, wurde er zunächst vom Brixner Bischof, dann seit 1582 vom Landesfürsten, der die Pfandherrschaft Michelsburg eingelöst hatte, an verschiedene, rasch wechselnde Besitzer weitervergeben, so 1582 an Georg Leopold, 1679 durch Kaiser Leopold I. an Karl Benedikt Hebenstreit, 1703 an Katharina Tannauer, die mit Engelhart von Rost zu Aufhofen verheiratet war, 1733 an Dr. J. Leopold Eyberger, 1754 wieder an Hebenstreit und über Elisabeth Hebenstreit an Gatten Josef Balthasar Wenzl. 1828 an Bauern verkauft. Vom heutigen Besitzer Dr. Mayr restauriert.

5. Mauren (Fraktion Moos Nr. 39)

Westlich unter der Michelsburg. Stattliches Haus mit Krüppelwalmdach und zwei übereck gestellten Erkern an der Westseite und querstehendem späteren, aber auch noch älteren Bauteil gegen Nordosten. Den wesentlichen Bauformen nach einheitlich 1. Hälfte 16. Jh. Breite gewölbte Flurhallen, regelmäßige Raumeinteilung in beiden Stockwerken, unten mit schönem Gratnetzgewölbe, Felderdecken in beiden Erkerzimmern, die Erker selbst gratgewölbt. Im gewölbten und ursprünglich als offene Halle ausgebildeten Untergeschoß Holztür mit aufgemalter Frauenfigur und Spruch: ... den puelen den ich hab ... raisten pinden 1536 (schadhaft), in einem Keller möglicherweise Reste älteren Mauerwerks. Spitzbogiges gekehltes Steinportal (neu), darüber Marmorstein mit Wappen Graf und Inschrift. In beiden Flurhallen reiche malerische Ausstattung mit amüsantem historischem Programm, u. a. mit Bildern aus dem Freiheitskrieg 1809, Gelehrten- und Dichterfolge, Huldigung an Kaiser Franz Joseph I. und Porträtfigur des damaligen Besitzers, des Journalisten und Politikers Dr. Friedrich Graf von Gaderthurn (1835—1921), der auch der Gründer einer ursprünglich im ersten Stock aufbewahrten Bibliothek war. Mauren als görzisches Lehen schon um 1200 erwähnt, 1298 Ulrich von Ellina (Ellen) Besitzer, dessen Nachkommen sich von Mauren nannten und den Sitz Anfang des 15. Jh.s durch Elsbeth von Mauren an ihren Gemahl Veit Gössl aus dem Mühlbach weitervererbten. 1474 verkaufte dessen Sohn Leonhard den Besitz seinem Schwager Hans Mühlstetter. Die Mühlstetter führten danach das Prädikat, ebenso die Hebenstreit, die 1670 kaufweise (durch Veit Benno Mühlstetter) in den Besitz von Mauren kamen. Es folgten um 1757 die Wenzl-Sternbach, dann der Bauer Josef Alpegger, 1863 die Gemeinde Moos — St. Martin und um 1895 Dr. Friedrich Graf und seine Erben, die hier wohnten, aber nach dem Krieg den ganzen Besitz verkaufen mußten. Mauren seither im Besitz der benachbarten Bauernfamilie Graber, jetzt erbweise Gasser, die das Haus zuletzt als Jugendherberge verpachteten, jetzt aber selbst hier ein Ferienheim führen und den Bau restaurieren lassen wollen.

VII. Michelsburg

Die frühe Geschichte des Burgplatzes auf dem allseits freistehenden Hügel (Name auf ein älteres hier befindliches Heiligtum verweisend?) ist nicht bekannt. Vermutlich bereits im 11./12. Jh. war hier (nach Sonnenburg) der zentrale Burgplatz der Grafschaft Pustertal. Die Burg selbst wird allerdings erst 1205

urkundlich erwähnt und war als Lehen des Hochstiftes Brixen zunächst im Besitz der Grafen von Andechs, dann der Grafen von Tirol bzw. Görz-Tirol und seit 1271 der Görzer Linie allein und ging mit deren gesamten Besitz 1500 an den tirolischen Landesfürsten. Schloß und Gericht wurden mehrfach verpfändet, so 1612 an die Wolkenstein-Trostburg, 1629 an das Damenstift in Hall sowie 1678 an die Künigl von Ehrenburg. Aus dem Letztbesitz der Grafen Künigl kam Michelsburg nach dem Zweiten Weltkrieg nacheinander an private Besitzer, zuletzt an Otto Pizzinini. Ab 1968 und zuletzt 1975/76 wurden umfangreiche Sicherungsarbeiten an der Hochburg, die unter anderem auch den Wiederaufbau des zweiten Turmes umfaßten, durchgeführt, so daß der Bestand der baulich besonders interessanten Burg vorerst gerettet scheint.
Aus der ältesten Zeit stammt die rund um einen Hof geschlossene mächtige Hochburg, die aber nur einen Bergfried besaß, und ein tieferliegender Mauerrest an der Nordwestecke mit ebenfalls regelmäßigen Steinlagen (der in den Urkunden erwähnte „niedere Turm“ Sitz der burggräflichen Ministerialen?). Der zweite, in die Südwestecke gestellte, dominierende Turm der Hochburg mit dünneren Mauern kam erst später hinzu. Im 16. Jh. wurde die Hochburg gründlich umgebaut, das obere Geschoß durchgehend erhöht und die ganze Anlage auf drei Seiten mit einer tieferliegenden Vorburg mit Rondellen und basteiartigen Vorwerken versehen, die von einer mit Schlüsselscharten, Viereckzinnen und ehemals mit einem Wehrgang ausgestatteten Ringmauer umschlossen wird.

MONTAL

Kuratiekirche zur hl. Margareth

Bau: Der spätgotische Bau besitzt später veränderte Türen und Fenster. Im Langhaus über Wandpfeilern und Längsgurten ein dreijöchiges Stern-, im dreiseitigen Chorabschluß ein Netzgewölbe mit vertieften Vierpaßfeldern, und am Spitzturm zwei Reihen von Spitzbogenschallfenstern. Der Chor, an dem das Steinmetzzeichen des Meisters Sigmund von Stegen erhalten ist, wurde 1483, das Schiff 1504 geweiht. Der untere Teil des Turmes 1492, der obere um 1600. 1867 im Zeitgeschmack vereinheitlicht. Restaurierung der Kirche und Einrichtung 1979 bis 1982.

Wandgemälde:

1. Außen 1979 aufgedeckt Christophorus, umrahmt von Renaissancearchitektur. Um 1520.

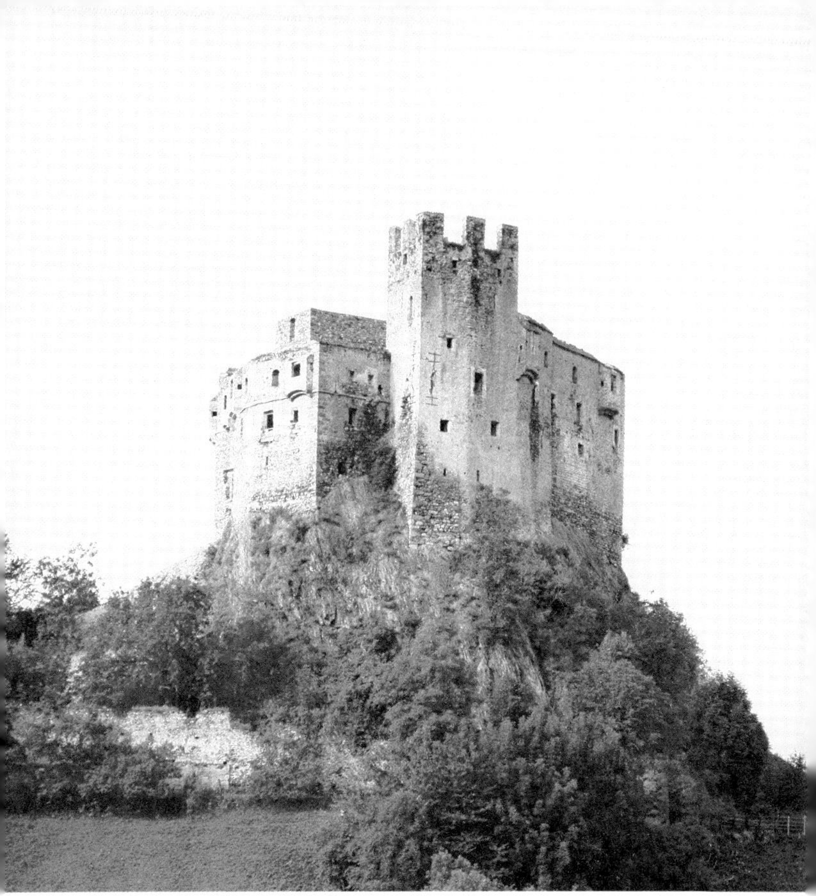

Michelsburg

2. Deckengemälde: In den Vierpässen des Chorgewölbes Andreas, Matthias, Maria mit Kind, Margaretha, Veronika und hl. Mönch sowie die Jahrzahl 1482. Von Friedrich Pacher. 1936 aufgedeckt.

Hochaltar: Seitentüren, Säulenaufbau mit verkröpftem Gebälk, Volutengiebel und Bild, hl. Margaretha, von Josef Renzler, 1822. Seitenstatuen hl. Matthäus und Matthias mit kleinknitterigem Faltenwurf und scharf ausgeprägten Charakterköpfen. Anfang 16. Jh. Hl. Michael und Schutzengel von Georg Stieger, 18. Jh.

Seitenaltäre:
1. Säulenaufbau mit Engelsköpfchen, Blattwerk und Kandelabern, verkröpftem Gebälk, gesprengtem Volutenrundgiebel und Skulpturen, 2. Hälfte 17. Jh. Statue, Maria mit Christkind, gute Arbeit vom Anfang 16. Jh.
2. Säulen und Pilaster, Gebälkstücke, bewegter Volutengiebel. 19. Jh., 1. Hälfte. Bild, hl. Philomena, 1838, wohl von Josef Renzler. Von demselben Herz-Jesu-Bild am Giebel. Skulpturen Katharina und Ursula, 17. Jh. Stefan und Laurentius, 18. Jh. Auf der Mensa Pietà, 17. Jh.

Kanzel: Runde Form. Relief. Christus überträgt Petrus das Hirtenamt. 19. Jh., 1. Hälfte.

Kreuzweg: 18. Jh.

Holzskulpturen: Kruzifix, 17. Jh., umgeben von Engeln vom linken Seitenaltar.

Gemälde: Ecce-Homo.* Gestiftet von Pfarrer Michael Krampichler. 1611.

ONACH

1. Pfarrkirche zum hl. Jakob

Bau: Der einfache Bau zeigt Sockel mit Quaderschräge, einfache Strebepfeiler, spitzbogige und viereckige Fenster, polygonalen Chorabschluß und am Spitzturm Spitzbogenschallfenster. Erwähnt 1452, das Langhaus 1575, 1819 erneuert und der Rippen beraubt. Restauriert 1978/79.

Wandgemälde: 1. Christophorus, Jakobus und Fragment einer Station, von Johann Georg Prunner, 18. Jh.
2. Innen: Zwei Bilder Gott Vater und Jesus als Kinderfreund, von Johann Rudiferia, 1904.
Hochaltar, 1814. Bild Christus mit Maria und Jakobus. Josef Renzler. 1832. Oberbild Enthauptung des hl. Jakobus. Seitenfiguren Silvester und einer der Kirchenväter.

Kanzel: 19. Jh., 1. Drittel. Kanzelbilder wohl von Josef Renzler. Um 1900 restauriert von J. Rudiferia.

Bänke: Docken mit Rosengehängen und Rocaille. Um 1830.

Kreuzweg: 18. Jh.

Gemälde: Philipp und Jakobus. Von Josef Renzler (?).

2. St. Notburga in Hörschwang

Bau: Schöngelegener, einfacher Bau mit Fassadendachreiter und Vordächlein, polygonal abschießender Altarraum, Tür und Fenster rechteckig. Um 1700.

Altar: Zwei Säulen, gerades Gebälk, Rundgiebel, zwei seitliche Opfergangtüren, rot-grün marmoriert, 2. Hälfte 18. Jh. Bilder hl. Notburga, im Aufsatz Engel mit Kreuz. Statuen: oben und seitlich Engel, auf Seitentüren hl. Nikolaus und Martin. 2. Hälfte 18. Jh. Muttergottes und Notburga in hübschen Tabernakelbauten, 18. Jh.

Kreuzwegstationen: Ende 18. Jh.

3. Kapelle in Bad Ramwald

Neben dem im Verfall begriffenen Gasthaus einfacher, kleiner Bau, der hl. Agnes geweiht. Altärchen mit Doppelsäulen, Anfang 18. Jh., ohne Statuen und Bilder. Bänke mit geschwungenen Docken. Kürzlich baulich saniert.

ELLEN

Kuratiekirche zu den Heiligen Johannes und Paulus

Bau: Der einfache spätgotische Bau hat einen Sockel mit Quaderschräge, im Langhaus zwei Sternrippen-, im dreiseitig abschließenden Chor ein Netzgewölbe und am Spitzturm spitzbogige Schallfenster. Kirchweihe 1483. Türe und Fenster später verändert. 1955 um ein Joch verlängert. Restauriert.

Altar: Säulchen, Halbsäulen und Pilaster, Gebälkstücke, Volutengiebel. Bild Mariahilf und die Wetterheiligen Johannes und Paulus. Peter Kachler. Seitenstatuen zwei Bischöfe (Ingenuin und Albuin?), von Johann Georg Silly, 18. Jh.

Kreuzweg: Von Johann Georg Prunner. 18. Jh.

Holzskulpturen: Pietà, von Jörg Stieger, um 1700.

Gemälde: 1. Ehemaliges Altarbild, die Wetterheiligen, von Johann Georg Prunner, 18. Jh.
2. Fahnenblatt, Isidor und Notburga, von Peter Kachler. 1858.

Weihwasserschale: Weißer Marmor. Muschelform. 1711.

BRUNECK

Die ursprüngliche Anlage ist im Dorf Ragen in der Nähe der heutigen Pfarrkirche zu suchen, das schon zu Ende des 10. Jh.s erwähnt wird und wo ein bischöflicher Meierhof stand. Bischof Bruno von Brixen begann 1251 den Bau der Stadt und der Burg, die seinen Namen erhielt. Sein Nachfolger Johannes Sax (1301—1306) setzte den Bau fort, Albert von Enna vollendete ihn 1336. Seit 1276 saß hier der bischöfliche Amtmann und Richter, der früher im nahen Aufhofen gehaust hatte. Die heutigen Häuser erhielten im Oberbau ihre heutige Gestalt meist im 15. und 16. Jh., wurden aber nach dem Brand von 1723 vielfach verändert. Die Mauern selber stammen nicht selten noch aus der Gründungszeit. Die Stadt umfaßte ursprünglich nur eine Gasse.

I. Kirchen

1. Pfarrkirche zu Unserer Lieben Frau

Bau: Eine Frauenkirche war schon im 13. Jh. vorhanden. Sie wurde 1334 urkundlich erwähnt, später umgebaut und 1381 neu geweiht. Meister Valentin Winkler von Pfalzen begann 1515 einen Neubau, der aber nicht vollendet wurde. Von ihm stammen noch die Chormauern mit den einfachen Strebepfeilern und der Sockelschräge, im Übergang zum Chor auch noch ein Langhausstrebepfeiler mit doppelter Verjüngung, die aus Quadern aufgeführte Sakristei und der untere Teil des einen Turmes. Alles übrige wurde nach dem Brand von 1850 nach den Plänen des Architekten Hermann von Bergmann in Wien im frühen neuromanischen Stil mit bedeutendem Aufwand 1851 bis 1853 neu gebaut. Weihe 1856. Gesamtrestaurierung 1974 bis 1977, als klassizistisch-nazarenisches Gesamtkunstwerk wiederhergestellt.

Wandgemälde: Einheitliche Bemalung des Innern, an den Wänden und am Triumphbogen Teppichmuster und Bordüren mit Engeln, Propheten und Aposteln in Rundmedaillons; das Marienleben, in großen Bildern am Gewölbe, ist ein würdigernstes Hauptwerk der tirolischen Romantik und stammt von Georg Mader. Der Zyklus beginnt rückwärts im Langhaus und endet am Abschlußgewölbe des Chores. 1. Joachim und Anna. 2. Die Geburt Mariens. 3. Mariä Tempelgang. 4. Die Verkündigung. 5. Mariä Heimsuchung. 6. Die Geburt Christi. 7. Die Anbetung der Könige. 8. Die Hochzeit zu Kana. 9. Die Aufopferung im Tempel. 10. Der Abschied Christi von der Mutter. 11. Die Kreuztragung. 12. Die Kreuzigung. 13. Die Krönung Mariens mit Engeln. Die Signatur mit der Jahreszahl 1860 bedeutet die Vollendung der Chorbilder.

Einrichtung: Die gesamte Einrichtung stammt aus der Bauzeit der Kirche. Die Altäre Stuckmarmor, weiß und vergoldet. Die vier Altarbilder Tod Mariens, signiert FH 1866, Mutter Anna, Tod des hl. Josef, signiert 1860, Sebastian, signiert FH 1861, malte

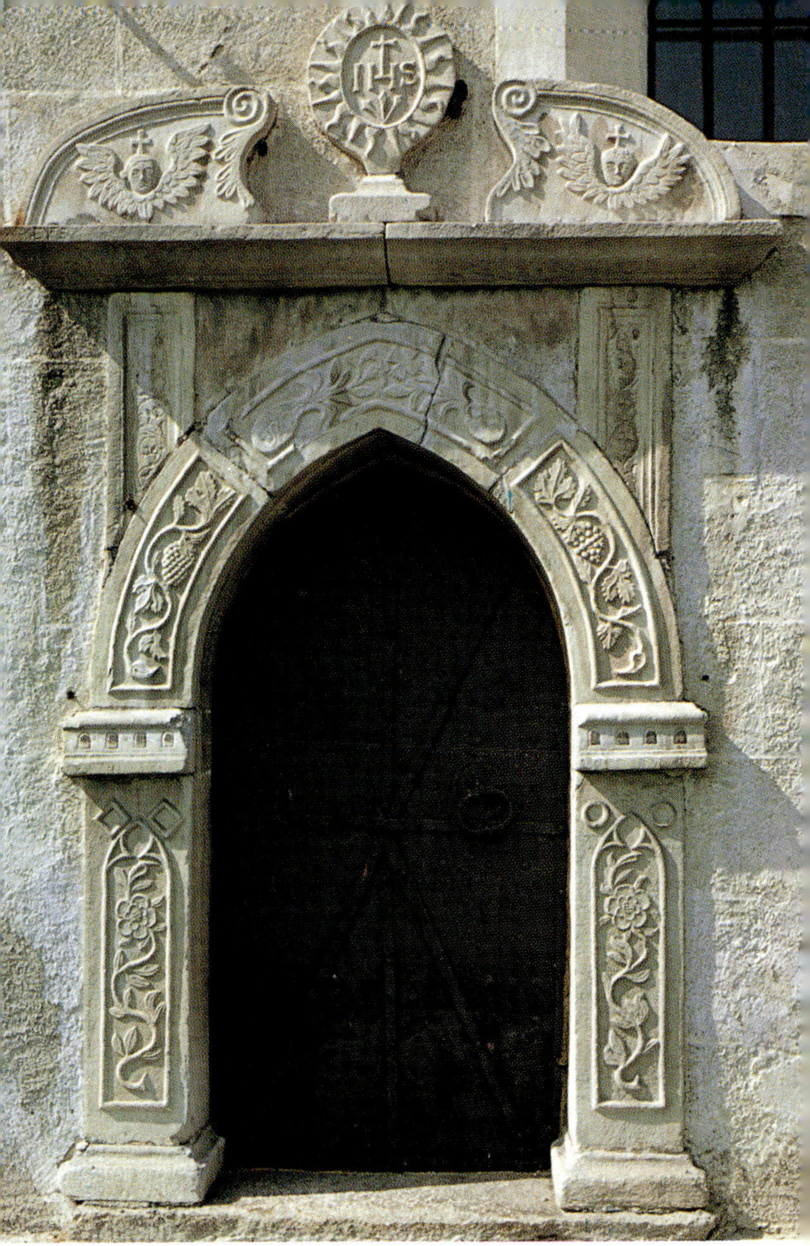

Tafel XXV Stegen bei Bruneck, Pfarrkirche, Seitenportal mit Dekoration von 1620 (S. 546)

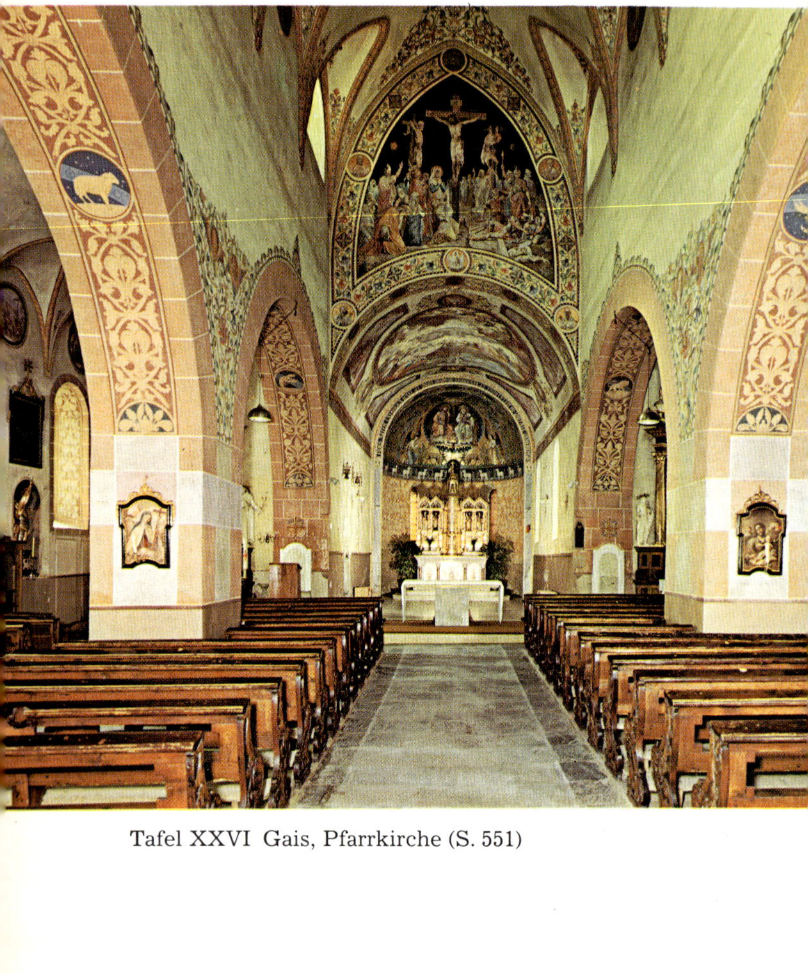

Tafel XXVI Gais, Pfarrkirche (S. 551)

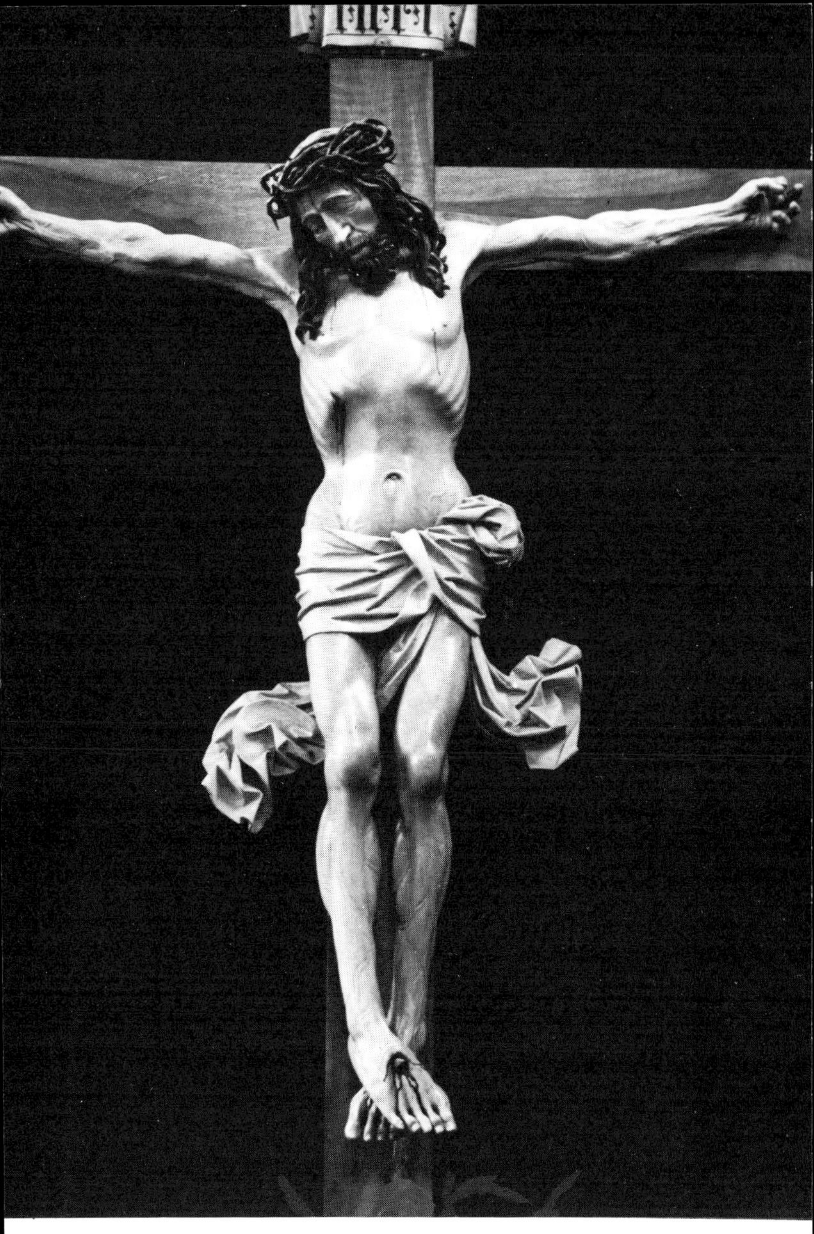

Bruneck, Pfarrkirche, Pacher-Kruzifix

1860 bis 1866 Franz Hellweger aus dem nahen St. Lorenzen. Die Seitenstatuen am Hochaltar, Petrus und Paulus, von J. Miller in Hall. 1856.

Skulpturen:
1. Am linken Seitenaltar *Pietà.* Steinguß. Starker Gefühlsausdruck, rundlicher, gehäufter Faltenwurf. Um 1400. Nach einem vielverbreiteten Typus.

2. *Holzkruzifix* rechts vom Chor oder am Hochaltar. In Lebensgröße. Das Werk zeichnet sich aus durch sorgfältige anatomische Durchbildung und durch den starken Ausdruck des leicht geneigten Hauptes, die freie und schöne Haarbehandlung und durch die lebhafte Bewegung des knitterigen Lendentuches. Michael Pacher zugeschrieben, neu gefaßt von Franz Pendl um 1870.

3. *Kreuztragung* mit Simon von Cyrene. Monumentales Werk um 1490. In der Art des Hans von Judenburg. 1976 originale Fassung freigelegt.

Kreuzweg: Terrakottareliefs, 15. Station hl. Helena. Um 1860.

Sakristeischränke:
1. Ungewöhnlich breiter Schrank mit reichem eingelegtem und geschnitztem Ornament. 15. Jh.
2. Ein zweiter, ebenfalls ungewöhnlich großer, zweigeschossiger Schrank mit Hermenpilastern. 1650.

Reliquiar: Hoher Turmaufbau mit Glaszylinder, begleitenden Streben und Kruzifix. Anfang 16. Jh.

Grabdenkmäler: In der Kirche:
1. Dekan Anton von Klebelsberg, der Erbauer der Kirche, 1883.

2. *Bronze.* Bewegte Gruppe der Kreuzabnahme, darunter zwei Wappen und Inschriftkartusche mit Knorpelwerk. 1620 für den 1564 verstorbenen Hans Kempter gesetzt. Schöne Arbeit von Hans Reichle.
An der Mauer nördlich von der Kirche zahlreiche Epitaphien des 16. bis 19. Jh.s. Darunter zu beachten:
3. Rundmedaillon aus Bronze. Wappen mit Helmzier und Minuskelumschrift: hainrich lynk von augspurg, gest. 1517. Durch keramische Nachbildung ersetzt.
4. Sandstein. Geschichtete Pilaster mit Rundbogen, darunter Kruzifix mit betender Figur des Toten. Jakob Kirchmair von Ragen, gest. 1528.
5. Engel mit Wappenschildern. Veronica von Spaur, 1558.
6. Oben Wappen, unten Inschrift. Joseph Felix v. Tschusy, gest. 1758.

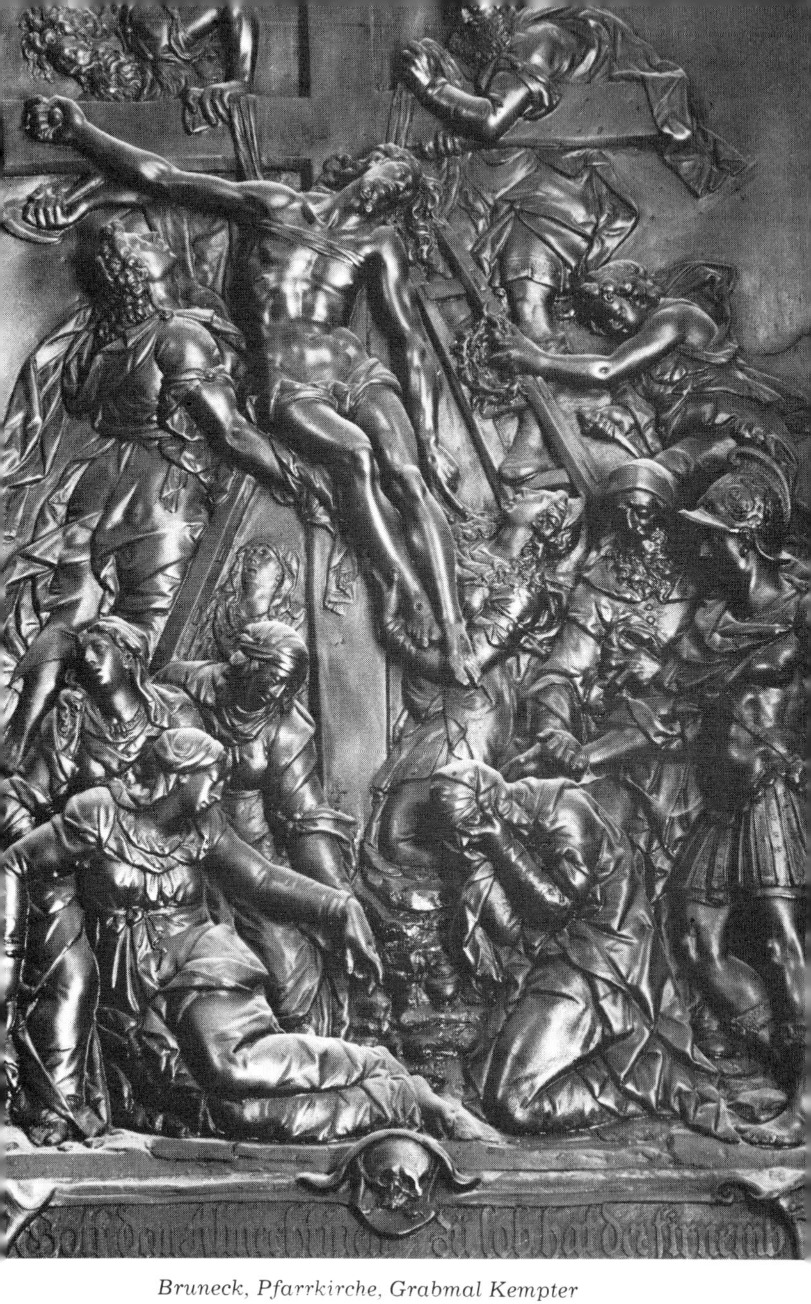

Bruneck, Pfarrkirche, Grabmal Kempter

2. St. Katharina auf dem Rain

Bau: 1345 wurde vom reichen Brunecker Patrizier Nikolaus Stuck eine dem Hl. Geist geweihte Kapelle erbaut, auf die wohl noch die Mauern des jetzt mit einer Flachtonne und mit Viereckfenstern versehenen Langhauses zurückgehen. Der Chor und der auf seinem Gewölbe aufsitzende Turm mit den Spitzbogenschallfenstern und die beiden Sakristeianbauten wurden in spätgotischer Zeit aus Quadern ausgeführt. Die heutige Gestalt der Kirche und der achteckige Teil des Turmes mit niedriger Brüstung um 1675, die schöne doppelte Zwiebelkuppel aus Kupferblech 1724 nach Brand erneuert. Restauriert 1966 und 1983.

Wandgemälde:
1. Über dem Westportal Enthauptung der hl. Katharina. Gute Arbeit des 17. Jh.s, stark übermalt.
2. Über dem Nordportal hll. Katharina, Wolfgang, Sebastian, Rankenornament mit Namen Jesu. 18. Jh., 1. Hälfte.
3. Am Turmoktogon ornamentale Malerei mit Wappen, Tirol, Bruneck, Spaur, Sternbach 1724. Renoviert 1906.
4. Im Chor Disputation der hl. Katharina. Gute Arbeit, aber stark zerstört, in reichem Stuckrahmen. 17. Jh. Die anderen Bilder (Katharina, Florian, Ursula) derbe Arbeit um 1700.

Altäre: Säulenaufbau aus Stuckmarmor mit abgetrepptem und bewegtem Gebälk und Volutenaufsatz, Bilder und Stifterwappen. Am Hochaltar die Jahreszahl 1726 und Bild, Vermählung der hl. Katharina (Kopie nach Paolo Veronese), im Giebel Gott Vater mit der Weltkugel. Am linken Seitenaltar Bild, hl. Josef mit Christkind und Engeln (18. Jh.), am rechten Marienbild*, von Engelsfiguren umgeben (18. Jh., 1. Hälfte).

Gemälde: Schmerzensmann und Dolorosa, 18. Jh., 1. Hälfte.

*Holzskulpturen:**
1. Pietà. Starker Ausdruck, gehäufte Gewandfalten, die schon knitterig werden. Mitte 15. Jh.
2. Kreuzigungsgruppe. Mitte 15. Jh. Predella mit Schweißtuch, 1500.

Kreuzweg: Von Josef Renzler, 1830.

Grabstein: Weißer Marmor. Wappen mit Helmzier und Majuskelinschrift. Leonhard Stuck, gest. 1368.

3. Ursulinenkirche zum hl. Erlöser

Bau: Die an das Kloster auf felsigem Grund angebaute Kirche zeigt an der Fassade über einer Steintreppe ein Spitzbogenportal mit gekreuzten Rundstäben, von vier Fialen mit einem Wimperg eingerahmt (die Einrahmung frühe Neugotik), am dreiseitigen

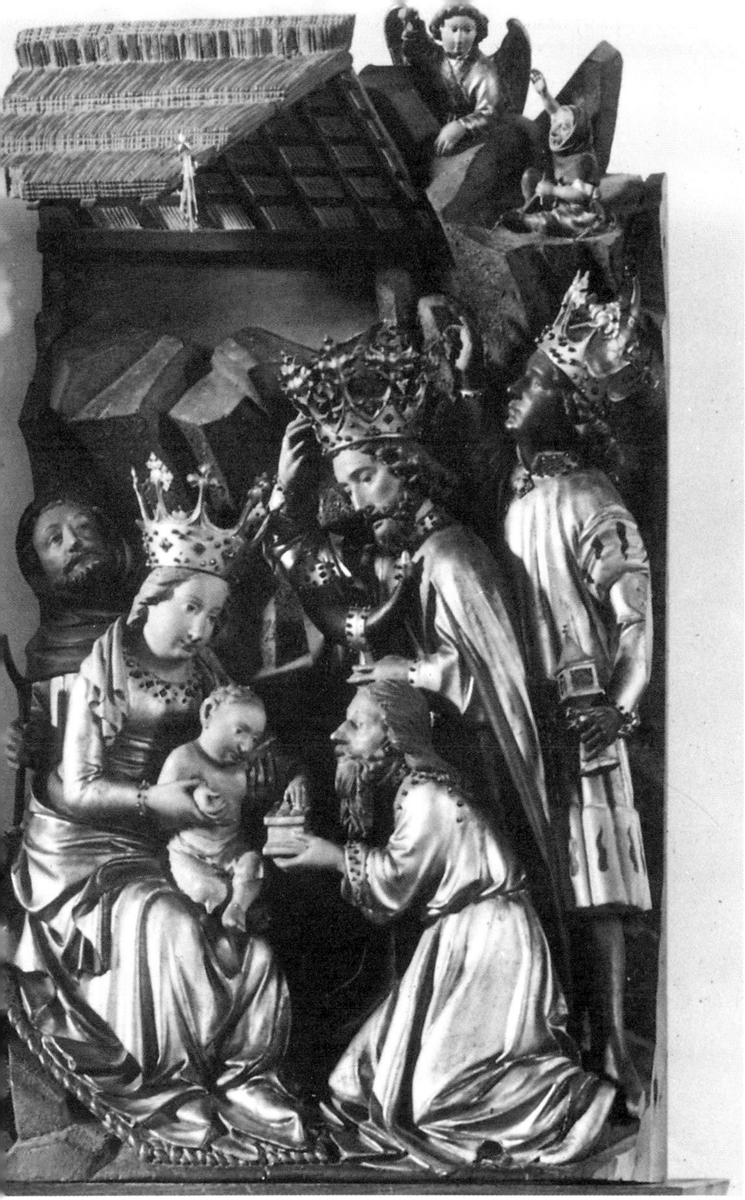

Bruneck, Ursulinenkirche, Anbetung der Könige, um 1430

Chorabschluß Spitzbogenfenster, im Innern ein einheitliches Sterngewölbe und an dem aus Quadern aufgeführten hohen Spitzturm spitzbogige Schallfenster und darüber einen vorgekragten Wehrgang mit Schlüsselscharten. Krypta mit Gratgewölbe. Die 1411 erbaute Kapelle wurde 1427 als „Neukirche" umgebaut und vergrößert, der Turm stammt aus der 2. Hälfte des 15. Jh.s. Seit 1742 Ursulinenkirche. 1880 bis 1883 regotisiert. 1965 und 1982 restauriert.

Wandgemälde: Am Turm sechs Wappen (stark zerstört) von 1723, an der ehemaligen Außenwand, jetzt im Betchor, Christophorus, 2. Hälfte 15. Jh. (Fragment).

Holzskulpturen: Im neugotischen Flügelaltar drei Reliefs, Mariä Heimsuchung, Aufopferung im Tempel, Anbetung der Könige. Das vierte, Tod Mariens, als Leihgabe im Diözesanmuseum Brixen (ebendort auch die Altartafeln von Michael Parth). Schlanke Gestalten, lieblicher Gesichtsausdruck, rundliche Gewandfalten, die beim Auffallen am Boden umbrechen. Um 1430. Verwandtschaft mit dem Stil des Hans von Judenburg. Kruzifix, 17. Jh., 2. Hälfte. Im Kloster hervorragende Weihnachtskrippe. 18. Jh.

Gemälde: 1., 2. Die Altarbilder der Seitenaltäre von 1750, Tod Josefs, Tod des hl. Franz Xaver, von J. Mitterwurzer, 1780. — 3., 4. Kopie des Innsbrucker Mariahilfbildes, Herz Jesu. Gute Arbeiten des 18. Jh.s. Hl. Ursula und Gefährtinnen, von Carl Henrici. Hl. Angela, 18. Jh., übermalt.

4. Kapuzinerkirche zur Heiligen Dreifaltigkeit

Bau: Typische Kapuzinerkirche mit Seitenkapelle, abgesetztem Chor und Tonnengewölbe. Hölzerner Dachreiter. Grundsteinlegung 1627, Weihe 1631.

Hochaltar: Reicher Tabernakelaufbau mit Seitentüren. Am Hauptbau zwei kannelierte Säulen, verkröpftes Gebälk, gesprengter Rundgiebel. Seitenteile mit Bildern, die beiden hl. Johannes. Altarblatt Heilige Dreifaltigkeit mit Darstellung der Stadt Bruneck. 17. Jh., der Tabernakel neu.

Seitenaltäre: Zwei kannelierte Säulen, gesprengter Dreieckgiebel, Aufsatz mit Säulchen und gesprengtem Rundgiebel. 17. Jh., mit späteren Zutaten. Bilder St. Felix und Anton von Padua, ersteres datiert 1823.

Kapellenaltar: Neurenaissance, mit Verwendung älterer Bilder, Maria mit Christkind und Stigmatisation des hl. Franziskus.

Kanzel: Viereckige Brüstung, an den abgeschrägten Ecken Pilaster, am Aufsatz gesprengter Giebel, Volutenbänder. Wohl um 1800.

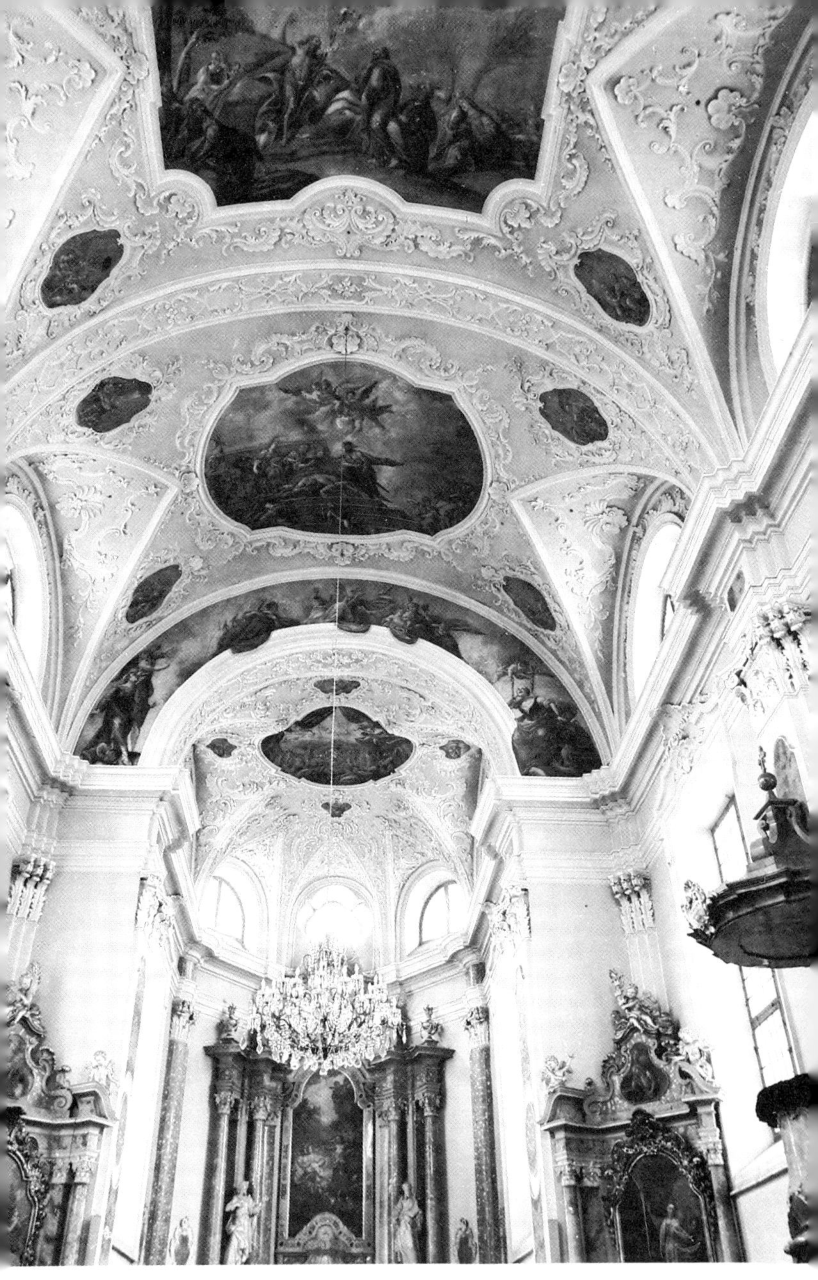

Bruneck, Spitalkirche, Inneres

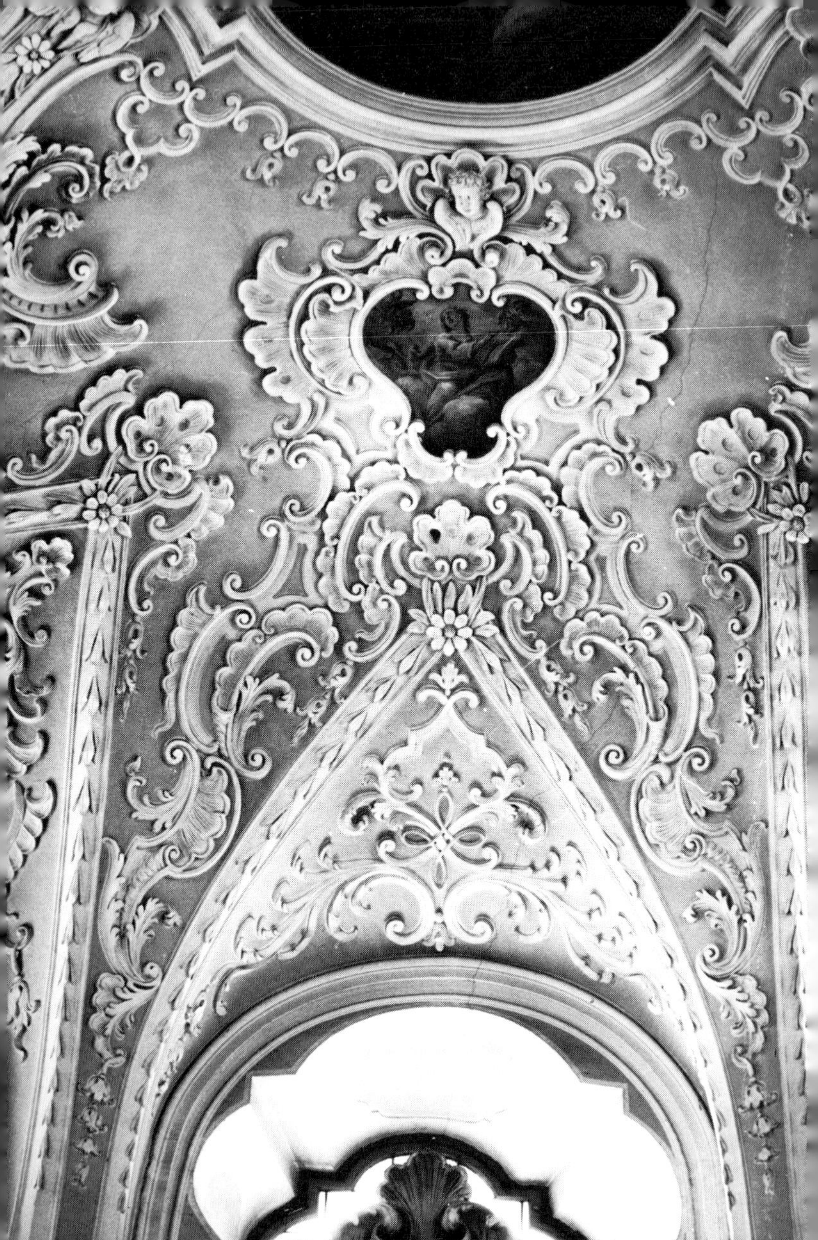

Bruneck, Spitalkirche, Stuckdekoration

5. Spitalkirche zum Heiligen Geist

Bau: Die ursprüngliche Spitalkirche vor der Stadt wurde 1346 von Nikolaus Stuck gestiftet, von seiner Witwe errichtet und 1381 geweiht. Der heutige Bau, 1759/60 entstanden und 1761 geweiht, besitzt eine reichgegliederte Fassade mit Rundbogennischen und Statuen, Volutengiebel, Viereck- und Lünettenfenstern, einen abgesetzten, dreiseitig abschließenden Chor, einen seitlichen Zwiebelkuppelturm und ist mit einer hohen Tonne über geschichteten Pilastern und verkröpftem Gebälk eingedeckt. Restauriert 1968.

Dekoration: Am Gewölbe vier große, von je vier kleineren Bildern begleitete Kompositionen, Pfingstfest mit Evangelisten, Geschichte des hl. Johannes d. T.; am Chorbogen göttliche Tugenden, fromme und weltliche Seele; einfache Arbeiten um 1760, von Jakob Anton Delai. Wertvoller ist die zur gleichen Zeit hergestellte, hervorragend restaurierte Stuckdekoration (Bandwerk, Voluten, Muschelrocaille), wie die Altäre Arbeit von Hannibal Bittner.

Altäre: Gefälliger Säulenaufbau aus Stuckmarmor. Bilder Taufe Christi und hl. Elisabeth von Franz Unterberger, hl. Notburga von Johann Georg Grasmair. Um 1760 bzw. 1736. Seitenfiguren am Hochaltar Petrus und Paulus von Johann Georg Silly, 18. Jh.

Orgel: Dreiteiliger Aufbau, geschuppte Pilaster, verkröpftes Gebälk, mittlerer Rundgiebel, Vasen und Kartusche mit Blattkränzen als Aufsatz. Gehäuse 19. Jh., 1. Hälfte. Restauriert 1981.

Übrige Einrichtung: Bauzeit der Kirche.

Kruzifix mit schrecklichen Wunden, um 1700.

Gemälde: Auf der Empore hl. Sebastian, um 1700.

Kreuzweg: Rahmen mit geschnitzten Bandwerkaufsätzen. Mitte 18. Jh.

Grabstein: Weißer Marmor. Wappen der Söll und Bibelzitate, ohne Namen mit vorbereiteter Jahreszahl 16. Jh.

II. Bildstöcke

1. Mariensäule in der Stadt. Auf einer Granitsäule Marmorfigur der Unbefleckten, von Michael Rasner, gestiftet von Andrä Wenzl Freiherr von Sternbach, 1716. Neue Inschrift 1973. — Davor Brunnen mit großem, aus einem Granitblock gehauenen Trog, 1750 aufgestellt.
2. An der Straße nach St. Georgen. Großer Bildstock mit Pyramidendach, 15. Jh. In der Flachbogennische des Aufsatzes bunte manieristische Fresken, 1619.

3. An derselben Straße. Granitpfeiler mit Aufsatz, Rundbogennische und niedrigem Steindach. Um 1600.
4. An der Straßengabelung nach Dietenheim und Percha. Kurzer Viereckpfeiler mit tiefen Rundbogennischen am breiten Aufsatz und hohem Pyramidendach. Teilweise verwitterte Fresken, in den Hauptfeldern Kreuzigung, Ölberg, Dreifaltigkeit, hl. Georg, in den Seitenfeldern einzelne Heilige, an den Bogenwölbungen die Evangelistensymbole und Kirchenväter in reichverzierten Vierpaßmedaillons. Einer der schönsten und ältesten Bildstöcke Südtirols. 15. Jh., 2. Viertel. Meister Hans von Bruneck oder seine Schule.
5. An der Reischacher Straße. Ähnlich dem Nr. 2, mit moderner Bemalung.

III. Bürgerhäuser

Die Brunecker Bürgerhäuser umschließen, von der unbedeutenden Hintergasse abgesehen, im wesentlichen einen einzigen Straßenzug, die Stadtgasse, und außerhalb des Oberragentores ihre Fortsetzung, die Oberragengasse. Das Grabendach wurde viel verwendet. Zum Unterschied von etlichen anderen Südtiroler Städten fehlen ihnen die Hinterhäuser (eine Ausnahme, Stadtgasse Nr. 43) und infolgedessen auch die malerischen Hofanlagen. Die Straßenseite zeigt vielfach noch das gotische Spitzbogentor (z. B. Oberragen Nr. 6, 10, 12, Stadtgasse Nr. 46, 53, 68), polygonale oder viereckige Erker, ausnahmsweise wohl auch einen Spitzbogenfries (Stadtgasse Nr. 62), sehr häufig gerade, etliche Male auch spitze Zinnengiebel (Oberragen Nr. 12 [erneuert], 10, 8, 6, 23 A, 29, Stadtgasse Nr. 15, 21, 32, 53, 68). In den Kellerräumen findet man nicht selten Mauern mit regelmäßigen Steinlagen und ausgestrichenen Mörtelfugen, die noch der Gründungszeit der Stadt angehören (vgl. Stadtgasse Nr. 13, 27, 32, 45, 46, 54, 63). Da sich diese Häuser durchaus in der Stadtgasse befinden, so wird man die Oberragengasse wohl als jünger betrachten müssen.
Der Hausflur ist meist mit Gratgewölbe versehen, nicht selten erweitert er sich auch zu einer malerischen Halle (Oberragen Nr. 10, 4, Stadtgasse Nr. 43, 46, 53, 55, 63). Das Stiegenhaus (besonders gute Beispiele in Stadtgasse Nr. 17, 55 u. 62) wird durch Holzbalustraden (Stadtgasse Nr. 12, 17, 53), manchmal auch durch Schmiedeeisengitter (ehemaliges Gasthaus Steinberger, Stadtgasse Nr. 62) angenehm belebt und führt in den oberen Stockwerken häufig zu gewölbten Vorplätzen. Die Wohnzimmer sind mit einfachem Getäfel und Felderdecken ausgestattet, die nur ausnahmsweise (vgl. etwa Oberragen Nr. 4) etwas reichere Formen annehmen. Im 18. Jh. wurden auch hier die Stuckdecken

beliebt (Stadtgasse Nr. 23, 43, Oberragen Nr. 4). In mehreren Fällen findet sich hinten ein größerer, saalartiger Raum (Stadtgasse Nr. 43). Das Stiegenhaus endet mit der meist gewölbten Lichthaube (Oberragen Nr. 27 und 29, Stadtgasse Nr. 12, 15, 19, 44, 46, 62), der es an erster Stelle sein charakteristisches Gepräge verdankt. Als besonders stattliche Beispiele von Brunecker Bürgerhäusern können die Häuser der Stadtgasse Nr. 43, 44, 46, 53, 55, 62 und Oberragen Nr. 4 (1975 umfassend renoviert und zum Kulturheim ausgestattet. Sogenanntes Seeböckhaus. An der Fassade Fresko Gottvater, Maria mit Christkind, Engel. Anf. 18. Jh.). Im Haus Stadtgasse Nr. 43 ist ein ebenerdiger, tonnengewölbter Raum mit Wappen und Devisen bemalt. Eine Flasche, ein Humpen und ein Faß deuten auf die Verwendung des Raumes als Trinkstube einer adeligen Gesellschaft, deren Namen den Wappen beigefügt sind. Auch der Maler Ulrich Springenkle und die Jahreszahl 1526 werden genannt. Das Haus Mühlgasse Nr. 4, als Mühle in der Ragen bereits um 1000 erwähnt, zeigt ein sehr interessantes Fassadenbild, eine allegorische Kreuzigung, mit Eva, Maria, Synagoge und Kirche, Florian, Georg, Johannes und Bartholomäus, Vorhölle und Himmel und mit einer schönen, verblauenden Landschaft. Um 1520 vom Meister von St. Sigmund (?) (Donauschule). Bei der Gesamtrestaurierung 1980 Muttergottesbild von ungefähr 1515 freigelegt. Am Haus Oberragen Nr. 37 Freskokopie des Vesperbildes in der Pfarrkirche, 19. Jh.

Die Stadterweiterung des 19. Jh.s betraf im wesentlichen Bauten am Graben (Hotel Post-Grebmer, erbaut 1845, dann mehrfach verändert, Gerichtsgebäude, alte Turnhalle), es entstanden einheitliche Fassaden für die Grabenfront der Altstadthäuser; als charakteristische Motive sind zierliche Veranden in Laubsägearbeit zu erwähnen (Haus Nr. 33), besonders reich ausgebildet am ehemals repräsentativ an der Rienz gelegenen Gasthaus Mondschein am Kapuzinerplatz, jetzt stark verwahrlost. In Verlängerung des Grabens entstanden in der heutigen Pacherstraße mehrere Villen bzw. Zinshäuser im Gründerzeitstil, z. B. Nr. 1 Villa Harrasser, Neurenaissance, Nr. 3 Walsthöny mit Fachwerkelementen, wie auch im Viertel um den Bahnhof, z. B. Gebäudekomplex Pacherstraße/Romstraße, ehemals Hotel Schifferegger, dazugehörend Flügelbau mit mittlerem Trakt mit Balustrade. Parkhotel, ehemalige Villa Franzelin, vornehmer, schlößchenartiger Bau mit Säulen und Loggien von Marius Amonn. Die massive Stadterweiterung der neueren Zeit ging im großen und ganzen mit Schonung des gewachsenen Baubestandes vor sich, nicht geglückt allerdings der Bau des neuen Kulturhauses am Kapuzinerplatz.

Soldatenfriedhof: Am Kühbergl für Soldaten der k. u. k. Armee 1915 von Arch. Perchtold errichtet und später für die Gefallenen des Zweiten Weltkrieges erweitert. 1936 Bau der Friedenskapelle nach Plänen von Marius Amonn. Mit eigener Gedenkstätte für die Gefallenen aus Bruneck. Eindrucksvolle Anlage.

IV. Edelsitze

1. Sternbach (Oberragen)

Am Hauptbau vier übereck gestellte Erker, geschwungener Volutengiebel und achteckiger, kuppelbekrönter Dachreiter, östlich turmartiger Anbau mit umlaufendem Balkon, dessen Brüstung ausgebauchte Schmiedeeisengitter mit Kreuzblumenstäben bilden. Steinportal mit zwei wappenhaltenden Greifen aus Stuck, darüber von Säulen getragener Erker, der in der Höhe des zweiten Stockes Balkon mit Schmiedeeisengitter trägt. Im Erdgeschoß Halle mit Gratgewölbe über einem Achteckpfeiler. In den oberen Geschossen einfache Stuckdecken. Im zweiten Saal mit Deckenfresko, Allegorie auf Frühling und Herbst, Karyatiden, Putten, Medaillons mit Metamorphosen. Von Kaspar Waldmann. Ein anderes Deckengemälde, Göttermahl und Raub der Sabinerinnen, vom gleichen Meister im Nordtrakt über einer später eingezogenen Decke, 1715. In einem Zimmer schöner Ofen in Blaumalerei mit alttestamentlichen Szenen, Wappen Sternbach und Jahrzahl 1715. Zahlreiche Familienporträts, darunter Arbeiten von Stephan Kessler und Philipp Haller.
Seit 1682 war die ehemalige Welspergische, dann Wolkensteinische Behausung in Besitz der Wenzl, Brunecker Ratsbürger, die 1664 den Reichsadel erhielten. Sie wurde von Anton von Wenzl umgebaut und auch vergrößert und 1684 neu gefreit und nach dem Wenzlschen Wappen Sternbach genannt, worauf 1689 die Wenzl zu Freiherren von Sternbach erhoben wurden. 1983 Außenrestaurierung.

2. **Ragen** (Paul-v.-Sternbach-Weg)

Großer Bau mit unregelmäßigem Viereckgrundriß, einfaches Äußeres mit zwei polygonalen und einem übereck gestellten Viereckerker, prächtiger Innenhof mit ringsum dreigeschossigen Arkaden mit Granitsäulen, Rundbögen und Gratgewölben. Die Säulchen haben einfache Wulstkapitelle mit Eckansätzen, auf einigen ist das Wappen Wenzl eingemeißelt, ebenso am Brunnen mit der Jahrzahl 1680.
Der alte Mairhof zu Ragen, auf dem im 12./13. Jh. brixnerische Ministerialen von Ragen saßen, war später im Besitz eines adeligen Geschlechtes, der Mair zu Ragen, die sich von der nahen

Pfarrkirche auch Kirchmair nannten. Der Sitz, der seine heutige Gestalt dem 16. und 17. Jh. verdankt, wurde 1558 für sie gefreit und 1670 an Stefan Wenzl verkauft. Im 19. Jh. in Besitz Klebelsberg, jetzt Gemeinde. 1983 Restaurierung im Gange.

3. Ansiedel (Bruneck, Paul-v.-Sternbach-Weg)

Der große, an der Straße gelegene Rechteckbau ist durch vier übereck gestellte Erker gegliedert und hat ein an die Nordwestecke geschobenes rundbogiges Eingangsportal mit geradem Gebälk und drei Kugeln; an dieser Straßenseite ebenerdig auch drei steingerahmte Viereckfenster mit Sockelschräge. An der Hoffront ist ein zweigeschossiger Loggienvorbau, der über zwei Flachbögen mit Konsolsteinen vorkragt, je drei Säulchen mit Knospenkapitellen und im ersten Stock Rundbogen und Kreuzgratgewölbe, im zweiten eine flache Decke aufweist. Die große zweischiffige Eingangshalle hat Kreuzgratgewölbe über zwei massigen Rundsäulen mit Knospenkapitellen und vieleckiger Basis. Zwei steingerahmte Vierecktüren mit einspringenden Ecken führen in die östlich gelegenen Räume, wobei hier ein älteres Gebäude miteinbezogen wurde (vgl. auch den Mauerabsatz an der östlichen Straßenfront). Ein Raum mit schönem Gewölbe aus profilierten Rippen und steingerahmtem Fenster mit Wulstprofil war wohl die ehemalige Kapelle. Im ersten Stock saalartiger Flur mit Kreuzgratgewölbe und drei Wandkästchen mit Pilastern, Muschelbogen und Dreieckgiebel, zwei Erkerräume mit Felderdecken (im westlichen Raum vom oberen Stockwerk herversetzt, im östlichen Raum unterteilt).
Ansiedel, in seiner heutigen Form im wesentlichen ein Bau des 16. Jh.s, war im Besitz der Familie von Gall und kam über Salome Gall, die 1663 den Brunecker Stadtrichter Ludwig von Klebelsberg heiratete, an diese Familie; 1872 ging der Ansitz wieder im Erbweg (Ehe der Carolina Klebelsberg mit Otto von Mayerhauser) an die Mayerhauser, die ihn an die Bossi-Fedrigotti verkauften. Seit 1977 ist Herr Ritsch hier Besitzer, der eine großangelegte Sanierung des schönen Baues durchgeführt hat.

4. Teissegg (Paul-v.-Sternbach-Weg)

Das hinter Ansiedel im selben Gartenbezirk gelegene Anwesen war zu Beginn des 15. Jh.s im Besitz der Herren von Teis, von denen es den Namen erhielt und die zu Anfang des 16. Jh.s ausstarben. 1520 im Besitz der Gebhard, 1542 wird Wolf Söll mit dem Prädikat von Teissegg geadelt; spätere Besitzer 1629 von Gall; durch die Ehe der Salome von Gall mit dem Brunecker Stadtrichter Ludwig von Klebelsberg kam Teissegg ebenso wie Ansiedel an diese Familie, durch die Ehe der Johanna von

Klebelsberg mit Wilhelm Freiherr von Bossi-Fedrigotti 1868 an die späteren Grafen Bossi-Fedrigotti; jetzt wieder erbweise im Besitz der Grafen Mamming.
Einfaches zweigeschossiges Hauptgebäude mit stattlichem Turmanbau, schöne Korbgitter mit dreifachen Kreuzblumen an den unteren Fenstern, ebenerdig Halle mit Kreuzgratgewölben.

5. Vintler (Paul-v.-Sternbach-Weg 2)

An der Fassade erkerartiger Vorbau, steingerahmte Vierecktür, darüber Vintlerischer Wappenstein, 1795. Korbgitter, regelmäßige Fenster. Ehemals Besitz der Herren von Troyer, dann Vintler.

6. Stegen (Stegener Straße 26)

Einstöckiger Bau an der Rienz mit zwei übereck gestellten viereckigen Eckerkern auf Spitzkonsolen, überwölbte Freitreppe, Loggia mit Granitsäulen und Rundbögen und steingerahmte Tür mit einspringenden Eckstücken. In der heutigen Form aus dem 16. Jh. Die Familie Jöchl, die Ende des 14. Jh.s sich von Bruneck aus nach Brixen und Sterzing verzweigte, hatte ihren alten Sitz in Stegen bei Bruneck, der wohl mit diesem Bau identisch ist. Am zugehörigen großen Gebäude (Fabrik) Gartentor mit Jahreszahl 1675. Seit 1925 erbweise Besitz Alvera, St. Lorenzen, vorher Färberei Schweighofer, im 17. Jh. Pockh.

V. Burgen

1. Lamprechtsburg

Die Burg liegt auf einem an drei Seiten abfallenden Hügel an der Rienzschlucht, besitzt eine ausgedehnte Ringmauer mit ungefähr regelmäßigen Steinlagen und ausgestrichenen Mörtelfugen, mit Rondell und einem kleinen Zwinger und umfaßt den zinnengekrönten Bergfried, den einfachen, mehrfach umgebauten Palas, einige spätere Ökonomie- und Zugebäude und eine frei stehende Kapelle. Am Palas ein Fenster mit ursprünglicher Steinrahmung, ein späteres Doppelbogenfenster mit Mittelsäule und Schmiedeeisengitter, ein dreieckiger Erker, am südöstlichen Teil Zinnen. Das Innere ist ganz einfach gehalten. In einem Zimmer Wandgetäfel und Kassettendecke, in einem anderen Felderdecke mit gemalten Rollwerkkartuschen und hoher grüner Kachelofen mit Medaillonkacheln. 16. Jh. Die Burg eine Gründung der brixnerischen Ministerialen von Reischach, die sich in der Folge in einer Linie nach ihr nennen, wird 1228/30 erstmals erwähnt; die Herren von Lamprechtsburg starben 1380 aus. 1692 bis 1812 weiterhin als brixnerisches Lehen im Besitz der

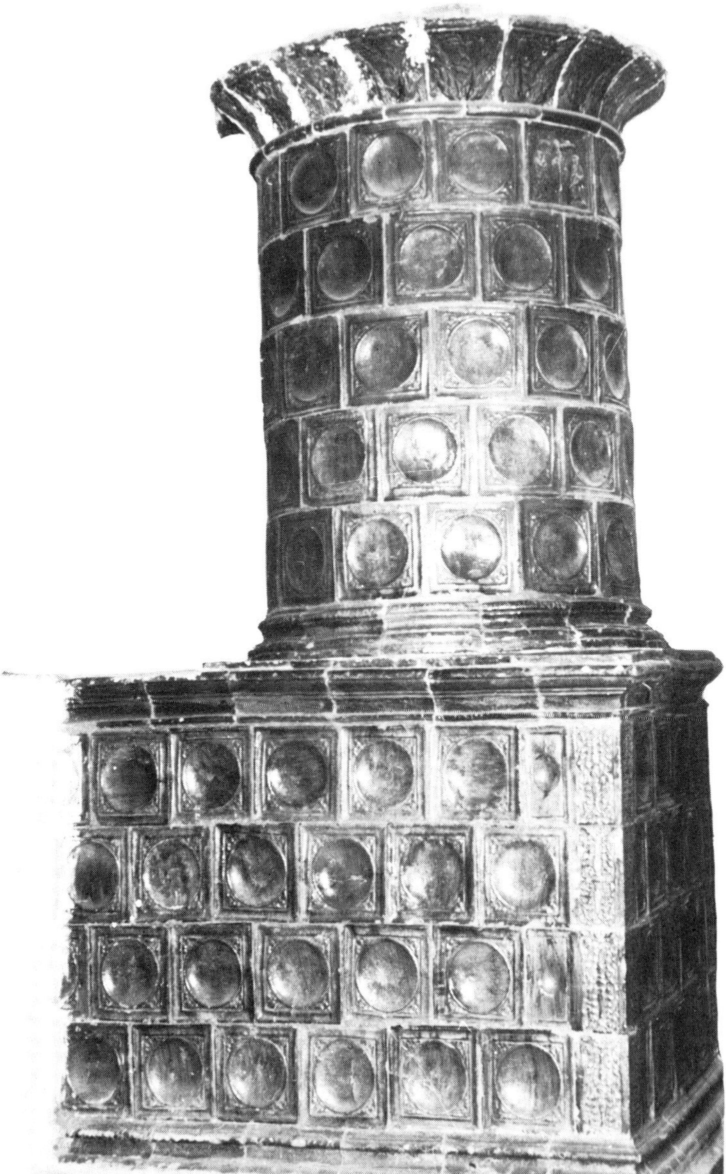

Lamprechtsburg, Ofen, 16. Jh.

Winkler von Colz, seither Privatbesitz und heute mit einer Gastwirtschaft verbunden.

Kapelle:

Bau: Fassadenturm mit Kuppeldach, abgesetzte Rundapsis, Tonnengewölbe. Die heutige Gestalt gehört erst dem 17. Jh. an, eine Lamprechtskapelle ist jedoch bereits 1075/90 erwähnt. 1962 und 1974/75 restauriert.

Stukkaturen: Derbe Arbeit. 17. Jh.

Hochaltar: Spätrenaissancealtärchen mit kannelierten Säulchen, gesprengtem Giebel und Figuren, Maria mit Christkind (Sitzfigur), hll. Lambrecht und Johannes d. T. Um 1680. Das Porträt und das Wappen des Fürstbischofs Paulinus Mayr (1677—1685) gestohlen.

Kanzel und Orgel: 17. Jh.

Holzskulpturen:
1. Romanisches Kruzifix, Anfang 13. Jh., im 17. Jh. zu einer hl. Kummernus umgewandelt, 1962 restauriert. Durch Kopie ersetzt.
2. Am Seitenaltar Kreuzigungsgruppe. Kruzifix Anfang 16. Jh., die Seitenfiguren 17. Jh.

Grabsteine: Die Steine der Familie Winkler zu Colz, der letzten adeligen Bewohner der Burg, darunter der des letzten Prälaten von Schnals, Ambros von Winkler, gest. 1782.

Glocke: Kreuzigungsgruppe und drei Siegelabdrücke. Simon Hofer, 1579.

2. Schloß Bruneck

Die Burg liegt unmittelbar über der Stadt auf einem von Natur aus nur schwach befestigten Hügel. Die Ringmauer zeigt an mehreren Stellen übermauerte Viereckzinnen, Schlüsselscharten und Schießfenster, den Absatz für den ehemaligen Wehrgang, ein Eckrondell und einen kleinen Zwinger. Die heute nicht mehr bewegliche Zugbrücke führt über den aufgeschütteten Graben zum Tor mit Gußerker und dem Wappen des Fürstbischofs Andreas von Österreich (1591—1600). Die eigentliche Burg umschließt einen engen Hof mit stark erneuerter Dekorationsmalerei um 1600 und Wappen verschiedener Fürstbischöfe des 16. und 17. Jh.s, einem Treppentürmchen und einer originellen Freitreppe mit gemauerter Brüstung, neben der Wappensteine des Bischofs Christof von Schrofenstein mit den Jahreszahlen 1518 und 1519 angebracht sind. Wie der Hof, so ist auch der Innenraum des Palas gänzlich erneuert; Beachtung verdient die rosettengeschmückte, aber ebenfalls überstrichene Kassetten-

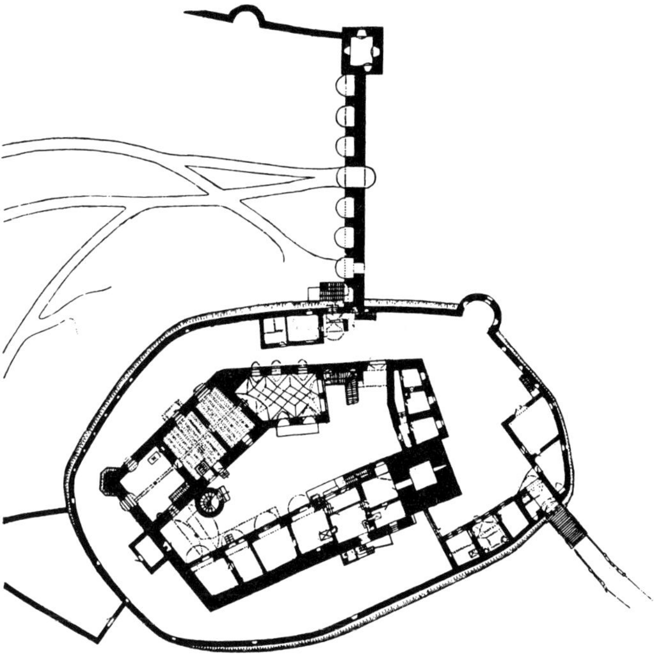

Bruneck

decke in den Fürstenzimmern und die ungewöhnliche Dicke der ursprünglichen Mauern, besonders der Außenmauer. Auch der zinnenbekrönte Bergfried besitzt sehr starke Mauern, die, abgesehen vom obersten Teil, regelmäßige Steinlagen und Buckelquadern aufweisen. Der ursprüngliche, hochgelegene Eingang im Dachraum des anschließenden Wohntraktes.
Die Burg, die ursprünglich aus dem frei stehenden Bergfried und zwei selbständigen Wohntrakten gegen Westen bestand, wurde seit 1251 (bis 1256) von Bischof Bruno von Kirchberg erbaut, von Bischof Albert von Enna (1323—1336) erweitert und besonders auch unter Bischof Christof von Schrofenstein (1518, 1519) erneuert. Aus dieser späten Zeit auch die heutige Ringmauer mit dem Zwinger und den obersten Teilen des Bergfrieds. Die letzte,

umfangreiche Restaurierung von 1900, im Zeitgeschmack. Jetzt nach baulicher Adaptierung als kaufmännische Lehranstalt verwendet.

VI. Stadtbefestigung

Von der Burg laufen zwei Mauerzüge über den Hügel hinab und setzen sich unten als Stadtmauern fort, so daß die ganze ursprüngliche Stadt (mit Ausschluß von Ragen) mit der Burg zur strategischen Einheit verbunden war und dies auch heute noch deutlich erkennen läßt. Vom nördlichen Seitentor der Burg führt ein gedeckter Gang mit Schlüsselscharten und später veränderten Schießfenstern zu einem auf halber Höhe des Burghügels stehenden, aus Quadern aufgeführten Viereckturm, dessen oberster Teil jünger ist. Die anschließende Ringmauer mit einem Rondell ist hier größtenteils verschwunden. Die andere Mauer geht vom westlichen Zwinger aus, zeigt vermauerte Viereckzinnen, den Absatz für den Wehrgang, Schlüsselscharten und Schießfenster, einen kleinen offenen Viereckturm und ein Rondell. In der Stadt bildete die Ringmauer die Außenseite der Häuser und war, den Verkehrsadern entsprechend, von Tortürmen durchbrochen, von denen das Floriani- und das Rienztor mit ihren quadergefaßten Spitzbogenöffnungen zum guten Teil noch die ursprüngliche Gestalt bewahrt haben. Das Florianitor restauriert. Auch ein jetzt frei stehender Rundturm an der Rienzbrücke und der Glockenturm der Ursulinenkirche waren in die Stadtbefestigung eingeschlossen. Über dem Ursulinentor 1946 aufgedeckte Fresken, Kreuzigungsgruppe, Maria mit zwei Bischöfen, hl. Christoph und Wappen der Jöchl. Um 1420, Meister Hans von Bruneck nahestehend. Stark verwittert. Am Oberragentor Fresken, Brixner Bischof und Kreuzigung. Lebhafte Arbeit, Ende 15. Jh. Bei der Restaurierung freigelegt Maria mit Kind zwischen Engeln unter einer Architekturszenerie, fragmentarisch. Daneben Jahrzahl 1470. Friedrich Pacher zugeschrieben.

REISCHACH

Pfarrkirche zu den Heiligen Petrus und Paulus

Bau: Geräumiger klassizistischer Bau mit schrägem Übergang zum abgesetzten, dreiseitig abschließenden Chor, Tonnengewölbe mit Gurten über streng geformtem Gebälk, am Spitzturm, in dessen Innerem an den zwei unteren Geschossen die regelmäßigen Steinlagen sichtbar sind, große, spitzbogige Schallfenster. Eine Kirche wird schon zwischen 1075 und 1090 erwähnt. Der untere Teil des Turms romanisch, der obere spätgotisch. Die heutige Kirche mit Verwendung älterer Mauern 1814 gebaut und 1819 geweiht. Turmhelm 1917 abgebrannt und erneuert. Das Schiff 1960 bis 1962 gegen Westen nach dem Plan von Othmar Barth verlängert und mit doppelter Empore ausgestattet. Gesamtrestaurierung 1977—1983, dabei Neuausmalung mit klassizistischer Dekoration durch Hans Peskoller.

Einrichtung: 19. Jh., 1. Hälfte, Altarbild, Maria mit Petrus und Paulus, bez. Anton Psenner, 1828. Herz Jesu und Skapulierbild von Franz Hellweger, 1872 und 1874. Statuen des Hochaltars Petrus und Paulus, Ulrich und Wolfgang und des linken Seitenaltars Katharina und Anna (?), bewegte Haltung, 18. Jh., wohl von Johann Probst. Rechts Statuen Sebastian und Florian. Anf. 19. Jh.

Glasfenster (6): Figural. Glasmalerei Strobl, Brixen.

Kanzel: Mit Reliefs, Samariterin am Brunnen, vier Evangelisten. In der Art von Josef Benedikt Probst.

2. Feldkapelle (Kapplerstöckl)

Über der Türe 1681.
Gewölbebilder: Verkündigung und Heimsuchung, 1682 (stark verdorben).

Holzskulptur:* Maria mit Christkind. Tief unterschnittener, scharfbrüchiger Faltenwurf. Von Pacher beeinflußt. 15. Jh., letztes Viertel.

3. Angerburg

Der malerische Edelsitz war im Besitz der schon im 11. Jh. erwähnten brixnerischen Ministerialen von Reischach (Rischon). 1402 verkauften Ulrich von Rischon und seine Frau Margarethe geb. von St. Lamprechtsburg ihren „Hof zu Rischon auf dem Anger" dem Bischof von Brixen, nahmen ihn aber dann wieder als Lehen zurück. 1495 ging er an Sebastian Prack aus dem bekannten ladinischen Geschlecht, für dessen Erben er 1536 unter dem Namen Angerburg neu gefreit wurde. Aus dieser Zeit die heutige Gestalt des Baues. Spätere Besitzer die Winkler von Colz, 1711 Kauf durch Anton Wenzl von Sternbach und Übernahme des Prädikats Angerburg, 1818 Peter Mutschlechner, 1825 Carl von Klebelsberg, durch die Tochter Carolina 1865 bis um 1940 Familie von Mayerhauser; nach den Besitzern Schönhuber und Kronbichler seit 1963 Regensberger aus Reischach. Renovierung ist geplant.
Bau mit Walmdach und östlichem Quertrakt; originelles Stiegenhaus; von der ebenerdigen, kreuzgratgewölbten Halle (wegen der

Vermurung lag sie ursprünglich höher) führt die Steintreppe in eine dreiteilige und darüber in eine zweiteilige offene Loggia mit Granitsäulen, Rundbögen und Kreuzgratgewölben. In beiden Stockwerken steingerahmte Türen mit originellem Vorhangbogenabschluß und Vorhalle mit Felderdecke; der sogenannte Rittersaal im zweiten Stock mit reicherer Decke und Getäfel mit Pilastern und aufgelegten Grotesken am Fries, 17. Jh.
Viereckfenster mit schönen Korbgittern mit Blumen. An der Nordwand wurde der aus dem aufgelassenen Friedhof in Reischach stammende Marmorgrabstein des Christoph Prack von Asch zu Angerburg, Hauptmann von Buchenstein, gest. 1562, mit Inschrift, großem Allianzwappen Prack und Scheck und sechs kleinen Wappen (Eppan, Rubatsch, Mörl, Heustadl, Vintler, Söll) neu montiert.

DIETENHEIM

I. Kirchen

1. Pfarrkirche zum hl. Jakob

Bau: Eine Kirche wird 1332 erwähnt, war aber schon viel früher vorhanden. Ältere Bauteile nachweisbar, z. B. altes Fensterchen an der Nordseite über dem heutigen Gewölbe, Langhausmauern daher noch vom älteren Bau. Um 1445/52 erfolgte ein Umbau, bei dem die Kirche im wesentlichen ihre heutige Form erhielt mit Kreuzrippengewölbe in Chor und Mittelschiff, polygonalem Chorabschluß, Strebepfeilern, Spitzbogenfenster. Die Änderungen des 17. und 18. Jh.s wurden bei einer Restaurierung 1896/99 wieder rückgängig gemacht. Dekorationsmalerei mit Arabesken und Bildern aus dieser Zeit, von Adolf oder Johann Keilgruber. Die seitenschiffähnliche Ottiliakapelle, die sich in zwei Spitzbögen über einem Achteckpfeiler gegen die Kirche öffnet und ein Sterngratgewölbe trägt, wurde 1493 angebaut und nach einer Erweiterung 1503 geweiht. Das Spitzbogenportal liegt in einer Vorhalle mit Kreuzgratgewölbe und Flachbogenöffnungen, die im Obergeschoß die hier 1893 durch die Westfassade gebrochenen Musikchor enthält. Der mit Spitzbogenschallfenstern versehene Turm erhielt 1643 nach Blitzschlag seinen heutigen Abschluß. 1690 Bau der Sakristei. Innenrestaurierung 1976.

Wandgemälde:

1. Außen am Presbyterium hl. Kummernus. Umbauzeit der Kirche.

 Dietenheim, Pfarrkirche, Pietà

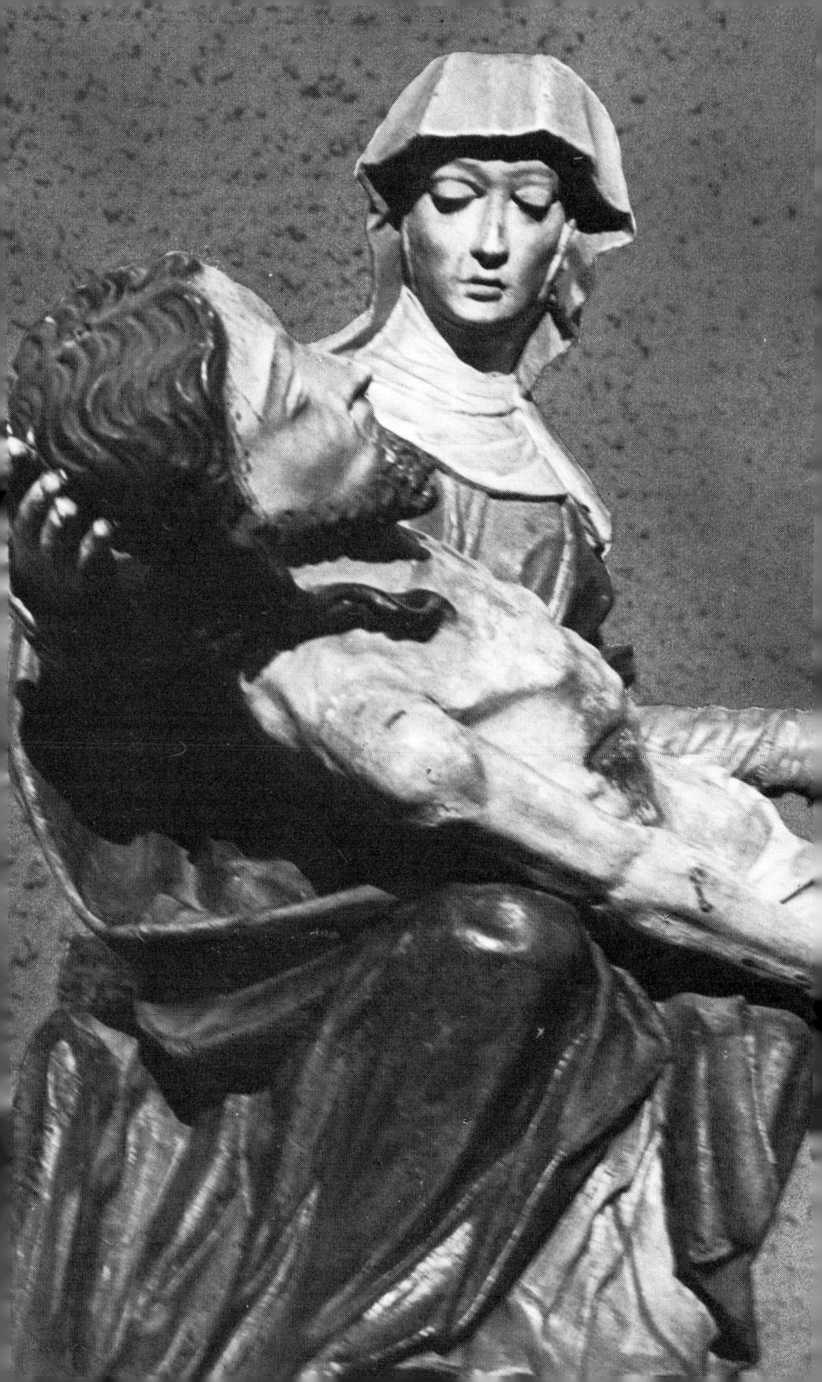

2. Ölberg und hl. Wolfgang. Stark verwittert. Anf. 15. Jh. Hans von Bruneck.
3. Über der Altarmensa der Seitenkapelle Gregoriusmesse im Innern einer gotischen Kirche mit interessantem Altar. Darunter Befreiung Kaiser Trajans aus der Hölle, Maria, Heilige und Stifterfamilie. 1506 gestiftet von Hans Primus, Mesner an der Kirche von Dietenheim, gemalt von Simon von Taisten.
4. Bei der Restaurierung 1967 neu aufgedeckt. Linke Chorwand: Anbetung der Weisen mit Söldnergefolge, bethlemitischer Kindermord, Darstellung im Tempel. 15. Jh., 1. Hälfte. 1976 restauriert.

Hochaltar: Von Alois Reden, 1826. Mittelbild hl. Philippus und die beiden hll. Jakobus von Josef Renzler, bez. 1826. Zwei Seitenbilder, Petrus und Magdalena, 1839 von Peter Kachler. Aufsatzbild Gottvater von Michael Kachler.

Kanzel: Polygonale Form, Pilaster mit Knorpelwerk, Engelputti. Von 1692. Allianzwappen Sternbach-Mor. Ende des 19. Jh.s neu dekoriert.

Holzskulpturen:
1. Hl. Ottilia, stark überfaßt. Mitte 15. Jh.
2. Pietà, vortreffliche Arbeit, späte Gotik.*
3. Immaculata, von Josef Bachlechner, um 1911.

Gemälde:
1. Mutter Anna, von Georg Kachler. Ehem. Altarbild des 1827 errichteten Anna-Altares, zu dem auch Bild Engl. Gruß von Peter Kachler gehörte.
2. Fahnenbild mit Florian, Ottilia, Leonhard, Blasius(?), Muttergottes und Landschaft von Dietenheim (1834 hinzugefügt) von Johann Georg Prunner, 1743.

Stationstafeln: Um 1840. Von Josef Arnold(?). Weitere Stationen Anf. 19. Jh.

Kirchenstühle: Flachschnitzerei, Ende 19. Jh.

Weihwasserstein: Außen an der Fassade, Wappen Wenzl 1698.

Grabsteine: Einfache Grabsteine des einst zahlreichen Dietenheimer Adels. 16. bis 19. Jh.

2. Friedhofskapelle:

Bau: Durch die Vorhalle mit der Kirche verbundener zweigeschossiger Bau mit zwei Spitzbogenportalen. Oben ein Depotraum mit Tonne, unten die mit einem unsymmetrischen Gratgewölbe versehene Kapelle. Um 1450.

Wandgemälde: Kreuzigung mit verstümmelter Stifterinschrift. Simon von Taisten zugeschrieben. Um 1500.

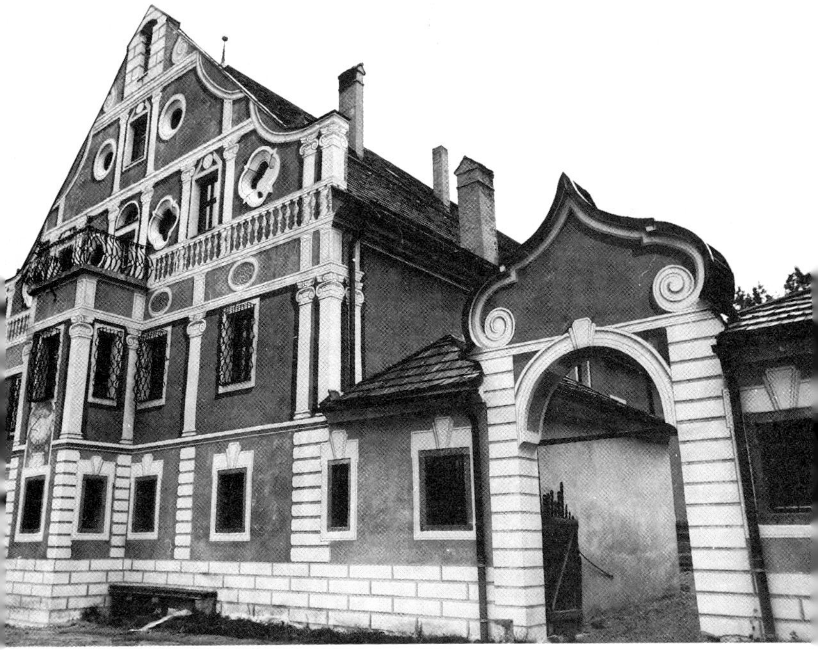

Dietenheim, Ansitz Mair am Hof

Gemälde: Ausgeschnittene bemalte Holzfiguren: Kruzifixus, Dolorosa, Johannes. Von Theodosius Rampfer, in Dietenheim ansässiger Maler, 1670.

II. Edelsitze

Im sanft ansteigenden, sonnigen Gelände zahlreiche Edelsitze; auch die Bauernhäuser zum Teil geschichtlich weit zurückreichend. Trotz Brand von 1919 und baulicher Veränderungen der jüngsten Zeit noch stattliches, behäbiges Ortsbild. *Herren von Dietenheim*, brixnerische Ministerialen, erscheinen schon seit der Mitte des 12. Jh.s. Ob das adelige Geschlecht der Mair oder Niedermair zu Dietenheim, das ab dem 14. Jh. wiederholt erwähnt wird und Ende des 15. Jh.s ausstarb, damit zusammenhängt, ist unsicher.

Möglicherweise gehen die ursprünglich in derselben Mauerumfriedung gelegenen drei Häuser *Steinerhof* (jetzt Kröllhaus), *Hintersteinerhaus* (1972 abgebrochen), *Grebmer* (ehemals Aschgut, als Besitzer werden vor 1450 die Herren von Dietenheim genannt, dann bis 1650 Han und Söll, 1919 abgebrannt und durch Arch. Marius Amonn neu herrschaftlich für die Besitzerfamilie von Grebmer — seit 1740/60 — aufgebaut) auf diesen alten Gutsbesitz zurück. Auch die Grafen von Pustertal-Lurngau haben um das Jahr 1000 Güter in Dietenheim besessen. *Niedermoarhof* mit großem Grundbesitz gegen Bruneck hin. 1304 Bertold der Mair zu Dietenheim, 1470 bis Ende 16. Jh. Lafayer. Ab 1665 Hueber, ab 1776/77 Mair von Sillian. Vor dem Hof Brunnen mit riesigem Granittrog.

Mairamgraben, als Küchenmairhof vor 1091 gekauft. An der Kellertür Jahrzahl 1719. Im Wohnhaus Stein mit Jahrzahl 1745 P. P. Gewölbe. — *Greit* am Berg, 1447 erstmals genannt, Gratnetzgewölbe im Hausgang.

1. Hebenstreit (Nr. 1, Pfefferer)

Der ehemalige Unterenpichlerhof (erstmals genannt 1358) ging ab 1654 aus dem Besitz des Wolkensteinischen Güterverwalters Paul Feichter in den seines Schwiegersohnes Kaspar Rampfer, Doktor der Medizin, über und wurde vom Maler Theodosius Rampfer 1673 an Andre Benedikt Hebenstreit, Landrichter in Michelsburg, verkauft; bleibt bis zur 1. Hälfte des 19. Jh.s im Besitz der Hebenstreit, dann wechselnder Privatbesitz, Dr. E. Niederkofler. Auf ein sicher sehr altes Gebäude folgte um 1620 ein Neubau (am Portal Jahreszahl 1624), der im wesentlichen noch heute erhalten ist. 1890 kam ein neuer Stock dazu.

2. Getreuenstein (Nr. 9)

Die Fassade des mächtigen, von zwei übereck gestellten Ecktürmen begrenzten Baukörpers ist nur von wenigen Fenstern durchbrochen. Ober der Rundbogentür ragt ein schlanker polygonaler Erker mit einem Spitzdach in die Höhe. Er trägt religiöse Gemälde des 18. Jh.s und wird im ersten Stock von zierlichen Fenstergittern umgeben. Das ins späte 16. Jh. zurückreichende, von den Brüdern Wilhelm und Anton Mor von Sonnegg um 1580 zu einem Edelsitz ausgebaute und 1587 gefreite ehemalige Bauernanwesen war im 17./18. Jh. nacheinander im Besitz der Hölzl von Sillian, (1648 Ehe der Anna Christina Mor mit Stefan Hölzl) dann ab 1679 der Wenzl, die danach das Prädikat nahmen, von 1788 bis 1854 der Rogen, 1854 bis 1951 der Wopfner, jetzt Grünbacher.

3. Mair am Hof

Das seit 1365 erwähnte Bauerngut, das im Oberbesitz der Mor von Sonnegg war, ging 1691 an Anton Wenzl von Sternbach,

Mann der Anna Katharina Mor von Sonnegg, der an seiner Stelle einen herrschaftlichen Besitz errichtete. Nach den Sternbach war 1794 bis 1923 die Familie Mutschlechner Besitzer, seit 1923 ist der Ansitz Landesbesitz und war als landwirtschaftliche Lehranstalt (Haushaltungsschule) in Verwendung. 1982 Beginn von Restaurierungen und Einrichtung als Zentralgebäude des Südtiroler Volkskundemuseums. Das nebenstehende Wirtschaftsgebäude bereits als Museum für das Fuhrwesen und landwirtschaftliche Arbeitsgeräte in Betrieb, am Gelände südlich fanden bisher 18 bäuerliche Objekte Aufstellung, mit denen die Wirtschaftsformen auf einem Kleinbauernhof und auf einem Hof mit Vieh- und Getreidewirtschaft dokumentiert werden. Der Mair am Hof selbst gibt das typische Beispiel eines Landadelgutes ab.

Der stattliche, von einem Mauerring und schönen Garten umgebene Ansitz, zu dem auch weitläufige Wirtschaftsgebäude gehörten, hat an der Frontseite einen hohen Spitzgiebel und großen Mittelerker, schöne Schmiedeeisengitter an den Fenstern, reiche architektonische Fassadenbemalung und Sonnenuhr mit dem Wappen Sternbach-Mor. Die Längsfront gegen den Garten ist durch Balkone auf Säulen gegliedert. Torbau mit geschwungenem Giebel und Mariahilfbild, im Hof großer sechseckiger Steinbrunnen, datiert 1722. Im Innern geräumiger Mittelsaal in jedem Geschoß, Stuckdecken, zum Teil schönes altes Mobiliar und Getäfel. Votivtafel des Hieronymus Mor von Georg Widmann, 1567. Im westlichen Erdgeschoß die prächtige Kapelle mit Marmoraltar des Christophoro Benedetti und Widmungsinschrift des Erbauers Anton Wenzl usw. von 1700, Altarblatt des hl. Antonius von Giuseppe Alberti.

4. Sonnegg (Nr. 13)

1550 erwarb Hieronymus Mor aus der Brunecker Familie das Haus in der Steinpeunte in Dietenheim, das er bald danach umbauen ließ (Wappenstein von 1560 über dem Eingang). 1557 wurde er mit dem Prädikat von Sonnegg und Morberg geadelt. Der Ansitz blieb bei den Mor bis 1650, kam dann an Hans Gaudenz zu Rost von Aufhofen und Kehlburg, dann wegen Verwaisung an den Landesfürsten Ferdinand Karl bzw. von ihm 1669 bis 1679 an seinen Leibarzt Mathioly. Unter späteren Besitzern waren wieder die Mor aus der Brixner Linie und durch die Ehe des Anton von Wenzl-Sternbach mit Anna Katharina Mor bis 1797 die Sternbach, ab 1797 wahrscheinlich Plankenstein; seit 1907 Dr. Wibmer und seit 1957 Dr. Schimitschek.

Der interessante würfelförmige, sehr gepflegte Bau hat vier übereck gestellte Eckerker. Im Nordosten ist die ehemalige

Kapelle angebaut. Von der Innenausstattung besonders bemerkenswert sind neben einer schönen Kassettendecke im großen Zimmer der Westseite die Wandgemälde mit mythologischen und biblischen Szenen in den zwei östlich gelegenen Räumen mit Wappen des Auftraggebers Hieronymus Mor und seiner Familie; leider mit späteren Übermalungen.

5. Morberg (Nr. 12)

Der als ältestes Haus im Dorf geltende Bau zeigt im Keller an der Ostseite starkes älteres Mauerwerk. An der Südseite ein vierseitiger und ein runder Erkerturm, der letztere mit Schießscharten. 1460 Konrad Mor, 1519 Peter Söll zu Mor, 1557 Adelsprädikat Morberg für Hieronymus Mor, der den Besitz seinem Sohn Carl Mor (gest. 1599) überließ. Auf dessen Sohn Ferdinand Mor (gest. 1653) folgten ab 1667 bis nach 1790 die Söll von Aichberg als Besitzer. 1812 Peter Huber und Maria Elisabeth von Wenzl zu Kirchegg, 1878 Familie Peintner, 1923 Liensberger.

AUFHOFEN

I. Kirchen

1. Pfarrkirche zur hl. Katharina

Bau: Da die Brixner Bischöfe hier schon im 10. Jh. Besitz und bald darauf auch einen Meierhof innehatten, sich auch — wie Albuin und Hartmann (Kasel aus Aufhofen im Diözesanmuseum, 1160) — öfters im Ort aufhielten, war zweifellos schon sehr früh auch eine Kirche vorhanden, die um 1360 und neuerdings um die Mitte des 15. Jh.s. umgebaut und 1452 von Kardinal Nikolaus von Kues neu geweiht wurde. Aus dieser Zeit stammen der untere Teil des Turmes und der dreiseitige Chorabschluß, beide aus Quadern, der Sockel mit seiner Quaderschräge, die Gewölbe mit den Wandgurten und Viereck- bzw. Runddiensten. Am Turm große Spitzbogenschallfenster, darüber gemalte Wappen (Tirol, Brixen, Söll) und späterer origineller Abschluß mit Oktogon, Eckzipfeln und Haube (wohl 17. Jh.). 1835 wurden die Rippen entfernt, die Spitzbogenfenster abgerundet und das Innere in frühem, romantischem Geschmack dekoriert. Restaurierung vorgesehen.

Wandgemälde:

1. Außen in einer Rundbogennische Maria mit Christkind zwischen den beiden heiligen Johannes. Anfang des 15. Jh.s, Brixner Schule. Stimmungsvolles Bild.

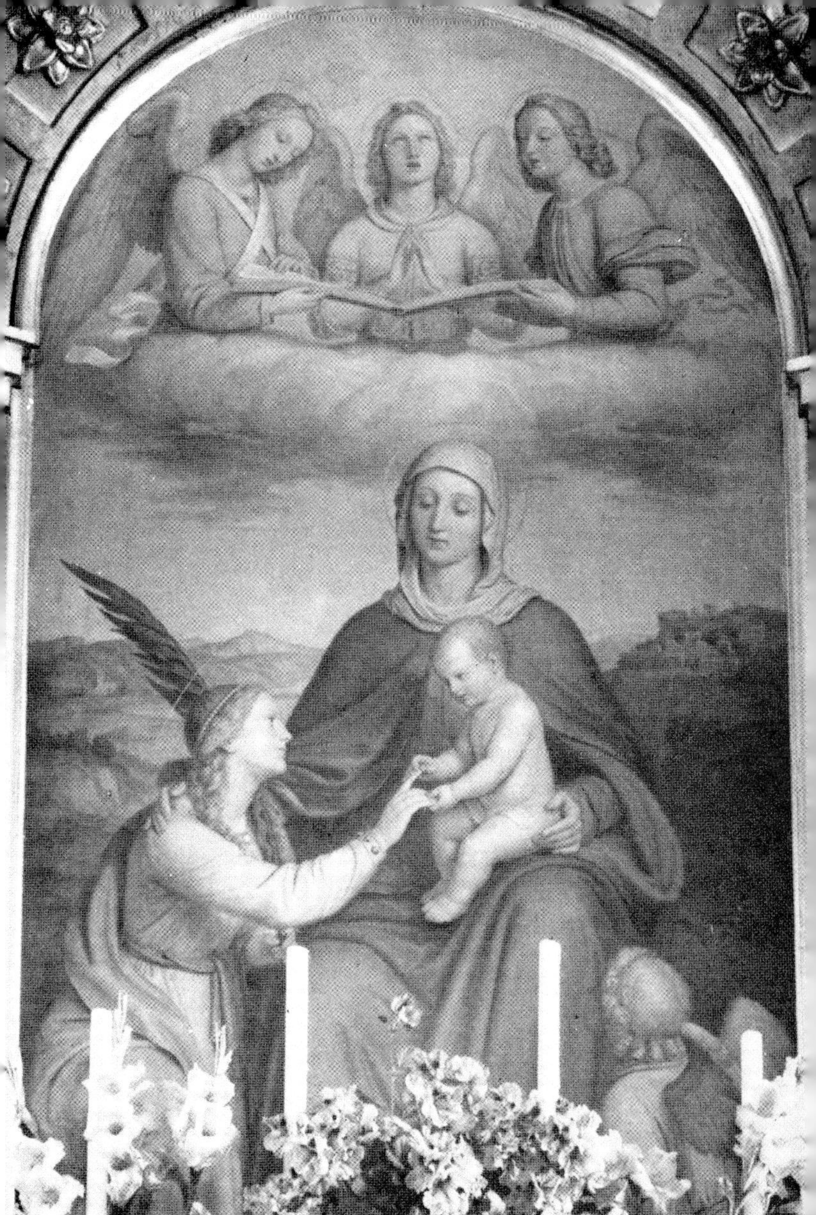

Aufhofen, Altarbild von F. Hellweger

2. Darüber Ölberg. Derbe Arbeit um 1500.
3. Hl. Christoph. Wohl vom gleichen Meister. Beschädigt.
4. Kreuzweg. 18. Jh., 2. Viertel.
5. Auferstehung, 1744.
6. Inneres: Einfache Dekoration mit Feldern und Bändern. Im Chor Abendmahl, am Triumphbogen 2 Engel mit Namen Jesu, im Schiff Christi Himmelfahrt. Um 1835.

Altäre: Einfacher, romanisierender Aufbau aus Stuckmarmor. Um 1835. Über den Seitentüren die Statuen der hl. Barbara und hl. Agnes. 18. Jh. Bilder, hl. Katharina, von Franz Hellweger signiert, 1837, Hartmann und Allerheiligenbild von Anton Bachlechner. Links Madonna aus der Mitte des 15. Jh.s., der Kopf 1643 überarbeitet und das Christkind neu hergestellt.*

Kanzel: Stuckmarmor. Um 1835.

Kreuzweg: 18. Jh.

Stühle, Kommunionbank: Um 1835.

Votivtafel: An der Fassade Triptychon (Auferstandener, Nikolaus, Katharina) aus weißem Marmor mit Relief und Freiskulpturen, den Wappen des Bischofs Johann Thomas Spaur und dem Allianzwappen Hueber-Rost. Bez. Silvester Huber. 1579.

Skulpturen:
1. Großes Kruzifix. 16. Jh.
2. Pietà, hervorragende Arbeit. Mitte 15. Jh.*

Gemälde: Ehemaliges Altarblatt Maria mit Katharina, 1. Hälfte 18. Jh.

Grabsteine: Grabsteine des Aufhofener Adels vom 16. bis zum 19. Jh. Besondere Beachtung verdienen:
1. Weißer Marmor: In der Mitte großes Wappen mit Helmzier. In der Ecke kleine Wappen. Hans Rost, gestorben 1521, und seine Ehefrau Anastasia Bidigerin.
2. Weißer Marmor. Gewappneter Ritter vor dem Kruzifix kniend. Lisenen, Gebälk, Halbrundgiebel. Zahlreiche Wappen. Dionys I. von Rost, Inhaber der Herrschaft Uttenheim, gest. 1586. Der Stein 1578 datiert, fast sicher von Silvester Huber.
3. Weißer Marmor. Zwischen Pilastern und Rundgiebel gewappneter Ritter vor dem Kreuz kniend. Laut einer modernen Inschrift: Johann Freiherr von Adelshofen, gest. 1648.

Glocken:
1. Kreuzigungsgruppe mit Heiligen, Rostsches Allianzwappen. Gegossen von Peter Laiminger 1514.
2. Kreuzigungsgruppe und Wappen, darunter Rost und Talhammer. Gegossen von Gregor Löffler und seinen Söhnen Elias und Hans 1562.

2. Friedhofskapelle

Spitzbogentüre und Kreuzgratgewölbe. 16. Jh. Innenrestaurierung 1983.

Wandgemälde: Innen Südwand Fragment einer Kreuzigungsgruppe, 1983 freigelegt. Brixner Schule. Um 1460.

Altar: Säulenaufbau mit verkröpftem Gebälk, gesprengtem Rundgiebel, Knorpelwerkansätzen und Bild. 17. Jh.

Holzskulptur: Pietà im Stil des beginnenden 16. Jh.s.*

II. Edelsitze

1. Aufhofen (Ansiedl)

Über dem Rundbogentor und am Eckerkertürmchen Wappensteine des Hans von Rost von 1534 und 1540. Neben dem breiten Haupttrakt westlich Viereckturm und zwei kleine Eckerker. Im Keller die kräftigen, sehr regelmäßigen Steinlagen sichtbar. Ebenerdig Halle mit Kreuzgratgewölbe, im ersten Stock breiter Mittelsaal. Altes bischöfliches Gut, dessen Pröpste 1147/55 erscheinen und nach der Verlegung des Amtssitzes nach Bruneck als Herren von Aufhofen den Sitz als Lehen weiterführten, wobei man wahrscheinlich zwischen der Burg von Aufhofen und einem Küchenmairhof unterscheiden muß. Sie starben 1410 im Mannesstamm aus, der Mairhof (?) vererbte sich über die Töchter an die Herren von Rost, die sich mit Hans von Rost (gest. 1521) erstmals nach Aufhofen nennen. 1706 bis 1870 Besitz Hebenstreit, dann bis heute Sternberg. Der Bau stammt wohl noch aus dem 12. Jh., wurde von Hans von Rost umgebaut und 1912/13 weitgehend erneuert.

2. Steinburg (Söll-Haus)

Steingerahmtes Rundbogenportal, harmonische Fensterfront, polygonaler Erker und zwei Eckerkertürme. Im Erdgeschoß Türen mit Steinschwellen des 15. Jh.s. Alle Räume des ersten Stocks mit Kassettendecken, dabei ein Zimmer mit einfacher Täfelung und dem Wappen des Bischofs Wilhelm von Welsberg (1628–1641) und ein zweiter Raum mit reichem Getäfel, erneuerten Wandgemälden, prunkvollen Türeinfassungen und schöner Kassettendecke mit vergoldeten Rosetten. Evangelistensymbole und Himmelszeichen, Allianzwappen Söll-Ruml von 1609 und Wappen des Bischofs Karl von Österreich. Ofen bez. P.K. 1613 Jar. Wappentondi Söll-Ruml 1612. Im Erdgeschoß und am Treppenfenster dekorative Fresken, im Südwest-Erker Pilaster-, Bandel- und Rankenwerk mit Wappen, darunter Söll-Ruml, des 16. Jh.s.

Der brixnerische Küchenmeierhof wurde 1556 für den brixnerischen Amtmann Anton von Ruml gefreit und ging durch Heirat 1591 an die Söll über, die ihn bis zu ihrem Aussterben im Jahre 1840 innehatten. Dann u. a. im Besitz des Geschichtsforschers Karl Czoernig. Vorbildlich restauriert ab 1960.

3. Mohrenfeld (Widum)

Polygonaler Erker, Steintür mit Aufsatzfenstern, Fresken mit Allianzwappen Hebenstreit-Troyer (Johann Jakob von Hebenstreit zu Glurnhör und Mohrenfeld und Judith Franziska Troyerin von Ansheim und Gremsen). Im ersten Stock Mittelsaal mit Kreuzgratgewölbe, im südöstlichen Eckzimmer reiches Getäfel mit geschuppten Hermenpilastern und Gebälk.
Der Ansitz wurde vermutlich für einen Zweig der Familie Mor gebaut und dann 1692 für Hans Jakob von Hebenstreit gefreit, dessen Nachkommen davon das Prädikat führen. Bis 1711 Hebenstreit, dann Dr. J. von Vogl und anschließend Maler Anton Bachlechner. Seit 1841 Widum. Innensanierung 1976.

PERCHA

1. Kuratiekirche zum hl. Kassian

Bau: Eine Kirche wird 1385 erwähnt. Der heutige Bau, an dem die schönen und stattlichen Maßverhältnisse, die sorgfältige Behandlung aller Einzelheiten und die reichliche Verwendung von Granitwerkstücken auffallen, wurde 1525 vollendet und ist ein Hauptdenkmal des Pustertaler spätgotischen Kirchenbaustils. Er ist auch ein Musterbeispiel für einen in Landschaft und Ortsbild dominierenden Kirchenbau.

Spitzbogenportal in reichprofilierter Steinrahmung, mit gekreuztem Rund- und Birnstab, darüber Rundfenster mit Fischblasenmaßwerk, Sockel mit Quaderschräge, Kranzgesims, Spitzbogenfenster, dreiteilige Strebepfeiler, polygonaler Chorabschluß, Spitzturm aus Quadern mit spitzbogigen Schallfenstern, an der Sakristei Eisentüre mit spätgotischen Beschlägen. Der hohe und breite Innenraum trägt ein reiches Netzgewölbe mit zahlreichen runden, viereckigen und schildchenförmigen Schlußsteinen, die Rippen sitzen auf Rundddiensten auf. Im Chor hinter dem kräftigen Triumphbogen ist das Rippennetz noch reicher behandelt. Die Brüstung der Empore ist mit Fischblasenmaßwerk verziert. An der östlichen Chorwand Meisterinschrift: Anno Dom. MDXXV jar hat der ersam weis maister asem mair aus dem ryed disen kyrchenpaw vollendet. Restaurierung 1980 abgeschlossen.

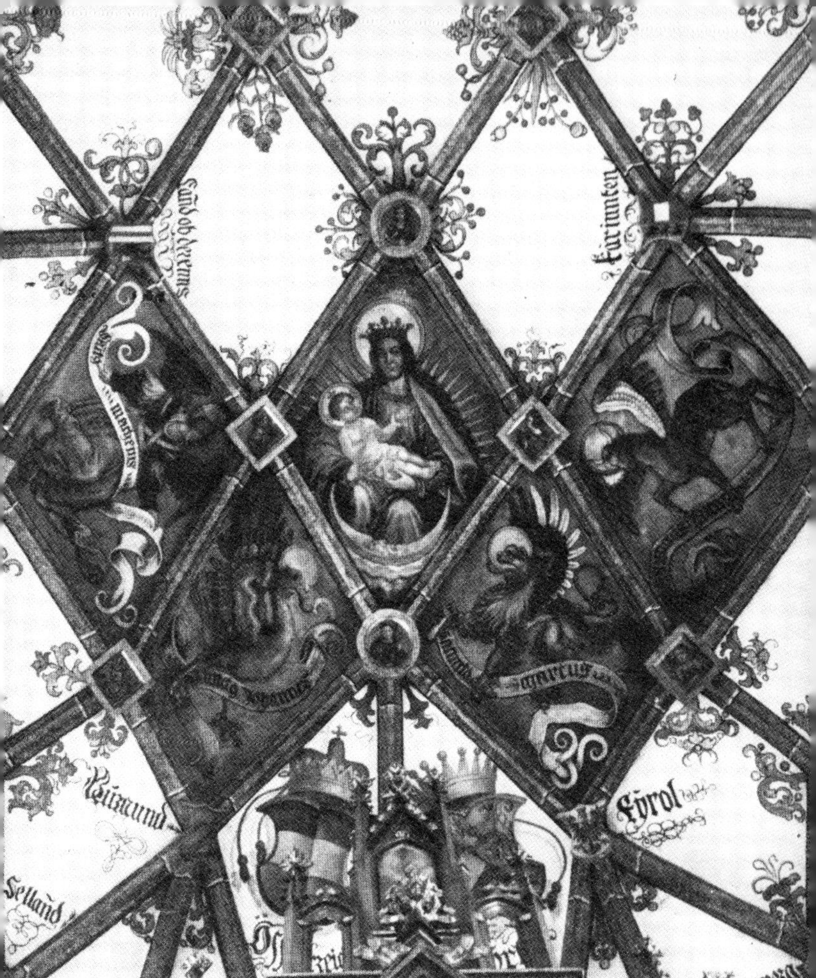

Percha, Chorgewölbe

Wandgemälde:
1. Außen hl. Christoph, von Renaissancepilastern gerahmt. Vielleicht von Simon von Taisten, stark restauriert.
2. Das Gewölbe an den Rippenkreuzungen mit Rankenwerk dekoriert. Schlußsteintäfelchen mit Brustfiguren von Heiligen

und vielen Wappen aus dem großen Titel Karls V. Im Chor außerdem Maria mit Christkind, die vier Evangelistensymbole und die Wappen von Österreich und Görz. Namensbeischriften um 1525, 1980 von der Übermalung befreit.

Einrichtung: Neugotisch. Um 1870. Altäre, Kanzel und Beichtstühle von A. Valentin, Brixen.

Holzskulpturen:
1. Kruzifix, Ende 18. Jh.
2. Pietà. Um 1700.

Kreuzweg: Johann Renzler, 1794.

Weihwasserstein: Wenzl-Wappen. 1613.

Grabstein: Doppelwappen in krautigem Ranken, mit Inschrift. Johannes Plankensteiner, Wirt, gest. 1729.

Glocke: Kreuzigung, Pietà, Valentin, 1617. Adam Sterzer.

Römischer Meilenstein:
An der Umfriedungsmauer der Kirche. Meilensteinförmiger Granitblock, ohne Inschrift.

2. St. Johannes d. T. in Wielenberg

Bau: Von der schon im 11. Jh. erwähnten Kirche haben sich noch die Langhausmauern erhalten. Der Chor, der innen etwas breiter ist als das Langhaus, mit Sockelschräge und polygonalem Abschluß und die massigen Türen sind spätgotisch, das Gewölbe noch jünger und der Turmabschluß in Giebelform modern.

Wandgemälde: Am Gewölbe und an der Emporenbrüstung einzelne Heilige. 2. Hälfte 17. Jh.

Kanzel: 17. Jh.

Kreuzweg: von Josef Renzler, 1822.

3. Kapelle in Unter-Wielenbach

Bau: Dachreiter, dreiseitiger Chorabschluß, Tonnengewölbe, Viereckfenster.

Wandgemälde: Apostel, Heilige, Schutzmantelbild, Pietà, Erzengel, Verkündigung. 17. Jh. 1840 roh übermalt, Restaurierung vorgesehen.

Altar: Säulen mit Rebengewinden, Volutenansätze, gesprengter Rundgiebel und Statuen. 17. Jh.

4. Engelberg

In Percha bei Bruneck wird seit dem 15. Jh. die adelige Familie Engelwerger erwähnt, die vermutlich von dem 1342 genannten Englwer (Engilwero) von Percha abstammt und 1658 ausstarb.

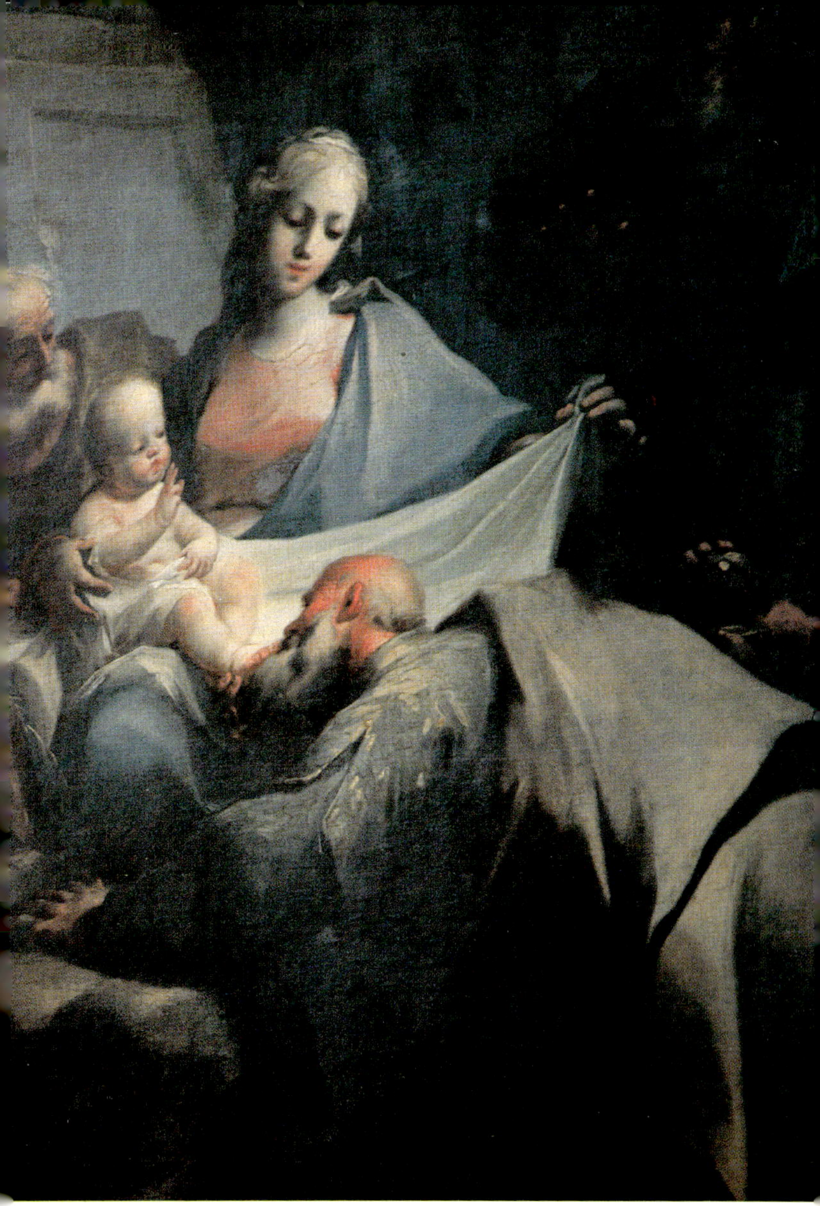

Tafel XXVII Welsberg, Pfarrkirche, Altarbild von Paul Troger (S. 610)

Tafel XXVIII Toblach, Pfarrkirche (S. 635) ▶

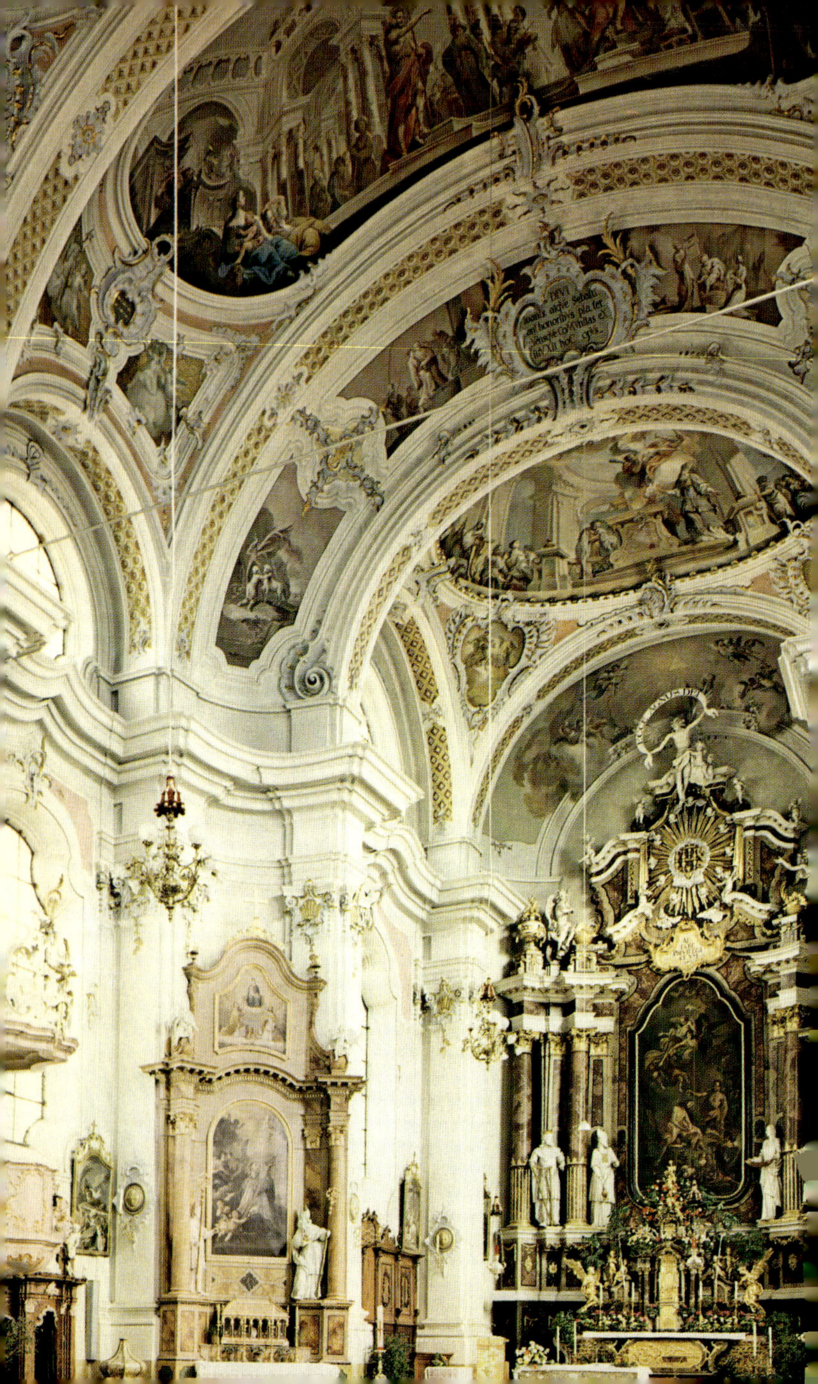

Im heutigen, mehrfach, u. a. 1880, umgebauten Gasthof Engelberger steckt im wesentlichen ein Bau des 17. Jh.s mit gewölbtem Gang, Walmdach usw. Im Keller älteres, aber nicht mittelalterliches Mauerwerk, am vermauerten Fenstersturz Jahrzahl 1639.

OBERWIELENBACH

1. Pfarrkirche zum hl. Nikolaus

Bau: Eine Kirche wird 1430 erwähnt. Die Weihe um 1523 bezieht sich wohl auf den jetzigen Bau mit Spitzbogenportal und -fenstern, Sockelschräge, gekehltem Dachgesims, dreiseitig abschließendem Chor und Spitzbogenfenstern und mit viereckigem Pyramidendach am Turm. Das Netzgewölbe mit viereckigen und schildförmigen Schlußsteinen. Im Chor besonders reich und spielerisch gebildet, dürfte jedoch noch etwas jünger sein. Beiderseits gekehlter Triumphbogen, Empore mit Fischblasenmaßwerk. Gesamtrestaurierung 1981.

Wandgemälde: Neu aufgedeckt: hl. Christophorus. Um 1500.
Hochaltar: Neugotisch. Von Josef Bachlechner. Um 1900. Die übrige Einrichtung neugotisch.

2. Kapelle zu Lerch

Polygonaler Chorabschluß, spitzbogiges Gratgewölbe, Nachhinkende Gotik. 1673. Restauriert in jüngerer Zeit.

Wandgemälde: Gottvater, Evangelisten, Engel, Brustbilder der Apostel, reiches Rankenwerk mit Trauben und Blumen. Die feine Arbeit ist ein interessantes Beispiel für das lange Nachleben der Groteskenornamentik. 17. Jh.

Altar: Gedrehte, rankenumsponnene Säulchen mit gesprengtem Rundgiebel und Aufsatz mit Martyrium eines Mönchs. In Nische mit Muschel Krönung Mariens. Um 1673.

Gemälde: Vierzehn Nothelfer. Derb. Wohl 17. Jh.

TESSELBERG

Kuratiekirche zu den Heiligen Chrysant und Daria

Bau: Der einfache, 1441 eingeweihte Bau besitzt noch seine ursprüngliche spätgotische Gestalt. Portal und Fenster sind spitzbogig, das Sterngewölbe mit runden Schlußsteinen und einfach profilierten Rippen sitzt im Langhaus auf verzierten Konsolen, im polygonal absetzenden Chor auf Runddiensten auf, der Turm besitzt Rundbogenfenster und einen viereckigen Spitzhelm.

Wandgemälde: Außen mehrere Kreuzwegbilder. 2. Hälfte 18. Jh.

Altar: Säulen und Pilaster mit verkröpftem und bewegtem Gebälk, Bild und Statuen. 2. Hälfte 18. Jh.

Kanzel: Einfache Brüstung mit Rocaille. 18. Jh., 2. Hälfte.

Holzskulptur:

1. Pietà. Anfang 16. Jh. Überfaßt.
2. Kruzifix. Derbe Arbeit um 1500.

Kreuzweg: Von Josef Renzler.

STEGEN

1. Pfarrkirche zum hl. Nikolaus

Bau: Das Spitzbogenportal, unter einem Vordach, wird durch einen Rund- und einen Birnstab und außerdem im Viereck durch ein Gesims eingerahmt; das spitzbogige Seitenportal ist mit einem Rahmen mit gotischen, Renaissance- und Barockelementen verziert. Bez. 1620 E. S. Das Langhaus trägt ein zartes asymmetrisches Netzgewölbe über eingezogenen Streben, Runddiensten und Wandgurten, der abgesetzte und dreiseitig abschließende Chor ein Kreuz- und ein sechsarmiges Abschlußgewölbe mit derben Rippen und runden Schlußsteinen, der Spitzturm zeigt kleinere vermauerte und daneben größere offene Spitzbogenschallfenster. Schöne, ungestörte Gruppe an der Ahr. Das Innere und das Äußere durch Werke aus vielen Epochen bemerkenswert. Von der 1247 erwähnten Kirche stehen noch die Langhausmauern. Der Chor stammt aus dem 14. Jh., das Langhausgewölbe vom Anfang des 16. Jh.s, an der Chorstufe die Jahrzahl 1693, der Turm wurde nach dem Brand von 1948 erhöht. Restauriert 1971 und 1980.

Wandgemälde:

1. An der Fassade hl. Christoph, bez. G. MM., in der Portalrahmung Verkündigung, 1595. An der Südwand Sonnenuhr mit Engel. Um 1600.
2. Stationsbilder, an der Friedhofskapelle und Pfarrkirche umlaufend, sehr gut erhalten an der Fassade XI. Station. 18. Jh., 1. Hälfte.
3. Im Chor links Legende des hl. Nikolaus. Meister Hans von Bruneck, gestiftet von Niclas Schallmair, Anfang 15. Jh.
4. Im Schiff Schutzmantelbild. Brixner Meister 1472.
5. XII. Station, 18. Jh., 1. Hälfte.
6. Im Gewölbe: Nikolaus, vier Engel mit Leidenswerkzeugen,

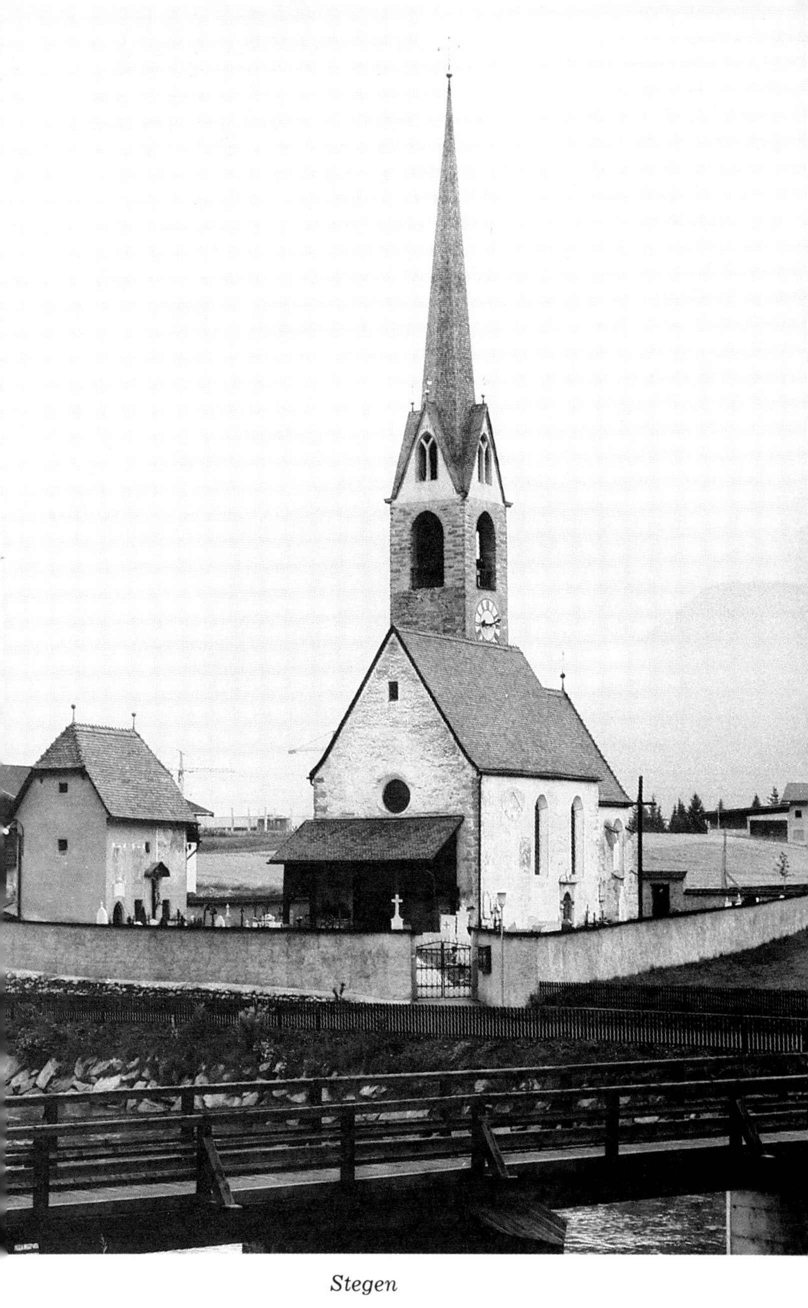

Stegen

Rankenornamente, Anf. 17. Jh. Zwei Wappen Görz und Gonzaga auf den Schlußsteinen.
7. Am Chorbogen: Dolorosa und Johannes neben Holzkruzifix des beginnenden 17. Jh.s mit Chronogramm IesV ChrIste VnD sIner aLLerbetrIbtIsten MVetter zV Lob (1775). Von Christian Renzler.
8. Bei der Kanzel 1979 aufgedeckt Heiliger unter schräg zurückweichendem Gewölbe und zwei kleine Figuren (Leonhard?) Friedrich Pacher zugeschrieben. Um 1490.
9. Apostelzeichen von Christian Renzler (?).

Hochaltar: Gedrehte Säulen, verkröpftes Gebälk, eingerollte Giebelstücke, Aufsatz, reiche Dekoration. Statuen, in der Mitte Maria mit Christkind zwischen Nikolaus und Florian, seitlich Joachim, Anna, Johannes der Täufer und Josef, am Aufsatz Gott Vater. Die drei Mittelstatuen vermutlich von Meister von Stegen, um 1460. Die Muttergottes 1975 gestohlen, 1982 aus London wieder zurückgebracht, Kind dabei geringfügig verändert. Die anderen Figuren von Jörg Stieger. Bilder hl. Nikolaus und Hl. Geist. Ende 17. Jh.

Seitenaltäre: Aufbau ähnlich wie Hochaltar, reiche Dekoration. Links Seitenfiguren Simon und Juda, am Aufsatz Leonhard, Engel (einer neu). Bilder hl. Ursula und Christus zwischen Engeln. Ende 17. Jh. Rechts Seitenfiguren Michael und Florian. Bilder hl. Silvester und Taufe Konstantins. Ende 17. Jh. Beide Altäre beraubt.

Holzskulpturen:
1. Maria mit Christkind und Engeln im Rosenkranz. Um 1700. Restauriert 1860.
2. und 3. Hl. Silvester und Nikolaus, Volutenpostamente mit Engelskopf. Ende 17. Jh.

Kanzel: Am Treppenaufgang zierliches Balustergeländer, Form polygonal, Brüstung und Schalldeckel mit Beschlägeornamenten, Ecksäulchen, Engelköpfchen, Statuetten usw. reich verziert. Gotische Reminiszenzen. Anfang 17. Jh. 1975 beraubt.

Stationsbilder: Teilweise von Josef Renzler.

Bänke: Bandwerk und Rocaille. 18. Jh., 2. Hälfte.

Kerzenstangen: Aufsatz mit Statuetten, Voluten und Blattwerk. 18. Jh., 1. Hälfte.

Grabstein: Vor dem Portal im Fußboden: Katharina und Franz Hueber, 1783.

2. Friedhofskapelle in Stegen

Bau: Dem zweigeschossigen Bau mit oblongem Grundriß geben die unterwölbte Freitreppe, das Flugdach darüber, die spitzbogige Türe und das Walmdach ein malerisches Gepräge. Im Erdgeschoß sind zwei Drittel des Raumes zu einer Beingruft vertieft, deren Treppe eine Brüstungsmauer mit Strebepfeiler vom höhergelegenen Gang trennt. Kreuzgrat-, oben Tonnengewölbe. 16. Jh.

Wandgemälde:

1. Außen Ölberg, um 1600, und I. und II. Station, 1740.
2. Innen Jüngstes Gericht. Gute Arbeit, süddeutsch beeinflußt. 2. Hälfte des 16. Jh.s.

ST. GEORGEN

I. Kirchen

1. Pfarrkirche zum hl. Georg

Bau: Die wesentlich ältere, 1375 erstmals erwähnte Kirche, von der die Langhausmauern noch vorhanden sind, (1978 auch der alte Steinboden freigelegt) erhielt seit 1475 ihre noch guterhaltene spätgotische Gestalt. 1483 neue Weihe. Von diesem Umbau stammen die spitzbogigen Portale und Fenster, die Strebepfeiler, die Stern- und Netzgewölbe mit den zierlich profilierten Rippen über Wandpfeilern, der dreiseitig abschließende Chor und der obere Teil des Turms mit Spitzbogenschallfenstern, beide aus Quadern. Die Sakristei war ursprünglich wohl eine im Spitzbogen sich öffnende Kapelle. Restaurierung 1979—1983.

Wandgemälde:

1. Hl. Christoph, stark verwittert. Anfang 15. Jh.
2. Kreuzigungsgruppe mit hl. Katharina und Georg. Lichte Farben, höfisch vornehme Haltung, sanfter Gesichtsausdruck. Wohl Hans von Bruneck. 15. Jh., 1. Viertel. Vorzügliche Arbeit.
3. Am Fassadengiebel Maria mit Christkind, Katharina und Georg, gute Arbeit 18. Jh.
4. An der Sakristei in den Zwickeln des ehemals offenen Spitzbogens Ölberg. Derbe Arbeit aus der Mitte des 15. Jh.s, restauriert.
5. Am Südportal Reste aus dem 15. Jh. An der Südwand barockes Fragment Gottvater.
6. Im Innern aufgedeckt 1981: An der Nordwand des Chores fragmentierte Märtyrerszene. Um 1400. Im Chorgewölbe in vierpaßförmigen Medaillons die vier Evangelisten, drei Kirchenväter, Maria mit Kind. Meister Leonhard oder Mitarbeiter, 15. Jh., 3.

Viertel. An der nördl. Schiffswand zwei Frauenköpfe. Friedrich Pacher zugeschrieben, um 1480.

Altäre: Von den neugotischen Altären die Seitenaltäre entfernt, die Reliefs von Dominikus Trenkwalder auf der Empore.

Holzskulpturen: 1. Maria mit Christkind, zerknüllte Draperie, 16. Jh., 1. Drittel.
2. Pietà*. Gehäufter, noch rundlicher Faltenwurf, beseelter Ausdruck, 15. Jh., 1. Hälfte.
3. Kruzifix, um 1700.

Gemälde: Hl. Georg mit Wappen der Troyer, um 1700 (Ehemaliges Altarblatt).

Kreuzwegstationen: 18. Jh.

Stühle: mit geschnitzten Docken, dat. 1789 IM.

Sakristeitür: Schöne Kunstschmiedearbeit 1679.

Grabsteine: Troyer und Mörl. 16. und 17. Jh. Der Grabstein des Hans Troyer (gest. 1640) bez. R(afael) Barat 1642.

2. Friedhofskapelle

Bau: Spitzbogentüre, Kreuzgratgewölbe, hohes Zeltdach. 16. Jh. Restaurierung 1981.

Wandgemälde: 1981 aufgedeckt. Kreuzigung mit den 14 Nothelfern, um 1600, und Ölbergszene.

Altar: Säulen mit gesprengtem Rundgiebel. Gemalte und ausgeschnittene Kreuzigungsgruppe.* 17. Jh.

II. Edelsitze und Häuser

Beim *Mörl,* im 16. Jh. im Besitz der Herren von Mörl, Eckerker, Halle mit Gratgewölbe, am steingerahmten Portal und Holztür Jahrzahl 1587. Der stattliche Ansitz *Gießbach* zeigt an der Front einen Risalit mit geschweiftem Giebel und Glockentürmchen, ein pilastergerahmtes Rundbogenportal, das gemalte Allianzwappen Troyer-Payrsberg und einen viereckigen Eckerker. Mittelsäle mit flacher Decke, vom obern 1690 eine heute nicht mehr instand gehaltene Kapelle abgetrennt. Als Obergremsen im Besitz der Herren von Gremsen, von 1542 bis ins 18. Jh. in dem der Troyer, die davon das Prädikat führten und unter Cyriak Troyer und seiner Gattin Eleonore von Boymont-Payrsberg (gest. 1706, vgl. Wappen) dem Bau im wesentlichen die heutige Gestalt gaben. Am Ansitz *Gremsen* zwei übereck gestellte Eckerkertürmchen, an der nordwestlichen Ecke Viereckturm mit kleinem Eckerker. Freitreppe mit zweigeschossiger, frei vortretender Rundbogenloggia auf Rundsäulen. Allianzwappen Mörl-Mairhofer. Restaurierung ab 1977.

Ulrich Grems, dessen Nachfahren 1543 das Land verließen, wird 1322 erwähnt; dann bis ins 18. Jh. im Besitz der Troyer, von denen eine Linie davon das Prädikat führte. Seit 1945/46 Familie Walde. *Walser Mair*, Haus Nr. 21: Breitgelagerter Hof mit abgewalmtem Dach, an der nördlichen Straßenfront anschließend Mauer mit aufgesetzten Steinkugeln, jetzt beschädigt und die Pappelallee dahinter abgeschlagen. Gemalte Fensterrahmen und Bilder der hll. Josef, Sebastian, Florian, und Wappenmalerei ober dem südlichen Eingangstor (u. a. Österreich, Reichsadler, Tirol), kürzlich restauriert. Steingerahmte Vierecktür mit Signatur I. M. 1791. Großer steinerner Brunnentrog, Inschrift Georg Mair 1782. Ebenerdig eine, im ersten Stock zwei getäfelte Stuben, hier die eine mit gemalter Mariä Krönung im Mittelfeld, die zweite datiert 1790. — *Kuchlmairhof*: Stattliches Haus mit gewölbten Hausgängen, im ersten Stock Gratgewölbe. Am spitzbogigen Tor mit gekehlter Steinrahmung Jahrzahl 1595.

GAIS

I. Kirchen

1. Pfarrkirche zum hl. Johannes d. Ev.

Bau: Der einheitlich romanische Bau hat trotz aller späteren Umgestaltungen im wesentlichen noch die ursprüngliche Gestalt bewahrt und ist eine der ältesten und interessantesten Landkirchen von ganz Tirol. Die basilikale dreischiffige Anlage mit zwei Rundapsiden und seitlichem Fassadenspitzturm und Sakristei zeigt überall regelmäßige Lagen kleiner Steine mit kräftiger Mörtelfugung und Eckquadern. Abgesehen von zwei ursprünglichen Schlitzfenstern wurden alle übrigen später erneuert und dann wieder zurückromanisiert, eine Aufsatzmauer für die Glocken wurde bei Erhöhung des späteren Giebels übermauert.
Die schon 990 erwähnte Kirche erhielt in den letzten Jahrzehnten des 12. Jh.s die heutige Form, in spätgotischer Zeit aber ihre jetzige Höhe und das heutige Langhausgewölbe, das bei der Barockisierung (1731 und 1803) wieder der Rippen beraubt wurde. Auch der Spitzturm, dessen obere Hälfte Quadern und Spitzbogenfenster zeigt, wurde in spätgotischer Zeit erhöht. Neuromanische Restaurierung 1906 bis 1911. Am Nordeingang volkskundlich interessanter Wurftisch, vor dem Hauptportal Bodenplatte mit Armen-Seelen-Inschriften, um 1670 von Pfarrer Ramblmayr angebracht. Restaurierungen 1974 und 1980.

Wandgemälde:
1. Außen am westlichen Seitenschiff verwitterte Kreuzigungsgruppe. 16. Jh.
2. Daneben Anbetung der Könige. Anfang 15. Jh.
3. Kreuzweg. 1734.
4. Im Chor Anbetung des Lammes und Johannes d. Ev.
5. Im Mittelschiff Johannes d. T., David und die Kirchenlehrer.
6. In den Seitenschiffen Martyrium des hl. Kassian, Tarsicius und Sebastian, Szenen aus dem Leben Marias und Josefs und Rundmedaillons. 4. bis 6. von Johann Renzler 1804. 1980 gereinigt. Das Apsismosaik, das Bild am Triumphbogen und die Dekoration 1907 bis 1911.

In der Südapsis 1980 freigelegt hll. Afra, Magdalena, Elisabeth. Reste von Vorhangdekoration. Vergröberte Malweise. Um 1280.

Altäre: Der Hochaltar neu, 1906 geweiht, Seitenaltar 19. Jh., 1. Hälfte. Holzfigur, Pietà, 16. Jh. Kruzifix, Anf. 17. Jh. Bild, Mutter Anna, von dem in Aufhofen ansässigen Maler Anton Bachlechner 1849.

Holzskulptur: hl. Florian, Anf. 19. Jh.

Gemälde: Maria mit Christkind und den beiden heiligen Johannes.* Ehemaliges Hochaltarbild. Bez. Giorgio Fontana 1729.

Kreuzweg: 1801.

Taufstein: Gotischer Fuß mit Strickornamenten aus Granit, Muschelschale mit Troyerschem Allianzwappen aus weißem Marmor. 16. Jh.

2. Friedhofskapelle

Bau: Spitzbogentüre, Gratgewölbe über zwei abgefasten Viereckpfeilern, die den Raum zweiteilen. Um 1500. Als Kriegerdenkmal hergerichtet.

Wandgemälde:
1. Das Jüngste Gericht.
2. Erlösung der armen Seelen durch die Messe, Gebet, Fasten und Almosengeben.
3. In vier Rundmedaillons Brustbilder von Propheten. Gute Arbeit um 1500, restauriert.

*Holzkruzifix:** 1616. *Bild:* Grablegung, Anfang 18. Jh.

II. Häuser

Am alten *Pfarrhof* zwei kräftige Viereckerker, der eine übereck gestellt. Im unteren Keller die regelmäßige Steinlagerung noch sichtbar. Die heutige Gestalt des aus der romanischen Zeit stammenden, später vergrößerten Gebäudes im wesentlichen 16.

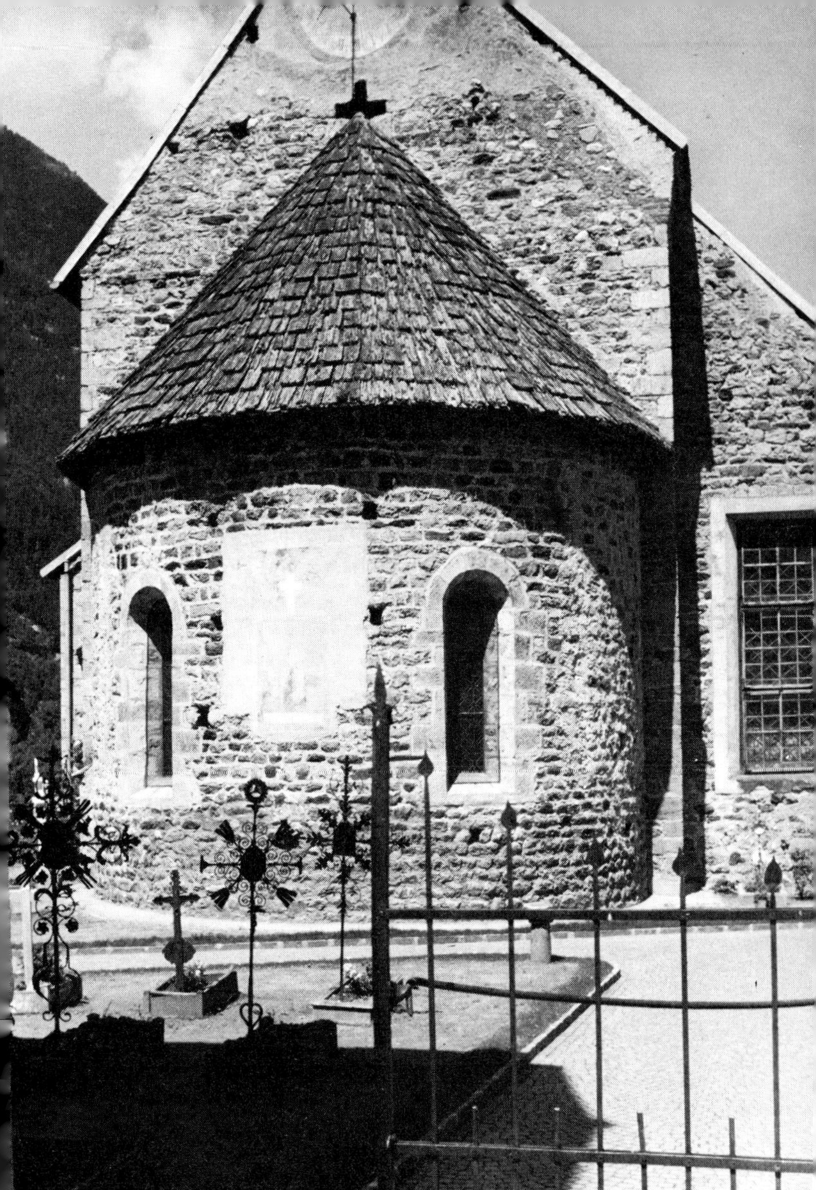

Gais, Pfarrkirche

Jh., allerdings mit neuen Zutaten. Möglicherweise war hier der Sitz der 1142/47 als Ministerialen der Bischöfe von Brixen genannten Herren von Gais. Am *Pflegerhaus* Fassadenmalerei mit dem Allianzwappen Künigl-Trautson. Im ersten Stock großer Mittelsaal mit einfacher Stuckdecke und regelmäßig angelegten Seitenräumen. 1752 durch Alexander Graf Künigl um- oder neu gebaut für den Pfleger von Neuhaus, der bis dahin auf der Burg selber gewohnt hatte.

III. Burgen

1. Neuhaus

Die zwischen 1240 und 1245 von den Herren von Taufers im Streit gegen die Rodanker neu errichtete Burg (der Name Neuhaus ist bezogen auf das ältere Hauptschloß Taufers) sollte 1248 gemäß eines Vertrages mit dem vermittelnden Bischof Egno von Brixen zerstört werden, was aber nicht geschah. Nach dem Aussterben der Tauferer (Ulrich von Neuhaus-Taufers starb 1336) ging sie im Erbweg durch Ulrichs Frau Katharina von Görz-Tirol an die Görzer Grafen über, von denen sie als Pflegschaft an verschiedene Herren, so auch an Oswald von Wolkenstein, verliehen wurde. Von Kaiser Maximilian als Erben des Görzischen Besitzes (1500) wurde die Burg an Peter Mor von Aufkirchen verkauft. Weitere Besitzer waren von 1504 bis 1543 die Neuhaus von Brixen, 1543 bis 1600 die Teutenhofen, 1600 bis 1743 die Söll von Aichberg (die 1601 das Wallfahrtskirchlein am unteren Schloßplatz unter Einbeziehung eines dort stehenden älteren Turmes des 13. Jh.s erbauten). 1743 kaufte sich Graf Alexander Künigl in Neuhaus ein, dann ab 1809 verschiedene Private, 1900 Vinzenz Ebner, dann bis 1963 die Grafen Thun-Strassoldo, auf die der 1914 begonnene Wiederaufbau der Burg zurückgeht. Seit 1977 Siegfried Hofer, Luttach. Von der kleinen Burg nur der viereckige Bergfried mit regelmäßigen Steinlagen und einzelnen Bukkelquadern und Teile der Ringmauer ursprünglich, während der einfache dreigeschossige Palas mit Benützung alter Mauerreste völlig erneuert ist. Die Ringmauer führte vom Palas aus an beiden Seiten den Hügel hinan und schließt den Bergfried ein; an der Rückseite gibt es noch Reste eines kleinen Zwingervorbaues und eines künstlich angelegten Halsgrabens.

Kapelle zu Mariä Heimsuchung

Bau: Polygonaler Chorabschluß, derbes Gratgewölbe, seitlicher Spitzturm mit regelmäßigen Steinlagen und spitzbogigen Schallfenstern. 1601 durch Hans Jakob Söll von Aichberg erbaut, 1603 geweiht. Der Turm noch 13. Jh.

Altar: 1618, zu Anfang des 19. Jh.s umgebaut.

Grabplatte: Marmor mit Bronzemedaillons. Franz Jakob Söll und Elisabeth Grienbergerin, die Stifter der Kapelle.
Glocken (3): Maria mit Christkind, Söllsches Wappen und Siegelabdrücke. 1602, 1602, 1618.

2. Kehlburg

Die Burg, die auf einem hohen, aus der Bergflanke hervortretenden, bewaldeten Hügelrücken liegt, betritt man durch einen über alten Grundmauern erneuerten Zwinger und durch ein Rundbogentor, über dem ein Gußerker und das Wappen des Kardinals Christoph von Madrutz aus dem Jahre 1550 angebracht ist. Der Burghof wird links von der Kapelle, rechts vom Palas, beide mit Türmen versehen, eingeschlossen. Am Palas mehrere Erker, Holzsöller, über dem Tor früher Wappenstein des Hans von Rost von 1549. Das Innere der Burg völlig erneuert, jetzt in starkem Verfall. Im Speisesaal einst altes, dann ebenfalls restauriertes Getäfel mit der Jahreszahl 1550.
Nach der herrschenden Ansicht aus dem Landgut Chela, das Ende des 10. Jh.s Bischof Albuin vom Edelmann Liuto kaufte, hervorgegangen. Die Burg wurde vermutlich Anfang des 12. Jh.s erbaut und wird 1147/55 als Lehen des Heinrich Salzmann von Kehlburg (v. Aichach?) erwähnt, dessen Nachkommen sie 1264 nach einer Fehde mit Bischof Bruno an diesen abtreten mußten. 1545 wurde die verfallene Burg dem Hans von Rost mit der Verpflichtung zur Wiederherstellung verliehen, dessen Nachfahren von ihr das Prädikat führten, sie aber 1891 an den Weihbischof von Kaschau, Dr. Sigmund Bubics, verkauften. Die Burg war ursprünglich nur klein, und der Palas, der an der Talseite stand, war mit der Umfassung des Binnenhofes identisch. Die heutige Gestalt geht im wesentlichen auf den Umbau des Hans von Rost zurück. Bischof Bubics stellte den Nordost-Teil wieder her und erneuerte mit großem Aufwand das ganze Innere, wobei er in Konkurs geriet. 1944 abgebrannt. Derzeitiger Besitzer Vascellari.

Kapelle zum hl. Erasmus

Bau: Über dem pilastergerahmten Viereckportal Vorbau mit toskanischen Säulen und Rundbögen. Rostscher Wappenstein 1715 und ehemals Holzfigur, hl. Erasmus, Anfang des 16. Jh.s. Viereckige Fenster, Tonne über Wandpfeilern, Turm mit Pyramidendach. Eine Kapelle angeblich schon 1113 oder 1123 geweiht. 1552 (vgl. Vorbau!) neu errichtet, 1715 umgebaut und 1718 neu geweiht.

Dem Verfall preisgegeben und ausgeräumt. Ehem. Altarbild hl. Erasmus von Franz Anton Zeiller gestohlen, dann durch eine Kopie ersetzt.

MÜHLBACH BEI GAIS

1. Kuratiekirche zu den heiligen 14 Nothelfern

Bau: Die 1517 vollendete und geweihte Kirche zeigt noch die ursprüngliche spätgotische Gestalt, am Spitzbogenportal zwei gekreuzte Stäbe, Spitzbogenfenster, Netzgewölbe mit einfach profilierten Rippen, die sich im dreiseitig abschließenden Chor überschneiden, im Schiff mit einspringenden Maßwerknasen, runden Schlußsteinen und Knoten, und am Spitzturm Spitzbogenschallfenster. Durch die Restaurierung 1971 kam die gute Architektur wieder zur Geltung.

Wandgemälde: Außen Kreuzweg, bis zur 10. Station. Gute Arbeit, 2. Hälfte des 18. Jh.s. Ritzinschrift LDV 1760. An der Westfassade 14 Nothelfer, 18. Jh. Innen dekorative Bemalung, an der Empore Chronogramm v. 1923. J. M. Peskoller.

Altar: Seitentüren, gedrehte Säulen, verkröpftes Gebälk, Giebelstücke, Aufsatz, Bild 14 Nothelfer und Statuen Johannes und Paulus. Am Fries die Jahrzahl 1685. Mensa, Tabernakel und Seitenteile, 1. Hälfte des 19. Jh.s.

Kanzel: Polygonale Form, Ecksäulen, Statuetten, Evangelisten und Guter Hirte. Ende 17. Jh.

Holzskulpturen: Maria mit Christkind. Um 1700. Glaskasten um 1800.

Glocke: 1519

2. Dorfkapelle, „Geiger-Stöckl“

Bau: Fassadendachreiter, Lünettenfenster, Tonne, abgesetzter Altarraum, 17. Jh. Restauriert.

Altar: Sechs Säulchen, die innersten gedreht und mit Rebengewinde, Volutengiebel, Knorpelwerkansätze und Bild Hl. Familie. An der Bodenplatte bez. 17 MFALVW 18.

3. Kapelle im Bad

Bau: Fassadendachreiter, Lünetten- und Rundbogenfenster, gratige Kuppel, im roh verjüngten, gerade abschließenden Altarraum flache Decke. 18. Jh.

Altar: Origineller Aufbau mit Bild und Skulpturen, frei schwe-

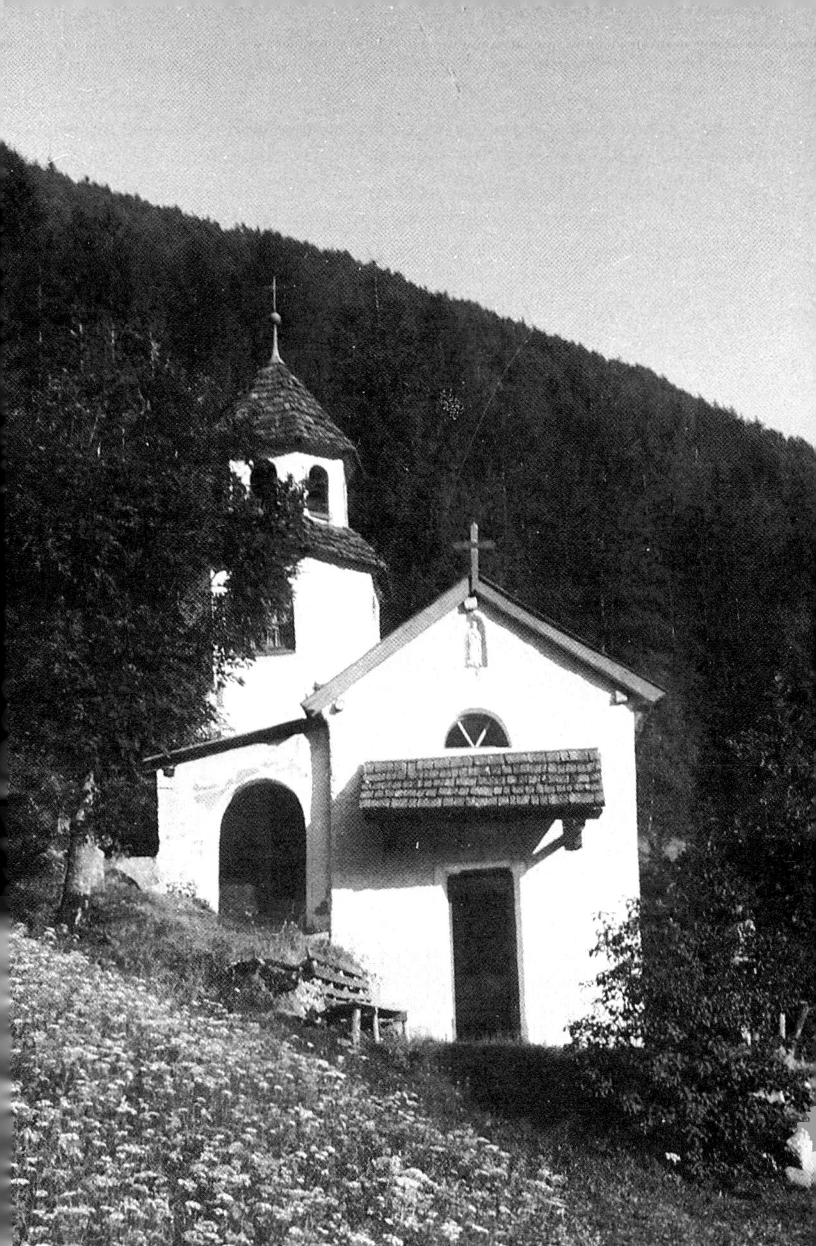

Uttenheim, Kapelle beim Pircherhof

benden Kapitellen, geradem Gebälk und gesprengtem Dreieckgiebel. 17. Jh. In Restaurierung, Einrichtung deponiert.

4. Kapelle beim Pircher (Einsberg)

Malerischer Bau mit polygonalem Chor und seitlichem Sechsecktürmchen mit Laternenaufsatz und sechs Rundbogenfensterchen und Kuppel. Kleine Vorhalle zwischen Turm und Berghang. 17./18. Jh. Kleine gemauerte Empore. Säulenaltärchen auf hohem Sockel, Büsten der beiden Wetterherren. Kreuzigungsbild 19. Jh., kleine barocke Kreuzigungsgruppe.

5. Kapelle beim Lanerhof (Einsberg)

Neubau mit hölzerner Dachkonstruktion. Bild Kreuzgruppe mit P. Freinademetz von Lois Irsara 1979.

UTTENHEIM

1. Pfarrkirche zur hl. Margareth

Bau: Eine Kirche ist vielleicht schon um 970, jedenfalls aber um 1175 urkundlich nachzuweisen. Der heutige Bau mit Volutengiebel an der reichgegliederten Fassade, Viereck- und Lünettenfenstern, mit Tonnen- und Kreuzgratgewölbe über Pilasterbündeln und breitem Gebälk, rundem Chorabschluß und Kuppelturm, wurde 1774 vollendet und 1783 eingeweiht. Gesamtrestaurierung 1983 abgeschlossen.

Deckengemälde: Im Chor Geburt Marias, im Schiff Verehrung Marias durch die vier Weltteile, Martyrium der hl. Margareth und des hl. Andreas, von Franz Anton Zeiller. 1774.

Altäre: Säulenaufbau mit Giebel, Bildern, am Hochaltar Statuen, hl. Joachim und Anna, vorzügliche Arbeiten vom Anfang des 19. Jh.s. Hochaltarbild, hl. Margareth, Kopie nach Christoph Unterbergers Agnesbild von Brixen.

Kanzel, Chorstühle um 1775.

Votivbild: Über der Eingangstür Maria schützt mit Josef, Anton und zwei weiblichen Heiligen die Familie Plankensteiner, nach 1694.

Kreuzweg von F. A. Zeiller, in Rahmen mit geschnitztem Rocaille. Um 1775.

Grabsteine: 1. Wenzl, gest. 1694 und 1698.
2. und 3. Der Sternbachischen Kapläne Stocker, gest. 1727, und Reissacher, gest. 1804.
4. Plankensteiner, 1779.

2. Plankensteiner

Am stattlichen Bauernhof (Nr. 18) mit gewalmtem Dach und seitlichem, kürzlich geschickt neugestalteten Anbau weisen die gewölbte breite, ehemals offene Torhalle, der steinerne Treppenaufgang und die gewölbte Vorhalle im oberen Eingangsgeschoß, ebenso die Stube mit alter Balkendecke und anschließendem kleinen Raum (ehemalige Kapelle?) und westliche Tür mit einspringenden Ecken (heutige Eingangstür) sowie diverse weitere Baudetails auf die ältere Geschichte des Hauses hin, das Sitz der schon 1554 hier mit Othmar genannten Herren von Plankenstein war und vorher den Wolkenstein gehörte. Othmars Sohn Sebastian erhielt 1585 einen Wappenbrief, dessen Enkel Adam 1695 den Adelsstand. Sonnenuhr mit Wappen der Plankenstein und zwei schönen Schmiedeeisengittern an der Südfront. Vom letzten Besitzer Anton von Plankenstein, gest. 1900, erwarb die heute noch hier ansässige Familie Maurer den Hof.

3. Ansitz Stock

Schmaler, langgestreckter Bau mit seitlichem Viereckturm, regelmäßigen Fensterreihen und Geschützscharten unter dem Dachgesims. Am pilastergerahmten Rundbogenportal Wenzelsches Wappen, ebenso in dem mit Kreuzgratgewölben eingedeckten Flur auf der Tür, dort mit Jahreszahl 1624. In den hohen Räumen Getäfel und Holzdecken, besonders reich im Hauptraum des Obergeschosses. Hier an der schönen Rosettendecke aufgelegtes Rankenornament und eingelegtes Wenzlwappen mit der Jahreszahl 1633. Über dem Brustgetäfel mit geschuppten Hermenpilastern gemalter Fries, Geschichte Davids, und Allianzwappen von 1633. Grüner Kachelofen mit biblischen Helden, Tugenden und Allegorien. Auf einer Kachel das Wenzlsche Wappen mit der Jahreszahl 1626. Aus Schloß Moos bei Sterzing. Im obersten Turmgeschoß Kapelle mit flacher Holzdecke. Instandsetzung vorgesehen.
Der ursprünglich turmartige Bau war seit der 1. Hälfte des 13. Jh.s. der Sitz eines Seitenzweiges der Herren von Luttach, seit 1617 bis heute aber der Herren von Wenzl bzw. Freiherren von Sternbach und wurde nach 1624 von ihnen um den westlichen Teil vergrößert und neu ausgestattet.

4. Burgruine Uttenheim

Die Ruine liegt hoch am Bergeshang auf einem nach zwei Seiten steil abfallenden Felsengrat und besteht aus der mehrfach erneuerten Ringmauer, deren Fundamente teilweise tief über den schwindelnden Felsen hinabreichen, aus dem größtenteils eingestürzten dreigeschossigen Palas, der Kapelle und dem Bergfried,

der die höchste Stelle einnimmt, sozusagen auf einer eigenen Felsenbastion steht und regelmäßiges Mauerwerk mit breiten Mörtelbändern und jederseits drei Viereckzinnen aufweist.
Die noch gut erhaltene und 1970 instand gesetzte romanische Kapelle zum hl. Valentin mit abgesetzter Rundapsis wurde im 16. Jh. gotisiert und erhielt damals im Schiff ihr spielerisches Rippennetz. Über der gefasten Spitzbogentür Jahrzahl 1717. Innenrestaurierung der Ende 19. Jh. mit Dekormalerei ausgestatteten Kapelle 1976/77. Dabei wurden folgende Wandgemälde aufgedeckt: In der Apsis Brustbild des hl. Georgius und Reste der Dekoration unter dem Triumphbogen, der untere und obere Teil wird von späterer Wappenmalerei (Cyriak Troyer 1679) verdeckt. Gegen Norden setzt sich die romanische Freskenschicht oberhalb des im 16. Jh. eingezogenen Netzgewölbes fest. 13. Jh., 1. Viertel.

Altar: Säulchen, verkröpftes Gebälk, Giebelaufsatz und Bilder. 18. Jh. Am Aufsatz Halbfiguren Katharina und Agnes, um 1700.

Glocke: Georg Grasmair 1717.

Die Edlen von Uttenheim werden 1140 als Ministerialen der Herren von Taufers erwähnt und starben 1387 aus. 1225 mußten die Tauferer die Burg dem Bischof von Brixen als Lehen auftragen. Seit Anf. 14. Jh. war sie durch Kauf bzw. Erbfall görzischer, dann landesfürstlicher Besitz; es folgten rasch wechselnde Pfandinhaber, seit dem 17. Jh. Verfall.

MÜHLEN

1. Kaplaneikirche zur hl. Katharina

Bau: An die 1389 erwähnte, mit einer Spitztonne, im Chor mit einem gratigen Fächergewölbe gedeckte Kirche wurde durch Barbara von Fuchs, geb. Wirsung, südlich ein zweites, 1510 geweihtes Schiff angebaut, dessen Gewölbe jetzt der Rippen beraubt ist. Beide Teile zeigen spitzbogige Türen und niedrige Fenster, dreiseitigen Chorabschluß, am südlichen Chor drei plumpe niedrige Streben, und öffnen sich über einem plumpen Viereckpfeiler in zwei breiten Flachbögen gegeneinander. Das zierliche Türmchen mit spitzbogigen Schallfenstern sitzt an der Fassadenecke des nördlichen Baues auf. Renoviert 1970.

Wandgemälde: Apostelbrustbilder, 17. Jh.

Altäre: Strenger Säulenaufbau. Mitte 19. Jh. Hochaltarbild hl. Florian von Andrä Winkler, Seitenaltarbild Vermählung der hl. Katharina, Mitte 19. Jh.

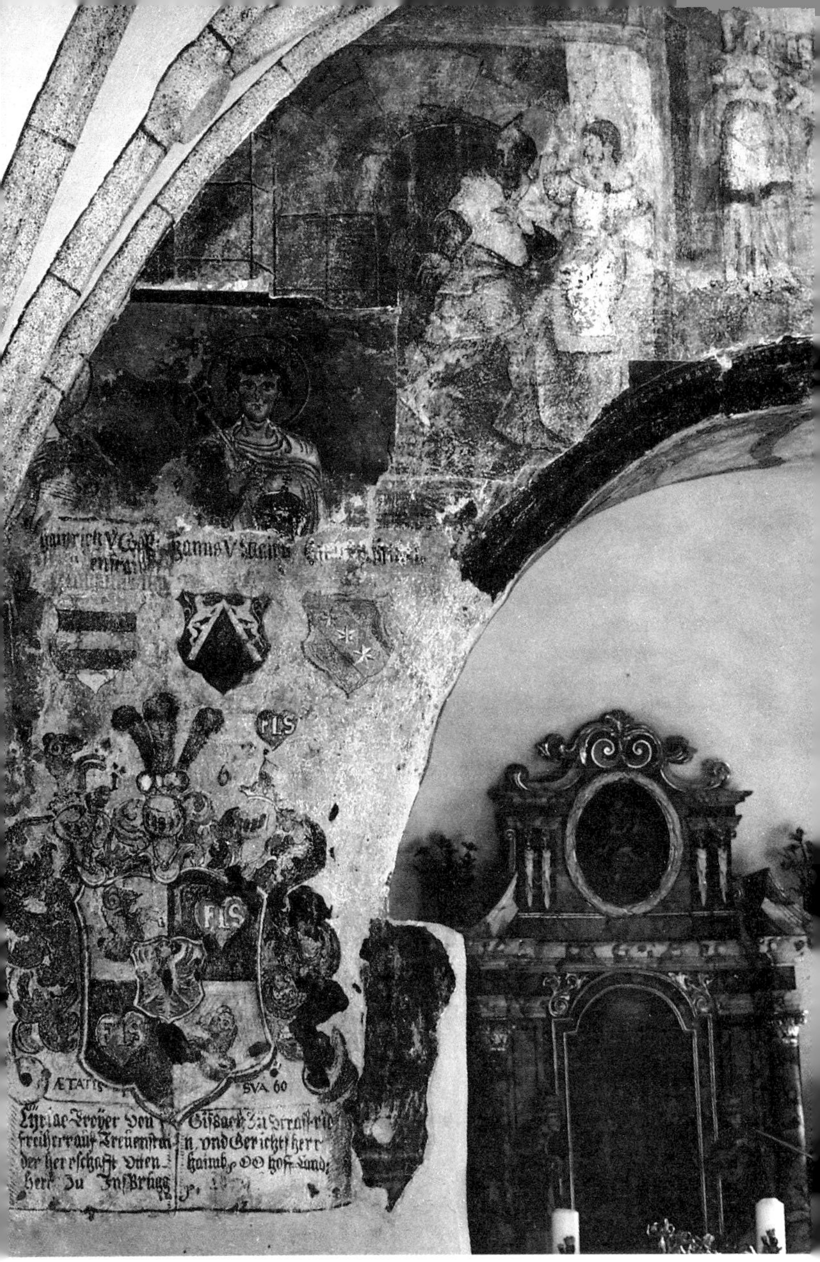

Burgruine Uttenheim, Fresken in der Kapelle

Holzskulpturen:
1. Maria mit Christkind. Scharfbrüchiger Faltenwurf.
2. Relief der Geburt Christi. Fassung neu. Beide um 1500. 2. Jetzt im Pfarrmuseum.
Kreuzigungsgruppe, 17. Jh.

Gemälde:
1. Pfingstfest. Von Anton Fuchs. 1849. Vom ehemaligen dritten Seitenaltar.
2. Kreuzweg, 18. Jh.
Denkmal 1910 für Regens Michael Feichter aus Mühlen (1766—1832).

2. Stock in Mühlen (Oberstock)

Im heutigen Bauernanwesen Stockweber am Nordrand des Dorfes sind im Keller des vorderen, Unterstock genannten Hausteils Mauern von regelmäßiger Steinlagerung und gestrichenen Mörtelfugen gut erkennbar, die Lichtschlitze aufweisen und zweifellos einem mittelalterlichen Turm angehören, der wegen des durch Vermurung aufgeschütteten Terrains tief hinunterreichen dürfte. An den Turmraum im Keller schließt ein Raum mit Spitzbogenportal, altem Verputz und Lichtnischen an. Im rückwärtigen Teil des winkelig verbauten Anwesens, dem „Oberstock", noch eine (sehr schadhafte) Stube mit Getäfel und Konsolenerker in Formen des frühen 16. Jh.s.
Stock ist nach der Überlieferung der Sitz der Edlen von Wirsung, die 1178/81 als Dienstleute der Herren von Taufers erwähnt werden und 1493 im Mannesstamm erloschen.

MÜHLWALD

1. Pfarrkirche zur hl. Gertrud

Bau: An Stelle der 1383 erwähnten Kirche wurde 1831 bis 1834 vom Priesterarchitekten Prantl der heutige 1838 geweihte Neubau aufgeführt, der mit seinem Dreieckgiebel, den Lünettenfenstern, Flachkuppeln über den schweren Wandpfeilern und dem einfachen Gebälk und mit dem runden Chorabschluß die ernsten Formen des ausklingenden Barockstils zeigt. An der Tür der Vorhallenkapelle die Jahreszahl 1581. Der Turm mit Sockelschräge, Spitzbogenschallfenstern und Spitzhelm gehört noch der spätgotischen Zeit an. Restaurierung 1978.

Wandgemälde: Vier große Kuppelbilder mit kleinen Zwickelbildern 1. Herz Jesu als Schützer der Kirche Tirols. 2. Hl. Gertraud nimmt Christus als Bräutigam. 3. Hl. Gertraud nimmt den

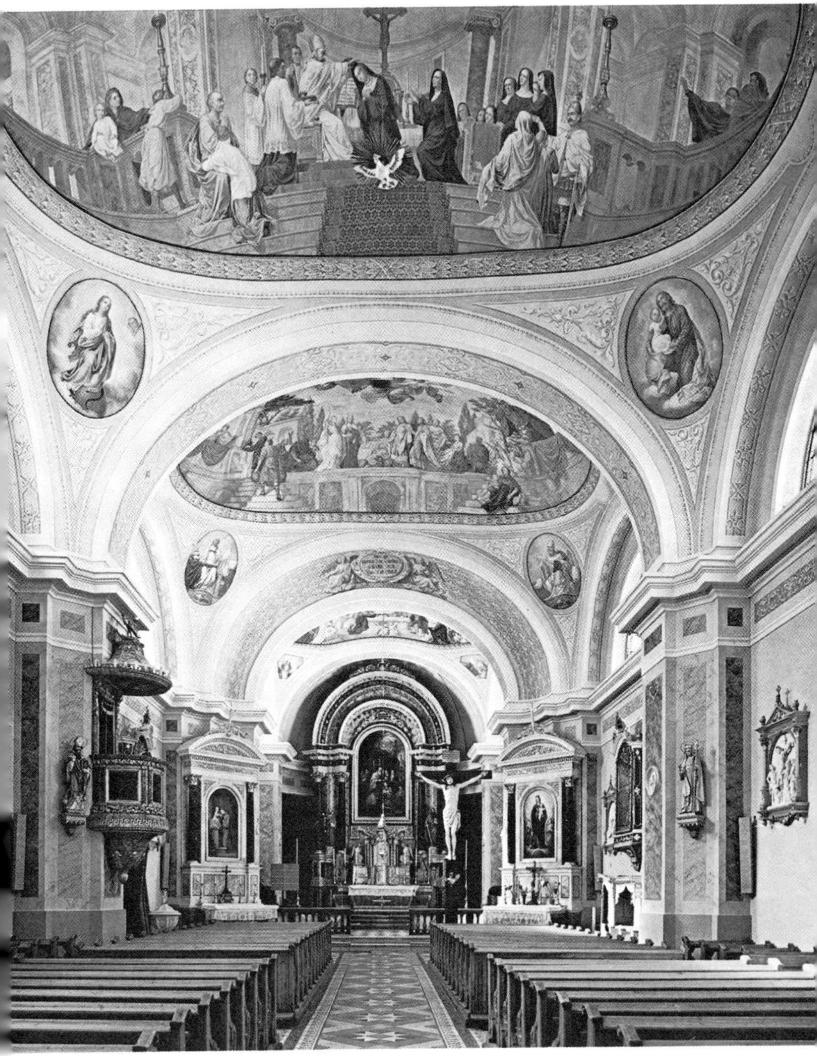

Pfarrkirche Mühlwald

Schleier. 4. Tod der hl. Gertraud. 5. In den Zwickeln Kirchenväter und einzelne Heilige — Sign. Heinr. Kluibenschädl A. D. 1893. 1978 originale Ornamentik freigelegt.

Hochaltar: Aufbau mit vier Säulen und mächtigem Rundgiebel. Seitenstatuen Petrus und Paulus, Bild hl. Gertrud von Cosroe Dusi. Um 1834.

Seitenaltäre (2): Einfachere flache Säulenaufbauten mit Bildern hl. Antonius v. Padua und Maria mit Christkind, von Franz Hellweger, das letztere signiert F. H. 1856.

Beicht-, Chor- und *Kirchenstühle, Kommuniongitter,* Bauzeit der Kirche.

Kanzel: Einfache Rundform mit Mäandern und Blattornament. Um 1834.

Orgel: Mit reicher Schneidearbeit. Von Franz Weber 1868.

Taufstein: Weißer Marmor, neuromanisch. Von Johann Sagmeister, St. Lorenzen.

Weihwasserstein:
1. Granit. Gerippte Becherform. 16. Jh.
2. Weißer Marmor. Balusterschaft mit runder Schale. 1581.

Skulpturen:
1. Kruzifix von Franz X. Pendl. 1856.
2. und 3. Johannes d. Täufer und Maria in Stoffkleidung. Verglaste Kästen. Um 1834.
4. und 5. Florian und Vitus*, um 1820.
6. Sieben weitere Heilige. Alle 19. Jh. 2. Hälfte.

Kreuzweg: Reliefs in Gußmasse. Von Firma Heindl in Wien, Rahmen nach Wiener Muster in Mühlwald hergestellt 1904.
In der Vorhallenkapelle Wandaltärchen, 17. Jh. mit Bild Mater dolorosa, signiert: Maria Gasserin Mayrin Aulinghof 1788.

Skultpuren: Pietà, Sebastian und Auferstandener, zwei Engel mit Leidenswerkzeugen, Großfiguren 18./19. Jh.; Kruzifix, gemalte Wunden, 17. Jh., ober Eingangstür der Kirche hl. Martin, 17. Jh.

2. Mariahilf in Außermühlwald (Mairkirchen)

Dreiseitig abschließender Chor, Fassadendachreiter mit Rundbogenfensterchen und Spitzdach. Fenster mit abgesetztem Rundbogen. An der Fassade eingerahmtes Portal und Inschrift PN 16 M 99 (= Stifter Peter Niedermair, Mair). Im Schiff Tonne, im Chor Gratgewölbe. Stuckrahmen mit Rosetten und Rundmedaillons, Bilder erneuert, wohl von J. B. Oberkofler, 1933. Inschrift: von Peter Niedermair wurde diese Kapelle erbaut 1699.

Anton Aschbacher hat sie ausmalen lassen im Jubiläumsjahr 1933.

Hochaltar: Säulen, verkröpftes Gebälk, gesprengter Rundgiebel und Volutenaufsatz. Statuen die beiden hl. Johannes, Giebelengel. Zwei Bilder Mariahilf, am Aufsatz Anton von Padua. Wappen, Engelsköpfchen, Fruchtgehänge. Um 1700.

Seitenaltäre: 19. Jh., 1. Hälfte. Bilder Mutter Anna und Tod des hl. Josef.

Kanzel: Polygonale Form, Ecksäulchen, Knorpelwerk, Bilder der Evangelisten. Um 1700.

Holzskulptur: 1. Maria mit Christkind.* Ende 15. Jh. 2. Kruzifix mit schrecklichen Wunden, nach dem Vorbild des Kreuzes in der Brunecker Spitalkirche, 18. Jh.

3. Kapelle beim Prenn

Lt. Inschrift erbaut 1843 vom Bauern Josef Prenn, Brugger, und seiner Frau Maria. Volutenaltärchen mit Mariahilfbild. Rankenmalerei.

LAPPACH

Pfarrkirche zur hl. Agnes

Bau: Von der 1426 erwähnten, 1480 nach einem Umbau neugeweihten Kirche wurde beim Neubau von 1812 bis 1815 der Chor zur Sakristei, das Schiff zum Chor umgestaltet, wobei man die Richtung änderte. An der Sakristei ist noch der polygonale Abschluß vorhanden. Am Neubau Vierecktüre, Rundbogenfenster und Tonnengewölbe über gekuppelten Pilastern. Am Turm Sockel mit Quaderschräge, spitzbogige Schallfenster und Spitzhelm. Restaurierungen 1976 abgeschlossen.

Wandgemälde:
1. An der Fassade Sonnenuhr mit Maria mit Christkind, oben hl. Agnes, 1815. Mit Chronogramm: koenIgIn, neIge aVCh In Der Letzten LebensstVnDe Deinen szepter. Wohl von J. Renzler. 1815.
2. Im Chor Anbetung des Allerheiligsten durch die vier Erdteile, im Schiff Martyrium der hl. Agnes. Von Josef Renzler. 1815. Signatur: DIe kIrChe Von hIer MaLte ICh IosephVs renzLer.

Hochaltar: Säulenaufbau mit verkröpftem und aufgebogenem Gebälk, Volutengiebel, Statuen und Bildern, hl. Agnes bez. Andrä Winkler 1817. Tabernakel mit reichem Rocaille. 2. Hälfte des 18. Jh.s.

Seitenaltäre: Säulenaufbau mit Bildern, hl. Silvester und Valentin, bez. Andrä Winkler 1818 und 1826. Giebelbilder Kassian und Martin. Um 1820.

Kanzel: Einfache Rundform mit Volutengliederung. Um 1815.

Chorstühle: Knorpelwerk, an der Rückwand Nischen mit gemuscheltem Bogen. 17. Jh., 2. Hälfte.

Kirchenstühle: Um 1815, mit Verwendung älterer Brüstungen aus der 2. Hälfte des 17. Jh.s.

Holzskulpturen: Kruzifix, 19. Jh., 2. Hälfte. Maria mit Christkind. Neue Statue in altem Glaskasten, 1. Hälfte 19. Jh.

Gemälde: hl. Agnes. Von Matthias Pussjäger, Anf. 18. Jh.*

SAND IN TAUFERS

I. Kirchen

1. Pfarrkirche zur Himmelfahrt Mariä

Bau: Eine Pfarre wird schon 1240 erwähnt. Der heutige, völlig einheitliche Bau (nur Fundamente und unterste Steinlagen des Turms sind noch romanisch) wurde vor 1503 begonnen und 1527 durch Valentin Winkler von Pfalzen vollendet. Die 1381 für das Arnbergsche Benefizium errichtete Seitenkapelle wurde damals ebenfalls neu aufgeführt. Das ganze Äußere zeigt schöne Granitquadern, Sockelschräge, gekehltes Dachgesims, hohe Spitzbogenfenster, keine Strebepfeiler, polygonalen Chorabschluß. Beachtung verdient die strenge, nur durch das Portal, ein Radfenster mit bewegtem Maßwerk, drei Schlüsselscharten und eine kleine Giebelöffnung durchbrochene Fläche der Fassade. Zwei Spitzbogenportale, an den Sockeln gedrehte Stäbe und Scheitelkreuzung, am Hauptportal die Jahreszahl 1515, über dem Portal der Seitenkapelle kleines Radfenster mit Fischblasenmaßwerk. Hohes, reiches Netzgewölbe mit runden und viereckigen Schlußsteinen und zierlich profilierten Rippen über gekehlten Wandgurten, eingezogenen Streben und vorgelagerten Runddiensten. In der Seitenkapelle, gegen die sich das Langhaus in zwei Spitzbogen öffnet, spielerisches Netzgewölbe mit runden und viereckigen Schlußsteinen mit Wappen. Der Spitzturm zeigt eine wenig regelmäßige Quaderverkleidung und große Spitzbogenschallfenster. Ein Hauptwerk der Pustertaler spätgotischen Kirchenarchitektur. Restauriert 1969/70. Arnbergkapelle als Taufkapelle umgestaltet. Hier die aus St. Mauritius stammende, auch als Bachheilige bekannte Klagegruppe Johannes, Maria und Maria

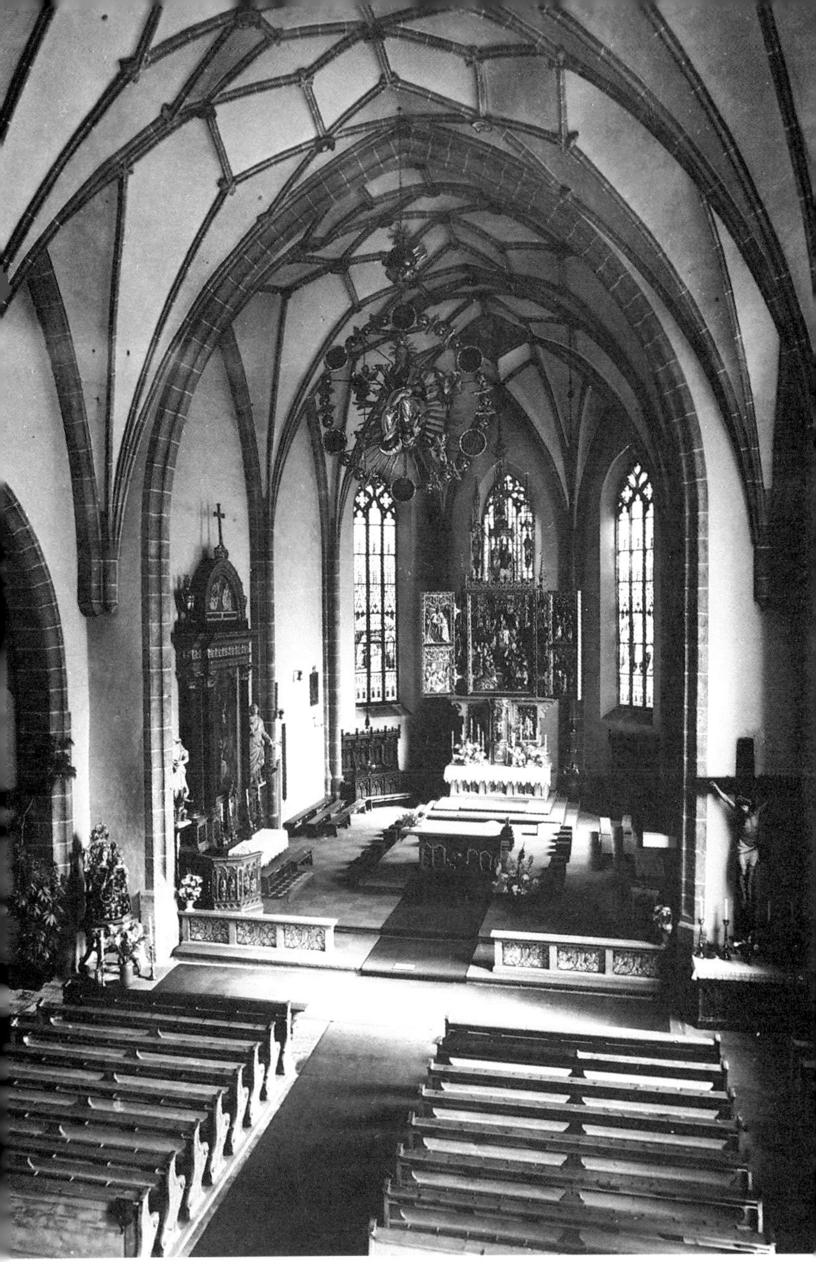

Pfarrkirche Sand in Taufers

Magdalena, um 1430, der Kreuzzieher jünger, aufgestellt. Eindrucksvolle, monumentale Gruppe. Restauriert.

Wandgemälde: Im Chorgewölbe Maria mit Kind, 1. Hälfte 16. Jh.

Hochaltar: 1908, Entwurf von Josef Schmid, Plastiken von Alois Winkler, Malereien von Hans Rabensteiner. Freie Nachbildungen des Creglinger Altars von Tilman Riemenschneider.

Seitenaltäre:
1. und 2. Strenger Aufbau mit Rundgiebel, 1840. Bilder, Hl. Familie von Cosroe Dusi, 1839. Rosenkranzbild von Franz Hellweger, 1850. Die Evangelistenskulpturen von Lercher. Giebelreliefs Verkündigung und Heimsuchung, um 1840.
3. Holzkruzifix von Franz Seraph Nißl 1834.
4. In der Seitenkapelle: Säulenaufbau mit verkröpftem Gebälk, Volutengiebel. Anfang 18. Jh. Derzeit deponiert. Die Engel von Lercher in Innichen. Um 1800. Das alte Bild, Hl. Dreifaltigkeit, 16. Jh., jetzt im Brixner Diözesanmuseum. Romanischer Taufstein, Granit.

Kanzel: Treppe und Kanzelfuß aus Granit, zwei Wappen, Brixner Lamm und Kelch mit den Minuskelbuchstaben i e (Stifter). Schönes Schmiedeeisengitter mit Rauten, gedrehtem Kränzlein und Kreuzblumenstäben. Anfang 16. Jh., ein Teil modern ergänzt. Die neugotische Holzkanzel im Presbyterium aufgestellt.

Orgel: Von Franz Reinisch. 1886.

Kommuniongitter: Marmor und Schmiedeeisen.

Holzskulpturen: Maria mit Christkind im Rosenkranz. Darüber Gottvater. Von Raphael Barat. 17. Jh.

Gemälde:
1. Mariä Himmelfahrt (ehemaliges Hochaltarbild) von Carl Henrici. 1750.
2. Dreifaltigkeit (Giebelbild des Hochaltars), wohl von Josef Renzler.
3. Rosenkranzmadonna, 1640.
4. Votivbild mit Stifterinschrift der Arnberger.

Kreuzweg: um 1800.

Sakramentshäuschen: Außen in den Südwinkel zwischen Chor und Langhaus übertragen. Weißer Marmor und Sandstein. Das dreieckige Häuschen mit Renaissanceornament und zierlichem Schmiedeeisengitter wurde nach der Inschrift von Hans Fieger 1583 gestiftet. Darüber reicher spätgotischer Tabernakelaufsatz vom Anfang des 16. Jh.s. Stark verwittert.

Taufstein: Der gedrehte Fuß aus Granit, die Kugelschale aus weißem Marmor. 16. Jh. Deckel um 1800. Am Friedhof.

Grabsteine:
1. Weißer Marmor. Oben Wappen mit zwei Helmen, kleine Eckwappen, unten Inschrift in Kapitellen. Friedrich Fueger, gest. 1540.
2. Oben Wappen, unten Inschrift in verzierter Rahmung. Hans Fueger, Gerichtsherr in Taufers, gest. 1558. Signiert 1561 Hans Fux.
3. Hans Gaudenz von Rost, gest. 1636. Steinmetzsignatur R B (Raphael Barat) 1638. Jetzt an der Südwand, außen.
4. An der Rückwand sechs kleinere Epitaphien aus Messing mit Wappen, ursprünglich im Kirchenboden eingelassen. Einheitlich um 1770 ausgeführt, Mitglieder der Familie Zeiller von Zeilheim, Pfleger in Taufers.
5. Beachtenswert auch die Reihe der Grabsteine an der nördlichen Friedhofsmauer, meist 18. Jh.

Sehr schöne *Türbeschläge.*

Glocke:
1. Kreuzigungsgruppe mit Maria und Christkind, gegossen von Gregor Löffler und seinen Söhnen Jakob und Hans Christoph 1557.
2. Große Glocke: Kruzifix, Maria mit Kind, Kaspar, Mariä Himmelfahrt, Chronogramm, Sebastian Feichter aus Mühlen, 1794.

2. St. Michael am Friedhof

Bau: Zweigeschossige Anlage mit Freitreppe, spitzbogigen Türen und Fenstern und Glockenmauer mit gekuppelter Spitzbogenöffnung. Rundbogen im Untergeschoß. Jahreszahl 1255. In der Gruft schweres Gratgewölbe auf eingemurten Säulen und Wandpfeilern, in der oberen Kapelle Sternrippengewölbe über eingezogenen Streben. Erwähnt 1354. Der heutige Bau 15. Jh. Bis 1982 umfassend restauriert, Krypta freigelegt, dient jetzt als Werktagskirche.

Wandgemälde: Maria mit Christkind, Michael. 15. Jh. An den Außenwänden pastoralgeschichtlich interessante Inschriften von Pfarrer Zephyris.

Holzskulpturen:
1. Maria mit Christkind, 13. Jh. Kopie, Original im Diözesanmuseum Brixen.
2. Predellarelief, Grablegung. Um 1500. Derzeit deponiert.
3. Anbetung der Könige. Zweite Hälfte des 16. Jh.s. Derzeit deponiert.
4. Pietà. 17. Jh., nach einem gotischen Original.

Votivbild: Die Frauen am Grabe. Gestiftet von Jakob Wieser von Aur und seiner Gemahlin Ursula Remichin 1696. Mehrere kleine Votivbilder des 18. und 19. Jh.s.

Kreuzweg: datiert 1770.

Der ehemalige gotische *Kornkasten* vollständig restauriert. Dort ein Pfarrmuseum im Aufbau begriffen, das die gefährdeten Originale aus den Filialkirchen und andere Kunstobjekte aufnehmen soll.

Glocke: 1480.

3. St. Walburg

Bau: Das schmucke Kirchlein steht auf der höchsten Stelle eines ehemaligen Burghügels und zeigt geraden Chorabschluß, im Süden ein offenes, im Osten ein vermauertes Rundbogenfenster, ein Netzgewölbe mit derben Rippen und runden Schlußsteinen und einen Spitzturm mit spitzbogigen Schallfenstern. Weihe 1433. Gewölbe um 1500. Derzeit in Restaurierung.

Altar: Flügelaufbau mit Predella, ohne Aufsatz. Unter drei sich durchschneidenden Wimpergen mit Rankenwerk Statuen, hl. Walburg zwischen Georg und Florian, in der Predella vier Büsten, hl. Margareth, Katharina, Agnes, Barbara auf barocken Postamenten. Alle Figuren außer hl. Walburg im Oktober 1964 gestohlen. Gemälde: An den Flügeln Passionsszenen, Sebastian, Markus, Schmerzensmann, Dolorosa, Apollonia und Dorothea. Sehr gute Arbeit. Ende des 15. Jh.s. Altar derzeit deponiert. Statue hl.Walburg durch Kopie ersetzt.

Gemälde: Jüngstes Gericht. Derbe Arbeit. Um 1700.

Glocke: 1436 sigillum paul gloggengisser.

4. St. Nikolaus in Kematen

Bau: Der 1296 erwähnte Bau wurde um 1500 spätgotisch umgeformt, aus welcher Zeit das Spitzbogenportal mit dem Rundfenster darüber, die Spitzbogenfenster, das Netzgewölbe mit den runden Schlußsteinen und derben Wandpfeilern und der Turm mit den spitzbogigen Schallfenstern und dem Spitzhelm stammen. Der dreiseitig schließende Chor ist früher (vgl. die Fresken), dessen Stichkappengewölbe aber später (die Jahreszahl 1591 am Triumphbogen) entstanden. Restaurierung 1983.

Wandgemälde:

1. Im Chor mit Blattranken und mit Halbfiguren in Vierpässen. Früheres 15. Jh. Übertüncht.
2. An den Gewölbeschlußsteinen Heilige, Köpfe und Ornamente. Gute Arbeiten. Um 1500.

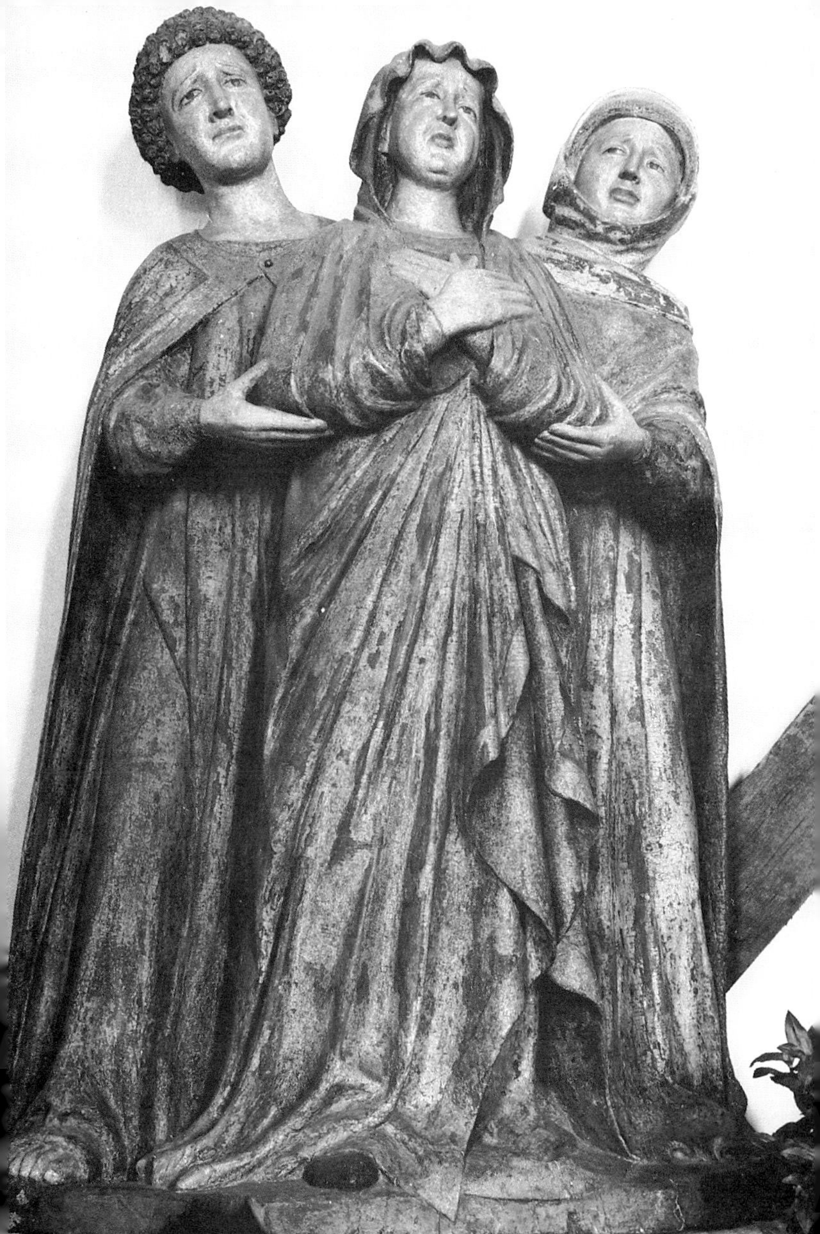

Pfarrkirche Sand in Taufers, Klagegruppe (aus Moritzen)

Altar: Frühe Neugotik (1856) mit alten Statuen, hll. Nikolaus, Heinrich und Erhard, um 1500. Die beiden letzteren Kopien. Originale deponiert.

Holzskulpturen: Kruzifix mit Gottvater und Hl. Geist. 18. Jh. Jetzt im Pfarrmuseum. Maria Krönung in Rosenkranzrahmung, 17. Jh. Kruzifix, 18. Jh.

Gemälde: Adam und Eva, 17. Jh.

Glocke: Kreuzigungsgruppe. Maria und Heilige, 1548.

5. St. Johann im Bad Winkel

Bau: Hölzerne Dachreiter, polygonaler Chorabschluß, Tonne. Durch Candidus von Zeiller 1731 erbaut.

Altar: Säulen und Pilaster mit verkröpftem Gebälk, Volutengiebel, Volutenansätzen, Rocaille, Bild Johannes Nepomuk und Statuen Josef und Joachim. 18. Jh., 2. Hälfte.

Gemälde: Karl Borromäus, Antonius von Padua. 1638. M B (Matthäus Barat?).

6. St. Mauritius in Moritzen

Bau: Der zweischiffige Bau mit dreiseitigem Chorabschluß und seitlichem Spitzturm wird von einer großen Linde überschattet. Netzgewölbe mit runden Schlußsteinen und derben Rippen über Wandpfeilern bzw. Runddiensten, im Seitenschiff Gratgewölbe über Wandpfeilern. Der 1443 erwähnte Bau wurde im 16. Jh. eingewölbt und wohl 1679 (vgl. Jahreszahl am nördlichen Spitzbogenportal) um das Seitenschiff vergrößert. Restaurierung in jüngerer Zeit.

Wandgemälde: Am Seitenschiffgewölbe Maria mit Christkind und Engeln und hl. Helena. Derbe Arbeit, 17. Jh.

Hochaltar: Säulen mit verkröpftem und aufgebogenem Gebälk, Volutengiebel, Bild und Skulpturen. Anfang 19. Jh.

Holzskulpturen:
Pietà, Anfang 17. Jh. – Gotische Klagegruppe mit Maria, Maria Magdalena, Johannes und Kreuzzieher, jetzt in der Pfarrkirche.

Thesenblatt: Maria mit hl. Bischof und Walburga, Stadtansicht von Eichstätt, Johann Franz Gegg 1735. Jetzt im Pfarrmuseum.

Orgel: Akanthus-Schnitzwerk. Von Joh. C. Humpel, Anfang 18. Jh., Fassung jünger.

Glocke: Zweimal Kreuzigungsgruppe, hans selos 1512.

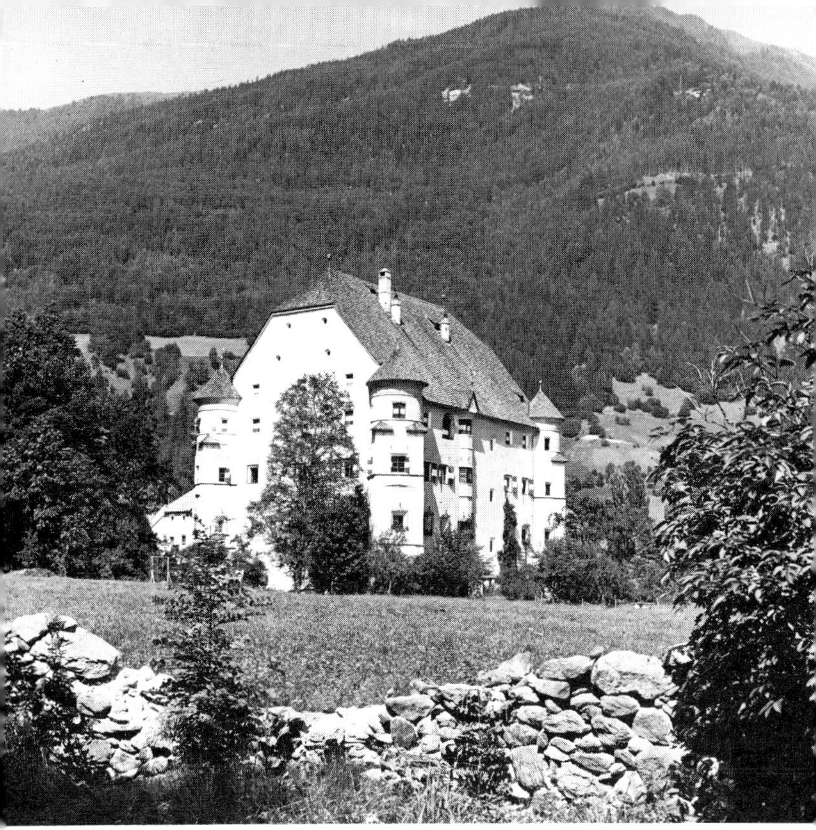

Sand in Taufers, Neumelans

II. Bildstöcke

Nahe der Pfarrkirche. Viereckpfeiler mit großem Tabernakelaufsatz und Spitzdach. 15. Jh. Fresken von Johann Baptist Oberkofler.

III. Häuser und Edelsitze

1. Neumelans

Das mächtige, in einem großen ummauerten Anger stehende dreigeschossige Gebäude mit hohem Walmdach hat vier viereckige und im obersten Geschoß runde Ecktürme und ist im Süden und Norden durch schmale hochragende, polygonale Mittelerker gegliedert. Der aufwendige Bau wurde 1582/83 innerhalb von

zwölf Monaten von dem reichen Gewerken Hans Fieger, einem der Mitbesitzer des Gerichtes Taufers, als eigenes Wohnhaus errichtet und nach Melans bei Hall, einem älteren Ansitz der Familie, Neumelans genannt. Der streng nach den Proportionsregeln der Renaissance erbaute Ansitz war anscheinend für ernstliche Verteidigung mit Feuerwaffen gedacht, nur nicht gegen Artillerieangriffe; in der Zeit nach den Bauernkriegen war dies kein unnötiger Luxus. Dem eindrucksvollen Äußeren entspricht die durch Jahrhunderte gewachsene und unverdorben erhaltene Innenausstattung mit Flursälen, Kapelle und getäfelten Stuben. Nach den Fieger ab Mitte 17. Jh.s wechselnder Besitz, ab 1708 Familie Zeiller von Zeillheim, ab 1815 von Ottenthal und ab 1956 im Erbweg Dipl.-Ing. Horst Schober.
Das danebenstehende Baumannhaus wurde etwa 1500 erbaut. Auffällig ist der originale gesprengte Giebel.

2. Zeilheim (Sand in Taufers)

Einfacher, regelmäßiger Ansitz, in einem einst größeren ummauerten Anger gelegen. Granitportal mit einspringenden Ecken, darüber polygonales Erkertürmchen mit Säulchen. Okulifenster. Johann Baptist Zeiller, Pfleger und Richter in Taufers, erhielt 1699 Freiung und Prädikatverleihung für den schon länger im Besitz der Familie befindlichen Hof. Am östlichen Anbau Jahrzahl 1695 J. B. Z. Nach dem Tod des letzten Pflegers Zeiller 1815 wurde Zeilheim von Franz Kofler gekauft, dann Familie Dr. Daimer (Gedenktafel für Josef Daimer, Gründer der AV-Sektion Taufers 1873, am Haus); 1927 Dr. Reiter, 1950 Familie Hellweger, als Pension geführt. Seit 1977 Rathaus.

3. Schrottwinkel (Sand in Taufers)

Der Edelsitz in Sand, der schon 1277 erwähnt wird, als Heinrich Musauge den von Ulrich von Luttach gekauften Hof Schretewinkil dem Stift Neustift schenkte, ist heute ein einfacher, hoher Bau mit steingerahmter Spitzbogentür und Jahrzahl 1595. Im umgebauten Innern ist die ebenerdig gelegene alte Stube stark verändert, lediglich eine Leiste mit der Minuskelinschrift: halt dein herz in stiller huet wann werte rat tuen selten gut. halt dich gunsts truew ist mihslich XIX (?) ihs. ihs maria hilf uns aus aller not (um 1500), ist noch vorhanden. Dagegen ist die Täfelung des südöstlichen Eckzimmers im zweiten Stock mit Pilastergliederung, eingelegten Türrahmen und aufgelegtem Rankenwerk, die den Erker miteinbezieht, und auch Wasch- und Wandkästchen mit Säulchen, Pilastern und Dreiecksgiebel umfaßt, noch vollständig erhalten. An der Kassettendecke eingelegte Sternmotive. Um 1600; Türen 18. Jh.

Die Herren von Rost, die hier seit 1613 Besitzer waren — Hans Gaudenz von Rost hatte Maria Sibille Käßler von Boymont, Herrin zu Schrottwinkel, geheiratet —, verkauften Schrottwinkel 1798 an die Grafen Ferrari. Wechselnder Besitz, seit 1911 Gasthaus, seit 1979 Familie Heidacher-Oberhollenzer, die in dem mit einem aufwendigen Neubau verbundenen Sitz eine Fremdenpension führt.
Das *Mesnerhaus*, restauriert 1971, ist ein kennzeichnendes Beispiel eines kleineren gotischen Baues mit seinem Spitzbogenportal, dem Eckerker auf Kragsteinen und Fensterumrandungen.

4. Stock in St. Moritzen (Sand in Taufers)

Nach der Überlieferung war das an den Hang gebaute, „hohe Haus" (Nr. 17) Besitz der seit dem 13. Jh. genannten Herren von St. Moritzen, Ministerialen der Tauferer; dicke Mauern im nördlichen Keller, ungefähr regelmäßige Steinlagen und Mauergeviert feststellbar. Sonst gewöhnliches Wohnhaus auf drei Besitzer aufgeteilt, gut gepflegt.

5. Stock in Kematen (Stockmair)

Das jetzige im Besitz Mair-Pipperger befindliche alte Haus Nr. 15 südlich der Kirche von Kematen ist an einen alten Turm angebaut; flach gebuckelte Eckquadern, unregelmäßig ausgestrichene Mörtelfugen, Lichtschlitze an Süd- und Ostseite und grob gerahmtes Fensterchen an der Nordseite; steingerahmte östliche Rundbogentür, die hier vom höher gelegenen (und insgesamt vielleicht künstlich aufgeschütteten) Terrain in das Obergeschoß des im Inneren völlig verwahrlosten Turmes führt; mehrere später ausgebrochene Öffnungen. Sitz der im 13. Jh. erwähnten mit Jakob Zendl (Zand) 1429 ausgestorbenen Herren von Kematen, Ministerialen der Herren von Taufers und mit den Zant von Elzenbaum stammverwandt.

IV. Burgen

1. Taufers

Die weitläufige Anlage liegt auf einem Felsrücken, der einst das Tal abschloß und in postglazialer Zeit von der Ahr durchsägt wurde. Unter der Burg war die einst hier durchführende Straße durch eine ehemals zinnenbekrönte Mauer mit Rundbogentor gesperrt. Der Burgweg führte auf einer jetzt festen Zugbrücke über den Halsgraben in einen von zwei Rondellen eng flankierten viereckigen, nach innen offenen *Torbau* mit breitem Spitzbogentor und schmalem Nebenpförtchen. Am Torbau und an den Rondellen verschieden geformte Schlüssel- und Maulscharten, ein originelles Gußloch, zuoberst Schießfenster. Der weitere Weg geht über eine zweite Zugbrücke und durch drei Tore in den geräumigen Burghof und wird rechts vom hohen, gewaltigen *Bergfried* überragt. (Er war teilweise abgetragen, die Ost- und Nordmauer ist neu, 1971 wieder erhöht und neu gedeckt). An ihn schließt sich ein breiter *Wohnturm*, der im zweiten Stock eine Rundapsis mit Lichtschlitz und zwei gotischen Viereck-, sonst aber zahlreiche hohe und schmale Doppelbogenfenster mit schlanker Mittelsäule aufweist. Von diesen die im Osten und die zwei unteren im Norden neu, das dreiteilige im Süden ursprünglich nur zweiteilig. Im ersten Stock liegt die *Kapelle* mit flacher Leistendecke und Rundapsis, diese ist wie der Triumphbogen mit (nur teilweise aufgedeckten) ausgezeichneten Fresken aus der Pacher-Werkstatt von 1482 geschmückt. In der Kapelle Holzskulpturen, Kruzifix 13. Jh. und hl. Petrus, drittes Viertel des 15. Jh.s. Hinter der Kapelle in der ganzen Tiefe des Gebäudes Saal, durch zwei Rundbogen über Viereckpfeilern abgeteilt, die eine Hälfte von einer neuen Holzdecke mit alten, abwechslungsreich geschnitzten Balken des 15. Jh.s eingedeckt. Im Burghof malerische *Brunnenhalle* mit Ziehbrunnen, breiter Flachbogenöffnung und achteckigem Pyramidendach, dahinter viereckige Öffnung zu einer großen, aus dem Felsen gehauenen Zisterne. Hinten liegt neben einem mit Benützung von Erdgeschoßmau-

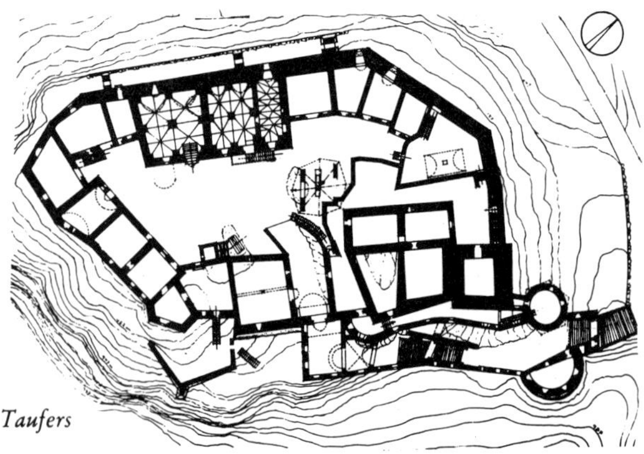

Taufers

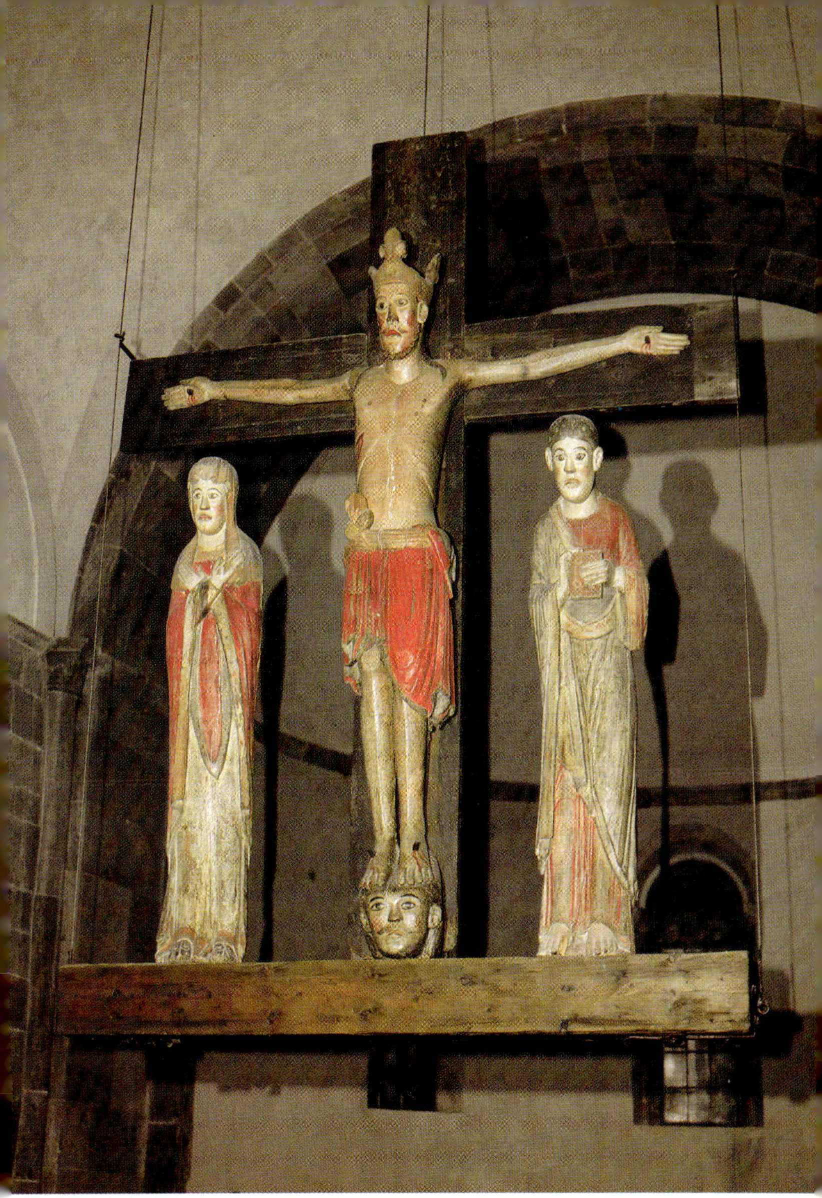

Tafel XXIX Innichen, Stiftskirche, romanische Kreuzigungsgruppe (S. 650)

Tafel XXX Innichen, Stiftskirche, Südportal, hl. Korbinian, von Michael Pacher (S. 650) ►

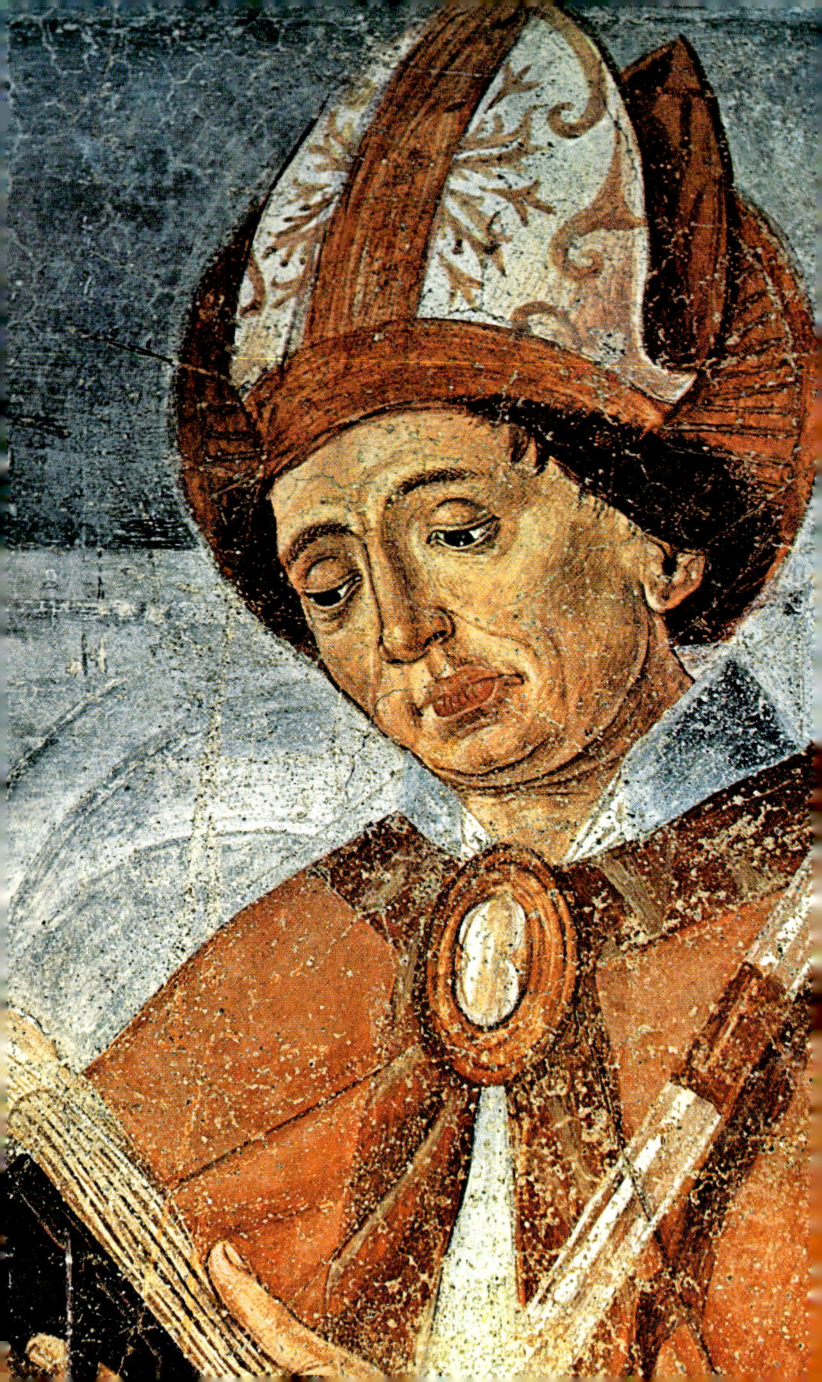

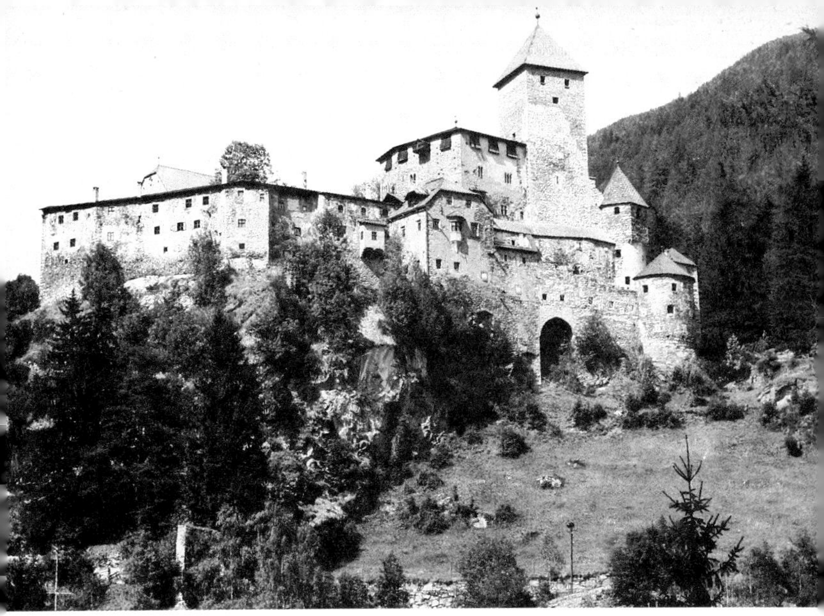

Burg Taufers

ern neu aufgeführten Wohngebäude der sogenannte *Kornspeicher*, ein hoher Bau, der über dem Erdgeschoß drei Reihen von gotischen Viereckfenstern mit Steinkreuzen und außerdem Spuren von zugemauerten dreiteiligen Bogenfenstern aufweist, also zweifellos ebenfalls ein palasähnlicher Wohntrakt war, dessen den ganzen Bau ausfüllende Säle im ersten und zweiten Stock durch Flachbogenstellungen unterteilt waren. Im erneuerten Südwest-Trakt unregelmäßig angelegte Wohnräume, teilweise mit einfachen alten Täfelungen und Holzdecken des 16. und 17. Jh.s und mehreren Erkern. Die wenig regelmäßige Steinlagerung, die schlanken Doppelbogenfenster und die Fenstersitze der alten Teile weisen auf die Mitte des 13. Jh.s.
Die Burg, eine der schönsten und größten des ganzen Landes, wurde von den Herren von Taufers als vornehm ausgestatteter Wohnsitz wohl erst im 13. Jh. erbaut, 1225 wird sie erstmals erwähnt. (Vorher saßen die seit der 1. Hälfte des 12. Jh.s nachweisbaren Edelfreien von Taufers auf der älteren Burganlage von Kofel, siehe unten.) Schon 1315 kam es zum Verkauf der Burg an die Grafen von Tirol, die sie in der Folge mit Burggrafen besetz-

ten, ab 1363 aber verschiedentlich verpfändeten, darunter auch an die Bischöfe von Brixen. 1484/86 unter Bischof Golser und hauptsächlich um 1500 wurde mit Ausnahme des Bergfrieds und des anschließenden Wohnturmes die ganze Burg umgebaut und der Torbau völlig neu errichtet. 1501 bis 1602 gehörte sie den Fieger, dann 1602 bis 1646 Wolkenstein, Schmotzer und Perkhofer und von 1685 bis 1862 den Grafen Ferrari; seither wechselnde private Besitzer, wobei es unter dem Schloßherrn Ludwig Lobmeyer nach 1903 zu einer umfassenden und verständnisvollen Restaurierung der seit dem 17. Jh. in Verfall begriffenen Anlage kam. Auch unter Abt Georg Gassner, der von 1961 bis zu seinem Tod 1977 Besitzer von Taufers war, laufende Restaurierungsarbeiten, die vom Besitznachfolger, dem Südtiroler Burgeninstitut, fortgesetzt werden.

2. Kofel

Am Eingang ins Reintal liegen auf einem isolierten, waldverwachsenen Felsenrücken ausgedehnte Ruinen, eine dem Terrain angepaßte langgestreckte Anlage, die nach der heutigen Volksmeinung ein nicht ausgebautes oder doch gleich nach der Erbauung wieder zerstörtes Frauenkloster gewesen sein soll, in Wirklichkeit aber eine nach dem regelmäßigen Mauerwerk wohl dem 12. Jh. angehörige Burg war. Erhalten sind noch geringe Reste der Ringmauer, die Fundamente eines viereckigen Turmes, in einem Quergraben der Mauerpfeiler einer ehemaligen Zugbrücke, die Kapelle mit zwei rundbogigen Schlitzfenstern und einer kleinen Rundapsis und Reste von drei einfachen Einzelbauten. Vermutlich handelt es sich um den ursprünglichen Sitz der Herren von Taufers, den sie wohl nach der Erbauung der stattlicheren und angenehmer gelegenen neuen Burg im 13. Jh. verließen. Da sie nach Ausweis der Urkunden vor ihrem Aussterben ein Frauenkloster gründen wollten, kann zugleich auch der Volksmeinung ein geschichtlicher Kern zugrunde liegen. 1983 Kapelle baulich gesichert und mit Dach versehen.

3. St. Walburg

Von der Burg, die nach der Tradition an der Stelle der heutigen St.-Walburg-Kirche stand, haben sich noch mehrere Mauerreste erhalten, die sich durch ihre regelmäßige Steinlagerung von den späteren Böschungsmauern abheben. Die Meinung, daß der Glockenturm der einstige Bergfried war, ist irrig. Eher könnte noch die Kapelle selber ein Überrest sein.

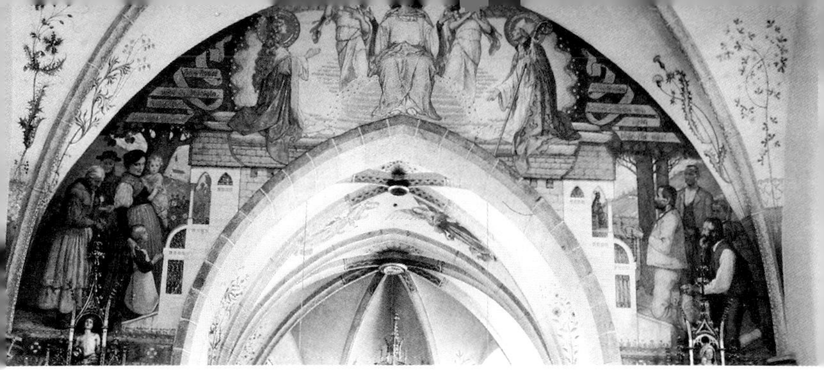

Rein, Pfarrkirche, Fresko von E. Raffeiner

AHORNACH

Pfarrkirche zur hl. Anna

Bau: Die mit Unterstützung der Barbara von Fuchs geb. Wirsung 1512 erbaute, 1519 geweihte Kirche zeigt in Sockel und gekehltem Dachgesims, im Spitzbogenportal mit zwei gekreuzten Rundstäben, den Spitzbogenfenstern, dem zierlichen, dreijochigen Gewölbe mit reichen Rippenmustern, den viereckigen und skulptierten runden Schlußsteinen und ebenso in der Stiegenbrüstung, dem dreiseitigen Chorabschluß und im Spitzturm mit den Spitzbogenschallfenstern die ursprüngliche Gestalt und ist ein sehr sorgfältig und zierlich ausgeführtes Werk der Pustertaler Spätgotik. Von Valentin Winkler. Empore um 1850. Durch die jüngste Restaurierung kommen die Maßverhältnisse — eine genaue Verkleinerung der Tauferer Pfarrkirche — gut zur Geltung.

Wandgemälde: Jüngstes Gericht. Von Josef Renzler, 1830. 1921 aufgedeckt von J. Peskoller.

Gemälde: Mutter Anna. Von Josef Renzler. 1836. Ehemaliges Altarblatt.

Kreuzweg: Von Josef Winkler, 1885.

REIN

Pfarrkirche zum hl. Wolfgang

Bau: Der neugotische Bau wurde an Stelle der 1419 erwähnten, Ende des 17. Jh.s. vergrößerten alten Kirche 1908 bis 1911 nach den Plänen des Diözesanarchitekten Peter Vonstadl aufgeführt. Der Spitzturm mit den spitzbogigen Schallfenstern ist noch spätgotisch. Restaurierung 1981—1983.

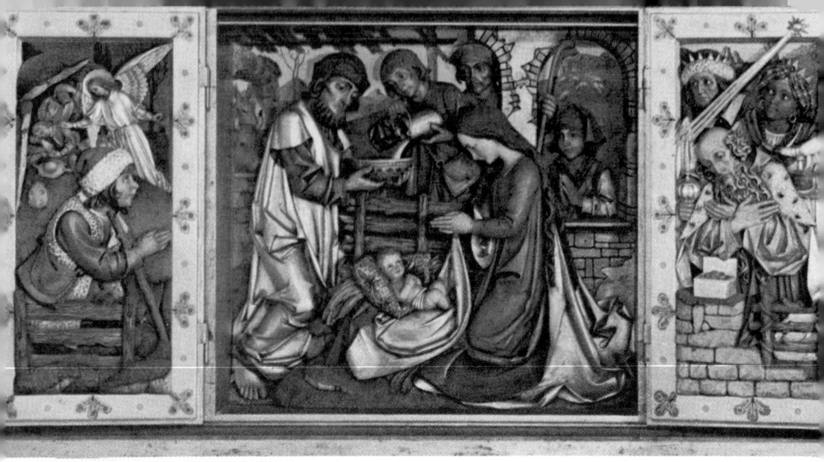

Rein, Bachlechneraltar

Einrichtung: Einheitlich und gleichzeitig mit der Kirche. Das Bild am Triumphbogen von Emanuel Raffeiner. 1911. Die Gewölbedekoration von J. Sturm, im Presbyterium von August Mair. Die Altäre und Kanzel nach Entwürfen von Josef Bachlechner. Skulpturen und Bilder von ihm selbst.

Skulpturen: Am rechten Seitenaltar hl. Wolfgang und Ulrich mit gehäuften, scharfbrüchigen Falten. Ende des 15. Jh.s.*

LUTTACH

1. Pfarrkirche zum hl. Sebastian

Bau: Die 1496 geweihte Kirche zeigt im wesentlichen noch die ursprüngliche spätgotische Gestalt und wurde nur später gegen Westen um ein tonnengewölbtes Joch verlängert. Sockel mit Quaderschräge, Spitzbogenfenster, reiches Sterngewölbe, im Langhaus und im dreiseitig abschließenden Chor mit verschiedener Zeichnung, im Langhaus über Runddiensten und Wandgurten, am Spitzturm Spitzbogenschallfenster. Renoviert 1976.

Wandgemälde:

1. Im Chorgewölbe Maria mit Christkind, Mitte 15. Jh. Signiert I.H.T. (?)
2. An der nördlichen Langhauswand: Schutzmantelmadonna mit Stifterinschrift: Dises gemal hat lasn machen Urse Schusterin 1649.

Einrichtung: Neugotisch, um 1885. Hochaltar von Barth, Brixen, Seitenaltar entfernt.

Holzskulptur: Pietà, um 1500.

Votivbild: Georg Schiechtl, Stifter der Kuratie in Luttach. 1698. Schweißtuch der Veronika, hl. Sebastian und hl. König, unten kniend Mitglieder der Familie Schiechtl. Lange Widmungsinschrift.

Glasfenster (6): Ornamental. Eines mit Muttergottes und Kind. Ende 19. Jh.

WEISSENBACH

Pfarrkirche zum hl. Jakob

Bau: Die 1434 erwähnte, aber 1479 neugebaute Kirche wurde 1480 geweiht. Sie besitzt im Süden eine viereckige Türe und Spitzbogenfenster, Sockel und Quaderschräge, polygonalen Chorabschluß und ein Netzgewölbe mit runden und viereckigen Schlußsteinen, im Langhaus über eingezogenen Streben mit Runddiensten und Wandgurten. Am Spitzturm spitzbogige Schallfenster. Die Kirche wurde 1957 bis 1959 nach den Plänen von Erich Pattis durch einen westlichen Achteckraum vergrößert. Restaurierung 1980.

Wandgemälde:
1. Außen hl. Christoph, 1980 ganz freigelegt, wohl Pacherschule, Ende 15. Jh.
2. In den Vierpässen der Chorgewölbe die Evangelistensymbole, am runden Schlußstein Kopf des hl. Jakobus. Wohl von Friedrich Pacher. Neu aufgedeckt.

Altar: Flügelaufbau mit dreiteiligem Aufsatz. Skulpturen: Andreas, Jakobus, Georg und vier teppichhaltende Engel, an den Flügeln Oswald und Hippolytus, im Aufsatz Kreuzigungsgruppe, in der Predella (jetzt an der Mensa) Geburt Christi, Anbetung der Könige und Kindermord. Gemälde: An den Flügeln hl. Christoph und Florian, hl. Anna selbdritt und Magdalena, seitlich von der Predella hl. Barbara und Katharina. Gute Arbeit von 1516.

Sakramentshäuschen: Achteckiger Fuß und dreieckiges Gehäuse aus weißem Marmor mit zwei von Rundstäben gerahmten vergitterten Öffnungen, Turmaufsatz in zwei Geschossen mit Wimpergen, Fialen, Kreuzblumen reich verziert, aus Holz, mit Statuen, Schmerzensmann und vier Heiligen. Um 1500. (Monogramm G R?).

Gemälde: Am linken Seitenaltar des Anbaues Bild Maria vom Guten Rat in Rokokorahmen.

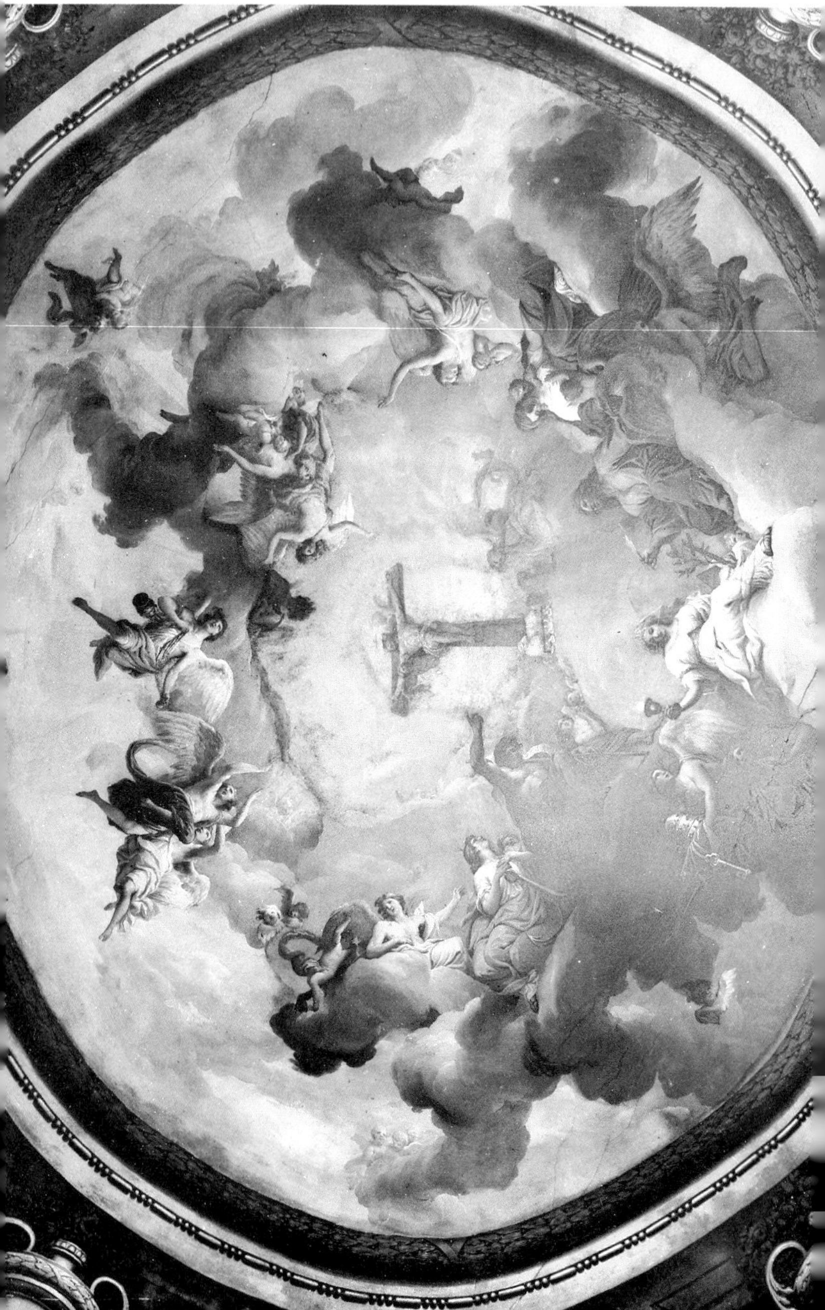

Skulpturen: Pietà, gute Arbeit, 18. Jh.* Steinfigur der Madonna. 18. Jh. Aus Bozen stammend, gute Arbeit.

Kanzel: Neugotisch, Statuen der vier Evangelisten.

Glasmalereien: Die figuralen Chorfenster von Josef Widmoser 1959.

Neue *Friedhofsanlage.* Von Erich Pattis 1970, Malereien von Heiner Gschwendt 1972.

ST. JOHANN IN AHRN

1. Pfarrkirche zum hl. Johannes d. T.

Bau: Eine Pfarrei wird schon 1250 erwähnt, doch stand die ursprüngliche Kirche, die 1342 durch eine Mure zerstört wurde, bei St. Martin, dann an der Stelle der heutigen einfachen Weißenbachkapelle (Bild zur Katasteraufnahme im Widum). Der heutige geräumige Bau wurde 1783 bis 1785 von Josef Abenthung aus Götzens völlig neu errichtet. Der von Pilastern gegliederte Volutengiebel mit Rundbogennischen und Statuen, die Gruppen von Rundbogen- und Lünettenfenstern, das Vorjoch mit der Empore, im breiten Langhaus die drei querovalen Flachkuppeln auf breiten, abgeschrägten Wandpfeilern mit Pilastervorlagen und umlaufendem Gebälk, der konkav ausschwingende Triumphbogen, der runde Chorabschluß und der Kuppelturm an der Fassade zeigen im Grund- und Aufriß durchaus den im letzten Drittel des 18. Jh.s für die Brixner Diözese charakteristischen Kirchentypus. Durch Größe, Bau, Fresken und Einrichtung eine der eindrucksvollsten Landkirchen von Südtirol.

Deckengemälde: Zwischen Blattkränzen und kassettierten Gurtbändern schmücken die drei Kuppeln große figurale Kompositionen, Johannes d. Ev. auf Patmos, Predigt des hl. Johannes d. T., Kruzifixus mit Engeln, der beiden heiligen Johannes, der Kirche und der theologischen Tugenden. Ein Hauptwerk von Josef Schöpf, 1786.

Altäre: Einfache, vornehme Säulenaufbauten mit Rundgiebel, von Jakob Philipp Santer in Bruneck, um 1790. In den Rundgiebeln Reliefs, links Florian, rechts Nikolaus von Santer. Tabernakel am Hochaltar von Dominikus Trenkwalder, 2. Hälfte des 19. Jh. Bilder: Taufe Christi 1787, links Mariä Himmelfahrt 1795 und rechts Tod des hl. Martin 1795, alle signiert von Josef Schöpf.

Einrichtung: Auch die übrige Einrichtung aus der Bauzeit der Kirche, der Taufstein in Kelchform, 16. Jh. Hölzerner Aufsatz mit Statue des hl. Johannes, 18. Jh.

Pfarrkirche St. Johann in Ahrn, Deckengemälde von J. Schöpf

Orgel: Dreiachsiger Prospekt mit Schnitzornament. 1825, Drei Statuetten von Heiligen später aufgestellt.

Kreuzweg und *Fastenbilder:* Ende des 18. Jh.s, Josef Schöpf nahestehend (zwei Fastenbilder im Widum).

Gemälde: Maria vom Guten Rat, Mitte 17. Jh., in Rocaillerahmen. Rundmedaillons der Rosenkranzgeheimnisse. 18. Jh. Großes Kreuzigungsbild, Ende 18. Jh.

Skulpturen: An der Fassade hl. Johannes Ev. und hl. Josef, 18. Jh., hl. Johannes d. T. später.

Krippe: Zahlreiche hervorragende Schnitzfiguren, großenteils von Franz Xaver Nißl. Eine der kunstreichsten, wertvollsten Krippen in Tirol. Jetzt als Leihgabe im Brixner Diözesanmuseum.

2. St. Martin

Bau: Der 1502/03 (Altarraum, Chorbogen) errichtete Bau, 1783 geschlossen und 1847 wiederhergestellt, zeigt noch die ursprüngliche spätgotische Gestalt. Sockel mit Quaderschräge, gekehltes Dachgesims, Spitzbogenportal mit zwei gekreuzten Rundstäben und zwei Wappenschildchen, darüber Rad-, sonst Spitzbogenfenster, spielerisches Rippennetz im Langhaus über Runddiensten mit Wappenschildchen und Groteskenköpfen, polygonaler Chorabschluß, Spitzturm aus Quadern mit spitzbogigen Schallfenstern. Leider ist dieser schöne Bau durch Grundwasser gefährdet, trotz 1968 vollendeter Restaurierung.

Wandgemälde:
1. Außen St. Christophorus, zerstört.
2. Innen Rankenwerk im Gewölbe

Altar: Früheste Neugotik um 1847. Bild St. Martin und Leonhard bez. Martin Kachler 1773.

Gedenksteine: Weißer Marmor mit kolorierten Reliefs.
1. Oben Auferstehung, in der Mitte St. Barbara, Maria mit Christkind, Katharina, unten Familie des Stifters Hans Pfarrkircher, Bergwerksverweser, 1580.
2. Oben Gottvater und Schmerzensmann, unten der Stifter Hieronymus Schüßler, Pfarrer von Ahrn und Kanonikus von Innichen, 1580. Beide bezeichnet S. H. (Silvester Huber).

Kanzel: Steinerne, durchbrochene Maßwerkbrüstung. Anfang 16. Jh.

3. St. Johann v. Nepomuk

Hoher Bau mit Dachreiter, an der steingerahmten Tür Jahrzahl 1735. Geweiht 1748. Altar mit Säulen und Pilaster, rundbogiger

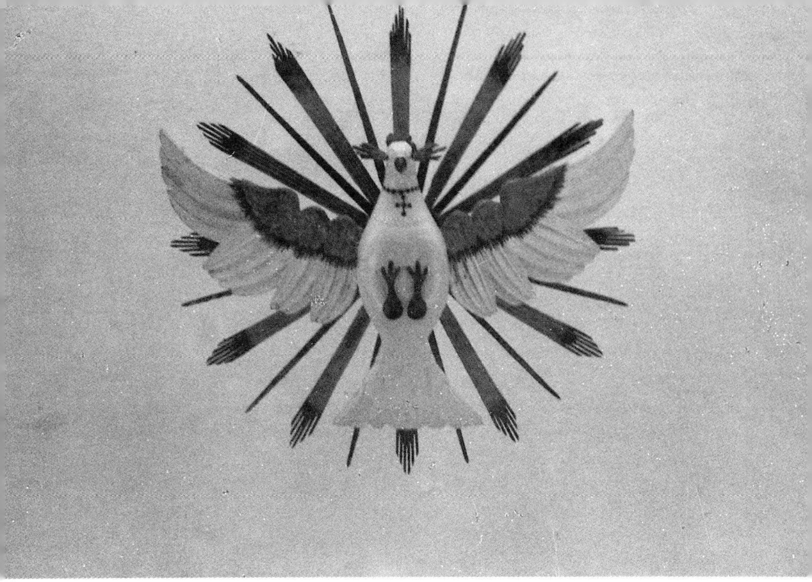

Weißenbachkapelle, Heiliggeisttaube

Abschluß. Monumentale Figur des hl. Johannes v. N., wohl Anf. 19. Jh. Tabernakel 18. Jh. Hübsche Bänke mit gegitterten Rükkenwänden und geschwungenen Docken, Anf. 19. Jh. Steinerner Opferstock, datiert 1847.

4. Weißenbachkapelle

Einfacher Bau beim Weißenbachlhof mit Lünettenfenstern an der Fassade, zwei Rundfenster, gerader Abschluß, gestuftes Tonnengewölbe.

Altar: Hoher Aufbau mit seitlichen gedrehten Säulen, seitl. Figuren auf Sockeln die beiden hl. Johannes, 17. Jh., wie auch Teile des Altars. In verglaster Mittelnische bekleidete Madonna mit Kind unter Baldachinbau. Zwei verglaste Reliquienschreine 19. Jh. in reicher Goldstickerei Reliquie hl. Balmarine und Symphorosus, Märtyrer. — 15 Rundmedaillons mit Rosenkranzgeheimnissen. — Riesige Hl.-Geist-Taube.

5. Mühleck

Edelsitzartiger Bau mit zwei Eckerkern. Über der Tür die Jahreszahl 1586 und gemalter Doppeladler. Im Gang Gratgewölbe, Kasten von 1665. Ehemals Sitz des Ahrner Berggerichts. Restaurierung 1975. Nebenstehend das alte Gefängnis, in Restaurierung.

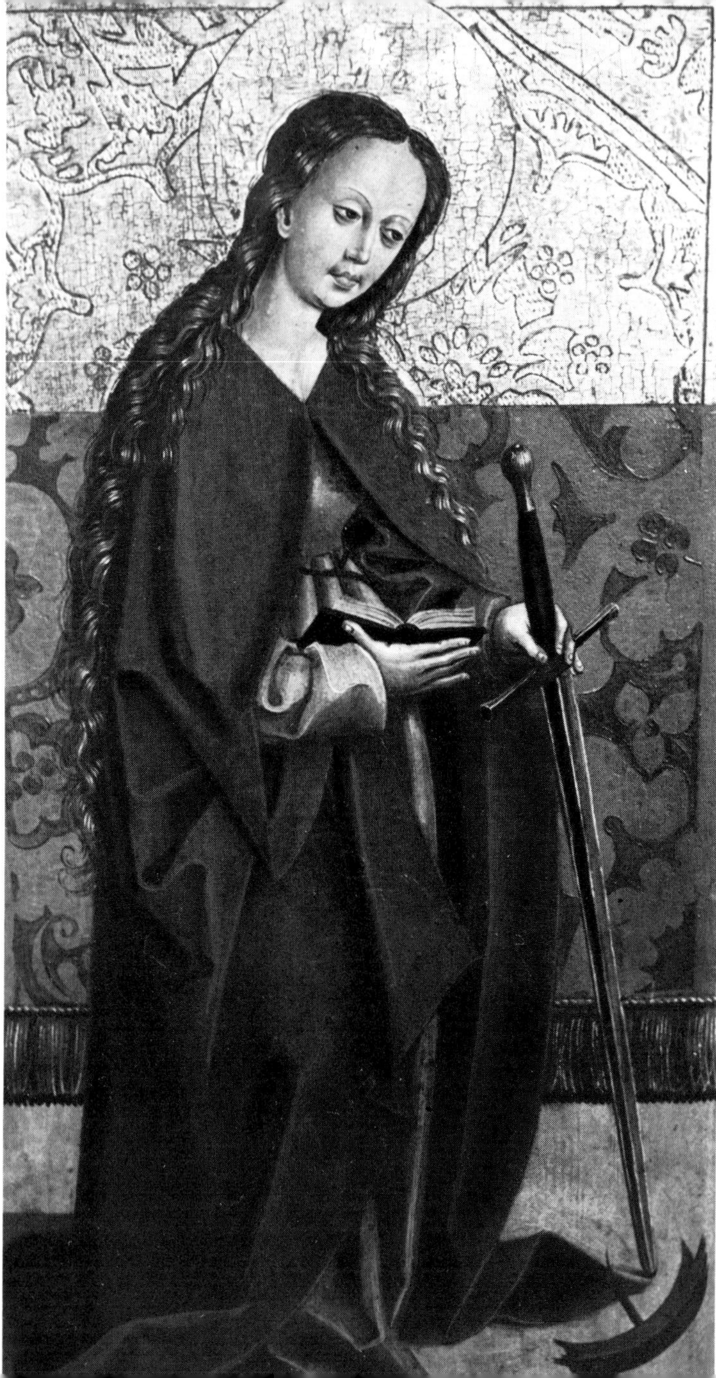

6. Pfarrhof

Im stattlichen Bau eine Sammlung zur Geschichte der Pfarrkirche.
Aus der zweiten Pfarrkirche zwei Predellenflügel: Vorderseite Katharina, Barbara, Rückseite Sebastian, Florian. Hervorragende Arbeit um 1500.
Holzskulpturen aus der Weißenbachkapelle gestiftet von Georg Lamb, Zollner zu Hall, 1660: Anna, Johannes Baptist, Georg, Petrus und Paulus und andere derbe Heiligenfiguren. Porträts des Pfarrers Franz Wierer, des Erbauers der Kirche, und des Architekten, von J. Schöpf.

7. Mairegger

Eine flachgewölbte gotische Stube ist als Teil der neuen erhalten geblieben.

STEINHAUS

1. Pfarrkirche zu Unserer Lieben Frau von Loreto

Bau: An Stelle einer 1649 errichteten Loretokapelle erbauten die Inhaber des Ahrner Handels, die Freiherren Joseph von Tannenberg und Franz Andreas von Sternbach, deren Wappen über dem viereckigen Portal angebracht sind, 1704 (Marmortafel) die heutige Kirche, die Viereck- und Lünettenfenster, im Langhaus ein Tonnen-, im gerade abschließenden Chor ein Kreuzgratgewölbe aufweist. An der Fassade in zwei Nischen Marmorstatuen, hl. Daniel und Florian, und Kuppeltürmchen. Renoviert 1968.

Wandgemälde:
1. Außen Loretobild.
2. Im Gewölbe in stuckierten Vierpaßrahmen Hl. Geist, Krönung Mariä, Engelkranz, Mariä Himmelfahrt. Um 1700.

Altar: Strenger Säulenaufbau aus Stuckmarmor, 1. Hälfte des 19. Jh.s. Die Seitenstatuen des Hochaltars Verkündigung 18. Jh.

Kommuniongitter: Reiche Holzschnitzerei. Am Gitter gemalte Wappen, Tannenberg und Sternbach. Anfang des 18. Jh.s.

Kirchenstühle, Emporen und Sakristeischränke: Reich geschnitzt. Bandwerk mit Blattansätzen, Fruchtgehänge, Engelsköpfe. Anfang des 18. Jh.s. Sehr schöne Schlösser und Beschläge. Herrschaftliche Empore mit gebauchtem Gitter links im Schiff.

Kanzel: Rundform, klassizistisch.

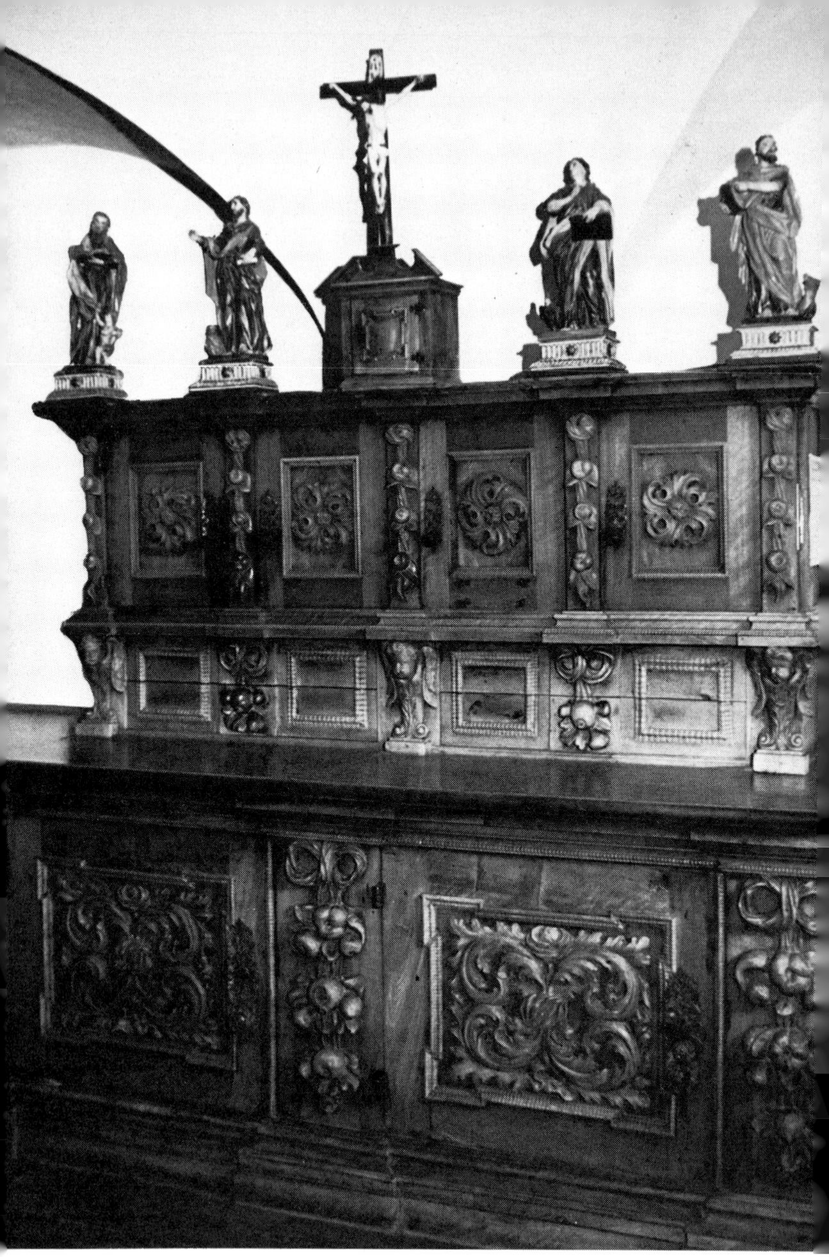

Steinhaus, Sakristeischrank

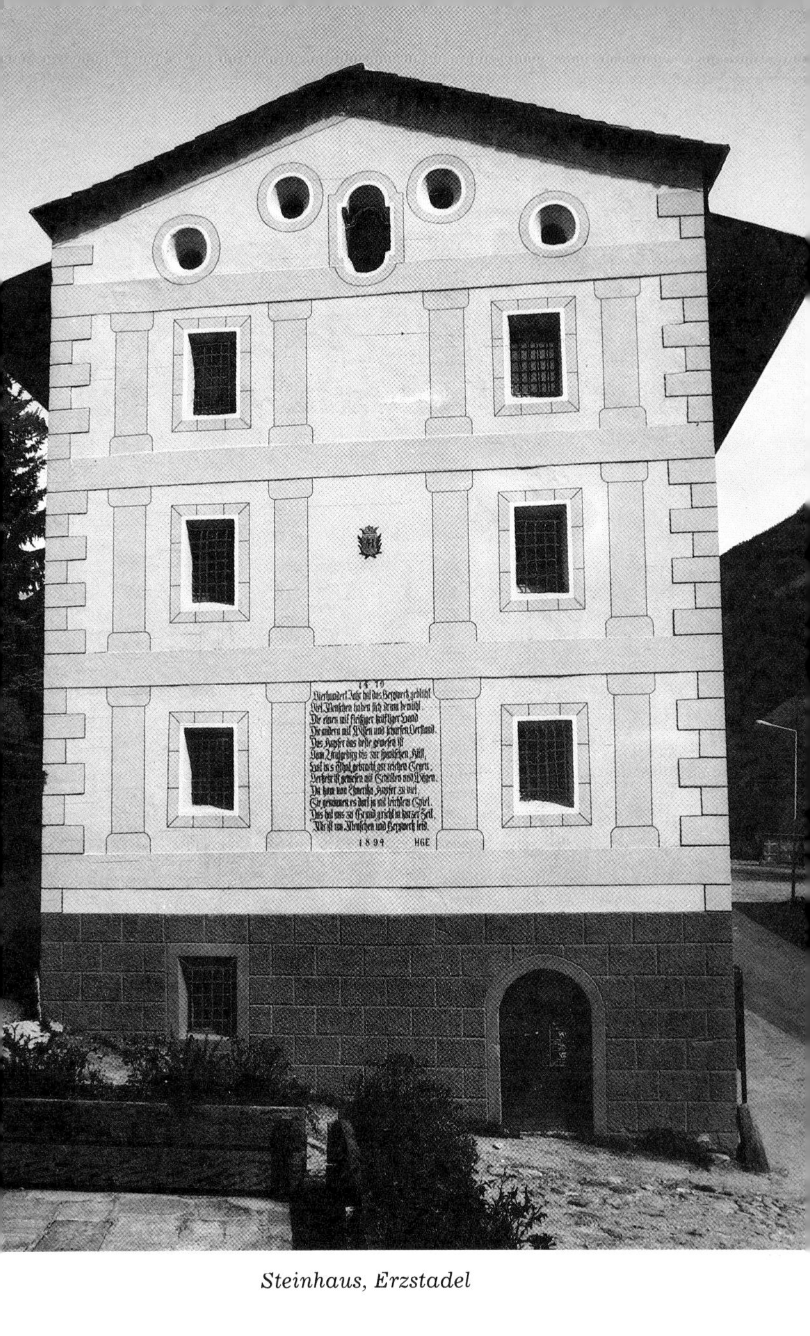

Steinhaus, Erzstadel

Gemälde:
1. Rosenkranzbilder: Am Triumphbogen gemalte Rundmedaillons in geschnitzten Blattwerkrahmen. Anfang 18. Jh.
2. und 3. Bergwerksheilige Barbara und Florian, 1825.

Kreuzweg: 18. Jh.

Neuer Friedhof: Von Erich Pattis. Kapellen und Nischen, Gemälde Rudolf Lanzinger, 1970.

2. Gasseck

Herrschaftlicher Bau mit regelmäßigen Fensterreihen, Pilaster- und Bändergliederung und zwei Eckerkern und Mittelgiebel. Im Innern regelmäßige Raumeinteilung, in einigen Räumen einfaches Getäfel. Schöne Fußböden aus großen Granitblöcken. Interessante Sammlung bergwerkskundlicher Gegenstände. Im Besitz der Gewerkschaft, die 1617 das Ahrner Bergwerk angekauft hatte, und von ihr um 1713 in die heutige Form gebracht. Der Tannenbergsche Anteil ging 1847 durch Erbschaft an die Grafen Enzenberg über, die 1850 auch den Sternbachschen Anteil erwarben. Sanierung 1978.

3. Rathaus (ehem. Faktorhaus)

Der Bau in den typischen Formen des Edelsitzes am Übergang zwischen Gotik und Renaissance mit hohem Steildach mit Krüppelwalm, viereckigen gegiebelten Ecktürmen und steingerahmtem Portal diente dem Ahrner Bergwerkshandel als Verwaltungsgebäude und wurde früher Soldhaus genannt. Das stattliche Gebäude — von dem als dem einzigen in Stein erbauten Haus des Tales der Ort seinen Namen erhielt — wurde 1974/76 sorgfältig restauriert. Die dabei neu aufgefundenen Seccomalereien mit biblischen und mythologischen Szenen nach Virgil Solis im südöstlichen Erkerzimmer, die 1564 von Hieronymus Mor und seiner Frau Anna Kernin von Sonnegg in Auftrag gegeben wurden (und deren stilistische und technische Übereinstimmung mit den Fresken in Schloß Maretsch auffällt, ebenso — naheliegender — mit den allerdings beschädigten Malereien im Morischen Ansitz Sonnegg in Dietenheim), weisen auf die Erbauungszeit des um 1700 nochmals veränderten Sitzes hin. — Gegenüber der alte *Erzstadel*, mit erneuerter Inschrift, die sich auf die Auflassung des Ahrner Handels bezieht. Auf einer Tür Jahrzahl 1700. — Im Kornhaus schweres, kunstvoll ausgeführtes Gebälk, ein Musterbeispiel bergmännischer Zimmermannskunst des 16./17. Jh.s.

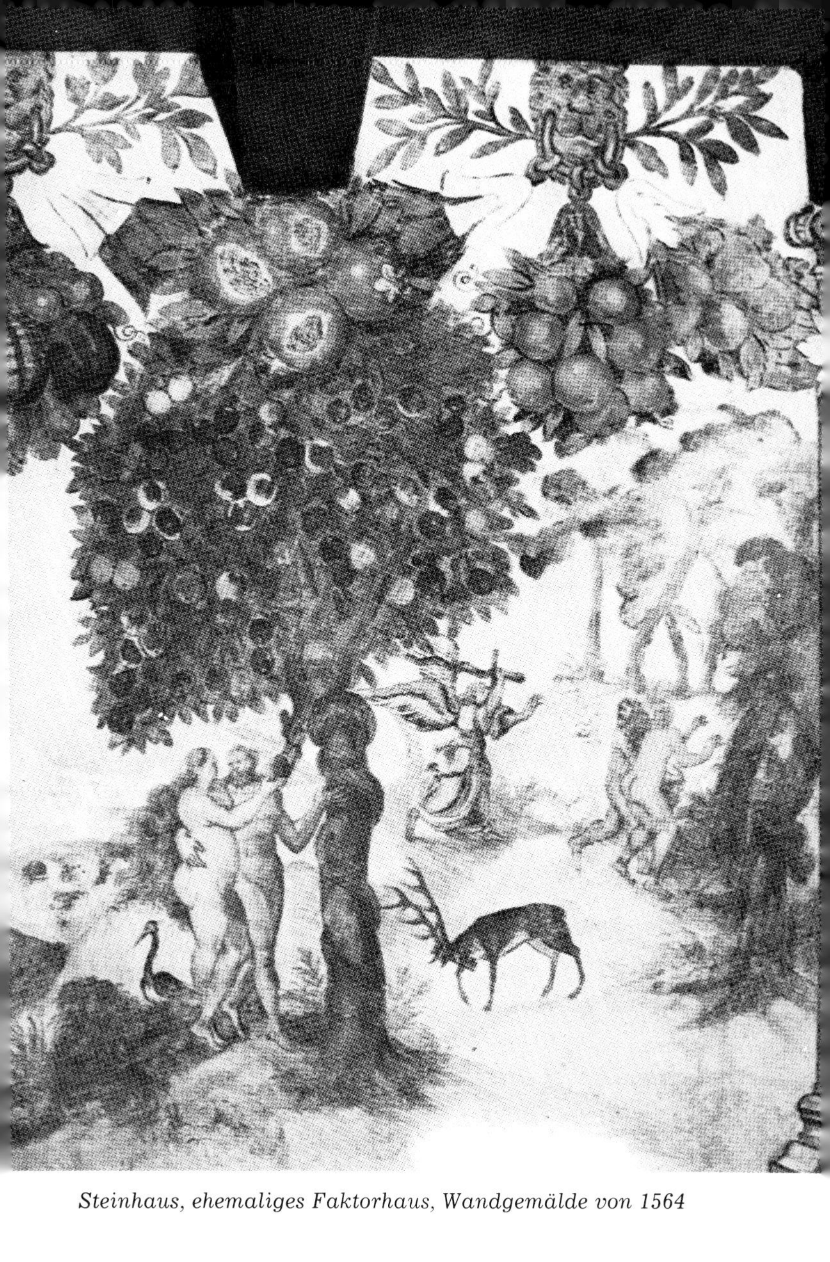

Steinhaus, ehemaliges Faktorhaus, Wandgemälde von 1564

ST. JAKOB IN AHRN

1. Pfarrkirche zum hl. Jakob

Bau: Eine Kapelle 1434 erwähnt. Der um 1500 errichtete spätgotische Bau wurde 1760 um das westliche mit einer Tonne eingewölbte Langhausjoch verlängert und dabei entgotisiert, 1853 wieder regotisiert. Sakristei 1878. Dem alten Bestand gehören an: der Sockel mit Quaderschräge, die Spitzbogenfenster, das Netzgewölbe über Runddiensten und Wandgurten, der gekehlte Triumphbogen und der Spitzturm mit dem gekehlten Gesims und den ausgeblendeten Spitzbogenschallfenstern. Restaurierung 1982.

Einrichtung: Neugotisch, letztes Viertel des 19. Jh.s. Hochaltarbild: Martyrium des hl. Jakob von Franz Hellweger. Der Altaraufbau aus der Werkstatt Dominikus Trenkwalders. 1892.

Kreuzweg: 18. Jh.

Holzplastiken: Seitenaltarstatuen Aloisius und Anna (1882), Kanzelreliefs (1895) von Dominikus Trenkwalder, Pietà von Franz Pendl 1872, Unbefleckte von Josef Gasser 1850.

2. Friedhofskapelle

Bau: Tür mit breiter Rundbogenerweiterung. Kreuzgratgewölbe, im Obergeschoß Reste von Wandgemälden aus dem 16. Jh. Holzkruzifixus, 17. Jh.

ST. PETER IN AHRN

1. Pfarrkirche zum hl. Petrus

Bau: Eine Kirche seit 1436 nachweisbar. Die heutige einfache Kirche mit einer Viereck- und einer Spitzbogentür, Spitzbogenfenster, plumpen Streben am dreiseitig abschließenden Chor und mit einer Spitztonne über Pilastern wurde in der Verfallszeit der Gotik, etwa um 1600, an den älteren, mit spitzbogigen Schallfenstern versehenen Spitzturm angebaut. Interessante Lage auf einem Felsenhügel.

Einrichtung: Neugotisch, zweite Hälfte des 19. Jh.s. Die Reliefs der Altäre und Kanzel von Johann Moroder, Gröden.

Opferstock: 1616. Jetzt in der Friedhofskapelle.

Glocke: 1493.

2. Friedhofskapelle

Breite Spitzbogenöffnung, Sterngratgewölbe. Um 1600.

3. Häuser:

Griesser Hof. Spätgotische Stube, Felderdecke, Leisten zum Teil mit Rankenornament, zum Teil mit Minuskelinschrift: Firgine maria du vil zartedu pist ain rosen garte den got selbs geziert hat mit seiner gotlichen meuestat: o mensch ain rechte mase tri(n)ken und essen got deines herrn solstu nicht verachten oder vergessen m cccc und in dem lxxxi jar.

PRETTAU

1. Pfarrkirche zum hl. Valentin

Bau: Der 1489 auf älterer Grundlage (erste Erwähnung 1381) errichtete spätgotische Bau zeigt einen Sockel mit Quaderschräge, gekehltes Dachgesims, Spitzbogenfenster, dreiseitigen Chorabschluß, spielerisches Netzgewölbe mit zierlichen gebogenen und gekreuzten Rippen mit Wappenschildern über Runddiensten und gekehlten Wandgurten, einen beiderseits gekehlten Triumphbogen und einen Spitzturm mit spitzbogigen Schallfenstern. Das mit einer Tonne eingedeckte West-Joch wurde später hinzugefügt. Restauriert 1965 und 1977.

Wandgemälde: Außen Christophorus, um 1400.

Einrichtung: Neugotisch. Hochaltar signiert Josef Stauder 1858. Hochaltarbild, hl. Valentin mit Landschaft und Herde, vorzügliche Komposition. Von Franz Unterberger (vgl. auch St. Valentin in Pfalzen).

Votivbild: Hl. Ignatius, Gedenkbild an die Anlage des St.-Ignatius-Stollens, mit Wappen der Tannenberg und Sternbach. Nach der Überlieferung von Josef Schöpf, 1805.

Kreuzweg: Um 1800.

Glocke: Um 1400.

Grabstein: Christine Baumgartnerin. 1668.

2. Heiliggeistkirche

Bau: Die tief im Tal auf einer Alm gelegene Kirche wurde 1455 erbaut, von Kardinal Nikolaus Cusanus geweiht und um 1500 vergrößert und in die heutige Form gebracht. Spitzbogenportal mit derbem, gekreuztem Rundstab, Spitzbogenfenster, im Langhaus spielerisches Rippennetz auf derben Maskenkonsolen, im Chor Stichkappengewölbe. Der in die Fassade eingebaute Spitzturm mit Spitzbogenschallfenstern ist mit der anschließenden Empore im Innern auf einem Achteckpfeiler zwischen Spitzbogenöffnungen abgestützt. Restauriert 1971—1981.

Wandgemälde: Bis 1977 aufgedeckt: Im Chor Nikolaus (Kilian?) und Oswald, die Ankunft der hl. Ursula, Pfingstwunder, Krönung Mariens mit zwei Bergknappen als Stifterfiguren. Wappen. Am Gewölbe des Chores Rankenmalereien und Jesusmonogramm. Vor dem Triumphbogen an der Südwand Schmerzensmann, 15. Jh., 3. Viertel. Im Schiff Immaculata und Weltgericht, Prophet Jonas (?), Taufe Christi und das letzte Abendmahl, um 1600. Am Triumphbogen Ölberg. Wappen von Brixen und des Kardinals Andreas von Österreich.

Altar: Flügelaufbau mit Gemälden. Hl. Dreifaltigkeit und Leben Jesu, an der Predella Verkündigung. Im Tabernakelaufsatz Statue der hl. Ursula, um 1470. Das Mittelbild wird von Pilastern mit geschnitztem Kandelaberornament eingerahmt. Um 1600. Derzeit in Restaurierung. Alte Steinmensa.

Holzskulpturen:

1. Hl. Oswald und hl. Kilian, vor 1500. Kopien, Originale deponiert.
2. Kreuzigungsgruppe, Anfang 18. Jh.
3. Gnadenbild hl. Dreifaltigkeit, 18. Jh.
4. Kruzifix mit drei Löchern (Einschüsse?), 18. Jh. (?)

Votivbild:* Erinnerungstafel an einen 1698 vollendeten Stollendurchschlag. Oben Krönung Mariä mit Heiligen, unten in schöner Landschaft die Stifter (Tannenberg und Sternbach) und im prächtigen Rahmen auf einer ungewöhnlich großen Kupferkiesplatte das Tannenbergsche und Sternbachsche Wappen. Kaspar Waldmann zugeschrieben Wappen der Rost, geschnitzt an der Tür zur Glockenstube, 1597.

Kreuzweg:* 15 (!) Stationen, kräftige Arbeit, von 1759.

Glocke:* 16. Jh.

3. Antonistöckl

Kapelle mit Fassadenglockenmauer. 17. Jh. Restauriert.

Altar: Säulenaufbau.

Bild:* Hl. Antonius. Um 1700.

4. Verweserhaus

Der einfache Bau zeigt die Wappen der Tannenberg und Enzenberg mit der Jahreszahl 1696 und im ersten Stock eine Stube mit Getäfel, Felderdecke, Ofen um 1696 und Fenster mit Schubtaschen. Einstiges Wohnhaus des Bergwerksverwesers. 1976 saniert.

5. Stegerhof

Fassadenmalerei, 1618 datiert. Steinportal mit einspringenden Ecken.

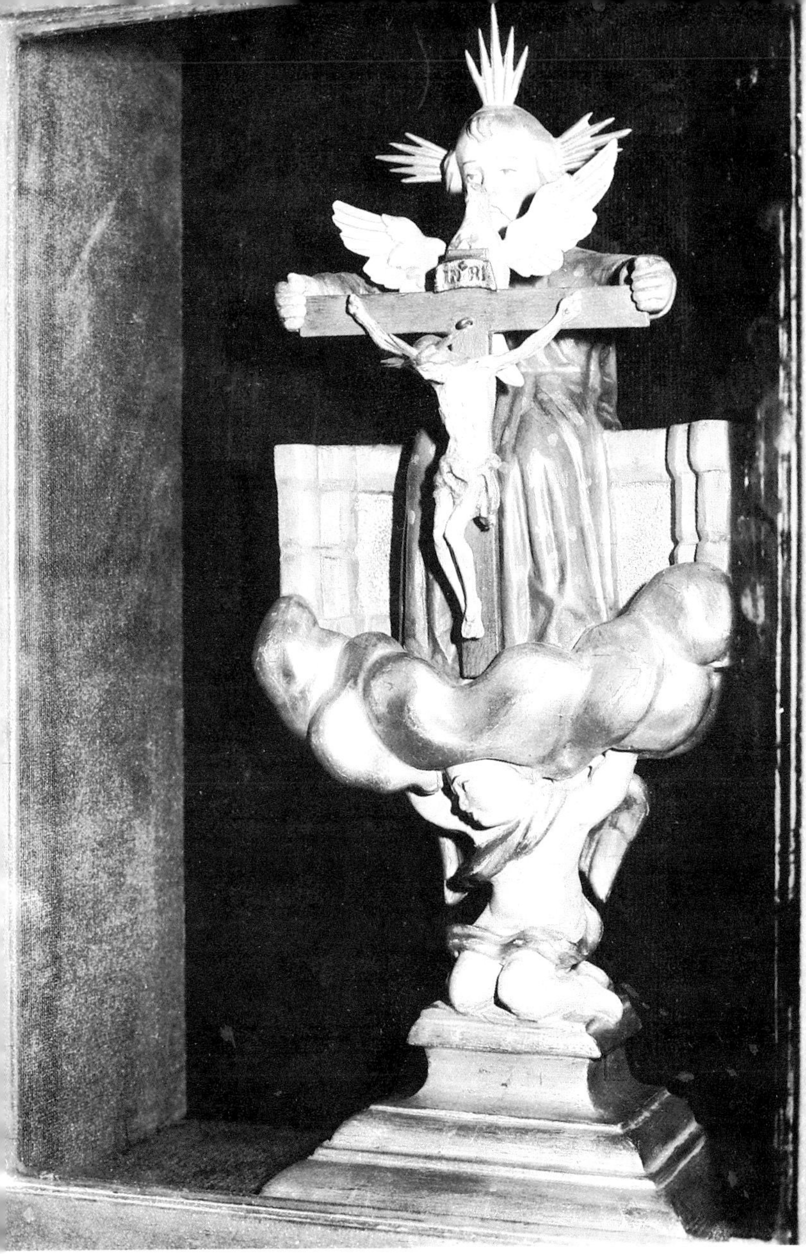

Prettau, Heiliggeistkirche, Gnadenbild der Hl. Dreifaltigkeit

NIEDEROLANG

I. Kirchen

1. Pfarrkirche zum hl. Petrus und zur hl. Agnes

Bau: Eine Pfarrei wird schon 1205 erwähnt. Der Spitzturm mit Sockel, gekehltem Wasserschlag und spitzbogigen Schallfenstern trägt die Jahreszahl 1464. Die heutige Kirche in den schweren Formen des frühen Barock mit geradem Chorabschluß, Vierecktüren, Viereck- und Lünettenfenstern, Tonnengewölbe über geschichteten Pilastern und verkröpftem Gebälk wurde 1710 begonnen und 1712 geweiht. Bau der zweiten Empore 1846. Restauriert 1972.

Wandgemälde: Außen 1. Sonnenuhr mit Maria, Petrus und Agnes und Chronogramm. 1739 — 2. Muttergottes. Mitte 18. Jh.

Innen Deckengemälde von Christian Holzinger 1856, teilweise spätere Dekoration.

Hochaltar: Aufbau mit je drei Säulen, verkröpftes Gebälk, geschweifte Giebel, geschwungener Aufsatz. Statuen Joseph, Petrus*, Franziskus*, Antonius, Engel. Bild Petrus und Agnes Marias Hilfe für Olang erflehend, von Mathias Gasser 1713. Altar von Michael Rasner, Bruneck 1712/13, Fassung von Nikolaus Pedevilla.

Seitenaltäre: Ähnliche Säulenaufbauten mit Rundgiebelstücken und geschwungenem Aufsatz mit Vasen. Statuen links Augustin und Theresia, rechts Sebastian und Rochus. Bild links Tod des hl. Josef um 1800, rechts hl. Silvester, gutes Bild, Anf. 18. Jh. Altäre von Michael Rasner bzw. Klostertischler von Neustift 1712/13, Fassung von Nikolaus Pedevilla.

Kanzel: Halbrunde Form über trichterartiger Konsole, zwischen jonischen Säulchen Figuren von Christus und den Evangelisten, Aufsatz mit Voluten und Engeln. 1838

Chorstühle: Hohe, bewegte Rückenwand in Muschelornament. Von Michael Rasner. An der Chorwand Kasten mit Statuen Muttergottes und Anna, 1842/43.

Kirchenstühle, Beichtstühle: 19. Jh., 1. Hälfte.

Taufstein, Weihwasserstein: Von Michael Anratter, Bruneck, 1712 bzw. 1710.

Orgel: Von Balthasar Mesl, Vals 1846.

Gemälde: Aloisius, Antonius, 18. Jh. Fastenbilder Todesangst Christi, Kleiderberaubung, um 1650.

Kreuzweg:* Um 1700, figurenreiche Komposition. Kreuzweg in der Kirche nach G. Fugel.

Holzskulpturen: Sebastian, gute Arbeit, 17. Jh. Pietà, 15. Jh., Fassung neu, Hände ergänzt; — Muttergottes und Kind, Anf. 15. Jh. an der Michaelskapelle.

2. St. Michael am Friedhof

Bau: 1484 erbaut. Zweigeschossige Anlage mit dreiseitigem Chorabschluß, Glockenmauer und Tonnenwölbung. Ablaßbrief von 1500. An der Tür zum Obergeschoß Jahreszahl 1725. Westlich vermauerter Rechteckstein mit schwer lesbarer gotischer Inschrift: In den Zeit(e)n des pflegers Ruedolf Harder ze alt rasen.

Wandgemälde: In Vierpässen Auferstehung, Schutzengel, Michael. Um 1760. Modern übermalt.

Altäre: In der Kapelle Altar, 19. Jh., 1. Hälfte. Bild, Maria als Fürbitterin für die armen Seelen, 18. Jh.
In der Gruft Altar, schwarz und vergoldet.

Holzskulptur:* Zu einem hl. Michael im 18. Jh. umgearbeiteter hl. Georg. Derbe Arbeit. 15. Jh.
Nahe dem Eingang spätbarockes, handgeschmiedetes *Grabkreuz.**

Glocke: 1514.

3. St. Jakob in Nasen

Bau: Der 1474 erwähnte spätgotische Bau besitzt zwei Spitzbogenportale, ein vermauertes Spitzbogenfenster an der Südschräge des Chores, später veränderte Fenster, Sockel mit Schräge, am Ansatz des dreiseitig abschließenden Chors Strebepfeiler, einfaches Netzgewölbe mit Täfelchen als Schlußsteine, einen schweren Triumphbogen und einen Spitzturm mit spitzbogigen Schallfenstern. Restaurierung 1979/1980.

Wandgemälde:
1. Außen hl. Christoph in Rundbogenarchitektur. Nach der verwitterten Signierung von Simon von Taisten.
Sonnenuhr.
2. Innen, hinter dem Altar, Kreuzigungsgruppe.
Auf den Schlußsteinen Wappen, hl. Jakob, Unser Herr im Elend und Evangelistensymbole. Von Simon von Taisten. 1979 freigelegt im Chor landschaftlicher Hintergrund, Schatten des Kreuzes, im nördlich anschließenden Wandfeld Ölberg und hinter dem linken Seitenaltar Anna selbdritt zwischen hl. Katharina und Margareth. Anfang 16. Jh., Simon von Taisten zugeschrieben.

Hochaltar: Säulenaufbau, grauer und gelber Stuck, mit schräg vortretendem Gebälk, Rundgiebelstücken, Aufsatz, Bilder hl. Jakob und Muttergottes, im Aufsatz hl. Joseph, Johann Mitterwurzer zugeschrieben, und Statuen. Ende des 18. Jh.s (Engel, Maria, Johannes gestohlen).

4. St. Ägydius in Mitterolang

Bau: Kirchweihen um 1138 und 1404. Aus der letzten Zeit stammt der heutige Bau mit dem polygonalen Chorabschluß und den stumpfspitzbogigen Schallfenstern am Turm. Im 18. Jh. wurden Türen und Fenster verändert und das Gewölbe der Rippen und Runddienste beraubt. Restauriert 1972, 1975 und 1977.

Wandgemälde:

1. Am Gewölbe hl. Ägydius, Antonius und Florian. Ende 18. Jh., stark restauriert, vermutlich von Johann Mitterwurzer.
2. Auf der Orgelempore Johannes auf Patmos. Von Simon von Taisten. Um 1500.
3. An der Brüstung der Orgelempore Christi Geburt, Beschneidung, Anbetung der Könige. Anfang 18. Jh.

Hochaltar: Auf der Kastenmensa Tabernakel mit vier Säulchen, Seitenteilen und zwei anbetende Engel, 1759. Aufbau mit gedrehten, rebenumwundenen Säulen auf Volutenpostamenten, verkröpftes und gerades Gebälk, gesprengter Giebel, Aufsatz mit kannelierten Säulchen. Seitenstatuen auf Blütenpostamenten, hll. Blasius und Erasmus. Am Aufsatz drei Engel und Bild, Krönung Mariä mit zwei Relieffiguren hl. Ägydius. Altar datiert 1679, Arbeit von Veit Hirber, Olang, und Bildhauer Georg Stieger, Sonnenburg; Statuen wohl von Johann Georg Silly, um 1770. Das Hauptbild, Anbetung der Könige mit singenden Engeln im Dachgebälk des Stalles, schöne Fluß- und Stadtlandschaft und Goldgrund. Friedrich Pacher zugeschrieben, Ende 15. Jh.

Seitenaltar: Kastenmensa mit Reliquienschrein mit Leib des hl. Aurelius (1844 aus Rom geholt); eigenartiger Aufbau ohne Säulen, Bild die heiligen Siebenschläfer, von Josef Renzler. Ringsherum hölzerne Volutenornamente mit Rankenansätzen und den Büsten der 14 Nothelfer und Maria mit Kind. Von Georg Stieger, 1715, Fassung von Nikolaus Pedevilla.Um 1730.

Chorstühle: einfache verkröpfte Füllungen, weißgemalte Ranken. 16. Jh.

Holzskulpturen: hl. Sebastian*, 16. Jh.
Hl. Sylvester, 18. Jh. Hl. Florian, vor Baldachin, in Rüstung mit Fahne. Um 1800.

Gemälde: Madonna vom Guten Rat. Rocaillerahmen, 18. Jh.

Kreuzweg: 1746.

II. Bildstöcke

1. Mitterolang Kapellenbildstock mit Rundbogenöffnungen, Gratgewölbe und Giebeldach. Am Gemälde die Jahreszahl 1665.

2. *Spitziges Stöckl.* An der Straße nach Geiselsberg. Über dem breiten Sockel, der als Sitzbank dient, erhebt sich ein viereckiger, vollständig bemalter Mauerpfeiler, der sich in origineller und einmaliger Weise mit vorkragenden Flachbögen zum Hauptteil auswächst und ein auffallend tiefsitzendes Holzdach trägt. Fresken: An den Hauptflächen große Kompositionen, Kreuzigungsgruppe, Ölberg, Kreuztragung, Anbetung der Könige. Darüber an den Kragbögen Symbole und Halbfiguren von Heiligen in Tabernakeln, an den Ecken und unter den großen Bildern Bordürenornamente mit geometrischen Mustern. Um 1460. Teilweise zerstört.

3. *Tharer-Stöckl:* Kleiner Viereckbau, 18. Jh., heute Kriegerdenkmal. Außenfresko: Erschießung Peter Sigmairs. Von Siegfried Pörnbacher 1977.

III. Denkmal

(in Mitterolang) für den Tharerwirt Peter Sigmair, Sandsteingruppe von Josef Piffrader. 1909. Restaurierung 1982.

IV. Brücke

Am Geiselsberger Bach gewölbte Brücke mit Inschriftstein, nach welchem Dietrich Heifler zu Rasen, Pfleger zu Altrasen, die Brücke mit Hilfe der Nachbarschaft 1575 machen ließ.

V. Pfarrhaus

Das ältere Gebäude wurde später durch einen Laubengang und Eckflügel (Baumeister Lucio di Trento?) zu einem Ansitz erweitert. Schmiedeeisengitter. Tafelbilder Siebenschläfer aus Mitterolang. Josef als Tröster der Sterbenden, wohl von Johann Georg Prunner.

OBEROLANG

1. Kuratiekirche zu Mariä Himmelfahrt

Bau: Die 1472 geweihte spätgotische Kirche mit polygonalem Chorabschluß und seitlichem Spitzturm wurde später

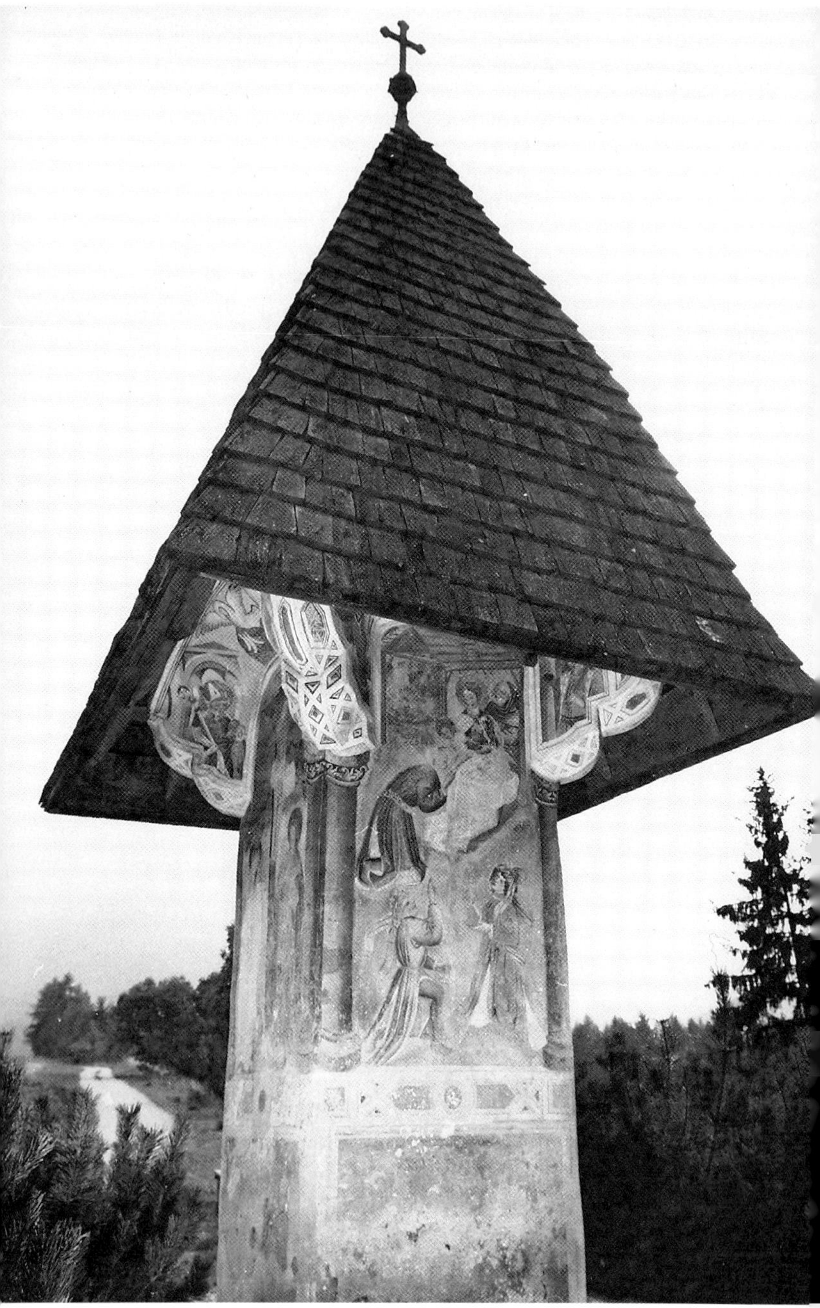

barockisiert und 1899/1900 durchgreifend regotisiert, so daß, abgesehen vom Turm mit seinen Spitzbogenschallfenstern, fast alle Details auf diese Wiederherstellung zurückgehen, und auch die Einrichtung, die von Roman Pircher einheitlich neugotisch entworfen wurde. Wandgemälde von Maler Rauter, Innsbruck. Im rechten Seitenaltar Pietà, 1. Hälfte des 15. Jh.s. Kruzifix um 1770. Wappenschild rund, mit Deutsch-Ordenskreuz (Erzherzog Eugen).

Kreuzweg: Reiche Figurengruppen, Johann Renzler. 1793.

2. Friedhofkapelle: Wandgemälde Werke der Barmherzigkeit. Von J. M. Peskoller sign. 1919. Stoffbekleidete schwarze Madonna. 18. Jh., gestohlen. Mehrere Votivbilder.

3. Kapelle zu Puelandt

Bau: Dachreiter, polygonaler Chorabschluß, Tonnen- und Gratgewölbe. 1722 erbaut. Altarblatt Taufe Christi von Josef Renzler. 1827.

4. Häuser

An zwei Häusern alte Wandgemälde. Beim *Laner* (Nr. 22) Haupt des hl. Johannes d. T. und Brustbild des hl. Florian, um 1500. Beim *Gasser* (Nr. 28) hl. Christoph. Anfang 16. Jh., im 17. Jh. restauriert.

5. Römischer Meilenstein

Im Garten der Pension Seefeld aufgestellt. Meilenstein der Kaiser Septimius Severus, Caracalla und Geta. 201 n. Chr.

GEISELSBERG

1. Kuratiekirche zum hl. Wolfgang

Bau: Die 1484 geweihte Kirche mit umlaufendem Sockel, Spitzbogenportal, Spitzbogenfenstern und polygonalem Chorabschluß (lt. verlorengegangener Inschrift ein Werk des Meisters Jörg, vgl. Niederolang) wurde später barockisiert und 1893 durchgreifend regotisiert, mit neuen Gewölberippen ausgestattet und mit dem Kapellenzubau bereichert. Am Spitzturm Sokkel, Hohlkehlengesims, spitzbogige Schallfenster und die Jahreszahl 1502. Restauriert 1969 und 1982.

Wandgemälde:
1. Außen hl. Christoph in Rundbogenrahmung. Von Simon von Taisten. 1498.
2. Innen Pietà. Ende 15. Jh.
An der Emporenbrüstung Heimsuchung, hl. Wolfgang und Leon-

hard, 18. Jh. 1982 freigelegt an den Schlußsteinen Madonna, hl. Leonhard, hl. Wolfgang, umgeben von den Evangelistensymbolen. Rankenwerk. Simon von Taisten zugeschrieben. Um 1500.

Einrichtung: Neugotisch. 1893. Hochaltar, Kreuzwegstationen von August Valentin, Brixen. Kirchenstühle Fachschule Bozen. Chorstühle von Johann Schnarf, Olang.

Holzskulpturen:
1. Pietà, tief empfundenes Werk, Körper des Heilands verrenkt, kleinknitterige Falten. Zweite Hälfte des 15. Jh.s.
2. Maria mit Christkind. Starker gotischer Schwung, auch in den am Boden regelmäßig übereinandergelegten Falten. 1. Hälfte des 15. Jh.s.
3. Beweinung Christi, Relief 16. Jh.*
4. Kruzifix. Rundstamm mit Ästen, naturalistischer Ausdruck, 16. Jh.

2. Kapelle zu Oberhof

Bau: Polygonaler Chorabschluß mit Tonne. 18. Jh.

Wandgemälde: Außen Kreuzigung, innen Evangelisten, Krönung Mariä, Rosenkranzgeheimnisse, Fruchtgehänge, Rankenwerk, Blumenvasen. Gestiftet von Hans Mayr, Oberhofer, und seiner Gattin Katharina Haraserin 1747.

Altar: 18. Jh.

3. Kapelle in Bad Bergfall

Bau: Gerader Abschluß, Tonnengewölbe, 1720. Altarbild aus der durch Feuchtigkeit stark gefährdeten Kapelle im Unterkunftshaus: Bad Bergfall und Rochus und Sebastian mit Verzeichnissen der Krankheiten, gegen die das Heilwasser hilft. 18. Jh. Das Badhaus 1725 erbaut. 1980 neuer Gastbetrieb.

NIEDERRASEN

I. Kirchen

1. Pfarrkirche zum hl. Johannes d. Ev.

Bau: Eine Kirche wird schon 1070 erwähnt. Der Spitzturm mit gekuppelten Spitzbogenfenstern in Rundbogenblenden trägt die Jahreszahl 1586. Die heutige Kirche mit Rundbogentor und Statuennischen mit Statuen Erasmus, Blasius und Augustin, Lisenen und geschweiftem Giebel an der Fassade, mit Viereckfenstern und dreiseitig abschließendem Chor, im Schiff mit Tonne, im Chor mit Flachkuppel wurde 1822 von Alois Mutschlechner neu gebaut und 1827 geweiht.

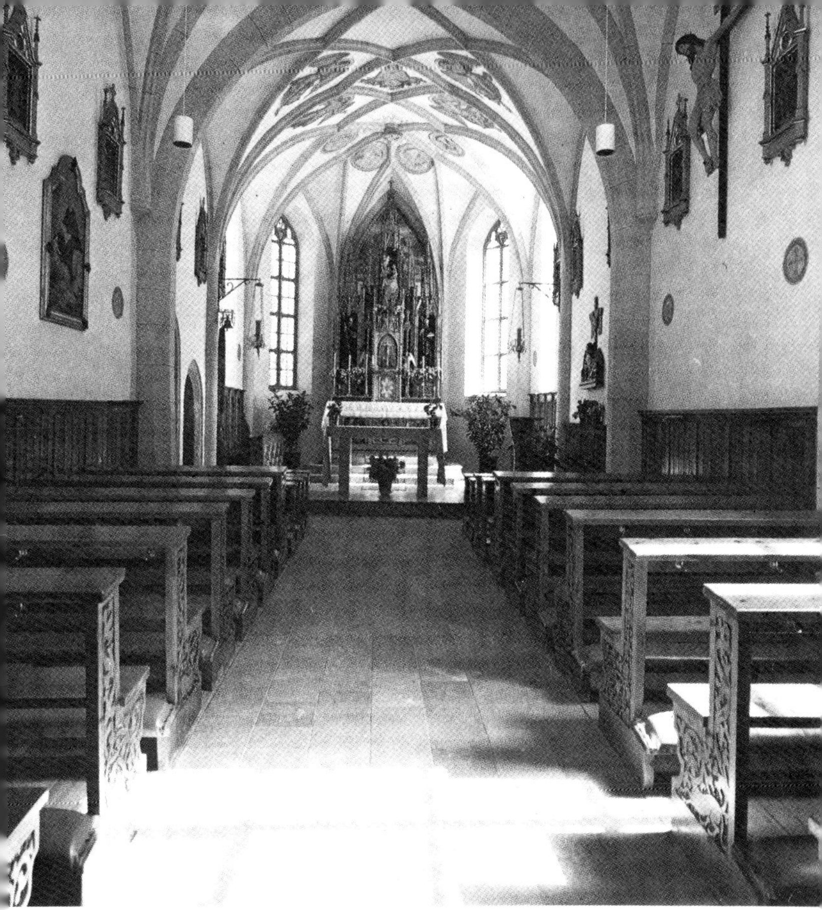

Geiselsberg, Kircheninneres

Deckenmalerei: Im Chor Abendmahl, im Langhaus Gesetzgebung auf Sinai. Bez. Anton Psenner, „prima proba in fresco" 1824.

Altäre, Kanzel, Taufstein: Bauzeit der Kirche. Altarbilder, Maria mit Johannes d. Ev. von J. Kachler 1827, Johannes von Nepomuk, von Andreas Winkler. 1823. Himmelfahrt Christi, Ende 18. Jh.

Kreuzweg: Bez. Francesco Antonio Vanzi. 19. Jh., 1. Viertel.

Beichtstühle: Klassizistisch mit Figuren hl. Magdalena und Petrus.

Skulpturen: Johannes v. Nepomuk, Ende 18. Jh. hl. Valentin, hl. Martin. Um 1700 (aus St. Anton). Büsten hl. Kassian, Hartmann, Ambrosius, Augustin, 18. Jh., 1. Hälfte.

2. St. Anton von Padua (an der Straße)

Bau: Der einfache Bau mit Viereckfenstern, Tonnengewölbe über Wandpfeilern, dreiseitigem Chorabschluß und Kuppeltürmchen wurde 1698 errichtet. Unter dem Vordach hölzerne und wächserne Votivgaben.

Wandgemälde: Außen hl. Anton, dem die Madonna das Christkind reicht. 1817.

Altar: Reicher Säulenaufbau mit gerollten Giebelstücken, Bilder, hl. Anton, am Giebel Kummernus mit dem Geiger. Wappen und Widmungsinschrift der Johanna Mayrhoferin von Koburg und Anger, 1701.

Gemälde: Wappentafel der Stifter der Kapelle, 1701, Augustin von Pauernfeind, Pfarrer von Olang (der spätere Propst von Neustift), und Paul von Leyss, Pfleger von Altrasen, 1698. Nach mehreren Diebstählen bewegliche Objekte deponiert.

3. Kapelle zu Neunhäusern

Bau und Ausstattung: 18. Jh.

*Holzskulpturen:** Maria mit Christkind, 15. Jh., 1. Hälfte. In Stoffkleidung.

II. Wohnhäuser und Edelsitze

Im Erdgeschoß des *Pfarrhofes* einfach getäfelte Stube mit Balkendecke und der Jahreszahl 1521. Im Obergeschoß gemalte Türfüllungen, 18. Jh. Ölgemälde: Anbetung der Hirten, hl. Hartmann, Madonna, um 1700. Im 16. Jh. als Gerichtshaus von Altrasen erbaut, im 18. Jh. umgebaut und erhöht. An der Hausecke des Widums meilensteinähnlicher Quarzphyllitblock, Kaiser Caracalla, 213 n. Chr. (?)
Die vier, heute „in der Linde" genannten Höfe in Niederrasen waren bis 1803 brixnerisches Küchenmairgut. Mit älteren Bauformen ausgestattet und damit wohl der eigentliche Mairhof ist der *Galler in der Linde* (seit kurzem Pension Ansitz Goller), ein stattlicher Sitz mit Walmdach, breitem gewölbtem Mittelflur in zwei Geschossen und spitzbogigen steingerahmten Türen; an einem Türstock außen Jahrzahl 1556, die Loggia ist 1639 datiert. Als Besitzer sind bekannt ein Gallus Leitgeb von 1596 (von ihm soll der Name kommen), 1707 bis 1810 Familie Baumgartner, von 1816 bis heute Familie Brunner-Leiter, die 1977 den Hof restaurieren und in eine Fremdenpension umwandeln ließ.

III. Burg Altrasen

Die erstmals 1182 faßbare Burg auf einem steil abfallenden Absatz des östlichen Berghanges war Mittelpunkt eines das Antholzer Tal umfassenden Sprengels der Grafschaft im Pustertal und wurde von Ministerialen verwaltet, die aus verschiedensten Adelsfamilien stammten und zunächst zur andechsischen, seit 1210 zur tirolischen und seit 1253 zur görzischen Ministerialität gehörten. Burg „Raesen" erscheint 1259 und 1271 in Teilungsverträgen der Grafen von Görz und Tirol als besonders wichtiger Stützpunkt der gräflichen Herrschaft im mittleren Pustertal. 1500 kamen Feste und Gericht Altrasen als Pfand der Landesfürsten an die Wolkenstein, 1553 an die Welsperg, die sie bis 1826 innehatten, aber rasch verfallen ließen.
Die Burg zeigt die typische einfache Anlage: oben an der Bergseite der Bergfried, unten der Palas, beide durch eine Ringmauer verbunden. Vom ursprünglichen Bau ist wohl nur der Rest des Bergfrieds und ein Mauerstück mit Buckelquadern erhalten. Der übrige nüchterne Bau (schlechtes Mauerwerk, verschieden geformte Schlüsselscharten und Schießfenster) gehört im wesentlichen dem 16. Jh. an.

OBERRASEN

I. Kirche

Pfarrkirche zum hl. Andreas

Bau: Eine Kirche wird 1388 erwähnt. Vom 1428 geweihten Bau nur mehr der Spitzturm mit gekuppelten Rundbogenschallfenstern erhalten. 1959/60 Neubau der Kirche nach dem Plan von Architekt Othmar Barth, wobei das ehemalige gotische Hausteinportal (um 1500) in die rechte Schiffswand als Zugang zum Turm eingebaut wurde. Geweiht 1962. Restaurierung 1978.

Hochaltar: Marmormensa mit Bronzetabernakel, Altarkreuz und Leuchtern von Maria Delago. Von ihr auch das Bronzerelief, Kreuzigung, am rechten Seitenaltar. 1968.

Gemälde: An der Rückwand des Altars barockes Altarblatt hl. Andreas, angeblich von J. G. D. Grasmair, 1744. (Jetzt in St. Andrä bei Brixen.)

Holzskulpturen: In der Sakristei hl. Sebastian, mit Locken und knitterigen Falten. Ende 15. Jh. Hl. Rochus, 17. Jh.

Glasgemälde: Verkündigung und Sternsinger von H. Gschwendt 1961.

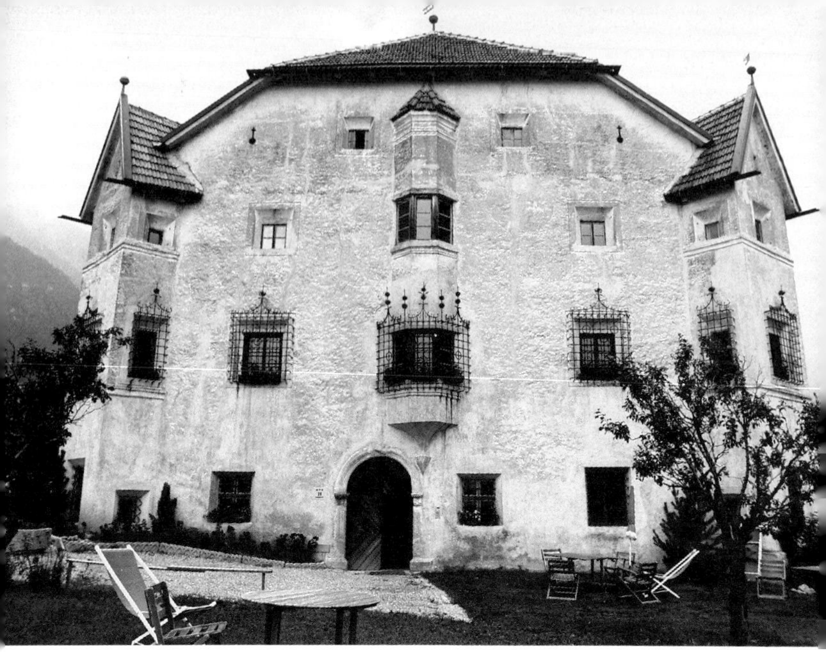

Ansitz Heufler in Rasen

II. Wohnhäuser und Edelsitze

Hauserhof: Großer Rundbogen, Treppenaufgang mit Gratgewölbe, dreiseitiger Erker mit der Jahreszahl 1665, Schmiedeeisengitter, Flur mit einfacher Balkendecke. Bei Nr. 28: zweigeschossiger Erker, 1548. Besonders beachtenswert.

Heufler

Der behäbige und geschlossene Viereckbau ist durch Ecktürme mit Giebeldächern eingefaßt, dreiseitiger Erker, im ersten Stock Fenstergitter mit Ranken und Kreuzblumen; Walmdach. Der Flur im Erdgeschoß mit Tonne, im ersten Stock mit stuckierten Flachdecken, das zweite und dritte Stockwerk ist innen nicht ausgebaut. In den Wohnräumen schöne Täfelungen und Holzdecken. Besonders reich ausgestattet ist die „Stube". An den Türen prächtige Säulenrahmungen mit Attika, in den Türfüllungen Intarsien mit Ansichten des Ansitzes, reichverzierte Fensterwandungen und Wandkästen, Pilaster mit figuralen grotesken Kapitellen, umlaufendes Gebälk mit figuralen Konsolen, reiche

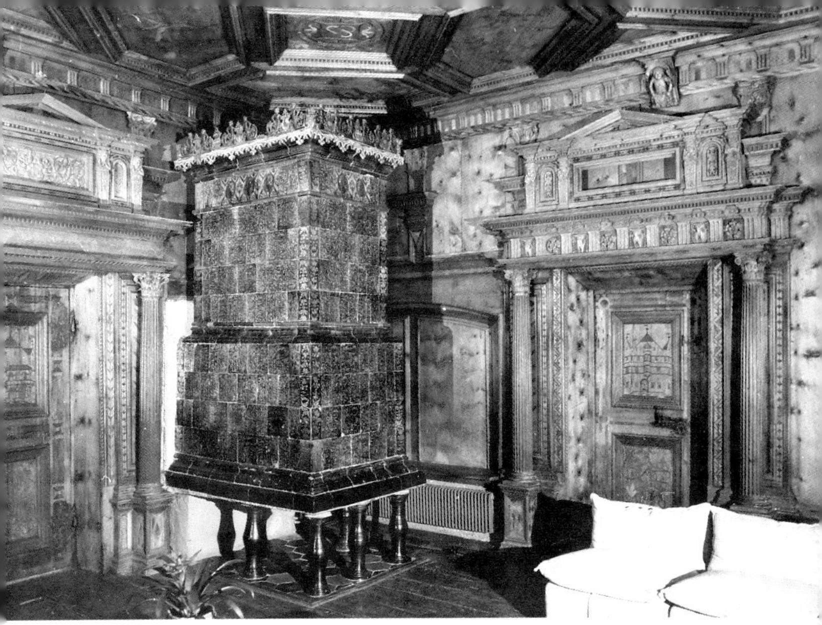

Ansitz Heufler in Rasen, „Stube“ von 1582

Kassettendecke mit eingelegtem Blumen-, Blatt- und Rankenornament. Heuflersches Wappen und Spruch. An der Eingangstür die Jahreszahl 1582. Renaissance-Kachelofen, dunkelgrün mit Damastmusterung. Um 1580.

Ein Zweig der Herren von Hochenbichl in Terenten wanderte 1359 in Rasen ein und erbaute um 1580 ihrem bisherigen Hof gegenüber den stattlichen Ansitz, der nach dem Schloß Velthurns das reichste und schönste Renaissancegetäfel unseres ganzen Gebietes enthält und nach dem die ehemaligen Besitzer heute noch den Namen „Freiherren von Hochenbichl, genannt Heufler zu Rasen“, führen. Von der Letzten der Hauptlinie der Heufler, Ottilia, wurde der Besitz 1643 an die Kurz verkauft. 1657 kam er an die Walther von Herbstenburg, 1692 durch Schenkung an Stift Neustift, 1807 durch Versteigerung an Christoph von Klebelsberg, dann im Erbweg an die Familie von Mayrhauser, die ihn an Bauern verkaufte. Vor kurzem wurde er von der Hotelgesellschaft El Toula erworben und zu einem Schloßhotel mit Wahrung des Altbestandes ausgebaut.

III. Burg Neurasen

Die regelmäßige, kleine und nüchterne Ruine steht auf einem bewaldeten, auf drei Seiten steil abfallenden Absatz des westlichen Berghanges. Über einen künstlichen Halsgraben führte ehemals eine Zugbrücke zum Torzwinger und zum Burghof, den westlich der Bergfried, östlich der einfache Palas begrenzt. Nach dem Verlust der Burg Altrasen um 1210 vom Hochstift Brixen durch seinen Ministerialen Ulrich von Rasen kurz vor 1241 erbaut. Bischof Albert von Enna (1328—1336) erneuerte die Burg zwischen 1328 und 1336, die vom alten Bestand kaum noch etwas enthält und ihre heutige Form im 16. Jh. erhielt. 1603 bereits im Verfall.

NIEDERTAL IN ANTHOLZ

1. Pfarrkirche zur hl. Walburg

Bau: Eine Kirche 1341 erwähnt, der heutige Bau 15. Jh., 1907 restauriert. 1954 von Erich Pattis verlängert. Spitzbogenportal, erneuerte Spitzbogenfenster, Strebepfeiler, Rippengewölbe erneuert. Am Spitzturm spitzbogige Schallfenster.

Wandgemälde: Außen hl. Christoph. Zweite Hälfte 15. Jh. Gute, Michael Pacher nahestehende Arbeit mit feinem Gesichtsausdruck und eleganter Haltung. 1974 restauriert. Der unterste Teil zerstört.

Einrichtung: Altäre (2), Kanzel, Beichtstühle und Kommuniongitter neugotisch. Um 1906/07. Nach Entwürfen von J. Schmied, Innsbruck. Hochaltarbild Maria mit Katharina und Walpurgis, Rollwerkornament. Um 1600. Die Flügelreliefs mit den 14 Nothelfern von Alois Winkler. 1906. Von demselben auch Skulpturen Sebastian, Silvester und Martin des Nebenaltars.

Kirchenstühle: An den Docken späte Rocaille und Schnecken. Um 1800.

Holzskulpturen:

1. hl. Barbara.* Geschwungene Haltung, reiche, rundliche Gewandfalten. Anfang 15. Jh.
2. hl. Nikolaus.* Einfache Arbeit des 15. Jh.s.
3. Maria mit Christkind.* Großzügige und scharf gebrochene Gewandfalten. Um 1500.
4. An der Umfassungsmauer hl. Walburg.* 16. Jh., 2. Hälfte.
5. Schutzengel, um 1700.
6. Kruzifix, 18. Jh.

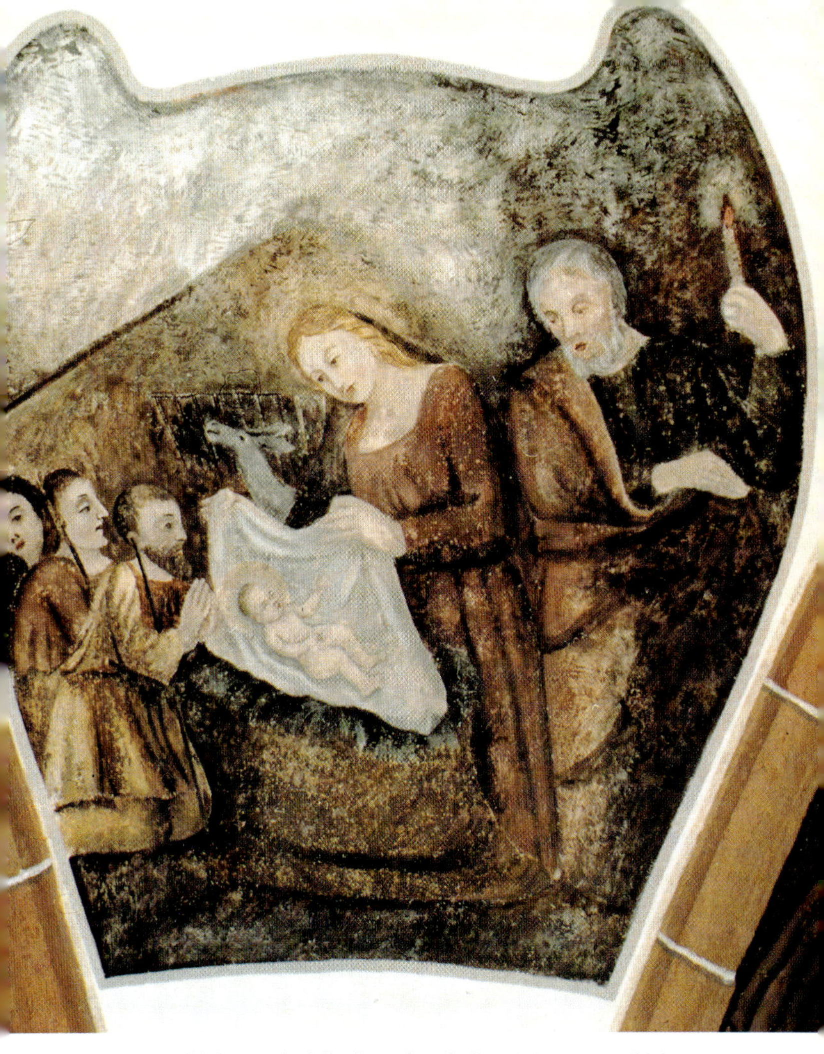

Tafel XXXI Heiligkreuz bei St. Leonhard (San Linert), Wallfahrtskirche, neu aufgedecktes Fresko des 17. Jh.s (S. 732)

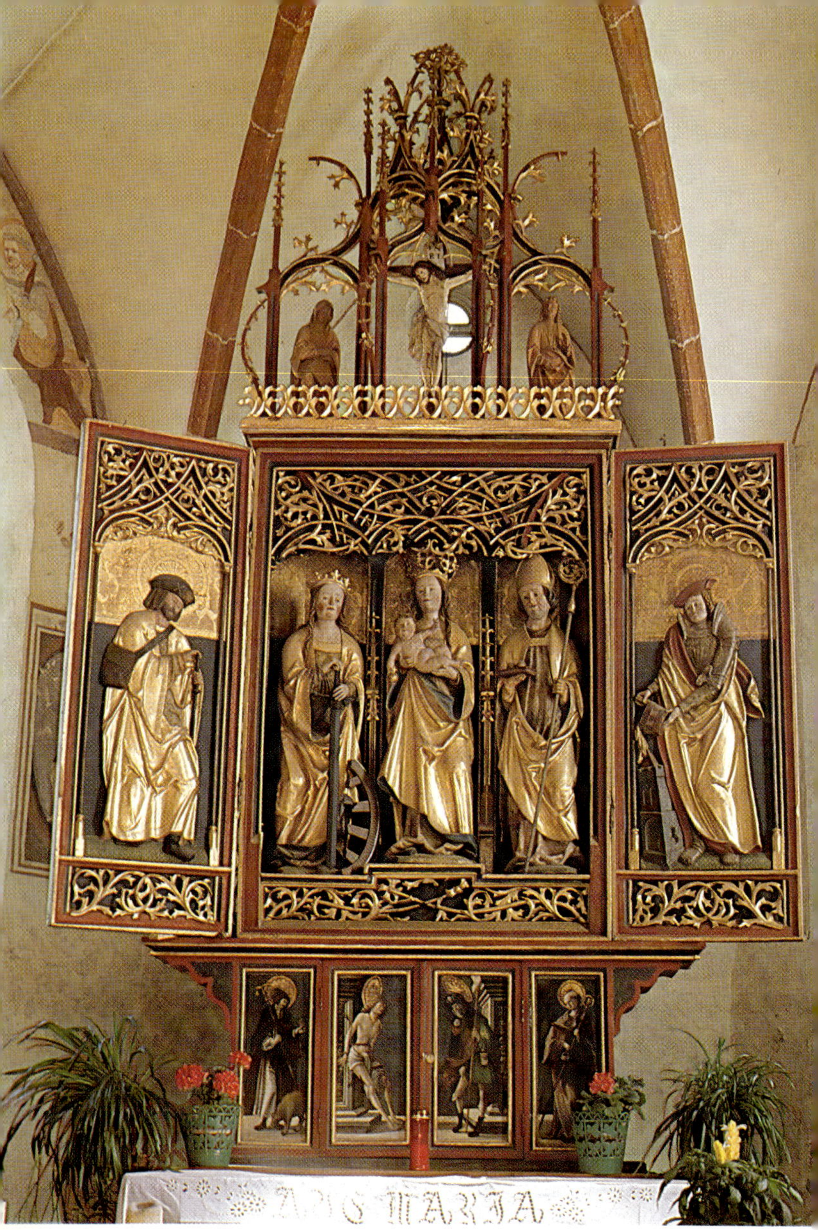

Tafel XXXII Corvara, alte Pfarrkirche, Flügelaltar von 1519 (S. 744)

Gemälde: hl. Sebastian, Altes Seitenaltarblatt, 18. Jh., 1. Hälfte, jetzt im Widum aufbewahrt.

2. Sießlstöckl

14 Nothelfer, Brustbilder aus der Pfarrkirche.

3. Kapelle im Bad Salomonsbrunn

Barocker Bau mit Stuckfüllungen in den Gewölben. Am Altar des 18. Jh.s etwas älteres Mariahilfbild.

ANTHOLZ

1. Pfarrkirche zum hl. Georg im Mittertal

Bau: Eine Pfarrei wird 1220 erwähnt. Am spätgotischen Spitzturm drei durch Kehlgesimse getrennte Geschosse, spitzbogige Schallfenster, Wappen. Die Kirche wurde unter der Leitung Jakob Philipp Santers von Bruneck 1794 erbaut und 1798 geweiht. Sie zeigt an der Fassade Pilastergliederung mit Dreieckgiebel, viereckige Türen, Viereck- und Lünettenfenster, im Langhaus Tonnenwölbung über Wandpfeilern und verkröpftem Gebälk, im Chor eine flache Kuppel und flachrunde Apside; doppelgeschossige Empore auf römisch-dorischen Säulen. Ein schlichter, aber gut proportionierter Spätbarockbau.

Deckengemälde: Im Chor Dreifaltigkeit mit Heiligen und Evangelisten. Erstlingsarbeit Johann Renzlers, um 1795. Die anderen Bilder von Renzler wurden 1939 durch Gemälde von Hans Peskoller ersetzt.

Hochaltar: Aufbau mit je vier Säulen auf hohen, geschweiften Postamenten mit verkröpftem Gebälk, kniende Engel. Rundbogengiebel. Statuen Josef, Augustinus, Erasmus, Joh. von Nepomuk, am Aufsatz Philomena (?) und Margaretha. Das alte Altarbild, hl. Georg zu Pferd, 17. Jh., deponiert. Altar um 1800, Entwurf von Jakob Philipp Santer.

Seitenaltäre (2): Einfachere Aufbauten mit kleinen Mittelbildern, links hl. Leonhard, rechts Mariahilf. Seitliche Lisenen, gesprengtes Giebelwerk, links mit Engeln, rechts mit Prophetenfiguren. Statuen links Florian und Martin, rechts Joachim und Anna. Wohl ebenfalls nach Entwurf von Santer. Bilder später. Um 1800.

Kanzel: Viereckform, geschweifte Pilaster, Dach mit Voluten und Statue eines Posaunenengels. Um 1800.

Chorstühle: Docken mit Knospengehängen, Lisenen und Flechtband. 1. Hälfte 19. Jh.

Kirchenbänke: Geschweifte Docken, flaches Rankenwerk und Schnecken. 1. Hälfte 19. Jh.

Taufstein: Runde Schale auf Viereckpostament. 16. Jh.

Holzskulpturen:* hl. Georg, 16. Jh, hl. Leonhard, 17. Jh., Kruzifix, wohl Ende 18. Jh.

Glocke: Schlanke Form; wohl noch 16. Jh.

2. Friedhofskapelle

Polygonaler Chorabschluß, Kreuzgratgewölbe. Im Chor zackenförmiges Sterngewölbe 1715. Renoviert 1969. Über dem Portal Fresko, arme Seelen unter dem Kreuz, um 1750.

3. St. Josef im Obertal

Bau: Viereckige Türen und Fenster, dreiseitiger Chorabschluß, Tonnengewölbe, Stifterinschrift des Jakob Paßler, Steinkaserer, und des Thomas Paßler, Huber, 1815.

Deckengemälde: Dreifaltigkeit, hl. Josef mit Maria und Anna als Fürbitterin. Josef Renzler 1835.

Altar: 19. Jh., 1. Hälfte.

4. Haus Unterreinisch

Ehemaliges Knappenhaus mit gotischer Holzkonstruktion.

WELSBERG

I. Kirchen

1. Pfarrkirche zur hl. Margareth

Bau: Eine Kirche wird 1343 erwähnt. Der schlanke Spitzturm mit seinen spitzbogigen Schallfenstern ist spätgotisch. Die Kirche mit Pilastergliederung, Statuennischen und Volutengiebel an der Fassade, Viereck- und Lünettenfenstern, dreiseitigem Chorabschluß, Tonnengewölbe über Pilastern und verkröpftem Gebälk wurde 1736 bis 1738 erbaut und 1908 um ein Joch verlängert. Restauriert 1964 bis 1967.

Altäre: Säulenaufbau mit verkröpftem Gebälk, Volutengiebel und Statuen, 19. Jh., 1. Hälfte. Die Hauptbilder: hl. Margareth mit den heiligen Georg, Ulrich, Peter und Paul, von Paul Troger 1739. Von diesem auch die Seitenaltarbilder, Johannes Nepomuk, Almosen austeilend, und Anbetung der Könige. Alle Bilder durch wirkungsvolles Helldunkel und treffliche Komposition ausgezeichnet. Vom Künstler seiner Heimatkirche gewidmet.

Kanzel: 17. Jh. Schmiedeeisengitter 1909.

Grabsteine:
1. Joseph Anton Puell, gest. 1753.
2. Johann Paul v. Gadolt, 1778.

2. Unsere Liebe Frau auf dem Rain

Bau: Eine Kirche wird 1339 erwähnt. Der heutige Chor wurde 1526, das etwas versetzte Langhaus 1551 in den Formen der spätesten Gotik aufgeführt, wofür besonders das reiche, spielerische Netzgewölbe mit den in Kurven laufenden, sich durchschneidenden und mit Kleeblättern abschließenden Rippen über Runddiensten bezeichnend ist. Von Bartlme Viertaler. Die Spitzbogenfenster wurden später, wohl 1635 (Inschrift 1635 MI), abgerundet, das Spitzbogenportal mit einer rankengeschmückten Holztür von etwa 1650, mit einer Hohlkehle und Rundstab profiliert, wird außerdem im Viereck gerahmt — Sockel mit Quaderschräge, beiderseits gekehlter Triumphbogen, polygonaler Chorabschluß, am Spitzturm rundbogige Schallfenster. 1948 um die Kriegerkapelle nördlich erweitert, 1968, 1977 bis 1979 durchgreifend renoviert.

Wandgemälde:
1. hl. Christoph. 17. Jh., übertüncht.
2. Im Chorgewölbe: Evangelistensymbole, Maria mit Kind, Wappen: Reichsadler, Tirol, Görz, Brixen, Welsberg; Rankenwerk.
3. An der linken Chorwand: Auferstehung, Gnadenthron mit Kirchenvätern und das Blut Christi auffangenden Engeln.
4. Hinter dem Altar: Gottesmutter.

2.—4. qualitätvolle Arbeiten aus der Bauzeit der Kirche (Simon von Taisten?).

Altäre: Säulenbauten mit verkröpftem Gebälk. Giebelstücken, Aufsätzen, Statuen (vier 1969 gestohlen) und Bildern. 17. Jh. Am Hochaltar hinten die Jahreszahl 1634. Die Bilder der Seitenaltäre 19. Jh., 2. Hälfte; die Wappen der Recordin und Kempter gehören nicht zu den heutigen Altären. Das Gnadenbild, Maria mit dem Christkind, 15. Jh., bekleidet.

Chorstühle: Pilaster, Rankenwerk, Rocaille. Um 1780.

Kirchenstühle: Verschiedene Docken, die mit Blattwerk, Muscheln und Engelsköpfchen vom Anfang, die mit flachem Bandwerk aus dem zweiten Drittel des 18. Jh.s.

Orgel: Weinranken-Schleierbretter, Engel. Von Franz Reinisch. 1885.

Tafelbilder:
1. Christus an der Geißelsäule mit Stifterfamilie Recordin, 1. Hälfte des 17. Jh.s.
2. Kreuz mit Magdalena*, 18. Jh.

Denkmal: für P. Johann Schwingshackl, von Yrsam Leistner, 1970.

Friedhof: Arkadenhalle, Ende 19. Jh. Welspergische und Kempterische Grabstätte mit Deckenmalerei, die letztere mit Jugendstilornamentik, wohl von J. M. Peskoller.

II. Bildstock

Viereckpfeiler mit Tabernakelaufsatz und spitzem Pyramidendach, besonders hohe und große Form. Der Bildstock wurde 1882 durch die Überschwemmung zerstört, dann neu errichtet und 1885 neu bemalt, wobei gerettete Fragmente der ursprünglichen, Michael Pacher zugeschriebenen Fresken um 1460 wiederverwendet wurden, so die Körper der Maria mit dem Christkind, die untere Partie der Kreuzigungsgruppe, hl. Gregor und die mittlere Partie des hl. Augustin. 1978 restauriert, teilweise wieder stark verwittert.

III. Edelsitze

In Welsberg, dessen älterer Name Zell war, waren mehrere adelige Familien ansässig, deren Sitze, wie z. B. die der *Wenzl* und *Lachmüller*, teilweise völlig erneuert sind. Der Ansitz *Zellburg* im Besitz der Herren von Welsberg, von ihnen 1495 (?) erbaut, um 1670 durch Heirat an die Herren, später Grafen von Recordin, dann Teilung und mehrere Besitzer. Das stattliche Haus mit übereckgestelltem Erker über abgetreppten Kragsteinen, 1976 zum Abbruch freigegeben. Der nahe gelegene Ansitz *Unterporten*, das spätere Schulhaus, gehörte ebenfalls den Recordin.

Zellheim: stattlicher, unmittelbar an der Straße gelegener Bau mit polygonalen Erkern, Doppelbogenfenster und mächtiger gewölbter Halle im Erdgeschoß und Saal im ersten Stock. Dikkere Mauern im nordöstlichen Teil weisen auf älteren Bestand. Die heutige Gestalt Anfang 17. Jh., um 1914 Erhöhung des Giebeldaches und Anbau an der Straßenfront. Getäfelte Räume, bemerkenswert neben dem Mittelsaal vor allem das nordseitige Zimmer mit Kassettendecke und später eingesetztem Kempterschen Wappen (Deckensystem ähnlich dem der Trostburg). Zellheim gehörte bis 1440 den Welsberg, dann den Lichtenstein, Wolkenstein und Künigl, seit 1632 bis 1979 den Herren von Kempter, die davon das Prädikat führten. Unter neuem Besitzer H. Petrik vor kurzem restauriert.

IV. Burg Welsberg

Die Burg steht auf einem Hügel, der auf drei Seiten steil gegen den Gsieser Bach abfällt, auf der Eingangsseite aber durch einen

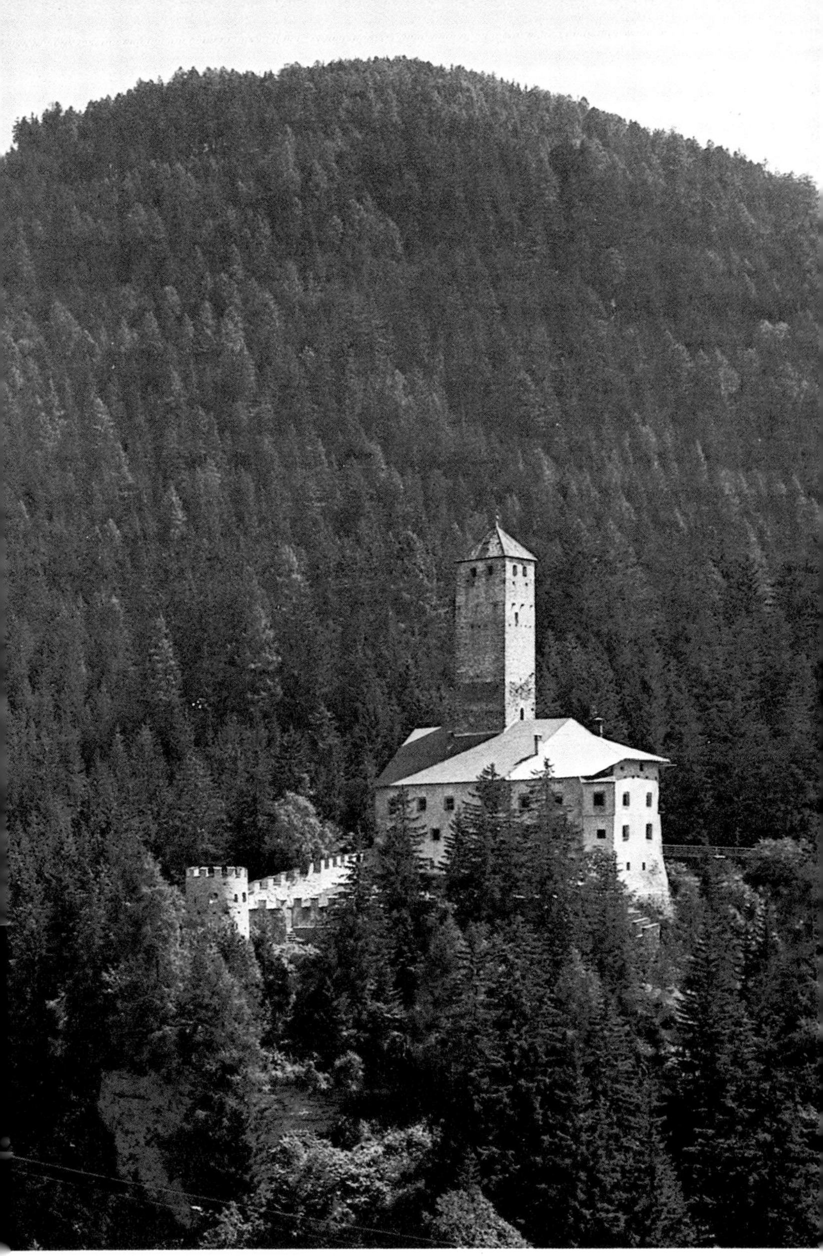

Burg Welsberg

beträchtlichen Halsgraben mit hoher, jetzt fester Brücke vom Bergeshang geschieden ist. Über dem Tor die ursprüngliche Burgkapelle, deren Rundapsis noch zu erkennen ist. Der anschließende Palas, durch eine besonders dicke Mauer vom Torgebäude getrennt, enthält ebenerdig und im Obergeschoß je einen geräumigen Mittelsaal und beiderseits Wohnräume mit einfachem Getäfel und Felderdecken und umschließt mit der erneuerten jetzigen Kapelle und mit dem ungewöhnlich hohen Bergfried einen kleinen Hof. Der hohe Bergfried besitzt sehr dicke, aber wenig regelmäßig geschichtete Mauern. Der Eingang ist vom Dachgeschoß des Palas über eine Leiter zu erreichen, doch befindet sich im Turm kein Wohngeschoß.
Die zunächst von brixnerischen, seit 1210 von tirolischen Ministerialen verwaltete Burg wurde um die Mitte des 12. Jh.s erbaut. In ihrem Besitz folgt den älteren Welspergern Ende des 13. Jh.s eine andere Familie, die sich ebenfalls nach der Burg nannte, und deren Erben, die Grafen Thun-Welsberg, die Burg, die im 16. Jh. umgebaut und nach dem Brand von 1765 nur mehr notdürftig erneuert wurde, noch heute besitzen.
In der Schloßkapelle Votivbild, Kruzifix. Monogramm I CH., 15. Jh.

TAISTEN

I. Kirchen

1. Pfarrkirche zu den heiligen Ingenuin und Albuin

Bau: Die in Wirklichkeit ältere Pfarrei wird 1282 das erstemal erwähnt. An die alte Kirche wurde 1471 durch Balthasar von Welsperg die Erasmuskapelle als Welspergsche Grabkapelle angebaut. Das Gewölbe des Schiffes trug früher die Jahreszahl 1498. Die Welsperger-Kapelle hat noch ihre ursprüngliche Gestalt bewahrt: quadratischer Grundriß, Spitzbogenfenster, tief herabgezogenes Rippengewölbe auf Konsolen, an den Stichkappen vertiefte Vierpässe mit Wappen, runder Schlußstein, Pyramidendach mit Dachreiter. Vom spätgotischen Langhaus sind außen die Streben, innen die der Rippen beraubten Gewölbe und in den pilastergeschmückten Wandpfeilern auch noch die alten Hausteindienste erhalten. Aus der spätgotischen Zeit stammt auch die heutige Form des Spitzturms mit Quadersockel und spitzbogigen Schallfenstern, die heute eine unleserliche Jahreszahl, nach Tinkhauser 1548, trägt. Seit 1770 wurde durch Franz Singer aus Götzens das Querschiff mit der Kuppel-

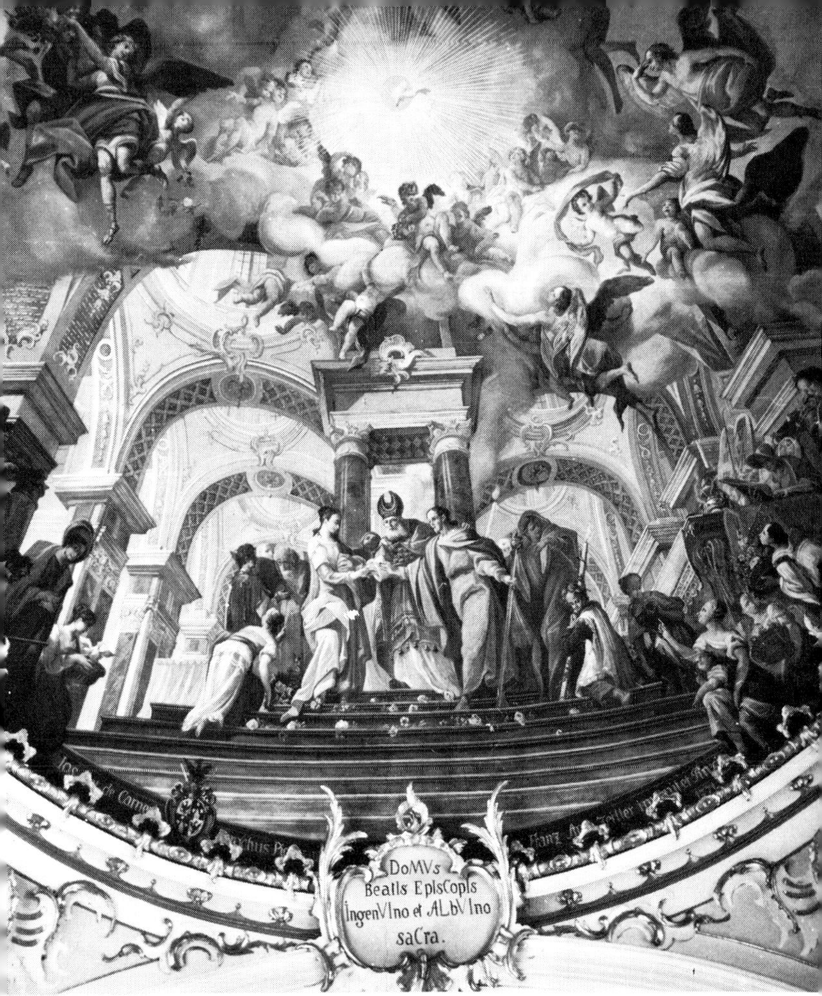

Taisten, Deckengemälde von F. A. Zeiller

wölbung über vier Gurten und der mit einer Tonne eingewölbte flachrund abschließende Chor angebaut, wobei auch das Langhaus (Volutengiebel, Rundbogenfenster, Innendekoration) den neuen Teilen angeglichen wurde. Kirchweihe 1782. 1941 brannte die Kirche ab, wobei zumal die Gewölbedekoration stark beschädigt wurde. 1944 wiederhergestellt.

Wandgemälde:
1. Außen: An der Welsperger-Kapelle Beweinung Christi in gemalter Steinumrahmung. Ende 15. Jh.
2. An der südlichen Schiffswand Tod Marias, ganz zerstört. Ende 15. Jh.
3. Das Äußere der Kirche dekorativ bemalt, an der Fassade Mariahilf mit Ingenuin und Albuin. Um 1770.
Inneres:
4. Im Chor Anbetung des Lammes durch die vier Erdteile.
5. Im Querschiff Vermählung des hl. Josef, rechts der Maler in dunklem Mantel. In den Kartuschen die vier Evangelisten. Lebhaft bewegte, figurenreiche Komposition in reicher Architektur.
6. Im Schiff Esther mit vielem Gefolge. Seitlich Ingenuin und Albuin mit dem Brixner Dom.
7. Über der Empore Skapulierbruderschaftsbild mit der Kirche von Taisten und Pfarrer Carneri. Reiche Rocailledekoration. Die ganze Innenbemalung von Pfarrer Josef Anton Carneri gestiftet und von Franz Anton Zeiller 1771 signiert. Nach dem Brand um 1941 weitgehend restauriert.
8. In der Welsperger-Kapelle am Schlußstein Maria mit dem Kind, Brustfigur in Rundmedaillon. Entzückendes, zartes Werk, wohl von Michael Pacher.

Hochaltar: Nischenaufbau mit geradem Gebälk und Mariahilfbild. 1786 entworfen von Jakob Philipp Santer in Bruneck, Seitenstatuen. Ingenuin und Albuin, von Michl Hintner in München, 19. Jh., 2. Hälfte.

Seitenaltäre: Bilder. Antonius, Tod des hl. Josef von Joseph Schelzki, Ende 18. Jh. Gute Statuen derselben Zeit (1973 restauriert), rechts Agnes und Katharina, links Joh. Nepomuk und Karl Borromäus.

Kanzel, Orgel, Chorstühle: Bewegtes Rokoko, 18. Jh., zweite Hälfte.

Kreuzweg: In Rocaillerahmen vielfigurige Bilder, 18. Jh.

Holzskulpturen:
1. Relief am neugotischen Altar der Welsperger-Kapelle, die Hl. Drei Könige. Realistische Gesichter und Bewegungsmotive, stark knitterige Gewänder. Ende des 15. Jh.s. Jetzt im Schloß Brughier im Nonsberg.
2. Schutzengel von Johann Paterer 1777.
3. Hl. Bischof (Ingenuin oder Albuin) von Peter Witsch.

Grabsteine: in der Welsperger-Kapelle
1. Weißer Marmor. Gewappneter Ritter. Ohne Inschrift. Zweite Hälfte des 16. Jh.s.

2. Roter Marmor. Gewappneter Ritter. Sigmund von Welsperg, mit 15 Jahren gestorben. 1500.
3. Weißer Marmor, Stifterstein des Balthasar von Welsperg, gest. 1470.
4. Beim Kirchenportal: Josef Anton Carneri, gest. 1796.

Totenschilde: Runde Form mit Wappen und geschnitztem Ornament und Inschrift.
1. Hans von Welsperg, gest. 1503.
2. Sigmund von Welsperg, gest. MD Hűdt jar.
3. Balthasar von Welsperg, gest. 1502.

*Taufstein:*Geschweifter Sockel mit umlaufendem Tau. 15. Jh. Deckel um 1800.

Monstranz: Sehr groß, reich mit Steinen besetzt, in der Mitte Brustbild der Muttergottes. Von Anton Kuprian in Innsbruck. 18. Jh., 1. Drittel. Aus dem Cölestinerinnenkloster Rottenbuch bei Gries. Nach Aufhebung des Klosters 1787 erworben.

2. Lourdeskapelle am Friedhof

Altes Portal aus rotem, grauem und weißem Marmor, mit Flammenbecher zwischen zwei Delphinen. Um 1600.

3. St. Jakob am Friedhof (Beinhaus)

Bau: Polygonaler Chorabschluß, Glockenmauer (Jahreszahl 1745), vermauerte Spitzbogentür, erneuerte Spitzbogenfenster, tonnenähnliches Rippengewölbe. Außen gemaltes Steinmetzzeichen und die Jahreszahl 1490.

Wandgemälde: Äußeres:
1. Vier Passionsszenen. Vom Simon von Taisten. Um 1500.
2. Fünf Stationsbilder. Derbe Arbeit, 18. Jh., 1. Hälfte.
Inneres:
3. Gottvater, zwei stehende Engel, Rundmedaillons mit Evangelistensymbolen. Von Simon von Taisten. Um 1500.
4. Fragment eines Jüngsten Gerichtes. Von Simon von Taisten. Aufgedeckt 1943. Stifterfigur und weitere Fragmente 1980 aufgedeckt. Von Simon von Taisten.

Altar: Bild bez. Johann Georg Pruner. Um 1750.

Holzskulptur: Hl. Ottilia, 16. Jh. Deponiert.

4. St. Georg

Bau: Der hohe Bau enthält auf ungefähr quadratischem Grundriß zwei Geschosse. Die regelmäßig geschichteten Mauern sind im Untergeschoß dick und tragen innen über dem Absatz eine umlaufende Holzbrüstung. Die außen bis zum Dach durchgehende Rundapsis ist im Innern zweigeschossig unterteilt. Spitzbogenfenster, statt der ursprünglichen flachen Decke Netzgewölbe mit breiten Wandgurten. Hölzerner Dachreiter. 12. Jh. Spätgotisches Gewölbe, Inschrift mit der Jahreszahl 1498. Restaurierung 1975—1978.

Wandgemälde: Äußeres:
1. Haupt Christi. Wohl Meister Leonhard, 1459.
2. Sonnenuhr mit Resten eines Wappens. 18. Jh.
3. Hl. Christoph, Anfang 16. Jh., stark übermalt, darunter ein älteres Christophbild.
4. Kruzifixus. Ende 15. Jh. Stark übermalt.
5. Thronende Madonna mit Heiligen, im Hintergrund Landschaft. Von Simon von Taisten 1495, übermalt.

Inneres:
6. An der Stirnwand der unteren Apside Verkündigung. Meister Leonhard, 1459, aber der oberste Streifen beim Umbau von 1498 verletzt und durch Simon von Taisten erneuert.
7. In der unteren Apsis unten Reihe von stehenden Heiligen. Reiche Perlensäume. Rahmenbordüre wie bei Nr. 6. Nach der Inschrift von Pfarrer Johannes Stadelhere 1459 gestiftet. Von Meister Leonhard.
8. Am Chorgewölbe Gnadenstuhl und Rundmedaillons mit den Evangelistensymbolen. Anfang 15. Jh.
9. Links am Chorbogen Gottvater und Nimbus von zerstörten stehenden Heiligen, erkennbar Helena. Simon von Taisten, 1505.
10. An den Rippenkreuzungen auf Holztäfelchen sehr gut gemalte Brustbilder von Heiligen. Simon von Taisten, um 1500.
11. An der linken Seitenwand die Spuren eines Freskos, Letztes Gericht mit Stifterinschrift von 1551. — Auch die spätgotische Rankendekoration (1498) ist noch ungestört erhalten.

Altar: Tabernakel und Skulpturen,* Dreifaltigkeitsgruppe, Joachim mit Maria, Josef mit dem Jesuskind, Blasius und Wolfgang. 18. Jh.

Holzskulpturen:
1. Zwei Heiligenbüsten. 15. Jh., erneuert. Derzeit deponiert.
2. Hl. Valentin. 16. Jh. Derzeit deponiert.
3. Über der Balustrade Kruzifixus, Anfang 15. Jh., seitlich zwei barocke* Bischöfe, neben diesen* zwei frühgotische Heilige mit Mitren auf den Häuptern, 15. Jh., am Rand die Heiligen Antonius und Franziskus, Anfang 18. Jh.
4. Florian* und Silvester,* 18. Jh.

Gemälde:* Brustbild der Maria mit schlafendem Jesuskind in reichem Rocaillerahmen. Um 1770.

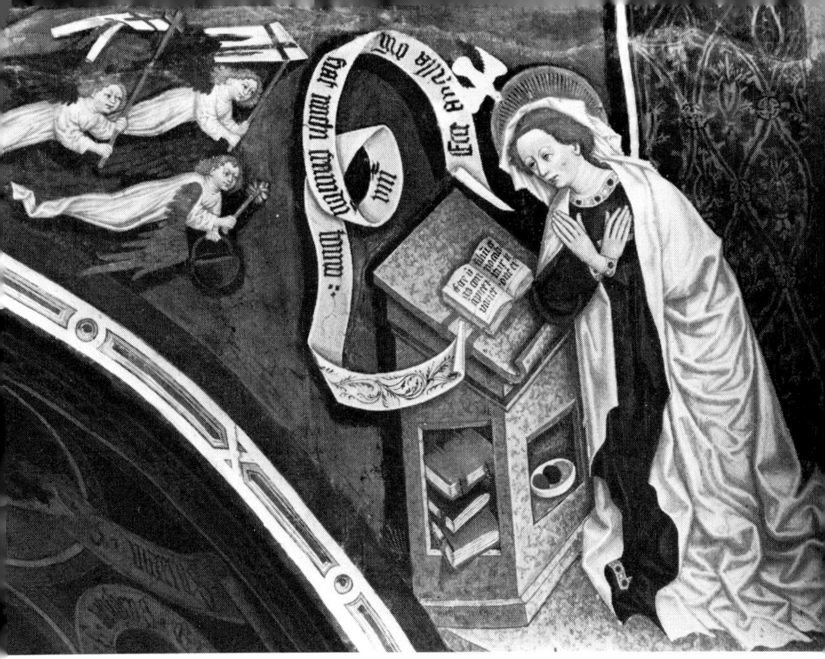

Taisten, St. Georg: Mariä Verkündigung, Fresko

Glocken:
1. 15. Jh.
2. Mariä Verkündigung, Salzburger Münzenabdruck. Gegossen von Hieronymus Egker zu Villach. 1551.

II. Bildstock

Mitten im Dorf sehr schöner, schlank gebauter Tabernakelbildstock mit Spitzdach. In den vier Rundbogennischen des Aufsatzes in strenger Anordnung Fresken, Maria mit Christkind, St. Katharina und Margaretha, Ölberg, hl. Wolfgang und Martin, Kreuztragung, Andreas und Leonhard, Kreuzigungsgruppe, Ingenuin und Albuin. An den Bogenleibungen in Vierpaßmedaillons Kirchenväter und Evangelistensymbole, alle Bilder mit Bordüren gerahmt. Brunecker Meister, 15. Jh., 2. Hälfte.

III. Gartenhaus des Pfarrhofs

Wohl ehemaliger Kornkasten, doppelgeschossiger Bau mit Spitzbogenportal, Anfang 14. Jh. Im kreuzgratgewölbten Obergeschoß reiches Renaissance-Rankenwerk, im Untergeschoß Johanneslegende u. verlorener Sohn, Wappen und Inschriften gewesener Pfarrer. 1675.

IV. Burgruine Turn

Die Ruine steht auf einem bewaldeten, steil abfallenden Hügelrücken am Westabhang des Gsieser Baches, der Burg Welsperg schräg gegenüber. Die ursprünglich kleine Burg bestand aus einem heute fast ganz zerfallenen schmalen Palas im Osten, von dessen Ecken die Ringmauer zum westlich davon etwas höher gelegenen Bergfried emporstieg. Am Bergfried Spuren des einstigen Wehrganges, ein Fenster und Viereckzinnen. An den Mauern dieses alten Teiles zwar nicht sehr schöne, aber doch einigermaßen regelmäßige Steinlagerung. Die etwas besser erhaltenen Wohnbauten westlich vom Bergfried und der davorliegende Zwinger weisen sich durch das schlechte Mauerwerk als jüngere Zutaten aus. Der wohl im späteren 13. Jh. erbaute Turm stand seit 1288 im Besitz der Füllein, die Görzer Dienstmannen waren und den Sitz noch vor ihrem Aussterben (1369) an die Welsperger verkauften. Im 16. Jh. umgebaut und vergrößert. 1765 abgebrannt und seitdem zerfallen.

PICHL

1. Pfarrkirche zum hl. Nikolaus

Bau: Eine Kirche wird 1334 erwähnt. Vom 1472 geweihten spätgotischen Bau steht noch der Spitzturm mit Sockel und spitzbogigen Schallfenstern. Die heutige Kirche wurde um 1879 nach dem Plan Josef Vonstadls von Grund auf neu erbaut und neugotisch ausgestattet. 1963 gegen Westen nach dem Plan von E. Pattis verlängert, dabei einheitlicher neugotischer Gesamteindruck beibehalten. Die neugotische Dekorationsmalerei von J. M. Peskoller entfernt.

Altäre (3): Neugotische Nischenbauten mit Reliefs und Statuen. Der rechte Altar signiert A. Colli und Adam, Welsberg, von ihnen auch die übrigen Altäre und die (jetzt entfernte) Kanzel.

Chorstühle, Beichtstühle, Taufstein, Weihwasserstein: Einheitlich neugotisch.

Kreuzweg: Einfache Bilder, neugotischer Rahmen entfernt.

Skulpturen: Immaculata, signiert IM (Josef Mersa), Schutzengel, Notburga, Josef, Herz Jesu (von Michael Hintner). Alle nazarenisch.

Glasfenster: Ornamental, schöne Rosette. Zwei Fenster im neuen Teil modern.

2. Mariahilf in Durnwald (Keil)

Bau: Dreiseitiger Chorabschluß, Spitzbogentüre, Spitzbogen- und Flachbogenfenster, Tonne, im Chor stuckiertes Fächergewölbe auf Engelkonsolen, in den Flächen Stuckreliefs von Aposteln und Heiligen, auf Wolken stehend, seitlicher Turm. Vielleicht von einem Ötztaler Maurermeister Keil (Ignaz?) 1685 erbaut, 1690 geweiht. Am Türsturz die Jahrzahl 1685, am Turm 1686. In Restaurierung.

Altar: Mitte 19. Jh. Wohl von Josef Stauder.

Holzskulptur: Großes Viernagelkruzifix mit strenger Haltung, mit langem, fast faltenlosem Lendentuch, das in regelmäßigen Knoten geschürzt ist. Erste Hälfte des 13. Jh.s. Verschollen.

Stationsbilder: bez. Franz Ploner, 1852.

3. St. Florian zu Unterplanken

Bau: Dachreiter, dreiseitig abschließender Chor, Rundbogenfenster, Tonnengewölbe, 17. Jh.

Wandgemälde: Reiche Dekoration mit Blütensträußen und Heiligenbildern, in der Mitte des Gewölbes Andreas und Nikolaus, die die Gemeinde Pichl der Muttergottes empfehlen. Von J. M. Peskoller, um 1912. In der Dekoration Anklänge an Jugendstilmotive.

Altar: Flügelaufbau, Relief der Geburt Christi, im Hintergrund Flucht nach Ägypten und Hirtengruppe, an den Flügeln innen Reliefs, Andreas und Laurentius, außen Gemälde, hl. Sebastian und Rochus, an der Predella Anna und Silvester. Inschrift mit Wappen des Stifters Peter Rist, Stiftsdekan von Innichen. 1594. Interessantes Werk des Manierismus. Kruzifix, derb, mit großen Wunden. Wohl 18. Jh.

4. Kapelle zu Schindelholz

Bau: Dachreiter, roh gerundeter Chor, Tonne. 17. Jh.

Altar: Säulenaufbau mit verkröpftem Gebälk. Aufsatz, Skulpturen und Bild. 1682.

ST. MARTIN IN GSIES

1. Pfarrkirche zum hl. Martinus

Bau: Von der 1425 erstmals erwähnten gotischen Kirche steht noch der mit Spitzbogenschallfenstern versehene Spitzturm und der zur Sakristei umgebaute, dreiseitig abschließende Chor, der im Obergeschoß eine Kapelle enthält. Die heutige Kirche mit Spitzturm, geschweiften und Lünettenfenstern, Putzrahmungen, Spiegel- und Flachkuppelgewölbe über Wandpfeilern und Gebälkstücken wurde mit Benützung der Langhausmauern für den neuen Chor 1777/78 errichtet und 1782 geweiht. Restauriert 1972 durch H. Peskoller.

Wand- und Deckengemälde:
1. Im Chor Anbetung des Christkindes durch die Stände in weiter Landschaft, am Triumphbogen und über der Orgel St. Martin, Ruhe auf der Flucht, Heimsuchung, Engel und flotte Dekoration. Bez. J(ohann) Mitterwurzer, 1777. Das Deckengemälde im Langhaus, Wunder des hl. Martin, von Heinrich Kluibenschedl, 1906.
2. Im Chor Fragment eines Ecce homo. Von Simon von Taisten, 1936 aufgedeckt.
3. In der Sakristei Abendmahl von Johann Mitterwurzer.

Hochaltar: Säulenaufbau von Josef Stauder, 1838, Bild, Kommunion des hl. Martin von Cosroe Dusi.

Seitenaltäre: Säulenaufbau mit aufgebogenem Gebälk und Volutengiebel, Statuen und Bildern. Diese wohl von Johann Mitterwurzer. Ende 18. Jh. Die Statuen des Isidor und der Notburga wohl aus der Werkstätte des Franz Xaver Nißl.

Kanzel: Schöne Plastiken, Ende des 18. Jh.s.

Orgel: Von Alois Fuetsch. Um 1900.

Holzskulpturen:
1. In der Sakristei hl. Martin und Nikolaus. Um 1520.
2. Pietà. Von Franz Tavella. 19. Jh.
3. Georg und Florian. 18. Jh.
4. Vortragskreuz, 18. Jh.

Beichtstühle: Ende 18. Jh.

Kreuzweg: Ende 18. Jh., wohl von Johann Mitterwurzer.

2. Mariä Heimsuchung beim Außermair

Bau und *Altar:* 1830. Holzskulpturen, sechs kleine Statuen, angeblich von Franz Seraph Nißl. Restaurierung 1975.

Gemälde: Salvator Mundi und Maria mit Schleier, Brustbilder. Wohl von Kachler, 19. Jh., 1. Hälfte. — Auferweckung des Lazarus. Figurenreiche Szene in Landschaft. 19. Jh., 1. Hälfte.

Skulpturen: Kruzifix und Pietà, fast lebensgroß, Anf. 19. Jh.

3. Vierzehn Nothelfer zu Oberplanken

Bau und *klassizistischer Altar:* 1842. 1974 restauriert.

Holzskulpturen: Pietà, um 1500. Kopie; das Original ist beim Besitzer in Aufbewahrung.

4. Denkmal P. Joachim Haspinger

Als Kriegerdenkmal des Tales, Bronze, Othmar Winkler, 1969. Das frühere Erinnerungsbild, Haspinger, die Bauern anführend, ein Hauptwerk von Albin Egger-Lienz, 1909, wurde vom Schießstand in die Egger-Lienz-Galerie im Schloß Bruck (Lienz) verbracht.

ST. MAGDALENA IN GSIES

1. Pfarrkirche zur hl. Magdalena

Eine Kapelle 1347 erwähnt. Die 1488 geweihte spätgotische Kirche mit polygonalem Chorabschluß, Spitzbogenfenstern, Spitzbogenschallfenstern am Spitzturm ist im wesentlichen noch erhalten, doch wurde sie entgotisiert, 1840 um das westliche Joch verlängert, regotisiert. 1952 Anbau des Hauptschiffes durch Erich Pattis.

Einrichtung: Um 1870. Die Altarbilder (1876 bez. 1871) von Kaspar Jele.

Holzskulptur:* Hl. Magdalena. Von Franz Xaver Nißl. Kruzifix, 18. Jh. Friedhofskreuz, Mitte 19. Jh.

Kreuzweg: Terrakotta, buntglasiert, von Maria Delago. 1953.

Empore und *Kanzel:* Schreinerarbeit nach dem Entwurf von E. Pattis.

2. Hofkapelle in Weißberg

Einfacher Bau mit Dachreiter, Tonnengewölbe mit Stichkappen, 17. Jh., gotisierend. Zwei Engel, 17. Jh., Joachim und Anna, 18. Jh.

PRAGS

1. Pfarrkirche zum hl. Veit

Bau: Kirchweihen sind 1335 und 1386 überliefert. Aus dieser Zeit stammen noch die sockellosen Langhausmauern und vielleicht auch der Umbau des Turmes, der 1636 den heutigen Abschluß mit Rundbogenschallfenstern und einem niedrigen Achteckpyramidendach erhielt. Um 1500 erhielt das Langhaus die Spitzbogenportale, das westliche mit zwei gekreuzten Rundstäben, und das reichgegliederte Netzgewölbe mit runden und schildförmigen Schlußsteinen, eingezogenen Streben, Runddiensten und Wandgurten, und wurde der polygonal abschließende Chor mit abgeschrägtem Quadernsockel, Dachgesims, Spitzbogenfenstern und ähnlich wie im Langhaus gebildetem Netzgewölbe über Konsolen hinzugebaut. Seitenkapelle mit Gratgewölbe. Renoviert 1967 und 1983.

Wandgemälde: Außen am Chor Maria mit hl. Veit. 1748. Und Sonnenuhr.

Altäre: Hochaltar: Neugotischer Nischenbau mit Statuen, von August Valentin aus Brixen, um 1900. Bilder der neugotischen Seitenaltäre: Tod des hl. Josef, 18. Jh. Herz Jesu von Josef Renzler. Altar in der Seitenkapelle mit Skulpturen, 1733.

Holzskulpturen: Kruzifix, 18. Jh.

Kreuzweg: 18. Jh.

2. Filialkirche zum leidenden Heiland in Schmieden

Bau: Zur Pfarre Niederdorf gehörig. Die heutige Kirche wurde an Stelle einer 1690 erbauten Kapelle neu errichtet und 1735 geweiht. Vierecktüren, Rundbogenfenster, dreiseitiger Chorabschluß, Tonnengewölbe, Turm mit Rundbogenschallfenstern und niedrigem, vierseitigem Pyramidendach mit Laterne.

Wandgemälde: 1979—1981 freigelegt: Im Chor Dreifaltigkeit, Verklärung auf Tabor. Im Schiff die vier abendländischen Kirchenväter. Über der Empore Maria mit Kind und hl. Antonius(?). Um 1800.

Hochaltar: Säulenaufbau um 1800. Ehemals braun und vergoldet. Mittelstatue. Unser Herr im Elend, 17. Jh. Seitenstatuen hll. Barbara und Agnes. Spätes 18. Jh. Tabernakel neu.

Seitenaltäre: Säulenaufbau. Bilder Mutter Anna, signiert Antonius Pittori von Padola, 1815, und Schutzengel mit Kind, das Herz Jesu verehrend, von demselben.

Kanzel: Braun und Gold. Bewegte Brüstung, Voluten, eingelegtes Bandwerk. 18. Jh., 1. Hälfte.

Skulpturen:
1. Hl. Nikolaus. 17 Jh.
2. Hl. Florian und hl. Silvester. 17. Jh.
3. Schmerzhafte. 18. Jh.
4. Kruzifix. 18. Jh.

3. St. Theobald in Altprags

Bau: Ebenfalls zur Pfarre Niederdorf gehörig. Der erste Bau aus dem 17. Jh., dem noch die vorderen Mauern angehören, wurde um 1800 vergrößert und in die heutige Form gebracht, mit

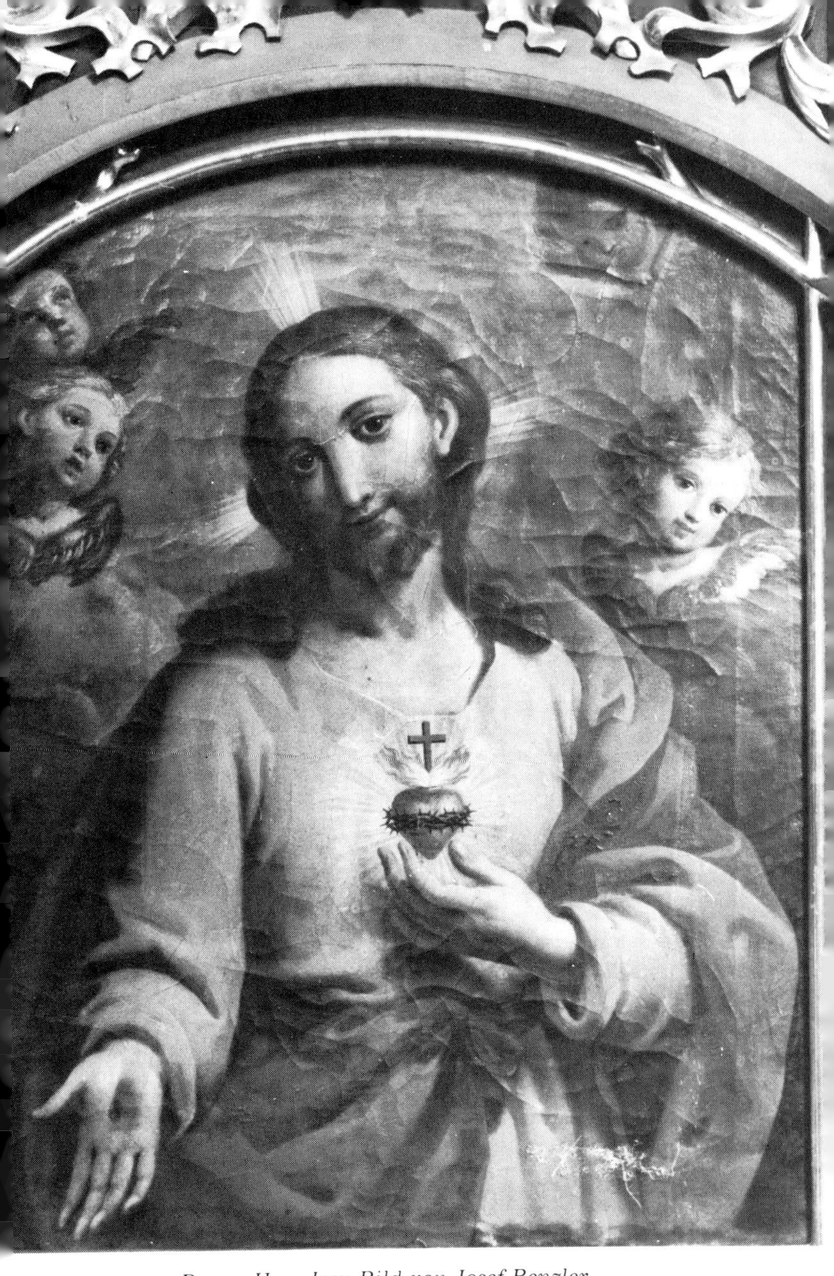

Prags, Herz-Jesu-Bild von Josef Renzler

Dachreiter und zwei Flachkuppeln über Eckpfeilern und Gurten.

Wandgemälde: Zwei Sonnenuhren. 17. Jh.

Altäre: Pilasterbauten mit Bildern, um 1800. Hochaltarbild St. Theobald, signiert V. S. 1682.

4. Kapelle in Plung

Bau: Abgesetzter, gerade abschließender Chor, Fassadendachreiter, Vierecktüre mit Lünetten-, im Norden und Süden Rundbogenfenstern. 1781.

Wandgemälde:
1. An der Fassade Maria mit Kind, Josef und Johannes Nepomuk, 18. Jh. 2. Im Innern hll. Martin und Georg, 18. Jh., zerstört.

Altar: Vier Säulen, verkröpftes Gebälk, Volutengiebel. Bild Krönung Marias, v. J. Weiskopf, 1886. Seitenstatuen Magdalena und Johannes.

Skulpturen: Kruzifix. 18. Jh.

5. Kapelle am Pragser Wildsee: 1904 nach dem Entwurf des Wiener Architekten Otto Schmid ausgeführt.

6. Im Gemeindegebiet von Niederdorf/Prags eine Reihe weiterer kleiner Kapellen bei Weilern und Einzelhöfen, u. a. Ringler-Stöckl, um 1780; Thaler-Stöckl, im Haus eingebaut, 1723 bzw. 1768; Kapelle in der Untergasse, um 1800; in der Hofstatt, 18. Jh.; in der Säge, um 1800; zum Hansler, um 1750. Kapelle auf Plätzwiese 1895 und bei Bad Neuprags 1905.

NIEDERDORF

I. Kirchen

1. Pfarrkirche zum hl. Stephan

Bau: Eine Pfarre wird 1225 erwähnt, doch ist anzunehmen, daß hier bereits seit dem 9. Jh. eine Seelsorgestation war. 1441 ist das Weihedatum des Vorgängerbaus der heutigen Kirche überliefert, die ein vollständiger Neubau aus den letzten Jahren des 18. Jh.s ist, der von Kreisingenieur Johann Franz von Pernwerth 1791 entworfen, von Josef Niederlechner aus Gsies, J. Amort aus Lavant und dem Singer-Schüler Josef Abenthung aus Götzens erbaut und 1799 geweiht wurde. Das Äußere wird durch Pilaster mit umlaufendem Kranzgesims und durch Gruppen von zwei Rundbogenfenstern mit rund einspringenden Ecken und durch dreiteilige Lünettenfenster gegliedert. Drei Portale, an der Fassade Viereckfenster mit einwärts abgerundeten Ecken, zwei Rundbogennischen mit Statuen, hll. Martin und Nikolaus, und bewegter Volutengiebel. Die Langseiten werden an den Ecken in leichter Schwingung zur geringeren Breite des Vorjochs und des Chors übergeführt. Das Langhaus trägt über Wandpfeilern mit Pilastervorlagen und über dem stark verkröpften Gebälk eine Flachkuppel zwischen vier Gurten, im Chor wiederholt sich dieses System in verjüngter Form; im Vorjoch die Orgelempore mit ausgebauchter Brüstung und Tonnengewölbe. Die Stuckarbeit von Georg Singer von Axams. Am Turm (der 1793 bis 1803 errichtet wurde) rundbogige Schallfenster und bewegtes Kuppeldach. Der Bau hängt eng mit dem durch Penz und Tangl ausgebildeten Kirchentyp zusammen, wahrt sich aber auch seine individuelle Eigenart und verrät zugleich in den streng gebildeten Einzelteilen den Einfluß des Klassizismus.

Wandgemälde: Einfache Dekoration mit Blumenvasen und Engelputti schließt fünf große Bilder ein, über dem Hochaltar Allegorie der Kirche, in der Chorkuppel die Emmausjünger, im Langhaus Auffindung des Leichnams des hl. Stephanus, Predigt des Heiligen, Tempelaustreibung. Von Franz Altmutter, 1796/97. Restauriert 1912.

Hochaltar: Einfacher Aufbau, Kastenmensa, Tabernakel mit Säulchen, gekuppelte Säulen mit geraden Gebälkstücken, steifer Volutenaufsatz, 1797 aufgeführt. Seitenstatuen Petrus und Paulus, am Giebel Engel und Relief, Mutter Anna, von Andreas Rainalter. Das Hochaltarbild Knollers mit der Steinigung des hl. Stephanus, 1788, im Ersten Weltkrieg zugrunde gegangen und durch eine neue Komposition von Horazio Gaigher 1923 ersetzt. Der Tabernakel ursprünglich von Johannes Perger, später verändert.

Seitenaltäre: Ähnlicher Aufbau, aber mit zwei Säulen und durchlaufendem, eckig abgebogenem Gebälk. Seitenstatuen, links Isidor und Notburga, rechts Sebastian und Florian, vom Bildhauer Peter Witsch in Innsbruck. die Aufsatzskulpturen aus der Perger-Werkstatt, die Giebelreliefs Johannes v. Nepomuk und Aloisius von Andreas Rainalter. Bilder, Maria Himmelfahrt, 1799, und Tod des hl. Joseph, 1797, von Martin Knoller. Auf der Mensa verglaste Reliquienschreine mit reich geschnitzten Rocailleaufsätzen.

Kanzel, Chorstühle, Kommuniongitter: Bauzeit der Kirche.

Orgel: Fünfachsiger Mittelteil mit bewegtem Giebel und Rocaille. Anfang 19. Jh., seitliche Anbauten später.

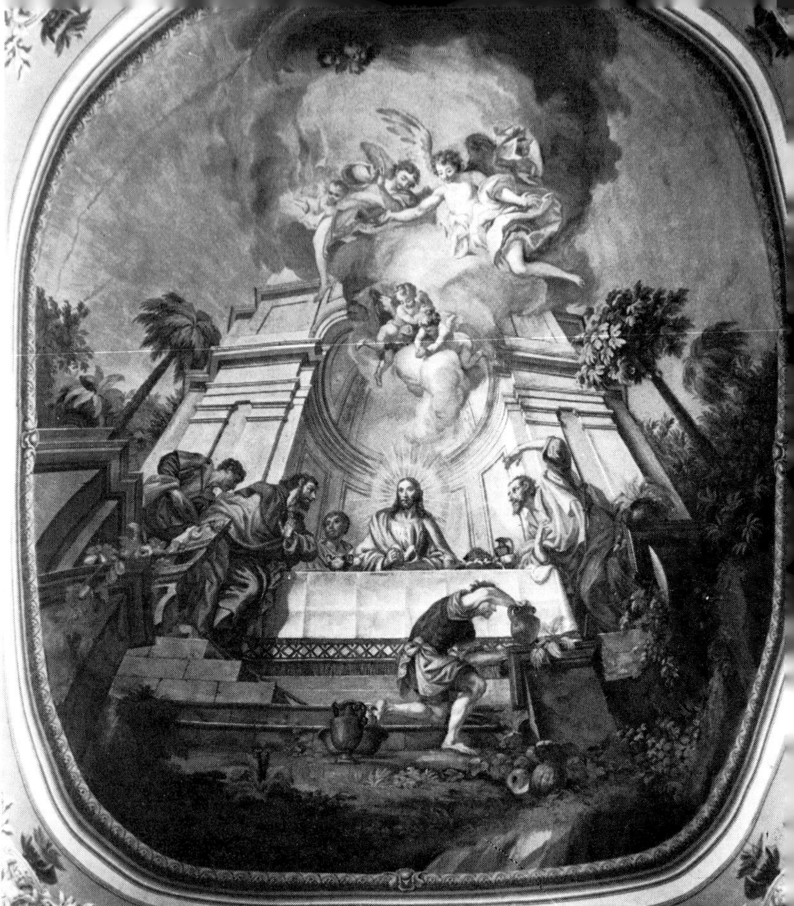

Niederdorf, Deckengemälde von Franz Altmutter

Beichtstühle: Bewegte Form, Einlegearbeit und spärliches Schnitzornament. Spätrokoko. An den Aufsätzen geschnitzte ausdrucksstarke Kniefiguren von heiligen Büßern, Hieronymus, David, Petrus, Magdalena, von Franz Xaver Nißl, 1798/99.

Kruzifix: Spätes 16. Jh.

Skulpturen: Schutzengel, von Johann Perger.

Kerzenstangen: Müller und Bäcker, Gastwirte (Ende 19. Jh.).

Gemälde:
1. und 2. Verkündigung. Lebhafte Bewegung, starker Gefühlsausdruck, lichte Farbgebung, Ende 18. Jh. Fragmente eines zerschnittenen Altarbildes, wohl von Paul Troger.
3. Maria mit Christkind und Heiligen. Gute Kopie nach P. P. Rubens (Skizze im Städtelschen Institut in Frankfurt für das Altarbild der Augustinerkirche zu Antwerpen), gestohlen 1971.
4. Kreuzweg. Gute Arbeit von Josef (?) Renzler, 1799.

Taufstein: Granit. Achteckige Becherform. Wohl 16. Jh. Darauf* vergoldete Statuette Johannes des Täufers. Von Johann Perger.

Grabstein: Weißer Marmor. Franz Zeller von Zeilheim, Pfarrer und Dekan, der Erbauer der Kirche, gest. 1797.

2. St. Anna am Friedhof

Bau: Nach der Inschrift hinter dem Altar wurde die zweigeschossige Kapelle 1500 erbaut („nach kristy gepurd XV am pfintzntag nach martiny"). Sie zeigt noch die ursprüngliche Gestalt, liegt auf abschüssigem Terrain, so daß die mit zwei Rundstäben geschmückten Spitzbogenportale der beiden Geschosse im Norden und Osten ebenerdig liegen. Spitzbogen- und Rundbogenfenster, polygonaler Chorabschluß und Dachreiter. Zur Gruft Spitzbogenportal. In der Gruft Grat-, in der oberen Kapelle Sternrippengewölbe mit runden Schlußsteinen auf Spitzkonsolen. Restauriert 1983.

Wandgemälde: Außen Kreuztragung mit dem Stifter. Georg Kayßer, Kanonikus von Innichen und Pfarrverwalter von Niederdorf, 1503. Innen neu aufgedeckt Verkündigung und eine Heilige von Simon von Taisten. Um 1500

Kerzenständer: Schmiedeeisen. 17. Jh.

Grabstein: Roter Marmor. In Rundbogennische Krönung Mariä mit dem verstorbenen Stephan Kurz, gest. 1642, und dessen Ehefrau Maria geb. Engl, gest. 1634. Wappen der Kurz und Englmar. An der Außenwand Rokokograbkreuz.

3. Spitalkirche zur Heiligen Dreifaltigkeit

Bau: Die ursprüngliche Kapelle des 1456 gestifteten Spitals wurde um die Mitte des 17. Jh.s erweitert und 1655 neu geweiht. Vorhalle mit Kreuzgratgewölbe, eine Spitz- und eine Rundbogentüre, Rundbogenfenster, polygonaler Chorabschluß, im Schiff Tonnengewölbe über Pilastern und verkröpftem Gebälk. Im Chor gotisches Gewölbe über polygonalen Diensten und Spitzkonsolen. Fassadentürmchen mit Rundbogenschallfenstern und Kuppeldach. Rechts angebaut Lourdeskapelle von 1909. Restaurierung 1982/83.

Wandgemälde: Am Triumphbogen Verehrung des Allerheiligsten, am Langhausgewölbe Dreifaltigkeit, Abendmahl und Rudolf von Habsburg beim Versehgang. An den Schildbögen die sieben leiblichen Werke der Barmherzigkeit mit den Wappen oder Namen der Stifter. Hinten großes Wappen der Kurz. 1710. 1982/83 aufgedeckt: Im Chorgewölbe Taufe Christi, hl. Sebastian und Erasmus, Maria mit Kind und Engel, Christus in der Kelter. Rankenmalerei. Am Triumphbogen Stifterfigur des Heinrich Kräutl (Hainrich Chrautlein) und Jahrzahl 1473. Leonhard von Brixen zugeschrieben.

An den Langhauswänden hll. Sebastian, Nikolaus, Florian und Rochus von Nikolaus Pedevilla. Mitte 18. Jh. An der Emporenbrüstung die 14 Nothelfer, teilweise von der Orgel abgeschnitten, signiert I. G. S. F.

Altäre: Schöne spätbarocke Säulenbauten. Die Bilder: Dreifaltigkeit, arme Seelen, Verkündigung, von Josef Renzler, 1818, 1819, 1820.

Kanzel: Um 1820.

Beichstuhl: Dieselbe Form wie in der Pfarrkirche, aber ohne Dekoration. Um 1800.

Orgel: Von Alois Fuetsch, 1899.

Kreuzweg: Von Josef Liebherr, 1787.

Holzskulpturen: Kruzifix, 16. Jh., Maria mit den sieben Schwertern, 17. Jh., Johannes v. Nepomuk, 18. Jh., 1. Hälfte.

4. Maria Magdalena in Moos

Bau: An Stelle der schon im 13. Jh. erwähnten älteren Kirche wurde 1491 der heutige Bau durch Meister Sigmund von Stegen aufgeführt (geweiht 1492, vgl. Inschrift am Gewölbe: „hoc opus cpletu in vigilia michaelis 1491 — P. S.: das paw hat volpracht maister sigmunt von stegen"). Hauptstifterin Paula von Mantua, Gemahlin des Grafen Leonhard von Görz. Die Kirche zeigt polygonalen Chorabschluß, Sockel mit Quaderschräge, gekehltes Dachgesims, ein Spitzbogenportal mit Rund- und Birnstab, Spitzbogenfenster, Strebepfeiler, im Schiff über Mauerpfeilern mit Runddiensten und Wandgurten Netzgewölbe mit runden und rhombischen Schlußsteinen, im Chor, durch den einspringenden Triumphbogen abgetrennt, reiches, originelles Netzgewölbe mit übereck gestellten Schlußsteinen über achteckigen Diensten. Über der spitzbogigen Sakristeitüre Treppe mit Schmiedeeisengeländer zur viereckigen Turmtüre. Am Turm Rund- und darüber spitzbogige Schallfenster und spitzes Pyramidendach. Der schöne Bau „das Muster einer gotischen Land-

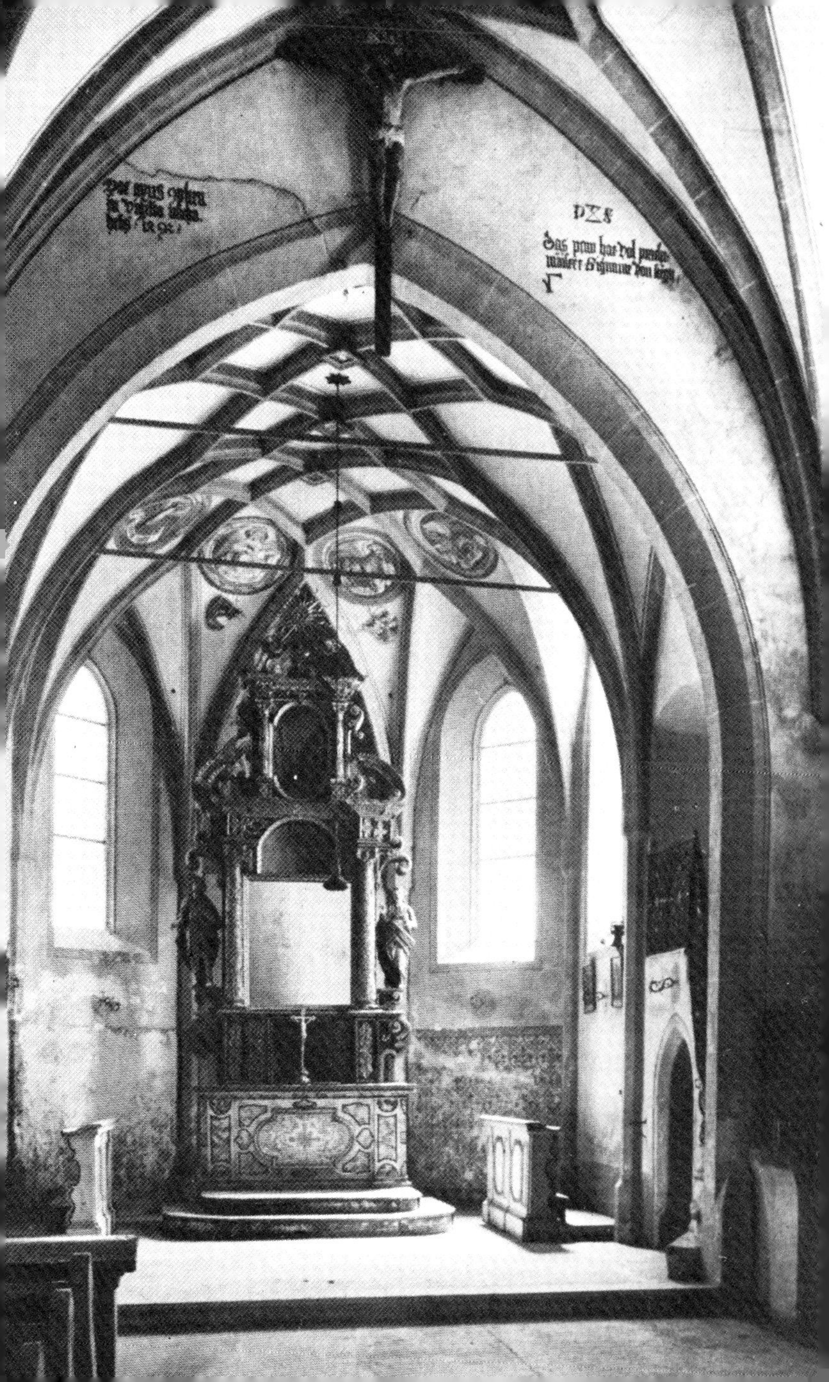

kirche“ (Waschgler) ist leider sehr gefährdet und wurde daher 1972/73 baulich saniert. Weitere Restaurierungen 1980/81.

Wandgemälde:

1. Außen: Am Chor Kruzifixus mit Magdalena, Wappen und Stifterinschrift des Meisters Hans Hofstetter, 1492 („dise figur hat geferimt maister hans hofsteter LXXXXXII iar“). Christophorus, 16. Jh.
2. Am Chorgewölbe Rundmedaillons mit den Evangelistensymbolen, daran hängend das Wappen des Leonhard von Görz und seiner Gemahlin Paula von Mantua.
3. An den Gewölbeschlußsteinen im Chor Wappen der Katharina Garay, Mutter des Leonhard von Görz, das Wappen von Tirol, die Hand Gottes; im Schiff Brustbilder der hll. Stephanus, Nikolaus, Maria mit Christkind, Magdalena, Barbara, Katharina.
4. Hinter dem Altar Verkündigung, Gastmahl des Pharisäers, Isaias und Balaam. Alle Bilder von Simon von Taisten.

Hochaltar: In einen barocken Säulenaufbau mit verkröpftem Gebälk, eingerollten Giebelstücken, Aufsatz und mit Statuen von Franz Rasner von Bruneck ist ein* gotischer Altarschrein mit Reliefskulpturen. Anbetung der Könige, in der Predella Vesperbild, eingebaut, der auf der Rückseite ein Gemälde, Maria mit den sieben Schwertern, unter einem Rundbogen zeigt. In der Giebelnische* Magdalena als Büßerin. Der Schrein um 1520 (Skulpturen, Michael Parth zugeschrieben), der Rahmenbau um 1667.

Votivbilder:

1. 14 Nothelfer. Gestiftet von Brigita Lochmairin, 1675, gestohlen 1971.
2. Der Auferstandene erscheint Magdalena. Im Hintergrund Ziergarten mit Zypressenallee. Die Stifterinschrift nennt Jakob Kurz und seine vier Ehefrauen und seine 15 Kinder. 1701.

Holzskulptur: Rosenkranzbild mit Gottvater und Hl. Geist. Um 1730.

Empore mit gemaltem Orgelprospekt, Akanthus, Schleierwerk, gute hochbarocke Tischlerarbeit. Von Franz Köck, Ende 17. Jh.

5. Kapelle in Bad Maistatt

1732 errichtet und 1735 geweiht. Marmorhochaltar Geschenk des Fürstbischofs Caspar Ignaz Graf Künigl, ursprünglich für Ehrenburg bestimmt. Mit Bild Johannes Nepomuk, Umkreis J. G. Grasmair. Bilder auf den Seitenaltären hl. Familie, nach M. Knoller, und Mutter Anna, Giebelbilder hl. Nonne und Peregrin, 1800. Kreuzwegbilder 18. Jh.

6. Schmieden, siehe Prags

II. Häuser

1. Am ehemaligen, stark umgebauten *Gerichtshaus* Fassadenfresken, Wilder Mann, der an einer Kette die Wappen von Görz und Tirol hält. Darunter drei kleinere Wappen, Strigl(?), Kurz, Troyer. Schriftband: gelück ist mein geding wen ich vil mer gen hofe bring. XVI. Jahrhundert. Restauriert und dabei die Inschrift verdorben. Im 1. Stock Stube mit ungewöhnlich reich geschnitzter Balkendecke. 16 Balken mit abwechslungsreichen Ornamenten, an den Seitenteilen Spiralranken, in der Mitte verschiedene Blattranken, Mäander, Zopf, Drachen, Vögel, Eichkätzchen, Reben, Rosen, Eicheln, Maßwerk, Buschenkrüge, Fische, Löwen. Auf einem einzelne Minuskelbuchstaben: w n h p o d p d e d v a b e k d. z. r. t. cz. Unter der Decke Gesims mit Zopf, Wellenranken, Palmetten und Minuskelinschrift. In der östlichen Wand die Zehn Gebote ohne den Schluß.

unum crede deum nec iures vana per ipm̃ sabbata sanctifices habeas in honore parentes non sis occisor fur mechus testis iniquus alterius villam . . .

An der westlichen Wand gereimter Spruch und Schluß der Zehn Gebote: perdices pisces fures et meretrices purgant de zista nummos bene quattuor ista. nuptam et rem cupias alyenam ie. Einer der reichsten gotischen Holzplafonds in Tirol. XV. Jahrhundert. Das Haus noch 1735 im Besitz der Herren von Kurz.

2. *Wassermann* (Nr. 42): Für das an der Straße gelegene, derzeit nicht gepflegte Haus ist eine Freiung nicht bekannt, doch war es alter Besitz der Kurz (seit 1472?), dann im 18. Jh. erbweise der Recordin, Prunner von Hirschprunn, Lanser von Moos, 1812 verkauft, seitdem in bürgerlichem Besitz, zuletzt Familie Wassermann und Erben. 1760 Absteigequartier für Isabella von Parma, Braut Josefs II. und 1764 für Carolina von Österreich, Braut des Königs von Neapel (schriftliche Bezeichnung der Zimmer noch erhalten). Im Flur des ersten Stockes Gratgewölbe, Zimmer mit Holzdecke, im zweiten Stock Saal mit flacher Decke und Stuckrahmen. Eckzimmer mit Getäfel und Kassettendecke. Zwei ältere Öfen, einer mit Wappen Kurz, Recordin und Mellau, 1715.

3. *Rathaus:* Ehemals Besitz der Herren von Kurz (bis 1843), von ihnen um 1800 umgebaut. Balkon mit drei jonischen Säulen und Dreieckgiebel an der Nordfassade. Diente als Zollgebäude. 1873 von Gemeinde angekauft.

4. *„Weißes Haus“:* Stattliches Haus mit Walmdach am westlichen Dorfende. Mitte 18. Jh. vom Postmeister Joh. Nepomuk von

Reinhart als Posthaus erbaut, ab 1786 mit Gasthausbetrieb geführt. 1972 restauriert. Korbgitter erneuert.
5. *Frühmesserhaus:* altes Kurzsches Benefiziatenhaus. Stiftung des Benefiziums im alten Kohlerhäusl erfolgte durch Stephan von Kurz 1638. Im 1. Stock Hausflur mit Gratgewölbe.
6. Entlang der Straße noch zahlreiche stattliche Häuser im Charakter des vorigen Jahrhunderts mit Balkonen und Erkervorbauten in Laubsägearbeit, Holzjalousien, u. a. die alten Hotels Elner, Adler, Emma, Gästehaus Rainer und Jäger.

III. Römischer Meilenstein

Aufgestellt beim Hauptplatz. Meilenstein des Kaisers Decius.

TOBLACH

I. Kirchen

1. Pfarrkirche zum hl. Johannes d. T.

Bau: Vermutlich bestand eine Kirche schon im 9./10. Jh. und wurde um 1000 eine Pfarre gestiftet. Eine Pfarrei wird 1225 erwähnt. Die 1496 abgebrannte Kirche wurde neu aufgebaut und wiederholt vergrößert, der heutige Bau wurde 1769 durch die Baumeister Rudolf Schraffl und Thomas Mayr 1764 bis 1774 errichtet und 1782 geweiht, der Turm 1798 bis 1804 errichtet. Es ist die stattlichste Barockkirche im Pustertal. Die in der Mitte konkav eingezogene Westfassade ist durch Riesenpilaster mit kräftig vorkragendem Gebälk, drei Rundbogenportale, ein Rundfenster und drei rundbogige Statuennischen gegliedert und endet in einem bewegten Volutengiebel. Die Langseiten sind ebenfalls durch Pilaster und durch rhythmische Gruppen von Rundbogenfenstern mit eingezogenen Ecken und Lünettenfenstern gegliedert. Im Langhaus drei oblonge Flachkuppeln, im rund abschließenden Chor eine runde Flachkuppel zwischen Gurten, vom konkav ausgeschwungenen Vorjoch und dem korrespondierend geformten Triumphbogen eingefaßt. Wandpfeiler und Pilastervorlagen mit Rocaillekapitellen, reichprofiliertes, über den Pfeilern verkröpftes, zwischen den Fenstern aufgebogenes Gebälk, die Mitte der Langseiten mit zentralisierender Tendenz stärker betont und hervorgehoben. Die Orgelempore biegt sich auf zwei Seiten in freiem, mehrfach absetzendem Schwung vor und wird von zwei Oratorien mit bewegter Brüstung und ausgebauchtem Rosengitter eingefaßt. Der im Nordwesten frei stehende, kräftig gegliederte Turm zeigt große Rund-

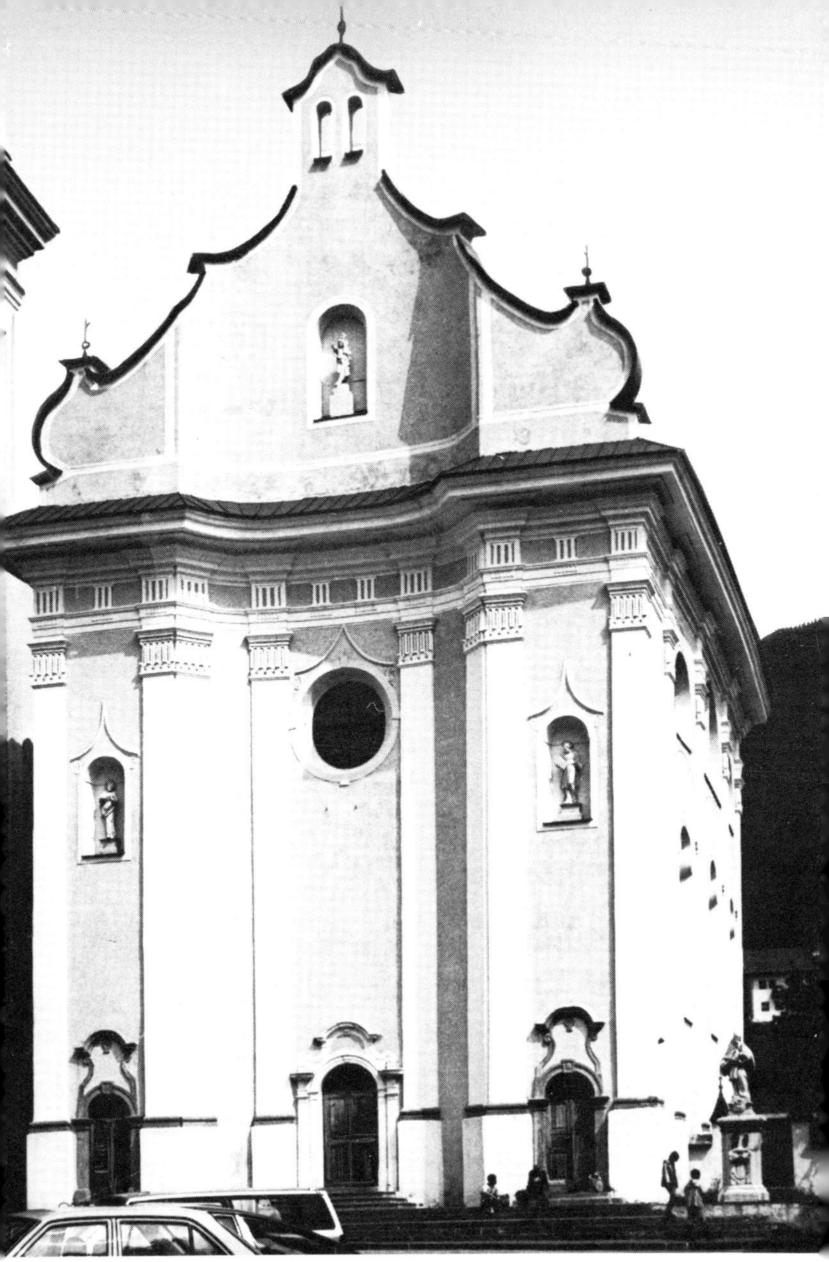

Toblach, Pfarrkirche

bogenschallfenster und eine Kuppelhaube. Gesamtrestaurierung 1979 bis 1981, Außenfärbung in Grün und Weißtönen.

Deckengemälde:
1. In der Apsis Auge Gottes mit Engelkranz, an der Chorkuppel Zacharias im Tempel, allegorische Figuren in den Eckzwickeln.
2. Im Triumphbogen der Johannesknabe mit dem Lamm, Heimsuchung, Geburt des Johannes, Maria mit Christkind und Johannes.
3. Im Langhaus Johannes vor Herodes, die Predigt in der Wüste, Salome mit dem Haupt des Heiligen, in den Zwickeln Evangelisten und Putti.
4. Am Vorjoch musizierende Engel, die theologischen Tugenden, Mäßigkeit und Überfluß, an der Orgelempore Engel, die mittleren neu.
5. In der Sakristei Abendmahl, Opfer Abrahams und die Schaubrote. Bez. Franc. Ant. Zeiller... 1769. 1980 gereinigt. An den Wänden und Gewölben sparsam verwendete Rocaillestukkaturen. Von Franz und Andrä Singer, Götzens.

Hochaltar: Im Entwurf auf Johann Perger zurückgehend. Mächtiger, frei stehender Säulenaufbau mit bewegtem Giebel, weißgefaßten Seitenstatuen David, Zacharias, Elisabeth, Abraham und Bild, Taufe Christi von Franz Anton Zeiller, 1769. Altar und Seitenstatuen von 1803. Außerordentlich schöner und reicher, frei stehender *Tabernakelbau;* auf der Mensa seitliche Voluten, Cherubsköpfe und Relief der Grablegung Christi. An der unteren Tabernakeltür Kreuzigungsrelief, an der oberen Tür Abendmahl, hier die Meistersignatur; Joh(ann) Perg(er) Ac(ademicus) Vi(ennensis) inv(enit) et (fecit); oben Lamm Gottes, Engel und Vasen, zu beiden Seiten weitere Engelsgruppen, alles von Johann Perger, der hier während der Arbeit 1774 starb. Von ihm auch der große Giebelengel.
Hinter dem Altar der von Zeiller al fresco gemalte provisorische Scheinaltar von 1769, der als Muster für den 1803 errichteten marmorierten Holzaufbau des Hochaltars diente.

Seitenaltäre: 1. und 2. einfache flache Säulenaufbauten mit Giebel, wahrscheinlich von J. Stauder, Innichen, Mitte 19. Jh. Bilder: links Johannes von Nepomuk, rechts Christus am Kreuz von Anton Siess, Statuen Kassian und Nikolaus bzw. Maria und Johannes, 18. Jh., 2. Hälfte.
3. und 4. An den Langseiten große, reiche Altäre, mit Säulen, bewegtem Giebel, Skulpturen, links Joachim und Anna, rechts Rochus und Josef, von Johann Perger, 1774, und Bildern, Unbefleckte und Vermählung der hl. Katharina, von Franz Anton Zeiller, das letztere bez.

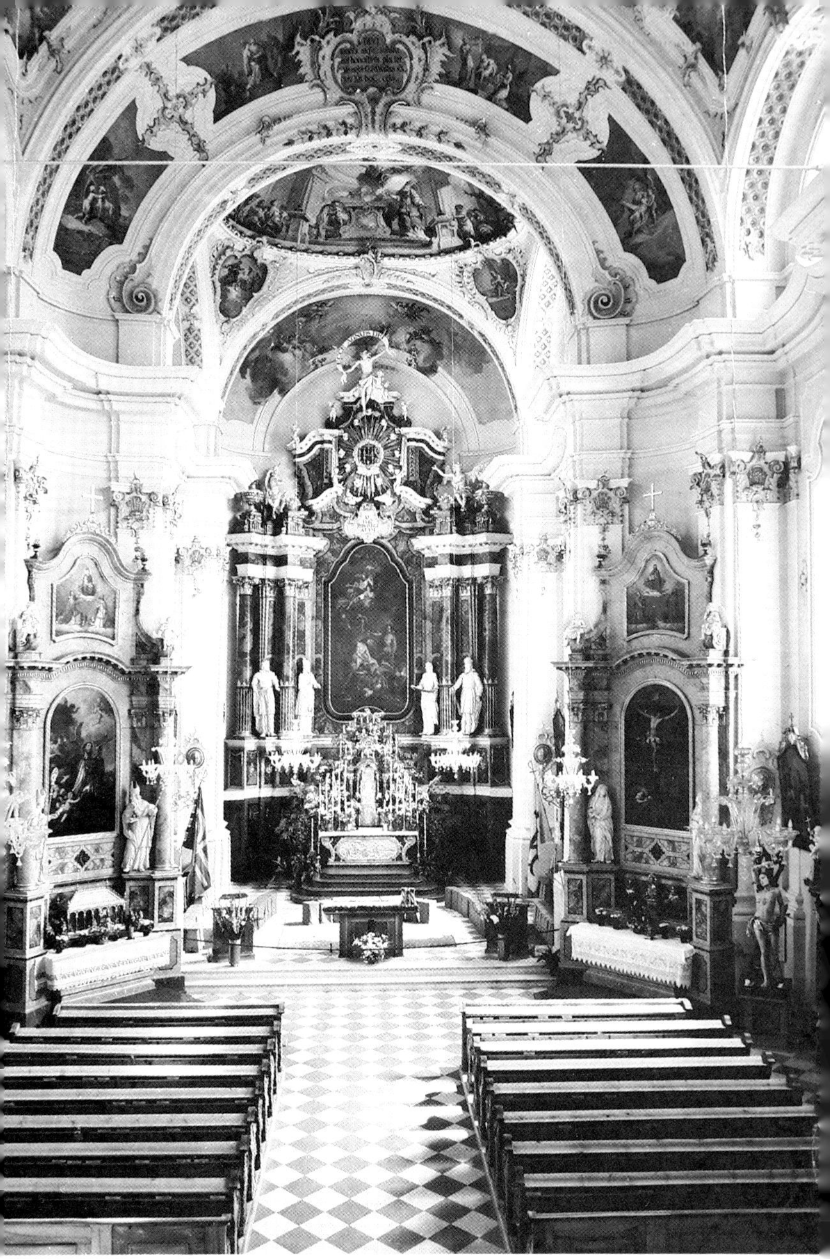

Toblach, Pfarrkirche

Kanzel: Stuckmarmor, bewegte Form mit Putti und durchbrochenem Rocailledeckel. Um 1770.

Chorstühle: Einfache, mit Pilastern und Rocaille verzierte Stühle, die die ganzen Seitenwände zwischen den Pfeilern verkleiden. Um 1770.

Beichtstühle: Braun, mit einzelnen eingelegten Ornamenten, geschnitztes Rocaille, weiß und vergoldet. Zwei um 1770, zwei ihnen im 19. Jh. nachgebildet.

Kirchenstühle: Rocaille. Um 1770.

Orgel: Heutiges Gehäuse um 1900.

Taufstein: Marmorschale in Schmiedeeisengestell. Um 1600. Am Holzdeckel (spätere) Statuette Johannes d. T.

Kreuzweg: Von Franz Anton Zeiller, 1769. Rahmen mit Rocaille von Georg Paur, Vergoldung von Joh. Riedler.

Holzskulpturen:
1. Maria mit Christkind und den beiden heiligen Johannes, mit ausgeprägten Charakterköpfen, um 1520. Wohl aus dem einstigen gotischen Hochaltar, früher an der Fassade, jetzt im Brixner Diözesanmuseum.
2. Hl. Sebastian, dat. 1668.
3. Vor der Fassade Marmorstandbild des hl. Johannes Nepomuk, am Sockel Allianzwappen Künigl-Welsperg. 1. Hälfte 18. Jh.

Gemälde: Mensabilder, Herz Jesu und Wessobrunner Gnadenbild, 18. Jh. Die Rahmen mit den Putten vermutlich von Johann Perger.

Grabsteine: 1. Weißer Marmor. In Flachbogennische Relief, kniendes Stifterpaar, Caspar und Christoph Herbst und ihre Gemahlinnen Helene Gräfin Frankenpani (Frangipani) und Regina Gineber. Nach 1530.
2. Am Pfeiler des Mitteljoches links. Für den Pfleger und Landrichter Johann J. Strobl und seine Frau Maria Sybilla von Spon zu Finkenthal, 1774.

Glocken:
1. Gregor Löffler, 1545.
2. Unser Herr im Elend, Maria mit Christkind, hl. Georg, Hieronymus. Peter Laiminger von Heiligenkreuz, 1497.

2. Kalvarienbergkapellen

Vier bildstockartige Kapellen mit Flach- bzw. Rundbogen über zwei Granitsäulen und mit Sterngratgewölbe. An der Rückseite

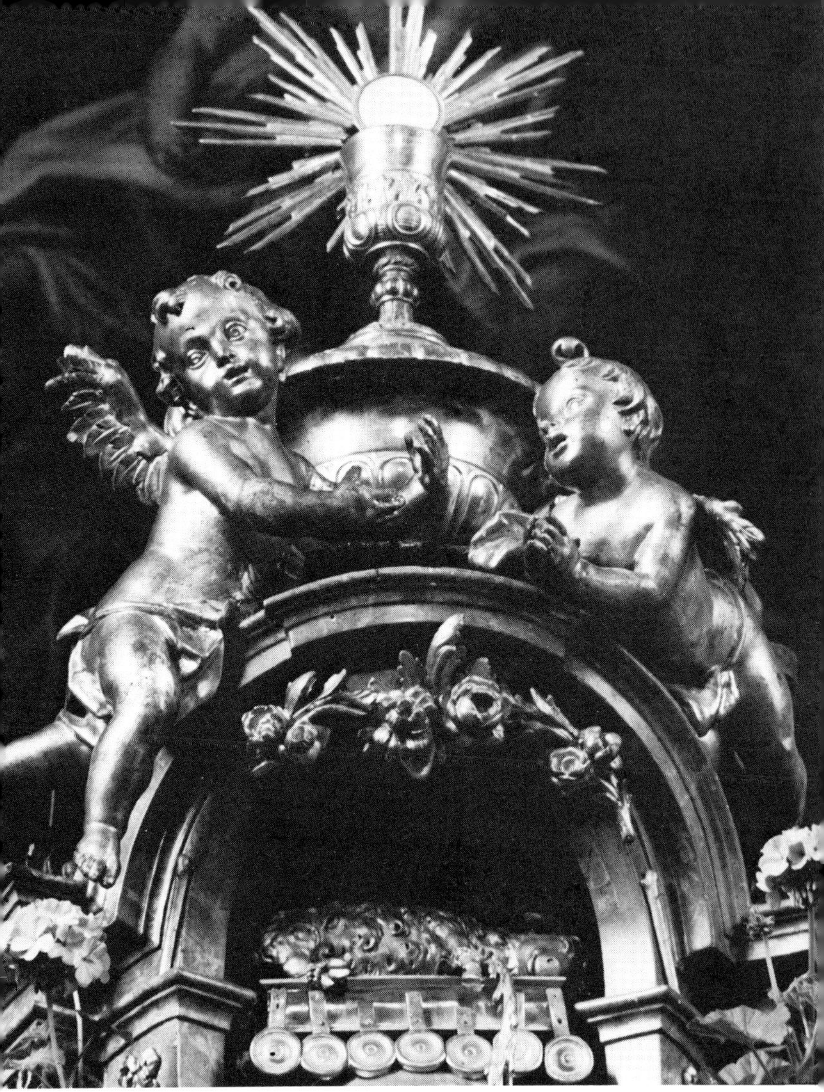

Toblach, Pfarrkirche, Tabernakel, von Johann Perger

der an die Friedhofsmauer angebauten Kapelle polychromiertes Steinrelief mit Passionsszenen, Wappen und den beiden Stifterfiguren der Brüder Herbst, 1519, Michael Parth zugeschrieben. Die fünfte Kapelle größer, mit drei Rundbögen über Viereckpfeilern. An der Rückwand Kreuzigungsgruppe. Die sechste Kapelle in *Lerschach* ein Rundbau mit Kegeldach und Dachreiter, vier kleine Rundbogenfenster und Kuppelgewölbe mit reichen und spielerischen Zierrippen, die in der Mitte frei herabhängen, das Herbstsche Wappen tragen, und mit zierlicher Dekorationsmalerei. In der Kapelle Nachbildung des Hl. Grabes. Nach der Überlieferung durch Kaiser Maximilian zum Dank für die Erstürmung von Peutelstein 1511 gestiftet. Die überall angebrachten Wappen und der Grabstein in der Pfarrkirche lassen aber die Brüder Christoph und Kaspar Herbst und des letzteren Gemahlin, Helene Frangipani, als die eigentlichen Stifter erscheinen, 1519. Tafelgemälde von St. Kessler, zwei 1974 gestohlen. Bauliche Sanierung 1983.

3. Kapelle in der Gratsch

Bau: Runder Chorabschluß, Flachkuppel über Gurten und Wandpfeilern, im Chor Tonne. Am Gewölbe und über den Fenstern feine Stukkaturen. 18. Jh., 2. Hälfte. Anstelle einer älteren Kapelle.

Altar: Säulchen, Pilaster, verkröpfte Gebälkstücke, Volutengiebel und Skulpturen. Anfang 19. Jh. In Restaurierung.

II. Edelsitze und Häuser

In Toblach waren ehemals zahlreiche kleinere Edelgeschlechter ansässig, deren einfache Sitze, z. B. *Wiesenegg, Freising, Biedenegg, Englös, Neudenstein* (Oberschneider = Metzgerei Strobl), noch erhalten sind, im Ortsbild jedoch nur zum Teil noch wirksam hervortreten.

1. Herbstenburg

Stattliches Gebäude mit Erker und zwei aus dem Viereck in die Rundform übergehenden Erkertürmchen, Zierzinnen. Im ersten Stock Fenstergitter. In allen Geschossen quergelegte Mittelhalle, ebenerdig und im ersten Stock mit Gratgewölbe, malerische Treppe, Spitz- und Rundbogentüren in abgefaster Steinrahmung, in mehreren Räumen einfaches Getäfel und Felderdekken, in einem Zimmer des ersten Stockes reicher behandelt und mit zierlicher Balkendecke. Im zweiten Stock Wandgemälde, die Gestirne, Liebesszene, Venustempel, Landschaften, 16. Jh. Stark erneuert. Der südliche Teil des Ansitzes schmäler als das übrige Haus und mit dickeren Mauern, wohl der ursprüngliche, noch dem Mittelalter angehörige Turm, der um 1500 von den Brüdern Kaspar und Christoph Herbst, Hauptleuten Kaiser Maximilians (Christoph auch Richter in Toblach), erworben, umgebaut und

Herbstenburg genannt wurde. Unter den späteren, häufig wechselnden Besitzern waren die Gößl, die Herren von Graben, von Prack, ab 1605 die Walther von Herbstenburg und durch die Ehe der Erbin Maria Theresia von Walther mit Alois von Klebelsberg (1747) die Herren von Klebelsberg, von denen der Ansitz, wieder durch Heirat (Johanna von Klebelsberg mit Wilhelm Bossi-Fedrigotti 1868) an die Freiherren, ab 1906 Grafen Bossi-Fedrigotti gelangte. Heute im Besitz der römischen Adelsfamilie Cavalcabo-Misuracchi und nach Restaurierung 1961 bis 1970 in bestem Zustand.

2. Roter Turm

Der viereckige, im 16. Jh. mit drei Eckrondellen versehene Turm mit Pyramidendach soll von dem um 1430 von Kärnten nach Toblach gekommenen Georg Hornberger erbaut worden sein, nach ihm auch Hornberg- oder Hornberger Turm genannt; wegen des rötlichen Anstriches erhielt er später die Bezeichnung Roter Turm. 1559 kam er an die Kurz, die schon seit dem 14. Jh. in Toblach nachweisbar sind und sich seitdem Kurz zum Turm nannten; sie starben 1623 aus. Um 1580 bis 1736 Besitz von Winkelhofen, seitdem wechselnder Privatbesitz, seit 1968 Familie Taschner, in Teilen renoviert. Die Eckrondelle sind heute verbaut, aber noch gut erkennbar; im Nordwesten älterer Hausteil mit Oculifenstern zugebaut. Der Turm hat das ursprüngliche Eingangsgeschoß im ebenerdigen heutigen Keller (wohl aufgrund von Vermurung), reichte aber noch ein Geschoß tiefer hinunter, jedoch keine Spuren von mittelalterlichem Mauerwerk. Die beiden steingerahmten Vierecktüren mit einspringenden Eckstücken und die gratgewölbte Vorhalle ebenerdig und im ersten Stock weisen auf spätgotische Erbauungszeit.
Im ersten und zweiten Stock je Küche und zwei Zimmer, im ersten einfacheres, im zweiten reicheres Getäfel mit Pilastern, Gebälk, Halbsäulen als Türrahmen, Felderdecke und eingelegte Türen bzw. zweistöckig gegliederte Wandtäfelung und Felderdecke. Im dritten Stock an der Südseite Saal mit kleinem Vorraum; Stuckdecke Ende 17. Jh., das ehemalige mittlere Gemälde (angeblich von Tizian) verkauft. Kamin mit Volutenwangen und Wappenkartusche (ehem. Wappen Winkelhofen nicht mehr vorhanden).

3. Rathaus (ehemaliges Gerichtshaus)

Breites, einstöckiges Haus, Fenster mit Gitterkörben, Flur mit Tonnen-, Stern- und Kreuzgratgewölben. Im Obergeschoß das gemalte Wappen der Grafen Künigl. In einem Saal Balkendecke, in mehreren Räumen Stuckrahmen an den Decken. 1978 aufge-

deckt Christophorusfresko mit eingeritzten Wappen und Zeichen (Hausmarken?) und Jahreszahlen. Um 1380/90. Qualitätvolle und in einem Profanbau seltene Darstellung.
Das mehrfach umgebaute Haus war Sitz des Patrimonialgerichtes Welsberg, das seit 1535 die Künigl innehatten. Gesamtrestaurierung 1978 abgeschlossen.

4. Neidenstein

Der ehemalige Ansitz Neidenstein war im 17. Jh. im Besitz der Winkelhofen, von denen er durch die Ehe der Anna Maria Winkelhofen (zu Englös und Neidenstein) mit Karl Maximilian Enzenberg 1686 an die ritterliche Linie der Enzenberg kam, die davon das Prädikat nahm. Mit den beiden in den Koalitionskriegen 1793 und 1796 gefallenen Söhnen des Feldmarschalleutnants und Gouverneurs der Bukowina Carl Frh. von Enzenberg bzw. mit dessen 1808 in Toblach verstorbenen Schwestern erlosch diese Linie. Das später „Oberschneider" genannte Gebäude ist die heutige Metzgerei Strobl.

5. Englös (Graf-Künigl-Straße 4)

Im heutigen Mutschlechnerhaus stecken die Reste des Ansitzes Englös, der alter Besitz der mit dem „Aufgeber" Amt der Grafen von Görz betrauten Arnold von Toblach und daher mit einem Ballhaus (Lagerhaus) verbunden war. 1550 wurde der Arnoldsche Besitz an die Verwandten Winkelhofen verkauft, die danach das Prädikat führten und seit 1571 auch das Wappen der Arnold übernahmen. Das weitverzweigte Geschlecht starb im 19. Jh. oder frühen 20. Jh. aus. Das ehemalige Ballhaus ist jetzt Wohnhaus Kiniger, Wappen Vintler-Winkelhofen in der Stube (Johanna Winkelhofen und Abraham Vintler von Platsch, gest. 1643). Auch das heutige Mottererhaus ehemals zum Komplex gehörig.

6. Biedenegg (Graf-Künigl-Straße 8)

War im Besitz der Herren von Biedenegg, dann der Herren von Leys. Im 2. Stock Saal mit schöner Decke, Stuckrahmen und erneuertes Allianzwappen Joseph Anton Leys von Paschbach und Elisabeth Hofstetter von Plazoll, Mitte 18. Jh.

7. Wiesenegg (Graf-Künigl-Straße, „Paler")

Der restaurierte Edelsitz hat turmartigen Anbau mit Zierzinnen. Spitzbogentür mit abgefaster Steinrahmung. Ältere Geschichte ist nicht bekannt. Die Edlen von Strobl zu Stein und Wiesenegg führten nach ihm das Prädikat (Granichstaedten).

AUFKIRCHEN

I. Kirchen

1. Wallfahrtskirche zur Schmerzhaften Muttergottes

Bau: Eine Kirche erstmals 1262, dann 1266 erwähnt. Der heutige Bau wurde 1475 geweiht und 1730 mit beachtenswert genauer, für diese Zeit sehr ungewöhnlicher Stilnachahmung um zwei Joche verlängert, so daß er jetzt auffallend lang ist. Zwei Spitzbogenportale, Strebepfeiler und einfache Spitzbogenfenster, Netzgewölbe mit runden und viereckigen Schlußsteinen über Runddiensten und Wandgurten, am Spitzturm Sockel mit Quaderschräge und große Spitzbogenschallfenster. Einfacher, aber schöner spätgotischer Innenraum. Restaurierung 1982.

Wandgemälde:
1. Am Turm hl. Christoph mit Wappen von Tirol und Görz. Von Simon von Taisten, 1515 (?).
2. An der Fassade Portalumrahmung. Am Giebel Maria Hilf, Blasius und Leonhard, Mitte 18. Jh.
3. An den Gewölbeschlußsteinen und in sieben Vierpässen des Chors Wappen (Tirol, Görz, Garay, Herbst, Arnold, Engelmoor, Heufler und unbekannt) und Brustbildchen. Margaretha, Barbara, Katharina, Johannes d. T., Petrus. Um 1475. Wohl Friedrich Pacher. 1938 aufgedeckt.
4. An den Schlußsteinen im Schiff Kirchenväter und Evangelistensymbole. Spätgotisch, aber übermalt.

Neuaufdeckung 1982: Am Triumphbogen und hinter den Seitenaltären: Christophorus, Märtyrerszene (?), hl. Bischof und Papst, hl. Magdalena. Von Simon von Taisten. Anfang 16. Jh.

Einrichtung: Neugotisch. Brüder Stauder, Innichen. Um 1877.

Holzskulpturen:
1. Am Hochaltar das Gnadenbild, ein Relief der Beweinung Christi, und Seitenfiguren, hll. Georg, Leonhard, Blasius, Florian. Sorgfältig gearbeitet. Ausdrucksvolle Charakterköpfe, scharfbrüchige Draperie. Um 1475. 1982 restauriert.
2. Im Aufsatz des rechten Seitenaltars Sitzfigur des hl. Petrus. 15. Jh. Derzeit deponiert.
3. Johannes Nepomuk, 18. Jh.
4. Hl. Josef mit Christkind, 18. Jh. 3. und 4. auf der Empore.

Gemälde: Maria mit Christkind, 17. Jh., gotisierend.
Tod Josefs und Marias. Derbe Arbeit. 18. Jh.

Kreuzwegstationen: 1736.

Grabsteine: u. a. Johann Romedius de Leonhardis, gest. 1778, mit polychromem Wappen.

2. St. Petrus am Kofel

Auf einem kleinen Hügelabsatz steht einsam im Wald die Ruine des 1329 erwähnten, 1766 unter Kaiser Joseph II. geschlossenen Kirchleins. Erhalten haben sich noch die Giebel- und Langseitenmauern mit den Ansätzen für die Seitenkapelle, die sich in einem breiten Rundbogen gegen das Schiff öffnete, und der gänzlich verfallene Rest eine Hl.-Christoph-Bildes des 16. Jh.s. Bauliche Sicherung 1983, dabei Mauern eines Vorgängerbaues festgestellt.

3. Kapelle am Ratsberg

Einfacher Bau mit Tonnengewölbe, 1732. Skulpturen der zwölf Apostel, um 1500, derzeit deponiert.

II. Edelsitze, Häuser

1. Turm

Der untere Teil eines mittelalterlichen Turms mit quadergefaßtem Rundbogeneingang im ersten Stock, mit Lichtschlitzen, Eckverband und unregelmäßigen Steinlagen. Sitz der im 13. Jh. erwähnten Herren von Aufkirchen.

2. Troyer

Sechs Schmiedeeisengitterkörbe an der Frontseite. Im Flur Gratgewölbe und Tonne, Rundbogentüre in abgefaster Steinrahmung, einfaches Getäfel. Sitz einer Linie der Herren von Troyer, die seit 1546 von Aufkirchen das Prädikat führten. Stark restauriert und seit Anfang 19. Jh. Bauernhaus.

3. Schulhaus. Von Marius Amonn.

WAHLEN

1. Pfarrkirche zum hl. Nikolaus

Bau: Die ältesten Teile der 1258 erstmals erwähnten Kirche sind die Langhausmauern und der Turm. 1512 wurde nach der Inschrift am Gewölbe vom Meister Andre Firtaler von Innichen der Chor hinzugefügt und bald das Langhaus umgebaut und eingewölbt. Westlich ein Spitzbogenportal mit Rund- und Birnstab, südlich eine Rundbogentüre, Spitzbogenfenster, dreiteilige Streben, die am Chor reicher behandelt sind. Das Netzgewölbe über Runddiensten und Wandgurten ist im Chor einfacher (runde Schlußsteine), im Schiff dagegen reich und spielerisch und mit Kurvenlinien und Maßwerkrosetten statt der Schlußsteine. Einspringender Triumphbogen, Turmtüre mit Eselsrükken, am Turm selber gekuppelte Rundbogenfenster und Eselsrückenblende und niedriges, viereckiges Pyramidendach.

Wandgemälde:
1. Fragment eines Christophbildes mit Pilasterrahmung. Um 1600.
2. Am Gewölbe des Chors Maria mit dem Kinde, hl. Stephanus und hl. Nikolaus. Anfang 16. Jh.

Einrichtung: Neugotisch. Hochaltarskulpturen hl. Nikolaus, der der Muttergottes die Kirche übergibt, hl. Laurentius und Stefan von Dominikus Trenkwalder, 1865, Altaraufbau von Anton Ortner, Abfaltersbach, die Seitenaltäre (braun und vergoldet, mit Einlegearbeit), Spätrokoko, Ende 18. Jh., mit Bildern und Statuen. Kanzel und Stühle von Josef Stauder, Innichen.

Skulpturen: Pietà. 17. Jh. Schutzengel, Mitte 18. Jh.

Tabernakel (in der Sakristei): Elegante Holzschnitzerei, hl. Paulus und ein Bischof, 17. Jh.

2. Friedhofskapelle

Bau: Vierecktür, Lünettenfenster und Kreuzgratgewölbe. 17. Jh. Relief der Beweinung Christi von 1520, jetzt im Museum Regensburg.

INNICHEN

I. Kirchen

1. Stiftskirche zum hl. Candidus und Corbinian

Bau: Stattliches Münster mit Vorhalle, Fassadenturm in der Südwestecke, niedrigeren Seitenschiffen, Querschiff, Vierungskuppel und Dreiapsidenchor.
Im Westen Spitzbogenportal mit Rund- und Birnstab zur Vorhalle, Rundfenster mit einspringenden Maßwerknasen. An der ganzen Kirche Rundbogen-, in den Querschiffgiebeln Rundbogen-, am Mittelschiff Lünettenfenster, Strebepfeiler, die samt den bis zum Mittelschiff reichenden Strebemauern die Seitenschiffe überragen. Die nur zart verputzten Mauerflächen wirken lebendig. Im Norden und Süden rundbogiges Seitenportal, das nördlich mit Vordach über zwei Löwensäulen, mit abgetreppter Quaderleibung, je einer bzw. je zwei eingestellten Säulen und mit korrespondierenden Wülsten am Tympanon. Das kapitellartige, blattwerkgeschmückte Kämpferstück und die Basen werden einheitlich zusammengezogen. Über dem geraden Sturzbalken wird am Südportal, das auch sonst reicher gegliedert ist, das

vertiefte Tympanon durch ein Relief, Christus als Richter zwischen den Evangelistensymbolen, ausgefüllt. Hier außerdem zuäußerst zwei Pilaster, am Kapitell des einen Fragment einer Majuskelinschrift: LŬDŬ ICU PARAVIT ISTAM LAP. An den drei Apsiden Kanten- und Rundbogenfriese, deren Konsolen teilweise mit Menschen- und Tierköpfen und mit Blattwerk verziert sind.
Das zweijochige gotische Gewölbe der *Vorhalle* zeigt Runddienste und reichgegliederte Spitzkonsolen, einfach profilierte asymmetrische Rippen, an den runden Schlußsteinen Wappen und eine heraldische Lilie und in den Zwickeln vertiefte Drei- und Vierpaßfelder.
Aus der Vorhalle führt eine Spitzbogentür zur darüberliegenden Orgelempore mit zweijochigem Sterngewölbe, Quergurt, zierlich profilierten Rippen und rosettengeschmückten runden Schlußsteinen. Gegen Norden öffnet sich die Halle in zwei Spitzbogen über plumpen Viereckpfeilern zur *Seitenkapelle*, die ein Tonnengewölbe mit spielerischem Gratnetz trägt, gegen Osten führt das (vor dem Anbau der Vorhalle frei liegende) Hauptportal in das Kircheninnere. Das Portal ist ähnlich gegliedert wie das südliche Seitentor, nur mit vier Stufen und drei eingestellten Säulenpaaren und an den Kämpfern neben dem Blattwerk auch mit Tieren, Blumen und Trauben und ohne Relief im Tympanon.

Das *Mittelschiff* ist mit vier Kreuzgratgewölben eingedeckt, denen einfache Quergurten, verschieden geformte Lisenen und Pfeiler entsprechen. An der Eingangswand Halbpfeiler mit vorgelegtem Dienst, am Mittelpfeiler viereckiger Kern mit vier vorgelegten Halbsäulen, die beiderseits anschließenden Pfeiler acht- bzw. zwölfeckig mit starker Verjüngung, alle Pfeiler mit schweren Vierecksockeln, reichprofilierten Basen, teilweise mit Eckknollen und mit Kämpfern über den korinthischen Kapitellen. Die Kapitelle der Lisenen werden unter den Lünettenfenstern durch ein Gesims verbunden, zwischen den Pfeilern öffnen sich vier Rundbogen in abgetreppter Steinfassung gegen die *Seitenschiffe* mit Flachkuppeln und Quergurten, die an den Außenmauern auf kräftigen Pilastern aufsitzen. Die *Vierung* überwölbt eine niedrige Achteckkuppel über einem einfachen Gesims, mit Pendentifs und leicht abgetreppten Gurten, die auf sehr kräftigen Viereckpfeilern mit hohen, etwas verbreiterten Sockeln, profilierten Basen und verzierten Kapitellen (Blattwerk und Tiere) aufruhen. In den *Querarmen* sitzen die kräftigen, einfachen, viereckigen Rippen des weitgespannten Kreuzgewölbes auf den Kapitellen der Vierungspfeiler und an den Außenmauern auf Runddiensten auf. Die Scheitel der seitlichen Chor-

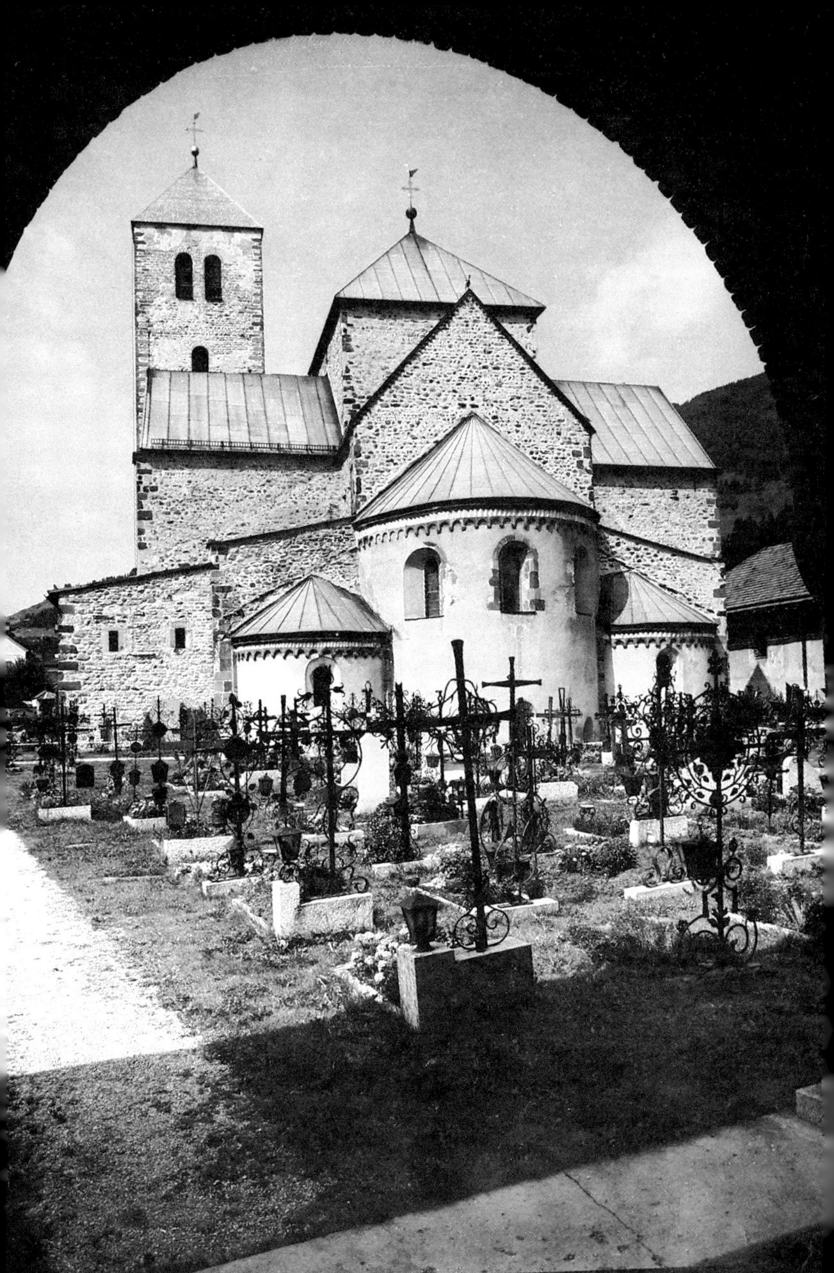

bogen werden durch Reliefskulpturen, das Brustbild einer Madonna (ehemalige Marienkapelle) und ein Lamm mit Kreuzstab (ehemalige Johanneskapelle), hervorgehoben. Die Kreuzgratgewölbe des dreischiffigen, im Mittelschiff über die Krypta erhöhten *Chors* werden von zwei Quergurten über Pilastern und zwei Runddiensten eingefaßt. Die Trennungsmauern zwischen den Schiffen sind jederseits durch eine dreiteilige Rundbogenöffnung mit seitlichen Halb- und mittleren Vollsäulen, Blattkapitellen und zusammenfassenden Rundbogenblenden durchbrochen.
Alle struktiven Glieder der ganzen Kirche, die Pfeiler, Säulen, Kapitelle, Bogeneinfassungen, Dienste, Lisenen, Gesimse, Rippen sind aus sorgfältig bearbeiteten dunklen Sandsteinquadern hergestellt, die sich vom schlichten, hellen Verputz der übrigen Mauerteile klar und eindrucksvoll abheben, wodurch die organische Gliederung des Innenraumes deutlich hervorgehoben und seine ernste, feierliche Stimmung gesteigert wird. Da die Joche des Mittelschiffes nicht quadratisch gehalten sind, jedem von ihnen nur je ein Seitenjoch entspricht (durchlaufende Travée), der Stützwechsel nicht struktiv notwendig ist und überdies Querschiff und Chor in leicht geneigtem Winkel angesetzt sind, ergibt sich eine lebendigere Raumwirkung als bei „konstruierteren" romanischen Basiliken. Der Bau einer deutschen Bauhütte, der zu den gleichzeitigen Kirchenbauten der Lombardei (Antelami) Beziehungen aufweist, ist nach dem Dom von Trient das bedeutendste Werk der romanischen Kirchenarchitektur, das sich in ganz Tirol erhalten hat.

Das Benediktinerstift Innichen wurde 769 durch Herzog Tassilo III. gegründet und um 1140 durch Otto von Freising in ein Kollegiatstift umgewandelt; seine wahrscheinlich dreischiffige, flachgedeckte Basilika (ein Stuckfragment an der nördlichen Querschiffmauer) wurde nach dem Brand von 1200 auf den Fundamenten der alten Außenmauern neu gebaut und 1284 neu geweiht. Der mächtige *Fassadenturm* mit vermauerten einfachen und darüber doppelten Rundbogenfenstern und niedrigem, viereckigem Pyramidendach wurde erst 1320 bis 1326 aufgeführt. Die Jahreszahlen an den Ecksteinen. Die Vorhalle erhielt um 1420 die heutige Gestalt, die daneben liegende Seitenkapelle zu den Nothelfern wurde 1514 geweiht. Nach dem Ortsbrand 1554 Erneuerung des Bogens zwischen Hauptschiff und Dorotheakapelle durch Andreas Tanner 1616 (Inschrift). Die ursprüngliche Krypta mit dem erhöhten Chor wurde um die Mitte des 19. Jh.s entfernt, die ganze Kirche aber 1889/90 durch Propst Walter mit seltenem Verständnis restauriert, wobei mit

Innichen, Südportal am Dom

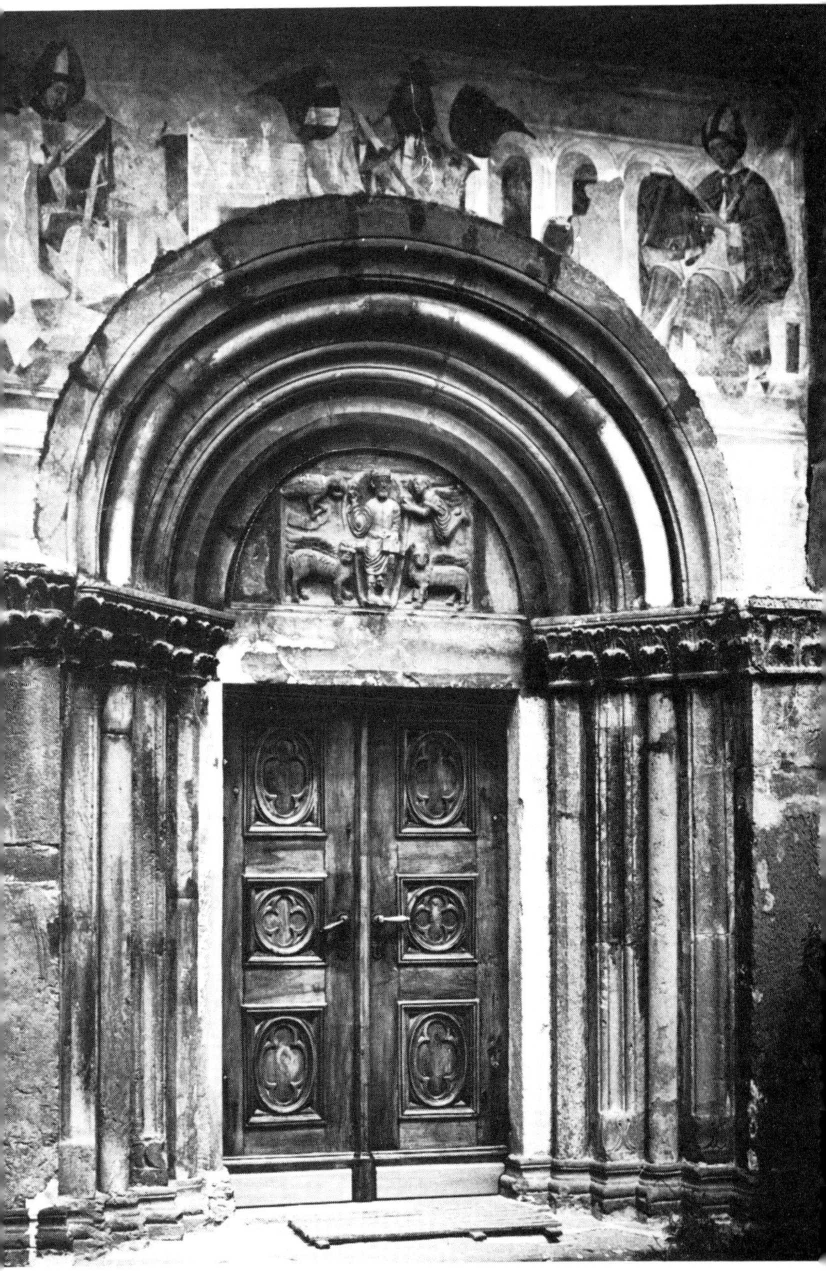

Verwendung der Löwen und Kapitelle der Vorbau des Nordportals neu hergestellt wurde. Anläßlich der 1200-Jahr-Feier wurde 1968 bis 1969 die Kirche unter Leitung von Nicolò Rasmo und Karl Wolfsgruber durchgreifend auf Kosten der Sparkasse Bozen und der Bayerischen Staatsregierung restauriert, die Krypta wiedererrichtet und Fresken freigelegt. Die plastische Ausstattung wurde gereinigt und sorgfältig instand gesetzt, das Außenmauerwerk zur Geltung gebracht.

Wandgemälde: Äußeres:
1. Über dem Südportal hl. Candidus, Corbinian mit dem Bären und Kaiser Otto mit Schwert und Reichsadler und zwei Wappen, im Hintergrund Arkadenbögen. Hervorragende Arbeit von Michael Pacher, die sich durch vorzügliche plastische Behandlung und Farbengebung, Charakterköpfe, freie Bewegung auszeichnet. Um 1480.
2. An der Mittelapsis Kruzifixus von Simon von Taisten. Stark verwittert.
3. Am Tympanon des Nordportals Stiftspropst Walter mit seinem Kapitel. Von Alfons Siber, 1909.

Inneres:
4. Im Schildbogen der Vorhalle Johannes d. T. und Dorothea, in der Nische Beweinung Christi, Maria, Petrus, Candidus und Corbinian, um 1520. Um das Emporenportal Johannes Nepomuk und Stifterinschrift, 1600.
5. Am Tympanon des Hauptportals Kaiser Otto mit seiner Gemahlin Mathilde und Tassilo III. (?) als Stifter des Gotteshauses. 18. Jh.
6. Am inneren Bogenfeld des Portals Tassilo, Abt Atto und Bischof Aribo von Freising (?). 18. Jh.
7. In der Dorotheakapelle (Empore) vorzügliches Kreuzigungsfresko, rechts Candidus und Katharina, links Andreas und Dorothea mit Stifter Dekan Albert Penzendorfer. Von Meister Leonhard, um 1465.
8. Von den im 17. Jh. übermalten Kuppelfresken wurden neu aufgedeckt: Schöpfungszyklus, von Osten Gestirne, Trennung von Tag und Nacht, Wasser und Land, Erschaffung der Vögel und Fische, Landtiere, Künstlerselbstbildnis (?), Adam und Eva, Vertreibung aus dem Paradies, am Fuß Majuskelinschrift. Um 1280. Die anderen Inschriften später.
9. Am Kryptaeingang fragmentarische Fresken der Brixner Schule, Ende 15. Jh.

Hochaltar: Mensa 1969 neu errichtet. Dazu wurde die berühmte Innichner Kreuzigungsgruppe, die ursprünglich wohl als

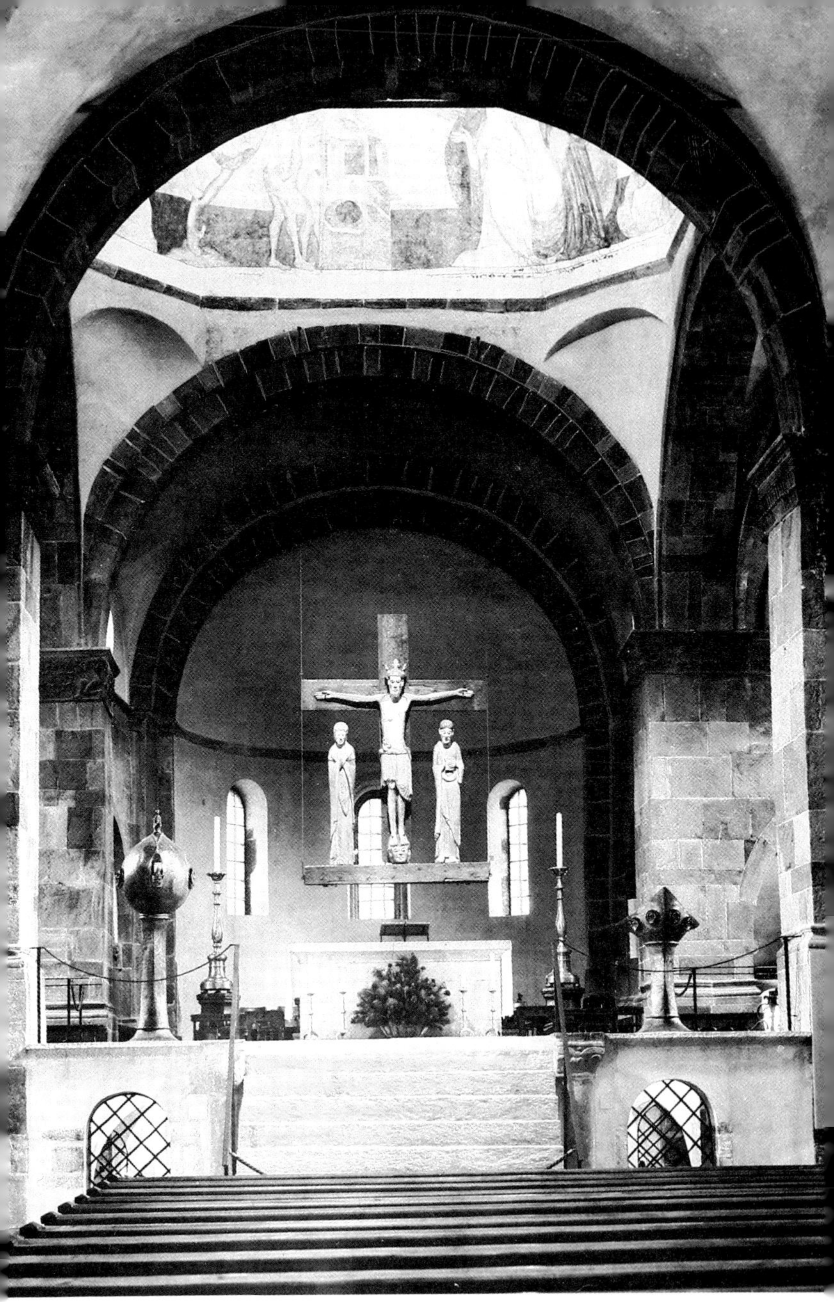

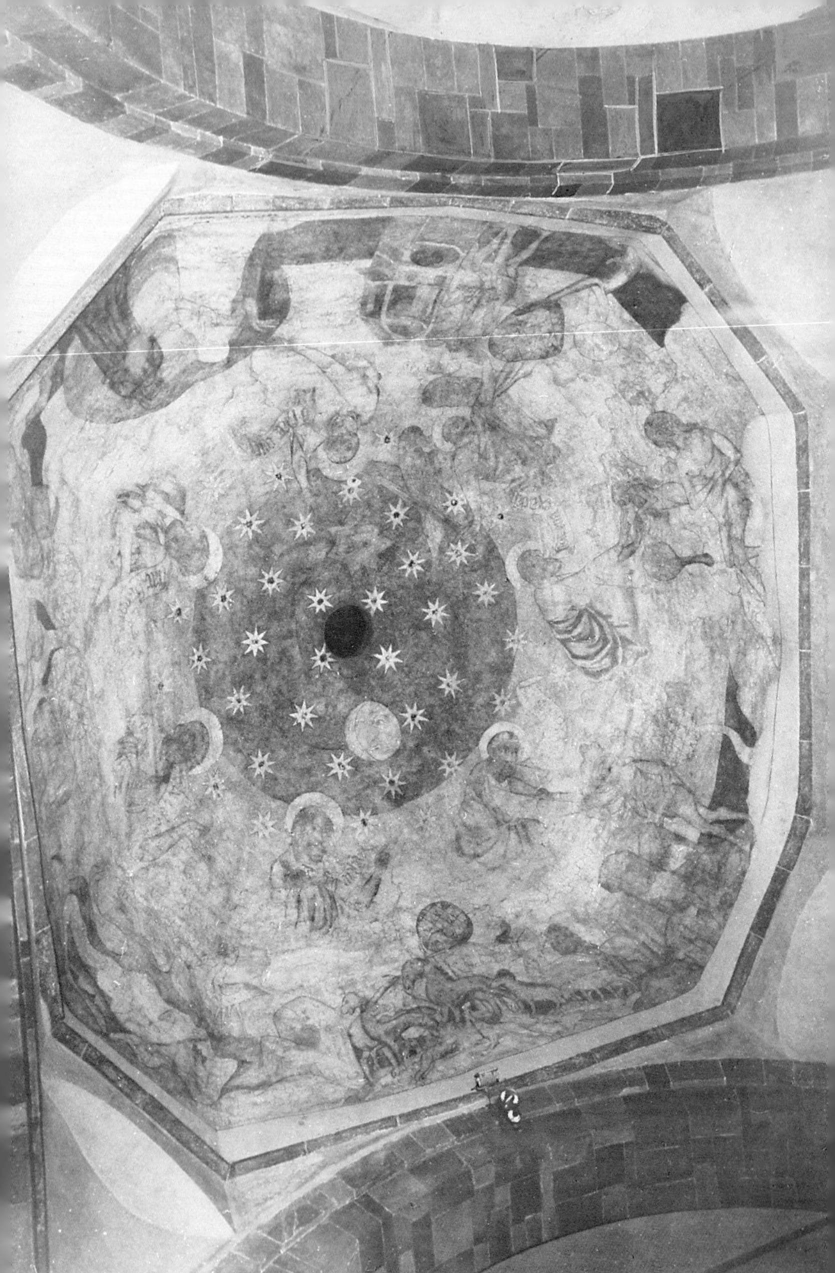

Triumphbogenkreuz diente, in sehr geschickter Weise mitverwendet. Die strenge, nur ganz leicht bewegte frontale Haltung, die dünne, gut beobachtete Draperie, bei Christus monumentale Wucht, Ernst, bei Maria und Johannes der Versuch eines leisen Gefühlsausdrucks, machen diese drei Figuren zu einem hochbedeutsamen Denkmal romanischer Skulptur. Nach der Lokaltradition Geschenk Tassilos III., in Wirklichkeit aber um 1200. Als Sakramentshäuschen dient der Rest eines gotischen Steinpostaments mit Engeln. Ende 15. Jh. Jetzt in der Krypta. Der Hochaltar 1980 durch Tabernakel und Ambo, Kupfer, von Martin Rainer symbolhaft ergänzt.
Von den ehemaligen *Seitenaltären* nur Reliefgruppe hl. Sippe (jetzt im Stiftsmuseum) erhalten.
In der Seitenkapelle: *Altar,* gedrehte Säulen und gesprengter Giebel, Knorpelwerk, Statuen, Florian und Georg. Bild 14 Nothelfer von Josef Renzler, um 1800, und Bild mit Wappen und Stifterinschrift. 1690.

Kirchenstühle: Neuromanisch, Mitte 19. Jh.

Beichtstühle: Um 1800 und Mitte des 19. Jh.s.

Skulpturen:
1. Flügelaltärchen mit Gemälden und Porträt der Stifterin Margareth Freiin zu Spaur, geb. Hanin von Hanperg, 1594. Aus dem Wildbad.
2. Drei Holzreliefs, Anbetung, Verkündigung und Heimsuchung. Michael Parth zugeschrieben, um 1520.
3. Pfingstwunder. 16. Jh.
4. Madonna*. 18. Jh.
5. Maria mit Kind, reiche, teils scharfkantige, teils verhüllte Draperie, gute Arbeit, um 1500.

Gemälde:
1. Abendmahl. Nach einem Kupferstich von A. Dürer. Von Johann Moser, Bruneck. 1652.
2. und 3. Kreuzaufrichtung und Kreuzabnahme. Nach Rubens. 17. Jh.

Orgel: Dreiteiliger Aufbau mit gesprengtem Dreieckgiebel und Flügeln. Geschuppte Pilaster, Rankenwerk, gemaltes Festons und Kandelaber, an den Flügeln Verkündigung, Geburt Christi und Anbetung der Könige. 1629. Das Werk von Andreas Putz in Passau, die Flügelbilder von Johann Moser, Bruneck.

Krypta: Wiedererrichtet 1968 bis 1969. Die erhaltenen runden und achteckigen Säulenkapitelle aus weißem Marmor und Granit, Würfelform und derbe korinthische Bildungen mit wechseln-

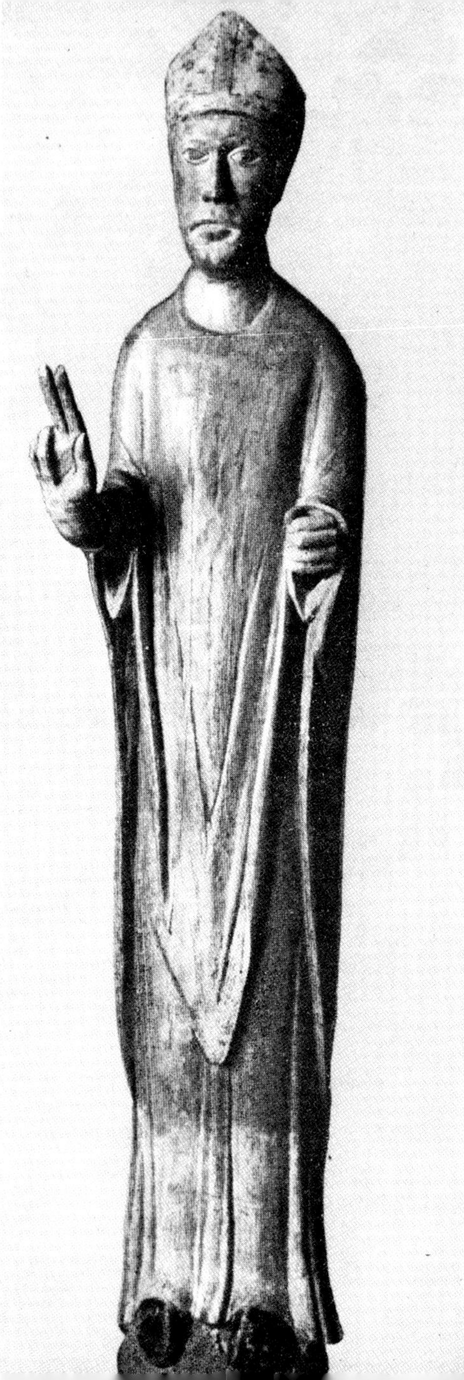

den Motiven, auf bruchstückhaften alten Säulen wiederverwendet. Um 1280. Eine Säulenbasis älter.

In der Krypta *Holzskulptur:* Hl. Candidus, mit Reliquienhöhlung am Nackenansatz, polychromierte Figur, zeigt eine strenge und steife Haltung und Gewandbehandlung, nur das Haupt ist leicht geneigt und die Rechte segnend erhoben. 13. Jh., 1. Hälfte.

Grabsteine: An der Kryptaaußenmauer, an der nördlichen und südlichen Langhauswand und an der Außenmauer der Kirche westlich und südlich Stiftspröpste und Kanoniker, 1462 bis 19. Jh.

Glocke in der Vorhalle: Kreuzigungsgruppe mit Maria und Christkind, gegossen von Gregor Löffler und seinen Söhnen Elias und Hans, 1556.

Friedhof

1. An der westlichen Umfassungsmauer sind beiderseits des Mittelganges zwei originelle Grabstätten angebracht. Über zwei abgetreppten Kragsteinen vorkragende Flachbögen mit Schindelpultdach, an dem einen Fresken, an der Wölbung Jüngstes Gericht (Fragment), in den Bogenzwickeln Verkündigung, an der Rückwand David und der von hl. Barbara empfohlene Stifter Paul Helmslager. Von Meister Leonhard. Um 1450.
2. Über dem nördlichen Eingang Flachbogennische mit Fresko, Maria mit Christkind, Gottvater, Hl. Geist, Katharina und Barbara. Mitte 16. Jh. (gänzlich verwittert).
3. Neben dem südlichen Eingang in einer Mauernische originelles Schmiedeeisenkreuz, von Reben und Trauben umrankt. Um 1700. Geraubt.
4. Arkadengang an der Ostseite der Kirche. Werke der Barmherzigkeit, Kupfer. Von Martin Rainer, 1980.
5. Weihwasserstein. Kelchform aus Granit und weißem Marmor, an der runden Schale Steinmetzzeichen und die Jahreszahl 1609.

2. Pfarrkirche zum hl. Michael

Bau: Die alte, vermutlich romanische Kirche brannte 1735 ab. Der Turm, der auffallenderweise rund ist und der gekuppelte Rundbogenfenster und Blendnischen aufweist, ist noch erhalten. Der heutige Bau wurde wohl vom Baumeister Thomas Mair aus Tristach begonnen und von Rudolf Schraffl 1760 vollendet und 1761 geweiht. Die Fassade zeigt eine für Tirol ziemlich seltene reiche Durchbildung mit vier Riesenpilastern, kräftigem Gebälk und Volutengiebel. Die Mitte wird durch das Portal und ein lebhaft ausschwingendes Lang-, darüber durch ein Rundbogenfenster, im Giebel durch eine ebenfalls ausgeschwungene

Statuennische betont, die Seitenfelder enthalten Nischen von der gleichen Form wie die Fenster. In den Nischen und am Giebel Engelstatuen. An der Längsseite im Süden Seitenportal und dieselben Fenstergruppen wie an der Fassade, am Langhaus außerdem Strebepfeiler in barocker Volutenform. Im Schiff drei oblonge Flachkuppeln mit Gurten über Wandpfeilern mit Pilastervorlagen und isolierten Gebälkstücken. Am breiten Triumphbogen drei Pilaster, im Chor, der außen polygonal, innen rund abschließt, merkwürdig konstruierte Kuppel über Gurten, die sich nach unten verjüngen. An der Orgelempore geschweifte Brüstung, Gitter mit reich geschnitztem Rocaille und aufgesetzten musizierenden Engeln. Dieser Bau gehört seit der sorgfältigen Erneuerung um 1938 zu den schönsten barocken Kirchenräumen von Südtirol.

Wandgemälde: Vier große Kompositionen in der Kuppel, von kleinen Zwickelbildern begleitet.
1. Im Chor Engelsturz und die theologischen Tugenden.
2. Im Langhaus hl. Michael als Kämpfer und Marienszenen.
3. Hl. Michael als Beschützer der Kirche und die vier Weltteile.
4. Hl. Michael als Patron der Sterbenden, Mäßigkeit und Überfluß.
5. An den Pilastern Brustbilder der Apostel. Außerdem um die Fenster am Triumphbogen, an den Gurten und in den Kuppelzwickeln ein reiches und lebhaft bewegtes Gewirr von gemaltem Stuck, Rocaillevasen, Engelputti. Dekorativ glänzende Arbeit von Christoph Mayr, 1760.

Altäre: Säulenaufbau mit aufgebogenem Gebälk, Volutengiebel, Statuen und Bildern, 1. Hälfte des 19. Jh.s. Gemälde, die drei Erzengel von Karl Blaas, Unbefleckte und Verklärung von Kaspar Jele.

Kanzel: Auf Volutenbändern Engel* mit Symbolen der Kirchenlehrer. Am Schalldeckel Evangelistensymbole und Hl. Geist. 1. Hälfte des 19. Jh.s.

Chor-, Beicht-, Kirchenstühle und Emporengitter: Pilastergliederung und reiches Rocaille. Um 1760.

Orgel: Hermenpilaster, gesprengter Giebel, Posaunenengel. Von Andreas Putz, Passau. 17. Jh., 1. Hälfte. Posaunenengel, 18. Jh., 2. Hälfte.
An der südlichen Außenwand *römischer Meilenstein* des Kaisers Gordianus III., 238—244 n. Chr. Gefunden zwischen Niederdorf und Toblach.

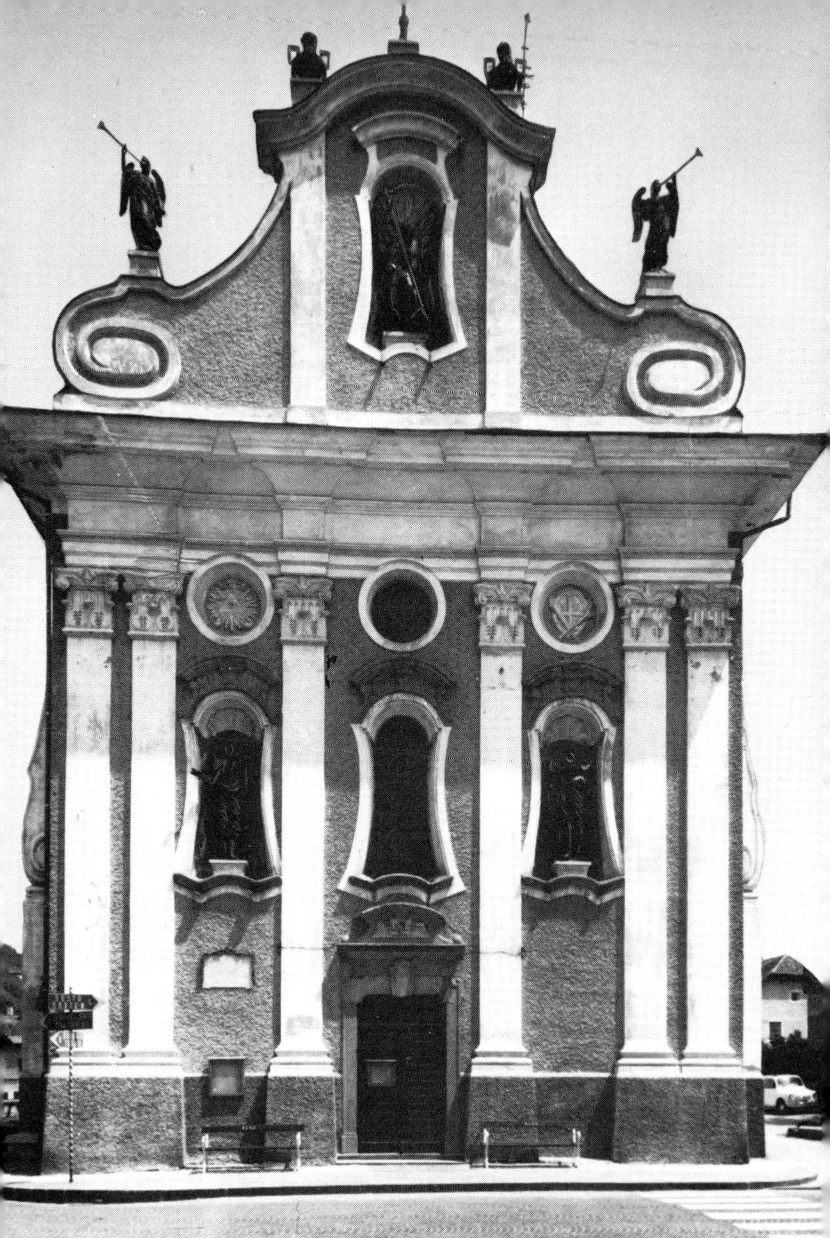

Innichen, Michaelskirche

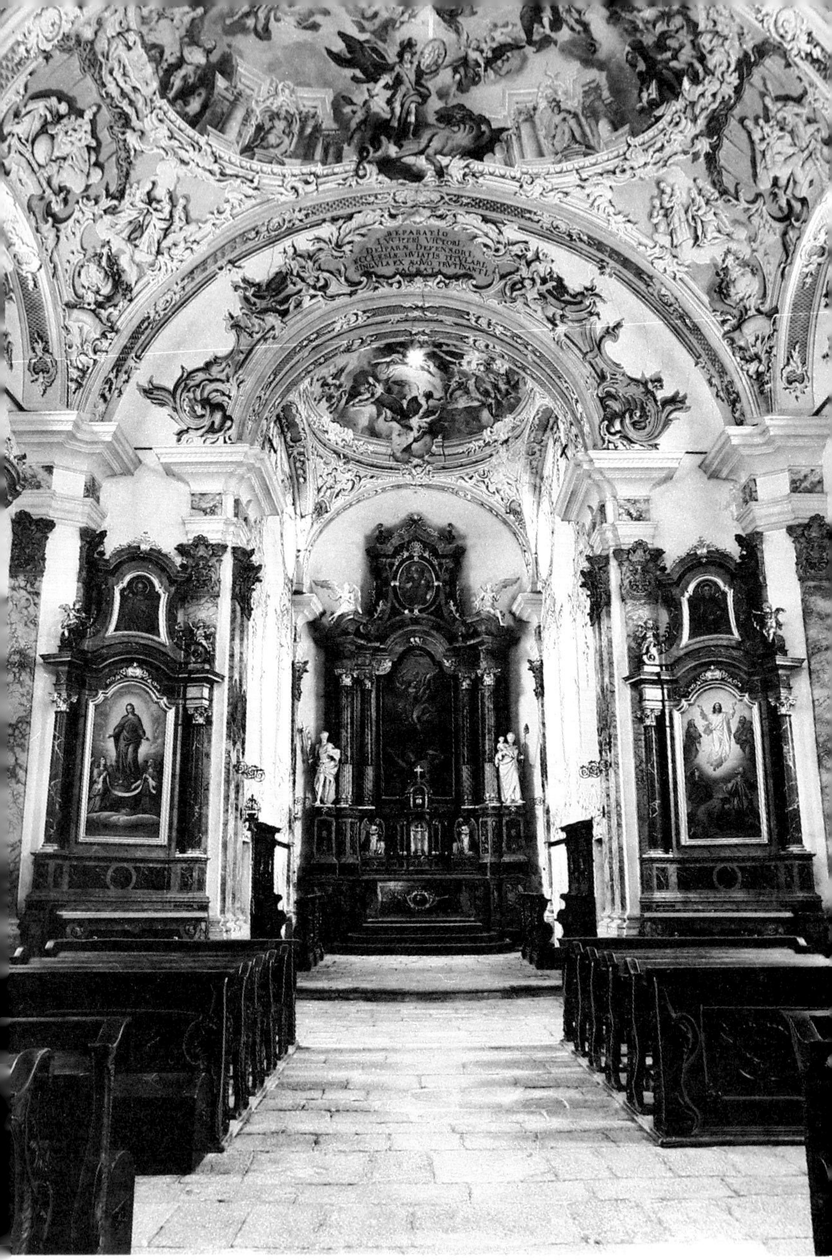

Innichen, Michaelskirche, Inneres

3. Spitalkirche zur hl. Katharina

Bau: Die an das Spital angebaute Kirche gehörte zu einem Dominikanerinnenkloster, das seit dem 13. Jh. erwähnt wird, 1445 mit dem Kloster in Lienz vereinigt, 1634 aufgehoben und 1832 in ein Gemeindespital umgewandelt wurde. Die abgesetzte Rundapsis mit romanischem Fenster und die flache Decke zeigen, daß die 1277 geweihte Kirche im wesentlichen noch die ursprüngliche Gestalt besitzt. Nur die Viereckform der Türen und Fenster ist späteren Ursprungs.

Stukkaturen: An der Langhausdecke Bandwerk mit Blattansätzen, Blumengehängen, Kronen; zierliche Arbeit, um 1720.

Altar: Neuromanisch, das Bild von Kaspar Jele. Das ehemalige Altarbild mit Maria mit Engeln, Dominikus, Katharina und Magdalena jetzt an der Wand. 17. Jh.

Gemälde: Jesus am Ölberg. Kopie nach Paul Troger.

Glocke: 1556.

4. St. Mauritius

Bau: Von der 1272 erwähnten, 1479 nach einem Um- oder Neubau neugeweihten Kirche, die heute in eine Scheune verbaut ist, sind noch der polygonale Chorabschluß, der Sockel mit seiner Quaderschräge und außen die eingemeißelte Jahreszahl 1471 zu sehen. Unter Joseph II. geschlossen und profaniert. Das gotische Chorgewölbe mit einem runden Wappenschlußstein erst 1946 herabgeschlagen und Wohnungen eingebaut.

Wandgemälde: An der Nordseite des Schiffes und am Chor waren stark beschädigte Fresken sichtbar, u. a. Szenen aus der Legende des hl. Sebastian, von Simon von Taisten, 1503. Christus in der Mandorla, 1430. 1946 abgelöst und in das Museum nach Bozen gebracht.

5. Altöttinger und Grabeskirche

Bau: Die zwei Kapellen, die sich zu einer malerischen Baugruppe zusammenschließen, sind Nachahmungen der Gnadenkapelle in Altötting und der Grabeskirche in Jerusalem. An der ersten Fassadendachreiter, polygonaler Chor mit hoch aufragendem Spitzdach, Rundbogenfenster, im Langhaus flache Holzdecke mit rautenförmigen Leisten und gemalten Rosetten, im Chor, durch eine Wand mit Flachbogendurchgängen getrennt, Kuppel. In der Grabeskirche Vorhalle und polygonaler, oben verjüngter Hauptbau mit Kuppel, Laterne und Zwiebeldach. Kleine Rundbogenfenster mit abgesetzten Rundbogenrahmen, in der Vorhalle Kreuzgratgewölbe, im Hauptraum zweigeschossige Arka-

den mit Granitsäulen, Kreuzgratgewölben, Holzbalustraden, Holzstatuen und figuralen Stukkaturen.
In der Mitte frei stehend das Hl. Grab, kapellenartiger Bau mit polygonalem Abschluß, der mit rundbogigen Blendarkaden und mit Säulchen verkleidet ist, im Grab die Holzfigur des toten Heilands, über der Türe in Stuck Schweißtuch, von zwei Engeln gehalten. Außen gemalte Wächter, heilige Frauen, Petrus und Johannes. Oben sechseckiger, offener Aufsatz mit Statue des Auferstandenen. Stuckdekoration von Anton Schranzhofer.
Gründung des reichen Innichner Bürgers Georg Paprion, der zunächst den Rundbau der Altöttinger Kapelle errichten ließ und 1563 von einer Pilgerfahrt den Plan der Grabeskirche mitnahm. Der Bau 1673 von Baumeister Peter Niedergatscher, Bruneck, ausgeführt. 1786 profaniert und geschlossen, im 19. Jh. wiedereröffnet.

Altöttinger Altar: Schwarz und vergoldet, verglaste Nische mit dem Gnadenbild, Säulchen, Gebälkstücke und Giebel, Seitenteile. Geschnitztes Blattwerk. Ende 17. Jh.

Seitenaltar: Schwarz und vergoldet. Hohe Predella, zwei Säulen mit Rebengewinde, verkröpftes Gebälk, gesprengter Rundgiebel. 17. Jh., 2. Hälfte. Die Plastiken im Stiftsmuseum.

Holzskulpturen: Gruppen von Freifiguren, derbe Arbeiten, 17. Jh.

6. Franziskanerkirche zum hl. Leopold

Bau: Die 1694 begonnene, 1697 geweihte Kirche mit Seitenkapelle, Fassadendachreiter, geradem Chorabschluß, Rundbogentüre und -fenster ist im Langhaus mit einer Tonne, im Chor und in den Seitenkapellen mit Gratgewölben eingedeckt.

Altäre: Säulenbauten, eingelegt, braun mit weißen Ornamenten, Statuen und Bildern. Um 1760. Hochaltarbild, hl. Leopold und Franziskus, von Christoph Unterberger in Rom, 1764.

Kanzel: Runde Form, Pilaster, Volutenbänderung, bewegte Gesimse, eingelegtes Rocaille. Am Deckel Posaunenengel. Um 1760.

Kirchenstühle: Einfach geschnitzte Docken mit Flechtwerkornament. 18. Jh.

Holzskulpturen: Johannes v. Nepomuk, auf Volutenkonsole mit Blattwerk und Engelskopf. 18. Jh., 1. Hälfte.

Kreuzweg: 18. Jh.

Grabsteine: Grabsteine von Stiftskanonikern, 18. Jh., und des Kapitelamtmannes Michael Dinzl von Angerburg, Stifter des Klosters, gest. 1706.

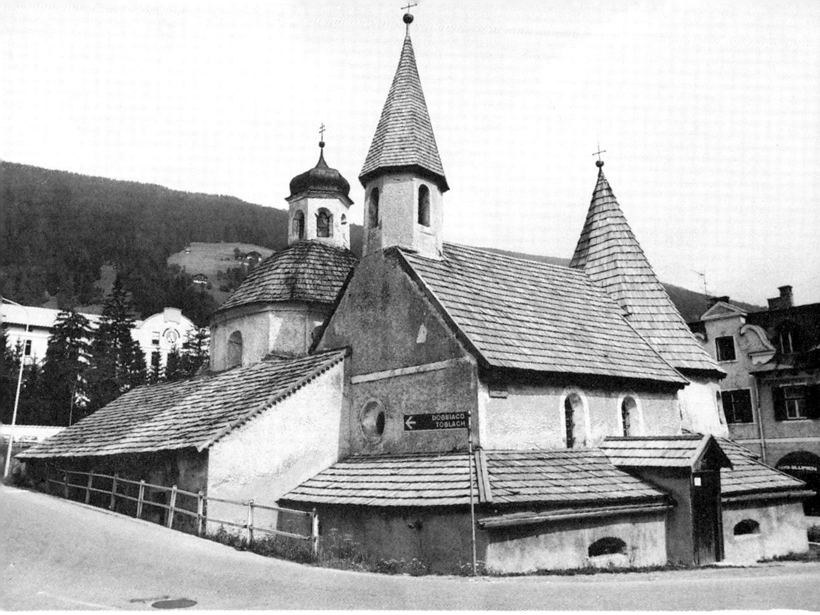

Innichen, Grabeskirche

7. St. Salvator im Wildbad Innichen

Bau: Die 1591 vom Stiftsdekan Hieronymus Schüßler erbaute, 1594 geweihte Kirche war im 17. und 18. Jh. mit einer Einsiedelei verbunden, seit Joseph II. vernachlässigt und in neuerer Zeit wiederhergestellt. Das Flügelaltärchen, gestiftet 1591 von Margarethe Spaur, in der Stiftskirche.

8. Kapelle beim Mehlhof am Innichberg

1593 vom Stiftsdekan Peter Ryst erbaut. Flügelaltärchen mit Bildern hl. Leopold, Stephanus, Laurentius, Flügel innen Kandidus und Korbinian, außen Petrus und Paulus. Ende 16. Jh.

II. Bildstock

Der Bildstock, der früher neben der Reichsstraße stand, wurde 1897 neben der Propstei neu aufgestellt. Dicker neuer Viereckpfeiler, viereckige Dachpyramide, in den flachen Nischen des Tabernakelaufsatzes Fresken, Kreuzigungsgruppe, Maria mit Christkind zwischen Candidus und Corbinian, Silvester zwischen Nikolaus und Wolfgang, Ölberg, Brixner Schule, um 1460.

III. Häuser und Edelsitze

1. Propstei

Zierlicher Polygonerker, in den Hausgängen Gratgewölbe, im oberen gemalte Wappen von vier alten Stiftsdekanen, an der Tür zur Wohnung des Propstes Stuckrahmung, um 1685. In den Zimmern einfaches Getäfel und Leistendecken.

2. Stiftsmuseum

Der ehemalige Kornkasten, später auch Domschulgebäude des Stiftes, 1384 gegen Westen vergrößert, im 16. Jh. in die heutige Form gebracht. Walmdach, Fenstergitter, gemalte Fensterumrahmungen, um 1530, im Kapitelsaal Felderdecke, ornamentale Wandmalerei und Fries mit Wappen des Landesfürsten, des Bischofs Johann Thomas Spaur, des Dekans Ryst und des Kapitels. Um 1590. Holzkruzifix, um 1400. Schöner Ofen mit Wappen von Stiftsherren, um 1580. Die Bibliothek enthält sehr viele Inkunabeln, insbesondere philosophische Werke, aus dem Besitz des Innsbrucker Hofarztes Nikolaus Pol, gest. 1532. Einige medizinische Werke kamen am Anfang des 20. Jh.s nach Cleveland, Ohio.

Nach umfassender Sanierung 1983 als Stiftsmuseum (Domschatz, Bibliothek, Archiv) mit Kunstwerken und Dokumenten aus zehn Jahrhunderten eingerichtet.

3. Ehemaliges Kanonikerhaus

In der Halle Fragment eines Wandgemäldes, das ein Festmahl darstellt. Lineare Behandlung, Bordüre mit Rosetten. 14. Jh., 1. Hälfte. Darunter romanisches Fenster mit Putz und dekorativen Blumenresten in der Fensterleibung, bei der Restaurierung 1982 freigelegt. Enthält eine kleine Sammlung volkskundlicher Gegenstände des Pustertales.

4. Frankenegg (Tassilostraße 17)

Das stattliche Haus besitzt einen Balkon mit ausgebauchtem Schmiedeeisengitter, im Flur Gratgewölbe, im gewölbten Mittelsaal des ersten Stocks Stukkaturen, die vier Jahreszeiten und Ornamente, um 1720; in zwei Zimmern einfachere Stuckdecken, um 1800, in einem dritten Pilastergetäfel und mit Kassettendecke des 17. Jh.s. Das Haus wurde Ende des 16. Jh.s für Georg Frankenreiter, dessen Familie seit der 1. Hälfte des 15. Jh.s in Innichen nachweisbar ist und um 1670 außer Landes zog, gefreit und Frankeneck genannt, wonach die Besitzer das Prädikat führten. 1674 Walther von Herbstenburg, 1729 Familie von Sommern, ab 1835 Stolzer, seit 1872 bis heute Familie von Hölzl, die 1968 umfassende Restaurierung durchführte.

5. Habersberg

Von der Burg der Bischöfe von Freising, der Inhaber der Hofmark Innichen, nach der sich ein freisingisches Ministerialengeschlecht nannte und die 1349 im Kampf zwischen Ludwig von Brandenburg und Karl von Böhmen gebrochen wurde, waren beim Kranzhof am Innichner Berg bis Anfang 20. Jh. spärliche Reste zu sehen. Heute gänzlich verschwunden.

6. Turm in Innichen

Der Turm in Innichen, dessen ältere Geschichte unbekannt ist, und auf dem im 16. und 17. Jh. die Gößl zum Turm saßen, stand an der Stelle des heutigen Huterhauses (Familie Zacher), das in seinem vorderen Teil auffallend dicke Mauern zeigt, sonst aber nicht mehr als mittelalterlicher Edelsitz kenntlich ist.

SEXTEN

1. Pfarrkirche zu den Heiligen Petrus und Paulus

Bau: Die Kirche wurde an Stelle eines 1290 erwähnten, 1667 und 1761 erweiterten Baues 1825/26 durch Alois Mutschlechner aus Tristach vollständig neu aufgeführt und 1827 eingeweiht, 1915 in Brand geschossen und 1921/22 wiederhergestellt, erhöht und neu ausgestattet. Die Fassade mit Rundbogenportal, Pilastergliederung, Statuennischen, Volutengiebel und drei rhythmischen Gruppen von Viereck- und Lünettenfenstern, die Abrundung des Innenraumes im Vorjoch und im Chor samt den mit Pilastern verzierten Wandpfeilern, endlich der Turm mit den Rundbogenschallfenstern alt, der Turmabschluß und das Gewölbe neu. Gesamtrestaurierung 1978 abgeschlossen.

Deckengemälde: Albert Stolz, 1923.

Altäre: Klassizistische Säulenbauten, die erhaltenen Teile und die alten Altarbilder wiederverwendet. Peter und Paul und Rosenkranzbild, bez. Cosroe Dusi 1831. Hl. Veit, bez. F. H. (Franz Hellweger) 1869.

Kanzel: An der viereckigen, in der Mitte vorgeschwungenen Brüstung Reliefs, Barmherziger Samaritan, Bergpredigt und Sämann. Um 1827.

Chorstühle: Pilastergliederung. Um 1827.

Beichtstühle: Pilaster und strenges, leicht ausschwingendes Gebälk. Um 1827.

2. St. Joseph in Moos

Bau: Achteckiger Bau mit polygonal abschließendem Chor, über der Vierecktür die Jahreszahl 1717. Viereck- und Lünettenfenster, Kuppel mit Stuckrippen, im Chor Tonne über Pilastern und reichprofiliertem Gebälk.
Erbaut 1717, geweiht 1720, 1915 in Brand geschossen und 1921 wiederhergestellt. Turm nach Entwurf von Clemens Holzmeister 1925. Innenrestaurierung 1977.

Deckengemälde: Musizierende Engel. Von Rudolf Stolz, 1922. Die beiden Wandbilder, Mariä Verkündigung und Traum Josefs, von demselben, 1956.

Altar: Säulenaufbau mit Bild und Skulpturen. 18. Jh. Aus Leisach.

3. Friedhof

Nach dem ersten Weltkrieg nach den Plänen von Marius Amonn in Bozen errichtet. Fresken der Brüder Albert, Ignaz und Rudolf Stolz, Plastiken von Franz Santifaller, Ignaz Gabloner u. a. Die Totentanzfolge im Aufgang zum Friedhof von Rudolf Stolz. Restaurierung 1977.
In der Bäckerei Stabinger Sammlung von Krippenfiguren vom Barock bis zur Gegenwart.

4. Rudolf-Stolz-Museum, an der Hauptstraße seit 1969 eingerichtet.

VIERSCHACH

Pfarrkirche zur hl. Magdalena

Bau: Die Kirche steht schön und frei auf einem Hügel mitten im Tal. Die Langhausmauern stammen wohl noch von der 1212 geweihten Kirche, die um 1470 umgebaut, um den Chor vergrößert und 1479 neu geweiht wurde. Bauinschrift am Triumphbogen: (Das) gebelm h(at ge)macht Meistter and(re) Viertaller. Das westliche Joch des Langhauses 1904 hinzugefügt. Südlich altes Spitzbogenportal mit einem Rundstab und zwei Birnstäben. Spitzbogenfenster, Strebepfeiler (auf einem die Jahreszahl 1470), Sterngewölbe mit runden und im Langhaus auch viereckigen Schlußsteinen und mit zierlich profilierten Rippen über Runddiensten, eingezogenen Strebe- und Wandgurten, im polygonal abschließenden Chor reicher behandelt und mit vertieften Vierpaßfeldern, schwach vortretender Triumphbogen; am Turm gekuppelte Rundbogenschallfenster mit Eselsrückenblende und niedrigem Viereckhelm. Im Südwesten angebaute Fried-

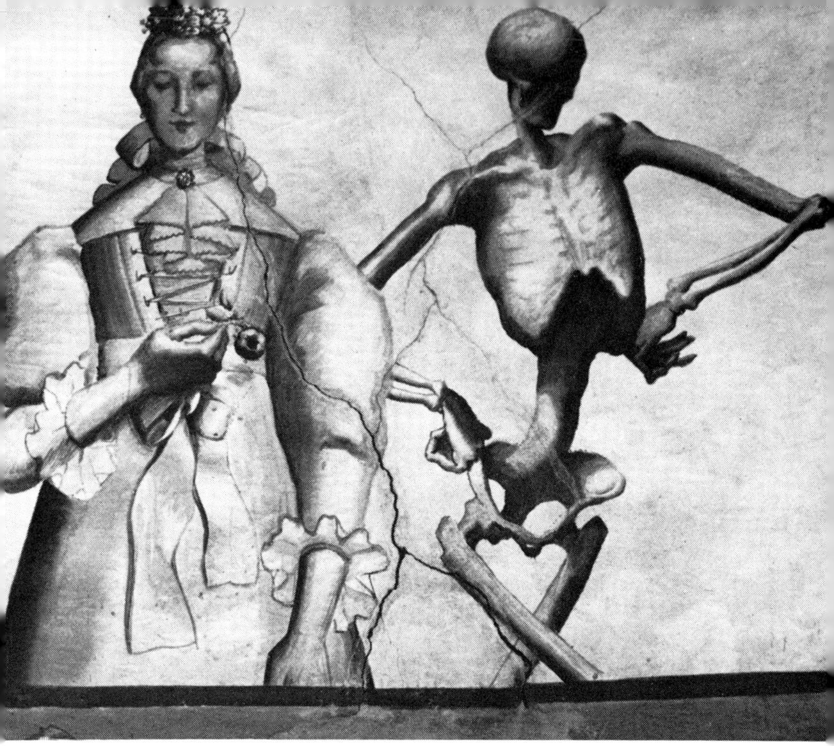

Sexten, Totentanzfresko

hofskapelle mit Sterngewölbe um 1500. Gesamtrestaurierung 1979 abgeschlossen.

Wandgemälde:
1. An den Schlußsteinen und Vierpässen Auferstandener, Magdalena, Sebastian, Katharina. Evangelistensymbole. 15. Jh. Die alte Dekoration mit den spätgotischen Ranken, wohl von Simon von Taisten, wiederhergestellt.
2. Hl. Ursula mit den Jungfrauen. Frühgotischer Konturenstil. 14. Jh. Derbe Arbeit.
3. Am Triumphbogenpfeiler gekrönte Muttergottes.
4. In der linken Chorschräge die Reste eines Schutzmantelbildes.
3. und 4. von Simon von Taisten.
5. An der linken Schiffswand Maria mit dem Kinde und hl. Josef (Fragment einer Anbetung der Könige), 15. Jh.

Einrichtung: Neugotisch. Das alte Hochaltarbild, hl. Magdalena, jetzt an der Langhauswand, die ehemaligen Seitenaltarbilder, hl. Petrus, signiert Franz Seb. Unterberger 1740, und Sebastian 18. Jh., letzteres mit Stifterwappen, im Chor. Die Statuen des Hochaltars: Mitte hl. Magdalena, 19. Jh., seitlich davon St. Nikolaus und Barbara, zerknüllte Gewandfalten, derbe Arbeiten, Reste eines Altars, der Ruprecht Potsch zugeschrieben wird.

Holzskulptur: Pietà, derbe Arbeit aus der Erbauungszeit der Kirche. Gestohlen. In der als Kriegergedächtnisstätte verwendeten, an die Kirche angebauten Friedhofskapelle* Holzskulptur Mariahilf, 17. Jh.

WINNEBACH

1. Pfarrkirche zum hl. Nikolaus

Bau: Die 1507 geweihte Kirche besitzt ein Spitzbogenportal mit Rund- und Birnstab, einen Sockel mit Quaderschräge, Spitzbogenfenster, Strebepfeiler, ein im Jahre 1821 der Rippen beraubtes gotisches Gewölbe über Wandpfeilern, einen leicht einspringenden Triumphbogen und polygonalen Chorabschluß. Am Spitzturm gekuppelte Schallfenster mit Eselsrückenblende. Innenrestaurierung 1978/79.

Wandgemälde:
1. Derbe Bilder in der Vorhalle, 1636, und am Gewölbe 1817.
2. Im Chor Epitaph der Familie Klettenhammer mit den Stiftern, in architektonischer Rahmung. Himmlisches Gastmahl, 17. Jh.
3. Im Schiff Krönung Marias und Legende des hl. Nikolaus. Erstes Viertel 16. Jh. Gute Arbeit. Um 1940 aufgedeckt. 1979 restauriert, weibliche Heilige und Dekoration aufgedeckt.

Altäre: Gute Säulenbauten mit Statuen und Bildern. Anfang des 19. Jh.s. Die Statue des hl. Rochus am linken Seitenaltar 17. Jh.

Kanzel und *Beichtstühle:* Anfang des 19. Jh.s.

Holzskulpturen:
1. Hl. Silvester*, Ende 15. Jh., aus St. Silvester.
2. Schutzengel, von Johann Paterer.

Tafelbild: Hl. Silvester, wohl von Friedrich Pacher, ausdrucksvolles Gesicht, hervorragende Arbeit.

2. Passionskapellen

Am Weg zur Kirche vier einfache Kapellenbildstöcke mit Holzfiguren, Ölberg, Geißelung, Dornenkrönung und Kreuztragung, im Friedhof frei stehend der Gekreuzigte zwischen beiden Schächern. Um 1700.

3. Loretokapelle

Nachbildung des hl. Hauses, in der Nähe des ehemaligen bekannten Hofes Kletten, 1649 durch Johann Klettenheimer (Klettenhammer) erbaut, 1650 geweiht, 1760 durch eine Mure zerstört, 1761 auf den Ruinen der alten Kapelle neu errichtet. 1964 neuerdings vermurt und erneuert.

Altar: Um 1650.

4. St. Silvester auf der Alpe

Bau: Die einsam hoch im Gebirge gelegene einfache Kapelle mit abgesetztem, gerade abschließendem Chor, seitlicher Fassadenglockenmauer, mit flacher Holzdecke im Schiff und Kreuzgratgewölben im niedrigen quadratischen Altarraum, den der runde Triumphbogen vom Langhaus trennt, wurde im 12. oder 13. Jh. errichtet, 1441 neu geweiht, 1786 exsekriert, 1899 wiederhergestellt.

Wandgemälde: Der ganze Altarraum bemalt. An der Leibung des Triumphbogens Petrus, Paulus und zwei Bischöfe (Ingenuin und Albuin?), an der Rückseite des Bogens Schweißtuch, von zwei Engeln gehalten, im Altarraum Maria mit Christkind und Heiligen, Geburt Christi, Anbetung der Könige, Aufopferung im Tempel, an den Fensterleibungen Heimsuchung, Katharina und Dorothea. Am Gewölbe die Evangelistensymbole und Kirchenväter, Brixner Schule, Meister von Klerant, Mitte des 15. Jh.s., 1899 durch Alfons Siber restauriert und weitgehend ergänzt. 1964 teilweise renoviert.

Holzskulpturen:

1. St. Katharina, Büste 16. Jh., gestohlen.
2. Maria mit Christkind. Mitte 15. Jh. Deponiert.
3. Relieffiguren von zwei heiligen Bischöfen. Um 1600. Deponiert.

Tafelbild: Hl. Dorothea, gute Arbeit um 1650. Deponiert.

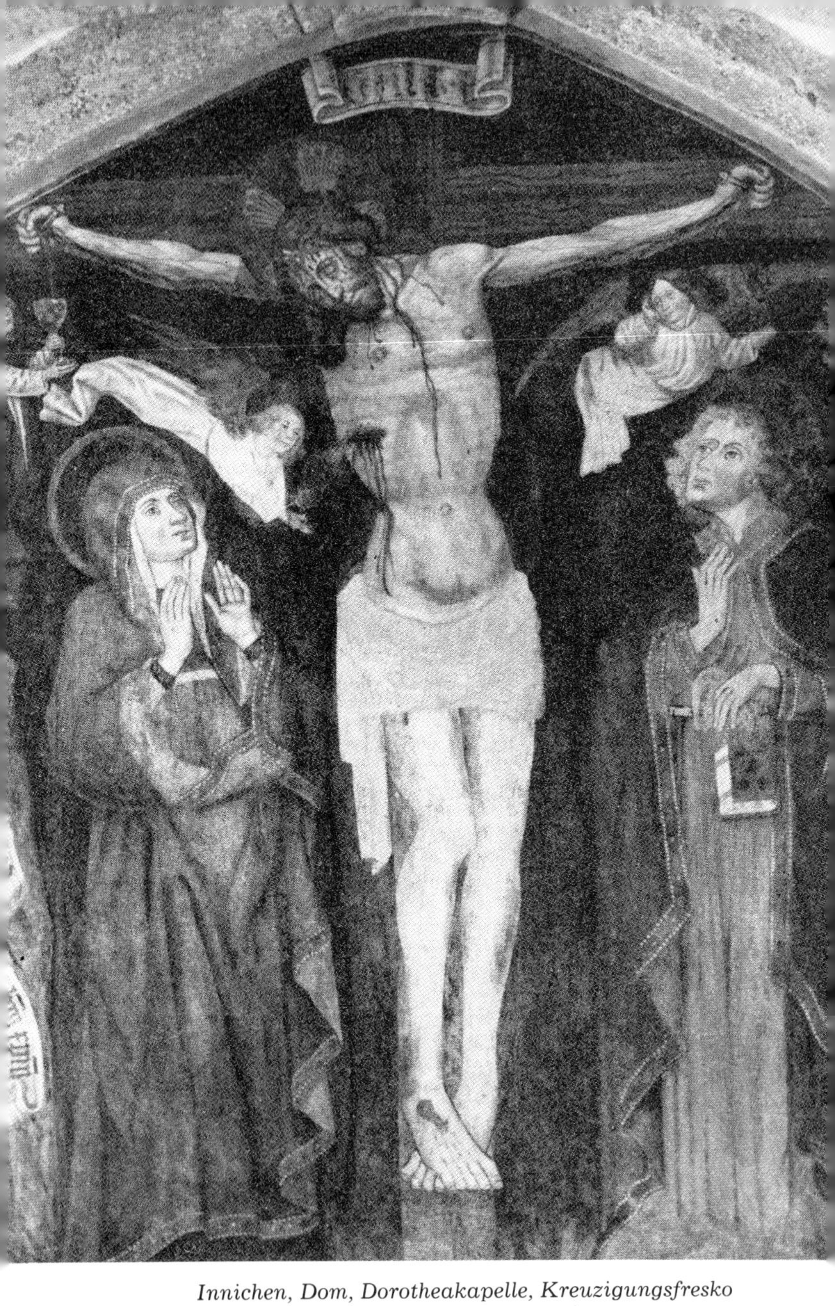

Innichen, Dom, Dorotheakapelle, Kreuzigungsfresko von Meister Leonhard

LADINIEN

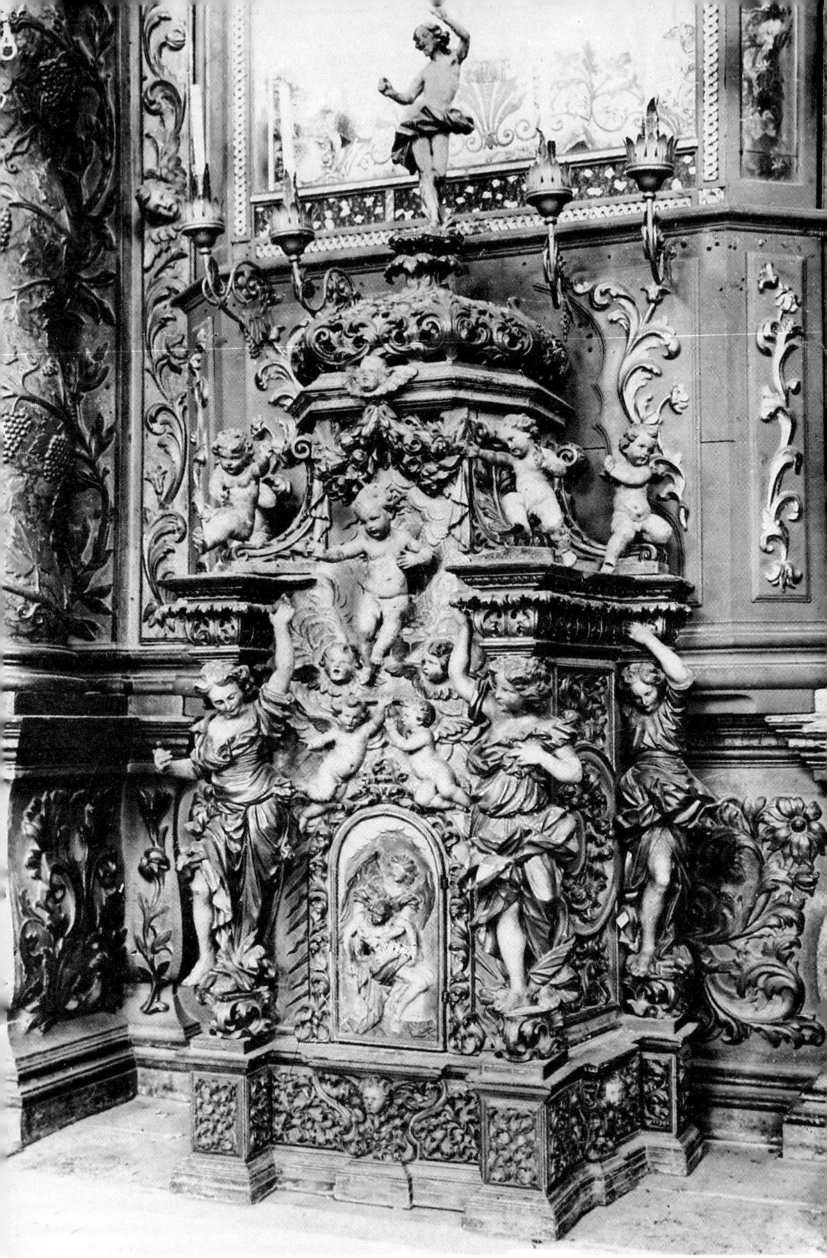

Cortina, Pfarrkirche, Tabernakel, von Brustolon

CORTINA D'AMPEZZO

I. Kirchen

1. Pfarrkirche zu den Heiligen Philipp und Jakob in Cortina

Bau: Eine Kirche wird 1203 erwähnt. Der heutige Bau wurde nach den Entwürfen und unter der Leitung des Josef und Johann Costa aus Wengen 1771—1774, der monumentale frei stehende Turm nach dem Entwurf des Wiener Architekten Hermann von Bergmann 1853 vollendet. Restauriert 1973/74. Die an den Ecken abgerundete Fassade wird durch Lisenen mit verkröpftem Gebälk, durch das steingerahmte Portal und durch Statuennischen gegliedert und endet in einen geschweiften Giebel mit seitlichen Zwiebeltürmchen. Die Langseiten sind in der Mitte querschiffartig ausgebogen und zeigen Gruppen von geschweiften Rechteck- und Lünettenfenstern und Seitenportale. Im Innern über korinthischen Doppelpilastern und verkröpftem Gebälk in der Mitte Spiegelgewölbe zwischen Tonnen, im Chor Kreuzgratgewölbe, an den Langseiten je zwei Altarnischen, an der Eingangsseite geschweifte Empore, der außen polygonale Chor ist innen abgerundet. Der ganze Bau, der die bewegten Formen des tirolischen Rokoko mit dem monumentalen Geist des italienischen Kirchenbaus verbinden möchte, ist weder im ganzen ausgeglichen noch im einzelnen besonders fein durchgebildet, bringt aber infolge seiner Maßverhältnisse trotzdem eine bedeutende Wirkung hervor. Die Figuren an der Fassade, die Heiligen Jakobus und Johannes d. T., italienisch, 18. Jh., aus Venedig stammend.

Wandgemälde:
1. In den hinteren seitlichen Rundbogennischen der Langseite die Muttergottes mit Christkind zwischen Rochus und Sebastian und Predigt des hl. Johannes d. T., von Josef Ghedina in Ampezzo, 1853.
2. An der Decke Fresken von verhältnismäßig geringem Umfang; im Schiff:
a) Kreuzigung des hl. Philippus;
b) Tempelreinigung, in den Zwickeln die Evangelisten;
c) Tod des hl. Jakobus von Franz Anton Zeiller. 1774.
d) Im Chor Trinität von J. M. Peskoller. Von diesem auch die dekorative Malerei. Die reichen Rocaillestukkaturen an den Fensterwänden von Johann Mussack aus Sistrans, 1773.
3. An den Chorwänden: Urteil Salomons, Esther vor dem König Assuerus. Von Franz Anton Zeiller. 1773.

Altäre: 1. bis 3. Hochaltar und die beiden vorderen Seitenaltäre, lichter Stuccolustro, Säulenaufbauten mit bewegten Gebälk- und Giebelstücken, Statuen: am Hochaltar Petrus und Paulus, links hl. Franz Xaver (?) und Ignatius, rechts Dominikus und Oswald. Altäre von Johann Mussack, 1774/75. Bilder, Maria mit Kind und Heiligen Philipp und Jakob, von Giuseppe Zanchi, 1679; Beweinung Christi von Luigi Gillarduzzi, 1849; hl. Josef von Josef Ghedina, Ende 19. Jh. — 4. und 5. Aus der alten Kirche. Sehr bewegter Säulenaufbau (Holz, Grundfarbe Blau, gedrehte, rebenumwundene Säulen rot) mit gesprengtem Giebel, mit Statuen, reichem Schnitzornament und reicher Vergoldung. Letztes Viertel des 17. Jh.s. In der Mittelnische des linken Altars Madonna mit Kind, seitlich die Statuen der Heiligen Philipp und Jakob, auf dem Giebel die Sitzfiguren von Petrus und Paulus, in der Mitte des Aufsatzes die Figur des siegreichen Heilands, von Engel gekrönt. Der Tabernakel mit reich geschnitztem, vergoldetem, krautigem Rankenwerk, vier Karyatidenengel, die das verkröpfte Gebälk tragen, an der Türe Relief, Engel mit dem Leichnam Christi, darüber am bewegten Kuppelaufsatz Engelputti (Christkind fehlt) mit entzückenden Köpfen und anmutig bewegten Körpern. Zuoberst der in den Himmel auffahrende Christus. An den Säulenbasen die Evangelisten, am Stipes musizierende Engel. Hervorragendes Werk des Andrea Brustolon, um 1702. Am rechten Seitenaltar von 1692 Engel, das Altarbild, die Madonna mit den hll. Dominikus, Klara, das Skapulier austeilend, und Simon Stock, 2. Hälfte 17. Jh.

Kreuzwegstationen von Franz Anton Zeiller, 1775.

Orgel: Pilastergliederung, verkröpftes und aufgerolltes Gebälk. Giebelstücke. Engel. Das Werk von Gaetano Callido, 1777.

Taufstein: Bronzen: Engelreigen und Johannestaufe, auf rotem Marmor aufgelegt. 1950.

Kanzel, Beichtstühle: Bewegte Rokokoform. An der Kanzel gute Evangelistenreliefs.

Glocken:

1. Kruzifixus, Petrus, Johannes d. T., Madonna, 1572.
2. 1561.

2. Wallfahrtskirche zur Madonna della Difesa

Bau: Die Kirche wurde zum Dank für die Hilfe in Feindesnot, vermutlich beim Einfall der Cadoriner, um 1470 erbaut, 1484 geweiht und 1565 erneuert. Der Turm 1643 bis 1646 errichtet und beim völligen Neubau 1743, geweiht 1751, samt der anstoßenden Kapelle beibehalten. Drei rechteckige Portale, Viereck- und

Lünettenfenster, querschiffartig angebaute Kapellen, polygonaler Chorabschluß, Tonnengewölbe über Wandpfeilern mit schwerem, verkröpftem Gebälk, am Turm Rundbogenschallfenster und Zwiebeldach. Restauriert 1881.

Wandgemälde:

1. An der Fassade Maria mit Christkind.
2. Am Langhausgewölbe Kampf gegen wilde Völker. 18. Jh., 2. Hälfte, teilweise übermalt. Wohl von Franz Anton Zeiller, nach Meinung Einheimischer von einem Venezianer.
3. Marienleben und Deckendekoration von J. M Peskoller. 1908.

Hochaltar: Bewegter Aufbau mit gewundenen Säulen, gesprengtem Gebälk und Statuen, Engelputten, Rochus und Sebastian. 18. Jh., 2. Hälfte. Gnadenbild, Maria mit Christkind, ein Schwert in der Hand, barock bekleidet. Wohl noch gotisch. Der Tabernakel eine moderne Nachahmung des Brustolon-Tabernakels.

Seitenaltäre: Einfacher Bildaufbau mit geschweiftem Giebel. 18. Jh., 2. Hälfte. Bilder links Hl. Dreifaltigkeit und rechts Tod des hl. Josef 18. Jh.

Gemälde: Im Chor links Maria mit hl. Jakob und Theresia, rechts Pietà mit Heiligen, vermutlich ehemalige Altarbilder der Pfarrkirche. Von Franz Anton Zeiller.

3. Friedhofskapellen

1833 mit dem Friedhof errichtet. Am Altar der südlichen Kapelle das Bild Auferstehung der Toten. Gutes Werk von Cosroe Dusi. — In der nördlichen Kapelle Kalvarienbergszene von Luigi Bonazza. — An den Grabstätten Menardi beachtenswerte Bronzen. Kreuz und Begräbnis Jesu. Von T. Furlan, 1953.

4. Kapelle zum hl. Franziskus

Bau: Erwähnt 1396. Langhaus mit Lünettenfenstern und Tonne, Chorraum mit Kreuzgewölbe und geradem Abschluß, 17. Jh. Wegen der früher bestandenen Flagellantenbruderschaft auch Flagellantenkapelle genannt. Bei der Restaurierung 1982 durch Guiotto di Auira wurden an der Altarwand Fresken aufgedeckt — gemalter Renaissancealtar, 17. Jh., rechts davon hl. Theresia, Heiliger mit Buch und hl. Bartholomäus, 15. Jh.

Altar: Über der Altarmensa kleines Altärchen mit Madonna, Engeln, Antonius, Franziskus und Bonaventura und Stifterinschrift des Pfarrers Franz Konstantin von Turre. 1648 deponiert.

Gemälde: Zwei Tafelbilder, hl. Vinzenz Ferreri, hl. Liborius. 18. Jh., 1. Hälfte, deponiert.

5. Wallfahrtskirche zum hl. Rochus in Zuel

Bau: Die um 1604 geweihte, 1695 bis 1696 erweiterte Kirche ein rechteckiger Bau mit querschiffartigen Seitenkapellen und Zwiebelturm, Rechteck- und Bogenfenstern, im Langhaus Kreuzgratgewölbe über Lisenen und verkröpftem Gebälk, im Chor mit kuppelförmiger Decke.

Deckengemälde: Unter Verwendung barocker Vorlagen von J. M. Peskoller, 1927. Von ihm auch der Kreuzweg.

Hochaltar: Säulenaufbau mit geradem Gebälk und seitl. Rankenornament. 18. Jh. Das Bild, Gnadenstuhl (Leichnam Christi im Schoße Gottvaters), von J. M. Peskoller. Die seitlichen Figuren Rochus und Sebastian 17. Jh. (?)

Seitenaltäre:
1. Säulenaufbau im Schwarz-Gold mit verkröpftem Gebälk und gesprengtem Giebel, schweres Rankenornament. Ende 17. Jh. Kruzifix um 1500.
2. Neugotischer Rahmenaufbau. Das Bild, Maria mit Christkind, Rochus und Sebastian, gute venezianische Arbeit des 17. Jh.s.

Gemälde: Maria als Retterin der armen Seelen. Um 1700.

6. Kapelle zum hl. Andreas in Colle

1901 hölzerner Glockenturm, einfacher Rechteckbau mit Tonne, eingezogener Chor mit geradem Schluß, 1665 erbaut, 1839 erneuert.

Altar: Säulenaufbau mit Bild, Madonna mit den Heiligen Andreas, Antonius von Padua und Silvester, und Statuen, Johannes d. T. und Anton Abt, gestiftet lt. Inschrift von Anton und Silvester de Col, 1663.

7. Kapelle zur Heiligen Dreifaltigkeit in Majon (Cojana)

Bau: Im ehemaligen Castel Zanna von den Herren von Zanna um 1700 errichtet, 1701 geweiht. Achteckiger Bau mit drei Kreuzarmkapellen. Rundbogenportal und Rechteckfenster, achtseitiges Gratgewölbe über gekuppelten Pilastern und geradem Gebälk. Als Glockenturm wurde einer von den runden Ecktürmchen des Kastells verwendet.

Altäre:
1. Hochaltar: Marmoraufbau mit Säulen, gesprengtem Giebel und Gebälk, seitlich Engelsköpfe. Bild Hl. Dreifaltigkeit, darunter Engel mit Kreuz. Angeblich von Palma dem Jüngeren.
2. Seitenaltäre: Holz, dunkel gebeizt. Säulenaufbauten mit Gebälk- und Giebelstücken und Bildern. Um 1700. Das Bild des linken Seitenaltars, Maria mit Franziskus, Dominikus und Stif-

tern Johann M. de Zanna und seiner Gemahlin sowie deren Kindern datiert 1714.

8. Kapelle zum hl. Antonius in Chiave

Bau: Fassadenturm, dreiseitiger Chorabschluß, innen abgerundet, dreiteilige Tonne, 1791.

Altäre: Säulenaufbauten, 18. bzw. 2. Hälfte des 17. Jh.s. Letzterer mit reichem Figurenschmuck. Bilder und Madonnenstatue um 1800.

Holzskulpturen:
1. Stehender Christus, mit einem Kelch das Blut der Brustwunde auffangend. 16. Jh.
2. Hl. Katharina, schlanke, zierlich bewegte Figur. Ende des 17. Jh.s.

9. Kapelle zur hl. Juliana in Alverà

Bau: Einfacher Bau mit dreiseitigem Chorabschluß, Dachreiter und Tonne. Erbaut lt. Inschrift 1696 von der Fraktion, geweiht 1713.

Altar: Reich dekoriert, gedrehte Säulen mit gerollten Giebelstücken, Engel und Gottvater im Aufsatz, Bild, Maria mit Juliana und Antonius. Ende 17. Jh.

Skulpturen: Gotische Madonna, bekleidet, deponiert.

Gemälde:
1. Hl. Juliana. Brustbild mit Wappenschild 1692.
2. Madonna auf Wolken mit Kind und Engelsglorie. Unten Landschaft mit Ansicht der Fraktion Alverà. Von Luigi Ghedina. 19. Jh.

10. Kapelle zu Unserer Lieben Frau von Lourdes in Verocai

Erbaut 1907. Rechteckbau mit abgesetztem Chor und zwei eingebauten Fronttürmen.

Skulpturen: Hl. Erzengel Michael und hl. Barbara von Conrad Pitscheider, St. Ulrich in Gröden. 19. Jh.

11. Kapelle zur Madonna della Salute in Cadin

Rechteckbau mit abgesetztem Rundchor und südseitig angebauten Turm 1787 erbaut, 1889 Neubau. In der Portallünette Fresko, Madonna mit Heiligen. Halbfigurenbild, angeblich von Josef Ghedina. Altaraufbau von den Brüdern Majon. Die Altarstatuen Anna und Joachim von Franz Tavella in Brixen. Ende 19. Jh., die Madonna älter. Über der Sakristeitüre prächtiger Barockrahmen mit Rankenwerk und Engeln. Darin Bruderschaftsverzeichnis. Ende 17. Jh.

12. St. Nikolaus in Ospedale

Bau: 1220 erbaut, 1226 geweiht. Der Bau mit heute offener Balkendecke wurde zu Beginn des 16. Jh.s um den Chor, mit Spitzbogenfenstern, Runddiensten und Netzrippengewölbe, vergrößert. Die erhöhte Giebelmauer umschließt die ehemalige Glockenmauer mit Rundbogenfensterchen. Im Ersten Weltkrieg stark beschädigt. 1972 restauriert.

Wandgemälde: Außen:
1. Reste: hl. Nikolaus im Seesturm. Italienisch. 2. Hälfte des 14. Jh.s.
2. Thronende Maria mit Christkind und den Heiligen Nikolaus und Antonius Abbas. Venezianisch, 15. Jh. In unterer Lage Nikolauslegende, stark zerstört.
3. Hl. Christoph. Zwei Lagen, die obere wohl 15. Jh., die untere älter und roher.
4. Im Chor links Kreuzigung mit Maria, Johannes und Magdalena, in der Stichkappe darüber zwei Wappen, Benedikt Hebenstreit und dessen Frau Elisabeth Prugger, 1562, an der linken Langhauswand Jahreszahl 1571. Derbe, anscheinend venezianische Arbeit. Außenfresken 1965 abgenommen, befinden sich nun im Ciasa dera Regoles.

Altar: Renaissancerahmen mit Tafelbild, Madonna mit dem Jesuskind und den Heiligen Blasius und Nikolaus vor grünem Vorhang stehend und von zwei schwebenden Engeln gekrönt. Wohl Arbeit eines italienischen Malers unter Benützung einer deutschen graphischen Vorlage des 16. Jh.s.

Kapelle zum hl. Candidus in Campo

Eine Kapelle erbaut 1735, 1916 abgebrannt, 1928 Neubau. Achteckbau mit Lünettenfenstern, gerade geschlossenem Chor und Dachreiter. Innen Pilastergliederung und umlaufendes Gebälk. Hochaltar: geschweifter Marmorrahmen mit Bild Hl. Familie und hl. Candidus als Feuerpatron, 19. Jh.

Seitenaltäre: Links, frühbarockes Altärchen, 17. Jh., mit zweisäuligem Aufbau, Gebälk, Zahnschnitt- und Eierstabfries, mit geschnitzten Akanthusblättern reich verziertes Antependium; Altarbild Johannes Bapt. Rechts, gotischer Flügelaltar aus der 1782 abgetragenen Katharinenkirche.
An der Predella Relief mit Enthauptung der hl. Katharina, an den Flügelchen Reliefs, Jakob und Johannes Evangelist, außen Verkündigung. Im Kasten in dreigeteilter quadratischer Nische mit Bekrönung aus Rankenwerk und sich kreuzenden Eselsrücken vor Teppichhintergrund hl. Katharina, sitzend, mit Schwert und

Rad, Puffärmeln, Krone. Links hl. Johann Baptist mit Lamm, rechts hl. Matthäus, beide stehend. An den Flügeln innen Petrus und Paulus mit Renaissanceranken. Blumen, Akanthus, außen Johannes Evangelist und hl. Thomas. Rückwärts Grisailleranken, grau-schwarz auf Weiß. Jahrzahl 1549. Derbe Arbeit. Fassung zum Teile ergänzt.

II. Castel Zanna

Die rechteckige Anlage wurde von einer ausgedehnten Ringmauer mit Wehrgang und vier runden, unten verdickten, nach innen abgeflachten Ecktürmen eingeschlossen, an die sich in der Mitte der Ostmauer ein Wohnbau anlehnte. Dieser heute umgebaut. Von der Ringmauer noch die Nordseite und zwei Ecktürme erhalten, von denen der eine als Turm der Dreifaltigkeitskapelle dient (vgl. oben). Erbaut von den Herren von Zanna, die 1559 geadelt wurden. 1809 von den Franzosen niedergebrannt, da Ignaz de Zanna eine Kompanie von Ampezzanern angeführt hatte.

ARABBA (Rèba)

Pfarrkirche zu den Heiligen Petrus und Paulus

Bau: Die erste Kirche des Dorfes, zugleich auch die erste des Tales, befand sich etwa 400 Meter nördlich der jetzigen bei Gliéra und wurde 1336 erstmals urkundlich erwähnt. Der heutige, zwischen 1660—1664 errichtete Bau, welcher 1681 durch einen Kapellenzubau vergrößert wurde, zeigt die Formen der ausklingenden Gotik. Langhaus mit Polygonalchor, viereckige Fenster im Langhaus, Lünettenfenster in der Kapelle, steinernes Spitzbogenportal mit der Jahreszahl 1664. Turm mit achteckigem Spitzhelm und Triforienfenstern. Im Inneren derbes Rippengewölbe über Wandpfeilern und Runddiensten; Spitzbogenportal zur Sakristei.

Wandgemälde: Neugotische Rankenmalerei, im Chorraum rechts Jesus den Schlüssel an Petrus reichend, im Hintergrund Apostel sowie Umgebung und Kirche Rèbas, darüber der Hl. Geist und Gottvater mit spruchbandhaltenden Engeln; im Gewölbe sechs Medaillons mit verschiedenen Motiven. Über spitzbogiger Öffnung zur Marienkapelle Bekehrung des hl. Paulus, in derselben im Gewölbe vier in Medaillons gefaßte szenische Darstellungen aus dem Leben Mariens. Von J. M. Peskoller, 1914.

Hochaltar: Aufbau aus vier marmorierten Säulen mit vergoldeten korinthischen Kapitellen und Aufsatz. Altarprivileg von 1832.

Zu Beginn des 19. Jh.s unter Übernahme älterer Teile und Beibehaltung der barocken Form neugestaltet. Altarblatt: Madonna in Wolken mit Aposteln Petrus und Paulus. Seitenfiguren: hl. Judas Thaddäus und hl. Johannes der Täufer. Beidseitig des Tabernakels kleine Nischen mit Figuren der Apostel Petrus und Paulus. Im Auszug von Putten umgebenes Relief Gottvaters. Vor dem Volksaltar zwei derbe Leuchterengel, 18. Jh.

Seitenaltäre: 1. In Seitenkapelle Altar der hl. Jungfrau vom Berge Carmel, Aufbau aus glatten marmorierten Säulen mit vergoldeten korinthischen Kapitellen. Das Altarblatt, ein Skapulierbild aus dem 17. Jh., zeigt Maria mit dem Jesukind, darunter die armen Seelen und der hl. Simon, welcher aus der Hand der Gottesmutter zwei Skapuliere empfängt. Die Bruderschaft vom hl. Skapulier wurde 1681, die zum hl. Herzen Mariens 1845 errichtet. Seitenstatuen: hl. Anna und hl. Jakobus (Ende 17. Jh.?). Auf der Mensa neuere Prozessionsstatue der hl. Jungfrau vom Berge Carmel mit dem Jesukind.
2. Gleichartiger Aufbau wie 1 mit Statue des hl. Joseph und dem auf der Weltkugel stehenden Jesukind von Josef Ringler aus Gröden.

Kanzel: Rundform mit Voluten und derben Evangelistenbildern, auf Schalldeckel Posaunenengel. Von Franz Rudifera, 1854.

Skulpturen: Friedhofskreuz, wohl 17. Jahrhundert, mit Gedenktafeln für die in den beiden Weltkriegen Gefallenen.

Gedenktafel: Aus weißem Marmor mit Bronzerelief des Staatssekretärs Pius X., Kardinal Merry del Val, welcher hier zwischen 1925 und 1929 seine Urlaube verbrachte; darüber das päpstliche Wappen.

RENAZ (Renáč)

Kapelle Unsere Liebe Frau von Loreto

Bau: Rechteckiger Bau, Türe und Fenster rundbogig, kleiner Giebelreiter, Tonnengewölbe. Erbaut zwischen 1665 und 1667, geweiht 1679, renoviert 1967.

Altar: Spätrenaissance, Säulenaufbau mit verkröpftem Gebälk, gesprengtem Dreiecksgiebel, Aufsatz und Giebelstücken. Im Rundbogenrahmen Madonna von Loreto mit Jesukind, die beidseitig angesetzten Rundbogennischen enthielten bis zu einem Diebstahl in den siebziger Jahren unseres Jahrhunderts Statuen der Muttergottes und eines Engels. Im Aufsatz Relief der hl. Dreifaltigkeit. Mitte 17. Jh.

Gemälde: Über Eingangsportal Ölbild, Mutter Anna, gute Arbeit, 18. Jh.

Glasfenster: Medaillons mit Namen der vier göttlichen Tugenden, G. Parisi, Trient 1967.

CHIÈRZ (CHERZ)

Heilig-Kreuz-Kapelle

Bau: In den siebziger Jahren des vorigen Jahrhunderts errichtet, im 1. Weltkrieg zerstört, 1930 wiederaufgebaut. Rechteckiger Bau mit rundem Chorabschluß, Rundbogenfenstern und kleinem Giebelreiter. Im Inneren Tonnengewölbe.

Altar: Mensa von Giuseppe Roilo aus Andráč, 1929/30. Darauf Kreuzigungsgruppe im Nazarenerstil aus der Entstehungszeit der Kapelle, gute Arbeit.

Skulpturen: Schönes barockes Kruzifix, welches der Legende nach aus Schloß Buchenstein stammen soll.

SOURARUAČ (Souraruaz)

Kuratiekirche zum hl. Johannes dem Täufer

Bau: Der 1607 geweihte, 1911/12 um einige Meter in Richtung Westen verlängerte Bau mit polygonal abschließendem Chor und seitlich angebautem Turm brannte im 1. Weltkrieg ab und wurde 1922/23 wiederhergestellt, wobei er über dem mit Rundbogenfenstern versehenen Turmpolygon statt der früheren Zwiebelkuppel einen spitzen Achteckhelm und im Inneren das Tonnengewölbe über den halbrunden Oberlichten erhielt. Über dem viereckigen Portal Zementgußrelief des letzten Abendmahles von Andreas Crepaz aus Carpač.

Hochaltar: Barocker Säulenaufbau mit verkröpftem Gebälk und Aufsatz; Tabernakel mit Säulenaufbau und runder Kuppel, teilweise vergoldet, 1922/23 restauriert.

Altarblatt: Taufe Christi von Franz Unterberger.

Seitenstatuen: Hl. Antonius von Padua mit Jesukind und hl. Franz von Assisi. Im Aufsatz Rundgemälde mit Gottvater, beidseitig im Gebälk kniende Engel, einer neu von Emilio Sief aus La Còurt.

Seitenaltar: Neu, teilweise in Nische eingebaut von Felice Murer aus Davedin mit Statue der Unbefleckten im Nazarenerstil.

Kanzel: Neu, marmoriert; in Kanzelnische rundes Holzrelief mit Darstellung des Ecce-Homo vom gebürtigen Buchensteiner Fortunato Costa.

Skulpturen: Vortragkreuz.

Kreuzweg: Volkstümliche Bilder in geschnitztem Rocaillerahmen (Ende 18. Jh.). Alter *Weihwasserstein* neben Eingang.

LA CÒURT (Corte)

Wallfahrtskirchlein Maria Schnee

Bau: Das 1607 von Bischof Simon Feuerstein geweihte Kirchlein wurde am 19. Mai 1915 noch vor Beginn des Krieges von einem übereifrigen Kommandanten aus strategischen Gründen (Festungsnähe) in die Luft gesprengt und 1931/32 an der alten Stelle wiedererrichtet. Rechteckiger Bau mit polygonalem Chorabschluß, Rundbogenfenstern, Rundbogenportal und kleinem gedrungenem Turm mit gekuppelten Rundbogenfenstern unter Blendarkade und niedrigem Viereckpyramidendach. Im Inneren Tonnengewölbe und flache Lisenen. Regional bedeutender Wallfahrtsort bis in die ersten Jahrzehnte des 20. Jh.s.

Altar: Neuromanisch, Holz natur, teilweise, der Tabernakel gänzlich vergoldet. In Nische hinter Glas gekrönte und bekleidete Maria-Schnee-Skulptur mit Jesukind und Szepter, Kronen: Silberarbeit, 1785. Beizeitig derbe Leuchterengel, ebenso wie Kultfigur noch vom alten Altar.

Skulpturen: Innen: Kruzifix. Außen: Altes Kruzifix mit Einschüssen aus dem 1. Weltkrieg.

Gemälde: Ölbild, hl. Franziskus, ehemaliges Altarblatt, von Christian Renzler, 1775. Votivbild, Druck im Nazarenenstil, Maria mit Jesukind, 1936.

ORNÉLA

Kuratiekirche zu den Heiligen Fabian und Sebastian

Bau: Der 1471 geweihte, 1794 um den halbrund abschließenden Chor vergrößerte Bau mit Spitzbogenportal, Rundbogenfenstern und seitlich angebautem Turm mit Rundbogenfenster und spitzem Viereckhelm sowie leicht spitzbogiger Tonne über flachen Pilastern im Inneren verdankt seine Entstehung der Überlieferung nach einem Pestgelübde. Nach Zerstörung durch Brand im 1. Weltkrieg in den Jahren 1921/22 wiederhergestellt.

Wandgemälde: Das ursprüngliche Deckenfresko, welches die Entstehungslegende des Gotteshauses zeigte, wurde im Krieg zerstört, heute ist nur mehr über dem Volksaltar ein ovales Freskoteilstück erhalten, welches die Hl. Familie zeigt.

Hochaltar: Neugotisch, von Ingenuino Testor aus Liviné, 1922/

23. In Nische hl. Sebastian mit Engel, seitlich hl. Silvester und hl. Valentin, von Benjamino Palla aus Daghè, 20. Jh.

Seitenaltar: Neu, von Giuseppe Colleselli aus Ornéla. In Nische Statue der Unbefleckten von Grödner Bildhauer, um 1930.

Skulpturen: Kruzifix — neue Josefsstatue.

Glocken: 1. Kreuzigung, Anna selbdritt, Sebastian, Christoph, von Heinrich Reinhart zu Innsbruck, 1604. 2. Kruzifix, Maria, Johannes der Täufer, Antonius, von Giovanni Socetti aus Trevis, 1575.

LA PLIÉ (Pieve)

1. Pfarrkirche zum hl. Jakobus

Bau: Erste Erwähnung einer Kirche im Jahre 1140. 1454 Vollendung eines Neubaus, welcher von der alten Kirche wahrscheinlich die Apsis übernahm. 1683 Erweiterung, 1687 Beschädigung durch großen Dorfbrand, noch im selben Jahr Wiederherstellung. 1830 um ca. 6 Meter nach Westen verlängert. 1915 bis auf die Außenmauern, das Chorgewölbe und den Turm zerstört, von 1921/22 Wiederaufbau nach altem Vorbild im neugotischen Stil. Zum älteren Bestand gehören die Strebepfeiler, die Wandpfeiler mit den vorgelegten Runddiensten, die schmalen Spitzbogenfenster, das zierliche Rippengewölbe des Polygonalchores, das Spitzbogenportal und der ursprünglich 62 Meter hohe, nach dem Krieg um 6 Meter verkürzte viereckige Turm, der von einem Spitzhelm gekrönt wird und unter einem Blendbogen Triforienfenster aufweist.

Wandgemälde: Im Chorraum links Anbetung des Jesukindes durch die Hirten sowie auferstandener Christus mit Aposteln, im Gewölbe Gekreuzigter, von Johann Baptist Oberkofler, 1930.

Hochaltar: Neugotisch von Fa. Pancherie, 1924/25, später durch Ingenuin Degasper aus Gröden umgestaltet. Marmortabernakel. Altarblatt: Hl. Jakobus von Edoardo Neri aus Görz, 1929. Über Altarbild in Nische Herz-Jesu-Figuren, Seitenstatuen: hl. Simon vom Buchensteiner Giacomo Crepaz und hl. Thaddäus vom aus Buchenstein gebürtigen Rudolfo Vallazza.

Seitenaltäre: Beide vom gebürtigen Buchensteiner Giuseppe Roncat.

1. Dem hl. Felix geweiht, im Glasschrein bekleidete Rosenkranzmadonna, in darunterliegender Mensanische Reliquie des hl. Felix in bestickten Seidenkleidern, 1843 durch Papst Gregor XVI. der Pfarrkirche geschenkt, aus den Katakomben der hl. Priscilla in Rom. 2. Gleichartiger Aufbau, in Nische Josefsstatue vom gebürtigen Wengener Franz Tavella.

Kanzel: Achteckig, Reliefs der vier Evangelisten und Jesus mit Gesetzestafeln, warscheinlich von Franz Tavella, letztes Viertel 19. Jh. 1 Relief ergänzt.

Skulpturen: Innen: hl. Aloisius Gonzaga, hl. Antonius von Padua, hl. Anna (alle von Franz Tavella).

Denkmal: Am Kirchplatz Bronzeskulptur der im Ortsfriedhof begrabenen Heldin von Spinges, Katharina Lanz, welche im Tal als Pfarrhäuserin tätig war, vom Meraner Bildhauer Josef Parschalk, 1912.

Grabsteine: Innen: Marmorgrabstein des goldenen Hochzeitspaares Georg Felix Mayrhofer zu Koburg und Anger und der Anna Maria Wenzlin von Kirchegg und Ragen, 1724. Außen: An südlicher Längswand wappengeschmückter Marmorgrabstein des Pfarrers Johann Baptist Canaider, gest. 5. März 1758.

Kreuzweg: Im neugotischen Tudorstil, Öl auf Holz, von Alexander Dejaco aus Wengen.

Glasfenster: Hl. Johannes Vianney und hl. Johannes Nepomuk von Strobl aus Brixen, 1929.

Gedenktafel: An der nördlichen äußeren Längswand Kriegerdenkmal für die Gefallenen der beiden Weltkriege.
Im Besitz der Kirche befinden sich noch 12 Reliquienschreine der hl. Apostel.

Kelch: Silber, feuervergoldet und graviert (Kreuzbalken, Maria und Johannes, hl. Lucia und Wappen mit Halbfigur eines betenden Ritters mit Gugel), 15. Jh., 2. Hälfte, jetzt im Diözesanmuseum in Brixen.

2. Kapelle zur Muttergottes von Lourdes

Bau: Die zweigeschossige Kapelle am ehemaligen Friedhof wurde 1441 und neuerdings 1501 geweiht, verdankt aber ihre heutige Gestalt dem 17. Jahrhundert. Polygonaler Chorabschluß, Spitzbogenportal, rechteckige Fenster, kleiner Giebelreiter, im Inneren Tonnengewölbe über Wandpfeilern. Der einst gebräuchliche Name „Flagellantenkapelle“ geht auf die schon im 15. Jh. nachweisbare Flagellantenbruderschaft zurück, die hier ihre Andachts- und Bußübungen vornahm, bis um 1800 die „Disziplin“ abgeschafft wurde, während die Bruderschaft selber noch weiterbestand (der ehemalige Altar heute im Landesmuseum Ferdinandeum).

Altar: Hinter Mensa Lourdesgrotte mit Jungfrau Maria und hl. Bernadette.

Gemälde: Ölbild, hl. Ottilie (19./20. Jh.).

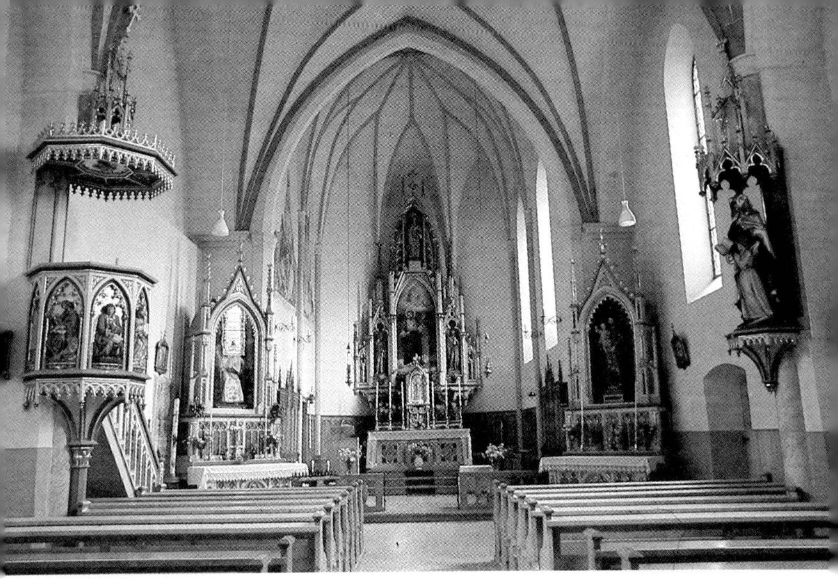

Pieve, Pfarrkirche, Inneres

Alter *Weihwasserstein* aus rotem Marmor mit Blattmotiv an Unterseite.

3. Votivkapelle zum hl. Sebastian der Gemeinde Buchenstein am Col di Lana

Bau: Zur Erinnerung für die im Kampf um den Col di Lana gefallenen Soldaten in den Jahren 1933/34 erbaut. Kantholzblockbau mit viereckigem Grundriß und polygonaler Apsis, kleinem Turm mit Spitzhelm und Spitzbogenfenstern. Erbaut von Luigi Devich und Josef Crepaz.

Altar: Altaraufbau vom aus Buchenstein gebürtigem Ingenuino Degasper. Auf Altar von Soldat im 1. Weltkrieg geschnitztes Kruzifix, beiderseits Ölbilder vom auferstandenen Christus (von Prof. Giambattista Crema) und hl. Sebastian (von Cipriano Efisio Oppo).
In halbrunder Nische über Eingang Holzrelief, Pietà von Leo Crepaz aus Buchenstein.

SALEJEI (Salesei)

1. Hl. Antonius der Einsiedler in Plan de Salejei

Bau: Die um 1450 erbaute, ursprünglich im Besitz der adeligen Familie de Sisti befindliche, heute dem italienischen Staat gehörende Kirche zeigt Rundbogenfenster, eine Vierecktüre und einen dreieckigen Chorabschluß, der Turm mit Trennungssäulen und Würfelkapitellen an den gekuppelten Rundbogenschallfenstern ist mit einem Giebeldach gedeckt. Im Inneren Gratgewölbe. Nachdem bereits während des 1. Weltkrieges vor der Kirche italienische Gefallene bestattet wurden, erfolgte 1922 die Anlage eines Kriegerfriedhofs. 1936—38 wurde die Kirche durch den Architekten Giovanni Crepi zum Mittelpunkt eines großangelegten Ossariums gemacht, in dem größtenteils italienische Soldaten bestattet sind und 1940 am polygonalen Chorabschluß durch drei Apsiden erweitert, in denen die Gebeine von 4700 unbekannten Gefallenen ruhen.

Wandgemälde: Im Chor und an den Längswänden insgesamt 8 trophäenartige Darstellungen der verschiedenen Waffengattungen, im Chorgewölbe Hl. Geist, über dem Eingang Kreuz mit Schweißtuch und Waffen.

Altar: Aufbau aus je zwei kannelierten Säulen mit vergoldeten korinthischen Kapitellen, verkröpftem gesprengtem Gebälk, Aufsatz und Giebelstücken. Am viereckigen Säulenfuß gemalte Medaillons mit Darstellungen der vier Evangelisten. Altarblatt: Skapulierbild, in den Wolken Maria mit Jesukind ein Skapulier haltend, beidseitig Engel, darunter hl. Udalrichus, hl. Antonius der Einsiedler mit Jesukind und hl. Florian, 1658. Im Auszug Rundgemälde mit Gottvater.

Gedenktafeln: Im und vor dem Gotteshaus zahlreiche Gedenktafeln für die Gefallenen.

2. Haus De Sisti in Plan de Salejei

Zweigeschossiger rechteckiger Bau mit gemauertem Rundbogenportal und Kartusche mit Jahreszahl 1609. Unter Mittelfenster Fresko mit Familienwappen (zwei goldfarbene Löwen). Im Inneren Tonnengewölbe und alte getäfelte Stuben.

LARČONÈI (Larzonei)

Kuratiekirche zum hl. Silvester

Bau: Der 1516 geweihte, 1796 renovierte Bau mit polygonalem Chorabschluß, gekreuztem Rundstab am Spitzbogenportal, Rundbogenfenstern sowie gekuppelten Rundbogenfenstern am Spitzturm brannte im 1. Weltkrieg ab und wurde in den Jahren 1921/22 unter Einbeziehung der noch stehenden Seitenmauern wiederhergestellt und neu eingewölbt.

Wandmalerei: Spärliche Ranken- und geometrische Dekorationsmalerei im Inneren, an der Außenseite Reste einer Sonnenuhr.

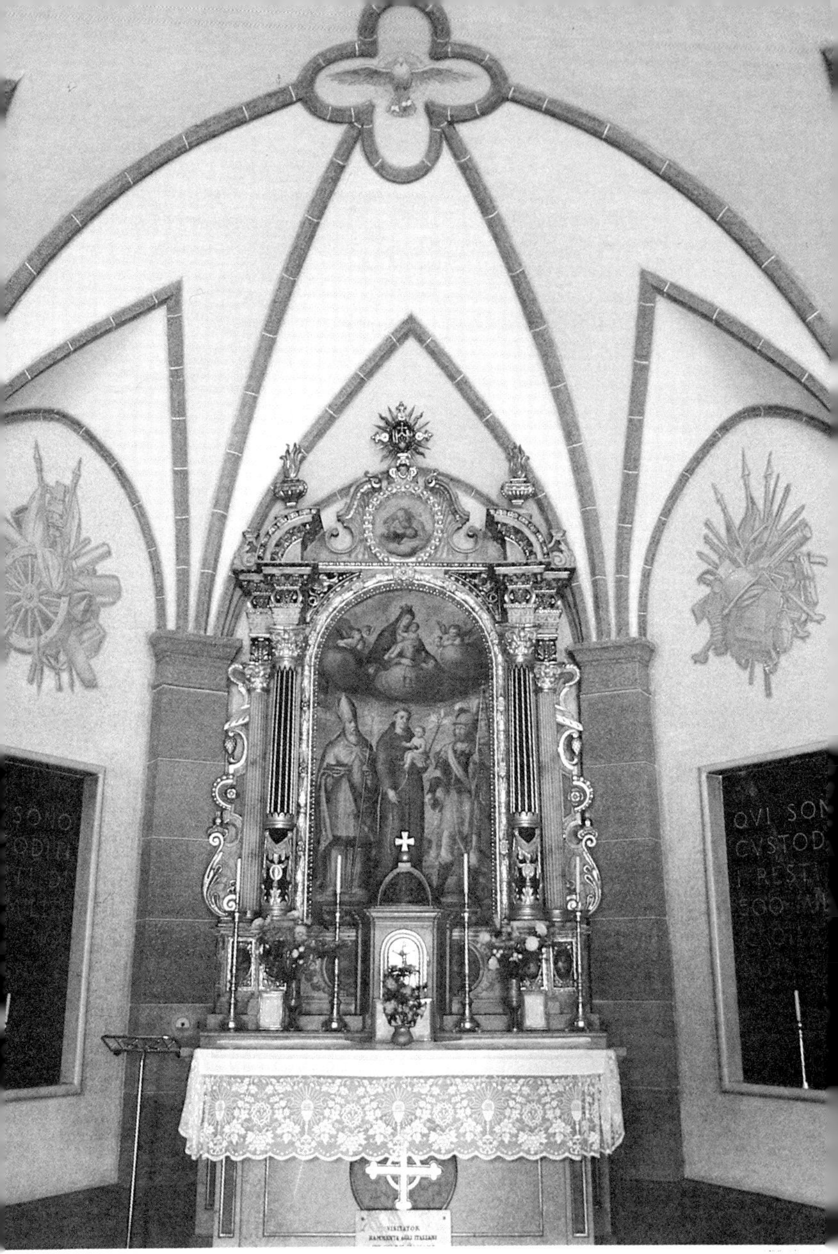

Plan de Salesei, Antoniuskapelle

Altar: Barockisierend, Aufbau aus marmorierten Säulen mit vergoldeten korinthischen Kapitellen und Seitennischen sowie Baldachinaufsatz. 1923 gesegnet. Der vergoldete Tabernakel ist ein Geschenk aus einer Gadertaler Kirche, auf ihm knien zu beiden Seiten eines Kreuzes kleine Engel. Altarblatt: hl. Silvester mit Engeln von Orazio Gaigher, 1929. Seitenstatuen: hl. Antonius von Padua mit Jesukind und hl. Leonhard. Unter Baldachin Relief Gottvaters, beidseitig kniende Engel. Alles vom einheimischen Bildhauer Ingenuin Degasper.

Skulpturen: Herz-Jesu-Figur und Unbefleckte, von Degasper.

ANDRÁČ (Andraz)

1. Kuratiekirche zur Heiligen Dreifaltigkeit

Bau: Eine Kapelle, die vielleicht noch im heutigen polygonal abschließenden Chor mit seinem Rippengewölbe und den mit Wappen bemalten Schlußsteinen erhalten ist, wurde 1478 geweiht. Die Lünettenfenster wurden später ausgebrochen. Das Langhaus mit Rundbogenfenstern und flachen dürftigen Rippen am Tonnengewölbe stammt aus der Zeit zwischen 1640—1648, der viereckige Turm mit oktogonalem Aufsatz, Rundbogenfenstern und Zwiebelhaube wurde wahrscheinlich zwischen 1661—1678 erbaut. 1912/13 wurde das Langhaus gegen Westen verlängert, wobei jedoch das alte Spitzbogenportal übernommen wurde. Über dem Haupteingang Marmorrelief mit Muttergottes.

Deckenmalerei: Neugotische Rankendekoration, im Chorgewölbe Darstellung der Hl. Dreifaltigkeit, im Langhaus Medaillons mit Heiligendarstellungen, von J. M. Peskoller, 1928.

Hochaltar: Aufbau aus je zwei glatten und zwei gedrehten Säulen mit korinthischen Kapitellen und gesprengtem Giebel, der Tabernakel klassizistisch. In der Mitte in rundbogigem Rahmen Statuen der Hl. Dreifaltigkeit, Seitenfiguren: hl. Johannes der Täufer und hl. Johannes der Evangelist; auf dem Giebel drei Engel mit Spruchtafeln, zwei sitzende Engel wurden bei einem Einbruch im Jahre 1962 gestohlen. An den Säulensockeln Wappen des Hochstiftes Brixen und des Fürstbischofs Paulinus Mayr (1677—1685). Derbe Arbeit, wahrscheinlich von Raphael Barath.

Seitenaltäre: 1. Der auf der linken Seite befindliche Josephsaltar weist einen ähnlichen, jedoch feineren Aufbau aus gedrehten, mit Rebengewinde geschmückten Säulen, verkröpftem Gebälk, gesprengtem Giebel und Aufsatz auf. Im Holzrahmen ursprünglich bis zu besagtem Diebstahl Relief der Muttergottes mit Jesukind sowie Statuen des hl. Joseph und des Erzengel Michael, jetzt

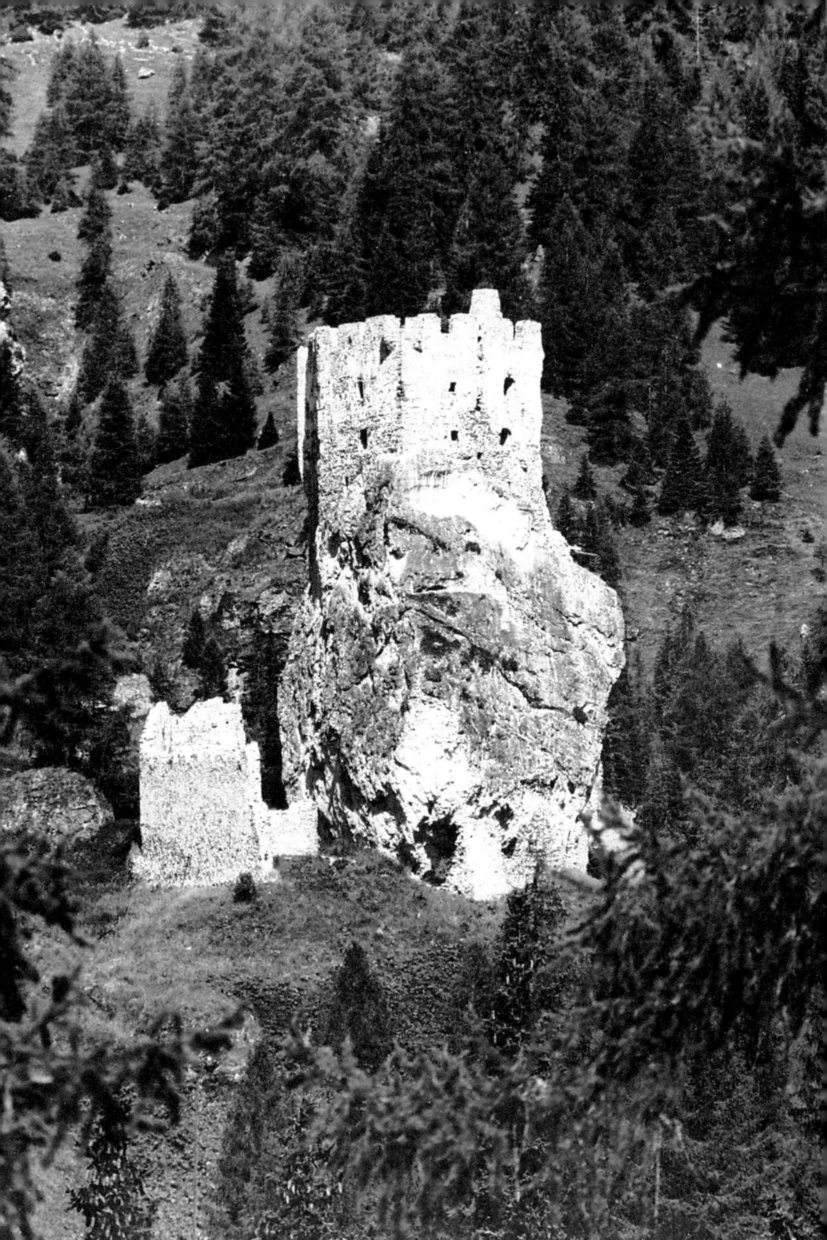

Burgruine Andraz

neue Herz-Jesu-Statue. Seitenfiguren: hl. Jakobus und hl. Antonius von Padua. Figuren aus den Rundbogennischen in Säulensockeln gestohlen. Im Aufsatz Pietà, im Gebälk Engelsfiguren. Letztes Viertel des 17. Jh.s. Aus der Kapelle der Burg Andráč.
2. Aufbau aus gedrehten, marmorierten Säulen mit vergoldeten korinthischen Kapitellen, in Nische hinter Glas vorzügliche, schön gefaßte Statue der Unbefleckten von Dominikus Moling aus Wengen. Im Gebälk Kopien der ebenfalls 1962 gestohlenen Engel. Altarprivileg von 1788. Mitte 18. Jh.

Glocken: 1. Dreifaltigkeitsglocke mit Kreuzigungsgruppe von Grasmair aus Brixen, 1732.
2. Raffaelsglocke mit Wappen des Fürstbischofs Ignaz Künigl und Kreuzigungsgruppe von Grasmair aus Brixen, 1732.

2. Burgruine Andráč

Das Schloß Buchenstein, früher Raffaelsburg, heute Castel d'Andráč genannt, zeichnet sich durch seine besonders eigenartige Lage auf einem 70—80 Meter hohen Dolomitblock aus, welcher sich auf einer leicht ansteigenden Wiese inmitten des Andráčer Tales befindet. Der Felsblock wird von einer Ringmauer mit Zinnen, Schlüsselscharten und einem Rondell eingeschlossen. Am Eingang Spuren eines Grabens, links die Ruine der ehemaligen Kapelle mit polygonalem Chorabschluß, welche dem hl. Nikolaus geweiht war und 1336 erstmals urkundlich erwähnt wird. Von hier aus gelangt man über eine in den siebziger Jahren unseres Jahrhunderts angelegte Stahltreppe zur an der Nordseite stark zerfallenen Hochburg, deren Keller teilweise aus dem Fels gehauen sind und deren ringsum gleichmäßig hohe Außenmauern durch etliche Erker gegliedert werden und einst mit einem hohen Walmdach gedeckt waren.
Die Burg, die höchstgelegene des Landes, 1260 erstmals urkundlich erwähnt, war Hauptstützpunkt der Herrschaft Buchenstein, die 1091 durch Schenkung Kaiser Heinrichs IV. an Brixen kam, dürfte noch im 12. Jahrhundert erbaut worden sein. Bis 1426 war der Bau, welcher im 15. Jh. auch Kardinal Nikolaus von Kues (Cusanus) als Zufluchtsort diente, als Lehen oder Pfandschaft an verschiedene Edelsgeschlechter verliehen, von dort ab aber durch bischöfliche Hauptleute verwaltet. Die Hochburg wurde im 15. und 16. Jh. erneuert, die Ringmauer wohl überhaupt erst damals angelegt. 1803 kam das Schloß durch Säkularisierung in bäuerliche Hände, wurde bald nach 1809 beraubt und war seither dem Verfall preisgegeben. Im 1. Weltkrieg trotz unmittelbarer Frontnähe keine weiteren Schäden. In den letzten Jahren erfolgten umfangreiche Festigungsarbeiten an der Ruine.

COLLE S. LUCIA

1. Pfarrkirche zur hl. Luzia

Bau: Die frei und ungewöhnlich schön auf einem Hügelvorsprung inmitten des Friedhofs gelegene Kirche wird 1336 erstmals urkundlich erwähnt und verdankt ihre heutige Gestalt mehreren Umbauten. Der älteste erhaltene Bauteil ist die polygonale Apsis, welche bei einer zu Beginn des 16. Jh.s erfolgten Vergrößerung in den Neubau übernommen wurde, der auch eine Seitenkapelle besitzt. Rundbogenfenster im Chor, Spitzbogenfenster im Langhaus, Rechteckfenster in der Seitenkapelle. Spitzbogenportal mit gekreuzten Stäben.
Der Turm, ursprünglich mit Spitzhelm versehen, erhielt nach einem Brand durch Blitzschlag im Jahre 1754 das charakteristische niedrige Viereckpyramidendach und weist auf jeder Seite je zwei übereinandliegende Biforienfenster auf. Um 1840 Verlängerung des Langhauses in Richtung Westen.
Im Langhaus und Seitenschiff verschieden geformtes Netzgewölbe über Strebepfeilern und Runddiensten. Im Chor nur mehr hinter dem Hochaltar Strebepfeiler mit Runddiensten und Ansätzen des Rippengewölbes, sonst zartes Rocaille in Stuck. Die Seitenkapelle ist mit dem Langhaus durch zwei Spitzbogenarkaden verbunden.

Wandgemälde: Im Presbyterium Christus mit Müttern und Kindern, über Öffnungen zur Seitenkapelle Geburt Christi und Heimkehr des verlorenen Sohnes von Johann M. Peskoller, 1932. An südlicher Längswand des Hauptschiffes teilweise freigelegtes gotisches Fresko, hl. Bischof und Maria Magdalena, venezianisch beeinflußt, Mitte 15. Jh.
An der südlichen äußeren Längswand Sonnenuhr von 1606 und Christophorusfresko Mitte 16. Jh.

Hochaltar: Säulenaufbau aus marmoriertem Stuck mit verkröpftem Gebälk und Stuckbaldachinaufsatz, der Tabernakel neu. Das Altarblatt mit hl. Luzia von Franz Unterberger. Seitenfiguren: kleine Engel und Stuckplastiken der Apostel Petrus und Paulus. Im Baldachin Relief, Gottvater von Engeln umgeben.

Seitenaltäre: 1. und 2. Aufbau aus kannelierten Säulen mit Dreiecksgiebel, vergoldet, am linken Altarblatt mit Muttergottes und Jesukind, zu deren Füßen die Heiligen Katharina und Barbara, darüber Rundgemälde des hl. Josef mit Jesukind, am rechten Altarblatt hl. Florian, hl. Georg und Johannes dem Täufer, darüber Ölbild mit hl. Aloisius, von Francesco Frigimelica aus Belluno, Anfang 17. Jh.

3. Im Seitenschiff Rosenkranzaltar: Rundsäulen mit Rebengewinde, Dreiecksgiebel sowie reichem Aufsatz mit verkröpftem Gebälk und gesprengtem Giebel, vergoldet. Tabernakel mit Knorpelwerk. Reiche italienische Arbeit, um 1600.
Das Altarblatt zeigt die auf den Wolken thronende und von Engeln umgebene Gottesmutter mit dem Jesukind, welche den darunter knienden Heiligen Dominikus und Klara den Rosenkranz reicht. Im Rahmen 12 mit Szenen aus dem Leben Mariens bemalte Medaillons. 17. Jh.

Kanzel: Stuck, Rocaille, 2. Hälfte 18. Jh.

Skulpturen: In Kapelle auf Beichtstuhl thronende Muttergottes mit Jesukind, Anfang 18. Jh. und derbe Leuchterengel. Auf Konsole am Stützpfeiler der Arkaden hl. Antonius mit Jesukind vom aus Colle S. Lucia gebürtigen Johann Colleselli. In Nische neben rechtem Seitenaltar bekleidete kleine Statue der hl. Luzia von Besarel aus Venedig, 19. Jh.

Gemälde: In Seitenkapelle Ölbild der hl. Anna.

Gedenktafeln: Beidseitig des Haupteinganges Gedenktafeln für die Gefallenen der Gemeinde.

Kreuzweg: 2. Hälfte 18. Jh.*

In Seitenkapelle Taufbrunnen aus rotem Stein von 1585.

2. Ansitz Piazza (Nr. 78)

Der T-förmige Ansitz Piazza entstand in mehreren Bauabschnitten, wovon auch die verschiedenen Jahreszahlen über den Türbögen Auskunft geben (1582, 1601, Renovierung 1796). Der zweigeschossige Bau, dessen Eckquaderung teilweise noch sichtbar ist, weist straßenseitig Rundbogenportale (heute teilweise zugemauert) und mit Tuffstein eingefaßte quadratische Fenster sowie das in Ton gebrannte Familienwappen von 1601 auf (im Schild drei Lilien, darüber federgeschmückter Turnierhelm und Löwe mit Lilie) und Reste eines Freskos (Engelsköpfe) auf. Durch einen gewölbten offenen Gang gelangt man zur gegenüberliegenden Hauswand, an welcher noch der Rest einer Sonnenuhr sichtbar ist.
Bereits um 1560 ist das Gebäude als Hof Piazza im Besitz des Hans Saba, dessen Nachkommen sich darnach de Piazza nannten und in Buchenstein durch einige Jahrhunderte hindurch wichtige Ämter bekleideten (Bergwerksaufseher, Schloßhauptleute, Gastalden). 1621 wurde die Familie geadelt. 1715 in den Grafenstand erhoben und spielte bis zu ihrem Aussterben im Jahre 1818 in Brixen eine Rolle. Leider zum Teil erneuert.

3. Ansitz Chizzali-Bonfadini (Nr. 71)

Dieser Ansitz, Stammsitz der in Colle S. Lucia seit dem Beginn des 16. Jh.s nachweisbaren Herren von Chizzali, wurde 1612 von den vier Brüdern Giovanni, Luca, Giacomo und Domenico gemeinsam erbaut (Initialen und Jahreszahl über Eingang). Der dreigeschossige längliche Bau mit Satteldach weist straßenseitig eine laubenartige Vorhalle mit Steinpfeilern und Rundbogen, einen dreiseitigen Erker im ersten sowie ein Biforium im zweiten Stock auf. Die Fenster sind ebenso wie jene an der Stirnfront des Hauses mit schönen Korbgittern mit Rankenaufsätzen versehen. In der Vorhalle Fresken mit Darstellung Gottvaters, hl. Antonius der Einsiedler, von Engeln umgebene Gottesmutter mit Jesukind, darüber Hl. Geist und an der Decke Gottvater.
Infolge einer Heirat mit einer Edlen von Bonfadini aus Venedig wurde 1602 auch dieser Name von der 1631 geadelten Familie übernommen. Gleich den Angehörigen der Familie de Piazza bekleideten auch die Herren von Chizzali-Bonfadini im Tal verschiedene wichtige Funktionen. Schließlich wurde das Gebäude auch Sitz der Bergwerksverwaltung (Eisenbergwerk Fursil) und der Knappengesellschaft.

4. Kapelle Madonna della Salute in Pian di Colle S. Lucia

Bau: Rechteckiger Bau mit polygonalem Chor, Rundbogenfenster und kleinem Giebelreiter und Tonnengewölbe aus der Mitte des vorigen Jahrhunderts.

Altar: In barockem Stil; Altarblatt: Jesus als guter Hirte und Heiliger, im Gebälk Madonna von Loreto und kniende Engel.

ST. ULRICH IN GRÖDEN

1. Pfarrkirche zum hl. Ulrich

Bau: Eine Kirche wird angeblich schon im 11. Jh. erwähnt. Der Neubau von 1746, der 1749 geweiht wurde, wurde wegen starker Bauschäden 1791 bis 1796 von Matthäus Wachter und Josef Abentung aus Götzens durch den heutigen, 1797 geweihten Bau ersetzt. Vorhalle. Fassade mit Volutengiebel, Pilastergliederung, Statuennischen, Rundbogen-, Viereck- und Lünettenfenster. Flachkuppeln zwischen Gurten über Wandpfeilern mit Pilastervorlagen und umlaufendem Gebälk. Flachrunder Chorabschluß und Zwiebelturm mit Rundbogenschallfenstern. 1906/07 wurden die beiden weiten Querarme angebaut.

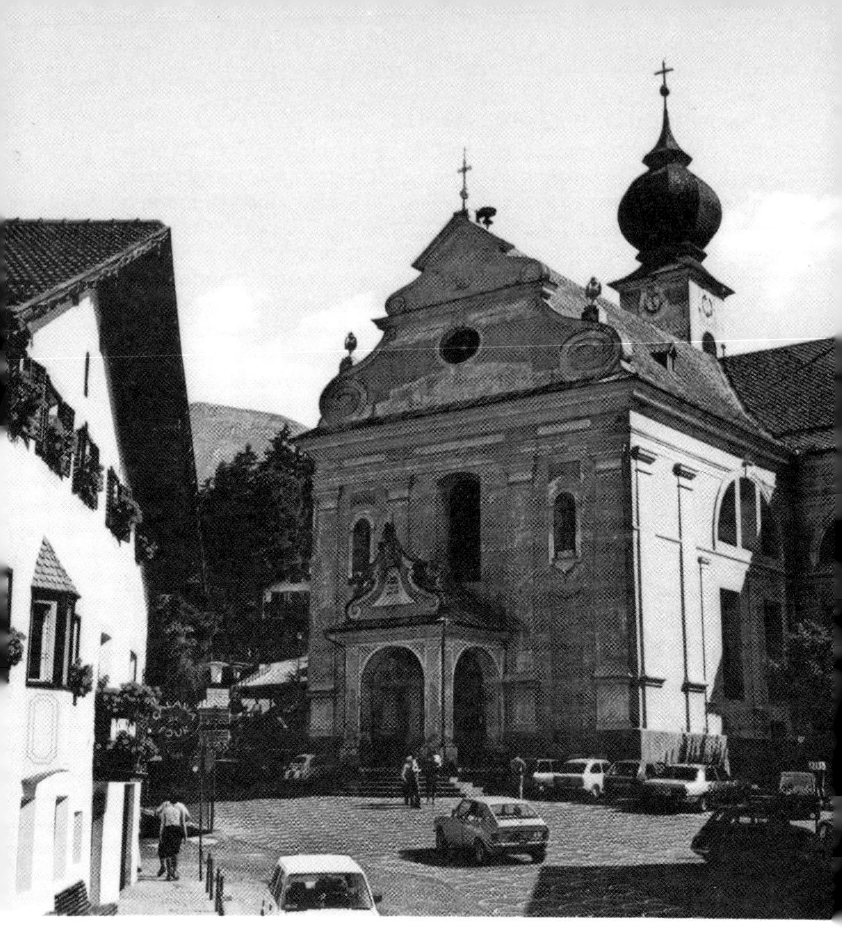

Pfarrkirche St. Ulrich in Gröden

Deckengemälde: In den Flachkuppeln große Bilder, Opfer Abrahams, Bergpredigt, Schlacht am Lechfeld, in der Vorhalle hl. Ulrich. Von Franz und Josef Kirchebner, 1795/96.

Einrichtung: Einheimische Arbeiten. Meist letztes Drittel des 19. Jh.s. U. a. die vier Evangelisten, Gipsabgüsse nach Werken des Dominikus Mahlknecht. Hl. Elisabeth von Rudolf Moroder.

Kirchenstühle: Bewegte Docken mit Rocaille. Ende 18. Jh.

Pfarrkirche St. Ulrich in Gröden, hl. Paulus, von R. Moroder

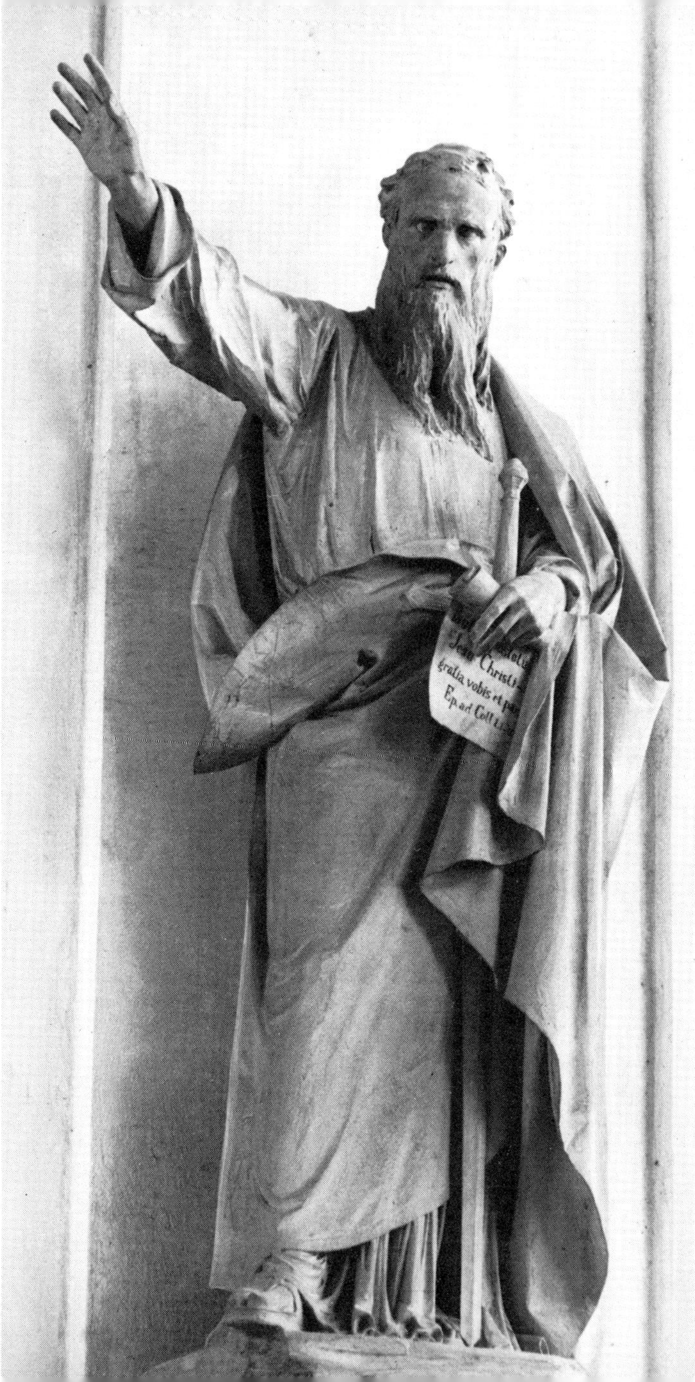
gratia vobis et
Ep. ad Coll

2. St. Anna am Friedhof

Bau: Der 1425 erwähnte Bau hat seine heutige einfache Form mit geradem Abschluß, Dachreiter, Spitzbogentüre in verzierter Steinrahmung, Kreuzrippengewölben über Spitz- und Renaissancekonsolen (auf einer die Jahreszahl 1515) und runden Schlußsteinen zu Anfang des 16. Jh. erhalten.

Gemälde: Altarbild von J. A. Mahlknecht jetzt im Heimatmuseum. 1859. Zwei Marienbilder in reich geschnitzten Holzrahmen mit Rankenwerk und Blumen. Um 1720.

Grabmal für Johann Dominikus Mahlknecht, gest. 1809. Weißer Marmor, im Aufsatz die theolog. Tugenden, Tod und Merkur. An der Fassade.

3. St. Anton in Boden

Bau: Der 1673 aufgeführte, 1680 geweihte einfache Bau zeigt Dachreiter, Vierecktüren, Rundbogen- und Viereckfenster, Tonnengewölbe über Pilastern und Gebälk und geraden Chorabschluß. Zwei Bischöfe*, Dominikus Vinazer, 1682. Altarblatt hl. Anton v. Padua, von Melchior Paul Deschwanden, 1863.

4. St. Jakob

Bau: Im 13. Jh. erwähnt. Das ursprünglich wohl flachgedeckte Langhaus erhielt in spätgotischer Zeit das mit einem Rundstab verzierte Spitzbogenportal und im 17. Jh. die Lünettenfenster und das Tonnengewölbe mit Quergurten über einfachen Pilastern. Der durch einen breiten, ungegliederten Triumphbogen abgetrennte, gerade abschließende Chor mit Spitzbogenfenstern und mit dem plumpen Kreuzrippengewölbe und die heutige Form des Turmes mit spitzbogigen Schallfenstern und Achteckhelm sind spätgotisch. Ein Umbau 1441 erwähnt.

Wandgemälde: Äußeres: 1. hl. Christoph, Schmerzensmann, umgeben von Darstellungen der verschiedenen menschlichen Beschäftigungen, zu denen sein Blut hinfließt und um die sich auch Teufel bemühen. Brixner Maler, 15. Jh. Turm, Chor, Fenster- und Türrahmung mit quadratischen Feldern bemalt.
2. Kreuzweg und Maria vom Guten Rat in Rocaillerahmung. 18. Jh., 2. Hälfte.
Inneres: 3. Das Presbyterium vollständig bemalt, am Gewölbe verzierte Rippen, Engel mit Spruchbändern, Kirchenväter und Evangelisten, an den Wänden Szenen aus dem Leben des hl. Jakobus und die zwölf Apostel, am Triumphbogen einzelne Heilige. Nr. 3 von einem ziemlich derben Brixner Maler, 15. Jh., 3. Viertel. Die Gemälde teilweise 1980 restauriert.

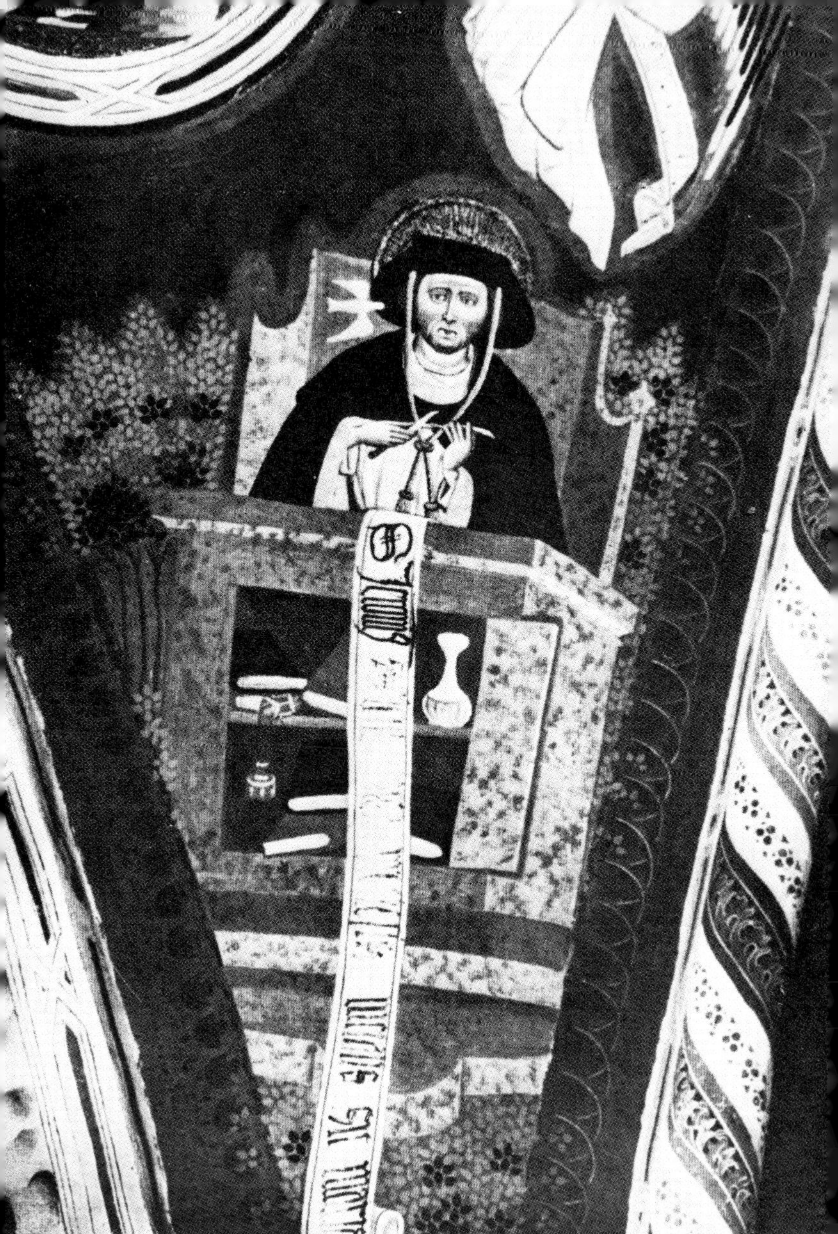

St. Jakob in Gröden, Kirchenvater Hieronymus

Hochaltar: Ungewöhnlich breiter Aufbau mit Seitentüren, sechs gedrehten Säulen, verkröpftem Gebälk, Statuen von Kassian Melchior Vinazer, Mitte 18. Jh. Bild, Maria mit Christkind, hl. Jakob und Heinrich, von Franz Unterberger, 1751.

Seitenaltäre: Säulenbauten mit aufgebogenem Gebälk, Volutengiebel und Bildern, am Aufsatz in reichgeschnitztem Rocaillerahmen. 18. Jh., 2. Hälfte.

Kanzel: An der Brüstung Statuetten, Christus und die Evangelisten, der Deckel von zwei Engeln getragen. 18. Jh., 1. Hälfte, von Kassian Melchior Vinazer.

Fastentuch:* Vier Reihen von Passionsszenen. 17. Jh.

Glocken: 1. Maria mit Christkind und drei Aposteln. Siegelabdruck 1565.
2. Schlanke Form mit Majuskelschrift. Um 1300. Jetzt in der neuen Kriegergedächtniskapelle.
Nach Diebstahl 1978 alle Figuren und Bilder durch Kopien ersetzt, verbliebene Originale im *Heimatmuseum* Gröden, das seit 1960 eingerichtet ist und kunst- und naturhistorische Objekte des Tales sowie die Entwicklung der Grödner Schnitzkunst zeigt.

5. Kirche zum hl. Josef in Runggaditsch

Neubau, nach Plänen von W. Gutweniger, Weihe 1985. Am Volksaltar Abendmahlrelief von Hermann Runggaldier 1984. Daneben die 1900 gebaute Josefskapelle mit Reliefaltar von Josef Runggaldier 1901.

ST. CHRISTINA IN GRÖDEN

1. Pfarrkirche zur hl. Christina

Bau: Von der 1342 erwähnten alten Kirche ist noch der Turm mit dreiteiligen Rundbogenschallfenstern, runden Säulchen, Würfelkapitellen und Kämpfern erhalten, der in spätgotischer Zeit seinen achteckigen Spitzhelm erhielt. Der polygonal abschließende Chor mit Sockel, Wanddiensten und einer Spitzbogentüre mit Rundstab wurde 1478 geweiht, erhielt aber später eine Tonnenwölbung und Rundbogenfenster. Das Langhaus mit Vorhalle, Rad- und Lünettenfenstern wurde um 1730 umgebaut und mit einer Tonne über Pilastern eingewölbt (Weihe 1749), 1840 verlängert und mit den beiden Seitenschiffen versehen. Letzte Weihe 1845.

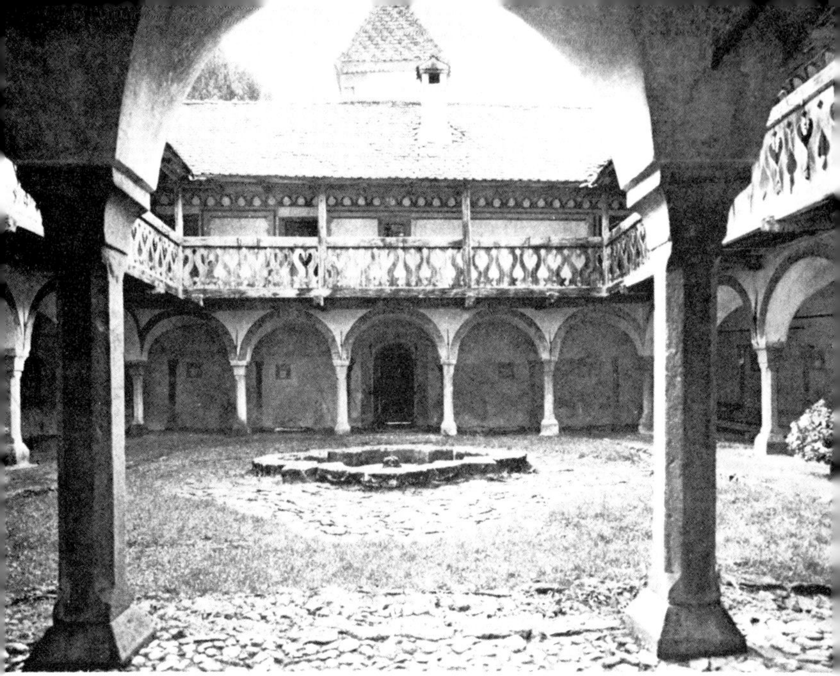

Fischburg, Arkadenhof

Deckengemälde: Szenen aus dem Leben der hl. Christina. Von Jonas Ranter, 1910.

Hochaltar: Säulenaufbau mit verkröpftem Gebälk und Statuen, um 1690. Tabernakelbau 19. Jh. Bild, Maria mit hl. Anton Abt und Christina, von Johann Burgauner, 1848.

Seitenaltäre: 1. und 2. Säulenaufbau mit verkröpftem Gebälk und Volutengiebel. 18. Jh. Die Reliefbilder modern.

3. und 4. Klassizistischer Säulenaufbau. Um 1840. Bilder, Taufe Christi und hl. Martin, von Josef Arnold. 1842. Aus der gleichen Zeit die *Kanzel-*, die *Beicht-* und *Kirchenstühle.*

Holzskulpturen: 1. Letztes Abendmahl, nach Leonardo, von Peter Nocker († 1881).

2. In der an den Chor angebauten Philomenakapelle Statue der Heiligen, Gipsguß, von Dominikus Mahlknecht.

2. Fischburg

Die malerische Baugruppe besteht aus zwei Arkadenhöfen, zwei Wohntrakten, Kapelle, zwei viereckigen Haupt- und drei Nebentürmen. Dekorative Wandmalereien, in der Kapelle derbe Stukkaturen aus der Bauzeit, mehrfach Wolkensteinsche Wappen, zahlreiche Geschützscharten, zumal an den Nebentürmen tief ausgescheint, auf den Türmen hohe Pyramidendächer.
Der um 1621 bis 1643 von Engelhard Dietrich von Wolkenstein aufgeführte Bau ist in Tirol das letzte Beispiel eines burgenartigen, befestigten Wohngebäudes, wobei aber doch mehr auf ein stattliches Aussehen als auf fortifikatorische Festigkeit abgesehen war. Einrichtung (auch die gotische Stube vom Naterhof in Schenna und die meisten Öfen) erst bei der Restaurierung der Burg um 1930 hierhergebracht.

WOLKENSTEIN

1. Pfarrkirche zu Mariä Himmelfahrt

Bau: Die 1503 erbaute Kapelle wurde um 1600 vergrößert und 1869 bis 1871 durch einen neugotischen Neubau ersetzt, wobei das alte Presbyterium als Sakristei verwendet wurde. Dort noch zwei jetzt unterteilte Spitzbogenfenster, im Obergeschoß das Rippengewölbe mit rundem Schlußstein und ober der Spitzbogentüre das Wappen des Wilhelm von Wolkenstein von 1503 erhalten.

Am *Hochaltar* Mariahilfbild. Kopie nach L. Cranach. Einrichtung neugotisch.

Grabstein: Wappen und Inschrift. Ferdinand Karl Graf Wolkenstein, gest. 1686.

Glocke: Maria mit Christkind. 1565.

2. Ruine Wolkenstein

Die besonders kühn gelegene kleine Burg steht auf einem schmalen Band einer mächtigen Felswand und schmiegt sich unter den überhängenden Felsen, der zugleich das Dach und die Rückwand des Wohntraktes bildet. Davor kleines spätmittelalterliches Vorwerk mit Tor und Zinnenmauer.
1237 Erwähnung eines Arnold von Wolkenstein. Spätestens seit ca. 1270 im Besitz der Maulrapp von Kastelruth. 1293 kaufte Randold von Villanders die Burg, dessen Nachkommen, die Grafen von Wolkenstein, nach ihr den Namen tragen. Nach

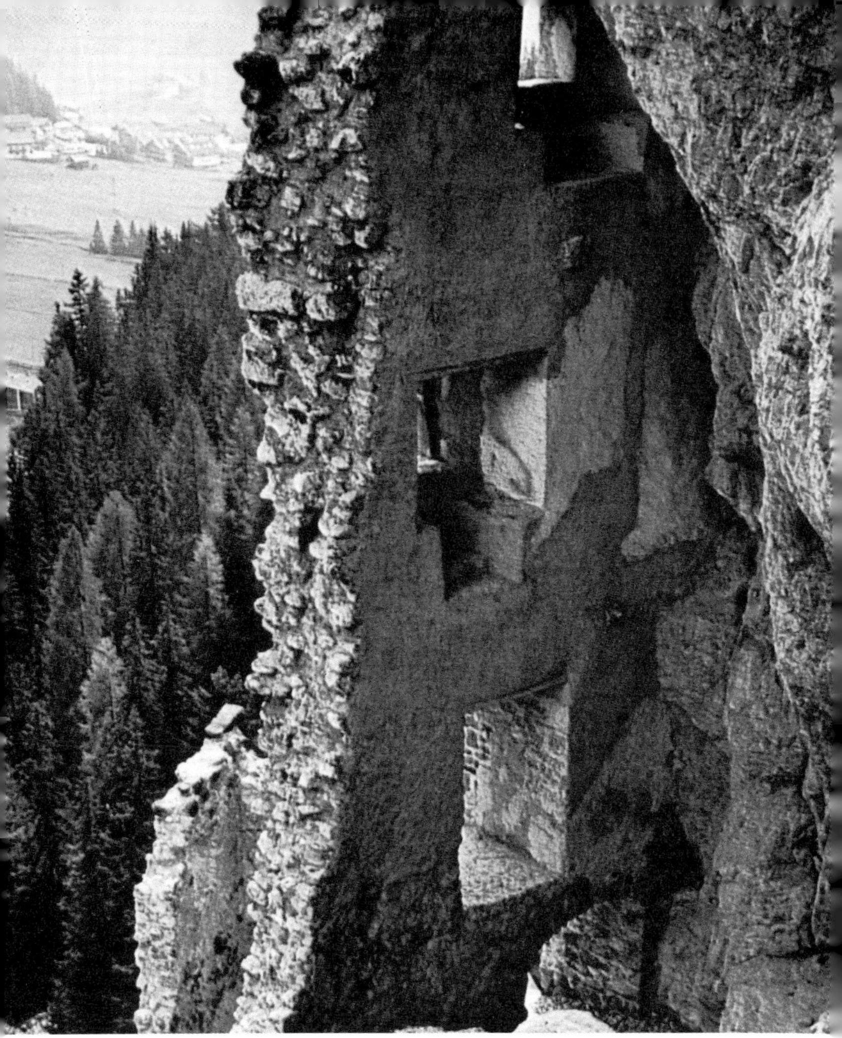

Ruine Wolkenstein

teilweiser Zerstörung durch Felssturz wurde die Burg 1522 dem Verfall überlassen. Sicherung der Ruinen und des Mauerwerkes 1979 abgeschlossen.

ENNEBERG (LA PLI DE MAREO)

I. Kirchen

1. Pfarrkirche zu Unserer Lieben Frau

Bau: Die Pfarrei wird zu Beginn des 12. Jh.s, die Kirche St. Maria 1347 erwähnt. (Grabungen für den älteren Bau sind geplant.) Von der spätgotischen Kirche haben sich die Quaderstreben, der polygonale Abschluß und das der Rippen beraubte Gewölbe des Chores und der spitzbogige Triumphbogen erhalten. Angeblich 1494 wurde an das Langhaus die rechte, 1692 die linke Seitenkapelle hinzugefügt. Durch Antonio Rivo wurde 1764 das Langhaus nach Plänen von Matthäus de Costa verlängert und dabei die ganze Kirche barockisiert. Geschweifter Fassadengiebel mit geschweiftem Bogenfenster und Vierpaßluke, Viërecktüren, viereckige und geschweifte Fenster, am südlichen Querschiff Sonnenuhr mit Jahreszahl 1765. Im Innern Wandpfeiler mit Gebälkstücken, im vierungsartigen Mittelraum verkröpft. Im Schiff und in den Kapellen Tonnen mit Stichkappen, in der Vierung niedrige Kuppel auf Gurtbögen. Empore mit zwei Säulen, in der Mitte vorgebauchte Brüstung. — Am Turm, der größtenteils Quadern zeigt, Fenster mit geschwellter Trennungssäule unter Blendspitzbogen, im westlichen Feld Jahreszahl 1536 und Doppeladler, im östlichen neues Vatikanwappen (1976), hölzerner Spitzhelm. Die Kirche 1970, der Turm 1976 restauriert.

Wandgemälde:

1. An der Fassade Gottvater, Maria, Engel, Petrus und Paulus, Rocaille und Fensterrahmungen, 18. Jh., zweite Hälfte.
2. Außen Kreuzweg in Rundbogenrahmungen, 1799.
3. An der Emporenbrüstung musizierende Engel, König David, hl. Cäcilia von J. B. Oberkofler, 1936.
4. An der Decke in Stuckrahmen Himmelfahrt Mariens, Darstellung im Tempel, Maria bei Joachim und Anna, seitlich in Stuckrahmen mit Palmzweigen Medaillons der vier Kirchenväter. In der Kuppel in Scheinarchitektur mit klassizistischen Motiven Verkündigung, Heimsuchung, Geburt Christi, Darstellung und Auffindung im Tempel. Im Chor Dreifaltigkeit, Petrus und Paulus und barocke Dekorationsmalerei mit Blumenvasen, Gitterwerk und Emblemen, die zum Teil auch im Schiff wiederholt bzw. bei Restaurierung erneuert wurde. Die Fresken von Josef Arnold, signiert 1848 und 1849, Mitarbeit des Sohnes Alois.
5. In den Querschiffen in Stuck mit Bandwerk und Rosetten, Mitte 18. Jh., Bilder: Dominikus und Franziskus vor Christus und Maria und Moses und die eherne Schlange, erneuert von J. B. Oberkofler.

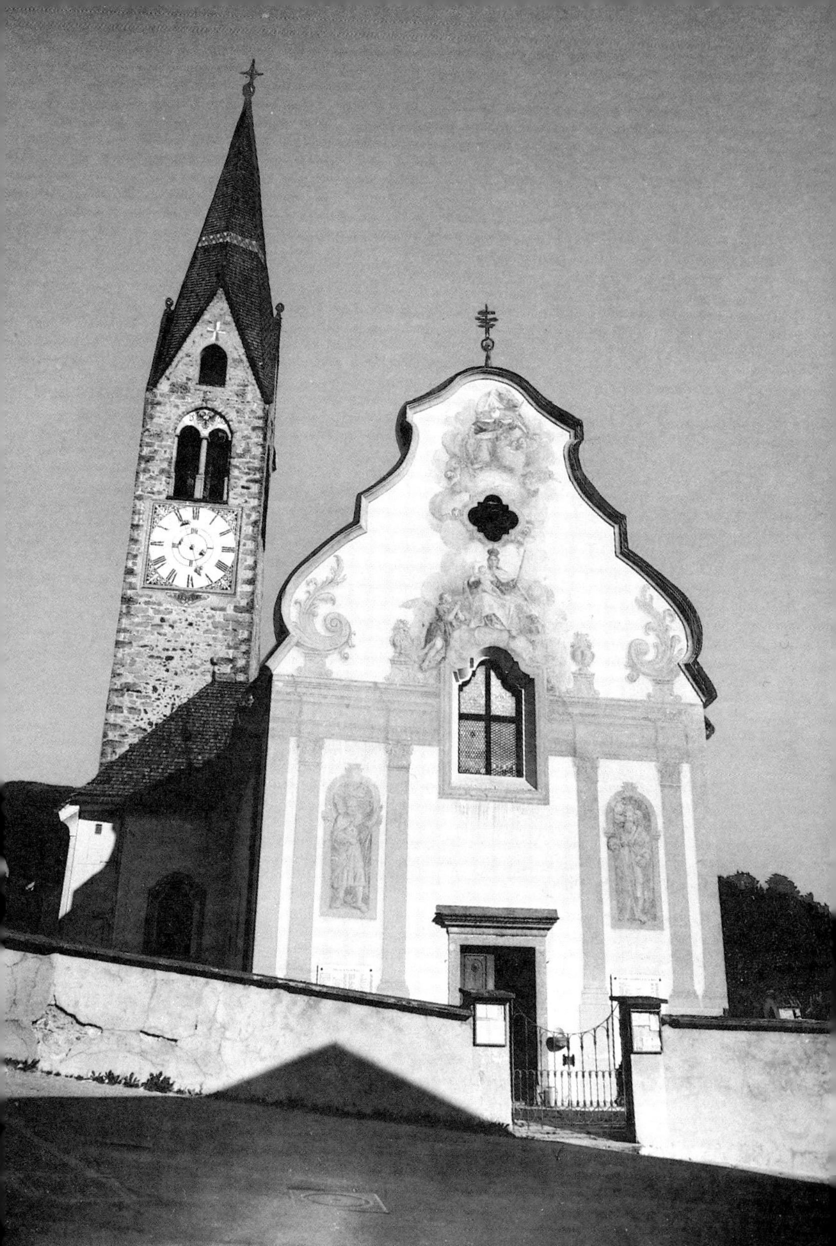

Enneberg (La Pli de Mareo), Pfarrkirche

Hochaltar: Prächtiger Aufbau aus zwei Säulenpaaren mit Blattgewinden bzw. Vögeln und Putti in den Ranken, seitliche Volutenkonsolen mit Statuetten, Sebastian und Rochus. Verkröpftes Gebälk, Rundgiebelstücke, darauf Engel mit Lauten, im niedrigen Aufsatz Relief der Hl. Dreifaltigkeit. Oben Figur des hl. Michael. In der Nische in von Engeln getragener Glorie kleines Gnadenbild: Muttergottes mit Christkind, um 1430. Die Nische kann durch ein Bild, Jesusknabe im Tempel, verschlossen werden; von Josef Renzler, 1818, gewidmet von Johann Trebo auf Asch. Seitenstatuen, Petrus und Paulus, von Michael Rasner aus Bruneck, 1712, jetzt an den Seitenwänden angebracht; an ihrer Stelle die ursprünglichen Statuen des 17. Jh.s, Joachim und Anna. An der Predella Inschrift: 1658 aedificatum, 1864 denno deaurtum, Wappen des Peter Ghedina, Pfarrers von 1645 bis 1698, und eines Mitgliedes der Familie Colz. Der Altar war der ursprüngliche Rosenkranzaltar, 1901 als Hochaltar aufgestellt und verändert mit neuem Tabernakel und Podesten von Tischler Rungger von Plan.

Die zum Verhängen der Seitenaltäre bestimmten Fastenbilder sind qualitätsvolle Arbeiten von 1742.

Seitenaltäre:

1. und 2. in der Vierung. Säulen mit reichverkröpftem Gebälk, geschweifte Giebelstücke, seitlich sitzende Engel, stark geschwungener Aufsatz. Statuen, links hll. Helena und Florian, rechts zwei heilige Bischöfe, diese gute, bewegte Arbeiten, vergoldet. Bilder, links Hl. Drei Könige, im Aufsatz Salvator mundi, rechts Silvester, im Aufsatz Unbefleckte, von Christian Renzler. Die Altäre, mit Ausnahme der Mensen, 18. Jh., 2. Hälfte.

3. Sarkophagmensa mit Voluten in Tatzenform und mittlerem Christusrelief. Geschweifter Aufbau mit Säulen vor Hinterwand, Giebelstücke mit sitzenden Engeln, im geschweiften Aufsatz Gottvater mit Engelsglorie. Auf Voluten Statuen, Maria und Johannes, in der Mitte vertieft Kreuz mit naturalistischem Baumstamm und flatterndem Tuch. Wohl 18. Jh., 2. Hälfte. Der Altar weiß und braun marmoriert, die Figuren weiß gestrichen.

4. Rosenkranzbild mit Dominikus und Theresia in Landschaft, in Kranz aus dreifarbigen Rosen die Rosenkranzgeheimnisse. Schönes, venezianisch beeinflußtes Werk von Orazio Giovanelli, um 1636 (Signatur verändert). Bild des hl. Josef, signiert August Pezzei 1877. Der zugehörige Altar wurde 1927 entfernt und durch perspektivische Architekturmalerei ersetzt. Erhalten noch Gottvater in Engelsgloriole, ober dem Beichtstuhl, und sitzende Engel.*

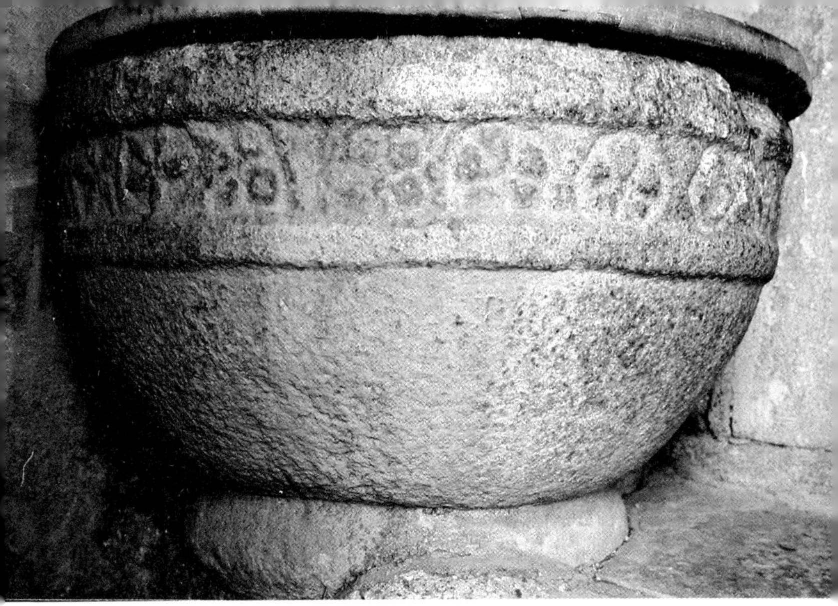

Enneberg, Pfarrkirche, Weihwasserbecken

Kanzel: Dreipaßgrundform. Reliefs der vier Evangelisten, wohl von Dominikus Moling. Um 1745.

Beichtstühle: Pilaster und Muscheln, 18. Jh.

Kirchenstühle: Reiche, große Ranken, 18. Jh., 1. Hälfte.

Taufstein: Glatte Rundschale mit Wappen Rost und Buchstaben H.G.—V.H. 1621. Steinmetzzeichen und I.S.

Weihwasserbecken: Vor dem rechten Eingang. Massige Rundschale aus Granit mit einfachem, derbem Ornamentkranz. Romanisch.

Kreuzwegstationen: Mitte 19. Jh. Mit guten Rahmen in historisierendem Mischstil.

Skulpturen:
1. Hl. Johannes Nepomuk, große Figur, bewegte Haltung, 18. Jh., 2. Hälfte.
2. Großes Kruzifix, stark bewegt und gedreht. 18. Jh., 2. Hälfte.
3. Christus, Maria und Johannes, abgeschnittene Vollfiguren mit scharfen Falten und schönen Köpfen. Ende 15. Jh. Deponiert.
4. Hl. Barbara und hl. Agnes, schlanke Figuren, um 1500. Deponiert.

Votivtafeln:
Erinnerungsbilder an die Wallfahrten der Gemeinde Welsberg nach Enneberg, 1636, 1738, 1836, 1936.
1. Prozession in Zeittracht, kurze rote Wämser, breite Hüte, in die alte Kirche von Enneberg einziehend. Schrift: Gott dem Allmechtigen zu Lob und Ehr der Hochgelobt- Jungkfrauen Maria Muetter Gottes hat ain Erwirdig, Edl, auch Ersame Nachperschafft dy gemainden wellsperg in 1636 umb gnedige verhietung von der Laidigen Sucht der Pestilentz dise Dafl sambt ainer Khertzen in dises wirdig Gottzhauß vnser Lieben frauen Pfarrkhirchen in Ennewergo verlobt und solliches Blib in 1636 Jare auf ain neues Convormiert mit ainer andechtigen Procession alda aufgeopfert beynebens diser gewehnlichen Chreitzgang sambt der Khertzen in Ewiger Welttzeiten einzuhalten verlobt.

2. In Wolken Heilige und das gekleidete Gnadenbild von Enneberg. Prozession usw. wie 1. Zeittracht: lange rote Röcke, breite Hüte. Schrift: Die vor hundert Jahr beshechene Verlobnis und khirchfart anhero nachher Ennebergs zu dem daßigen wunderthetigen gnaden-bild Mariae hatte anno 1738 die Wohl-Edle und firnembe Nachperschafft zu Zell vndter Welsperb mit diser Votiv-Tafl erneuert, in welchen Jahr selbe das herliche Gottshaus St. Margretthae erbauet, die fruehe Meß bestettiget, auch ein Eigner Selsorger und Curat daselbst gestyfftet worden Zwar unter direction Ihro hoch Ehrwirden herrn Georg Puell, Chorherrn und Pfarrern zu Inichen alss Curat der erste in Welsperg. Gott und Maria behiete unss vonallen ybl sonderheitlich von der leidigen Pest. Amen.

3. Bild wie 2. Zeittracht: lange schwarze Röcke, kleine Hüte mit Quasten. Lange Schrift über die Erneuerung des Wallfahrtsgelübdes 1838. Signiert Johann Pichler, Welsberg.

4. Bild mit genauer Ansicht des Dorfes und porträthaften Figuren in Straßenanzügen. Schrift: Hl. Maria Gnadenmutter! Nimm diese Votivtafel 1936 als Zeichen unserer Treue am Gelöbnis unserer Väter, die Du von der Pest 1636 bewahrt hast. Innigen Dank für all Deinen Schutz im letzten Jahrhundert, so zur Zeit des Hochwassers 1882 und des Weltkrieges 1914—1918. Die Welsberger. 27. Mai 1936. Beschütze uns weiter durch Deine Fürbitte an Seele und Leib. Von Hans Peskoller, mit Wappen.

Orgel: 1853.

Sakristei: Reiche Stuckdecke in Rocaille, um 1770. Ehem. Altarbild, Darstellung im Tempel, signiert Nicolaus Pedevilla fec. 1716, Wappen von I. Dominik Pedevilla. — Bild, Hauptmann von Kapharnaum, nach P. Veronese, 17. Jh.

2. Totenkapelle

Bau: Rechteckbau, gerader Chorabschluß, Giebeldach, Tonnengewölbe mit Stichkappen, rundbogige Chornische.

Deckengemälde: Jüngstes Gericht, lt. Chronogramm 1760, von Christian Renzler.

Altar: Blauschwarzgefaßter Volutenaufbau, Mittelbild ebenso wie die Statuen (Totenfiguren) gestohlen.

Holzskulpturen:
1. Zwei Nischen mit Figuren von Armen Seelen, wohl Anf. 19. Jh.
2. Unser Herr im Elend, unter Baldachin, 18. Jh., 2. Hälfte.

3. Wegkapelle am Weg nach Plaiken

Nach vorne offener Bau mit zwei freistehenden Pfeilern und niedrigem Pyramidendach, Mariahilfbild deponiert, jetzt einfaches Kruzifix. 18. Jh., 2. Hälfte.

4. St. Georg in Plaiken

Bau: Rechteckbau mit abgesetztem, gerade abschließendem Chor, Zwiebelturm mit Rundbogenschallfensterchen, an der Westseite Vordach, Lünette, Vierpaßluke, steingerahmte Rechtecktür, Jahreszahl 1737. Im Schiff zwei, im Chor ein Rundbogenfenster. Nördlich gedeckter abgegrabener Gang gegen die Bergseite hin. Im Innern Tonne mit Stichkappen über Pilastern mit umlaufendem verkröpftem Gebälk. 1737 an Stelle einer älteren Kirche erbaut, 1747 geweiht, 1979—81 Außenrestaurierung.

Hochaltar: Aufbau aus drei Säulenpaaren vor freistehenden Pfeilerchen, reich verkröpftes Gebälk, geschweifte Giebelstücke mit sitzenden Engeln, Aufsatz mit Säulen, Engeln, Flammenvasen. Zwischen den Säulen Statuen, Barbara, Margaretha, Magdalena und Katharina, kleinere Figürchen, Andreas und Georg, im Aufbau Dreifaltigkeit. Altarblatt Mariahilf. Bauzeit der Kirche. Schöne hölzerne Rocailleleuchter mit Empireleuchtern wechselnd aufgestellt.

Seitenaltäre: Säulenaufbau mit Rundbogen, romanisierend, um 1870. Bilder: links Madonna und Jesuskind mit Werkzeugen, darunter die neun Heiligen der Geduld: Job, Krispin, Amus, Lucanus, Hieronymus, Deusdedit, Isidor, Apollonia, Notburga; rechts 14 Nothelfer mit Krönung Mariens, Mitte 18. Jh., lt. Signatur restauriert von August Pezzei 1869.

Kanzel: Evangelistenfiguren in Dreiviertelreliefs. Voluten und Blätter. Bauzeit der Kirche.

Kreuzwegstationen: Signiert Mathias Pedevilla 1838.

Glasfenster: Starkfarbig, geometrische Muster. Um 1930(?)

Bänke: Geschwungene, einfache Docken. Bauzeit der Kirche.

Skulpturen:

1. Kruzifixus, Holz, stilisierter Körper. 19. Jh. oder überarbeitet und älter.
2. Georg und Andreas, schöne große Figuren, um 1520.*

Vortragkreuz: Kupfer, vergoldet, mit Vierpaßenden und eingravierten Ranken; vorn an graviertem Kreuzstamm Korpus. Die Rosetten mit Glasflüssen wohl später. Werk des 15. Jh.s. Deponiert.

5. Kapelle beim Hof Gschlier in Palfrad

Kleiner Rechteckbau, Dachreiter mit Pyramidendach. Rechtecktür und Fenster, über der Tür Lünette. Jahrzahl 1845. Altar einfacher Säulenaufbau, Bild hl. Josef vor Maria mit Kind kniend, deponiert.

5. St. Nikolaus in Hof (Court)

Bau: Rechteckbau mit abgesetztem Rechteckchor, seitlichem Turm und Sakristeianbau. Westlich steingerahmte Rechtecktür, Lünette, Vierpaß. Nördlich ein, südlich drei Rechteckfenster, darüber je drei hochliegende Lünetten. Am Chor je eine Lünette. Im Schiff Stichkappentonne über flachen, verkröpften Wandpfeilern mit umlaufendem Gebälk. Empore auf zwei runden Steinsäulen, drei Kreuzgratgewölbe. Im Chor zwei Rechecktüren, Kreuzgratgewölbe. Am Turm gemalte Eckquadern, Rundbogenschallfenster, hölzerne Zwiebelkuppel.
Eine Kirche 1436 erwähnt. Der heutige Bau lt. Inschrift am vordersten Gurtbogen erbaut von „Martin Somavilla zu Rost maurer maister 1712“. Der ältere Turm damals erhöht. Weihe am 3. August 1714. Die Empore später. Bauherr war Pfarrer Peter Rungaldier. Außenrestaurierung 1984 in Arbeit.

Wandgemälde:

1. Außen am Turm hll. Florian und Nikolaus, die Kirche von Hof schützend.
2. Innen am Gewölbe in Stuckfeldern Glorie des hl. Nikolaus, Engel mit Posaunen um das Himmelloch, Himmelfahrt Mariens; am Chorbogen Verkündigung; im Chor Dreifaltigkeit in Erwartung Mariens.
3. An der Empore Christus erscheint Maria, Gang nach Emmaus, Christus als Gärtner.
4. In zwei hohen Wandnischen (Blendfenstern) Bilder der Rosenkranzverleihung und hl. Florian und Mariahilf, letzteres mit Stifterinschrift: zu vorderist unser lieben frauen und den heiligen

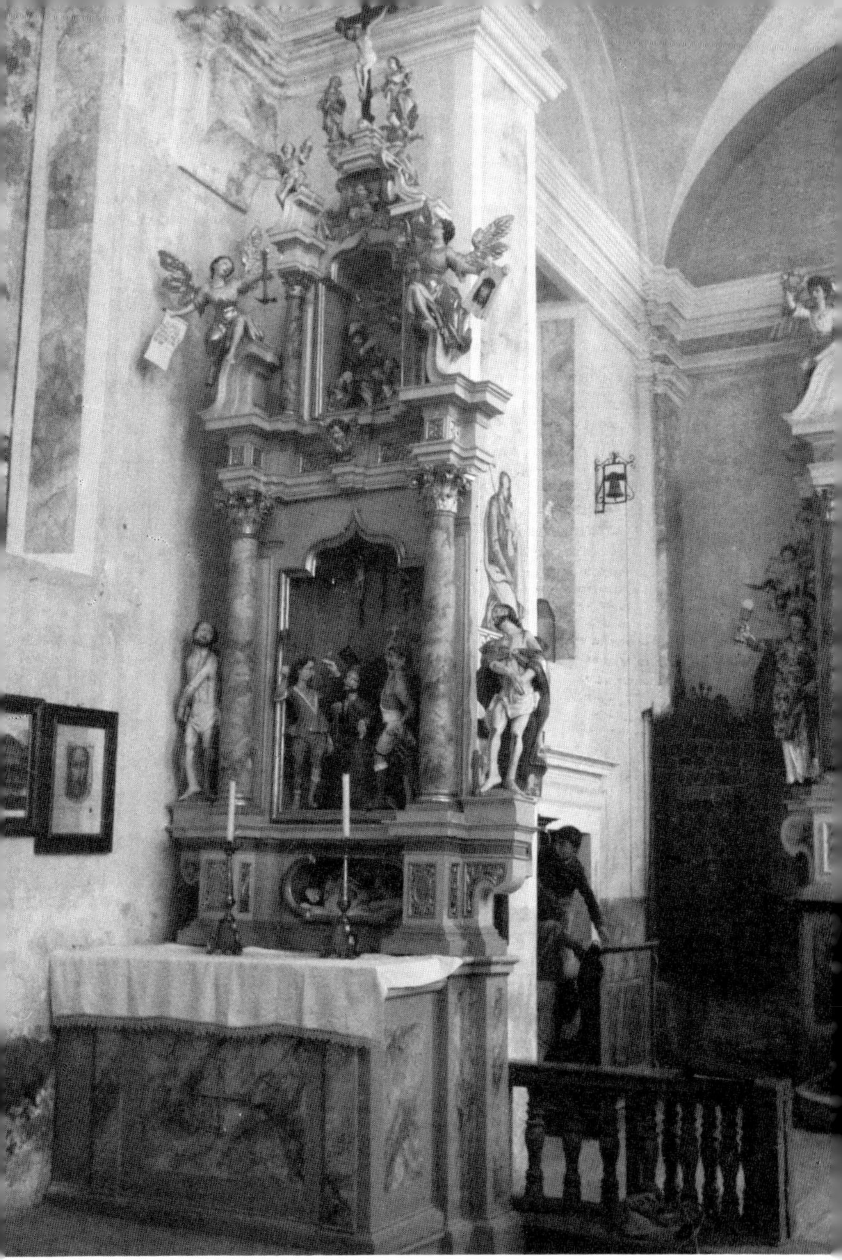

Hof, St.-Nikolaus-Kirche, linker Seitenaltar

Sanct Florian zu lob und Ehr hat der Ehrsame Christian Haller iezt zu Hof dises gemäll allhie machen laßen. 1717.

5. Apostelzeichen mit Kartuschen, darüber Apostelfiguren. Alle Bilder, mit Ausnahme der Empore, von derselben Hand.

Hochaltar: Säulenaufbau, gerades, verkröpftes Gebälk, geschwungene Giebelstücke mit sitzenden Engeln, im Aufsatz Rundfüllung mit dem Auferstandenen, Giebelstücke mit Engeln, Gottvater. Statuen: Barbara, Silvester, Martin, Margaretha, Klara(?), Katharina. In der Mittelnische Statuen Martin und Florian, vor Madonna kniend. Altar von 1719, Figuren Johann Vinazer.

Seitenaltäre: 1. In der Predella Christus im Grabe, Säulenaufbau, geschweifte Giebelstücke, Engel mit Leidenswerkzeugen. Säulenaufsatz mit geschweiftem Giebel, Engel, Kreuzigungsgruppe. Seitlich Statuen, Christus an der Geißelsäule und Christus im Elend, in Mittelnische kreuztragender Christus mit zwei Schächern. Signiert: Bartlme Pacher Piltauer von Ennenbergs hat disen altar 1732 gemacht und sein weib Catharina Pacherin geborne Pedevilla hat 1733 disen Altar gefast.

3. Flacher Aufbau, an der Mensa kaputte Stoffbespannung, Säulenaufbau auf Voluten, Engelsköpfe, symmetrische Groteskenranken. Gesprengter gerader Giebel, niedriger Aufsatz mit Gottvater. Seitliche Rollwerkranken. Mittlere, dreiteilige Nische mit Madonnenstatue mit Kind. Die beiden seitlichen Figuren, Nikolaus und Margaretha, gestohlen. 17. Jh., 1. Hälfte.

Kanzel: Ende 17. Jh. Die Evangelistenfiguren (Dreiviertelreliefs) gestohlen.

Bänke: Geschwungene Docken mit Blütengehänge. Ende 18. Jh.

Skulpturen:
1. Hl. Nikolaus, spätgotisch, gute Figur. Deponiert.
2. Kruzifix, gotisierend, 17. Jh.
3. Hl. Aloisius, 17. Jh.

Gemälde:
1. Mater dolorosa und Schmerzensmann, 18. Jh.
2. Votivbild von 1861, „cacciatore imperiale“ Jocancio Obojes.
3. Zwei Kirchenfahnen, Bilder hl. Florian, eine datiert 1861.

Kreuzweg: Signiert: Pinxit Johann Burgmann. Hinterglasmalerei. Deponiert.

Glocken: 1. Kleine Heiligenfiguren, gegossen von Adam Sterzer, 1610. 2. Kreuzigung und Heilige, 1580.

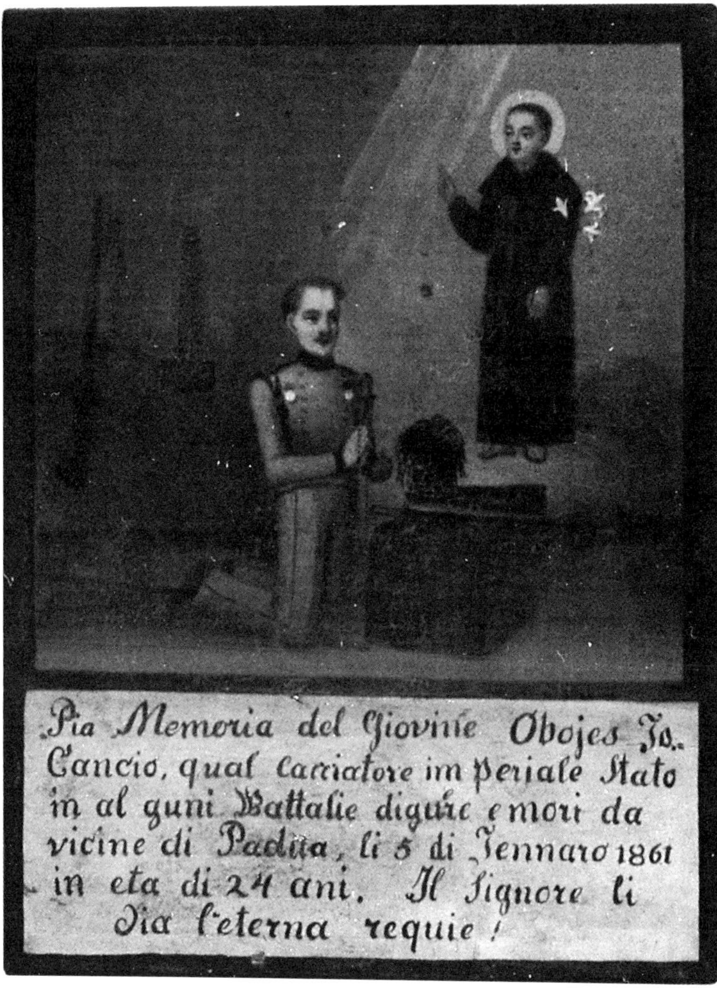

Hof, St.-Nikolaus-Kirche, Votivbild 1861

II. Edelsitze und Häuser

1. Moreck (Gasthaus Trebo)

Auch Granchiasa genannt. Großer Rechteckbau mit zwei Eck-erkertürmen und einem sehr hohen, spitz zulaufenden Giebeldach mit zweistöckiger Giebelmauer. Kleine, regelmäßig angebrachte Viereckfenster, im Osten Tür mit Steinpfeilern, Kämpfern und Gebälk, gratgewölbte Hausgänge, getäfelte Stube von 1830, in zwei Zimmern einfache Täfelungen, 16. Jh. Die Dachgeschosse innen nicht ausgebaut. Stark renovierungsbedürftig. 1574 kaufte sich Kaspar Mor, genannt Englmor, aus Aufkirchen in Enneberg an. 1644 Freiung zum Ansitz für seinen Enkel Kaspar Englmor, Amtmann in Bruneck. Seit 1767 Besitz der Familie Trebo, die hier ein Gasthaus führte.

2. Asch

Am Weg zwischen Enneberg und Plaiken. Der Ansitz war Stammsitz der um 1300 genannten Herren von Asch, von denen er kurz danach im Erbweg an die Familie der Prack überging, wurde im Venezianerkrieg 1487 zerstört, dann wieder aufgebaut, 1637 nochmals, angeblich durch einen Brand zerstört und 1722 restauriert (vgl. ehem. Fresko und Inschrift ober dem Eingang). Seit dem 18. Jh. in bäuerlichem Besitz. Am 21. 7. 1958 durch Großfeuer zerstört. Von der neuen Besitzerfamilie Agreiter 1980—1982 in alten Formen — zweigeschossiger Bau ober rechteckigem Grundriß mit Eckerker und Walmdach — wiederaufgebaut.

3. Rost

Beim heute „Ciastel" genannten, im Weiler Ras (= Rost) gelegenen Bauernhaus der ältere, turmartige Bau mit ehemaligen Zinnen, im Dachaufsatz noch erkennbar. Später verändert. Kleiner südlicher Erkerturm mit Schmiedeeisengittern an den Fenstern. Verbaute Reste einer Loggia und Spitzbogentür an der nördlichen Eingangseite. Die aus Buchenstein stammenden, um 1300 „zu hove in Rost in Enneberg" erwähnten Herren von Rost, die später in die Brunecker Gegend übersiedelten und deren auch in eine schwäbische Linie geteiltes freiherrliches Geschlecht 1945 mit Dr. Hans Rost ausstarb, hatten hier ihren Sitz. Er wurde im 18. Jh. zusammen mit vier Höfen, den Rosthöfen, vom Kloster Sonnenburg gekauft; seit 1785 ist er in bäuerlichen Händen. — Das Rashof genannte nebenliegende Bauernanwesen hat gratgewölbten Flur, Treppe mit Wangenmauer und ober der einfachen Spitzbogentür zweiseitigen Erker. 16. Jh.

4. Pfarrhaus

Malerischer Rechteckbau mit doppelgeschossigem Erker auf Konsolen. Westlich Spitzbogentür. Treppenaufgang, Türvorbau mit Steinbalustrade, auf dünnen Steinsäulen Dächlein, kleines Kreuzgewölbe. An der steingerahmten Rechtecktür Schrift: 17

PR + PM 17 (Petrus Rungaldier Parochus Marubiensis). Fresko Maria und Josef, wohl von J. Arnold. Im Hausgang flache Tonnenwölbung mit Knorpelgraten an den Stichkappen, in zwei Rahmen Bilder der Krönung Mariens. Sammlung mit Bildnissen aller Dekane von Enneberg seit dem 17. Jh., u. a. Porträt von Dekan Pallua, signiert J. Rudiferia 1899. — Im Weiler-Hof das kleine Gasthaus „Villa", schönes Bauernhaus mit Söller und seitlichem Aufgang, Fresken: hll. Aloisius, Florian, Josef (oder Simon), in Lorbeerahmen mit Rocaille, gute bäuerliche Malerei, 18. Jh./Nr. 49.

ST. VIGIL IN ENNEBERG (AL PLAN)

1. Pfarrkirche zum hl. Vigilius

Bau: Um 1293 wird bereits eine Kirche erwähnt. Nach Verwüstung in den Venezianer Kriegen 1489 neu geweiht. Der Turm mit gemalten Eckquadern, Schallöchern mit eingestellten (modernen) Trennungssäulen, Wasserspeier und hölzernem Spitzhelm Anfang des 16. Jh.s. Die heutige Kirche wurde 1781/82 von Franz Singer und Franz Abenthung von Götzens erbaut und 1782, also schon mitten in der Zeit der Josefinischen Reformen, geweiht. Sie ist ein prächtiger Bau mit fast quadratischem Schiff, ausgeschwungenen Ecken, außen rund, innen gerade abschließendem Chor, Gruppen von zwei Rundbogen- und einem dreiteiligen Lünettenfenster, gemalter Fassadengliederung und Tür- und Fensterrahmungen. Im Langhaus und im Chor Flachkuppel über Wandpfeilern mit vorgelegten Pilastern und verkröpftem Gebälk, der Triumphbogen konkav ausschwingend. Im tonnengewölbtem Vorjoch zwei Emporen, die untere geschweift, die obere gerade abschließend (neu). Zwei kleine Oratorien als halbrunde Chörlein in die Eckpilaster eingefügt mit geschweifter reicher Brüstung und prächtigem Holzgitter aus verschlungenen Kreisen, Flechtbändern und kleinen Girlanden; für die Äbtissin von Sonnenburg und ihr Gefolge bestimmt.
Der schöne und eindrucksvolle Bau verdankt seine Wirkung vor allem auch der reichen Innendekoration. Überall reiches, flammendes Racaille, geschmackvoll in Weiß und Gold, Pfeiler und Friese rotgelb marmoriert.

Wandgemälde:

1. Außen über dem Haupteingang Sonnenburger Wappen.
2. Deckengemälde: Im Chor in Säulenhalle Glorie des hl. Franz Xaver, in den Zwickeln in Grisaille Szenen aus seinem Leben. Im Schiff in reicher Säulenarchitektur Steinigung des hl. Vigilius

und andere Szenen seines Lebens, in den Zwickeln in Grisaille die vier Kardinaltugenden. Signiert: Matthae: Gündter Director Academiae Augustae pinxit 1782. Kartusche mit Chronogramm: DIVIs VIgILIo aC XaVerIo DeDICata. Von Johann Holzer beeinflußtes Spätwerk Günthers.

Hochaltar: Sarkophagmensa mit Voluten. Tabernakel mit Säulen und Voluten, in Glasaufsatz Pietà nach Brunecker Typus (aus Sonnenburg), barocke Kopie. Aufbau mit zwei Säulenpaaren, verkröpftes Gebälk, in der Mitte aufgebogen. Aufsatz mit starken Voluten, Palmen, Vasen, Engel. Statuen, zwei hl. Bischöfe, 18. Jh.; Bild, hl. Vigilius mit bäuerlicher Bevölkerung, von Peter Denifle, um 1802. Im Aufsatz Engelglorie und Hl. Geist.

Seitenaltäre: Säulenaufbauten, 1840 von Anton Steiner in Bruneck gemacht, von Phil. Tavella in Wengen gefaßt. Statuen links zwei Märtyrerinnen, rechts Silvester und Nikolaus. Bilder links in reichem (nachgemachten) Barockrahmen hl. Franz Xaver; rechts hl. Aloisius, in Art von Denifle, Anfang 19. Jh.

Kanzel: Stuck, geschweifte Brüstung und weit vorspringendes Dach mit Rocaille. Gegenüber Mariahilfbild mit korrespondierendem Rocaillerahmen, um 1780.

Beicht- und Kirchenstühle, Taufstein: Bauzeit der Kirche. Beichtstühle und Türen mit schöner Einlegearbeit, reiche Türbeschläge. Über den Beichtstühlen Bilder Petrus und Magdalena als Büßer, wohl von Christian Renzler.

Kreuzwegstationen: Die letzte Station signiert: Carl Heinrici ducis Curlandiae pictor fecit. Um 1783.

Fahnenblatt: Von Christian Renzler.

2. Kriegerdenkmal

Holzkapelle mit Kruzifix von K. Obwegs 1954. Davor Bronzestandbild der Katharina Lanz, des aus St. Vigil gebürtigen Mädchens von Spinges. Von Otto Irsara, 1971. (Ein Bild der Katharina Lanz, gemalt von Johann Rudiferia, befindet sich im Hotel Post, St. Vigil).

3. Kapelle in Runggatsch

Bau: Kleiner, quadratischer Bau. Tonnengewölbe, 17. Jh. Kürzlich restauriert. An der Fassade Statue des hl. Joh. Nepomuk, 18. Jh.

Altar: Säulenaltärchen mit mittlerem Mariahilfbild und Figuren Rochus und Sebastian, oben Guter Hirte und Verkündigung, gute Arbeit, Mitte 17. Jh.

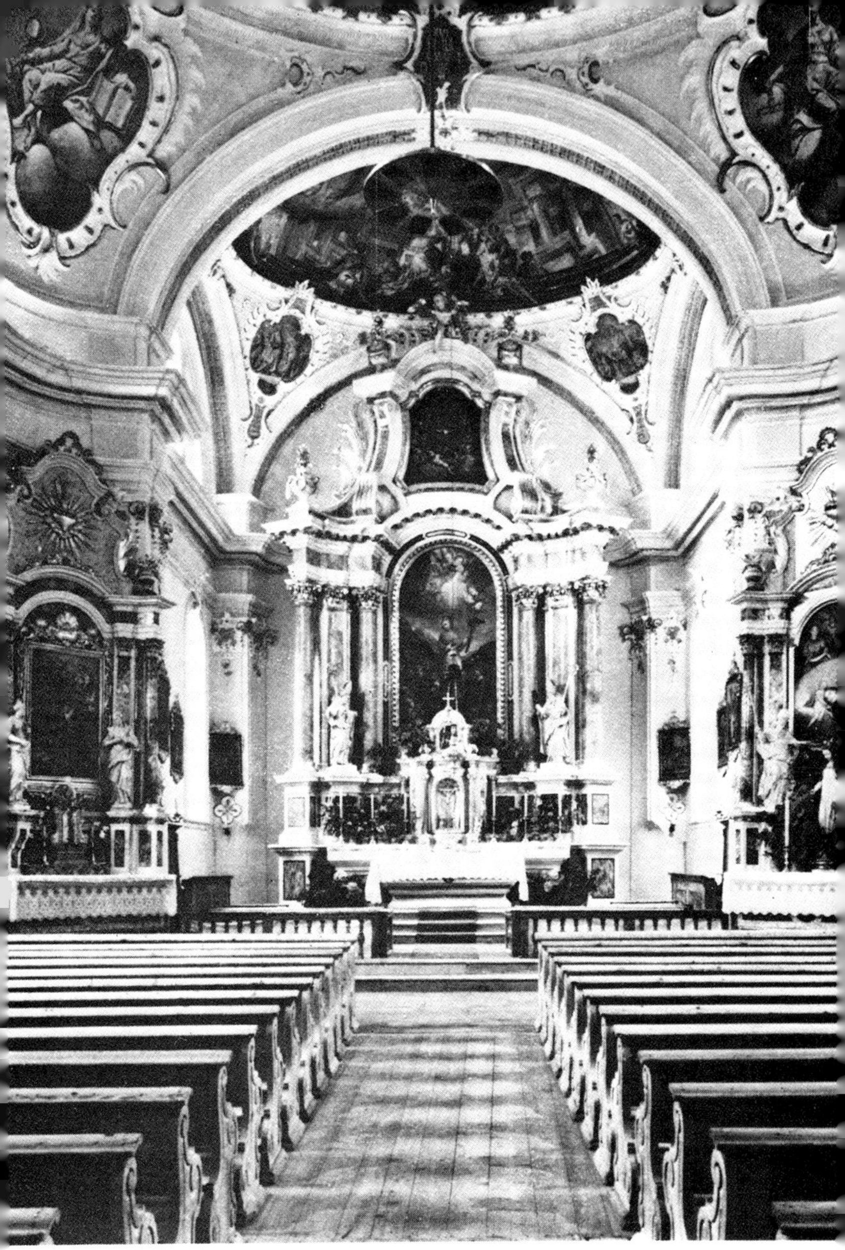

St. Vigil in Enneberg (Al Plan)

Bilder:
1. Christus, Maria, die Apostel und Krichenpatrone. In der Art Renzlers, lt. Inschrift gestiftet vom Färbermeister Johann Trebo 1827.
2. Bild einer Dame (Heiligen) mit Drachen, oben Falke, höfische Kleidung, 17. Jh. Schlecht erhalten.

4. Kapelle in Montal

Lt. Inschrift 1619 erbaut, 1895 von Josef Rudiferia renoviert. Einfacher Bau an der Straße mit halbrund abschließendem Chor, hölzernem Dachtürmchen, zwei spitzbogigen Fenstern im Chor. An der Fassade Okulusfenster mit neugotischer Rosette, breiter Torbogen, neugotische Holztür. Im Innern zierliches Netzgewölbe über Flachpilastern, Rippen im Chor nach oben in Sterne auslaufend. Altar Immaculata in Grotte, Tabernakel 17. Jh. Große Muttergottesstatue mit Kind im Typ der Patrona Bavariae vom ehem. Altar, jetzt in Nische an Seitenwand, Anf. 17. Jh. Zwei ältere Engel gestohlen. Glaskästchen mit bekleideter Wachsfigur des Guten Hirten, 19. Jh., deponiert. Kreuzwegstationen: Drucke, Rahmen Ende 19. Jh. Älteres Kreuzwegbild, 18. Jh.

5. Mariahilfkapelle in Zwischenwasser (Longega)

Erbaut um 1800, nach Überschwemmungen 1836 und 1841 erneuert. Altärchen 17. Jh., österr. Bindenschild, Bild: Mariahilf mit Florian und hl. Königin, 17. Jh.

6. Lourdeskapelle in Zwischenwasser (Longega)

Um 1930 Neubau an Stelle einer älteren. Kürzlich restauriert.

7. Häuser

Der Ort St. Vigil nahezu zur Gänze neuzeitlich verändert. Im Oberdorf / das *Färberhaus* (Trebo): Würfelförmiger, zweistöckiger Bau, gemalte Eckquadern und Fensterrahmen. Südlich Rechtecktür in Steinrahmung (Pfalzner Granit), mit Inschrift 1.7 P + T 6,7, wohl Petrus Trebo, dem Vater des hier geborenen Dekans Anton Trebo. Ober der Tür Erker mit Bildern hl. Florian, Mariahilf, Hl. Familie. — Daneben das Haus beim „Muiter" oder *Trebo de sot*, Ober der Tür Marmortafel mit Inschrift Gregori de Trebo 1780. Darober zwei Skulpturen Hl. Papst (wohl hl. Gregor) und eine Heilige mit zwei Schlangen (Christina von Bolsena?), 18. Jh., sehr gute Arbeiten.

WELSCHELLEN (RINA)

1. Pfarrkirche zu den heiligen Aposteln Petrus und Paulus

Bau: Eine Kirche wird 1347 erwähnt. Der heutige, lt. Inschrift über dem Portal (1716 PR PM) unter Pfarrer Peter Rungaldier von Enneberg errichtete und 1718 geweihte Bau ist ein Rechteckbau mit wenig abgesetztem quadratischem Chor, seitlichem Turm und Sakristei. Stichbogentüren, Rechteckfenster. Im Langhaus Tonnen-, im Chor Kreuzgratgewölbe über Wandpfeilern und umlaufendem Gebälk, zwei Emporen mit einfacher Brüstung mit Lisenen. Turm mit Rundbogenschallfenstern und vierseitigem Pyramidendach mit einschneidenden Giebeln. Die Kirche wurde 1909/10 verlängert.

Wandgemälde: Marmorierte Pfeiler, an der Decke im Schiff Cäcilia, Pauli Bekehrung, Schlüsselübergabe an Petrus, Hl. Familie, im Chor Christus in Emmaus, in Stichkappen und Zwickeln Heilige. Von J. M. Peskoller, 1909.

Hochaltar: Reicher Tabernakel, Säulenaufbau mit verkröpftem Gebälk, geschweiften Giebelstücken und sitzenden Engeln und Gottvater. Seitlich auf Voluten unter Baldachinchen Statuen Petrus und Paulus, in der Mittelnische Madonna. Anf. 18. Jh., aber weitgehend erneuert. Der Tabernakel um 1700, angeblich aus Heiligkreuz.

Seitenaltar: Säulenaufbau mit Giebelstücken, Aufsatz, kleine Statuen des hl. Sebastian und Rochus, oben vier Engel. Bild, hl. Josef, von J. B. Oberkofler.

Kanzel: Runde Brüstung, einfache Füllungen, Statue des hl. Michael am Schalldeckel, Anfang 19. Jh.

Glasfenster: Maria und Anna, 1888, die vier übrigen ornamental, Strobl, Brixen 1909.

Kreuzwegstationen: Volkstümliche Malerei, 19. Jh.

Skulpturen: Gekleidete Madonna mit Kind in Glaskasten. Anf. 19. Jh.

Chorbänke und *Beichtstuhl:* Gebauchte Brüstungen, 18. Jh.

Epitaph: Für Kurat Dominicus Agreider, gest. 1713., 1. Kurat von Welschellen.

Glocke: 1490.

2. Kapelle in Weitental

Anstelle einer alten Kapelle 1968 erbaut, mit Mariahilfbild aus der früheren Kapelle und Kruzifixus (16./17. Jh.) aus einem benachbarten Bauernhof.

3. Kapelle in Costa lungia

19. Jh. Neugotisches Altärchen mit Statuen Florian und Sebastian; die Statuen Laurentius und Markus, 18. Jh., kürzlich restauriert.

ST. MARTIN IN THURN (SAN MARTIN DE TOR)

I. Kirchen

1. Pfarrkirche zum hl. Martinus

Bau: An Stelle der 1268 erwähnten, um 1490 durch einen Bergsturz zerstörten Kirche wurde ein 1492 geweihter Neubau aufgeführt, der später barockisiert und 1859 verlängert wurde und 1884 durch J. Rudiferia die Innendekoration erhielt. An die spätgotische Zeit erinnern noch der ebenfalls später umgebaute Spitzturm mit starken Eckquadern, der polygonale Abschluß und das der Rippen beraubte Gewölbe des Chores, der Sockel mit Quaderschräge und eine Spitzbogennische im Schiff links. Jetzt Rundbogenfenster und im Langhaus Tonne auf Stichkappen, Pilastergliederung mit flachen korinthischen Kapitellen. Die Fassade neuromanisch, mit Blendbögen und schwerem Rundbogenportal. Restauriert bzw. im Innern weitgehend verändert 1966.

Wandgemälde:
1. Außen am Chor Maria mit Kind auf der Mondsichel. Dat. 1680, 1941 aufgedeckt. An der Fassade die Apostel Petrus und Paulus, von Hans Peskoller 1932.
2. Innen an der Decke: Uhrblatt mit Tod; Skapulierbild mit geistlichen und weltlichen Ständen um den Stifter; Apostel, Joachim und Anna. Barocke Fresken, vom Ortspfarrer Angelus Morlang nach Aufdeckung erneuert.

Altar: Altäre entfernt, Skulpturen (u. a. Krönung Mariens, 16. Jh., und zwei Dominikus Moling zugeschriebene Bischofsbüsten), deponiert. Statt des Hochaltars jetzt Kruzifix von Friedrich Clara, Campill, Bronzetabernakel von Josef Pitscheider; auf steinernem Aufbau mit Holzwand auf hohem Marmorpodest.

Kanzel: Rund, mit geschwungener Fußplatte, am Deckel Lambrequins und Voluten. Bilder: Der reiche Fischfang, Johannes d. T. und die Samariterin am Jakobsbrunnen, von Josef Renzler. 19. Jh., 1. Hälfte.

Beichtstühle: Mit Bildern, Petrus und Magdalena, von Christian Renzler.

Skulpturen:
1. Maria mit Kind, bekleidete Statue, 17. Jh.
2. Hll. Kassian und Ulrich, wohl von Dominikus Moling, Mitte 18. Jh.
3. In neugotischem Glasschrein Leib des hl. Germanus in besonders reicher Goldstickerei.

Kreuzwegstationen: Th. Driendl, München 1859.

Gemälde:
1. Maria mit Joh. Bapt. und Martin, datiert 1775, von Christian Renzler, ehemaliges Hochaltarbild.
2. Hl. Don Bosco, von F. Irsara, 1975.

Glasfenster: Im Chor. Herz Jesu, Maria und Joh. d. Täufer, Ende 19. Jh.

2./3. Kapellen auf dem Friedhof

Kleiner Rechteckbau, Spitzbogenportal mit Kämpfersteinen, kleiner Okulus, Spitzbogenfenster, Kreuzgratgewölbe, 16. Jh., erneuert. Einfaches Barockaltärchen, Anf. 18. Jh.
Freier Giebelbau mit Steinsäulen und Gebälk, Kreuzigungsgruppe, Maria und Johannes, 18./19. Jh. Als Kriegerdenkmal eingerichtet.
Grabmal in Obeliskenform für Familie Verginer, 1859.

4. St. Antonius von Padua in Piccolein

Bau: Der durch Dominikus Piazza, Pfleger in Thurn, 1688 aufgeführte Bau zeigt geraden Chorabschluß, breites Rundbogenportal und Rundbogenfenster, Tonnengewölbe in Schiff und Chor und einen 1868 umgebauten Spitzturm. An der Fassade in Nische Figur des hl. Antonius, 17. Jh. Neuer Außenputz.

Deckengemälde: Mariä Himmelfahrt, datiert 1698. Von J. Rudiferia 1886 angebrachte ornamentale Innendekoration, zum Teil wieder entfernt.

Hochaltar: Mensa mit Rankenwerk, hohe Predella, kleiner Tabernakel und Nischen, Figuren nicht mehr vorhanden; auf starken Voluten Säulenaufbau aus je einer gedrehten und mit Trauben umwundenen Rundsäule und seitlichen Halbsäulen, gerades, verkröpftes Gebälk, stark vortretend. Geschweifte und gerollte Giebelstücke mit sitzenden Engeln. Im Mittelaufsatz Gott Vater, darüber Strahlenglorie. Seitlich auf Voluten und unter Baldachinchen Statuen der Heiligen Bartholomäus(?) und Sebastian. In der Mitte Rundbogennische, Gemach andeutend: hl. Antonius, vor einem Tisch kniend, das Jesuskind in den Armen. Reiches Perlenstab- und Rankenwerk. Datiert: 1687. Dominik Vinazer zugeschrieben.

Seitenaltäre: Aufbau aus je zwei gedrehten Säulen, links mit Knorpelranken, rechts mit dünnen Zweigen umsponnen. Gerollte Giebelstücke, Engel nicht mehr vorhanden. Aufsatz mit Ranken, Fruchtgehängen und Engelsköpfen. Bilder, links Mariahilf, darunter Schutzengel und hl. Josef in Landschaft, wohl vom Maler des Deckengemäldes; rechts hl. Katharina, alte Kopie der Katharinenmarter am Flügelaltar in Corvara, wohl 17. Jh. Die Beifiguren gestohlen, auch die Bilder in den Aufsätzen nicht mehr vorhanden.

Gemälde: Zwei Tafeln aus Holz mit je 18 Darstellungen von Wundern des hl. Antonius. Kulturhistorisch interessant, unter jedem Bild die deutsche Legende. Linkes Bild datiert 1699. Vor kurzem restauriert.

Weihwasserstein: Bunter Marmor mit Wülsten. Umschrift: Si Deus pro nobis quis contra nos I.I.P. — C.E.T.F. 1701. — Steinerner Opferstock, 17. Jh.

5. Lourdeskapelle in Wiock

Rechteckbau mit abgesetztem Rechteckchor und nördl. Glokkenmauer. Innen Kreuzgratgewölbe auf Wandpfeilern. Lt. Inschrift erbaut 1881, vergrößert 1891, renoviert 1930, 1959, 1972. Lourdesaltar. Marmoriertes hölzernes Balustergitter. Kirchenstühle mit stilisierten Ranken wie in Campill.

II. Edelsitze und Häuser

1. Freyeck

Von der ursprünglich aus mehreren Baulichkeiten bestehenden Anlage (Ober- und Unterfreyeck) ist der mit Eckerkern, Korbgittern und gemaltem Wappen an der Frontseite ausgestattete stattliche Ansitz Freyeck als historisches Gebäude erhalten geblieben. Dazugehörig kleine Gartenanlage mit Eckpavillon. Im Untergeschoß und im Flur Kreuzgratgewölbe, sonst beim Umbau in ein Ferienheim vor kurzem weitgehend verändert und mit großem Anbau nach Süden versehen.

Die Herren von Piccolein seit 1296 erwähnt, Fritz von Piccolein verkaufte 1317 seine Güter in Piccolein, darunter das „Steinhaus", dem Mainlein von Hove (Rost) in Enneberg. Ab der 2. Hälfte des 16. Jh.s waren die Colz hier Besitzer, die sich nach dem von ihnen neuerbauten oder erneuerten Sitz von Freyeck nannten, 1582 aber nach der Ermordung des Franz Prack geächtet wurden. 1591 kam Freyeck an die Bergwerksfaktoren Piazza aus Colle S. Lucia, deren Nachkommen 1736 den Grafentitel mit dem Prädikat Freyeck erhielten. Seit 1792 Privatbesitz, dann als Gasthaus geführt, 1898 bis 1952 Altersversorgungsheim für die fünf Gadertaler Gemeinden. 1965 von der Familie Prader erworben.

2. Maierhaus in Piccolein

Aus dem frühen 17. Jh. stammendes, stattliches Gebäude mit Walmdach, südwestlichem Eckerkerturm, gewölbtem Hausflur; im ersten Stock ehemaliger Kapellenraum abgeteilt, steingerahmtes Portal. Diente als Wohnhaus für die Aufsichtsbeamten der bischöflichen Schmiedewerke in Piccolein/Alfur und später für die bischöflichen Holzfaktoren und war bis 1803 Besitz der Brixner Bischöfe. Seither bäuerlich, heute Familie Dejaco.

3. Gasthaus „Dasser“ in St. Martin

Rechteckbau mit Turmerker im nordwestlichen Eck und abgewalmtem Giebeldach. Im Erdgeschoß gegen Süden Arkadengang mit Viereckpfeilern, Kämpfern, Korbbogen, Rundbogentor. An der Ostseite aufgemalt Wappen der Dasser, Schild mit Querbalken und Rosen, Jahreszahl 1588. Stark erneuert. Haus Georg Dassers, des Hofstallmeisters Erzherzog Ferdinands; Anton Dasser war 1757—62 bischöflicher Richter und Pfleger in Thurn. Heute Gasthaus im Besitz Familie Trebo, weitgehend umgebaut (Arkadengang geschlossen, neue Fassadenbemalung usw.).

4. Häuser

Ehem. Gasthaus „Nikl“ neben der Kirche: Walmdach, Eckerker, im Baubestand noch auf 16. Jh. zurückgehend. — Haus Nr. 45, beim „Nitlas“, an der Straße nach Campill: gemauerter Sockel, gemalte Eckquadrierung und gotisches Spitztürchen mit Eselsrückenbogen, gefast; darüber ober gedrehter Wulstform Hauszeichen mit Jahreszahl 1481. — Campill/Frena, „Giandomeng“: eines der wenigen noch erhaltenen Holzhäuser der älteren Bautradition. Gut erhalten, Stube von 1851. — Campill, Ciasa Peccei: ehem. Gasthaus. Krüppelwalmdach, die Nordseite bemalt: Ecken mit Quadern und Wülsten, Fensterumrahmungen mit geschwungenen Aufsätzen und Tieren, drei Scheinfenster. Die Tür mit Pilasterumrahmung und Architrav, Bauinschrift mit Jahreszahl 1805 und Meisternamen (in zwei Fassungen nebeneinander), darüber Auge Gottes. Fries mit Jagdszene.

III. Schloß Thurn

Die um einen Hof gruppierte, malerische und im ganzen gut erhaltene Burg besteht aus einer Umfassungsmauer mit Rundbogentor, Spuren eines Wehrganges und zwei nach innen offenen Rondellen mit Kegeldächern, einem rechteckigen Wohnbau

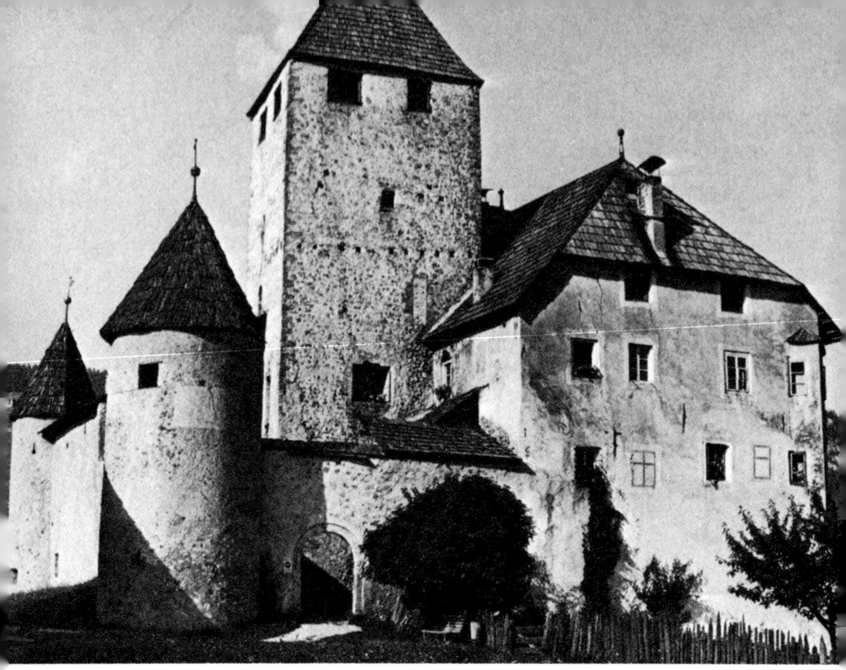

Schloß Thurn

mit Walmdach und dem viergeschossigen, später erhöhten Bergfried mit regelmäßigen Steinlagen, zu Fenstern umgewandelten großen Zinnenlücken und einem Pyramidendach. Im ersten Stock eine und im zweiten Stock zwei rundbogige quadergefaßte Öffnungen. Auf älteren Baubestand verweisen ein Maueransatz an der Ostseite des Turmes und ein Mauerstück im Keller des ansitzartigen Wohnbaus im Südosten, der ebenso wie die Umfassungsmauer und der kleine Einbau im Norden später zugefügt worden ist. 15. und 16. Jh. 1699 unter Bischof Johann Franz Graf Khuen (vgl. Inschrifttafel am Turm) erneuert.
Im 13. Jh. (ab 1221) war Herrschaft und Gericht Thurn als brixnerisches Lehen im Besitz der Herren von Schöneck, die 1378 ausstarben. Ab 1426 nicht mehr als Lehen vergeben, sondern mit bischöflichen Amtsverwaltern, durchwegs Angehörigen des heimischen Adels, besetzt. Seit 1803 in bäuerlichem Besitz. In neuerer Zeit vesrchiedene Widmungspläne (u. a. ladinisches Kulturinstitut). 1983 Beginn von Restaurierungsarbeiten.

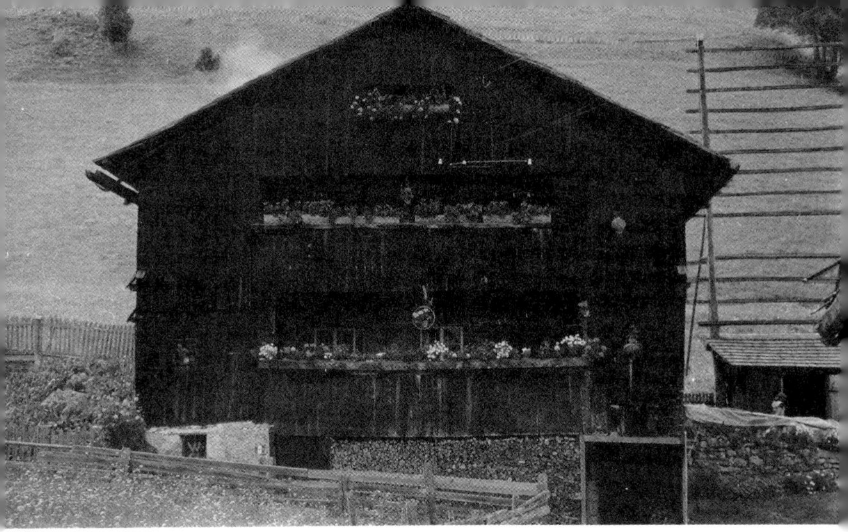

Campill, Frena, Haus Giandomeng

CAMPILL (LONGIARÜ)

1. Pfarrkirche zur hl. Luzia

Bau: Rechteckbau mit abgesetztem gerundetem Chor und an denselben angesetzter Sakristei, in der Nordostecke zwischen Turm und Kirche Kapelle. Außengliederung mit Lisenen und Rundbogenfries, Rundbogenfenster, an der Fassade Giebel mit Rundbogenfries, Rundbogenportal mit starken Lisenen und im Rundbogen umlaufendem Halbrunddienst. Im Innern flache Tonne auf Stichkappen, Wandpfeiler, in die Ecken eingestellte Viertеldienste. Große gerade Empore auf Rundsäulen. Chor mit Kreuzgratgewölbe und Konche. Schlanker Turm mit Spitzhelm. Eine Kirche 1371 erwähnt, die heutige Kirche als Neubau errichtet 1865 bis 1867, der Turm umgebaut um 1904. Restaurierung 1972.

Wandgemälde: Dekoration mit romanisierenden Ranken und geometrischen Mustern, zum Teil erneuert, Tapetenmuster im Chor belassen. Im Schiff Bilder, Abendmahl, Kreuzigung, Auferstehung, in Rahmenornamentik. Im Chor Bordüre mit Symbolen aus der Lauretanischen Litanei und Bild, Christus, die Kinder segnend, links an der Wand. In den Gewölbezwickeln Verkündigung, Geburt Christi, Jesus in Nazareth, Christus bei Maria und Martha; in der Konche Christus mit Engeln in Glorie; am Chorbogen vier Evangelisten in Medaillons und Ranken. Signatur:

Johann Rudiferia 1898. Starke Farben, bewegte, großfigurige Kompositionen. Hauptwerk Rudiferias.

Hochaltar: Hoher neuromanischer Aufbau, Statuen Petrus und Paulus, Bild hl. Agnes, der hl. Luzia erscheinend, von F. Pernlochner, Thaur.

Seitenaltäre: Ähnlich. Säulen mit Rundbogen. Giebelaufbau, romanisierende Ranken. Statuen, links St. Stephanus und Laurentius, rechts St. Joachim und Anna. Bilder, links St. Jodokus als Einsiedler, vor ihm Jäger mit Hunden, eine Quelle findend, von F. Pernlochner; rechts Tod des hl. Josef, signiert: Joh. Rudiferia pinxit 1899.

Chorstühle und *Kirchenbänke:* Reichgeschnitzte Blumenranken, an allen Docken verschiedene Muster.
Altäre, die ehem. Kanzel (bei Restaurierung entfernt) und Stühle aus der Zeit des Kirchenbaus, von Josef Rainer, Campill.

Glasfenster: Ornamental. Um 1900.

Skulpturen:
1. Madonna in reichgesticktem Kleid, kürzlich restauriert. Als Prozessionsstatue in Verwendung.
2. Pietà, gute Arbeit, 18. Jh.
3. Heilige Bischöfe, bewegte Rokokofiguren.

Kreuzwegstationen: In geschnitzten Rahmen, gemalt, Bauzeit der Kirche.

Gemälde: Hl. Aloisius in reichem Rahmen mit Aufsatz, Ende 18. Jh.

2. Totenkapelle

An die Nordostecke der Kirche angebaut, hoher Raum mit Wandlisenen und Kreuzgratgewölbe. *Altar:* An der Mensa datiert 1786. Flacher Aufbau, Säulen. Bild St. Luzia und Jodokus vor Madonna kniend. Signiert: Jos. Renzler 1820. *Gemälde:* 1. Ecce homo, Anf. 18. Jh. 2. Hl. Forian, mit brennendem Haus am Meer, das von einem Schiff aus beschossen wird. Signiert: Paol. Klara Pi 1832. 3. Geburt Christi, in der Art. von Stephan Kessler, Mitte 17. Jh.
In die Friedhofsmauer eingefügt zwei offene Kapellen. 1. Kriegerdenkmal. 2. Mit Kreuzigungsgruppe, Kreuz wohl 19. Jh., die beiden Assistenzfiguren deponiert, sehr gute, reichbewegte Arbeiten, ungefaßt, Anf. 17. Jh.
Im Friedhof Bronzeepitaph für den Musiker und Organisten Jepele Frontull (1864—1930) von Otto Irsara, 1980.

UNTERMOI (ANTERMOIA)

1. Pfarrkirche zum hl. Antonius Abt

Bau: Eine den Heiligen Antonius und Valentin geweihte Kirche wird 1450 erwähnt. Der polygonal abschließende Chor, dessen Gewölbe der Rippen beraubt wurde, und der Turm mit Spitzbogenschallfenstern und viereckigem Spitzpyramidendach weisen einen Sockel mit Quaderschräge auf und stammen aus dem 15. Jh. Die über der Turmtür befindliche Jahrzahl 1758 jetzt übermalt. Rundbogenfenster, im Langhaus Tonnengewölbe mit Stichkappen und Wandpfeiler. Um 1920 wurde die Kirche durchgreifend umgebaut, erhöht und verlängert. Restaurierung 1982/1983.

Wandgemälde:
1. Außen am Chor erneuertes Mariahilfbild. Sonnenuhr, signiert: F. R. 1881.
2. Im Schiff ornamentale Fensterumrahmungen mit Sinnbildern der Sakramente. In zwei Zonen Szenen mit Werken der Barmherzigkeit, Heilige und Engel. Symbolisch gewählte, stilisierte Blumen. Am Chorbogen Christus auf Wolken mit Maria, Anna, Silvester, Antonius. Ländliche Bevölkerung in Landschaft. Im Chor die vier Evangelisten, Kreuzigung, (Kopie nach Janssen). Ornamentale Schrift, Einfluß des Jugendstils, interessante Arbeit von I. M. Peskoller 1921.

Altar: Auf starken Voluten Aufbau mit je zwei mit Trauben umwundenen Säulen, seitliche Statuen zwei hl. Bischöfe, oben Immaculata. In der Mittelnische hl. Antonius Abt. Verkröpftes, gerades Gebälk, gerollte Giebelstücke, sitzende Engel.
Um 1700, spätere Fassung.

Kanzel: An der Brüstung gebauchte Balustersäulchen, Statuen der Apostel und Marias mit Kind freigelegt. 18. Jh., 1. Hälfte.

Kreuzwegstationen: Volkstümliche Malerei, 18. Jh.

Glasfenster: Ornamental, um 1920.
Am *Friedhof* Kreuzgruppe mit Gottvater und Engeln, 17. Jh.

2. Kapelle in Bad Valdander

Einfacher Rechteckbau mit abgesetztem Chor, Ostturm mit Spitzhelm und Rundbogenfenster. Tonne mit Stichkappen, im Chor Kreuzgratgewölbe. Erbaut 1869, renoviert 1897 und zuletzt 1979. Altar 18. Jh., 1. Hälfte. Säulenaufbau, verkröpftes Gebälk; Statuen: hll. Frauen; Bild: Markus, Florian, Katharina.

WENGEN (LA VAL)

1. Pfarrkirche zum hl. Genesius

Bau: Großer neuromanischer Bau, nach Plänen Josef Vonstadls 1868 bis 1874 errichtet, 1876 geweiht. Langhausbau mit Querschiff, Polygonchor, Turm mit vierseitigem Pyramidendach mit einschneidenden Giebelflächen und Jahreszahl 1873. Rundbogenfenster, an der Fassade Hausteinportal mit eingestellten Säulen. Im Tympanon Chronogramm: GLorIa perpetVa LaVs Deo eX hoC teMpLo sanCto sVo (1876). Im Innern drei Joche mit Stichkappen und schmalen Gurten, im Querschiff je zwei Joche mit Gratgewölbe, die Vierung auf Wandpfeilern mit Diensten. Chor mit Stichkappengewölbe. Empore auf romanischen Säulen, gerade Brüstung. Bei einer Restaurierung 1954 wurde die neuromanische Inneneinrichtung zum Teil entfernt bzw. übermalt, die jetzt (1984) laufende Restaurierung sucht nach Möglichkeit den ursprünglichen Zustand wiederherzustellen.

Wandgemälde: Im Langhaus: Christus weckt die schlafenden Jünger, Christus in Emmaus, Maria mit Andreas, Genesius, Katharina und Florian; signiert: M.G. 1893. In der Vierung Medaillons mit vier Evangelisten. An der Ostwand der Querschiffarme links Einsetzung des Altarsakramentes, rechts Auferstehung, signiert. Im Chor (nicht übermalt) links Anbetung der Weisen, rechts Maria Verkündigung, in Deckenfüllung Krönung Mariens. Dekoration mit Ranken, Bordüren usw. Im ursprünglichen Zustand eines der Hauptwerke von Max Gheri, Innsbruck.

Hochaltar: Tabernakelbau aus buntem Marmor mit seitlichen Türen, darauf Statuen Petrus und Paulus von Pedevilla, 19. Jh. Baldachinartiger Aufbau auf zwei Paaren von Rundsäulchen, verkröpftes Gebälk, Volutenaufsatz mit gerollten Giebelstücken und sitzenden Engeln. In der Mitte Durchblick mit Kruzifix, 19. Jh. Die Figuren eines hl. Bischofs und des hl. Silvester sowie die Putten, Dominikus Moling zugeschrieben. Der Altar, Mitte 18. Jh., stammt aus der Pfarrkirche Terlan.

Seitenaltäre: Einfache Aufbauten aus romanischen Säulen und Bogen. In Nische Reliefs, links Verleihung des Rosenkranzes an Dominikus und Klara, rechts Tod des hl. Josef.

Kanzel: Auf Säule, Brüstung mit Säulenbündeln auf Konsolen, Rundbogenfries. Reliefs: Guter Hirte und Evangelisten. Am Deckel Figur des lehrenden Christus.

Skulpturen:
1. Hl. Johann Nepomuk, auf Wolken schwebend.
2. Immakulata.

3. Zwei Engel und Putto, pathetisch bewegte Figuren von Dominikus Moling.
4. Hl. Dominikus und hl. Katharina von Siena, 18. Jh.

Gemälde: Die ehemaligen Seitenaltarblätter: Tod des hl. Josef, 1815, und Marter des hl. Kassian, 1816, von Josef Renzler.

Glocke: Hohe, schlanke Form mit Inschrift in Capitalen. 1390.

2. Alte Pfarrkirche

Eine Kirche wird 1382 erwähnt. Der 1484 geweihte Bau hatte polygonalen Chorabschluß, Sockel mit Quaderschräge, Rundbogenfenster, die Gewölbe waren der Rippen beraubt. Die Kirche war um 1800 entgotisiert worden. Nach dem Bau der neuen Kirche wurde sie exsekriert und seit ca. 1930 dem Verfall preisgegeben bzw. zum Teil abgetragen. Heute ist im wesentlichen nur mehr der Turm erhalten. Er zeigt lange Eckquadern, gleichmäßiges Mörtelmauerwerk und breite Spitzbogenfenster. An der Nordseite alter Rundbogeneingang. In den Giebelfeldern des achtseitigen Spitzdaches verschiedene ornamentale geometrische Malereien und Buchstaben. An der noch stehenden Außenwand der Kirche Reste der ehemaligen Stationsbilder, in Rahmen und Ranken und mit Schriftkartuschen. 1739 von Ingenuin Jenewein gemalt. — Die ehemalige Friedhofskapelle, ein kleiner Rechteckbau mit Kreuzluke an der Ostwand, geht möglicherweise auf romanischen Bestand zurück, später als Scheune benützt und in Verfall.

3. St. Barbara

Bau: Auf freiem Hügel, von der alten Pfarrkirche wenig entfernt, in sehr schöner Lage. Die Kirche wurde 1490 (vgl. Inschrift ober dem rechten Chorfenster: 1490. Anno Domini factum ista ckappela) errichtet und ist ein Rechteckbau mit Polygonchor und seitlichem Turm, spitzbogigem Portal und viereckigen Fenstern. Im Innern ein der Rippen beraubtes Gewölbe über Runddiensten bzw. Konsolen, am Turm starke Eckquadern, spitzbogige Schallfenster, in den Giebeln Rundbogenluken, am östlichen Schalloch neugotischer kanzelartiger Vorbau, hölzerner Spitzhelm.

Wandgemälde: Außen Kreuzigung in freier Landschaft, mit scharfknittrigen Gewandfalten und heftigem Gefühlsausdruck, gekehlter Steinrahmen. Ende 15. Jh. Von Pacher beeinflußt, sehr schlechter Erhaltungszustand.
Innen Christus mit Heiligen, datiert 1490. Stark übermalt. — 1886 angebrachte reiche Dekoration von Rudiferia.

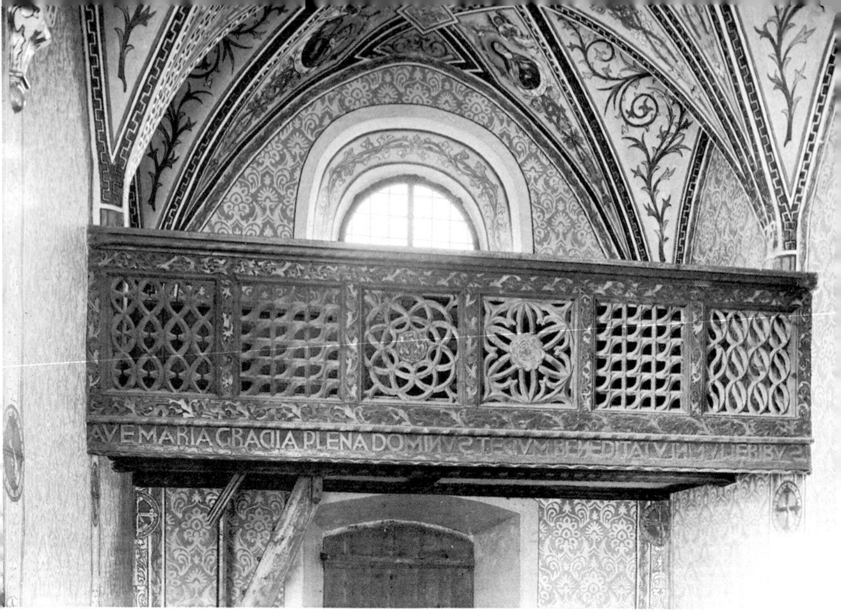

Wengen, St. Barbara (älteres Foto)

Altar: Säulchenaufbau mit geradem, verkröpftem Gebälk, Aufsatz mit Voluten und Madonnenbild, Vasen. Altarbild Maria mit Barbara und Florian ober Wengen. Gute Arbeit, bez. Giacomo Colz, 1806.

Empore: Auf drei gekehlten Balken und einem Querbalken mit Schrift: : AVE MARIA GRACIA PLENA DOMINUS TECUM. BENEDITATV INMVLIERIBVS. Darüber an der Brüstung in Rahmen mit reichen Flachschnitzranken sechs durchbrochene Gitterfüllungen mit wechselnden Ornamenten der spätesten Gotik, 16. Jh.

Kirchenstühle: Geschnitzte Docken mit Ranken, Ende 19. Jh.

Skulptur: hl. Florian.

4. Kapelle in Bad Rumestluns

Die alte Kapelle fiel mit dem Badhaus 1896 dem Feuer zum Opfer. Im Neubau mit Dachreiter und Vorhalle auf Säulchen Altarbild hl. Maria mit Kind vor Stifterpaar, mit Ansicht des alten Bades und seitlichen Heiligen. Ebenso wie Deckenbilder von Alexander Dejaco, Brixen 1933. Geschnitzter Kreuzweg. Bild: hl. Simon empfängt Skapulierband, 18. Jh.

5. Kapelle in Pederoa

Lourdeskapelle, 19. Jh. Einfacher, hoher Bau mit seitlichem Spitztürmchen, Kreuzgewölbe, Okulus und Rundbogentür.

6. Kapelle in Alt-Wengen

Kleine Ex-voto-Kapelle, 18. Jh. Erbärmdechristus, zwei neuere Engel.

II. Ansitze und Häuser

1. Rü (Bach)

Das Gut Pach wird 1296 genannt. Hier saßen die 1573 geadelten Herren von Pach (1503 bis 1511 war Dominikus Pach Richter in Enneberg), von denen aber wenig bekannt ist: 1729 war Sebastian Rü Dekan in Brixen; mit den Pach von Hansenheim in Kaltern, mit denen sie das gleiche Wappen führen, dürfte jedoch keine Verwandtschaft bestehen. Heutige Besitzer des wohlgepflegten Baues sind die Familien Vallazza und Moling.
Rechteckbau mit vorspringendem rechten Flügel, in dem sich, über einer großen Rundbogenöffnung mit Holzwand und eingelassener Tür von außen zugänglich, die kleine tonnengewölbte Kapelle befindet. *Altärchen:* Säulenaufbau, gerades, verkröpftes Gebälk, gerollte Giebelstücke. Statuen der Heiligen Sebastian und Rochus (?) und Mutter Gottes (deponiert) und oben Gott Vater, Michael und Engel. Laut Kopie einer Inschrift von den Untertanen der Herrschaft Wolkenstein zur Pestzeit 1636 gestiftet. *Kirchenstuhl:* 1646.
Oberstock Wohnhaus, hölzerner Aufgang. Die Fenster im Oberstock mit weiß-roten geometrischen Rahmungen, im linken Fenster kleines gemaltes Wappen der Pach, Reste alter Quaderbemalung an der Ostseite. Am Viereckfenster neben der spitzbogigen Tür an der Südseite zwei Putzrosetten, in einer die Zahl 159-(?).

2. Rungg

Im gleichnamigen Weiler ober Wengen stattliches, zweistöckiges Haus mit dreistöckigem Dachgeschoß und Giebeldach. Fenster zum Teil in tiefen Leibungen, im Giebel Rundbogenfenster, mit Faschen. An der Nordseite Holzvorbau und spitzbogige Tür in Hausteinrahmung. Innen schmaler Gang mit Gratnetzgewölbe, die altertümliche Raumeinteilung wegen Benützung durch mehrere Familien verändert. Amtshaus für den Richter von Enneberg. 16. und 17. Jh.

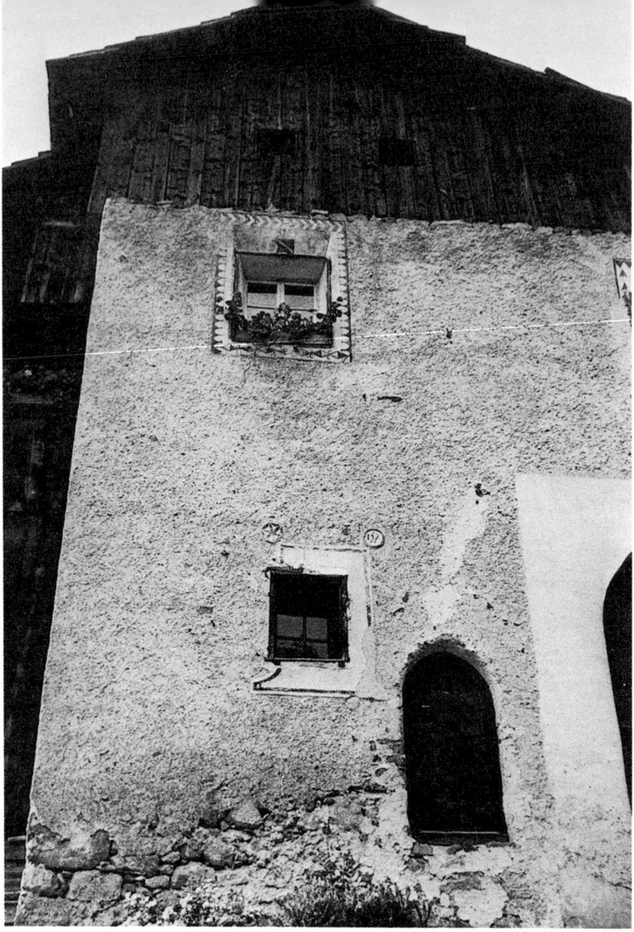

Wengen, Ansitz Rü

3. Alter Widum

Tolpei Nr. 22, neben der alten Kirche. Erbaut unter Pfarrer Dominik Kaneider, um 1730. Fresken: Mariahilfbild in Früchtekranz, Medaillon mit hll. Florian, Genesius, Barbara, Johann Nepomuk, in Wolken Auge Gottes. Datiert 1739. Wohl von Ingenuin Jenewein.

ABTEI (BADIA) — ST. LEONHARD (SAN LINERT) — PEDRATSCHES (PEDRACES)

I. Kirchen und Kapellen

1. Pfarrkirche zu den Heiligen Jakobus d. Ä. und Leonhard

Bau: Von der 1347 geweihten Kirche steht nur noch der gotische, 52 m hohe Turm mit dreiteiligen, leicht spitzbogigen Schallfenstern, die Säulchen mit Würfelkapitellen, Spitzbogenfenstern in den Giebeln und hölzernem Spitzhelm. Die Kirche wurde 1776 bis 1778 (Chronogramm am Torbogen) im Penz-Tangl-Stil von Franz Singer von Götzens neu erbaut und 1782, also mitten in der Zeit der Josefinischen Reformen, von Fürstbischof Johann Spaur geweiht. Im Westen geschweifter Giebel, Vorhalle (von 1920), Rundbogentür, darüber Blend-, seitlich Viereckfenster und Nischen mit Statuen Leonhard und Jokobus (Bez.: A. Canins, St. Ulrich 1904). Im Norden und Süden Fenstergruppen mit dreiteiligen Lünetten über zwei Rundbogenfenstern. Innen über Eckpfeilergruppen und kräftigen Mittelpfeilern mit vorgelegten Lisenen reichverkröpftes Gebälk, gedrückte Wand- und Scheidebögen und zwei muldige Spiegelgewölbe im Langhaus. Empore auf zwei Volutenträgern, darüber Bogennischen. Im nahezu rechteckigen Chor mit nur leicht gerundetem Abschluß sehr flaches Kuppelgewölbe. Restaurierung 1957 und 1978. Eine der schönsten Rokokokirchen in Südtirol.

Wandgemälde: Außen an der Fassade gemalte Pilaster, Fensterrahmungen mit Rocaille. Inneres: Im Schiff 1. Glorie des hl. Leonhard, unten Szenen aus seinem Leben, Bittende, Landschaft, Architektur. 2. Der hl. Jakobus erscheint Ferdinand von Aragonien. In den Zwickeln jeweils Kardinaltugenden. Am Chorbogen Szenen aus dem Leben Jesu und Mittelkartusche mit Chronogramm: eXVLtabVnt In ConspeCtV DoMInI. Im Chor Christus als Kinderfreund und Muttergottes, Rosenkränze verteilend, mit Rittern des San-Jago-Ordens. In den Zwickeln Szenen aus dem Leben Jesu. Die Bilder in den Zwickeln und am Chorbogen in verschiedenfarbenem Grisaille. Signaturen: Fabricata 1778 Renovata 1875. Franz Sünger PauMaister U. Stuckador 1778. Mathäus Günter pinxit 1778 (von unten schwer lesbar). Die Bilder 1878 durch die Brüder Rudiferia und 1957 durch V. Pitscheider restauriert.

Stukkaturen: Reiches, geschmackvolles Rocaille mit viel Blattmotiven und besonders reich ausgebildeten Kapitellen von Franz Singer.

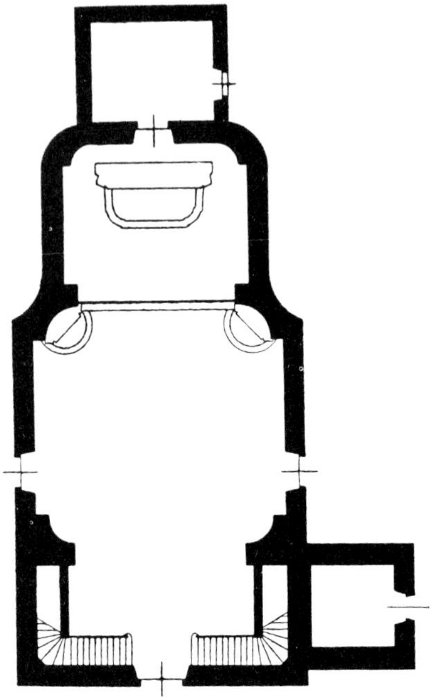

Grundriß der Pfarrkirche in Abtei

Hochaltar: Freistehender Tabernakelbau, seitliche Tore mit Giebelstücken, Statuen der Heiligen Petrus und Paulus, Wandaufbau mit zwei freistehenden Säulenpaaren, dazwischen Statuen der Heiligen Kassian und Augustin, reich verkröpfte Giebelstücke mit sitzenden Engeln und Vasen. Bild: In den Wolken Madonna auf der Erdkugel, darunter hll. Jakobus und Leonhard, von Matthäus Günther. Statuen und Säulen aus der Bauzeit der Kirche, Tabernakel, Aufsatz und Dekoration um 1845.

Volksaltar: Mensa, datiert 1840, aus der Kirche von Heiligkreuz.

Seitenaltäre: Säulenaufbau, Gebälkstücke mit Zahnschnitt, Bauzeit der Kirche, gleichfalls später etwas verändert. Bilder, links Madonna mit den Heiligen Dominikus und Theresia, rechts hl. Antonius, der dem auf der Erdkugel schwebenden Christkind die Füße küßt. Von Matthäus Günther.

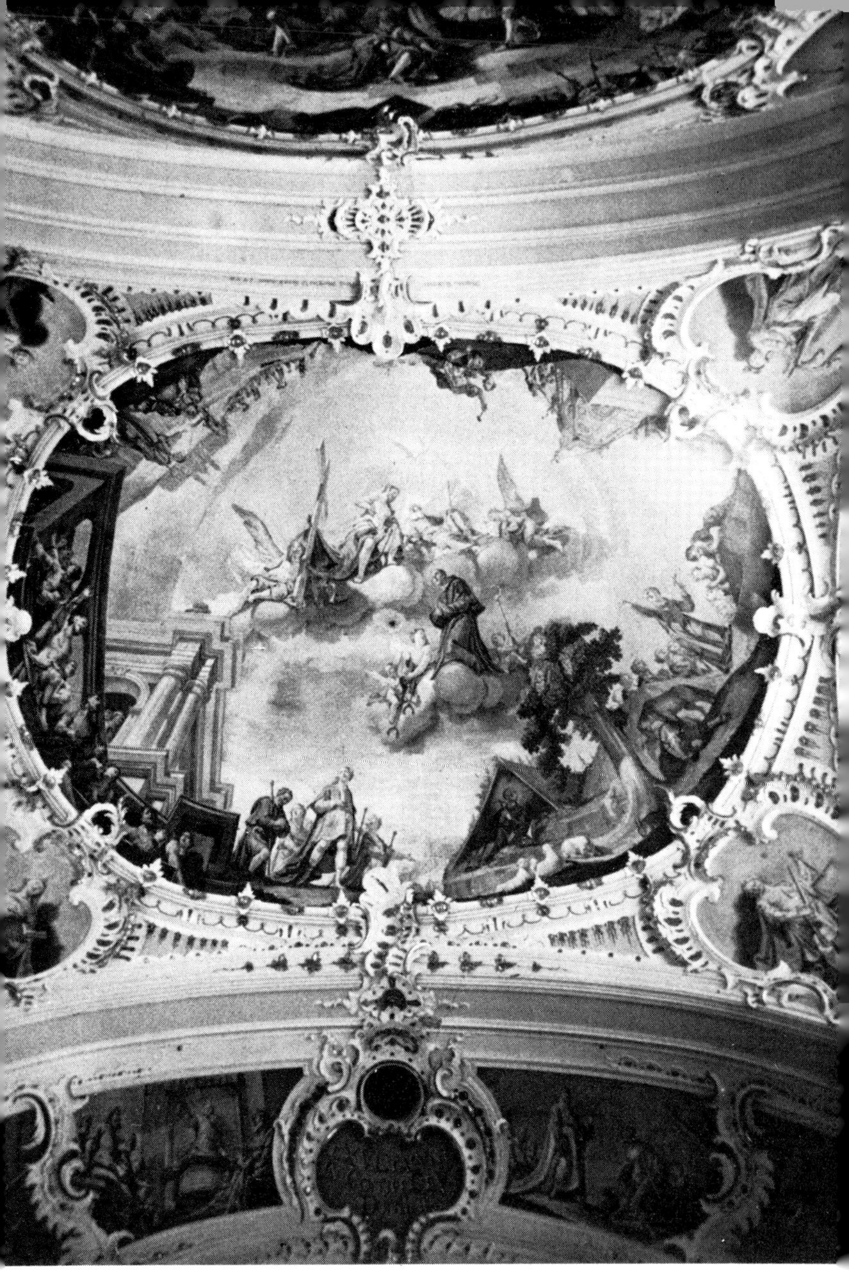

St. Leonhard (S. Linert), Pfarrkirche

Kanzel: Reiches, etwas derberes Rocaille. Aufgebogener Schalldeckel mit Hl.-Geist-Taube, Rosettenmotive an Rückwand und Brüstung. Bauzeit der Kirche.

Beicht-, Chor- und Kirchenstühle: Anfang 19. Jh.

Glasfenster: Die Rundbogenfenster mit Apostelbildern, die Lünettenfenster ornamentiert. Glasmalerei Bernhard Strobl, Brixen, um 1900.

Kreuzwegstationen: Von Carl Henrici, um 1782

Skulpturen: Hll. Jakobus und Leonhard, 18. Jh. (waren früher über der Empore, dann in den Fassadennischen angebracht).

Epitaph: Weißer Marmor, mit Wappenkartusche für Juliana Maria Mayrhofen geb. Winkelhofen, gest. 1723.

Kriegerdenkmal: In der um 1920 angebauten Vorhalle zwei barockisierende Altärchen mit originellen Schnitzreliefs, von Franz Pescosta 1921.

2. Wallfahrtskirche Heiligkreuz (Santa Crusc)

Bau: Auf prächtigem Aussichtsplatz unter den Felswänden des Heiligkreuzkofels in 2045 m Höhe liegt das 1484 vom Brixner Weihbischof Konrad eingeweihte Kirchlein zum Heiligen Kreuz, für das 1500 drei Gadertaler Rompilgern, Morellus de Canins und den Brüdern Konrad und Peter Colz, ein Ablaß gewährt wurde. Die Sage verbindet die Gründung von Heiligkreuz mit dem Grafen Volkhold von Lurngau, der hier im Alter als Einsiedler gelebt haben soll. Eine vorgeschichtliche Kultstätte kann durch Funde derzeit nicht bewiesen werden, hat aber viel Wahrscheinlichkeit. 1778 wurde die Kirche unter Josef II. aufgehoben, 1839 aber wiedereröffnet. Der Bau geht im wesentlichen auf spätgotische Zeit zurück, er wurde im 17. Jh. umgebaut (Jahreszahl 1665 am äußeren Fenster) und nach Westen verlängert. 1852 wurde die Vorhalle angebaut, 1882 von Rudiferia die Innendekoration hergestellt. 1983/84 erfolgte eine umfassende Restaurierung, wobei die Vorhalle erneuert wurde.

Rechteckbau mit nicht abgesetztem Polygonchor, Vorhalle mit Pultdach, die gegen Norden und Süden Spitzbogentür, westlich zwei Spitzbogenfenster aufweist. Nördlich außen Treppe mit Eisengitter zur Empore, an der Südseite fünf spitzbogige Fenster. Eingangstür abgefaste Spitzbogentür. Innen fast rundbogiges Rippengewölbe mit in der Mitte zusammenreichenden Stichkappen, die Rippen auf Konsolen, fünf Schlußsteine, 5/8-Chor, Querrippe zwischen zweitem und drittem Joch und am Choranfang. Empore auf geschwungenem Grundriß, später verändert (ehem. Jahreszahl 1636 in einer Füllung vorhanden). Der Turm

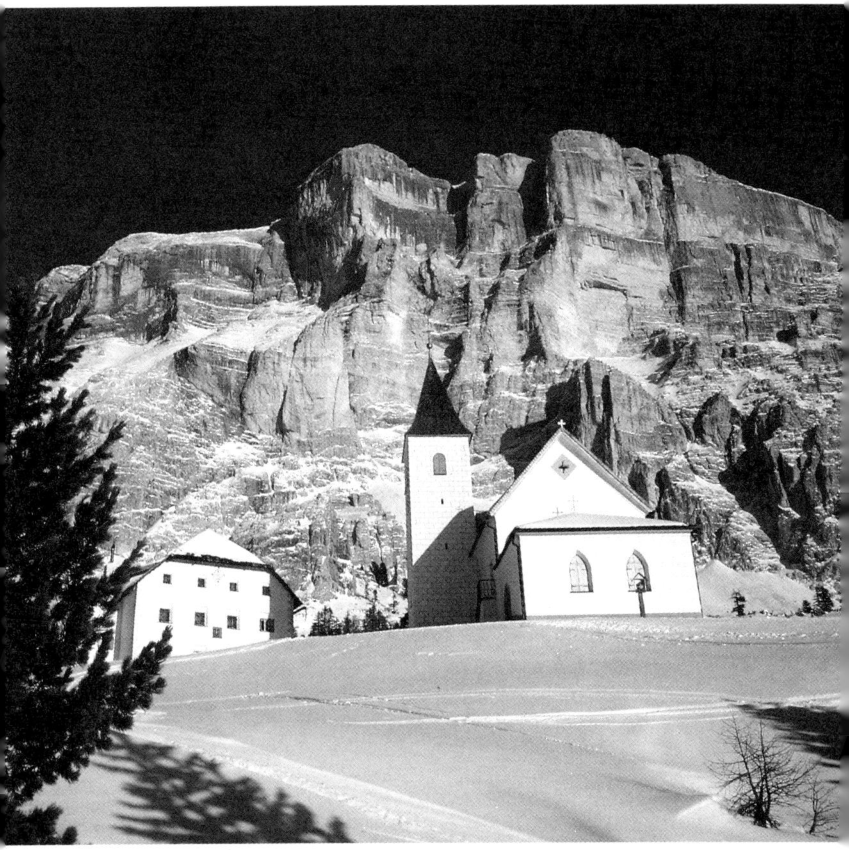

Wallfahrtskirche Heiligkreuz

ziemlich massig, mit vierseitigem, leicht geschweiftem Pyramidendach. 1984 mit auffallendem Quaderanstrich versehen.

Hochaltar: Breiter Wandaufbau, Mensa mit Säulchen, Bildern und mittlerer Schnitzrosette, seitliche Wände mit Maßwerkfensterchen, daran anschließend Flügel mit Maßwerk, Rückwand mit stehenden Engeln mit Leidenswerkzeugen, davor zwei Dreipaßmedaillons mit Bildern Ölberg und Pietà, signiert: F. Tavella 1865. Mittelaufbau mit Tabernakel, darüber breitrechteckige Nische für Gnadenbild, reich bekrönt mit verschlungenem Bogen mit Edelweißornamenten, mit Fialen und Rankenwerk. In der Nische die Gruppe mit dem Gnadenbild, Kreuztragung, die Christusfigur wohl 17. Jh., die Nebenfiguren spätes 18. Jh. (?). Anstelle eines 1853 errichteten Altars 1910 von Vijo Gostner aus Stern gearbeitet.

Seitenaltäre: Links Wandaufbau mit Nische, Pilastern und flachem Giebel, Obelisken mit Krabbenbesatz. Interessantes Beispiel für den Übergang von Klassizismus zu Neugotik; wahrscheinlich der ursprüngliche Hochaltar von 1853 (vgl. alte Wallfahrtsbilder). Statuen der Heiligen Silvester und Rochus mit Engel, Knitterfalten, Ende 15. Jh., gute Arbeiten, weiß gefaßt. In der Altarnische Pietà, 18. Jh.
Rechts neugotischer Wandaufbau von 1908, Arbeit von Vijo Valentini. Statue des hl. Bartholomäus von Anton Daprè, 1906.
Volksaltar und Ambo: Holz, gefärbt, 1984. Altes Kommuniongitter mit Balustersäulchen entfernt.

Wandgemälde:
1. Im Chor Rankendekoration, Rest der 1888 von den Brüdern Rudiferia angefertigten reichen Innenausmalung.
2. Im Schiff 1983/84 Wandgemälde freigelegt: Abendmahl, Ölberg, Kreuzigung, Auferstandener, Jesus im Tempel, Darbringung, Geburt, Pfingsten. Im nördlichen Wandfeld Jüngstes Gericht. Mitte 17. Jh., zum Teil ergänzt.
3. An der Brüstung der Empore Vasen und Embleme. Neu.
4. Am Gewölbe ober der Empore Wappen Johannes Pauls II. 1983.

Chorstuhl: Rückwand mit Lambrequins, 18. Jh., Stuhl neugotisch. Schlechte neue Kirchenbänke.

Beichtstuhl: Neugotisch (Vorhalle).

Kreuzwegstationen: Öldrucke, Rahmen wie Hochaltar.

Skulpturen:
1. Christus im Spottmantel und Christus an der Geißelsäule. Ähnlich wie Gnadenbild. 17. Jh.

2. Kreuzigungsgruppe (in der Vorhalle). Ausdrucksvolles Kruzifix, Anf. 19. Jh. Weinende Engel mit Kerzen und Johannes und Maria, bewegt, 18. Jh.
3. Statuen der Heiligen Nikolaus, Kassian, Ulrich, Augustin, ehemals an den Altären, deponiert.

Gemälde:
1. In die Emporenbrüstung eingelassen. Auffingung des Kreuzes in weiter Stadt- und Seenlandschaft, kniende Stifter. Schrift: Dise Tafel hat der Ersam Hanß Planer und Adam sein Sun Gott dem allmechtigen auch der Cristlichen gschicht, der erhebung des Heyligen Creutzes, zu Lob und zu Eer Mache n lassen 1570.
2. Allegorisches Bild mit Menschen, die, aus der Heiligkreuzkirche kommend, zum Himmel gehen oder in den Höllenrachen stürzen. Originelle Arbeit, 18. Jh. Deponiert.
3. Jüngstes Gericht, Kupferstich, spanisch. 18. Jh. Deponiert.
4. Votivbilder, ab 2. Hälfte des 19. Jh.s.

Glocke: Chiappani, Trient, 1883.
Kreuzwegstationen führen von Wengen, Abtei (1911, Grödner Arbeit, Terrakotta), St. Kassian (kleine gemalte Bilder, von Lois Irsara, um 1960) und Stern (Ölbilder, frühes 19. Jh., jetzt deponiert) nach Heiligkreuz. Kalvarienberg hinter der Kirche mit großen Holzkreuzen und Figuren Christi und der beiden Schächer, 19. Jh.

3. Kapelle zu Unserer Lb. Frau von Caravaggio in Peskoll

Bau: Eine frühere Kapelle, 1602 von Hans Wündgler und Hans Mor zu Englmor erbaut, 1900 abgebrochen und neue Kapelle errichtet, die 1958 nochmals von Grund auf neu gebaut wurde. Rechteckbau mit abgesetztem, gerade abschließendem Chor, Rundbogentür und Okulus, Rundbogenfenster, Tonnengewölbe auf Stichkappen, im Chor gratiges Gewölbe. Türmchen mit Rundbogenfenstern und niedrigem, hölzernem Spitzhelm.

Altar: Neuromanischer Aufbau, in Nische Madonna mit Kind, davor Landmädchen kniend.
Kreuzwegstationen: 19. Jh., derbe Malerei.

Skulpturen: Hll. Sebastian und Antonius, gotisierend, überarbeitet. Deponiert.

4. Kapelle zu Paratscha

Bau: Kleiner Rechteckbau mit Polygonabschluß, Rundbogenfenster, Kreuzgratgewölbe, dreifächerige Chornische.

Altar: Unter Baldachin Pietà. Seitlich hl. Bartholomäus, Johannes Evangelist, Ende 18. Jh.

5. Hofkapelle zu Corcela

Bau: Klein, Jahreszahl 1843, Tonnengewölbe.

Altar: Mit gedrehten Säulchen, seitlich hl. Kassian und Nikolaus, 18. Jh.

Skulpturen: Geißelung und Dornenkrönung. Spätes 18. Jh.

6. Freinademetzkapelle in Oies

Im Geburtshaus von P. Freinademetz Andachtsstätte eingerichtet. Bildnis von P. Freinademetz von Oswald Kollreider, 1977. Tabernakel von J. Waldner.

II. Edelsitze und Wohnhäuser

1. Ansitz Colz

Das stattliche Haus mit Walmdach, Flure mit Gratgewölbe, stammt in seiner heutigen Form aus dem frühen 17. Jh. Die Inschrift, HW 1604, und das geschnitzte Wappen an einer Stubendecke weisen auf die Familie Winkler von Colz zu Rubatsch als Erbauer hin. Doch dürften bereits die alten, 1485 erstmals in einem Ablaßbrief erwähnten Colz hier gesessen haben; eine alte Mauer mit Eckverband noch erhalten.
Von den Winkler kaufte 1761 Peter Paul von Bernardi den Besitz, durch dessen Tochter Elisabeth er an die bäuerliche Familie Irsara überging, deren Nachkommen hier heute noch wohnen. Der östliche Teil des gratgewölbten Ganges im ersten Stock durch bemalte Holzwand (mit Paradiesszenen) abgetrennt und als Kapelle eingerichtet. Tapetenmalerei mit Ranken, Kreuzigung und Moses vor eherner Schlange, datiert (16)13. In einem Erker im ersten Stock Dekorationsmalerei und Wappen von 1670.
Östlich von Colz der dazugehörige Ansitz Fossa.

2. Ansitz Sompunt

1334 werden Erhart und Gerloch von Sompunt (Sulpont) erwähnt. 1614 Wappenverleihung an Johann Sompunt, dessen Namen mit Jahreszahl 1598 auf dem heute verschwundenen Tor an der Verbindungsmauer zum nebenliegenden Haus, dem bereits 1296 erwähnten Palazolagut, führte. Am steingerahmten Tor des an der alten Straße beherrschend gelegenen Ansitzes Jahreszahl 1598, Korbgitter an den Fenstern und Kapellenraum im 1. Stock, gewölbte Flurhalle, im Keller Wappen Sternbach-Mayrhofen von 1735 (Kopie davon jetzt an der Haustür). Seit dem 17. Jh. bis 1859 im Besitz der Mayrhofen zu Koburg und Anger, dann im Erbweg über die letzte Mayrhofen, Felizitas, an Familie Irsara, heute Castlunger.

3. Widum

Viereckbau mit Eckerker auf Konsolen im Südwesten, gekehltes Spitzbogenportal. Innen Gewölbe mit Stichkappen, 16. Jh. Erhöht und modernisiert Ende 19. Jh.

4. Gasthaus „Weißes Kreuz“ (Trebo)

Rechteckbau mit Walmdach, nördlich gedrücktes Spitzbogenportal mit Oberlichte und Kreuz, ober der östlichen Tür Jahreszahl 1614. Einzelne Korbgitter mit Ranken. Innen gewölbte Gänge. Altes Schreiberhaus des Klosters Sonnenburg.

5. Hospiz in Heiligkreuz

Das als Gasthaus geführte Gebäude neben der Kirche Heiligkreuz geht nach Ausweis des gewölbten Ganges und Treppenaufgangs mindestens ins 17. Jh. zurück. Am heutigen hohen Bau mit Krüppelwalmdach und regelmäßigen Fenstern die Jahreszahlen 1718, 1883, 1983 bzw. 1840 und 1913 als Daten von Umbauten bzw. Restaurierungen.

STERN (LA ILA)

I. Kirchen und Kapellen

1. Pfarrkirche zu Unserer Lieben Frau

Bau: Die 1516 möglicherweise anstelle einer älteren Kapelle geweihte Kirche „Maria zu den Sternen“ wurde 1888 und nochmals 1953 verlängert. Anf. 17. Jh. war der alte Turm eingestürzt, am heutigen Turm mit hölzernem Spitzhelm und gekuppelten Rundbogenfenstern mit Trennungssäule die Jahreszahl 1697, Wappen des Brixner Fürstbischofs Johann Franz Graf Khuen. Bau mit nicht abgesetztem dreiseitigem Chor, an den Längsseiten bis auf den erneuerten Teil Sockel mit Quaderschräge, an der rechten Seite steingerahmtes Spitzbogenportal, daneben Reste eines Christophorusfreskos, spitzbogige Fenster. Im Innern der Rippen beraubtes Gewölbe auf Runddiensten, die im Langhaus Mauerpfeilern vorgelagert sind. Empore vergrößert 1955. Neues Rosettenfenster an der Fassade.

Gemälde: Dekoration, Figuren der vier Evangelisten und der Himmelfahrt Christi im Chor von J. Matthias Peskoller 1897, verschiedene Heilige im Schiff von Hans Peskoller 1949. Restaurierung außen 1977, innen 1979 (von Restaurator Hans Peskoller).

Altäre: Neugotisch, 1897. Hochaltar: Ursprünglich für St. Jakob in Ahrn bestimmt, Grödner Arbeit, Madonnenstatue mit von einer Pilgerfahrt nach Jerusalem mitgebrachten Reliquien, Geschenk von Wohltäter Kostner. Seitenstatuen der Heiligen Nikolaus und Augustinus. 2. und 3. Altar: Über einfacher Rechteckmensa Aufsatz mit Wimpergen, Hochreliefs, links Johannes Ev., rechts Hl. Familie. Von Sepp Pizzinini, Stern.

Kanzel: Brüstung mit gedrehten Säulchen, mit Spitzbogen. Reliefs, Christus lehrend, vier Evangelisten. Neugotisch.

Taufstein: Mit Wandaufsatz mit Relief, Taufe Christi, um 1900.

Kirchenbänke: Einfache, geschwungene Docken, mit Rocaille, Anf. 19. Jh.

Chorstühle: Einfach, neugotisch.

Glasfenster: Zum Teil ornamental, zum Teil mit Medaillons von Heiligen, um 1900. Neues Fenster mit Bild P. Freinademetz und altes Wappen Colz.

Kreuzwegstationen: Einfache, volkstümliche Bilder, 19. Jh.

Skulpturen: Mutter Anna, Josef, nazarenisch. — Kriegerdenkmal, vorne rechts. Holzrelief mit Trauernden vor Herz Jesu, gemaltes Dorf. Signiert: Deiaco 1922.

Glocke: 1515

2. Lourdeskapelle

Via Rottonara. Kleiner Rechteckbau, einfache Tuffnische. Um 1890.

II. Edelsitze

Ansitz Rubatsch — Gran Chiasa da la Ila

Der massige, würfelförmige Wohnbau mit Korbgittern, Schlüsselscharten, Gußöffnungen und Eckerkern im ersten Stock, im Innern nicht ausgebautem oberstem Geschoß, mit gewölbten Gängen und einer Balkendecke im zweiten Stock wird von einer rechteckigen Ringmauer mit Schlüsselscharten, Gußlöchern und zwei Eckrondellen eingeschlossen. Westlich Hauptportal mit mächtiger Quaderrahmung und eisenbeschlagener Tür.
1536 erhielt Hans von Rubatsch von Kaiser Ferdinand I. die Erlaubnis, „auf dem Burgstall zum Stehrn“ einen Edelsitz zu bauen und ihn Rubatsch zu nennen. Die Familie hatte einen älteren Sitz, der als Hof Rubatsch 1296 genannt wird, um 1570 Costamolinara, 1582 Christoph Prack von Asch, 1681 Sidonie von Winkelhofen, anschließend die Winkler von Colz als Besitzer hatte, dann 1736 die Bauernfamilie Großrubatscher. Das (nach

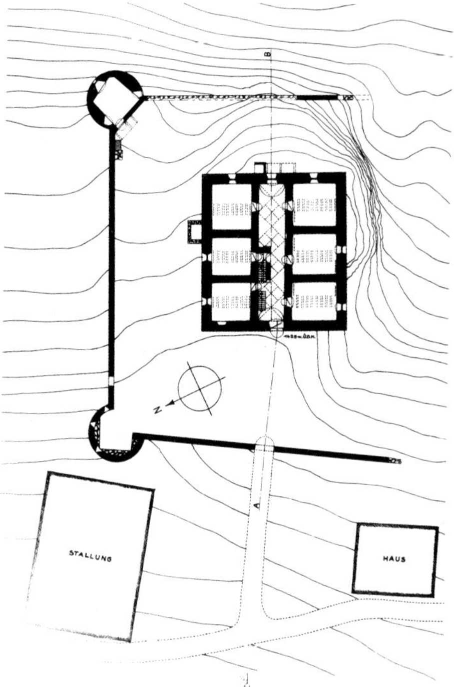

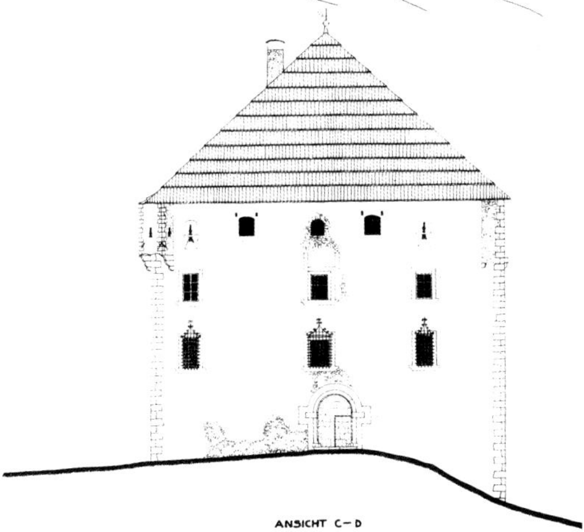

ANSICHT C–D

alten Fotos) hohe, rechteckige Haus mit Eckquadern und Spitzbogenportal stürzte 1912 zusammen.
Schloß Stern selbst kam Ende 16. Jh. in Besitz der mit den Rubatsch verwandten Colz von Freyeck, dann der Winkler von St. Lorenzen, die sich seither Colz von Rubatsch nannten, in der Folge der Mayrhofen von Koburg und Anger, später Armenhaus, dann Schule, zuletzt bäuerlich, seit 1980 O. Pizzinini. Renovierungsbedürftig.

ST. KASSIAN (SAN CIASCIAN)

Pfarrkirche zum hl. Kassian

Bau: Der anstelle einer älteren, 1581 umgebauten und neugeweihten Kirche 1762—65 von Matthäus de Costa aufgeführte, 1782 geweihte und 1844/45 verlängerte Bau zeigt an der Fassade Lisenengliederung und einen geschwungenen Giebel mit einer Nische, in der die Statue des hl. Kassian steht. Südlich vier und nördlich zwei geschwungene Lünettenfenster, der Chor außen polygonal, innen rund abschließend. Der ehemalige gedeckte Gang von der Sakristei zum Turm abgebrochen. Am Turm rundbogige Schallfenster, über Achteck mit Blendfenstern Zwiebelkuppel. Schöne Innenarchitektur, im Langhaus Tonnen- und im Chor Kreuzgratgewölbe über flachen Wandpilastern und verkröpftem Gebälk. Empore mit gerader Brüstung. 1965 restauriert, 1979 im Chor mit einer Kapelle nach Norden erweitert.

Deckengemälde: Im Schiff in rechteckigem Feld Himmelfahrt in interessanter Stilisierung. Von Hans Peskoller. Im Chor Gottvater auf Wolken, 18. Jh.

Hochaltar: Aufbau mit zwei Säulenpaaren, geschweiftes verkröpftes Gebälk, geschwungene Giebelstücke mit zwei sitzenden Engeln, Aufsatz mit Voluten, Vasen, Auge Gottes, vier Engel. Statuen zwei heilige Bischöfe. Bild, Martyrium des hl. Kassian, signiert: C. Heinrici Pictor Ducis Curlandiae invenit et pinxit 1784. Der Altar rückwärts signiert: 1799.

Seitenaltäre: In die Chorbogenmulde hinein vertiefte Aufbauten mit Lisenen und Säulchen, verkröpftem Gebälk, Giebelstücken mit Engeln, Vasen, am geschweiften Aufsatz links hl. Michael, rechts Raffael. Seitenstatuen links Petrus und Paulus, rechts Stanislaus, Johann Nepomuk. Mittelbilder links Mariahilf unter Baldachin, rechts hl. Aloisius. Darunter in Predella Glasschrein mit Reliquien des hl. Zeno, Klosterarbeit. Altäre wohl Anf. 19. Jh.

Kanzel: Der Unterteil mit gedrehten Säulchen, in Flachnischen Guter Hirte und vier Evangelisten, Dach mit Flammenvasen,

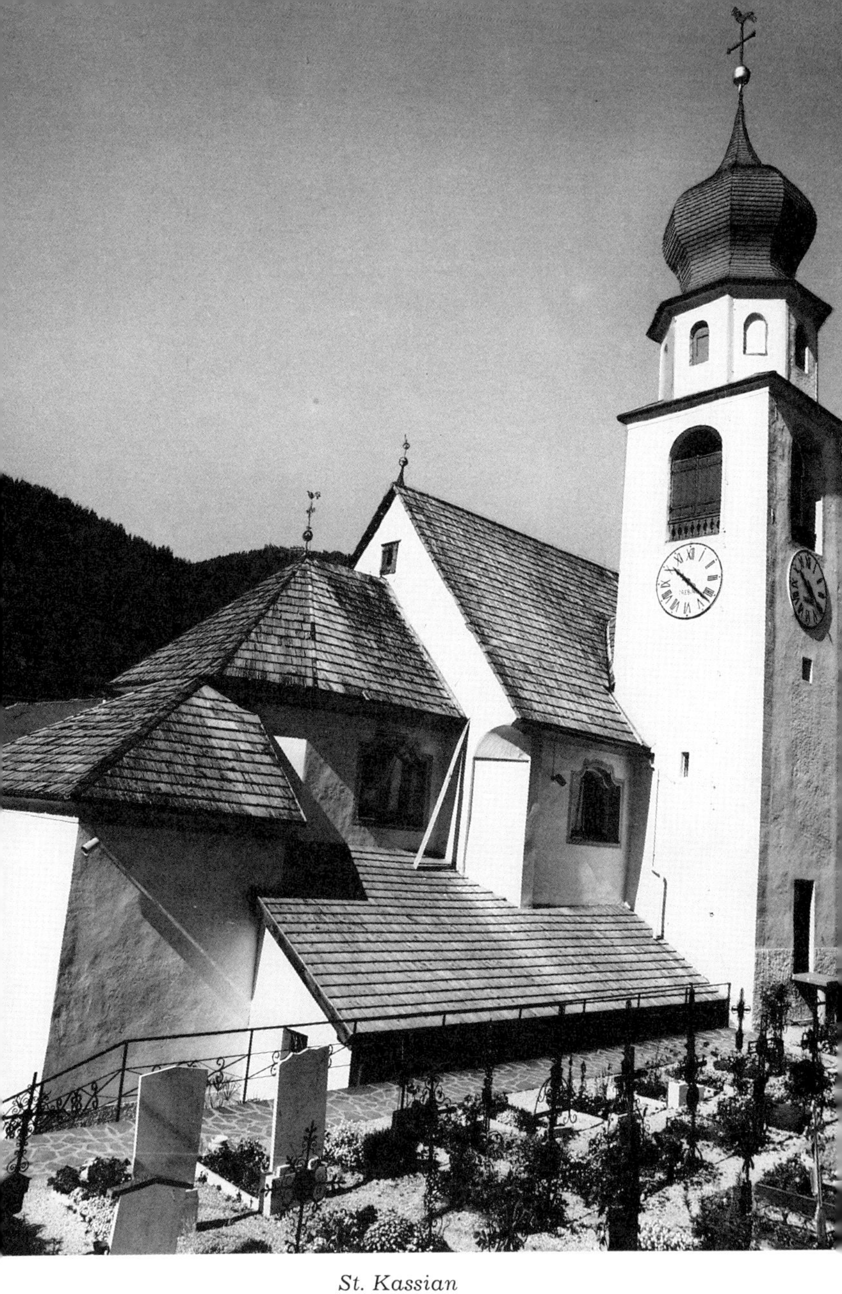

St. Kassian

Engelsfiguren, Blumengehängen, weiß und vergoldet, Anfang 18. Jh.

Beichtstühle: Geschweifte Form, einfache Intarsia. Der eine datiert 1764, der zweite später nachgebaut, jetzt im Seitenraum.

Kirchenstühle: Docken mit Lisenen und Palmzweigen. Chorstühle mit einfachen Rahmungen. Anf. 19. Jh.

Orgel: Von Balthasar Mesl, Vals. 1844/45.

Kreuzwegstationen: Von Josef Renzler, 1802.

2. Friedhofskapelle

Offene Kapelle mit geschweiftem Giebel. Kreuzigungsgruppe, 18. Jh. Kriegerdenkmal.

3. Kapelle in Plan

Einfacher Bau, innen Kreuzgewölbe und dreiseitiger Chorteil, zwei Rundbogenfenster, an der Tür Jahreszahl 1928. Altärchen: 17. Jh. Aufbau mit gedrehten Säulchen, gesprengtem Giebel und Seitenteilen, Statuen zwei Engel und Silvester, Seitenstatuen, hll. Heinrich und Notburga, nicht mehr vorhanden. Mittelnische jetzt kleine Pietà von Maria Weißenstein, ursprünglich hl. Antonius. An der Predella Szenen des Guten Hirten, signiert: Rudiferia e Fili pinxit in Badia 1876.

4. Kapelle in Costadoi

Laut Inschrift 1901 erbaut, 1981 restauriert. Einfacher Bau mit Dachreiter, Stichkappen auf Pilaster, dreiseitiger Abschluß. Zwei Deckenbildchen, Geburt Christi, Flucht nach Ägypten, signiert: cop. Pescoller sen. 1919. Auf neugotischer Mensa und späterem Unterbau Säulenaltärchen des 17. Jh.s mit Statuen Muttergottes, hl. Johannes d. T. und Evangelist, oben Aloisius und Antonius Abt.

5. Kriegerkapelle auf Lagazuoi

Im Wald an der Straße zum Valparolapaß; aus Zirbenholz mit steilem Giebeldach. Lt. Inschrift am 4. Juni 1916 eingeweiht.

Altarbild: Maria mit Kind, Zeichnung von Lois Alton, 1916. Die Gräber vom ehemaligen Kriegerfriedhof inzwischen exhuminiert. 1952 von italienischen Pfadfindern aufgerichtetes Steinkreuz.

CORVARA

1. Pfarrkirche zur hl. Katharina

Bau: Eine Kirche 1347 erwähnt, neue Weihe 1452 und 1501. Am Chorbogen Jahreszahl 1498. Der heutige spätgotische Bau zeigt

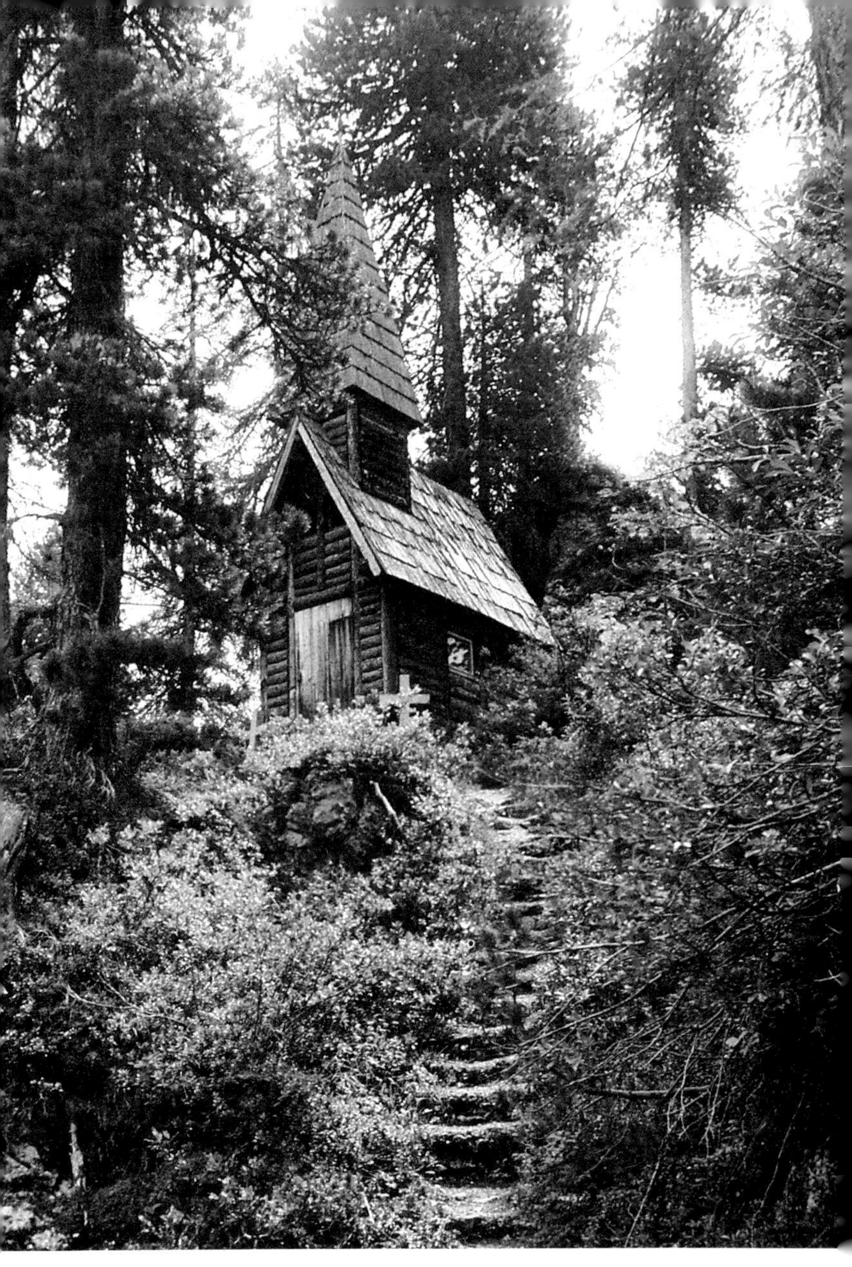

Kriegerkapelle in Lagazuoi

Spitzbogentüren und -fenster, abgesetzten, etwas verschobenen Polygonchor, derbe Streben. Im Innern zwei Schiffsjoche mit Netzrippengewölbe über Runddiensten und Wandpfeilern, im Chor Sterngewölbe auf derben Polygonkonsolen. Runde Schlußsteine. Neugotische Vorhalle aus Holz auf vier Pfeilern, neugotische Holztür mit schönem Schloß. Am Turm Spitzbogenfenster und origineller Abschluß mit Achteck und Spitzdach. Restaurierungen 1864, 1910 und zuletzt 1967, wobei die frühere Einrichtung entfernt und inzwischen allerdings wieder verblaßte Wandgemälde aufgedeckt wurden.

Wandgemälde:
Mehrere Schichten.
1. Eine ältere Schicht, um 1400, nur in Resten: Kopf der hl. Katharina, im Schiff links.
2. Ein Meister Leonhard von Brixen nahestehender Maler, Mitte 15. Jh.: Marienkrönung im Schiff links, hll. Nikolaus und Georg im Schiff rechts, Apostelfiguren Petrus, Paulus, Andreas, Jakobus, im Chor links.
3. Malereien, Ende 15. Jh., gleichzeitig mit Ornamentmalereien am Chorbogen: Gregoriusmesse, Katharina, im Chor.
4. 16./17. Jh.: Marienkrönung mit Katharina mit Stifterinschrift: Ammann de Vuter, im Chor links. Wappen der Familie Prack.
5. Malereien, 17. Jh.: Arme-Seelen-Bild, hl. Antonius, darunter Silvester, im Schiff. Verkündigungsengel, im Chor.

Altar: Flügelschrein mit Predella, Aufsatz, Ranken, geraden und gebogenen Fialen. Skulpturen: Im Mittelschrein Maria mit Christkind, vor Thron stehend, zu beiden Seiten hl. Nikolaus und Katharina. An den Flügeln innen Flachreliefs, hl. Jakobus und Florian, im Aufsatz Kreuzigungsgruppe. Gemälde: In der Predella Sebastian, Anton Abt, Leonhard, Rochus. Außen an den Flügeln in entsprechend zweigeteilter Komposition Enthauptung der hl. Katharina, mit Landschaftshintergrund. An der Rückseite Maria mit den sieben Schwertern in Renaissancerahmung, Petrus und Paulus mit dem Schweißtuch Christi. An der Seite Jahreszahl 1519. Skulpturen kräftig, etwas derb, in der Art von Michael Parth. Das Katharinenbild eine gute und interessante Arbeit, nach A. Altdorfer. 1978 restauriert.

Beichtstuhl: Flachpilaster, Lambrequins, aufgebogener Mittelteil, 18. Jh.

Chorstühle, Kirchenbänke: Neugotisch, Maßwerk. Originell.

Speisgitter: Eisenblech, gotische Ranken, Ende 19. Jh. (Kanzel und Seitenaltäre entfernt.)

Kreuzwegstationen: Signiert: F. Ploner pinxit 1852.

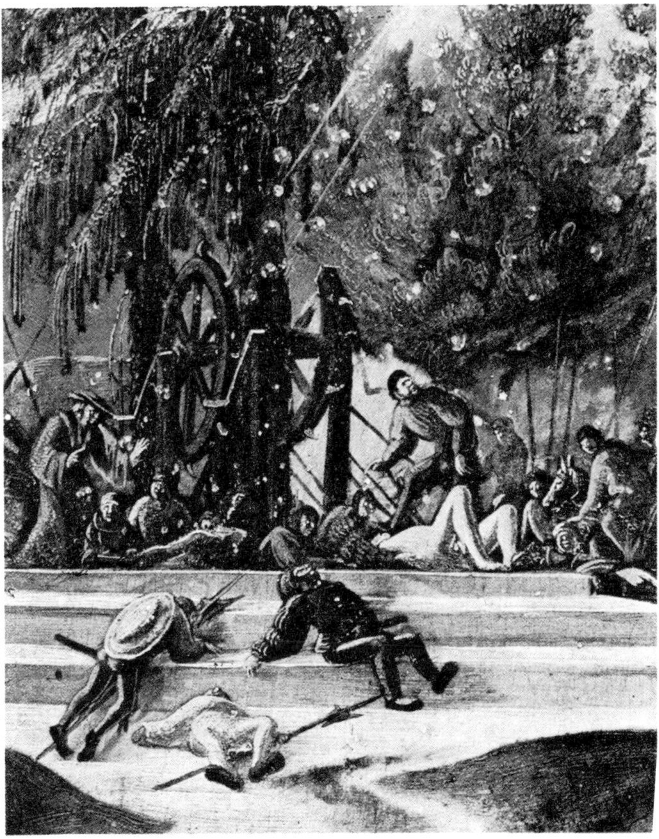

Corvara, Alte Pfarrkirche, Flügelaltar

2. Neue Pfarrkirche zum hl. Herzen Jesu

1959 nach Plänen von Architekt Erich Pattis, Bozen, erbaut. Hochaltarplastik, Herz Jesu, und Seitenaltarfiguren, Josef und Maria, von Johann Mersa in Brixen. Kreuzwegstationen als geschnitzte Halbreliefs. Glasfenster mit Evangelisten und Heiligen von U. Taccia, Torino. In der Seitenkapelle neues Kruzifix und ein Tafelbild, Beweinung Christi, Ende 17. Jh., niederländische Schule.

COLFUSCHG (CALFOSCH)

1. Pfarrkirche zum hl. Vigilius

Bau: Rechteckbau mit westlicher, etwas breiterer Verlängerung, nicht abgesetztem Polygonchor, seitlich alte Sakristei mit Pultdach. An der Fassade hölzerne, neugotische Vorhalle mit dreiseitigem Pyramidendach. Gekehlte, gefaste Spitzbogentür, daneben als freistehende Wasserbehälter romanische Säulchen mit (ausgehöhltem) Würfelkapitell. Breite Spitzbogenfenster mit erneuertem Maßwerk, am Turm spitzbogige Schallöcher, darüber Achteck und Zwiebelkuppel, Eckquaderbemalung. Im Innern die ganze Verlängerung durch eine Empore mit einfacher Brüstung ausgefüllt. Netzrippengewölbe im Langhaus auf Wandpfeilern, im Chor über Dreiviertelsäulen. Eine Kirche wird 1419 erwähnt (Weihedatum 30. August). Der heutige Bau wurde 1626 um den Chor und 1869 (Chronogramm) um den westlichen Teil des Langhauses verlängert. Restauriert 1957.

Wandgemälde:
1. Die nördliche Schildbogenwand des Chores mit gotischen Architekturmotiven (Sakramentshäuschen von Obermauern) von J. M. Peskoller bemalt. In der Mitte Herz-Jesu-Statue.
2. An den Schlußsteinen Vigilius, Kassian, Florian, Martin, 15. Jh.

Hochaltar: Aufbau aus drei baldachinbekrönten Nischen, in der mittleren Mariahilfbild mit Ranken, 18. Jh., seitlich Statuen Vigilius und Kassian, entstanden unter dem Einfluß von Dominikus Moling, Vigiliusstatue im Aufsatz, Ende 15. Jh. Altar von Johann Valentin in Abtei, Ende 19. Jh.

Kanzel: Vier Evangelisten und Guter Hirt. Deckel mit Fialen. Von Theodor Peskosta, Corvara, Ende 19. Jh.

Chorstühle, Beichtstühle, Kirchenbänke: Mit Maßwerk verziert, einheimische Arbeit, Ende 19. Jh.

Kreuzwegstationen: Flott gemalte Bilder, Ende 18. Jh.

Skulpturen: Hl. Ottilie, gute Grödner Arbeit; Mutter Anna, Schutzengel, Theresia, Aloisius, alle Ende 19. Jh. Hl. Josef vom ehemaligen Seitenaltar, jetzt in der Türnische zum Turm.

Wandtabernakel: Mit Lisenen, Volutengiebel, Türchen mit Taufe Christi, Ende 18. Jh.

2. Kapelle am Friedhof

Spitzbogenportal und Kreuzgewölbe. Kriegerdenkmal in Form eines neugotischen Altaraufbaus. Mensa mit Relief Christus an der Bahre des toten Soldaten, auf der Mensa Pietàgruppe mit

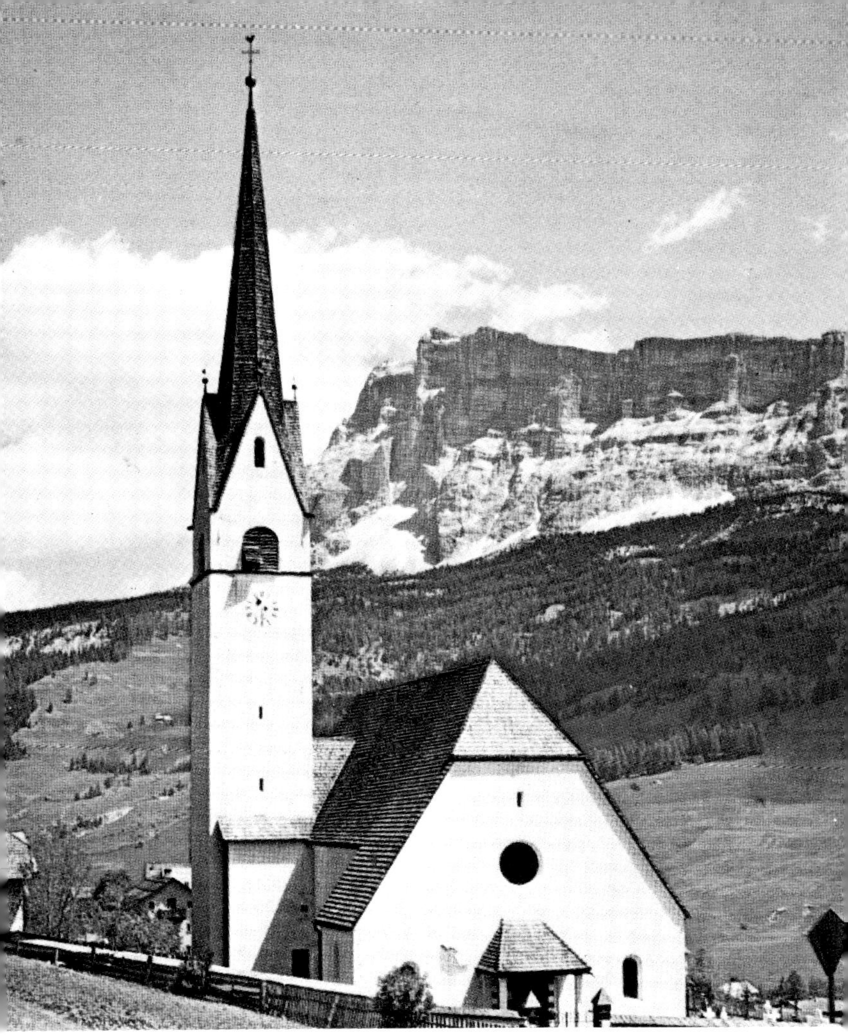

Stern (La Ila) Pfarrkirche

kniendem Engel, signiert: . . . ust Pescosta, Bildhauer St. Ulrich Gröden. Reicher Aufbau mit verschlungenen Ranken, Fialen und Tafeln mit Namen und Bildern der Gefallenen. Ampel, Vasen usw., aus Granaten und Mörsern.

Register

Einleitung ausgenommen.
Verfaßt von Gerhild Kutschera.

ORTSVERZEICHNIS

Abfaltersbach 645
Abtei (Badia) 189, **729—737**
Afens (Wiesen) 143
Afers 309—310
Ahornach 579
Aicha (Schabs) 181, 182
Ala 276
Albeins 306—308, 348
Albions (Lajen) 383—384, 386
Alexandria 217
Altötting 659, 660
Altprags (Prags) 624, 525
Altrasen (Niederrasen) 604, 605
Alt-Wengen (Wengen) 727
Alvèra (Cortina d'Ampezzo) 675
Ambras 130
Andechs 390
Andrác (Andraz) 679, **686—689**
Antholz 609—610
Antwerpen 629
Aquileja 307, 501
Arabba (Rèbo) 677—678
Arco 224
Ast (Pflersch) 105
Athen 227
Aufhofen 512, **538—542**
Aufkirchen 372, **643—644,** 710
Augsburg 10, 227, 274, 320, 514
Außermühlwald (Mühlwald) 564—565
Außerpfitsch (Kematen) **145—148**
Außerpflersch 105
Außertal (Jaufental) 165
Axams 627

Bad Bergfall (Geiselsberg) 603
Bad Froi (Gufidaun) 372
Bad Ilstern (St. Sigmund) 474
Bad Maistatt (Niederhof) 632
Bad Ramwald (Onach) 511
Bad Wildberg (St. Lorenzen) 506
Bad Winkl (Sand in Taufers) 572
Barbian 394—400
Belluno 689
Boden, St. Anton in (St. Ulrich in Gröden) 603
Bozen 192, 218, 220, 228, 271, 276, 320, 329, 336, 345, 375, 377, 393, 396, 408, 412, 422, 426, 428, 429, 436, 437, 438, 442, 503, 506, 526, 582, 590, 602, 659, 664
Brescia 317, 318
Brenner 99
Brixen 105, 123, 140, 161, 173, 174, 178, 180, 181, 185, 186, 199, 203, 211, 215, 216, **218—281,** 282, 284, 286, 288, 290, 291, 292, 293, 294, 301, 303, 305, 310, 314, 315, 316, 319, 320, 321, 329, 331, 336, 345, 348, 351, 366, 368, 369, 374, 375, 379, 384, 386, 395, 396, 398, 414, 415, 418, 420, 426, 433, 440, 446, 450, 454, 456, 457, 459, 460, 461, 468, 472, 476, 480, 481, 486, 495,

506, 507, 512, 518, 524, 526, 530, 531, 535, 537, 538, 541, 544, 546, 554, 558, 560, 568, 569, 578, 580, 582, 584, 594, 602, 604, 605, 608, 611, 614, 616, 624, 638, 650, 660, 667, 688
Bruneck 123, 137, 141, 199, 228, 236, 269, 320, 353, 430, 461, 494, **511—530,** 536, 537, 541, 542, 565, 596, 609, 616, 619, 632, 653, 660, 710, 712
Buchenstein 532, 680, 682, 684, 688, 690, 710
Budapest 340
Burghauser 167

Cadin (Cortina d'Ampezzo) 675
Campill (Longiarü) 718, 719, **720—722**
Campo (Cortina d'Ampezzo) 676
Chiave (Cortina d'Ampezzo) 675
Chierz (Cherz) 679
Cleveland (Ohio) 662
Cojana (Cortina d'Ampezzo) 674
Col di Lana 684
Colfuschg (Calfosch) **746**
Colle (Cortina d'Ampezzo) 674
Colle S. Lucia 689—691
Corcela (Abtei) 736
Costadoi (St. Kassian) 742
Cortina d'Ampezzo 315, 407, **671—677**
Corvara 396, 718, **724—745**
La Court (Corte) 679—680
Crelingen 568
Cremona 244, 252

Daghè 681
Davedin 680
Dietenheim 522, **532—538**
Dreikirchen (Barbian) 396—400
Durnwald (Pichl) 621

Ehrenburg 481—486
Eichstätt 572
Einsberg (Mühlbach bei Gais) 558
Einsiedeln 127, 128
Ellen 511
Elvas (Natz) **185, 186,** 267
Elzenbaum 138
Enneberg (La Pli de Mareo) 700—711, 727

Feldthurns (Velthurns) 310—320, 607
Flitt (Lüsen) 189
Fossa Amito (Abtei) 736
Frankfurt/Main 629
Franzensfeste 178—180, 182, 211
Freienfeld (Trens) 168
Freins (Lajen) 382—383
Freising 388, 390, 480, 662
Frena (Campill) 719
Fronwies (St. Lorenzen) 494

Gais 551—556
Garn (Latzfons) 324, 325
Gasteig (Sterzing) 109, 127
Geiselsberg 600, **602—603**
Gherà 677
Görz 681
Götzens 158, 255, 256, 329, 457, 582, 614, 636
Gossensaß 100—105
Gratsch (Toblach) 640
Gries 617
Gröden 148, 306, 377, 592
Gsies s. St. Magdalena in Gsies 623
Gufidaun 353, **371—376**

Hall/Tirol 508, 514, 574, 587
Hasenried (Pfalzen) 489
Heiligkreuz (Santa Crusc) 638, 732, 737
Hörschwang (Onach) 511
Hof (Court, Enneberg) 706
Hofern (Kiens) 478
Holzgau 103

Innerpfitsch 148—150
Innichen 568, 584, 621, 629, 636, 643, 644, **645—663**
Innsbruck 115, 142, 176, 192, 220, 258, 281, 310, 369, 395, 403, 420, 433, 446, 448, 474, 518, 600, 608, 617, 627, 662, 681

Jaufenpaß (Mareit) 157
Jaufental 109, **164—165**
Jerusalem 445, 659

Kalchern (Ridnaun) 163
Karnol 288
Kaschau 555
Kastelruth 306, **407—413**
Kematen (Sand in Taufers) 570—572
Kiens 476—481
Klausen 262, 319, 334, **336—364,** 372, 375, 391
Klerant (St. Andrä) 286—288
Klosterwald (St. Lorenzen) 499
Kniepaß (St. Lorenzen) 499
Köln 244, 499
Kolman 401, **405—407**
Köstlan (Brixen) 267, 270, 271, 272
Kreßbrunn (Barbian) 400

Lagazuoi 742
Lajen 306, 349, **377—393**
Lajener Ried 384—386
Lana 282
Lappach 565—566
Larčonèi (Larzonei) 684—686
Latzfons 322—326, 349, 548
Latzfonser Kreuz 324
Lavant 626
Leisach 664
Lerschach (Toblach) 640
Lienz 290, 659
Livinè 681
London 548
Lottersack (Velthurns) 315
Lueg 135
Lüsen 186—189
Lurx (Ried) 106, 107
Luttach 554, **580—581**

Mahr, in der (Tschötsch) 305, 306
Maiern (Ridnaun) 163
Majon (Cortina d'Ampezzo) 674
Mals 260
Mareit 151—161
Margen (Terenten) 468
Maria Saalen (St. Lorenzen) 496—497
Maria Trens s. Trens
Martinsdorf (St. Lorenzen) 503
Mauls 130, **174—176**
Mauren (St. Lorenzen) 494
Mellaun (St. Andrä) 284—286, 290
Meran 319
Meransen 286, **457—459**
Milland 290—294
Mitterolang (Niederolang) 599, 600
Mittertal (Antholz) 609
Mittewald 107, **176—177**
Montal 508—510
Montal (Enneberg) 714
Moos (Feldthurns) 315
Moos (Niederdorf) 630—632
Moos (Sexten) 663
Moos (St. Lorenzen) 495—496, 497, 507
Moos (Wiesen) 142
Moritzen (Sand in Taufers) 566, **572, 575**
Mühlbach bei Brixen 393, **446—450**, 453, 458, 459, 507
Mühlbach bei Gais 556—557
Mühlen 560—562, 569
Mühlwald 562—565
München 208, 272

Nasen (Niederolang) 598
Natz 182—186, 231
Nauders (Rodeneck) 452
Naven (Teis) 326

Neapel 633
Neustift 100, 180, 182, 185, **189—213,** 375, 402, 420, 422, 438, 449, 476, 486, 487, 574, 596, 604, 607
Niederdorf 624, **626—634,** 656
Niederlana 414
Niederflans (Stilfes) 174
Niederkarnol (St. Andrä) 290
Niederolang 596—600
Niederrasen 603—605
Niedertal (Antholz) 608—609
Niedervintl 449, **459—462**
Niederwielenbach (Percha) 544
Niedrist (Lüsen) 189
Nürnberg 227, 252, 435

Oberau 178
Obermauern 746
Oberolang 600—602
Oberplanken (Pichl) 622—623
Oberragen (Bruneck) 522, 523, 530
Oberrasen 282, **605—608**
Obertal (Antholz) 610
Obertelfes 150—151
Obervintl 461, **462—464**
Obervöls (Völs) 428
Oberwielenbach 545
Oberwiesen (Wiesen) 143
Obsaurs 458
Oies (Abtei - St. Leonhard) 746
Olang 211, **602,** 604
Olympia 317
Onach 510—511
Ornéla 680—681

Pardell (Verdings) 322, 329
Pardell (Villanders) 369, 370
Pardell (Villnöß) 329—330
Passau 653
Pederoa (Wengen) 727
Pedratsches (Pedraces) 729—737
Pein (Terenten) 467
Percha 522, **542—545**
Peskoll (Abtei - St. Leonhard) 735
Petschied (Lüsen) 188
Pfalzen 486—490, 593
Pfitsch (s. auch Außerpfitsch, Innerpfitsch) 172, 174, 176
Pflaurenz (St. Lorenzen) 495
Pflersch 105
Pfunders 351, **465—466**
Pian de Colle S. Lucia 691
Piccolein (St. Martin in Thurn) 717, 718, 719
Pichl 620—621
Pinzagen (Tils) 300—301
Pitzack (Villnöß) 329
Plaiken (Enneberg) 710
Plan de Salesei 685
Platz (Außerpfitsch) 147
Plié La (Pieve) 681—684
Plung (Prags) 626
Prags 623—626
Prettau 593—594
Prösels 429—430, 431
Puelandt (Oberolang) 602
Pufels 415

Raas (Natz) 183, 186
Ragen (Bruneck) 511, 514, 523, 530
Ranui (Villnöß) 334
Ras (Enneberg) 710
Rasen s. Niederrasen, Oberrasen
Ratschings 109, 160, **163—164,** 276
Ratzötz 293
Réba 677
Regensburg 645
Rein 579—580
Reischach 530—532
Renaz (Renač) 678—679
Ridnaun 161—163
Ried bei Sterzing 106
Rietz 262
Rifnol (St. Andrä) 290
Rigge (Vahrn) 216
Riva 175
Rizlar (Latzfonser Kreuz) 324

Rodeneck 270, 450—457
Rom 224, 261, 262, 348, 377, 523, 599, 660
Rost (Ras; Enneberg) 710
Rotlahn (Villanders) 368, 369
Rumestluns, Bad (Wengen) 726
Runggaditsch (St. Ulrich in Gröden) 696
Runggatsch (St. Vigil in Enneberg) 712
Rust (Sterzing) 127

Säben (Klausen) 138, 189, 196, 218, 222, 269, 281, 336, 341, 342, **354—364**
Salejei (Salesei) 683—685
Salzburg 312, 619
Sand in Taufers 391, **566—578,** 579
St. Andrä bei Brixen 282—290, 605
St. Christina in Gröden 416, **696—698**
St. Georgen (Bruneck) 521, **549—551**
St. Jakob in Ahrn (St. Johann in Ahrn) **592,** 738
St. Johann in Ahrn 582—587
St. Kassian (San Ciascian) 735, **740—742**
St. Leonhard bei Brixen 281—282
St. Leonhard (San Linert) **729—737**
St. Lorenzen 490—508, 514, 526, 564
St. Magdalena in Gsies 623
St. Martin (St. Lorenzen) 506
St. Martin in Thurn (San Martin de Tor) **716—720**
St. Michael bei Kastelruth 414—415
St. Oswald 418—420
St. Pauls 420
St. Peter hinter Lajen 393—394
St. Peter in Ahrn 592—593
St. Peter i. Wald (Latzfons) 323
St. Quirin (Lajen) 390
St. Sigmund im Pustertal 183, **470—476**
St. Ulrich in Gröden 416, **691—696,** 724, 746, 747
St. Vigil in Enneberg (Al Plan) **711—714**
Sarns 294—299
Saubach (Barbian) 395—396
Sauders (Villanders) 369
Schabs 180—182, 211
Schalders 217—218
Schenna 698
Schlanders 120
Schmieden (Prags) 624
Schmirn 261
Schmuders (Wiesen) 143
Schnals 528
Schnauders (Feldthurns) 313
Schönau (Sterzing) 127, 139
Schrambach (Feldthurns) 314, 315
Schwaz 366
Seis 415—418, 430
Sexten 377, **663—664**
Sillian 536
Sistrans 196, 210, 329
Söll 538
Sonnenburg (St. Lorenzen) 117, **501,** 503, 507, 599, 710, 711, 737
Soraruač (Souraruaz) 679
Spiluck (Vahrn) 217
Spinges 445—446
Stange (Mareit) 160
Stegen (St. Lorenzen) 137, **546—549**
Stein 150
Steinach 148, 497
Steinegg 442—444
Steinhaus 587—591
Steinwend (Vahrn) 217
Stefansdorf (St. Lorenzen) 497
Stern (La Ila) 734, **737—740**
Sterzing 104, **106—140,** 142, 144, 145, 168, 345, 526, 559
Stilfes 165, **270—274**
Stillendorf 416

Stufels (Brixen) 218, 261, 264, 278

Tagusens 413—414
Taisten 614—620
Tanürz (Lajen) 382
Taufers s. Sand i. Taufers
Teis 326—328
Telfes s. Obertelfes
Terenten 436, **466—470,** 476, 607
Terlan 724
Tesselberg 545—546
Thaur 103
Thuins (Sterzing) 109, 127, 138
Tiers 438—441
Tils 300—303
Tisens (Kastelruth) 410—411
Toblach 634—642, 656
Tötschling (Tschötsch) 304
Tolpei (Wengen) 727
Trens 165—170
Trevis 681
Trient 170, 196, 224, 252, 266, 314, 342, 486, 501, 503, 648
Tristach 655, 663
Tschenstochau 135
Tschöfas (Lajen) 382
Tschöfs (Sterzing) 128
Tschötsch 303—306
Tulfer (Wiesen) 143
Tulfes 196

Ums (Völs) 424, **429**
Untermoi (Antermoia) 723
Unterplanken (Pichl) 621
Untertelfes (Obertelfes) 150
Unterwielenbach (Percha) 544
Uttenheim 540, **558—560**

Vahrn 211, **213—217,** 269, 294, 310, 461
Vallgeneun (Stilfes) 173—174
Vals 457, 596
Velthurns s. Feldthurns
Verdings 320—322
Verocal (Cortina) 675
Verona 412
Viers 321—322
Vierschach 664—666
Villach 619
Villanders 270, 353, 354, **364—371,** 375
Villnöß 306, **328—336**
Vintl (Nieder- bzw. Obervintl) 215
Viums (Natz) 186
Völs 420—435
Völser Aicha 435—438

Wahlen bei Toblach 644—645
Waidbruck 401—405
Weisberg (St. Magdalena in Gsies) 623
Weißenbach 581—582
Weitental 464—465, 715
Welsberg 610—614, 642, 704
Welschellen 715—716
Wengen (La Val) **724—728,** 601, 682, 735
Wessobrunn 638
Wielenberg (Percha) 544
Wien 130, 224, 252, 310, 366, 377, 512, 564
Wiesen 106, 137, **140—145**
Wilten 100, 175
Winnebach 666, 667
Winterthur 158
Wiock (St. Martin in Thurn) 718
Wolkenstein 305, **698—699,** 727

Zinggen (Brixen) 261
Zuel (Cortina d'Ampezzo) 674
Zwischenwasser (Longega; St. Vigil in Enneberg) 714

PERSONENVERZEICHNIS

Abenthung, Blasius, Baumeister 329
Abenthung, Franz, Baumeister 711
Abenthung, Josef, Baumeister 457, 582, 626, 691
Achmüller, Benedikt, Pfarrer 497
Adam 620
Adelshofen, Johann Freiherr von 540
Agreiter, Familie 710
Agreiter, Dominicus, Kurat 715
Aichach, Herren von 390, 420
Aichorn, Jörg 494, 505
Ainackerer, Franz, Dombenefiziat 224
Albeins, Diem von 298
Albert, Graf von Tirol 105
Albert von Enna, Bischof 218, 278, 356, 529
Albert, Propst von Neustift 201
Alberti, Giuseppe, Maler 537
Albuin, Hl., Bischof von Brixen 218, 361, 395, 438, 467, 488, 511, 538, 555, 614, 617, 619, 667
Alpegger, Josef, Bauer 507
Altdorfer Albrecht, Maler 744
Altmutter, Franz, Maler 145, 151, 161, 465
Altmutter, Plazidus, Maler 627
Alton, Lois, Maler 742
Altwin, Bischof von Brixen 218
Alverà, Familie 526
Ammann, de Vuter, Stifter 744
Amonn, Marius, Architekt 401, 416, 523, 524, 536, 644, 664
Amort J. 626
Andechs, Grafen von 508, 605
Andrä, Bildhauer in Bozen 336
Andre, Hans, Bildhauer 201, 228
Andreas von Österreich, Kardinal 274, 528, 594
Andrian, Familie 269
Angerer, Gregor, Domherr 366
Angerer, Matthäus, Bildhauer, 196, 215
Angerer, Romed, Bildhauer 196, 197
Angermann, Leonhard, Kanonikus 366
Anrather, Michael 596
Anreiter, Herren von 270
Anreiter, Georg 316
Antonelli, Professor 407
Apeller, Gallus, Baumeister 128, 151
Apeller, Georg Philipp, Baumeister 192
Aporz (Inaporz), Familie 388
Aporz, Georg 390
Aporz, Maria 388
Aporz-Vallunger 390
Arb, Johannes, Pfarrer 165, 170, 172, 173
Aribo, Bischof von Freising 650
Arnberger, Herren 566, 568
Arnold, Alois, Maler 700
Arnold, Josef d. Ä., Maler 258, 377, 393, 394, 534, 697, 700, 711
Arnold, Josef d. J., Maler 393
Arnold von Toblach, Familie 642, 643
Asch, Herren von 710
Aschbacher, Anton 565
Atto, Abt 650
Atzwanger, Hugo, Maler 142, 372
Atzwanger, Maria Elisabeth 197
Aue, Hartmann von, Minnesänger 454
Auer, Magdalena, verh. Neuhaus 201
Auer, Nikolaus, Maler 442
Auersperg, Fürsten von 170
Aufhofen, Herren von 541
Aufkirchen, Herren von 644
Aufschnaiter, Alois von 461
Aufschnaiter, Norbert von 461
Augustin, Propst von Neustift 208, 209
Auira, Guiotto di, Restaurator 673
Aukenthaler, Stefanie 353

Bachlechner, Anton, Maler 466, 489, 540, 542, 552
Bachlechner, Josef, Bildhauer 282, 310, 534, 545, 580
Bagnadore, Pietro Maria, Maler 318
Baldauf, Adam, Bildhauer 197, 220, 248, 266, 282, 294, 305, 307, 451
Baraldi, Giulio 352
Barath, Matthäus, Maler 572
Barath (Barat), Raphael, Bildhauer 217, 550, 568, 569, 580, 686
Barth, Bildhauer 300
Barth, Othmar, Architekt 256, 272, 531, 605
Barth, Thomas, Drechsler 320
Baumann, Franz, Architekt 416
Baumgartner, Familie 604
Baumgartner, Christine 593
Benedetti, Christophoro, Bildhauer 167, 202, 278, 537
Benedetti, Theodoro, Bildhauer 196, 222, 223, 224, 252
Benin, Josef, Steinmetz 377
Berchtold von Natz, Domherr 231
Berg, Herren von 272, 290

Bergmann, Hermann von, Architekt 512, 671
Bernardi, Elisabeth von 736
Bernardi, Peter Paul von 736
Berthold, Mair zu Dietenheim 536
Berthold, Propst von Neustift 202
Besarel 690
Bidiger, Anastasia 540
Biedenegg, Herren von 642
Binge, Herren von 272
Bittner, Hannibal 222, 521
Blaas, Julius, Bildhauer 395
Blaas, Karl von, Maler 180, 262, 656
Blayl, Blasius 262
Bliger, Geschwister 168
Bocksdorfer, Sebald, Steinmetz 201
Bonazza, Luigi, Maler 673
Bonfadini, Edle von 691
Bossi-Fedrigotti, Freiherren 526, 641
Bossi-Fedrigotti, Wilhelm 526, 641
Botsch, Edle von 503
Boymont, Maria Sibille Käßler von 575
Boymont-Payrsberg, Eleonore von 550
Brandenburg, Ludwig, Markgraf von 662
Brandis, Emerentia 258
Brandstätter, Christoph, Maler 172, 466
Brugger, Bauer 565
Brugger, Maria 565
Brugger, Michael, Hafner 320
Brunner-Leiter, Familie 604
Bruno von Kirchberg, Bischof 268, 272, 273, 356, 410, 512, 529, 555
Brustolon, Andrea, Bildhauer 672, 673
Bubics, Dr. Sigmund, Weihbischof 555
Bückelsberg, Berthold von, Bischof 228
Burgauner, Eduard, Maler 408, 418
Burgauner, Johann, Maler 408, 416, 697
Burglechner, Matthias 137
Burkert, Arthur 453
Burgmann, Johann, Maler 700
Buttlar, Friederike von 449
Byrna, Ulrich von, Bischof 228

Caius, P. Maler 416
Call, Herren von 402
Call, Dr. Franz von 402
Callido, Gaetano, Orgelbauer 602
Caneider, Joh. Baptist 682
Canins, A., Bildhauer 729
Canins, Morellus de 732
Caracalla, Kaiser 484, 602, 604
Carinus, Kaiser 480
Carl, Erzherzog von Österreich 454
Carlone, Francesco, Stukkatuer, 358
Carneri, Domenico, Steinmetz 320
Carneri, Josef Anton, Pfarrer 616, 617
Carolina von Österreich 663
Carus, Kaiser 480
Castner, Benedikt 448
Castlunger, Familie 736
Cavalcabo-Misuracchi, Adelsfamilie 641
Ceone, Friedrich, Bildhauer 716
Cerwit, Johannes, Kanonikus 244
Chiappani, Glockengießer 735
Chizzali, Herren von 269, 691
Chizzali, Anton 390
Chizzali, Domenico Giovanni Luca Giacomo 691
Cignaroli, Gian Domenico, Maler 224
Claudius Raeticianus 117
Cles, Familie 481
Col, Antonio de 674
Col, Sylvester de 674
Colin, Alexander, Bildhauer 117
Colli, A. 620
Colleselli, Giuseppe, Bildhauer 681
Colz, Herren von 702, 718, 736, 738, 740
Colz, Giacomo, Maler 726
Colz, Konrad und Peter 732
Conseglio, Carlo, Stukkateur 201, 210
Corti, Conte 348
Costa, Fortunato, Bildhauer 680
Costa, Josef, Baumeister 671
Costa, Johann, Baumeister 671
Costa, Matthäus, Baumeister 700, 740
Costamolinara, Familie 738
Cranach, Lukas, Maler 315, 698
Cranpichler, Michael, Maler 394
Crema, Giambattista 684
Crepaz, Andreas, Bildhauer 679
Crepaz, Giacomo, 682
Crepaz, Josef 684
Crepaz, Leo 684
Crepi, Giovanni 634
Crinis, Heinrich, Goldschmied 233
Cusanus, Nikolaus, Kardinal 256, 538, 593, 688
Czoernig, Karl, Historiker 542

Daimer, Familie Dr. 574
Daimer, Josef 574
Dascher, Anton 303
Dasser, Anton, Richter 719
Dasser, Georg, Hofstallmeister 719
Decius, Kaiser 634
Defant, Paolo, Steinmetz 224
Degasper, Ingenuin 681, 684, 686
Degler, Paul, Maler 333
Deiaco, Bildhauer 738
Dejaco, Familie (Brixen) 293, 719
Dejaco, Alexander, Maler 682, 727
Delago, Maria, Bildhauerin 99, 416, 474, 492, 605
Delai (Delay), Andreas, Baumeister 210, 358
Delai, Jakob, Baumeister 106, 204, 358, 521
Delai, Johann Baptist, Baumeister 185, 201, 360
Delai, Josef, Baumeister 120, 192, 220
Delai, Peter, Baumeister 122, 126, 210
Delai, Simon, Baumeister 201, 258
Delug Prof. 310

Demetz, Erich 388
Denifle, Peter, Maler 291, 712
Deschwanden, Melchior Paul, Maler 408, 694
Devich, Luigi 684
Diemer, Philipp, Maler 328
Dietenheim, Herren von 535, 536
Dietrich Engelhard 403
Dietrichstein Siegmund, Rat 201
Dill-Riemenschneider, Bartlme, Maler 276
Dinzl von Angerburg, Michael 660
Distelfinkh, Augustin, Propst 199
Doprè, Anton, Bildhauer 734
Dorothea von Sterzing 258
Driendl, Th. 717
Dürer, Albrecht, Maler 104, 336, 653
Dusi, Cosroe, Maler 252, 486, 564, 568, 622, 663, 673
Dyck, Anthonys van, Maler 204

Eberhard, Seraphin, Bildhauer 164, 228
Eberle von Platsch 290
Ebner, Vinzenz 554
Ecker von Köstlan 270, 305
Egedacher, Rochus, Orgelbauer 252
Egerer, Familie, 506
Egger-Lienz, Albin, Maler 623
Egker, Hieronymus, Glockengießer 619
Egno von Brixen, Bischof 554
Ehrenburg, Herren von 463, 472
Ellina (Ellen), Ulrich von 507
Elzenbaum zu Wiesenheim, Familie 141, 142
Elzenbaum Zant, Edle von 138
Elzenbaum, Daniel von 142
Engelmor, Familie 629, 643
Engelmor, Kaspar 710
Engelwerger, Herren von 544, 545
Enn, Wilhelm von 201
Enna, Albert von, Bischof 512, 608
Enzenberg, Grafen von 124, 137, 266, 352, 449, 459, 590, 642
Enzenberg, Carl Cyriak 458, 642
Enzenberg, Franz Anton 458
Enzenberg, Georg Felix 448
Enzenberg, Ignaz, Domdechant 272
Enzenberg, Karl Maximilian 642
Enzenberg, Oswald 458
Enzenberg-Fuchs 136
Eppan, Grafen von 158, 532
Eppaner, Brigitte 117
Eppaner, Joachim 126
Eppaner, Stephan 168
Erdinger, Johannes von, Bischof 228
Erler, Josef, Maler 262, 263
Erlichmann, Laurentius, Pfarrer 189
Erspamer, Gallus und Jakob, Schlosser 320
Eschenbach, Wolfram von 263
Eugen, Erzherzog 600
Eyberger, Dr. J. Leopold 506

Faber, Franz, Bildhauer 224, 228
Fabrizi, Paul, Kaplan 153
Faistnauer, Josef 133
Falkensteiner, Josef 463
Feichter, Michael, Regens 562
Feichter, Paul 536
Feichter, Sebastian, Glockengießer 569
Felsburg, Albrecht von, Maler 220, 223, 262
Ferdinand I., Kaiser 406
Ferdinand II., Erzherzog 137, 353
Ferdinand Karl, Erzherzog 537
Ferner, Anton, Bildhauer 133
Ferrari, Grafen von 352, 575, 578
Ferstel, Baron von 271
Feur, Friedrich und Hans, Baumeister 113
Feurstein, Simon, Bischof 680
Fieger (Fueger), Familie 578
Fieger, Benedikt, Domdekan 234
Fieger, Hans 568, 569, 574
Fieger, Melchior 115
Fink, Bartholomäus, Maler 328
Fink, Jakob, Maler 261
Firmian, Johann von 236
Firtaler (Viertaler), Andrä, Baumeister 644
Firtaler, Bartlmä, Steinmetz 611, 664
Fischnaler, Konrad 137
Fischnaler, Richard 463
Flamm, Andre 137
Flammburger, Andrä 117
Flatz, Gebhard, Maler 261
Fögele, Josef, Bildhauer 153
Föger, Stefan, Bildhauer 153, 159, 160, 220
Fontana, Giorgio, Maler 552
Fozzor, Eraldo, Bildhauer 293
Fragner zu Fragburg 354
Frangipani, Helene, Gräfin 638, 640
Frank, Paul, Maler 252
Frankenreiter, Georg 662
Franzin von Zinnenberg, Franz Christoph 495
Franz-Josef, Kaiser, 105, 507
Freinademetz, Josef P. 558, 736, 738
Freising, Bischöfe von 390
Freising, Herren von 390
Freising, Henns von 383
Freising, Lorenz von 390
Freising, Otto von, Abt 648, 650
Freising, Stephan von 390
Friedrich von Pfalzen, Baumeister 470
Frontull, Jepele 722
Frigimelica, Francesco, Maler 689
Frundsberg, Jörg von 113, 115
Fuchs, Anton, Maler 103, 562
Fuchs, Herren von 137
Fuchs, Barbara von (geb. Wirsung) 258, 560, 579
Fuchs, Christoph, Fürstbischof 233
Fuchs, Johann Anton 103
Fuetsch, Alois, Orgelbauer 622, 630
Füllein, Ministerialengeschlecht 620
Fürlan, T., Bildhauer 673
Fugel, G., 596

Fugger, 104, 137, 400
Fumo, Nicola, Bildhauer 344
Fux, Hans, Bildhauer 569

Gabloner, Ignaz, Bildhauer 228, 401, 664
Gadolt, Johann Paul 611
Gagers, Franz von 354
Gajgher (Gaigher), Horazio, Maler 627, 685
Gais, Herren von 554
Gall, Herren von 216, 268, 525
Gall, Salome von 525
Gallmetzer, Valentin, Bildhauer 342, 406
Galura, Bernhard, Fürstbischof, 228
Gander, Ambrosine, Maler 372
Garay, Herren von 643
Garay, Katharina von 632
Garnstein, Herren von 268, 325
Garro (Gerro), Heinrich 325
Gartner, Familie 176
Gasser, Familie, 507
Gasser, Georg, Abt 578
Gasser, Josef, Bildhauer 307, 592, 596
Gasser, Maria Mayr Aulinghof 564
Gasser, Vinzenz, Fürstbischof 228
Gasteiger, Herren von 354
Gasteiger, Gallus, Propst 201
Gatt, Jakob, Tischler 100, 145
Gaunggen, Nikolaus von 268
Gegg, Johann Franz 572
Geisler, Johann, Fürstbischof 228
Geizkofler, Herren von 145, 150
Geizkofler, Abraham 135
Geizkofler, Christoph 142
Geizkofler, Hans 407
Genath, Carl, Kaplan 334
Gereut, Stephan von 352
Gerhart, Herren von 269, 270, 305, 374
Gerhart, Georg 258
Gerhart, Jakob 258
Gerhart, Joachim 258
Gerhart, Sigmund 258
Gerhart, Simon 258
Gerhart, Tobias 270
Gerro s. Garro
Gerusten, Herren von 268
Geta, Kaiser 484, 602
Gfader, Familie 375
Ghedina, Josef, Maler 671, 672, 675
Ghedina, Luigi, Maler 675
Ghedina, Peter, Pfarrer 702
Gheri, Max, Maler 724
Gienger von Grünbichl, Herren 269
Gigl, Anton, Stukkateur, 120, 192, 196, 202, 222
Gillarduzzi, Luigi, Maler 675
Gineber, Regina 638
Giner, Johann d. Ä., Bildhauer 103
Ginther s. Gündter
Giordano, Luca, Maler 342, 344
Giovanelli, Orazio, Maler 702
Girtler, Familie 137
Glantschnigg, Ulrich, Maler 209, 210, 211, 278, 351
Glatsch, Hans Lutz von 352
Glurnher von Sunburg, Herren 505
Gocher, Hannes, Glockengießer 360
Goethe, Johann Wolfgang 100, 267
Görz, Grafen von 298, 450, 481, 490, 508, 554, 605, 620, 642
Görz, Leonhard, Graf von 474, 630, 632
Görz-Tirol, Katharina von 554
Gössl(Gözzl), Herren von 506, 603, 641
Gössl, Leonhard von 507
Gössl, Veit von 507
Goldegg, Alphart von 292
Goldegg, Anton von 320
Golser, Georg, Bischof 250, 356, 578
Gonzaga 548
Gonzaga, Paula von (Mantua) 630, 632
Gordianus III, Kaiser 656
Goreth, Herren von 216, 266, 271
Goreth, Hans von 216, 270
Gostner, Vijo 734
Graber, Familie 507
Graben, Herren von 641
Graf, Dr. Friedrich, von Gaderthurn 507
Granichstaedten, Rudolf 642
Gras, Caspar, Bildhauer, 454, 456
Grasmair (Graßmair), Glockengießer 215, 266, 688
Grasmair, Anton, Maler 266
Grasmair, Benedikt, Glockengießer 182, 480
Grasmair, Georg, Glockengießer 301, 560
Grasmair, Johann Georg Dominikus, Maler 196, 261, 264, 278, 282, 338, 521, 605, 632
Grasser, Karl, Bildhauer 142
Gratl, Jakob, Bildhauer 115
Grebmer von Wolfsthurn 158
Grebmer von Wolfsthurn-Geizkofler 159
Grebmer von Wolfsthurn, Isaak 153
Gregor VII., Papst 245
Greifenberg, Heinrich von 290
Grems, Ulrich 551
Gremser, Herren von 550
Gresta, Antonio, Maler 276
Grienberger, Elisabeth 555
Grizimola, Johannes Kanonikus 244
Gröbmer, Josef, Bildhauer 228
Großrubatscher, Familie 738
Grünbacher, Familie 536
Gschlieser, Jörg und Maria 128
Gschwendt, Heinrich, Maler 117, 582, 605
Günther, Matthäus, Maler 100, 120, 158, 161, 194, 202, 711, 729, 730
Gufidaun, Herren von 305, 356, 372, 374, 375
Gufidaun, Euphemia von 374
Guggenberg, Dr. von 271
Gutweniger Willi, Architekt 696

Habsburger 274
Härber, Lucas, Propst 207, 212

Haidacher-Oberhollenzer, Familie 575
Haidenberger, Michael 476
Haim, Hans, Tischler 393
Halbsleben, Familie von 269
Haller, Andreas, Maler 211
Haller, Christian 706
Haller, Josef, Maler 163
Haller, Philipp, Maler 524
Han, Familie 536
Han von Hanberg, Sigismund, Domherr 186, 247
Hangenor, Peter 242
Hans von Bruneck s. Johannes
Hans von Judendburg, Bildhauer 514, 518
Harasser, Katharina 603
Harder, Hans, Bildhauer 114, 155, 240
Harder, Rudolf, Pfleger 598
Hartmann, Bischof von Brixen 189, 196, 202, 255, 360, 466, 538, 540, 604
Hartwig, Bischof von Brixen 218
Haspinger, P. Joachim 344, 345, 623
Hau, Valentin, Bildhauer 258
Hauenstein, Herren von 418
Hauser, Marcus, Propst 183, 199, 209
Hautzinger, Joseph, Maler 252
Hebenstreit, Herren von 505, 506, 507, 536, 541, 542
Hebenstreit, Andrä Benedikt von 536
Hebenstreit, Elisabeth von 506
Hebenstreit, Georg Leopold 506
Hebenstreit, Johann Jakob von 542
Hebenstreit, Karl Benedikt von 506, 676
Hebenstreit-Troyer 542
Heemskerk, Martin, Maler 209
Heindl, Firma (Gießerei) 564
Heinrich IV., Kaiser 245
Heinrich, König von Böhmen 371
Heinrich von Greifenberg 284
Hellweger, Familie 574
Hellweger, Franz, Maler 178, 466, 513, 514, 531, 540, 564, 568, 592, 663
Hellweger, Simon 496
Helmslager, Paul 655
Hendl, Carl Oswald, Kanonikus 290
Henrici, Carl Heinrich, Maler 141, 386, 406, 438, 442, 445, 486, 518, 568, 712, 732, 740
Heraklius, Kaiser 141
Herbst, Herren von 640
Herbst, Christoph von 638, 640
Herbst, Kaspar von 638, 640
Herbstenburg Familie, Walther von 607, 641, 662
Heriward, Bischof von Brixen 218
Herz, Daniel, Orgelbauer 250
Herzen, Wilhelm, Maler 100
Hess, Michael von Freienthurn 449, 453
Heufler (Heifler) zu Rasen, Herren von 607, 643
Heufler zu Rasen, Christoph 599
Heufler zu Rasen, Ottilia von 607
Heuss, Chunz von 449
Heusse, Herren von 216
Heustadl, Herren von 532
Hildebrandt, Rudolf von Rainegg 305, 306
Hileprant, Elisabeth 360
Hintner, Johann, Maler 278
Hinter, Michael, Bildhauer 616, 620
Hirber, Veit 599
Hochenbichl (Hohenbühel), Herren von 607
Hochrainer 169
Hoefer, Jakob, Glockengießer 282
Hölzl 169, 268
Hölzl, Familie 536, 662
Hölzl, Stefan 536
Hofer, Familie 146
Hofer, Alois, Bildhauer 105
Hofer, Jakob, Glockengießer 414
Hofer, Peter, Tischler 414
Hofer, Siegfried 554
Hofer, Simon, Glockengießer 528
Hofstatt, Edle von 213
Hofstetter, Elisabeth von Plazoll 642
Hofstetter, Hans, Bildhauer 632
Holzer, Johann, Maler 711
Holzinger, Kristian, Maler 486, 596
Holzmeister, Clemens, Architekt 664
Holzmeister, Georg, Stukkateur 128
Horazio, Maler aus Brescia 317
Hornberger, Georg 641
Hove, Mainlein von 718
Huber, Josef, Baumeister 178, 457
Huber, Peter 538
Huber, Sylvester, Steinmetz 316, 540
Hueber, Familie 536
Hueber, Franz, Maler 128, 153
Hueber, Katharina 548
Hueber, Franz 548
Hueber-Rost 540
Hulcin, Felizitas 292
Humpel, Joh. C. 572

Inaporz 388
Ingenuin, Hl. 356, 360, 362, 395, 396, 438, 467, 489, 511, 614—617, 619, 667
Ingram, Freiherren von 377, 388, 389, 390, 391
Ingram, Christoph zu Fragburg 354
Ingram, Dorothea 383
Ingram, Johann Jakob 389
Ingram, Tobias 407
Ingram-Mayrl, Herren von 388
Irsara, Familie 736
Irsara, F., Maler 717
Irsara, Lois, Maler 558, 735
Irsara, Otto, Bildhauer 712, 722
Isabella von Parma 633

Jakob von Seckau, Maler 236, 291, 420
Janssen 723
Jaufenberg, Hilleprant von 210
Jele, Kaspar, Maler 252, 255, 656, 659
Jenewein, Ingenuin, Maler 725, 728
Jenewein, Jakob, Maler 250, 282, 415
Jenner, Herren von 334, 341, 349, 352, 360, 461
Jenner, Brüder Abraham, Isaak und Oswald von 349

Jenner, Barbara 336
Jenner, Franz Seraph von 351, 375
Jenner, Jakob 352
Jenner, Josef-Jakob 349
Jenner, Matthias 357
Jenner, Michael von 334, 336
Jöchl, Herren von 137, 165, 213, 266, 269, 526, 530
Jöchl, Andrä 113, 117, 169
Jöchl, Balthasar 461
Jöchl, Hans 113, 124, 131
Jöchl, Leonhard 124
Jöchl, Matthias 137
Jöchl, Niklas 269
Jöchl, Wolfgang 213
Jörg, Meister, Steinmetz 341, 602
Johann (Hans) von Bruneck, Maler 123, 199, 236, 321, 368, 372, 496, 501, 522, 530, 534, 546, 549
Josef II., Kaiser 633, 644, 659, 661, 711, 722, 732
Juckl aus Toblach 490

Kachler, Malerfamilie 622
Kachler, Georg, Maler 186, 534
Kachler, J., Maler 603
Kachler, Martin, Maler 584
Kachler, Michael, Maler 459, 489, 534
Kachler, Peter, Maler 377, 511, 534
Kalchgruber, Ursula 141
Kampan, Herren von 298
Kandelberger, Dr. 450
Kaneider, Dominik, Pfarrer 728
Karl, der Große, Kaiser 294
Karl V., Kaiser 486, 544
Karl II., König von Spanien 344
Karl von Mähren und Böhmen 662
Karl von Österreich, Fürstbischof von Brixen 292, 541
Kassian, hl. 357, 360, 364
Kastelruth, Herren von 402, 413, 418, 420
Katzelohr, Familie von 354, 393
Katzelohr, Benedikt 393
Katzenstein, Rudolf von 233
Kauffmann, Christof 113
Kayßer, Georg, Kanonikus 629
Keil, Maurerfamilie 621
Keilgruber, Adolf und Johann 532
Kematen, Herren von 575
Kempter, Herren von 268, 611, 612
Kempter, Hans 514
Kern, Anna von Sonnegg 590
Kerschbaumer, Handelskammerpräsident 506
Kessler, Gabriel, Maler 141
Kessler, Stephan, Maler 106, 127, 135, 181, 183, 196, 209, 248, 260, 303, 312, 313, 323, 341, 360, 440, 492, 494, 524, 640, 722
Khuen, Johann Franz, Bischof 720, 737
Khüepach, Herren von 424, 428, 431, 433
Kiebacher, Maria 175
Kiens, Herren von 480
Kinigadner, Peter 269
Kiniger, Familie 642
Kirchebner, Josef, Maler 329, 692
Kirchmair, Familie von 525
Kirchmair, Jakob 262
Kirchmayr, Balthasar, Bildhauer 99
Kirchmayr, Georg, Bildhauer 150
Kirchmayr, Jakob, von Ragen 514
Kirchmayr, Toni, Maler 281
Klara, Paol., Maler 722
Klebelsberg, Herren von 138, 525, 641
Klebelsberg, Anton von 269, 514
Klebelsberg, Carl von 531
Klebelsberg, Carolina von 531
Klebelsberg, Christoph von 607
Klebelsberg, Johanna von 525, 526
Klebelsberg, Ludwig von 525
Klebelsberg, Thaddäus von 173
Kleinhans, Josef Bartlme, Bildhauer 100, 103
Klemens VII., Papst 486
Klerant, Meister von 667
Klettenhammer (Klettenheimer), Familie 666
Klettenhammer, Johann 667
Klocker, Hans, Bildhauer 217, 258, 286, 292, 328, 331, 398
Kluibenschedl, Heinrich, Maler 178, 262, 282, 564, 622
Knabl, Josef, Bildhauer 358
Kneufl, Johann, Pfarrer 173
Knöringen, Heinrich von, Landkomtur 117, 139
Knoller, Martin, Maler 408, 466, 627, 632
Kob, Anton, Bildhauer 366
Kobald, Franz, Bildhauer 366
Koburg und Anger, Herren von 348, 371, 372
Koburg, Gutel von 372
Koburg, Hans von 572
Köchl, Franz 117
Köck, Franz 284, 344, 632
Kölderer, Jörg, Baumeister 135
Kofler, Herren von 293
Kofler, Caspar, Bergrichter 104
Kofler, Franz 574
Kofler, Jakob 490
Kofler, Jeremias von Rundenstain zu Senftenburg 115
Kofler, Maria 463
Kolb, Wolfgang 424
Kollreider, Oswald, Maler 736
Komplojer, Johann, Hofbaurat 377
Konrad II., Kaiser 336
Konrad, Propst von Neustift 191, 197
Konrad, Weihbischof von Brixen 732
Konrad von Reischach, Dompropst 306
Konzmann, Matthäus, Bischof 233
Kopp, R., Bildhauer 438
Kostner 738
Kräutl, Heinrich 630
Krakofl, Christoph und Margarethe von 272
Krampichler, Michael, Pfarrer 510
Krapf, Dr. 268
Kraus, Familie, Hauptmann 186

Kraus, Herren von Sala 410, 413
Kraus, Georg, Moriz, Otto von 410
Kraus, Jakob von 413
Kraus, Michael von 407
Kreithner, Alois 461
Kreithner, Hans 461
Kröll, Georg, Pfarrer 362
Kronbichler, Familie 531
Künigl, Herren von Ehrenburg, Grafen 478, 481, 482, 484, 487, 494, 508, 612
Künigl-Mauleon 481
Künigl-Trautson 463, 554
Künigl-Welsperg 484, 638
Künigl, Alexander 483, 554
Künigl, Barbara, Freifrau 483, 484
Künigl, Bernhard 478
Künigl, Caspar 478, 484
Künigl, Caspar Ignaz, Graf von, Fürstbischof von Brixen 228, 252, 274, 276, 278, 298, 478, 481, 482, 486, 632, 642, 688
Künigl, Gabriele 482, 483
Künigl, Georg Sebastian 481, 482, 486
Künigl, Peter 482
Künigl, Stephan 481, 482
Kues, Nikolaus siehe Cusanus
Kuprian, Anton, Goldschmied 617
Kurz, Herren von 607, 629, 630, 633, 641
Kurz, Jakob von 632
Kurz, Stephan 629, 634

Lachmüller (Lachmiller), Herren von 213, 260, 269, 371, 612
Lafay, Herren von 413, 536
Laiminger, Gregor, Glockengießer 312, 540
Laiminger, Peter, Glockengießer 312, 314, 395, 638
Laimpruch, Michael Josef, Pfleger 127
Laimprucker 169
Lajen, Herren von 390
Lajen, Niclas von 390
Lamb, Georg, Zollner 587
Lamprechtsburg, Herren von 526, 531
Lang, Franz, Pfarrer 153
Lanser von Moos, Familie 633
Lanz, Familie 453
Lanz, Katharina 445, 682, 712
Lanziner, Familie 354
Lanzinger, Hubert, Maler 400
Lanzinger, Margareth 368
Lanzinger, Rudolf, Maler 590
Lauri, Gottschalk, Domherr 260, 452
Lechner, Cimburgis 374
Lederer, Johann Michael von 269
Leiter, Herren von 401, 402
Leiter, Johann Venerand von 401
Leitgeb, Gallus 604
Leitner, Maria von 353
Lenzburg, Johann von, Bischof 228
Leonhard von Brixen, Maler 181, 194, 210, 213, 236, 238, 244, 282, 286, 288, 291, 292, 294, 296, 307, 314, 315, 338, 362, 372, 381, 382, 383, 460, 467, 468, 549, 618, 630, 650, 655
Leonhardis, Johann Romedius 643
Leoni, Leone, Bildhauer und Goldschmied 344
Leopold I., Kaiser 506
Leopold, Erzherzog 456
Lercher, Jakob, Bildhauer 568
Leys, Herren von 642
Leys, Joseph Anton 642
Leyss, Paul von 604
Lichtenstein, Grafen 305, 612
Lichtenstein, Johann II. von 316, 320
Lidl von Maienburg 216
Lieb, Katharina 104
Liebenanger, Gottfried 352
Liebherr, Josef 630
Liensberger, Familie 538
Linder, Familie 448
Linder, Franz, Maler 224, 463
Lindner, Kaspar, Maler 476
Line, Berthold von 449, 451
Line, Heinrich von 451
Linser, Ferdinand, Steinmetz 226
Liuto, Edelmann 555
Lobmeyer, Ludwig von 578
Lochmair, Brigitta 632
Lodron, Karl Franz Graf, Fürstbischof 228
Löffler, Elias, Glockengießer 540, 655
Löffler, Gregor, Glockengießer 117, 540, 569, 638, 655
Löffler, Hans, Glockengießer 540, 655
Löffler, Hans Christoph, Glockengießer 151, 381, 457, 540, 569
Löffler, Jakob, Glockengießer 569
Longhi, Alessio, Bildhauer 366
Lorenz, Friedrich, Kurat 328
Lorenzi, Carlo, Maler 278
Lucchese, Albrecht, Baumeister 274
Lucchese, Bartolomeo, Baumeister 274, 276
Lucchese, Giovanni, Baumeister 403
Ludwig das Kind 218
Ludwig, Stadtrichter 272
Luther, Martin 348, 371
Luttach, Herren von 490, 559
Luttach, Ulrich von 574
Lutz, Herren von 298, 352, 353
Lutz, Barbara 353
Lutz, Dr. 272
Luz, Michael 340, 352
Luz, Regina, geb. Leopold 340
Lynk von Angerburg, Heinrich 514

Mader, Georg, Maler 445, 512
Madile, Linus, Architekt 372
Madrutz, Christoph, Kardinal 316, 555
Mahlknecht, Dominikus, Bildhauer 692, 697
Mahlknecht, I. A., Maler 694
Mahlknecht, Joh. Dominikus 461
Maier zu Vintl, Edelgeschlecht 461
Mair, Asem, Baumeister 542
Mair, August, Maler 580
Mair (Niedermair) zu Dietenheim 535
Mair im Feld, Hans, Margret 487
Mair, Georg 551

Mair, Jakob 143
Mair, Paul 386
Mair zu Ragen 524
Mair-Pipperger, Familie 575
Mair von Runggad, Herren von 269
Mair von Sillian 536
Mair, Thomas, Baumeister von Tristach 655
Majon, Bruder, Bildhauer 675
Mamming, Grafen von 526
Mantua, Paula von 530, 532
Mareit, Heinrich von 158
Maria Anna von Pfalz-Neuburg, spanische Königin 344
Marter, Georg 308
Mathilde, Gemahlin Kaiser Ottos 650
Mathioly, Dr. 537
Maulrappen, Herren von 698
Mauracher, Anton 312
Mauren, Familie von 507
Mauren, Elisabeth von 507
Maurer, Familie 559
Maximilian I., Kaiser 109, 115, 201, 384, 407, 433, 435, 554, 640
Maximilian der Deutschmeister, Erzherzog 135
Mayr, Wirtsfamilie 169
Mayr, Adam 353
Mayr, Christoph Anton, Maler 656
Mayr, Dr. 506
Mayr, Hans 603
Mayr, Paulinus, Fürstbischof 218, 528, 686
Mayr, Peter, Wirt 306
Mayr, Thomas, Baumeister 634
Mayrhauser, Herren von 531, 607
Mayrhofen (Mayrhofer), Herren von 189, 269, 272, 348, 372, 374, 388, 389, 490, 736, 740
Mayrhofer, Adam von 374
Mayrhofen, Andreas von 449
Mayrhofen, Balthasar von 352
Mayrhofen, Christoph von 348, 393
Mayrhofen, Felicitas von 736
Mayrhofen, Georg von 460
Mayrhofen, Georg Felix von 682
Mayrhofen, Peter von 461
Mayrhofen, Stefan von 216
Mayrhofen, Virgil von 374
Mayrhofen (zu Coburg und Anger), Johanna 604, 732
Mayrl, Anna von 389
Meckau, Melchior von, Kardinal 346, 347
Medici, Claudia von 456
Meinhard II, von Görz, Graf von Tirol 361, 369
Melchior, Familie 216
Melser, Hans, Glockengießer 105
Mellaun, Herren von 290
Menardi, Familie 672, 673
Menn, Jakob, Maler 428
Meraner, Stefan, Kunsttischler 310, 324, 366
Mersa, Josef, Bildhauer 620
Mesl, Balthasar, Orgelbauer 596, 742
Metz, Franz, Maler 261
Metzger, Hans, Schlosser 320
Metzner, Familie 374
Metzner, Martin 372
Metternich, Fürst 450
Meuchwez, Hans, Maler 170
Meyer, Edgar, Maler, 175, 176
Michael, Glockengießer (Brixen) 284
Michelburger 503
Migazzi, Carl Christoph, Erzbischof 224
Milanese, Teresa 176
Milldorfer, Josef Ignaz, Maler 196, 211, 483
Miller, J., Bildhauer 514
Miller von Millershofen, Martin 215
Mitterwurzer, Johann, Maler 180, 181, 196, 213, 256, 300, 301, 414, 415, 445, 452, 458, 459, 464 518, 599, 622
Mölkh, Josef Adam, Maler 113, 164, 165, 167, 430, 480, 482, 532, 550, 681, 700, 715
Mörl, Herren von 480, 490, 532, 550
Mörl-Mayrhofen, Familie von 550
Moling, Familie 727
Moling, Dominikus, Bildhauer 702, 716, 717, 724, 725, 746
Montan, Jörg von 268
Mor von Sonnegg und Morberg 534, 536, 537, 542
Mor, Anna Katharina von 537
Mor, Anton von 536
Mor, Carl von 538
Mor, Christina von 536
Mor, Ferdinand von 538
Mor, Hans von 735
Mor, Hieronymus von 537, 538, 580
Mor, Kaspar (Engelmor) von 710
Mor, Konrad von 538
Mor, Peter von 554
Mor, Wilhelm von 536
Morin, Familie 391
Morlang, Angelo, Pfarrer 716
Mormichl, Eva 315
Mornauer, Achatius 247
Moroder, Albert, Bildhauer 438
Moroder, Johann, Bildhauer 592
Moroder, Rudolf, Bildhauer 416, 692
Moser, Johann, Maler 653
Mühlmann, Josef, Maler 174, 261, 377
Mühlstetter, Herren von 506, 507
Mühlstetter, Ambrosius zu Mauren von 494
Mühlstetter, Carl zu Mauren, von 494
Mühlstetter, Hans von 507
Müller, P. Christoph SJ, Missionar 494
Müller, Jakob, Eremit 400
Multscher, Hans, Maler und Bildhauer 113, 115, 135
Muigg, Johann, Maurer 148
Murer, Felice 680
Musage, Heinrich 574
Musner, Vinzenz, Bildhauer 416
Mussack (Muessack), Johann, Stukkateur 196, 210, 671

Mussak, Joseph, Bildhauer 329
Mutschlechner, Familie 537, 642
Mutschlechner, Alois, Baumeister 603, 663
Mutschlechner, Peter 531
Muzzio, Karl 175

Nagele, Joseph, Goldschmied 224, 457
Napl, Gregor 276
Nartzis (Narziß), Meister, Bildschnitzer 422
Nasus, Johann, Bischof 464
Neidegg (Neideck), Herren von 348, 349
Neideck, Hieronymus von 352
Neidhard von Reuental, Dichter 170
Neuenburg, Konrad von 238
Neuhaus, Herren von 369, 554
Neuhaus, Anna von 270
Neuhaus, Michael von 270
Neuhaus, Wolfgang, Komtur 120, 140
Neuhaus-Taufers, Ulrich von 554
Neumann, Franz von 178
Neumayr, Familie 272
Niedergatscher, Peter, Baumeister 208, 660
Niederkofler, Dr., E. 536
Niederlechner, Josef, Maurer 626
Niedermair, Familie 463
Niedermair, Peter 564
Nikolaus von Brixen, Maler 338
Nisentitzer von Köstlan 268
Nißl, Franz Xaver, Bildhauer 306, 430, 584, 622, 628
Nißl, Franz Seraph, Bildhauer 568, 622
Nocker, Peter, Bildhauer 697
Noflaner, Familie 272
Noppo, Edle von 480
Norz, Anton, Kurat 145
Nußbaumer, Familie 402
Nyessel, Nikolaus 238

Oberhammer, Familie 463
Oberkofler, Joh. Baptist, Maler 167, 186, 282, 309, 395, 564, 573
Oberstaller, Karl, Bildhauer 293
Oberwanger, Georg, Drechsler 320
Obojes, Jocancio 708
Obwegs, K. Bildhauer 712
Obwexer, Familie 393
Oeder, Konrad 199
Oeder, Leonhard 216
Onestinghel, Familie 293
Oradini, Franz, Bildhauer 224
Orrente, Pedro, Maler 344
Ortner, Anton, Altarbauer 645
Otto, Kaiser 650
Ottenthal, Familie von 574
Otto von Freising, Abt 648, 650

Pach, Herren von 727
Pach, Christoph 191
Pach, Dominikus 727
Pacher, Barthlmä, Bildhauer 708
Pacher, Catharina 708
Pacher, Friedrich, Maler 124, 194, 199, 210, 252, 438, 446, 487, 496, 509, 530, 550, 581, 599, 643, 666
Pacher, Michael, Maler und Bildhauer (Pacherschule) 182, 194, 211, 238, 240, 331, 395, 481, 489, 491, 492, 514, 523, 531, 576, 581, 608, 612, 616, 650, 725
Pachmann, Andreas 315
Pagani, Paolo, Maler 342
Palla, Benjamino, Bildhauer 681
Palladio, Architekt 361
Pallaus, Palaus, Paullauser, Polauser, Herren von 213, 216, 269, 298
Pallauser, Hans von 215, 296
Pallaus, Hedwig Elisabeth von 296
Pallaus, Ignaz von 296
Pallaus, Johann Franz Anton, Freiherr von 296
Pallaus, Katharina von 213, 293
Pallauser, Nikolaus, von Domherr 238
Pallaus, Mauritius von 296
Pallaus, Paul von 296
Pallotio, Karl, Steinmetz 377
Pallua, Dekan 711
Palma il Giovane, Maler 674
Pancherie Fa. 681
Parisi, G., Glasmalerei 675
Parlati, Matthias, Baumeister 320
Parma, Dorothea von 342
Parma, Isabella von 633
Parmentin, Elise von 305, 306
Parmentin, Thomas von 306
Parmentin zu Vilsegg, Machabäus 292, 293
Parschalk, Josef, Bildhauer 682
Parth, Michael, Bildhauer 518, 632, 638, 653, 744
Parth, Siegfried, Bildhauer 448
Pasayer, Jakob, Richter 416
Pasquale Bernardo, Stukkateur 278
Paßler, Jakob 610
Paßler, Thomas 610
Paterer, Johann, Bildhauer 616, 666
Pattis, Erich, Architekt 344, 581, 582, 590, 608, 620, 745
Pauernfeind(t), Augustin, Propst 210, 604
Paul, Glockengießer 570
Paule von Römersheiden, Herren 269
Paur, Georg 638
Pecosta, Franz, Bildhauer 732
Pecosta, Theodor, Bildhauer 732
Pecosta, ...ust, Bildhauer 747
Pedevilla, Bildhauer 724
Pedevilla, Catharina 708
Pedevilla I., Dominik 704
Pedevilla, Matthias, Maler 705
Pedevilla, Nikolaus, Maler 596
Pedratz, Anton von 306
Peduzzi, Johann, Altarbauer 252
Peintner, Familie 215, 216, 536
Peintner, Christian 460, 461
Peintner, Ursula 460
Peisser, Familie von 301
Peisser, Johann und Leopold von 178

Peisser, Leopold von, Hofrat 220
Peisser, Michael von 173
Pellegrini, Maler 105
Pendl, Franz, Bildhauer 408, 514, 564, 592
Penz, Franz de Paula, Priester und Architekt 100, 220, 222, 255, 627, 729
Penz, Martin, Kurat 175
Penzendorfer, Albert, Dekan 650
Perchofer, Jakob, Kanonikus 247
Perchtold, Architekt 524
Perger, Johann, Bildhauer 161, 252, 627, 628, 629, 636, 638
Peristi, Vincenz, Bildhauer 416
Perkhofer, Familie 578
Perkhofer, Hans 314
Perkhofer, Jesse, Weihbischof 270
Pernlochner, Franz, Maler 722
Pernthaler 344
Pernwerth, Johann Franz, Baumeister 626
Pescoller 742
Pescoller, Alois, Bildhauer 329
Peskoller, Brüder 141
Peskoller, Hans, Maler 531, 609, 704, 716, 737, 740
Peskoller, Hans (Johann), Maler und Restaurator 430, 438, 579, 622,
Peskoller, Johann Matthias, Maler 183, 261, 282, 288, 329, 334, 413, 446, 556, 602, 612, 620, 621, 671, 673, 674, 677, 686, 689
Peslatz, Josef, Bildhauer 497
Peter, Glockengießer 217
Petzer, Eva 315
Petzer, Hieronymus 315
Pezzei, August, Maler 705
Pfalz-Neuburg, Anna von 342, 344
Pfalzen, Herren von 478, 480, 490
Pfarrkircher, Hans, Bergwerksverweser 584
Pfarrkircher, Lienhart 104, 141
Pfeffersberg, Herren von 268
Pfizer-Steiner, Familie 352
Pfretschner, Norbert, Bildhauer 264
Piazza (Platz), Grafen von 690, 691, 718
Piazza, Dominikus 717
Piccolein, Fritz von 718
Pichl, Hans, Maurer 456
Pichler, Georg und Leonhard von Weiteck 393
Pichler, Johann, Maler 704
Pidenhofer, Paul, Hafner 320
Piesendorfer, Hieronymus, Propst 201
Piffrader, Josef, Bildhauer 345, ~~600~~ 599
Pilgrin, Kaplan 244
Pircher, Roman, Architekt 226, 600
Pirchstaller, Jakob, Bildhauer 220, 228, 262
Pitscheider, Josef, Bildhauer 716
Pitscheider, V., Restaurator 729
Pittori, Antonio, Maler von Padola 624
Pizzinini, Sepp, Bildhauer 738
Pizzinini, Otto 508, 740
Planer, Adam und Hanss 735
Plankensteiner Herren von 537, 558, 559
Plankenstein, Adam von 559
Plankenstein, Anton von 559
Plankenstein, Othmar von 559
Plankenstein, Sebastian von 559
Plankensteiner, Johannes, Wirt 544
Plattner, Franz, Maler 174
Plattner, Johann 263, 497
Plattner, Luis, Architekt 99
Plattner, Maria, Malerin 466
Plattner, Thomas, Maler 456
Platzgummer, Johann, Bischof 245
Ploner, Franz, Maler 621, 744
Plock, Familie 526
Pockh, Adam, Bildhauer 320
Pockh, Joh. Baptist 135
Pockh, Michael, Maler 167
Pölsterle, Hans 113
Pörnbacher, Siegfried, Maler 600
Pol, Nikolaus, Arzt 602
Polak, Martin Theophilus, Maler 135, 248, 252
Polauser, s. Palauser
Polhammer, Wolfgang, Maler 104
Pontifeser, Balthasar 377
Pontifeser, P. Gabriel 342
Porta De 268
Potsch, Ruprecht, Maler und Bildhauer 234, 238, 312, 323, 328, 333, 338, 360, 666
Pozzo, Andrea, Maler 252
Präpositus, Markus 204
Prack(h), Herren von Asch zu Angerburg 531, 532, 641, 710, 744
Prack, Anna Christina von 448
Prack, Christof von 532, 738
Prack, Franz von 718
Prack, Sebastian von 531
Prader, Familie 719
Prantl, Jakob, Priester und Baudilettant 141, 147, 148, 172, 174, 176, 477, 562
Praust, Herren von 270
Praust, Johann von 298
Prenn, Josef, Bauer 565
Preu, Herren von 375, 386, 391, 393, 449, 450, 453
Preu, Jakob von 448
Preu, Johann Anton 448
Preu, Martin von 453
Preu, Sybille von 393
Preu von Korburg, Herren 393
Primus, Hans, Mesner 534
Prischwitzer, Ulrich, Propst 201
Probst, Augustin Alois, Krippenschnitzer 424
Probst, Johann, Bildhauer 128, 148, 531
Probst, Josef Benedikt, Bildhauer 122, 172, 174, 531
Prözzle, Herren von 463
Prözzle, Dorothea von 463
Propauch, Ulrich 131

Prüstle, Nikolaus von St. Moritzen 391
Prugg, Hans von 402
Prugger, Elisabeth 676
Prugger, Johann 137, 138
Prunner, Herren von 633
Prunner, Johann Georg, Maler 489, 492, 510, 511, 534, 599, 617
Psenner, Anton, Maler 377, 429, 436, 531, 603
Puell, Georg 704
Puell, Josef Anton 611
Puellacher, Leopold, Maler 147, 148, 150
Puntner, Joh. Matthias, Werkmeister 294, 310, 313
Pupp, Familie 371
Purkmair, Hans 188
Pussjäger, Matthias, Maler 126, 211, 215, 329, 482, 566
Pustertal-Lurngau, Grafen von 536
Putsch 305
Putsch, Ulrich, Bischof 228, 274
Putz, Andreas 653, 656
Putzer-Reibegg, 388
Pyrai, Herren von Kastelruth 413

Quartinus, Aelius 176

Rabanser, Stefan, Architekt 416
Rabensteiner, Johann, Maler 262, 338, 568
Raber, Vigil 135
Rado, Gedeon von Baumeister 180
Raffael, Maler 145, 172, 224
Raffeiner, Clemens, Altarbauer 105, 163, 165, 366
Raffeiner, Emanuel, Maler 177, 580
Ragen, Edle von 524
Rainalter, Andreas, Bildhauer 627, 722
Rainer, Josef, Kunsttischler 722
Rainer, Martin, Bildhauer 99, 202, 226, 264, 379, 653, 655
Rainerus, Maler 247
Ramblmayr, Pfarrer 551
Rampfer, Kaspar Dr. 536
Rampfer, Theodosius, Maler 535, 536
Rangger, Matthias, Baumeister 165
Ranter, Jonas, Maler 408, 697
Rappel, J., Goldschmied 163
Rappold, Karl, Architekt 446
Rasen, Ulrich von 608
Rasmo, Dr. Nicolò 650
Rasner, Michael, Bildhauer 278, 521, 596, 702
Rasner (Raßler), Franz, Bildhauer 106, 199, 632
Rauter, Maler 600
Rech, Familie von 353
Rech, Anna von Rechegg 353
Rech, Balthasar von 353, 368
Rechegg, Balthasar Leopold zu 353
Recordin, Herren von 120, 269, 611, 612, 633
Reden, Alois 534
Regensberger, Familie 531
Reginbert, Burggraf von Säben 189, 196
Rehlin, Gräfin, geb. Hendl 157
Reichel (Reichle), Hans, Baumeister und Bildhauer 220, 248, 274, 276, 338, 403, 514
Reiching, Dr. Johann, Propst 250
Reichlich, Marx, Maler 202, 208, 211
Reifenstein, Mechtild 138
Reinalter, Anton, Bildhauer 228
Reinhart, Heinrich, Glockengießer 482, 681
Reinhart, Johann Nepomuk, Postmeister 633
Reinisch, Franz I., Orgelbauer 105, 146, 148, 323, 568, 611
Reischach (Rischon), Herren von 526, 531
Reischach, Konrad von, Propst 306
Reisperger, Philipp 366
Reissacher, Kaplan 558
Reiter, Dr. 574
Remich, Ursula 570
Renzler, Christian, Maler 467, 482, 489, 494, 495, 496, 498, 499, 506, 548, 552, 600, 609, 680, 702, 705, 712, 716, 717
Renzler, Johann, Maler 445, 544
Renzler, Josef, Maler 105, 122, 123, 126, 141, 148, 167, 174, 176, 186, 324, 415, 424, 436, 445, 463, 476, 477, 478, 487, 492, 494, 495, 497, 498, 509, 510, 516, 534, 544, 546, 548, 565, 568, 579, 599, 602, 610, 624, 629, 630, 653, 702, 716, 722, 725, 742
Resch, Dr. Joseph, Historiker 256, 260
Rica, Giovanni de 276
Richer, Bischof von Brixen 256
Ried, Herren von 352
Rieder, Simon, Maurer 220
Riedler, Johann, Vergolder 638
Riemenschneider, Bartlmä, s. Dill
Riemenschneider, Tilman, Bildhauer 568
Rieper, Dr. Josef, Domherr 233
Rifesser, Johann Bildhauer 408
Ringler, Familie 402
Ringler, Josef, Bildhauer 678
Ringler, Dr. Josef 393
Rischon (Reischach), Herren von 526, 531
Rischon, Margarethe von 531
Rischon, Ulrich von 531
Rist, Peter, Stiftsdekan 621
Ritsch, Christian 362
Ritsch, Familie 307
Ritsch, Peter, Kurat 445
Rivo, Antonio, Baumeister 700
Rodank, Herren von 268, 298, 450, 454, 481, 486, 554
Rodank, Friedrich von 449, 456
Rodank-Schöneck, Herren von 476
Rodank, Konrad von, Bischof 189, 207, 248, 342, 456
Rodeneck, Herren von 180
Röckh, Maximilian, Kupferschmied 341

Römersheiden, Paule von 269
Rötel, Johannes 305
Rogen, Familie 536
Rohrbis, Gertrud, Freifrau von 117
Roilo, Giuseppe, Bildhauer 679
Ronchatus, Petrus, Anton, Arzt 292
Roschmann, Anton von 403
Roßbichler, Jakob 476
Rost, Herren von 506, 540, 541, 555, 575, 594, 710, 718
Rost, Alphons von, Prälat 183
Rost, Dionysius I. 540
Rost, Engelhart zu Aufhofen 506
Rost, Hans von 540, 541, 555
Rost, Hans Gaudenz von 537, 569, 575
Rottenburg, Herren von 420
Rottenburg, Heinrich und Konrad 122
Rost-Rottenpuech, Herren von 506
Rottenpuech, Hieronymus, Propst 182, 199
Rovisi, Valentin, Maler 338
Rubatsch, Herren von 298, 532, 740
Rubatsch, Hans von 296, 738
Rubatsch, Susanna von 296
Rubens, Peter Paul 142, 292, 312, 629, 653
Rudiferia, Brüder 725, 729, 732, 734, 742
Rudiferia (Rudifera), Franz, Maler 188, 678
Rudiferia, Johann, Maler 510, 711, 712, 716, 717, 722
Rudiferia, Josef, Bildhauer 189
Rü, Sebastian, Dekan 727
Ruffina, Aurelia 176
Ruml, Anton von 542
Rumpfer, Hans, Tischler 319, 320
Rumpfer, Jeremias, Maler 193, 250, 451
Rungaldier, Josef, Bildhauer 696
Rungaldier, Peter, Pfarrer 706, 711, 715
Runggaldier, Hermann, Bildhauer 696
Ryst, Dekan 662

Saba, Hans 690
Säben, Herren von 138, 199, 268, 305, 356
Säben, Adelheid von 375
Säben, Oswald von 199
Säbser (Schabser), Margarethe und Salome 449
Säbser (Schabser), Thomas 449
Sagermeister, Peter, Maurer 496
Sagmeister, Johann, Bildhauer 564
Salome, Maria, geb. Bossin 117
Salzmann, Heinrich von Kehlburg 555
Sankt Andreasberg, Herren von 272
Sankt Moritzen, Herren von 575
Sankt Moritzen, Nikolaus von 391
Sankt Sigmund, Meister von 523
Santer, Benedikt 498
Santer, Hans 454
Santer, Jakob Philipp, Bildhauer 228, 582, 609, 616
Santifaller, Franz, Bildhauer 293, 664
Santo, Fra, di Venezia, Maler 403
Sarnthein, Herren von 268
Sartori, Giovanni, Baumeister 208
Sartori, Giuseppe, Baumeister 196, 210
Sax, Johannes, Bischof 512
Schabl, Augustin, Propst 199
Schabs, Herren von 454
Schaiter, Hans 138
Schaiter, Thomas, Baumeister 155
Schaitter, Johann, Tischler 151
Schaller, Konrad, Kanonikus 244
Schallmair, Niclas 546
Scharsteiner, Vitus 308
Schauer, Valentin, Goldschmied 233
Scheck, Herren von 532
Scheidle, Familie 353
Scheiring, Nikolaus, Bildhauer 124
Scheiter, Adam, Steinmetz 113, 135, 141
Scheiter, Thomas, Steinmetz 109, 113
Schelener, Hans, Glockengießer 182
Schelzki, Joseph, Maler 186, 616
Schenich, Joseph, Kurat 445
Schenk 374
Schenkenberg, Herren von 433
Schiechtl, Familie 581
Schiechtl, Georg 581
Schiel, Nikolaus, Maler 209, 315
Schimitschek, Dr. 537
Schlandersberg, Herren von 472
Schmaiter, Johann, Maler 147
Schmid, Hans, Maler 320
Schmid, Josef, Altarbauer 164, 339, 366, 405, 422, 568, 608
Schmid, Josef, Baumeister 407
Schmid, Otto, Architekt 626
Schmotzer, Familie 578
Schnarf, Johann, Tischler 602
Schöneck, Herren von 480, 720
Schönherr, Johannes 240
Schönhuber, Familie 531
Schöpf, P. Bertrand 113
Schöpf, Josef, Maler 167, 226, 262, 309, 338, 582, 584, 587, 593
Schöpfer, Oswald 352
Schober, Dipl.-Ing. Horst 574
Schor, Agid, Maler 180, 201, 211
Schor, J. F. Maler 276
Schraffenberg, Walrab, Komtur 120
Schraffl, Rudolf, Baumeister 634, 655
Schranzhofer, Anton, Stukkateur 660
Schrofenstein, Christof von, Bischof 228, 281, 528, 529
Schrott, Familie 402
Schrott, Dominikus 390
Schürpf, Katharina 292
Schüßler, Hieronymus, Stiftsdekan 584, 661
Schuster, Ursula 580
Schwabl, Ferdinand, Bildhauer 220, 226, 227, 414
Schwarzhorn, Jakob Leopold 353
Schwarzhorn, Michael 506
Schwingshackl, P. Johann SJ 612

Sebner, Georg 201
Seidl (Seydl), Familie 216
Seidl (Seydl), Maria 215
Seidlmaier, Georg, Tischler 476
Seidner, Familie 268, 270
Seidner, Ignaz 270
Selauer, Stefan 117
Sellemond, Peter, Bildhauer 312
Selos, Hans, Glockengießer 282, 293, 572
Sengen, Johann von, Kanonikus 242
Sepp, Gabriel von 353
Septimius Severus, Kaiser 130, 484, 602
Settomini de 176
Sforza 407
Siber, Alfons, Maler 310, 650, 667
Sief, Emilio 679
Siess, Anton, Maler 124, 145, 150, 164, 170, 174, 307, 636
Sigismund der Münzreiche, Herzog 133, 406, 448, 450, 457, 474
Sigmair, Peter 600
Sigmund von Stegen, Baumeister 508, 630
Silly, Johann Georg, Bildhauer 492, 494, 511, 521, 599
Simon von Taisten, Maler 490, 497, 534, 543, 598, 599, 602, 611, 617, 618, 622, 711, 729
Singer, Andrä, Stukkateur 634
Singer, Franz, Baumeister und Stukkateur 255, 256, 614, 626, 629, 632, 636
Singer, Georg, Stukkateur 256, 627
Singer, Hans, Stukkateur, 158, 159
Singer, Johann, Baumeister und Stukkateur 256
Singer, Thomas, Baumeister und Stukkateur 256
Sisti, Familie von 684
Söll von Aichberg, Herren von 169, 371, 532, 536, 538, 542, 554
Söll, Franz Jakob 554, 555
Söll, Mathäus 215
Söll, Peter zu Mor 538
Söll-Ruml 541
Solbach, David, Maler 316
Solda, Francisco, Glockengießer 156
Solis, Virgil 590
Soltwedel, Berchtold, Kanonikus 238
Sommavilla, Martin, Baumeister 706
Sommern, Familie von 662
Sompunt, Erhart und Gerloch von 736
Sompunt, Johann 736
Sonnenburg-Haindl, Maria, Benedicta, Gertrudis, Gräfin 503
Spaur, Christoph Andreas, Bischof 258, 274, 276
Spaur, Georg Friedrich, Graf Landkomtur 164
Spaur, Ignaz, Graf, Bischof 228
Spaur, Johann Thomas, Graf, Fürstbischof 316, 319, 540, 662, 729
Spaur, Josef, Graf 228
Spaur, Leopold, Graf, Bischof 224, 228
Spaur, Margareta geb. Han von Hanperg 653
Spaur, Ursula 456
Spaur, Veronica 514
Spielmann, Max, Maler 99, 131, 256
Spineider, Hans, Tischler 319, 320
Spitzer, Sara 104
Spon, Maria Sybilla von, zu Finkenthal 638
Springenkle(e), Ulrich, Maler 523
Stabinger, Bäcker 664
Stadelhere, Johann, Pfarrer 618
Stadler, Alois Martin, Maler 153, 172, 252, 258, 477
Stadler, Heinrich 499
Stadler, Mathes 499
Stadler, Otto 499
Stafler, Familie 175
Stainer, Josef Sebastian 497
Stampfer, Helmut 267
Staneck, Anna 272
Staph, Johann 103
Stapf, Josef 222, 226, 227
Stauder, Brüder, Tischler 643
Stauder, Josef, Altarbauer 174, 303, 377, 593, 621, 622, 636, 645
Stecher, Franz, Maler 123
Stegen, Meister von, Bildhauer 548
Steigenberger, Anton, Prälat 191, 196, 197, 210
Steiner, Anton, Altarbauer 712
Steiner, Johann, Baumeister 349
Steiner, Jakob 292
Steiner, Nikolaus, Pfarrer 126
Steiner, Peter, Baumeister 141, 165
Steinkaserer 610
Steinkasserer, Familie 506
Stempfl, Familie 189, 352
Sternbach, Freiherren von (Wenzl) 107, 145, 151, 153, 156, 159, 490, 516, 524, 534, 536, 537, 558, 559, 587, 590, 593, 594, 736
Sternbach, Andrä (Wenzl) 158, 521, 531
Sternbach, Anton (Wenzl) 537
Sternbach, Franz Andreas von 167, 587
Sternbach, Paula von 525, 526
Sternbach-Mor, 537
Sternberg, Grafen 541
Sterzer, Adam, Glockengießer 442, 544, 708
Steurer, Franz Bonifacius von Riedenburg 161
Steyrer, Herren von 270
Stieger, Georg, Bildhauer 509, 599
Stieger, Jörg, Bildhauer 492, 495, 498, 511, 548
Stier, Niklas 270
Stier von Weidhaimb, Georg 262
Stippler, Andrä, Zimmermann 220
Stocker, Kaplan 558
Stocker, Georg, Kurat 445
Stolz, Albert, Maler 416, 663, 664

Stolz, Ignaz, Maler 408, 422, 644
Stolz, Michael, Bildhauer 322
Stolz, Rudolf, Maler 263, 418, 664
Stolzer, Familie 662
Strasser, Johann Nepomuk, Maler 446
Streun, Familie 137
Strigl, Ivo, Maler 384
Strobl, Bernhard, Glasmaler 732
Strobl, Glasmalerei 415, 513, 682, 715
Strobl, Hans, Baumeister 394
Strobl, Johann 638
Strobl, Metzger 642
Strobl zu Stein und Wiesegg, Edle 642
Stuck von Bruneck, Edle 461
Stuck, Leonhard von 516
Stuck, Nikolaus von 516, 521
Stufels, Herren von 271
Stuflesser, Heinrich, Altarbauer 100, 262
Sturm, J., Maler 580
Sturm, Leonhard, Maler 156
Summersperg, Herren von 375
Sunter, Jakob (s. auch Leonhard von Brixen) 236

Tänzl 138
Talhammer, Herren von 540
Tangl, Georg, Priester und Architekt 220, 222, 255, 256, 261, 627, 729
Tannauer, Katharina 506
Tannenberg, Herren von 137, 587, 590, 593, 594
Tannenberg, Joseph, Freiherr 587
Tannenberg-Enzenberg 594
Tanner, Andreas 648
Taschner, Familie 641
Tassilo III., Herzog 648, 650, 653, 662
Taufers, Herren von 554, 560, 562, 575, 577, 578
Tavella, Franz, Bildhauer 394, 406, 438, 622, 675, 682
Tavella, Philipp 712
Teis, Herren von 348
Teitenhofen (Teutenhofen), Herren von 315, 554
Teutenhofen, Michael von 270
Teutenhofen, Viktor von 352
Tepsl, Paul 358
Testor, Ingenuino 681
Thaler, Bildhauer 178
Thaler, Familie 461
Thanhauser, Johannes, Vikar 188
Thun, Grafen 127, 554
Thun-Welsberg, Grafen 614
Thurn und Taxis, Grafen 140
Tinkhauser, Georg 614
Tinzl, Dr. 481
Tirol, Grafen von 140, 161, 298, 481, 508, 577, 605
Tizian, Maler 641
Töller, Pankraz, Tischler 227
Töpsl, Herren von 138, 463
Topf, Nikolaus, Tischler 319
Trabl, Georg, Maler 120, 135, 300, 333
Traut, Karl 348
Trautson, Herren von 115, 144, 145, 161, 169, 170, 199, 305
Trautson, Jakob 148
Trautson, Kaspar 115
Trebo, Familie 710, 719
Trebo, Anton 714
Trebo, Gregori 714
Trebo, Johann 702, 714
Trebo, Petrus 714
Trenkwalder, Dominikus, Bildhauer 105, 256, 408, 550, 582, 592, 645
Trento, Lucio de 394, (de Spaziis), 486, 599
Troger, Paul, Maler 176, 223, 224, 252, 610, 629, 659
Trostburg, Herren von 402, 463
Troyer, Herren von 321, 325, 352, 390, 391, 462, 463, 526, 550, 551, 552, 633, 644
Troyer, Äbtissin von 501
Troyer, Alexander von 391
Troyer, Andreas von 340
Troyer, Barthel 372
Troyer, Caspar von 352
Troyer, Cyriak von 550, 560
Troyer, Fortunat von, Propst 180, 210
Troyer, Judith Franziska von 542
Troyer, Peter von 463, 472
Troyer, Rosina 352
Troyer-Baumgarten 463
Troyer-Winkelhofen 322
Trugses, Christoph 201
Tschötsch, Herren von 306
Tschötsch, Berchtold und Konrad von 306
Tschusy, Joseph, Felix von 514
Türing, Steinmetzfamilie 109, 165
Turre, Franz, Konstantin von, Pfarrer 673

Übele, Familie 372
Überbacher, Johann, Architekt 368, 408
Unterberger, Christoph, Maler 180, 196, 258, 558, 660
Unterberger, Franz (Sebald), Maler 99, 115, 124, 150, 196, 215, 224, 252, 258, 301, 303, 308, 313, 334, 364, 366, 408, 414, 420, 452, 484, 487, 521, 593, 666, 679, 689, 696
Unterberger, Franz (II.), Maler
Unterberger, Michelangelo, Maler 223, 224
Unterhuber, Alois und Johann 463
Unterrichter, Herren von 298
Uttenheim, Edle von 560
Uttenheim, Meister von, Maler 211, 480

Valentin, August, Bildhauer 178, 457, 544, 602, 624
Valentin, Johann, Altarbauer 746
Valentin, Vijo, Altarbauer 734
Vallazza, Familie, Bildhauer 727
Vallazza, Markus, Maler 388
Vallunger, Familie 388

Vallunger, Barbara 390
Valser s. Falser
Vanzi, Francisco Antonio, Maler 603
Vascellari, Familie 555
Veit, Philipp, Maler 377
Velseck, Herren von 433
Velthurns, Herren von 316, 369
Velthurns, Hugo von 356
Verginer, Familie 717
Verginer, Paolo, Maler 516
Verwinger, Paul, Maler 167
Vesmayr von Weyerburg zu Palbit 173
Victorina postumia 117
Viertaller s. Firtaler
Villanders, Herren von 305, 352, 369, 371, 402, 403
Villanders, Eckehard von 401
Villanders, Georg von 375
Villanders, Randolf von 698
Vinazer, Balthasar 328
Vinazer, Dominikus 382, 384, 694, 717
Vinazer, Johann, Bildhauer 708
Vinazer, Kassian Melchior 696
Vinazer, Martin 328, 408, 413
Vintler, Herren von 292, 293, 305, 449, 526, 532
Vintler, Abraham von Platsch 642
Vintler, Anna Ursula 215
Vintler, Franz von 292
Vintler, Komtur 122, 127
Vintler, Konrad von 292
Vintler, Wilhelm von, Weihbischof 247, 260, 284
Vintler-Winkelhofen 642
Vischer, Jakob, Propst 199
Vischer, Peter, Erzgießer 115
Völs, Herren von 305, 422, 430, 433, 435, 440, 442
Völs, Hans von 426
Völs, Leonhard von 420, 431, 433, 435
Völs, Völklein von 433
Völs-Colonna, Herren von 159, 431
Völs-Colonna, Michael 440
Völs-Colonna, Ursula Elisabeth 440
Völs-Firmian 426
Völs-Säben, Herren von 348
Völs-Völseck, Herren von 440
Vogelweide 401
Vogl, Dr. J. von 542
Vogler, Hans, Maler 316
Voitsberg, Herren von 268, 272, 325
Volani, Nikolaus, Maler 341
Volkhold, Graf von Lurngau 501, 732
Vonauer, Joachim 461
Vonstadl, Josef, Baumeister 105, 262, 263, 322, 326, 394, 579, 620, 724
Vonstadl, Peter, Baumeister 580

Wachter, Arnold 698
Wachter, Matthäus, Baumeister 329, 691
Wachtler, Matthias 506
Wagner, August, Maler 309
Wagner, Hans 104
Waitz, Hans, Schlosser 320
Walch, Hans, Pfleger 215
Walch, Maria geb. Seydl 215
Walde, Familie 551
Waldmann, Kaspar, Maler 201, 278, 352, 524, 594
Waldmann, Michael d. J., Maler 292
Waldner, J. 736
Wallpach, Familie von 348
Wallpach, Arthur von 348
Walther, Maria-Theresia von 641
Walter, Dr. Josef, Propst 648, 650
Walther von der Vogelweide 391, 401
Warsel, Martin CR 487
Waschgler, Dr. Heinrich 632
Wassermann, Familie 633
Waßler, Josef, Bildhauer 322, 338
Weber, Anton, Architekt 310, 312, 366
Weber, Franz, Orgelbauer 172, 487, 564
Weibhauser, Benedikt, Baumeister 113, 336, 364
Weineck, Hilprant von 478
Weingartner, Josef 390
Weis, Nikolaus, Maler 185, 250, 384
Weise (Weisse), Paul 449
Weiskopf, J., Maler 626
Weisse (Wizze), Edelgeschlecht 453
Weißsteiner, Familie 463
Weißsteiner, Alois 463
Welf von Bayern, Herzog 356
Welf, Otto 175
Welsperg (Welsberg), Herren von 175, 524, 605, 612, 614, 616
Welsperg, Balthasar I. von 614, 617
Welsperg, Balthasar II. von 617
Welsperg, Hans von 617
Welsperg, Johann Franz von 262
Welsperg, Sigmund von 617
Welsperg, Wilhelm von, Bischof 541
Welter, M., Maler 127
Welzenbacher, Lois, Architekt 400
Wenzl, Freiherren von Sternbach 507, 524, 534, 536, 544, 558, 559, 612
Wenzl, Anna-Maria von Kirchegg und Ragen 215, 682
Wenzl, Anton von 524, 531, 537
Wenzl, Josef Balthasar von 506
Wenzl, Maria-Elisabeth von zu Kirchegg 538
Wenzl, Stefan von 525
Wezilo von Vintl 461
Wibmer, Dr. A. 537
Widmann, Georg, Maler 537
Widmoser, Josef, Glasmaler 491, 582
Wierer, Franz, Pfarrer 587
Wiesenegg, Herren von 506
Wieser, Jakob von Auer, Steinmetz 570
Wildauer, Dr. Tobias 374
Wildenburg, Familie 138
Wildt, Johann, Pfleger 138
Winkelhofen (Winkelhofer), Herren von 270, 271, 454, 641, 642
Winkelhofen, Anna-Maria von 642
Winkelhofen, Carl Hannibal von 292, 293, 294
Winkelhofen, Johann von 642

Winkelhofen, Juliana-Maria von 732
Winkelhofen, Maria-Elisabeth von, Äbtissin 503
Winkelhofen, Sidonie von 738
Winkler, Alois, Bildhauer 210, 262, 310, 339, 422, 424, 568, 608
Winkler, Ambros von, Prälat 528
Winkler, Andre 496
Winkler, Andreas, Maler 560, 565, 566, 603
Winkler, Jean, Maler 308
Winkler, Josef 579
Winkler, Othmar, Bildhauer 253, 623
Winkler, Valentin von Pfalzen, Baumeister 470, 474, 512, 566, 579
Winkler zu Colz (Kolz), Familie 528, 531, 736, 738
Wirsing (Würsing), Edle von 562
Wirsing (Würsung), Barbara von 258
Wiser, Josef Konrad, Bildhauer 167, 226, 227, 242, 252, 326, 414
Witsch, Peter, Bildhauer 616, 627
Wizze s. Weiße
Wölfe von Mareit 158
Wörle, Ignaz Franz, Orgelbauer 159
Wörndle, Edmund von, Maler 263
Wolf, Christian 99
Wolf, Maria 175
Wolfgang von Kiens, Bildhauer 462
Wolfsgruber, Dr. Karl, Dompropst 650
Wolfsthurn, Joseph von 153
Wolgemut, Dr. Wilhelm 133
Wolkenstein, Grafen von 305, 351, 352, 353, 369, 372, 374, 401, 411, 412, 418, 420, 422, 451, 481, 524, 536, 556, 559, 578, 605, 612
Wolkenstein-Rodenegg 182, 233, 269, 457
Wolkenstein-Trautson 252
Wolkenstein-Trostberg, Grafen 352, 353, 401, 403, 508
Wolkenstein, Anton, Graf 341
Wolkenstein-Rodenegg, Arthur, Graf 457
Wolkenstein, Christoph, Freiherr 456
Wolkenstein, Christine von 402
Wolkenstein, Engelhart, Dietrich, Freiherr von 401, 403, 698
Wolkenstein, Ferdinand, Carl, Graf 698
Wolkenstein, Johann Franz von 351
Wolkenstein, Johann Josef von 340
Wolkenstein-Rodenegg, Karl Graf 457
Wolkenstein, Maximilian Carl Graf 402
Wolkenstein, Michael von 404
Wolkenstein, Oswald von, Minnesänger 201, 233, 481, 554
Wolkenstein, Veit von 201, 454
Wolkenstein, Wilhelm Freiherr von 201, 698
Wopfner, Familie 536
Wündgler, Hans 735
Würsung, Barbara s. Wirsing

Zach, Kreszenz 175
Zacher, Familie 663
Zallinger, Karl von 416
Zanchi, Giuseppe, Maler 675
Zanna, Herren von 674, 677
Zanna, Ignaz de 677
Zanna, Johann de 675
Zanna, Leopold von, Propst 204, 208, 210
Zant, Edle von Elzenbaum 575
Zeiller (von Zeilheim), Familie 569
Zeiller (von Zeilheim), Franz 629
Zeiller, Agnes Thekla von, Äbtissin 361
Zeiller, Franz Anton, Maler 255, 256, 291, 556, 558, 574, 616, 636, 671, 672, 673
Zeiller (von Zeillheim), Johann Baptist, Pfleger 574
Zeiller, Johann Jakob 103
Zeiller, Paul, Maler 338
Zelger, Brüder 377
Zendl (Zandl), Jakob 575
Zephyris, Pfarrer 569
Zetlmair, Richter 271
Ziegler, F., Maler 451
Zingerle, Ignaz Dr. von 375
Zinzinger, Leonhard, Domherr 244
Zobel, Wolfhart 374
Zoller, Josef Anton, Maler 156, 261, 303, 459, 474
Zollinger, Heinrich, Domherr 231
Zollner, Friedrich, Illuminator 210
Zungenberg, Franz Leopold von 340
Zwingenstein, Herren von 412

MONOGRAMME

	Seite
A C V 1533	181
AW	142
B. M. 1742	180
B. S. (Benedikt Santer?)	498
B S IL.	454
B. V. 1699 (Balthasar Vinazer)	328
B. V. 1701 (Balthasar Vinazer)	328
C. N. 1647	364
E. S.	258
1620 E. S.	546
G. MM.	546
G. R.	581
G T (Georg Trabl)	120, 300
G. V. W. D. Z. R.	353
H. G. — V. H. 1621	703
H. M. 1630	438
1636 H M	440
H P V V Z W . E M P G S 1687	178
H. W. 1604	736
I. C. de A.	99
I. C H.	614
i e	568
I. G. S. F.	630
I. H. T.	580
I. I. G. 1793	495
I I P. — C. E. T. F. 1701	718
I. M. (Josef Mersa)	620
I. M. 1791	551
I M P 1637	496
I. P. (Ignaz Prez)	176
I. R.	424
I. R. 1871 AR	157
L. D. V 1760	556
L. K.	463
L. M.	99
L. V. F. (Lorenz von Freysing)	390
LVLKV 1736	156
M 1664 — P V (Markus Präpositus)	204
M B (Matthäus Barat?)	572
M. B. G. G. V. S. V. H. A. Z. S. (Maria Benedikta Gertrudis, Gräfin von Sonnenburg und Haindl, Äbtin von Sonnenburg)	503
M. C. G. K.	99
1635 M. I.	611
M. F. A. I. N. G. U. W. 1778 (?) (Wolkenstein-Familie)	401
17 M F A L V W 18 (Wolkenstein-Familie)	556
M. G. 1893	724
M. V. 1700 (Martin Vinazer)	328
16 P D 92 (Peter Delai?)	126
P. K. 1613	541
P. M. B.	145

Seite
P. N. 16 M 99 (Peter Niedermair) 564
P. N. V. N. 128
1745 P. P. 536
P R (Philipp Reisperger) 366
R B (Raphael Barat?) 569
R E N 1744 124
R V 1772 372
S. H. (Silvester Huber) 146
S. H. 1579 (Silvester Huber) 478
S. H. 1580 (Silvester Huber) 584
S. S. 1647 364
T. S. M. 426
V. S. 1682 626
W K 1578 (Wolfgang Kolb?) 424

SCHLÖSSER, BURGEN, ANSITZE, HÖFE

Aichach, Burg (St. Oswald) 420
Altrasen, Burg (Niederrasen) **605,** 608
Amtmannhaus, Ansitz (St. Lorenzen) 503
Andraz (Andrač), Burg 688
Anger, Ansitz (Klausen) 348, 349
Angerburg, Ansitz, Reischach 531—531
Ansheim, Ansitz (Klausen) 352—353
Ansiedl, Ansitz (Bruneck) 525, **541**
Asch, Ansitz (Enneberg) 710
Aschburg, Burg (St. Sigmund) 476
Aufhofen, Ansitz (= Ansiedl) 525, **541**

Bachhof, Ansitz (Vahrn) 216
Bärburg, Ansitz (Klausen) 347, **352**
Baldauf, Haus (Barbian) 400
Baumgarten, Ansitz (Obervintl) 463, 464
Biedenegg, Ansitz (Toblach) 640, **642**
Bischöfliche Burg (Brixen) 273—277
Branzoll, Burg (Klausen) 336, **347—348**
Briol, Gasthaus (Barbian) 400
Brugger, Ansitz (Waidbruck) 402
Bruneck, Schloß 528—530
Buchenstein, Schloß (Andraz) 679

Chizzali-Bonfadini, Ansitz (Colle S. Lucia) 690
Colz, Ansitz (Abtei) 736

Desser, Gasthaus (St. Martin) 719
Domdechantei, Ansitz (Brixen) 268
Doß, Ansitz (Villanders) 369

Ehrenburg, Schloß 484—486
Engelberg, Ansitz (Percha) 544—545
Englös, Ansitz (Toblach) 640, **642**
Eppurg, Ansitz (Trens) 169

Färberhaus (St. Vigil) 714
Faktorhaus (Steinhaus) 590
Felderhof (Meransen) 458
Feldthurns (Velthurns), Schloß **316—320,** 607
Fischburg, Schloß (St. Christina) 698
Flasch, Ansitz (Villanders) 369
Flitt, Ansitz (Lüsen) 189
Fonteklaus, Ansitz (Gufidaun) 375
Fragburg, Ansitz (Klausen) 354
Frankenegg, Ansitz (Innichen) 662
Freising, Ansitz (Toblach) 640
Freyeck, Ansitz (St. Martin i. Enneberg) 718
Fuchsturm (Sterzing) 137

Galler i. d. Linde, Ansitz (Niederrasen) 604
Gallhof, Ansitz (Vahrn) 216
Gamp, Ansitz (Klausen) 352
Garnstein, Burg (Latzfons) 325—326
Garten, Ansitz (Vahrn) 216
Gasseck, Ansitz (Steinhaus) 590
Gassenschmied, Ansitz (Villanders) 369
Gasserhof (Lajen) 388
Gering, Ansitz (Waidbruck) 401—402
Getreuenstein, Ansitz (Dietenheim) 536
Giandomeng, Haus (Campill) 719
Gießbach, Ansitz (St. Georgen) 550
Glurnhör, Ansitz (St. Lorenzen) 505—506
Granchiasa, Ansitz (Enneberg) 708
Gran Chiasa, Ansitz (Stern) 738
Gravetsch, Ansitz (Villanders) 369, **370—371**
Greit, Ansitz (Dietenheim) 536
Gremsen, Ansitz (St. Georgen) 550
Griesbruck, Ansitz (Klausen) 351—352
Grünburg, Ansitz (Sterzing) 137

Habersberg, Burg (Innichen) 662—663
Hanberg, Ansitz (Natz) 186
Hartletsch, Ansitz (Villanders) 369
Hauenstein, Burg (Seis) 412, **418**
Hauserhof (Oberrasen) 606
Hebenstreit, Ansitz (Dietenheim) 536
Heufler, Ansitz (Oberrasen) 606—607
Heusse, Turm (Vahrn) 216
Heidenschaft, Ansitz (Sterzing) **137,** 145
Herbstenburg, Ansitz (Toblach) 640—641
Hintersteinerhaus (Dietenheim) 535
Hofstatt, Ansitz (Neustift) 213
Hohenhaus, Ansitz (Gufidaun) 374
Hubenbauer, Ansitz (Vahrn) 216
Hubenstein, Ansitz (Milland) 293

Jöchlturm, Ansitz (Sterzing) 117, 123, 124, 131, **136—137**

Kampan, Ansitz (Sarns) 298
Kandelburg, Haus (Mühlbach) 450
Kanonikerhaus (Innichen) 662
Karlsburg, Ansitz (Milland) 293, 294
Karneid, Burg 442
Kastelruth, Burg 410, 413
Kehlburg, Burg (Gais) 555
Kerschbaumer, Villa (St. Lorenzen) 503
Klause, Mühlbacher Klause 450
Koburg, Ansitz (Gufidaun) 374
Köstlan, Ansitz (Brixen) 270
Kofel, Ruine (Sand in Taufers) 578
Korburg, Ansitz (Rodeneck) 453—454
Krakofl, Schloß (Brixen) 271—272
Krausegg, Ansitz (Kastelruth) 410, 413
Krausenhäuser (Kastelruth) 413
Kuchlmairhof, Ansitz (St. Georgen) 551

Lachmüller, Ansitz (Welsberg) 612
Lachmüllerhaus (Brixen) 268
Lafay, Ansitz (Kastelruth) 413
Lamprechtsburg (Bruneck) 526—528
Leweneck, Ansitz (Brixen) 269
Lidlhof, Ansitz (Vahrn) 216
Line, Ansitz (Rodeneck) 454
Löwenegg, Ansitz (Sterzing) 138
Lurx, ehemaliges Zollhaus (Ried b. Sterzing) 107
Lusenegg, Ansitz (Lajen) 391—393
Luttach, Ansitz (Pfalzen) 490
Lutz, Ansitz (Brixen) 267

Mair, Ansitz (Obervöls) 431
Mair a. Hof, Ansitz (Dietenheim) 536—537
Mair in der Runggad, Ansitz (Brixen) 269
Mairamgraben, Ansitz (Dietenheim) 536
Maierhaus (Piccolein) 719
Mairhof, Ansitz (Lajen) 388—390
Maisterle, Ansitz (St. Lorenzen) 503
Malsötsch, Ansitz (Villanders) 369
Mareit s. Wolfsthurn
Meierhof (Lüsen) 189
Meierhof (Vahrn) 216
Michelsburg, Burg (St. Lorenzen) 506, **507—508,** 536
Mingenon, Ansitz (Villanders) 369
Mörl, Ansitz (St. Georgen) 550
Mohrenfeld, Ansitz (Aufhofen) 541
Moos, Schloß (Wiesen) **144—145,** 559
Morberg, Ansitz (Dietenheim) 538
Moreck, Ansitz (Enneberg) 708
Mühleck, Ansitz (St. Johann i. Ahrn) 585
Mühlen, Ansitz (Kiens) 480
Mühlstetter-Wildberg, Ansitz (St. Lorenzen) 506

Neideck, Ansitz (Klausen) 349
Neidenstein, Ansitz (Toblach) 640—642
Neidheim, Ansitz (Brixen) 270
Neuenburg, Burg (St. Andrä) 290
Neuhaus, Ansitz (Brixen) 269—270
Neuhaus, Burg (Gais) 554
Neumelans, Ansitz (Sand i. Taufers) 573—574
Neurasen, Burg (Oberrasen) 608
Niedermoarhof, Ansitz (Dietenheim) 536
Niedrist, Ansitz (Lüsen) 189

Oasler, Turm (Trens) 169
Oberporten, Ansitz (Welsberg) 613
Oberpray, Ansitz (Kastelruth) 413

Pach (Rü), Ansitz (Wengen) 727
Pallaus, Burg (Sarns) 298
Pardell, Ansitz (Villanders) 369, 370
Paurgasserhof (Vahrn) 216
Peccei, Ciasa (Campill) 719
Pfarrhof (Niederrasen) 604
Pfarrhof (Pfalzen) 490
Petschied, Ansitz (Lüsen) 188
Pfeffersberg, Burg (Brixen) 272
Pfleghaus (St. Lorenzen) 503
Piazza, Ansitz (Colle S. Lucia) 690
Plabach, Ansitz (Brixen) 272
Plankensteiner, Ansitz (Uttenheim) 559
Platsch, Ansitz (Milland) 293
Pockenhof i. Schönau, Ansitz (Sterzing) 139
Pray, Ansitz (Kastelruth) 413
Prösels, Burg (Völs) 164, **433—435**
Propstei (Innichen) 661
Pseierhof (Seis) 416

Raffenberg, Ansitz (Feldthurns) 315
Ragen, Ansitz (Bruneck) 524—525
Rainegg i. d. Mahr, Ansitz (Tschötsch) 306
Ranuihof (Völs) 334, 336
Ras s. Rost
Raspenstein, Burg (Gossensaß) 105
Rathaus (Toblach) 641—642
Ratzötz, Ansitz (Milland) 293
Rechegg, Ansitz (Klausen) 353
Reifenegg, Burg (Mareit) 142, 157, **160—161**
Reifenstein, Burg (Sterzing) 115, 127, 138, **139—140**
Richterhaus (Neustift) 212
Rindlhof, Ansitz (Milland) 293
Rodeneck, Burg 260, 449 **454—457**
Rost, Ansitz (Enneberg) 710, 718
Rü (Pach), Ansitz (Wengen) 727
Rubatsch (Gran Chiasa), Ansitz (Stern) 738
Rubatscher, Hof (Stern) 738

Säben, Burg 354—364
Salegg, Burg (Seis) 412, **418**

Salern, Burg (Vahrn) 215, 217
St. Johannser, Ansitz (Villanders) 369
St.-Michaels-Tor (Brixen) 268
St. Walburg, Burg (Sand in Taufers) 578
Sarnfeld, Ansitz (Sarns) 298
Schenkenberg, Burg (Völs) 433
Scheuchegg, Ansitz (Brixen) 268
Schgaguler, Hof (Kastelruth) 413
Schluner, Hof (Obervöls) 431
Schöneck, Burg (Kiens) 481
Schrottwinkel, Ansitz (Sand in Taufers) 574—575
Seebegg, Ansitz (Klausen) 347—349
Senftenburg, Ansitz (Sterzing) 138
Settari, Haus (Barbian) 400
Sichelburg, Ansitz (Pfalzen) 490
Sisti, Haus (Salejei) 685
Solderer, Ansitz (Waidbruck) 402
Sompunt, Ansitz (Abtei) 736
Sonnegg, Ansitz (Dietenheim) **537—538,** 590
Sonnenburg, Stift (St. Lorenzen) 117, 492, 494, **501—503,** 505
Spitzegg, Hof (Pufels) 415
Sprechenstein, Burg (Trens) 115, 138, **169—170**
Stegen, Ansitz (Bruneck) 526
Steinbock, Gasthaus zum, Ansitz (Villanders) 369—370
Steinburg, Ansitz (Aufhofen) 541—542
Steinegg, Burg (Steinegg) 442
Steinerhof, Ansitz (Dietenheim) 535
Stern, Ansitz (Stern) 740
Sternbach, Ansitz (Bruneck) 524
Stieglhof, Ansitz (Vahrn) 216
Stiftsmuseum (Innichen) 662
Stiftsschenke (Neustift) 211—212
Stock in Kematen (Sand i. Taufers) 575
Stock (Mühlen) 562
Stock in St. Moritzen (Sand i. Taufers) 575
Stock (Uttenheim) 559
Straßberg, Burg (Ried b. Sterzing) 106, 133
Straßhof, Ansitz (Mühlbach) 450
Streunturm (Sterzing) 137
Summersberg, Burg (Gufidaun) 372, **375**

Taufers, Schloß (Sand in Taufers) 554, **575—578**
Teissegg, Ansitz (Bruneck) 138, 215, **525—526**
Thumburg, Ansitz (Sterzing) 138
Thurn a. d. Gader, Burg (St. Martin i. Thurn) 719
Töchterle, Ansitz (St. Lorenzen) 503
Töpsl, Ansitz (Obervintl) 463
Torgglerhof (Lajen) 388
Trautsonturm, Ansitz (Außerpfitsch) 148
Trebo, Haus (Abtei) 737
Trebo de Sol, Haus (St. Vigil) 714
Troyensbach, Ansitz (Untervintl) 461—462
Troyer, Ansitz (Aufkirchen) 644
Troyer, Ansitz (Lajen) 390—391
Trostburg, Burg (Waidbruck) **402, 405,** 456, 612
Trunt, Ansitz (Brixen) 272
Tschutscherhof, Ansitz (Lajen) 390
Turm (Albeins) 308
Turm (Aufkirchen) 644
Turm, Ansitz (Innichen) 663
Turm, Ansitz Freienthurn (Mühlbach) 449
Turm, Rodeneck, Pfarrhof (Rodeneck) 453
Turm, Roter (Toblach) 641
Turmwirt (Gufidaun) 374
Turmwirt (Kastelruth) 413
Turmwirt (Völs) 431—433
Turn, Burg (Taisten) 620
Turnerhof (Teis) 328

Untermazon, Ansitz (Villanders) 369
Unterporten, Ansitz (Welsberg) 612
Unterpray, Ansitz (Kastelruth) 413
Uttenheim, Burg 559—560

Velthurns s. Felthurns
Vilsegg, Ansitz (Milland) 293
Vintler, Ansitz (Bruneck) 526
Völs, Burg 432—433
Völseck, Burg (Völs) 440
Vogelweiderhöfe (Lajen) 391
Voitsberg, Burg (Vahrn) 216, 217

Walser, Mair (St. Georgen) 551
Wasermann (Niederdorf) 633
Weißes Kreuz, Gasthaus (Abtei) 737
Welfenstein, Burg (Mauls) 175, 176
Welsberg, Burg **612, 614,** 620
Wenzl, Ansitz (Welsberg) 612
Widum, Alter (Außerpfitsch) 148
Wiesenegg, Ansitz (St. Lorenzen) 505—506
Wiesenegg, Ansitz (Toblach) 640, **642**
Wiesenheim, Ansitz (Wiesen) 145
Wildenburg, Ansitz (Sterzing) 138
Winkel, Ansitz (Brixen) 269
Winkelhof, Ansitz (Milland) 293
Wolfsthurn, Schloß (Mareit) 157—160
Wolkenstein, Burgruine (Wolkenstein) 698

Zanna, Castel (Cortina d'Ampezzo) 674, 677
Zantturm (Sterzing) 138
Zehenterhof (Lajen) 388
Zeilheim, Ansitz (Sand in Taufers) 574
Zellburg, Ansitz (Welsberg) 612
Zellheim, Ansitz (Welsberg) 612
Zieglhof, Ansitz (Vahrn) 216
Ziernfeld, Ansitz (Feldthurns) 316
Zimmerlehen, Ansitz (Völs) 433
Zollhaus (Kollmann) 406

BILDERNACHWEIS

Die römischen Ziffern beziehen sich auf die Farbtafeln

Archiv Athesia, Bozen: Seite 591, 697
Bitschnau, Martin, Innsbruck: Seite 355 (oben)
Egg, Erich, Innsbruck: Seite 206, 477, 631, 730
Ferdinandeum, Museum (Kulturkommission), Innsbruck: Seite 139, 158, 179, 299, 302, 350, 419, 441, 447, 502, 505, 529, 576, 583, 726, 739
Foto Bahnmüller, W., Geretsried: Seite 271, 325
Foto Frischauf, Innsbruck: Seite 455, 509, 573, 613
Foto Ghedina, Cortina: Seite 713
Foto Planinschek, Stern: Seite 733; XXXI
Frass, Dr. Hermann, Bozen: XXI, XXIV
Gruber, Dr. Karl, Brixen: Seite 177, 246, 330, 359, 367, 373, 408; IX, XXII, XXX
Holzfeind, Josef, Bozen: Seite 101, 102, 121, 154, 171, 184, 187, 203, 204, 212, 221, 251, 289, 295, 327, 425, 427, 437, 461, 479, 483, 493, 498, 519, 535, 547, 561, 567, 571, 577, 589, 595, 600, 606, 607, 637, 647, 651, 652, 658, 661, 687, 701, 741; I, VI, XV, XVI, XX, XXVII, XXIX, XXXII
Hörmann, E., Innsbruck: Seite 335
Hörmann, M., Innsbruck: Seite 146, 557, 579, 585, 703, 707, 709, 721, 728, 743
Kofler, Oswald, Meran: Seite 96, 108, 110, 111, 112, 116, 118, 119, 125, 130, 132, 134, 136, 152, 159, 162, 193, 195, 198, 200, 205, 208, 209, 214, 219, 223, 225, 226, 229, 230, 231, 232, 235, 239, 241, 243, 249, 253, 254, 257, 265, 273, 277, 279, 280, 283, 285, 287, 297, 317, 319, 332, 339, 340, 343, 357, 365, 376, 378, 379, 380, 385, 389, 397, 399, 403, 405, 421, 423, 432, 469, 471, 473, 475, 485, 500, 504, 513, 515, 517, 520, 527, 533, 543, 553, 586, 588, 615, 619, 625, 628, 635, 639, 649, 654, 657, 665, 668, 670, 693, 695, 720, 731; III, IV, X, XI, XIII, XIV, XVII, XVIII, XXV
Kunstkataster, Innsbruck: Seite 166
Landesdenkmalamt, Bozen: Seite 311, 387
Löbl, Robert, Bad Tölz: Seite 346
Mahlknecht, Bruno, Bozen: Seite 692, 699
Menara, Hanspaul, Oberbozen: Seite 114
Müller, Dr. Theodor, München: Seite 259
Pfarramt Stern: Seite 739, 747
Pfarrarchiv Brenner: Seite 98
Rampold, R., Innsbruck: Seite 683, 685
Rudolph-Greiffenberg, Dr. M., Innsbruck: Seite 392
Thaler, Luis, Tiers: Seite 439
Theil, Edmund, Mühlheim: Seite 337, 363; XII
Verkehrsverein Pfalzen: Seite 488
Verkehrsverein Sand i. Taufers: Seite 580; XXVI
Verkehrsverein Wiesen-Pfitsch: Seite 149
Walder, Hubert, Brixen: Seite 190, 237, 263, 275, 409, 417, 434, 539, 600, 603; VII, VIII, XXIII, XXVIII
Werbefoto Tappeiner, Meran: Seite 160, 318, 355 (unten), 370, 404; II, V, XIX

Die Drucklegung dieses Buches förderten die Südtiroler Landesregierung und das Südtiroler Kulturinstitut

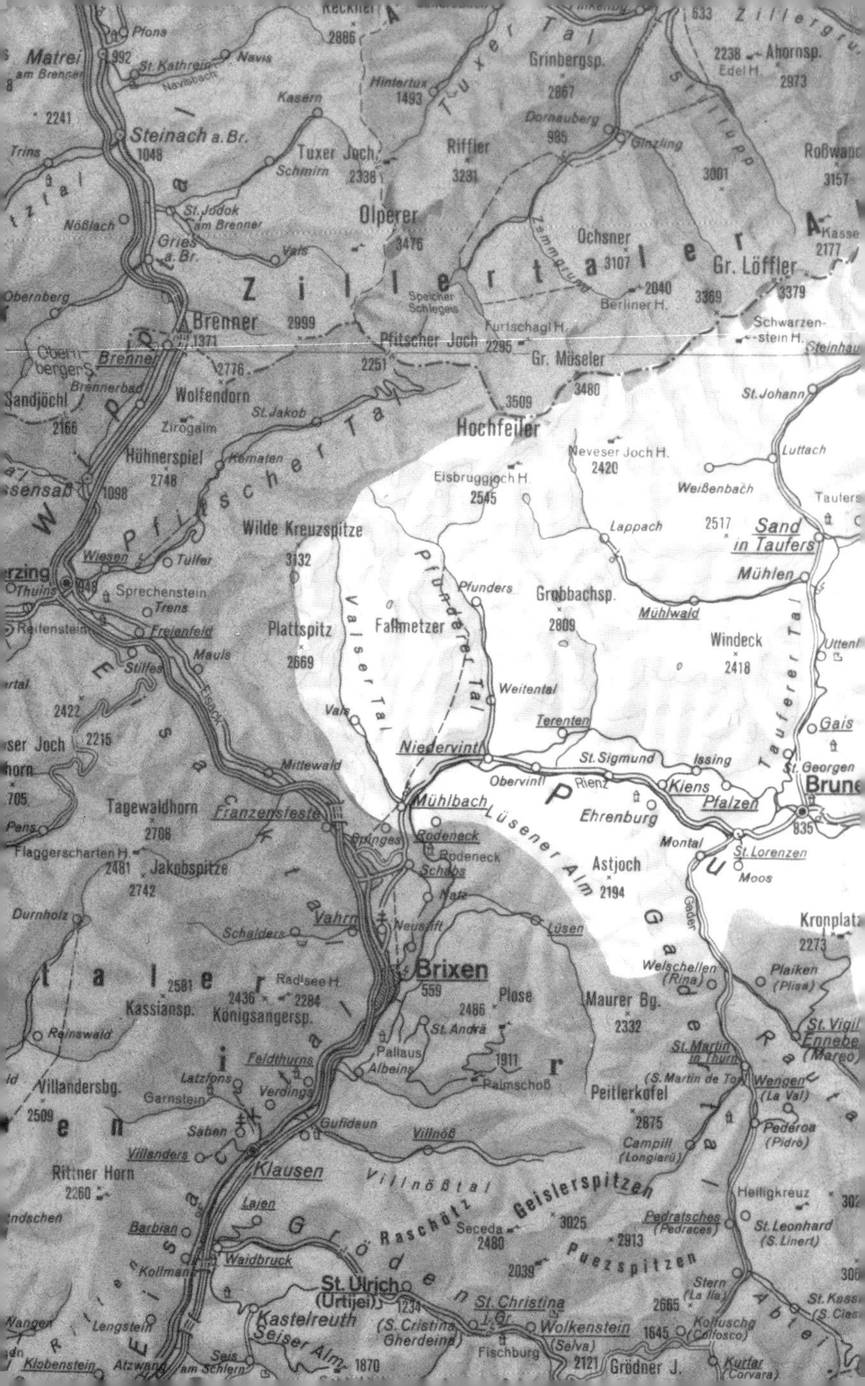
Pfons
Matrei am Brenner
992
St. Kathrein
Navis
Navisbach
2886
Hintertux
1493
Tuxer Tal
Grinbergsp.
2867
633
Zillergr
2238
Ahornsp.
Edel H.
2973
Kasern
2241
Steinach a. Br.
1048
Trins
Tuxer Joch
Schmirn
2338
Riffler
3231
Dornauberg
985
Ginzling
Stillupp
3001
Roßwand
3157
Nößlach
St. Jodok am Brenner
Olperer
3476
Ochsner
3107
Zemmgrund
Kasse
2177
Gries a. Br.
Vals
Zillertaler A
Gr. Löffler
Obernberg
Speicher Schlegeis
2040
Berliner H.
3369
3379
Brenner
2999
Schwarzenstein H.
1371
Furtschagl H.
Pfitscher Joch
2295
Steinhau
Obernberger S.
Brenner
2776
2251
Gr. Möseler
Brennerbad
Wolfendorn
3480
Sandjöchl
3509
St. Johann
2166
St. Jakob
Hochfeiler
Zirogalm
Hühnerspiel
Kematen
Neveser Joch H.
2420
Luttach
2748
Pfitscher Tal
Eisbruggjoch H.
2545
Weißenbach
Taufers
ssensaß
1098
Lappach
2517
Sand in Taufers
Wilde Kreuzspitze
Pfunderer Tal
Wiesen
Tulfer
3132
Mühlen
Sterzing
Thuins
948
Sprechenstein
Pfunders
Grobbachsp.
Trens
Valser Tal
Faßmetzer
2809
Mühlwald
Reifenstein
Freienfeld
Plattspitz
Windeck
Mauls
2669
2418
Uttenh
Stilfes
Eisack
Weitental
2422
Vals
Terenten
Gais
Tauferer Tal
2215
Penser Joch
Niedervintl
St. Sigmund
Issing
St. Georgen
Mittewald
Obervintl
Rienz
Kiens
Bruneck
Tagewaldhorn
Franzensfeste
Mühlbach
Ehrenburg
Pfalzen
705
2708
835
Pens
Flaggerscharten H.
Spinges
Rodeneck
Lüsener Alm
Montal
Rodeneck
St. Lorenzen
2481
Jakobspitze
Schabs
Astjoch
Moos
2742
Natz
2194
Pustertal
Durnholz
Gader
Vahrn
Neustift
Lüsen
Kronplatz
Schalders
2273
Brixen
Welschellen (Rina)
Plaiken (Plisa)
Sarntaler Alpen
2581
Radlsee H.
559
Plose
Maurer Bg.
2436
2284
2486
Kassiansp.
Königsangersp.
St. Andrä
2332
St. Vigil Enneberg (Mareo)
Reinswald
Pallaus
St. Martin in Thurn
Feldthurns
Albeins
1911
(S. Martin de Tor)
Wengen (La Val)
Latzfons
Palmschoß
Peitlerkofel
Villandersbg.
Garnstein
Verdings
Gufidaun
Villnöß
2875
Pederoa (Pidrò)
2509
Säben
Campill (Longiarü)
Villanders
Klausen
Rittner Horn
Villnößtal
2260
Lajen
Geislerspitzen
Heiligkreuz
Gröden
Raschötz
Pedratsches (Pedraces)
St. Leonhard (S. Linert)
Barbian
Seceda
3025
2480
2913
Waldbruck
Kollmann
Puezspitzen
2039
Stern (La Ila)
St. Ulrich (Urtijei)
St. Christina
Abtei
1234
2665
St. Kassian (S. Ciasa)
Kastelreuth
(S. Cristina Gherdeina)
Wolkenstein (Selva)
Kolfuschg (Colfosco)
1645
Lengstein
Seiser Alm
Fischburg
Klobenstein
Atzwang
Seis am Schlern
1870
2121
Grödner J.
Kurfar (Corvara)